软件入门与提高丛书

Dreamweaver CS6 中文版入门与提高

郁　陶　李绍勇　编　著

清华大学出版社
北　京

内容简介

Dreamweaver CS6软件作为专业的网页设计软件，是许多从事网页设计工作人员的必备工具。本书详细介绍了关于 Dreamweaver CS6 软件的基础知识和使用方法，书中的实例是从典型工作任务中提炼的，简明易懂。全书分为 18 章，内容包括：初识 Dreamweaver CS6，网页制作中色彩的应用，站点管理及其应用，文本网页的创建与编辑，使用图像美化网页，表格式网页布局，链接的创建，使用多媒体对象丰富网页，使用 AP Div 布局页面，使用 CSS 样式修饰页面，使用行为制作特效网页，使用表单创建交互网页，利用框架制作网页，运用模板和库制作网页，动态网页基础，网站的上传与维护，综合练习。

第 1～17 章所讲解的内容基本涵盖了使用 Dreamweaver CS6 进行网页设计和制作的各方面知识，最后的第 18 章则包含了 3 个制作实例，涵盖贯穿本书所有内容，是从行业典型工作任务中提炼并分析得到符合学生认知过程和学习领域要求的项目。使用户通过基础理论学习以及实际制作，达到 Dreamweaver 网页制作的中级水平。

本书适用于大专院校相关专业的教材和参考用书，以及各类社会培训班的培训教材，同时可供网页设计、动画创作的爱好者作为自学参考书。

图书在版编目(CIP)数据

Dreamweaver CS6 中文版入门与提高/郁陶，李绍勇编著. --北京：清华大学出版社，2013
(软件入门与提高丛书)
ISBN 978-7-302-33471-2

Ⅰ. ①D…　Ⅱ. ①郁…　②李…　Ⅲ. ①网页制作工具　Ⅳ. ①TP393.092

中国版本图书馆 CIP 数据核字(2013)第 188278 号

责任编辑：张彦青
装帧设计：刘孝琼
责任校对：王　晖
责任印制：王静怡

出版发行：清华大学出版社
网　　址：http://www.tup.com.cn，http://www.wqbook.com
地　　址：北京清华大学学研大厦 A 座　　**邮　　编**：100084
社 总 机：010-62770175　　**邮　　购**：010-62786544
投稿与读者服务：010-62776969，c-service@tup.tsinghua.edu.cn
质 量 反 馈：010-62772015，zhiliang@tup.tsinghua.edu.cn
课 件 下 载：http://www.tup.com.cn,010-62791865
印 刷 者：清华大学印刷厂
装 订 者：北京市密云县京文制本装订厂
经　　销：全国新华书店
开　　本：185mm×260mm　　**印　　张**：35.25　　**字　　数**：850 千字
(附 DVD1 张)
版　　次：2013 年 10 月第 1 版　　**印　　次**：2013 年 10 月第1 次印刷
印　　数：1～3500
定　　价：68.00 元

产品编号：050085-01

前　　言

1. Dreamweaver CS6 简介

随着网站技术的进一步发展，各个行业对网站开发技术的要求日益提高，纵观整个人才市场，各企事业单位对网站开发工作人员的需求也大大增加。但是网站建设作为一项综合性的技能，对很多计算机技术都有着很高的要求。网站开发工作包括市场需求研究、网站策划、网页平面设计、网站程序开发、数据库设计，以及网站的推广运作等，系统掌握这些知识的网络工程师相对较少。

本书的编写目的是帮助读者全面学习 Dreamweaver CS6 的使用。Dreamweaver 是集创建网站和管理网站于一身的专业性网页编辑工具，因其界面更为友好、人性化和易于操作，可快速生成跨平台及跨浏览器的网页和网站，并且能进行可视化的操作，拥有强大的管理功能。

本书用通俗的文字，通过数个实例深入浅出地介绍 Dreamweaver CS6 的具体操作要领，以及如何快速使用其新功能。本书的讲解循序渐进，操作步骤清晰明了，还针对一些关键的知识点，介绍了其使用技巧及需要注意的问题，让读者在掌握各项操作的同时又学习了相关的技术精髓，这对于快速学习和掌握 Dreamweaver CS6 的操作是大有裨益的。

2. 本书内容介绍

本书详细介绍了关于 Dreamweaver CS6 软件的基础知识和使用方法，实例是从典型工作任务中提炼出来的，简明易懂。全书分为 18 章，内容如下。

第 1 章主要介绍了网页与网站的相关概念，网站的设计与制作，Dreamweaver CS6 的安装、卸载、启用与退出，还详细介绍了 Dreamweaver CS6 的工作界面和【插入】面板。通过本章的学习，读者不仅能了解网站在生活和学习中的作用，还能熟识 Dreamweaver CS6 的工作环境，为以后的学习打下坚实的基础。

第 2 章主要介绍网页制作中色彩的应用。

第 3 章主要介绍站点管理和应用。

第 4 章主要对文本的一些基本操作进行介绍，例如插入文本、文本属性设置、项目列表等。

第 5 章根据网页的制作效果，介绍网页图像的基础知识，使读者能够灵活地掌握和运用网页图像的使用方法和技巧。

第 6 章主要介绍一些在 Dreamweaver CS6 中操作表格的基本知识和表格的使用技巧。

第 7 章主要介绍超链接的创建与编辑。

第 8 章主要介绍使用多媒体对象丰富网页。

第 9 章主要介绍在 Dreamweaver CS 6 中插入 AP Div，通过使用 AP Div，使页面布局更加整齐、美观。

第 10 章主要介绍 CSS 的使用，包括 CSS 样式的属性、编辑 CSS 样式、使用 CSS 过滤器等。

第 11 章主要介绍 Dreamweaver CS6 中行为的使用。行为是某个事件和由该事件触发的动作的组合，使用行为可以使得网页制作人员不用编程即可实现一系列程序动作。

第 12 章主要介绍使用表单创建交互网页。

第 13 章主要介绍使用框架来制作网页。框架是 HTML 非标准的附属物，是 Internet 网页中最为常见的页面设计方式。

第 14 章主要介绍模板与库项目的基础知识和应用，包括创建模板、创建模板可编辑区域、管理模板、创建库项目、应用和编辑库项目等内容。

第 15 章主要介绍动态网页的相关基础知识。Dreamweaver CS6 不但可以用来开发静态网页，而且能够开发数据库网站。

第 16 章主要介绍了网站上传的操作流程。将站点上传到远端服务器上后，网页就可供 Internet 上的用户进行浏览。

第 17 章主要介绍网站的维护与安全。网络安全是一个非常重要的问题，如果不解决或不重视网络安全问题，会给网络的发展带来很大的弊端。

第 18 章从实际应用出发，介绍香蕉信息网站、儿童摄影网站以及鲜花网站的制作，帮助读者增长实际建站的经验。

本书主要有以下几大优点。

- 内容全面。几乎覆盖了 Dreamweaver CS6 中文版所有的选项和命令。
- 语言通俗易懂，讲解清晰，前后呼应。以最小的篇幅、最易读懂的语言来讲述每一项功能和每一个实例。
- 实例丰富，技术含量高，与实践紧密结合。每一个实例都倾注了作者多年的实践经验，每一个功能都经过技术认证。
- 版面美观，图例清晰，并具有针对性。每一个图例都经过作者精心策划和编辑。只要仔细阅读本书，就会发现从中能够学到很多知识和技巧。

本书主要由于海宝、刘蒙蒙、徐文秀、吕晓梦、孟智青、李茹、周立超以及李少勇、赵鹏达、张林、王雄健、李向瑞编写，参与编写的还有张恺、荣立峰、胡恒、王玉、刘峥、张云、贾玉印、刘杰、罗冰、陈月娟、陈月霞、刘希林、黄健、黄永生、田冰、徐昊，北方电脑学校的温振宁、黄荣芹、刘德生、宋明、刘景君，德州职业技术学院的王强、牟艳霞、张锋、相世强、徐伟伟、王海峰位老师，在此一并表示感谢。

由于本书编写时间仓促，作者水平有限，书中疏漏之处在所难免，欢迎广大读者和有关专家批评指正。

3. 本书约定

本书以 Windows XP 为操作平台来介绍，不涉及在苹果机上的使用方法。但基本功能和操作，苹果机与 PC 相同。为便于阅读理解，本书作如下约定。

- 本书中出现的中文菜单和命令等引用自操作界面的内容将用“【】”括起来，以区别于其他中文信息。
- 用“+”号连接的两个或三个键，表示组合键，在操作时表示同时按下这两个或

三个键。例如，Ctrl+C 是指在按下 Ctrl 键的同时，按下 C 字母键；Ctrl+Shift+S 是指在按下 Ctrl 和 Shift 键的同时，按下 S 字母键。

- 在没有特殊指定时，单击、双击和拖动是指用鼠标左键单击、双击和拖动；右击是指用鼠标右键单击。

4. 网上资源下载

为了方便读者学习使用，本书的源文件和素材放在 http://www.wenyuan.com.cn 网站上下载。本书还配有习题库，以供读者下载。读者有任何问题，都可发邮件到 Tavili@tom.com。

编　者

目　　录

第 1 章

初识 Dreamweaver CS6

本章将主要介绍关于网站网页的基本概念、Dreamweaver CS6 的安装及基本操作。通过本章的学习可以让读者对 Dreamweaver CS6 有一个初步的认识，为后面章节的学习奠定坚实的基础。

本章重点：

- 认识网站和网页
- 网页布局
- 网页内容
- 网站的设计及制作
- 网页的相关概念
- 走进 Dreamweaver CS6
- Dreamweaver CS6 的工作环境

1.1　认识网站和网页

网站是由网页组成的，通过浏览器看到的画面就是网页，一个网页就是一个 HTML 文件。

1.1.1　网页的认识

网页是构成网站的基本元素，是将文字、图形、声音及动画等各种多媒体信息相互链接起来而构成的一种信息表达方式，也是承载各种网站应用的平台。网页一般由站标、导航栏、广告栏、信息区和版权区等组成，如图 1-1 所示。

在访问一个网站时，首先看到的网页一般称为该网站的首页。网站首页是一个网站的入口网页，因此网站首页应起到便于浏览者了解该网站的作用，如图 1-2 所示。

图 1-1　网页的组成

图 1-2　首页

首页只是网站的开场页，单击页面上的文字或图片，即可打开网站的主页，而首页也随之关闭，如图 1-3 所示。

网站的主页与首页的区别在于：主页设有网站的导航栏，是所有网页的链接中心。但多数网站的首页与主页通常合为一体，即省略了首页而直接显示主页，在这种情况下，它们指的是同一个页面，如图 1-4 所示。

图 1-3　主页

图 1-4　将首页与主页合为一体的网站

1.1.2 网站的认识

网站就是在 Internet 上，根据一定的规则，使用 HTML 等工具制作的用于展示特定内容的相关网页的集合。人们可以通过网页浏览器来访问网站，获取自己需要的资源或享受网络提供的服务。如果一个企业建立了自己的网站，那么它就可以更加直观地在 Internet 中宣传公司产品，展示企业形象。

根据网站用途的不同，可以将网站分为以下几个类型。

门户网站：门户网站是指通向某类综合性互联网信息资源并提供有关信息服务的应用系统，是涉及领域非常广泛的综合性网站，如图 1-5 所示。

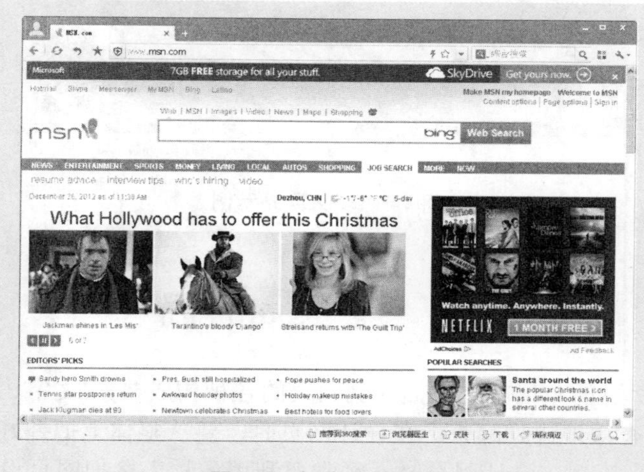

图 1-5　门户网站示例

行业网站：行业网站也称为行业门户，其拥有丰富的资讯信息和强大的搜索引擎功能，如图 1-6 所示。

图 1-6　行业网站示例

个人网站：个人网站就是指由个人开发建立的网站，它在内容形式上具有很强的个性，通常用来宣传自己或展示个人的兴趣爱好，如图 1-7 所示。

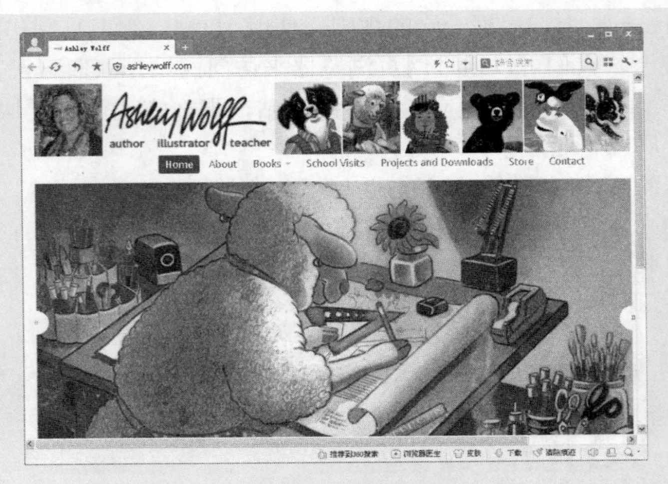

图 1-7 个人网站示例

1.2 网页布局

在网页设计中所讲的布局就是把插入到网页的各种构成要素(文字、图像、图表、菜单等)在网页浏览器里有效地排列起来。在设计网页时，要从整体上把握好各页面的布局，主要是利用表格或网格等。在设计网页时，经常要利用各种表格把网页设计的要素协调安排起来。只有充分利用页面，有效地分割有限的空间，创造出新的空间，并使其布局合理，才能制作出很好的网页。因此，仔细观察各种形态的网站布局是十分必要的。

1.2.1 网页布局的基本概念

在网页设计中，最基本的布局要求就是要考虑用户的方便程度并能明确地传达信息，并且还要注意页面的视觉审美，要能凸显出网页设计的各个构成要素。因此，首先要充分考虑网站的目的及用户的环境，然后加入网页设计人员富有创意的构思，这样才能设计出一个较好的网页布局。另外，也必须考虑网页的受注目程度和可读性。

1. 页面尺寸

页面尺寸与显示器的大小及分辨率有关。网页的局限性就在于无法突破显示器的范围，而且因为浏览器也将占用一部分空间，所以留下的页面范围变得更小。在设计网页时，布局的难点在于不同用户的环境是不同的。如果是一般的编辑设计，那么它的结果一般是一样的，但网页存在太多的变数，能否有效地处理这些情况在网页布局的设计中是至关重要的。要想获得在常用的 1024×768 和 800×600 分辨率下看起来都很美观的布局设计，就相当困难了，这也是网页设计者必须思考的问题。当分辨率为 1024×768 时，页面的显示尺寸为 1007 像素×600 像素；当分辨率为 800×600 时，页面的显示尺寸为 780 像素×428 像素。如图 1-8 所示的是两种分辨率下的网页。

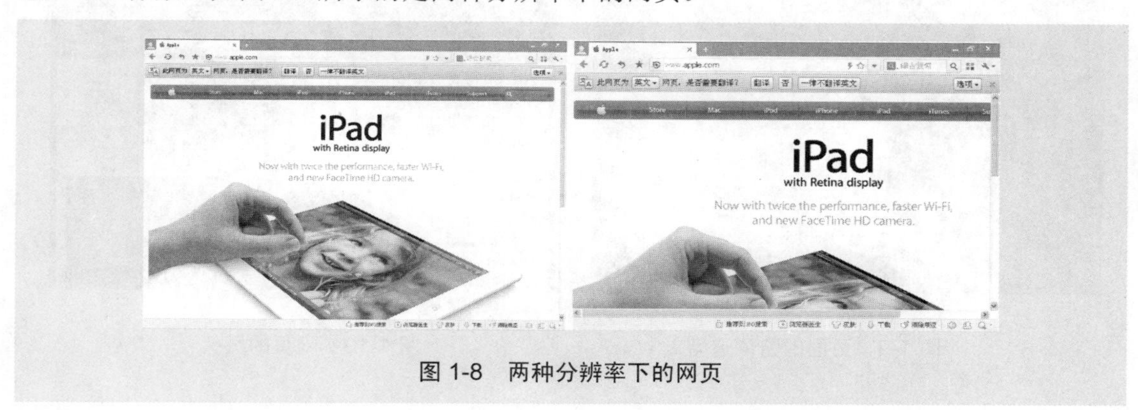

图 1-8　两种分辨率下的网页

在网页设计过程中，向下拖动页面是为网页增加内容(尺寸)的唯一方法。需要提醒大家的是，除非肯定站点的内容能吸引浏览者，否则不要让页面超过 3 屏。如果需要在同一页面上显示超过 3 屏的内容，那么最好在页面上设计页面内容的锚点链接，以方便访问者浏览。

2. 整体造型

什么是造型？造型就是创造出来物体形象，这里是指页面的整体形象，页面中的图形与文本的接合应该层叠有序。虽然显示器和浏览器都是矩形，但对于页面的造型，设计者可以发挥自己的想象。

不同形状的页面造型所代表的意义是不同的。例如，矩形代表着正式、规则，很多 ICP 和政府网页都是以矩形为页面整体造型；圆形代表柔和、团结、温暖、安全等，许多时尚站点喜欢以圆形为页面整体造型；三角形代表着力量、权威、牢固、侵略等，许多大型的商业站点为显示它的权威性常以三角形为页面整体造型；菱形代表着平衡、协调、公平，一些交友站点常运用菱形为页面整体造型。虽然不同的形状代表不同的意义，但目前的网页制作多数是结合多种图形加以设计，只是其中某种图形的构图比例可能大一些。如图 1-9 所示的是多种图形结合的整体造型。

3. 页头

页头又可称为页眉，其作用是定义页面的主题，例如，一个站点的名字多数都显示在页头里，这样，访问者就能很快地知道这个站点的内容。页头是整个页面设计的关键，它将涉及下面的更多设计和整个页面的协调性。页头常放置站点名字的图片、公司的标志和旗帜广告。页头的样式如图 1-10 所示。

4. 文本

文本在页面中都以行或者块(段落)的形式出现，它们的摆放位置决定了整个页面布局的可视性。过去因为页面制作技术的限制，文本放置的灵活性非常小，随着网页技术的发展，现在设计者已经可以按照自己的要求将文本放置到页面的任何位置。

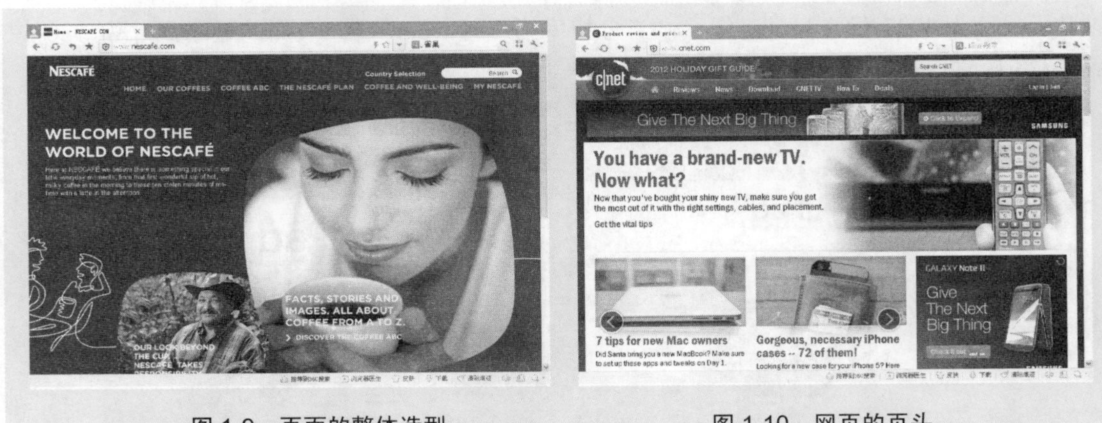

图 1-9　页面的整体造型　　　　图 1-10　网页的页头

5. 页脚

页脚和页头相呼应，页头是放置站点主题的地方，而页脚是放置制作者或者公司信息的地方。可以发现，许多制作信息和版权信息都是放置在页脚的。网页的页脚如图 1-11 所示。

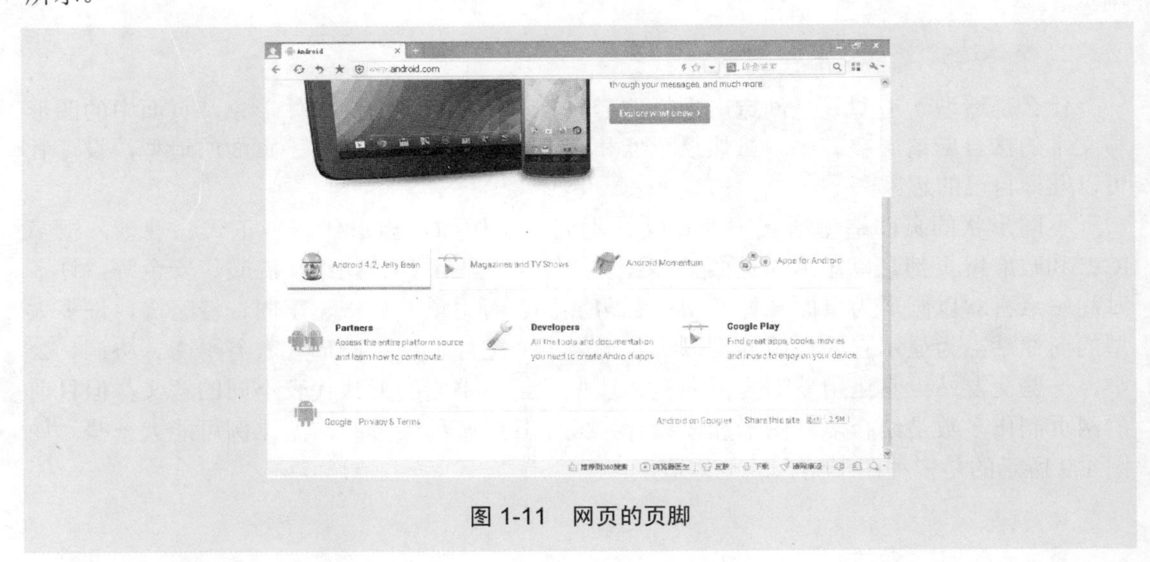

图 1-11　网页的页脚

6. 图片

图片和文本是网页的两大构成元素，两者缺一不可，处理好图片和文本的位置是整个页面布局的关键。

7. 多媒体

页面中除了有文本和图片，还有声音、动画、视频等其他多媒体，随着动态网页的兴起，多媒体在网页布局上变得越来越重要。

1.2.2 网页布局的方法

1. 层叠样式表布局

CSS(Cascading Style Sheets，层叠样式表)能够非常精确地定位页面中的文本和图片。对于初学者来说，CSS 显得有点复杂，但它的确是一个好的布局方法。曾经无法实现的布局想法，利用 CSS 都能实现。目前在许多站点上，层叠样式表的运用是一个站点优秀的体现。在网上可以找到许多关于 CSS 的介绍和使用方法。

2. 表格布局

表格布局好像已经成为一个标准。随便浏览一个站点，你将会发现它们一定是用表格布局的。表格布局的优势在于它能对不同的对象加以处理，而又不用担心不同对象之间的影响。而且使用表格定位图片和文本比使用 CSS 更加方便。表格布局唯一的缺点是当用了过多的表格时，页面的下载速度会受到影响。现在，我们来看看各个网站是如何利用表格布局的，随便打开一个站点的首页，然后将其保存为 HTML 文件，接着利用网页编辑工具打开它，这时就可以看到这个页面是如何利用表格的了。

3. 框架布局

框架结构的页面越来越少，可能是因为它的兼容性。但从页面布局上考虑，框架结构不失为一个好的布局方法。它同表格布局一样，把不同的对象放置到不同的页面加以处理。因为框架的边框是可以隐藏起来的，所以一般来说不会影响页面的整体美观。

1.2.3 网页布局的技巧

1. 分辨率

网页的整体宽度有三种设置形式，分别为百分比、像素、像素+百分比。通常，在网站建设时像素形式是最为常用的形式，行业网站也不例外。设计者在设计网页的时候必定会考虑网页的分辨率问题，常用的有 1024×768 和 800×600 两种分辨率。但是，现在很多网页都使用 778 像素的宽度，这是因为当网页的宽度为 800 时，整个网站往往使人感到很压抑，让人有一种透不过气的感觉。其实 800 像素的宽度是指在 800×600 的分辨率上网页的最大宽度，而不代表最佳视觉宽度，因此不妨试试 760～770 像素的宽度，这样不管在 1024 像素宽度下还是在 800 像素宽度下，都可以达到较佳的视觉效果。

2. 合理广告

目前，一些网站的广告(弹出广告、浮动广告、大广告、banner 广告、通栏广告等)让人觉得很厌烦，有的浏览者根本就不愿意看，甚至连这个网站都不想上了，这样一来，网站必然会受到严重的影响，广告也没达到宣传的目的。这些问题都是设计者在设计网站之前需要考虑，需要规划的。浮动广告有两种，第一种是在网页两边空余的地方可以上下浮动的广告，第二种是满屏幕随机移动的广告。建议尽量使用第一种，不得不使用第二种时，最好不超过一个。如果数量过多，那么会直接影响用户的承受心理，妨碍用户浏览信息，结果得不偿失。例如，在注册或者购买的页面上最好不要出现过多的其他无关的内容让用户分心，以免客户流失。

3. 空间的合理利用

很多网页都具有一个特点，用一个字来形容，那就是“塞”，即将各种各样的信息如文字、图片、动画等不加考虑地塞到页面上，有多少塞多少，不加以规范，导致不方便浏览，主要的表现是页面主次不分，喧宾夺主，没有重点，没有很好地归类，整体就像大杂烩，让人难以找到需要的东西。如图 1-12 所示，该网页虽然信息承载量大，但布局很合理。

图 1-12　大信息量下的网页布局

有的网页则是一片空白，导致页面结构失去平衡，也可以用“散”字来形容。并非要把整个页面塞满，只要合理地安排，有机地组合，就能使页面布局达到平衡。即使在一边有大面积的空间留空，也不会让人感觉空，相反，这样会给人留下广阔的思考空间，不仅使人回味，而且实现了很好的视觉效果。如图 1-13 所示的网页既简洁，又能烘托主题。

4. 文字编排

在网页设计中，字体的处理同样非常关键。一般使用下面两种方式对文字进行处理。

文字图形化：文字图形化就是将文字用图片的形式表现出来，这种形式在页面的子栏目中最为常用，因为它更能突出内容，同时又美化了页面，增强了视觉效果。这些效果是用纯文字无法达到的。

强调文字：如果将个别文字作为页面的诉求重点，则可以通过加粗、加下划线、加大字号、加指示性符号、倾斜字体、改变字体颜色等手段有意识地强化文字的视觉效果，使其在整体页面中显得醒目。这些方法实际上都是运用了对比的法则。如图 1-14 所示，通过对文字的合理调整使页面看上去很清新。

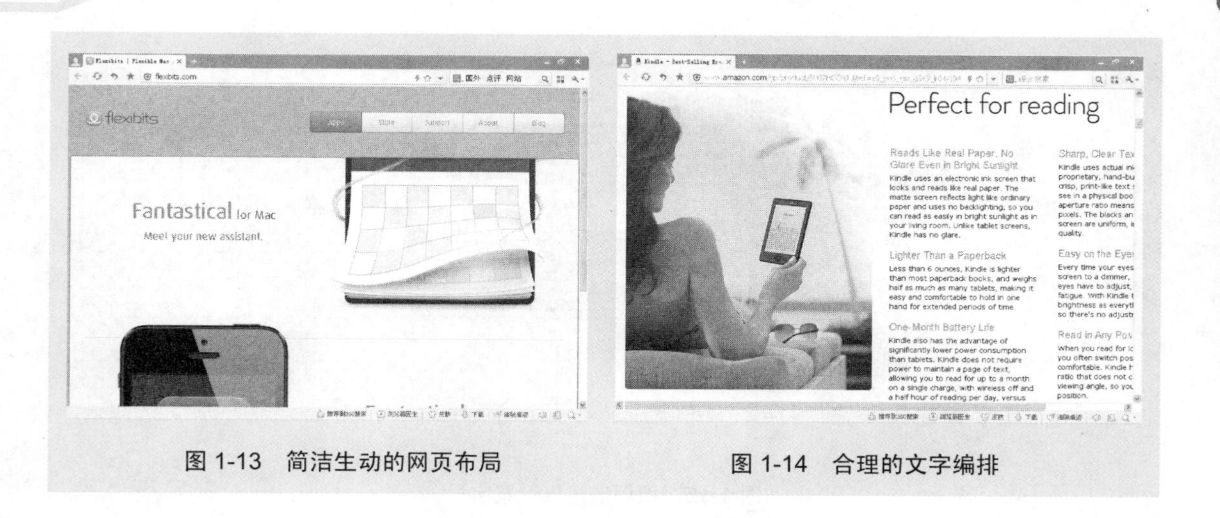

图 1-13　简洁生动的网页布局　　图 1-14　合理的文字编排

1.3 网页内容

网站和报纸，同是传播信息的一种媒介，有很多相似之处。网页的内容同样是由文字和图片构成的，而网页还有了对影音多媒体内容的支持，这是报纸所不能比拟的。网页版式、布局的设计是为内容服务的，它们与内容的关系是相辅相成的。

1.3.1 网页中的文字与图像

文本是网页中最为重要的设计元素，对于网页设计初学者而言，了解和掌握网页设计中的文字排版设计就显得尤为重要。

字号大小可以用不同的方式来表示，例如磅(pt)或像素(px)。最适合于网页正文显示的字号大小为 12pt(14px)左右，由于在一个页面中需要安排的内容较多，现在很多综合性站点通常采用 9pt(12px)的字号。较大的字号可用于标题或其他需要强调的地方，小一些的字号可以用于页脚和辅助信息。需要注意的是，小字号容易产生整体感和精致感，但可读性较差。新闻类网页、信息聚合类网页为满足承载信息的需要，往往字号较小，如图 1-15 所示。

在网页中使用的图片格式必须是 GIF、JPG、PNG 等。在使用相机、扫描仪等设备获得图片后，需要使用专门的图片转换工具将图片转换成 GIF，JPG 或 PNG 格式才可以在网页中使用。常用的转换工具有 Photoshop、Fireworks 等图像处理软件。

1. GIF 格式

GIF 图片以 8 位颜色或 256 色存储单个或多个光栅图像数据。GIF 图片支持透明度、压缩、交错和多图像图片(动画 GIF)。GIF 透明度不是 Alpha 通道透明度，不能支持半透明效果。GIF 压缩是 LZW 压缩，压缩比大概为 3∶1。GIF 文件规范的 GIF89a 版本中支持动画 GIF。

图 1-15　根据信息量设置字号

优点：GIF 广泛支持 Internet 标准，支持无损耗压缩和透明度，压缩比高，磁盘空间占用较少，所以这种图像格式迅速得到了广泛的应用。

缺点：GIF 只支持 256 色调色板，因此，详细的图片和写实摄影图像会丢失颜色信息，而看起来却是经过调色的。在大多数情况下，GIF 格式的无损耗压缩效果不如 JPEG 格式或 PNG 格式的。GIF 支持有限的透明度，没有半透明效果或褪色效果(例如 Alpha 通道透明度提供的效果)。

2. JPG 格式

JPG 也是一种常见的图像格式，其压缩技术十分先进，它用有损压缩方式去除冗余的图像和彩色数据，获取极高的压缩率的同时能展现十分丰富生动的图像。换句话说，就是可以用最少的磁盘空间得到较好的图像质量。JPG 格式的图片在网页中是最常见的，如图 1-16 所示。

图 1-16　网页中 JPG 格式的图片

优点：JPG 格式压缩主要是高频信息，对色彩的信息保留较好，适合应用于互联网，可减少图像的传输时间，可以支持 24bit 真彩色，也普遍应用于需要连续色调的图像。

缺点：在互联网中访问页面，由于网速的限制，如果大量使用 JPG 格式的图片，就会因为图片容量较大导致访问速度降低。

3. PNG 格式

PNG(Portable Network Graphic，可移植性网络图像)，是网上流行的最新图像文件格式。PNG 能够提供长度比 GIF 小 30%的无损压缩图像文件。它同时提供 24 位和 48 位真彩色图像支持以及其他诸多技术性支持。PNG 格式图片在网页中的应用如图 1-17 所示。

图 1-17　网页中 PNG 格式的图片

优点：第一，PNG 是目前最不失真的格式，它吸取了 GIF 和 JPG 两者的优点，存储形式丰富，兼有 GIF 和 JPG 的色彩模式；第二，能把 PNG 图像文件压缩到极限以利于网络传输，但又能保留所有与图像品质有关的信息，因为 PNG 是采用无损压缩方式来减少文件的大小，这一点与牺牲图像品质以换取高压缩率的 JPG 有所不同；第三，显示速度很快，只需下载 1/64 的图像信息就可以显示出低分辨率的预览图像；第四，PNG 同样支持透明图像的制作，透明图像在制作网页图像的时候很有用，可以把图像背景设为透明，用网页本身的颜色信息来代替设为透明的色彩，这样可让图像和网页背景很和谐地融合在一起。

缺点：不支持动画应用效果，如果在这方面能有所加强，就可以完全替代 GIF 和 JPG 了。

1.3.2 网页中的动画与视频影像

动画元素通常可以很自然地成为网页上最吸引人的视觉焦点，因为运动的东西总是比静止的东西更容易抓住人们的眼球。网页中可以有多种形式的动画，比较常用的是 GIF 动画和 Flash 动画。

1. GIF 动画

GIF 动画是使用 GIF 动画软件制作的一种动画图像。其原理就是将一幅幅差别细微的静态图片不停地轮流显示，就好像在放映电影胶片一样，GIF 动画图像的后缀是.gif。制作 GIF 动画的工具有很多，如 Adobe 公司的 ImageReady、友立公司的 GIF Animation 等。

2. Flash 动画

Flash 动画是一种交互式动画，用它可以将音乐、声效、动画以及富有新意的界面融合在一起，以制作出高品质的网页动态效果。Flash 动画的后缀是.swf。Flash 动画在网页中的应用如图 1-18 所示。

图 1-18　网页中的 Flash 动画

视频影像具有时序性与丰富的信息内涵，常用于交代事物的发展过程。视频类似于人们熟知的电影和电视，有声有色，因此越来越多地被应用在网页中。随着网络技术的发展，视频作为多媒体家族中的成员之一，在网页中的应用占有非常重要的地位。因为它本身就可以由文本、图形图像、声音、动画中的一种或多种组合而成，利用其声音与画面同步、表现力强的特点，能大大提高网页的直观性和形象性。

1.3.3 静态网页与动态网页

动态网页与静态网页是相对应的。网页 URL 的后缀是.htm、.html、.shtml、.xml 等形式的，为静态网页。网页 URL 的后缀是.asp、.jsp、.php、.perl、.cgi 等形式的，是动态网页。

在动态网页网址中，有一个标志性的符号——“?”，如图 1-19 所示。

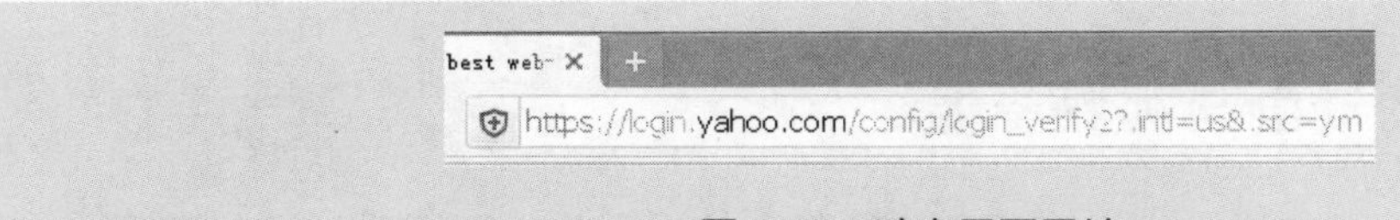

图 1-19　动态网页网址

这里所说的动态网页，与网页上的各种动画、滚动字幕等视觉上的“动态效果”没有直接关系，动态网页也可以是纯文字的内容，也可以包含各种动画的内容。这些只是网页具体内容的表现形式，无论网页是否具有动态效果，采用动态网站技术生成的网页都称为动态网页。

从网站浏览者的角度来看，无论是动态网页还是静态网页，都可以展示基本的文字和图片信息。但从网站开发、管理、维护的角度来看，动态网页和静态网页就有很大的差别。动态网页的一般特点简要归纳如下。

- 动态网页以数据库技术为基础，可以大大降低网站维护的工作量。
- 采用动态网页技术的网站可以实现更多的功能，如用户注册、用户登录，在线调查、用户管理、订单管理等。
- 动态网页实际上并不是独立存在于服务器上的网页文件，只有当用户请求时服务器才返回一个完整的网页。
- 动态网页地址中的“？”对搜索引擎检索存在一定的影响，搜索引擎一般不可能从一个网站的数据库中访问全部网页，或者出于技术方面的考虑，搜索引擎不去抓取网址中“？”后面的内容，因此采用动态网页的网站在进行搜索引擎推广时需要做一定的技术处理才能适应搜索引擎的要求。

1.3.4 网页常用尺寸

- 在 800×600 分辨率下，网页宽度应该保持在 778 像素以内，才不会出现水平滚动条，高度则视版面和内容而定。
- 在 1024×768 分辨率下，网页宽度应该保持在 1002 像素以内，才不会出现水平滚动条，高度则视版面和内容而定。
- 如果需要在 800×600 分辨率状态下全屏显示，在 Photoshop 里面做的网站页面，并且页面的下方不会出现滚动条，则页面尺寸应该设计为 740×560(像素)左右。
- 页面标准按 800×600 分辨率制作，实际尺寸为 778×434(像素)，页面长度原则上不超过 3 屏，宽度不超过 1 屏。

1.4 网站的设计及制作

对于一个网站来说，除了要设计网页内容，还要对网站进行整体规划设计。要想设计出一个精美的网站，前期的规划是必不可少的。决定网站成功与否的一个很重要的因素是它的构思，好的创意及丰富翔实的内容才能够让网页焕发出勃勃生机。

1.4.1 确定网站的风格和布局

在对网页插入各种对象、修饰效果前，要先确定网页的总体风格和布局。

网站风格就是网站的外衣，是指网站给浏览者的整体形象，包括站点的 CI(标志、色彩、字体和标语)、版面布局、浏览互动性、文字、内容、网站荣誉等诸多的因素。

制作好网页风格后，要对网页的布局进行调整规划，也就是确定网页上的网站标志、导航栏及菜单等元素的位置。不同网页的各种网页元素所处的位置也不同，一般情况下，重要的元素放在突出位置。

常见的网页布局有同字型、厂字型、标题正文型、分栏型、封面型和 Flash 型等。

- 同字型：也可以称为国字型，是一些大型网站常用的页面布局，其特点是内容丰富，链接多，信息量大。网站的最上面是网站的标题及横幅广告条，接下来是网站的内容，被分为 3 列，中间是网站的主要内容，最下面是版权信息等，如图 1-20 所示。
- 厂字型：厂字型布局的特点是内容清晰，一目了然，网站的最上面是网站的标题及横幅广告条，左侧是导航链接，右侧是正文信息区，如图 1-21 所示。

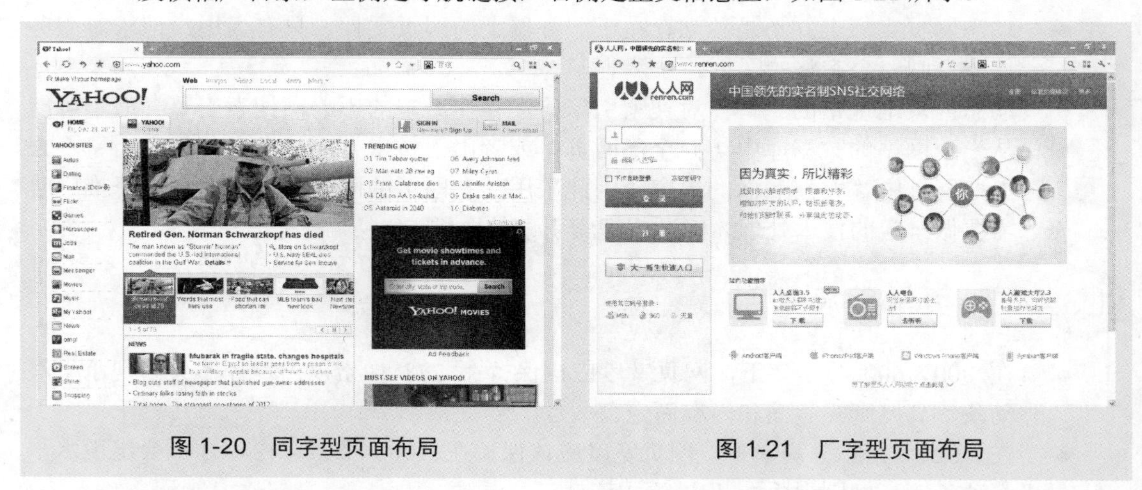

图 1-20　同字型页面布局　　　　图 1-21　厂字型页面布局

- 标题正文型：标题正文型布局的特点是内容简单，上部是网站标志和标题，下部是网站正文，如图 1-22 所示。

图 1-22　标题正文型页面布局

- 封面型：封面型布局比较接近于平面设计艺术，这种类型的布局经常出现在一些网站的首页，一般为设计精美的图片或动画，多用于个人网页，如果处理得好，会给人带来赏心悦目的感觉，如图 1-23 所示。

- Flash 型：Flash 型布局采用 Flash 技术制作完成，由于 Flash 的强大功能，其页面所表达的信息更加丰富，能带给浏览者很大的视觉冲击，如图 1-24 所示。

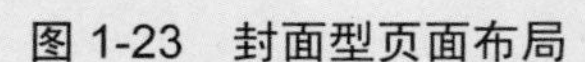

图 1-23　封面型页面布局

图 1-24　Flash 型页面布局

1.4.2 收集资料和素材

确定了网站的风格和布局后，就可以根据网站建设的基本要求收集资料和素材，包括文本、音频动画、视频及图片等。资料收集得越充分，网站制作就越容易。素材不仅可以在网站上搜索还可以自己制作。

1.4.3 规划站点

资料和素材收集完成后，就需要规划网站的布局和划分结构。对站点中所使用的素材和资料进行管理和规划，对网站中栏目的设置、颜色的搭配、版面的设计、文字图片的运用等进行规划，以便于日后管理。

1.4.4 制作网页

制作网页是一个复杂而细致的过程，一定要按照先大后小、先简单后复杂的顺序来制作。所谓先大后小，就是在制作网页时，先把大的结构设计好，再逐步完善小的结构设计。所谓先简单后复杂，就是先设计出简单的内容，再设计复杂的内容，以便出现问题时及时修改。

在网页排版时，要尽量保持网页风格的一致性，避免在网页跳转时给人不协调的感觉。在制作网页时灵活运用模板，可以大大提高制作效率。将相同版面的网页做成模板，再基于此模板创建网页，这样，以后改变网页时，只需修改模板就可以了。

1.4.5 测试站点

网站制作完成后，须上传到测试空间进行网站测试。网站测试主要是检查浏览器的兼容性，检查链接是否正确，检查是否存在多余标签、语法错误等。

1.4.6 发布站点

在发布站点之前，首先应该申请域名和网络空间，还要对本地计算机进行相应的配置，以完成网站的上传。

可以利用上传工具将其发布到 Internet 上供人们浏览、观赏和使用。上传工具有很多，有些网页制作工具本身就带有 FTP 功能，利用这些 FTP 工具，可以很方便地把网站发布到所申请的网页服务器上。

1.4.7 更新站点

网站要经常更新内容，保持内容的新鲜，因为只有不断地补充新内容，才能够吸引更多的浏览者。

如果一个网站都是静态的网页，在网站更新时就需要增加新的页面，更新链接；如果是动态的页面，只需要在后台进行信息的发布和管理就可以了。

1.5 网页的相关概念

在网页制作过程中，时常要接触到许多网络方面的概念，下面就对这些相关的概念进行简单的介绍。

1.5.1 因特网

因特网(Internet)又称为互联网，是一组全球信息资源的总汇，以相互交流信息资源为目的，基于一些共同的协议，并通过许多路由器和公共互联网连接而成，它是一个信息资源和资源共享的集合。Internet 主要提供的服务有万维网(WWW)、文件传输协议(FTP)、电子邮件(E-mail)及远程登录(Internet)等。

1.5.2 万维网

万维网就是通常所说的 WWW 或 3W，它是 World Wide Web 的简称。它是无数个网络站点和网页的集合，也是 Internet 提供的最主要的服务，它是由多媒体链接而形成的集合，人们通常上网看到的就是万维网的内容，如图 1-25 所示。万维网是目前 Internet 上最流行的一种基于超文本形式的资源信息。

1.5.3 浏览器

浏览器是指可以显示网页服务器或者文件系统的 HTML 文件内容，并让用户与这些文件交互的一种软件工具，它主要用于查看网页的内容。

图 1-25　万维网

1.5.4 HTML

HTML(Hyper Text Markup Language，超文本标记语言)是一种用来制作超文本文档的简单标记语言，也是制作网页的最基本的语言。由 HTML 语言编写的代码可以直接由浏览器执行。

1.5.5 电子邮件

电子邮件(Electronic Mail)又称电子信箱，简称 E-mail，标志是@，是一种用电子手段提供信息交换的通信方式，它是目前 Internet 上使用最多、最受欢迎的一种服务。电子邮件是利用计算机网络的电子通信功能传送信件、单据、资料等电子媒体信息的通信方式，它最大的特点是人们可以在任何地方、任何时间收发信件，大大地提高了工作效率，为人们的生活、办公自动化、商业活动提供了很大的便利，如图 1-26 所示。

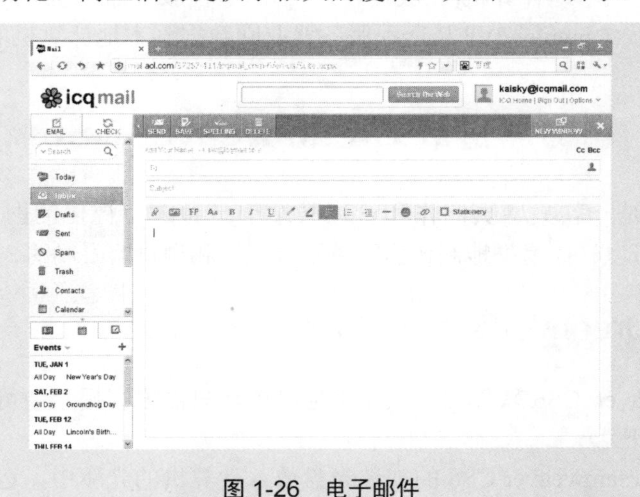

图 1-26　电子邮件

1.5.6 URL

URL(Uniform Resource Locator，统一资源定位器)，也就是网络地址，是在 Internet 上用来描述信息资源，并将 Internet 提供的服务统一编址的系统。简单来说，通常在 IE 浏览器或 Chrome 浏览器中输入的网址就是 URL 的一种。

1.5.7 域名

域名是用一些英文字符或汉语拼音来替代 IP 地址的方式，它避免了 IP 地址难以记住和理解的缺陷。目前，域名已经成为互联网的品牌，是网上商标保护必备的产品之一。

1.5.8 FTP

FTP(File Transfer Protocol，文件传输协议)，是一种快速、高效和可靠的信息传输方式，它属于网络协议组的应用层。FTP 客户机可以给服务器发出命令要求下载文件，上传文件，创建或改变服务器上的目录。

1.5.9 IP 地址

每一台联网的计算机都有唯一标识主机的标识，就像人们的身份证号码一样，这就是 IP 地址。

IP(Internet Protocol，因特网协议)，是为计算机网络相互连接进行通信而设计的协议，是计算机在因特网上进行相互通信时应当遵守的规则。

1.5.10 上传和下载

上传(Upload)是从本地计算机(一般称客户端)向远程服务器(一般称服务器端)传送数据的行为和过程。下载(Download)是从远程服务器取回数据到本地计算机的过程。

1.6 走进 Dreamweaver CS6

Dreamweaver 是一款集网页制作和管理网站于一身的可视化的网页制作工具，使用 Dreamweaver CS6 可以轻而易举地制作出跨越平台限制和浏览器限制的、充满动感的网页。

1.6.1 安装 Dreamweaver CS6 软件

安装 Dreamweaver CS6 软件的方法非常地简单，只需根据提示便可轻松地完成安装，具体的操作步骤如下。

步骤01 将 Dreamweaver CS6 的安装光盘放入计算机的光驱中，运行安装程序，首先进行初始化，如图 1-27 所示。

步骤02 初始化完成后弹出如图 1-28 所示的 Adobe Dreamweaver CS6 的【欢迎】界面，然后单击【安装】选项。

步骤03 在弹出的【Adobe 软件许可协议】界面中阅读 Dreamweaver CS6 的许可协议，并单击【接受】按钮，如图 1-29 所示。

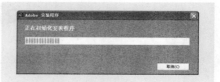

图 1-27　初始化

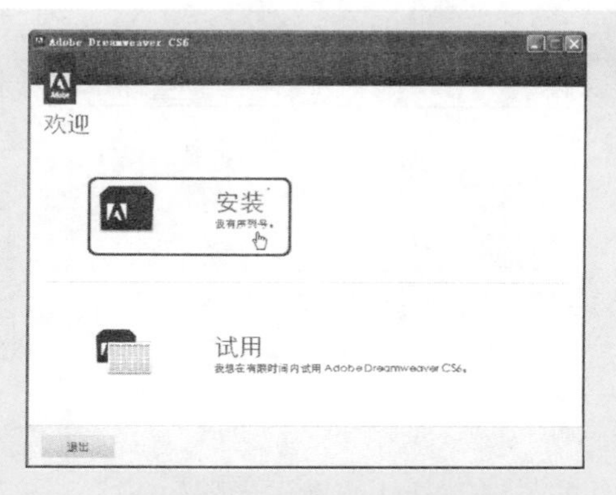

图 1-28　单击【安装】选项

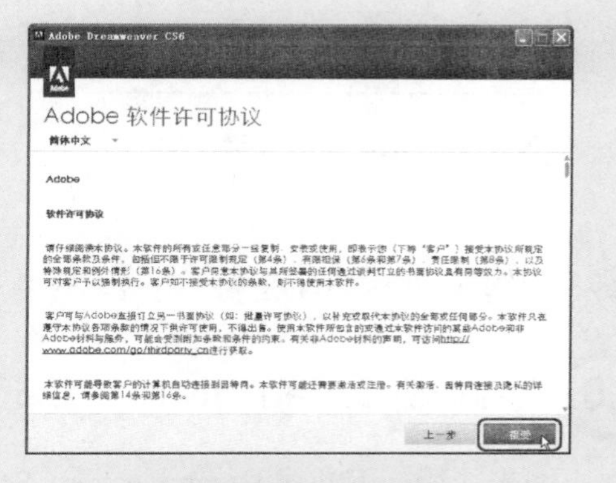

图 1-29　许可协议

步骤04 在弹出的【序列号】界面中输入序列号，并单击【下一步】按钮，如图 1-30 所示。

步骤05 在弹出的【选项】界面中设置产品的安装路径，这里使用默认的安装路径，然后单击【安装】按钮，如图 1-31 所示，即弹出【安装】界面，如图 1-32 所示。

提示：单击【浏览】按钮可以自定义文件的安装位置。

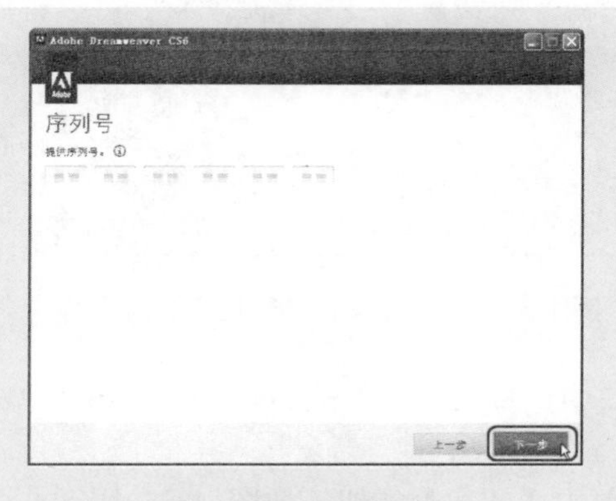

图 1-30　输入序列号

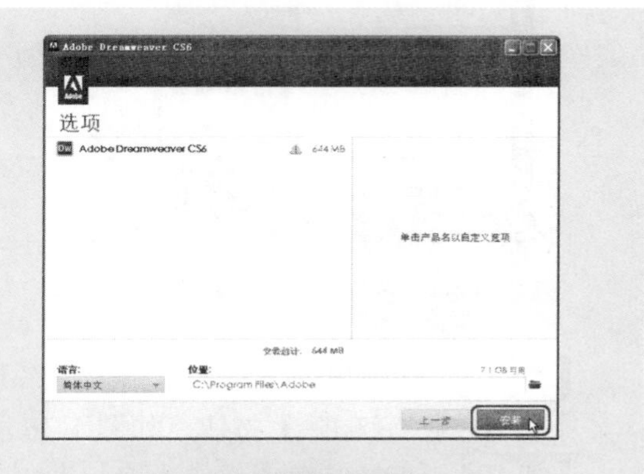

图 1-31　设置安装路径

步骤06 安装完成后，则会弹出如图 1-33 所示的界面，单击【关闭】按钮即可。

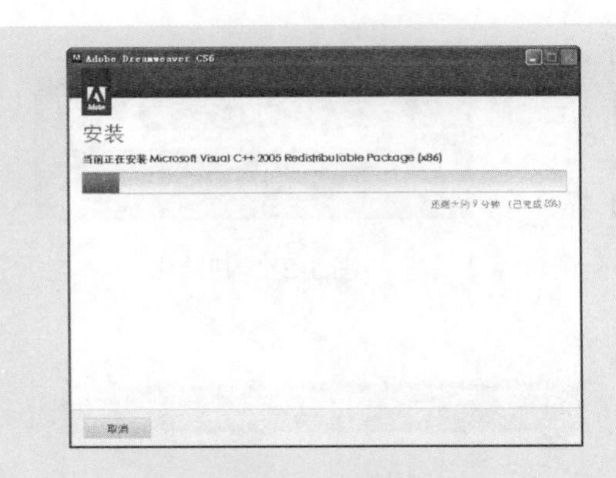
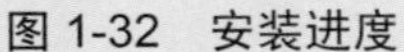

图 1-32　安装进度

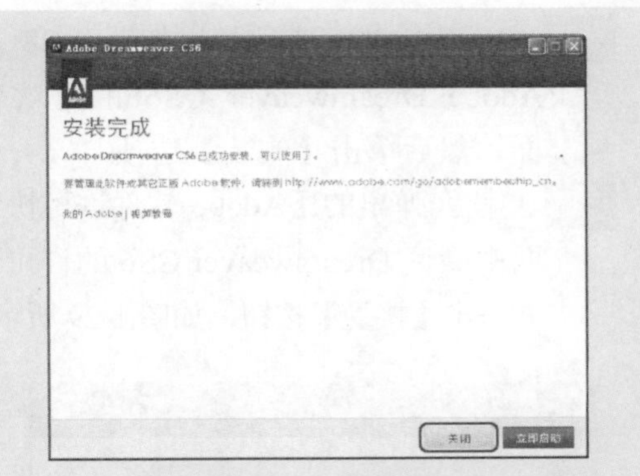

图 1-33　安装完成

提示：如果单击【立即启动】按钮，系统会自动启动 Dreamweaver CS6。

1.6.2　卸载 Dreamweaver CS6 软件

下面来介绍一下卸载 Dreamweaver CS6 软件的方法，具体的操作步骤如下。

步骤 01　选择【开始】|【设置】|【控制面板】命令，如图 1-34 所示。

步骤 02　在弹出的【控制面板】窗口中，选择【添加/删除程序】选项，如图 1-35 所示。

图 1-34　选择【控制面板】命令

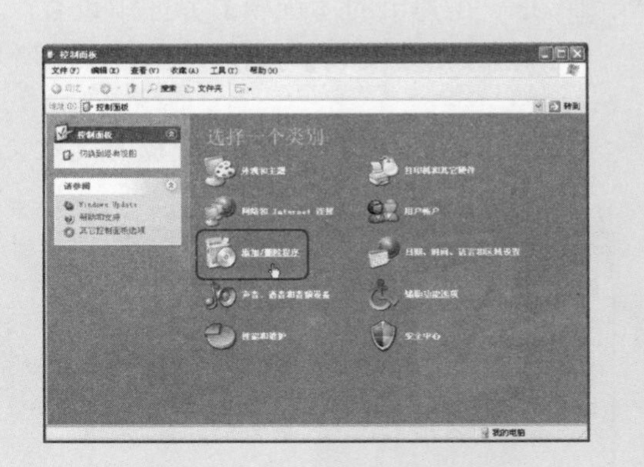

图 1-35　选择【添加/删除程序】选项

步骤 03　在弹出的【添加或删除程序】窗口中选择 Adobe Dreamweaver CS6，单击其右侧的【删除】按钮，如图 1-36 所示。

步骤 04　在弹出的【卸载选项】界面中，单击【卸载】按钮，如图 1-37 所示，即弹出【卸载】界面，如图 1-38 所示。

步骤 05　卸载完成后，在弹出的界面中单击【关闭】按钮，即可将 Dreamweaver CS6 从计算机上删除，如图 1-39 所示。

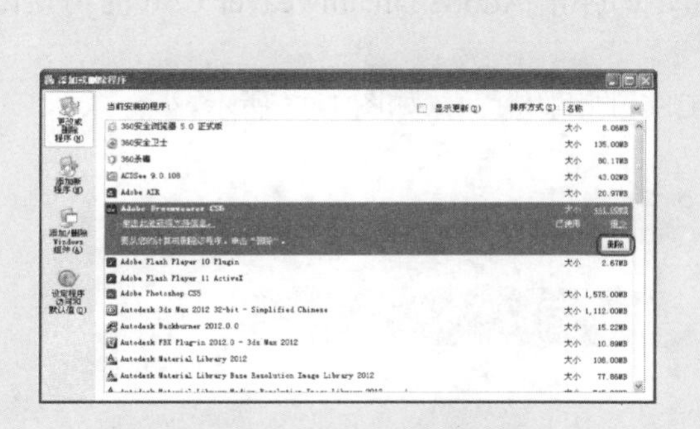
图 1-36 单击【删除】按钮

图 1-37 单击【卸载】按钮

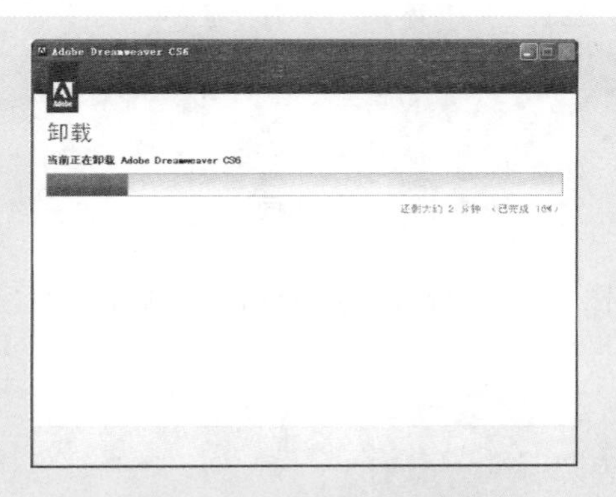

图 1-38 卸载进度

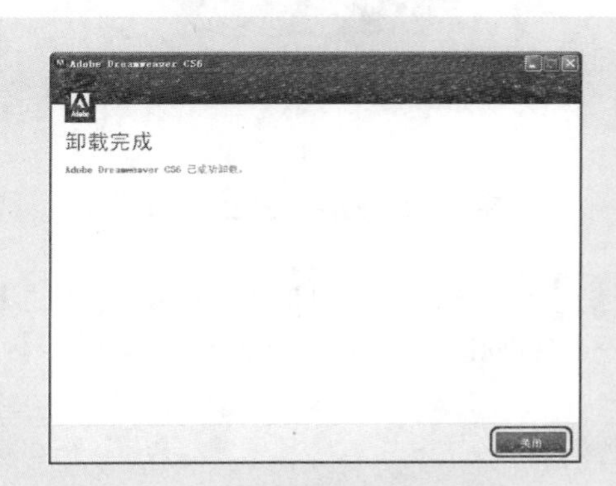

图 1-39 卸载完成

1.6.3 启动 Dreamweaver CS6 软件

下面来介绍一下启动 Dreamweaver CS6 软件的方法，具体的操作步骤如下。

步骤 01 选择【开始】|【程序】| Adobe Dreamweaver CS6 命令，如图 1-40 所示。

步骤 02 在第一次启动时，会弹出【默认编辑器】对话框，可以在该对话框中将 Dreamweaver CS6 设置为所选文件类型的默认编辑器，如图 1-41 所示。

图 1-40 选择 Adobe Dreamweaver CS6 命令

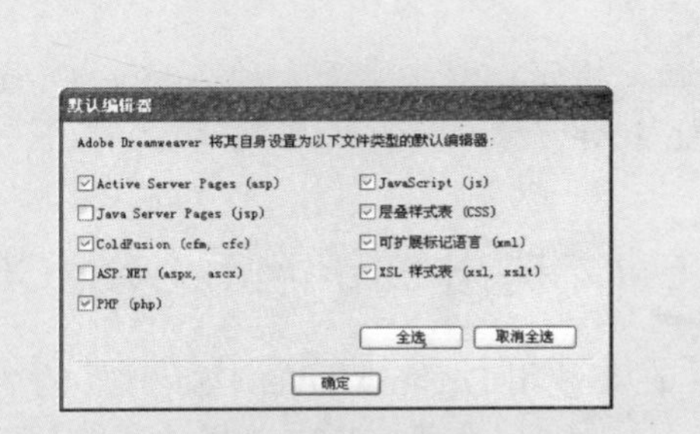

图 1-41 【默认编辑器】对话框

步骤03 设置完成后单击【确定】按钮，即弹出 Adobe Dreamweaver CS6 的初始化界面，如图 1-42 所示。

步骤04 初始化后，打开 Dreamweaver CS6 的开始页面，如图 1-43 所示。

图 1-42 初始化界面

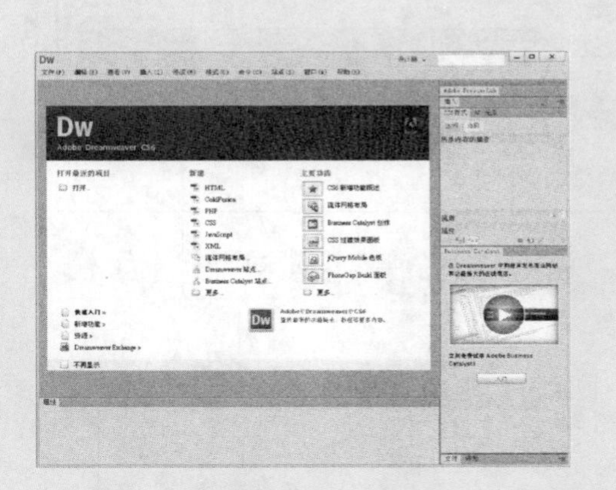

图 1-43 开始页面

步骤05 在开始页面中，单击【新建】栏下的 HTML 选项，即可新建一个空白的 HTML 网页文档，如图 1-44 所示。

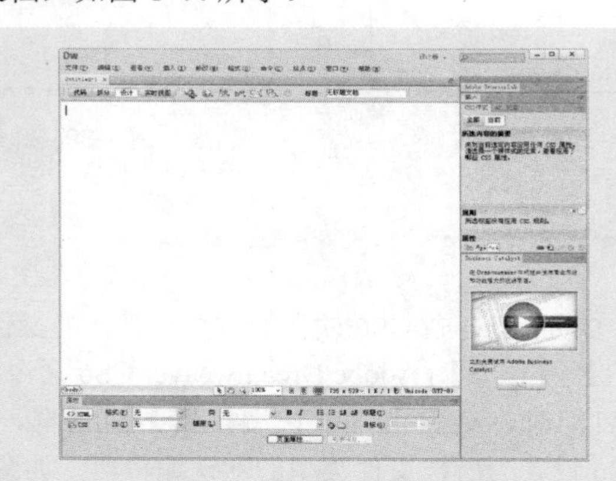

图 1-44 工作界面

提示：双击桌面上的 Adobe Dreamweaver CS6 图标，也可以启动 Dreamweaver CS6 软件。

1.6.4 退出 Dreamweaver CS6 软件

在不使用 Dreamweaver CS6 软件的情况下，可以将其退出，具体的操作步骤如下。

步骤01 在菜单栏中选择【文件】|【退出】命令，如图 1-45 所示，即可退出该软件。

步骤02 如果在工作界面中进行了部分操作，之前也未进行保存，则在退出该软件时，会弹出如图 1-46 所示的信息提示对话框，提示是否保存该文档。

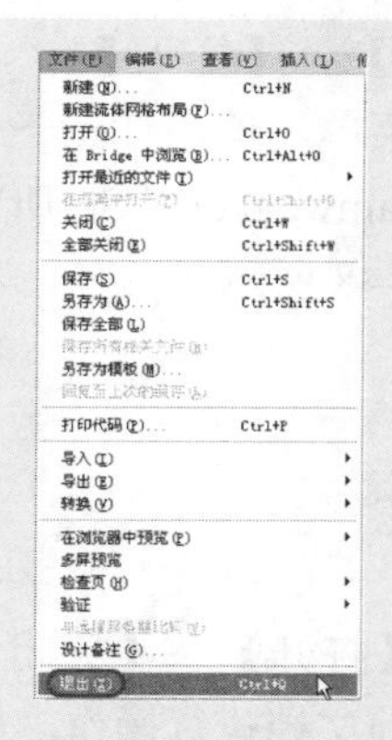

图 1-45 选择【退出】命令

图 1-46 信息提示对话框

提示：除了可以使用上述方法退出 Dreamweaver CS6 外，还可以使用下面的几种方法。方法 1：单击程序窗口右上角的按钮。方法 2：单击程序窗口左上角的按钮**Dw**，在弹出的下拉菜单中选择【关闭】命令。方法 3：按 Alt+F4 组合键。

1.7 Dreamweaver CS6 的工作环境

在学习 Dreamweaver CS6 之前，先来了解一下它的工作环境，便于以后的使用。

1.7.1 Dreamweaver CS6 的工作界面

Dreamweaver CS6 的工作界面主要由菜单栏、文档工具栏、文档窗口、状态栏、【属性】面板和面板组等组成，如图 1-47 所示。

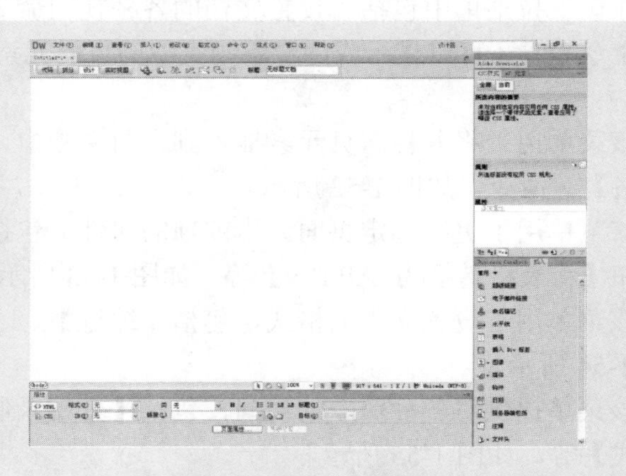

图 1-47 Dreamweaver CS6 的工作界面

1. 菜单栏

在菜单栏中主要包括【文件】、【编辑】、【查看】、【插入】、【修改】、【格式】、【命令】、【站点】、【窗口】和【帮助】10 个菜单。单击任意一个菜单，都会弹出下拉菜单，使用下拉菜单中的命令基本上能够实现 Dreamweaver CS6 所有的功能。菜单栏中还包括一个工作界面切换器和一些控制按钮，如图 1-48 所示。

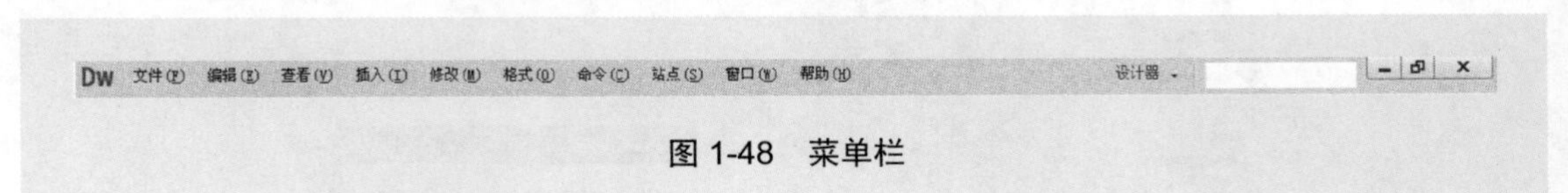

图 1-48　菜单栏

- 【文件】：在该下拉菜单中包括了【新建】、【打开】、【关闭】、【保存】和【导入】等常用命令，用于查看当前文档或对当前文档执行操作，如图 1-49 所示。
- 【编辑】：在该下拉菜单中包括了【拷贝】、【粘贴】、【全选】、【查找和替换】等用于基本编辑操作的标准菜单命令，如图 1-50 所示。

图 1-49　【文件】下拉菜单　　图 1-50　【编辑】下拉菜单

- 【查看】：在该下拉菜单中包括了设置文档的各种视图命令，例如【代码】命令和【设计】命令等，还可以显示或隐藏不同类型的页面元素和工具栏，如图 1-51 所示。
- 【插入】：该菜单用于将各种网页元素插入到当前文档中，包括【图像】、【媒体】和【表格】等命令，如图 1-52 所示。
- 【修改】：该菜单用于更改选定页面元素或项的属性，包括【页面属性】、【合并单元格】和【将表格转换为 AP Div】等，如图 1-53 所示。
- 【格式】：该菜单用于设置文本的格式，包括【缩进】、【对齐】和【样式】等命令，如图 1-54 所示。
- 【命令】：该菜单提供对各种命令的访问，包括【开始录制】、【扩展管理】和【应用源格式】等，如图 1-55 所示。
- 【站点】：该菜单用于创建和管理站点，如图 1-56 所示。
- 【窗口】：该菜单提供对 Dreamweaver CS6 中所有面板、检查器和窗口的访问，如图 1-57 所示。

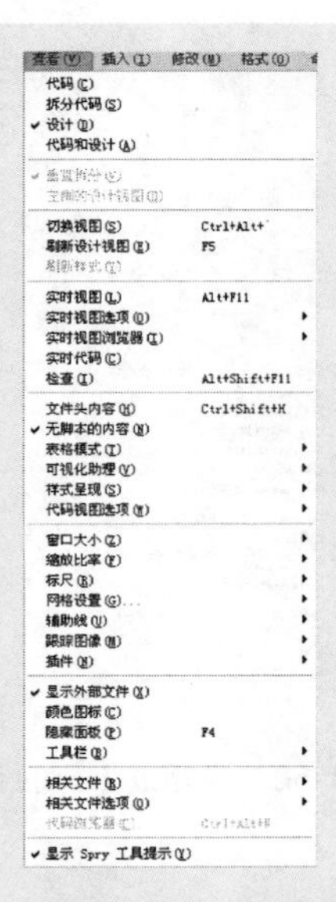

图 1-51 【查看】下拉菜单

图 1-52 【插入】下拉菜单

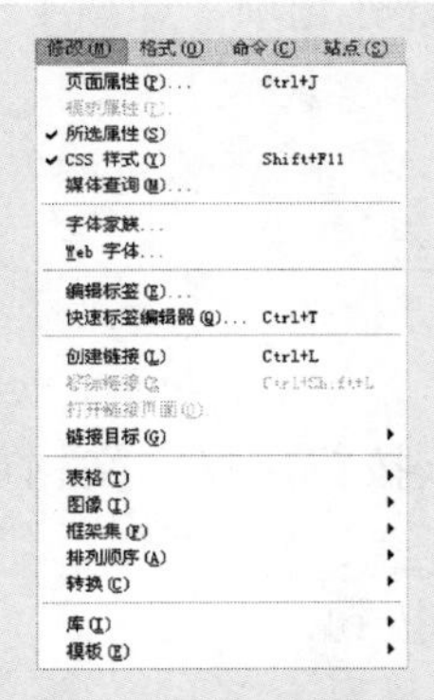

图 1-53 【修改】下拉菜单

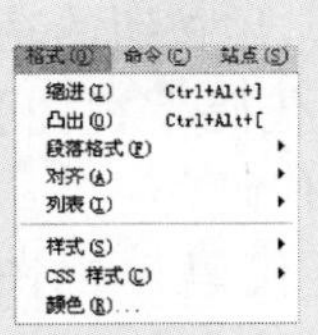

图 1-54 【格式】下拉菜单

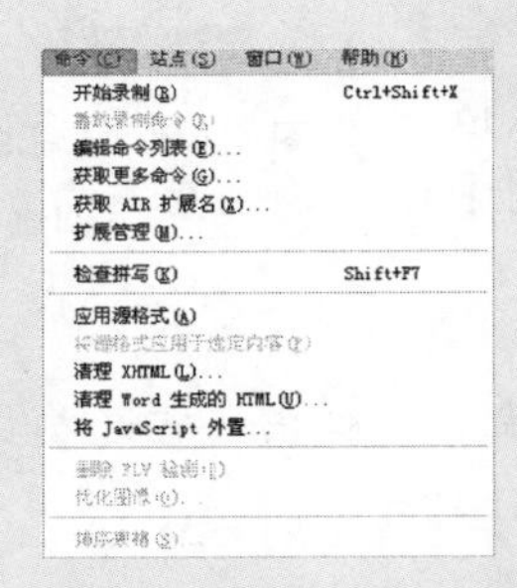

图 1-55 【命令】下拉菜单

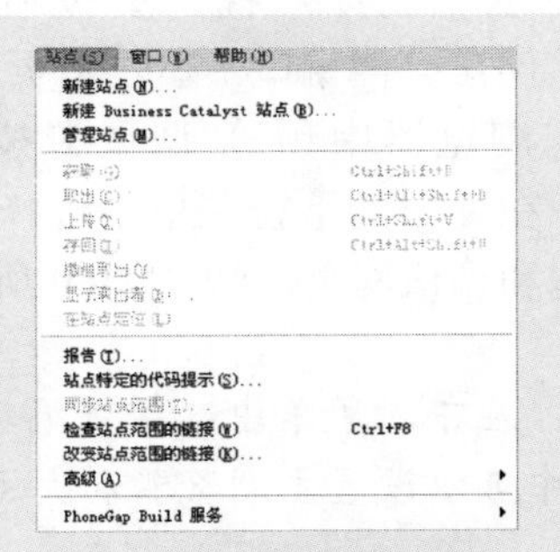

图 1-56 【站点】下拉菜单

● 【帮助】：该菜单提供对 Dreamweaver CS6 帮助文档的访问，如图 1-58 所示。

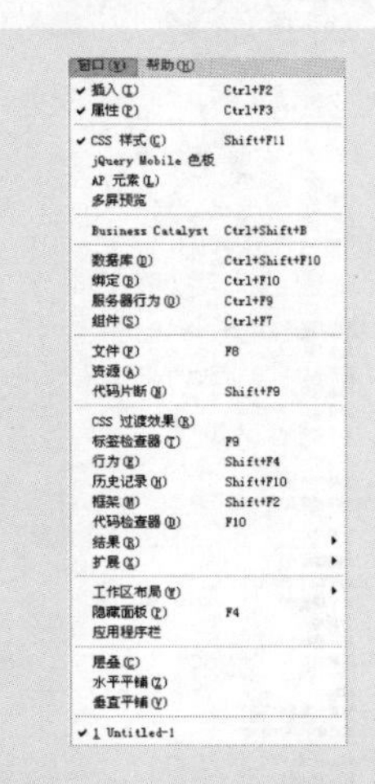

图 1-57 【窗口】下拉菜单

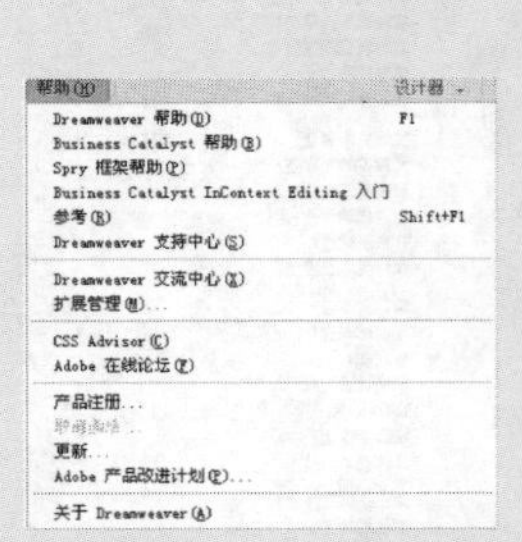

图 1-58 【帮助】下拉菜单

2. 文档工具栏

使用文档工具栏可以在文档的不同视图之间进行切换，如【代码】视图和【设计】视图等。在工具栏中还包含各种查看选项和一些常用的操作选项，如图 1-59 所示。

图 1-59 文档工具栏

文档工具栏中常用按钮的功能如下。

● 【显示“代码”视图】按钮 代码：单击该按钮，仅在文档窗口中显示和修改 HTML 源代码。
● 【显示“代码”视图和“设计”视图】按钮 拆分：单击该按钮，可在文档窗口中同时显示 HTML 源代码和页面的设计效果。
● 【显示“设计”视图】按钮 设计：单击该按钮，仅在文档窗口中显示网页的设计效果。
● 【在浏览器中预览/调试】按钮：单击该按钮，在弹出的下拉菜单中选择一种浏览器，用于预览和调试网页，如图 1-60 所示。

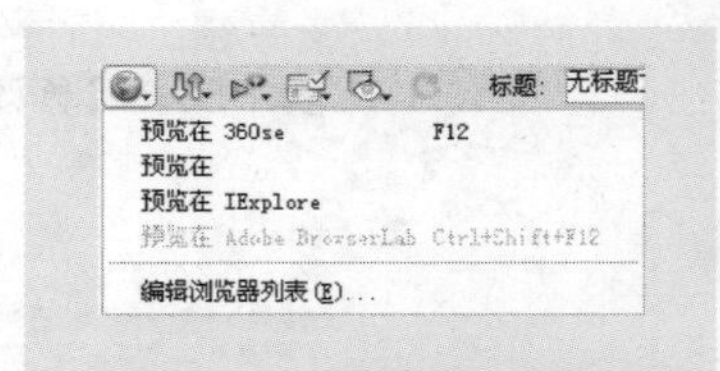

图 1-60 【在浏览器中预览/调试】下拉菜单

提示：在下拉菜单中选择【编辑浏览器列表】命令，弹出【首选参数】对话框，在该对话框中可以设置主浏览器和次浏览器，如图 1-61 所示。

● 【文件管理】按钮：单击该按钮，弹出下拉菜单，其中包括【消除只读属性】、【获取】、【上传】和【设计备注】等命令，如图 1-62 所示。

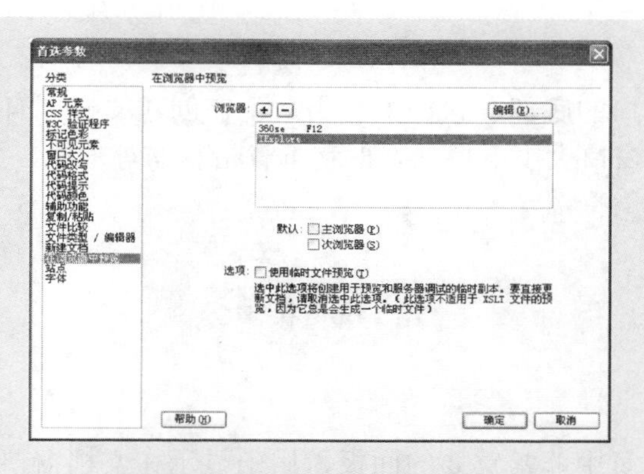

图 1-61 【首选参数】对话框

- 【检查浏览器兼容性】按钮：单击该按钮，弹出下拉菜单，其中包括【检查浏览器兼容性】、【显示所有问题】和【设置】等命令，如图 1-63 所示。

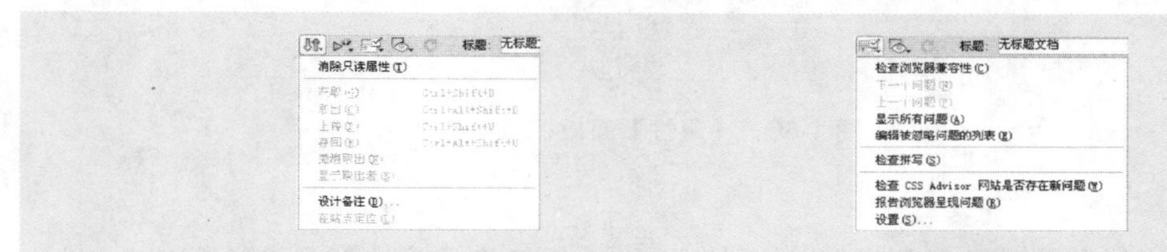

图 1-62 【文件管理】下拉菜单　图 1-63 【检查浏览器兼容性】下拉菜单

- 【标题】文本框：用于设置或修改文档的标题。

3. 文档窗口

文档窗口用于显示当前创建和编辑的文档，在该窗口中，可以输入文字、插入图片和表格等，也可以对整个页面进行设置。通过单击文档工具栏中的【显示“代码”视图】代码、【显示“代码”视图和“设计”视图】拆分、【显示“设计”视图】设计或【实时视图】等按钮，可以分别在窗口中查看代码视图、拆分视图、设计视图或实时显示视图，如图 1-64 所示。

图 1-64 文档窗口

4. 状态栏

状态栏位于文档窗口的底部，它提供与用户正在创建的文档有关的其他信息。在状态栏中包括标签选择器、窗口大小下拉列表框和下载指示器等功能，如图 1-65 所示。

图 1-65 状态栏

5. 【属性】面板

【属性】面板是网页中非常重要的面板，用于显示在文档窗口中所选元素的属性，并且可以对选择的元素的属性进行修改，该面板中的内容因选定的元素不同会有所不同，如图 1-66 所示。

图 1-66 【属性】面板

提示：通过单击【属性】面板右下角的 按钮可将【属性】面板折叠起来，如图 1-67 所示。单击 按钮，即可展开【属性】面板。

图 1-67 折叠【属性】面板

6. 面板组

面板组位于工作界面的右侧，用于帮助用户监控和修改工作，其中包括【插入】面板、【CSS 样式】面板和【文件】面板等，如图 1-68 所示。

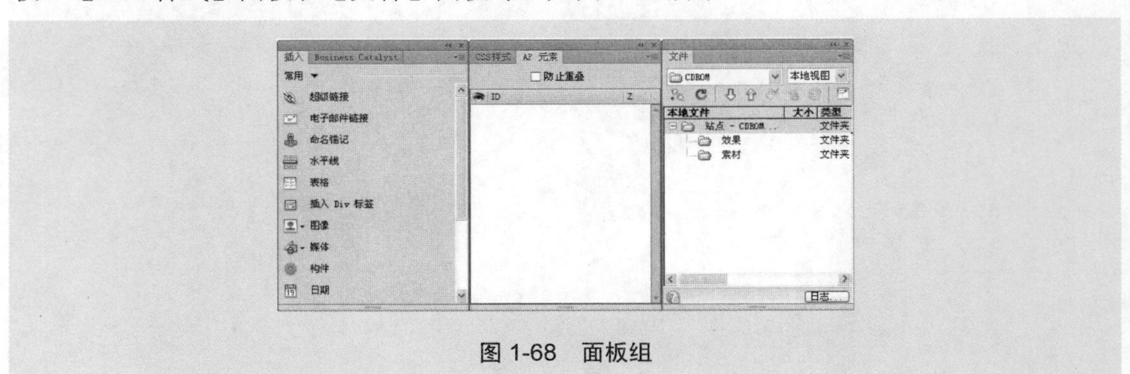

图 1-68 面板组

(1) 打开面板

如果需要使用的面板没有在面板组中显示出来，则可以使用【窗口】菜单(如图 1-69 所示)将其打开，如果选择【资源】命令，则可打开【资源】面板，如图 1-70 所示。

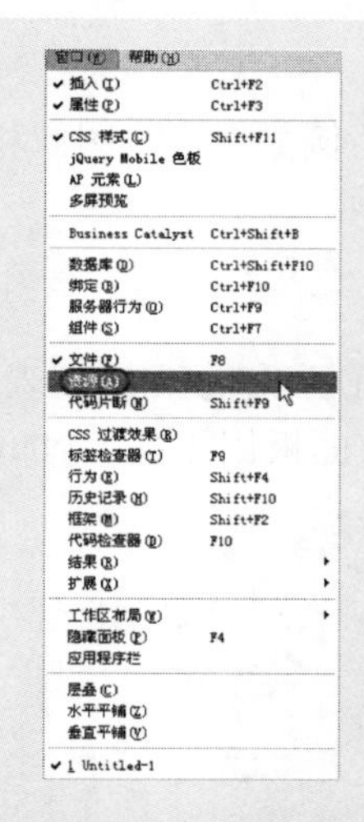

图 1-69 选择【资源】命令

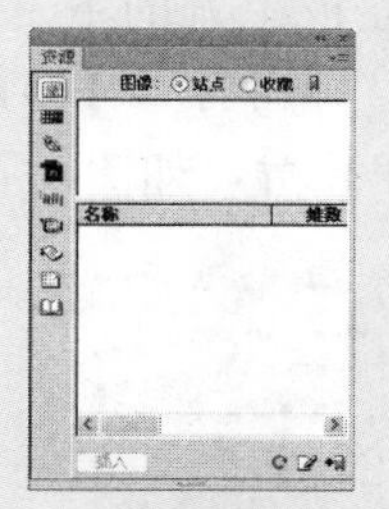

图 1-70 【资源】面板

提示：如果要关闭该面板，再次在菜单栏中选择【窗口】|【资源】命令即可。

(2) 关闭与打开全部面板

按键盘上的 F4 键，即可关闭工作界面中所有的面板，如图 1-71 所示。再次按 F4 键，关闭的面板又会显示在原来的位置上。

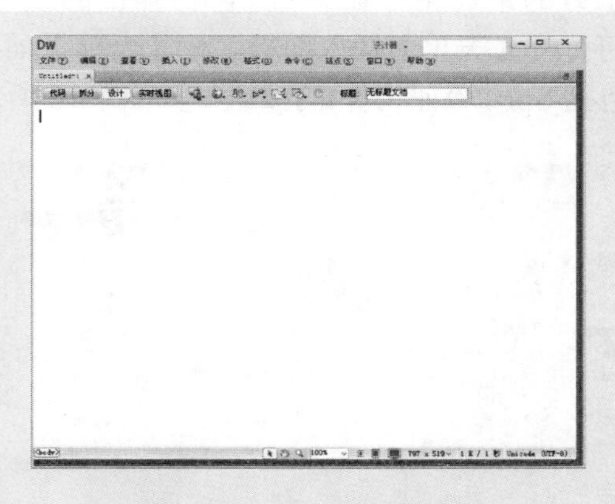

图 1-71 关闭全部面板

1.7.2 【插入】面板

网页元素虽然多种多样，但是它们都可以被称为对象。大部分的对象都可以通过【插入】面板插入到文档中。【插入】面板中包括【常用】插入面板、【布局】插入面板、

【表单】插入面板、【数据】插入面板、Spry 插入面板、jQuery Mobile 插入面板、InContext Editing 插入面板、【文本】插入面板和【收藏夹】插入面板。在面板中包含用于创建和插入对象的按钮。

1. 【常用】插入面板

【常用】插入面板用于创建和插入最常用的对象，例如表格、图像和日期等，如图 1-72 所示。

2. 【布局】插入面板

单击【插入】面板上方的下三角按钮 常用 ▼，在弹出的下拉列表中选择【布局】选项，如图 1-73 所示，即可打开【布局】插入面板，该面板用于插入 Div 标签、绘制 AP Div 和插入 Spry 菜单栏等，如图 1-74 所示。

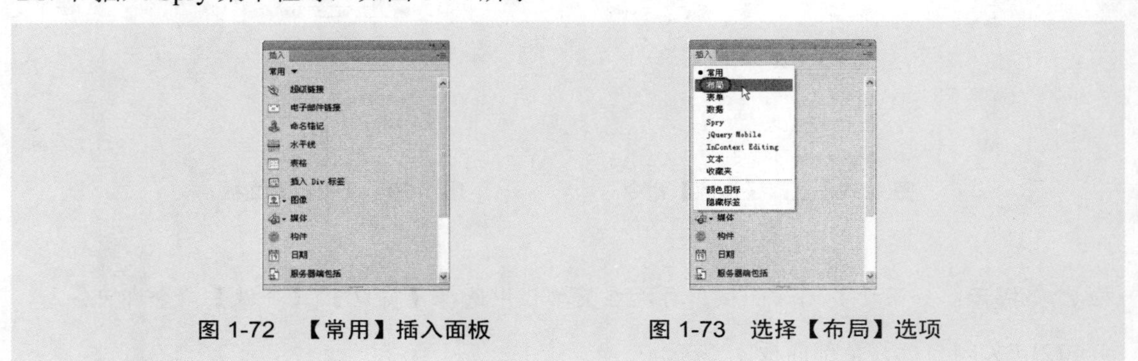

图 1-72 【常用】插入面板　　图 1-73 选择【布局】选项

3. 【表单】插入面板

单击【插入】面板上方的下三角按钮 常用 ▼，在弹出的下拉列表中选择【表单】选项，如图 1-75 所示，即可打开【表单】插入面板。在【表单】插入面板中包含一些用于创建表单和插入表单元素(包括 Spry 验证构件)的按钮，如图 1-76 所示。

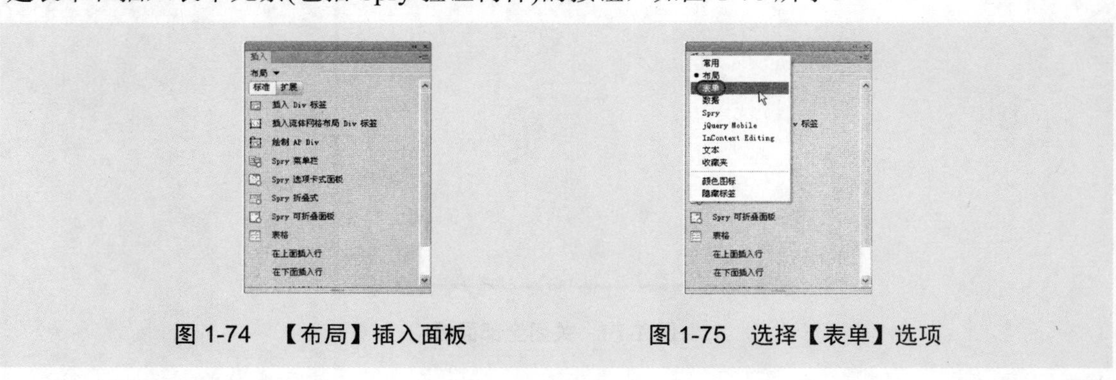

图 1-74 【布局】插入面板　　图 1-75 选择【表单】选项

4. 【数据】插入面板

单击【插入】面板上方的下三角按钮 常用 ▼，在弹出的下拉列表中选择【数据】选项，即可打开【数据】插入面板。使用该面板可以插入 Spry 数据对象和其他动态元素，如图 1-77 所示。

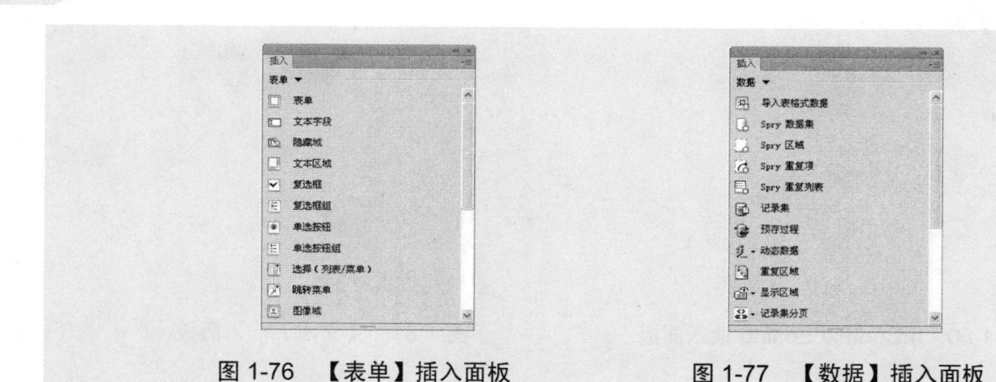

图 1-76 【表单】插入面板　　图 1-77 【数据】插入面板

5. Spry 插入面板

单击【插入】面板上方的下三角按钮 常用 ▼，在弹出的下拉列表中选择 Spry 选项，即可打开 Spry 插入面板。在该面板中包含一些用于构建 Spry 页面的按钮，例如 Spry 区域、Spry 重复项和 Spry 折叠式等，如图 1-78 所示。

6. jQuery Mobile 插入面板

单击【插入】面板上方的下三角按钮 常用 ▼，在弹出的下拉列表中选择 jQuery Mobile 选项，即可打开 jQuery Mobile 插入面板。该面板用于插入 jQuery Mobile 页面和 jQuery Mobile 列表视图等，如图 1-79 所示。

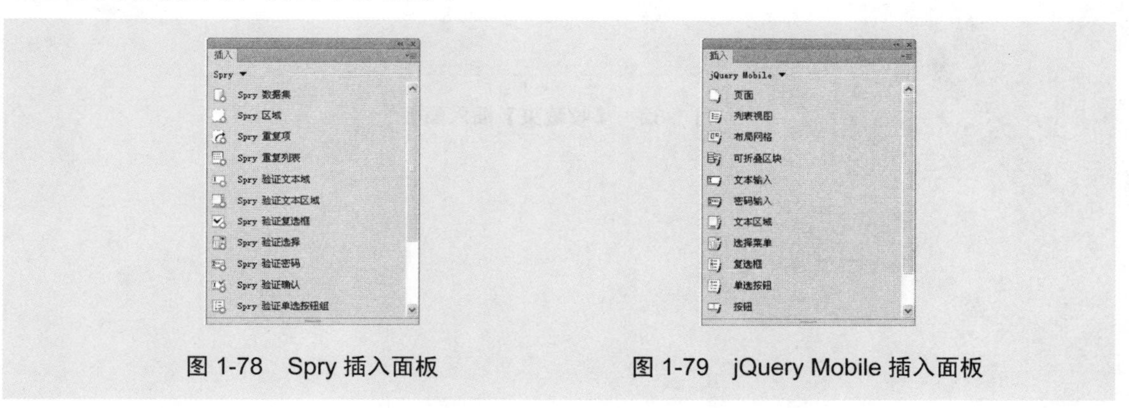

图 1-78 Spry 插入面板　　图 1-79 jQuery Mobile 插入面板

7. InContext Editing 插入面板

单击【插入】面板上方的下三角按钮 常用 ▼，在弹出的下拉列表中选择 InContext Editing 选项，即可打开 InContext Editing 插入面板。在该面板中包含生成 InContext 编辑页面的按钮，如图 1-80 所示。

8. 【文本】插入面板

单击【插入】面板上方的下三角按钮 常用 ▼，在弹出的下拉列表中选择【文本】选项，即可打开【文本】插入面板。该面板中包含用于插入各种文本格式和列表格式的按钮，如图 1-81 所示。

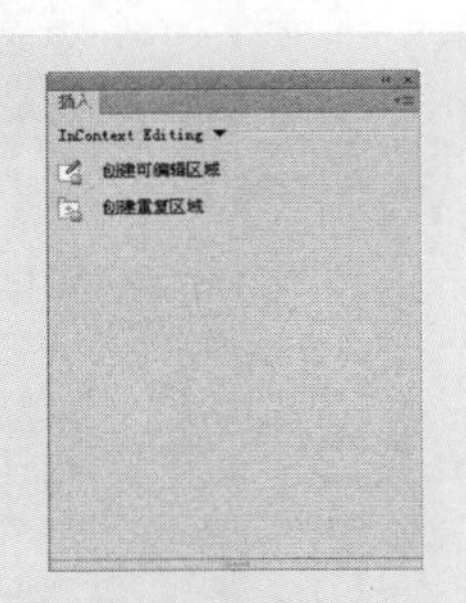

图 1-80　InContext Editing 插入面板

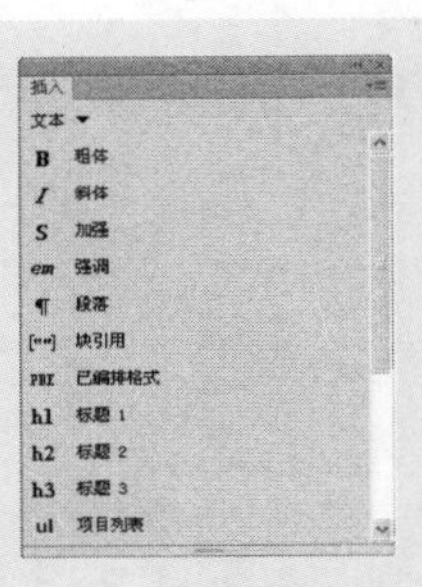

图 1-81　【文本】插入面板

9. 【收藏夹】插入面板

单击【插入】面板上方的下三角按钮 常用 ▼，在弹出的下拉列表中选择【收藏夹】选项，即可打开【收藏夹】插入面板。该面板用来将最常用的按钮分组和组织到某一公共位置，如图 1-82 所示。

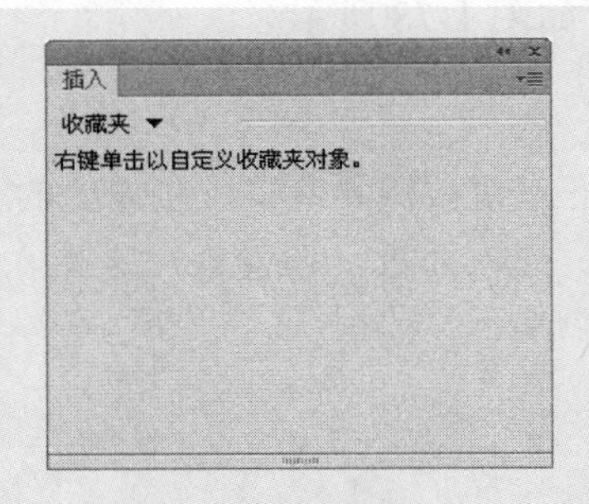

图 1-82　【收藏夹】插入面板

第2章

网页制作中色彩的应用

色彩的魅力是无限的，它可以让本身平淡无味的东西瞬间变得漂亮起来。作为一名优秀的设计师，不仅要掌握基本的网站制作技术，还要掌握网站的配色风格等设计艺术。

本章重点：

- 初识用色彩设计网页
- 网页色彩的搭配
- 网页设计的艺术处理原则
- 网页配色精彩实例

2.1 初识用色彩设计网页

网站给用户留下第一印象的既不是网站丰富的内容，也不是网站合理的版面布局，而是网站的色彩，不同的颜色运用会给人以不同的感受，高明的设计师会运用颜色来表现网站的理念和内在品质。为了能更好地应用色彩来设计网页，下面先来了解一下色彩的基础知识。

2.1.1 认识色彩

自然界中的色彩五颜六色，千变万化，比如，百合是白色的，天空是蓝色的，橘子是橙色的，草是绿色的……平时所看到的白色光，经过分析在色带上可以看到，它包含红、橙、黄、绿、青、蓝、紫 7 种颜色，各颜色间自然过渡，其中，红、绿、蓝是三原色，三原色通过不同比例的混合可以得到各种颜色，如图 2-1 所示。

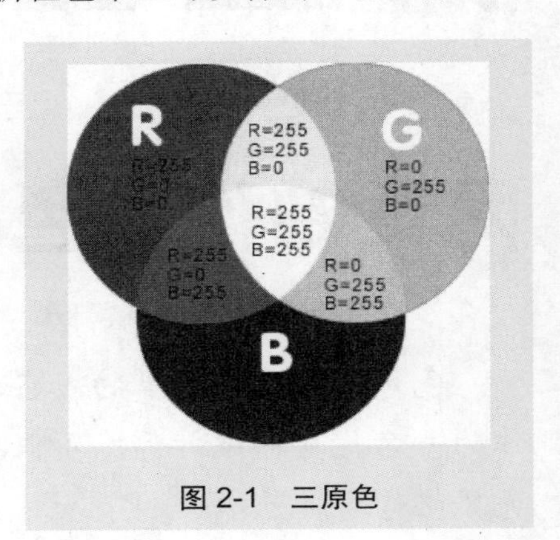

图 2-1 三原色

色彩有冷色、暖色之分，冷色给人的感觉是安静、冰冷，而暖色给人的感觉是热烈、火热。冷色、暖色的巧妙运用可以使网站产生意想不到的效果。

现实生活中的色彩可以分为彩色和非彩色，其中，黑、白、灰属于非彩色系列，其他的色彩都属于彩色系列。任何一种彩色都具备 3 个属性：色相、纯度和明度，而非彩色只有明度属性。

1. 色相

色相指色彩的名称，这是色彩最基本的特征，反映颜色的基本面貌，是一种色彩区别于另一种色彩的最主要的因素。如，紫色、绿色和黄色等代表不同的色相。观察色相要善于比较，色相近似的颜色也要区别，比较出它们之间的微妙差别。这种相近色中求对比的方法在写生时经常使用，如果掌握得当，能形成一种色调的雅致、和谐、柔和耐看的视觉效果。将色彩按红→黄→绿→蓝→红依次过渡渐变，即可得到一个色环。

2. 纯度

纯度也叫饱和度，指色彩的鲜艳程度。纯度高则色彩鲜亮；纯度低则色彩黯淡，含灰色。颜色中以三原色红、绿、蓝为最高纯度色，而接近黑、白、灰的颜色为低纯度色。凡是靠视觉能够辨认出来的、具有一定色相倾向的颜色都有一定的鲜灰度，而其纯度的高低取决于它含中性色黑、白、灰总量的多少。

3. 明度

明度指色彩的明暗程度。明度越高，色彩越亮；明度越低，颜色越暗。色彩的明度有两种情况：一是同一色相的不同明度，二是各种颜色的不同明度。

2.1.2 网页色彩的定义

在网页中，常以 RGB 模式来表示颜色的值，RGB 表示红(Red)、绿(Green)、蓝(Blue)三原色。在通常情况下，RGB 各有 256 级亮度，用 0～255 表示，如图 2-2 所示为【颜色】对话框。

对于单独的 R、G、B 而言，当数值为 0 时，代表这种颜色不发光；如果为 255，则代表该颜色为最高亮度。当 RGB 这 3 种色光都达到最强的亮度(即 RGB 值为 255、255、255)时，表示纯白色，用十六进制数表示为#FFFFFF。相反，纯黑色的 RGB 值是 0、0、0，用十六进制数表示为#000000。纯红色的 RGB 值是 255、0、0，意味着只有红色 R 存在且亮度最强，G 和 B 都不发光。同理，纯绿色的 RGB 是 0、255、0；纯蓝色的 RGB 是 0、0、255。如图 2-3 所示为设置纯蓝色的【颜色】对话框。

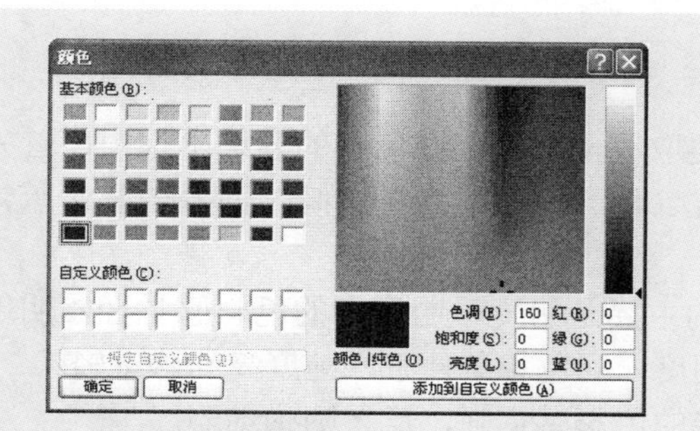

图 2-2 【颜色】对话框

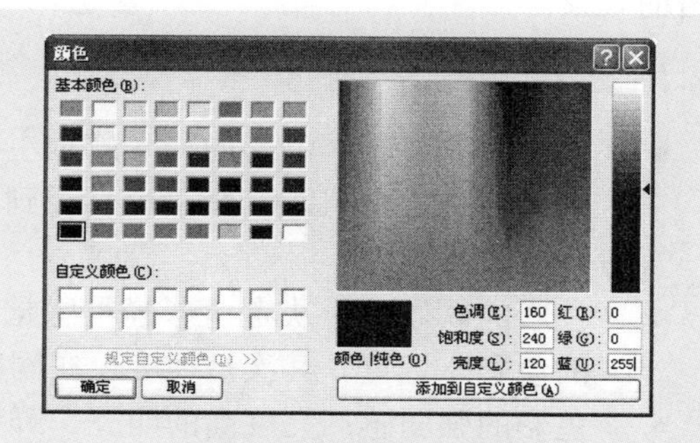

图 2-3 设置纯蓝色的【颜色】对话框

按照计算，256 级的 RGB 色彩总共能组合出约 1678 万种色彩，即 256×256×256=16 777 216，通常也被简称为 1600 万色或千万色，也称为 24 位色(2 的 24 次方)。既然理论上可以得出 16 777 216 种颜色，那么为什么又出现了网页安全颜色范畴为 216 种的颜色呢?这是因为浏览器的缘故，网页被浏览器识别以后，只有 216 种颜色能在浏览器中正常显示，而超出这个范围的颜色有的浏览器显示时就可能发生偏差，不能正常显示，因此将能被所有的浏览器正常显示的 216 种颜色称为网页安全颜色范畴。

现在的浏览器的性能越来越高，网页的安全颜色范畴也越来越广，但最安全的还是 216 种颜色。在 Dreamweaver 中，提供具有网页安全颜色范畴的调色板，可将网页的颜色选取控制在安全范围之内。

2.2 网页色彩的搭配

色彩给人的视觉效果非常明显，一个网站设计得成功与否，在某种程度上取决于设计者对色彩的运用和搭配，因为网页设计属于一种平面效果设计，在平面图上，色彩的冲击力是最强的，它最容易给客户留下深刻的印象，如图 2-4 所示。

图 2-4　色彩效果

2.2.1 色彩处理

色彩是人的视觉对其最敏感的东西，主页的色彩处理得好，可以锦上添花，达到事半功倍的效果。

1. 色彩的感觉

- 色彩的冷暖感：色彩的冷暖感觉主要取决于色调。在色彩的各种感觉中，首先感觉到的是冷暖感。一般来说，看到红、橙、黄等时感到温暖，而看到蓝、蓝紫、蓝绿时感到冷。
- 色彩的软硬感：决定色彩轻重感觉的主要是明度，明度高的色彩感觉轻，明度低的色彩感觉重。其次是纯度，在同明度，同色相条件下，纯度高的感觉轻。
- 色彩的强弱感：亮度高的明亮、鲜艳的色彩感觉强，反之则感觉弱。
- 色彩的兴奋与沉静：这与色相、明度、纯度都有关，其中纯度的作用最为明显。在色相方面，凡是偏红、橙的暖色系容易让人产生兴奋感，像蓝、青的冷色系容易让人产生沉静感；在明度方面，明度高的色彩容易让人产生兴奋感，明度低的色彩容易让人产生沉静感；在纯度方面，纯度高的色容易让人产生兴奋感，纯度低的色彩容易让人产生沉静感。
- 色彩的华丽与朴素：这与纯度关系最大，其次是与明度有关。凡是鲜艳而明亮的色彩都具有华丽感，凡是浑浊而深暗的色彩都具有朴素感。
- 色彩的进退感：对比强、暖色、明快、高纯度的色彩代表前进，反之代表后退。有彩色系具有华丽感，无彩色系具有朴素感。

2. 色彩的季节性

春季处处都是一片生机，通常会流行一些活泼跳跃的色彩；夏季气候炎热，人们希望凉爽，通常流行以白色和浅色调为主的清爽亮丽的色彩；秋季秋高气爽，流行的是沉重的暖色调；冬季气候寒冷，深颜色有吸光、传热的作用，人们希望能暖和一点，喜爱穿深色衣服。这就很明显地形成了四季的色彩流行趋势，春夏以浅色、明艳色调为主，秋冬以深色、稳重色调为主。每年色彩的流行趋势都会因此而分成春夏和秋冬两大色彩趋向。

3. 颜色的心理感觉

不同的颜色会给人以不同的心理感受。

- 红色：红色是一种让人激奋的色彩，代表热情、活泼、温暖、幸福和吉祥。红色的色感温暖，性格刚烈而外向，是一种对人刺激性很强的颜色。红色容易引起人们的注意，也容易使人兴奋、激动、热情、紧张和冲动，而且是一种容易造成人视觉疲劳的颜色。如图 2-5 所示为以红色为主色调的网页。
- 橙色：橙色是十分活泼的光辉色彩，与红色同属暖色，具有红与黄之间的色性，它使人联想起火焰、灯光、霞光、水果等物象，是最温暖、响亮的色彩。橙色代表活泼、华丽、辉煌、跃动、甜蜜、愉快，但也有疑惑、嫉妒、伪诈等消极倾向性表情。如图 2-6 所示为以橙色为主色调的网页。

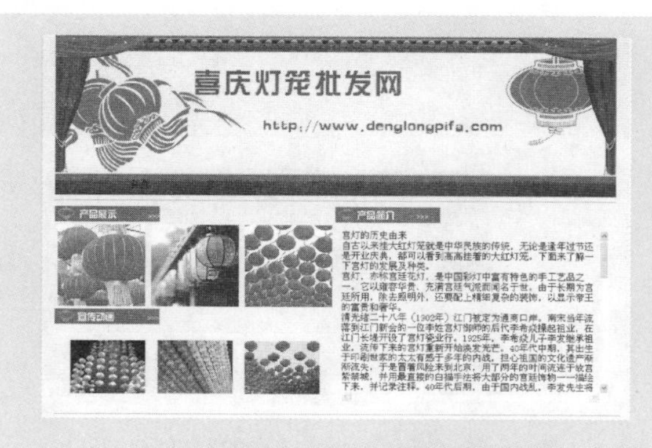

图 2-5　以红色为主色调的网页

图 2-6　以橙色为主色调的网页

- 黄色：黄色是亮度最高的颜色，在高明度下能够保持很强的纯度，是各种色彩中最为娇气的一种颜色，它具有快乐、希望、智慧和轻快的个性，它的明度最高，代表明朗、愉快和高贵。只要在纯黄色中混入少量的其他色，其色相感和色性格均会发生较大程度的变化。如图 2-7 所示为以黄色为主色调的网页。
- 绿色：绿色是一种表达柔顺、恬静、满足、优美的颜色，代表新鲜、充满希望、和平、柔和、安逸和青春，显得和睦、宁静、健康。绿色具有黄色和蓝色两种成分颜色。在绿色中，将黄色的扩张感和蓝色的收缩感中和，并将黄色的温暖感与蓝色的寒冷感相抵消。绿色和金黄、淡白搭配，可产生优雅、舒适的气氛。如图 2-8 所示为以绿色为主色调的网页。
- 蓝色：蓝色与红、橙色相反，是典型的寒色，代表深远、永恒、沉静、理智、诚实、公正、权威，是最具凉爽、清新特点的色彩。浅蓝色系明朗而富有青春朝气，为年轻人所钟爱，但也给人不够成熟的感觉。深蓝色系沉着、稳定，为中年人普遍喜爱的色彩。其中略带暖昧的群青色，充满着动人的深邃魅力，藏青则给人以大度、庄重印象。靛蓝、普蓝因在民间广泛应用，似乎成了民族特色的象征。在蓝色中分别加入少量的红、黄、黑、橙、白等色，均不会对蓝色的表达效果构成较明显的影响。如图 2-9 所示为以蓝色为主色调的网页。
- 紫色：紫色具有神秘、高贵、优美、庄重、奢华的气质，有时也给人感觉孤寂、消极。尽管它不像蓝色那样冷，但红色的渗入使它显得复杂、矛盾。它处于冷暖之间游离不定的状态，加上它的低明度的性质，也许就构成了这一色彩在心理上引起的消极感。如图 2-10 所示为以紫色为主色调的网页。

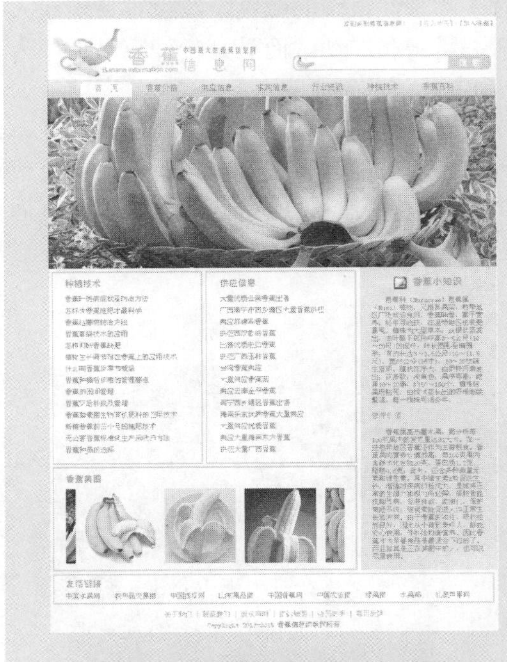

图 2-7　为以黄色为主色调的网页

图 2-8　以绿色为主色调的网页

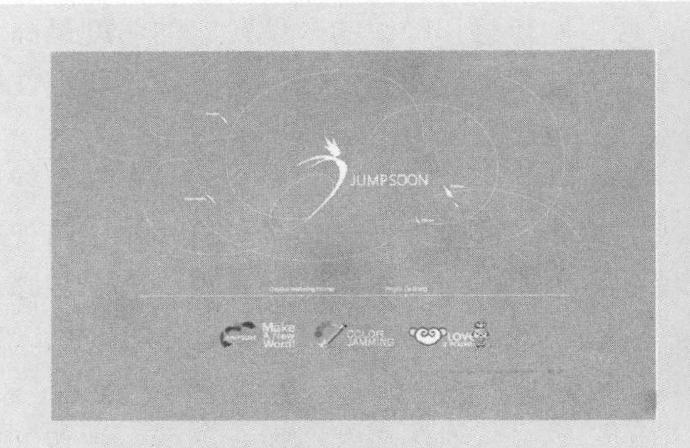

图 2-9　以蓝色为主色调的网页

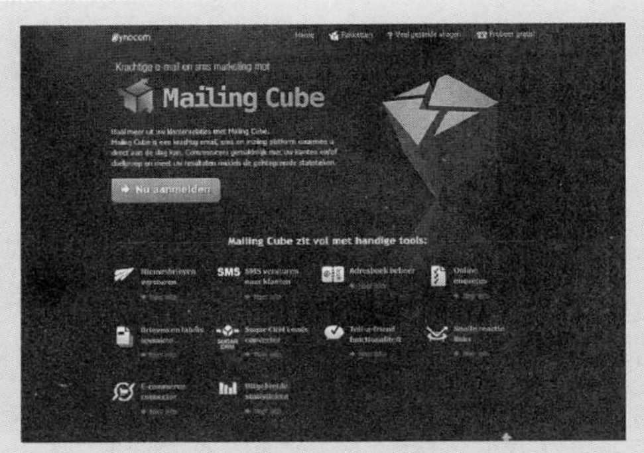

图 2-10　以紫色为主色调的网页

- 黑色：黑色是最具有收敛性的、沉郁的、难以琢磨的色彩，给人以一种神秘感。同时，黑色还表达凄凉、悲伤、忧愁、恐怖，甚至死亡，但若运用得当，还能产生黑铁金属质感，可表达时尚前卫、科技等。如图 2-11 所示为以黑色为主色调的网页。
- 白色：白色的色感光明，代表纯洁、纯真、朴素、神圣和明快，具有洁白、明快、纯真、清洁的感觉。如果在白色中加入其他任何色，都会影响其纯洁性，使其性格变得含蓄。如图 2-12 所示为以白色为主色调的网页。

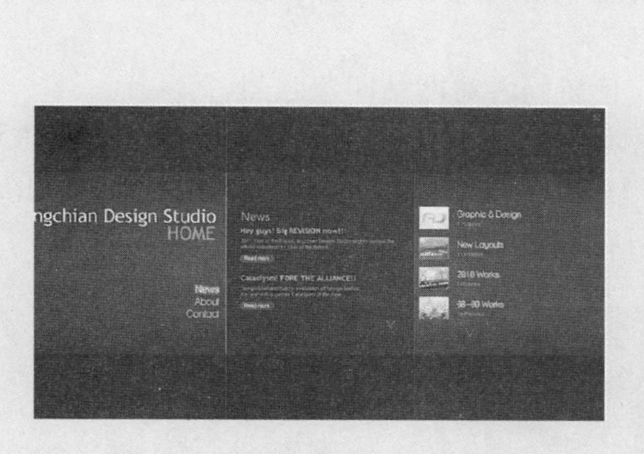

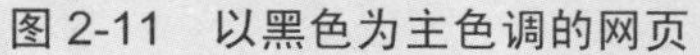
图 2-11　以黑色为主色调的网页

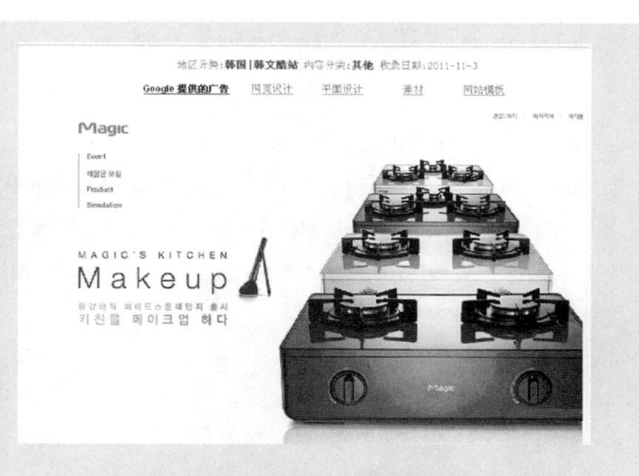

图 2-12　以白色为主色调的网页

- 灰色：灰色在商业设计中，具有柔和、高雅的意象，属中性色彩，男女皆能接受，所以灰色也是永远流行的主要颜色。在许多的高科技产品中，尤其是和金属材料有关的，几乎都采用灰色来传达高级、科技的形象。使用灰色时，大多利用不同的层次变化组合或搭配其他色彩，这样才不会产生过于平淡、沉闷、呆板、僵硬的感觉。如图 2-13 所示为以灰色为主色调的网页。

图 2-13　以灰色为主色调的网页

2.2.2　网页色彩搭配原理

色彩搭配既是一项技术性工作，也是一项艺术性很强的工作，因此，在设计网页时，除了要考虑网站本身的特点外，还要遵循一定的艺术规律，从而设计出色彩鲜明、性格独特的网站。

网页的色彩是树立网站形象的关键要素之一，色彩搭配却是网页设计初学者感到头疼的问题之一。网页的背景、文字、图标、边框、链接等应该采用什么样的色彩，应该搭配什么样的色彩才能最好地表达出网站的内涵和主题呢?下面将来介绍一下网页色彩搭配的一些原理。

- 色彩的鲜明性：网页的色彩要鲜明，这样容易引人注目。一个网站的用色必须有自己独特的风格，这样才能显得个性鲜明，给浏览者留下深刻的印象，如图 2-14 所示。

- 色彩的独特性：要有与众不同的色彩，使访问者对网站印象强烈。
- 色彩的艺术性：网站设计也是一种艺术活动，因此必须遵循艺术规律，在考虑到网站本身特点的同时，按照内容决定形式的原则，大胆进行艺术创新，设计出既符合网站要求，又有一定艺术特色的网站，如图 2-15 所示。

图 2-14　色彩鲜明的网页

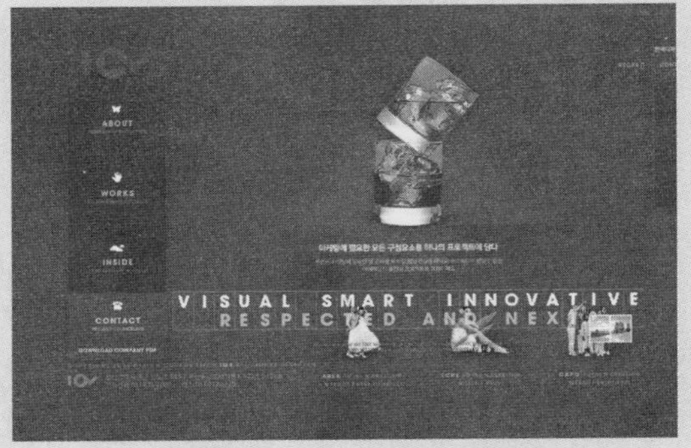

图 2-15　色彩的艺术性

- 色彩搭配的合理性：网页设计虽然属于平面设计的范畴，但又与其他平面设计不同，它在遵循艺术规律的同时，还考虑人的生理特点。色彩搭配一定要合理，色彩和表达的内容及气氛相适合，给人一种和谐、愉快的感觉，避免采用纯度很高的单一色彩，这样容易造成视觉疲劳，如图 2-16 所示。

图 2-16　色彩搭配的合理性

- 色彩的联想性：不同的色彩会让人产生不同的联想，蓝色让人想到天空，黑色让人想到黑夜，红色让人想到喜事等，选择的色彩要和网页的内涵相关联。

2.2.3　网页中色彩的搭配

色彩在人们的生活中有丰富的含义，在特定的场合下，同种色彩可以代表不同的含义。色彩总的应用原则是“总体协调，局部对比”，即主页的整体色彩效果是和谐的，局部、小范围的地方可以有强烈色彩的对比。在色彩的运用上，可以根据主页内容的需要，分别采用不同的主色调。

人们常常感受到色彩对自己心理的影响，这些影响总是在不知不觉中发挥作用，左右我们的情绪。色彩的心理效应发生在不同层次中。有些属直接的刺激，有些要通过间接的联想，更高层次的色彩运用则涉及人的观念、信仰，对于艺术家和设计者来说，无论哪一层次的作用都是不能忽视的。

对于网页设计者来说，色彩的心理作用尤其重要，因为网络是特定的历史与社会条件的产物，即高效率、快节奏的现代生活方式的产物，这就需要网页设计者在做网页时把握人们在这种生活方式下访问网页的一种心理需求。

1. 彩色的搭配

- 相近色：相近色是指色环中相邻的 3 种颜色。相近色的搭配给人的视觉效果是很舒适、很自然的，所以相近色在网站设计中极为常用。如图 2-17 所示为相近色。
- 互补色：互补色是指色环中相对的两种色彩。对互补色调整补色的亮度，有时候是一种很好的搭配。如图 2-18 所示为互补色。

图 2-17 相近色

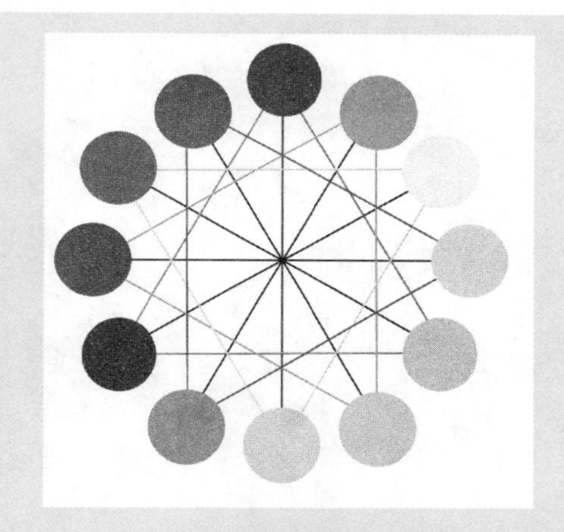

图 2-18 互补色

- 暖色：黄色、橙色、红色和紫色等都属于暖色系列。暖色跟黑色调和可以达到很好的效果。暖色一般应用于购物类网站、电子商务网站、儿童类网站等，用以体现商品的琳琅满目，儿童类网站的活泼、温馨等效果，如图 2-19 所示。
- 冷色：绿色、蓝色和蓝紫色等都属于冷色系列。冷色一般跟白色调和可以达到一种很好的效果。冷色一般应用于一些高科技、游戏类网站，主要表达严肃、稳重等效果。绿色、蓝色、蓝紫色等都属于冷色系列，如图 2-20 所示。
- 色彩均衡：为了让网站让人看上去舒适、协调，除了文字、图片等内容的合理排版外，色彩均衡也是相当重要的一部分，比如，一个网站不可能单一地运用一种颜色，所以色彩的均衡问题是设计者必须考虑的问题。

图 2-19　暖色系网站

图 2-20　冷色系网站

提示：色彩的均衡包括色彩的位置，每种色彩所占的比例、面积等，比如，鲜艳明亮的色彩面积应小一点，让人感觉舒适，不刺眼，这就是一种均衡的色彩搭配，如图 2-21 所示。

图 2-21　色彩的均衡效果

2. 非彩色的搭配

黑白是最基本和最简单的搭配，白字黑底、黑底白字都非常清晰明了。灰色是万能色，可以和任何色彩搭配，也可以帮助两种对立的色彩和谐过渡。如果实在找不出合适的色彩，那么用灰色试试，效果绝对不会太差。

2.2.4 网页元素的色彩搭配

为了把网页设计得更靓丽、更舒适，增强页面的可阅读性，必须合理、恰当地运用与搭配页面各元素间的色彩。

1. 网页导航条

网页导航条是网站的指路方向标，浏览者要在网页间跳转，要了解网站的结构，要查看网站的内容，都必须使用导航条。可以使用稍具跳跃性的色彩吸引浏览者的视线，使其感觉网站清晰明了、层次分明，如图 2-22 所示。

2. 网页链接

一个网站不可能只有一页，所以文字与图片的链接是网站中不可缺少的部分。尤其是文字链接，因为链接区别于文字，所以链接的颜色不能跟文字的颜色一样。要让浏览者快速地找到网站链接，设置独特的链接颜色是一种促使浏览者点击链接的好办法，如图 2-23 所示。

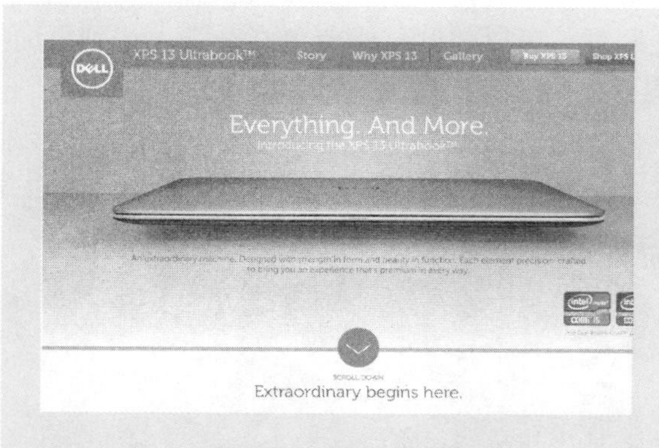

图 2-22 网页导航条

图 2-23 网页链接

3. 网页文字

如果网站中使用了背景颜色，就必须考虑到背景颜色的用色与前景文字的搭配问题。一般的网站侧重于文字，所以背景可以选择纯度或者明度较低的色彩，文字用较为突出的亮色，让人一目了然，如图 2-24 所示。

4. 网页标志

网页标志是宣传网站最重要的部分之一，所以这部分一定要在页面上突出、醒目。可以将 LOGO 和 Banner 做得鲜亮一些，也就是说，在色彩方面与网页的主题色分离开来，如图 2-25 所示。

图 2-24 网页文字

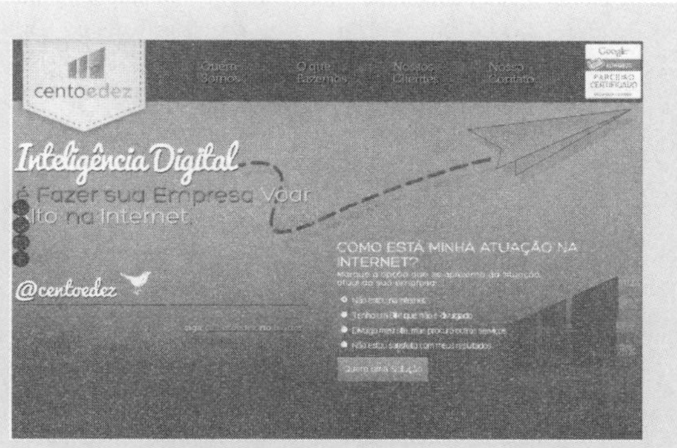

图 2-25 网页标志

2.2.5 网页色彩搭配的技巧

色彩的搭配是一门艺术，灵活运用它，能让你的网页更具亲和力。要想制作出漂亮的网页，需要灵活运用色彩加上自己的创意和技巧，下面是网页色彩搭配的一些常用技巧。

- 使用单色：尽管网站设计要避免采用单一色彩，以免产生单调的感觉，但通过调整色彩的饱和度和透明度，也可以使颜色产生变化，使网站避免单调，做到色彩统一，有层次感，如图 2-26 所示。
- 使用邻近色：所谓邻近色，就是在色带上相邻近的颜色，如绿色和蓝色、红色和黄色就互为邻近色。采用邻近色设计网页，可以使网页避免色彩杂乱，达到页面色彩的和谐与统一，如图 2-27 所示。

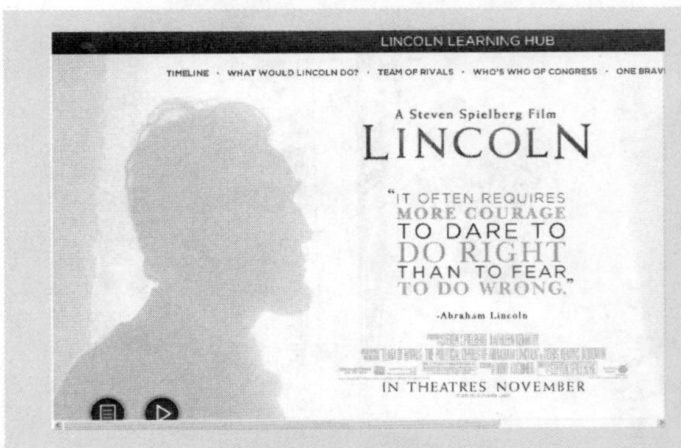

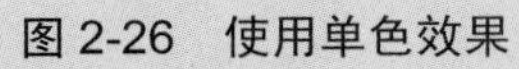
图 2-26　使用单色效果

图 2-27　使用邻近色效果

- 使用对比色：对比色可以突出重点，产生强烈的视觉效果，通过合理使用对比色，能够使网站特色鲜明、重点突出。在设计时，以一种颜色为主色调，对比色作为点缀，可以起到画龙点睛的作用，如图 2-28 所示。
- 黑色的使用：黑色是一种特殊的颜色，如果使用恰当、设计合理，往往能产生很强的艺术效果。黑色一般用来作为背景色，与其他纯度色彩搭配使用，如图 2-29 所示。
- 背景色的使用：背景的颜色不要太深，否则会显得过于厚重，这样会影响整个页面的显示效果。一般采用素淡清雅的色彩，避免采用花纹复杂的图片和纯度很高的色彩作为背景色。同时，背景色要与文字的色彩搭配好，使之与文字色彩对比强烈一些，如图 2-30 所示。
- 色彩的数量：初学者在设计网页时往往使用多种颜色，使网页看上去很花哨，缺乏统一和协调，缺乏内在的美感，给人一种繁杂的感觉。实质上，网站用色并不是越多越好，一般应控制在三种色彩以内，可以通过调整色彩的各种属性来产生颜色的变化，保持整个网页的色调统一，如图 2-31 所示。
- 要和网站内容匹配：了解网站所要传达的信息和品牌，选择可以加强这些信息的颜色，如在设计一个强调稳健的金融机构时，那么就要选择冷色系、柔和的颜色，像蓝、灰或绿色，如果使用暖色系或活泼的颜色，可能会破坏了该网站的品牌。

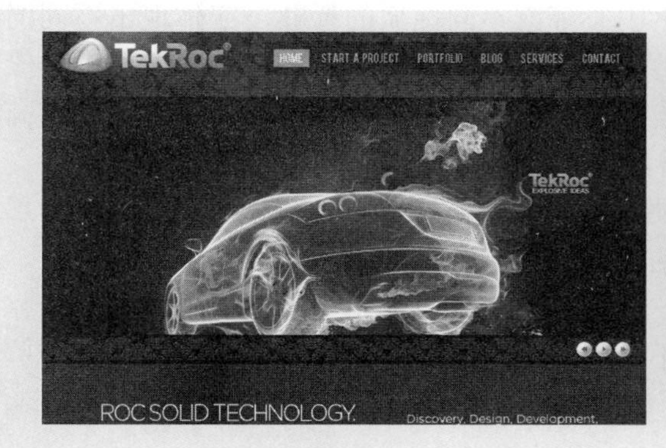

图 2-28　使用对比色效果

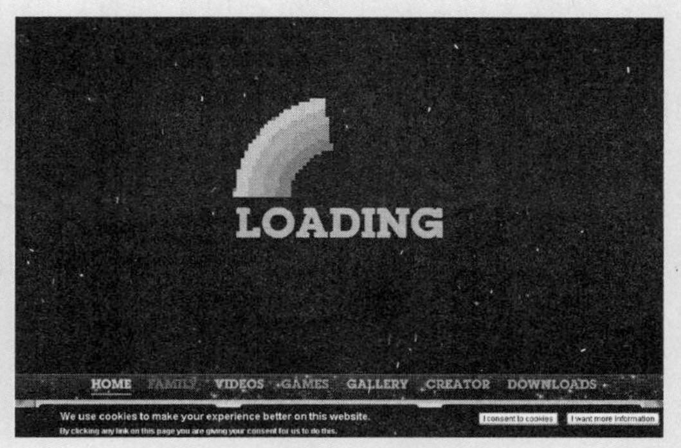

图 2-29　黑色的使用效果

图 2-30　背景色的使用效果

图 2-31　色彩的使用数量

- 围绕网页主题：色彩要能烘托出主题。根据主题确定网站颜色，同时还要考虑网站的访问对象，文化的差异也会使色彩产生非预期的反应。还有，不同地区与不同年龄层对颜色的反应也会有所不同。年轻人一般比较喜欢饱和色，但这样的颜色却引不起高年龄层人群的兴趣。

2.3　网页设计的艺术处理原则

要使制作的网页更加漂亮、与众不同，那么必然离不开对网页进行艺术地加工和处理，这其中将会涉及一些基本美术常识。本节将介绍一些网页设计的艺术处理原则，供读者参考。

2.3.1　风格定位

风格的定位是美化网页首先要考虑的因素。任何网页都要根据主题的内容决定其风格与形式，因为只有形式与内容完美统一，才能达到理想的宣传效果。目前，网站的应用范围日益扩大，几乎包括了所有的行业，但归纳起来大体有这么几个大类：新闻机构、政府机关、科教文化、娱乐艺术、电子商务、网络中心等。不同性质的行业，应体现出不同的主页风格，就像人穿着打扮，应依性别及年龄而异一样。例如，政府部门的网站主页一般应比较庄重，娱乐行业的网站主页则可以活泼生动一些，文化教育部门的网站主页应该高雅大方，电子商务的网站主页则可以贴近民俗，使大众喜闻乐见。

主页风格的形成主要依赖于主页的版式设计、页面的色调处理、图片与文字的组合形式等。这些问题看似简单，但往往需要主页的设计者具有一定的美术素质和修养，同时，也不宜在网页设计中滥用动画效果，特别是一些内容比较严肃的主页。主页毕竟主要依靠文字和图片来传播信息，它不是动画片，更不是电视或电影。至于在网页中适当链接一些影视作品，那是另外一回事。

2.3.2 版面编排

网页作为一种版面，既有文字，又有图片。文字有大有小，还有标题和正文之分；图片也有大小之分，而且有横竖之别。图片和文字都需要同时展示给浏览者，不能简单地罗列在一个页面上，因为那样往往会使网页显得杂乱无章。因此，必须根据内容的需要将这些图片和文字按照一定的次序进行合理的编排和布局，使它们组成一个有机整体展现出来，具体可依据如下几点来做。

1. 主次分明，中心突出

一个页面中，必然要考虑视觉的中心。这个中心一般在屏幕的中央，或者在中间偏上的部位，因此，一些重要的文章和图片一般可以安排在这个部位，在视觉中心以外的地方就可以安排那些稍微次要的内容，这样，在页面上就突出了重点，做到了主次有别。

2. 大小搭配，相互呼应

较长的文章或标题不要编排在一起，要有一定的距离，同样，较短的文章也不能编排在一起。图片的安排也是这样，要互相错开，大小之间有一定的间隔，这样可以使页面错落有致，避免重心的偏离。

3. 图文并茂，相得益彰

文字和图片具有一种相互补充的视觉关系，页面上文字太多，就显得沉闷，缺乏生气；页面上图片太多，缺少文字，必然就会减少页面的信息容量。因此，最理想的效果是文字与图片的密切配合，互为衬托，既能活跃页面，又使主页有丰富的内容，如图 2-32 所示。

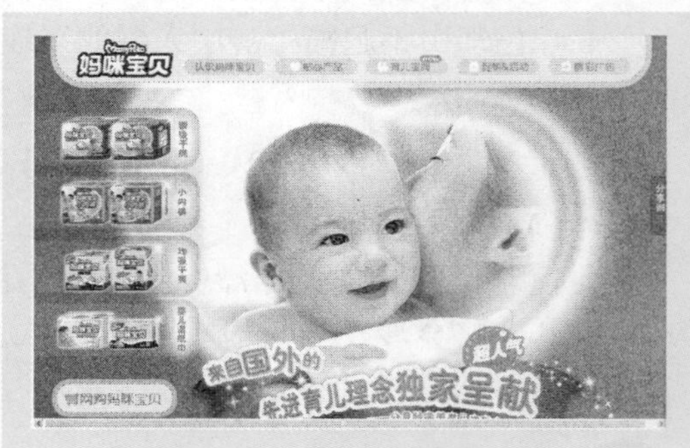

图 2-32　图文的合理搭配

2.3.3 线条和形状

文字、标题、图片等的组合，可以在页面上形成各种各样的线条和形状，这些线条与形状的组合构成了网页的总体艺术效果。合理地搭配好这些线条和形状，才能增强页面的艺术魅力。

1. 直线(矩形)的应用

直线的艺术效果是流畅、挺拔、规矩、整齐，所谓有轮有廓。直线和矩形在页面上的重复组合可以呈现井井有条、泾渭分明的视觉效果，一般应用于比较庄重、严肃的主页题材。

2. 曲线(弧形)的应用

曲线的效果是流动、活跃，具有动感。曲线和弧形在页面上的重复组合可以呈现流畅、轻快、富有活力的视觉效果，一般应用于青春、活泼的主页题材。

3. 直线、曲线(矩形、弧形)的综合应用

把以上两种线条和形状结合起来运用，可以大大丰富主页的表现力，使页面呈现更加丰富多彩的艺术效果。这种形式的网页适应的范围更大，各种主题的网页都可以应用，但是，在页面的编排处理上难度也会相应大一些，处理得不好会产生凌乱的效果。最简单的途径是：在一个页面上以一种线条(形状)为主，只在局部的范围内适当用一些其他线条(形状)。

2.4 网页配色精彩实例

下面将介绍几个配色较好的网站，读者可以学习和借鉴一下，培养自己对色彩的敏感以及独到的审美能力。

下面是一个以橘红色为主色调的企业网站，该网站色彩鲜艳，并且界面设计非常地个性化，给人以奋发向上的感觉，如图 2-33 所示。

图 2-33 个性化企业网页

下面是一个以白色为主色调的网站，该网站页面中留有大块的白色空间，作为网站的一个组成部分，这就是留白艺术。运用留白艺术可以给浏览者遐想的空间，让浏览者感觉心情舒适、畅快。恰当的留白对于协调页面的均衡会起到相当大的作用，如图 2-34 所示。

图 2-34　留白效果

下面介绍的这个网站比较特殊，该网站是由线条图组成的，但是浏览者可以为线条图涂上自己喜欢的颜色，为页面增添色彩，如图 2-35 所示。

图 2-35　为网站涂色

第3章

站点管理及其应用

将多个网页组合起来而成为站点。Dreamweaver CS6 不仅提供了网页编辑特性，而且带有强大的站点管理功能。

有效地规划和组织站点，对建立网站是非常必要的。合理的站点结构能够加快站点的设计，提高工作效率，节省时间。如果将所有的网页都存储在一个目录下，那么当站点的规模越来越大时，站点的管理就会变得越来越难。因此，一般来说，应该充分地利用文件夹来管理文档。

本章重点：

- 认识站点
- 确立站点架构
- 创建本地站点
- 管理站点
- 文件及文件夹的操作

3.1 认识站点

Dreamweaver 站点是用来管理网站中所有相关联的文档，通过站点可以实现将文件上传到网络服务器，自动跟踪和维护、管理文件以及共享文件等功能。严格地说，站点也是一种文档的组织形式，它由文档和文档所在的文件夹组成，不同的文件夹保存不同的网页内容，如 images 文件夹用于存放图片，这样便于以后图片的管理与更新。

Dreamweaver 站点包括本地站点、远程站点和测试站点 3 类。本地站点是用来存放整个网站框架的本地文件夹，是用户的工作目录，一般制作网页时只需建立本地站点。远程站点是存储于 Internet 服务器上的站点和相关文档。当计算机没有连接 Internet 时，需要对所建的站点进行测试，可以在本地计算机上创建远程站点，来模拟真实的 Web 服务器进行测试。测试站点是 Dreamweaver 处理动态页面的文件夹，使用此文件夹生成动态内容，并在工作时连接到数据库，用于对动态页面进行测试。

提示：静态网页是标准的 HTML 文件，采用 HTML 语言编写，是通过 HTTP 协议在服务器端和客户端之间传输的纯文本文件，其扩展名是 htm 或 html。

动态网页以数据库技术为基础，含有程序代码，是可以实现如用户注册、在线调查、订单管理等功能的网页文件，其扩展名为 asp、jsp、php 等。动态网页能根据不同的时间、不同的来访者显示不同的内容。动态网站更新方便，一般通过后台直接进行更新。

3.2 确立站点架构

确立站点架构的方法如下。

3.2.1 站点及目录的概念

站点是一个网站所有文件的集合，这些文件包括网页文件、图片文件、服务器端处理程序和 Flash 动画等。

在定义站点之前，首先要对站点的目录结构和链接结构等做好规划。这里讲的站点目录结构是指本地站点的目录结构，远程站点的目录结构应该与本地站点的目录结构相同，这样便于网页的上传与维护。链接结构是指站点内各文档之间的链接关系。

3.2.2 合理建立目录

站点的目录结构的复杂程度取决于站点内容的多少。如果站点的内容很多，那么就要创建多级目录，以便分门别类地存放不同类别的文档；如果站点的内容不多，那么目录结构可以简单一些。创建目录结构的基本原则是方便站点的管理和维护。目录结构创建得是否合理，对浏览者似乎没有什么影响，但对于网站的上传、更新、维护、扩充和移植等工作却有很大的影响。特别是大型网站，目录结构设计不合理时，文档的存放就会混乱。当更新一个文档时，很难查找到其所在的位置，甚至会导致无法更新维护。因此，在设计网站目录结构时，应该注意以下几点。

(1) 无论站点大小，都应该创建合理的目录结构。不要把所有的文件都存放在站点的根目录中，如果把很多文件都放在根目录中，那么很容易造成文件管理的混乱，影响工作效率，也容易发生错误。

(2) 按模块及其内容创建子目录。

(3) 目录层次不要太多，一般控制在5级以内。

(4) 不要使用中文目录名，防止由此引起的链接和浏览错误。

(5) 为首页建立文件夹，用来存放网站首页中的各种文件。这是因为首页使用率高，为它单独建一个文件夹很有必要。

(6) 目录名应能反映目录中的内容，方便管理维护。但是这也容易导致一个安全问题，即浏览者很容易猜测出网站的目录结构，这样也就容易对网站实施攻击。所以在设计目录结构的时候，尽量避免目录名和栏目名完全一致，可以采用数字、字母、下划线等组合的方式来提高目录名的猜测难度。

3.3 创建本地站点

在开始制作网页之前，最好先定义一个新站点，这是为了更好地利用站点对文件进行管理，同时可以尽可能地减少错误，如链接错误、路径错误等。

使用Dreamweaver的向导创建本地站点的具体操作步骤如下。

步骤01 打开Dreamweaver CS6，选择【站点】|【新建站点】命令，弹出【站点设置对象】对话框，在对话框中输入站点的名称，如图3-1所示。

步骤02 单击对话框中的【浏览文件夹】按钮，选择需要设为站点的目录，如图3-2所示。

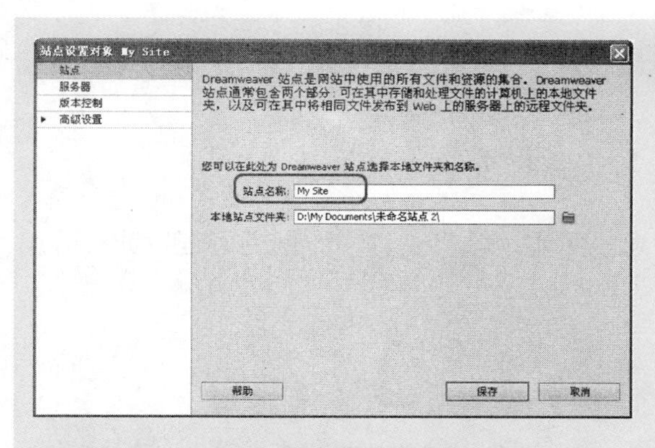

图3-1 设置站点名称

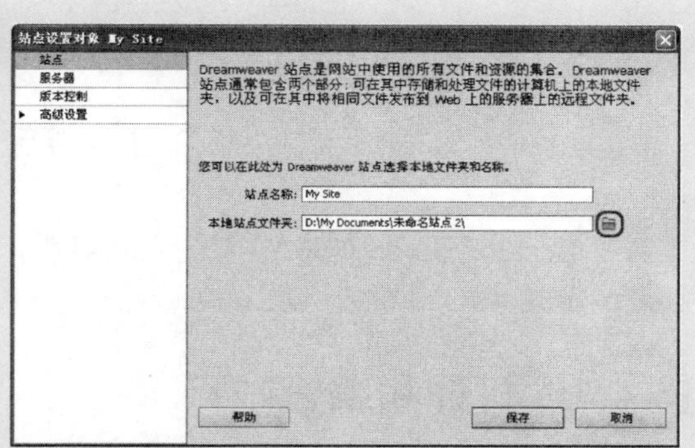

图3-2 浏览文件夹

步骤03 在弹出的【选择根文件夹】对话框中，选择需要设为根目录的文件夹，然后单击【打开】按钮。

步骤 04 单击【打开】按钮后，将会打开该文件夹，然后单击【选择】按钮，如图 3-3 所示。

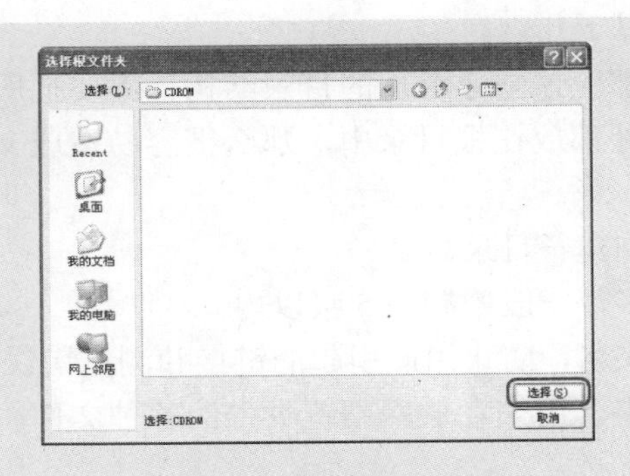

图 3-3　选择文件夹

步骤 05 返回【站点设置对象】对话框，本地站点文件夹已设定为选择的文件夹，在该对话框中单击【保存】按钮，完成本地站点的创建，如图 3-4 所示。

步骤 06 本地站点创建完成，在【文件】面板中的【本地文件】窗口中会显示该站点的根目录，如图 3-5 所示。

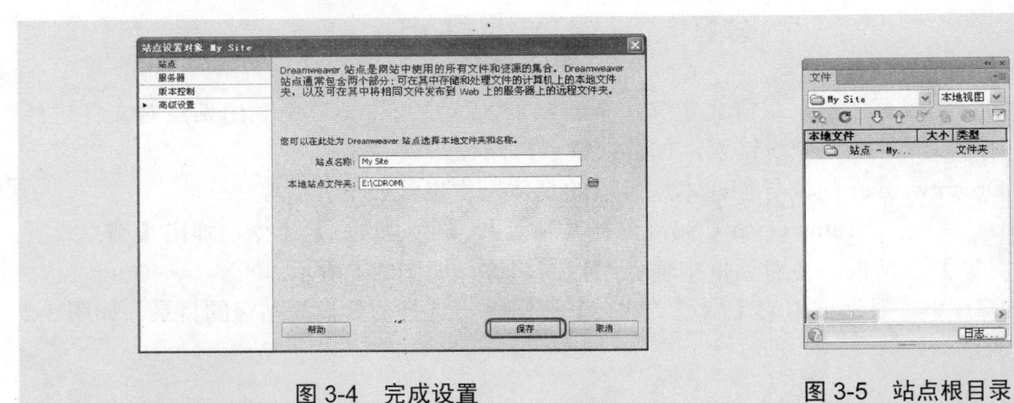

图 3-4　完成设置　　　图 3-5　站点根目录

3.4　管 理 站 点

在 Dreamweaver CS6 中创建完站点后，可以对本地站点进行多方面的管理，如打开站点、编辑站点、删除站点及复制站点等。

3.4.1　打开和编辑站点

在 Dreamweaver CS6 中可以定义多个站点，但是 Dreamweaver CS6 一次只能对一个站点进行处理，这样有时我们就需要在各个站点之间进行切换，从而打开另一个站点。

步骤 01 在菜单栏中选择【站点】|【管理站点】命令，打开【管理站点】对话框，如图 3-6 所示。

步骤02 在【管理站点】对话框中选择要打开的站点，如选择 My Site02，单击【完成】按钮即可将其打开，如图 3-7 所示。

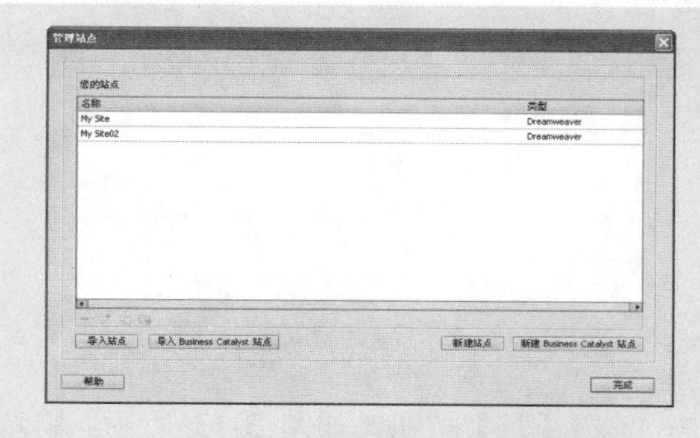

图 3-6 【管理站点】对话框

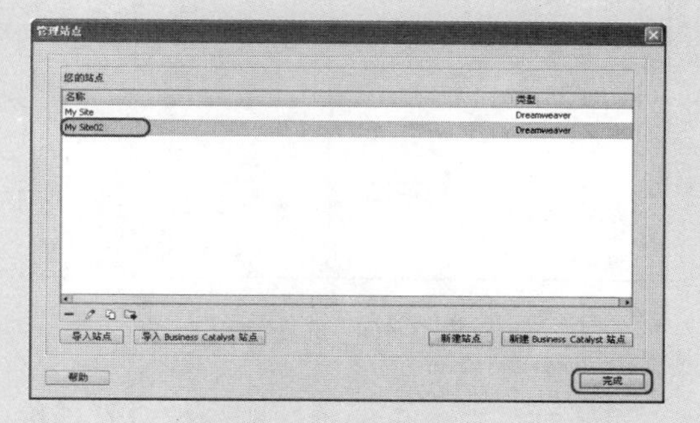

图 3-7 打开站点

步骤03 如果要对站点进行编辑，那么可在选择站点名称后单击【编辑】按钮，如图 3-8 所示。

步骤04 弹出【站点设置对象 My Site02】对话框，在该对话框中进行站点的设置，设置完毕，单击【保存】按钮即可，如图 3-9 所示。

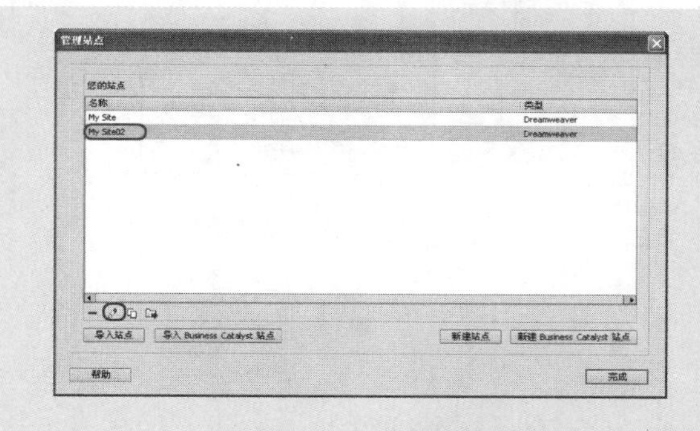

图 3-8 选择站点

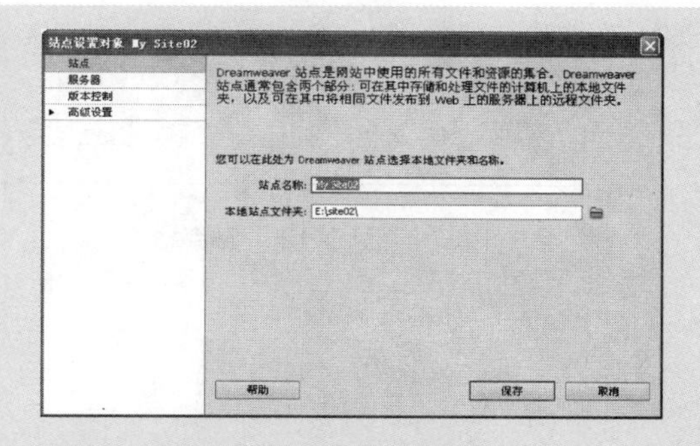

图 3-9 设置站点

3.4.2 复制和删除站点

在 Dreamweaver 中，如果要创建一个站点和已存在的站点的基本设置都相同，那么为了减少重复劳动，可以使用复制站点这种方式。而删除站点，就是将不需要的站点删除，但从站点列表中删除 Dreamweaver 站点及其所有设置信息并不会将站点文件从计算机中删除。

步骤01 在菜单栏中选择【站点】|【管理站点】命令，打开【管理站点】对话框。

步骤02 在打开的【管理站点】对话框中选择一个站点名称，然后单击【复制】按钮，复制站点，如图 3-10 所示。

步骤03 完成对所选站点的复制，如图 3-11 所示。

步骤04 选择不需要的站点，单击【删除】按钮，如图 3-12 所示。

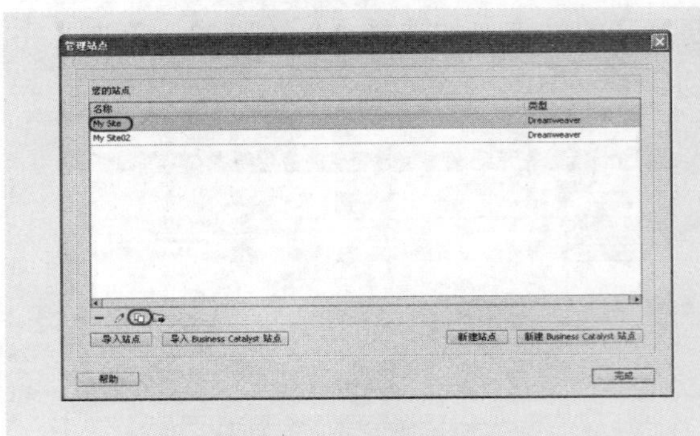

图 3-10 选择站点

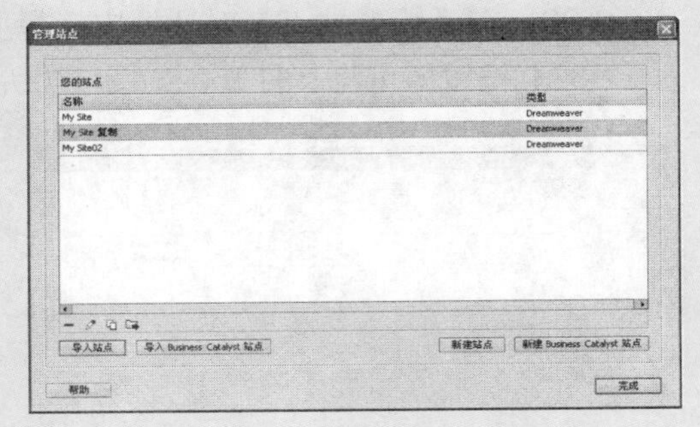

图 3-11 复制站点

步骤 05 在弹出的确认删除信息对话框中，单击【是】按钮，如图 3-13 所示，将选中的站点删除。

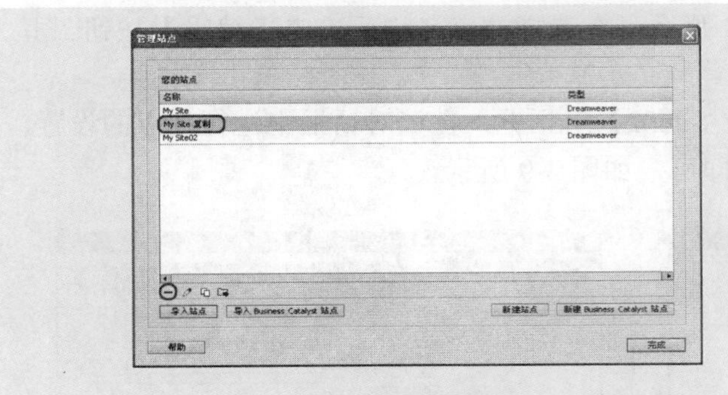

图 3-12 删除站点

图 3-13 确认删除

3.4.3 导出和导入站点

在 Dreamweaver CS6 中编辑站点时，既可以将现有的站点导出成一个站点文件，也可以将站点文件导入，使其成为一个站点。导出和导入站点是为了保存和恢复站点与本地文件的链接关系。

导出和导入站点都是在【管理站点】对话框中操作，使用者可以通过这些操作将站点导出或导入 Dreamweaver。这样可以在各个计算机或各个版本之间移动站点，或者与其他用户共享站点设置。下面介绍站点导出和导入的操作。

步骤 01 打开【管理站点】对话框，选择要导出的一个或多个站点，然后单击【导出】按钮，如图 3-14 所示。

步骤 02 单击【导出】按钮后，打开【导出站点】对话框，然后设置文件名和存储路径，如图 3-15 所示。

步骤 03 单击【保存】按钮，将站点保存为后缀为.ste 的文件。

步骤 04 如果要在其他的计算机中将站点导入至 Dreamweaver 中，可以单击【管理站点】对话框中的【导入站点】按钮，如图 3-16 所示。

步骤 05 打开【导入站点】对话框，选择要导入的站点文件，单击【打开】按钮，如

图 3-17 所示。

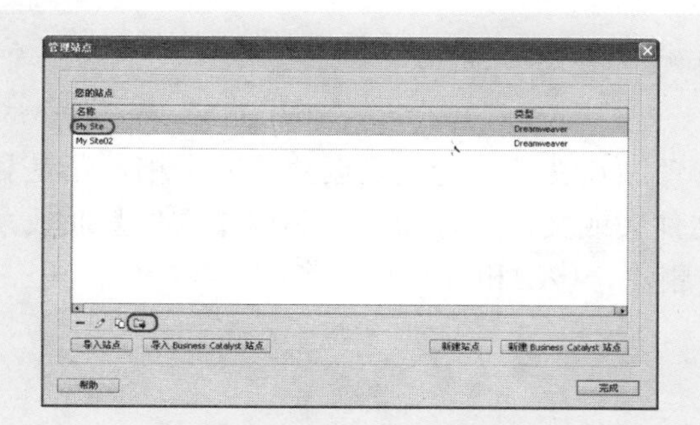

图 3-14 单击【导出】按钮

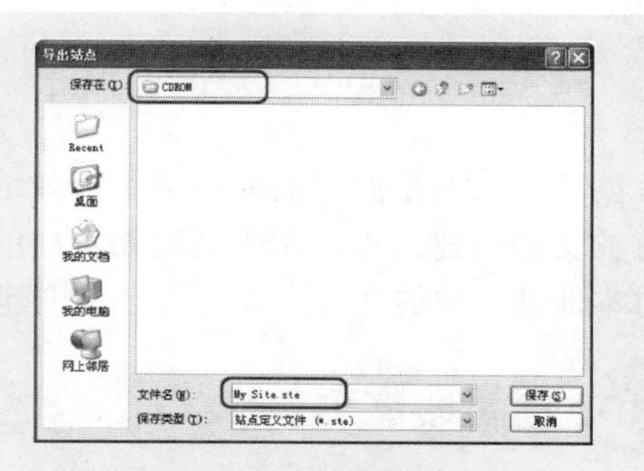

图 3-15 【导出站点】对话框

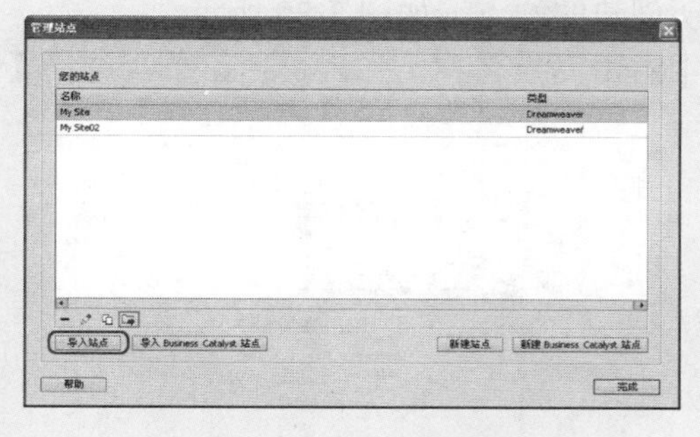

图 3-16 导入站点

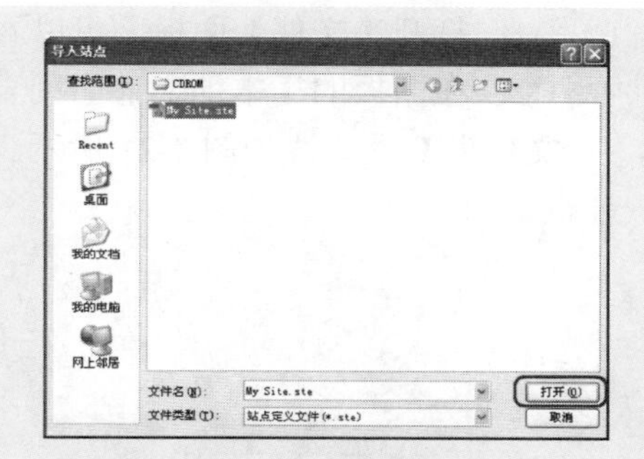

图 3-17 选择站点文件

步骤 06 如果 Dreamweaver 中有相同名称的站点，那么将会弹出提示对话框，此时单击【确定】按钮，如图 3-18 所示。

图 3-18 弹出对话框

步骤 07 完成站点的导入，如图 3-19 所示。

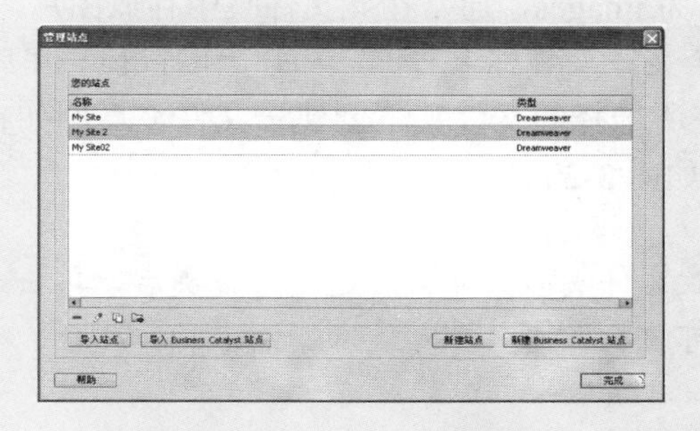

图 3-19 完成站点的导入

3.5　文件及文件夹的操作

创建站点的主要目的就是为了有效地管理站点文件。无论是创建空白文档，还是利用已有的文档创建站点，都需要对站点中的文件夹或文件进行操作。利用【文件】面板，可以对本地站点中的文件夹和文件进行创建、删除、移动和复制等操作。

3.5.1　创建文件夹

站点中的所有文件被统一存放在一个单独的文件夹内，当这个文件夹包含的文件很多时，又可以细分到子文件夹里。在本地站点创建文件夹的具体操作步骤如下。

步骤01　打开【文件】面板，可以看到所创建的站点，如图3-20所示。

步骤02　在面板的【本地文件】列表项中右击站点名称，弹出快捷菜单，选择【新建文件夹】命令，如图3-21所示。

图3-20　【文件】面板

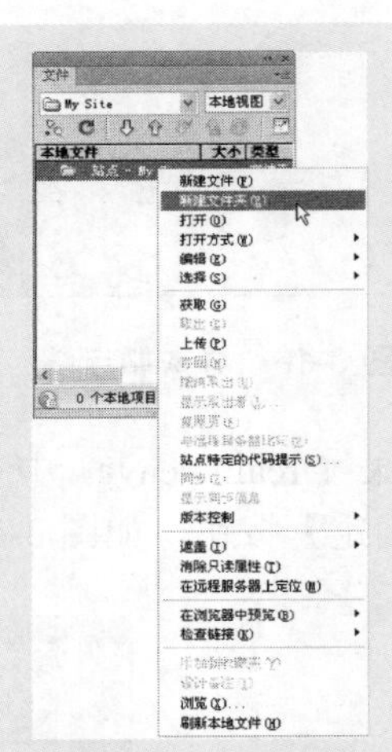

图3-21　新建文件夹

步骤03　新建文件夹的名称处于可编辑状态，以便于为新建文件夹重新命名，这里将新建文件夹命名为images，通常在此文件夹中存放图片，如图3-22所示。

步骤04　如果在一个文件夹名称上右击，从弹出的快捷菜单中选择【新建文件夹】命令，那么就会在所选择的文件夹下创建子文件夹。例如在images文件夹下创建001子文件夹，如图3-23所示。

提示：如果想修改文件夹名，那么在选定文件夹后，单击文件夹的名称或按下F2键，激活文字使其处于可编辑状态，即可输入新的名称。

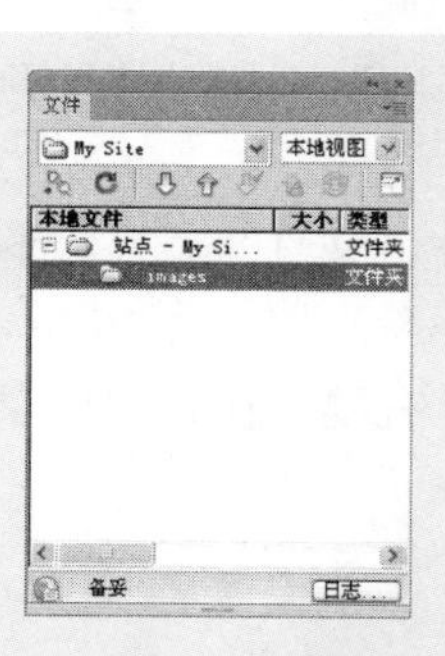

图 3-22 重命名

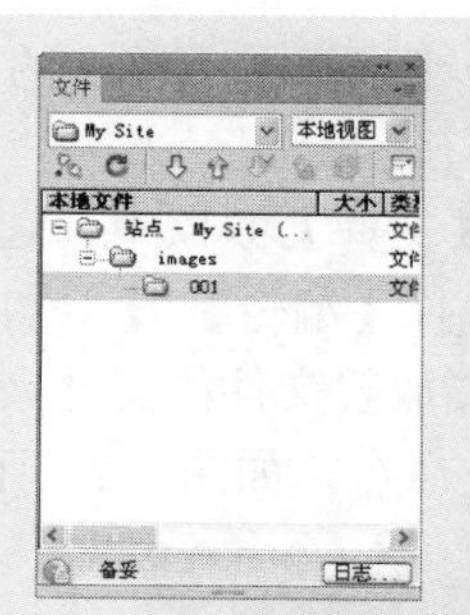

图 3-23 新建文件夹

3.5.2 创建文件

文件夹创建完成后，就可以在文件夹中创建相应的文件了，创建文件的具体操作步骤如下。

步骤01 打开【文件】面板，在准备新建文件的文件夹上单击鼠标右键，在弹出的快捷菜单中选择【新建文件】命令，如图 3-24 所示。

步骤02 新建文件的名称处于可编辑状态，以便于为新建文件重新命名。新建的文件名默认为 untitled.html，这里将其改为 index.html，如图 3-25 所示。

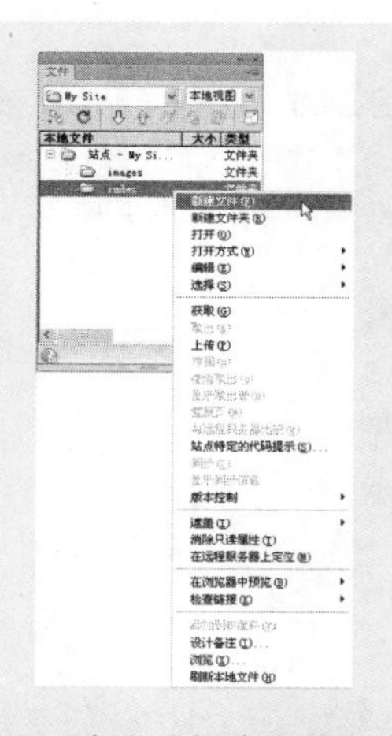

图 3-24 选择【新建文件】命令

图 3-25 重命名文件

提示：创建文件时，一般应先创建主页，其文件名应设定为 index.htm 或 index.html，否则，上传后将无法显示网站内容。文件名后缀.html 不可省略，否则就不是网页文件了。

3.5.3 文件或文件夹的移动与复制

在【文件】面板中，可以利用剪切、拷贝和粘贴等操作来实现文件或文件夹的移动和复制，也可以选择【编辑】菜单中的相应命令或直接用鼠标拖动来实现文件或文件夹的移动和复制，具体操作步骤如下。

步骤01 在【文件】面板中，选中要移动的文件或文件夹，单击鼠标右键，在弹出的菜单中选择【编辑】|【剪切】或【拷贝】命令，如图 3-26 所示。

步骤02 在要放置文件的文件夹名称上单击鼠标右键，在弹出的菜单中选择【编辑】|【粘贴】命令，如图 3-27 所示。

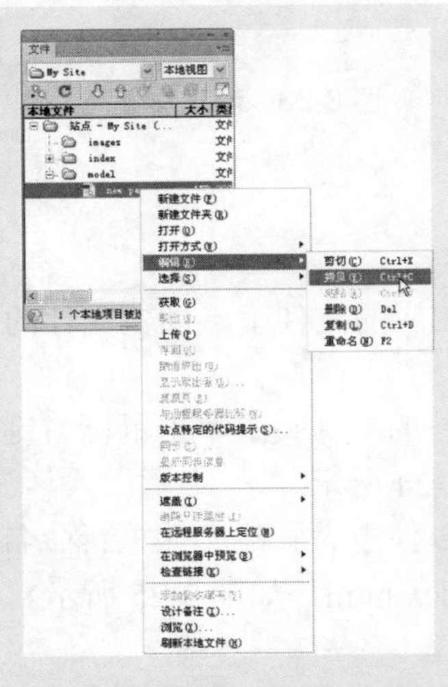

图 3-26 选择【拷贝】命令

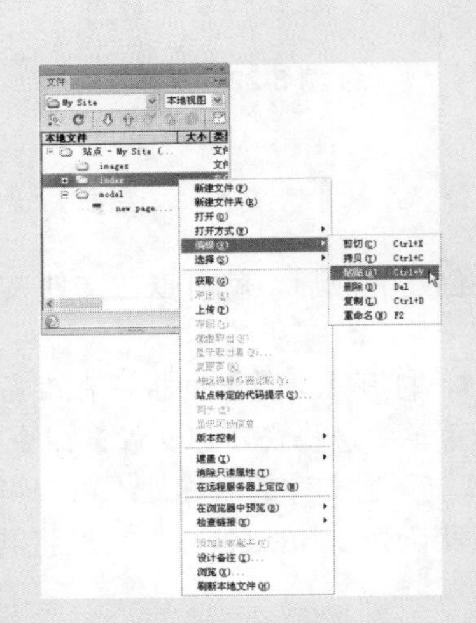

图 3-27 选择【粘贴】命令

步骤03 这样，文件或文件夹就被移动或复制到相应的文件夹中了，如图 3-28 所示。

图 3-28 完成粘贴

提示：如果移动或复制的是文件，那么由于文件的位置发生了变化，因此，其中的链接信息(特别是相对链接)可能也会发生相应的变化。Dreamweaver CS6 会弹出【更新文件】对话框，提示是否要更新被移动或复制文件中的链接信息。从列表中选中要更新的文件，单击【更新】按钮，则可更新文件中的链接信息；单击【不更新】按钮，则不对文件中的链接进行更新。

3.5.4 删除文件或文件夹

从本地站点中删除文件或文件夹的具体操作步骤如下。

步骤01 在【文件】面板中，选中要删除的文件或文件夹，如图 3-29 所示。

步骤02 单击鼠标右键，在弹出的菜单中选择【编辑】|【删除】命令，如图 3-30 所示，或直接按下键盘上的 Delete 键。

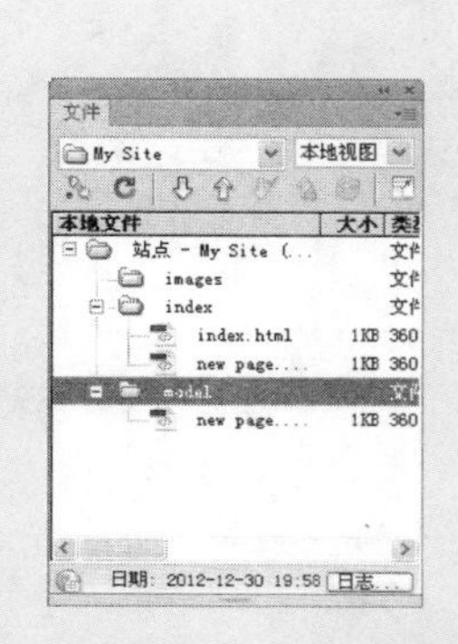

图 3-29 选择文件夹或文件

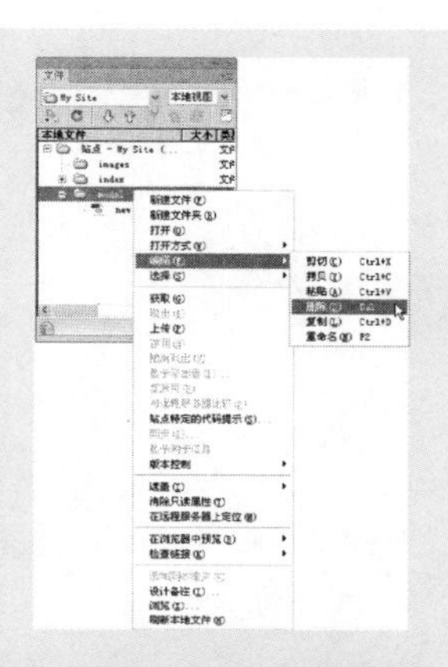

图 3-30 选择【删除】命令

步骤03 这时会弹出提示对话框，询问是否要删除所选的文件或文件夹，如图 3-31 所示。单击【是】按钮，即可将文件或文件夹从本地站点中删除。

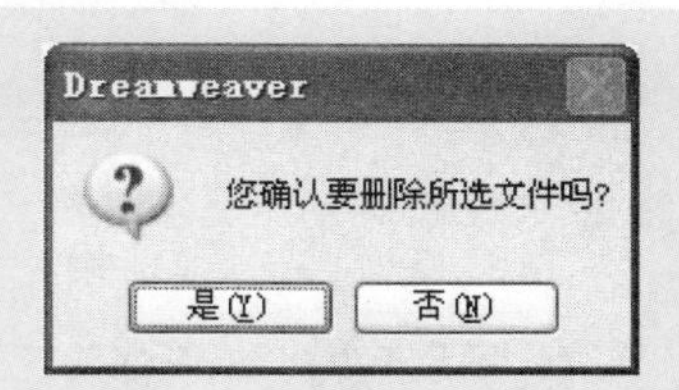

图 3-31 提示对话框

提示：删除文件或文件夹与站点的删除操作是不同的，对文件或文件夹的删除操作会从磁盘上将相应的文件或文件夹删除。

第 4 章

编辑文本网页

浏览网页时，文本是最直接的获取信息的方式。文本是基本的信息载体，不管网页内容如何丰富，文本自始至终都是网页中最基本的元素。

本章对文本的一些基本操作进行介绍，例如插入文本、设置文本属性、项目列表等。

本章重点：

- 创建文本网页
- 编辑文本和设置文本属性
- 格式化文本
- 项目列表设置
- 检查和替换文本

4.1 创建文本网页

文本是制作网页中最基本的内容，也是网页中的重要元素。一个网页，主要是靠文本内容来传达信息。文本是网页的主要显示方式，更是网页的灵魂。

4.1.1 新建、保存和打开网页文档

新建、保存和打开网页文档，是正式学习网页制作的第一步，也是网页制作的基本条件。下面来介绍网页文档的新建、保存和打开等基本操作。

步骤01 启动 Dreamweaver CS6 软件，打开项目创建界面，如图 4-1 所示。

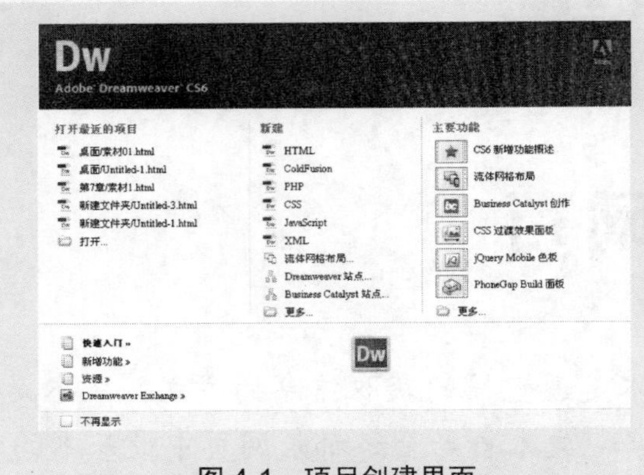

图 4-1　项目创建界面

步骤02 在菜单栏中选择【文件】|【新建】命令，打开【新建文档】对话框，在【空白页】的【页面类型】列表框中选择 HTML，然后在右边的【布局】列表框中选择【无】，如图 4-2 所示。

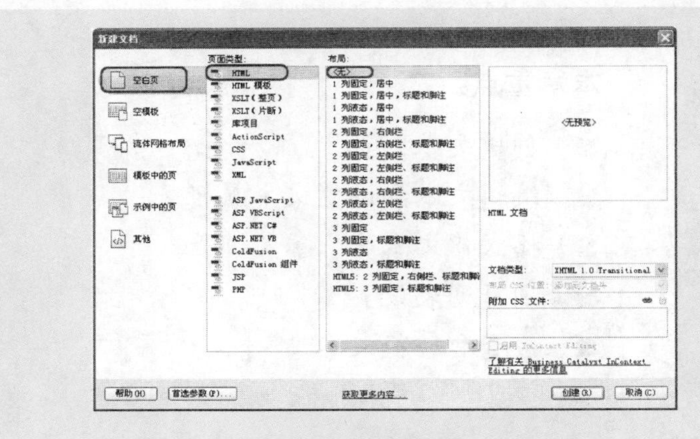

图 4-2　【新建文档】对话框

步骤03 单击【创建】按钮，新建一个空白的 HTML 网页文档，如图 4-3 所示。

步骤04 在菜单栏中选择【文件】|【保存】命令，打开【另存为】对话框，在该对话框中为网页文档选择存储的位置和文件名，并选择保存类型，如 HTML Documents，如图 4-4 所示。

图 4-3 新建的 HTML 文档

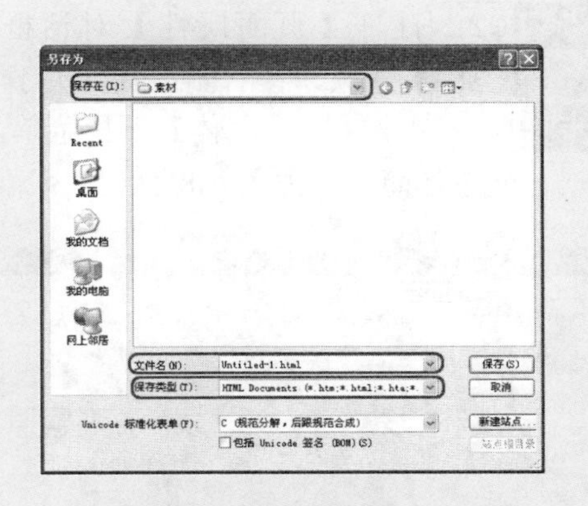

图 4-4 【另存为】对话框

提示：保存网页的时候，可以在【保存类型】下拉列表中根据制作网页的要求选择需要的文件类型，通过文件后面的后缀名称可以区别不同的文件类型。设置文件名的时候，不要使用特殊符号，也尽量不要使用中文名称。

步骤05 单击【保存】按钮，即可将网页文档保存。如果要打开网页文件，可以在菜单栏中选择【文件】|【打开】命令，在【打开】对话框中选择要打开的网页文件，如图 4-5 所示。

步骤06 单击【打开】按钮，即可在 Dreamweaver 中打开网页文件。

图 4-5 【打开】对话框

4.1.2 页面属性设置

页面属性设置是网页文档最基本的样式设置，包括标题、字体、大小、边距等。页面属性是用来控制网页的外观，对于初学网页制作的使用者来说，掌握页面属性设置是制作不同样式网页的基本要求。

步骤01 在菜单栏中选择【窗口】|【属性】命令，打开【属性】面板，然后单击【页面属性】按钮，如图 4-6 所示。

图 4-6　单击【页面属性】按钮

步骤 02　打开【页面属性】对话框，在左侧的【分类】项目列表中选择【外观(CSS)】选项，在右侧可看到关于【外观(CSS)】的设置，如图 4-7 所示。

步骤 03　单击【页面字体】下拉菜单，在菜单中选择网页显示的字体样式，如【汉仪琥珀体简】，如图 4-8 所示。

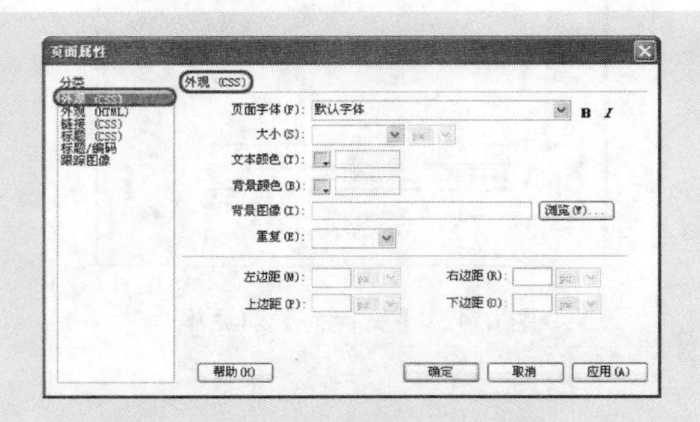

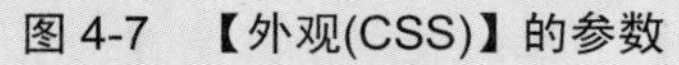
图 4-7　【外观(CSS)】的参数

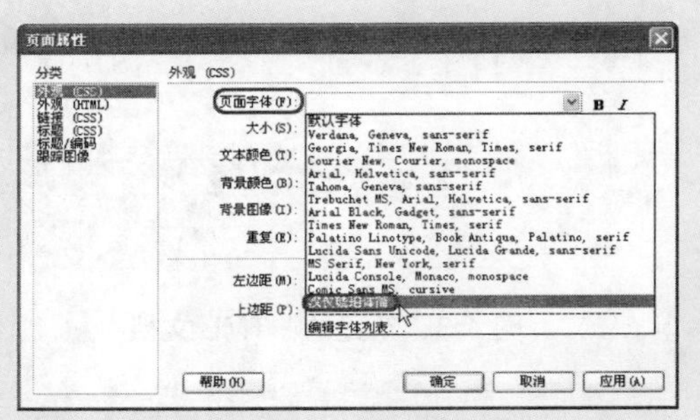

图 4-8　选择字体

> **提示**：如果需要的字体不在列表中，那么可以单击列表中的【编辑字体列表】选项，打开【编辑字体列表】对话框，将【可用字体】列表框中的字体添加到【选择的字体】列表框中，如图 4-9 所示。然后单击【确定】按钮即可。

步骤 04　在【大小】选项区选择数值，改变字体的大小，如选择 12，数值越大，字体就越大，如图 4-10 所示。如果要设置特定字体大小，那么可以在文本框中直接输入字号，然后选择单位。

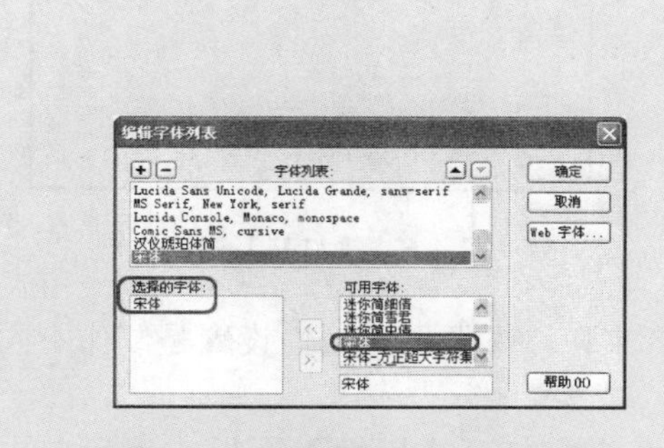

图 4-9　【编辑字体列表】对话框

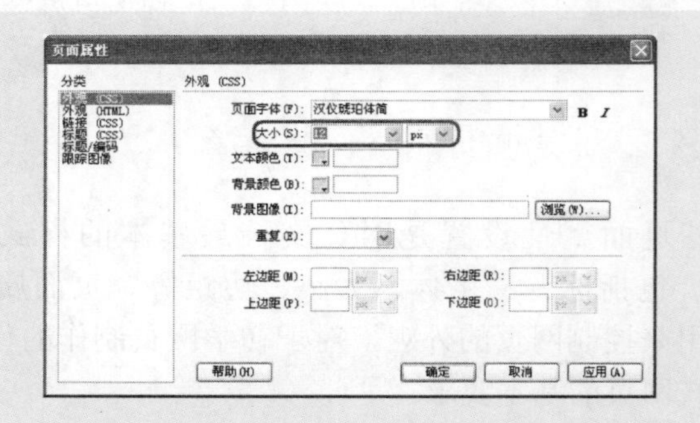

图 4-10　设置字体大小

步骤 05　在【文本颜色】和【背景颜色】文本框中输入颜色的色标值，或单击色块，在打开的【颜色选择器】对话框中选择合适的颜色，如图 4-11 所示。

步骤06 如果要为网页设置背景图像，那么可以单击【背景图像】文本框后面的【浏览】按钮，在打开的【选择图像源文件】对话框中，选择要作为背景的图像，如图 4-12 所示。

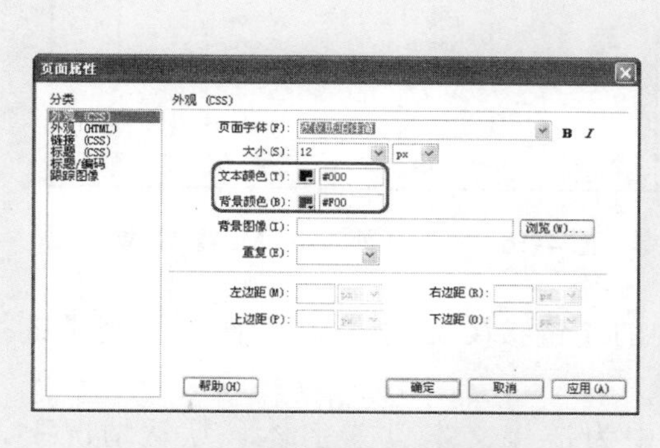

图 4-11 文本颜色和背景颜色

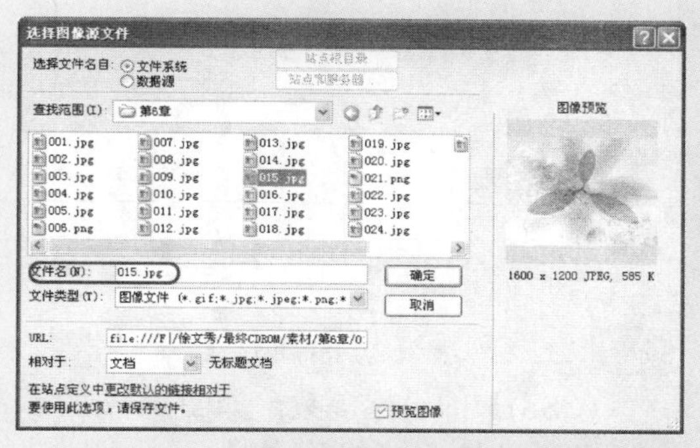

图 4-12 【选择图像源文件】对话框

步骤07 单击【确定】按钮，确认背景图像的插入。在【重复】下拉列表框中可以选择背景图像在页面上的显示方式，如图 4-13 所示。

- no-repeat(不重复)：表示将仅显示一次背景图像。
- repeat(重复)：表示将图像以横向和纵向方式重复或平铺显示。
- repeat-x(x 轴重复)：表示将图像沿 X 轴横向平铺显示。
- repeat-y(y 轴重复)：表示将图像沿 Y 轴纵向平铺显示。

步骤08 在【左边距】、【右边距】、【上边距】和【下边距】的文本框中，可以指定页面各个边距的大小，单位通常为 px，如图 4-14 所示。

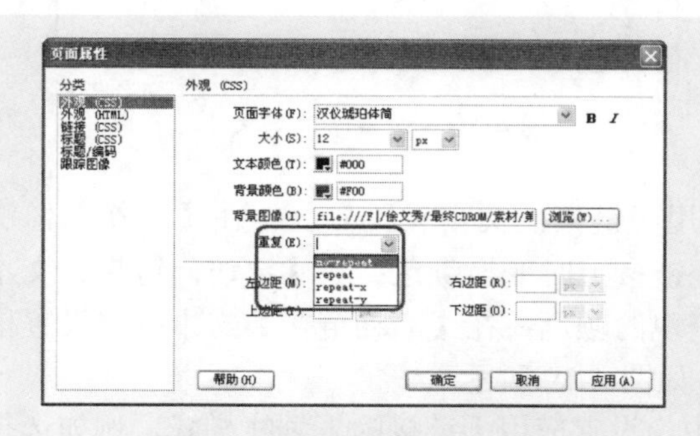

图 4-13 选择重复方式

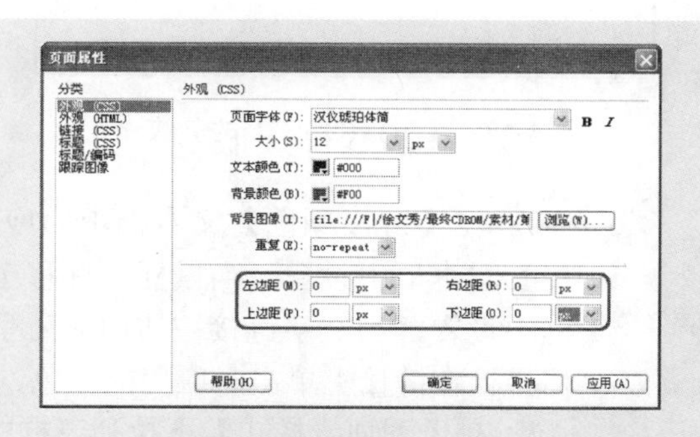

图 4-14 设置边距大小

步骤09 单击【页面属性】对话框左侧的【外观(HTML)】，在右侧可看到【外观(HTML)】的设置参数，如图 4-15 所示。

步骤10 【外观(HTML)】的设置与【外观(CSS)】大致相同，也可以设置背景图像，颜色是主要的设置选项。用户可分别为【背景】、【文本】、【链接】、【已访问链接】和【活动链接】设置颜色。最后设置页面的【左边距】和【上边距】的大小，并对【边距宽度】和【边距高度】进行设置，如图 4-16 所示。

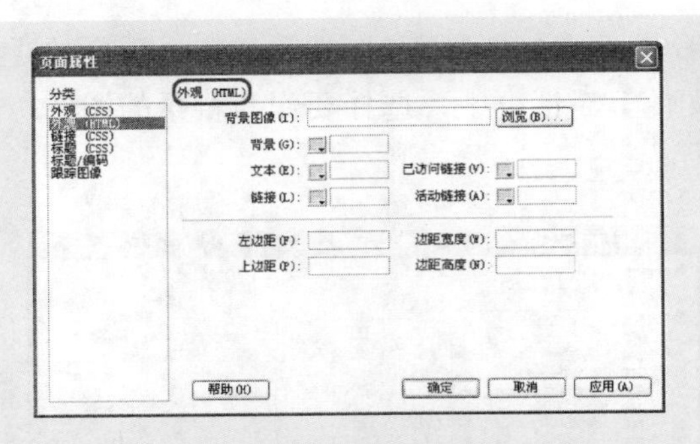

图 4-15 【外观(HTML)】的参数

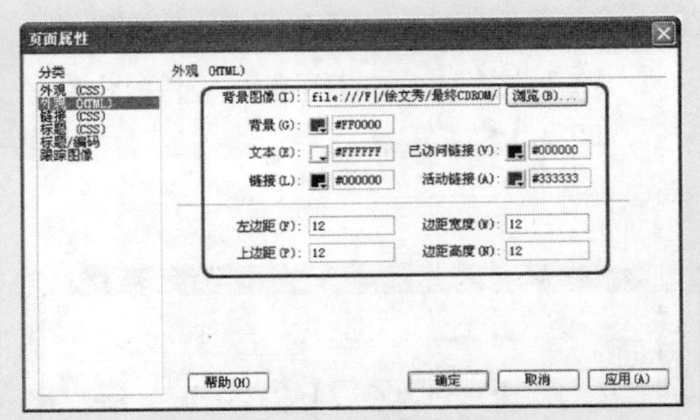

图 4-16 设置【外观(HTML)】参数

步骤 11 单击【页面属性】对话框左侧的【链接(CSS)】，在右侧可看到【链接(CSS)】的设置参数，如图 4-17 所示。

步骤 12 在【链接字体】下拉列表框中为链接文本设置字体。默认情况下，Dreamweaver 将链接文本的字体设置为与整个页面文本相同的字体，当然也可以设置其他的字体。在【大小】文本框中输入数值，设置链接文本的字体大小，如图 4-18 所示。

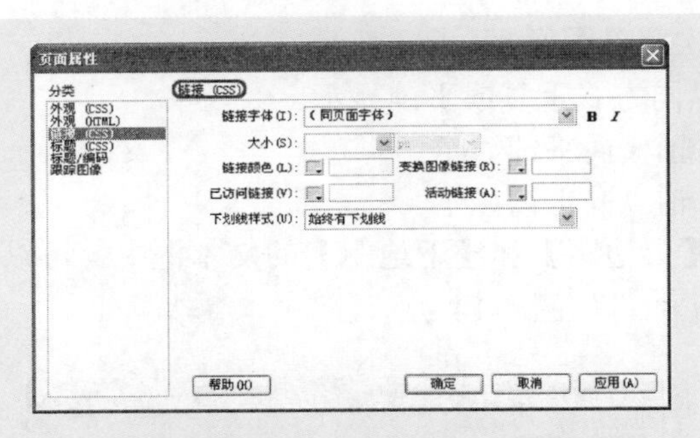

图 4-17 【链接(CSS)】的参数

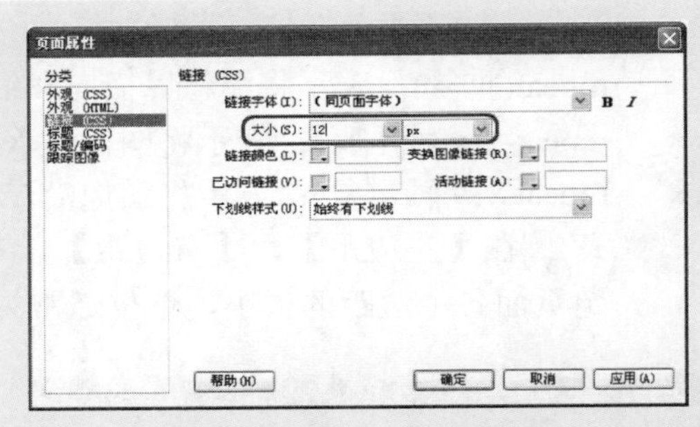

图 4-18 设置字体与大小

步骤 13 在【链接颜色】文本框中为应用了链接的文本设置颜色；在【变换图像链接】文本框中设置，当鼠标指针移至链接上时变换颜色；在【已访问链接】文本框中设置，当文字链接被访问后所呈现的颜色；在【活动链接】文本框中设置鼠标指针在链接上单击时应用的颜色，如图 4-19 所示。

步骤 14 在【下划线样式】下拉列表框中，设置应用于链接的下划线样式，例如选择【仅在变换图像时显示下划线】，如图 4-20 所示。

步骤 15 在左侧的【分类】项目列表中选择【标题(CSS)】，在【标题(CSS)】区域中可以设置【标题字体】，并分别设置【标题 1】至【标题 6】的字体大小与颜色，如图 4-21 所示。

步骤 16 在左侧的【分类】项目列表中选择【标题/编码】，在打开的【标题/编码】属性设置区域中，设置在文档窗口和标题栏中出现的页面标题，如图 4-22 所示。

步骤 17 在【文档类型(DTD)】下拉列表框中，选择一种文档类型，一般默认为 XHTML 1.0 Transitional，如图 4-23 所示。

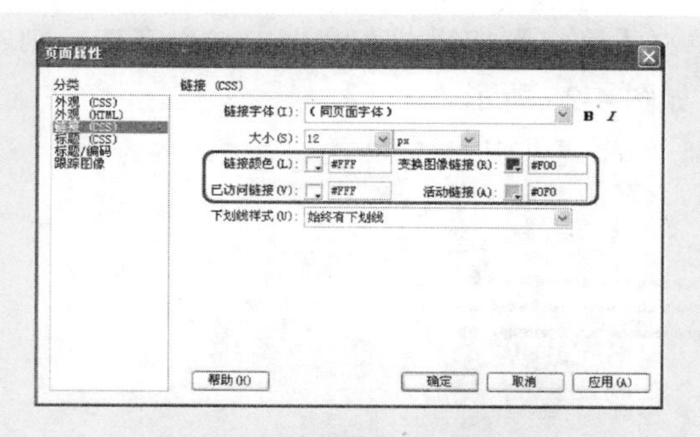

图 4-19　设置链接颜色

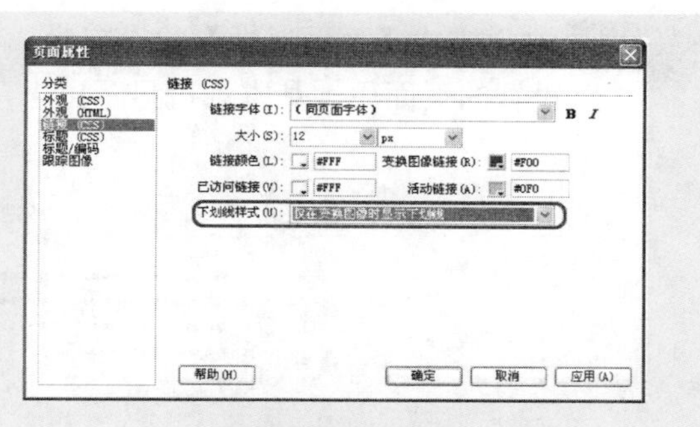

图 4-20　设置下划线样式

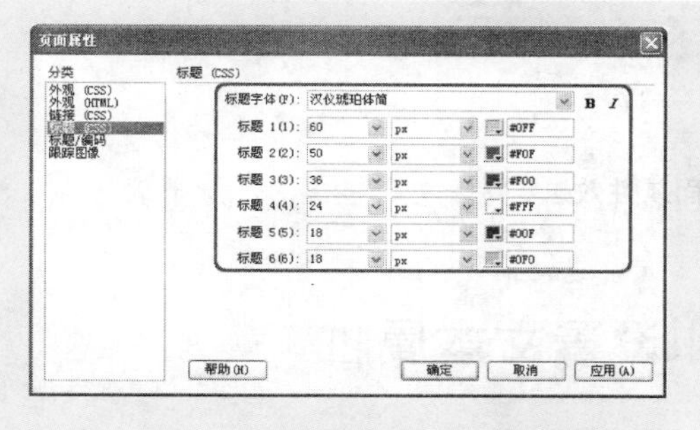

图 4-21　【标题(CSS)】的参数

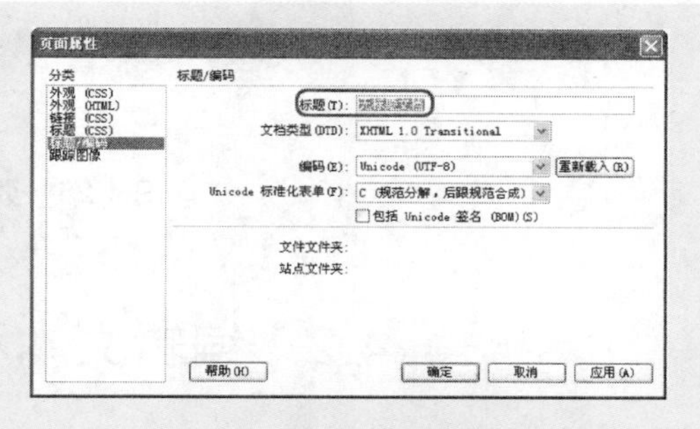

图 4-22　【标题/编码】的参数

步骤 18　在【编码】下拉列表框中指定文档中字符所用的编码。如果选择 Unicode (UTF-8)作为文档编码，则不需要实体编码，因为 UTF-8 可以安全地表示所有字符。如果选择其他文档编码，则可能需要用实体编码才能表示某些字符。

步骤 19　【Unicode 标准化表单】下拉列表框仅在选择了 UTF-8 时才启用。这里有 4 种 Unicode 范式选项，最重要的是【C(规范分解，后跟规范合成)】，因为它是用于万维网的字符模型的最常用范式。

步骤 20　在左侧的【分类】项目列表中选择【跟踪图像】，在【跟踪图像】区域中，用户可以在【跟踪图像】文本框中指定在复制设计时作为参考的图像。该图只供参考，在浏览器中浏览文件时并不出现。然后对【透明度】进行调节，用来更改跟踪图像的透明度，如图 4-24 所示。

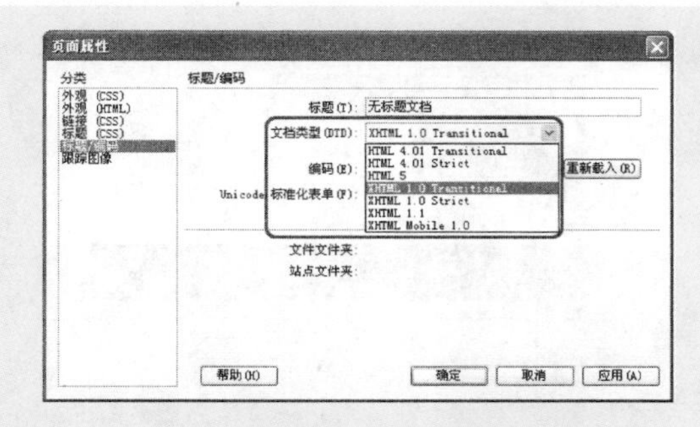

图 4-23　设置文档类型

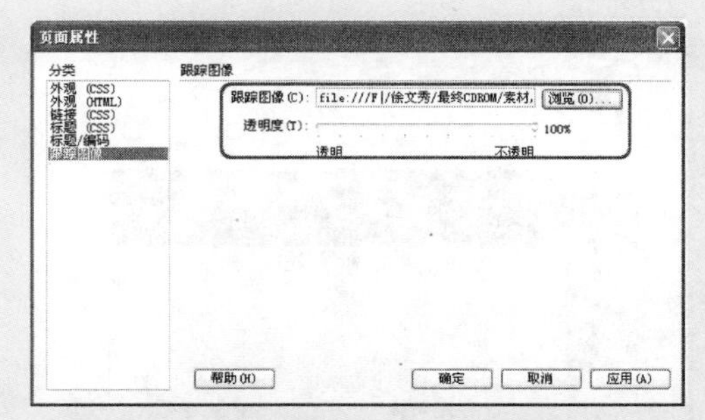

图 4-24　【跟踪图像】的参数

步骤21 完成【页面属性】的设置后，单击【确定】按钮。在文档中输入文本，刚才设置的页面属性基本都可显示出来，如图 4-25 所示。

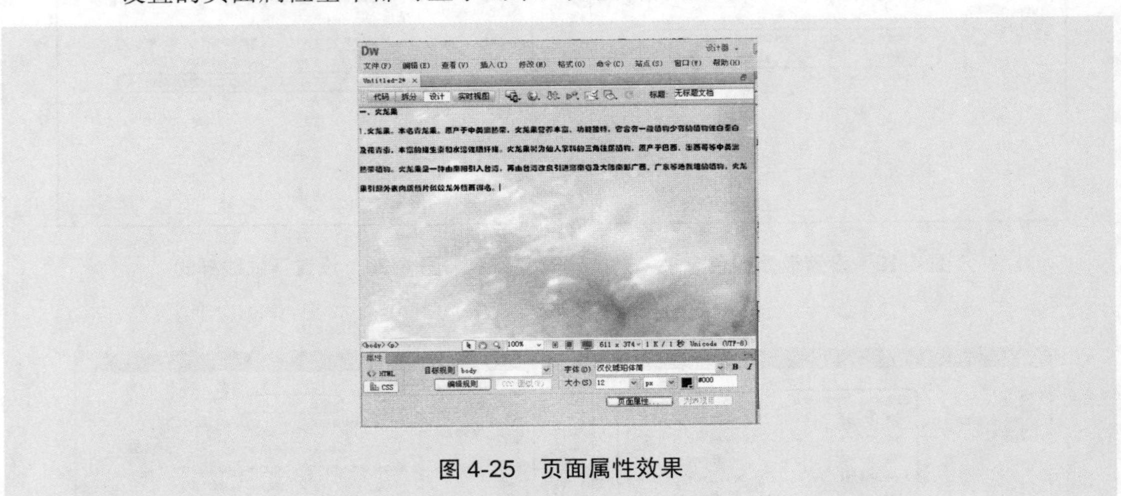

图 4-25　页面属性效果

4.2　编辑文本和设置文本属性

在 Dreamweaver CS6 中，用户可以通过直接输入、复制和粘贴或导入的方式，轻松地将文本插入到文档中，除此之外，用户还可以通过【插入】面板上的【文本】面板插入一些文本内容，如日期、特殊字符等。

4.2.1　插入文本和文本属性设置

插入和编辑文本是网页制作的重要步骤，也是网页制作的重要组成部分。在 Dreamweaver 中，插入网页文本比较简单，可以直接输入，也可以复制其他电子文本中的文本。本节将具体介绍网页文本输入和编辑的制作方法。

步骤01 启动 Dreamweaver CS6 软件，打开随书附带光盘中的“CDROM\素材\第 4 章\blog.html”文件，如图 4-26 所示。

步骤02 将光标插入到网页文档标题的下面，输入“名作欣赏”文本，如图 4-27 所示。

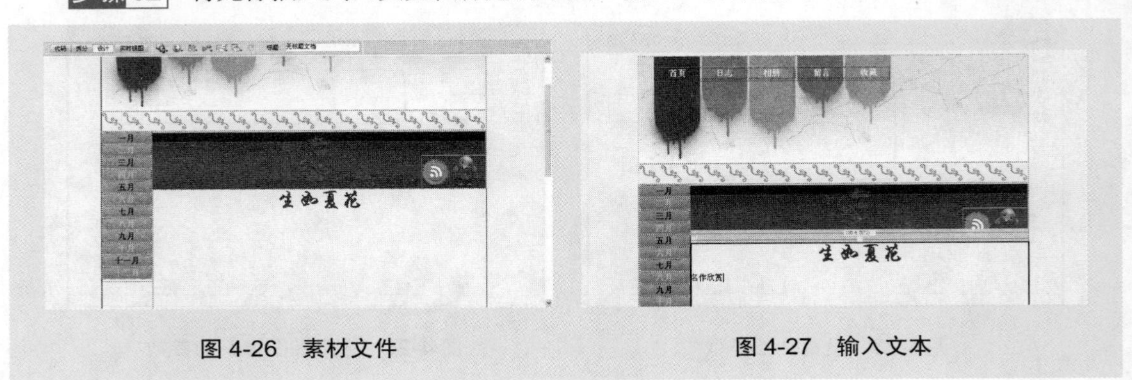

图 4-26　素材文件　　图 4-27　输入文本

步骤03 选中刚刚输入的文本，在【属性】面板的【字体】下拉列表框中选择【汉仪书魂体简】，如图 4-28 所示。

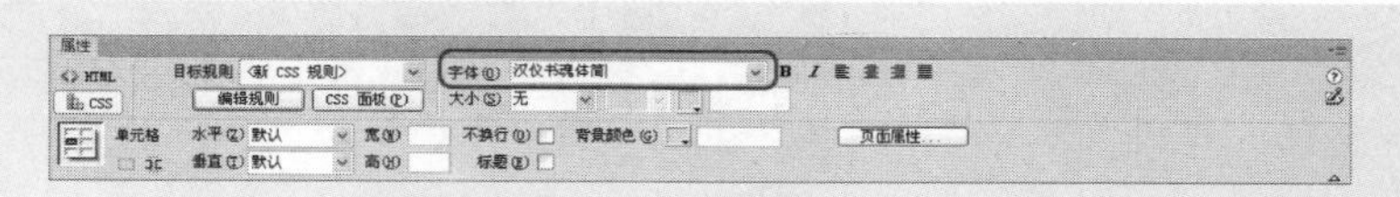

图 4-28 更改字体

步骤04 在【属性】面板单击【编辑规则】按钮，弹出【新建 CSS 规则】对话框，在【选择器类型】下拉列表框中选择【类(可应用于任何 HTML 元素)】，在【选择器名称】下拉列表框中输入“f_style04”，单击【确定】按钮，如图 4-29 所示。

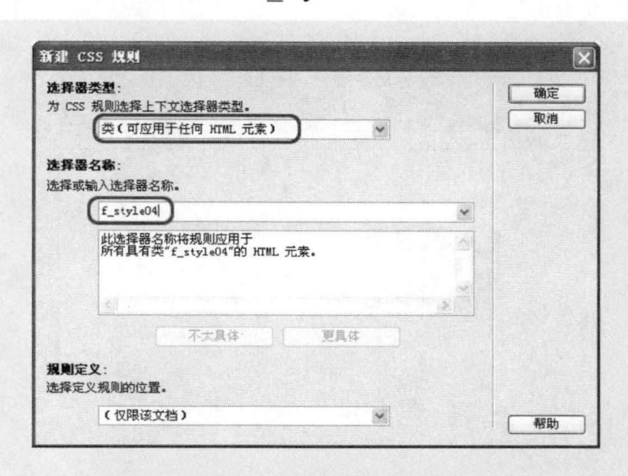

图 4-29 【新建 CSS 规则】对话框

步骤05 在【属性】面板中将字体【大小】设置为 18，【字体颜色】设置为#603，效果如图 4-30 所示。

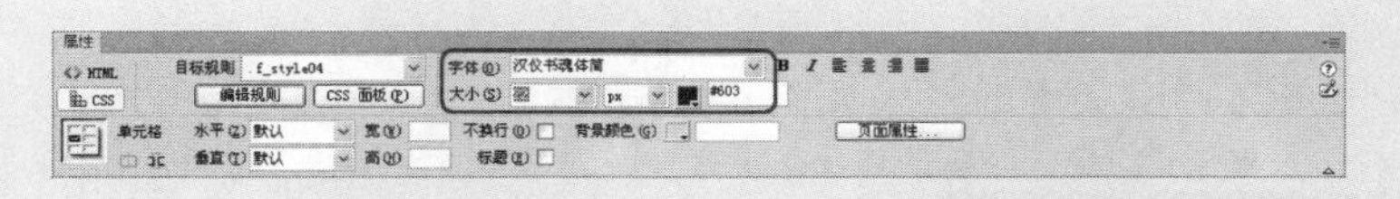

图 4-30 设置字体参数

步骤06 将光标插入到【名作欣赏】文字的下面，然后在【文本】插入面板中选择【字符：不换行空格】选项进行空格设置，如图 4-31 所示。

步骤07 选择【字符：不换行空格】选项一次即可空一个格，如果要多次空格，则可连续单击，然后在空格的后面输入文本，如图 4-32 所示。

步骤08 选择除第 1 行文字之外的文字，如图 4-33 所示。

步骤09 单击【属性】面板上的【居中对齐】按钮，如图 4-34 所示。

步骤10 在【属性】面板单击【编辑规则】按钮，弹出【新建 CSS 规则】对话框，在【选择器类型】下拉列表框选择【类(可应用于任何 HTML 元素)】，在【选择器名称】下拉列表框中输入“f_style05”，然后单击【确定】按钮，如图 4-35 所示。

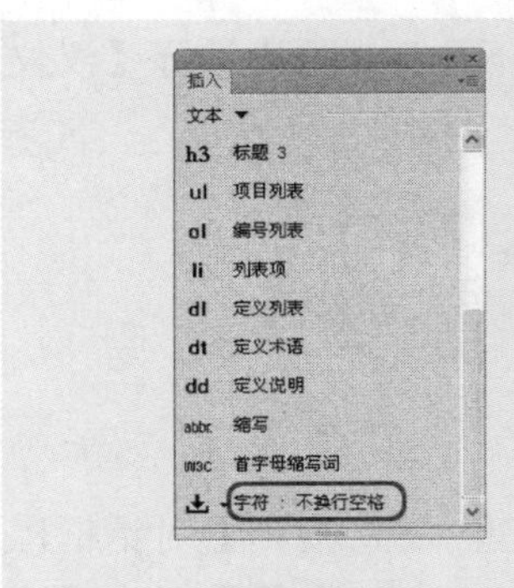

图 4-31　插入空格

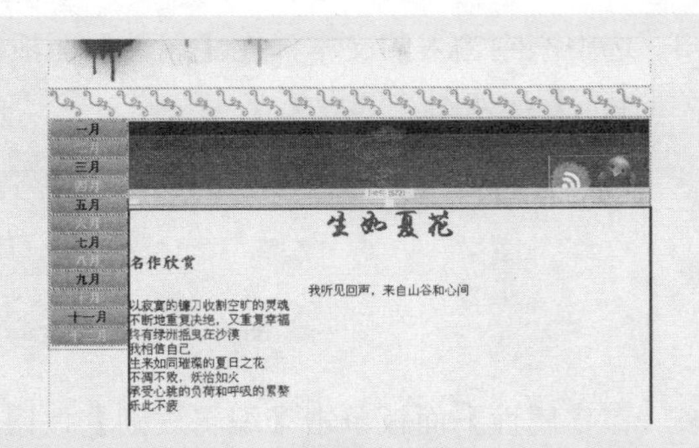

图 4-32　输入文本

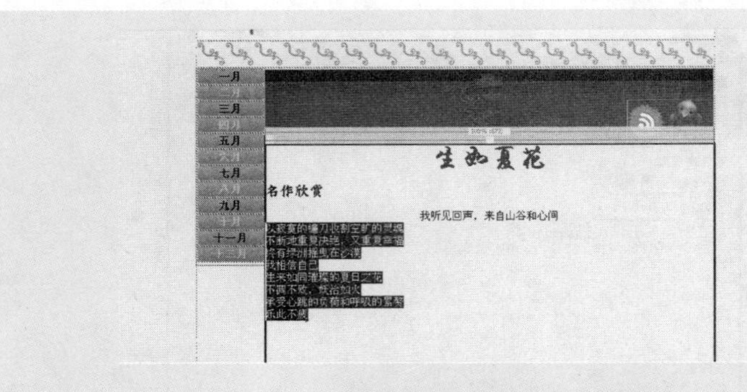

图 4-33　选择文字

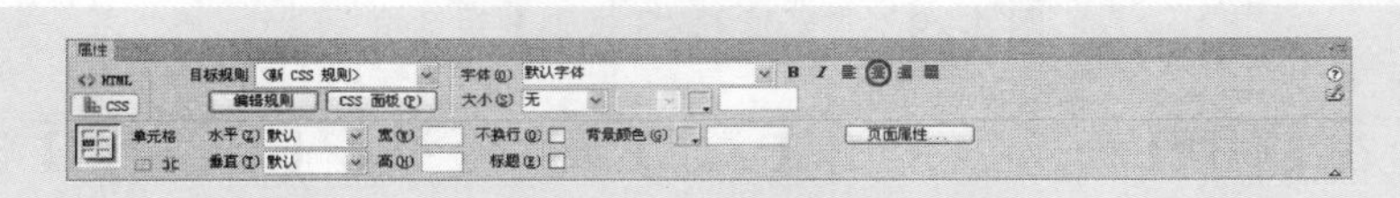

图 4-34　居中对齐

步骤 11　网页文档中文本的效果如图 4-36 所示。

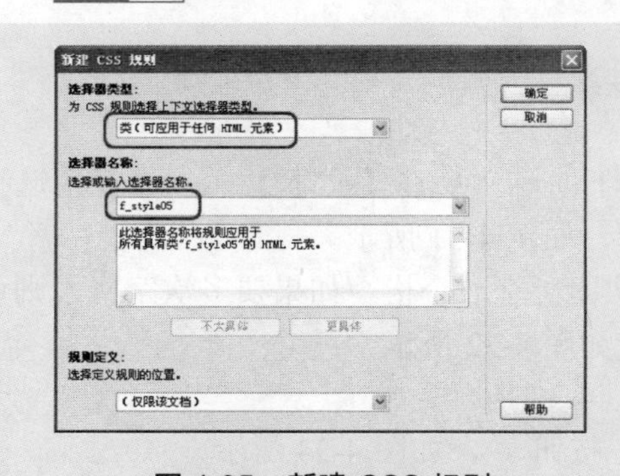

图 4-35　新建 CSS 规则

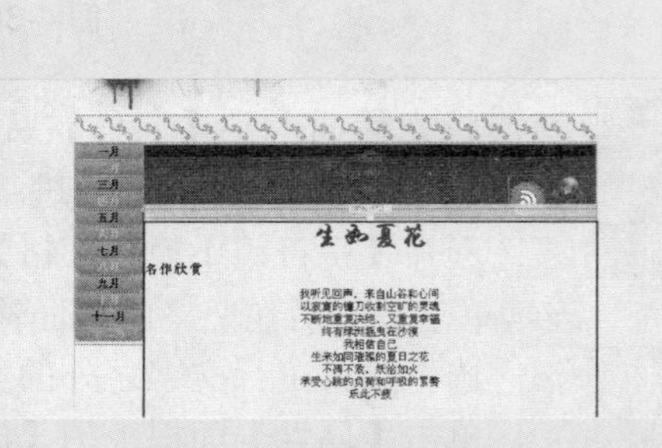

图 4-36　文字效果

步骤 12　选择全部正文文字，如图 4-37 所示。

步骤13 在【属性】面板的【目标规则】下拉列表框选择.f_style05，再将文字颜色修改为#600，如图4-38所示。

步骤14 设置完成后，文字的效果如图4-39所示。

步骤15 因为正文的第一行文字前面存在空格，所以在浏览器中浏览时第一行文字不会居中对齐，因此要将其前边的空格删除，如图4-40所示。

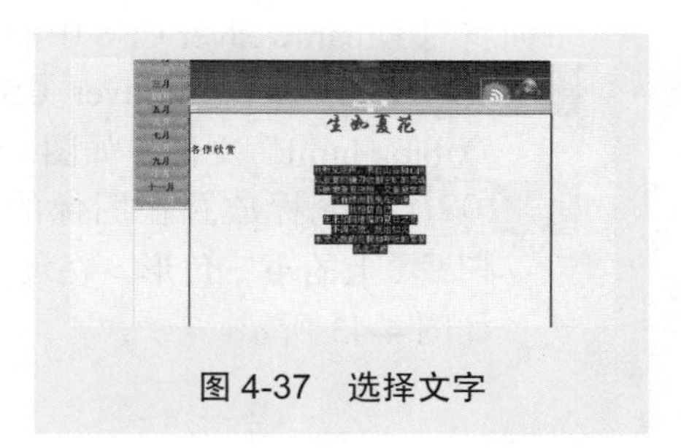

图4-37 选择文字

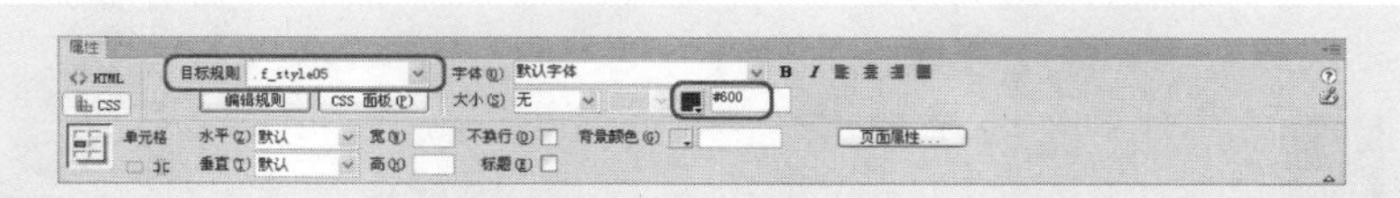

图4-38 设置文字颜色

图4-39 设置文字颜色的效果

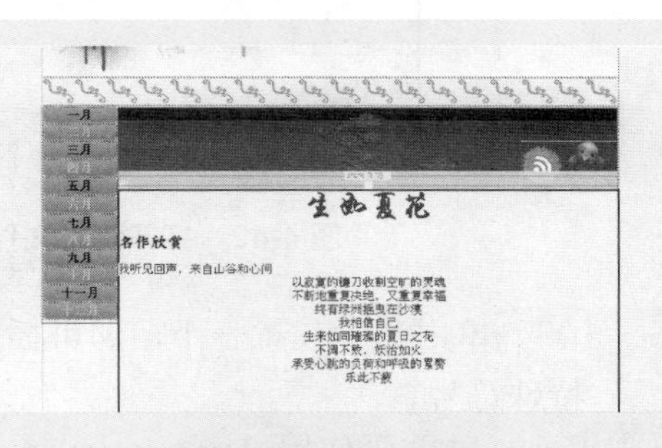

图4-40 删除空格

步骤16 将网页进行保存，然后按F12键在浏览器中浏览，如图4-41所示。

在Dreamweaver CS6中，输入文本和编辑文本的方法和与Word文档的操作方法相近，是比较容易掌握的。在实际的网页设计中，对于文字效果的处理更多的是使用CSS样式，本着由浅入深的原则，这部分内容留在后面讲解。

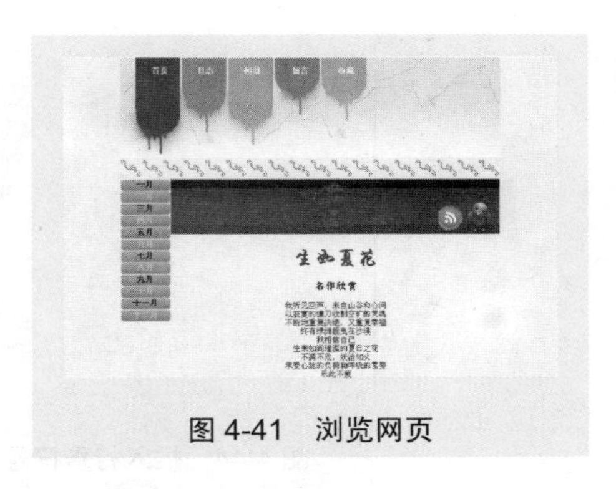

图4-41 浏览网页

4.2.2 在文本中插入特殊文本

在浏览网页时，经常会看到一些特殊的字符，如◎、€、◇等。这些特殊字符在HTML中以名称或数字的形式表示，我们将其称为实体。HTML中包含版权符号(©)、“与”符号(&)、注册商标符号(®)等，Dreamweaver本身拥有字符的实体名称。每个实体都有一个名称和一个数字等效值，例如&mdash与—是一对等效值。

下面将对 Dreamweaver CS6 中的特殊字符进行介绍。

步骤 01 启动 Dreamweaver CS6 软件，打开随书附带光盘中的“CDROM\素材\第 4 章\blog.html”文件，如图 4-42 所示。

步骤 02 将光标放置在图像的右侧，打开【文本】插入面板，单击【字符】按钮 上的小三角形，在展出的下拉列表中可看到 Dreamweaver 中的特殊符号，如图 4-43 所示。

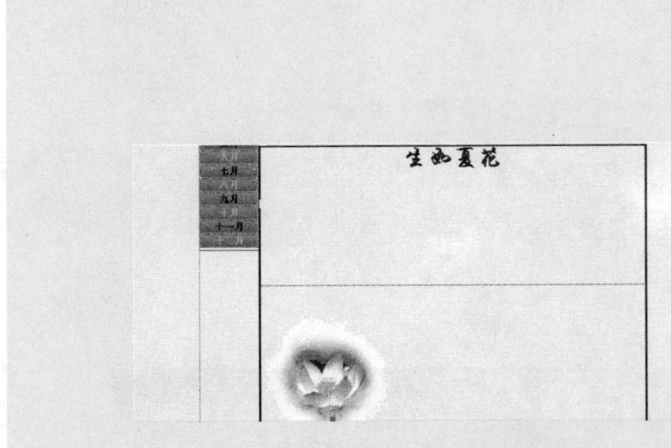

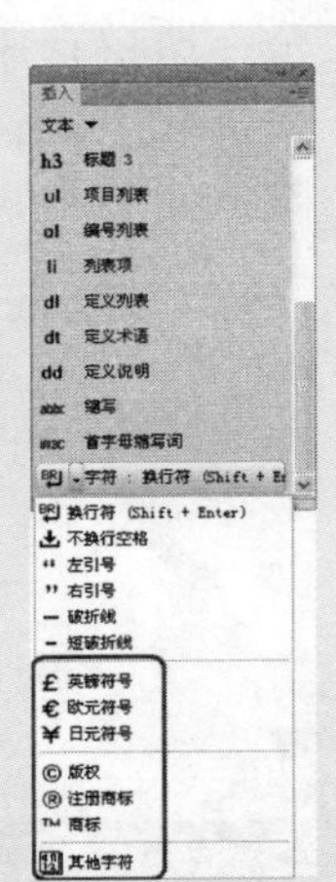

图 4-42 打开素材文件　　图 4-43 特殊符号列表

步骤 03 单击其中任意一个，即可插入相应的符号，如图 4-44 所示，依次插入几个特殊符号。

步骤 04 如果要使用 Dreamweaver 中的其他字符，可以在展开的下拉列表中选择【其他字符】命令，打开【插入其他字符】对话框，如图 4-45 所示。

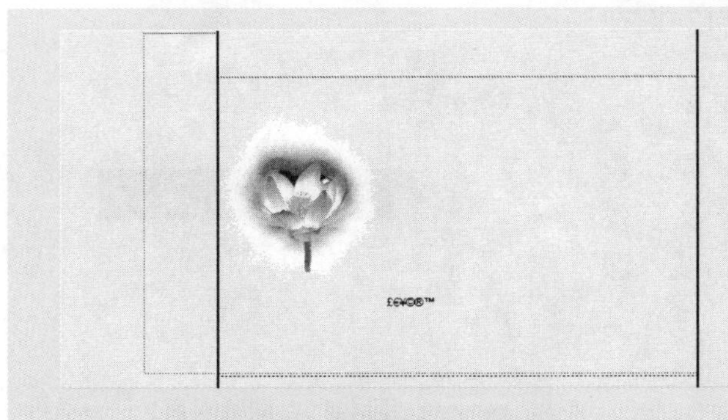

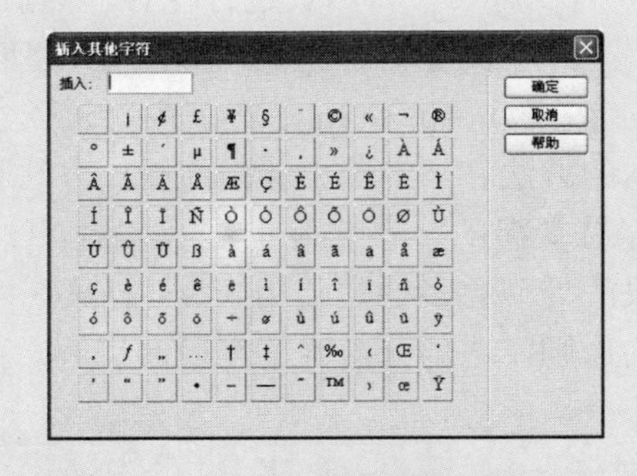

图 4-44 插入特殊符号　　图 4-45 【插入其他字符】对话框

步骤 05 在【插入其他字符】对话框中单击想要插入的字符，然后单击【确定】按钮，即可在网页文档中插入相应的字符。如图 4-46 所示，在网页文档中随意插入一些特殊字符。

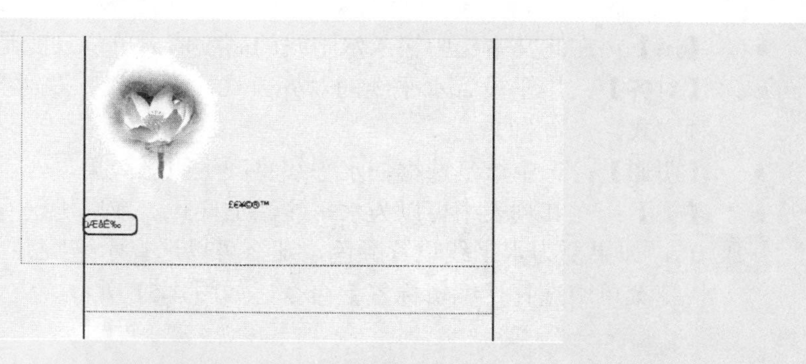

图 4-46　插入其他字符

4.2.3 使用水平线

水平线用于分隔网页文档的内容，合理地使用水平线可以获得非常好的效果。在一篇复杂的文档中插入几条水平线，就会使其层次分明，便于阅读。具体操作如下。

步骤 01　启动 Dreamweaver CS6 软件，打开随书附带光盘中的“CDROM\素材\第 4 章\line.html”文件，如图 4-47 所示。

步骤 02　将光标放置在要插入水平线的位置，打开【常用】插入面板，在其中单击【水平线】按钮 水平线，如图 4-48 所示。

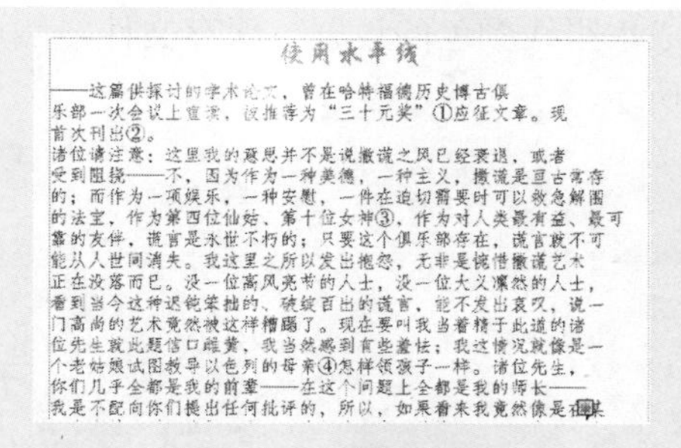

使用水平线

——这篇供探讨的学术论文，曾在哈特福德历史博古俱乐部一次会议上宣读，被推荐为“三十元奖”①应征文章。现首次刊出②。
诸位请注意：这里我的意思并不是说撒谎之风已经衰退，或者受到阻挠——不，因为作为一种美德，一种主义，撒谎是亘古常存的；而作为一项娱乐，一种安慰，一件在迫切需要时可以救急解围的法宝，作为第四位仙姑、第十位女神③，作为对人类最有益、最可靠的友伴，谎言是永世不朽的；只要这个俱乐部存在，谎言就不可能从人世间消失。我这里之所以发出抱怨，无非是惋惜撒谎艺术正在没落而已。没一位高风亮节的人士，没一位大义凛然的人士，看到当今这种迟钝笨拙的、破绽百出的谎言，能不发出哀叹，说一门高尚的艺术竟然被这样糟蹋了。现在要叫我当着精于此道的诸位先生就此题信口雌黄，我当然感到有些羞怯；我这情况就像是一个老姑娘试图教导以色列的母亲④怎样领孩子一样。诸位先生，你们几乎全都是我的前辈——在这个问题上全都是我的师长——我是不配向你们提出任何批评的，所以，如果看来我竟然像是在某

图 4-47　素材文件

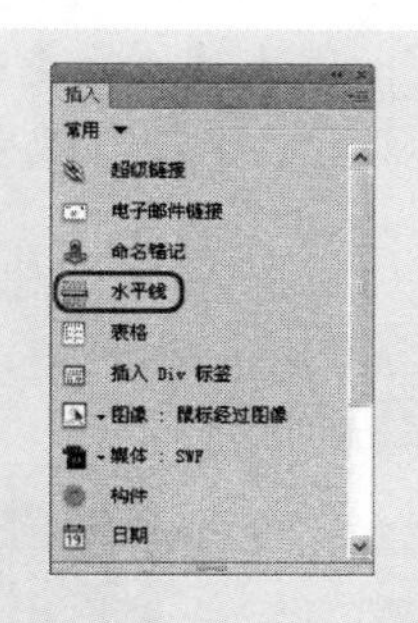

图 4-48　单击【水平线】按钮

步骤 03　插入水平线后，选中水平线，在【属性】面板中设置水平线的属性，如图 4-49 所示。

图 4-49　水平线的属性

步骤 04　设置完成后，水平线的效果如图 4-50 所示。

水平线属性的各项参数如下。

- 【宽】：在此文本框中输入水平线的宽度值，默认单位为像素，也可设置为百分比。

- 【高】：在此文本框中输入水平线的高度值，单位只能是像素。
- 【对齐】：用于设置水平线的对齐方式，有默认、左对齐、居中对齐和右对齐 4 种方式。
- 【阴影】：选中该复选框，水平线将产生阴影效果。
- 【类】：在其列表中可以为水平线添加样式，或应用已有的样式。

步骤05 如果要为水平线设置颜色，那么可以选择水平线并单击鼠标右键，在弹出的快捷菜单中选择【编辑标签】命令，如图 4-51 所示。

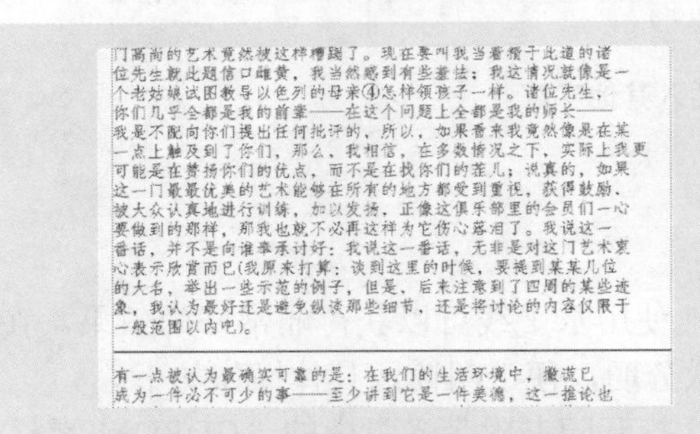

门高尚的艺术竟然被这样糟蹋了。现在要叫我当着擅于此道的诸位先生就此题信口雌黄，我当然感到有些羞怯：我这情况就像是一个老姑娘试图教导以色列的母亲④怎样领孩子一样。诸位先生，你们几乎全都是我的前辈——在这个问题上全都是我的师长——我是不配向你们提出任何批评的，所以，如果看来我竟然像是在某一点上触及到了你们，那么，我相信，在多数情况之下，实际上我更可能是在赞扬你们的优点，而不是在找你们的茬儿；说真的，如果这一门最最优美的艺术能够在所有的地方都受到重视，获得鼓励，被大众认真地进行训练，加以发扬，正像这俱乐部里的会员们一心要做到的那样，那我也就不必再这样为它伤心落泪了。我说这一番话，并不是向谁奉承讨好：我说这一番话，无非是对这门艺术衷心表示欣赏而已(我原来打算：谈到这里的时候，要提到某某几位的大名，举出一些示范的例子，但是，后来注意到了四周的某些迹象，我认为最好还是避免纵谈那些细节，还是将讨论的内容仅限于一般范围以内吧)。

有一点被认为最确实可靠的是：在我们的生活环境中，撒谎已成为一件必不可少的事——至少讲到它是一件美德，这一推论也

图 4-50　水平线效果

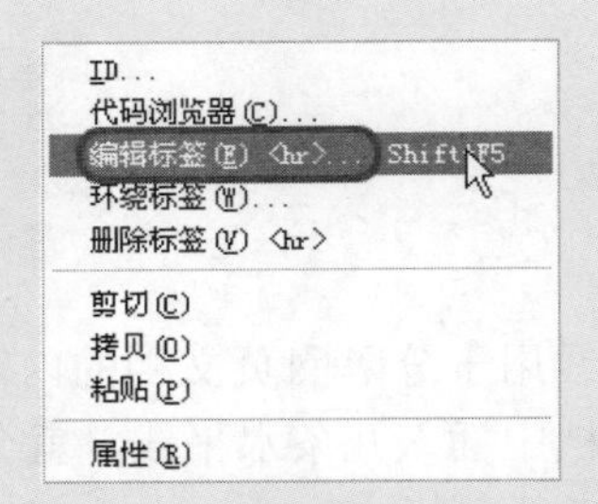

图 4-51　选择【编辑标签】命令

步骤06 打开【标签编辑器】对话框。在该对话框左侧选择【浏览器特定的】选项，然后在右侧设置颜色，如图 4-52 所示。

步骤07 单击【确定】按钮，即可完成水平线颜色的设置。保存文件，然后按 F12 键在浏览器中观看效果，如图 4-53 所示。

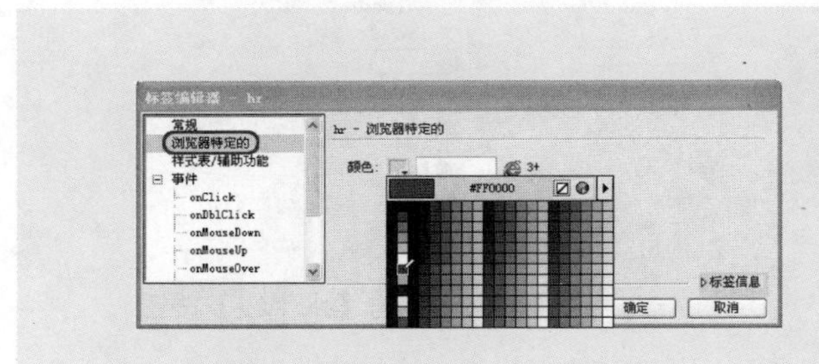

图 4-52　设置颜色

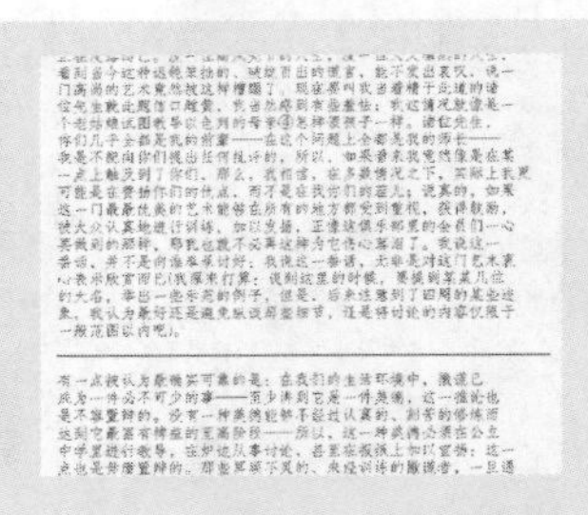

图 4-53　水平线的效果

提示： 在 Dreamweaver 的设计视图中无法看到设置的水平线的颜色，设计者可以将文件保存后在浏览器中查看，或者直接单击【实时视图】按钮，在实时视图中观看效果。

4.2.4 插入日期

Dreamweaver 提供了一个方便插入的日期对象，使用该对象不仅可以以多种格式插入当前日期，而且可以选择在每次保存文件时都自动更新日期，具体操作如下。

步骤01 启动 Dreamweaver CS6 软件，打开随书附带光盘中的“CDROM\素材\第 4 章\Date.html”文件，如图 4-54 所示。

步骤02 将光标放置在网页文档有绿色背景的单元格中，打开【常用】插入面板，在其中单击【日期】按钮 日期，如图 4-55 所示。

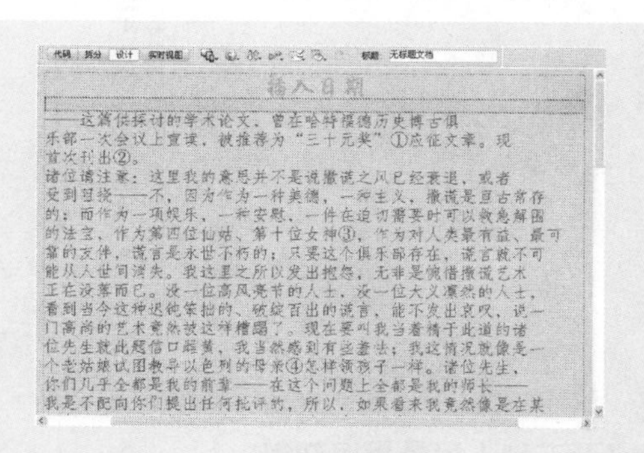

图 4-54 素材文件

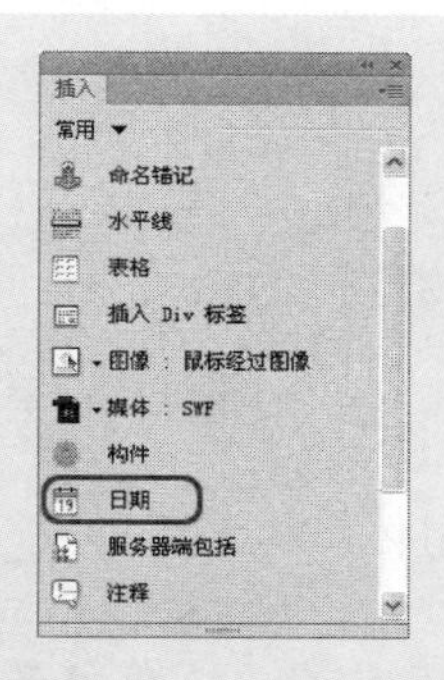

图 4-55 单击【日期】按钮

步骤03 打开【插入日期】对话框，在该对话框中根据需要设置【星期格式】、【日期格式】和【时间格式】。如果希望每次保存文档时都更新插入的日期，那么请选中【储存时自动更新】复选框，如图 4-56 所示。

步骤04 单击【确定】按钮，即可将日期插入到文档中，如图 4-57 所示。

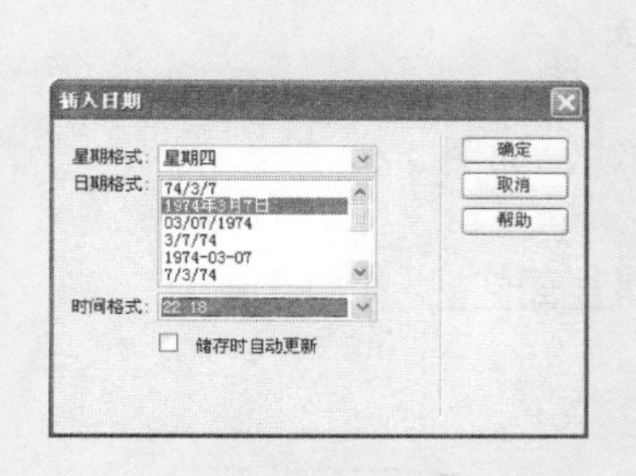

图 4-56 设置日期

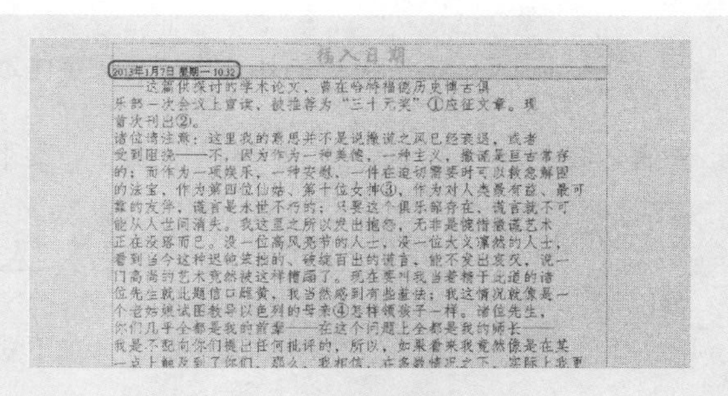

图 4-57 插入日期

4.3 格式化文本

下面将介绍在文档窗口中如何对文本进行编辑设置。

4.3.1 设置字体样式

字体样式是指字体的外观显示样式，例如，字体的加粗、倾斜、下划线等。利用 Dreamweaver CS6 可以设置多种字体样式，具体操作如下。

步骤01 选定要设置字体样式的文本，如图 4-58 所示。

步骤02 从菜单栏中选择【格式】|【样式】命令，会弹出子菜单，如图 4-59 所示。

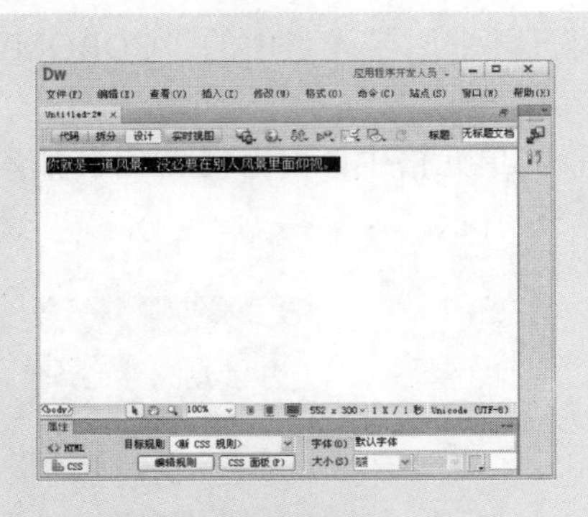

图 4-58　输入文本

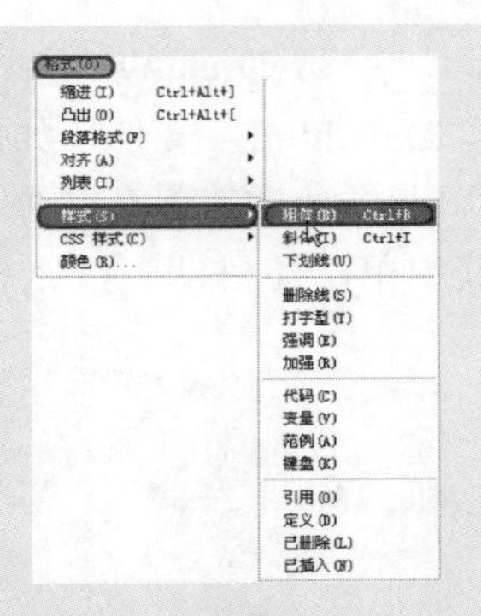

图 4-59　选择【样式】命令

- 粗体：将选中的文字加粗显示，快捷键为 Ctrl+B，如图 4-60 所示。

你就是一道风景，没必要在别人风景里面仰视。

图 4-60　加粗字体

- 斜体：可以将选中的文字显示为斜体样式，快捷键为 Ctrl+I，如图 4-61 所示。

你就是一道风景，没必要在别人风景里面仰视。

图 4-61　设置字体为斜体

- 下划线：可以在选中的文字下方显示一条下划线，如图 4-62 所示。

你就是一道风景，没必要在别人风景里面仰视。

图 4-62　添加下划线

- 删除线：在选中的文字中部添加一条横线，表示这段文字被删除了，如图 4-63 所示。

~~你就是一道风景，没必要在别人风景里面仰视。~~

图 4-63　添加删除线

- 打字型：可以将选中的文字作为等宽文本来显示。
- 强调：可以在文件中强调选中的文字，大多数浏览器会把它显示为斜体样式，如图 4-64 所示。

你就是一道风景，没必要在别人风景里面仰视。

图 4-64　强调文字

- 加强：可以将选中的文字在文件中以加强的格式显示，大多数浏览器会把它显示为粗体样式，如图 4-65 所示。

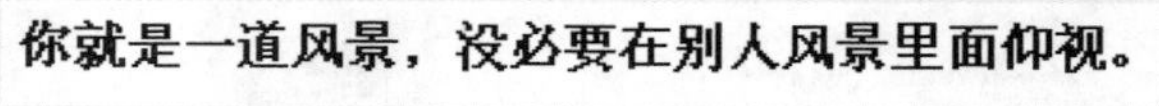

你就是一道风景，没必要在别人风景里面仰视。

图 4-65　加强文字

4.3.2 编辑段落

段落是文章中最基本的单位，一般具有统一的文本格式。在文本编辑器中每输入一段文字，按下 Enter 键后，就会自动地形成一个段落。编辑段落主要是对网页中的一段文本进行设置，具体的操作包括设置段落格式、预格式化文本、设置段落对齐方式、设置段落文本的缩进等。

1. 设置段落格式

设置段落格式的具体操作如下。

步骤 01　将光标放在段落中的任意位置或选择段落中的一些文本。

步骤 02　可以执行通过以下两种方式选择段落样式。

- 在菜单栏选择【格式】|【段落格式】命令。
- 在【属性】面板的【格式】下拉列表中选择段落格式，如图 4-66 所示。

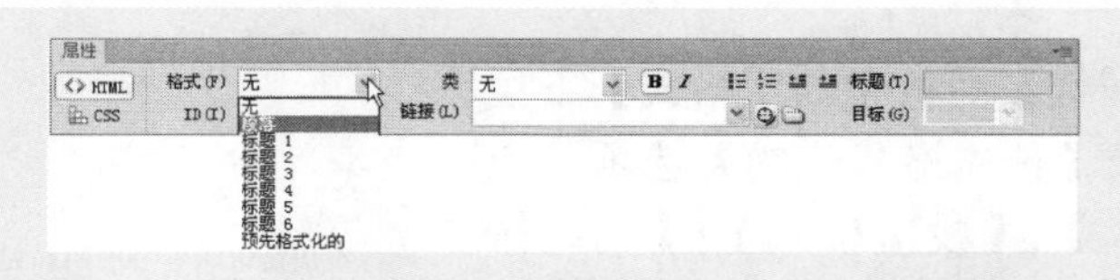

图 4-66　段落格式

步骤 03　选择一个段落格式，例如选择【标题 1】，这时与所选格式关联的 HTML 标记(表示【标题 1】的 h1、表示【预先格式化的】的 pre 等)将应用于整个段落。若选择【无】选项，则删除段落格式，如图 4-67 所示。

步骤 04　在对段落应用标题标签时，Dreamweaver 会自动地将下一行文本设为标准段落。若要更改此设置，那么可选择【编辑】|【首选参数】命令，弹出【首选参数】对话框，在【常规】分类中的【编辑选项】区域中，取消选中【标题后切换到普通段落】复选框，如图 4-68 所示。

2. 定义预格式化

在 Dreamweaver 中，不能连续输入多个空格，如图 4-69 所示。在显示一些特殊格式的段落文本时，这一点就显得非常不方便。

在这种情况下，可以使用预格式化标记<pre>和</pre>来解决这个问题。

在 Dreamweaver 中，设置预格式化段落的具体操作如下。

步骤 01　将光标放置在要设置预格式化的段落中，如果要将多个段落设置为预格式化，则选择多个段落，如图 4-70 所示。

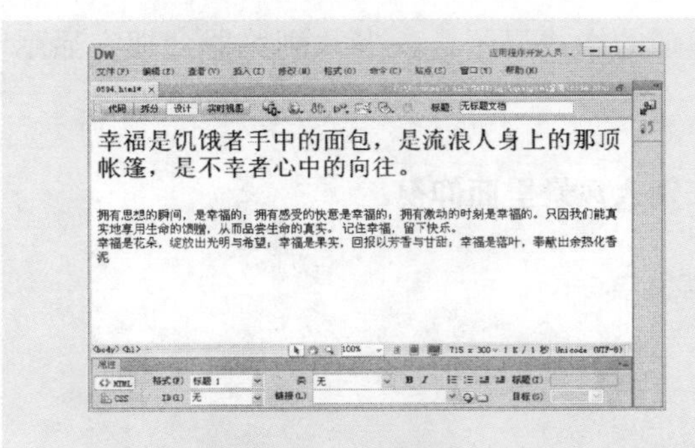

图 4-67　设置格式

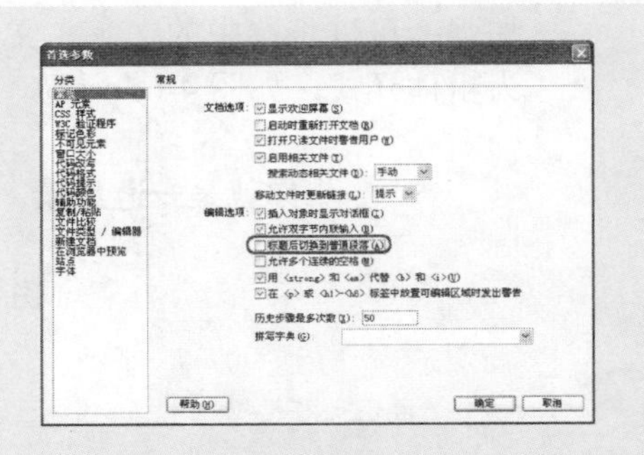

图 4-68　取消选中【标题后切换到普通段落】复选框

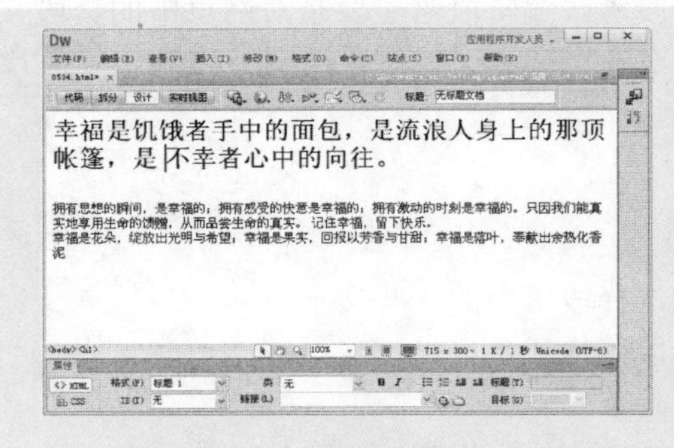

图 4-69　不能空多个空格

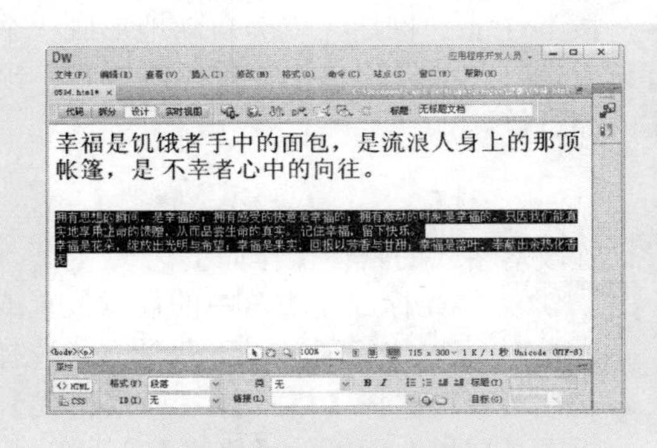

图 4-70　选择多个段落

步骤 02　在【属性】面板中的【格式】下拉列表中选择【预先格式化的】选项，或选择【格式】|【段落格式】|【已编排格式的】命令，如图 4-71 所示。例如，要在段落的段首处空出两个空格，我们就不能直接在【设计】模式中输入空格，应切换到【代码】模式，然后在段首文字前输入代码“ ”，如图 4-72 所示。一个代码表示一个半角字符，要空出两个汉字的位置，则需要添加 4 个代码。这样，在浏览器中就可以看到段首已经空出两个空格了。

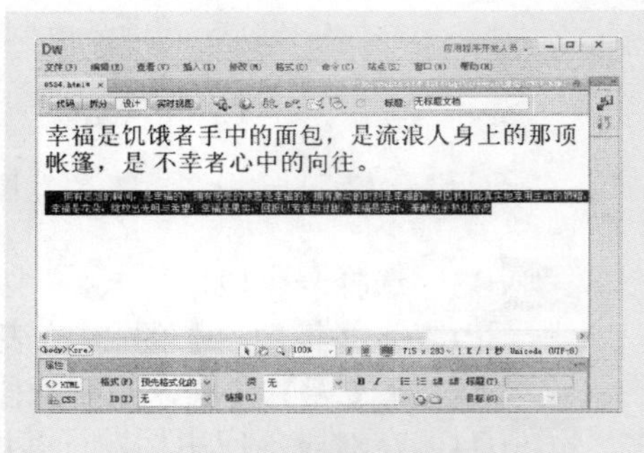

图 4-71　预先格式化

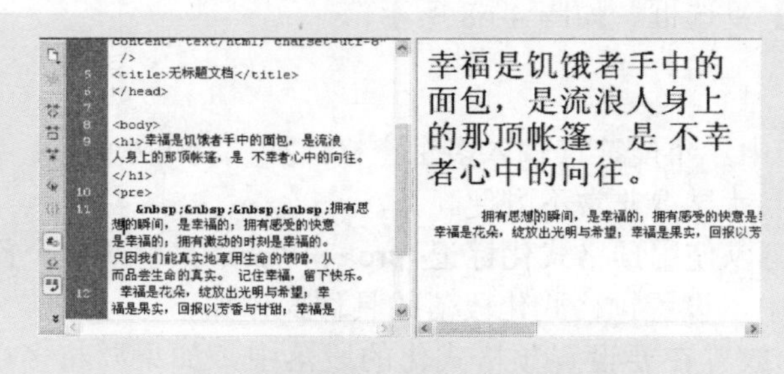

图 4-72　空出两个空格

3. 段落的对齐方式

段落的对齐方式指的是段落相对文件窗口在水平位置的对齐方式，包括 4 种对齐方式，分别为左对齐、居中对齐、右对齐、两端对齐。

对齐的具体操作如下。

步骤01 将光标放置在需要设置对齐方式的段落中，如果需要设置多个段落，则需要选择多个段落。

步骤02 然后通过以下两种方式执行对齐操作。

- 在菜单栏中选择【格式】|【对齐】命令，从子菜单中选择相应的对齐方式。
- 单击【属性】面板中的对齐按钮。

4. 段落缩进

当强调一些文字或引用其他来源的文字时，需要设置段落缩进，从而将其和普通段落区别开来。缩进主要是指文本内容距离文档窗口左端的间距。

段落缩进的具体操作如下。

步骤01 将光标放置在要设置缩进的段落中，如果要缩进多个段落，则选择多个段落。

步骤02 然后通过以下两种方式执行段落缩进操作。

- 在菜单栏中选择【格式】|【缩进】命令，即可将当前段落往右缩进一个空格。
- 单击【属性】面板中的或，即可使当前段落凸出或缩进。

在编辑段落文本时，使用回车键可以使段落之间产生较大的间距，即用<p>和</p>标记定义段落。若要使段落文字强制换行，则可以按下 Shift+Enter 键，这样就会在文件段落的相应位置插入一个
标记，从而实现段落文字的强制换行。

4.4 项目列表设置

在编辑 Word 文档的时候，常常需要为一些文字加上编号或项目符号，这样就能将一段文字归纳在一个板块里，从而利于读者阅读，同时也可以使文章按照项目有序地排列。制作网页文本也一样能实现这些功能。在 Dreamweaver 中，用户可以使用项目功能命令，将一些项目以排列的方式，按照顺序排列。列表可以分为项目列表和编号列表。列表也可以嵌套，嵌套列表是包含在其他列表中的列表。例如，可以在编号列表中嵌套其他的列表。

4.4.1 项目列表类型

在浏览网页时，几乎每个网页都含有大量的文字信息，这样才可以达到信息交流的目的。每个网页中文字信息部分不只是单纯地添加几段文字，都会使用一定的格式、顺序，以及其他各种不同的修饰方式，这样才可以达到既美观又实用的目的。

在 HTML 中，可以创建的列表类型有无序列表、有序列表、定义列表、目录列表和菜单列表。下面分别对这几种列表进行介绍。

- 无序列表：在无序列表中，各个列表项之间没有顺序级别之分，它通常使用一个项目符号作为每条列表的前缀。在 HTML 中，有圆形、环形和矩形三种类型的符号。

- 有序列表：有序列表同无序列表的区别在于，有序列表使用编号而不是用项目符号来编排项目。有序编号可以指定其编号类型和起始编号。
- 定义列表：定义列表也称作字典列表，因为它同字典具有相同的格式。在定义列表中，每个列表项都带有一个缩进的定义字段，就好像字典对文字进行解释一样。
- 目录列表：目录列表通常用于设计一个窄列的列表，或用于显示一系列的列表内容，例如字典中的索引或单词表中的单词等。列表中每项最多只能有 20 个字符。
- 菜单列表：菜单列表通常用于设计单列的列表内容。

4.4.2 认识项目列表和编号列表

项目列表中各个项目之间没有顺序级别之分，通常使用一个项目符号作为每条列表项的前缀，如图 4-73 所示。

编号列表通常可以使用阿拉伯数字、英文字母、罗马数字等符号来编排项目，各个项目之间通常有一种先后关系，如图 4-74 所示。

【定义列表】方式，它的每一个列表项都带有一个缩进的定义字段，就好像解释文字一样，如图 4-75 所示。

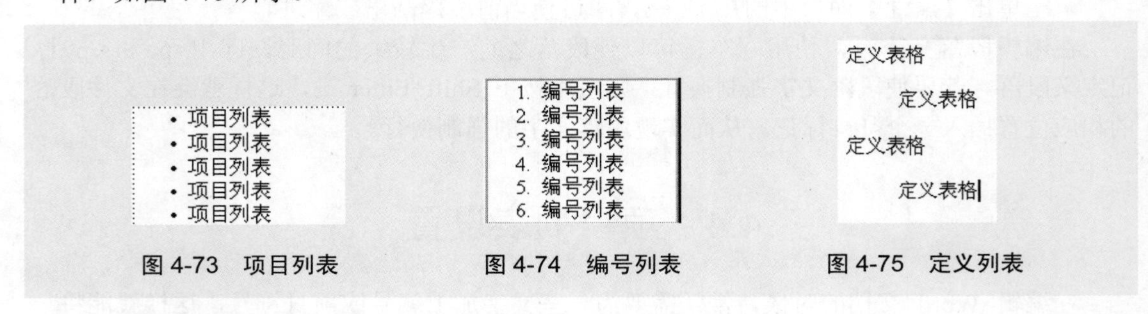

图 4-73　项目列表　　图 4-74　编号列表　　图 4-75　定义列表

4.4.3 创建项目列表和编号列表

在网页文档中使用项目列表，可以增加内容的次序性和归纳性。在 Dreamweaver 中创建项目列表有很多种方法，显示的项目符号也多种多样。本节将介绍项目列表创建的基本操作。

步骤 01 启动 Dreamweaver CS6 软件，打开随书附带光盘中的“CDROM\素材\第 4 章\创建项目列表和编号列表.html”文件，如图 4-76 所示。

步骤 02 将光标插入到文字“最贵的犬：”的后面，按下 Enter 键，新建一行并输入文本，如图 4-77 所示。

步骤 03 选中输入的文本，打开【属性】面板，单击【项目列表】按钮，如图 4-78 所示。

步骤 04 单击【项目列表】按钮后，即可在选中的文本前显示一个项目符号，然后将光标放置在新建文本的最后，然后按下 Enter 键，系统将自动创建第 2 个项目，接着输入文字，使用同样的方法制作其他项目，如图 4-79 所示。

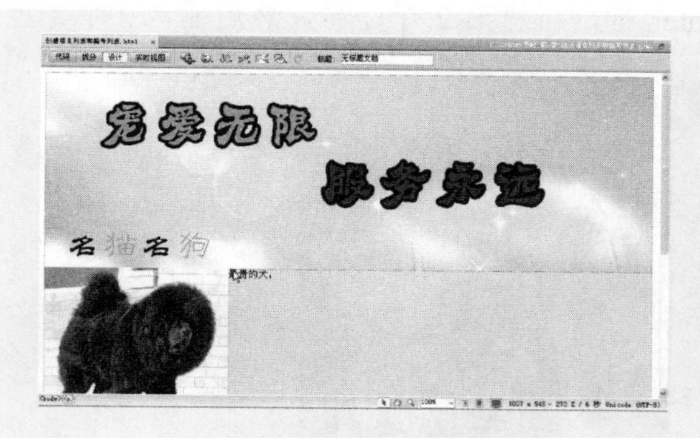

图 4-76　原始文件

图 4-77　输入文字

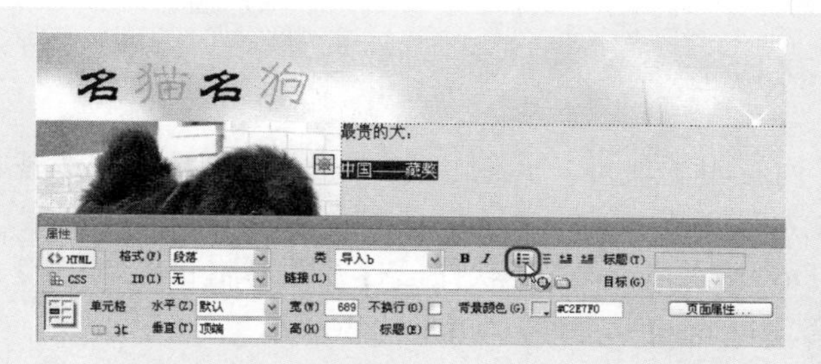

图 4-78　单击【项目列表】按钮

图 4-79　创建项目

提示：创建项目列表，还可以直接单击【文本】插入面板中的【项目列表】按钮。

步骤 05　将光标放置在文字“最大的犬：”的后面，按下 Enter 键，新建一行并输入文本，在【属性】面板中单击【编号列表】按钮，如图 4-80 所示。

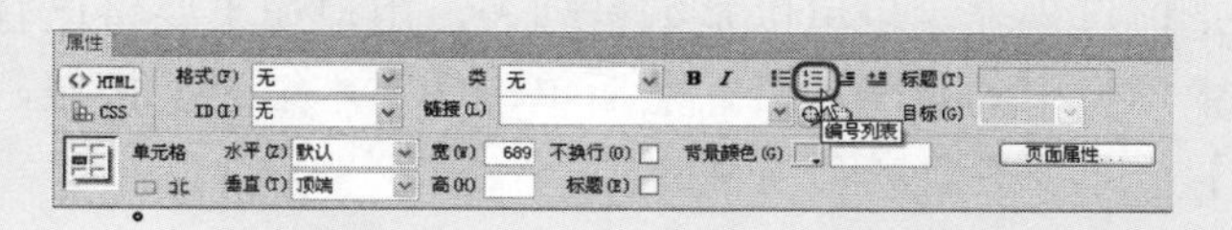

图 4-80　单击【编号列表】按钮

步骤06 单击【编号列表】按钮后，光标处将自动显示第1个序号，如图4-81所示。

步骤07 将光标移至文字的后面，按Enter键，新建第2个序号，然后输入文字。重复操作，创建多个序号排列的项目，完成后如图4-82所示。

图4-81 显示编号

图4-82 编号列表的效果

4.4.4 创建嵌套项目

嵌套项目是项目列表的子项目，其创建方法与创建项目的方法基本相同，下面来介绍嵌套项目的创建方法。

步骤01 启动Dreamweaver CS6软件，打开随书附带光盘中的“CDROM\素材\第4章\创建嵌套项目.html”文件，如图4-83所示。

步骤02 将光标放置在文字“世界上最小的名猫名狗”的后面，按Enter键新建一行，在【属性】面板中单击【文本缩进】按钮，使光标向内缩进一个字符，然后单击【编号列表】按钮，创建编号项目，如图4-84所示。

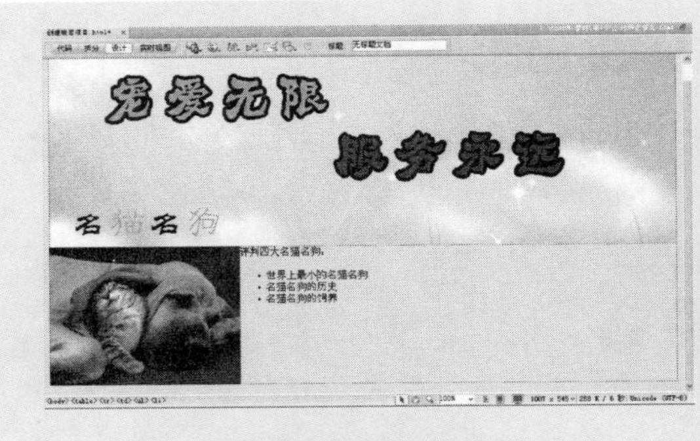

图4-83 原始文件

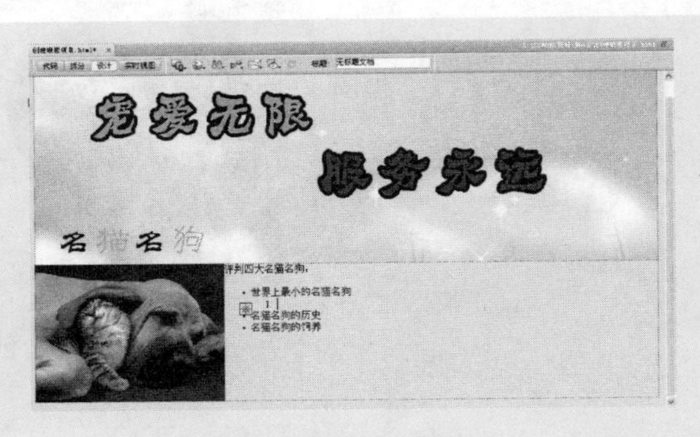

图4-84 创建编号列表

步骤03 在编号后面输入文字，然后按照创建编号项目的方法，创建出多个项目，完成后如图4-85所示。

嵌套项目可以是项目列表，也可以是编号列表，用户如果要将已有的项目设置为嵌套项目，那么可以选中项目中的某个项目，然后单击【文本缩进】按钮，接着单击【项目列表】或【编号列表】，即可更改嵌套项目的显示方式。

图 4-85　创建嵌套项目

4.4.5 设置列表

设置列表主要是在项目的属性对话框中进行设置。使用【列表属性】对话框可以设置编号样式、重置计数或设置个别列表项或整个列表的项目符号样式选项。

步骤 01　将光标放置在列表项的文本后面，在菜单栏中选择【格式】|【列表】|【属性】命令，打开【列表属性】对话框，如图 4-86 所示。

步骤 02　在【列表属性】对话框中，设置定义列表的选项。

- 在【列表类型】下拉列表中，选择项目列表的类型，包括项目列表、编号列表、目录列表和菜单列表。
- 在【样式】下拉列表中，选择项目列表或编号列表的样式。

步骤 03　当在【列表类型】下拉列表中选择【项目列表】时，可以选择的【样式】有【项目符号】和【正方形】两种，如图 4-87 所示。

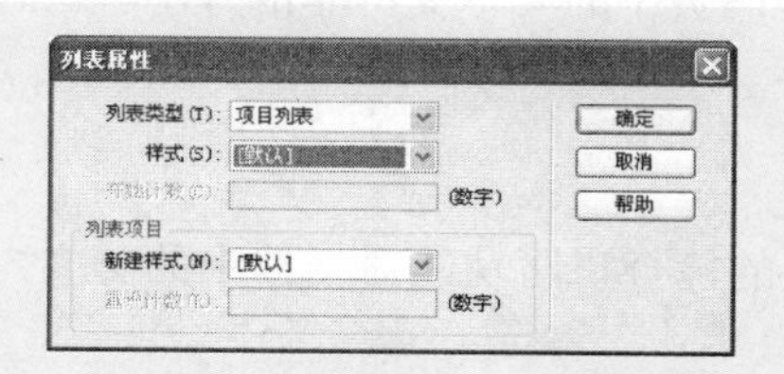

图 4-86　【列表属性】对话框

• 项目符号样式	▪ 正方形样式
• 项目符号样式	▪ 正方形样式
• 项目符号样式	▪ 正方形样式
• 项目符号样式	▪ 正方形样式
• 项目符号样式	▪ 正方形样式

图 4-87　项目列表的两种样式

步骤 04　当将【列表类型】设置为【编号列表】时，可选择的【样式】有【数字】、【小写罗马字母】、【大写罗马字母】、【小写字母】和【大写字母】，如图 4-88 所示。

1. 数字样式	i. 小写罗马字母	A. 大写字母样式
2. 数字样式	ii. 小写罗马字母	B. 大写字母样式
3. 数字样式	iii. 小写罗马字母	C. 大写字母样式
4. 数字样式	iv. 小写罗马字母	D. 大写字母样式
5. 数字样式	v. 小写罗马字母	E. 大写字母样式

图 4-88　编号列表的几种样式

- 选择【编号列表】后，【开始计数】文本框处于激活状态，用户可以输入有序编号的起始数值。该选项可以使插入点所在的整个项目列表从第一行开始重新编号。
- 在【新建样式】下拉列表框中，可以为插入点所在行及其后面的行指定新的项目列表样式，如图 4-89 所示。
- 当选择【编号列表】时，【重设计数】文本框处于激活状态，用户可以输入新的编号起始数字。这时从插入点所在行开始，会从新数字开始编号，如图 4-90 所示。

I. 编号列表
b. 编号列表
3. 编号列表
d. 编号列表
v. 编号列表

图 4-89　指定不同的样式

1. 编号列表
2. 编号列表
6. 编号列表
7. 编号列表
8. 编号列表

图 4-90　从新数字开始编号

步骤 05　设置完成后，单击【确定】按钮即可。

在设置项目属性的时候，如果在【列表属性】对话框中的【开始计数】文本框中输入有序编号的起始数值，那么光标所处位置上的整个项目列表会重新编号。如果在【重新计数】文本框中输入新的编号起始数字，那么光标所在的项目列表以输入的数值为起点，重新开始编号。

4.5　检查和替换文本

在 Dreamweaver 中检查和替换文本中的文字或标签是一种比较常见的操作。使用 Dreamweaver 的检查和替换功能，不仅可以查找和替换当前网页中的文字或标签，而且可以查找站点内网页中的文字或标签，这使更新和管理网页中的文本变得非常方便，省时省力。

4.5.1　检查拼写

完成文本编辑后，可利用 Dreamweaver 提供的检查拼写功能对文档中的英文内容进行检查。

步骤 01　确认需要检查拼写的文档处于编辑状态，在菜单栏中选择【命令】|【检查拼写】命令。如果文档没有错误，那么会弹出提示框，如图 4-91 所示。如果发现错误，那么会打开【检查拼写】对话框，如图 4-92 所示。

图 4-91　提示框

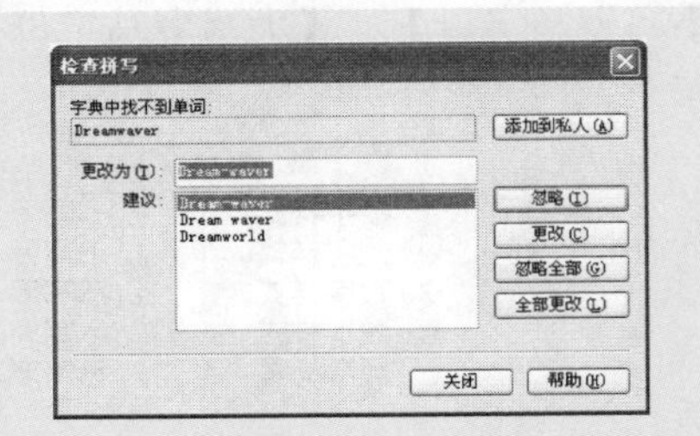

图 4-92　【检查拼写】对话框

步骤02 在【字典中找不到单词】文本框中显示了文档中找到的可能出错的单词。

步骤03 在下面的建议列表框中显示了系统字典中与该单词相近的一些单词，如果要修改错误的单词，则在该列表框中选择正确的单词，然后单击旁边的【更改】按钮即可。如果列表框中没有需要的单词，则用户可以直接在【更改为】文本框中输入正确的单词，然后单击【更改】按钮。如果希望完成对同一拼写错误的改正，则单击【全部更改】按钮即可。

步骤04 如果用户希望忽略对该单词的检查，单击【忽略】按钮。如果希望忽略文档中对该单词的所有检查，那么单击【忽略全部】按钮。

步骤05 如果该单词是正确的，而 Dreamweaver 的字典中没有存储，则可单击【添加到私人】按钮，将该单词加入到字典中去。

步骤06 单击【关闭】按钮，完成拼写检查。

4.5.2 查找和替换

查找和替换功能，在网页制作中经常使用，特别是替换功能，它可以快速地替换网页中需要替换的文本、标签等。

步骤01 打开文档，在菜单栏中选择【编辑】|【查找和替换】命令，打开【查找和替换】对话框，如图 4-93 所示。

步骤02 在【查找范围】下拉列表框中，选择要查找的范围，如图 4-94 所示。

- 【所选文字】：在当前文档对被选中的文字进行查找或替换。
- 【当前文档】：只能在当前文档中进行查找或替换。
- 【打开的文档】：可以在 Dreamweaver 已打开的网页文档中进行查找或替换。
- 【文件夹】：可以查找指定的文件组。
- 【站点中选定的文件】：可以查找站点窗口中选中的文件或文件夹。当站点窗口处于当前状态时可以显示。
- 【整个当前本地站点】：可以在目前所在整个本地站点内进行查找和替换。

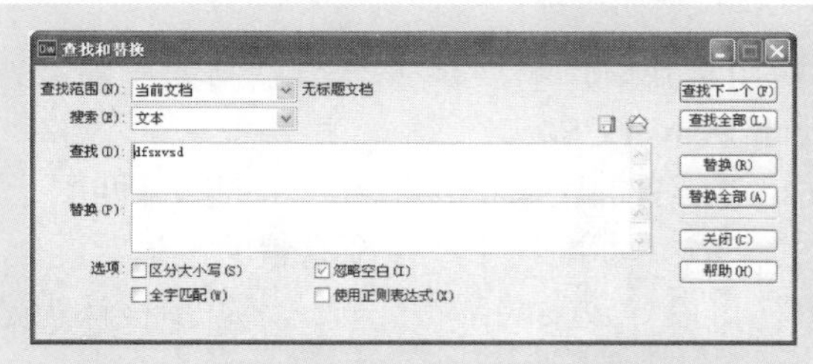

图 4-93 【查找和替换】对话框

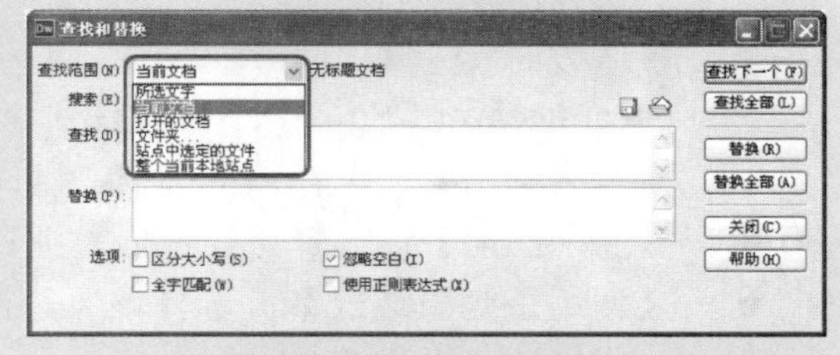

图 4-94 查找范围

步骤03 选择【查找范围】后，在【搜索】下拉列表框中，选择搜索的种类，如图 4-95 所示。

- 【源代码】：可以在 HTML 源代码中查找特定的文本字符。
- 【文本】：可以在文档窗口中查找特定的文本字符。文本查找将忽略任何 HTML 标记中断的字符。

● 【文本(高级)】：只可以在 HTML 标记里面或只在标记外面查找特定的文本字符，如图 4-96 所示。

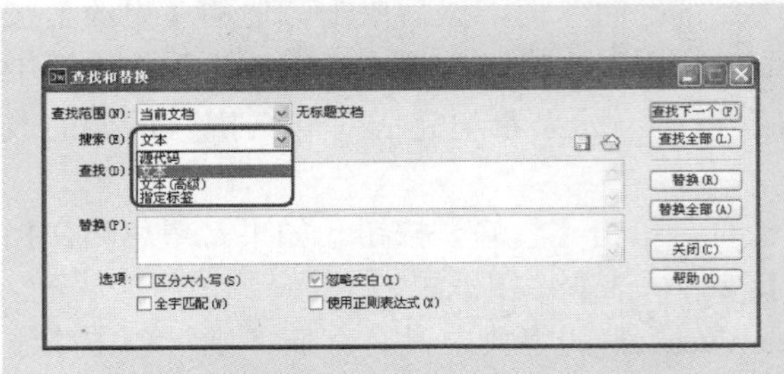

图 4-95　搜索种类

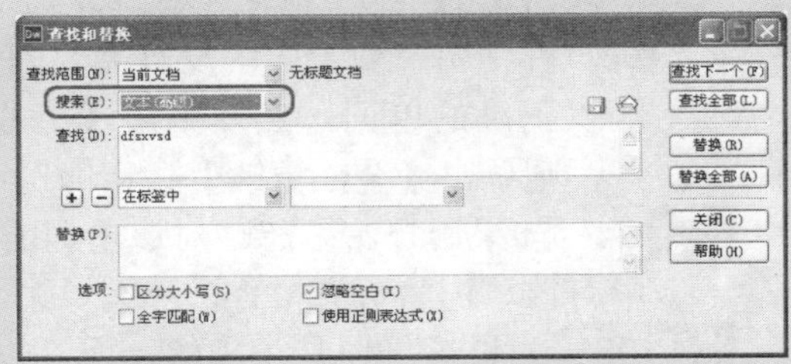

图 4-96　【文本(高级)】搜索

● 【指定标签】：可以查找特定标记、属性和属性值，如图 4-97 所示。

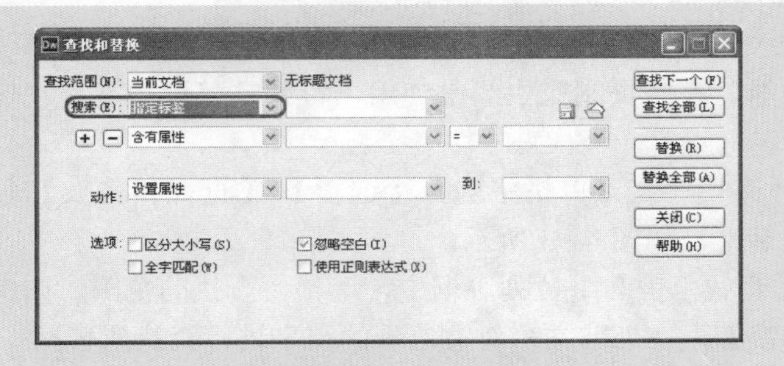

图 4-97　【指定标签】搜索

步骤 04　在【查找】文本框中输入需要查找的内容。由于在多个文档中替换的内容是不可撤销的，为了安全起见 Dreamweaver 为用户提供了查找替换文件的保存功能和打开功能，保存的文件格式为.dwr，以便最终确认无误后再进行查找替换。

步骤 05　为了扩大或缩小查找范围，在【选项】选区中，可以选择限制选项，它们的作用分别如下。

● 【区分大小写】：选择该复选框，则在查找时严格匹配大小写。例如，要查找 Dreamweaver CS6，则不会查找到 dreamweaver CS6。
● 【忽略空白】：选择该复选框，则文档中所有的空格都将作为一个间隔来匹配。
● 【全字匹配】：选择该复选框，则查找的文本匹配一个或多个完整的单词。
● 【使用正则表达式】：选择该复选框，可以导致某些字符或较短字符串被认为是一些表达式操作符。

步骤 06　在设置查找内容后，如查找 Dreamweaver CS6，单击【查找下一个】或【查找全部】按钮，Dreamweaver 就会自动查找网页文档中下一个或所有的 Dreamweaver CS6 文字。查找的结果会显示在设计视图下面的【结果】面板的【搜索】文本框中，如图 4-98 所示。

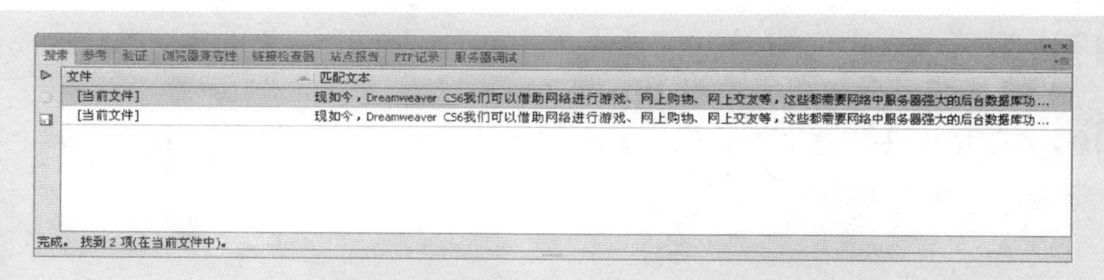

图 4-98　查找结果面板

4.6　上机练习——制作冰激凌网站

通过本章的学习，制作一个简单的冰激凌网站，效果如图 4-99 所示。

图 4-99　冰激凌网站效果

步骤01　运行 Dreamweaver CS6，在菜单栏中选择【文件】|【打开】命令，弹出【打开】对话框，选择随书附带光盘中的“CDROM\素材\第 4 章\冰激凌网站.html”文件，如图 4-100 所示。

步骤02　单击【打开】按钮，打开的素材如图 4-101 所示。

图 4-100　选择素材文件

图 4-101　打开的素材文件

步骤 03　将光标置入如图 4-102 所示的单元格中，并输入文字，然后选择输入的文字，在【属性】面板中单击【编辑规则】按钮。

步骤 04　在弹出【新建 CSS 规则】对话框中，在【选择器名称】下方的下拉列表框中输入“文字 02”，如图 4-103 所示。

图 4-102　单击【编辑规则】按钮

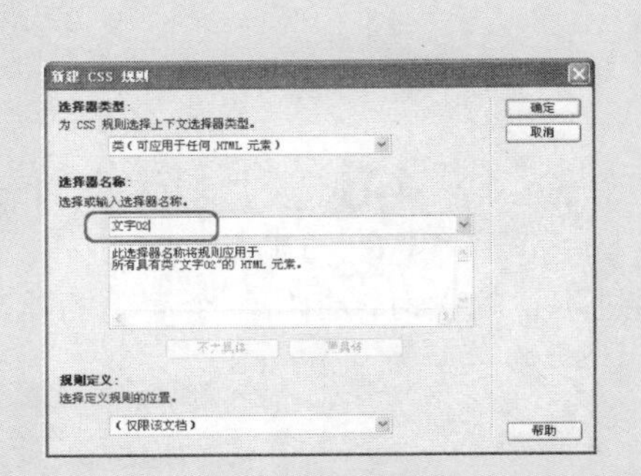

图 4-103　【新建 CSS 规则】对话框

步骤 05　单击【确定】按钮，弹出【.文字 02 的 CSS 规则定义】对话框，将 Font-family 设置为【汉仪中黑简】，Font-size 设置为 11px，Line-height 设置为 16px，如图 4-104 所示。

步骤 06　单击【确定】按钮，文字效果如图 4-105 所示。

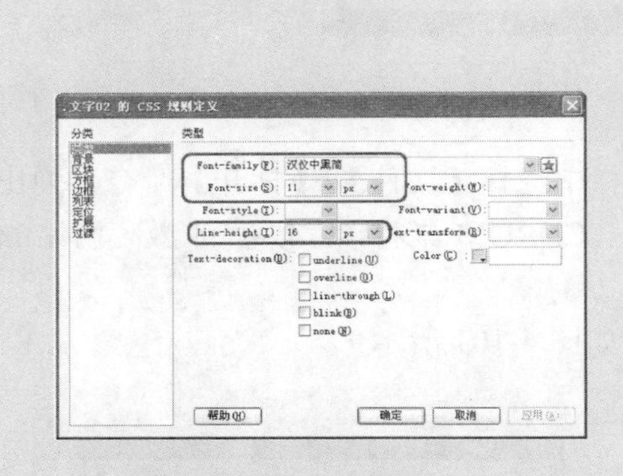

图 4-104　设置 CSS 样式

图 4-105　文字效果

步骤 07　然后在其他单元格中输入文字，并在【属性】面板中将其【目标规则】设置为【.文字 02】，效果如图 4-106 所示。

步骤 08　然后将光标置入如图 4-107 所示的单元格中，并输入文字。

步骤 09　选择文字并使用相同的方式制作 CSS 样式【文字 04】，在【.文字 04 的 CSS 规则定义】对话框中，将 Font-family 设置为【方正报宋简体】，Font-size 设置为 12px，Color 设置为#d91a1a，如图 4-108 所示。

步骤 10　单击【确定】按钮，然后使用相同的方法制作其他文字，如图 4-109 所示。

图 4-106 设置【目标规则】

图 4-107 输入文字

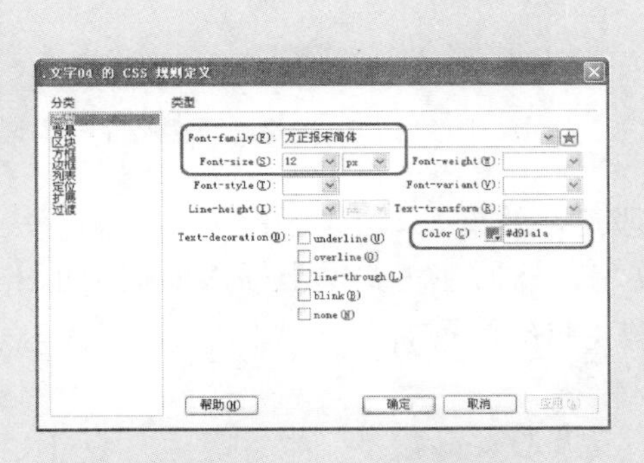

图 4-108 设置 CSS 样式

图 4-109 文字效果

步骤 11 将鼠标光标置入单元格中，使用相同的方法制作 CSS 样式【文字 06】，在【.文字 06 的 CSS 规则定义】对话框中，将 Font-family 设置为【经典等线简】，Font-size 设置为 12px，Line-height 设置为 15px，Color 设置为#757575，如图 4-110 所示。

步骤 12 单击【确定】按钮，文字效果如图 4-111 所示。

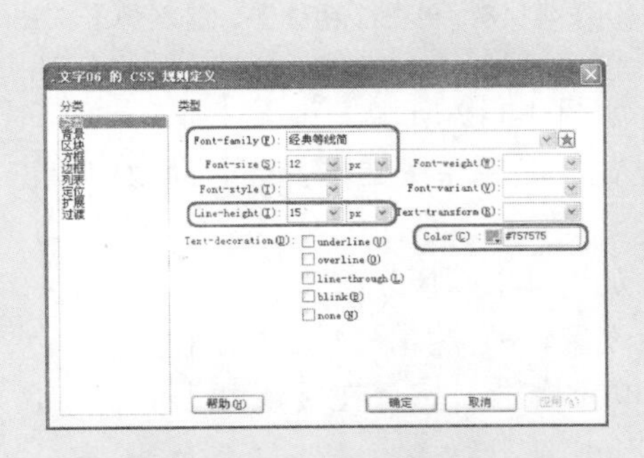

图 4-110 设置 CSS 样式

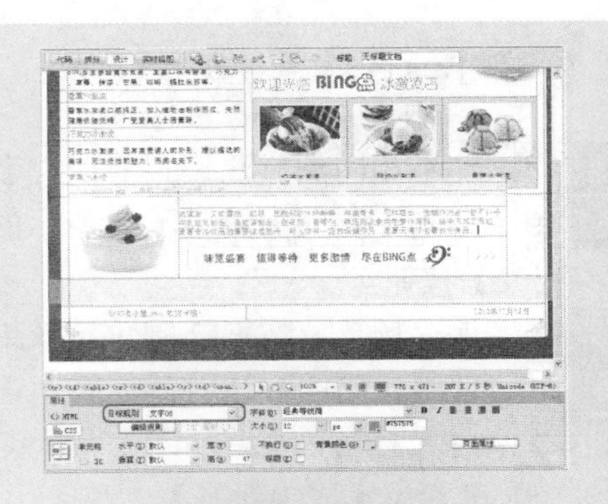

图 4-111 文字效果

步骤13 此时可以看到每段文本的开始处都没有空格，将光标放在第一段文本的前面，然后在菜单栏中选择【窗口】|【插入】命令，如图 4-112 所示。

步骤14 打开【插入】面板，单击【常用】按钮 常用 ▼ ，在下拉列表中选择【文本】选项，如图 4-113 所示。

步骤15 在【文本】插入面板中，单击【字符：其他字符】按钮 字符：其他字符 上的小三角形，在弹出的下拉列表中选择【不换行空格】选项，如图 4-114 所示。

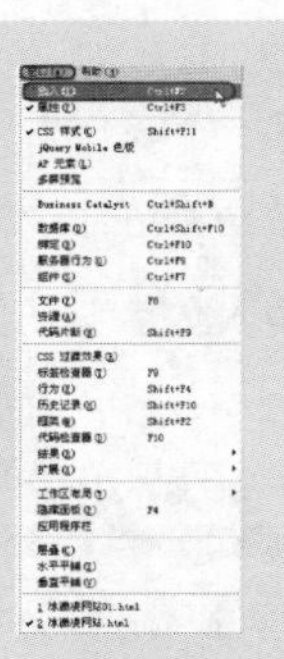

图 4-112 选择【插入】命令

图 4-113 选择【文本】选项

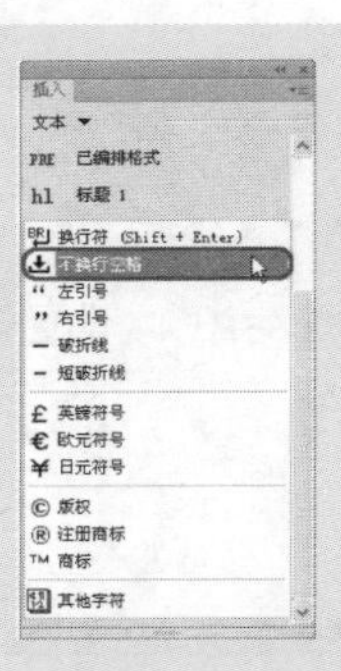

图 4-114 选择【不换行空格】选项

步骤16 然后使用相同的方法设置其他的段落，效果如图 4-115 所示。

步骤17 在页面中选择【香草冰激凌】文字，然后在【文本】插入面板中单击【粗体】按钮，再单击【斜体】按钮，如图 4-116 所示。

图 4-115 段落效果

图 4-116 单击【粗体】、【斜体】按钮

步骤18 使用相同的方法设置其他文字，如图 4-117 所示。

步骤19 将光标置入如图 4-118 所示的位置，然后在【文本】插入面板中单击【项目列表】按钮。

步骤20 保存场景，按 F12 键预览效果，如图 4-119 所示。

步骤21 使用相同的方法对其他文字进行设置，效果如图 4-120 所示。

步骤22 将光标置入如图 4-121 所示的单元格中，然后在【属性】面板中，将【水平】设置为【居中对齐】。

步骤23 在【文本】插入面板中，单击【字符：其他字符】按钮 字符：其他字符 上的小三角形，在弹出的下拉列表中选择【版权】选项，如图 4-122 所示。

图 4-117　文字效果

图 4-118　单击【项目列表】按钮

图 4-119　添加的项目符号效果

图 4-120　项目列表效果

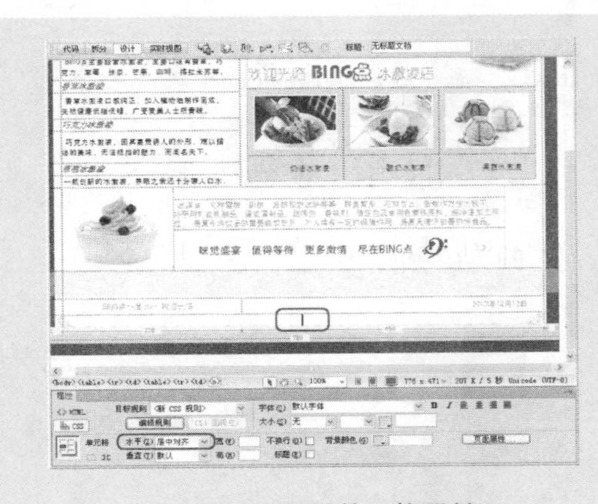

图 4-121　设置单元格属性

图 4-122　选择【版权】选项

步骤 24　在插入的图标后输入文本，然后单击【字符：版权】按钮 ©▾字符：版权，在弹出的下拉列表中选择【注册商标】选项，如图 4-123 所示。

步骤 25 选择刚刚制作的文字域符号，然后在【属性】面板中，单击【编辑规则】按钮，如图 4-124 所示。

图 4-123 选择【注册商标】选项

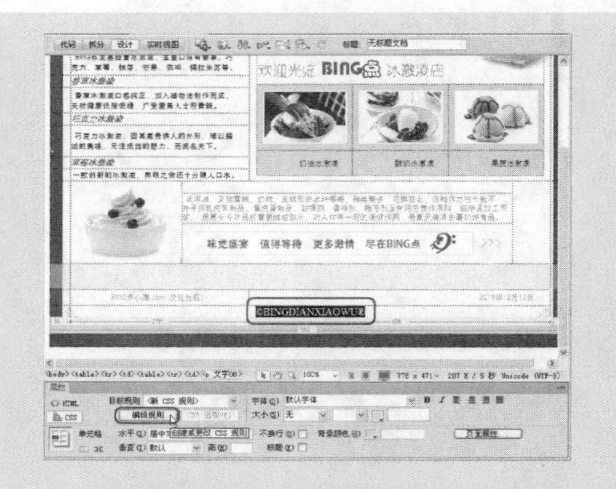

图 4-124 单击【编辑规则】按钮

步骤 26 新建 CSS 样式【文字 08】，在【.文字 08 的 CSS 规则定义】的对话框中将 Font-size 设置为 12px，Color 为#999，如图 4-125 所示。

步骤 27 单击【确定】按钮，效果如图 4-126 所示。

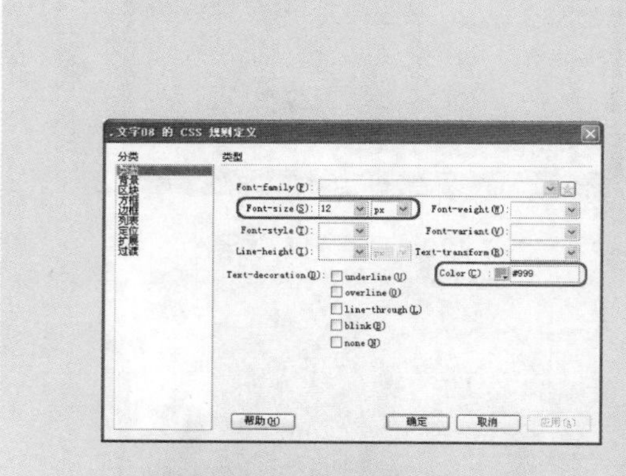

图 4-125 设置 CSS 样式

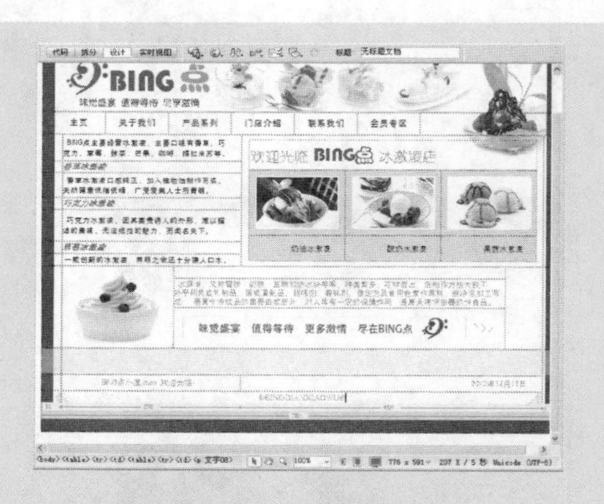

图 4-126 预览效果

步骤 28 冰激凌网站制作完成，保存场景，按 F12 键预览效果。

第 5 章

用图像美化网页

图像和文本一样，都是网页中不可缺少的基本元素，因为有了图像，所以网页变得更加生动。图像不仅能起到美化网页的作用，而且相比文本还能更直观地说明问题，使网页所要表达的内容一目了然。

无论是个人网站还是企业网站，图文并茂的网页都能为网站增色不少，通过图像美化后的网页能吸引更多的浏览者。本章将结合网页的制作效果，介绍网页图像的基础知识，使读者全面了解和掌握网页图像的使用方法和技巧。

本章重点：

- 在网页中插入图像
- 编辑和更新网页图像
- 应用图像

5.1 在网页中插入图像

从网页的视觉效果而言，只有恰当地使用图像才能使网页充满勃勃生机和说服力，网页的风格也需要依靠图像才能得以体现。不过，在网页中使用图像也不是没有任何限制的。通过准确地使用图像来体现网页的风格，同时又不会影响浏览网页的速度，这是在网页中使用图像的基本要求。

如何才能恰当地使用图像？首先图像素材要贴近网页风格，能够明确表达所要说明的内容，并且图片要富于美感，能够吸引浏览者的注意，使浏览者通过图片对网站产生兴趣。在设计网页时最好是使用自己制作的图片来体现设计意图，当然，选择其他合适的图片，经过加工和修改之后再运用到网页中也是可以的，但一定要注意版权问题。

其次，在选择美观、得体的图片的同时，还要注意图片的大小。相对而言，图像在文件中所占比例往往是文字的数百至数千倍，所以图像是导致网页文件过大的主要原因。过大的网页文件往往会造成浏览速度过慢等问题，所以要使用尽量小的图像文件也是很重要的。

下面我们来介绍在网页中常用的图像文件格式以及如何插入图像。

5.1.1 网页图像格式

图像文件有许多种格式，但是网页中通常使用的只有三种，即 GIF、JPEG 和 PNG。下面我们来介绍它们各自的特性。

1. GIF 格式

GIF 是用于压缩具有单调颜色和清晰细节的图像(如线状图、徽标或带文字的插图)的标准格式。它所采用的压缩方式是无损的，可以方便地解决跨平台的兼容性问题。它的特点是最多只支持 256 种色彩的图像，图像占用磁盘空间小，支持透明背景，并且支持动画效果，多用于图标、按钮、滚动条和背景等。

GIF 格式还具有另外一个特点，它是交错文件格式，可以将图像以交错的形式下载，然后交错显示出来。所谓交错显示，就是当图像尚未全部下载完成时，浏览器会逐渐显示下载完成的部分，直至显示整张图片。

2. JPEG 格式

JPEG 是最常用的图像文件格式，它是一种有损压缩格式，图像可以被压缩在很小的存储空间，图像中重复或者不重要的信息会丢失，因此容易造成图像数据的损伤。

JPEG 格式支持大约 1670 万种颜色，主要应用于摄影图片的存储和显示，尤其是色彩丰富的大自然照片。使用 JPEG 格式文件可以在图像品质和文件大小之间达到很好的平衡。

3. PNG 格式

PNG 是 20 世纪 90 年代中期开发的图像文件存储格式，其目的是替代 GIF 文件格式，同时增加一些 GIF 文件格式所不具备的特性。它的特点是对索引色、灰度、真彩色图像以及 alpha 通道透明的支持，压缩后的文件与 JPEG 格式文件没有太大的区别。PNG 格式是 Fireworks 固有的文件格式。

PNG 采用无损压缩方式来减少文件的大小，把图像文件能被压缩到极限小，以利于网络的传输，但是不会失真。PNG 格式文件可保留所有的原始层、向量、颜色和效果信息，并且在任意时刻所有元素都是可以完全编辑的。

5.1.2 插入网页图像

在了解了网页中常用的图像格式之后，下面来介绍如何在网页中插入图像。

步骤01 运行 Dreamweaver CS6，在菜单栏中选择【文件】|【打开】命令，弹出【打开】对话框，打开随书附带光盘中的“CDROM\素材\第 5 章\index.html”文件，如图 5-1 所示。

步骤02 单击【打开】按钮，打开素材文件，将光标放置在需要插入图像的位置，如图 5-2 所示。

图 5-1　选择素材文件

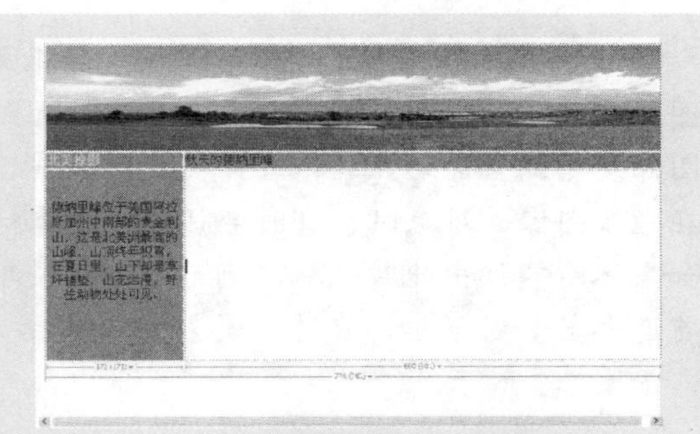

图 5-2　插入光标

通过执行以下两种操作方式，都可以完成图像的插入。

- 在菜单栏中选择【插入】|【图像】命令，如图 5-3 所示。
- 在【常用】插入面板中单击【图像：图像】按钮，如图 5-4 所示。

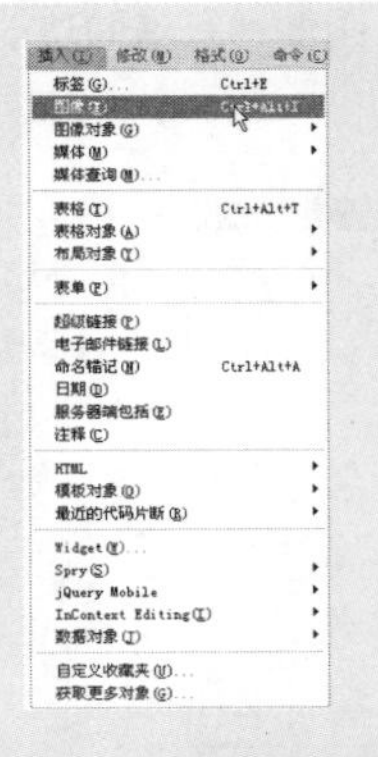

图 5-3　插入图像命令

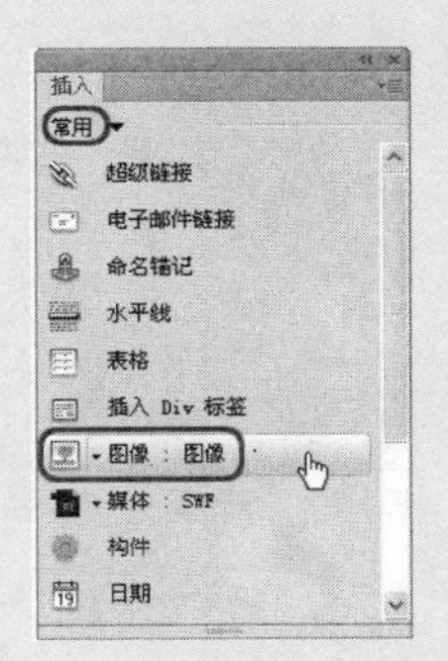

图 5-4　插入图像按钮

步骤 03 打开【选择图像源文件】对话框，在对话框中选择随书附带光盘中的"CDROM\素材\第 5 章\b1.jpg"文件，如图 5-5 所示。

步骤 04 单击【确定】按钮，插入图像，如图 5-6 所示。

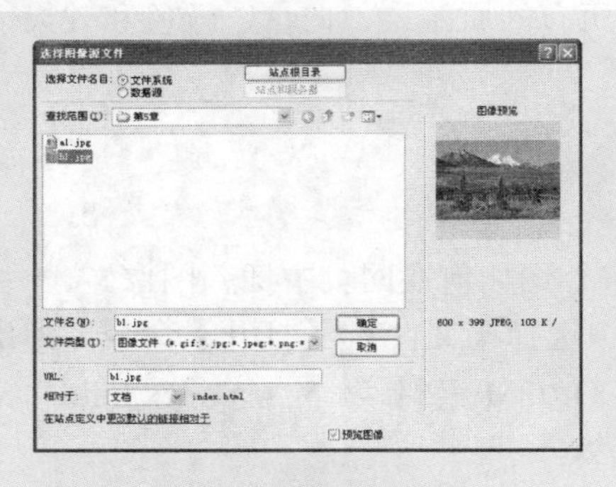

图 5-5 选择图像

图 5-6 插入图像

提示：如果所选图像位于当前站点的根文件夹中，则可以直接将图像插入。如果所选图像不在当前站点的根文件夹中，那么系统会出现提示对话框，询问是否希望将选定的图像复制到当前站点的根文件夹中，如图 5-7 所示。

在插入图像等对象时，有时会弹出【图像标签辅助功能属性】对话框，如图 5-8 所示。如果不希望弹出此对话框，则可以通过菜单栏中的【编辑】|【首选参数】命令，打开【首选参数】对话框，在【分类】栏中选择【辅助功能】选项，取消选中【图像】复选框，如图 5-9 所示。

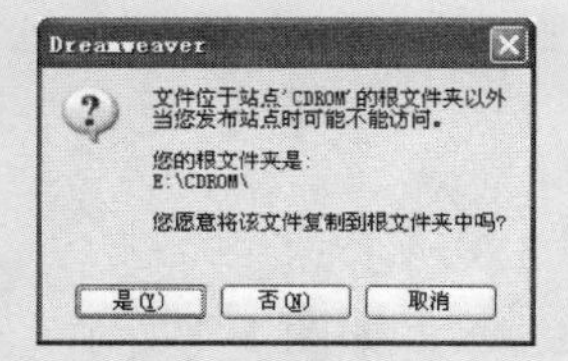

图 5-7 提示对话框

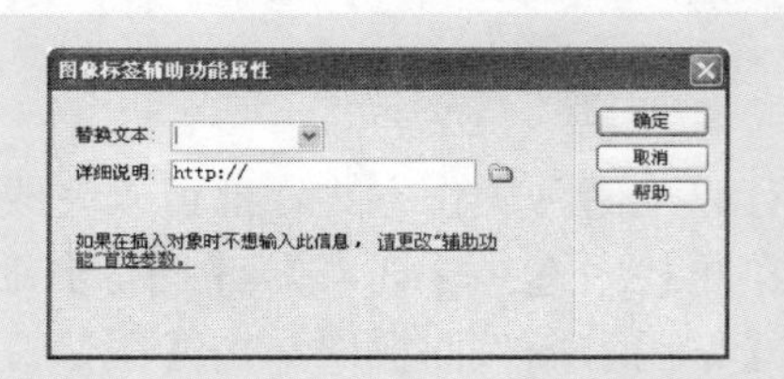

图 5-8 【图像标签辅助功能属性】对话框

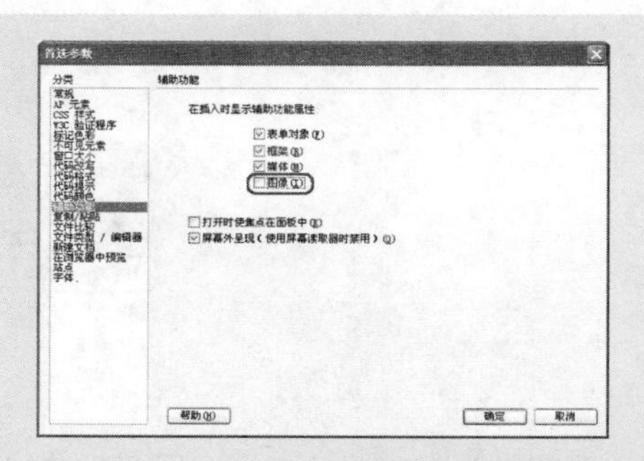

图 5-9 取消选中【图像】复选框

步骤05 完成图像插入后，在菜单栏中选择【文件】|【另存为】命令，保存网页。按F12键可以在浏览器中预览效果，如图5-10所示。

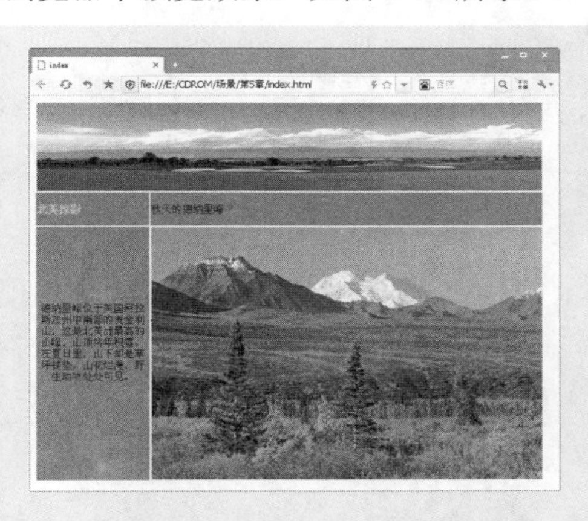

图5-10 预览网页效果

5.2 编辑和更新网页图像

将图像插入到网页中之后，根据网页的需要，可以使用Dreamweaver CS6中的图像编辑功能对图像进行编辑，此外，也可以启动Photoshop软件对图像进行修改，然后再更新站点中的图像。下面来介绍编辑图像的具体方法。

5.2.1 设置图像大小

设置图像大小的具体操作步骤如下。

步骤01 运行Dreamweaver CS6，在菜单栏中选择【文件】|【打开】命令，弹出【打开】对话框，在对话框中选择随书附带光盘中的“CDROM\素材\第5章\model.html”文件，如图5-11所示。

步骤02 单击【打开】按钮，打开素材文件，然后选择需要调整的图像文件，此时图像的底部、右侧和右下角会出现控制点，如图5-12所示。

图5-11 选择素材文件

图5-12 选择图像文件

步骤03 可以通过拖动控制点来调整图像的高度和宽度，也可以在【属性】面板中通过修改图像参数来修改，如图 5-13 所示。

图 5-13 修改图像大小

步骤04 修改完成后，将网页保存。按 F12 键在浏览器中预览，如图 5-14 所示。

图 5-14 预览网页效果

5.2.2 使用 Photoshop 按钮更新网页图像

在 Dreamweaver 中设计网页时，可以通过调用外部编辑器对图像进行修改。使用外部编辑器修改并保存编辑完成的图像之后，可以直接在文档窗口中查看修改后的图像。Dreamweaver CS6 默认 Photoshop 为外部图像编辑器。

下面来介绍使用外部编辑器修改图像的具体步骤。

步骤01 运行 Dreamweaver CS6，打开素材文件，选择需要修改的图像，如图 5-15 所示。

图 5-15 打开需要修改的图像

步骤02 在【属性】面板中，单击【编辑】按钮，启动外部图像编辑器，如图 5-16 所示。

图 5-16 启动外部图像编辑器

步骤03 随后启动 Photoshop 软件，并在软件中自动打开选中的图像文件，如图 5-17 所示。

步骤04 按 Ctrl+A 组合键全选图像，在菜单栏中选择【滤镜】|【渲染】|【分层云彩】命令，如图 5-18 所示。

图 5-17 在 Photoshop 中打开图像

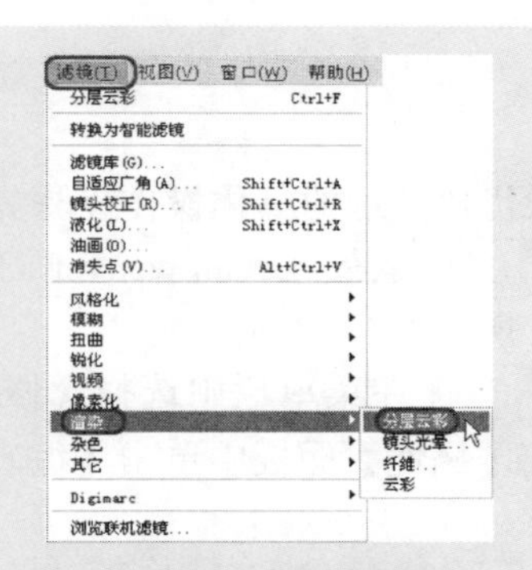

图 5-18 选择滤镜效果

步骤05 添加分层云彩效果后，图像如图 5-19 所示。

步骤06 将图像保存，关闭 Photoshop 软件。在 Dreamweaver 网页中可以看到图像已经发生改变，如图 5-20 所示。

图 5-19 添加分层云彩效果

图 5-20 图像已被编辑

步骤07 修改完成后，将网页保存。按 F12 键在浏览器中预览，如图 5-21 所示。

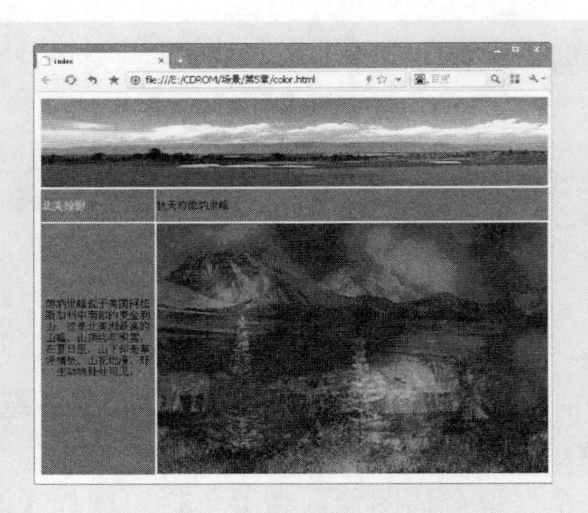

图 5-21　预览网页效果

5.2.3 优化图像

图像优化处理的具体操作步骤如下。

步骤01　运行 Dreamweaver CS6，打开素材文件，选择需要修改的图像，如图 5-22 所示。

步骤02　在菜单栏中选择【修改】|【图像】|【优化】命令，如图 5-23 所示。或在【属性】面板中单击【编辑图像设置】按钮，如图 5-24 所示。

图 5-22　选择需要修改的图像

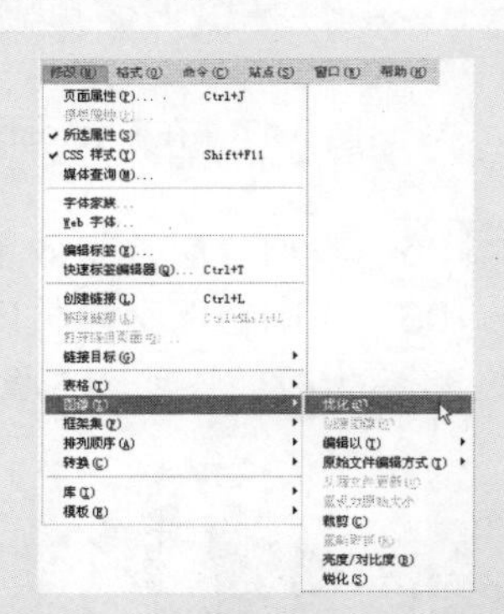

图 5-23　选择【优化】命令

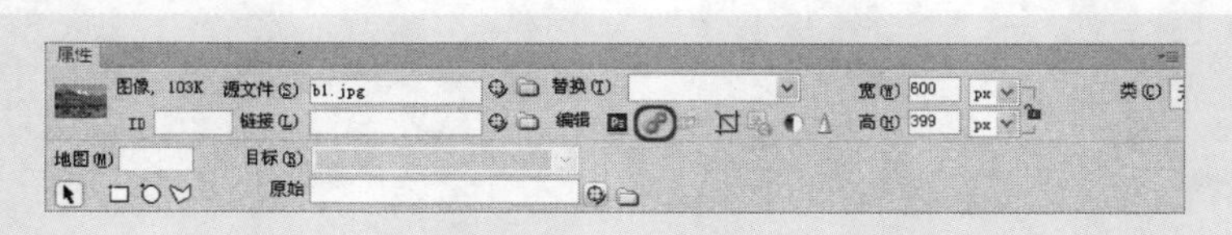

图 5-24　单击【编辑图像设置】按钮

步骤03　打开【图像优化】对话框。在【预置】下拉列表框中，可以选择一个最符合需求的预置。图像的文件大小会根据所选择的预置而发生变化，如图 5-25 所示。

步骤04　选择【预置】后，界面会显示预置的可配置选项。如果要进一步自定义优化设置，那么可以修改这些选项的值，如图 5-26 所示。

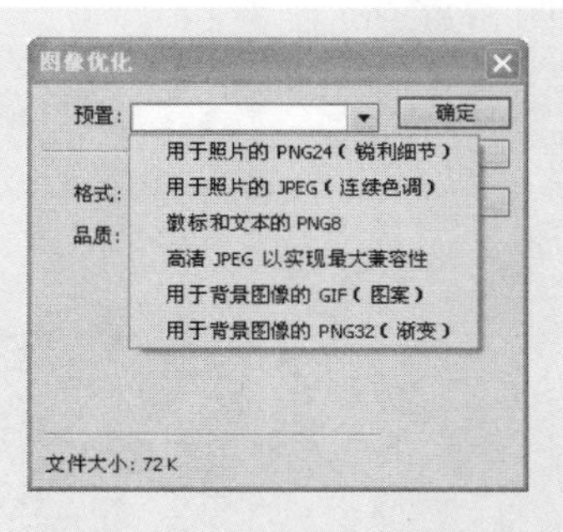

图 5-25 【预置】选项

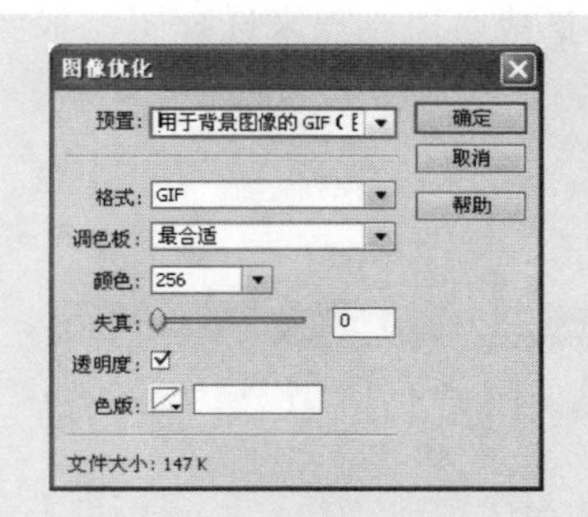

图 5-26 自定义设置

步骤05 设置完成后，单击【确定】按钮。图像优化完成。

5.2.4 裁剪图像

裁剪图像的具体操作步骤如下。

步骤01 运行 Dreamweaver CS6，打开随书附带光盘中的“CDROM\素材\第 5 章\model.html”文件，选择需要裁剪的图像，如图 5-27 所示。

步骤02 在菜单栏中选择【修改】|【图像】|【裁剪】命令，如图 5-28 所示。或在【属性】面板中单击【裁剪】按钮，如图 5-29 所示。

图 5-27 选择需要裁剪的图像

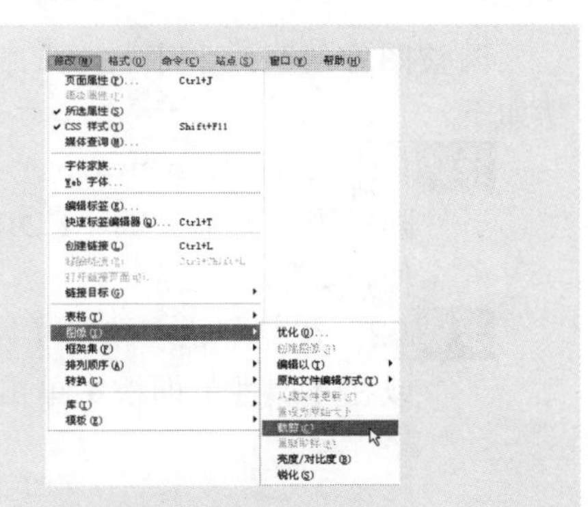

图 5-28 选择【裁剪】命令

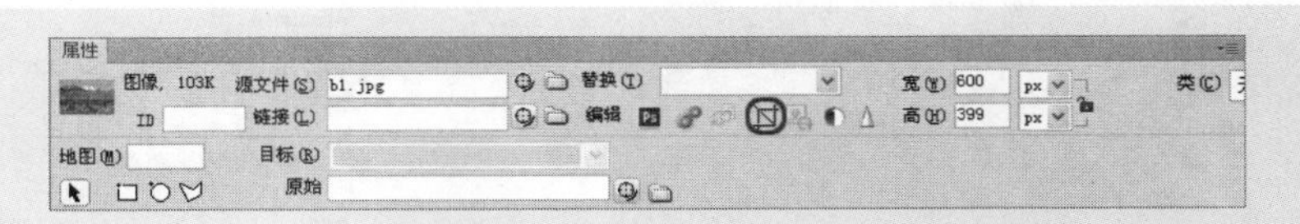

图 5-29 单击【裁剪】按钮

步骤03 选择裁剪后，Dreamweaver 会弹出提示对话框。可以选中【不要再显示该消息】复选框取消显示对话框，如图 5-30 所示。

步骤 04　单击【确定】按钮，图像进入裁剪编辑状态，可以通过移动裁剪窗口，或者调整裁剪控制点来选择图像裁剪区域，如图 5-31 所示。

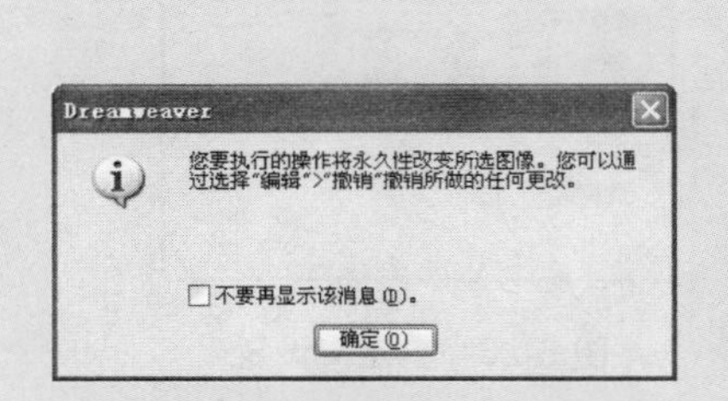

图 5-30　裁剪提示对话框

图 5-31　选择裁剪区域

步骤 05　选取完成后，在窗口中双击鼠标左键或者按 Enter 键进行图像裁剪，如图 5-32 所示。

步骤 06　裁剪完成后，将网页保存。按 F12 键可以在浏览器中预览。

图 5-32　裁剪图像

5.2.5 调整图像的亮度和对比度

调整图像的亮度和对比度的具体操作步骤如下。

步骤 01　运行 Dreamweaver CS6，打开随书附带光盘中的“CDROM\素材\第 5 章\model.html”文件，选择需要调整的图像，如图 5-33 所示。

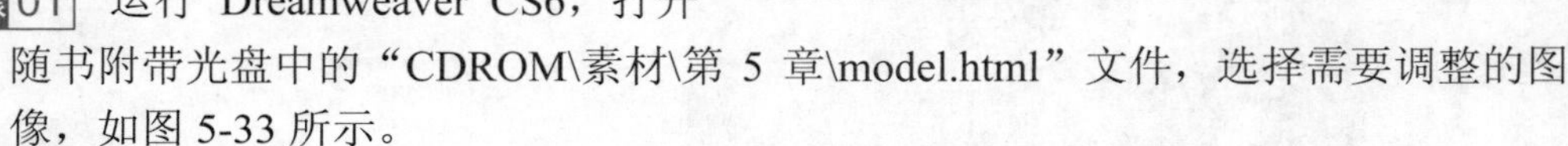

步骤 02　在菜单栏中选择【修改】|【图像】|【亮度/对比度】命令，如图 5-34 所示。或在【属性】面板中单击【亮度和对比度】按钮，如图 5-35 所示。

图 5-33　选择需要调整的图像

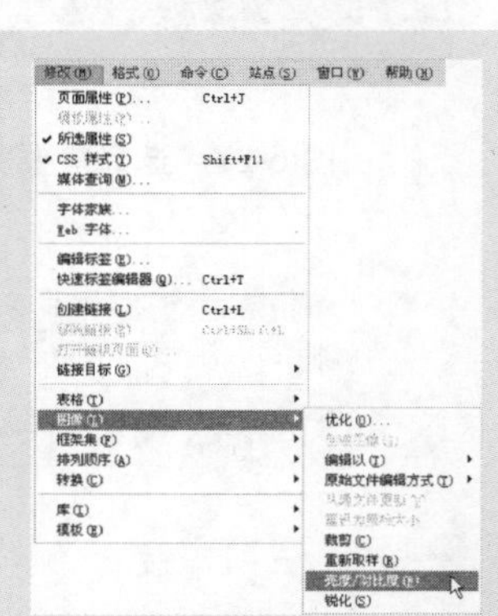

图 5-34　选择【亮度/对比度】命令

图 5-35 单击【亮度和对比度】按钮

步骤03 在打开的【亮度/对比度】对话框中，拖动滑块调整图像的亮度和对比度，数值范围为-100～100，如图 5-36 所示。

步骤04 选中【预览】复选框，可以查看调整后的图像效果。将图像调整到合适的亮度和对比度后，单击【确定】按钮，图像将自动保存为新的设置，如图 5-37 所示。

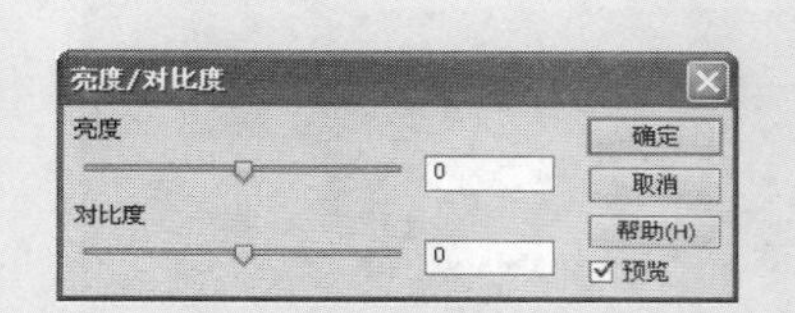

图 5-36 【亮度/对比度】对话框

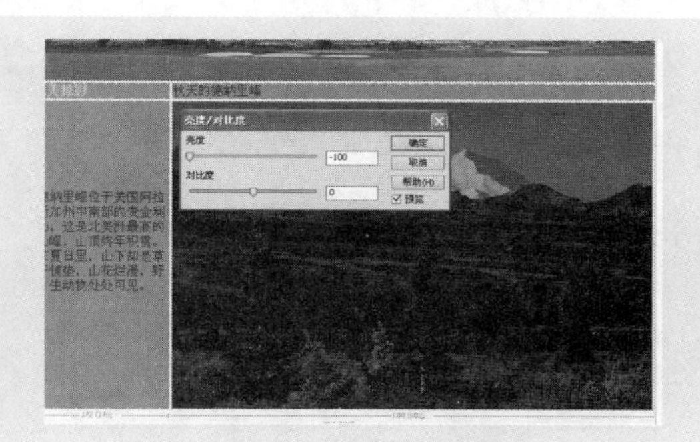

图 5-37 调整亮度/对比度

步骤05 调整完成后，将网页保存。按 F12 键可以在浏览器中预览。

5.2.6 锐化图像

锐化图像能增加图像边缘像素的对比度，使图像模糊的地方层次分明，从而增加图像的清晰度。

步骤01 运行 Dreamweaver CS6，打开随书附带光盘中的“CDROM\素材\第 5 章\model.html”文件，选择需要锐化的图像，如图 5-38 所示。

步骤02 在菜单栏中选择【修改】|【图像】|【锐化】命令，如图 5-39 所示。或在【属性】面板中单击【锐化】按钮，如图 5-40 所示。

图 5-38 选择图像

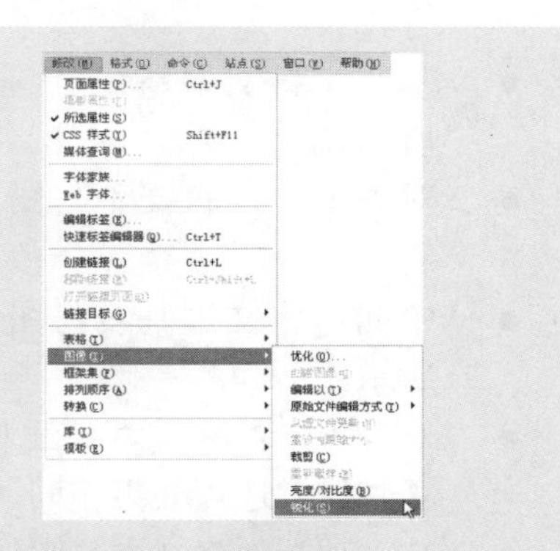

图 5-39 选择【锐化】命令

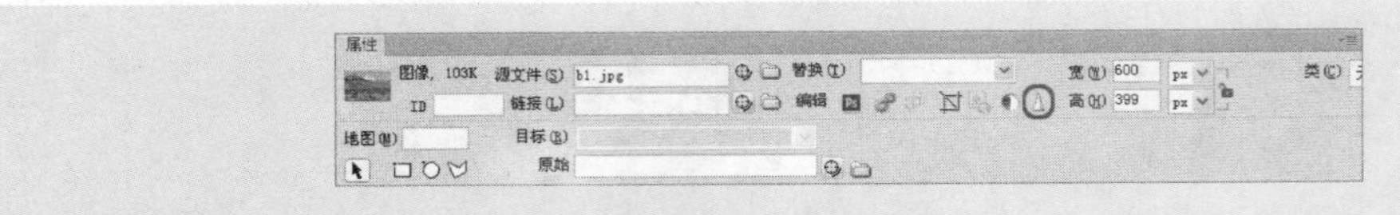

图 5-40　单击【锐化】按钮

步骤 03　在打开的【锐化】对话框中，拖动滑块调整图像锐化程度，可调整的数值范围为 0～10，如图 5-41 所示。

步骤 04　选中【预览】复选框，可以查看锐化后的图像效果。将图像的清晰度调整到理想的效果，单击【确定】按钮，如图 5-42 所示。

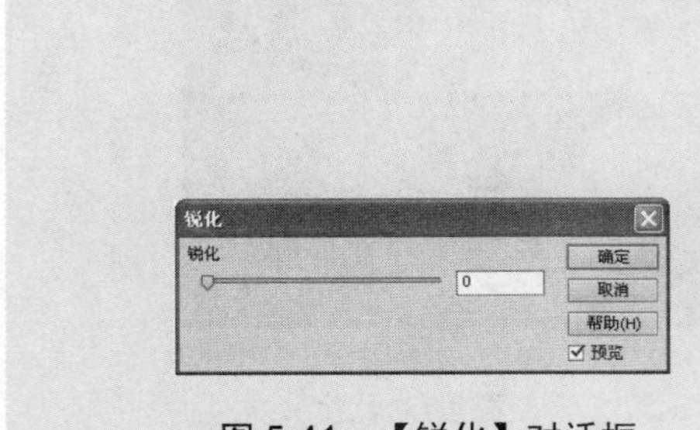

图 5-41　【锐化】对话框

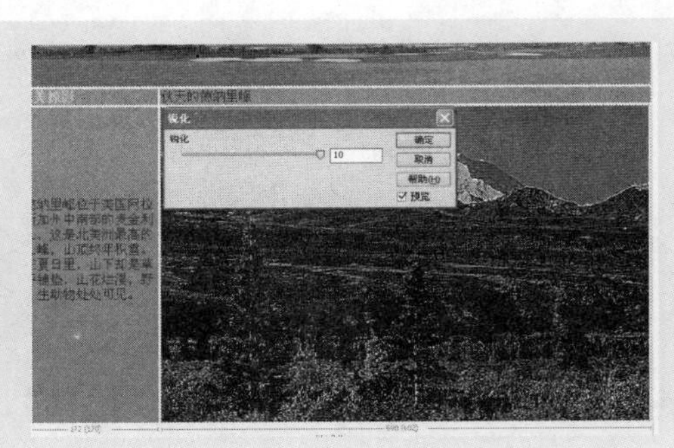

图 5-42　锐化图像效果

步骤 05　锐化完成后，将网页保存。按 F12 键可以在浏览器中预览。

5.2.7　图像元素的对齐方式

选择图像后，单击鼠标右键，弹出快捷菜单，然后单击【对齐】命令右侧的三角形，弹出其子菜单，这些子菜单与图像对齐相关，如图 5-43 所示。可以通过选择对齐方式，使图像与同一行中其他元素对齐。

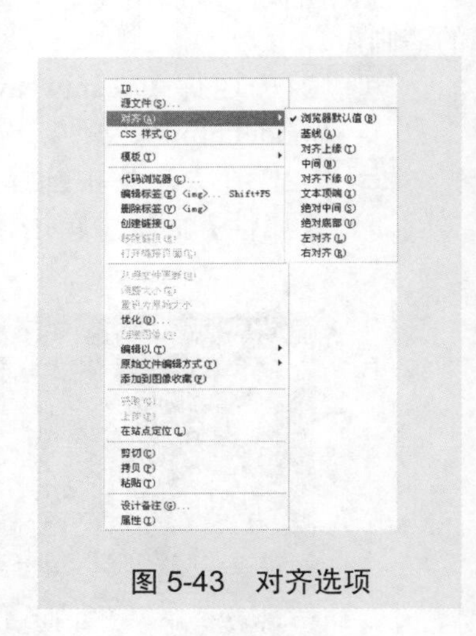

图 5-43　对齐选项

- 浏览器默认值：选择该选项，通常采用基线对齐方式。
- 基线：将文本基线与图像底部对齐，如图 5-44 所示。
- 对齐上缘：将文本与图像上缘对齐，如图 5-45 所示。
- 中间：将文本基线与图像中部对齐，如图 5-46 所示。
- 对齐下缘：将文本基线与图像底部对齐，与选择【基线】选项效果相同。
- 文本顶端：将文本与图像顶端对齐，与选择【对齐上缘】选项效果相同。
- 绝对中间：将文本中部与图像中部对齐，如图 5-47 所示。

图 5-44 基线对齐

图 5-45 对齐上缘

图 5-46 中间对齐

图 5-47 绝对中间对齐

- 绝对底部：将文本的绝对底部与图像底部对齐，如图 5-48 所示。
- 左对齐：将图像居左对齐，文本在图像右侧自动回行，如图 5-49 所示。

图 5-48 绝对底部对齐

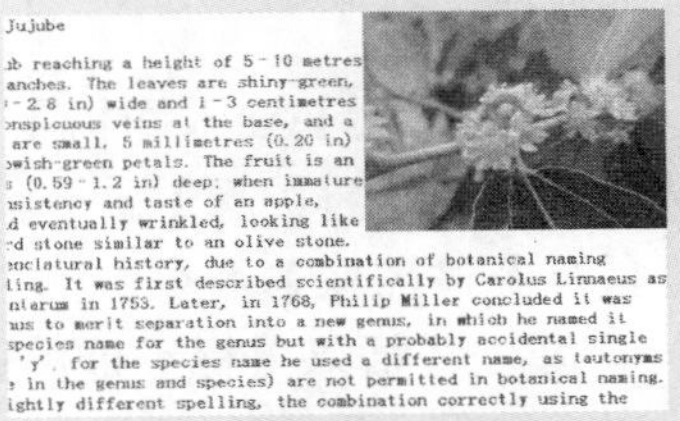

图 5-49 左对齐

- 右对齐：将图像居右对齐，文本在图像左侧自动回行，如图 5-50 所示。

图 5-50 右对齐

5.3 应用图像

通过对图像施加效果，例如鼠标经过图像、跟踪图像、背景图像等，可以让图像在网页中做一些特殊的应用。

5.3.1 制作鼠标经过图像效果

鼠标经过图像效果的制作需要两张图像，正常显示为原始图像，当鼠标经过时显示另一张图像，鼠标离开后又恢复为原始图像。

下面来介绍鼠标经过图像效果的制作步骤。

步骤01 运行 Dreamweaver CS6，打开随书附带光盘中的“CDROM\素材\第 5 章\shubiao_jingguo.html”文件，并将光标置于文档中的字母 A 前，如图 5-51 所示。

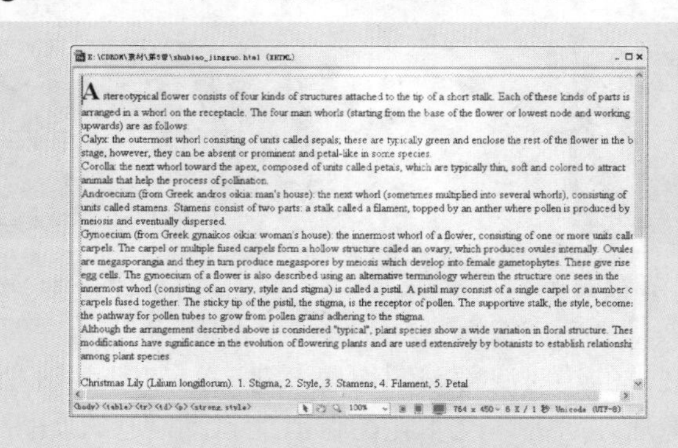

图 5-51　确定插入位置

步骤02 在【常用】插入面板中单击 图像 : 图像 上的小三角形，在弹出的下拉列表中选择【鼠标经过图像】命令，如图 5-52 所示，或选择【插入】|【图像对象】|【鼠标经过图像】命令。

步骤03 弹出【插入鼠标经过图像】对话框，如图 5-53 所示。

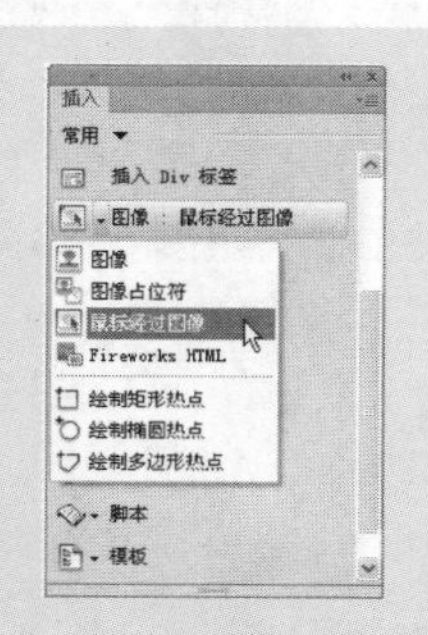

图 5-52　选择【鼠标经过图像】

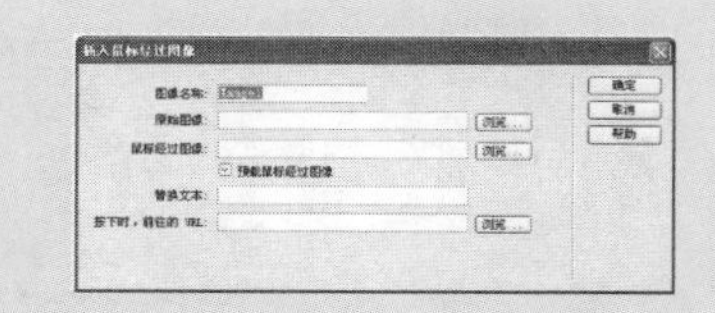

图 5-53　【插入鼠标经过图像】对话框

步骤04 在对话框中设置【图像名称】，单击【原始图像】右侧的【浏览】按钮，在弹出的【原始图像】对话框中选择鼠标经过前的图像文件，单击【确定】按钮，如图 5-54 所示。

步骤05 单击【鼠标经过图像】右侧的【浏览】按钮，在弹出的【原始图像】对话框中选择鼠标经过原始图像时显示的图像文件，单击【确定】按钮，如图 5-55 所示。

图 5-54　选择鼠标经过前的图像

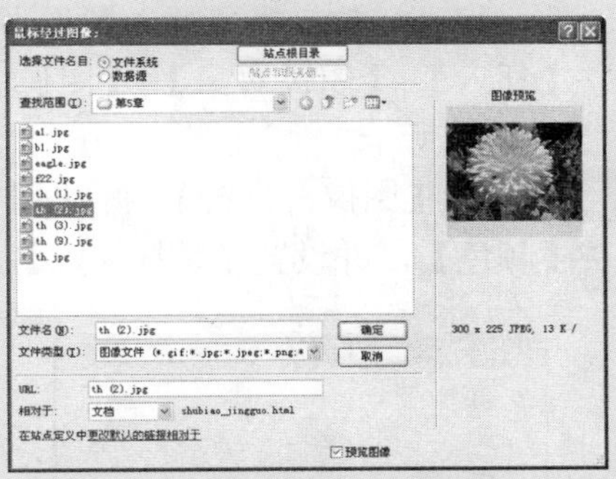

图 5-55　选择显示的图像

步骤 06 返回到【插入鼠标经过图像】对话框，设置【替换文本】为 Flower，单击【确定】按钮，如图 5-56 所示。

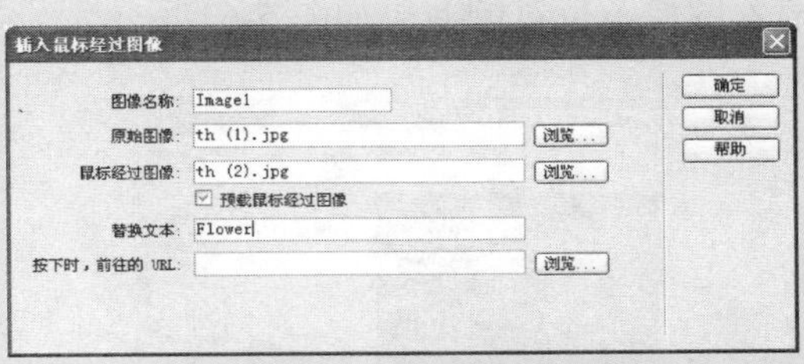

图 5-56　设置后的【插入鼠标经过图像】对话框

步骤 07 保存文档，按下 F12 键在浏览器中预览效果，鼠标经过前的图像如图 5-57 所示，鼠标经过后的图像，如图 5-58 所示。

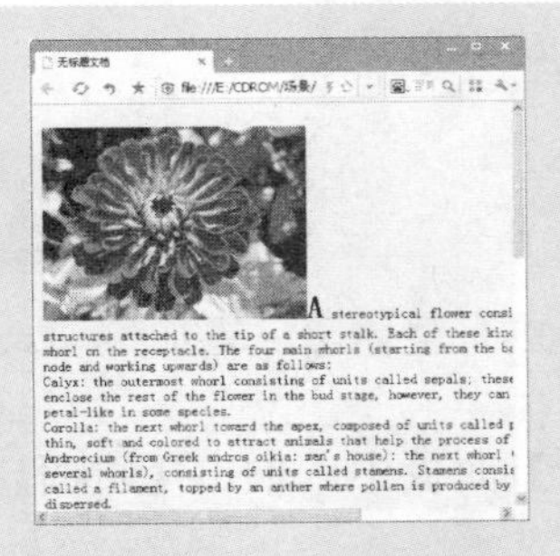

图 5-57　鼠标经过前的图像

图 5-58　鼠标经过后的图像

5.3.2 插入图像占位符

在布局页面时，有时需插入的图像还没制作好，为了页面效果整体统一，可以使用图像占位符替代图片的位置，网页布局完成后，再用 Fireworks 创建图片。

插入图像占位符的具体操作如下。

步骤 01 打开随书附带光盘中的“CDROM\素材\第 5 章\shubiao_jingguo.html”文

件，将光标放在需要插入图像占位符的位置，例如字母 A 前，在菜单栏中选择【插入】|【图像对象】|【图像占位符】命令，打开【图像占位符】对话框，如图 5-59 所示。

步骤 02 在【图像占位符】对话框中设置【名称】、【宽度】、【高度】、占位符的【颜色】，并设置【替换文本】，如图 5-60 所示。

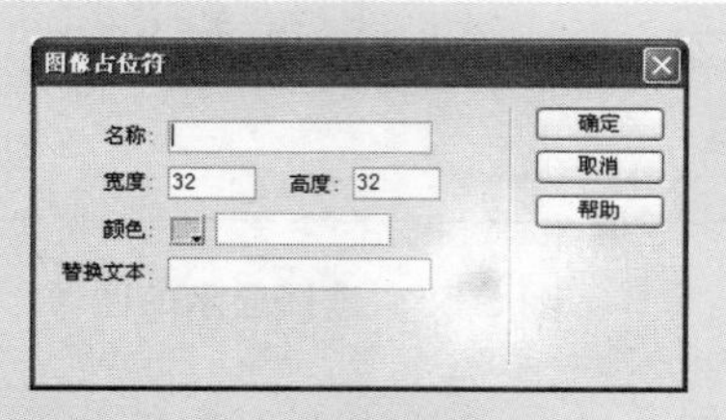

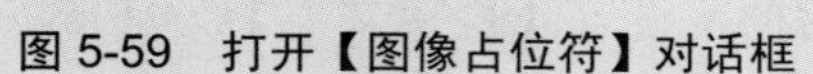

图 5-59 打开【图像占位符】对话框

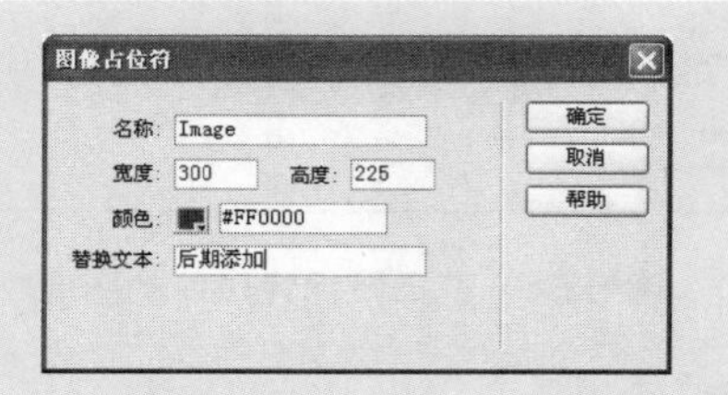

图 5-60 设置【图像占位符】对话框

步骤 03 在页面中插入图像占位符的效果如图 5-61 所示。

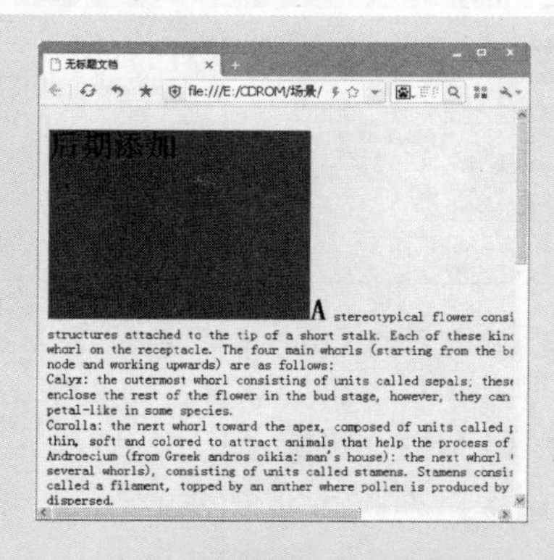

图 5-61 插入图像占位符的效果

5.3.3 背景图像

背景图像不仅能丰富页面内容，而且能使网页更有整体感，更加生动。

添加背景图像的具体操作如下。

步骤 01 运行 Dreamweaver CS6，在【属性】面板中，单击【页面属性】按钮，如图 5-62 所示。

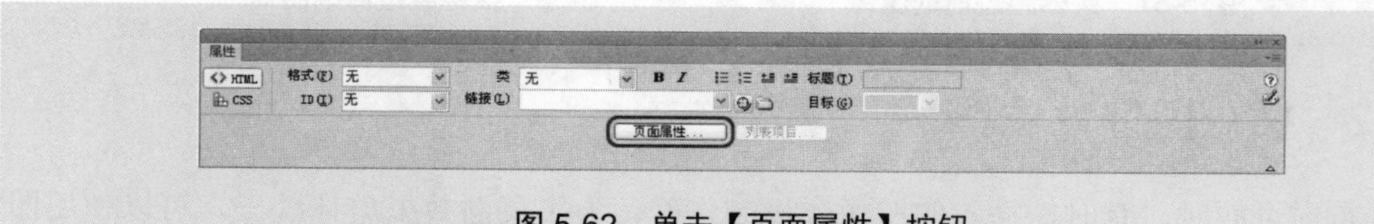

图 5-62 单击【页面属性】按钮

步骤 02 在打开的【页面属性】对话框中，单击【背景图像】右侧的【浏览】按钮，如图 5-63 所示，在打开的对话框中选择一个背景图像，如图 5-64 所示。

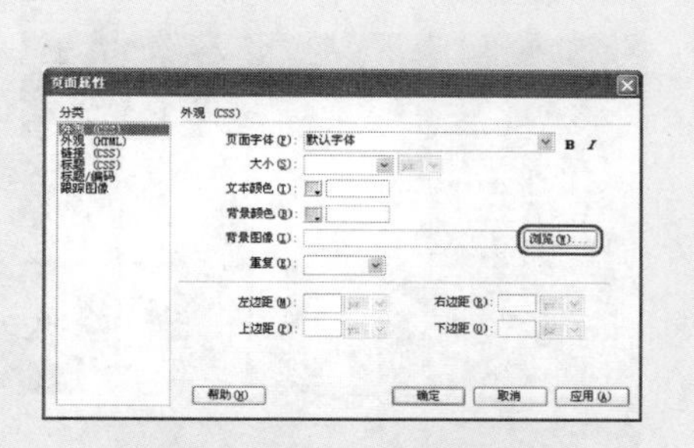

图 5-63 单击【浏览】按钮

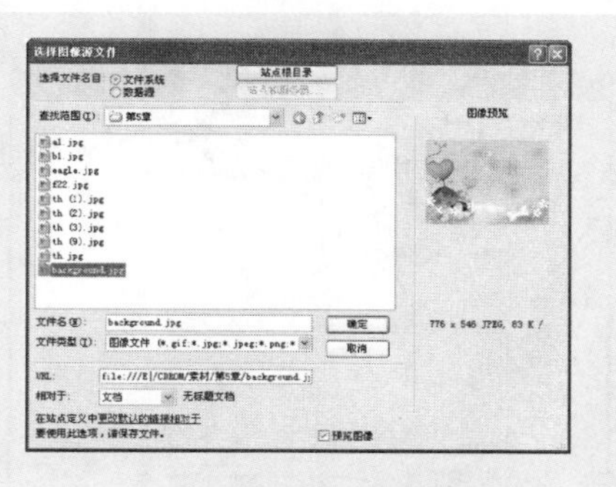

图 5-64 选择图像

步骤03 单击【确定】按钮，返回到【页面属性】对话框中，继续单击【确定】按钮，背景图像会在【文档】窗口中显示出来，如图 5-65 所示。

图 5-65 背景图像效果

5.4 上机练习——图像的简单应用

本例将对上面所学的内容综合地进行练习，具体的操作如下。

步骤01 运行 Dreamweaver CS6，在菜单栏中选择【文件】|【打开】命令，弹出【打开】对话框，在对话框中选择随书附带光盘中的“CDROM\素材\第 5 章\designer.html”文件，如图 5-66 所示。

步骤02 单击【打开】按钮，打开素材文件，如图 5-67 所示。

步骤03 在设计窗口中选中红色图像占位符，如图 5-68 所示。

步骤04 按 Delete 键，将其删除，如图 5-69 所示。

步骤05 确认光标处于原图像占位符所在表框中，在菜单栏中选择【插入】|【图像】命令，打开【选择图像源文件】对话框，如图 5-70 所示。

步骤06 在随书附带光盘中的“CDROM\素材\第 5 章\shangji\images”文件夹中找到 templatemo_services.jpg 文件，单击选择此文件，然后单击【确定】按钮，如图 5-71 所示。

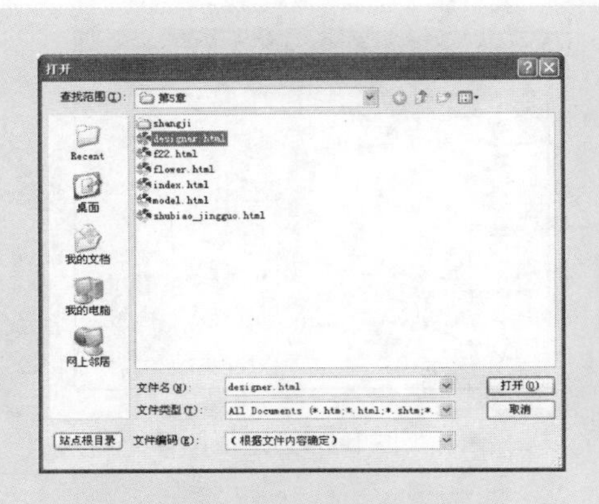

图 5-66　打开素材文件

图 5-67　打开的素材文件

图 5-68　选中红色图像占位符

图 5-69　删除红色图像占位符

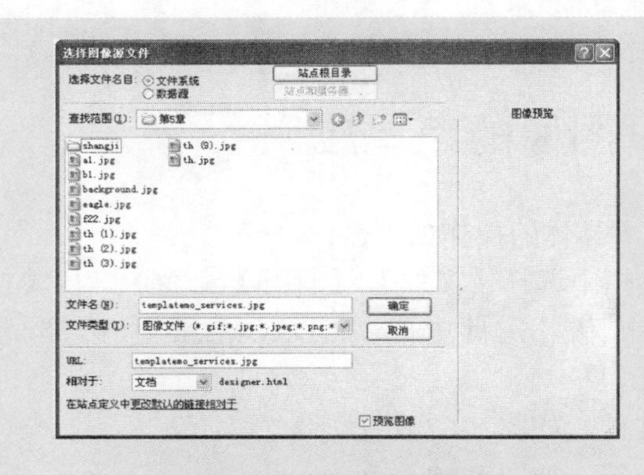

图 5-70　打开的对话框

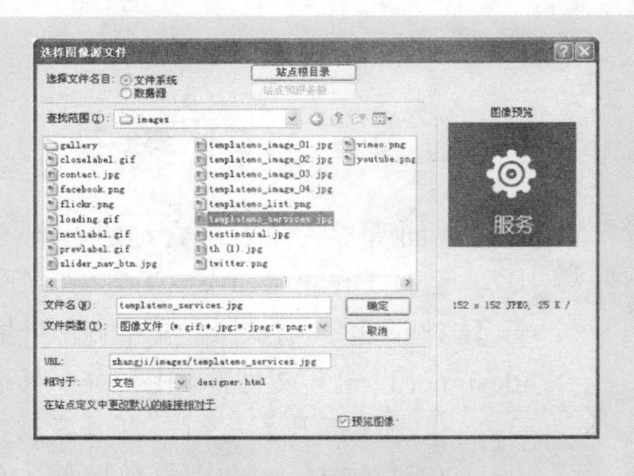

图 5-71　选择源文件

步骤 07　弹出【图像标签辅助功能属性】对话框，在【替换文本】下拉列表框中输入 Services，然后单击【确定】按钮，如图 5-72 所示。

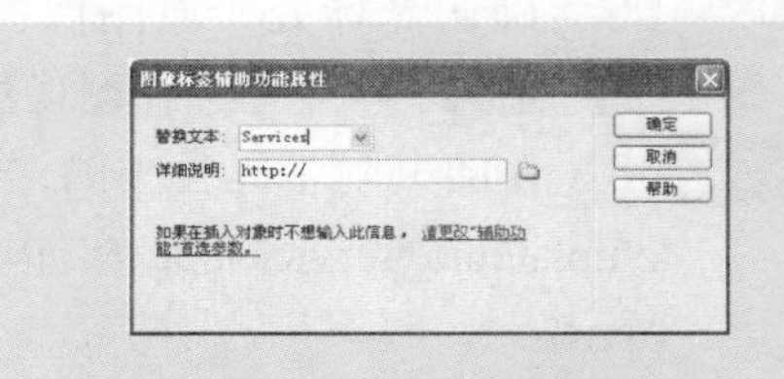

图 5-72　输入替换文本

步骤 08　接着为该图像设置链接，在【属性】面板中的【链接】文本框中输入

“#services”，如图 5-73 所示。

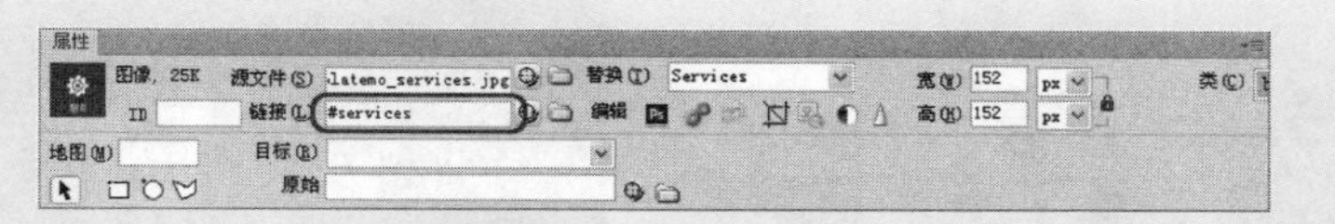

图 5-73　添加链接

步骤 09　保存网页，按 F12 键进行浏览，如图 5-74 所示。

步骤 10　单击网页中刚刚插入的图像，则会链接到所设置的页面，如图 5-75 所示。

图 5-74　浏览网页

图 5-75　浏览链接页面

步骤 11　在 Dreamweaver 中，双击橙色图像占位符，弹出【选择图像源文件】对话框如图 5-76 所示。

步骤 12　在弹出的对话框中选择随书附带光盘中“CDROM\素材\第 5 章\Shangji\images\testimonial.jpg”文件，如图 5-77 所示。

图 5-76　双击图像占位符

图 5-77　选择源文件

步骤 13　单击【确定】按钮，图像即被插入到文档中，效果如图 5-78 所示。

步骤 14　为该图像设置链接，在【属性】面板中，拖动【链接】选项后的【指向文件】按钮，使其指向文档中【我们的理念】文字上，如图 5-79 所示。

步骤 15　按下 F12 键，在浏览器中对所作的设置进行浏览，如图 5-80 所示。

步骤 16　在网页中单击刚插入的图像，即可链接到所设置的页面，如图 5-81 所示。

图 5-78 插入图像

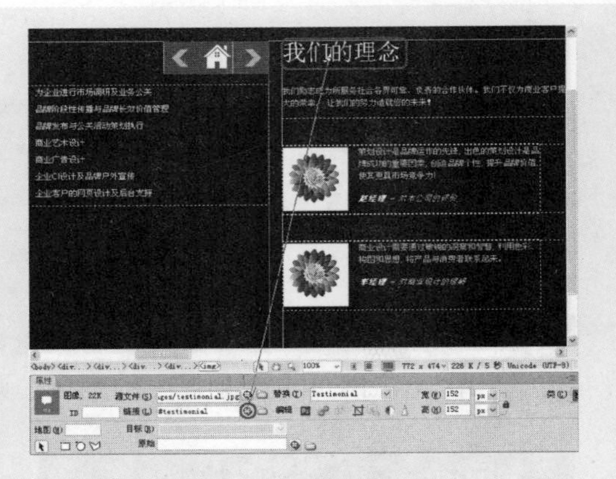

图 5-79 为图像设置链接

图 5-80 浏览网页

图 5-81 链接页面

步骤 17 在 Dreamweaver 中，双击绿色图像占位符，弹出【选择图像源文件】对话框，在弹出的对话框中选择随书附带光盘中"CDROM\素材\第 5 章\Shangji\images\contact.jpg"文件，将其插入文档，如图 5-82 所示。

步骤 18 图像插入后的效果如图 5-83 所示。

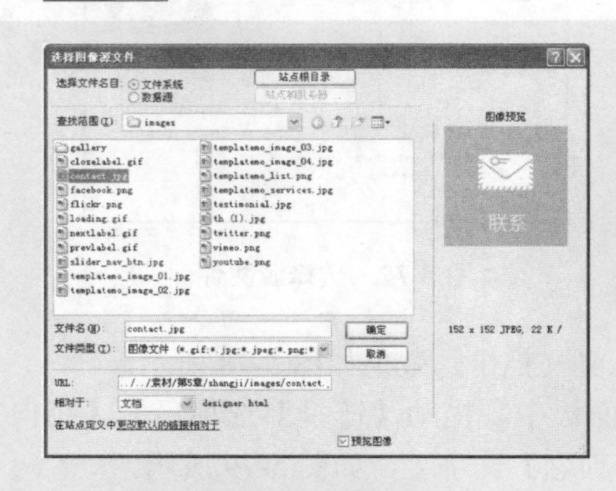

图 5-82 插入图像

图 5-83 插入图像后的效果

步骤19 由于在插入图像占位符时已设置链接，所以插入该图像后直接按 F12 键进行浏览检查即可。

步骤20 在 Dreamweaver 中，将光标放置于如图 5-84 所示的表框中。

步骤21 在菜单栏中选择【插入】|【图像对象】|【鼠标经过图像】命令，弹出【插入鼠标经过图像】对话框，如图 5-85 所示。

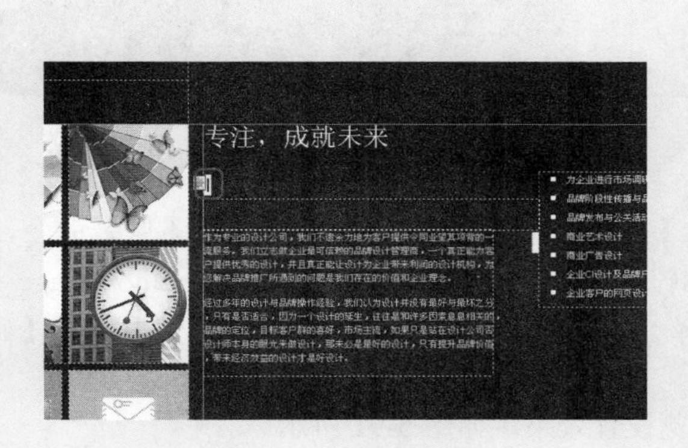

图 5-84 插入光标

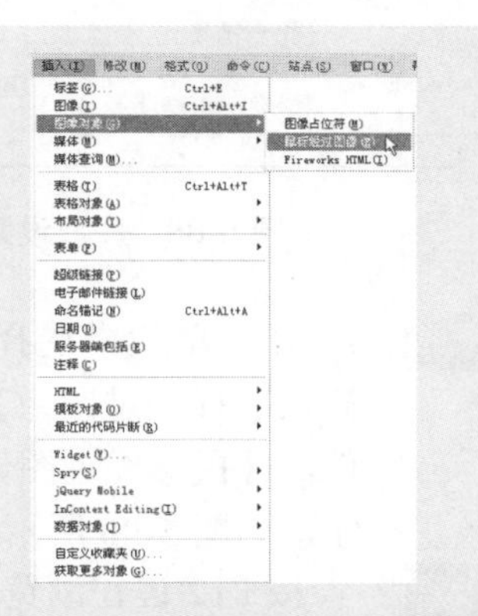

图 5-85 选择【鼠标经过图像】命令

步骤22 单击【原始图像】选项后的【浏览】按钮，弹出【原始图像】对话框，在弹出的对话框中选择随书附带光盘中“CDROM\素材\第 5 章\Shangji\image\templatemo_image_03.jpg”文件，如图 5-86 所示。

步骤23 单击【确定】按钮，即可返回到【插入鼠标经过图像】对话框，单击【鼠标经过图像】选项后的【浏览】按钮，弹出【鼠标经过图像】对话框，在弹出的对话框中选择随书附带光盘中“CDROM\素材\第 5 章\Shangji\image\templatemo_image_04.jpg”文件，如图 5-87 所示。

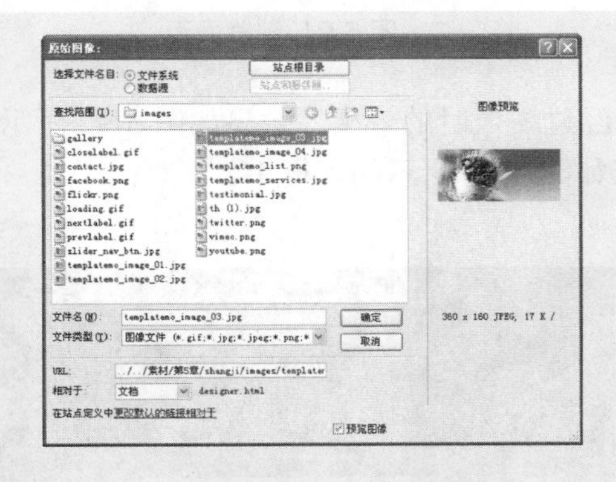

图 5-86 选择文件

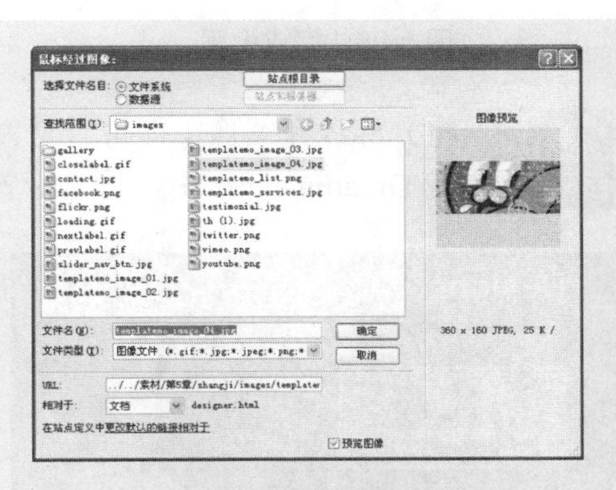

图 5-87 选择文件

步骤24 单击【确定】按钮，返回【插入鼠标经过图像】对话框，再次单击【确定】按钮，完成设置，如图 5-88 所示。

步骤25 将光标置于如图 5-89 所示的表框中。

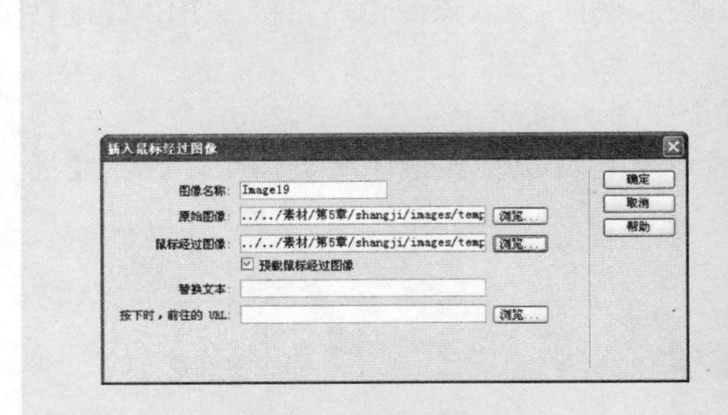

图 5-88　完成设置

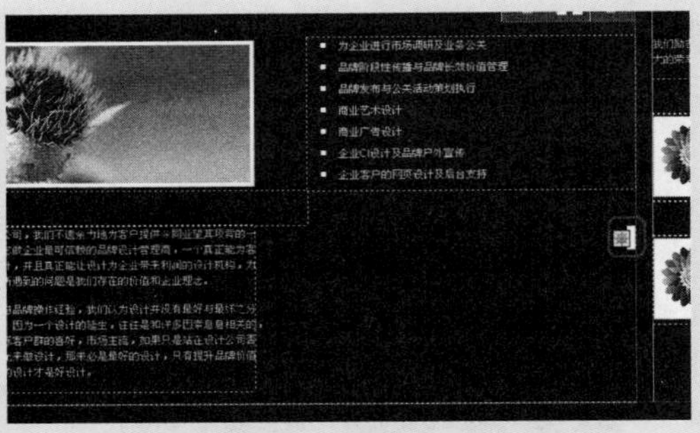

图 5-89　插入光标

步骤 26 在菜单栏中选择【插入】|【图像对象】|【鼠标经过图像】命令，弹出【插入鼠标经过图像】对话框。这次【原始图像】选择 templatemo_image_04.jpg 文件，【鼠标经过图像】选择 templatemo_image_03.jpg 文件，然后单击【确定】按钮，如图 5-90 所示。

步骤 27 按 F12 键在浏览器中浏览设置效果，如图 5-91 所示。

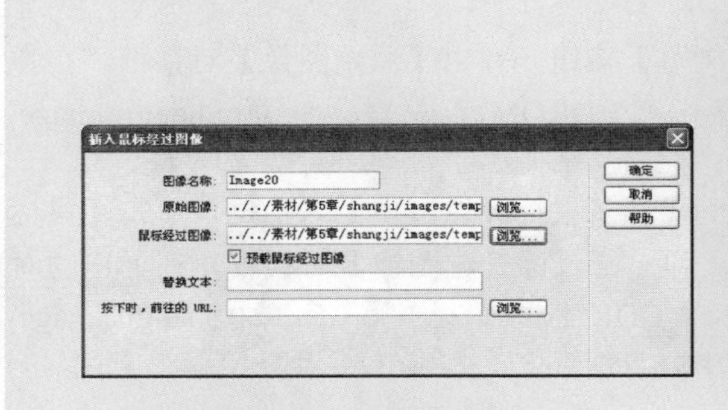

图 5-90　完成设置

图 5-91 浏览网页

步骤 28 将光标放在图像上即可看到鼠标经过图像时的效果，效果如图 5-92 所示。

步骤 29 在 Dreamweaver 中，将光标置于如图 5-93 所示的表框中。

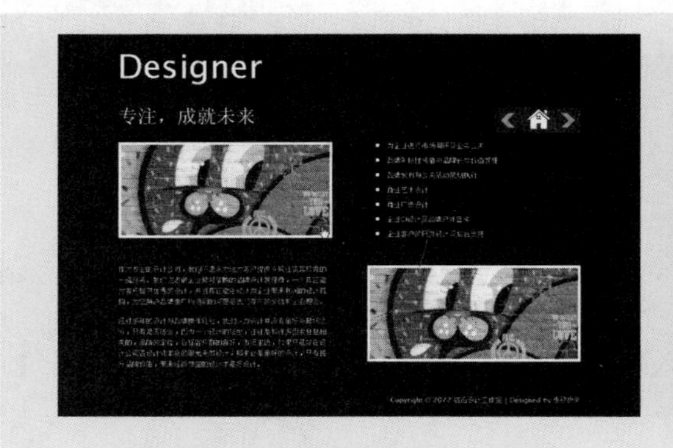

图 5-92　将鼠标放在图像上的效果

图 5-93　插入光标

步骤30 在菜单栏中选择【插入】|【图像】命令，弹出【选择图像源文件】对话框，在弹出的对话框中选择随书附带光盘中“CDROM\素材\第 5 章\Shangji\image\th(1).jpg”文件，如图 5-94 所示。

步骤31 插入图像后的效果如图 5-95 所示。

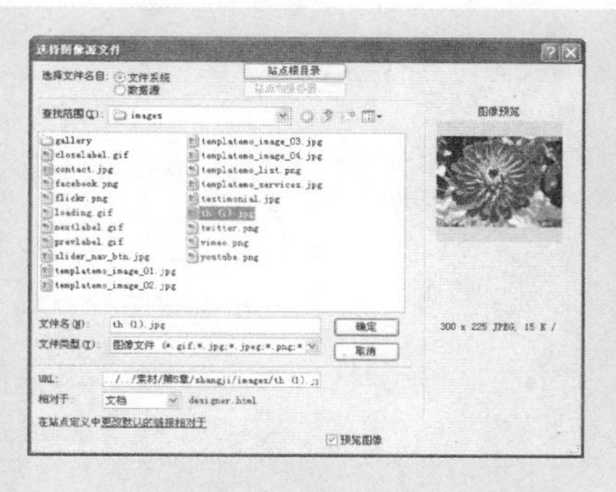

图 5-94 选择文件

图 5-95 插入图像

步骤32 将网页进行保存，按 F12 键在浏览器中进行浏览，如图 5-96 所示。

图 5-96 浏览网页

第6章

表格式网页布局

表格在网页布局中起到十分重要的作用。在网页设计的过程中，可以使用表格定位页面中的基本元素，将其有序排列，增加网页的逻辑性。

Dreamweaver CS6 中的表格操作十分简单。使用各种简捷有效的表格功能极大地加快了表格完成速度。本章将介绍一些在 Dreamweaver CS6 中操作表格的基本知识和使用技巧。

本章重点：

- 插入表格
- 为单元格添加内容
- 设置表格属性
- 表格的基本操作

6.1 插入表格

表格是网页制作的基本元素，也是网页布局的重要工具之一。表格主要用来安排网页的整体布局，也可以用来制作简单的图表。通过在网页中插入表格，可以对网页内容进行精确的定位。

下面我们来介绍如何在网页中插入简单的表格。

步骤01 运行 Dreamweaver CS6，新建 HTML 文档，如图 6-1 所示。

步骤02 新建文档后，为文档标题命名，并将文档保存。执行以下操作方式之一，可以完成图像的插入。

- 在菜单栏中选择【插入】|【表格】命令，如图 6-2 所示。
- 在【常用】插入面板中单击【表格】按钮，如图 6-3 所示。

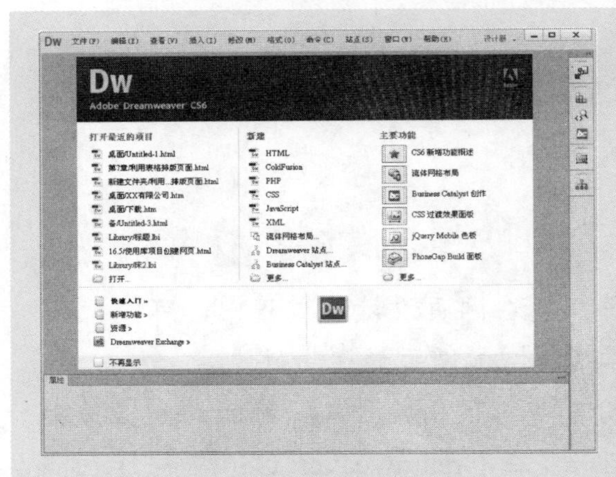

图 6-1 新建 HTML 文档

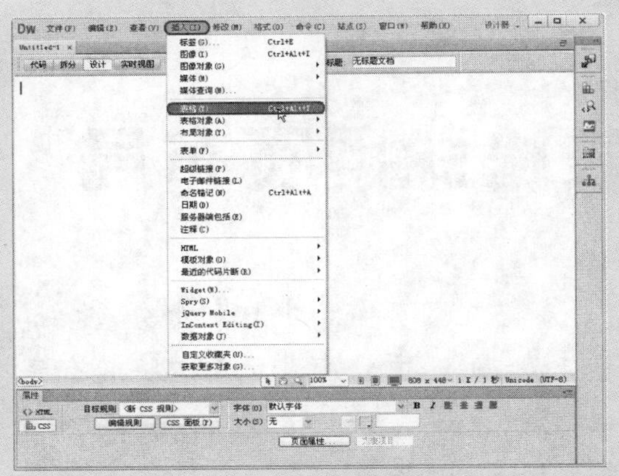

图 6-2 插入表格命令

步骤03 打开【表格】对话框，在【表格】对话框中可以预设表格的基本属性，例如行数、列数、表格宽度等，如图 6-4 所示。

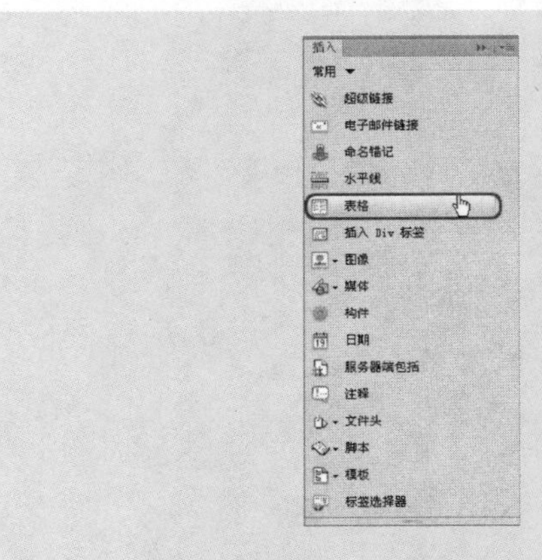

图 6-3 【表格】按钮

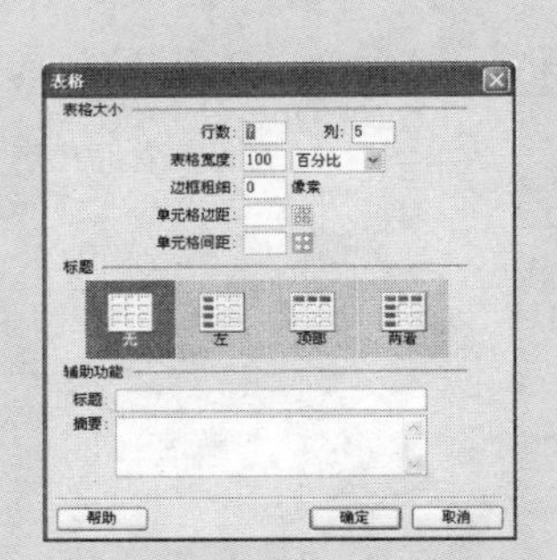

图 6-4 【表格】对话框

在【表格】对话框中，各参数的说明如下。

- 【行数】和【列】：表示插入表格的行数和列数。
- 【表格宽度】：表示插入表格的宽度。在文本框中设置表格宽度，在文本框右侧下拉列表框中选择宽度单位，包括像素和百分比两种。
- 【边框粗细】：表示插入表格边框的粗细值。如果应用表格规划网页格式，那么通常将【边框粗细】设置为0，这样在浏览网页时表格将不会被显示。
- 【单元格边距】：表示插入表格中单元格边界与单元格内容之间的距离。默认值为1像素。
- 【单元格间距】：表示插入表格中单元格与单元格之间的距离。默认值为2像素。
- 【标题】：表示插入表格内标题所在单元格样式。共有 4 种样式可选，包括【无】、【左】、【顶部】、【两者】。
- 【辅助功能】：辅助功能包括【标题】和【摘要】。【标题】是指在表格上方居中显示表格外侧标题。【摘要】是指对表格的说明。【摘要】内容不会显示在设计视图中，只有在代码视图中才可以看到。

  本例将表格【行数】设置为 7，【列】设置为 6，【表格宽度】设置为 800 像素，【标题】设置为【无】，在【辅助功能】栏中的【标题】文本框中输入“2012 年员工工作效率总结”，【摘要】文本框中输入“员工工作效率总结”，其余选项使用默认数值，如图 6-5 所示。

步骤04 设置完成后，单击【确定】按钮，插入表格，如图 6-6 所示。

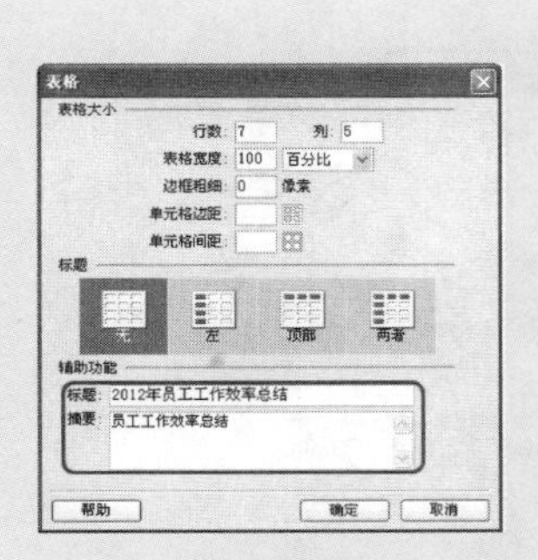

图 6-5 设置【表格】基本属性

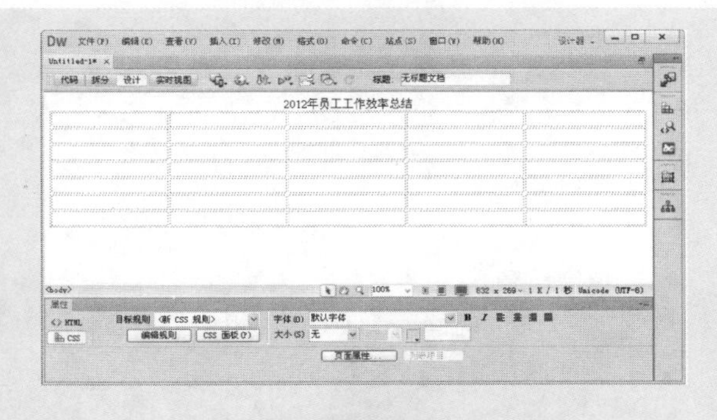

图 6-6 插入表格

步骤05 表格插入完成后，将网页保存。

提示：表格的插入位置是由光标所在位置决定的，如果光标位于表格或者文本中，那么表格也可以被插入到光标所在的位置上。

6.2 为单元格添加内容

表格创建完成后，可以在表格中输入文字，也可以插入图像或者其他网页元素。在表格的单元格中还可以再嵌套一个表格，这样就可以使用多个表格来布局页面。

6.2.1 向表格中输入文本

步骤01 运行 Dreamweaver CS6，打开随书附带光盘中的“CDROM\素材\第 6 章\表格 01.html”素材文件，如图 6-7 所示。

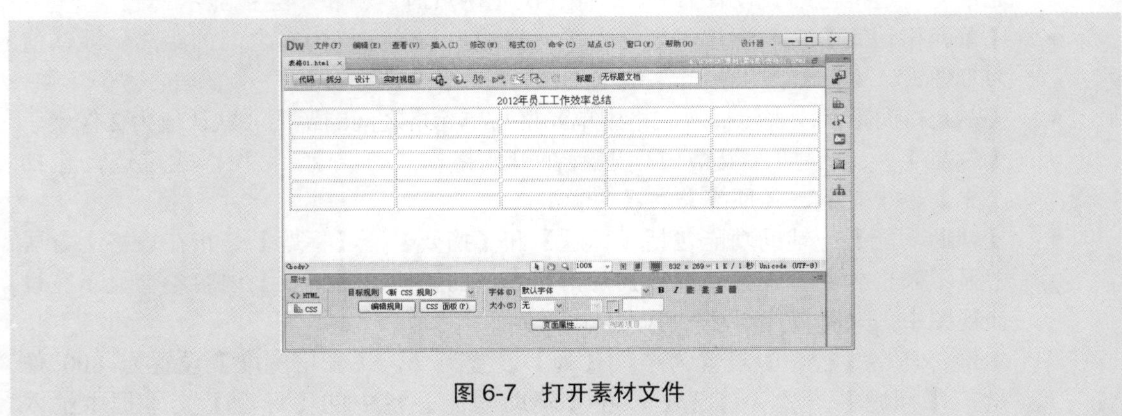

图 6-7 打开素材文件

步骤02 将光标放置在需要输入文本的单元格中，输入文字。单元格在输入文本时可以自动扩展，如图 6-8 所示。

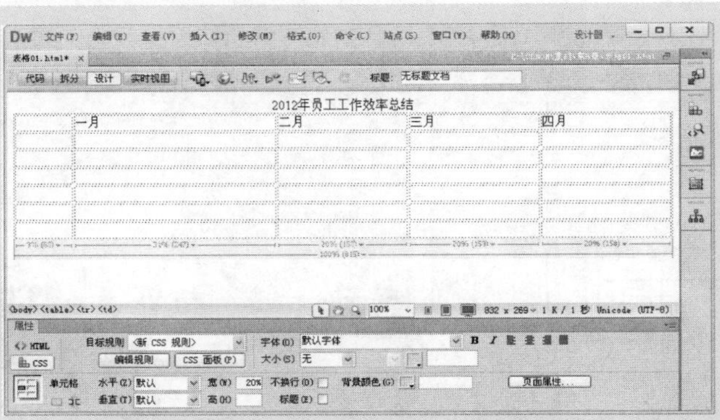

图 6-8 输入文本

步骤03 输入完成后将网页保存。

6.2.2 嵌套表格

嵌套表格就是在一个表格的单元格内插入另一个表格。如果嵌套表格宽度单位为百分比，那么它将受它所在单元格宽度的限制；如果单位为像素，那么当嵌套表格宽度大于所在单元格宽度时，单元格宽度将变大。

下面来介绍如何嵌套表格。

步骤01 运行 Dreamweaver CS6，打开随书附带光盘中的“CDROM\素材\第 6 章\表格 02.html”素材文件，如图 6-9 所示。

步骤02 将光标放置在单元格中文本右侧，在菜单栏中选择【插入】|【表格】命令，打开【表格】对话框。在表格对话框中设置表格属性，如图 6-10 所示。

图 6-9 打开素材文件

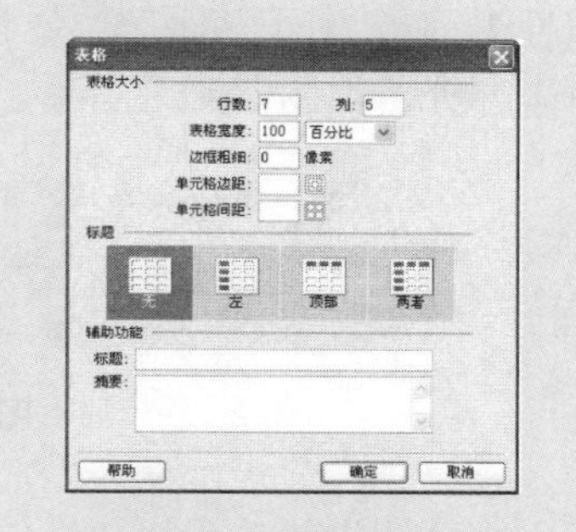

图 6-10 设置表格属性

步骤03 单击【确定】按钮，插入表格，如图 6-11 所示。

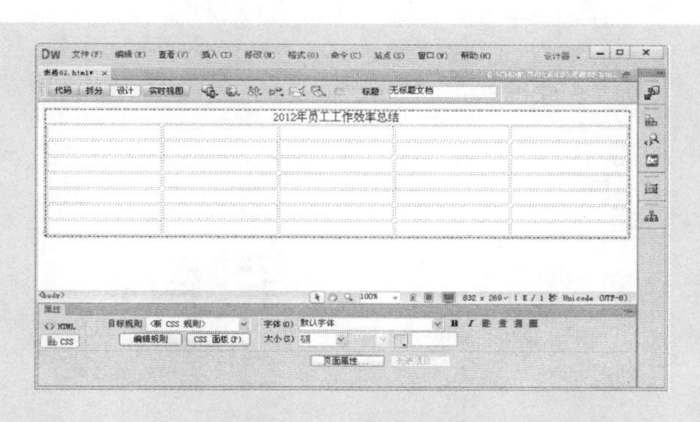

图 6-11 插入表格

步骤04 表格嵌套完成后，将网页保存。

6.2.3 在单元格中插入图像

在单元格中插入图像方法与在网页中插入图像方法基本相同。在此不再进行详细介绍。首先将光标放置在需要插入图像的单元格中，参照 5.1.2 节中介绍的方法，在单元格内插入图像。

6.3 设置表格属性

表格插入完成后，为了使表格和单元格更加适合网页布局设置的需要，也为了使创建的表格更加美观，可以对表格属性进行设置。

6.3.1 设置单元格属性

在 Dreamweaver CS6 中，可以对单元格属性进行单独设置。单元格【属性】面板和文本【属性】面板为同一面板，文本属性设置位于面板的上半部分，单元格属性设置位于面板的下半部分，如图 6-12 所示。

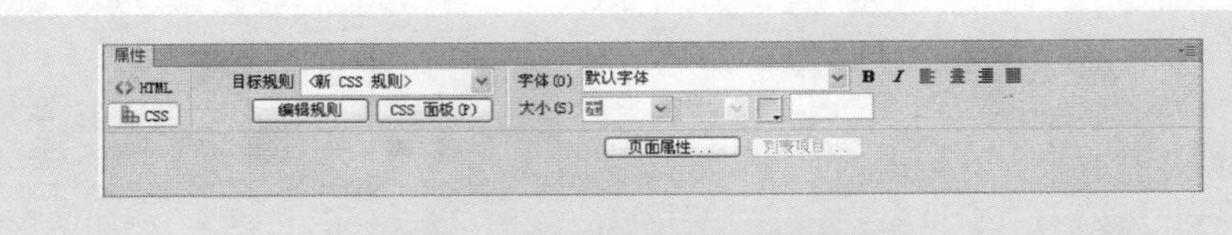

图 6-12　单元格【属性】面板

下面来介绍设置单元格属性的具体操作步骤。

步骤 01　新建表格，将光标放置在单元格中，在菜单栏中选择【窗口】|【属性】命令，打开单元格【属性】面板，如图 6-13 所示。

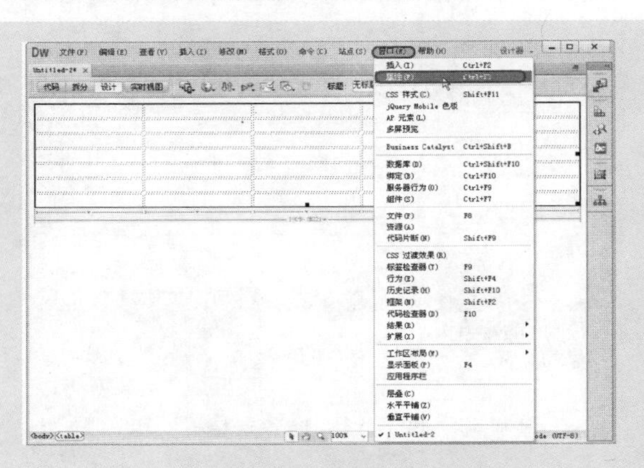

图 6-13　打开单元格【属性】面板

在单元格【属性】面板中，可以对以下参数进行设置。

- 【合并单元格】：单击按钮，可以将选择的多个单元格合并为一个单元格。
- 【拆分单元格为行或列】：单击按钮，打开【拆分单元格】对话框，如图 6-14 所示。在该对话框中通过选择【行】或【列】选项，并设置行数或列数对单元格进行拆分。

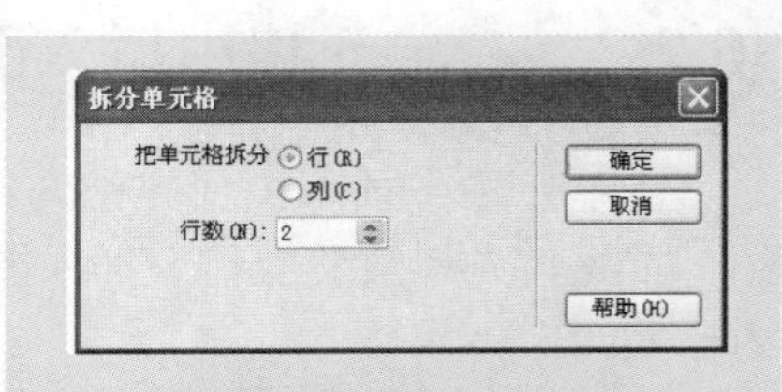

图 6-14　【拆分单元格】对话框

注意：【拆分单元格为行或列】只对单一单元格有效，选择的单元格多于一个时，该按钮将被禁用。

- 【水平】：指定单元格内容的水平对齐方式。在下拉列表中可以选择默认、左对齐、居中对齐、右对齐 4 种对齐方式。常规单元格默认对齐方式为左对齐，标题单元格默认对齐方式为居中对齐。

- 【垂直】：指定单元格内容的垂直对齐方式。在下拉列表中可以选择默认、顶端、居中、底部、基线5种对齐方式。默认对齐方式通常为居中对齐。
- 【宽】和【高】：设置所选单元格的宽度和高度，单位为像素或百分比。如果使用百分比为单位，那么在输入值后需要加百分比符号%。在默认状态下，单元格的宽度和高度是根据单元格的内容以及其他列和行的宽度和高度进行确定。
- 【不换行】：用于设置单元格内容是否换行。选中【不换行】复选框，当输入的内容超过单元格宽度时，单元格会随内容长度的增加而变宽。
- 【标题】：将所选的单元格格式设置为表格标题单元格。默认情况下，表格标题单元格的内容为粗体并且居中。
- 【背景颜色】：设置所选单元格的背景颜色。

步骤02 根据需要对单元格属性进行设置。

6.3.2 设置表格属性

设置表格属性与设置单元格属性的方法大致相同。下面将要介绍设置表格属性的具体操作步骤。

步骤01 新建表格，单击表格边框，在菜单栏中选择【窗口】|【属性】命令，如图6-15所示。

步骤02 打开表格【属性】面板，如图6-16所示。

图6-15 【属性】命令

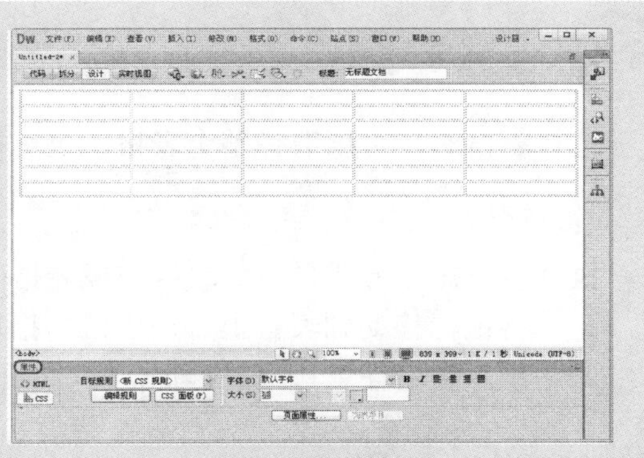

图6-16 表格【属性】面板

在表格【属性】面板中，可以对以下参数进行设置。

- 【表格ID】：用于设置表格名称。
- 【行】和【列】：用于设置表格中行和列的数量。
- 【宽】：用于设置表格宽度。可以选择的宽度单位为像素或百分比。
- 【填充】：用于设置单元格内容与单元格边框之间的像素距离。
- 【间距】：用于设置相邻的表格单元格之间距离的像素数。
- 【对齐】：用于设置表格相对于同一段落中的其他元素(例如文本或图像)的显示

位置。在下拉列表中可以选择默认、左对齐、居中对齐、右对齐 4 种对齐方式。当选择默认对齐方式时，其他内容不会显示在表格旁边。

- 【边框】：用于设置表格边框的宽度，宽度单位为像素。

注意：由于网页中要求不显示表格的边距和间距时，所以将【填充】、【间距】、【边框】全部设置为 0。如果需要查看表格边框设置，在菜单栏中可选择【查看】|【可视化助理】|【表格边框】命令进行查看。

- 【类】：用于对该表格设置一个 CSS 类。
- 【清除列宽】：单击按钮，在表格中删除明确指定的列宽。
- 【清除行高】：单击按钮，在表格中删除明确指定的行高。
- 【将表格宽度转换为像素】：单击按钮，将表格宽度设置为以像素为单位的当前宽度。
- 【将表格宽度转换为百分比】：单击按钮，将表格宽度设置为以百分比为单位的当前宽度。

步骤03 根据需要对表格属性进行设置。

6.4 表格的基本操作

插入表格后，可以对表格进行选定、剪切、复制等基本操作。

6.4.1 选定表格

选择表格时，可以选择整个表格，也可以选择单个或者多个单元格。

1. 选择整个表格

执行以下操作方式之一，可以完成表格的选择。

- 将鼠标移动到表格上方，当鼠标指针显示为时单击，如图 6-17 所示。
- 单击表格任意边框线，如图 6-18 所示。

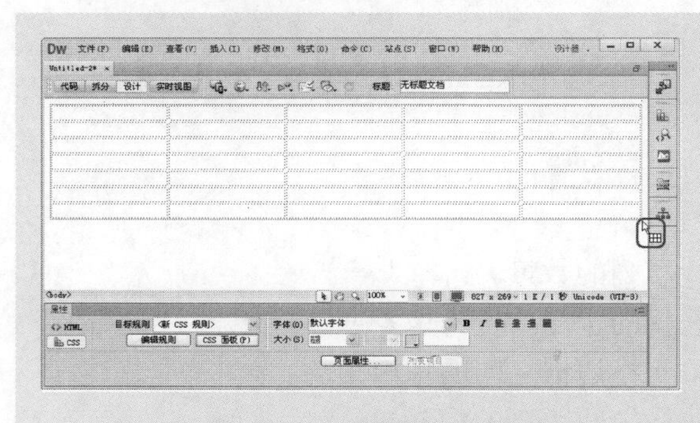

图 6-17 选择表格

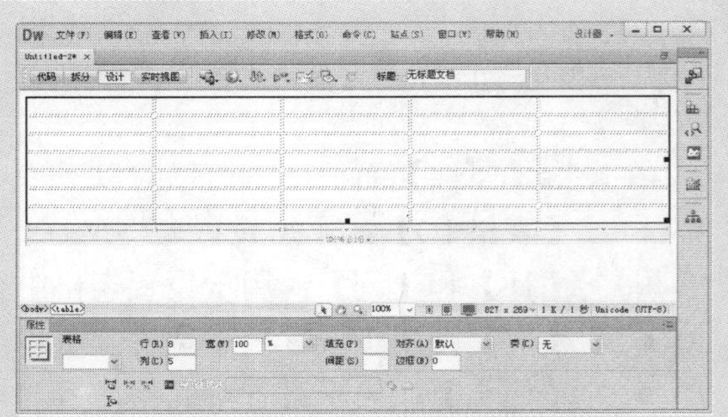

图 6-18 选择表格

- 将光标放置在任意单元格中，在菜单栏中选择【修改】|【表格】|【选择表格】命令，如图 6-19 所示。
- 将光标置于任意单元格中，在文档窗口状态栏的标签选择器中单击 table 标签，如图 6-20 所示。

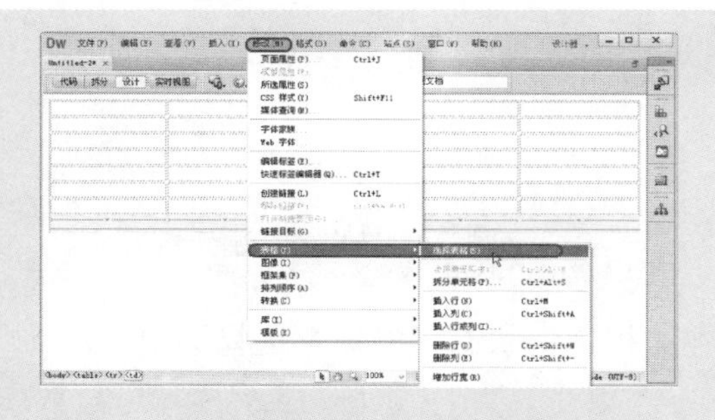

图 6-19　选择表格命令

图 6-20　选择 table 标签

2. 选择表格行、列

执行以下操作方式之一，可以完成表格行、列的选择。

- 将光标放置在列首，当光标变成箭头⬇时单击，即可选定表格的列，如图 6-21 所示。
- 将光标放置在行首，当光标变成箭头➡时单击，即可选定表格的行，如图 6-22 所示。

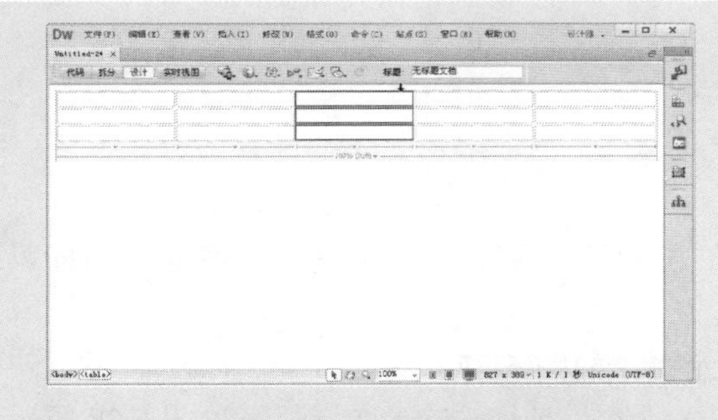

图 6-21　选择表格列

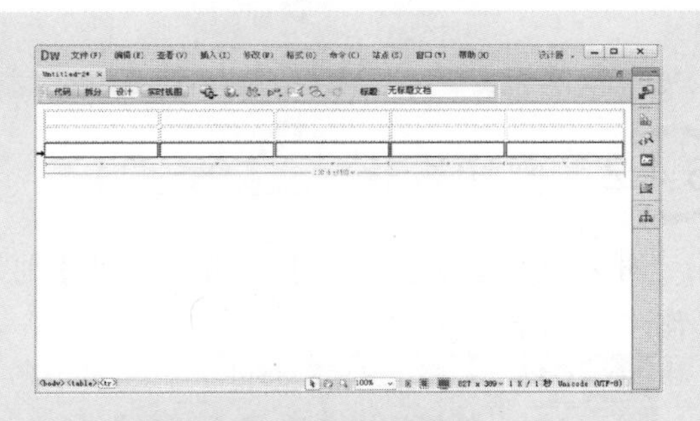

图 6-22　选择表格行

- 按住鼠标左键，从左至右或从上至下拖动鼠标，即可选择表格的行或列，如图 6-23 所示。

3. 选择单元格

执行以下操作方式之一，可以完成单元格的选择。

- 按住 Ctrl 键，单击单元格。可以对多个单元格进行选择，如图 6-24 所示。
- 按住鼠标左键并拖动，可以选择单个单元格，也可以选择连续单元格。如图 6-25 所示。

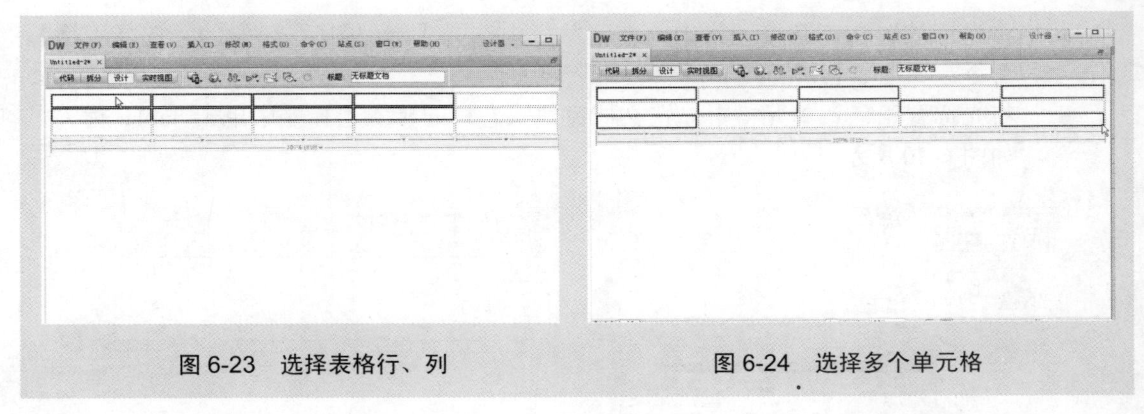

图 6-23　选择表格行、列

图 6-24　选择多个单元格

- 将光标放置在要选择的单元格中，在文档窗口状态栏的标签选择器中单击 td 标签，选定该单元格，如图 6-26 所示。

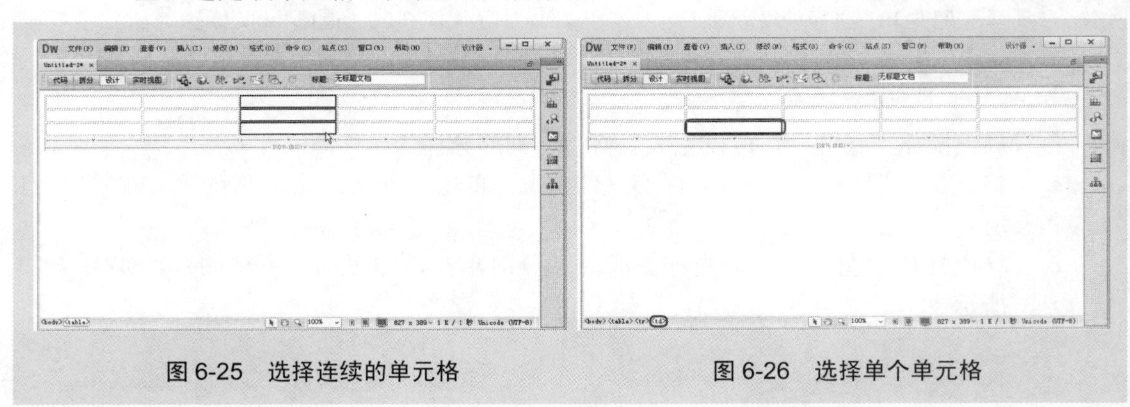

图 6-25　选择连续的单元格

图 6-26　选择单个单元格

6.4.2 剪切表格

如果想要移动表格，那么可以通过【剪切】和【粘贴】命令来完成。剪切表格的具体操作步骤如下。

步骤 01　选择需要移动的一个或多个单元格。如图 6-27 所示。

步骤 02　在菜单栏中选择【编辑】|【剪切】命令，剪切选定的单元格，如图 6-28 所示。

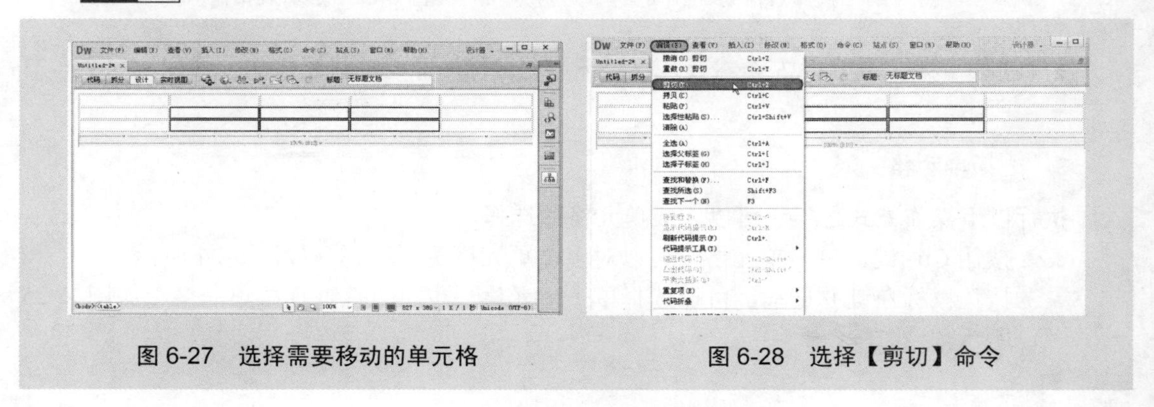

图 6-27　选择需要移动的单元格

图 6-28　选择【剪切】命令

步骤03 剪切完成后，将光标放置在表格右侧，在菜单栏中选择【编辑】|【粘贴】命令，如图6-29所示。

步骤04 粘贴完成后，表格移动完成，如图6-30所示。

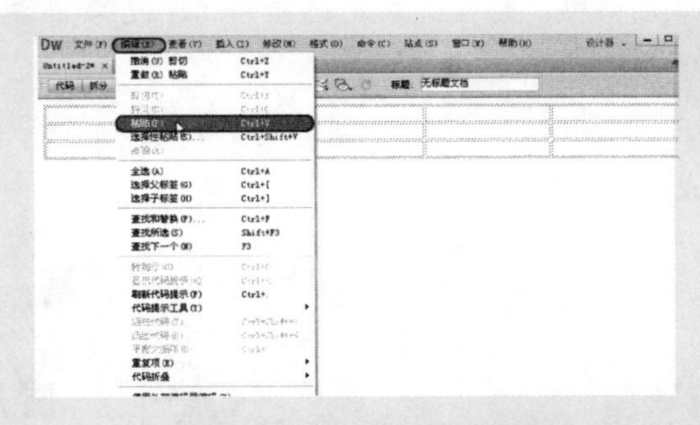

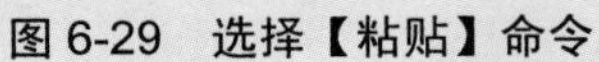

图6-29 选择【粘贴】命令

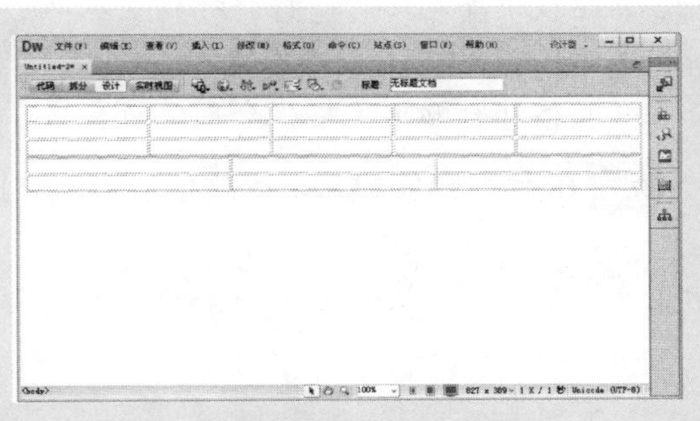

图6-30 表格移动完成

提示：剪切多个单元格时，所选的连续单元格必须为矩形。如本例所示，对表格整个行或列进行剪切，则会将整个行或列从原表格中删除，而不仅仅是剪切单元格内容。

6.4.3 复制表格

在表格中，可以复制、粘贴一个单元格或多个单元格，且这些单元格保留了原单元格的格式。复制表格的具体操作步骤如下。

步骤01 选择需要复制的单元格，如图6-31所示。

步骤02 在菜单栏中选择【编辑】|【拷贝】命令，复制选定单元格，如图6-32所示。

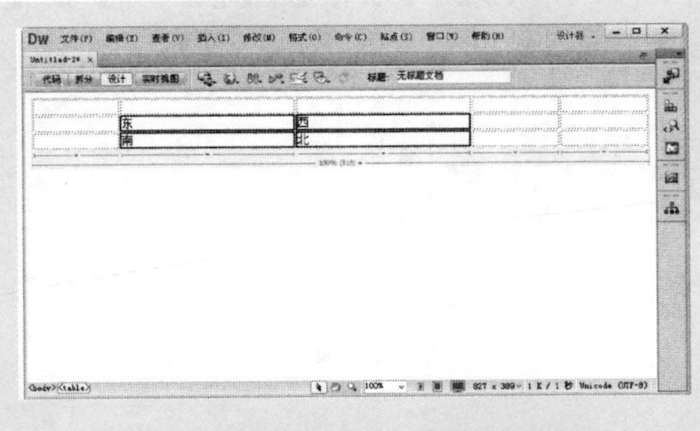

图6-31 选择需要复制的单元格

图6-32 复制单元格

步骤03 复制完成后，将光标放置在需要粘贴单元格的位置，在菜单栏中选择【编辑】|【粘贴】命令，如图6-33所示。

提示：粘贴多个单元格时，被替换表格需要与复制单元格格式相同。

粘贴整行或整列表格时，这些行或列会粘贴在指定单元格上方或左侧。

粘贴多个单元格时，将光标放置在单个单元格中，与被选单元格相邻的单元格(根据所在表格位置)内容可能会被替换。

在表格外粘贴单元格，会创建新表格。

步骤 04 粘贴完成后，表格复制也就完成了，如图 6-34 所示。

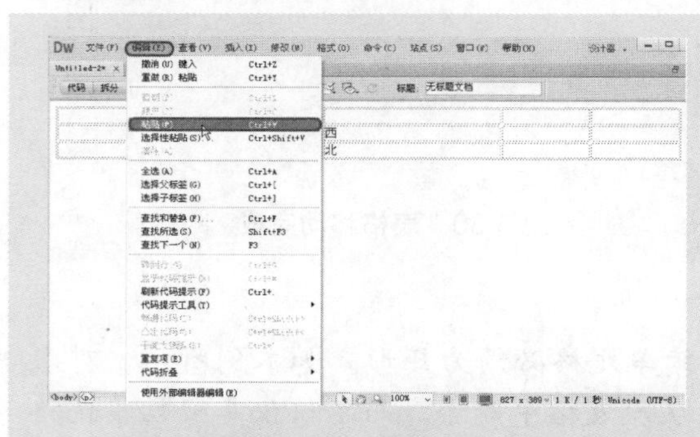

图 6-33 粘贴单元格

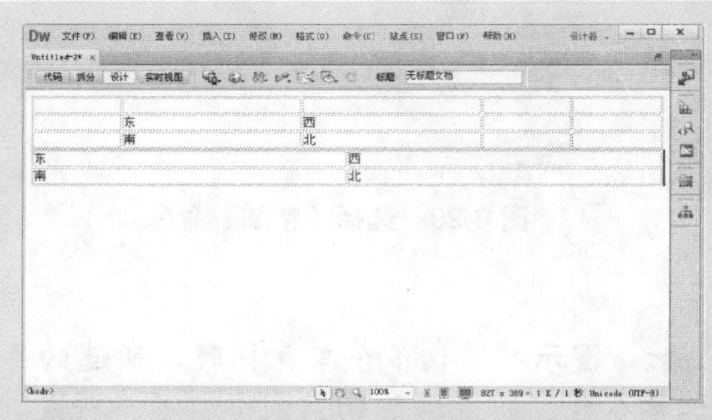

图 6-34 表格复制完成

6.4.4 添加行或列

要在表格中插入行或列，执行以下操作之一。

- 将光标放置在单元格中，单击鼠标右键，在弹出的快捷菜单中选择【表格】|【插入行】或【插入列】命令，即可在插入点上方或左侧会插入行或列，如图 6-35 所示。
- 将光标放置在单元格中，在菜单栏中选择【修改】|【表格】|【插入行】或【插入列】命令，即可在插入点上方或左侧会插入行或列，如图 6-36 所示。

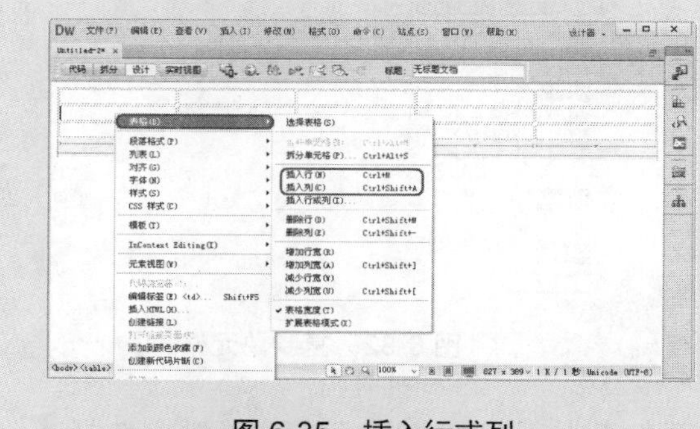

图 6-35 插入行或列

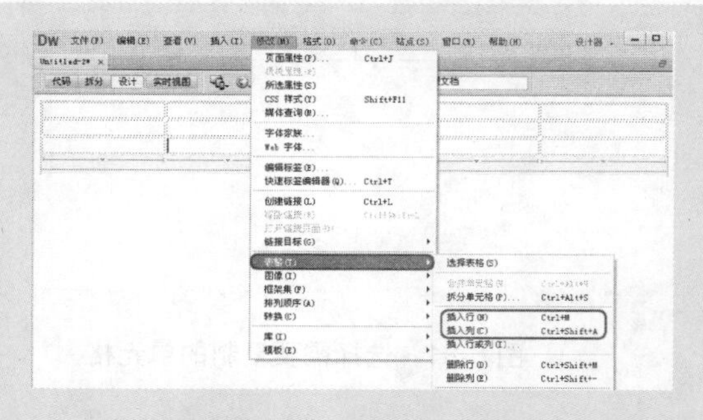

图 6-36 插入行或列

- 在快捷菜单中选择【插入行或列】命令，弹出【插入行或列】对话框。在该对话框中可以选择插入【行】或【列】，设置添加行数或列数以及插入位置，如图 6-37 所示。

- 单击列标题菜单，根据需要在快捷菜单中选择【左侧插入列】或【右侧插入列】命令，如图 6-38 所示。

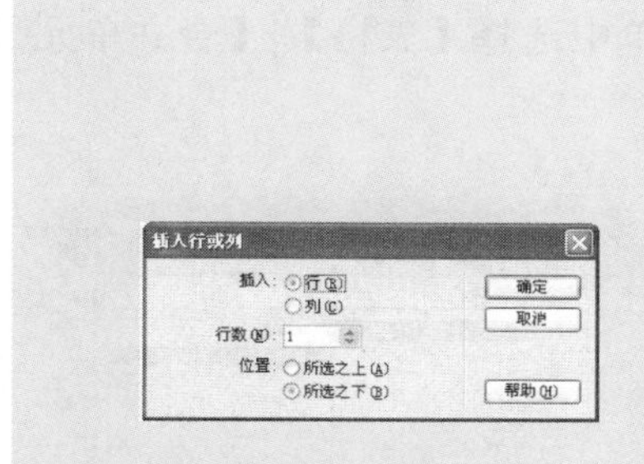

图 6-37 【插入行或列】对话框

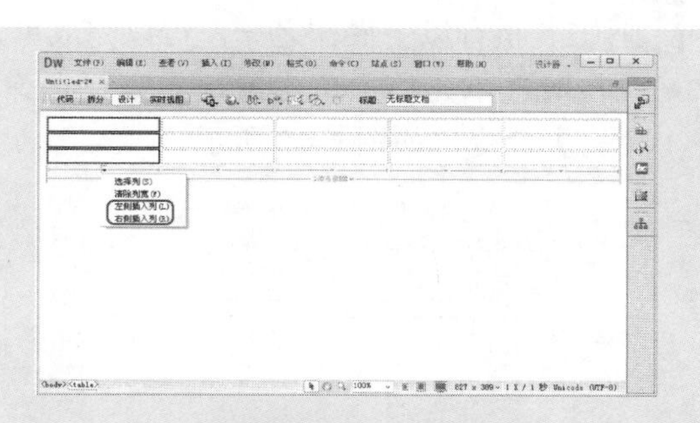

图 6-38 列标题菜单

提示：将光标放置在表格最后一个单元格中，按 TAB 键会自动在表格中添加一行。

6.4.5 删除行或列

要删除表格中的行或列，执行以下操作之一。

- 将光标放置在要删除的行或列中的任意单元格中，单击鼠标右键，在弹出的快捷菜单中选择【表格】|【删除行】或【删除列】命令，如图 6-39 所示。
- 将光标放置在要删除的行或列中的任意单元格中，在菜单栏中选择【修改】|【表格】|【删除行】或【删除列】命令，如图 6-40 所示。

图 6-39 删除行或列

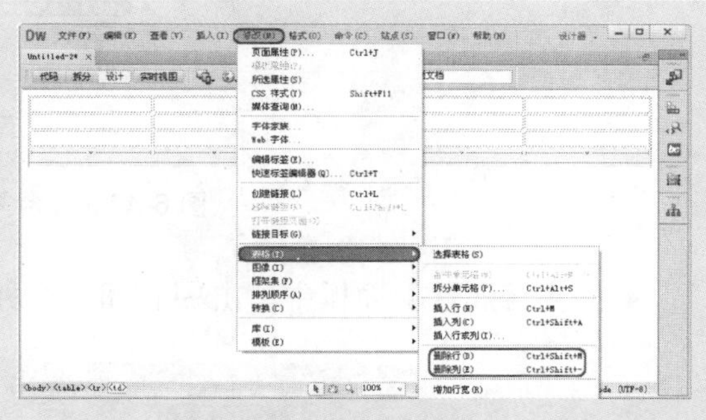

图 6-40 删除行或列

- 选择要删除的行或列，按 Delete 键可以直接删除。

提示：使用 Delete 键删除行或列时，可以删除多行或多列，但不能删除所有行或列。

6.4.6 合并单元格

进行单元格合并操作时，所选择的单元格区域必须为连续的矩形，否则无法合并。合并单元格的具体操作步骤如下。

步骤01 在文档窗口中，选择需要合并的单元格，如图 6-41 所示。

步骤02 执行以下操作之一，可以完成单元格的合并。

- 在所选单元格中单击鼠标右键，在弹出的快捷菜单中选择【表格】|【合并单元格】命令，如图 6-42 所示。

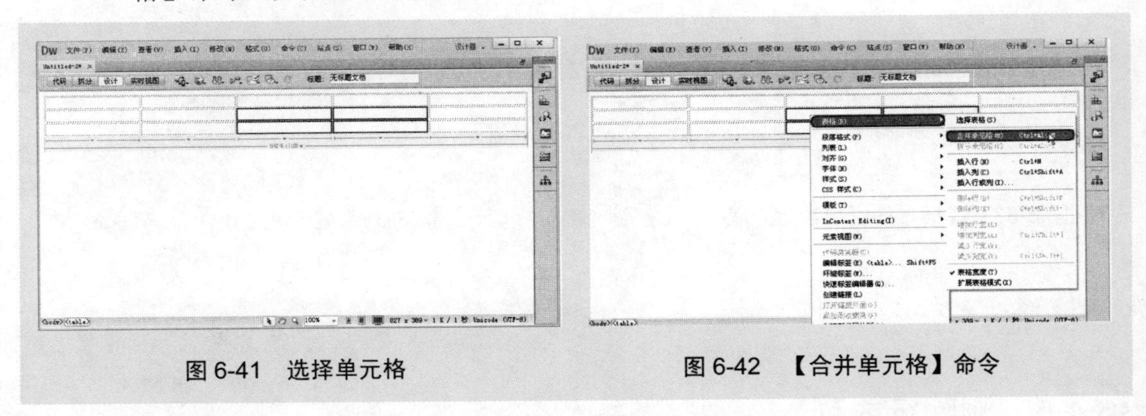

图 6-41 选择单元格　　图 6-42 【合并单元格】命令

- 在菜单栏中选择【修改】|【表格】|【合并单元格】命令，如图 6-43 所示。

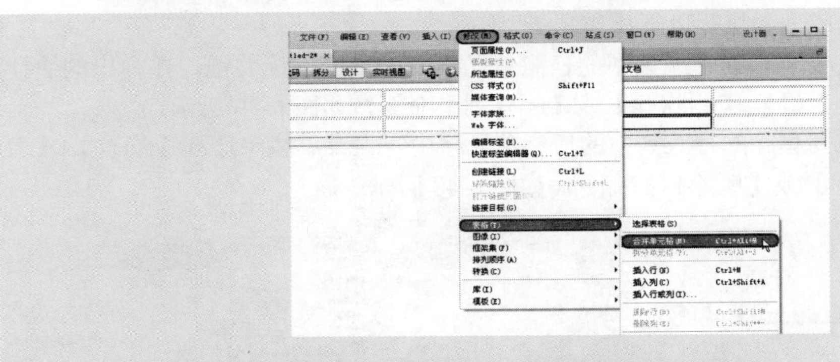

图 6-43 【合并单元格】命令

- 在【属性】面板中单击按钮，合并单元格，如图 6-44 所示。

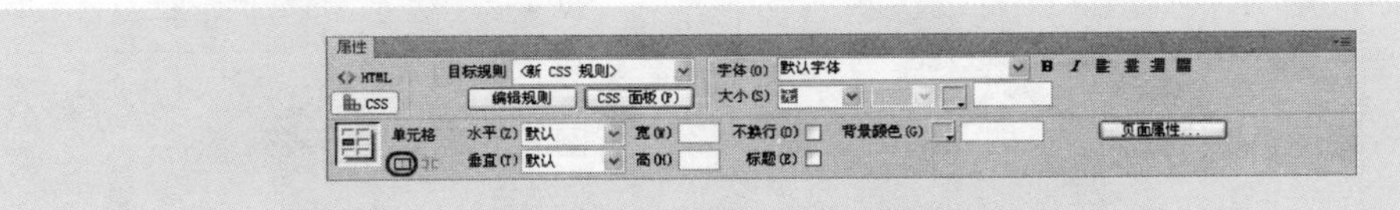

图 6-44 【合并单元格】按钮

提示：合并单元格后，单个单元格内容将放置在最终合并的单元格中。所选第 1 个单元格属性将应用于合并的单元格。

6.4.7 拆分单元格

拆分单元格可以将单元格拆分为多行或多列。拆分单元格的具体操作步骤如下。

步骤01 将光标放置在需要拆分的单元格中，如图 6-45 所示。

步骤02 执行以下操作之一，可以完成单元格的拆分。

- 在选中的单元格中单击鼠标右键，从弹出的快捷菜单中选择【表格】|【拆分单元格】命令，如图 6-46 所示。

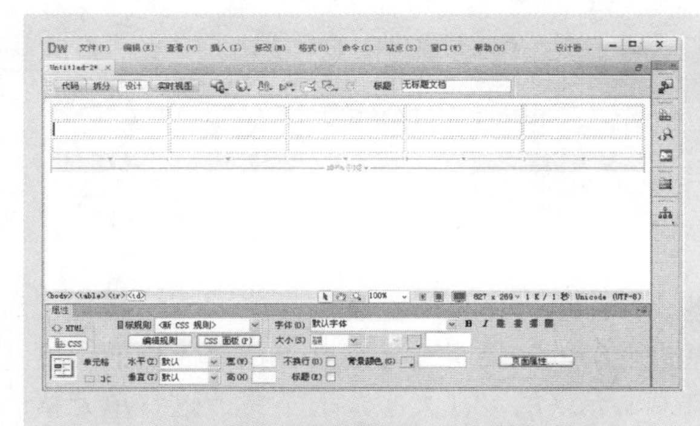

图 6-45　选择需要拆分的单元格

图 6-46　【拆分单元格】命令

- 在菜单栏中选择【修改】|【表格】|【拆分单元格】命令，如图 6-47 所示。

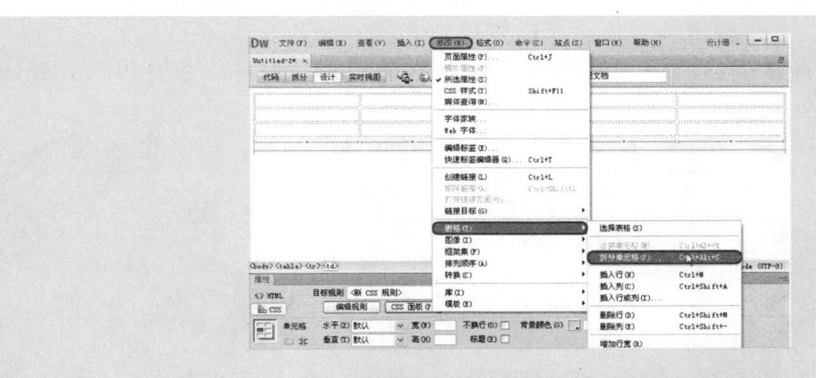

图 6-47　【拆分单元格】命令

- 在【属性】面板中单击 按钮，如图 6-48 所示。

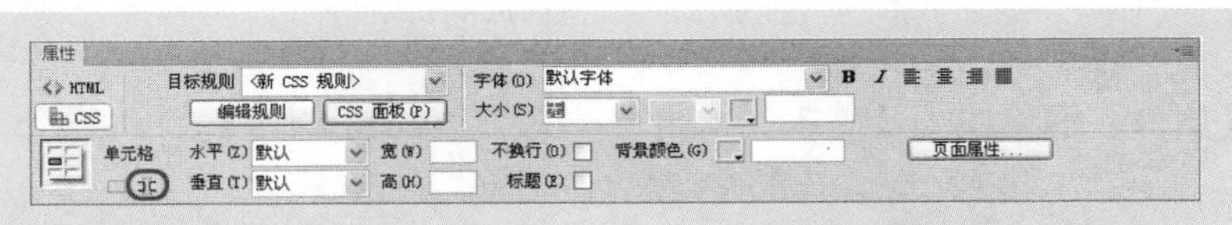

图 6-48　【拆分单元格为行或列】按钮

步骤03 打开【拆分单元格】对话框，在该对话框中选择把单元格拆分为行或列，以及拆分成行或列的数目，如图 6-49 所示。

步骤04 单击【确定】按钮，完成拆分单元格，如图 6-50 所示。

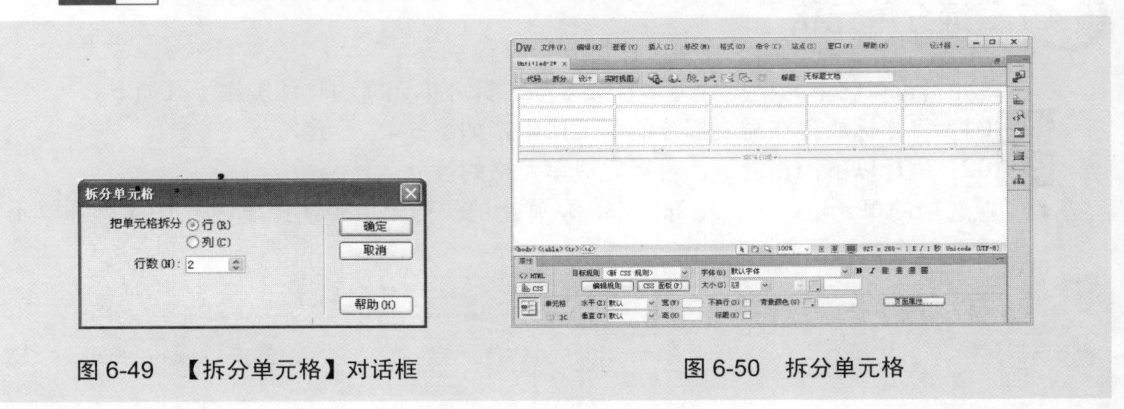

图 6-49 【拆分单元格】对话框　　图 6-50 拆分单元格

6.4.8 调整表格大小

表格创建完成后，可以根据需要调整表格或表格的行、列的宽度和高度。当调整整个表格的大小时，表格中的所有单元格按比例更改大小。如果明确指定了表格单元格的宽度或高度，则调整表格大小将更改【文档】窗口中单元格的可视大小，但不更改这些单元格的指定宽度和高度。

1. 调整整个表格大小

执行以下操作之一，可以完成表格调整操作。

- 选择表格，拖动表格右侧、底部或右下方的选择柄对表格的宽度和高度进行调整，如图 6-51 所示。

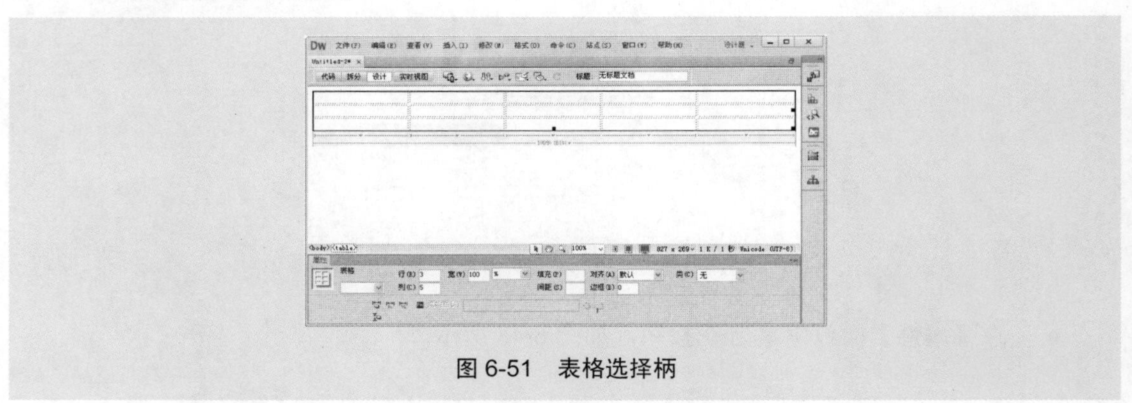

图 6-51 表格选择柄

- 在【属性】面板中的【宽】文本框中输入数值，调整表格宽度，如图 6-52 所示。

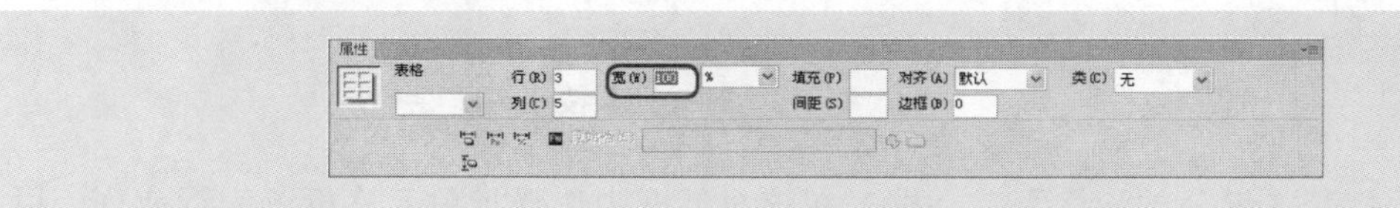

图 6-52 【属性面板】调整

2. 调整行高或列宽

执行以下操作之一，可以调整行高或列宽。

- 当光标呈÷图形时，将其向下拖拽对行高进行调整，如图 6-53 所示。调整后的效果如图 6-54 所示。

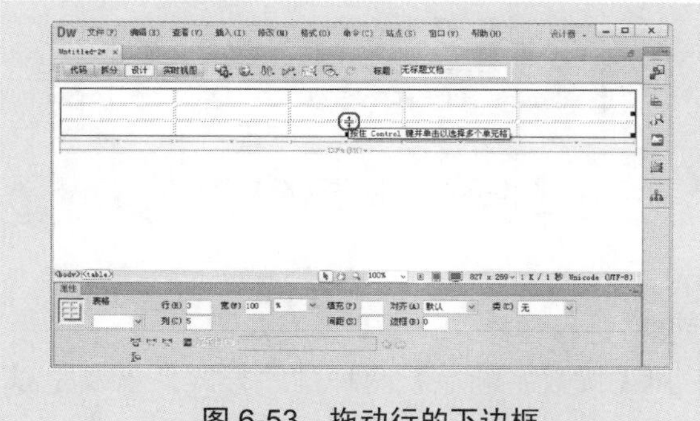

图 6-53　拖动行的下边框

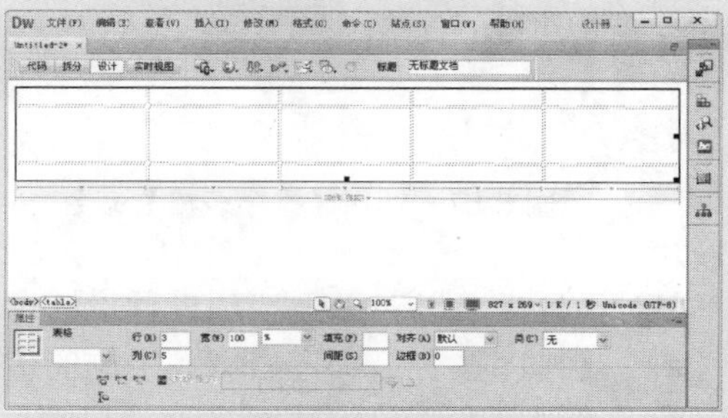

图 6-54　拖动后效果

- 当光标呈⇹图形时，将其向右拖拽对列宽进行调整，如图 6-55 所示。调整后的效果如图 6-56 所示。

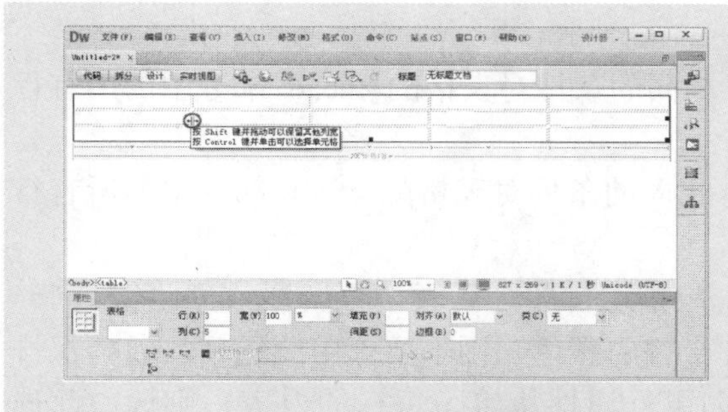

图 6-55　拖动列的右边框

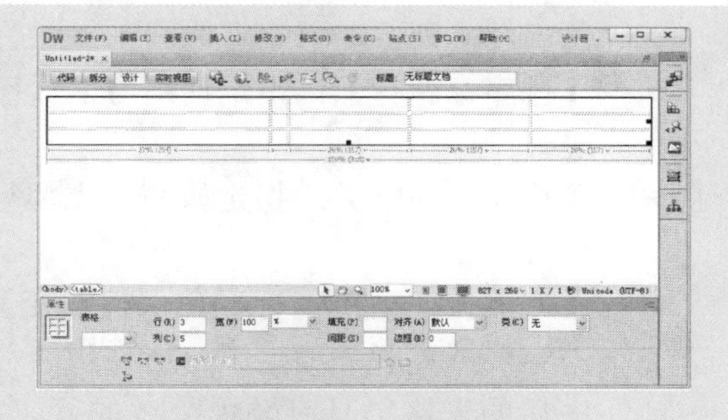

图 6-56　拖动后效果

提示：直接拖动边框调整列宽时，相邻列的宽度也要更改，表格宽度不会跟随改变。按住 Shift 键拖动边框时，则其他列宽保持不变，表格宽度会跟随改变。

6.4.9 表格排序

表格排序功能主要是针对具有格式数据的表格，它是根据表格列表中的内容来排序的，具体操作步骤如下。

步骤 01　选择表格，或将光标放置在任意单元格中。在菜单栏中选择【命令】|【排序表格】命令，如图 6-57 所示。

步骤 02　打开【排序表格】对话框，在对话框中设置排序选项，如图 6-58 所示。

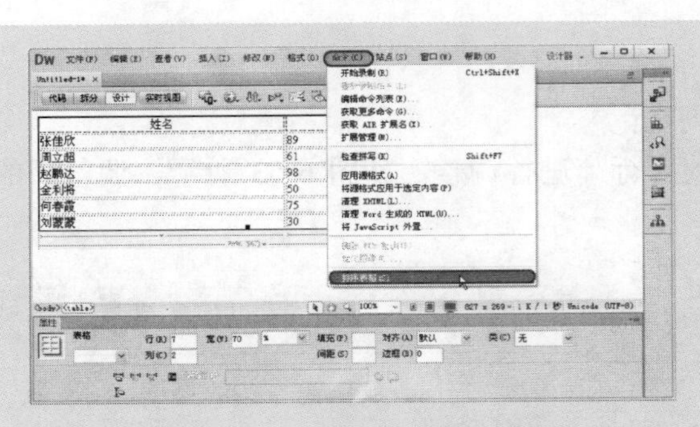

图 6-57 选择【排序表格】命令

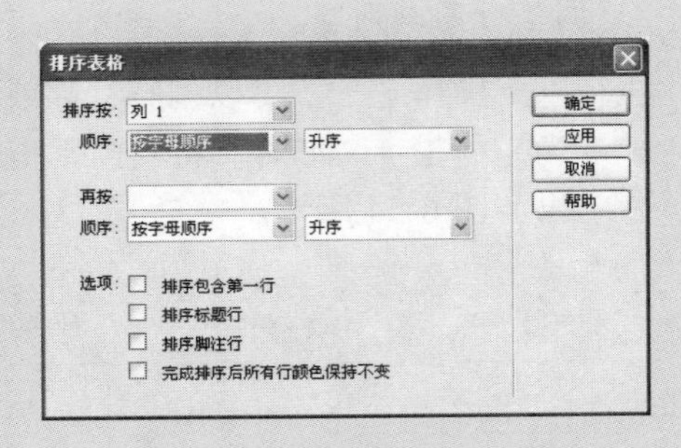

图 6-58 【排序表格】对话框

在对话框中可以对以下选项进行设置。

- 【排序按】：确定根据哪个列的值对表格进行排序。
- 【顺序】：可以选择【按字母顺序】和【按数字顺序】两种排序方式，以及是以【升序】还是【降序】进行排列。
- 【再按】：确定将在另一列上对表格再次排序。
- 【顺序】：选择再次排序的排序方法。
- 【排序包含第一行】：指定表格的第一行也要参加排序。如果第一行是不应移动的标题，则不选中此复选框。
- 【排序标题行】：指定使用与主体行相同的条件对表格的 thead 部分中的所有行进行排序。
- 【排序脚注行】：指定按照与主体行相同的条件对表格的 tfoot 部分中的所有行进行排序。
- 【完成排序后所有行颜色保持不变】：指定排序之后表格行属性(如颜色)与同一内容保持关联。如果表格行使用两种交替的颜色，则不要选中此选项，以确保排序后的表格仍具有颜色交替的行。如果行属性特定于每行的内容，则选中此选项，以确保这些属性与排序后表格中正确的行关联在一起。

步骤03 设置完成后，单击【确定】按钮，完成表格排序，如图 6-59 所示。

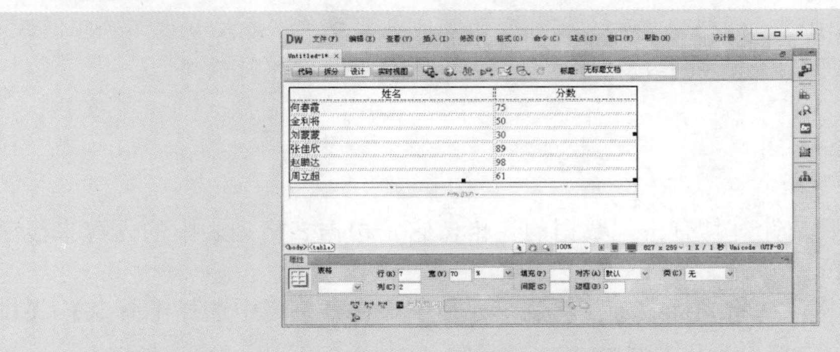

图 6-59 排序表格

6.5 上机练习——利用表格排版页面

下面将练习通过表格对页面进行排版，效果如图 6-60 所示，具体的操作步骤如下。

图 6-60 表格排版的页面效果

步骤01 运行 Dreamweaver，新建一个空白文档，如图 6-61 所示。

步骤02 在【标题】文本框中输入标题为【表格排版页面】，如图 6-62 所示。

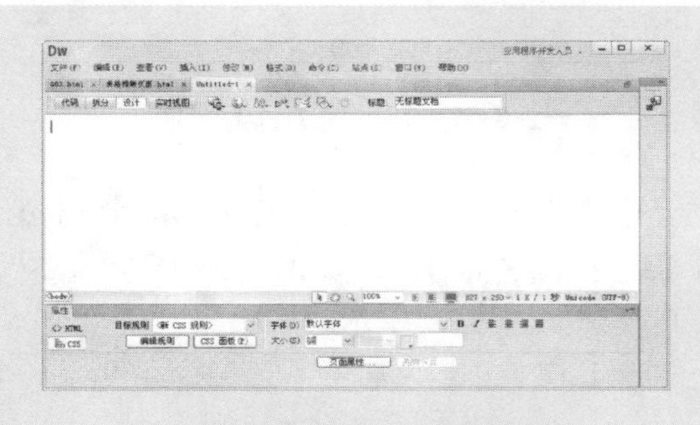

图 6-61 创建空白文档

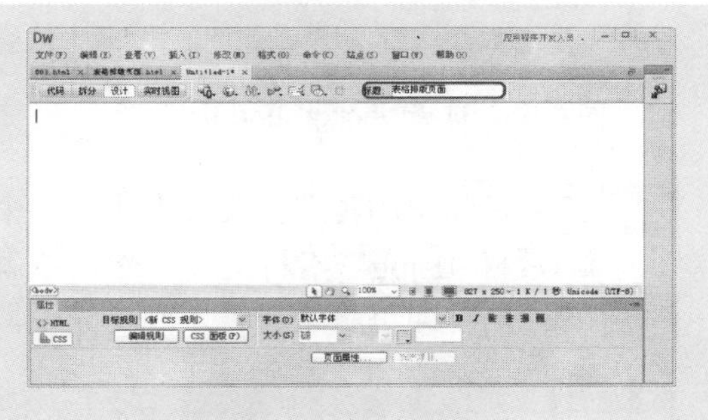

图 6-62 输入标题

步骤03 在文档中插入光标，在菜单栏中选择【插入】|【表格】命令，弹出【表格】对话框，将【行数】、【列】分别设置为 2、1，【表格宽度】设置为 1024、【像素】，单击【确定】按钮，如图 6-63 所示。

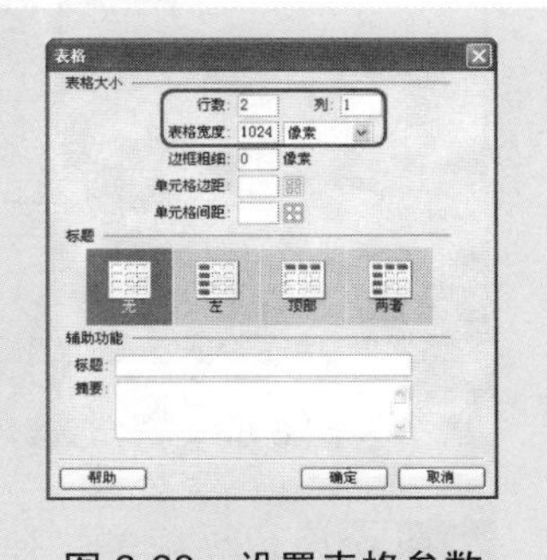

图 6-63 设置表格参数

步骤04 插入表格后，将光标放置在第 1 行的表格内，然后单击【拆分】按钮，将视图拆分查看，如图 6-64 所示。

步骤05 在拆分栏中将光标放置在<td>中，如图 6-65 所示。

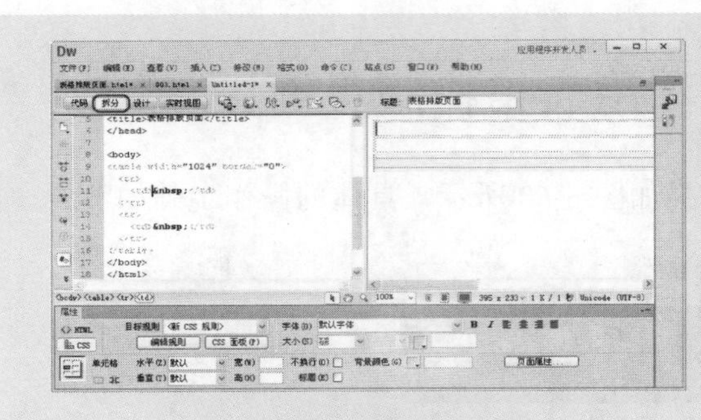

图 6-64　拆分视图

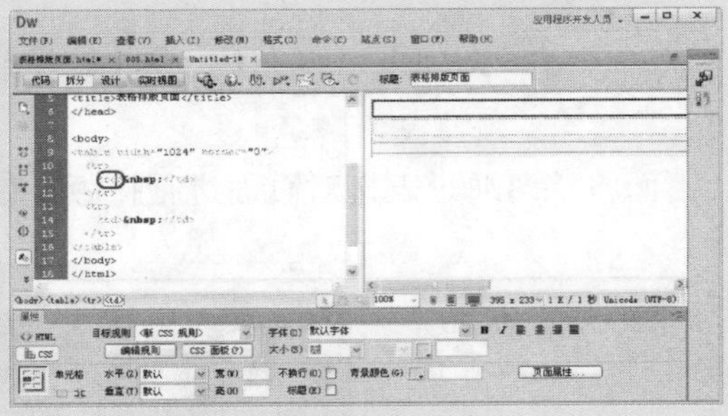

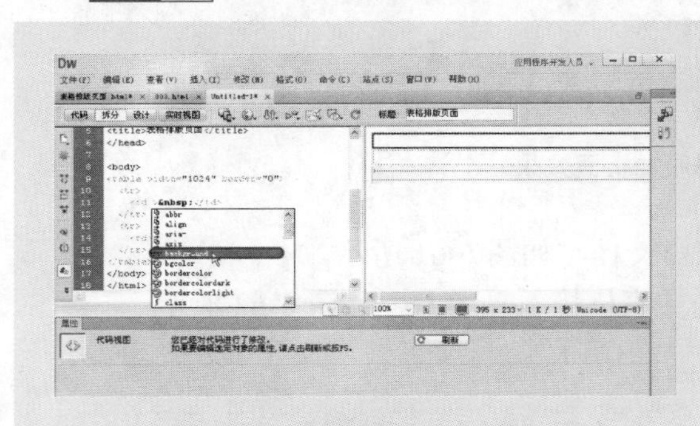

图 6-65　放置光标

步骤 06　按下空格键，在弹出的下拉列表中双击 background 选项，如图 6-66 所示。

步骤 07　再次双击弹出的【浏览】选项，如图 6-67 所示。

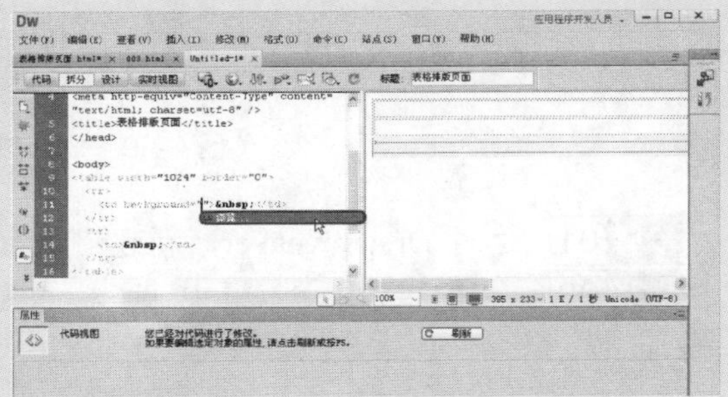

图 6-66　选择 background 选项

图 6-67　双击【浏览】选项

步骤 08　在弹出的【选择文件】对话框中选择随书附带光盘中的“CDROM\素材\第 6 章\素材 01.jpg”素材文件，然后单击【确定】按钮即可，如图 6-68 所示。

步骤 09　这样即可将素材置入到场景中，其效果如图 6-69 所示。

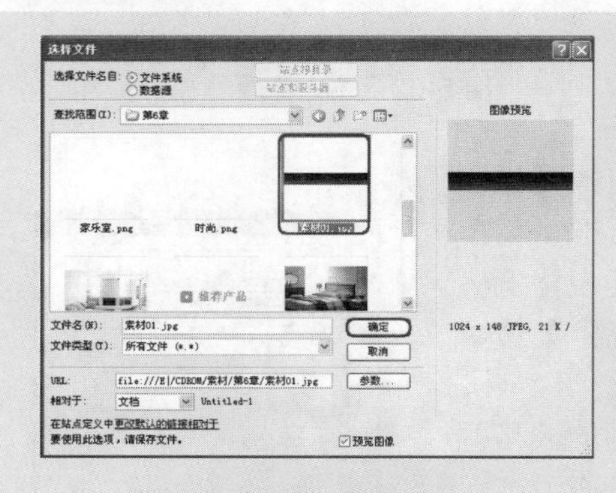

图 6-68　选择素材文件

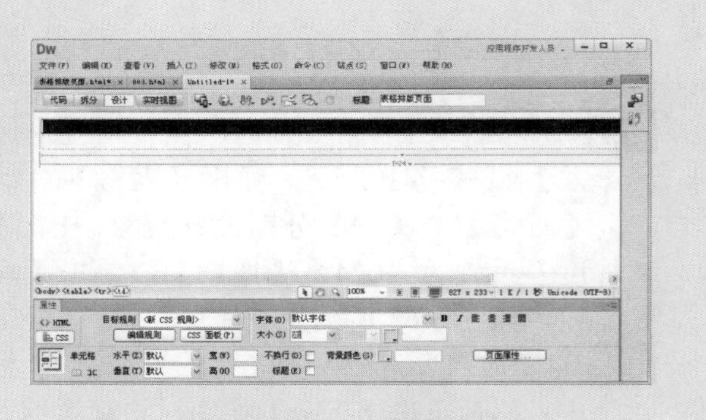

图 6-69　置入图像效果

步骤 10　将光标置入到第 1 行的表格中，将【属性】面板中的【高】设置为 148，如图 6-70 所示。

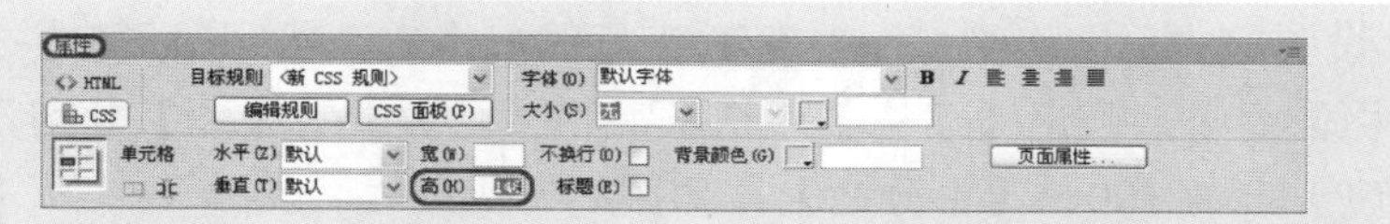

图 6-70 设置表格属性

步骤11 设置后的效果如图 6-71 所示。

步骤12 设置完成后，将光标再次放置到第 1 行的表格中，然后在菜单栏中选择【插入】|【表格】命令，如图 6-72 所示。

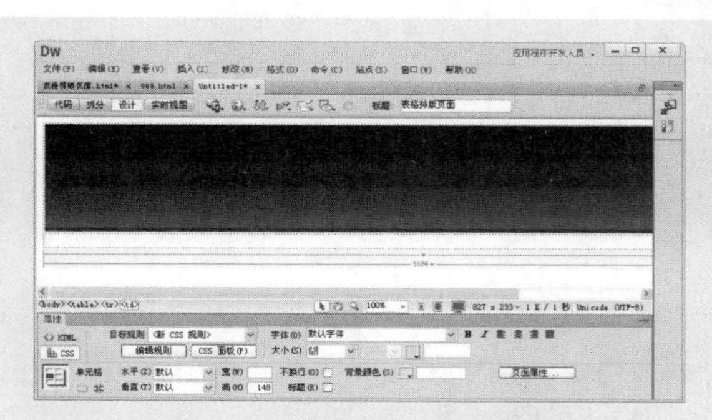

图 6-71 更改表格高度后的效果

图 6-72 选择【表格】命令

步骤13 弹出【表格】对话框，将【行数】、【列】分别设置为 2、1，将【表格宽度】设置为 100、【百分比】，如图 6-73 所示。

步骤14 单击【确定】按钮进行查看，如图 6-74 所示。

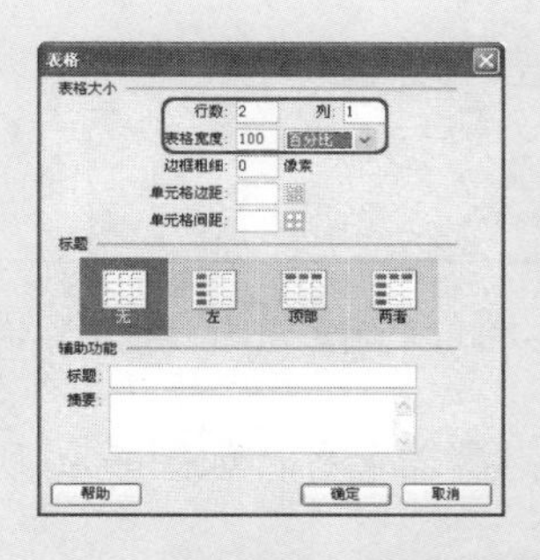

图 6-73 设置表格参数

图 6-74 插入表格效果

步骤15 然后在【属性】面板中，将其【高度】设为 70，如图 6-75 所示。

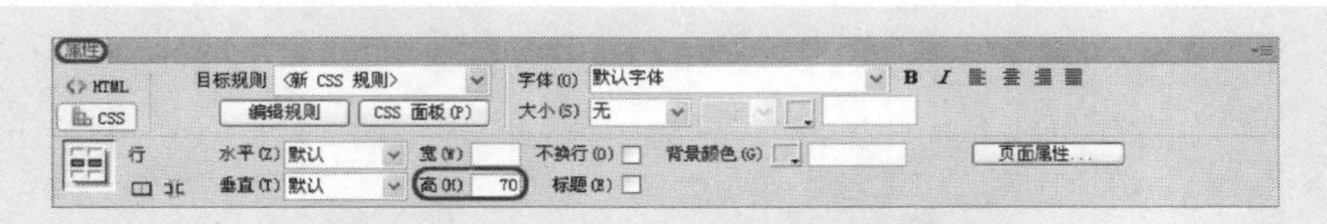

图 6-75 设置表格属性

步骤16 设置后的效果如图 6-76 所示。

步骤 17　设置完成后，将光标放置在第 2 行的表格中，然后在菜单栏中选择【插入】|【表格】命令，弹出【表格】对话框，将【行数】、【列】分别设为 1、7，【表格宽度】设为 100、【百分比】，如图 6-77 所示。

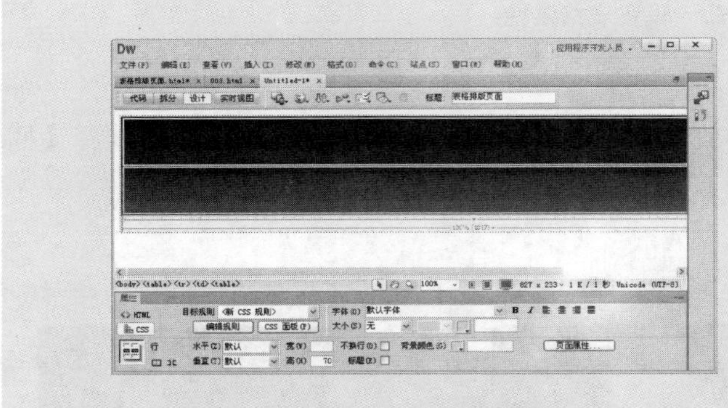

图 6-76　设置后效果

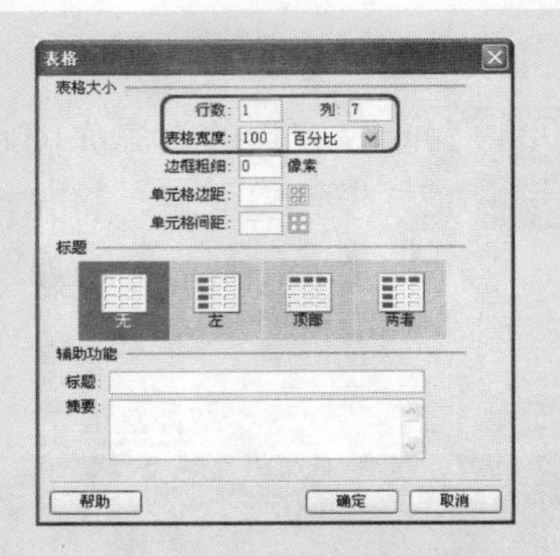

图 6-77　设置表格参数

步骤 18　单击【确定】按钮进行查看，如图 6-78 所示。

步骤 19　将光标放置到刚刚插入的第 1 列表格中，然后在【属性】面板中将文本颜色设为白色，这时会弹出【新建 CSS 规则】对话框，如图 6-79 所示。

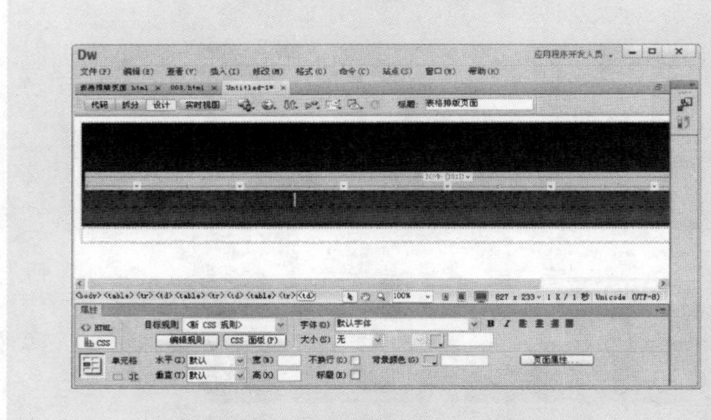

图 6-78　插入表格后效果

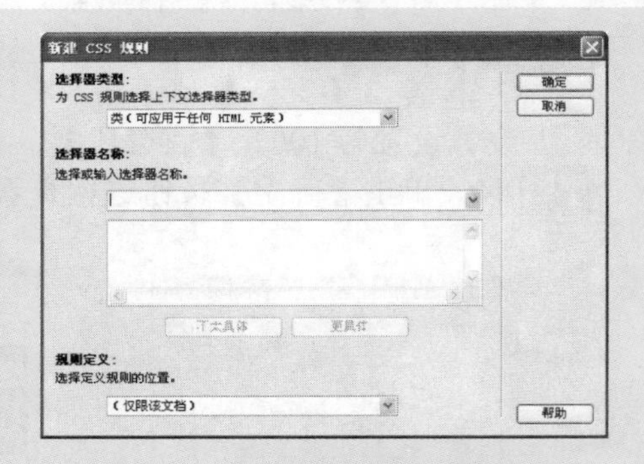

图 6-79　【新建 CSS 规则】对话框

步骤 20　在弹出的【新建 CSS 规则】对话框中输入选择器名称，如图 6-80 所示。

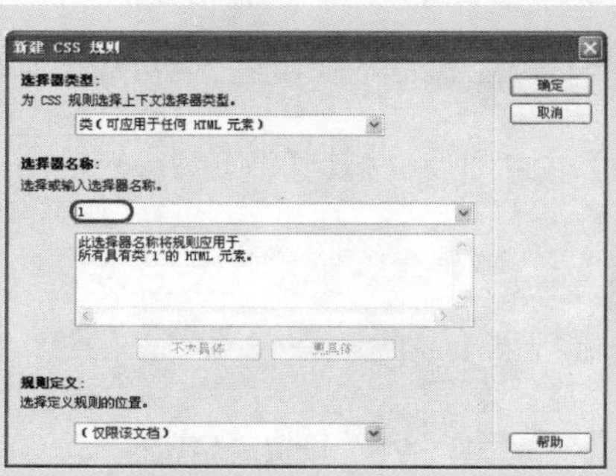

图 6-80　输入选择器名称

步骤21 单击【确定】按钮后，在【属性】面板中将其【大小】设为 14px，如图 6-81 所示。

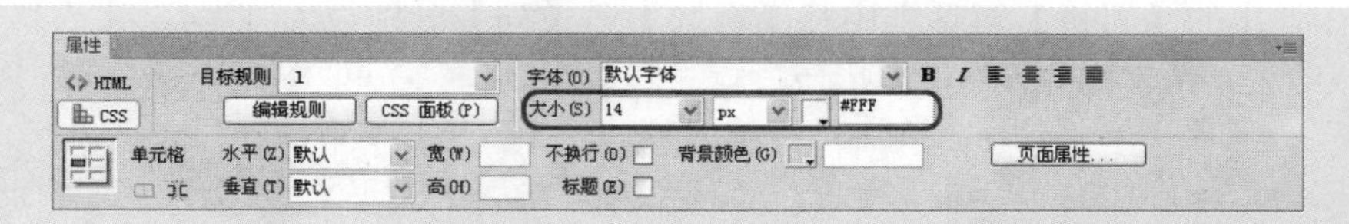

图 6-81 设置文本大小

步骤22 设置完成后，在表格中输入文本即可，如图 6-82 所示。

步骤23 使用上述同样的方法输入并设置其他文本，如图 6-83 所示。

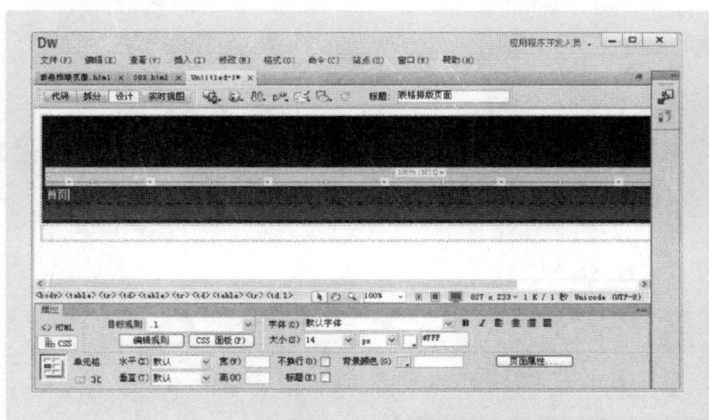

图 6-82 输入文本

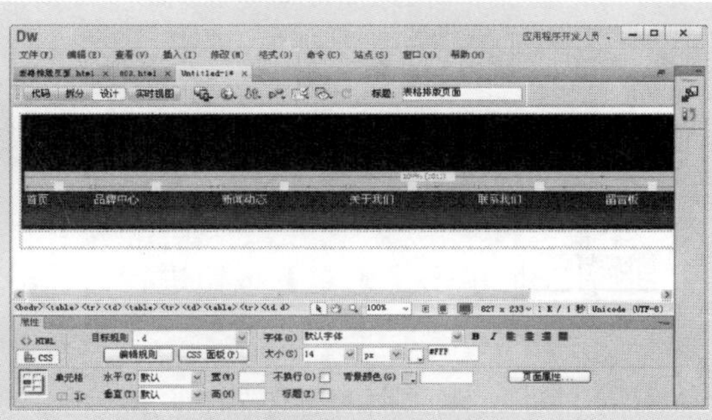

图 6-83 输入其他文本

步骤24 将表格全部选中，如图 6-84 所示。

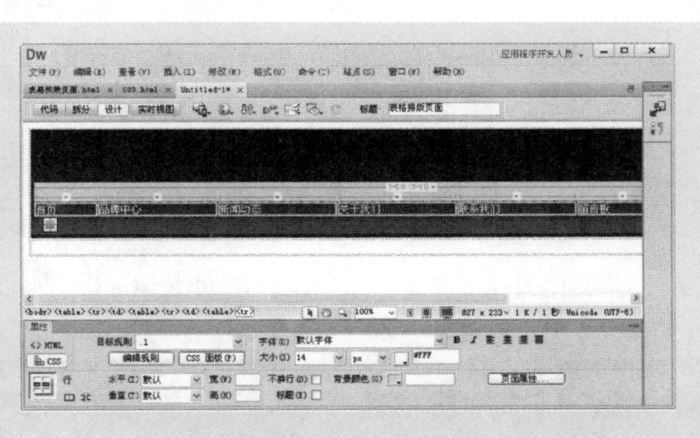

图 6-84 选择表格

步骤25 在【属性】面板中将【水平】设为【居中对齐】，如图 6-85 所示。

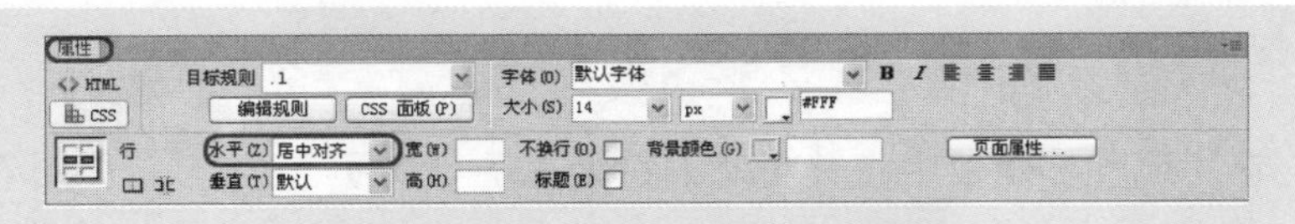

图 6-85 设置文本属性

步骤26 其设置后的效果如图 6-86 所示。

步骤27 将光标放置第 1 行表格中，然后在菜单栏中选择【插入】|【表格】命令，在弹出的【表格】对话框中将【行数】、【列】分别设为 1、4，【表格宽度】设为 1024 像素，如图 6-87 所示。

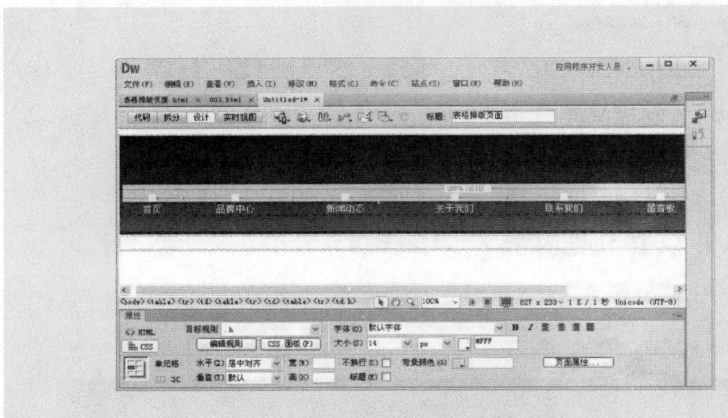

图 6-86　设置后的效果

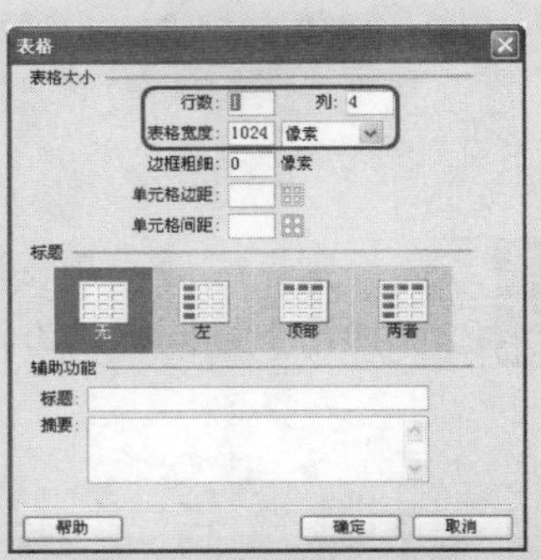

图 6-87　设置表格参数

步骤28 单击【确定】按钮进行查看，如图 6-88 所示。

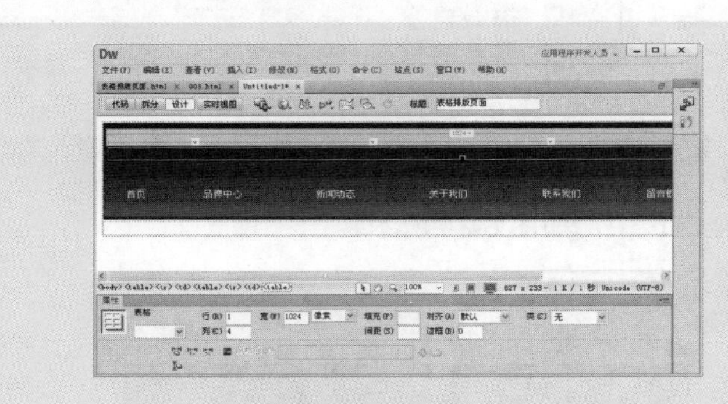

图 6-88　设置后的效果

步骤29 将光标插入到表格中的第 1 列表格中，如图 6-89 所示。

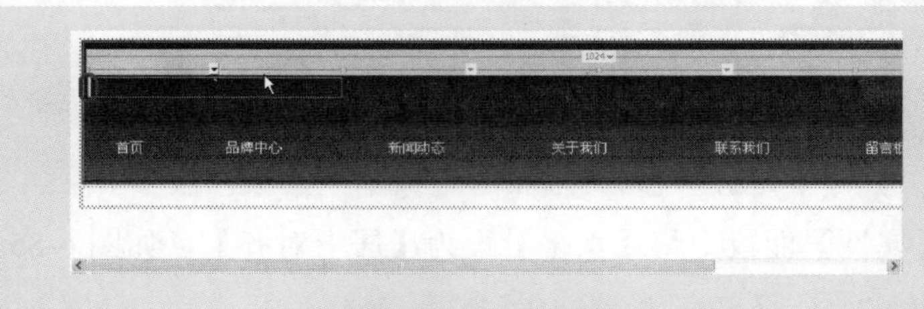

图 6-89　插入光标

步骤30 在【属性】面板中将其【宽】设为 12，【高】设为 41，如图 6-90 所示。

步骤31 将光标插入到表格中的第 2 个表格中，使用同样的方法将其【宽】设为 654，如图 6-91 所示。

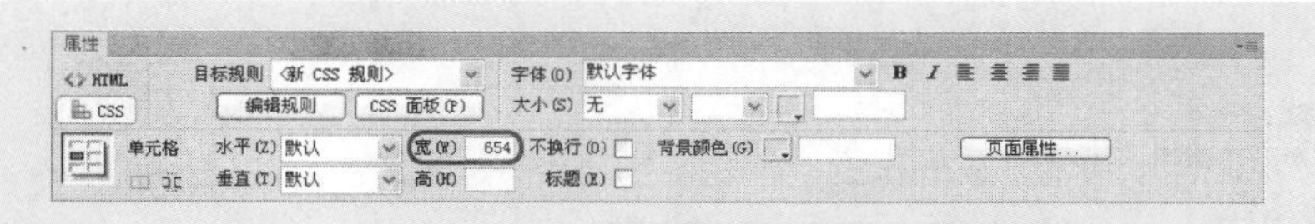

图 6-90 设置表格属性

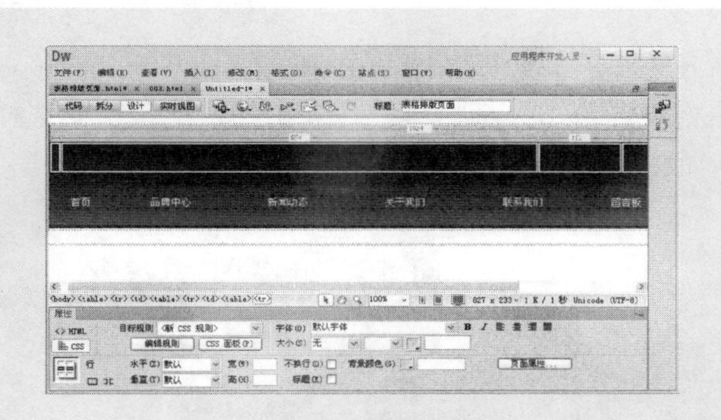

图 6-91 设置表格属性

步骤32 使用同样的方法设置其他的表格，其设置后的效果如 6-92 所示。

步骤33 将光标插入到第 2 个表格中，在菜单栏中选择【插入】|【图像】命令，如图 6-93 所示。

图 6-92 设置表格后的效果　　图 6-93 选择【图像】命令

步骤34 在弹出的【选择图像源文件】对话框中打开随书附带光盘中的“CDROM\素材\第 6 章\家乐室.png”素材文件，如图 6-94 所示。

步骤35 单击【确定】按钮，进行查看，如图 6-95 所示。

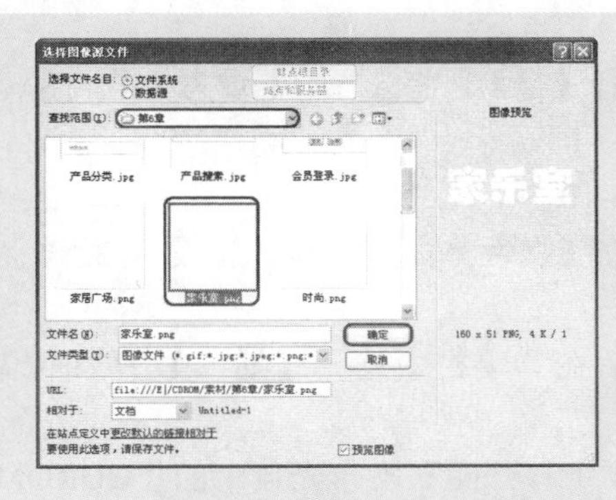

图 6-94 打开素材文件

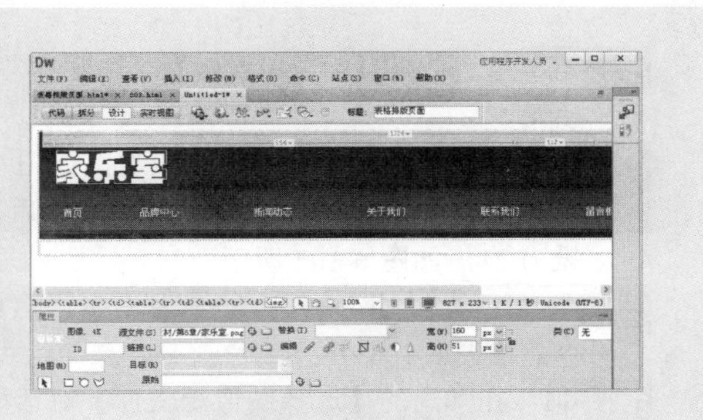

图 6-95 插入图像

步骤36 插入图像后，将光标插入到第 3 个表格中，再次在菜单栏中选择【插入】|【图像】命令，如图 6-96 所示。

步骤37 在弹出的【选择图像源文件】对话框中选择随书附带光盘中的“CDROM\素材\第 6 章\时尚.png”素材文件，如图 6-97 所示。

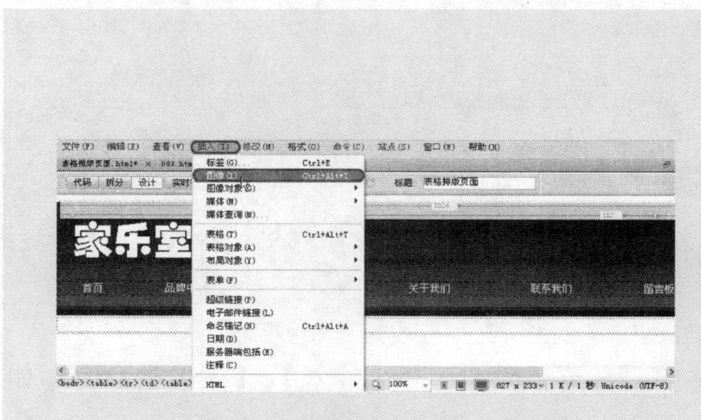

图 6-96 选择【图像】命令

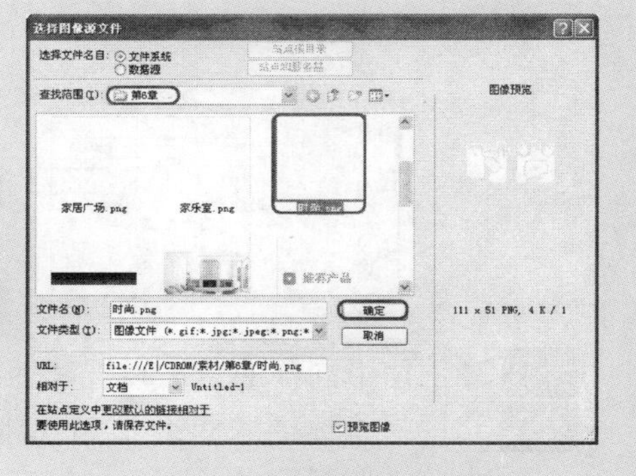

图 6-97 选择图像文件

步骤38 单击【确定】按钮，插入图像后的效果如图 6-98 所示。

步骤39 将光标放置在第 4 个表格中，单击鼠标右键，在弹出的快捷菜单中选择【表格】|【拆分单元格】命令，如图 6-99 所示。

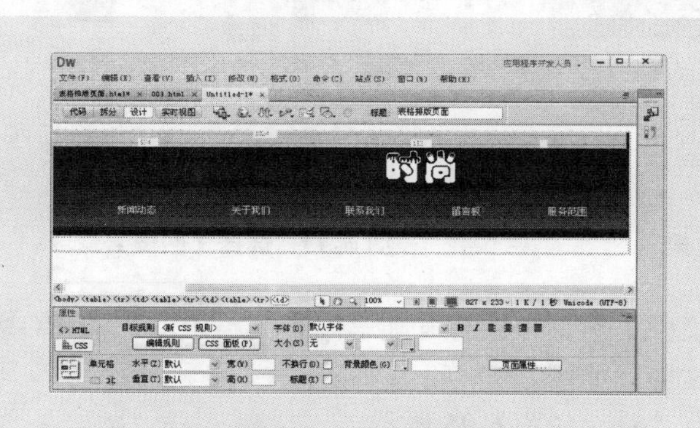

图 6-98 插入图像效果

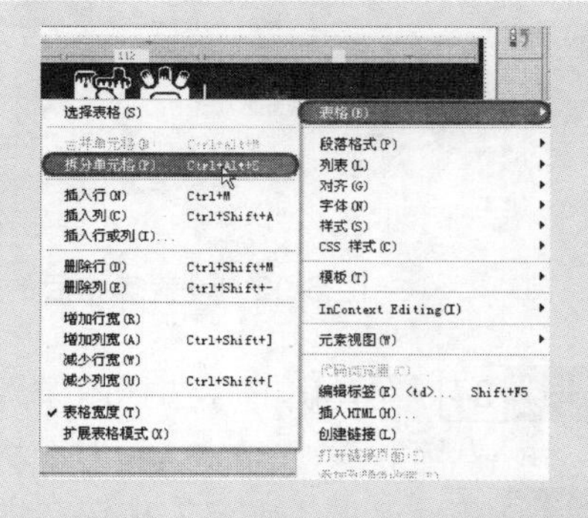

图 6-99 选择【拆分单元格】命令

步骤40 在弹出的【拆分单元格】对话框中选择【行】，将【行数】设为 2，如图 6-100 所示。

步骤41 单击【确定】按钮进行查看，如图 6-101 所示。

步骤42 将光标放置在第 1 个表格中，然后在【属性】面板中将其宽设为 228，将高设为 21，如图 6-102 所示。

步骤43 将光标插入到第 2 个表格中，然后在菜单栏中选择【插入】|【图像】命令，如图 6-103 所示。

步骤44 在弹出的【选择图像源文件】对话框中打开随书附带光盘中的“CDROM\素材\第 6 章\家居广场.png”素材文件，如图 6-104 所示。

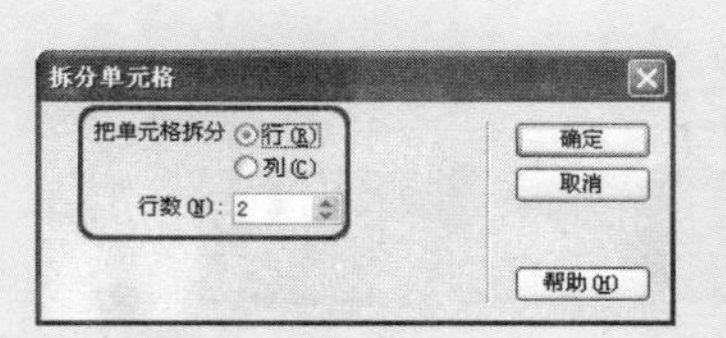

图 6-100 【拆分单元格】对话框

图 6-101 查看效果

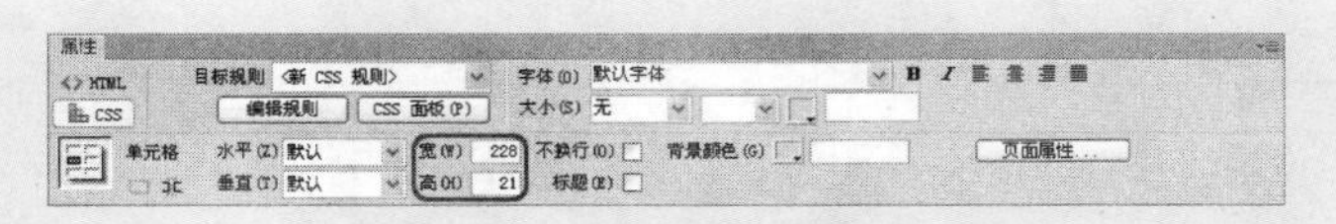

图 6-102 设置表格属性

图 6-103 选择【图像】命令

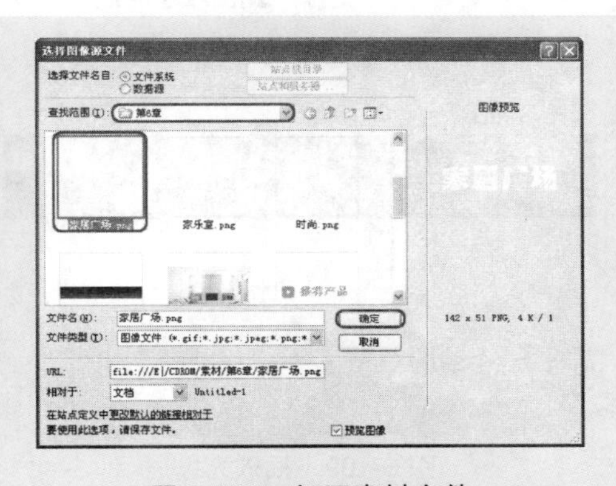

图 6-104 打开素材文件

步骤45 单击【确定】按钮后，进行查看，如图 6-105 所示。

步骤46 将光标插入到最下面的一行表格中，然后在菜单栏中选择【插入】|【表格】命令，如图 6-106 所示。

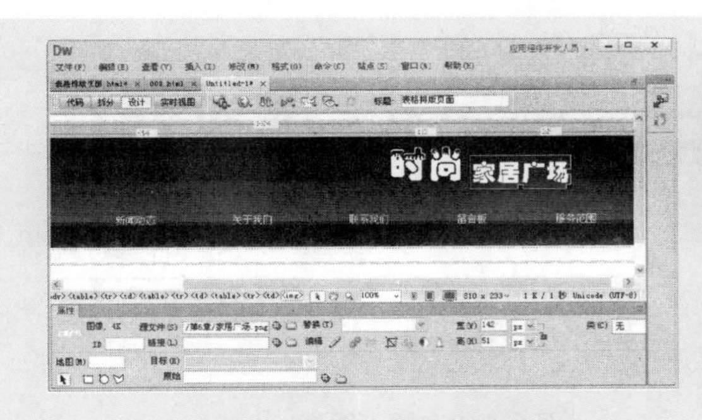

图 6-105 插入图像效果

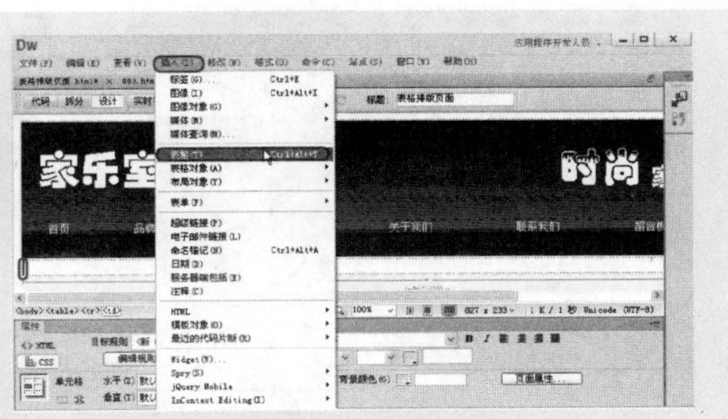

图 6-106 选择【表格】命令

步骤47 在弹出的【表格】对话框中将【行数】、【列】分别设为 3、3，【表格宽度】设为 100、【百分比】，如图 6-107 所示。

步骤48 单击【确定】按钮进行查看，如图 6-108 所示。

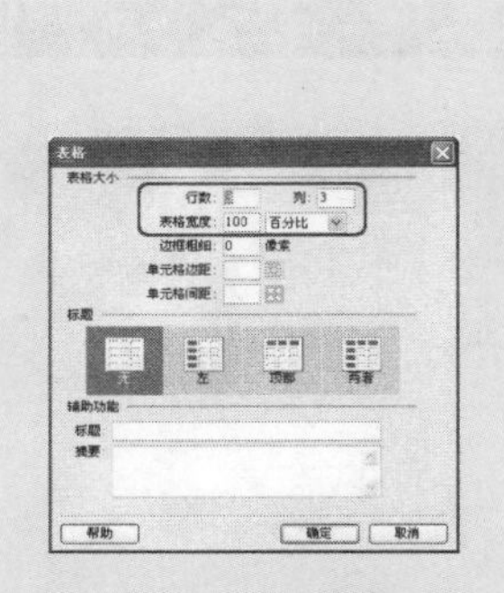

图 6-107 设置表格参数

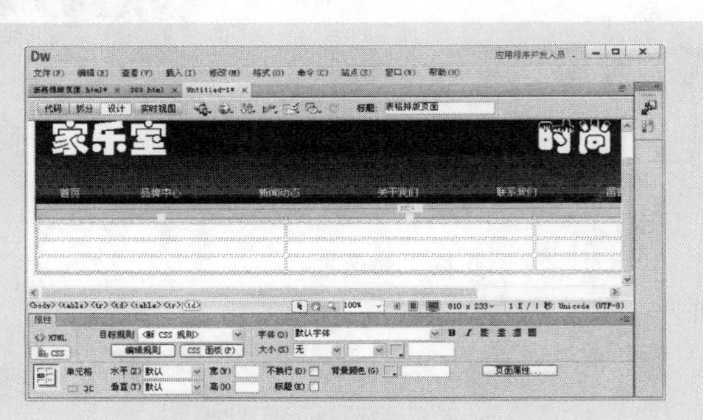

图 6-108 查看效果

步骤49 将光标置入如图 6-109 所示的位置。

步骤50 在菜单栏中选择【插入】|【图像】命令，如图 6-110 所示。

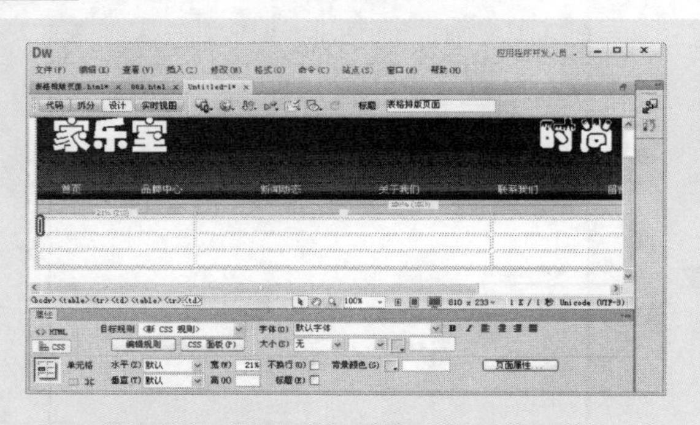

图 6-109 插入光标

图 6-110 选择【图像】命令

步骤51 在弹出的【选择图像源文件】对话框中打开随书附带光盘中的“CDROM\素材\第 6 章\产品搜索.jpg”素材文件，如图 6-111 所示。

步骤52 单击【确定】按钮进行查看，打开素材后的效果如图 6-112 所示。

图 6-111 打开素材文件

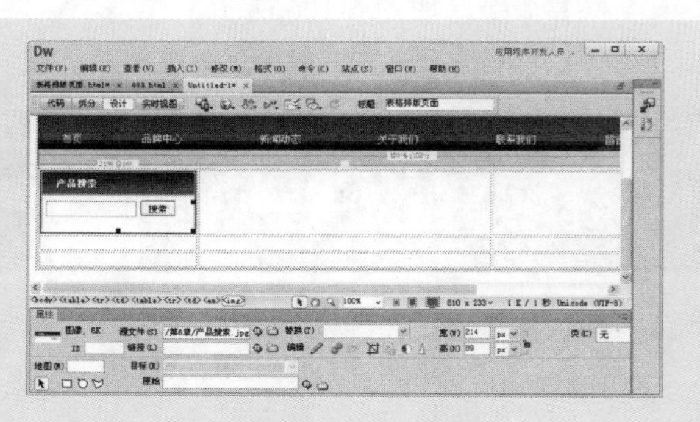

图 6-112 插入图像

步骤53 将光标置入第 2 个表格中，使用同样的方法插入随书附带光盘中的“CDROM\素材\第 6 章\产品分类.jpg”素材文件，如图 6-113 所示。

步骤54 单击【确定】按钮进行查看，打开素材后的效果如图 6-114 所示。

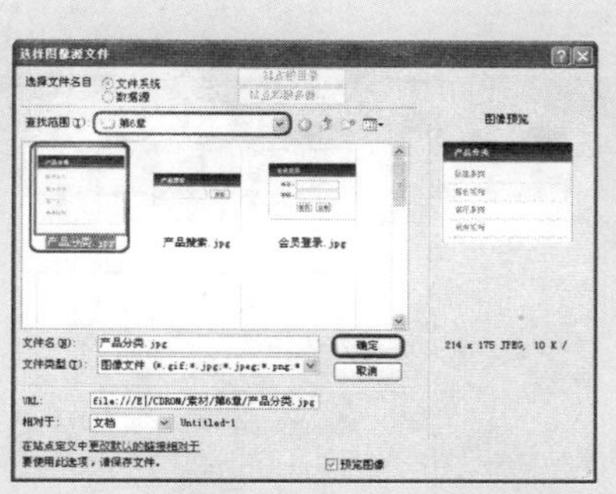

图 6-113　打开素材文件

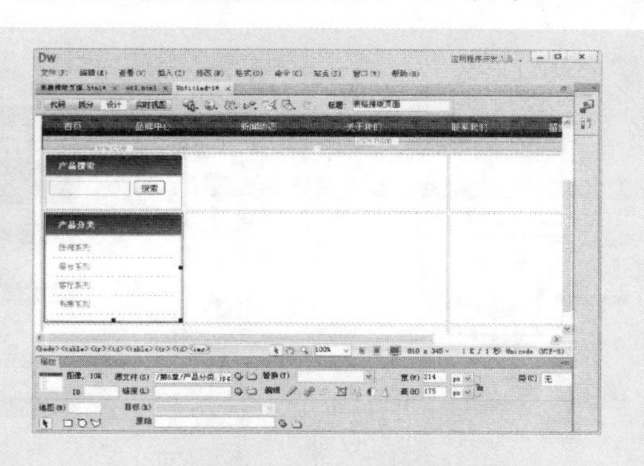

图 6-114　插入图像

步骤55 用上述同样的方法插入其他图像，如图 6-115 所示。

步骤56 将中间三行的单元格全部选中，如图 6-116 所示。

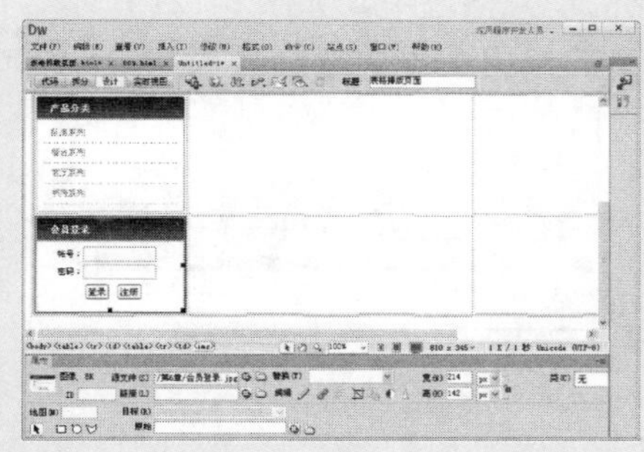

图 6-115　插入图像

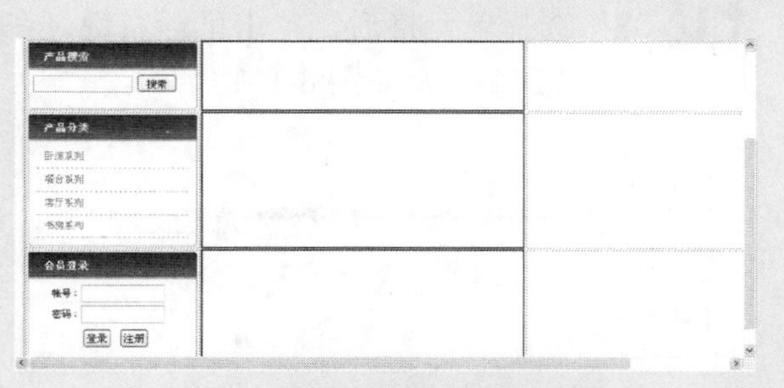

图 6-116　选择单元格

步骤57 然后单击鼠标右键，在弹出的快捷菜单中选择【表格】|【合并单元格】命令，如图 6-117 所示。

步骤58 合并后的效果如图 6-118 所示。

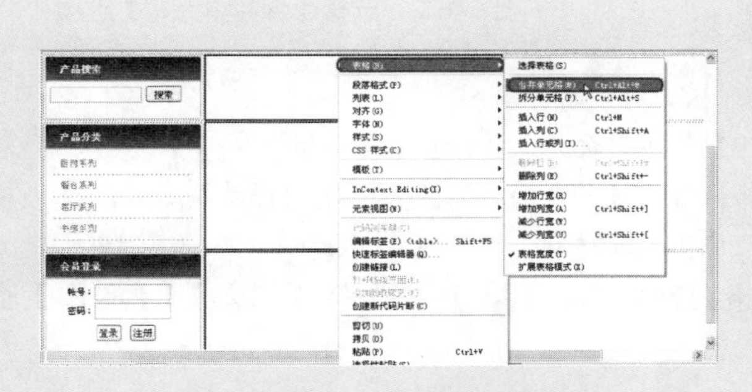

图 6-117　选择【合并单元格】命令

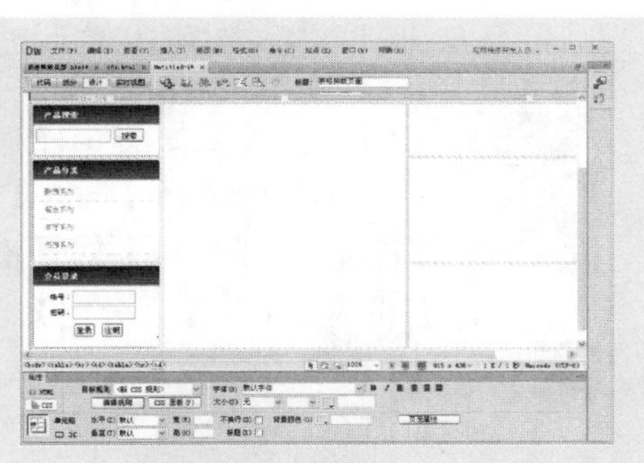

图 6-118　合并单元格

步骤59 将光标放置到该单元格中，然后在菜单栏中选择“CDROM\素材\第 6 章\素材 02.jpg”素材文件，如图 6-119 所示。

步骤60 单击【确定】按钮即可查看插入的图像，如图 6-120 所示。

图 6-119 选择素材文件

图 6-120 插入图像

步骤61 插入图像后，调整表格，并将表格右侧的单元格选中，如图 6-121 所示。

步骤62 选择单元格后，单击鼠标右键，在弹出的快捷菜单中选择【表格】|【合并单元格】命令，如图 6-122 所示。

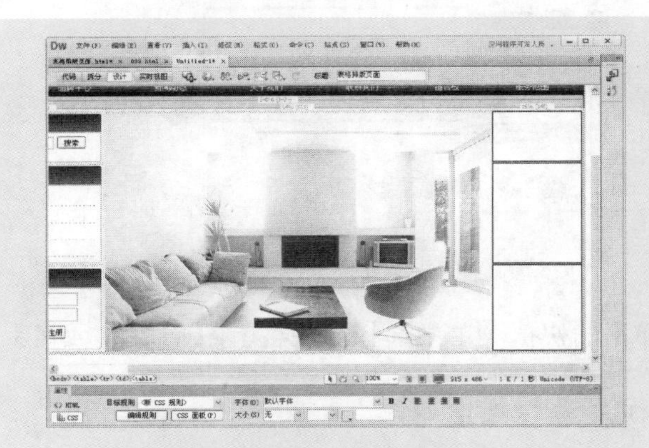

图 6-121 选择右侧单元格

图 6-122 选择【合并单元格】选项

步骤63 合并后的效果如图 6-123 所示。

步骤64 在菜单栏中选择【插入】|【表格】命令，如图 6-124 所示。

步骤65 在弹出的【表格】对话框中将其【行数】、【列】分别设为 5、1，【表格宽度】设为 100、【百分比】，如图 6-125 所示。

步骤66 将光标放置在第一行表格内，然后在菜单栏中选择【插入】|【图像】命令，如图 6-126 所示。

图 6-123　合并单元格

图 6-124　选择【表格】命令

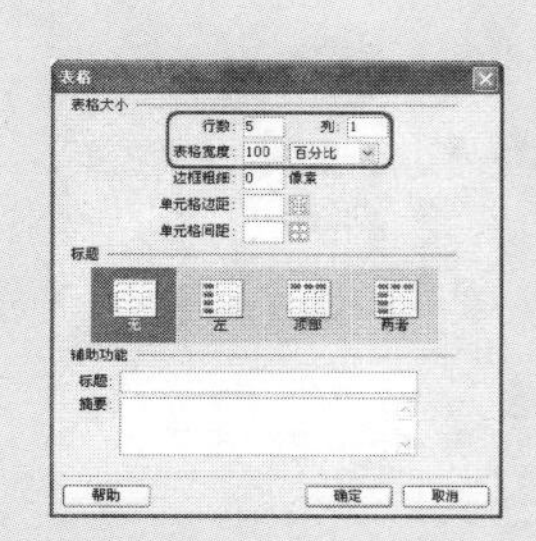

图 6-125　设置表格参数

图 6-126　选择【图像】命令

步骤67　在弹出的【选择图像源文件】对话框中打开随书附带光盘中的“CDROM\素材\第 6 章\素材 03.jpg”素材文件，如图 6-127 所示。

步骤68　单击【确定】按钮即可查看图像，如图 6-128 所示。

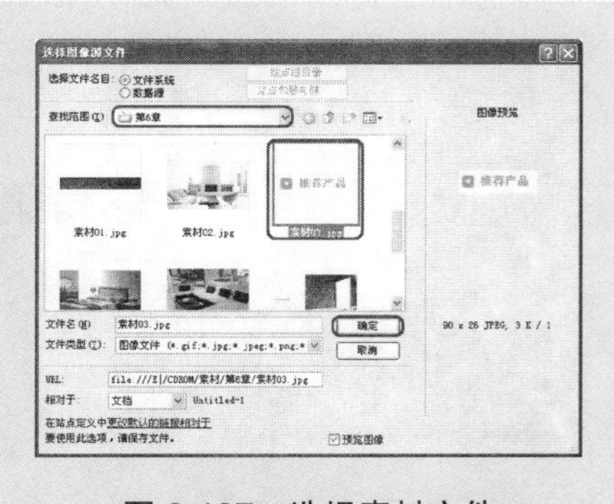

图 6-127　选择素材文件

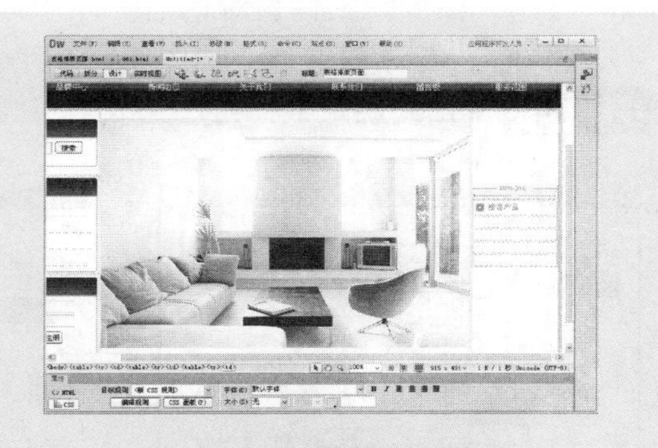

图 6-128　查看插入的图像

步骤69　使用同样的方法插入其他图像，如图 6-129 所示。

步骤70　插入图像后，将光标放置到右侧，如图 6-130 所示。

图 6-129　插入其他图像

图 6-130　放置光标

步骤 71　在菜单栏中选择【插入】|【表格】命令，如图 6-131 所示。

步骤 72　在弹出的【表格】对话框中将【行数】、【列】分别设为 1、1，【表格宽度】1024 像素，如图 6-132 所示。

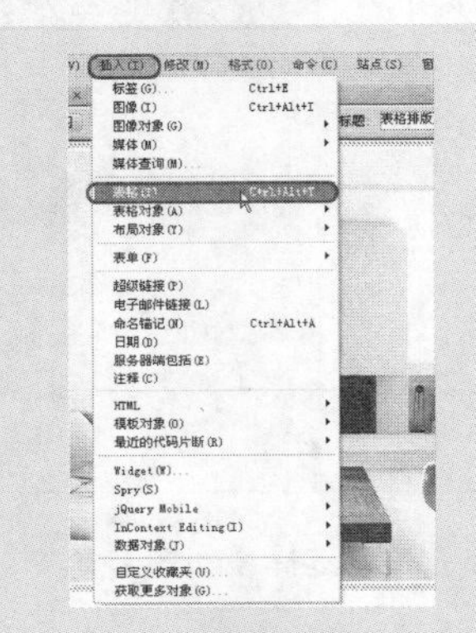

图 6-131　选择【表格】命令

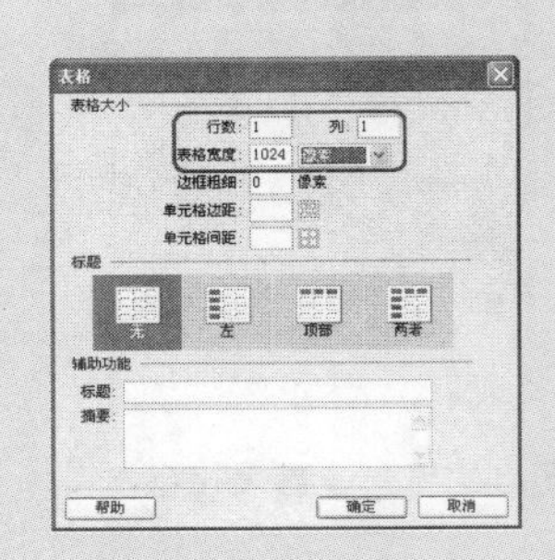

图 6-132　设置表格

步骤 73　单击【确定】按钮，再在菜单栏中选择【插入】|【图像】命令，在弹出的【选择图像源文件】对话框中打开随书附带光盘中的“CDROM\素材\第 6 章\素材 08.jpg”素材文件，如图 6-133 所示。

步骤 74　单击【确定】按钮，完成本实例的操作效果如图 6-134 所示。

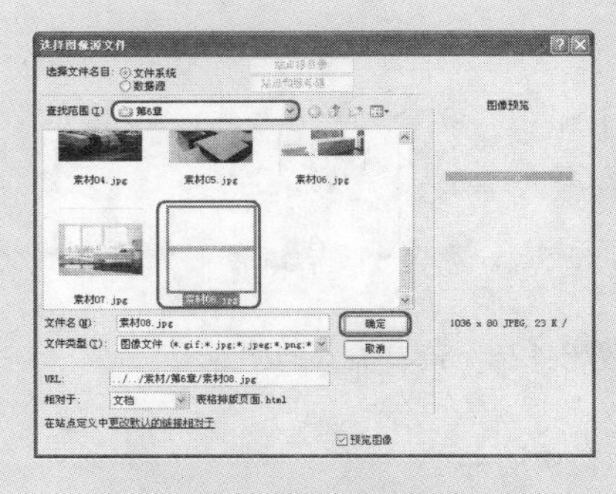

图 6-133　选择素材文件

图 6-134　最终效果

第 7 章

链接的创建

网站都是由若干个网页组成的，这些网页通常又是通过超链接的方式联系到一起。超链接类型有内部链接、外部链接、E-mail 链接、锚点链接及脚本链接等。

链接是网页中极为重要的部分，单击网页中的链接，即可跳转至相应的位置。网站中正是有了链接，我们才可以在网站中进行相互跳转，方便地查阅各种各样的信息，享受网络带来的无穷乐趣。

本章重点：

- 网页链接的概念
- 链接的设置
- 链接的检查

7.1　网页链接的概念

超链接在本质上属于网页的一部分，它是一种允许我们同其他网页或站点进行连接的手段。各个网页只有链接在一起，才能真正构成一个网站。所谓的超链接是指从一个网页指向一个目标的连接关系，这个目标可以是另一个网页，也可以是相同网页上的不同位置，还可以是一个图片，一个电子邮件地址，一个文件，甚至是一个应用程序。网页中用来设置超链接的对象可以是一段文本或者是一个图片。当浏览者单击已经设置了链接的文字或图片后，链接目标将显示在浏览器上，并根据目标的类型来打开或运行。

在网页制作中，链接路径有三种表示方式：绝对路径、相对路径和基于根目录的路径。在设置超链接之前，需要先来认识一下路径。

7.1.1　绝对路径

如果在超链接中使用了完整的 URL 地址，例如 www.baidu.com，这种链接路径就称为绝对路径。

绝对路径与链接的源端点无关，只要站点地址不变，无论文档文件在站点中如何移动，都可以正常实现跳转而不会发生错误。在链接不同站点上的文件时，必须使用绝对路径。本地链接(即到同一站点内文档的链接)也可以使用绝对路径，但不建议采用这种方式，因为一旦将此站点移到其他域，则所有本地绝对路径链接都将断开。

另外，绝对路径不利于网页链接的测试。如果在站点中使用了绝对路径，那么想要测试链接是否成功，则必须在服务器上进行。

7.1.2　相对路径

相对路径可以表述源端点同目标端点之间的相对位置，它同源端点的位置密切相关。如果链接中源端点和目标端点在同一个目录下，则在链接路径中只需指明目标端点的文件名即可。

文档相对路径对于大多数 Web 站点的本地链接来说是最适用的路径。在当前文档与所链接的文档处于同一文件夹中，而且可能保持这种状态的情况下，文档相对路径特别有用。文档相对路径还可用来链接到其他文件夹中的文档，方法是利用文件夹层次结构，指定从当前文档到所链接的文档的路径。

文档相对路径的基本思想是省略掉对于当前文档和所链接的文档都相同的绝对路径部分，而只提供不同的路径部分。使用文档相对路径有以下三种情况。

- 如果链接中源端点和目标端点在同一目录下，则在链接路径中，只需提供目标端点的文件名即可。
- 如果链接中源端点和目标端点不在同一目录下，则要提供目录名，后跟一个正斜杠/，接着输入文件名即可。
- 如果链接到当前文档所在文件夹的父文件夹中的文件，则可以在文件名前添加../

来表示当前位置的上级目录。

如果成组地移动文件，例如移动整个文件夹时，则该文件夹内所有文件会保持彼此间的相对路径不变，不需要更新这些文件间的文档相对链接。但是，在移动包含文档相对链接的单个文件，或移动由文档相对链接确定目录的单个文件时，则必须更新这些链接。如果使用【文件】面板移动或重命名文件，则 Dreamweaver 将自动更新所有相关链接。

7.1.3 站点根目录相对路径

站点根目录相对路径是用来描述从站点的根文件夹到文档的路径。如果在处理使用多个服务器的大型 Web 站点，或者在使用承载多个站点的服务器时，则可能需要使用这些路径。不过，如果不熟悉此类型的路径，那么最好坚持使用文档相对路径。

站点根目录相对路径以/开始，该正斜杠表示站点根文件夹。例如，/images/index.html 是文件 index.html 的站点根目录相对路径，该文件位于站点根文件夹的 images 子文件夹中。

7.2 链接的设置

在一个文档中可以创建以下几种类型的链接。

- 链接到其他文档或者文件(例如图片、影片、或声音文件等)。
- 锚记链接，此类链接跳转至文档内的特定位置。
- 电子邮件链接，此类链接新建一个已填好收件人地址的空白电子邮件。
- 空链接和脚本链接，此类链接用于在对象上附加行为，或者创建执行 JavaScript 代码的链接。

7.2.1 设置文本链接和图像链接

浏览网页时，会看到一些带下划线的文字，将光标移动到文字上时，鼠标指针将变成形状，单击鼠标，会打开一个网页，这样的链接就是文本链接。

浏览网页时，将光标移动到图像上之后，光标指针会变成形状，单击鼠标打开一个网页，这样的链接就是图像链接。

下面将介绍文本链接和图像链接的创建。

1. 利用菜单命令创建文字或图片链接

步骤01 打开随书附带光盘中的“CDROM\素材\第 7 章\素材 1.html”素材文件，如图 7-1 所示。

步骤02 打开素材文件后，先将需要添加链接的文字或图片选中，如图 7-2 或图 7-3 所示。

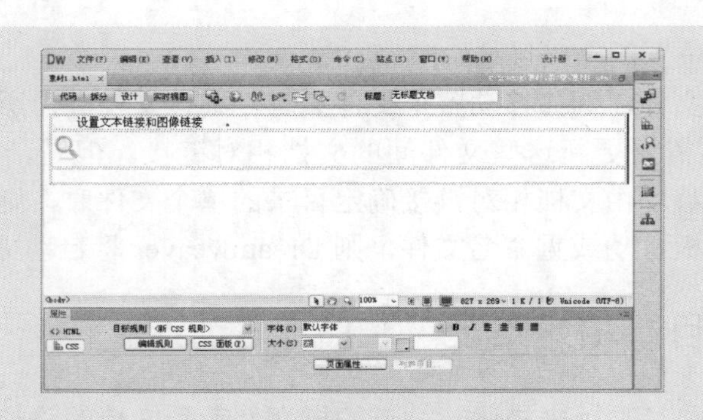

图 7-1　打开素材文件

图 7-2　选择需要添加链接的文字

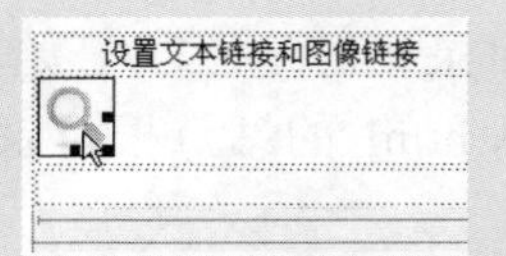

图 7-3　选择需要添加链接的图片

步骤03　在菜单栏中选择【修改】|【创建链接】命令，如图 7-4 所示。

步骤04　选择该命令后，弹出【选择文件】对话框，选择随书附带光盘中的“CDROM\素材\第 7 章\素材 1.html”素材文件，单击【确定】按钮，如图 7-5 所示。

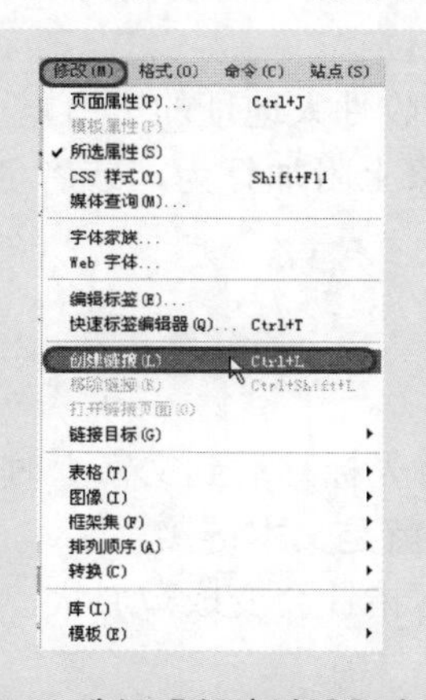

图 7-4　选择【创建链接】命令

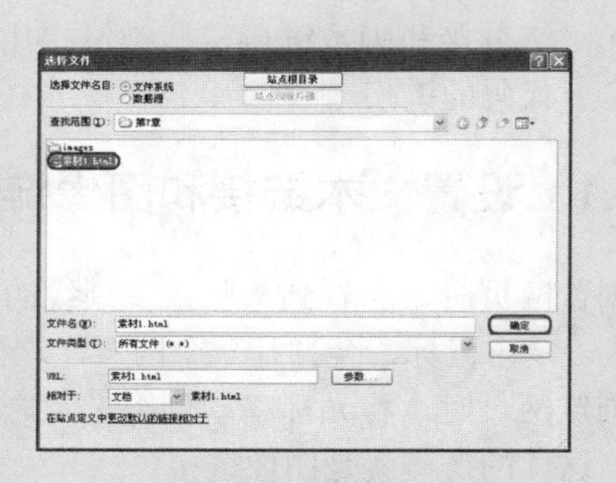

图 7-5　选择目标文件

2. 利用【属性】面板中的【浏览文件】图标创建文字或图片链接

步骤01　打开随书附带光盘中的“CDROM\素材\第 7 章\素材 1.html”素材文件，先将需要添加链接的文字或图片选中，如图 7-6 或图 7-7 所示。

步骤02　单击【属性】面板中的【浏览文件】按钮，如图 7-8 所示。

步骤03　在弹出的【选择文件】对话框中，选择随书附带光盘中的“CDROM\素材\第 7 章\素材 1.html”素材文件，单击【确定】按钮即可，如图 7-9 所示。

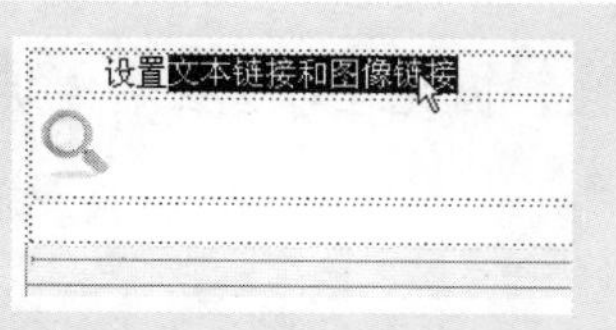

图 7-6 选择需要添加链接的文字

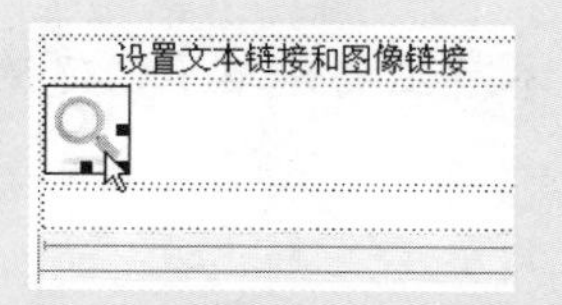

图 7-7 选择需要添加链接的图片

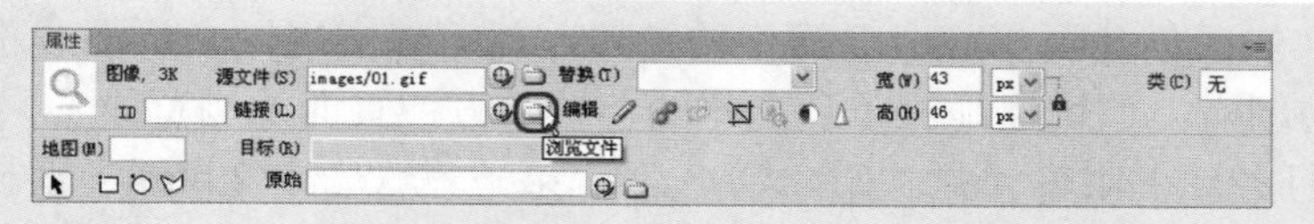

图 7-8 选择【属性】面板中的图标

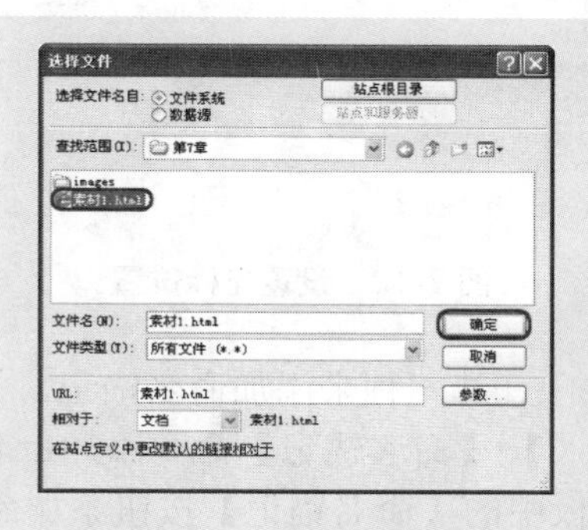

图 7-9 选择目标文件

3. 利用【属性】面板中的【指向文件】图标创建文字或图片链接

步骤01 打开随书附带光盘中的“CDROM\素材\第 7 章\素材 1.html”素材文件，先将需要添加链接的图片选中，如图 7-10 所示。

步骤02 在【属性】面板中的按钮上按住鼠标不放，拖动出一个线，在【选择文件】对话框中选择随书附带光盘中的“CDROM\素材\第 7 章\素材 1.html”素材文件，创建链接，如图 7-11 所示。

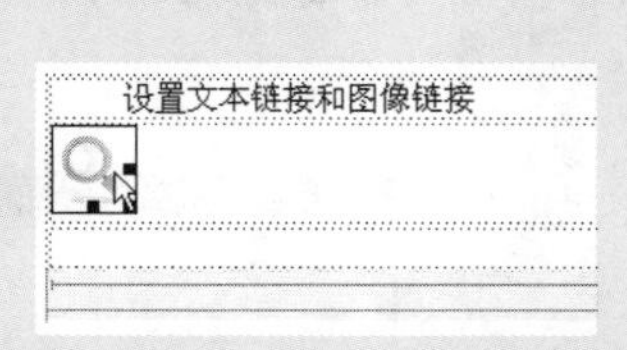

图 7-10 选择需要添加链接的图片

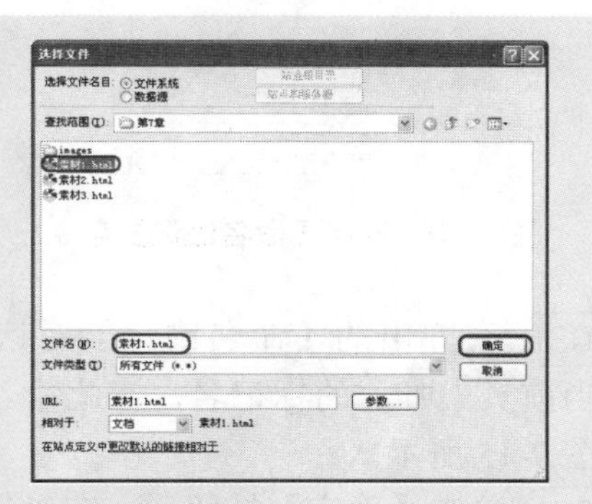

图 7-11 选择目标文件

提示：本节主要介绍了创建链接的三种方法，因此在对这三种方法进行介绍时应用了一个场景。

7.2.2 创建锚记链接

创建锚记链接就是先在文档的指定位置设置命名锚记，并给该命名锚记设置一个唯一名称以便引用，然后创建至相应命名锚记的链接，就可以实现同一页面或不同页面指定位置的跳转，使访问者能够快速地浏览到选定的位置，方便页面的浏览。

步骤01 打开随书附带光盘“CDROM\素材\第 7 章\素材 2.html”素材文件，并将光标放到网页下方“导购”字符之前，如图 7-12 所示。

图 7-12　设置光标位置

步骤02 从下列两种方法中任选一种来添加命名锚记。

- 在菜单栏中选择【插入】|【命名锚记】命令添加命名锚记，如图 7-13 所示。
- 使用【常用】插入面板中的【命名锚记】按钮添加命名锚记，如图 7-14 所示。

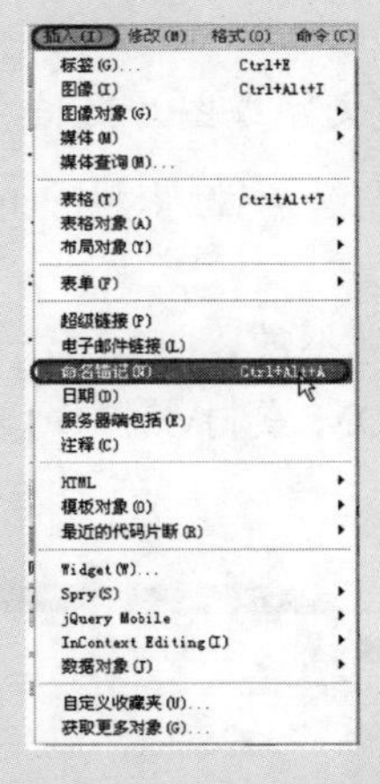

图 7-13　选择【命名锚记】命令

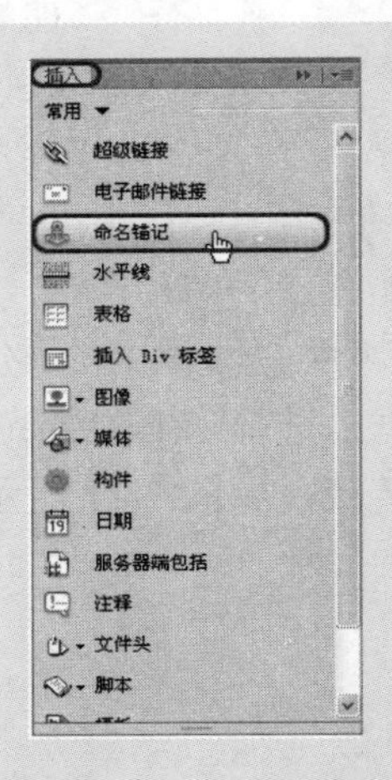

图 7-14　单击【命名锚记】按钮

步骤03 在弹出的【命名锚记】对话框中输入一个当前页中唯一的标记名，在此输入“导购”，如图 7-15 所示。

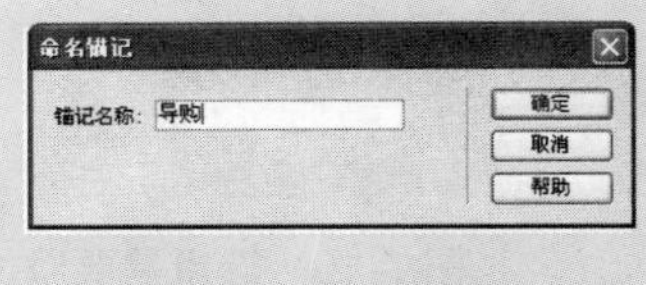

图 7-15　输入锚记名

步骤04 单击【确定】按钮后，在“导购”字符前会出现一个图标，至此，命名锚记已设置完毕，下面就要为这个命名锚记添加链接。

步骤05 将表格第 2 行中的“导购”字符选中，在【属性】面板的【链接】栏中输入“#导购”，即输入#号和前面设置的锚记名，如图 7-16 所示。

步骤06 添加完锚记链接后按 Ctrl+S 键将网页保存，再按 F12 键预览网页，当单击网页上方“导购”链接时网页会立刻跳转至网页下方的“导购”处。

以上是在同一网页内设置锚记链接，如果想单击当前页面中的“团购”，让其跳转至 index1.html 中的“团购”处又要如何做呢？这时我们只要先在 index1.html 页的“团购”处添加命名锚记，然后切换到“素材 2.html”，在【属性】面板的【链接】栏中将需要跳转的网页名加在命名锚记前就可以了，即将链接改为“index1.html#团购”，如图 7-17 所示。

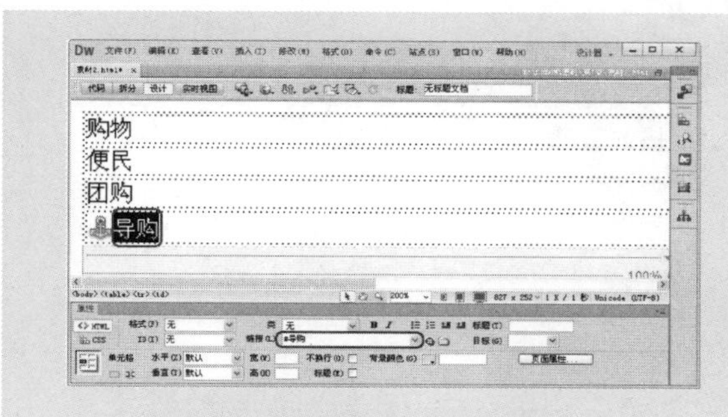

图 7-16　添加命名锚记链接

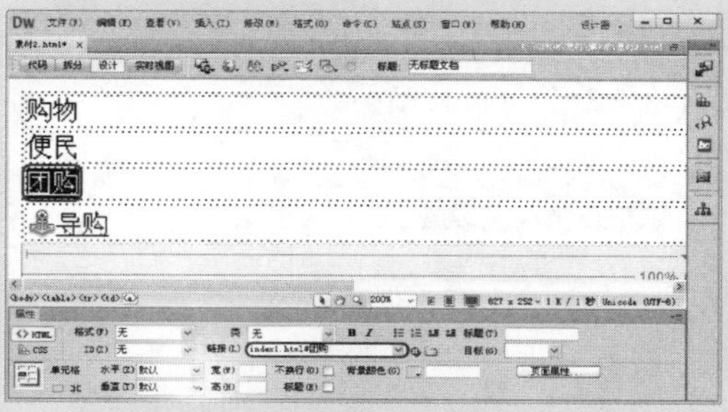

图 7-17　在不同网页间添加锚记链接

7.2.3 创建图像热点链接

在 7.2.1 节我们学过了设置图像链接，那是通过单击整幅图像跳转到指定链接目标，这一节我们将学习如何通过单击图像中的不同区域而跳转到不同的指定链接目标。通常这些处于一幅图像上的不同链接区域被称为热点。

步骤01 打开随书附带光盘中“CDROM\素材\第 7 章\素材 3.html”素材文件，如图 7-18 所示。

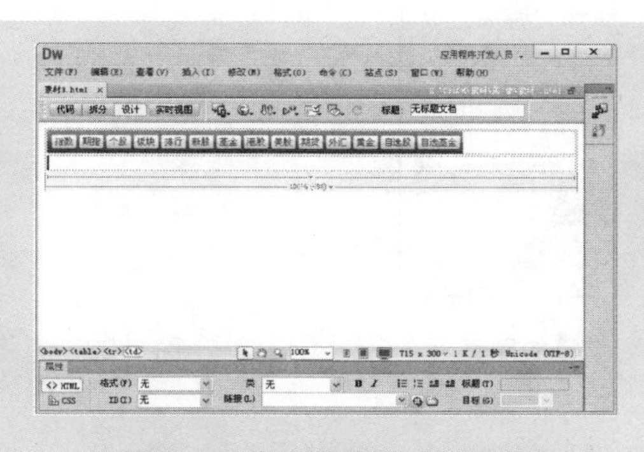

图 7-18　打开带有图像的文件

步骤02 用鼠标左键单击网页中的图，单击后【属性】面板将显示热点工具，如图 7-19 所示。

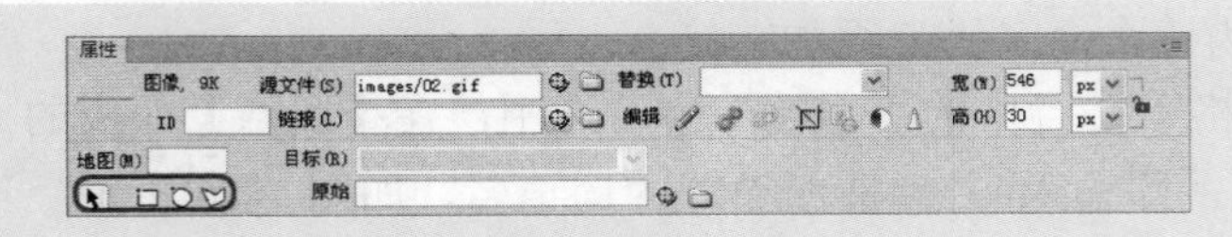

图 7-19　将要用到的热点工具

步骤 03　在【属性】面板中单击□按钮，然后在图中的指数部分单击并拖动鼠标画出一个矩形区域，效果如图 7-20 所示。

步骤 04　使用【指针热点工具】调整热点链接区域至满意的效果，其效果如图 7-21 所示。

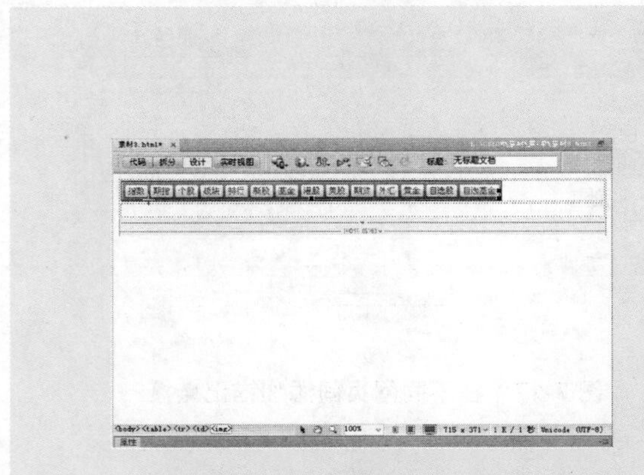

图 7-20　使用矩形热点工具生成热点链接

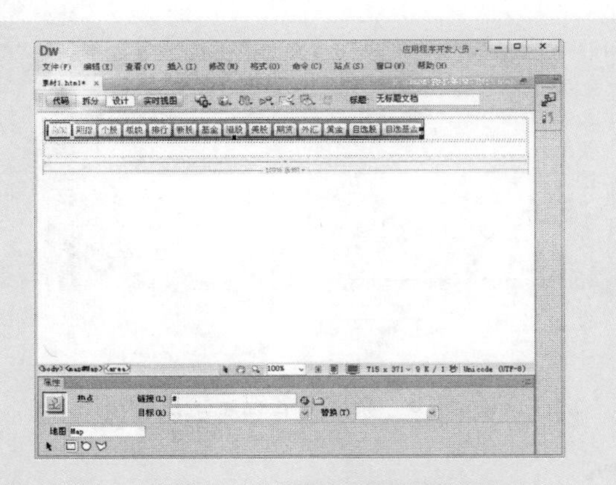

图 7-21　调整热点链接区域

步骤 05　在【链接】右侧单击按钮，选择需要链接的网页，如图 7-22 所示。

步骤 06　保存网页，按下 F12 键，浏览网页，效果如图 7-23 所示。

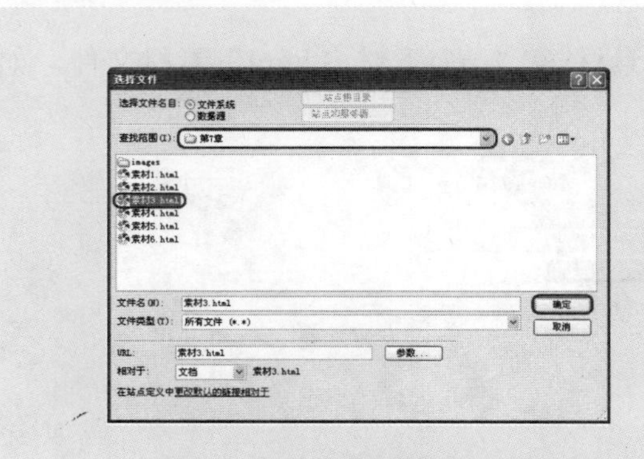

图 7-22　选择需要链接的网页

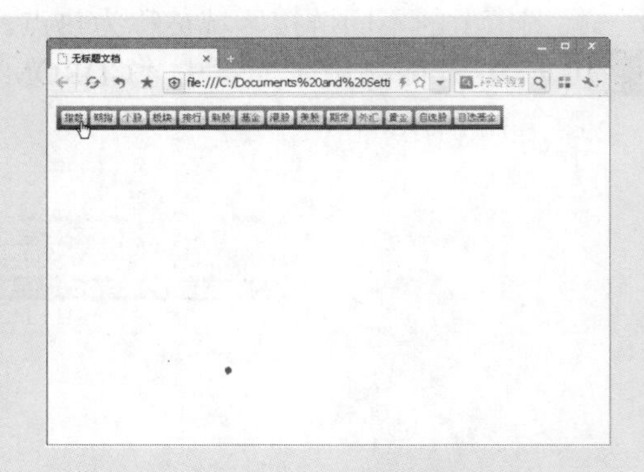

图 7-23　浏览网页效果

7.2.4　创建电子邮件链接

细心的读者在浏览网站时都会发现一些网页留下了一个或多个 E-mail 地址，这些 E-mail 地址是为了方便浏览者与网站管理者进行沟通而设置的。这节我们便向大家介绍如何在网页中加入电子邮件链接。

电子邮件链接是一种特殊的链接，点击这种链接，网页不会跳转到相应的链接地址，而是会启动计算机中相应的E-mail程序，一般是Outlook Express，用来书写电子邮件，然后发往链接指向的邮箱。

步骤01 打开随书附带光盘中的“CDROM\素材\第 7 章\素材 4.html”素材文件，如图7-24所示。

步骤02 如果要给网页中的E-mail添加电子邮件链接，那么就将网页中的E-mail字母选中，如图7-25所示。

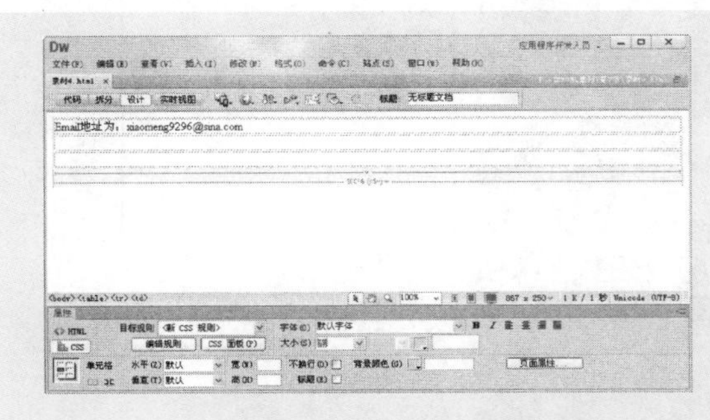

图 7-24 打开网页文件

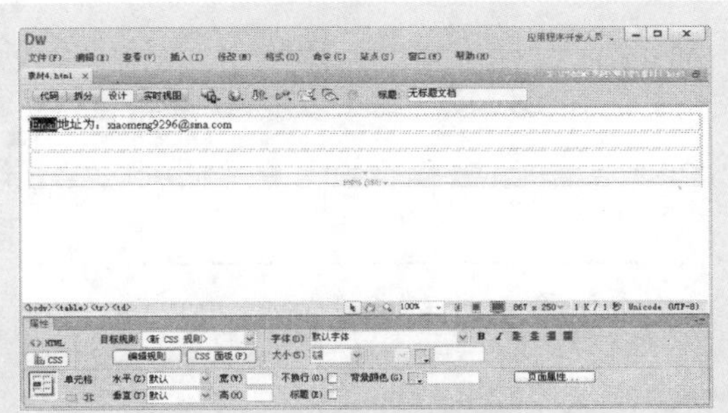

图 7-25 把需要添加电子邮件链接的文字选择中

步骤03 使用下面两种方法中的一种添加电子邮件链接。

- 在菜单栏中选择【插入】|【电子邮件链接】命令添加电子邮件链接，如图7-26所示。
- 使用【常用】插入面板中的【电子邮件链接】按钮，添加电子邮件链接，如图7-27所示。

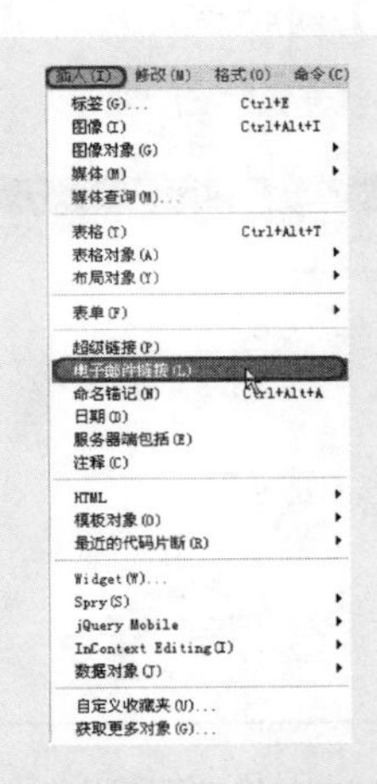

图 7-26 使用【电子邮件链接】命令

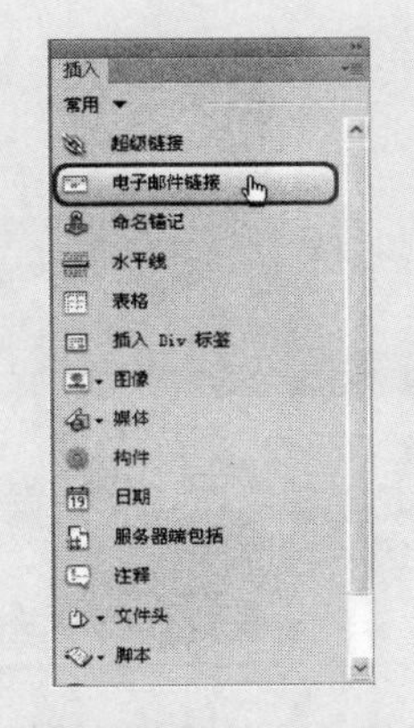

图 7-27 使用【电子邮件链接】按钮

步骤04 在弹出的【电子邮件链接】对话框的【电子邮件】文本框中输入电子邮件地址，在此输入的是123@123.com，如图7-28所示。

提示：电子邮件的格式为：用户名@域名(服务提供商名)。

步骤05　输入完成后单击【确定】按钮，再保存网页，预览时我们只要点击电子邮件链接，浏览器就会弹出邮件客户端，如图 7-29 所示。

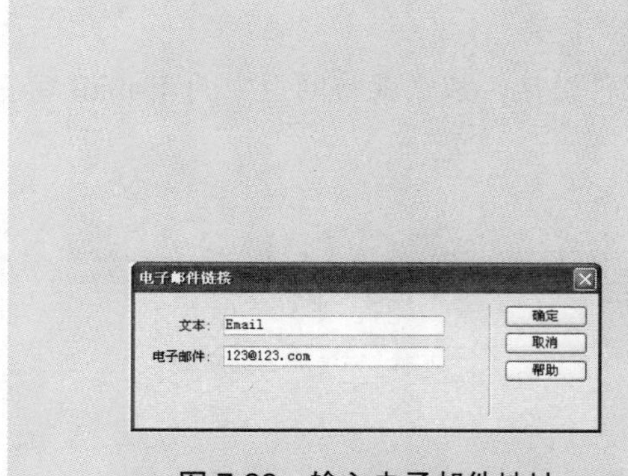

图 7-28　输入电子邮件地址

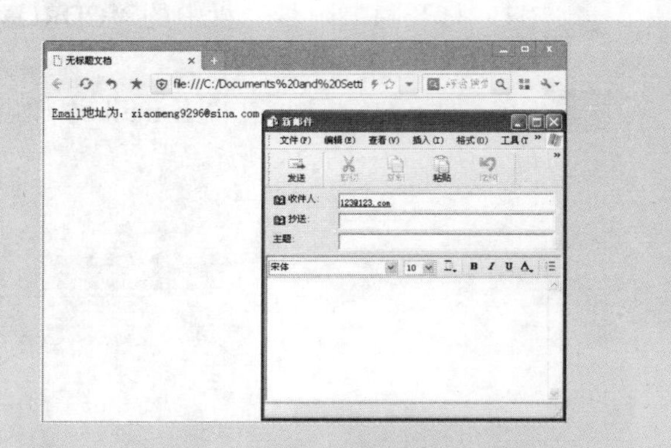

图 7-29　点击电子邮件链接弹出的邮件客户端

7.2.5　创建下载文件的链接

如果链接指向的不是 HTML 文档，而是其他类型的文档，那么单击链接后，出现的结果也不相同。

如果链接的是图像文档，如 GIF、JPG 或 PNG 文档，那么点击后则会在浏览器窗口中显示图像。如果链接的是浏览器不能识别的文档类型，如带有.rar 扩展名的压缩文件，那么点击后则会打开【新建下载任务】对话框，询问是否下载该文件。如图 7-30 所示。如果同意下载，那么单击【浏览】按钮，弹出【另存为】对话框，选择文件保存位置，如图 7-31 所示。

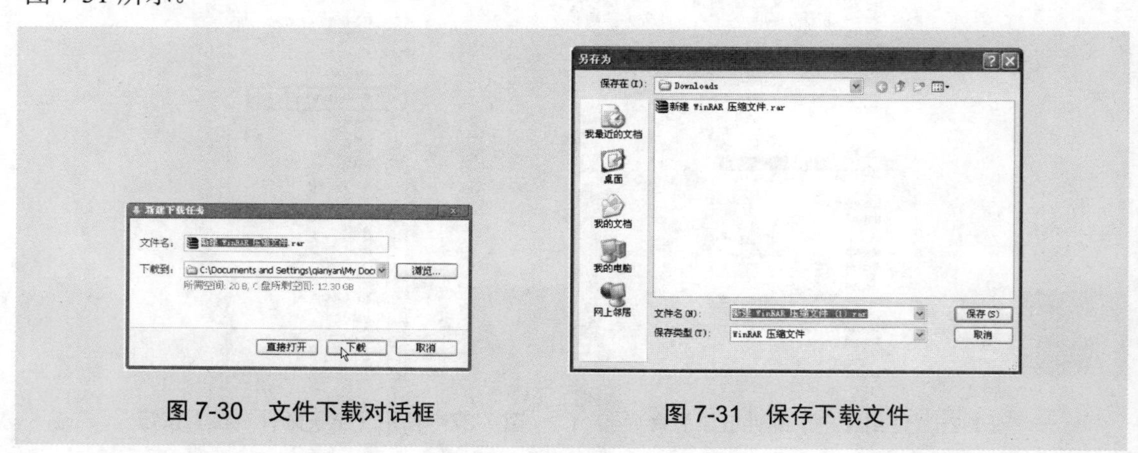

图 7-30　文件下载对话框

图 7-31　保存下载文件

然后单击【保存】按钮，接着单击【下载】按钮，下载完毕后，显示下载完毕对话框，如图 7-32 所示。

图 7-32 下载完毕对话框

7.2.6 创建空链接

所谓空链接，就是指向自身的链接。之所以要指向自身是为了在链接上添加行为，改善用户的浏览体验，如当光标移动到图片链接上时此图片切换成另一幅图片。

另一种情况是，当前显示页和链接所指位置是同一页，此时链接页面已经打开，再链接至本页已多此一举，但没有链接又会造成页面上显示有差异，所以要添加一个空链接让页面风格保持一致。

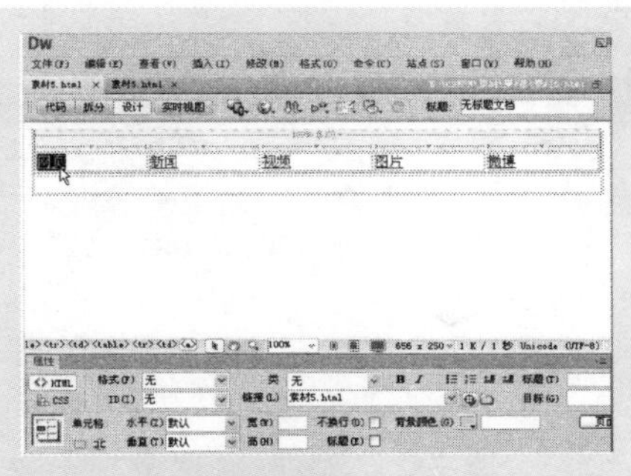

图 7-33 选择将要设置空连接的文字

步骤 01 打开随书附带光盘中的“CDROM\素材\第 7 章\素材 5.html”素材文件，选择将要设置空链接的文字，如图 7-33 所示。

步骤 02 在【属性】面板的【链接】文本框中输入一个#，如图 7-34 所示。

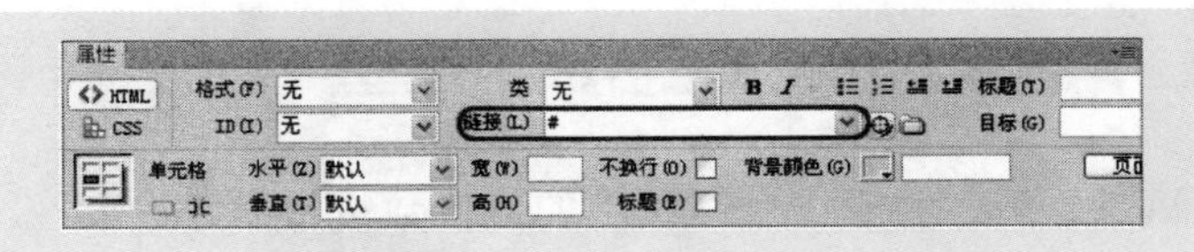

图 7-34 添加空链接

7.2.7 创建脚本链接

脚本链接是一种特殊类型的链接，当单击带有脚本链接的文本或图像时，可以运行相应的 JavaScript 或 VbScript 脚本及函数，从而为浏览者提供各种特殊效果，如检查表单、动画等。下面以 JavaScript 为例，具体的操作如下。

步骤 01 打开随书附带光盘中的“CDROM\素材\第 7 章\素材 6.html”素材文件，并选择要创建脚本链接的文本，如图 7-35 所示。

步骤 02 在【属性】面板的【链接】文本框中输入“JavaScript：windows.close();”，表示关闭当前窗口，如图 7-36 所示。

步骤 03 保存网页后按 F12 键在浏览器中将网页打开。

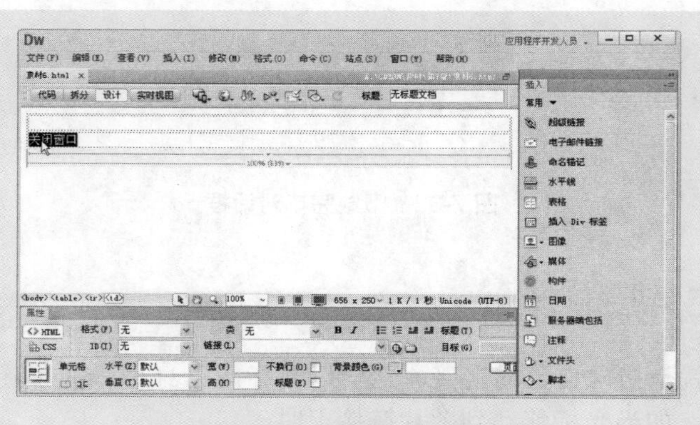

图 7-35　选中需要连接的内容

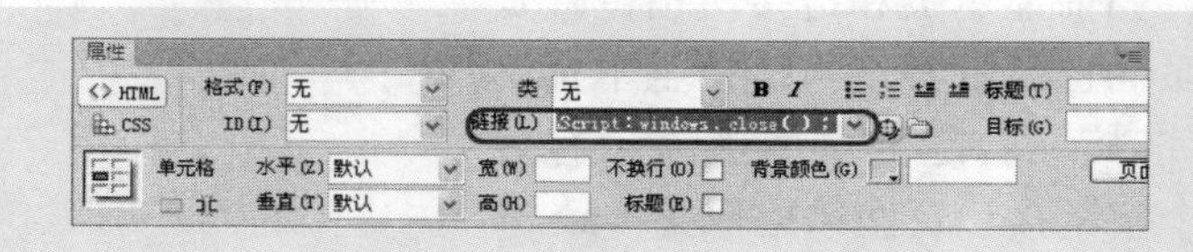

图 7-36　输入链接脚本

提示：在脚本链接中，由于 JavaScript 代码出现在一对双引号中，因此代码中的双引号应该改为单引号。

7.3　链接的检查

当创建好一个站点之后，由于一个网站中的链接数量很多，因此在上传服务器之前，必须先检查站点中所有的链接。如果发现站点中存在着中断的链接，那么还必须先将它们修复，然后才能上传到服务器。在 Dreamweaver CS6 中，可以快速地检查站点中网页的链接，避免出现链接错误。检查网页链接的具体操作步骤如下。

步骤 01　运行 Dreamweaver CS6，打开一个网页，选择【站点】|【检查站点范围的链接】命令，如图 7-37 所示。

步骤 02　弹出如图 7-38 所示的属性面板，在【链接检查器】选项卡中的【显示】右侧的下拉列表中选择一个选项，此时 Dreamweaver 将对当前站点的链接情况进行检查。

步骤 03　对于有问题的文件，直接双击鼠标左键，即可将其打开进行修改。

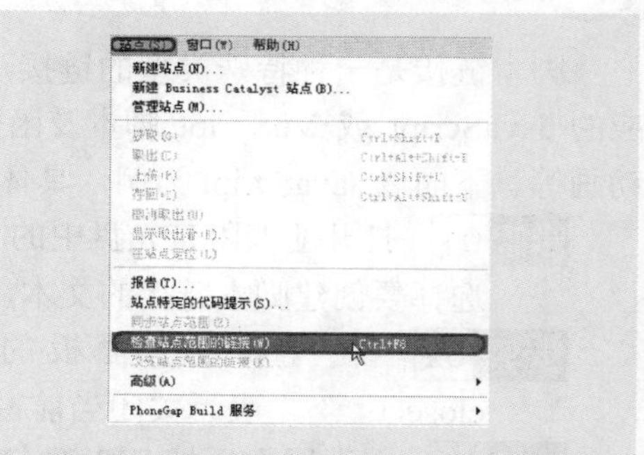

图 7-37　选择【检查站点范围的链接】命令

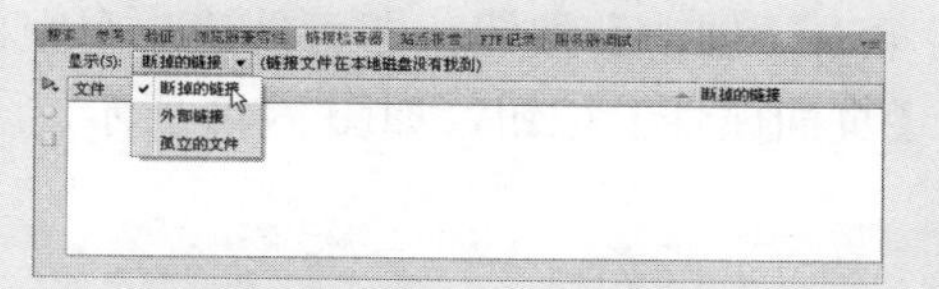

图 7-38　检查链接情况

7.4　上机练习——制作链接网页

链接网页的效果图如图 7-39 所示。

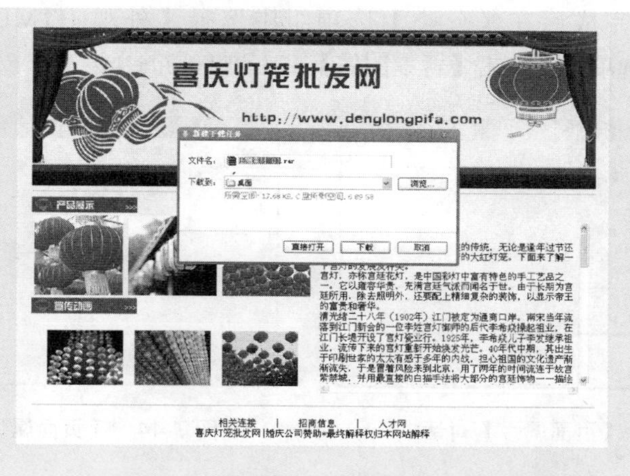

图 7-39　效果图

步骤01　启动 Dreamweaver 软件，在菜单栏中选择【文件】|【新建】命令，如图 7-40 所示。

步骤02　打开【新建文档】对话框，选择【空白页】选项，在【页面类型】列表框选择 HTML 选项，在【布局】列表框中选择【无】，如图 7-41 所示。

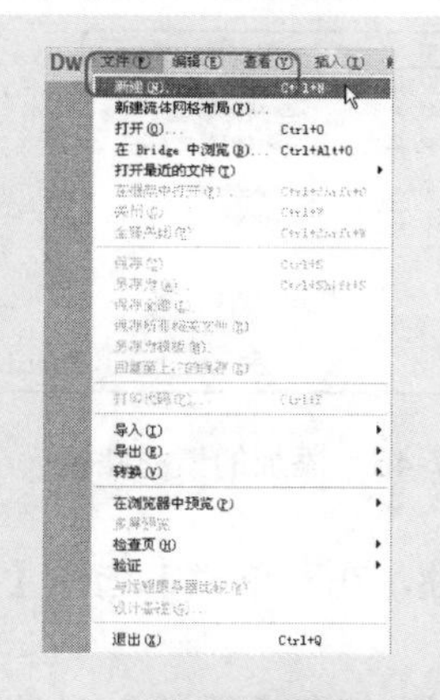

图 7-40　选择【新建】命令

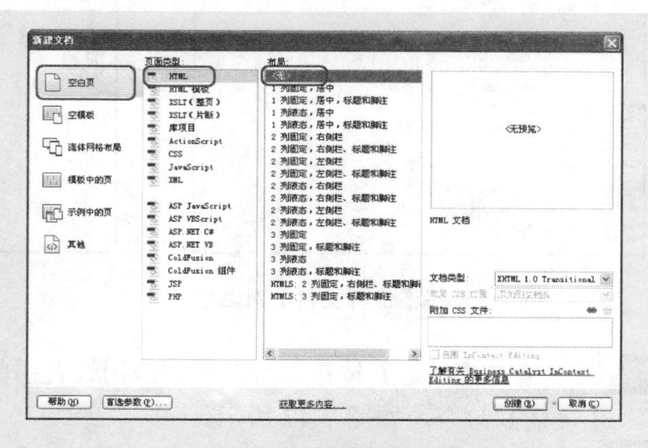

图 7-41　【新建文档】对话框

步骤03 设置完成后单击【创建】按钮，即可创建一个空白的 HTML 文档，在【属性】面板中单击【页面属性】按钮，如图 7-42 所示。

图 7-42 【属性】面板

步骤04 打开【页面属性】对话框，在【外观(CSS)】选项组中将【左边距】、【右边距】、【上边距】、【下边距】均设置为 0px，如图 7-43 所示。

步骤05 设置完成后在【分类】选项组中选择【外观(HTML)】选项，在【外观(HTML)】选项组中单击【背景图像】文本框右侧的【浏览】按钮，如图 7-44 所示。

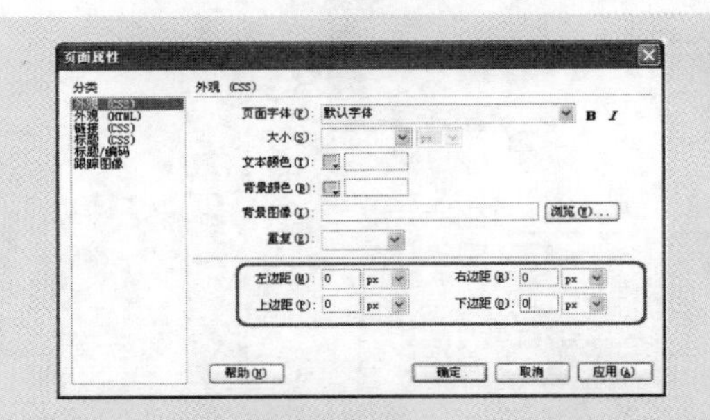

图 7-43 【页面属性】对话框

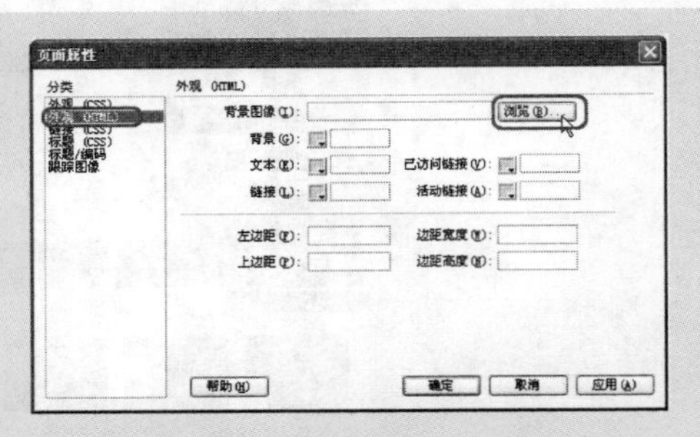

图 7-44 【页面属性】对话框

步骤06 打开【选择图像源文件】对话框，在该对话框中选择随书附带光盘的"CDROM\素材\第 7 章\背景"素材文件，如图 7-45 所示。

步骤07 单击【确定】按钮即可将选择的素材文件的路径添加到【背景图像】右侧的文本框中，如图 7-46 所示。

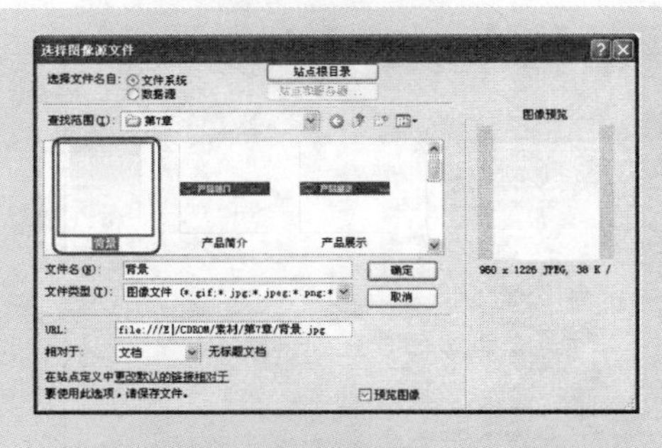

图 7-45 【选择图像源文件】对话框

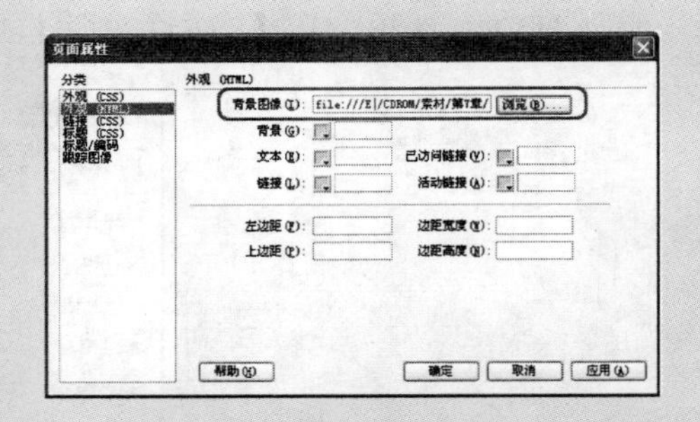

图 7-46 添加的素材路径

步骤08 单击【确定】按钮即可对页面应用设置后的属性，在菜单栏中选择【插入】|【表格】命令，如图 7-47 所示。

步骤09 打开【表格】对话框，在【表格大小】选项组中将【行数】设置为 1，

【列】设置为 1，【表格宽度】设置为 93、【百分比】，其他参数均设置为 0，如图 7-48 所示。

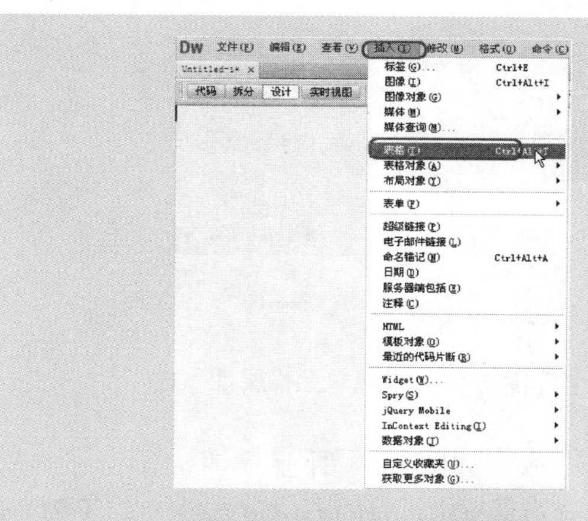

图 7-47　选择【表格】命令

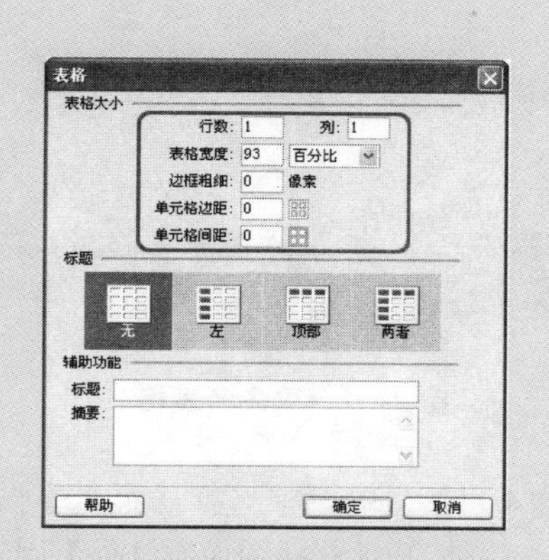

图 7-48　【表格】对话框

步骤 10　设置完成后单击【确定】按钮，即可在页面中插入一个 1 行 1 列的单元格，在【属性】面板中为其重命名为“表格 1”，按 Enter 键确认该操作，将【对齐】设置为【居中对齐】，如图 7-49 所示。

步骤 11　将光标置于插入的单元格中，按 Enter 键进行空格，然后将光标置于表格的顶部，按 Ctrl+Alt+T 组合键，在弹出的对话框中将【表格宽度】设置为 100、【百分比】，其他均为默认参数，如图 7-50 所示。

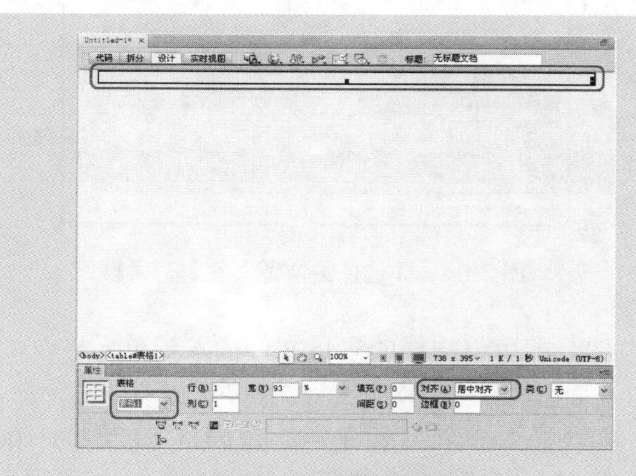

图 7-49　设置表格属性

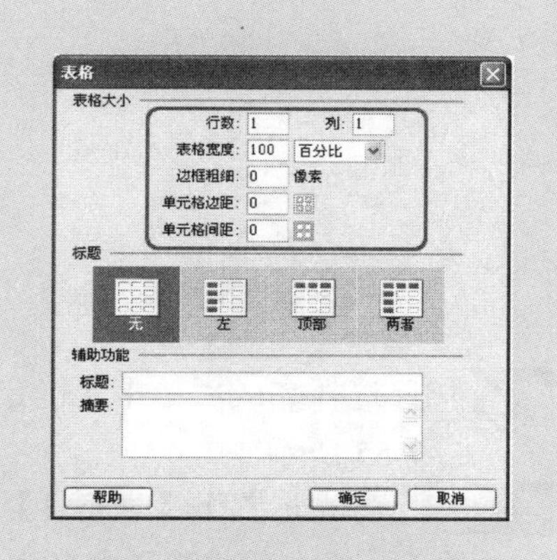

图 7-50　【表格】对话框

步骤 12　设置完成后单击【确定】按钮，即可在“表格 1”中插入一个嵌套表格，然后将其重命名为“表格 2”，如图 7-51 所示。

步骤 13　将光标置于“表格 2”中，在【属性】面板中将【高】设置为 240，如图 7-52 所示。

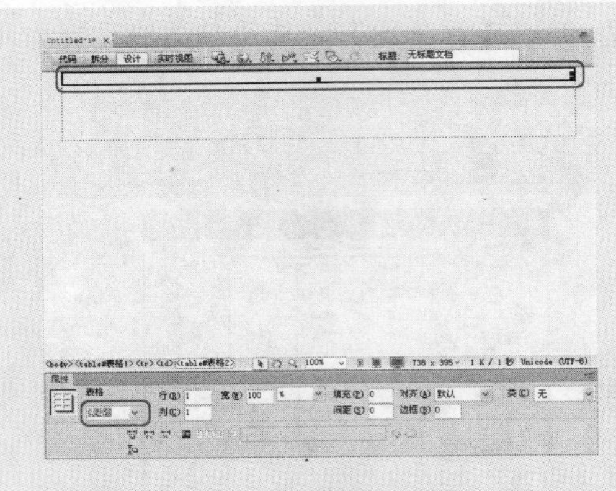

图 7-51　重命名表格

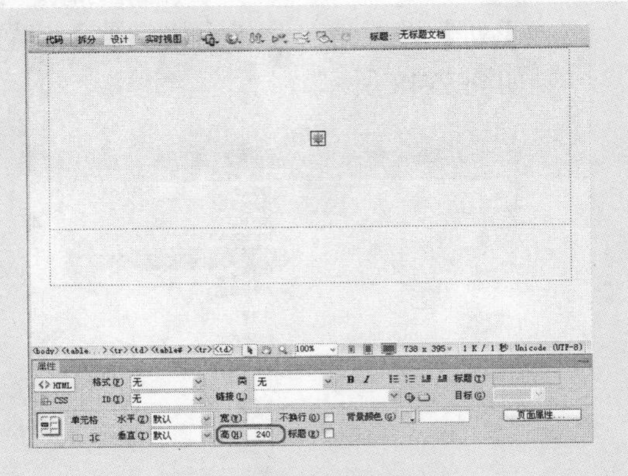

图 7-52　设置单元格属性

步骤 14　在菜单栏中选择【插入】|【图像】命令，如图 7-53 所示。

步骤 15　打开【选择图像源文件】对话框，在该对话框中选择随书附带光盘的“CDROM\素材\第 7 章\条幅素材”素材文件，如图 7-54 所示。

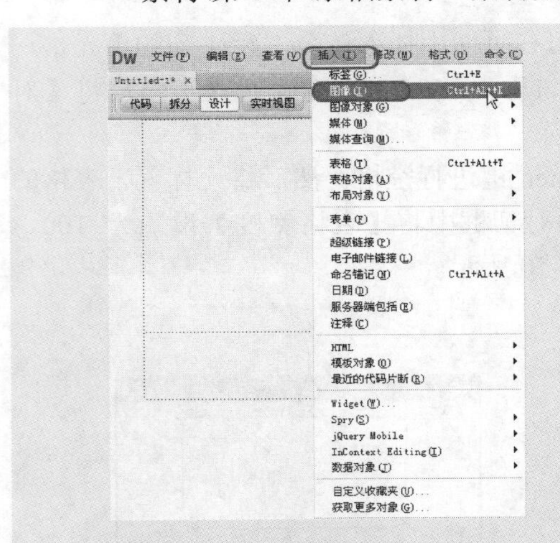

图 7-53　选择【图像】命令

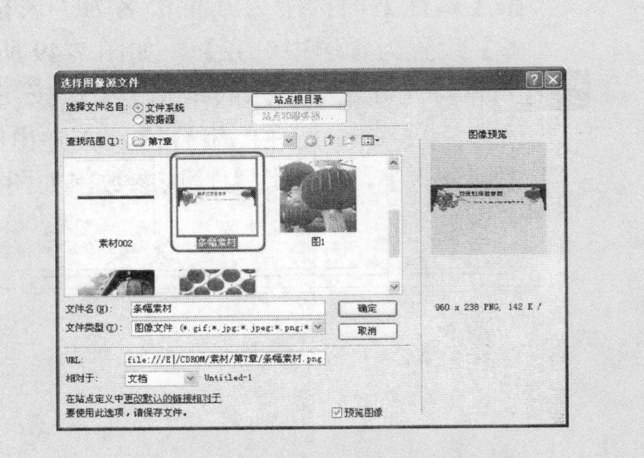

图 7-54　【选择图像源文件】对话框

步骤 16　选择完成后单击【确定】按钮，即可将选择的素材文件插入到单元格中，如图 7-55 所示。

步骤 17　将光标置于【表格 1】中，在此插入一个 1 行 1 列，【表格宽度】为 100% 的单元格，并将其重命名为【表格 3】，如图 7-56 所示。

步骤 18　将光标置于【表格 3】中，按 Ctrl+Alt+I 组合键，在弹出的对话框中选择随书附带光盘的“CDROM\素材\第 7 章\素材 002”素材文件，如图 7-57 所示。

步骤 19　单击【确定】按钮即可将其插入到单元格中，在菜单栏中选择【窗口】|【插入】面板，打开【插入】面板，并将其切换至【布局】选项，并在该选项面板中选择【绘制 AP Div】选项，如图 7-58 所示。

图 7-55　插入素材文件后的效果

图 7-56　插入表格并设置其属性

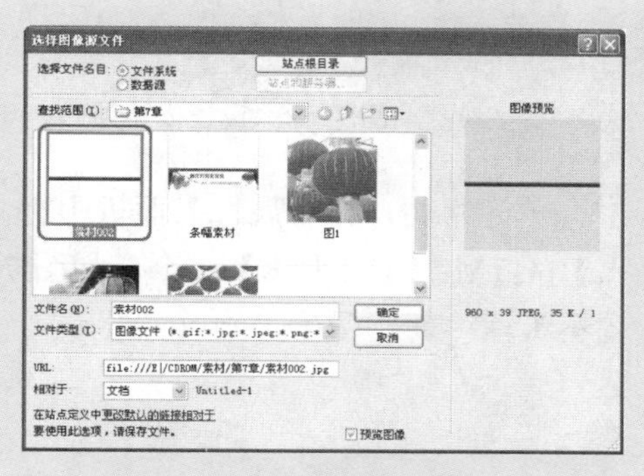

图 7-57　选择素材

图 7-58　【插入】面板

步骤20　在页面中绘制一个 AP Div，然后将其选中，在【属性】面板中将【左】设置为 86px，【上】设置为 242px，【宽】设置为 836px，【高】设置为 34px，如图 7-59 所示。

步骤21　将光标置于绘制的 AP Div 中，在此插入一个 1 行 1 列的表格，并将其重命名为“表格 4”，然后按 Ctrl 键的同时选择“表格 4”中的全部单元格，接着在【属性】面板中将【水平】设置为【居中对齐】，【宽】设置为 20%，【高】设置为 35，如图 7-60 所示。

图 7-59　设置 AP Div 的属性

图 7-60　设置单元格属性

步骤22　设置完成后将光标置于“表格 4”中的第 1 列单元格中，在此输入相应的文字信息，使用同样的方法在其他单元格中输入文字信息，完成后的效果如图 7-61 所示。

步骤 23 将光标置于“表格 1”单元格中，在该单元格中插入一个 1 行 1 列的单元格，并将其重命名为“表格 5”，如图 7-62 所示。

图 7-61　输入完成后的效果

图 7-62　设置表格属性

步骤 24 将光标置于“表格 5”的第 1 列单元格中，在【属性】面板中将【高】设置为 15，然后在菜单栏中选择【插入】| HTML |【水平线】命令，如图 7-63 所示。

步骤 25 执行完该命令后即可插入一个水平线，如图 7-64 所示。

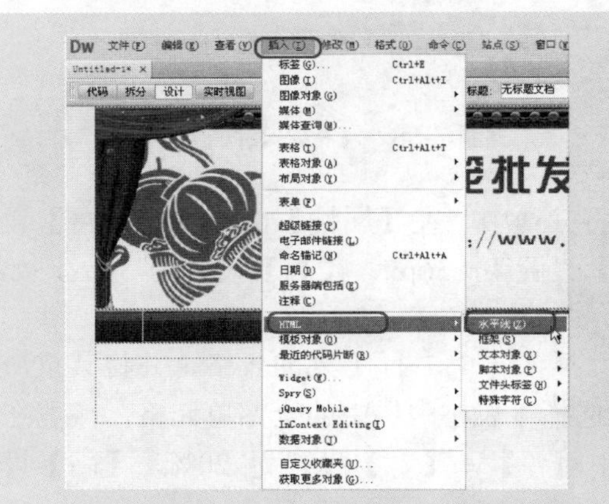

图 7-63　选择【水平线】命令

图 7-64　插入水平线后的效果

步骤 26 将光标置于“表格 1”单元格中，在单元格中插入一个 1 行 2 列的表格，为其重命名为“表格 6”，按 Ctrl 键的同时选择插入的表格，在【属性】面板中将【宽】设置为 50%，然后在第 1 列单元格中插入一个 4 行 1 列的表格，并为其重命名，如图 7-65 所示。

步骤 27 按 Ctrl 键的同时选择“表格 6”中的第 1 行和第 3 行单元格，在【属性】面板中将其【高】设置为 30，如图 7-66 所示。

步骤 28 将光标置于第 1 行单元格中，按 Ctrl+Alt+I 组合键，在弹出的对话框中选择随书附带光盘的“CDROM\素材\第 7 章\产品展示”素材文件，如图 7-67 所示。

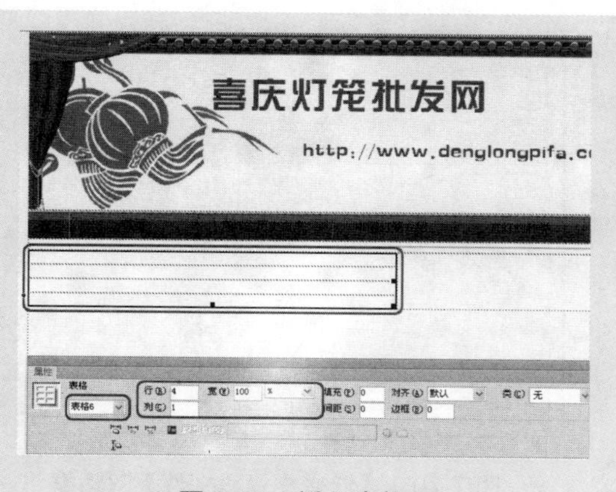

图 7-65　插入表格

图 7-66　设置单元格属性

步骤29　单击【确定】按钮即可将选择的素材文件添加到单元格中，然后将光标置于第 2 行单元格中，在【属性】面板中单击【拆分单元格为行或列】按钮，在弹出的对话框中的【把单元格拆分】区域选择【列】单选按钮，将【列数】设置为 3，如图 7-68 所示。

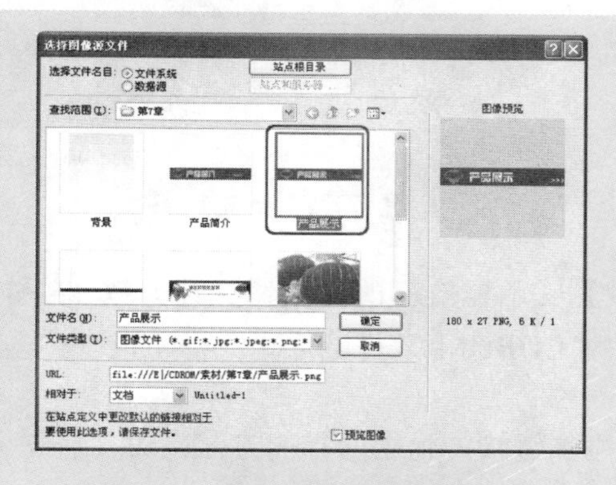

图 7-67　【选择图像源文件】对话框

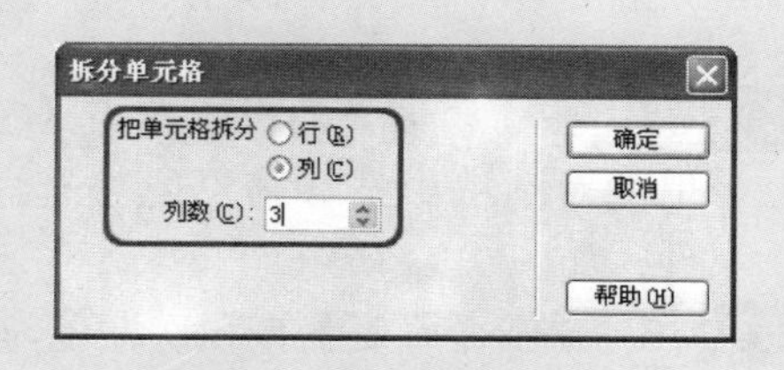

图 7-68　【拆分单元格】对话框

步骤30　设置完成后单击【确定】按钮，即可将其拆分为 1 行 3 列的单元格，按 Ctrl 键的同时选择拆分后的单元格，在【属性】面板中将【水平】设置为【居中对齐】，【宽】设置为 33%，【高】设置为 150，如图 7-69 所示。

步骤31　将光标置于第 1 个单元格中，按 Ctrl+Alt+I 组合键，在弹出的对话框中选择随书附带光盘的“CDROM\素材\第 7 章\图 1”素材文件，如图 7-70 所示。

步骤32　单击【确定】按钮，即可将选择的素材文件插入到单元格中，并使用同样的方法在其他的单元格中插入素材，完成后的效果如图 7-71 所示。

步骤33　选择“图 2.jpg”素材文件，在【属性】面板中选择【矩形热点工具】，沿着素材绘制一个热点，如图 7-72 所示。

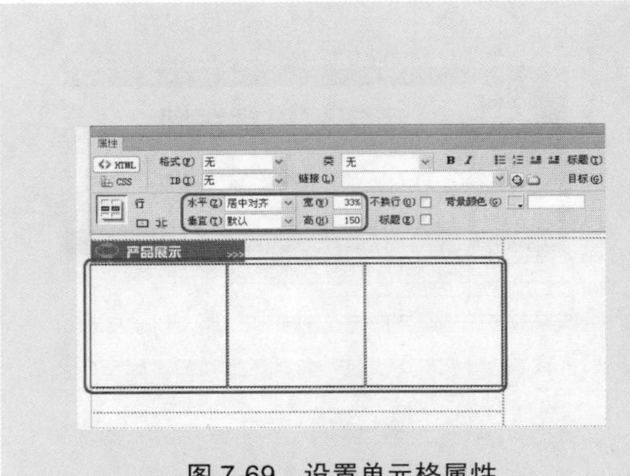

图 7-69　设置单元格属性

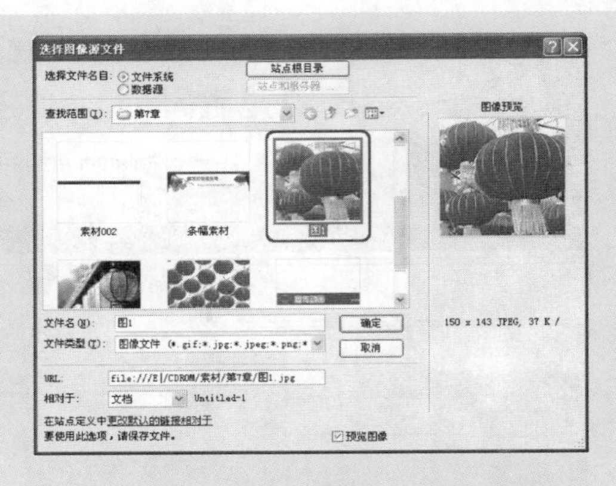

图 7-70　【选择图像源文件】对话框

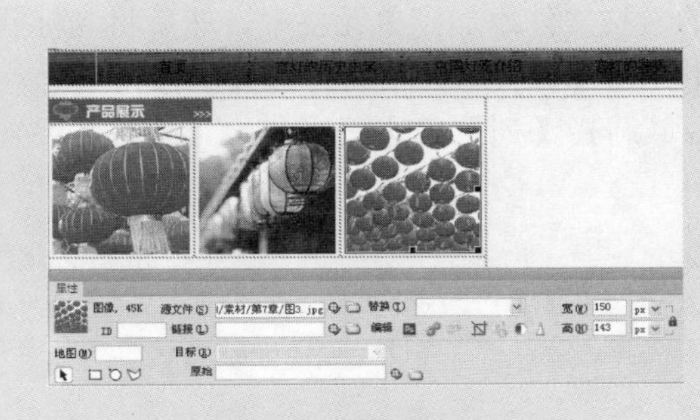

图 7-71　完成后的效果

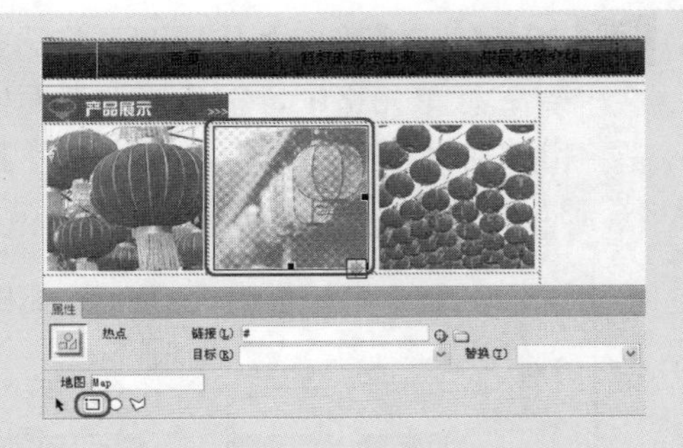

图 7-72　绘制热点

步骤 34　在【属性】面板中单击【链接】文本框右侧的【浏览文件】按钮，在弹出的对话框中选择随书附带光盘的“CDROM\素材\第 7 章\压缩素材”素材文件，如图 7-73 所示。

步骤 35　单击【确定】按钮，即可为其添加链接，使用同样的方法在第 3 行单元格中插入素材文件，完成后的效果如图 7-74 所示。

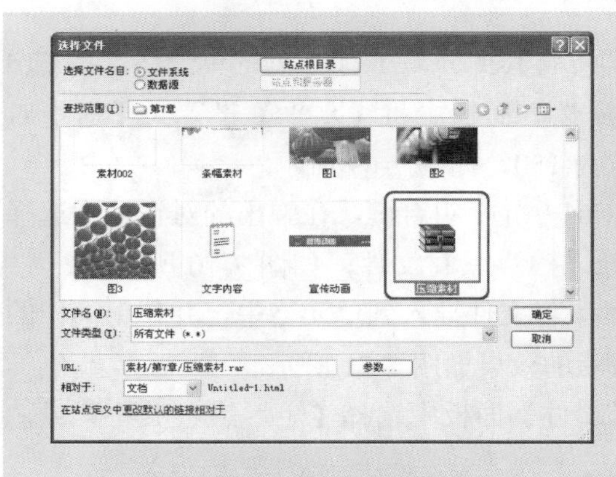

图 7-73　【选择文件】对话框

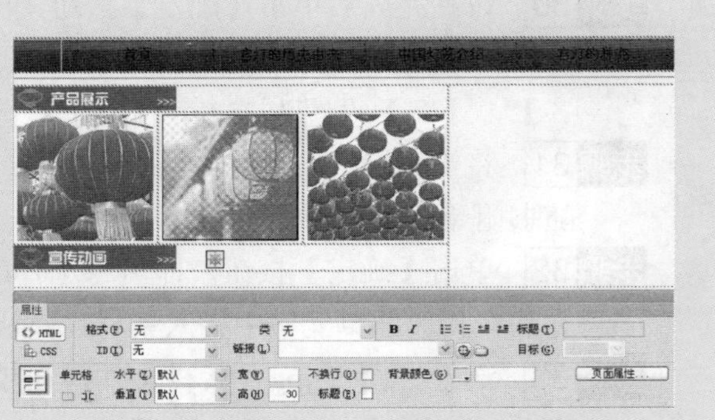

图 7-74　完成后的效果

步骤36 将光标置于第 4 行单元格中，在【属性】面板中将【水平】设置为【居中对齐】，【高】设置为 150，如图 7-75 所示。

步骤37 在菜单栏中选择【插入】|【媒体】|【插件】命令，如图 7-76 所示。

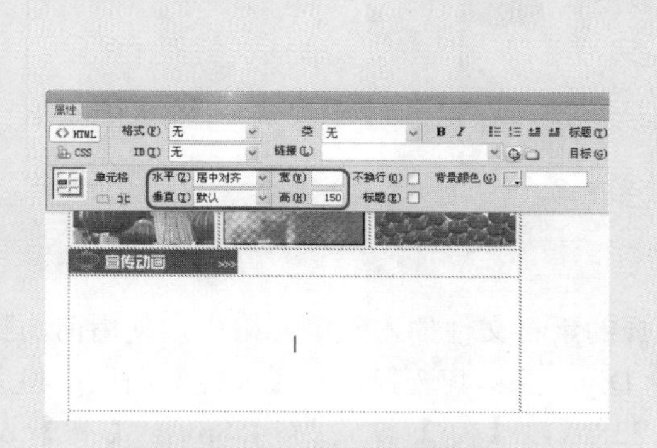

图 7-75 设置单元格属性

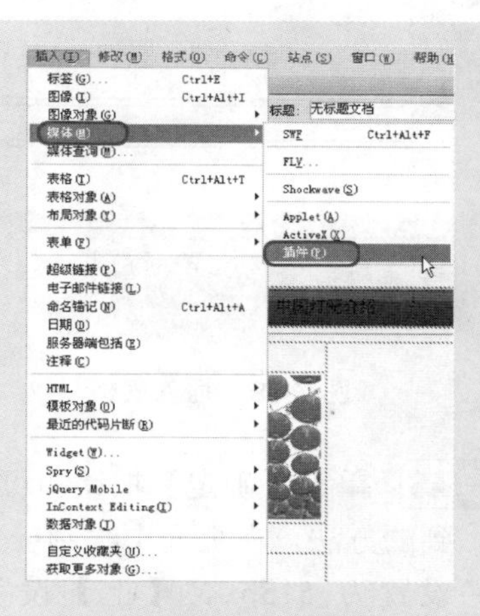

图 7-76 选择【插件】命令

步骤38 打开【选择文件】对话框，在该对话框中选择“产品宣传动画”素材文件，如图 7-77 所示。

步骤39 单击【确定】按钮即可将选择的素材文件添加到单元格中，如图 7-78 所示。

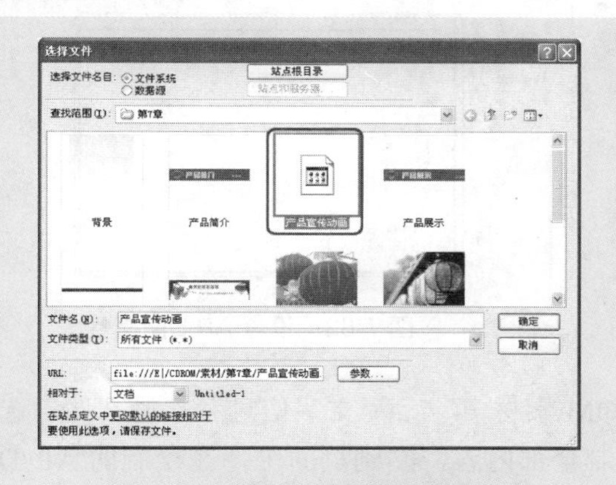

图 7-77 【选择文件】对话框

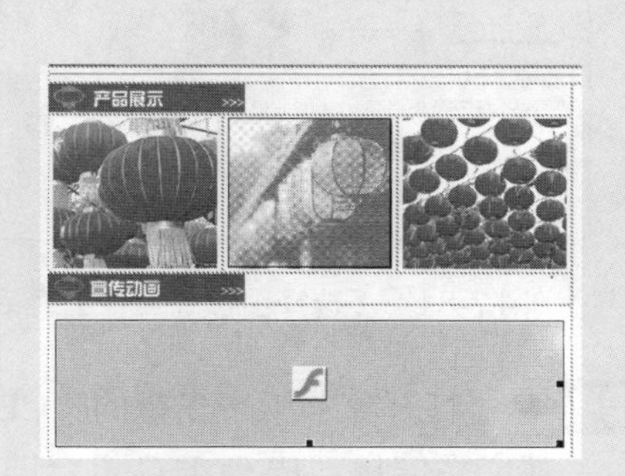

图 7-78 插入素材文件

步骤40 将光标置于“表格 5”的第 2 列单元格中，在该单元格中插入一个 2 行 1 列的单元格，并将其重命名为“表格 7”，如图 7-79 所示。

步骤41 将光标置于“表格 5”的第 1 行单元格中，在【属性】面板中将【高】设置为 30，将第 2 行单元格的【高】设置为 331，如图 7-80 所示。

步骤42 将光标置于“表格 5”的第 1 行单元格中，按 Ctrl+Alt+I 组合键，在弹出的对话框中选择随书附带光盘的“CDROM\素材\第 7 章\产品展示”素材文件，如图 7-81 所示。

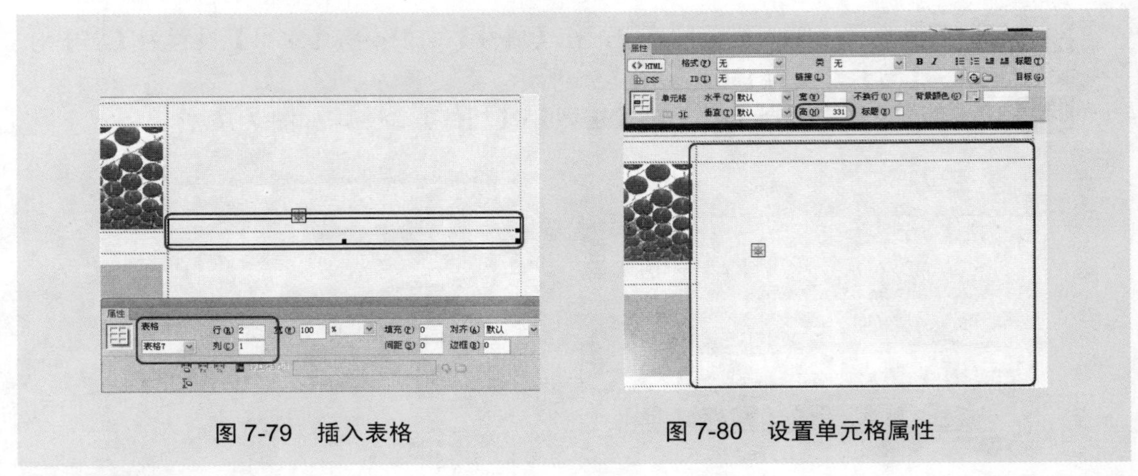

图 7-79　插入表格　　图 7-80　设置单元格属性

步骤43　单击【确定】按钮即可将选择的素材文件插入到单元格中，使用前面我们讲到的方法，在页面中绘制一个 AP Div，并将其选择，在【属性】面板中将【左】设置为 515px，【上】设置为 338px，【宽】设置为 458px，【高】设置为 305px，如图 7-82 所示。

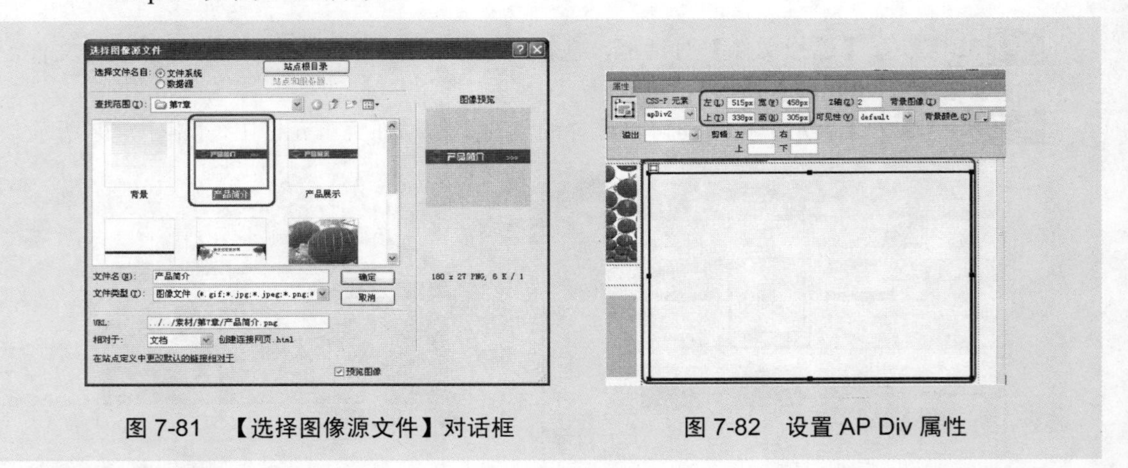

图 7-81　【选择图像源文件】对话框　　图 7-82　设置 AP Div 属性

步骤44　打开随书附带光盘的“CDROM\素材\第 7 章\文字信息”素材文件，选择全部文字信息，按 Ctrl+C 组合键复制全部内容，回到页面中，在绘制的 AP Div 中单击并按 Ctrl+V 组合键将复制的文字信息粘贴到页面中，如图 7-83 所示。

步骤45　将光标置于“宫灯的历史由来”文字信息的左侧，在菜单栏中选择【插入】|【命名锚记】命令，如图 7-84 所示。

步骤46　打开【命名锚记】对话框，在该对话框中输入“锚记 1”，如图 7-85 所示。

步骤47　单击【确定】按钮，在【表格 4】中选择“宫灯的历史由来”文字信息在【属性】面板中的【链接】文本框中输入“#锚记 1”，并按 Enter 键确认操作，如图 7-86 所示。

图 7-83　插入文字信息

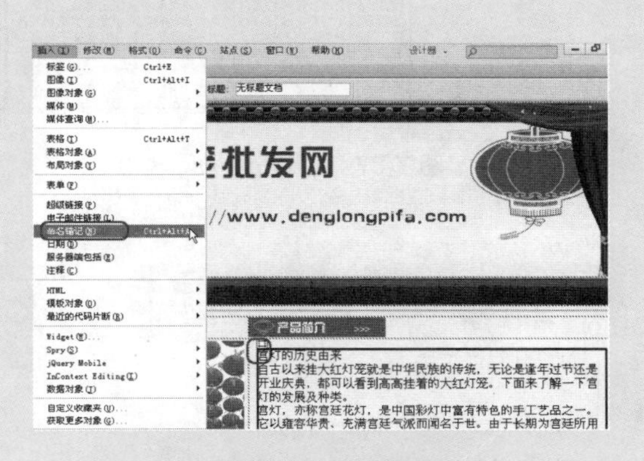

图 7-84　选择【命名锚记】命令

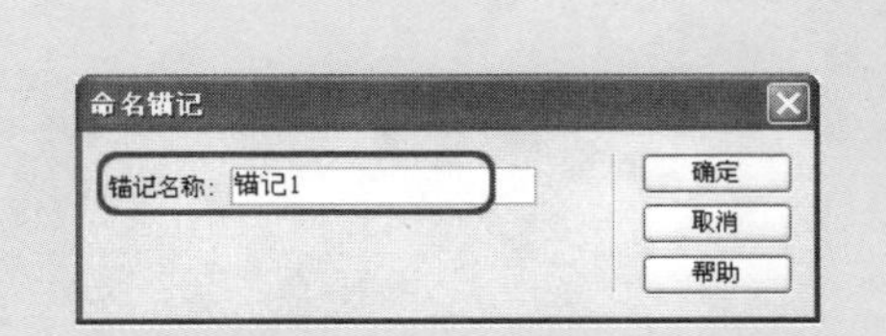

图 7-85　【命名锚记】对话框

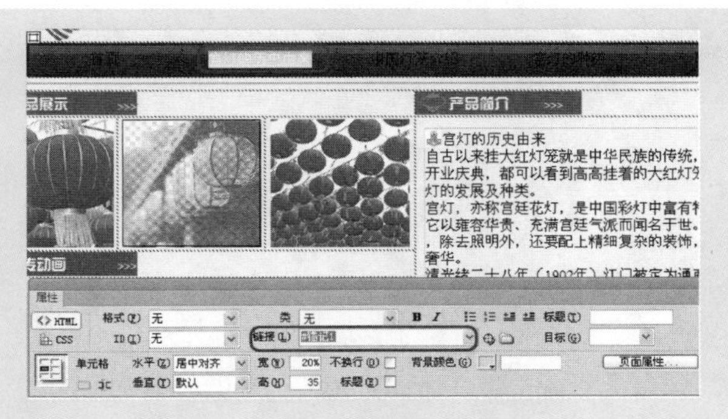

图 7-86　创建链接

步骤48　使用同样的方法，为其他文字信息添加链接，设置完成后选择 apDiv3，在【属性】面板中将【溢出】设置为 scroll，如图 7-87 所示。

步骤49　在【表格 5】中选择“联系我们”文字信息，在菜单栏中选择【电子邮件链接】命令，如图 7-88 所示。

步骤50　打开【电子邮件链接】对话框，在【电子邮件】文本框中输入“qxiaoxiuxiu@163.com”，如图 7-89 所示。

步骤51　单击【确定】按钮，即可为其添加电子邮件链接。

步骤52　使用同样的方法制作其他效果，完成后的效果如图 7-90 所示。

步骤53　保存文件，按 F12 键在浏览器中预览效果。

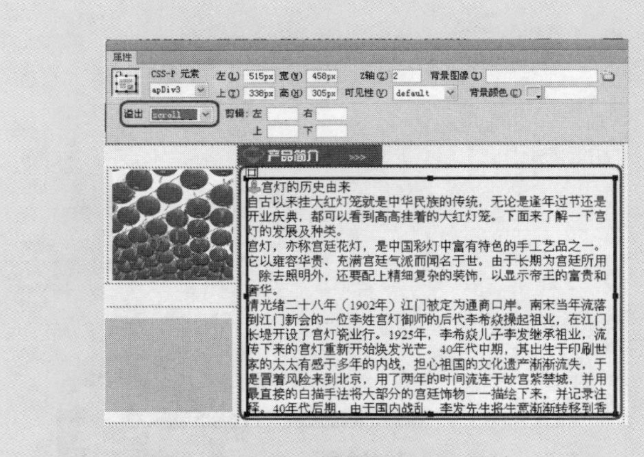
图 7-87　设置 AP Div 属性

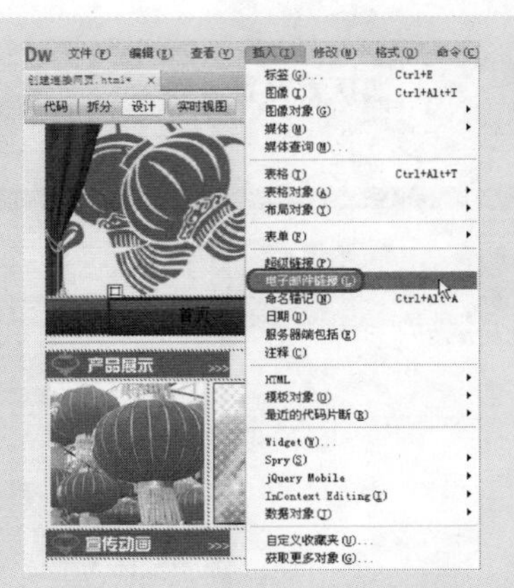
图 7-88　选择【电子邮件链接】命令

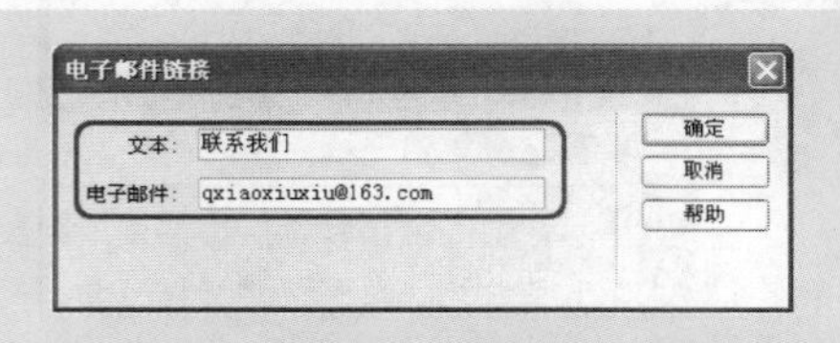

图 7-89　【电子邮件链接】对话框

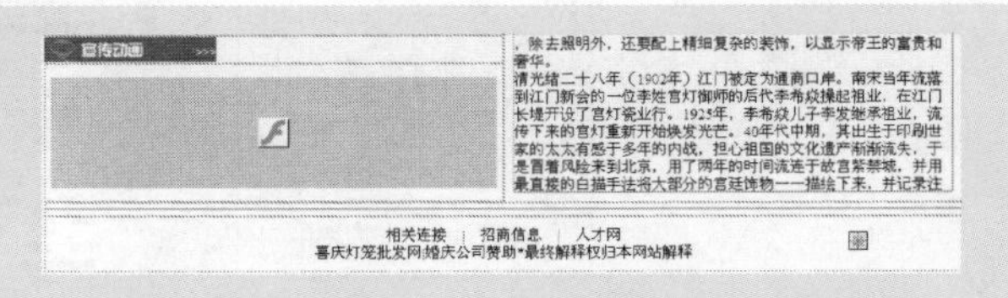
图 7-90　完成后的效果

第 8 章

使用多媒体对象丰富网页

在 Dreamweaver 中可以很方便地插入各类多媒体元素，在【常用】插入面板中可以找到 SWF、FLV、Shockwave、Applet、ActiveX、插件等多媒体元素，然后在【属性】面板中进行设置，方便的使用方式使多媒体在网页中能够广泛应用。随着宽带的普及，使多媒体文件在网页中播放变得更加流畅。因此，下面就通过学习，让读者的网站也变得更加生动。

本章重点：

- 插入 Flash 动画
- 插入 Shockwave 动画
- 插入声音
- 插入其他多媒体对象

8.1 插入 Flash 动画

在网页中可以插入的 Flash 对象有 Flash 动画、Flash 按钮和 Flash 文本等。

Flash 对象是传递基于矢量的图形和动画的首选解决方案，与 Shockwave 电影相比，其优势是文件小且网上传输速度快。

在网页中插入 Flash 动画的具体操作步骤如下。

步骤 01 打开随书附带光盘中的“CDROM\素材\第 8 章\插入 Flash 动画.html”文件，如图 8-1 所示。

步骤 02 将光标置于需要插入 Flash 动画的单元格的位置，选择【插入】|【媒体】|SWF 命令，如图 8-2 所示。

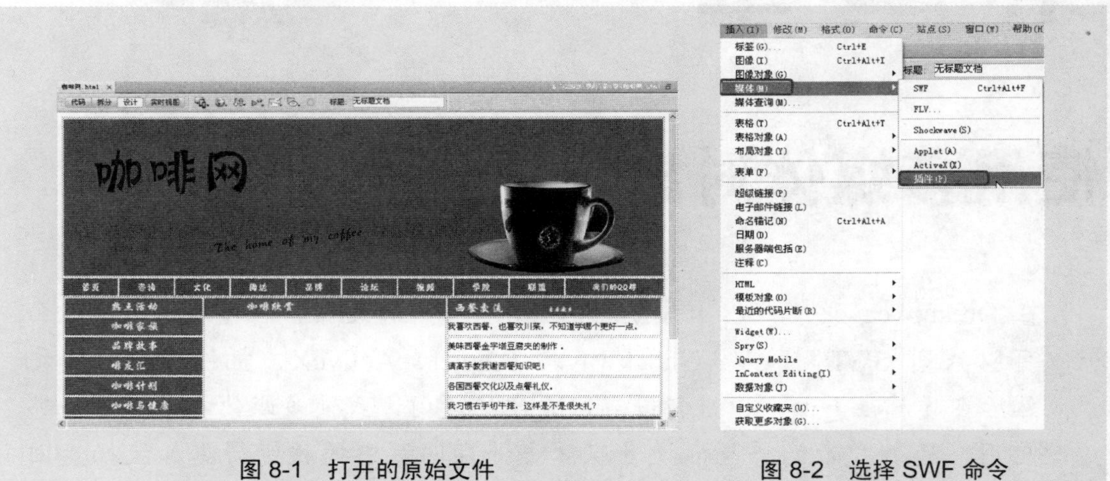

图 8-1 打开的原始文件　　图 8-2 选择 SWF 命令

步骤 03 弹出【选择 SWF】对话框，在该对话框中，选择相应的 Flash 文件，这里选择随书附带光盘中的“CDROM\素材\第 8 章\咖啡动画.swf”文件，如图 8-3 所示。

步骤 04 在弹出的【对象标签辅助功能属性】对话框中设置【标题】为【咖啡动画】，单击【确定】按钮，如图 8-4 所示。

> **提示**：在【常用】插入面板中单击【媒体】按钮，在弹出的列表中选择需要插入的文件类型。

步骤 05 插入 Flash 动画后，选择【窗口】|【属性】命令，打开【属性】面板，如图 8-5 所示。在 Flash 动画的【属性】面板中，可以进行以下设置。

- FlashID 文本框：可以输入 Flash 动画的名称，便于在脚本中识别。
- 【宽】和【高】文本框：用于设置插入 Flash 动画的宽度和高度。
- 【文件】文本框：Flash 动画的文件路径和文件名。

图 8-3 选择文件

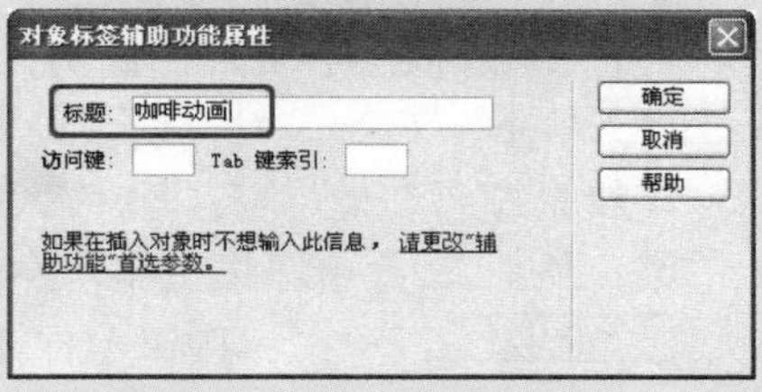

图 8-4 命名标题

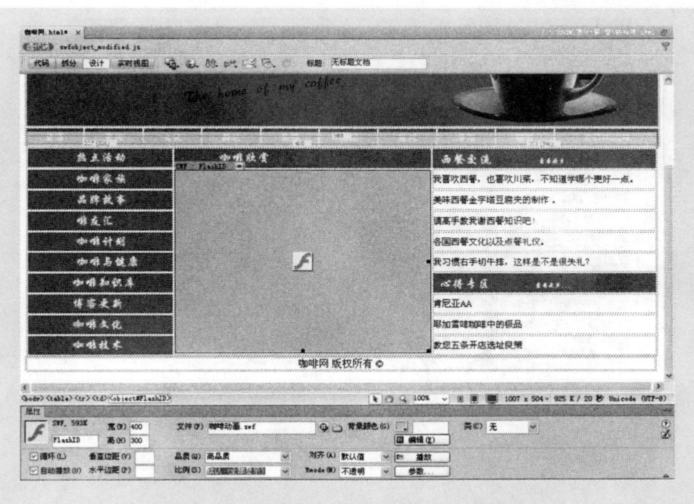

图 8-5 插入 Flash 后的文档

- 编辑(E)：单击该按钮，会调用外部编辑器编辑 Flash 文件。
- 【垂直边距】和【水平边距】文本框：用于设置 Flash 动画的上下和左右边距。
- 【品质】下拉列表框：用于设置 Flash 动画的质量参数，有【低品质】、【自动低品质】、【自动高品质】和【高品质】4 个选项。
    - 【低品质】选项：重视速度而非外观。
    - 【自动低品质】选项：重视速度，但如有可能，则改善外观。
    - 【自动高品质】选项：综合考虑速度和外观，但根据需要，可能会因为重视外观而影响速度。
    - 【高品质】选项：重视外观而非速度。
- 【比例】下拉列表框：用于设置缩放比例，有【默认(全部显示)】、【无边框】和【严格匹配】三个选项。
    - 【默认(全部显示)】选项：使在指定区域中可以看到整个 SWF 文件，同时保持 SWF 文件的比例避免扭曲，背景颜色的边框可以出现在 SWF 文件的两侧。

- ◆ 【无边框】选项：与【默认(全部显示)】选项相似，只是 SWF 文件的某些部分可能会被裁剪掉。
- ◆ 【严格匹配】选项：使用这个选项后，整个 SWF 文件将填充指定区域，但不保持 SWF 文件的比例，可能会出现扭曲。

- 【对齐】下拉列表框：用于设置 Flash 动画在网页中的对齐方式。
- 【背景颜色】文本框：用于设定 Flash 动画区域的背景颜色。
- 【播放】：单击该按钮，在设计视图中可以预览 Flash 动画的内容。
- 【参数...】：单击该按钮，打开【参数】对话框，在其中可以设定附加参数。

步骤 06 将文档保存，按 F12 键可以在网页中进行预览，如图 8-6 所示。

图 8-6 预览的网页

8.2 插入 Shockwave 动画

Shockwave 是在网页中插播丰富的交互式多媒体内容的业界标准，用来在网页上播放用 Macromedia Director 创建的多媒体文件。Shockwave 可以集动画、位图、视频和声音于一体，并将它们合成为一个交互式界面，所生成的压缩格式文件能够快速下载，并支持目前大多数浏览器。

在网页中插入 Shockwave 动画的具体操作步骤如下。

步骤 01 打开随书附带光盘中的“CDROM\素材\第 8 章\插入 Shockwave 动画.html”文件，如图 8-7 所示。

步骤 02 将光标放置在要插入 Shockwave 动画的位置，然后执行下列操作之一。

- 在【常用】插入面板中单击【媒体】按钮，从弹出的列表中选择 Shockwave 图标。
- 选择【插入】|【媒体】| Shockwave 命令，如图 8-8 所示。

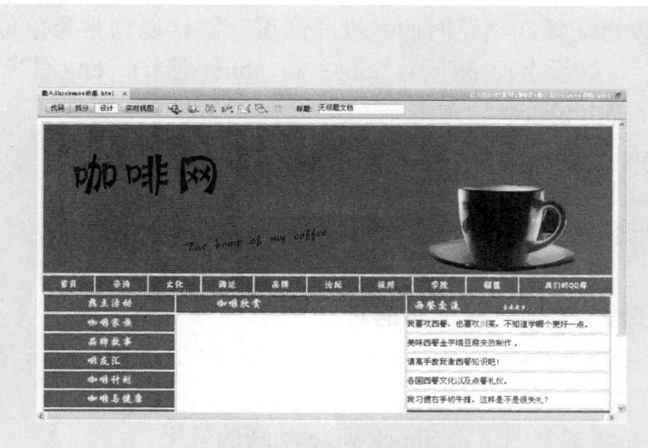

图 8-7　打开的文档

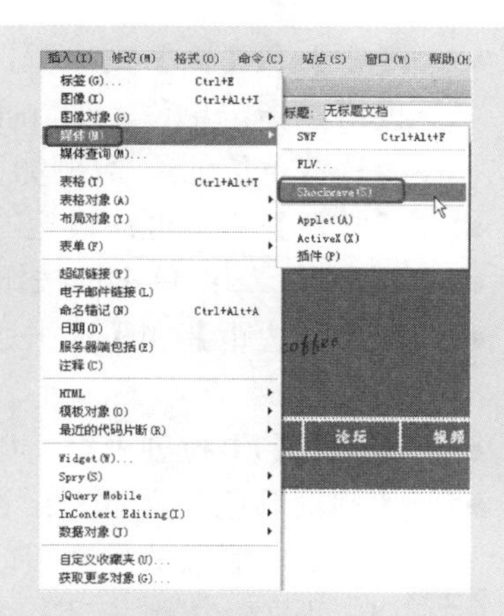

图 8-8　选择插入 Shockwave 命令

● 按 Ctrl+Alt+D 组合键。

步骤03 弹出【选择文件】对话框，在该对话框中，选择“CDROM\素材\第 8 章\插入 Shockwave 动画.swf”文件，如图 8-9 所示，

步骤04 单击【确定】按钮。这时 Dreamweaver 文档窗口中就会出现 Shockwave 的图标，然后在文档窗口中调整动画的大小，如图 8-10 所示。

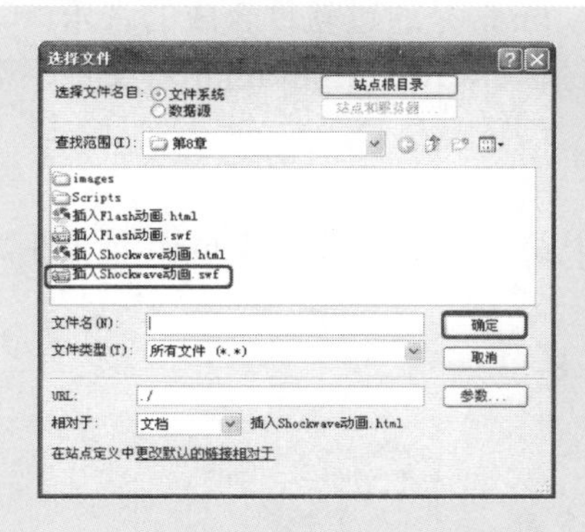

图 8-9　选择需要打开的文件

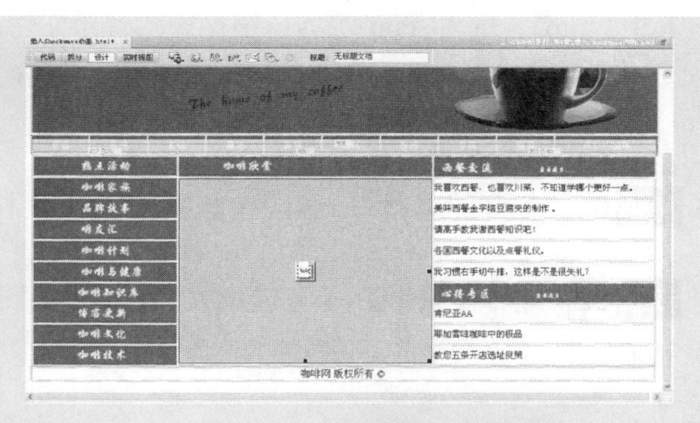

图 8-10　调整动画的大小

步骤05 选定插入的 Shockwave 动画，选择【窗口】|【属性】命令，打开【属性】面板，如图 8-11 所示。

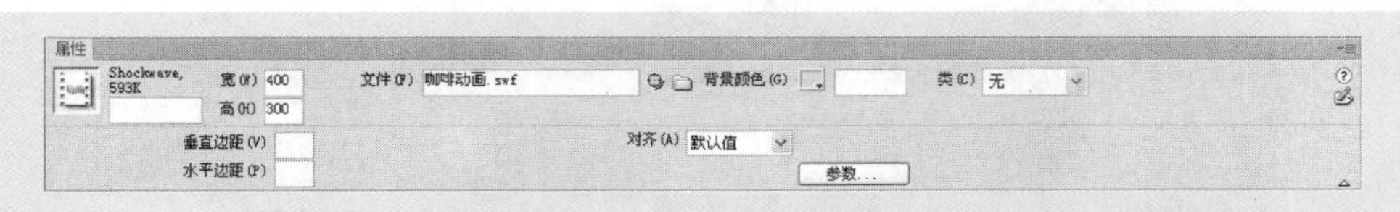

图 8-11　Shockwave 动画的【属性】面板

在 Shockwave 动画的【属性】面板中，可以进行以下设置。

● Shockwave 文本框：可以输入动画的名称，以便在脚本中识别。

- 【宽】和【高】文本框：设定动画在浏览时的宽度和高度，默认以像素为单位，也可以指定单位，如 pc(十二点活字)、pt(磅)、in(英寸)、him(毫米)、cm(厘米)以及这些单位的组合(例如 2in+5mm)。
- 【文件】文本框：设定 Shockwave 动画文件的路径。
- 参数... ：单击该按钮，可以输入其他的参数，以传递给动画。
- 【垂直边距】和【水平边距】文本框：用于设置 Shockwave 动画的上下和左右的边距。
- 【对齐】下拉列表框：用于设置动画在页面中的对齐方式。
- 【背景颜色】文本框：设定动画区域的背景颜色，此颜色也将出现在动画未播放时，如电影播放完之后或下载的过程中。

步骤06 保存文档，按 F12 键在浏览器中预览 Shockwave 动画的效果。

8.3 插入声音

在上网时，有时打开一个网站就会听到动听的音乐，这是因为该网页中添加了背景音乐。添加背景音乐需要在代码视图中进行。

在 Dreamweaver CS6 中可以插入的声音文件类型有 mp3、wav、midi、aif、ra 和 ram 等。其中，mp3、ra 和 ram 等为压缩格式的音乐文件；midi 是通过软件合成的音乐，其文件较小，不能被录制；wav 和 aif 文件可以进行录制。播放 wav、aif 和 midi 等文件不需要插件。

在网页中添加背景音乐的具体操作步骤如下。

步骤01 打开随书附带光盘中的“CDROM\素材\第 8 章\插入声音.html”文件，如图 8-12 所示。

步骤02 选择【编辑】|【首选参数】命令，如图 8-13 所示。

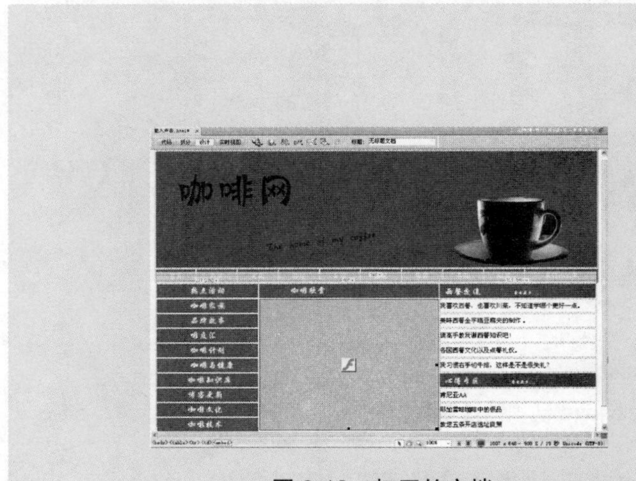

图 8-12 打开的文档

图 8-13 选择【首选参数】命令

步骤03 打开【首选参数】对话框，在【分类】列表框中选择【代码提示】选项，然后在右侧的区域选中【菜单】列表框中的所有复选框，将【延迟】设置为 0 秒，最后单击【确定】按钮，如图 8-14 所示。

步骤04 切换到代码视图，在<body>后面输入<会显示标签列表，如图 8-15 所示。

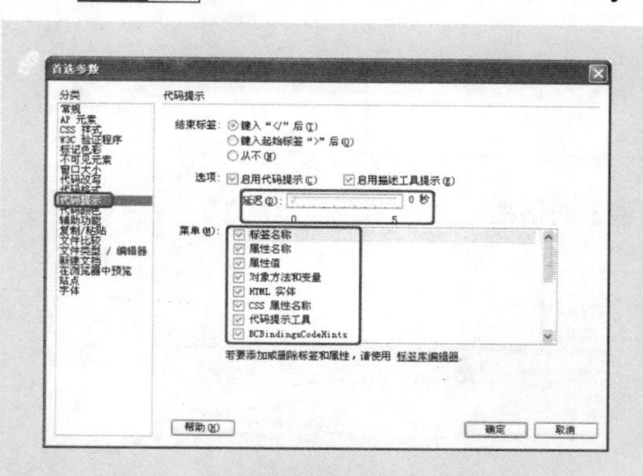

图 8-14 【首选参数】对话框

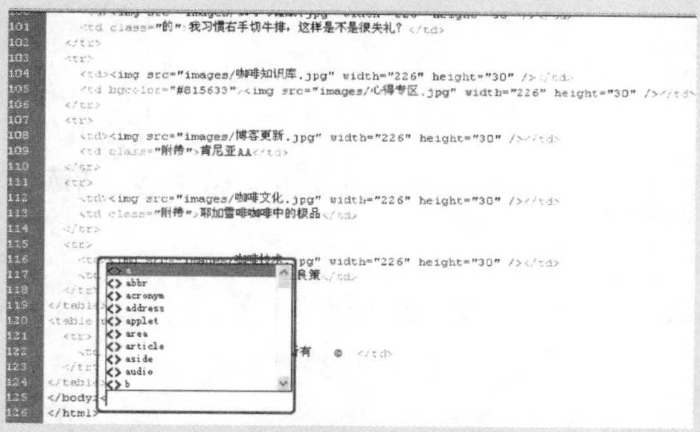

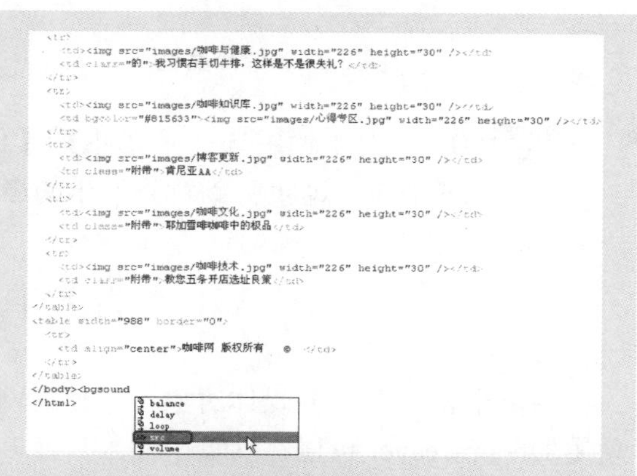

图 8-15 标签列表

步骤05 向下滚动该列表并双击标签 bgsound 以插入该标签，如图 8-16 所示。

步骤06 如果该标签支持属性，则按空格键以显示该标签允许的属性列表，然后从中选择属性 src，如图 8-17 所示。这个属性用来设置背景音乐文件的路径。

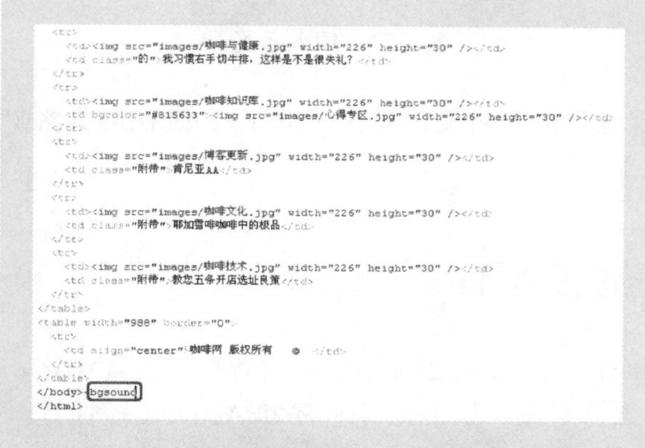

图 8-16 插入标签

图 8-17 选择属性

步骤07 选择属性后，出现【浏览】字样，单击【浏览】即可打开【选择文件】对话框，在该对话框中选择音乐文件 yinyue.mp3，并单击【确定】按钮，如图 8-18 所示。

步骤08 在新插入的代码后面按空格键，在属性列表中选择属性 loop，如图 8-19 所示。

步骤09 双击 loop 并插入，出现-1 后双击-1 插入标签，最后在属性值后面输入“/>”，如图 8-20 所示。

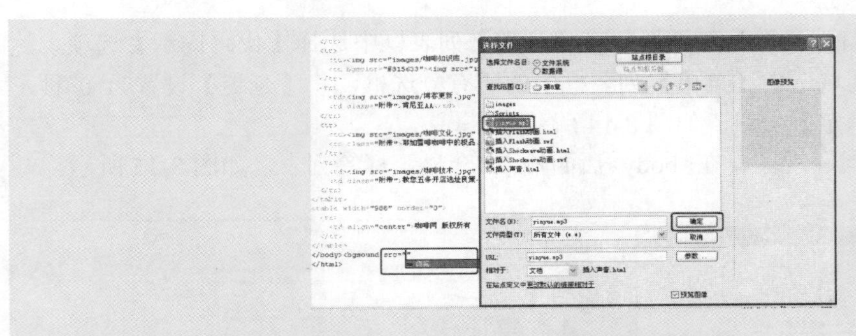

图 8-18 【选择文件】对话框

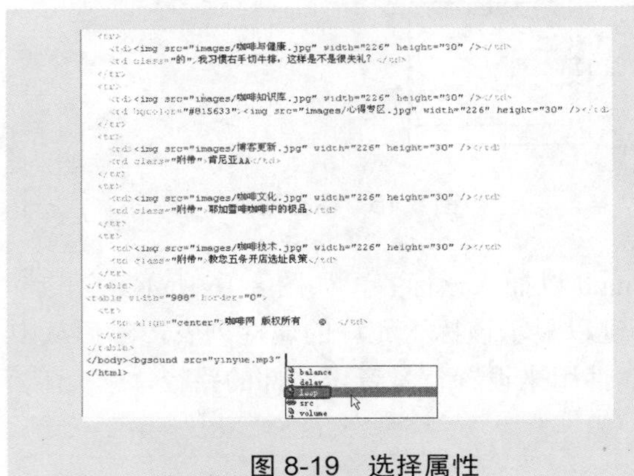

图 8-19 选择属性

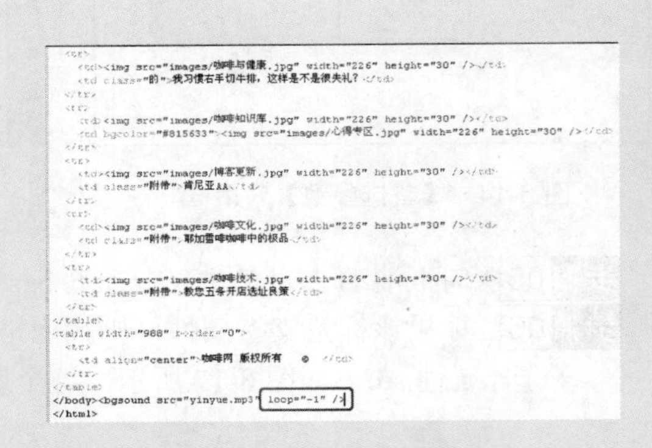

图 8-20 插入标签

步骤 10 在菜单栏中选择【文件】|【保存】命令将文档保存，按 F12 键在浏览器中预览效果，即可听到背景音乐的声音。

8.4 插入其他多媒体对象

网页中正是有了多媒体对象，才使得网页的形式变得更加活泼，内容变得更加丰富。使用 Dreamweaver 可以在网页中插入其他多媒体对象，如 Java 小程序和 ActiveX 控件等。

8.4.1 插入 Java 小程序

Java 是一种允许开发可嵌入 Web 页面的应用程序的编程语言。Java Applet(Java 小程序)是在 Java 的基础上演变而成的，能够嵌入在网页中执行一定小任务的应用程序。当创建 Java 小程序后，可以用 Dreamweaver 将它插入到 HTML 文档中，Dreamweaver 将使用 Applet 标签来标识对小程序文件的引用。

在网页中插入 Java 小程序的具体操作步骤如下。

步骤 01 打开随书附带光盘中的“CDROM\素材\第 8 章\插入 Java 小程序.html”文件，在文档工具栏中单击【拆分】按钮，如图 8-21 所示，在此代码的基础上，我们为“肯尼亚 AA”制作 Java 效果。

步骤02 在代码中将“肯尼亚 AA”代码修改如下，如图 8-22 所示。

```
<applet code="SineText-class" width="200" height="50">
<param name="Text" value="肯尼亚 AA ">
<param name="Traveling"将 value="yes">
<param name="MouseClick" value="yes">
<param name="Rate" value="4">
Sorry, your browser doesn't support Java(tm)- </applet> <br />
```

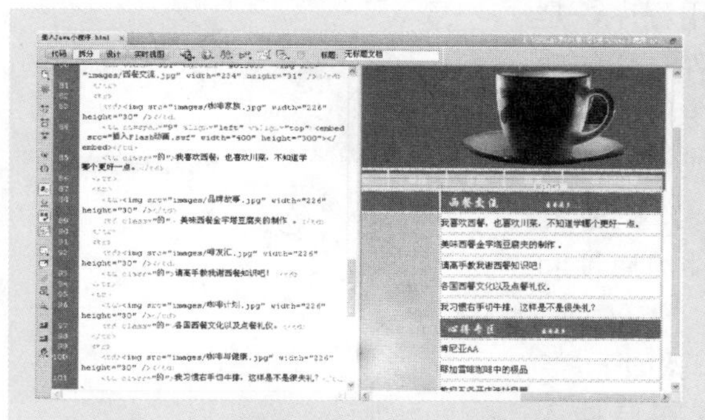

图 8-21 打开的文档

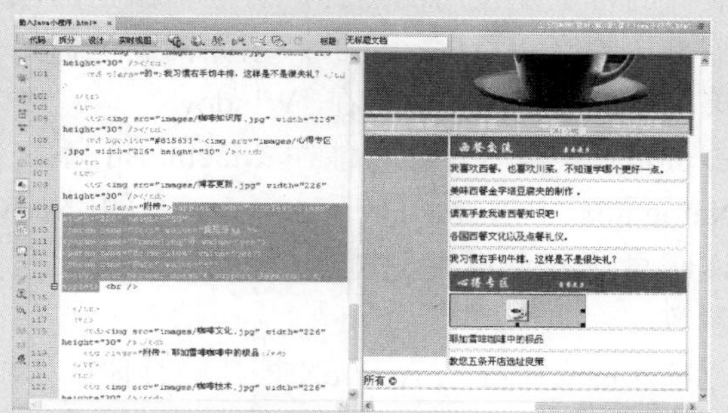

图 8-22 修改代码

步骤03 这样即可为文本设置 Java 效果，在文档中选择 Java 图标，然后选择【窗口】|【属性】命令，打开【属性】面板。如图 8-23 所示。

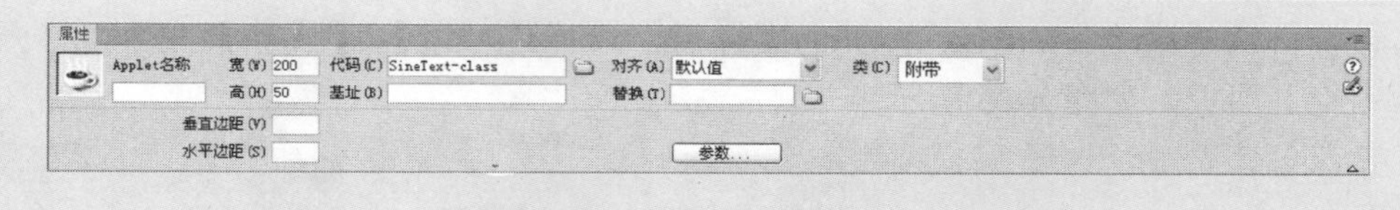

图 8-23 Java Applet 的【属性】面板

在 Java Applet 的【属性】面板中，可以进行以下设置。

- 【Applet 名称】文本框：为脚本程序指定 Java 小程序的名称。
- 【宽】和【高】文本框：用于设置对象的宽度和高度(默认单位是像素)。
- 【代码】文本框：设定包含 Java 小程序代码的文件。单击【浏览文件】图标，在弹出的窗体中选择文件；或直接输入路径和文件名。
- 【基址】文本框：标识包含选定 Java 小程序的文件夹。当选择小程序后，该文本框将自动填充。
- 【对齐】下拉列表框：设定 Java 小程序在文档中的对齐方式。
- 【替换】文本框：如果用户的浏览器不支持 Java 小程序或 Java 被禁止，那么该文本框将指定一个代替显示的内容。如果输入文本，那么 Dreamweaver CS6 将使用 Applet 标签的 alt 属性来标识该文本；如果选择图像，那么 Dreamweaver CS6 将在首尾 Applet 标签之间插入一个 img 标签。
- 【垂直边距】和【水平边距】文本框：设置 Java 小程序的上下和左右的边距。
- 参数... ：单击该按钮，将打开【参数】对话框，用于输入为 Shockwave 和

Flash 影片、ActiveX 控件、Netscape Navigator 插件和 Java 小程序等定义的特殊参数值。参数将和 Object、Embed 和 Applet 标签联合起来使用，为插入对象设置专门的属性。

8.4.2 插入 ActiveX 控件

ActiveX 控件，也称 OLE 控件，是可以充当浏览器插件的可重复使用的组件，有些像微型的应用程序，是缩小化的应用程序，能够产生如同浏览器插件一样的效果。ActiveX 控件能在 Windows 系统中的 Internet Explorer 中运行，但不能在 Macintosh 系统或 Netscape Navigator 中运行。Dreamweaver 中的 ActiveX 对象允许网页访问者设置浏览器中的 ActiveX 控件的属性和参数。

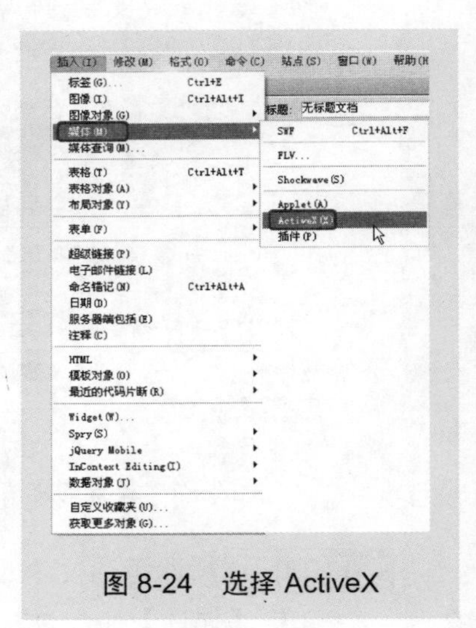

图 8-24　选择 ActiveX

在网页中插入 ActiveX 控件的具体操作步骤如下。

步骤 01　在文档窗口中，将光标放置在要插入 ActiveX 控件的位置。

步骤 02　在菜单栏中选择【插入】|【媒体】|ActiveX 命令，如图 8-24 所示。

步骤 03　在文档窗口中会出现 ActiveX 控件的图标，选定这个 ActiveX 控件的图标后，选择【窗口】|【属性】命令，打开【属性】面板，如图 8-25 所示。

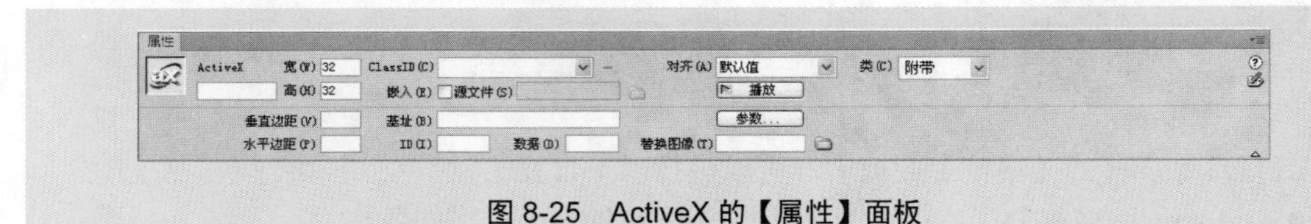

图 8-25　ActiveX 的【属性】面板

在 ActiveX 控件的【属性】面板中，可以进行以下设置。

- ActiveX 文本框：用于设置 ActiveX 对象的名称，以便于脚本识别。
- 【宽】和【高】文本框：以像素为单位指定对象的宽度和高度。
- ClassID 下拉列表框：为浏览器标识 ActiveX 控件，可以输入一个值或从其下拉列表中选择一个值。在加载页面时，浏览器使用 ClassID 来确定与该页面关联的 ActiveX 控件所处位置。如果浏览器未找到指定的 ActiveX 控件，那么它将尝试从【基址】文本框指定的位置下载它。
- 【嵌入】复选框：为 ActiveX 控件在 object 标签内添加 embed 标签。如果 ActiveX 控件具有等效的 Netscape Navigator 插件，那么 embed 标签将激活该插件。Dreamweaver 会将用户为 ActiveX 控件输入的值指派给等效的 Netscape Navigator 插件。

- 【源文件】文本框：选中【嵌入】复选框，该文本框将被激活，选择用于 Netscape Navigator 插件的数据文件。如果没有输入值，那么 Dreamweaver 将尝试根据已输入的 ActiveX 属性值来确定该值。
- 【对齐】下拉列表框：设置 ActiveX 控件在文档中的对齐方式。
- 播放：单击此按钮，可以打开【参数】对话框，在其中可输入传递给 ActiveX 对象的附加参数。
- 【垂直边距】和【水平边距】文本框：以像素为单位指定对象上下和左右的边距。
- 【基址】文本框：指定包含该 ActiveX 控件的 URL。如果访问者的系统中尚未安装该 ActiveX 控件，那么 Internet Explorer 将从该位置下载它。如果没有指定基址参数，并且访问者尚未安装相应的 ActiveX 控件，那么浏览器就不能显示 ActiveX 对象。
- 【数据】文本框：为要加载的 ActiveX 控件指定数据文件。许多 ActiveX 控件不使用此参数，例如 Shockwave 和 RealPlayer 等。
- 【替换图像】文本框：指定在浏览器不支持 object 标签的情况下要显示的图像。只有在取消选中【嵌入】复选框后，此选项才可用。

8.5 上机练习——制作楚峰体育用品网站

下面介绍为网页文档插入透明的 Flash 背景。

步骤01 启用 Dreamweaver 软件，在菜单栏中选择【文件】|【新建】命令，如图 8-26 所示。

步骤02 在弹出的【新建文档】对话框中选择【空白页】选项，在【页面类型】列表框中选择 HTML，在【布局】列表框中选择【无】，如图 8-27 所示。

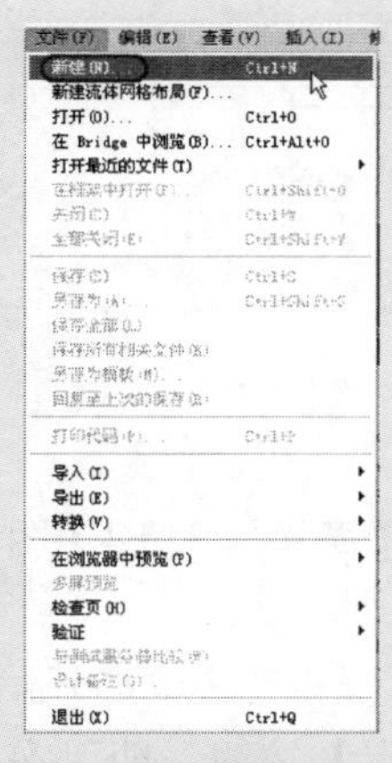

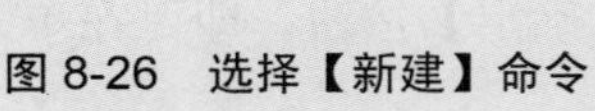

图 8-26 选择【新建】命令

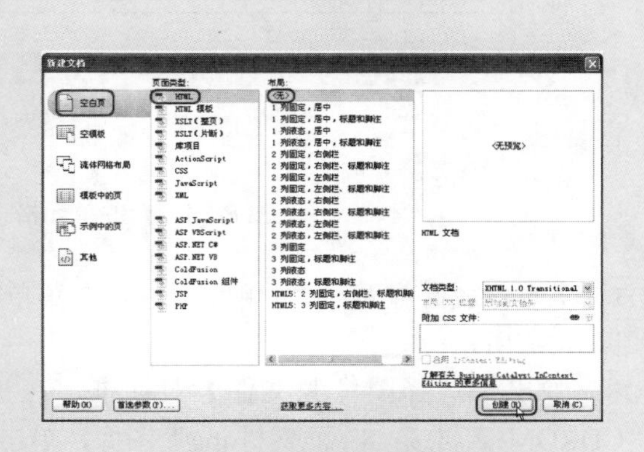

图 8-27 【新建文档】对话框

步骤03 在菜单栏中选择【插入】|【表格】命令，如图 8-28 所示。

步骤04 在弹出的【表格】对话框中将【行数】设置为 2，【列】设置为 10，【表格宽度】设置为 100、【百分比】，其他均为 0，如图 8-29 所示。

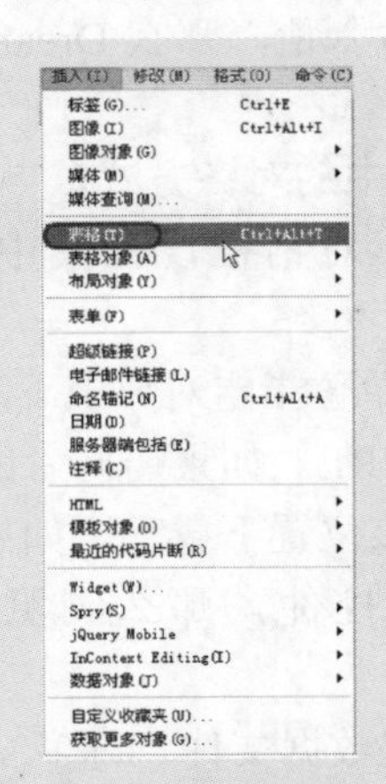

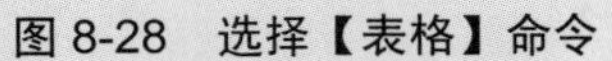

图 8-28 选择【表格】命令

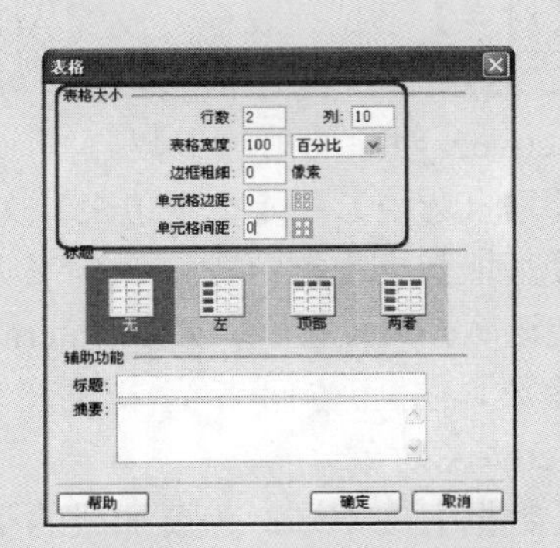

图 8-29 【表格】对话框

步骤 05 单击【确定】按钮，即可在页面中插入一个 2 行 10 列的表格，如图 8-30 所示。

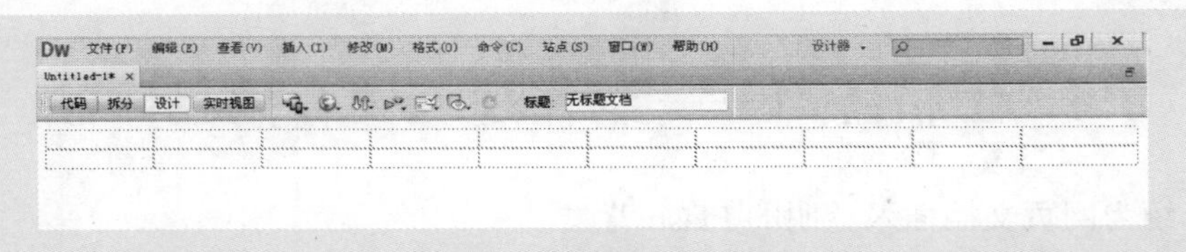

图 8-30 插入表格

步骤 06 选中第 1 行单元格，在【属性】面板中单击【合并所选单元格，使用跨度】按钮，合并第 1 行单元格，如图 8-31 所示。

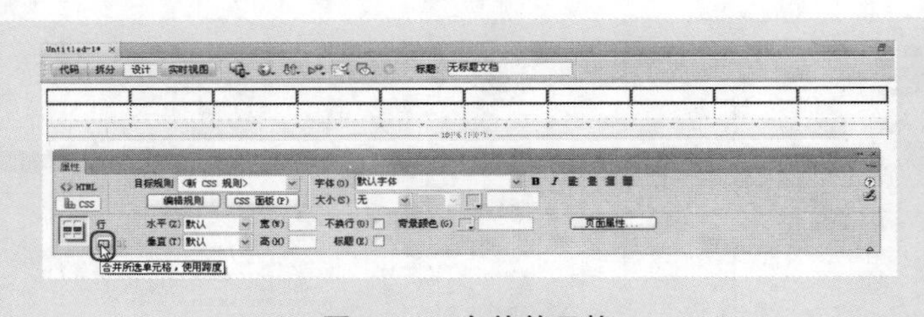

图 8-31 合并单元格

步骤 07 将光标放置在第 1 行单元格内，在菜单栏中选择【插入】|【图像】命令，如图 8-32 所示。

步骤 08 弹出【选择图像源文件】对话框，在该对话框中选择随书附带光盘中的“CDROM\素材\第 8 章\素材.jpg”图像，单击【确定】按钮，即可在单元格中插入图像，如图 8-33 所示。

步骤 09 选中第 2 行单元格，在属性面板中将【水平】设置为【居中对齐】，将【宽】和【高】分别设置为 15%和 30，【背景颜色】设置为#FAAD39，并在各个单元格中输入文字，如图 8-34 所示。

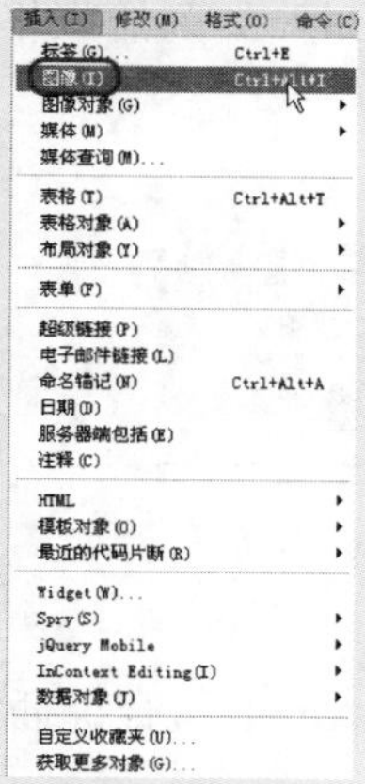

图 8-32 选择【图像】命令

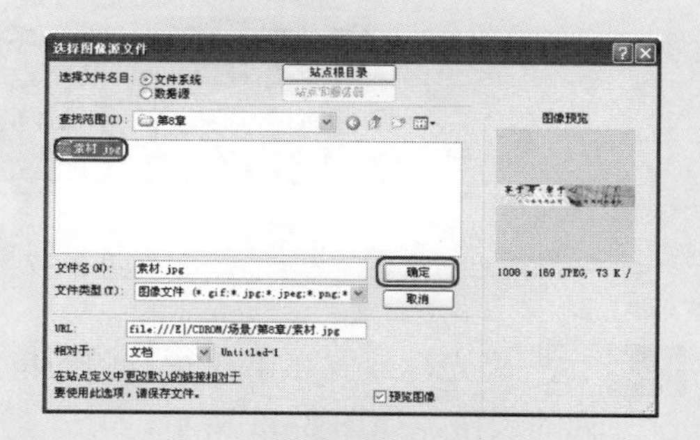

图 8-33 【选择图像源文件】对话框

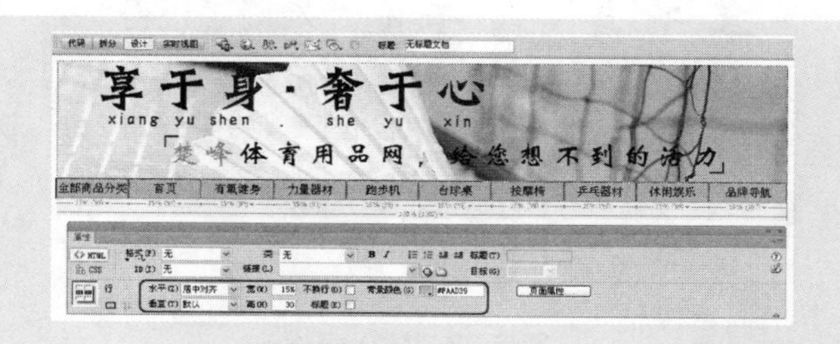

图 8-34 设置单元格属性

步骤10 将光标放置于表格后方，在菜单栏中选择【插入】|【表格】命令，如图 8-35 所示。

步骤11 弹出【表格】对话框，在该对话框中将【行数】设置为 1，【列】设置为 3，【表格宽度】设置为 100、【百分比】，其他设置为 0，如图 8-36 所示。

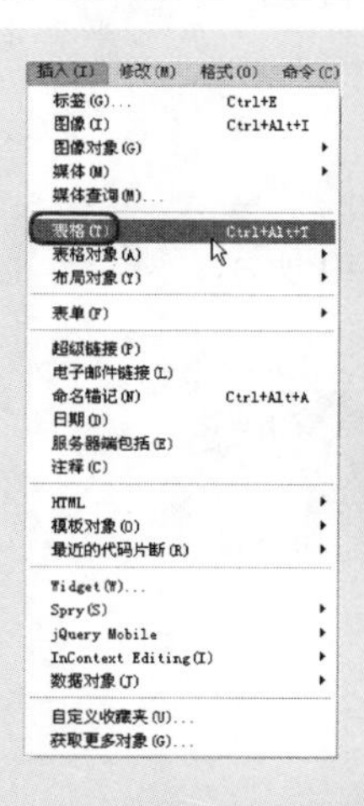

图 8-35 选择【表格】命令

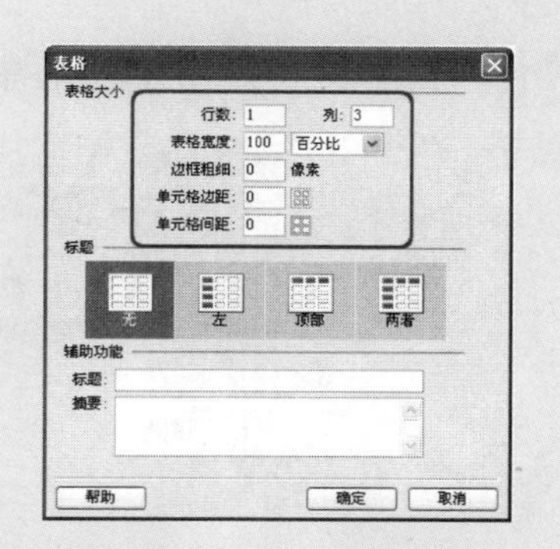

图 8-36 【表格】对话框

步骤 12　单击【确定】按钮，即可在页面中插入一个 1 行 3 列的表格，如图 8-37 所示。

图 8-37　插入表格

步骤 13　将光标放置在第 3 行左侧的单元格中，按 Ctrl+Alt+T 组合键插入一个 9 行 1 列的表格，如图 8-38 所示。

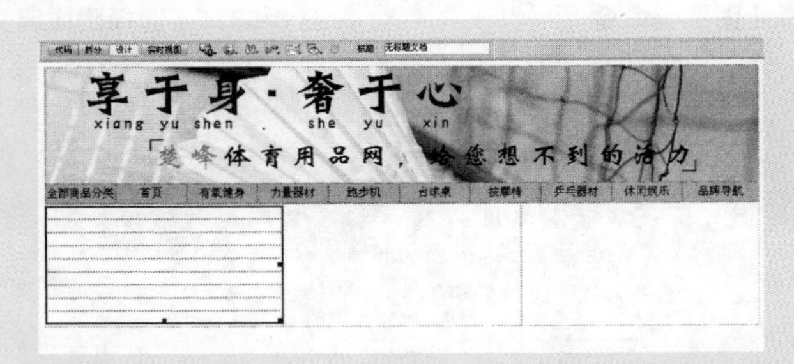

图 8-38　插入表格

步骤 14　选中刚刚插入的表格，在【属性】面板中为【表格】命名为“表格 1”，如图 8-39 所示。

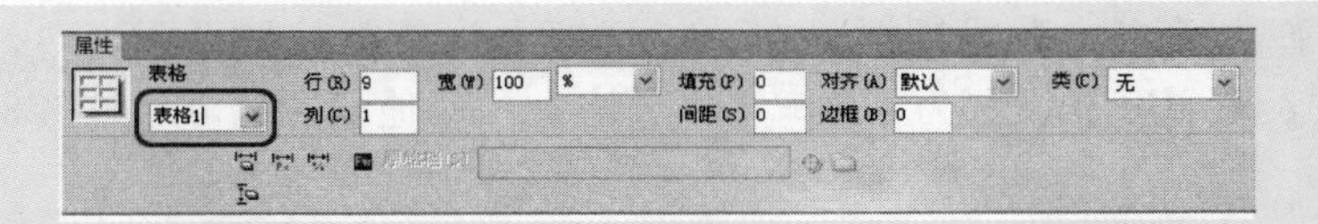

图 8-39　为表格命名

步骤 15　在“表格 1”的前 8 行中输入文字，如图 8-40 所示。

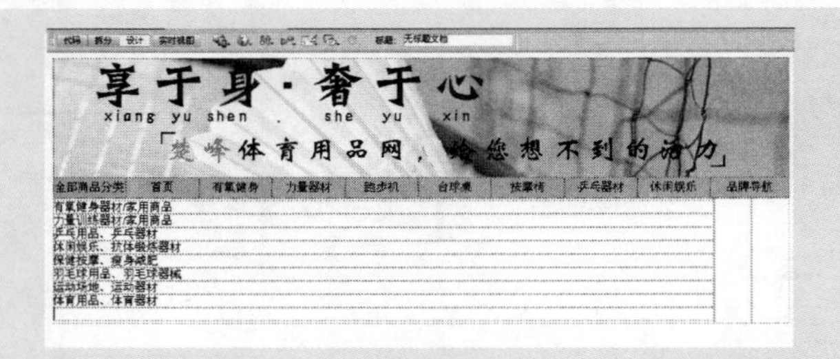

图 8-40　输入文字

步骤 16　将光标放置于“表格 1”第 9 行，在菜单栏中选择【插入】|【图像】命令，

如图 8-41 所示。

步骤 17 弹出【选择图像源文件】对话框，在该对话框中选择随书附带光盘中的“CDROM\素材\第 8 章\插图 1.jpg”文件，如图 8-42 所示。

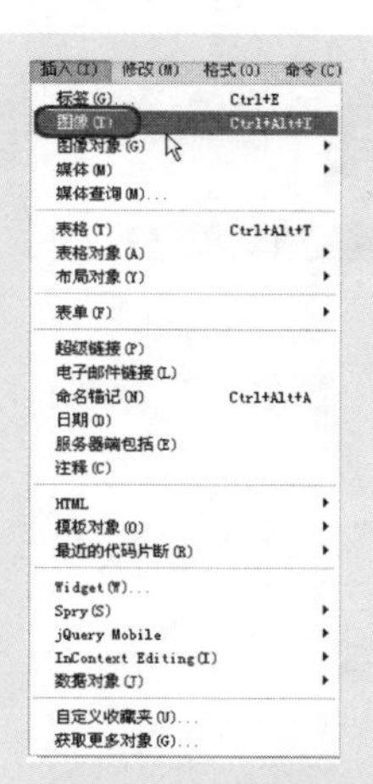

图 8-41 选择【图像】命令

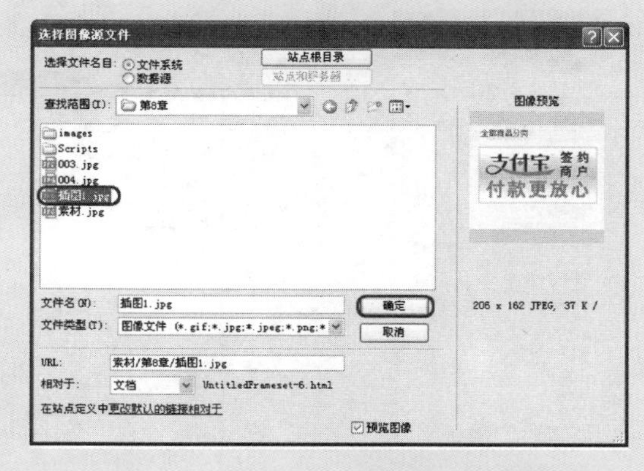

图 8-42 【选择图像源文件】对话框

步骤 18 选中“表格 1”，然后在【属性】面板中将【宽】设置为 23%，如图 8-43 所示。

步骤 19 选中第 3 行表格右侧的单元格，按 Ctrl+Alt+T 组合键插入一个 2 行 1 列的表格，如图 8-44 所示。

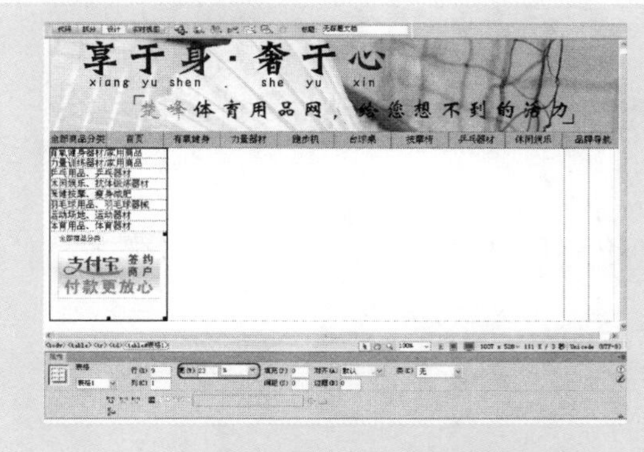

图 8-43 设置表格属性

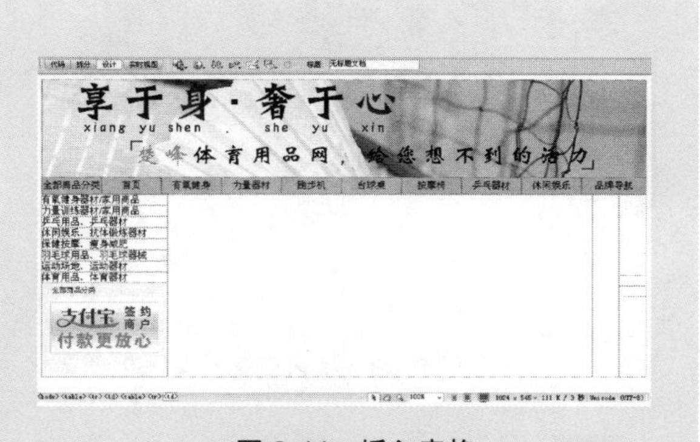

图 8-44 插入表格

步骤 20 选中刚刚插入的表格，在【属性】面板中将此表格命名为“表格 2”，如图 8-45 所示。

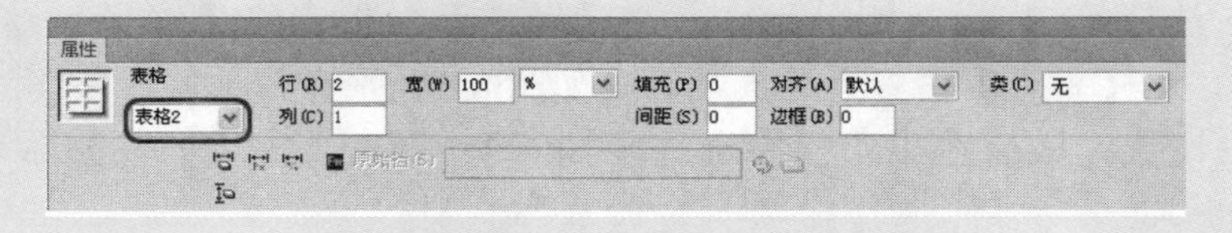

图 8-45 为表格命名

步骤21 将光标放置于“表格 2”第 1 行中，在菜单栏中选择【插入】|【图像】命令，如图 8-46 所示。

步骤22 弹出【选择图像源文件】对话框，在对话框中选择随书附带光盘中的“CDROM\素材\第 8 章\插图 2.jpg”文件，如图 8-47 所示。

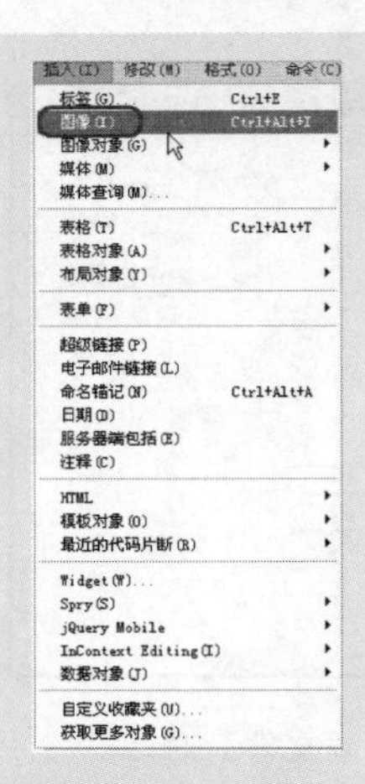

图 8-46 选择【图像】命令

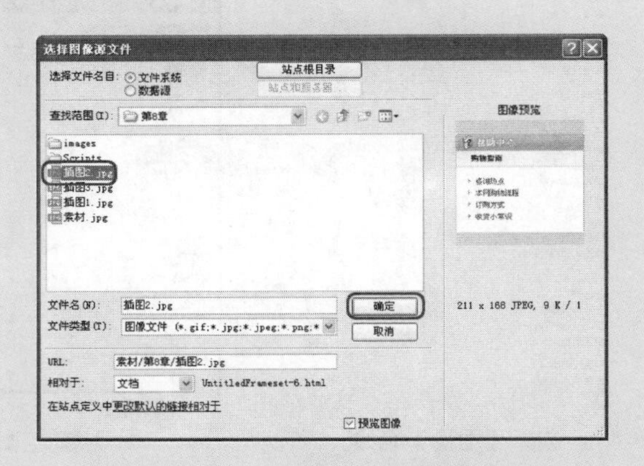

图 8-47 【选择图像源文件】对话框

步骤23 插入图像后的效果如图 8-48 所示。

步骤24 使用相同的方法插入“插图 3.jpg”，插入后的效果如图 8-49 所示。

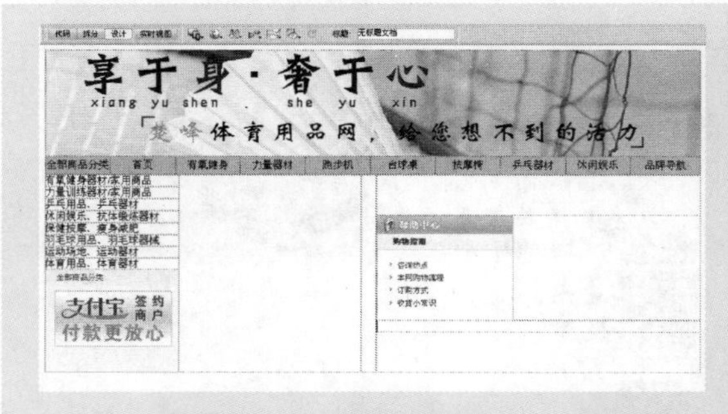

图 8-48 插入图像

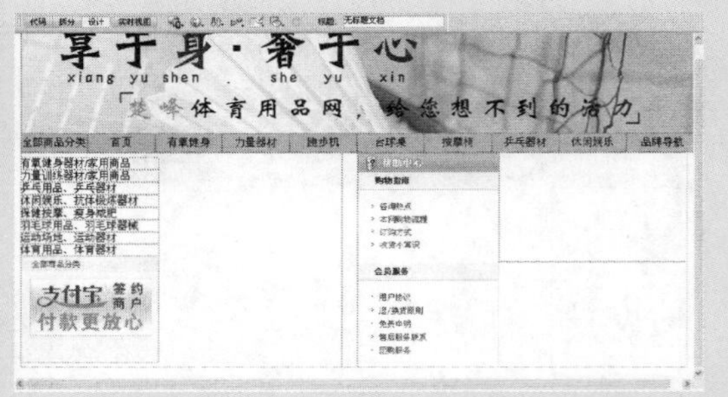

图 8-49 插入图像

步骤25 选中第 3 行右侧的表格，在【属性】面板中将【垂直】设置为【顶端】，将【宽】设置为 21%，如图 8-50 所示。

步骤26 选中第 3 行表格中间单元格，在【属性】面板中将【水平】设置为【居中对齐】，将【垂直】设置为【顶端】，【宽】设置为 60%，如图 8-51 所示。

步骤27 选择第 3 行左侧单元格，在【属性】面板中将【水平】设置为【居中对齐】，将【垂直】设置为【顶端】，如图 8-52 所示。

步骤28 设置完成后在菜单栏中选择【插入】|【媒体】|【插件】命令，如图 8-53 所示。

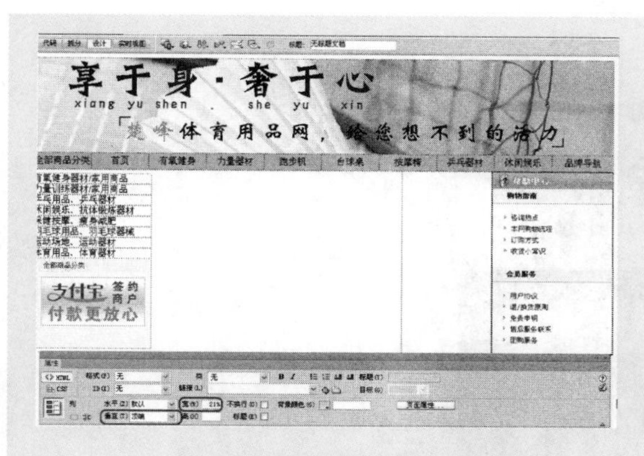

图 8-50　设置表格属性

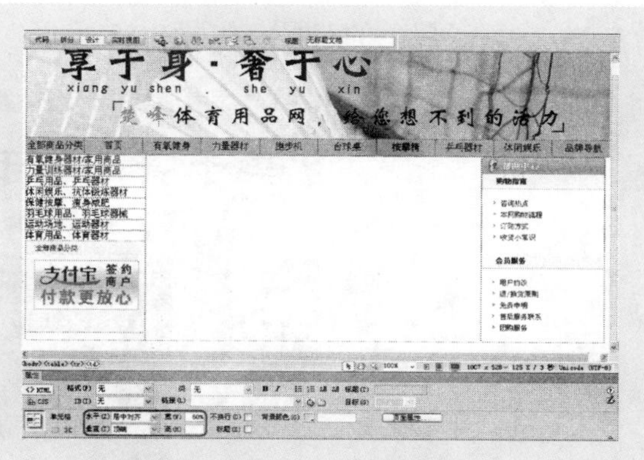

图 8-51　设置表格属性

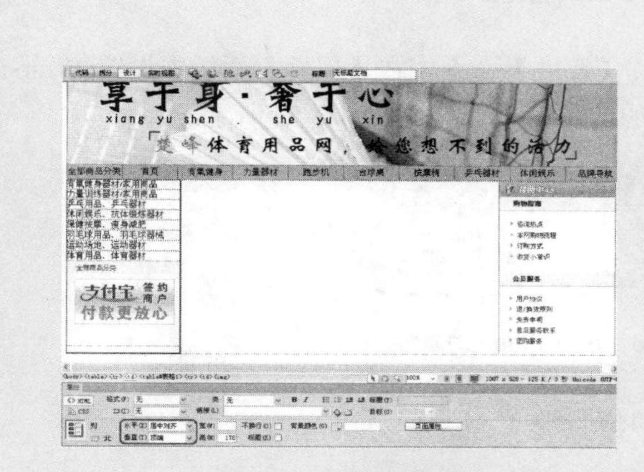

图 8-52　设置表格属性

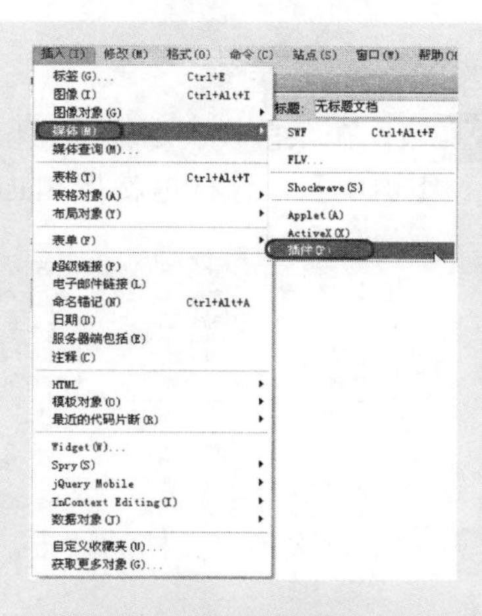

图 8-53　选择【插件】命令

步骤29　在弹出的【选择文件】对话框中选择随书附带光盘中的“CDROM\素材\第 8 章\Flash 动画.swf”文件，单击【确定】按钮，如图 8-54 所示。

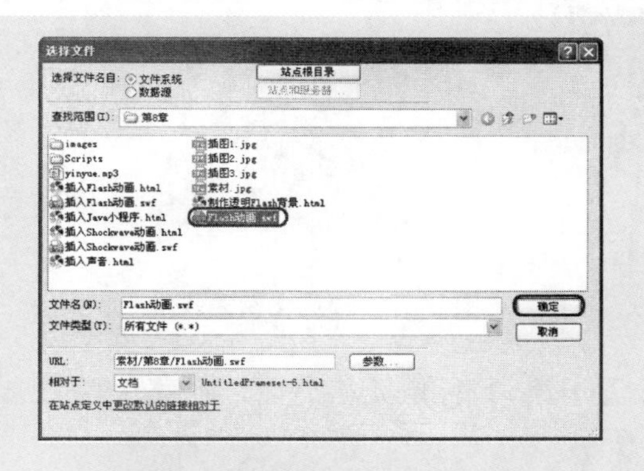

图 8-54　【选择文件】对话框

步骤30　插入“Flash 动画.swf”后按 F12 键预览，将会发现调整 Flash 文件大小后出现了黑色的背景，如图 8-55 所示。

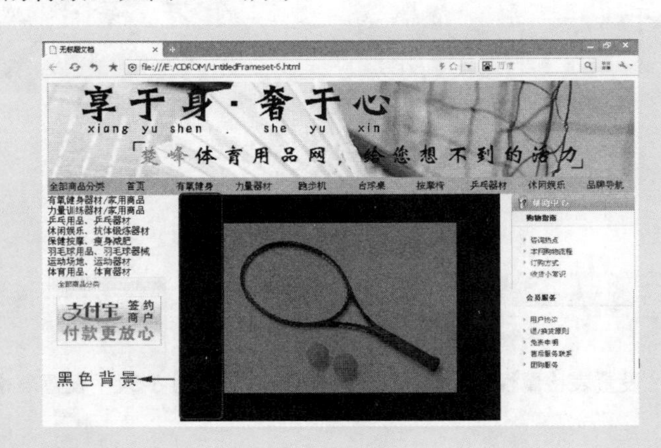

图 8-55 预览文档

步骤 31 在菜单栏中选择【窗口】|【属性】命令，在【属性】面板中设置 Wmode 为【透明】，这样也就将 Flash 的背景设为透明，如图 8-56 所示。

图 8-56 设置 Flash 的属性

步骤 32 再次预览文档的效果，如图 8-57 所示。

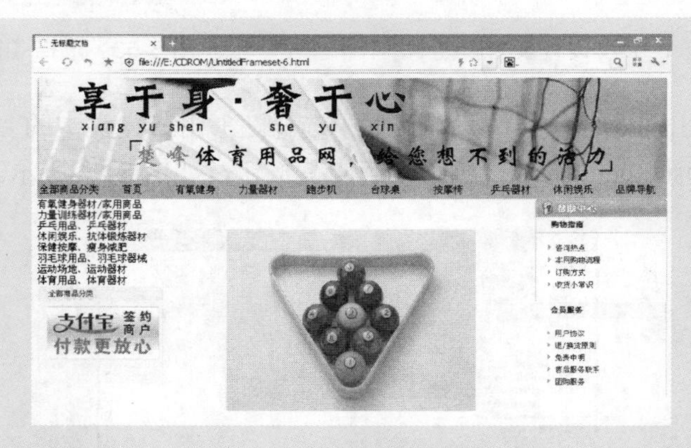

图 8-57 预览文档的效果

步骤 33 将光标放置于第 3 行单元格后面，在菜单栏中选择【插入】|【表格】命令，如图 8-58 所示。

步骤 34 弹出【表格】对话框，在对话框中将【行数】设置为 1，【列】设置为 1，【表格宽度】设置为 100 百分比，其他设置为 0，如图 8-59 所示。

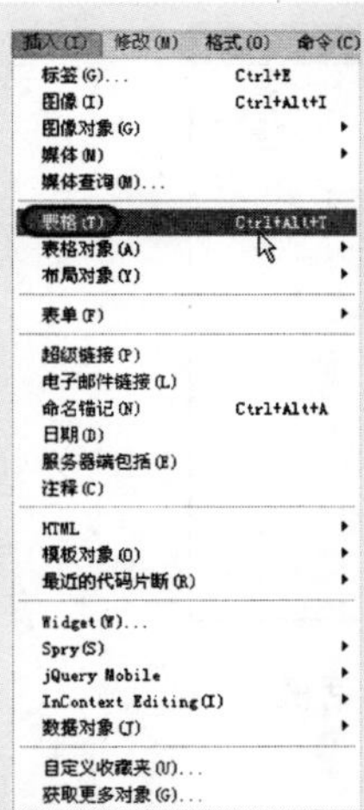

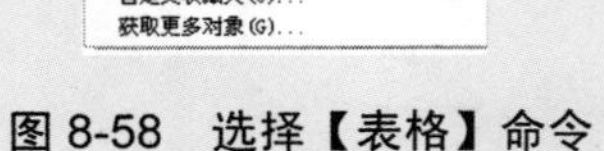

图 8-58 选择【表格】命令

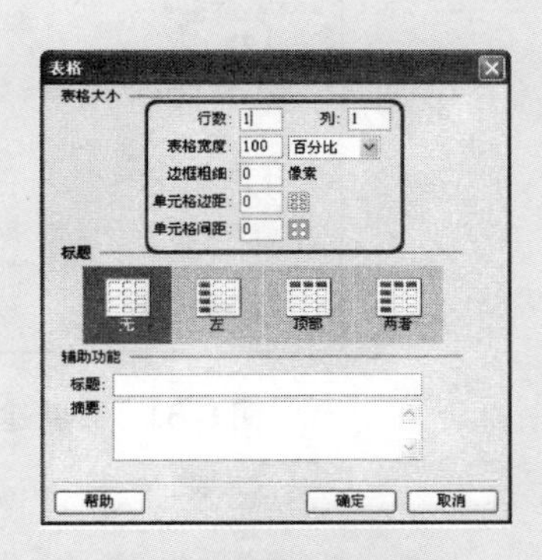

图 8-59 【表格】对话框

步骤35 单击【确定】按钮即可插入一个 1 行 1 列的表格，在【属性】面板中将【水平】设置为【居中对齐】，如图 8-60 所示。

图 8-60 插入表格

步骤36 在刚刚插入的表格中输入文字，将字体【大小】设置为 12px，然后单击【编辑规则】按钮，弹出【新建 CSS 规则】对话框，在该对话框中的【选择器名称】文本框中输入“文字”，如图 8-61 所示。

步骤37 单击【确定】按钮，文字效果如图 8-62 所示。

步骤38 至此，楚峰体育用品网站就制作完成了，保存文件，按 F12 键在浏览器中预览效果。

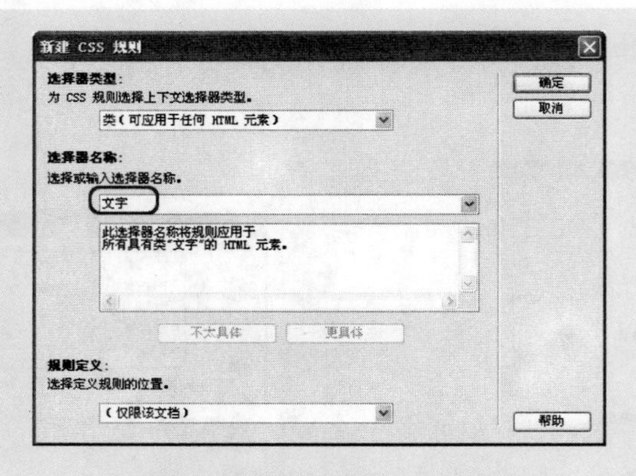

图 8-61 【新建 CSS 规则】对话框

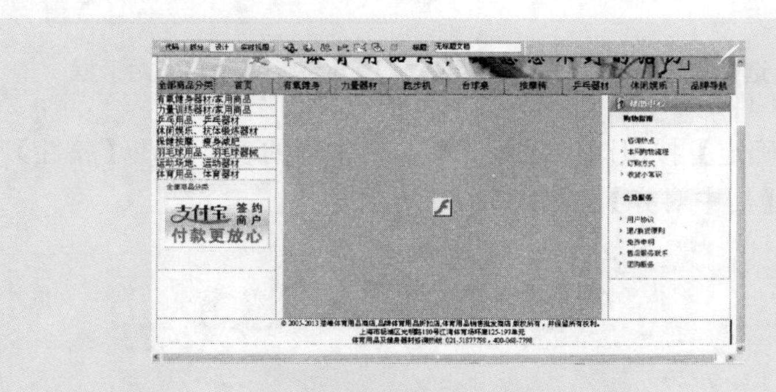

图 8-62 文字效果

第 9 章

使用 AP Div 布局页面

在 Dreamweaver 中，AP Div 是一种页面元素，可以定位于网页的任何位置。AP Div 中可以包含文本、图像、表单、对象插件，以及其他任何可以在文档中插入的内容。通过在网页上创建并定位 AP Div，可以使页面布局更加整齐、美观。AP Div 也是制作重叠网页内容的有效方法。

本章重点：

- AP Div 和【AP 元素】面板
- AP Div 的属性设置和操作
- AP Div 参数设置和嵌套 AP Div
- AP Div 与表格间的转换

9.1 AP Div 和【AP 元素】面板

在使用 AP Div 布局页面之前，先来了解一下 AP Div 的概念，并认识一下【AP 元素】面板。

9.1.1 AP Div 概述

AP 元素(绝对定位元素)是分配有绝对位置的 HTML 页面元素，具体地说，就是 div 标签或其他标签。AP Div 可以包含 HTML 文档中的任何元素，例如文本、图像、表单和插件，甚至可以包含其他 AP Div。

AP Div 最主要的功能就是美化网页，它可以在网页内容之上或之下浮动。也就是说，可以在网页上任意改变 AP Div 的位置，以实现对 AP Div 的精确定位。如果要实现网页内容的精确定位，最有效的办法就是先将它放置在 AP Div 中，然后在页面中对 AP Div 的位置进行精确定位。

AP 元素通常是绝对定位的 Div 标签，用户可以将任何 HTML 元素作为 AP 元素进行分类，方法是为其分配一个绝对位置。所有 AP 元素都将在【AP 元素】面板中显示。

AP Div 还有一些重要的功能，例如，AP Div 可以重叠，在网页中实现文档内容重叠的效果；AP Div 可以显示或隐藏，我们可以通过程序在网页中控制 AP Div 的显示或隐藏，实现 AP Div 内容的动态交替显示及一些特殊的显示效果。通过将 AP Div 与设计视图中的代码完美地结合在一起，可以轻松地创建出极具动态效果的动画页面，形成具有专业风格的动态 HTML 网页。

Dreamweaver 使用 Div 标签创建 AP Div。以下是 AP Div 实例的 HTML 代码。

```
<html>
<head>
<style>
<meta http-equiv="Content-Type" content="text/html; charset=iso-8859-1 "/>
<title>Sample Ap Div Page</title>
<style type="text/css">
<!--
#apDiv1 {
    position:absolute;
    left:62px;
    top:67px;
    width:421px;
    height:188px;
    z-index:1;
}
-->
</style>
</head>
<body>
<div id="apDiv1">
</div>
```

```
</body>
</html>
```

在代码页面的【属性】面板中，也可以对 AP Div 的属性进行更改。

9.1.2 【AP 元素】面板

在 Dreamweaver CS6 中，有一个与 AP Div 相关的面板——【AP 元素】面板。在【AP 元素】面板中，可以方便地对所创建的 AP Div 进行各种操作。

在菜单栏中选择【窗口】|【AP 元素】命令，打开【AP 元素】面板，如图 9-1 所示。

【AP 元素】面板分为三栏：左侧为【眼睛】标记，单击该标记可以更改所有 AP Div 的可见性；当眼睛处于的状态下，在场景相对应的 AP Div 是处于被隐藏的，如图 9-2 所示。中间显示 AP Div 的名称；右侧为 AP Div 在 Z 轴的排列。

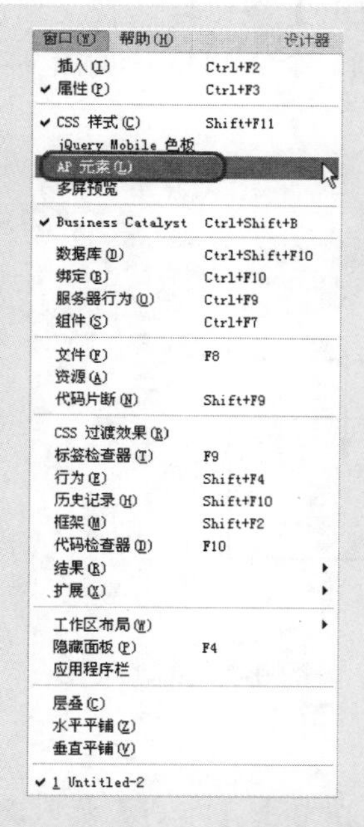

图 9-1 【AP 元素】命令

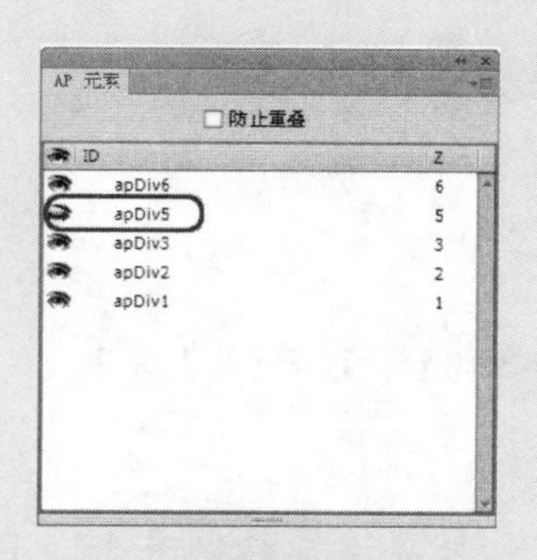

图 9-2 【AP 元素】面板

在【AP 元素】面板中，AP Div 以堆叠的名称列表形式显示。先建立的 AP Div 位于列表的底部，最后建立的 AP Div 位于列表的顶部。

使用【AP 元素】面板，可以防止 AP Div 重叠、更改 AP Div 的可见性、将 AP Div 嵌套或重叠，以及选择一个或多个 AP Div 等。

提示：在【AP 元素】面板中，AP Div 是以堆叠的形式出现的，也就是说，最初建立的 AP Div 位于列表的最下方，而刚建立的 AP Div 位于列表的最上方。按照创建的先后顺序向上依次排列。

9.1.3 AP Div 的创建和编辑

1. 创建 AP Div

下面来介绍创建 AP Div 的具体操作。执行以下操作之一即可完成 AP Div 的创建。

- 将光标放置在需要插入 AP Div 的位置，在菜单栏中选择【插入】|【布局对象】|AP Div 命令，如图 9-3 所示。即可创建一个 AP Div。

提示： 选择【插入】|【布局对象】|AP Div 命令创建一个 AP Div，其大小、显示方式、背景颜色和背景图片等属性均是默认的。要想更改其默认的属性，可在【首选参数】对话框中进行设置。

- 打开【布局】插入面板，单击【绘制 AP Div】按钮，在文档窗口中单击并拖动鼠标，至合适大小后释放鼠标，即可绘制一个 AP Div，如图 9-4 所示。

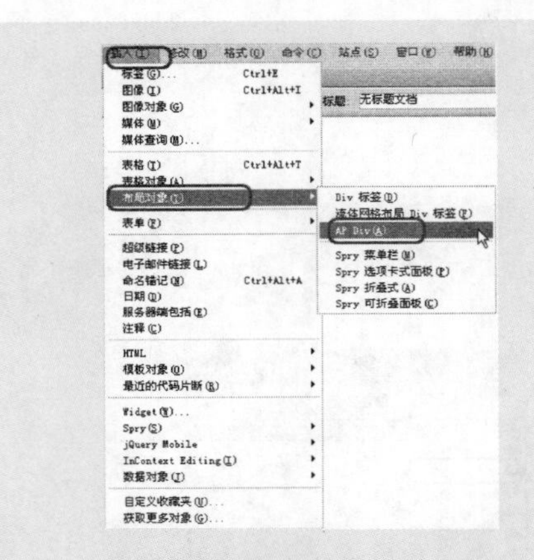

图 9-3 选择【AP Div】命令

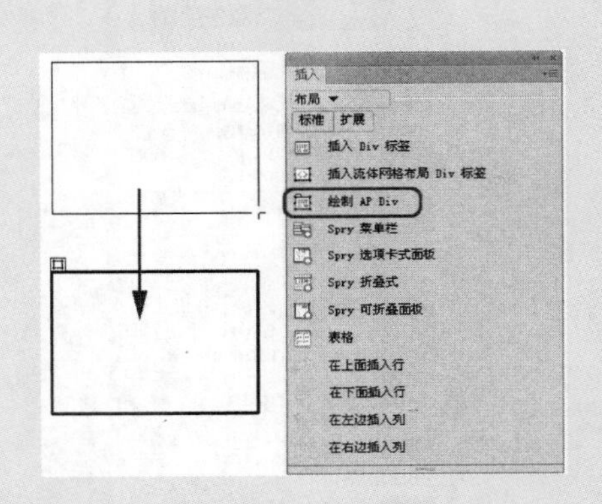

图 9-4 绘制 AP Div

提示： 如果要连续绘制多个 AP Div，那么在单击【布局】插入面板中的【绘制 AP Div】按钮后，按住 Ctrl 键的同时在文档窗口中进行绘制。只要不松开 Ctrl 键，就可以继续绘制新的 AP Div。

- 在【布局】插入面板中单击【绘制 AP Div】按钮，并将其拖拽至文档窗口中，即可创建一个 AP Div，如图 9-5 所示。

2. 在 AP Div 中添加内容

在创建完一个 AP Div 后，为了丰富 AP Div，我们还可以在 AP Div 中添加图像及 AP Div 内容，其具体的操作步骤如下。

步骤 01 在空白页面中绘制一个 AP Div，然后将光标放置于绘制好的 AP Div 中，在菜单栏中选择【插入】|【图像】命令，如图 9-6 所示。

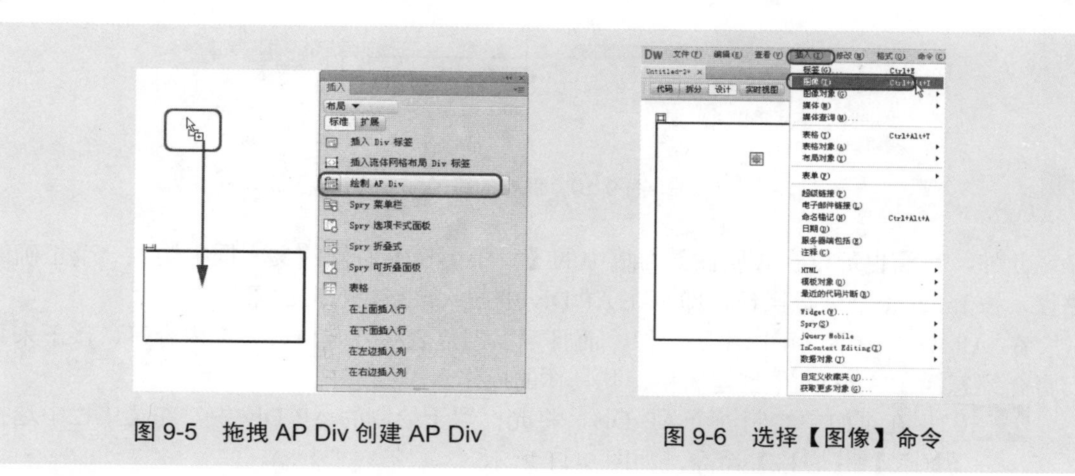

图 9-5　拖拽 AP Div 创建 AP Div

图 9-6　选择【图像】命令

步骤 02　打开【选择图像源文件】对话框，在该对话框中选择随书附带光盘中的“CDROM\素材\第 9 章\AP Div 素材 01”素材文件，如图 9-7 所示。

步骤 03　单击【确定】按钮即可将选择的素材文件插入到绘制的 AP Div 中，如图 9-8 所示。

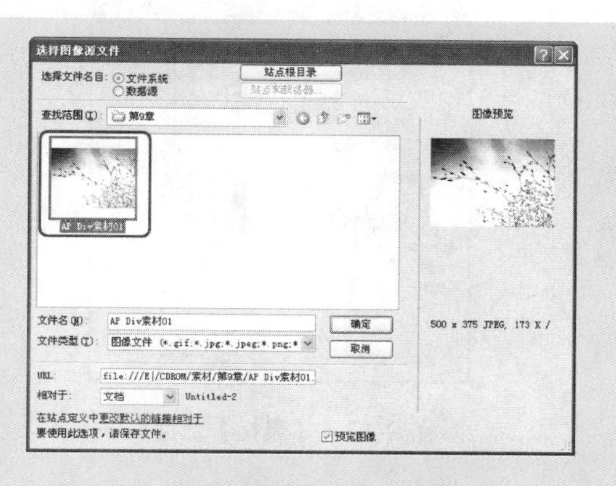

图 9-7　【选择图像源文件】对话框

图 9-8　插入素材文件后的效果

我们还可以使用其他的方法在 AP Div 中插入图像，例如在页面中选择绘制的 AP Div，打开【属性】面板，在该面板中单击【背景图像】文本框右侧的【浏览文件】按钮，如图 9-9 所示。在弹出的对话框中选择需要插入的素材文件，单击【确定】按钮，即可为页面中的 AP Div 添加背景图像，而添加的背景图像的相应路径也会被记录下来，如图 9-10 所示。

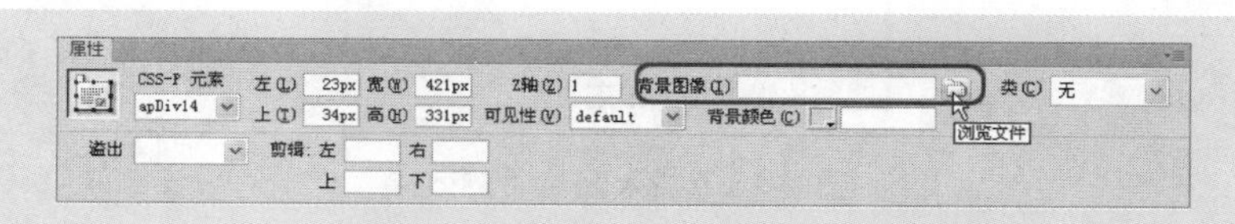

图 9-9　【属性】面板

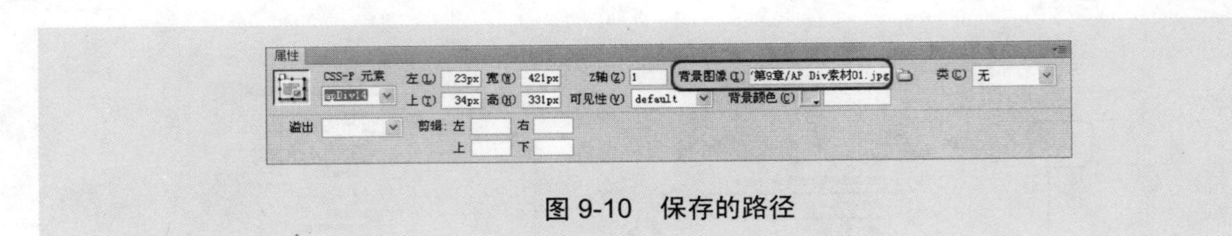

图 9-10　保存的路径

此外，我们也可以在【属性】面板中的【背景图像】右侧的文本框中输入一个正确的路径，按 Enter 键确认该操作，即可在 AP Div 中插入该路径对应的素材文件。

在 AP Div 中不仅可以添加图像，而且可以创建表格、表单、文字内容等，接下来我们将介绍怎样在 AP Div 中创建表格，其具体的操作步骤如下。

步骤01　在页面中绘制一个 AP Div，将光标置于绘制的 AP Div 中，在菜单栏中选择【插入】|【表格】命令，如图 9-11 所示。

步骤02　弹出【表格】对话框，将【行数】设置为 5，【列】设置为 1，【表格宽度】设置为 100、【百分比】，【单元格间距】设置为 10，如图 9-12 所示。

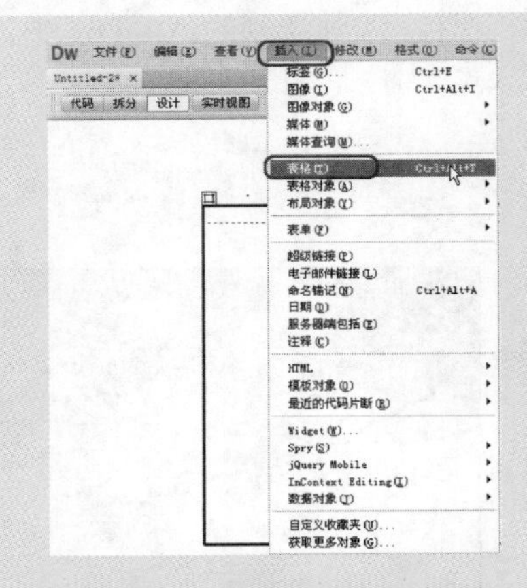

图 9-11　选择【表格】命令

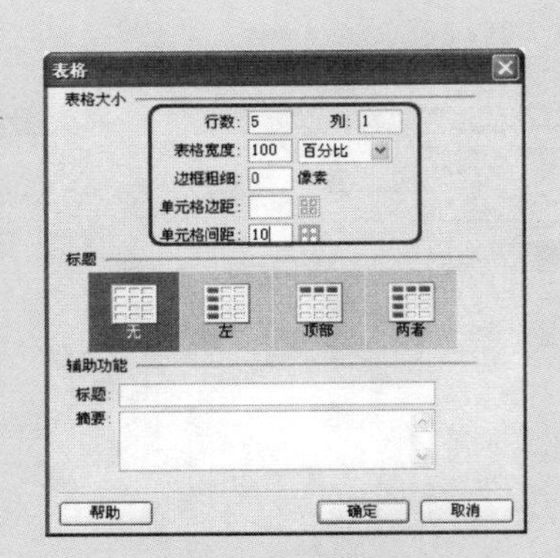

图 9-12　【表格】对话框

步骤03　单击【确定】按钮，即可在 AP Div 中插入表格，如图 9-13 所示。

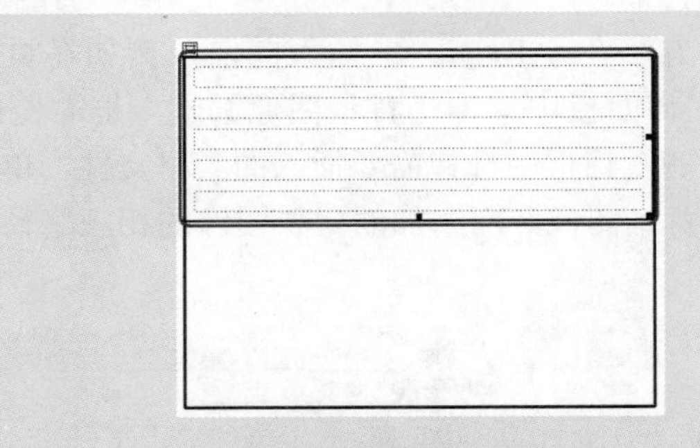

图 9-13　插入表格后的效果

9.2 AP Div 的属性设置和操作

只有熟悉了 AP Div 的属性设置和 AP Div 的基本操作，才能更好地进行网页布局，制作出更加壮观的网页。

9.2.1 AP Div 的【属性】面板

在菜单栏中选择【窗口】|【属性】命令，打开【属性】面板。在文档中单击 AP Div 边框选定 AP Div，【属性】面板中则会显示 AP Div 属性，如图 9-14 所示。

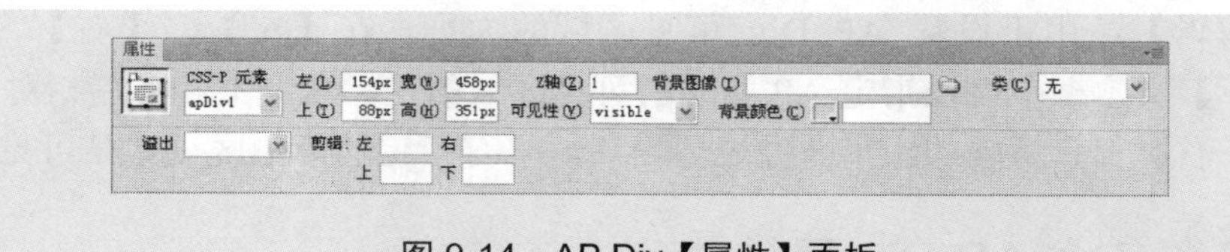

图 9-14 AP Div【属性】面板

在 AP Div【属性】面板中，可以对以下内容进行设置。

- 【CSS-P 元素】：为 AP 元素命名。AP 元素名称只能包含字母和数字，并且不能以数字开头。
- 【左】：用于设置 AP Div 的左边界与浏览器窗口左边界的距离，在改变数值时，必须加后缀，即 px。
- 【上】：用于设置 AP Div 的上边界与浏览器窗口上边界的距离，在改变数值时，必须加后缀，即 px。
- 【宽】：用于设置 AP Div 的宽度，在改变数值时必须加后缀，即 px。
- 【高】：用于设置 AP Div 的高度，在改变数值时必须加后缀，即 px。
- 【Z 轴】：用于设置 AP Div 在垂直方向上的索引值，决定 AP Div 的堆叠顺序，值大的 AP Div 位于上方，其值可以是正的，也可以是负值，还可以为 0。
- 【可见性】：用于设置 AP Div 的显示状态。在下拉列表中可以选择以下 4 种选项。
  - default(默认)：选择该选项，不明确指定 AP Div 可见性属性。大多数情况下会继承父级 AP Div 的可见性属性。
  - inherit(继承)：选择该选项，则继承父级 AP Div 的可见性属性。
  - visible(可见)：选择该选项，则显示 AP Div 以及其中的内容。
  - hidden(隐藏)：选择该选项，则隐藏 AP Div 以及其中的内容。
- 【背景图像】：用于设置 AP Div 的背景图像。可以直接在文本框中输入图像路径，也可以单击【浏览文件】按钮，打开【选择图像源文件】对话框选择图像文件。
- 【背景颜色】：用于设置 AP Div 的背景颜色。默认为透明背景。
- 【类】：用于为 AD Div 添加样式。
- 【溢出】：用于设置当 AP Div 中的内容超出 AP Div 大小时，如何在浏览器中显示 AP Div。在下拉列表中可以选择以下 4 种选项。

- visible(可见)：选择该选项，则当 AP Div 的内容超出 AP Div 的大小时，AP Div 会自动向右或向下扩展，使 AP Div 能够容纳并显示其中的内容。
- hidden(隐藏)：选择该选项，则当 AP Div 的内容超出 AP Div 的大小时，AP Div 的大小保持不变，也不会出现滚动条，超出 AP Div 的内容不被显示。
- scroll(滚动)：选择该选项，无论 AP Div 的内容是否超出 AP Div 的大小，AP Div 的右侧和下侧都会显示滚动条。
- auto(自动)：选择该选项，则当 AP Div 的内容超出 AP Div 的大小时，AP Div 的大小保持不变，在 AP Div 的右侧或下侧会自动出现滚动条，以使 AP Div 中的内容能够通过滚动条来显示。

- 【剪辑】：用于设置 AP Div 可见区域的大小。在【左】、【右】、【上】和【下】文本框中可以指定 AP Div 的可见区域的左、右、上和下端相对于 AP Div 左、右、上和下端的距离。经过剪辑后，只有指定的矩形区域才是可见的。

9.2.2 设置多个 AP Div 属性

当选中多个 AP Div 时，AP Div 的【属性】面板将显示文本属性和普通属性的并集，允许一次修改若干个 AP Div。如果要选择多个 AP Div，那么我们可以按住 Shift 键的同时选择 AP Div。选中多个 AP Div 的【属性】面板如图 9-15 所示。

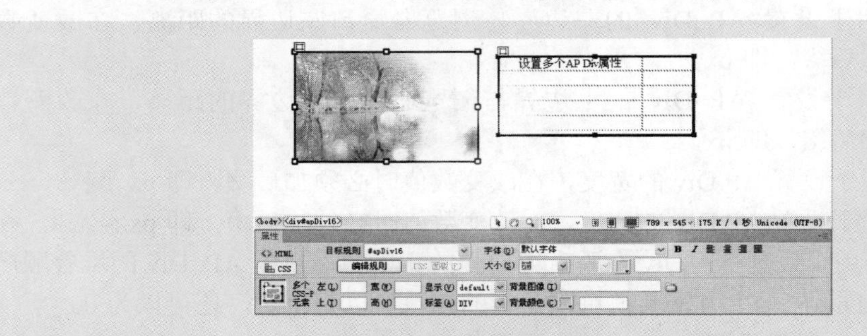

图 9-15 选中多个 AP Div 的【属性】面板

该【属性】面板中的参数与单个 AP Div【属性】面板中的参数相似，用户可参照单个 AP Div 的【属性】面板中的参数进行设置，在此就不再赘述。

9.2.3 在【AP 元素】面板中改变 AP Div 的可见性

AP Div 的可见性不仅可以在 AP Div【属性】面板中进行修改，而且可以在【AP 元素】面板中进行修改。在【AP 元素】面板中单击需要修改可见性的 AP Div 左侧的眼睛图标，设置其可见或不可见。

- 默认情况下眼睛图标不显示，该 AP Div 继承父级 AP Div 可见性，如图 9-16 所示。
- 单击需要显示的 AP Div 前的眼睛图标，当眼睛处于的状态下，该 AP Div 是可见的，如图 9-17 所示。

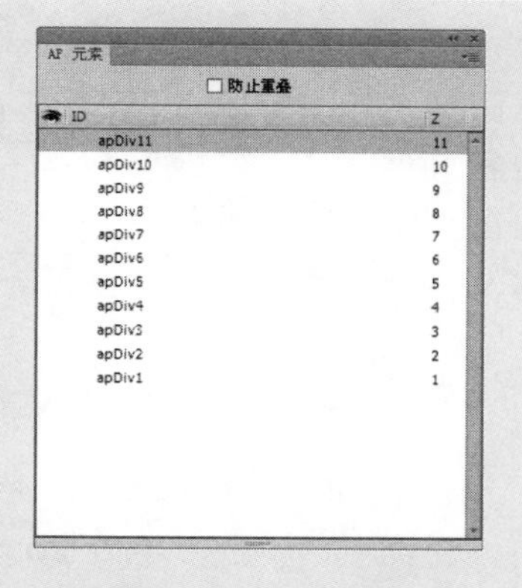

图 9-16　默认显示

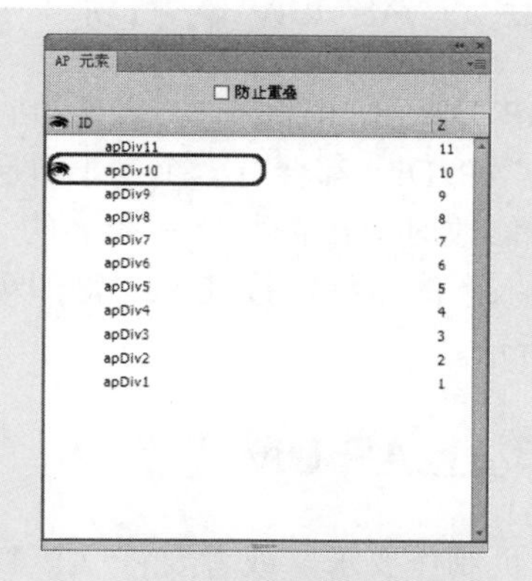

图 9-17　可见显示

- 单击需要隐藏的 AP Div 前的眼睛图标，当眼睛处于的状态下，该 AP Div 事不可见的，如图 9-18 所示。

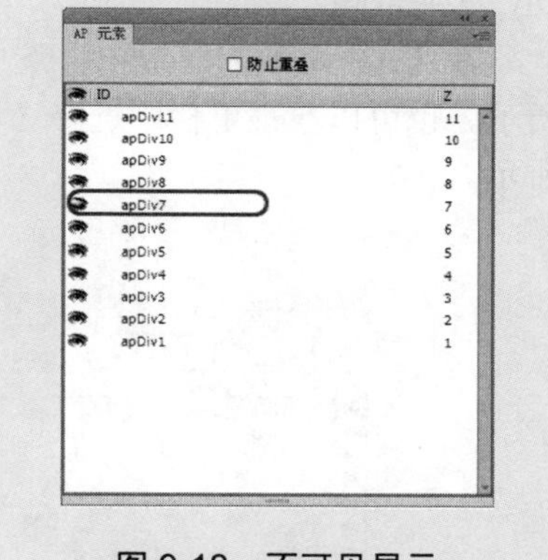

图 9-18　不可见显示

提示：要一次更改列表中所有 AP Div 的可见性，单击眼睛列表顶端的眼睛图标即可。

9.2.4　改变 AP Div 的堆叠顺序

在制作网页的过程中，有时需要对 AP Div 的堆叠顺序进行修改。除了前面介绍的在 AP Div【属性】面板的【Z 轴】中进行修改，设计者还可以直接在【AP 元素】面板中修改。

下面介绍如何在【AP 元素】面板中改变 AP Div 的堆叠顺序。

单击需要修改堆叠顺序的 AP Div 右侧【Z 轴】列表中的数字，激活该选项的文本框，直接对数字进行修改即可，如图 9-19 所示。

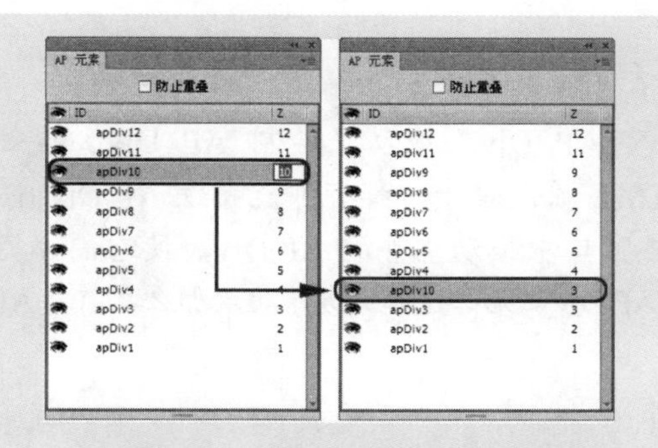

图 9-19　修改【Z 轴】数字

9.2.5 更改 AP Div 的名称

当给 AP Div 添加行为时，需要给它命名。默认情况下每个 AP Div 都会有一个属于自己的默认的名称，当需要修改时双击需要重新命名的 AP Div，在文本框中输入新的名称，按 Enter 键即可更改名称，如图 9-20 所示。

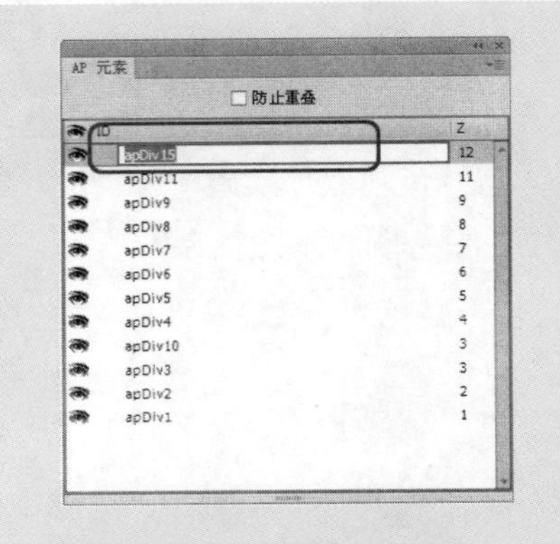

图 9-20　改变 AP Div 名称

9.2.6 防止 AP Div 重叠

根据网页制作要求，或者要将 AP Div 转换为表格(因为表格单元不能重叠，所以 Dreamweaver 不能把重叠的 AP Div 转换为表格)，需要在创建、移动 AP Div 及调整 AP Div 大小时防止 AP Div 发生重叠。

在【AP 元素】面板中，选中【防止重叠】复选框，即可防止 AP Div 重叠。如图 9-21 所示。也可以在菜单栏中选择【修改】|【排列顺序】|【防止 AP 元素重叠】命令，如图 9-22 所示。

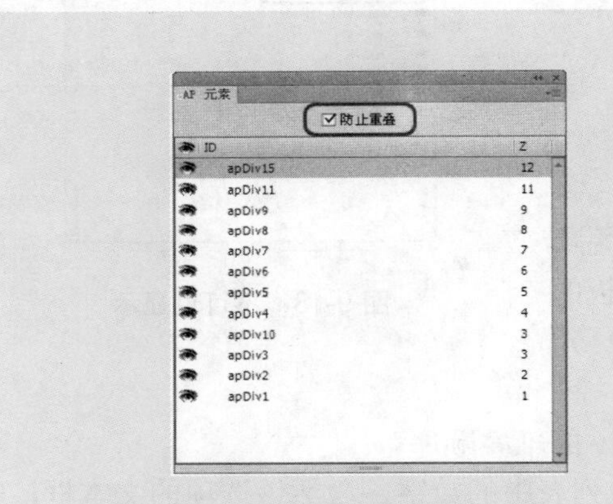

图 9-21　选中【防止重叠】复选框

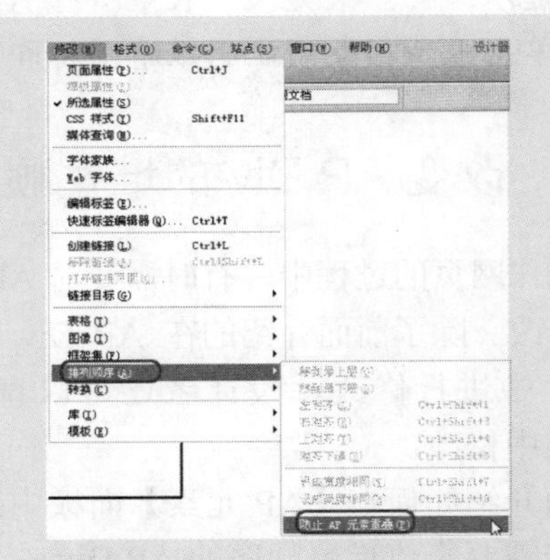

图 9-22　选择【防止 AP 元素重叠】命令

提示： 即使选择了【防止重叠】复选框，有些操作也会导致 AP Div 重叠。例如，使用菜单栏命令插入 AP Div，拖动【绘制 AP Div】按钮插入 AP Div，或者在 HTML 检查器中编辑 HTML 源代码等，都有可能导致 AP Div 重叠。如果发生了 AP Div 重叠，那么就需要在文档窗口中拖动重叠的 AP Div，使它们分离。

如果是在发生了重叠 AP Div 之后才选择此复选框，那么之前的 AP Div 重叠不会发生改变。

9.2.7 删除 AP Div

在网页的制作过程中，如果产生了一些不再需要的 AP Div，那么可将它们删除掉。删除AP Div的方法如下。

- 在文档窗口中选择不需要的AP Div，单击鼠标右键，在弹出的快捷菜单中选择【删除标签】命令，即可删除不需要的AP Div。
- 在文档窗口中选择不需要的AP Div，按键盘上的Delete键，也可以将不需要的AP Div删除。
- 在【AP元素】面板中选中需要删除的AP Div名称，按键盘上的Delete键，即可将不需要的AP Div删除。

9.2.8 AP Div的基本操作

AP Div创建完成后，根据网页布局需要，可以对AP Div进行选择、调整大小、移动和对齐等操作。

1. 选择AP Div

在Dreamweaver中可以一次选择一个AP Div，也可以同时选择多个AP Div。

- 单击AP Div边线，选择单个AP Div，如图9-23所示。
- 单击AP Div选择柄，选择单个AP Div。如果选择柄不可见，那么可以将光标放置在该AP Div中，即可显示选择柄。如图9-24所示。

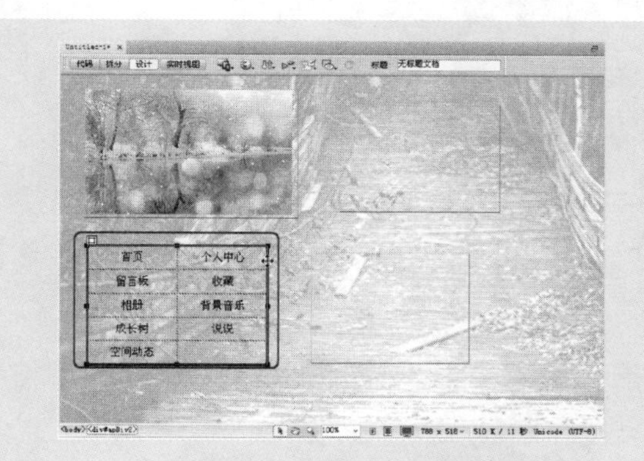

图9-23 选择单个AP Div

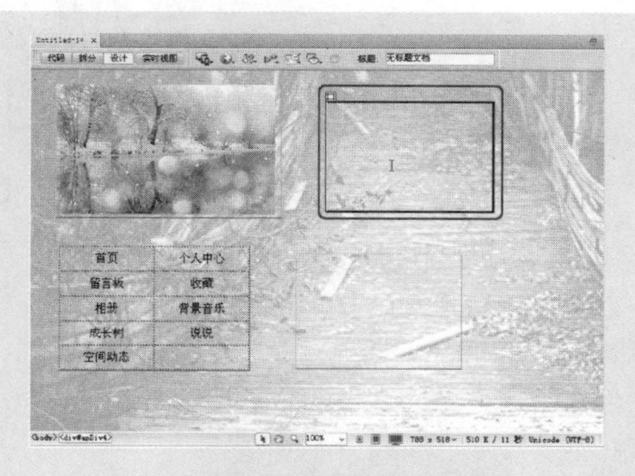

图9-24 单击AP Div选择柄

- 在【AP元素】面板中单击AP Div名称进行选择，按住Shift键可以选择多个AP Div，如图9-25所示。
- 在文档页面中，可以按住Shift键直接单击AP Div进行单选或多选，如图9-26所示。

提示： 当选择多个AP Div时，最后选中的AP Div的手柄以蓝色实心框突出显示，其他AP Div的手柄以蓝色空心框突出显示。

2. 调整AP Div大小

可以调整一个AP Div的大小，也可以同时调整多个AP Div的大小，使它们具有相同的高度和宽度。如果选中【防止重叠】复选框，那么在调整 AP Div 大小时，AP Div 不会重叠。

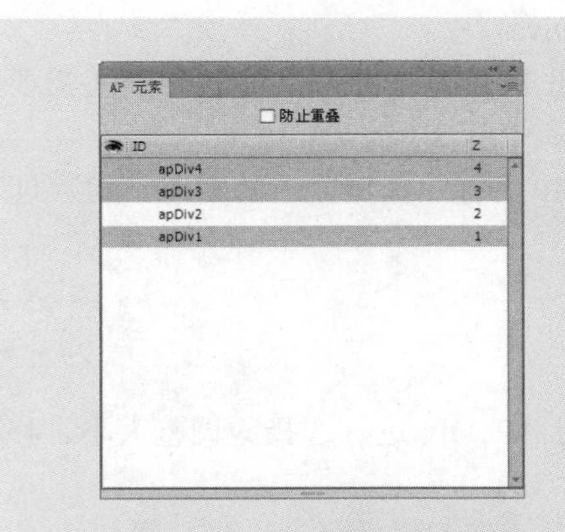

图 9-25 【AP 元素】面板选择

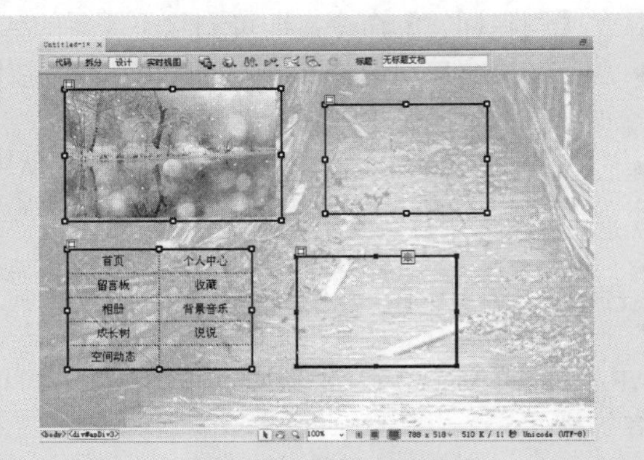

图 9-26 选择多个 AP Div

执行以下操作之一可以调整 AP Div 大小。

- 选择 AP Div，将光标放置于 AP Div 的控制点上，当光标变成双向箭头时，拖拽对其进行调整，如图 9-27 所示。

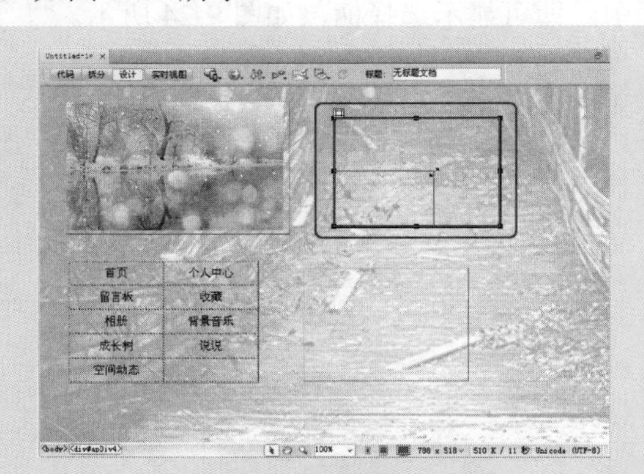

图 9-27 通过控制点改变 AP Div 的大小

提示：如果需要精确调整 AP Div 大小，那么除了在【属性】面板修改 AP Div 的宽和高之外，还可以先选择要调整的 AP Div，按住 Ctrl 键后使用方向键调整 AP Div 大小，每按一次方向键，AP Div 大小变化 1px。

- 在文档中选择多个 AP Div，然后在菜单栏中选择【修改】|【排列顺序】|【设成宽度相同】或【设成高度相同】命令，如图 9-28 所示。从而使多个 AP Div 的宽和高按照最后选择的 AP Div 的宽和高进行设置，如图 9-29 所示。
- 在文档中选择多个 AP Div，在【属性】面板的【多个 CSS-P 元素】区域内的【宽】或【高】文本框中输入数值，按 Enter 键确认操作，即可为多个 AP Div 设置相同宽或高，如图 9-30 所示。

图 9-28 选择【设成宽度相同】或【设成高度相同】命令

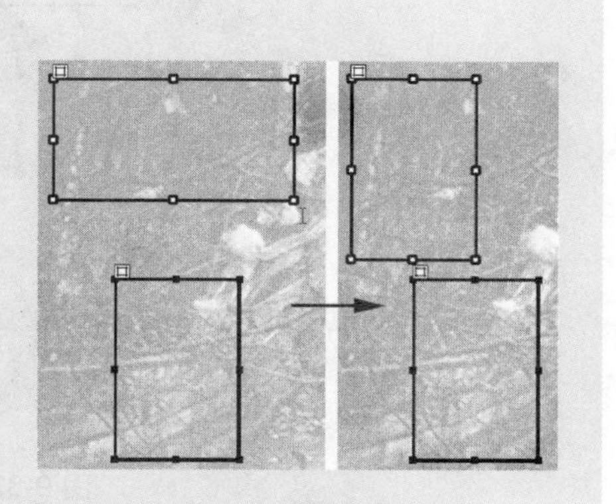

图 9-29 执行完命令后的效果

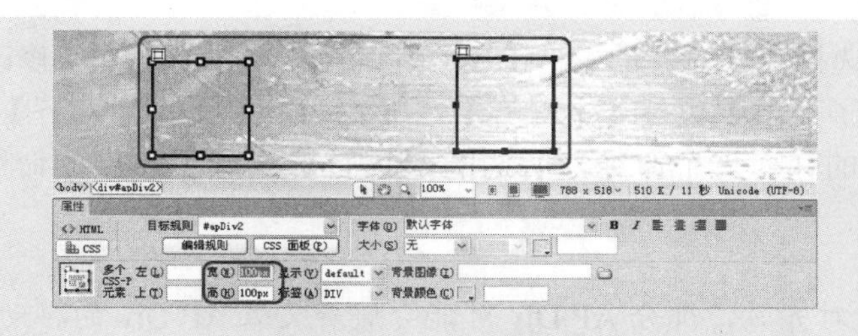

图 9-30 在【属性】面板中设置相同的高或宽

3. 移动 AP Div

AP Div 具有很高的灵活性，可以根据网页布局需要对其位置进行调整。执行以下操作之一即可移动 AP Div。

- 选中页面中的 AP Div，拖动 AP Div 选择柄移动到合适的位置。当选择多个 AP Div 时，拖动最后被选择的 AP Div 选择柄进行移动，如图 9-31 所示。
- 如果需要精确移动 AP Div，那么在选择单个或多个 AP Div 之后，使用方向键进行移动。每按一次方向键移动 1px，按住 Shift 键每次移动 10px。
- 选择 AP Div，在【属性】面板中的【左】或【上】文本框中输入数值移动 AP Div。按 Enter 键确认，即可改变 AP Div 的位置，如图 9-32 所示。

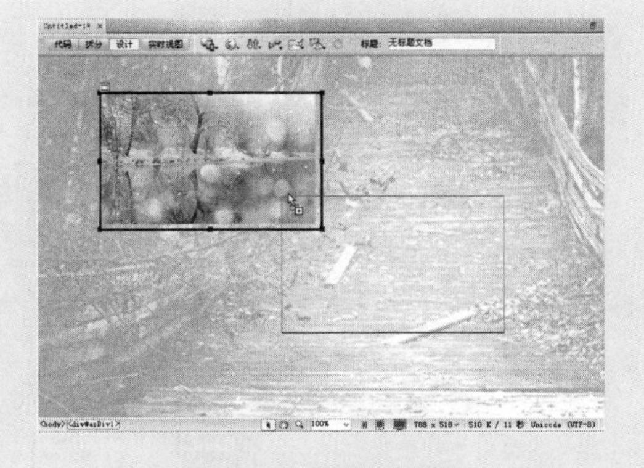

图 9-31 移动 AP Div

提示： 使用【属性】面板移动 AP Div 时，可能会使 AP Div 重叠。使用【属性】面板不能移动多个 AP Div。

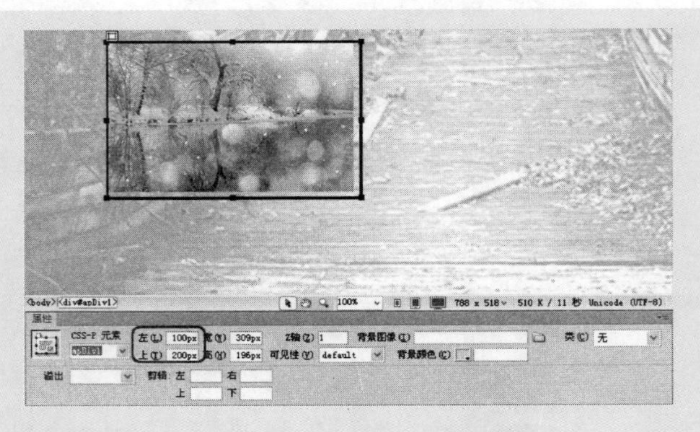

图 9-32　使用【属性】面板移动

4. 对齐 AP Div

在文档窗口中选择需要对齐的 AP Div，然后在菜单栏中选择【修改】|【排列顺序】命令，在该命令的子菜单中包括【上对齐】、【左对齐】、【右对齐】和【对齐下缘】4 个命令。执行其中的任何一个命令，所选的 AP Div 会根据相应的命令改变其原始的位置，如图 9-33 所示。

提示： 进行对齐时，部分 AP Div 可能会随着父级 AP Div 的移动而移动。

5. AP Div 靠齐到网格

在文档窗口中可以通过显示网格，并设置 AP Div 靠齐到网格，使页面布局更加精细。

在菜单栏中选择【查看】|【网格设置】【显示网格】命令，可以在文档窗口中显示网格，如图 9-34 所示。

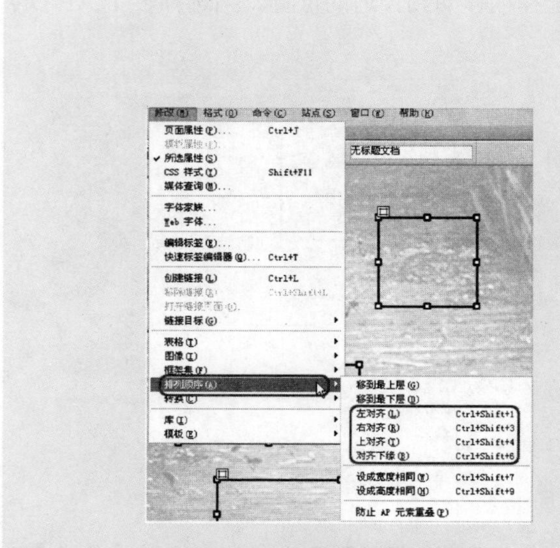

图 9-33　选择【排列顺序】命令

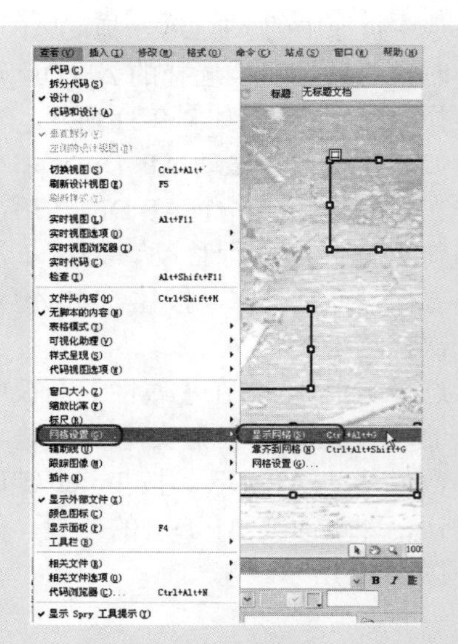

图 9-34　选择【显示网格】命令

在菜单栏中选择【查看】|【网格设置】|【靠齐到网格】命令，如图 9-35 所示。在页面中拖动 AP Div，当 AP Div 靠近网格一定距离时，AP Div 就会自动靠齐到网格线，如图 9-36 所示。

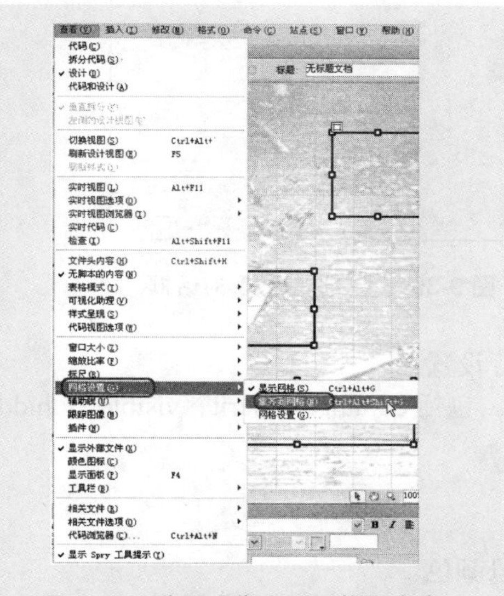

图 9-35　选择【靠齐到网格】命令

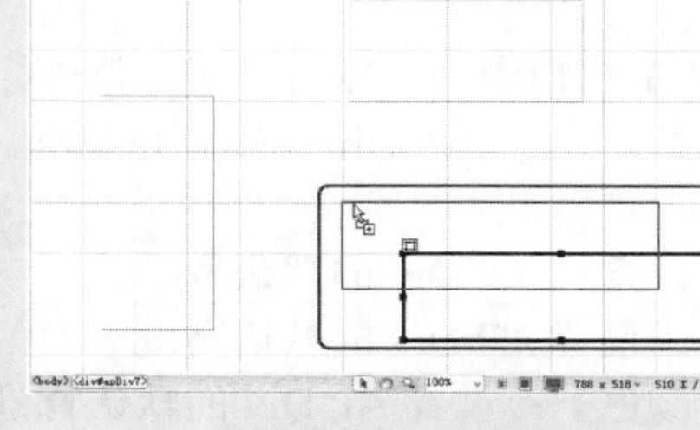

图 9-36　自动靠齐

在菜单栏中选择【查看】|【网格设置】|【网格设置】命令，打开【网格设置】对话框，在该对话框中可以对网格的颜色、间隔、显示等属性进行设置，如图 9-37 所示。

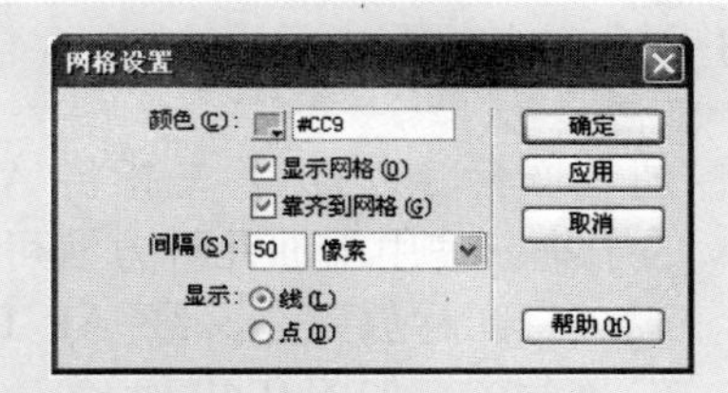

图 9-37　【网格设置】对话框

- 【颜色】：设置网格显示颜色。
- 【显示网格】：选中该复选框，可以设置网格的可见性。
- 【靠齐到网格】：选中该复选框，可以使网页元素靠齐到网格。
- 【间隔】：在文本框中设置网格间隔，在右侧下拉列表中选择间隔单位。
- 【显示】：选择网格的显示方式，即是以点显示，还是以线显示。

9.3　AP Div 参数设置和嵌套 AP Div

9.3.1　设置 AP Div 参数

通过设置 AP Div 参数，可以为新创建的 AP Div 定义默认值。

步骤 01　在菜单栏中选择【编辑】|【首选参数】命令，如图 9-38 所示。

步骤 02　打开【首选参数】对话框，在左侧【分类】的列表中选择【AP 元素】选项，如图 9-39 所示。

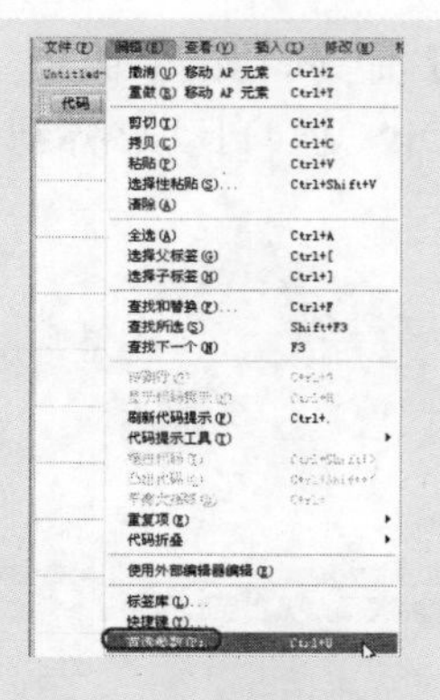

图 9-38　选择【首选参数】命令

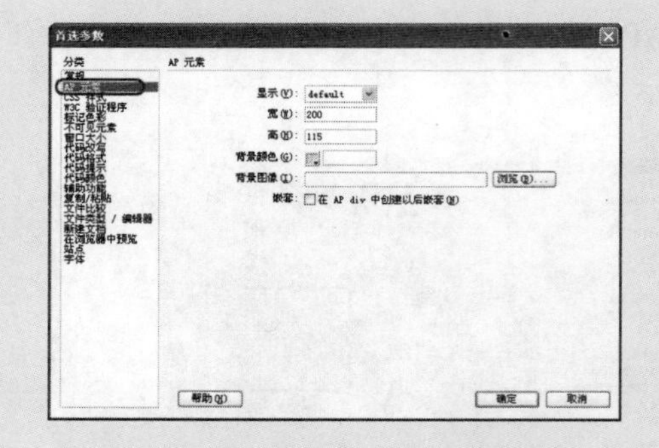

图 9-39　【首选参数】对话框

在【AP 元素】窗口中，可以对以下参数进行设置。

- 【显示】：设置 AP Div 的默认可见性。包括 default、inherit、visible 和 hidden 4 个选项。
- 【宽】：设置 AP Div 的默认宽度。
- 【高】：设置 AP Div 的默认高度。
- 【背景颜色】：设置 AP Div 的默认背景颜色。
- 【背景图像】：为 AP Div 插入默认背景图像。
- 【嵌套】：选中此复选框，把在 AP Div 内以绘制方法创建的 AP Div 称为嵌套 AP Div。

9.3.2　嵌套 AP Div

所谓嵌套 AP Div，是指将 AP Div 创建于另一个 AP Div 之中，并且成为另一个 AP Div 的子集。使用下面几种方法可以创建嵌套 AP Div。

- 将光标放置在父级 AP Div 中，在菜单栏中选择【插入】|【布局对象】| AP Div 命令，如图 9-40 所示。
- 在【布局】插入面板中按住【绘制 AP Div】按钮不放，并拖动至父级 AP Div 中，如图 9-41 所示。

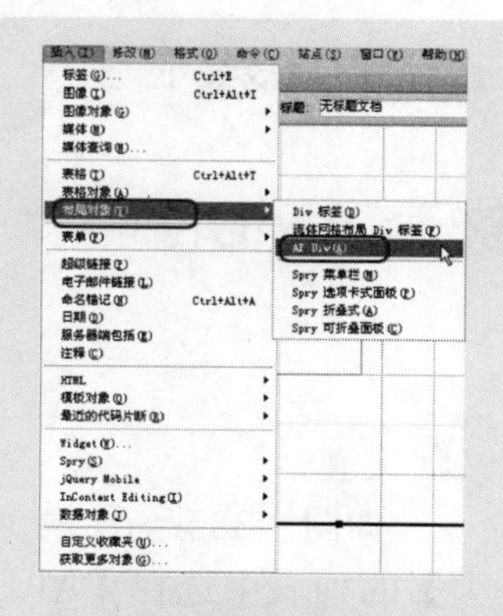

图 9-40　选择 AP Div 命令

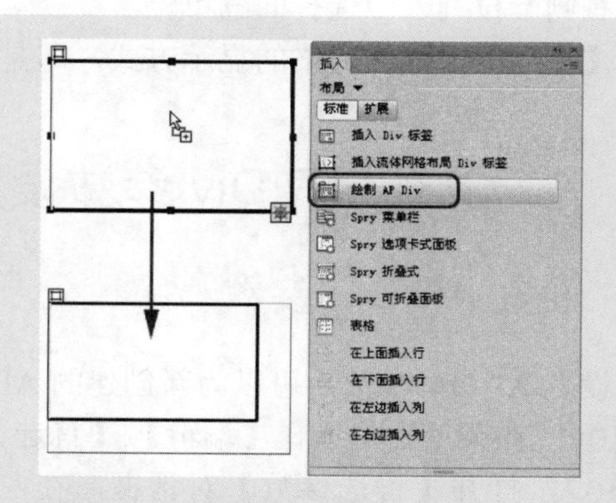

图 9-41　拖动【绘制 AP Div】按钮进行创建

9.4 AP Div与表格间的转换

使用 Dreamweaver 可以完成 AP Div 与表格之间的相互转换，根据个人喜好创建页面布局。

9.4.1 将表格转换为AP Div

在利用表格布局网页时，调整这些表格会比较麻烦，所以我们可将表格转换为 AP Div，然后在页面中进行排版。

将 AP Div 转换为表格的具体操作步骤如下。

步骤01 首先在文档窗口中创建一个 AP Div 并将其选中，在菜单栏中选择【修改】|【转换】|【将表格转换为 AP Div】命令，如图 9-42 所示。

步骤02 打开【将表格转换为 AP Div】对话框，如图 9-43 所示。

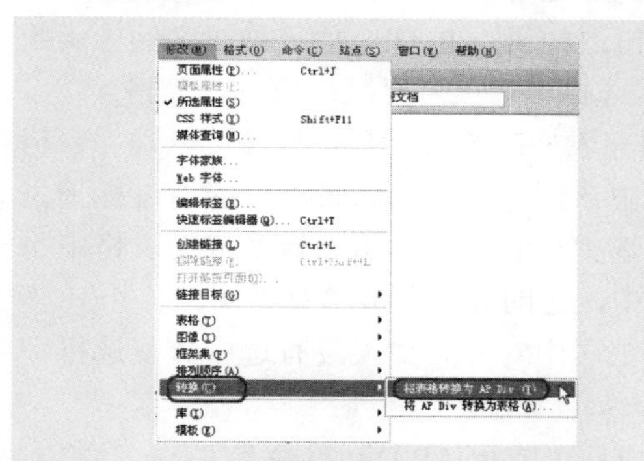

图 9-42 选择【将表格转换为AP Div】命令

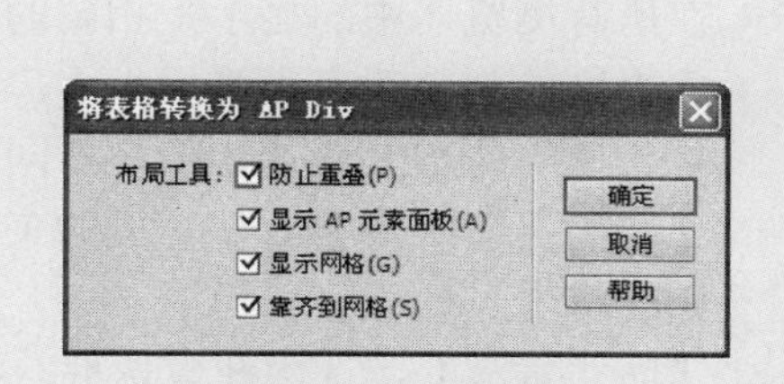

图 9-43 【将表格转换为AP Div】对话框

该对话框中各参数的说明如下。

- 【防止重叠】：选中此复选框，在转换完成后可防止 AP Div 重叠。
- 【显示 AP 元素面板】：选中此复选框，在转换完成后显示【AP 元素】面板。
- 【显示网格】：选中此复选框，在转换完成后可显示网格。
- 【靠齐到网格】：选中此复选框，设置网页元素靠齐到网格。

步骤03 设置完成后单击【确定】按钮，即可将表格转换为 AP Div。

9.4.2 将AP Div转换为表格

用户可使用 AP Div 创建布局，然后将 AP Div 再转换为表格。将 AP Div 转换为表格的具体操作步骤如下。

步骤01 首先在文档窗口中创建一个 AP Div 并将其选中，在菜单栏中选择【修改】|【转换】|【将 AP Div 转换为表格】命令，如图 9-44 所示。

步骤02 打开【将 AP Div 转换为表格】对话框，如图 9-45 所示。

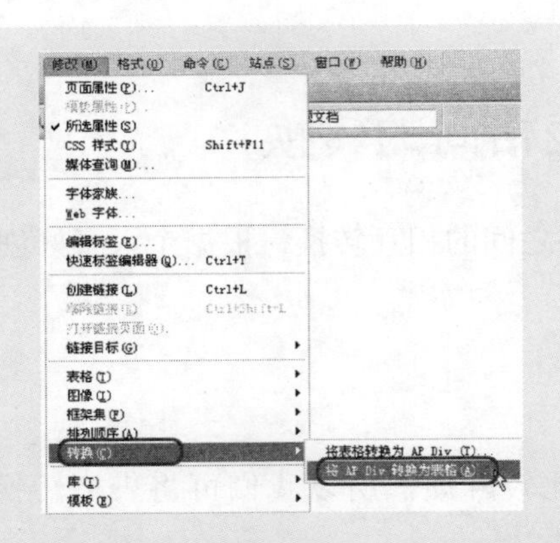

图 9-44　选择【将 AP Div 转换为表格】命令

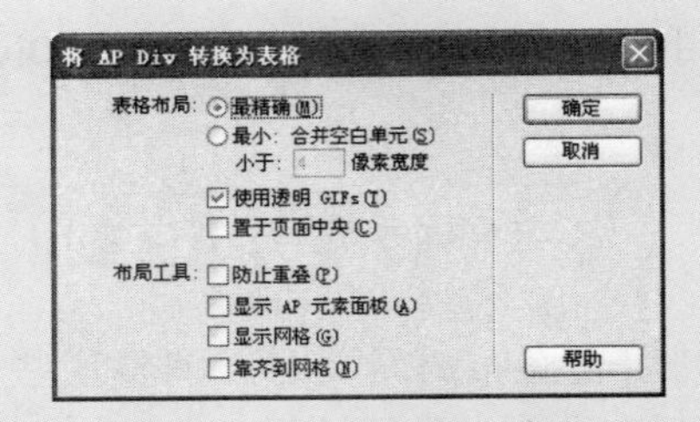

图 9-45　【将 AP Div 转换为表格】对话框

该对话框中各参数的说明如下。

- 【最精确】：选中该单选按钮，在转换时为每一个 AP Div 建立一个表格单元，并保留 AP Div 与 AP Div 之间所必需的任何单元格。
- 【最小：合并空白单元】：选中该单选按钮，如果 AP Div 位于被指定的像素数之内，那么这些 AP Div 的边缘应该对齐。选择本选项可以减少空行、空格。
- 【使用透明 GIFs】：用透明的 GIF 图像填充表格的最后一行。这样可以确保表格在所有浏览器中的显示是相同的。如果选中该复选框，那么将不可能通过拖拽生成表格的列来改变表格的大小。如果没有选中该复选框，那么转换成的表格中不包含透明的 GIF 图像，但在不同的浏览器中，它的外观可能稍有不同。
- 【置于页面中央】：使生成的表格在页面上居中对齐。如果没有选中该复选框，则表格左对齐。
- 【防止重叠】：选中此复选框，在转换完成后可防止 AP Div 重叠。
- 【显示 AP 元素面板】：选中此复选框，在转换完成后显示【AP 元素】面板。
- 【显示网格】：选中此复选框，在转换完成后显示网格。
- 【靠齐到网格】：选中此复选框，设置网页元素靠齐到网格。

步骤 03　设置完成后单击【确定】按钮，即可将 AP Div 转换为表格。

提示：把 AP Div 转换为表格的目的是为了与 3.0 及其以下版本的浏览器兼容。如果所编辑的网页只是针对 4.0 及更高版本的浏览器，则无须把 AP Div 转换为表格，因为高版本的浏览器均已支持 AP Div。

9.5　上机练习——制作环保网站

通过前面所讲到的知识，相信你已学会在页面中绘制 AP Div，并能够在 AP Div 中添加内容。这里将要用所学知识制作一个环保网站，完成后的效果如图 9-46 所示。

步骤 01　启用 Dreamweaver CS6 软件，在菜单栏中选择【文件】|【新建】命令，如

图 9-47 所示。

图 9-46 效果图

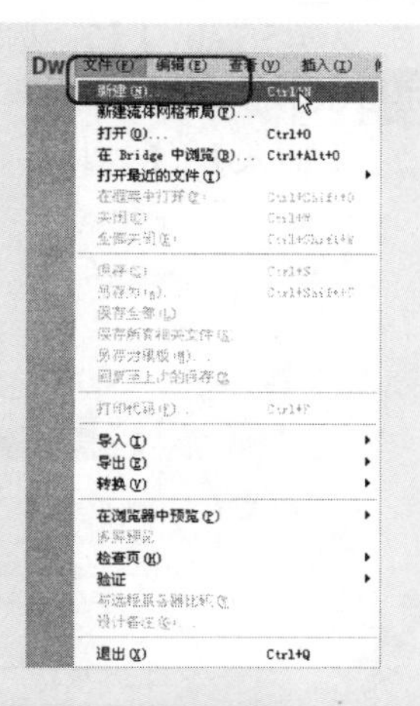

图 9-47 选择【新建】命令

步骤02 打开【新建文档】对话框，在该对话框中选择【空白页】选项，在【页面类型】列表框下选择 HTML 选项，在【布局】列表框下选择【无】选项，如图 9-48 所示。

步骤03 设置完成后，单击【创建】按钮，即可创建一个空白的 HTML 文档，如图 9-49 所示。

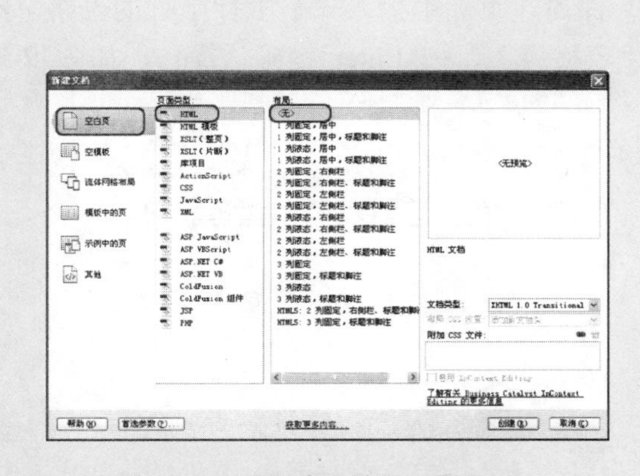

图 9-48 【新建文档】对话框

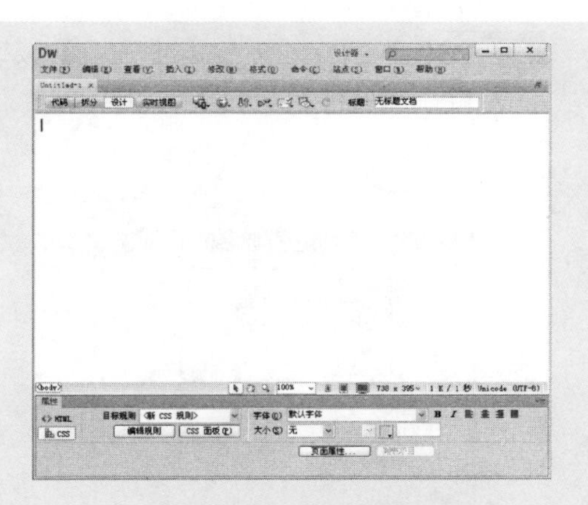

图 9-49 创建的空白页面

步骤04 在【属性】面板中单击【页面属性】按钮，如图 9-50 所示。

图 9-50 【属性】面板

步骤05 打开【页面属性】对话框，在【外观(CSS)】选项组中将【背景颜色】设置为#f5f2eb，【左边距】与【右边距】均设置为 50px，如图 9-51 所示。

步骤06 设置完成后单击【确定】按钮，即可为页面应用该属性，在菜单栏中选择【插入】|【表格】命令，如图 9-52 所示。

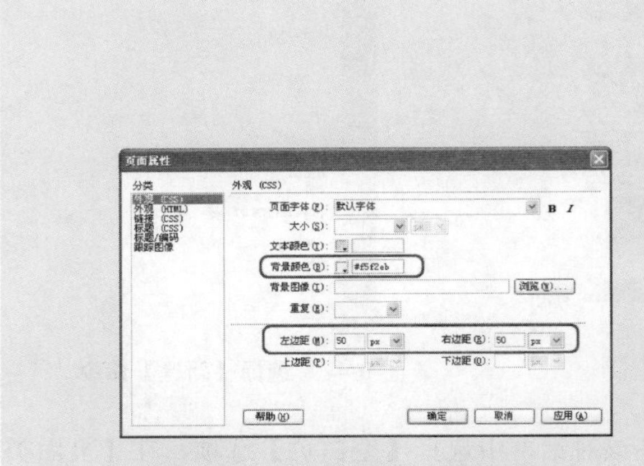

图 9-51 【页面属性】对话框

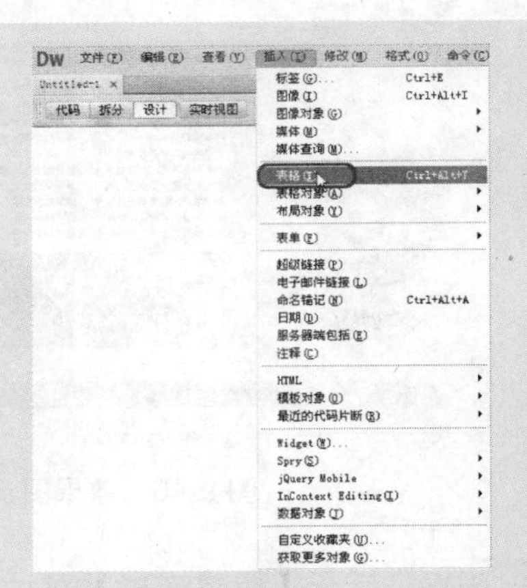

图 9-52 选择【表格】命令

步骤07 打开【表格】对话框，在【表格大小】选项组中将【行数】设置为 1，【列】设置为 1，【表格宽度】设置为 100、【百分比】，其他均设置为 0，如图 9-53 所示。

步骤08 设置完成后单击【确定】按钮，即可在页面中插入一个 1 行 1 列的表格，然后在【属性】面板中将其重命名为“表格 1”，按 Enter 键确认操作，如图 9-54 所示。

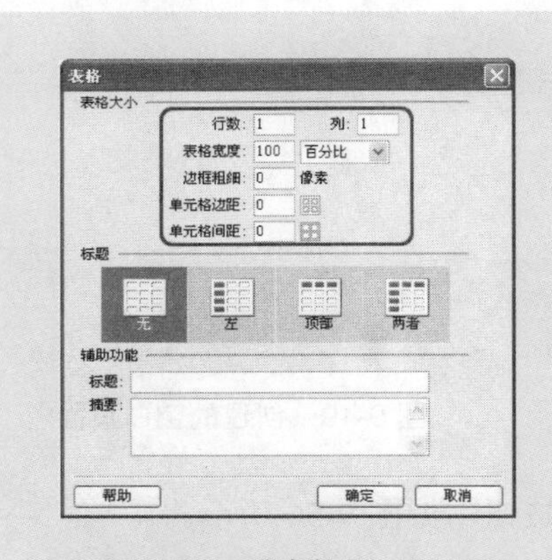

图 9-53 【表格】对话框

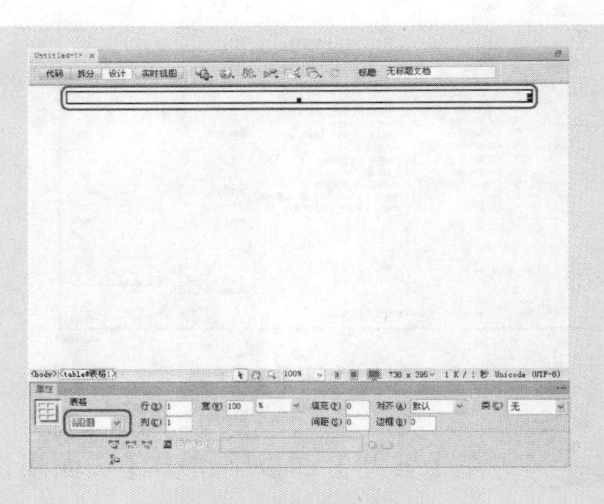

图 9-54 插入的表格

步骤09 将光标置于插入的单元格中，按 Enter 键，将光标置于表格的顶部，再次插入一个 1 行 1 列的嵌套单元格，并在【属性】面板中将其重命名为“表格 2”，按 Enter 键确认操作，如图 9-55 所示。

步骤10 将光标置于“表格 2”中，在【属性】面板中将【高】设置为 82，如图 9-56

所示。

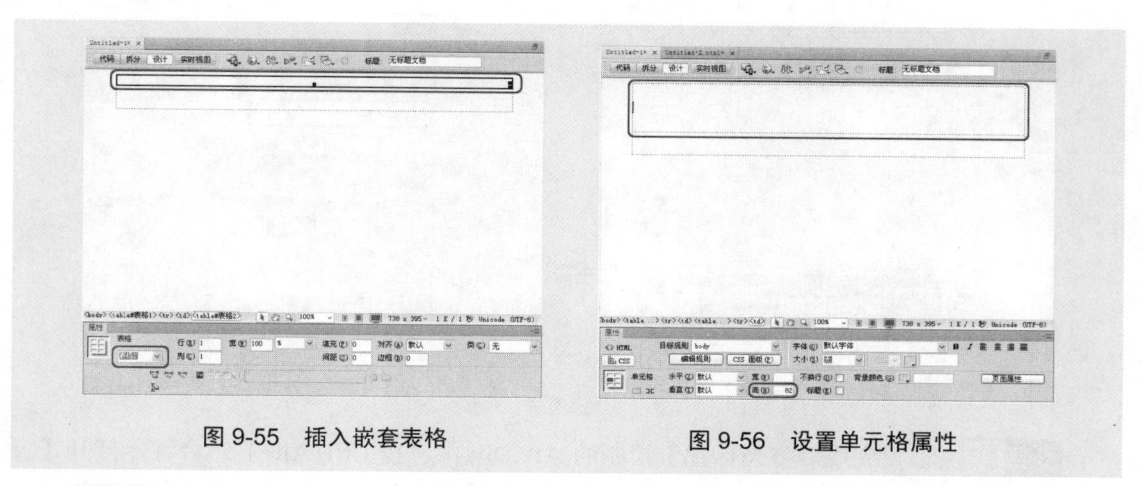

图 9-55 插入嵌套表格

图 9-56 设置单元格属性

步骤 11 确认光标置于当前单元格中，在菜单栏中选择【插入】|【图像】命令，如图 9-57 所示。

步骤 12 打开【选择图像源文件】对话框，在该对话框中选择随书附带光盘的"CDROM\素材\第 9 章\logo.png"素材文件，如图 9-58 所示。

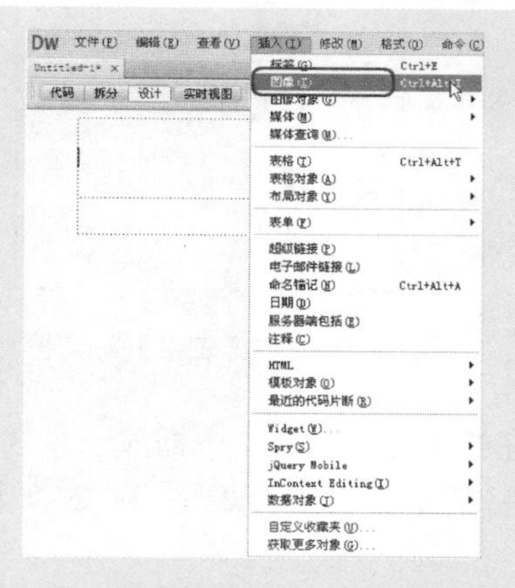

图 9-57 选择【图像】命令

图 9-58 【选择图像源文件】对话框

步骤 13 单击【确定】按钮，即可将选择的素材文件插入到选择的单元格中，如图 9-59 所示。

步骤 14 在菜单栏中选择【窗口】|【插入】命令，打开【插入】面板，将其切换至【布局】选项，在【布局】选项组下选择【绘制 AP Div】选项，如图 9-60 所示。

步骤 15 在"表格 2"中绘制一个 AP Div，并将其选中，在【属性】面板中将【左】设置为 651px，【上】设置为 10px，【宽】设置为 271px，【高】设置为 74px，如图 9-61 所示。

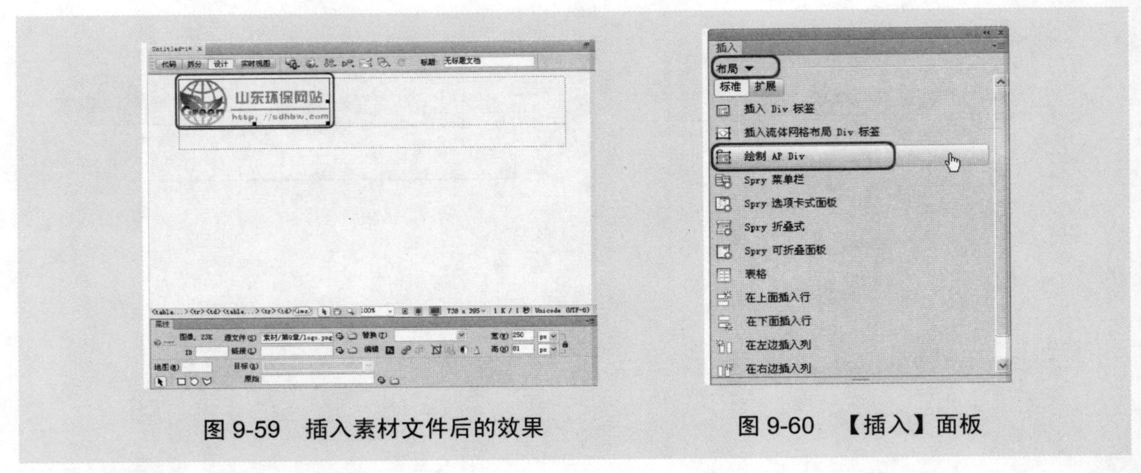

图 9-59　插入素材文件后的效果　　　　图 9-60　【插入】面板

步骤 16　设置完成后将光标置于绘制的 AP Div 中，按 Ctrl+Alt+T 组合键，打开【表格】对话框，在【表格大小】选项组中将【行数】设置为 3，【列】设置为 2，其他均为默认参数，如图 9-62 所示。

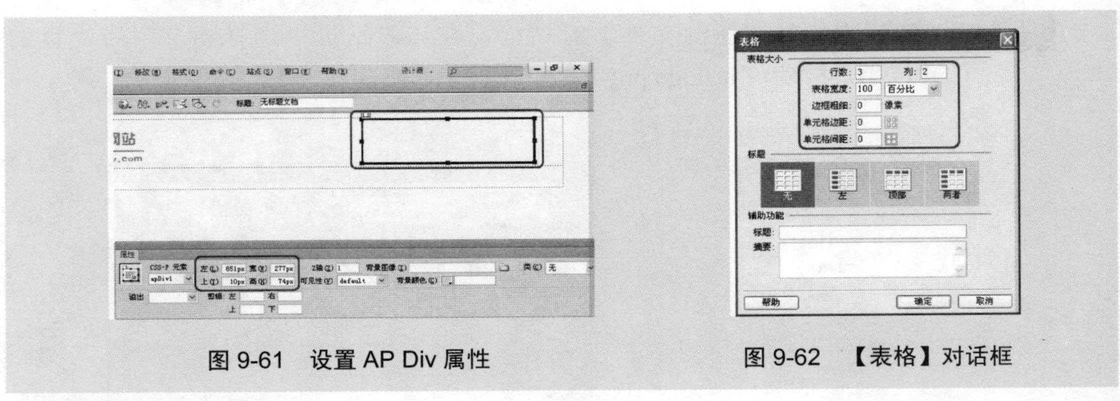

图 9-61　设置 AP Div 属性　　　　图 9-62　【表格】对话框

步骤 17　设置完成后单击【确定】按钮，即可在绘制的 AP Div 中插入一个 3 行 2 列的表格，将其选中，并在【属性】面板中将其重命名为"表格 3"，如图 9-63 所示。

步骤 18　按 Ctrl 键的同时选择"表格 3"中的全部单元格，在【属性】面板中将其【高】设置为 25，如图 9-64 所示。

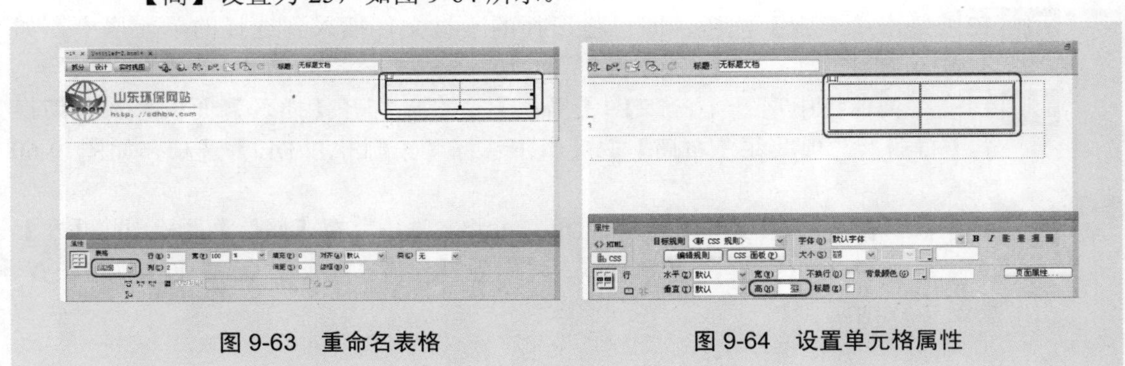

图 9-63　重命名表格　　　　图 9-64　设置单元格属性

步骤19 设置完成后，按 Ctrl 键的同时选择“表格 3”中左侧的 3 行 1 列单元格，在【属性】面板中单击【合并所选单元格，使用跨度】按钮，如图 9-65 所示。

步骤20 将光标置于合并后的单元格中，在【属性】面板中将【宽】设置为 30%，如图 9-66 所示。

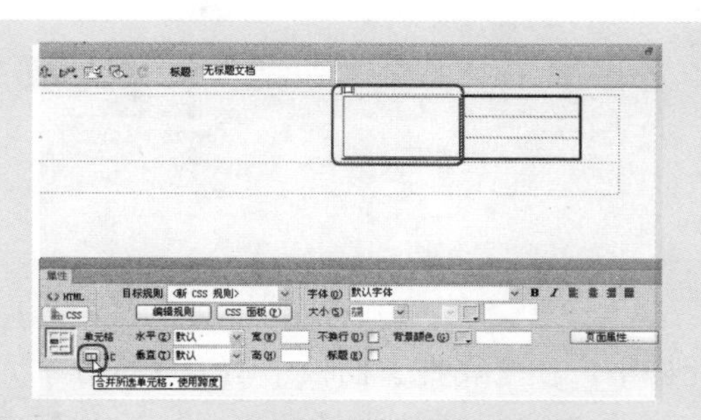

图 9-65 合并单元格

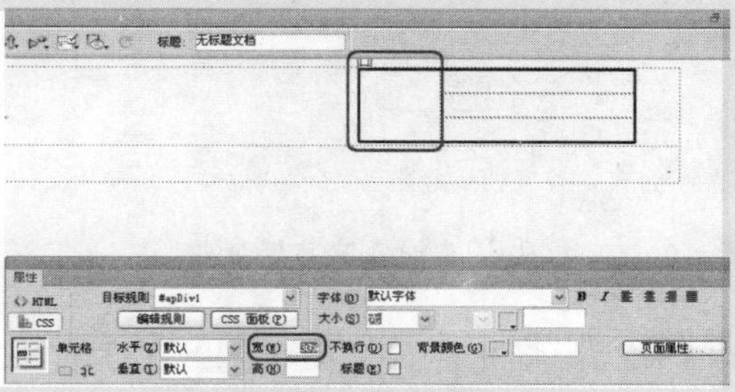

图 9-66 设置单元格属性

步骤21 确认光标处于合并后的单元格中的状态下，按 Ctrl+Alt+I 组合键，在弹出的【选择图像源文件】对话框中选择随书附带光盘中的“CDROM\素材\第 9 章\会员素材”素材文件，如图 9-67 所示。

步骤22 单击【确定】按钮即可将选择的素材文件插入到合并后的单元格中，然后将光标置于【表格 3】中第 2 列的第 1 个单元格中，在该单元格中输入文字信息，然后在菜单栏中选择【插入】|【表单】|【文本域】命令，如图 9-68 所示。

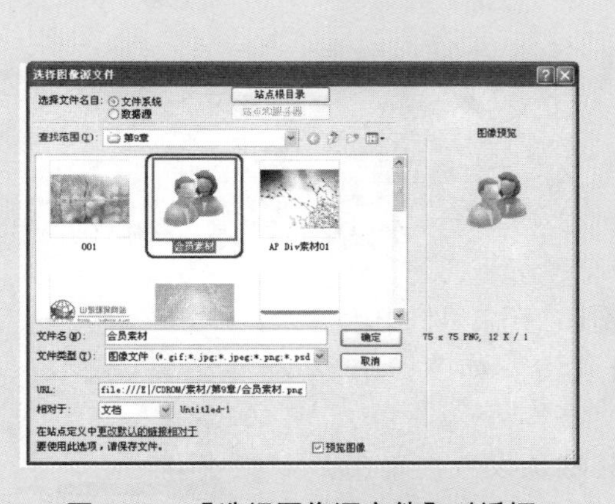

图 9-67 【选择图像源文件】对话框

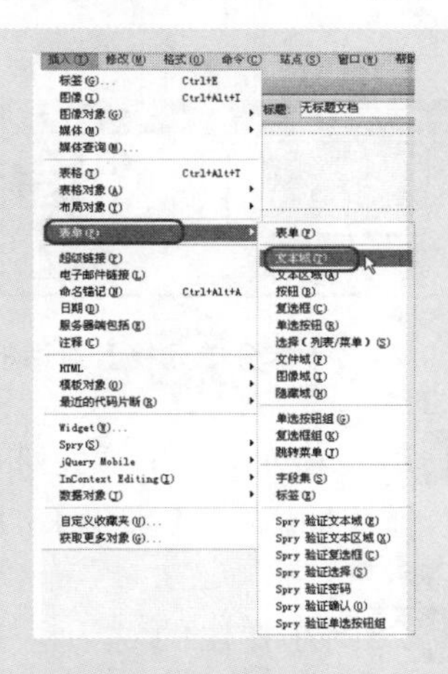

图 9-68 选择【文本域】命令

步骤23 在弹出的对话框中保持其默认设置，单击【确定】按钮即可在单元格中插入一个文本域，并将其选中，在【属性】面板中将【字符宽度】设置为 10，如图 9-69 所示。

步骤24 选择文本域，将其拖拽至文字的右侧，然后将其表单选中，按 Delete 键将其删除，使用同样的方法在第 2 个单元格中插入一个文本域，并调整其位置，然后将其选中，在【属性】面板中将【类型】设置为【密码】，如图 9-70 所示。

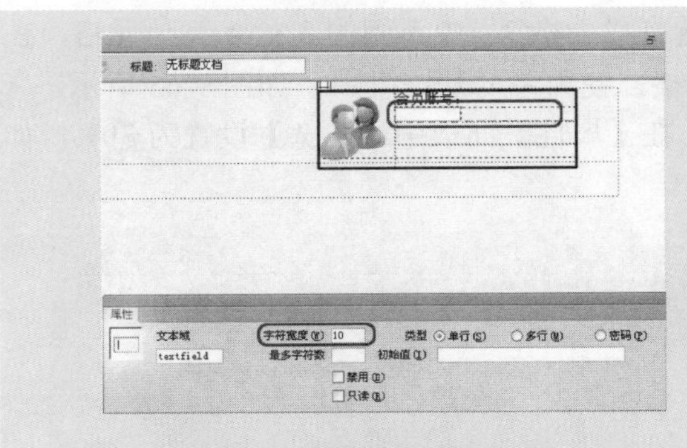

图 9-69　设置文本域属性

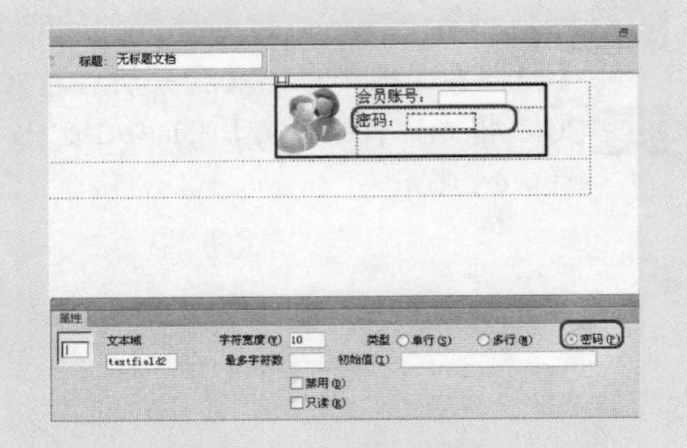

图 9-70　设置文本域属性

步骤 25　将光标置于第 2 列的第 3 行单元格中，在【属性】面板中单击【拆分单元格为行或列】按钮，打开【拆分单元格】对话框，选中【把单元格拆分】中的【列】单选按钮，将【列数】设置为 2，如图 9-71 所示。

步骤 26　设置完成后单击【确定】按钮，即可将其拆分为一个 1 行 2 列的单元格，按 Ctrl 键的同时选择拆分后的单元格，在【属性】面板中将【宽】设置为 50%，如图 9-72 所示。

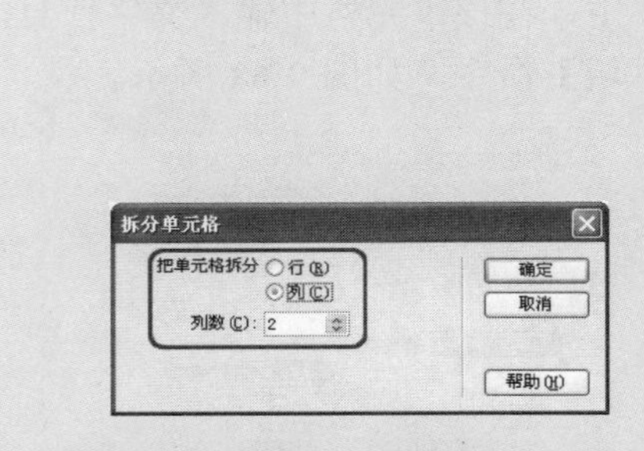

图 9-71　【拆分单元格】对话框

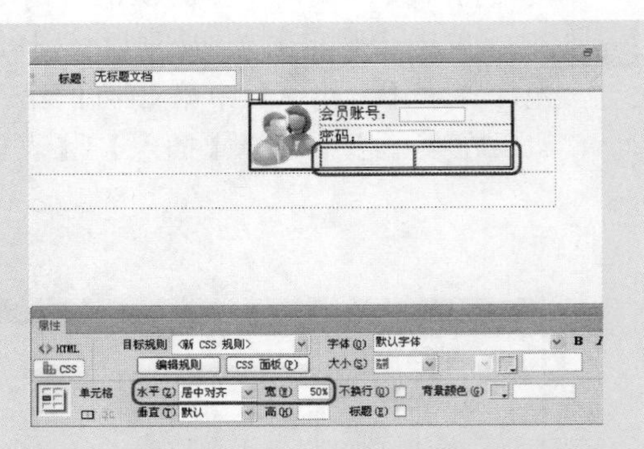

图 9-72　设置单元格属性

步骤 27　将光标置于第 1 列的单元格中，在菜单栏中选择【插入】|【表单】|【按钮】命令，如图 9-73 所示。

步骤 28　在弹出的对话框中保持其默认设置，单击【确定】按钮即可在单元格中插入一个按钮，然后将其选中，在【属性】面板中将【值】设置为【登录】，按 Enter 键确认该操作，如图 9-74 所示。

步骤 29　使用同样的方法在第 2 列单元格中插入按钮，并更改按钮属性，如图 9-75 所示。

步骤 30　设置完成后将光标置于“表格 1”中，在该表格中插入一个 1 行 1 列的单元格，并将其重命

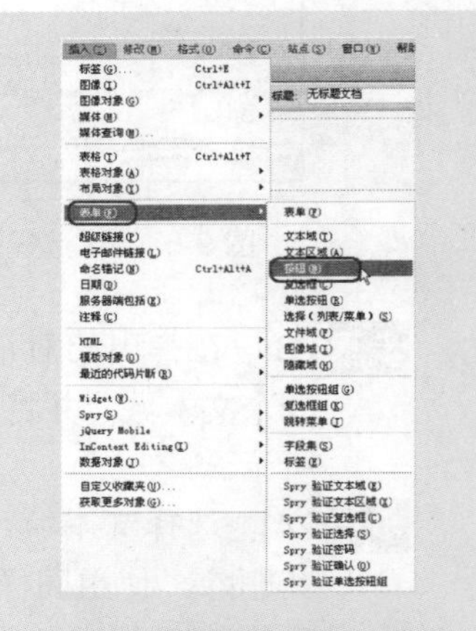

图 9-73　选择【按钮】命令

名为“表格 4”，如图 9-76 所示。

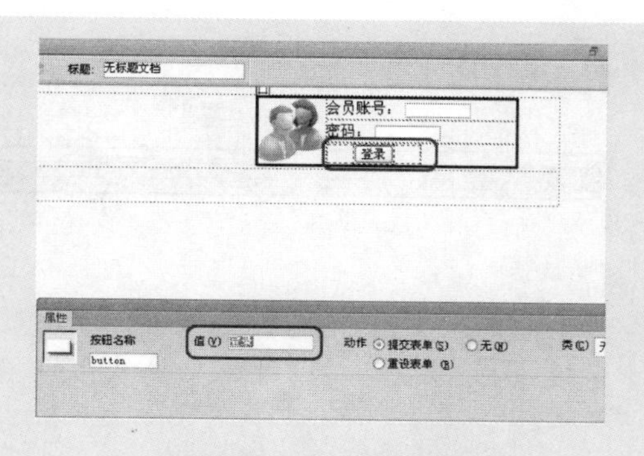

图 9-74　设置按钮属性

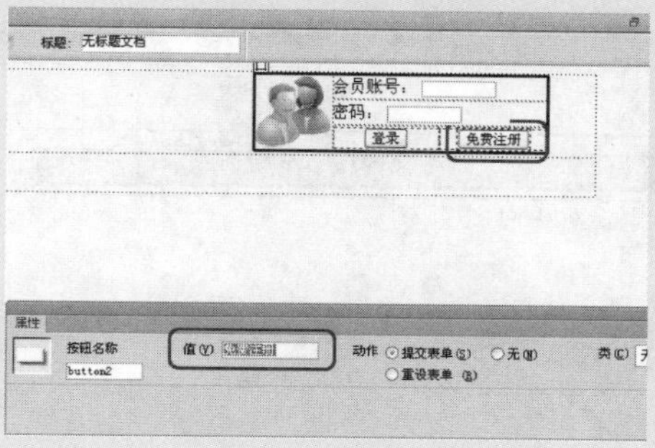

图 9-75　完成后的效果

步骤 31　将光标置于“表格 4”中，在【属性】面板中将【水平】设置为【右对齐】，然后按 Ctrl+Alt+I 组合键，在弹出的对话框中选择随书附带光盘中的“CDROM\素材\第 9 章\导航条素材”素材文件，如图 9-77 所示。

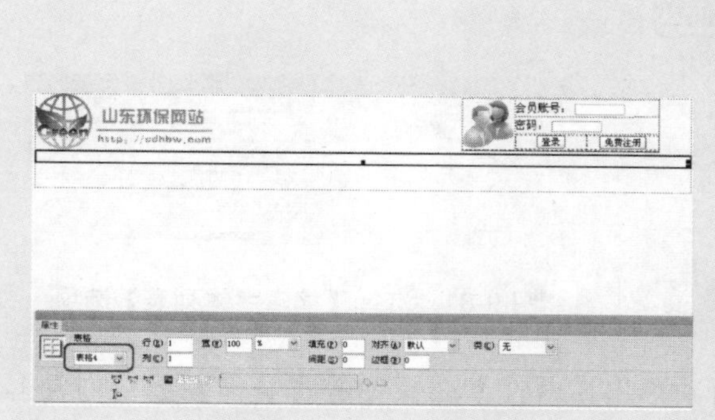

图 9-76　重命名表格

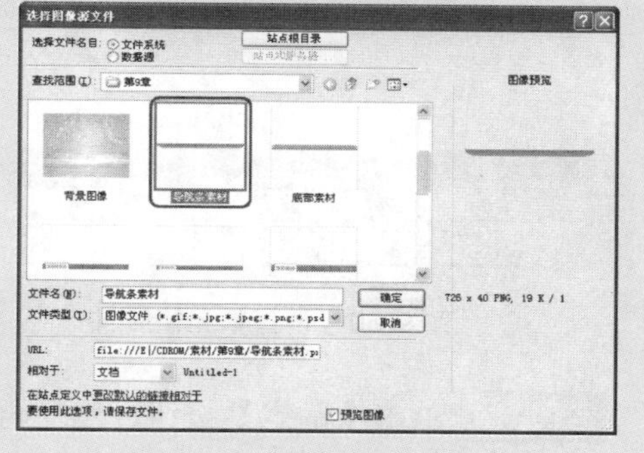

图 9-77　【选择图像源文件】对话框

步骤 32　单击【确定】按钮即可将选择的素材文件插入到单元格中，打开【布局】插入面板，选择【绘制 AP Div】选项，在页面中绘制一个 AP Div，并将其选中，在【属性】面板中将【左】设置为 248px，【上】设置为 90px，【宽】设置为 725px，【高】设置为 37px，如图 9-78 所示。

步骤 33　将光标置于绘制的 AP Div 内，在该 AP Div 中插入一个 1 行 7 列的单元表格，并将其重命名为“表格 5”，如图 9-79 所示。

步骤 34　按 Ctrl 键的同时选择“表格 5”中的全部单元格，将【水平】设置为【居中对齐】，【宽】设置为 14%，【高】设置为 37，如图 9-80 所示。

步骤 35　设置完成后将光标置于“表格 5”的第 1 列单元格中，输入相应的文字信息，并将其选择，在【属性】面板中单击【字体】下拉列表框，从中选择【编辑字体列表】选项，如图 9-81 所示。

步骤 36　打开【编辑字体列表】对话框，在【可用字体】列表框中选择一种字体样式，单击«按钮，即可将选择的字体添加到【选择的字体】列表框中，如图 9-82

所示。

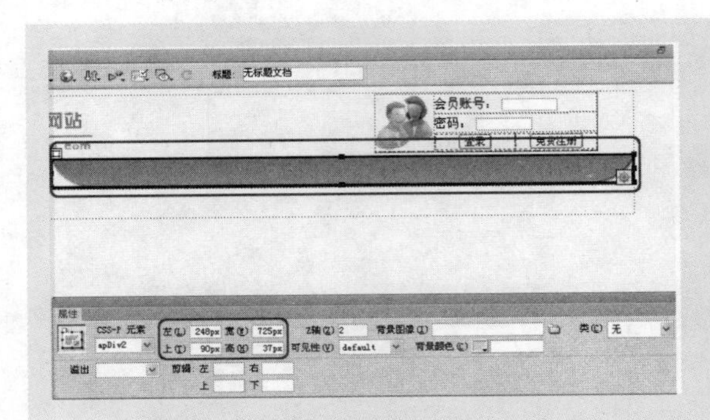

图 9-78　设置 AP Div 属性

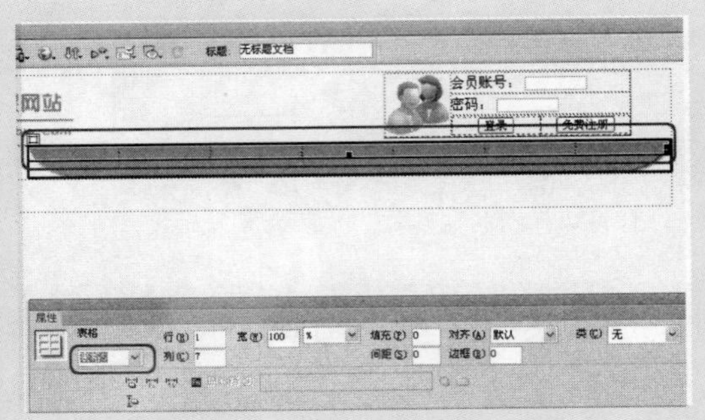

图 9-79　重命名表格

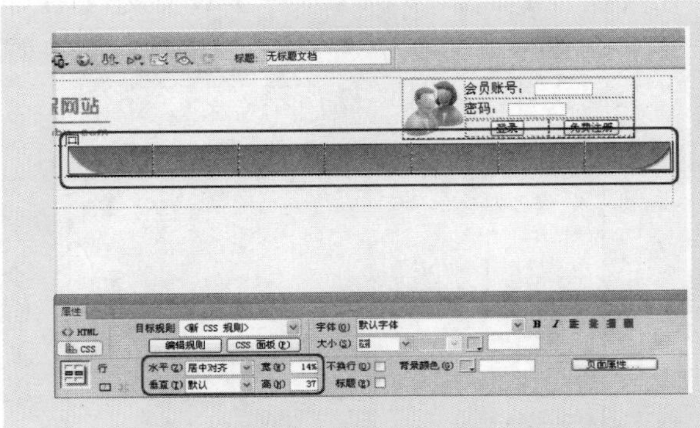

图 9-80　设置单元格属性

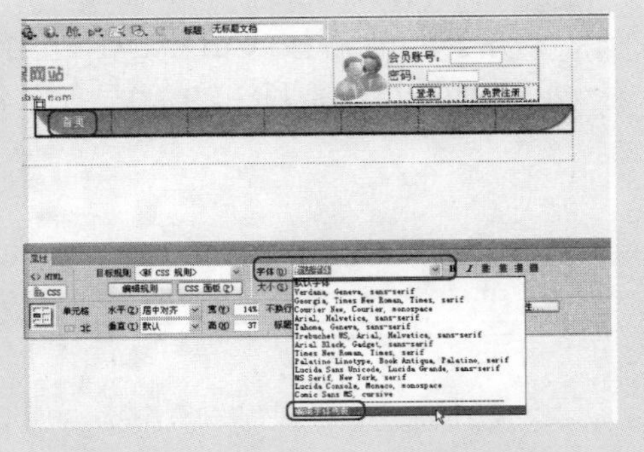

图 9-81　选择【编辑字体列表】选项

步骤 37　单击【确定】按钮，然后再次单击【属性】面板中的【字体】下拉列表框，从中选择添加的字体，单击【编辑规则】按钮，在弹出的对话框中保持其默认设置，如图 9-83 所示。

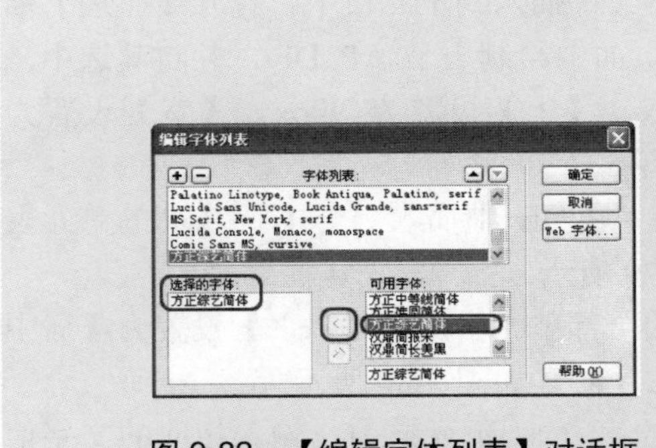

图 9-82　【编辑字体列表】对话框

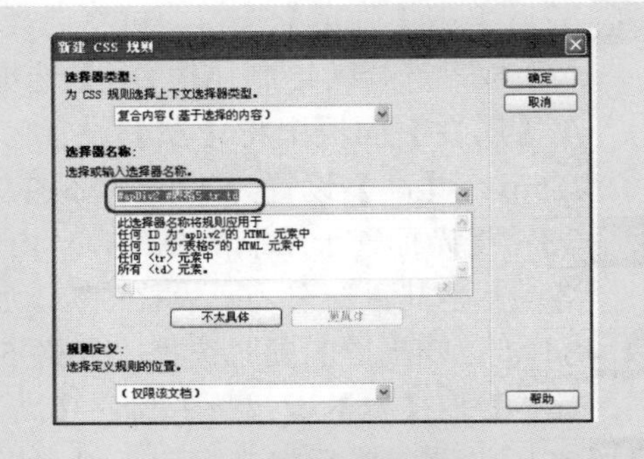

图 9-83　【新建 CSS 规则】对话框

步骤 38　设置完成后单击【确定】按钮，即可为其应用 CSS 规则，并将其颜色的值设置为#FFF，使用同样的方法在其他单元格中输入文字信息，完成后的效果如图 9-84 所示。

步骤39 将光标置于【表格1】中，在该表格中插入一个1行1列的表格，并将其重命名为“表格6”，将光标置于“表格6”中，在【属性】面板中将【高】设置为470，如图9-85所示。

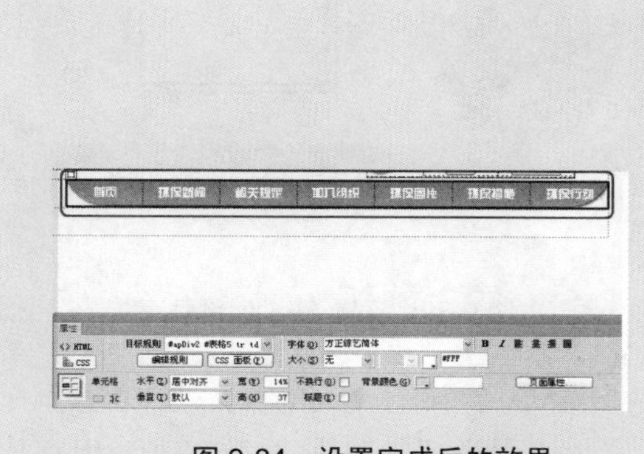

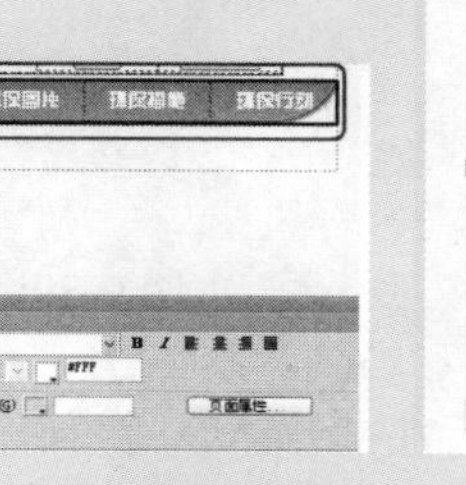

图9-84 设置完成后的效果

图9-85 设置单元格属性

步骤40 打开【布局】插入面板，选择【绘制AP Div】选项，在页面中绘制一个AP Div，并将其选中，在【属性】面板中将【左】设置为52px，【上】设置为127px，【宽】设置为327px，【高】设置为469px，如图9-86所示。

步骤41 将光标置于绘制的AP Div中，按Ctrl+Alt+I组合键，在弹出的对话框中选择随书附带光盘中的“CDROM\素材\第9章\素材00”素材文件，如图9-87所示。

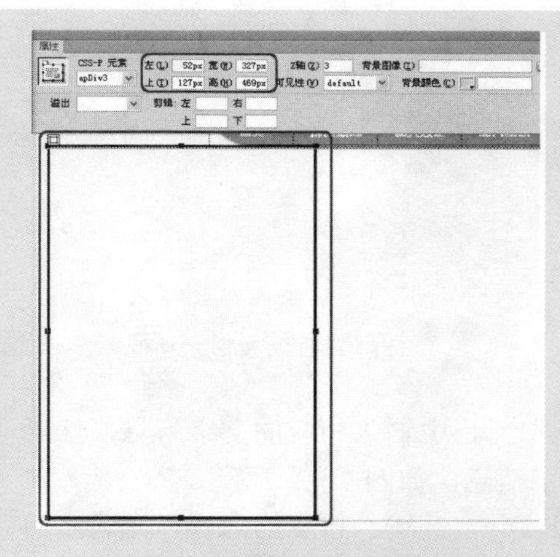

图9-86 设置AP Div属性

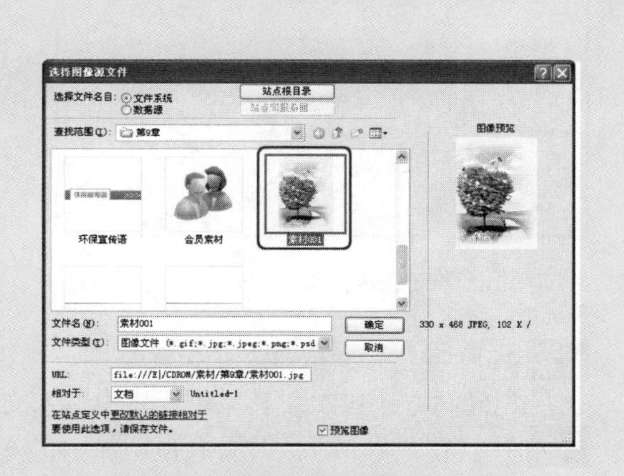

图9-87 【选择图像源文件】对话框

步骤42 单击【确定】按钮，即可将选择的素材文件插入到绘制的AP Div中，如图9-88所示。

步骤43 使用同样的方法在右侧再绘制一个AP Div，并将其选中，在【属性】面板中将【左】设置为384px，【上】设置为151px，【宽】设置为204px，【高】设置为246px，如图9-89所示。

图 9-88　插入素材后的效果

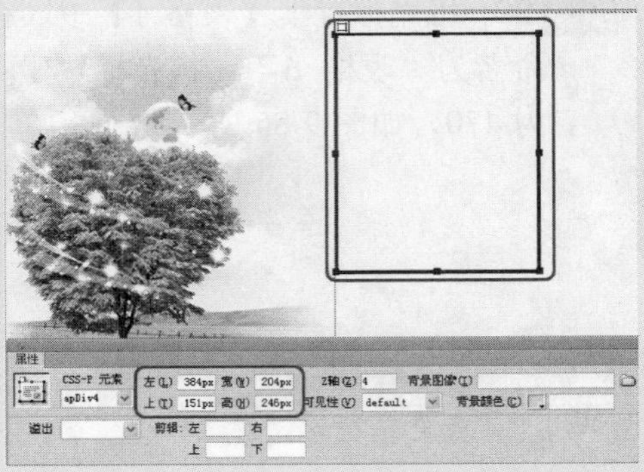

图 9-89　设置 AP Div 属性

步骤 44　将光标置于绘制的 AP Div 中，在此插入一个 10 行 1 列的表格，并将其重命名为“表格 7”，设置完成后将光标置于“表格 7”的第 1 行单元格中，按 Ctrl+Alt+I 组合键，在弹出的对话框中选择随书附带光盘中的“CDROM\素材\第 9 章\环保新闻”素材文件，如图 9-90 所示。

步骤 45　单击【确定】按钮，即可将选择的素材文件插入到单元格中，如图 9-91 所示。

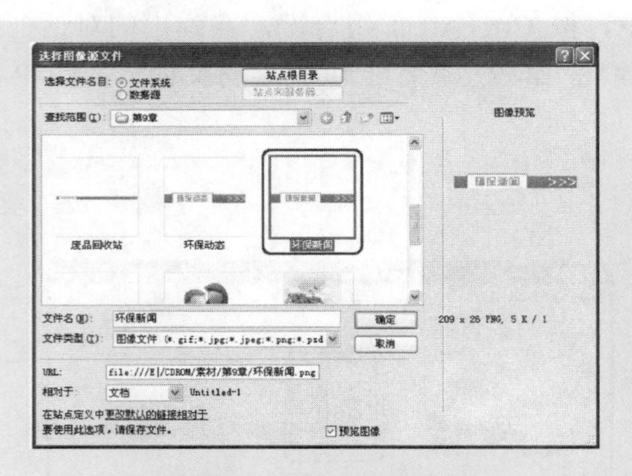

图 9-90　【选择图像源文件】对话框

图 9-91　插入素材文件

步骤 46　将光标置于第 2 个单元格中，在该单元格中输入相应的文字信息，然后使用相同的方法依次在其他单元格中输入文字信息，如图 9-92 所示。

步骤 47　在“表格 7”的右侧再创建一个 AP Div，并输入相应的内容，完成后的效果如图 9-93 所示。

步骤 48　在下方再绘制一个 AP Div，并将其选中，在【属性】面板中将【左】设置为 384px，【上】设置为 408px，【宽】设置为 586px，【高】设置为 164px，如图 9-94 所示。

步骤 49　将光标置于绘制的 AP Div 中，在此插入一个 3 行 1 列的单元格，并将其重命名为“表格 9”，将光标置于第 1 个单元格中，按 Ctrl+Alt+I 组合键，在弹出的对话框中选择随书附带光盘中的“CDROM\素材\第 9 章\条.jpg”素材文件，如

图 9-95 所示。

图 9-92　完成后的效果

图 9-93　完成后的效果

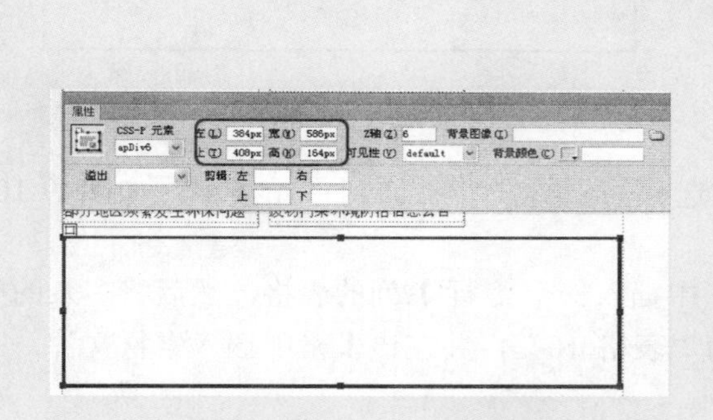
图 9-94　设置 AP Div 属性

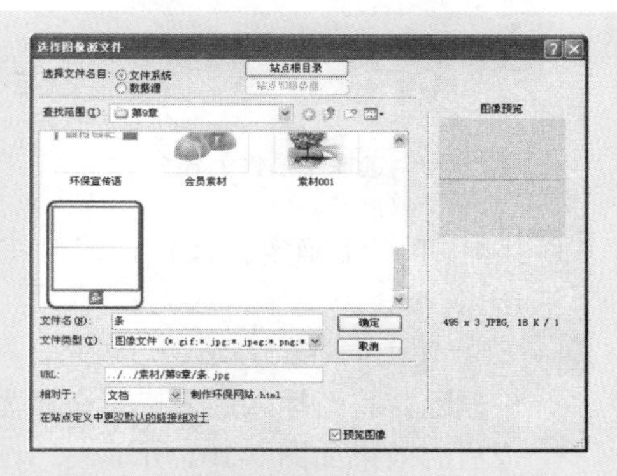
图 9-95　【选择图像源文件】对话框

步骤50　单击【确定】按钮，即可将选择的素材文件插入到表格中，然后将光标置于第 2 个单元格中，按 Ctrl+Alt+I 组合键，在弹出的对话框中选择随书附带光盘中的“CDROM\素材\第 9 章\废品回收站”素材文件，如图 9-96 所示。

步骤51　单击【确定】按钮即可将选择的素材文件添加到单元格中，如图 9-97 所示。

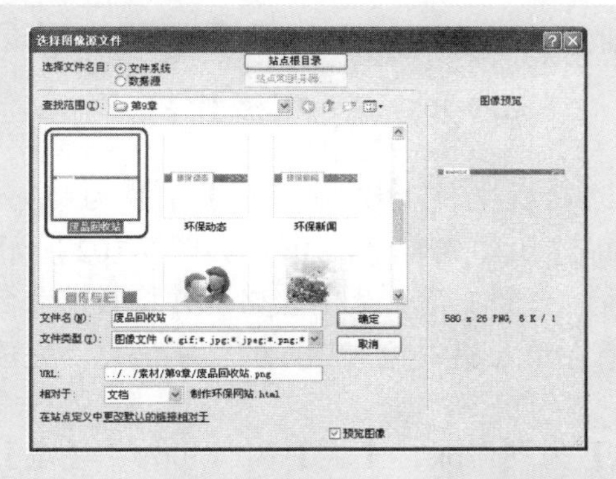
图 9-96　【选择图像源文件】对话框

图 9-97　完成后的效果

步骤52 将光标置于第 3 个单元格中，在菜单栏中选择【插入】|【媒体】|【插件】命令，如图 9-98 所示。

步骤53 在弹出的对话框中选择随书附带光盘中的“CDROM\素材\第 9 章\回收站动画”素材文件，如图 9-99 所示。

图 9-98 选择【插件】命令

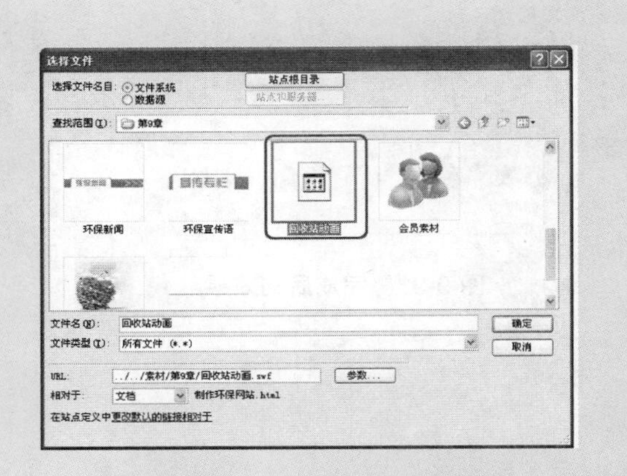

图 9-99 【选择文件】对话框

步骤54 单击【确定】按钮，即可将选择的素材文件添加到单元格中，如图 9-100 所示。

步骤55 使用同样的方法在“表格 1”中插入一个 1 行 1 列的表格，然后将多余的空格删除，将新插入的表格重命名为“表格 10”，并在该表格中插入素材文件，完成后的效果如图 9-101 所示。

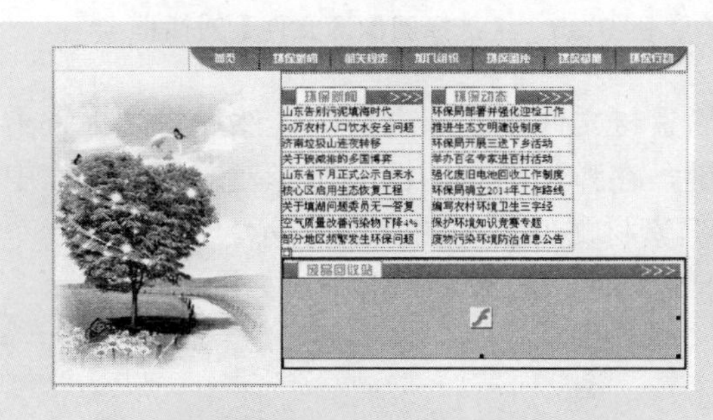

图 9-100 插入素材文件

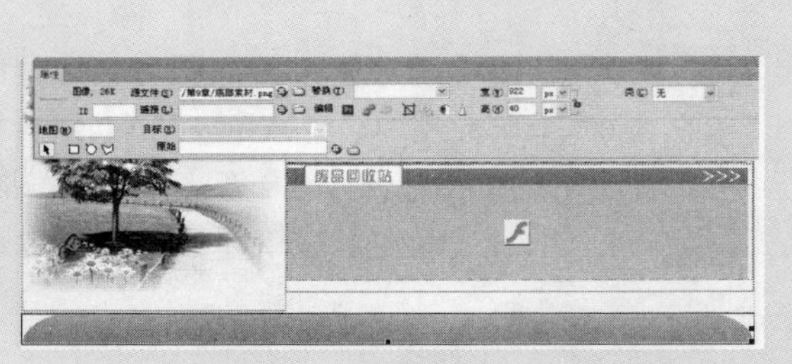

图 9-101 插入素材文件

步骤56 使用前面我们讲到的方法，在该素材文件上绘制一个【左】为 50px、【上】为 600px、【宽】为 922px、【高】为 40px 的 AP Div，如图 9-102 所示。

步骤57 将光标置于绘制的 AP Div 中，插入一个 1 行 1 列的表格，并将其重命名为“表格 11”，然后设置表格属性，接着在单元格中输入相应的文字信息，完成后的效果如图 9-103 所示。

步骤58 在 apDiv5 的右侧绘制一个【左】为 817px、【上】为 150px、【宽】为 153px，【高】为 246px 的 AP Div，如图 9-104 所示。

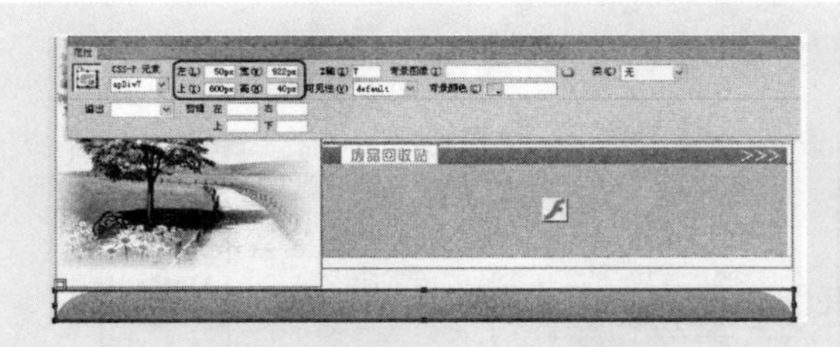

图 9-102　设置 AP Div 属性　　　　图 9-103　设置完成后的效果

步骤59 在绘制的 AP Div 中插入一个 2 行 1 列的表格，并将其重命名为“表格 12”，将光标置于第 1 个单元格中，按 Ctrl+Alt+I 组合键，在弹出的对话框中选择随书附带光盘中的“CDROM\素材\第 9 章\宣传专栏”素材文件，如图 9-105 所示。

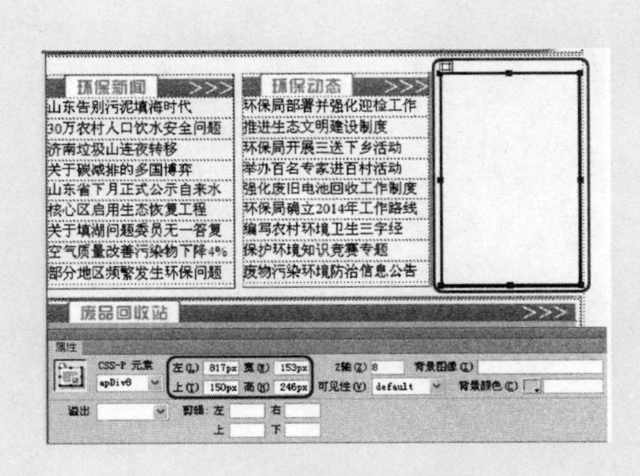

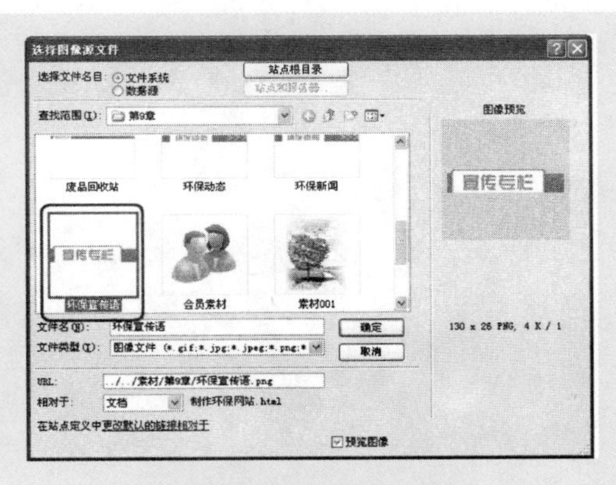

图 9-104　设置 AP Div 属性　　　　图 9-105　【选择图像源文件】对话框

步骤60 单击【确定】按钮，插入素材文件，然后打开随书附带光盘中的“CDROM\素材\第 9 章\宣传”素材文件，选择全部内容，按 Ctrl+C 组合键进行复制，接着回到页面中并将光标置于第 2 个单元格中，设置该单元格的【高度】属性，按 Ctrl+V 组合键将复制的内容粘贴到单元格中，然后选择绘制的 AP Div，在【属性】面板中将【溢出】设置为 hidden，如图 9-106 所示。

步骤61 在设计视图中将光标置于“今天节约一滴水……界 人类只有一个可生息的村庄——地球”文字内容前面，将页面转换为拆分视图，分别在“今天节约一滴水……界 人类只有一个可生息的村庄——地球”文字内容前后输入代码“<marquee direction="up" behavior="scroll" loop="-1" scrollamount="2" height="120"> ”和“ </marquee>”，如图 9-107 所示。

步骤62 至此，环保网站就制作完成了，保存文件，按 F12 键在浏览器中预览效果即可。

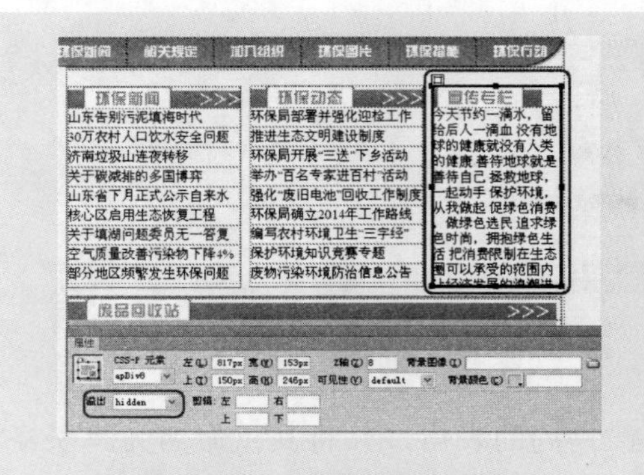

图 9-106　设置 AP Div 属性

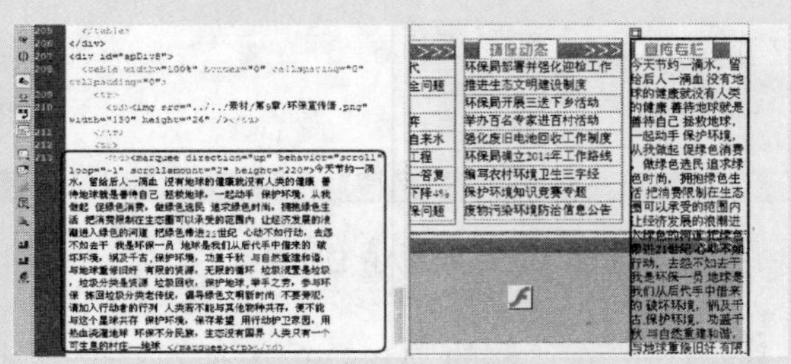

图 9-107　输入代码

第 10 章

使用 CSS 样式修饰页面

在网页制作中，如果不使用 CSS 样式，那么文档的格式化将会十分繁琐。CSS 样式可以对文档进行精细的页面美化，保持网页风格的一致性，达到统一的效果，并且便于调整修改，降低了网页编辑和修改的工作量。

本章重点：

- 初识 CSS
- 定义 CSS 样式的属性
- 编辑 CSS 样式
- 使用 CSS 过滤器

10.1 初识 CSS

现在，网页排版格式越来越多，布局也越来越复杂，通过使用 CSS 样式，很多效果都可以实现，并且便于控制、维护及更新。因此，CSS 是现代网页设计中必不可少的工具之一。

10.1.1 CSS 基础

CSS 是 Cascading Style Sheet 的缩写，译作层叠样式表单，用于控制网页样式，并允许将样式信息与网页内容分离的一种标记性语言。

使用 CSS 样式，不仅可以对文本格式进行设置，而且可以控制网页中块元素的格式和定位，实现 HTML 标记无法表现的效果。对于一个网站来说，CSS 样式的应用是必不可少的。

CSS 样式可以同时对若干个文档的样式进行控制，当 CSS 样式更新后，所有应用了该样式的文档样式都会自动更新。默认情况下，Dreamweaver 使用 CSS 样式表设置文本格式。使用【属性】面板或菜单命令应用于文本的样式将自动创建为 CSS 规则。

CSS 样式表的特点主要有以下几点。

- 几乎在所有浏览器中都可以使用。
- 使页面文字更加美观，更容易编排，更加赏心悦目。
- 便于修改、维护和更新。
- 由于是 HTML 格式的代码，因此网页打开的速度非常快。

10.1.2 【CSS 样式】面板

在 Dreamweaver 中，使用【CSS 样式】面板可以查看文档所有 CSS 规则和属性(【全部】模式)，也可以查看所选择页面元素的 CSS 规则和属性(【当前】模式)。在【CSS 样式】面板中可以创建、编辑和删除 CSS 样式，还可以将外部样式添加到文档中。

在菜单栏中选择【窗口】|【CSS 样式】命令，打开【CSS 样式】面板。在【CSS 样式】面板中会显示网页中已有的 CSS 样式，如图 10-1 所示。

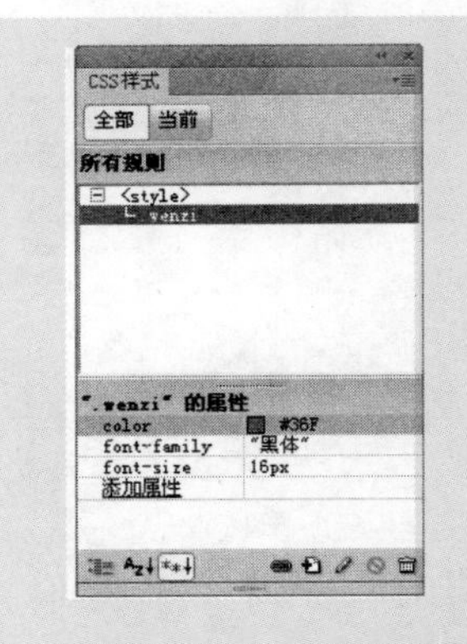

图 10-1 【CSS 样式】面板

【CSS 样式】面板的功能如下。

1. 全部(文档)模式

- 【所有规则】：在该区域可以查看文档中所有 CSS 样式。
- 【属性】：在该区域可以查看并修改所选择 CSS 样式属性。

- 【显示类别视图】、【显示列表视图】和【只显示设置属性】：单击这些按钮，可以更改【属性】选项区的显示方式。
- 【附加样式表】：单击该按钮，可以在文档中链接一个外部 CSS 样式。
- 【新建 CSS 规则】：单击该按钮，可以创建新的 CSS 样式。
- 【编辑样式】：单击该按钮，可以编辑选中的 CSS 样式。
- 【删除 CSS 属性】：单击该按钮，可以删除选中的 CSS 样式或 CSS 属性。

2. 当前选择模式

- 【所选内容的摘要】：在该区域可以查看文档所选内容的 CSS 样式。
- 【规则】：在该区域显示所选属性的位置。
- 【属性】：在该区域可以查看并修改所选内容的 CSS 规则的属性。

10.2 定义 CSS 样式的属性

CSS 样式属性分为类型、背景、区块、方框、边框、列表、定位和扩展 8 个部分。下面来介绍如何创建 CSS 样式以及定义 CSS 样式。

10.2.1 创建 CSS 样式

可以创建一个 CSS 规则来自动完成 HTML 标签的格式设置或者 Class 或 ID 属性所标识的文本范围的格式设置。创建 CSS 样式的具体操作步骤如下。

步骤 01 将光标放置在页面中，执行以下操作之一来创建新的 CSS 样式。

- 在菜单栏中选择【格式】|【CSS 样式】|【新建】命令，如图 10-2 所示。
- 在【CSS 样式】面板中单击按钮，如图 10-3 所示。

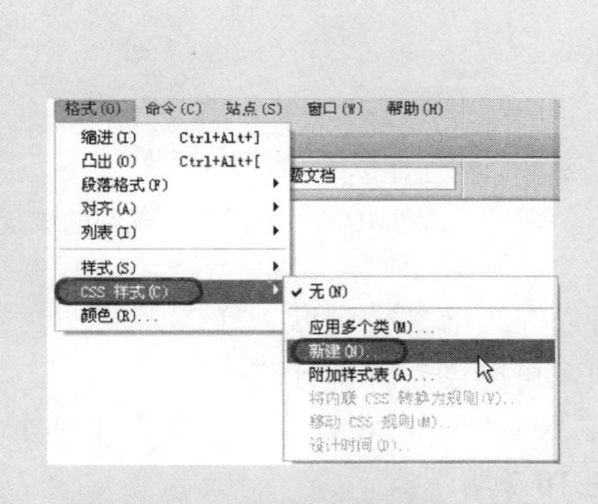

图 10-2 CSS 样式【新建】命令

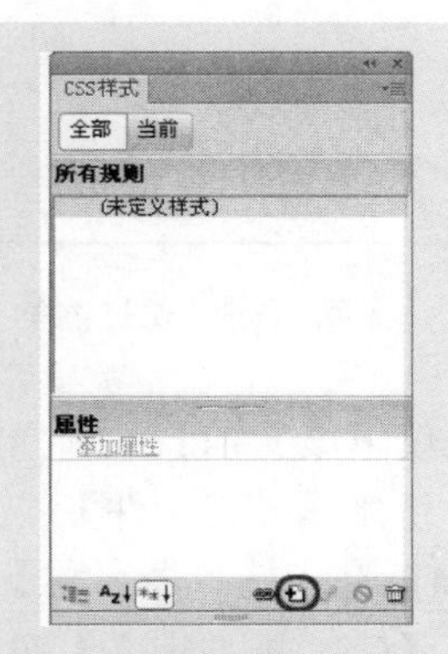

图 10-3 【新建 CSS 规则】按钮

- 在【属性】面板的 CSS 属性检查器中，选择【目标规则】为【新 CSS 规则】，单击【编辑规则】按钮对其进行编辑，如图 10-4 所示。

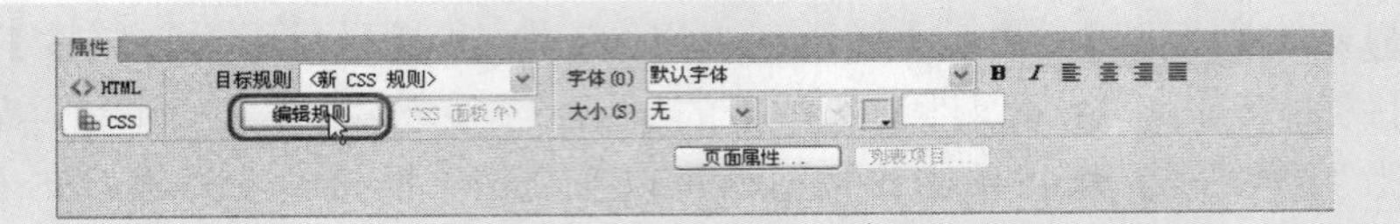

图 10-4　CSS 属性检查器

步骤02　打开【新建 CSS 规则】对话框，在【选择器类型】下拉列表中选择 CSS 规则的选择器类型，如图 10-5 所示。

- 【类(可应用于任何 HTML 元素)】：选择该选项，可以创建一个 Class 属性应用于任何 HTML 元素的自定义样式。类名称必须以英文字母或句点开头，不可包含空格或其他符号。
- 【ID(仅应用于一个 HTML 元素)】：选择该选项，可以定义包含特定 ID 属性的标签格式。ID 名称必须以英文字母开头，不可包含空格或其他符号，Dreamweaver 将自动在名称前添加#。
- 【标签(重新定义 HTML 元素)】：选择该选项，可以重新定义特定 HTML 标签的默认格式。
- 【复合内容(基于选择的内容)】：选择该选项，可以定义同时影响两个或多个标签、类或 ID 的复合规则。

步骤03　选择要定义规则的位置，如图 10-6 所示。

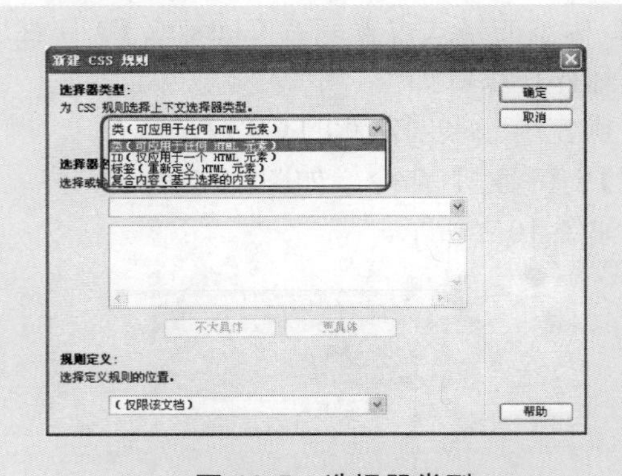

图 10-5　选择器类型

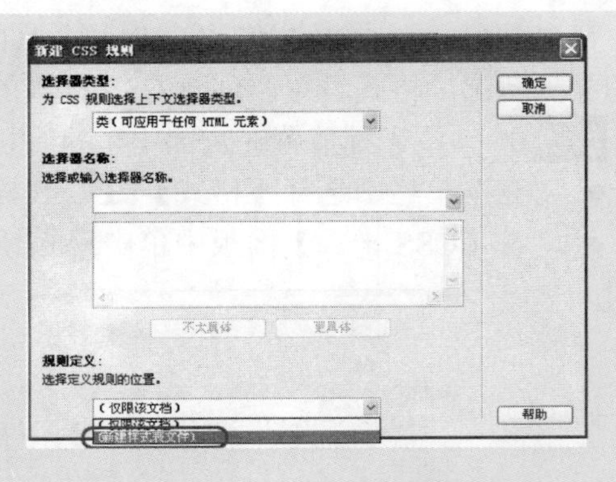

图 10-6　选择定义规则的位置

- 【仅限该文档】：选择该选项，可以在当前文档中嵌入样式。
- 【新建样式表文件】：选择该选项，可以创建外部样式表。

步骤04　在【选择器名称】文本框中输入名称，设置完成后，单击【确定】按钮，弹出【CSS 规则定义】对话框，如图 10-7 所示。

步骤05　在该对话框中设置完成后，单击【确定】按钮，CSS 样式的创建也就完成了。此时，可以在【CSS 样式】面板中对其进行查看。

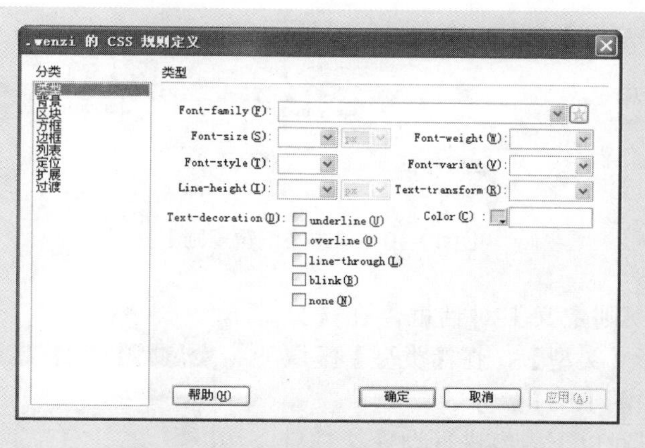

图 10-7 【CSS 规则定义】对话框

10.2.2 文本样式的定义

在【CSS 规则定义】对话框中的【类型】区域中可以定义 CSS 规则的文本样式，主要包括基本字体和类型设置。

创建新 CSS 样式时会弹出【CSS 规则定义】对话框，另外，还可以执行以下操作之一，打开【CSS 规则定义】对话框。

- 在【CSS 样式】面板中，使用鼠标左键双击 CSS 样式。
- 在【CSS 样式】面板中，使用鼠标右键单击 CSS 样式，在快捷菜单中选择【编辑】命令，如图 10-8 所示。
- 在【CSS 样式】面板中，选择需要定义的 CSS 样式，单击面板底部的【编辑样式】按钮，如图 10-9 所示。

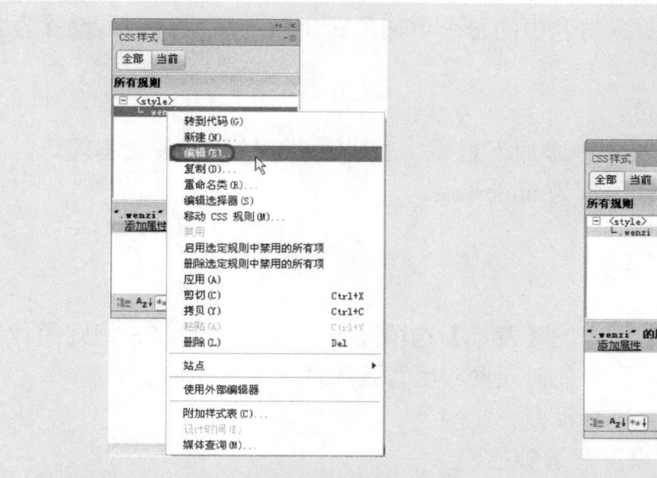

图 10-8 【编辑】CSS 样式命令　　　图 10-9 【编辑样式】按钮

- 在【属性】面板内的【目标规则】下拉列表中选择需要定义的 CSS 样式，然后单击【编辑规则】按钮，如图 10-10 所示。

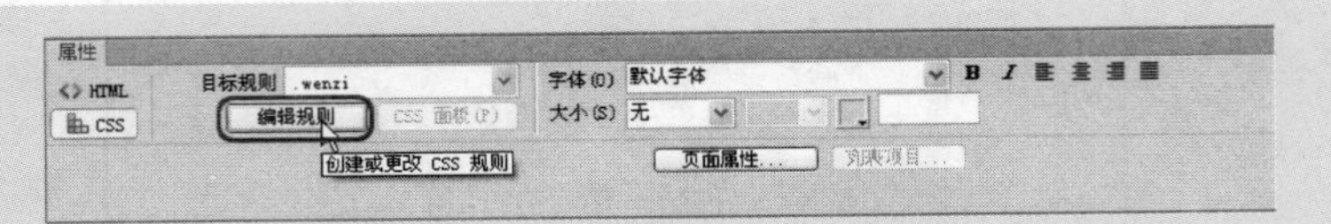

图 10-10　单击【编辑规则】按钮

弹出【CSS 规则定义】对话框，在【分类】列表框中选择【类型】，在【类型】区域定义文本样式，如图 10-11 所示。

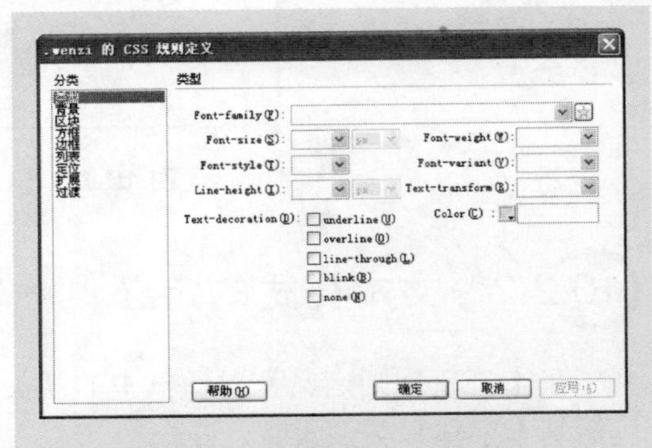

图 10-11　定义文本样式

在该区域可以对以下内容进行设置。

- Font-family：为样式设置字体。
- Font-size：定义文本大小。可以通过选择数字和度量单位选择特定的大小，也可以选择相对大小。使用像素单位可以有效地防止浏览器扭曲文本。
- Font-style：指定字体样式为 normal(正常)、italic(斜体)和 oblique(偏斜体)，默认为 normal。
- Line-height：设置文本所在行的高度。如果 Font-style 选择了 normal，那么系统将自动计算字体大小的行高。
- Font-weight：对字体应用特定或相对的粗体量。
- Font-variant：设置文本的小型大写字母变体。Dreamweaver 不在文档窗口中显示此属性。Internet Explorer 支持变体属性，但 Netscape Navigator 不支持。
- Text-transform：将所选内容中的每个单词的首字母大写或将文本设置为全部大写或小写。
- Color：设置文本颜色。
- Text-decoration：向文本中添加下划线、上划线、删除线或使文本闪烁。默认设置为 none，链接的默认设置为 underline。

10.2.3 背景样式的定义

在【CSS 规则定义】对话框中的【背景】选项区域中可以定义 CSS 规则的背景样式。利用这个背景样式，可以对网页中任何元素应用背景属性，如图 10-12 所示。

在该区域可以对以下内容进行设置。

- Background-color：设置背景颜色。
- Background-image：设置背景图像。
- Background-repeat：设置是否重复以及如何重复背景图像。在下拉列表中可以选择以下 4 个选项。

◆ no-repeat(不重复)：只在元素开始处显示一次图像。

◆ repeat(重复)：在元素后面水平和垂直平铺图像。

◆ repeat-x(横向重复)和 repeat-y(纵向重复)：分别显示图像的水平带区和垂直带区。图像被剪裁以适合元素的边界。

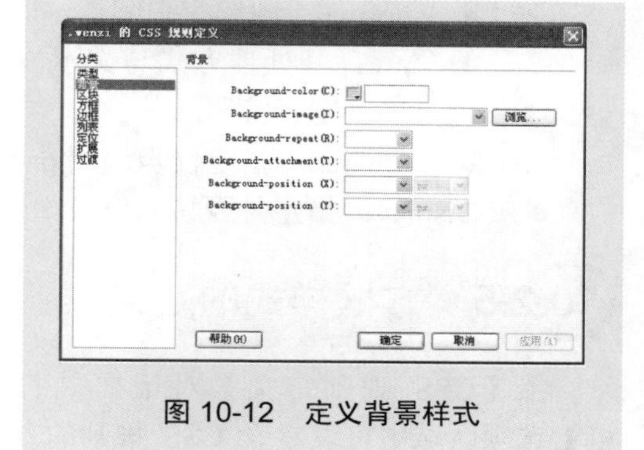

图 10-12　定义背景样式

- Background-attachment：确定背景图像是固定在其原始位置还是随内容一起滚动。某些浏览器可能将【固定】选项视为滚动。Internet Explorer 支持该选项，但 Netscape Navigator 不支持。
- Background-position(X)和 Background-position(Y)：指定背景图像相对于元素的初始位置。这可用于将背景图像与页面中心垂直(Y)和水平(X)对齐。如果 Background-attachment(附件)属性为【固定】，则初始位置是相对于【文档】窗口而不是元素。

10.2.4　区块样式的定义

在【CSS 规则定义】对话框中的【区块】选项区域中可以定义 CSS 规则的区块样式。利用这个样式可以对标签的间距和对齐进行设置，如图 10-13 所示。

在该区域可以对以下内容进行设置。

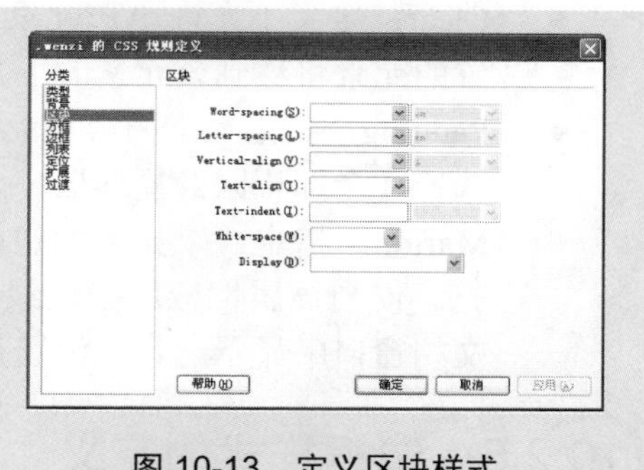

图 10-13　定义区块样式

- Word-spacing：用于设置单词的间距，其值可以为负值，但显示方式取决于浏览器。Dreamweaver 不在文档窗口中显示此属性。
- Letter-spacing：增加或减小字母或字符的间距。正值增加间距，负值减小间距。字母间距设置覆盖对齐的文本设置。Internet Explorer 4 和更高版本以及 Netscape Navigator 6 支持 Letter- spacing 属性。
- Vertical-align：指定应用此属性的元素的垂直对齐方式。Dreamweaver 仅在将该属性应用于<img>标签时，才在文档窗口中显示。
- Text-align：设置文本在元素内的对齐方式。
- Text-indent：指定第 1 行文本的缩进程度。可以使用负值创建凸出，但显示方式取决于浏览器。仅当标签应用于块级元素时，Dreamweaver 才在文档窗口中显示。
- White-space：确定如何处理元素中的空白。Dreamweaver 不在文档窗口中显示此属性。在下拉列表中可以选择以下三个选项。

◆ normal：收缩空白。

◆ pre：其处理方式与文本被括在 pre 标签中一样，即保留所有空白，包括空格、制表符和回车。

◆ nowrap：指定仅当遇到 br 标签时文本才换行。

● Display：指定是否显示以及如何显示元素。none 选项表示禁用该元素的显示。

10.2.5 方框样式的定义

在【CSS 规则定义】对话框中的【方框】选项区域中可以定义 CSS 规则的方框样式，可以为用于控制元素在页面上的放置方式的标签和属性定义设置，如图 10-14 所示。

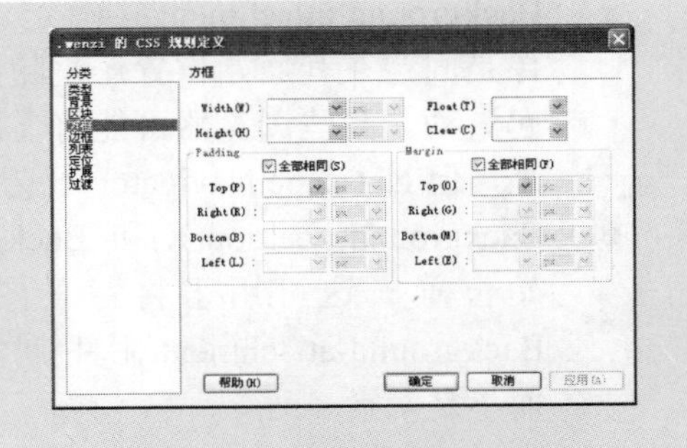

图 10-14 定义方框样式

在该区域可以对以下内容进行设置。

● Width 和 Height：用于设置元素的宽度和高度。

● Float：设置其他元素(如文本、AP Div、表格等)在围绕元素的哪个边浮动。其他元素按通常的方式环绕在浮动元素的周围。

● Clear：定义不允许 AP 元素的边。如果清除的边上出现了 AP 元素，则被清除设置的元素将移到该元素的下方。

● Padding：指定元素内容与元素边框之间的间距。如果没有边框，则为边距。取消选择【全部相同】复选框可设置元素各个边与元素内容之间的间距。

● Margin：指定一个元素的边框与另一个元素之间的间距。如果没有边框，则为填充。仅当该属性应用于块级元素(段落、标题、列表等)时，Dreamweaver 才会在文档窗口中显示它。取消选择【全部相同】复选框可设置元素各个边的边距。

10.2.6 边框样式的定义

在【CSS 规则定义】对话框中的【边框】选项区域中可以定义 CSS 规则的边框样式，可以对元素周围的边框进行设置，如图 10-15 所示。

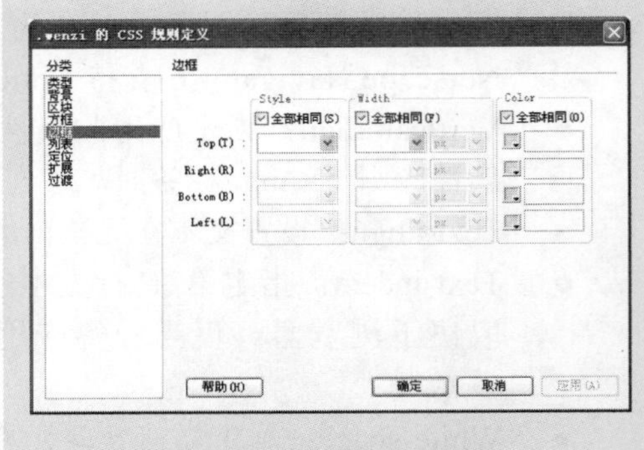

图 10-15 定义边框样式

在该区域可以对以下内容进行设置。

● Style：设置边框的样式外观。样式的显示方式取决于浏览器。取消选择【全部相同】复选框可设置元素各个边的边框样式。

● Width：设置元素边框的粗细。取消选择【全部相同】复选框可设置元素各个边的边框宽度。

- Color：设置边框的颜色。取消选中【全部相同】复选框可设置元素各个边的边框颜色。

10.2.7　列表样式的定义

在【CSS 规则定义】对话框中的【列表】选项区域中可以定义 CSS 规则的列表样式，如图 10-16 所示。

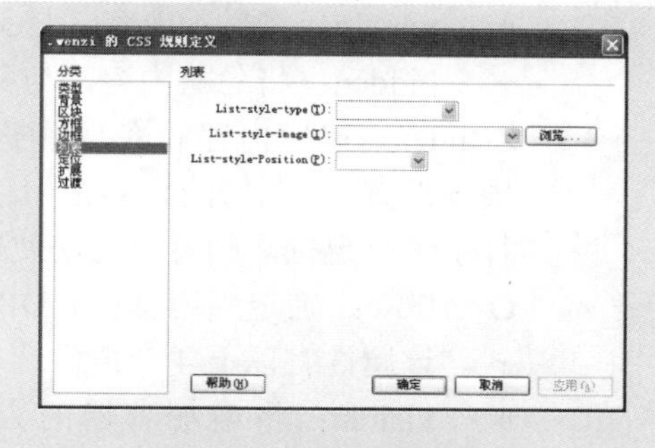

图 10-16　定义列表样式

在该区域可以对以下内容进行设置。

- List-style-type：设置项目符号或编号的外观。
- List-style-image：为项目符号指定自定义图像。单击【浏览】按钮浏览选择图像，或在文本框中输入图像的路径。
- List-style-Position：设置列表项文本是否换行并缩进(外部)或者是否换行到左边距(内部)。

10.2.8　定位样式的定义

在【CSS 规则定义】对话框中的【定位】选项区域中可以定义 CSS 规则的定位样式，用于精确控制网页中元素的位置，如图 10-17 所示。

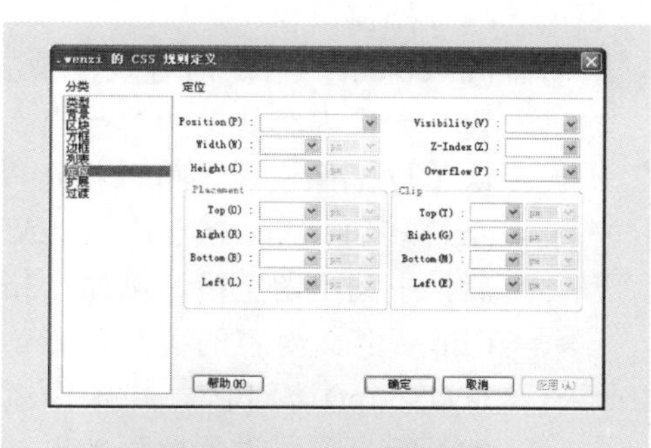

图 10-17　定义定位样式

在该区域可以对以下内容进行设置。

- Position：确定浏览器应如何来定位选定的元素，有 4 个选项供选择。
  - absolute：使用定位框中输入的、相对于最近的绝对或相对定位上级元素的坐标(如果不存在绝对或相对定位的上级元素，则为相对于页面左上角的坐标)来放置内容。
  - fixed：使用定位框中输入的、相对于区块在文档文本流中的位置的坐标来放置内容。例如，若为元素指定一个相对位置，并且其上坐标和左坐标均为 20px，则将元素从其在文本流中的正常位置向右和向下移动 20px。也可以在使用(或不使用)上坐标、左坐标、右坐标或下坐标的情况下对元素进行相对定位，以便为绝对定位的子元素创建一个上下文。
  - relative：使用定位框中输入的坐标(相对于浏览器的左上角)来放置内容。当用户滚动页面时，内容将在此位置保持固定。

    - ◆ static：将内容放在其在文本流中的位置。这是所有可定位的 HTML 元素的默认位置。
- Visibility：确定内容的初始显示条件。如果不指定可见性属性，则默认情况下内容将继承父级标签该属性的值。Body 标签的默认可见性是可见的。该属性有以下三个值供选择。
    - ◆ inherit：继承父级标签的可见性属性值。
    - ◆ visible：将显示内容，与父级标签的值无关。
    - ◆ hidden：将隐藏内容，与父级标签的值无关。
- Z-Index：确定内容的堆叠顺序。Z 轴值较高的元素显示在 Z 轴值较低的元素(或根本没有 Z 轴值的元素)的上方。值可以为正，也可以为负。如果已经对内容进行了绝对定位，则可以轻松使用【AP 元素】面板来更改堆叠顺序。
- Overflow：确定当容器(如 DIV 或 P)中的内容超出容器的显示范围时的处理方式。该属性有以下 4 个值供选择。
    - ◆ visible：将增加容器的大小，以使其所有内容都可见。容器将向右下方扩展。
    - ◆ hidden：保持容器的大小并剪辑任何超出的内容。不提供任何滚动条。
    - ◆ scroll：将在容器中添加滚动条，而不论内容是否超出容器的大小。明确提供滚动条可避免滚动条在动态环境中出现和消失所引起的混乱。该选项不显示在文档窗口中。
    - ◆ auto：仅在容器的内容超出容器的边界时才出现滚动条。该选项不显示在文档窗口中。
- Placement：指定内容块的位置和大小。浏览器如何解释位置取决于该属性的设置。如果内容块的内容超出指定的大小，则将更改内容的大小。位置和大小的默认单位是像素，还可以指定以下单位：pc(皮卡)、pt(点)、in(英寸)、mm(毫米)、cm(厘米)、em(全方)、ex 或%(父级值的百分比)。这些缩写必须紧跟在数值之后，中间不留空格。例如，3mm。
- Clip：定义内容的可见部分。如果指定了剪辑区域，那么可以通过脚本语言(如 JavaScript)访问它，并操作属性以创建像擦除这样的特殊效果。使用【改变属性】行为可以设置擦除效果。

10.2.9 扩展样式的定义

在【CSS 规则定义】对话框中的【扩展】选项区域中可以定义 CSS 规则的扩展样式。扩展样式属性包括滤镜、分页和指针选项，如图 10-18 所示。

在该区域可以对以下内容进行设置。

- Page-break-before 和 Page-break-after：设置打印期间在样式所控制的对象之前或之后强行分页。在下拉列表中选择要设置的选项。任何 4.0 版本的浏览器都不支持这两个属性，但未来的浏览器可能会支持。

- Cursor：当指针位于样式所控制的对象上时改变指针图像。在下拉列表中选择要设置的选项。Internet Explorer 4.0 以上版本和 Netscape Navigator 6 都支持该属性。
- Filter：对样式所控制的对象应用特殊效果，包括模糊和反转。从下拉列表中选择一种效果。

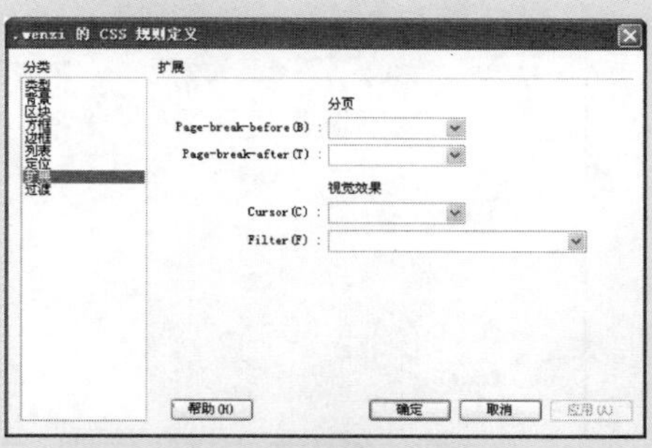

图 10-18　定义扩展样式

10.2.10　创建嵌入式 CSS 样式

在 HTML 页面内部定义的 CSS 样式表，叫做嵌入式 CSS 样式表，这种样式位于 HTML 文档的 Head 部分，使用 Style 标签，并在该标签中定义一系列 CSS 规则。

下面我们来介绍创建嵌入式 CSS 样式的具体操作。

步骤 01　启动 Dreamweaver，打开随书附带光盘中的“CDROM\素材\第 10 章\励志名言.html”文件，如图 10-19 所示。

步骤 02　打开【CSS 样式】面板，单击面板底部的【新建 CSS 规则】按钮，如图 10-20 所示。

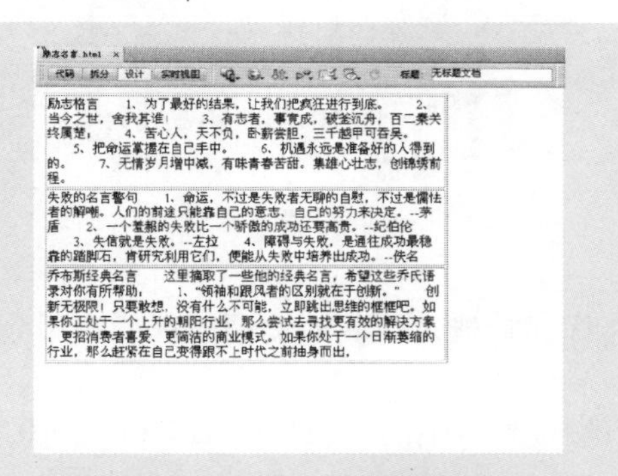

图 10-19　打开素材文件

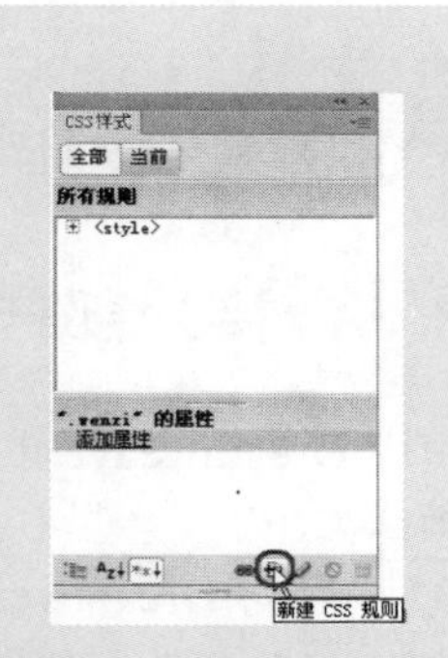

图 10-20　【新建 CSS 规则】按钮

步骤 03　打开【新建 CSS 规则】对话框，在【选择器类型】下拉列表中选择【类(可应用于任何 HTML 元素)】，在【选择器名称】下拉列表中输入 lizhi，如图 10-21 所示。

步骤 04　单击【确定】按钮，弹出【.lizhi 的 CSS 规则定义】对话框，在【类型】选项区域设置 Font-family 为【华文行楷】，Font-size 为 18px，Color 为#333，如图 10-22 所示。

步骤 05　单击【确定】按钮，新建样式。此时可以在【CSS 样式】面板中进行查看。然后选择需要应用样式的文字，在新建样式上单击鼠标右键，从弹出快捷菜单中选择【应用】命令，如图 10-23 所示。

步骤 06　应用完成后，将文档保存。按 F12 键在网页中进行预览，如图 10-24 所示。

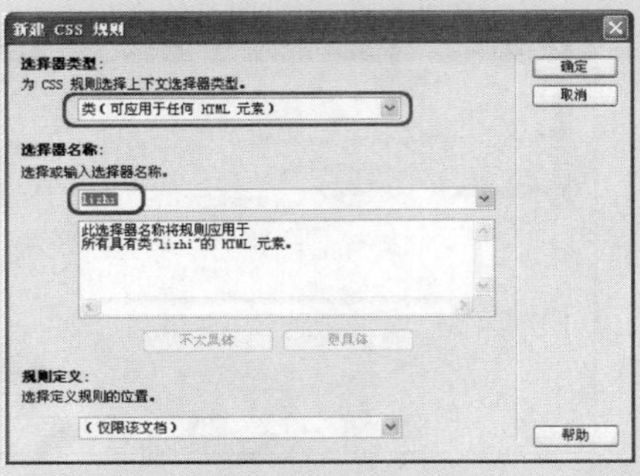

图 10-21　【新建 CSS 规则】对话框

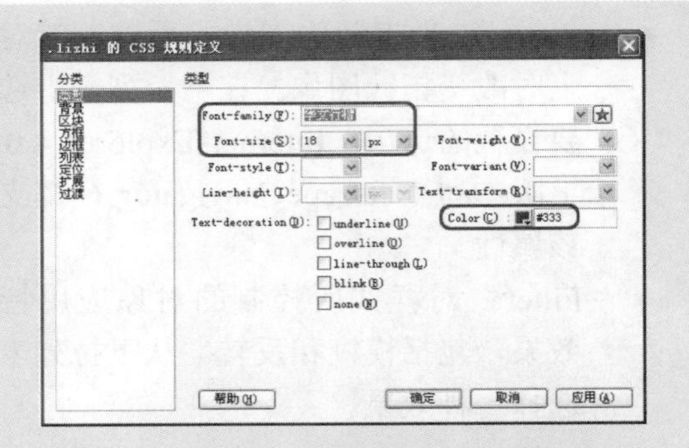

图 10-22　【.lizhi 的 CSS 规则定义】对话框

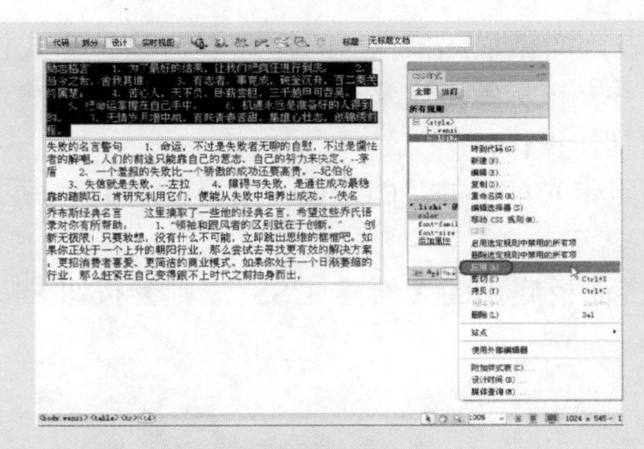
图 10-23　【应用】命令

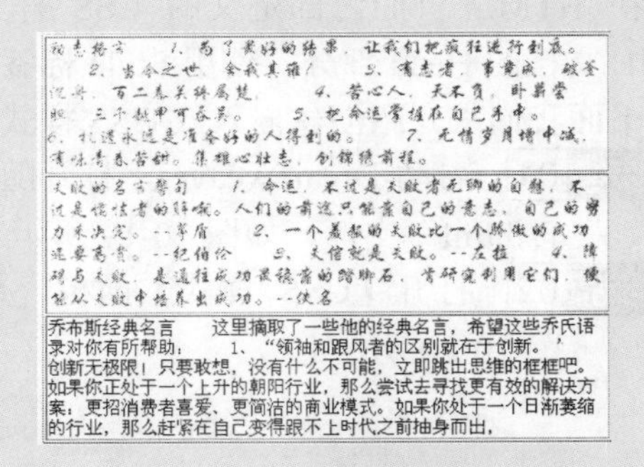
图 10-24　预览效果

10.2.11　链接外部样式表

可以使用 Dreamweaver 的链接外部 CSS 样式功能，将其他页面的样式应用到当前页面中。具体操作如下。

步骤 01　启动 Dreamweaver，打开随书附带光盘中的“CDROM\素材\第 10 章\励志名言.html”文件，如图 10-25 所示。

步骤 02　打开【CSS 样式】面板，单击面板底部的【附加样式表】按钮，如图 10-26 所示。

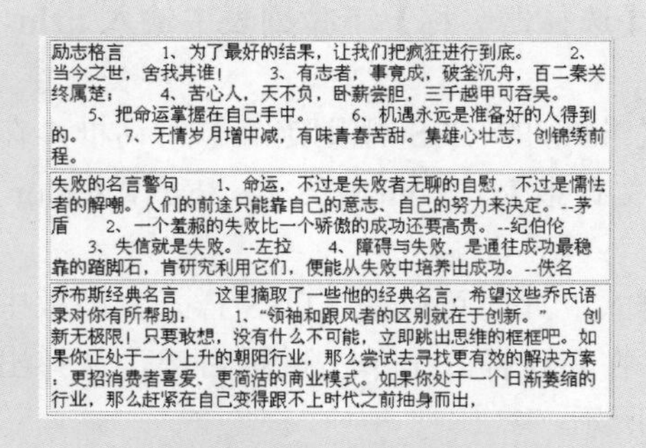

图 10-25　打开素材文件

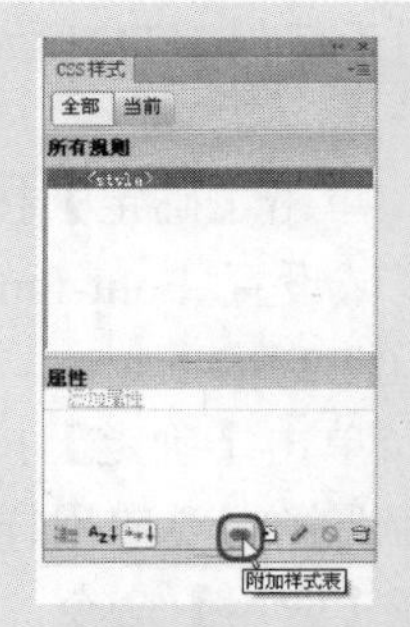

图 10-26　【附加样式表】按钮

步骤03 打开【链接外部样式表】对话框，如图10-27所示。

步骤04 在【文件/URL】下拉列表框中输入样式路径，或单击【浏览】按钮，打开【选择样式表文件】对话框，选择需要链接的样式，单击【确定】按钮，如图10-28所示。

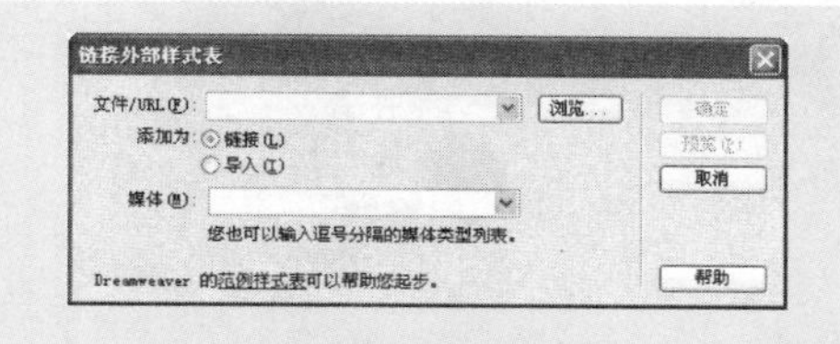

图10-27 【链接外部样式表】对话框

步骤05 返回【链接外部样式表】对话框，再次单击【确定】按钮，即可完成外部样式表的链接。此时，可以在【CSS样式】面板中可以进行查看，如图10-29所示。

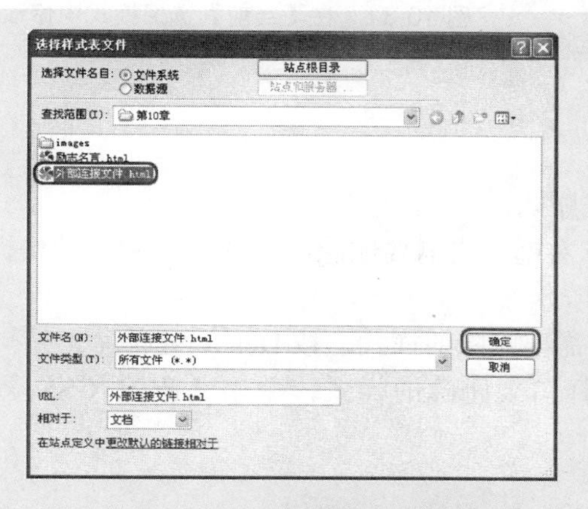

图10-28 【选择样式表文件】对话框

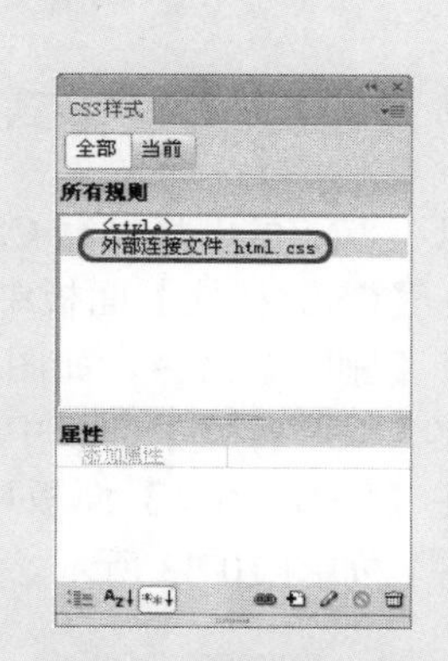

图10-29 查看链接样式

步骤06 链接完成后，将文档保存。

10.3 编辑CSS样式

使用 Dreamweaver 编辑文档内部或外部规则都十分方便。对文档内部样式进行修改后，该CSS样式所控制的文本立刻重新设置；对外部样式进行修改并保存后，将影响与它链接的所有文档。

10.3.1 修改CSS样式

使用以下方法可以对CSS样式进行修改。

- 选择需要修改的样式，打开【CSS规则定义】对话框，在对话框内进行修改。
- 在【CSS样式】面板中选择需要修改的CSS样式，在【属性】选项区域对其进行修改，如图10-30所示。
- 在文档中选择套用需要进行修改的CSS样式的文本，然后切换至【CSS样式】面板【当前】选择模式下，在【属性】选项区域可以对CSS样式进行修改，如图10-31所示。

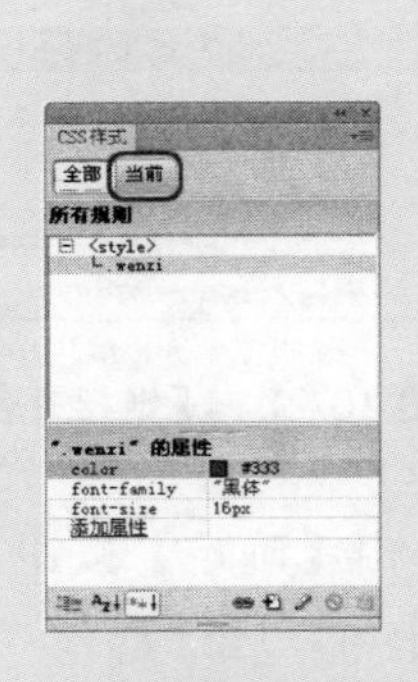

图 10-30 【属性】选项卡

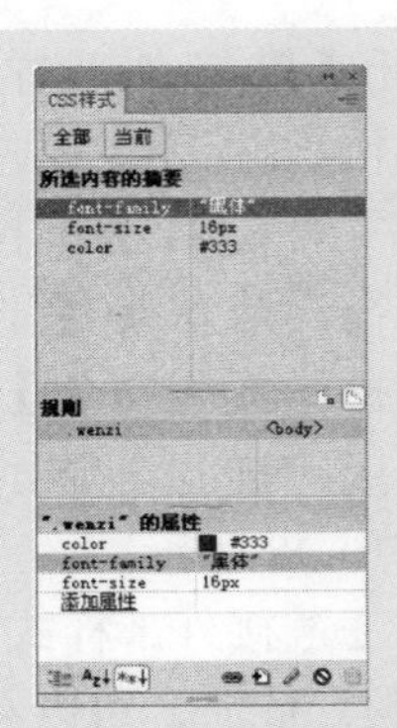

图 10-31 在【当前】选择模式中修改

10.3.2 删除 CSS 样式

使用以下方法可以将已有 CSS 样式删除。

- 在【CSS 样式】面板中，鼠标右键单击需要删除的样式，在弹出的快捷菜单中选择【删除】命令，如图 10-32 所示。
- 在【CSS 样式】面板中，选择需要删除的样式，按 Delete 键删除。
- 在【CSS 样式】面板中，选择需要删除的样式，单击【删除 CSS 规则】按钮 ，如图 10-33 所示。

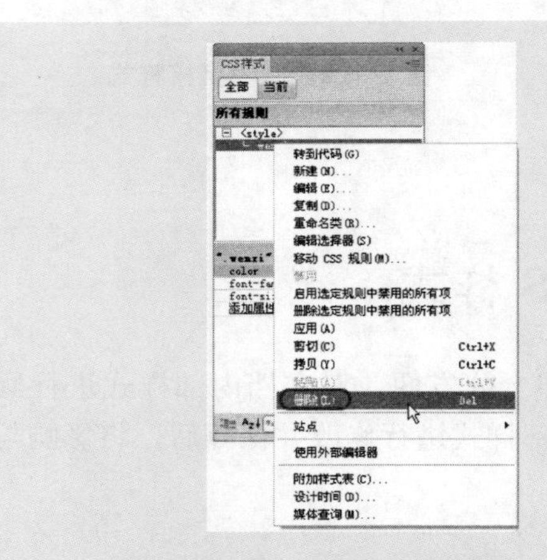

图 10-32 【删除】命令

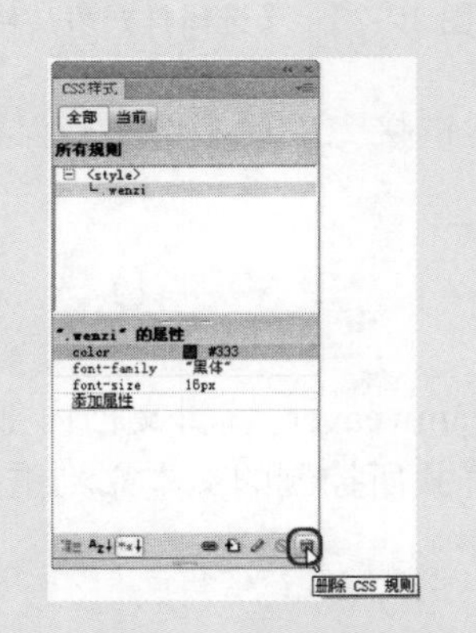

图 10-33 【删除 CSS 规则】按钮

10.3.3 复制 CSS 样式

下面来介绍如何复制 CSS 样式。

步骤 01 在【CSS 样式】面板中，鼠标右键单击需要复制的样式，在弹出的快捷菜单中选择【复制】命令，如图 10-34 所示。

步骤 02 打开【复制 CSS 规则】对话框，在该对话框中可以对样式类型进行修改以及重命名，如图 10-35 所示。

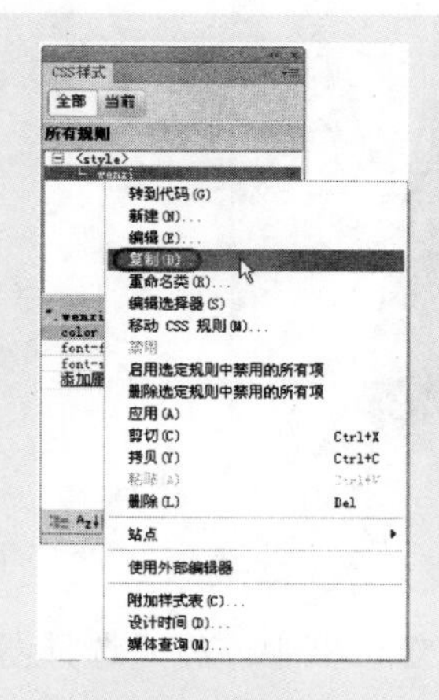

图 10-34 【复制】命令

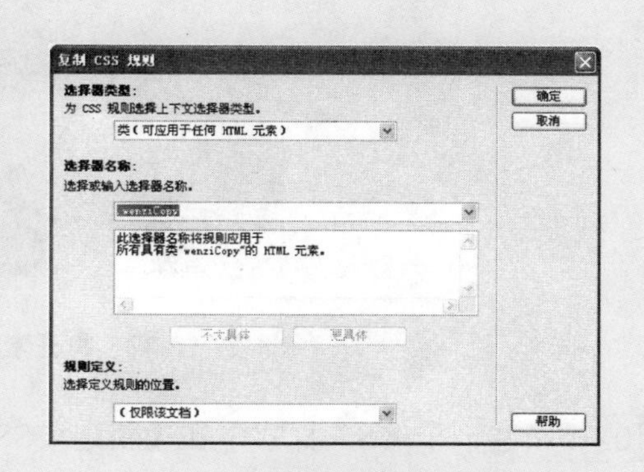

图 10-35 【复制 CSS 规则】对话框

步骤 03 单击【确定】按钮，CSS 样式复制完成。此时，可以在【CSS 样式】面板中查看，如图 10-36 所示。

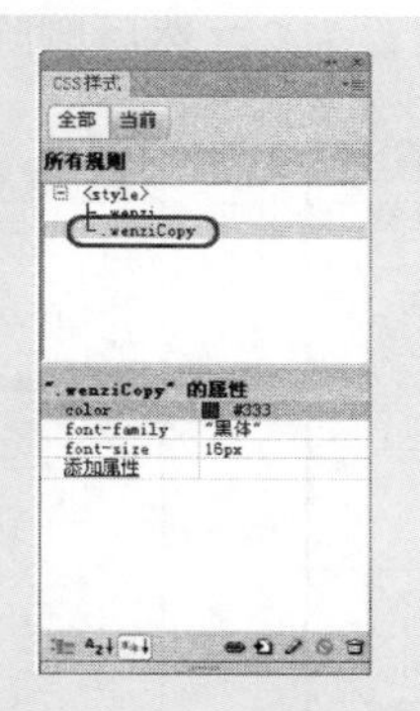

图 10-36 查看复制样式

10.4 使用 CSS 过滤器

CSS 过滤器能把可视化的过滤器和转换效果添加到一个标准 HTML 元素上。通过 Dreamweaver 可以直接在【CSS 规则定义】对话框中添加过滤器参数，而不用写过多的代码。

10.4.1 Alpha 滤镜

Alpha 滤镜可以对透明度进行设置。具体操作如下。

步骤 01 启动 Dreamweaver，打开随书附带光盘中的“CDROM\素材\第 10 章\Alpha 滤镜效果.html”文件，如图 10-37 所示。

图 10-37　打开素材文件

步骤02　新建一个 CSS 样式，在【新建 CSS 规则】对话框中，将【选择器名称】设置为.alpha，如图 10-38 所示。

步骤03　单击【确定】按钮，弹出【.alpha 的 CSS 规则定义】对话框，在【分类】列表框中选择【扩展】选项，在右侧的 Filter 下拉列表框中选择“Alpha(Opacity=?, FinishOpacity=?, Style=?, StartX=?, StartY=?, FinishX=?, FinishY=?)”选项。本例将 Opacity 设置为 50，Style 设置为 2，然后删除其他参数，如图 10-39 所示。

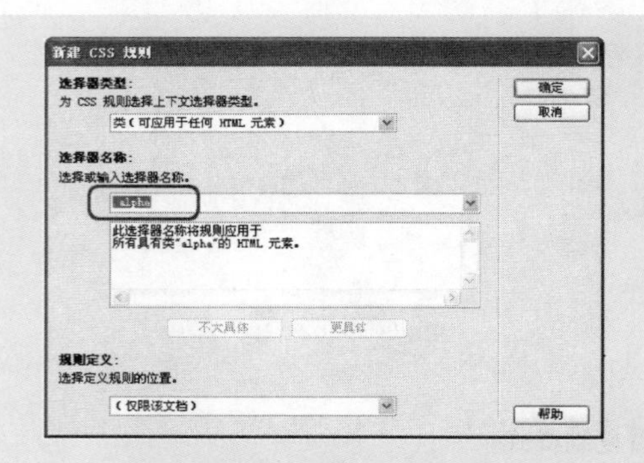

图 10-38　新建 CSS 样式

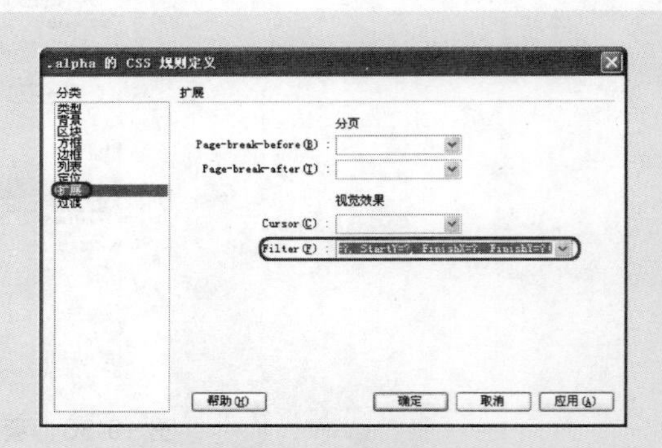

图 10-39　设置 Alpha 滤镜

提示：Opacity 表示透明度，数值范围为 0～100，单位为百分比。
FinishOpacity 表示结束透明度，用于设置渐变透明效果。
Style 表示透明类型。0 为统一形状，1 为线型，2 为放射状，3 为长方形。
StartX 和 StartY：表示渐变透明效果的起始 X、Y 坐标。
FinishX 和 FinishY：表示渐变透明效果的终止 X、Y 坐标。

步骤04　设置完成后，单击【确定】按钮。在文档中对图像应用该样式，如图 10-40 所示。

步骤05　将文档保存，按 F12 键可以在网页中进行预览，如图 10-41 所示。

图 10-40 应用样式

图 10-41 预览效果

10.4.2 Blur 滤镜

Blur 滤镜用于建立模糊的效果。具体操作如下。

步骤 01 启动 Dreamweaver，打开随书附带光盘中的“CDROM\素材\第 10 章\Blur 滤镜效果.html”文件，如图 10-42 所示。

步骤 02 新建一个 CSS 样式，在【新建 CSS 规则】对话框中，将名称设置为.blur，如图 10-43 所示。

步骤 03 单击【确定】按钮，弹出【.blur 的 CSS 规则定义】对话框，在【分类】列表框中选择【扩展】选项，在 Filter 下拉列表框中选择“Blur(Add=?, Direction=?, Strength=?)”选项。本例将 Add 设置为 true，Direction 为 270，Strength 为 25，如图 10-44 所示。

图 10-42　打开素材文件

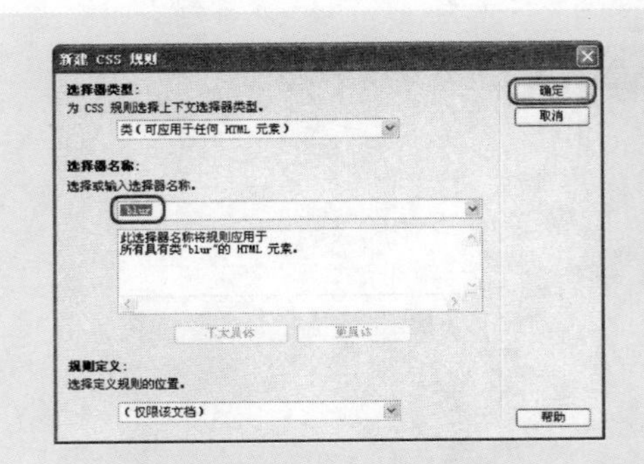

图 10-43　新建 CSS 样式

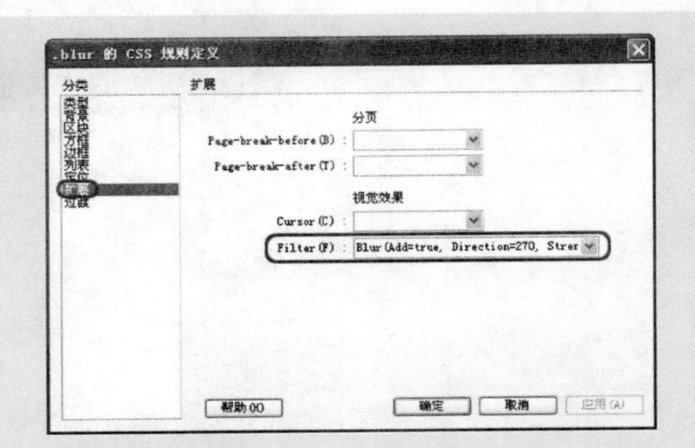

图 10-44　设置 Blur 滤镜

提示：Add 用来设置是否显示模糊对象。0(False)为不显示，1(True)为显示。

Direction 用来设置模糊的方向，单位为度，0 度代表垂直向上，每 45 度一个单位。默认为向左的 270 度。

Strength 用来设置多少像素的宽度将受模糊影响。

步骤 04　设置完成后，单击【确定】按钮。在文档中对图像应用样式，如图 10-45 所示。

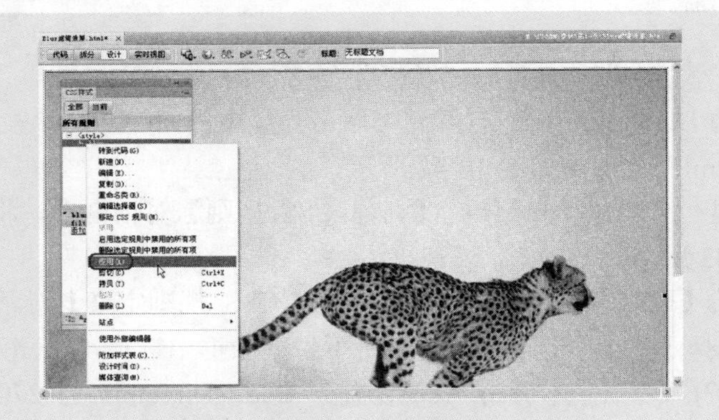

图 10-45　应用样式

步骤 05　将文档保存，按 F12 键可以在网页中进行预览，如图 10-46 所示。

图 10-46　预览效果

10.4.3　Chroma 滤镜

Chroma 滤镜用于设置指定颜色为透明效果。具体操作如下。

步骤 01　启动 Dreamweaver，打开随书附带光盘中的“CDROM\素材\第 10 章\Chroma 滤镜效果.html”文件，如图 10-47 所示。

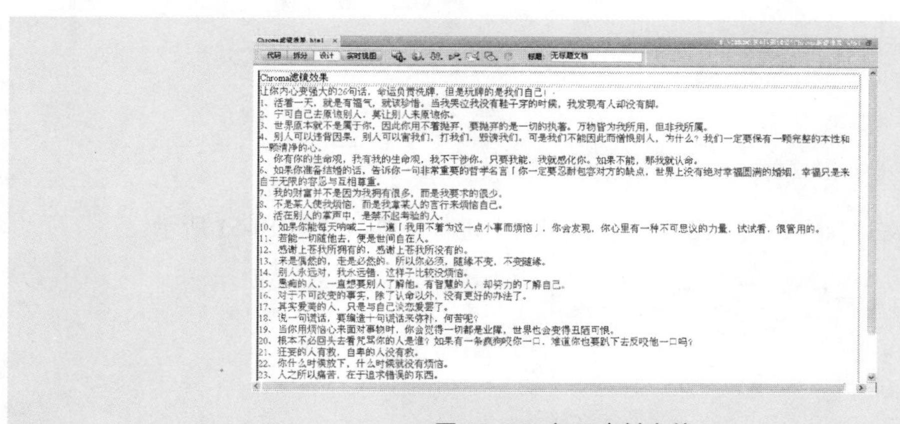

图 10-47　打开素材文件

步骤 02　在【CSS 样式】面板中选择名称为.Chroma 的 CSS 样式，单击鼠标右键，在弹出的快捷菜单中选择【编辑】命令，如图 10-48 所示。

步骤 03　弹出【.Chroma 的 CSS 规则定义】对话框，在【分类】列表框中选择【扩展】选项，在 Filter 下拉列表框中选择 Chroma(Color=?)选项。本例将 Color 设置为文档中文字相同的颜色#990000，如图 10-49 所示。

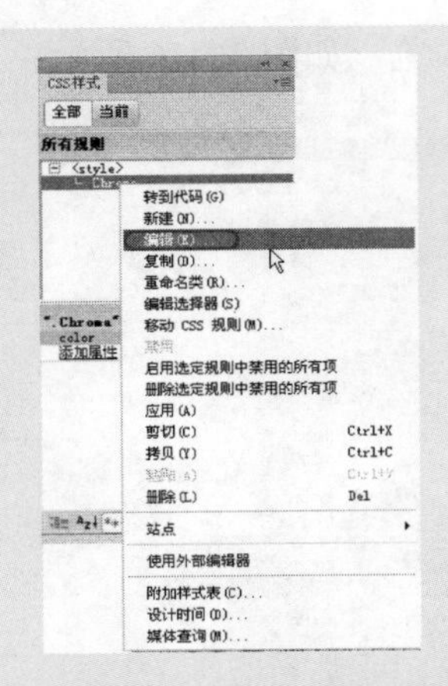

图 10-48　选择【编辑】命令

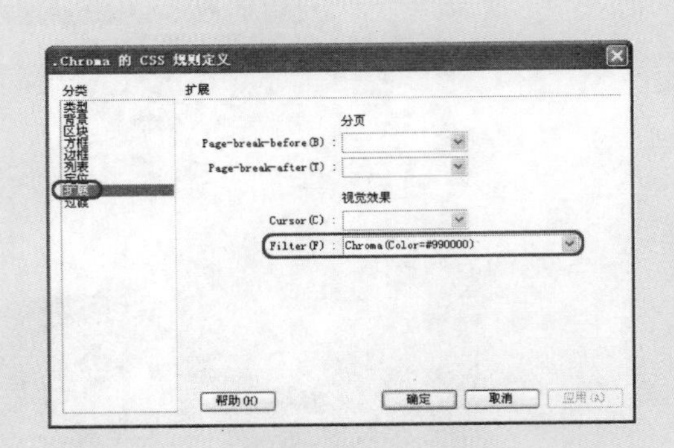

图 10-49　设置 Chroma 滤镜

步骤04　设置完成后，单击【确定】按钮。在文档中选择第 2 行表格，对表格应用样式，如图 10-50 所示。

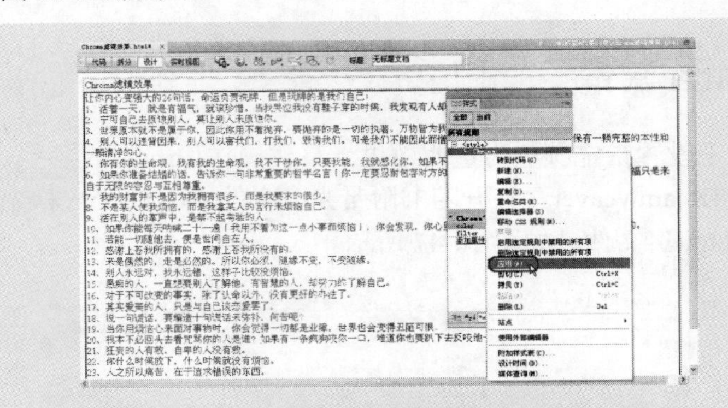

图 10-50　应用样式

步骤05　将文档保存，按 F12 键可以在网页中进行预览，如图 10-51 所示。

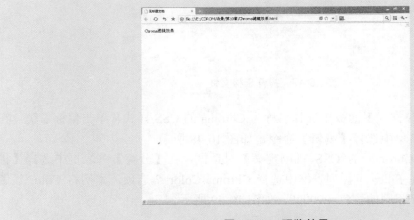

图 10-51　预览效果

10.4.4 DropShadow 滤镜

DropShadow 滤镜用于添加对象的阴影效果。具体操作如下。

步骤 01 启动 Dreamweaver，打开随书附带光盘中的“CDROM\素材\第 10 章\DropShadow 滤镜效果.html”文件，如图 10-52 所示。

步骤 02 新建一个 CSS 样式，在【新建 CSS 规则】对话框中，将名称设置为 DropShadow，如图 10-53 所示。

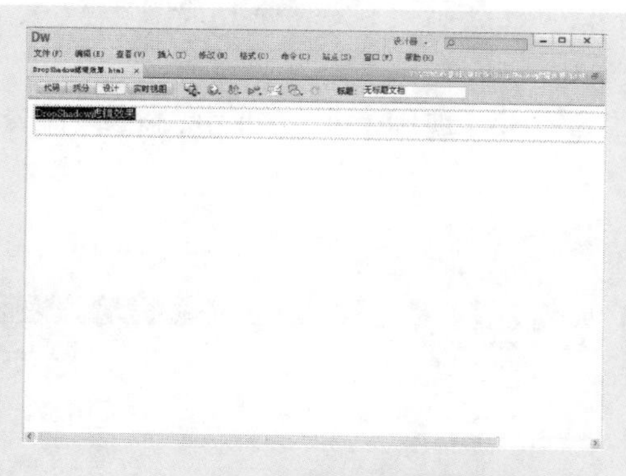

图 10-52 打开素材文件

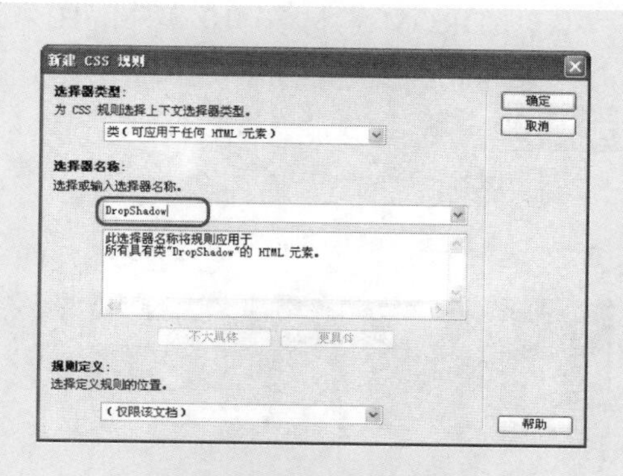

图 10-53 新建 CSS 样式

步骤 03 单击【确定】按钮，弹出【.DropShadow 的 CSS 规则定义】对话框，在【分类】列表框中选择【扩展】选项，在 Filter 下拉列表框中选择“DropShadow (Color=?, OffX=?, OffY=?, Positive=?)”选项。本例将 Color 设置为#0033FF，OffX 为 5，OffY 为 5，Positive 为 1，如图 10-54 所示。

提示：Color 代表投射阴影的颜色。

OffX 和 OffY 表示 X 方向和 Y 方向阴影的偏移量。偏移量必须为整数，可以为负值。

Positive 为布尔值，如果为 True(非 0)，则为任何非透明像素建立可见的投影；如果为 False(0)，则为透明的像素部分建立透明效果。

步骤 04 设置完成后，单击【确定】按钮。在文档中对图像应用样式，如图 10-55 所示。

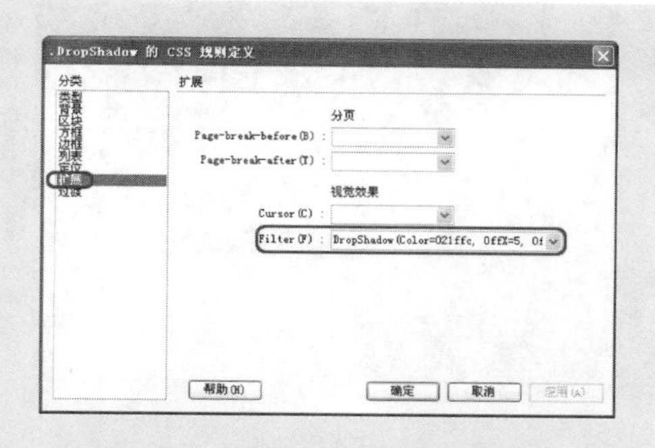

图 10-54 设置 DropShadow 滤镜

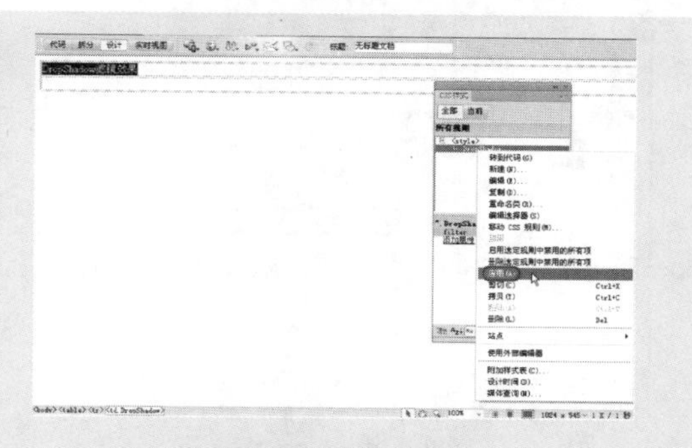

图 10-55 应用样式

步骤05 将文档保存，按 F12 键可以在网页中进行预览，如图 10-56 所示。

图 10-56 预览效果

10.4.5 FlipH 和 FlipV 滤镜

FlipH 和 FlipV 滤镜用于图像的水平和垂直翻转。以 FlipH 滤镜为例，具体操作如下。

步骤01 启动 Dreamweaver，打开随书附带光盘中的“CDROM\素材\第 10 章\FlipH 和 FlipV 滤镜效果.html”文件，如图 10-57 所示。

步骤02 新建一个 CSS 样式，在【新建 CSS 规则】对话框中，将名称设置为 FlipH，如图 10-58 所示。

图 10-57 打开素材文件

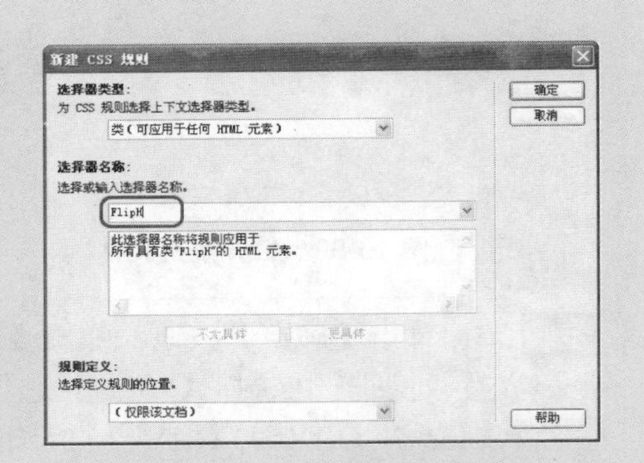
图 10-58 新建 CSS 样式

步骤03 单击【确定】按钮，弹出【.FlipH 的 CSS 规则定义】对话框，在【分类】列表框中选择【扩展】选项，在 Filter 下拉列表框中选择 FlipH 选项，如图 10-59 所示。

步骤04 设置完成后，单击【确定】按钮。在文档中对图像应用样式，如图 10-60 所示。

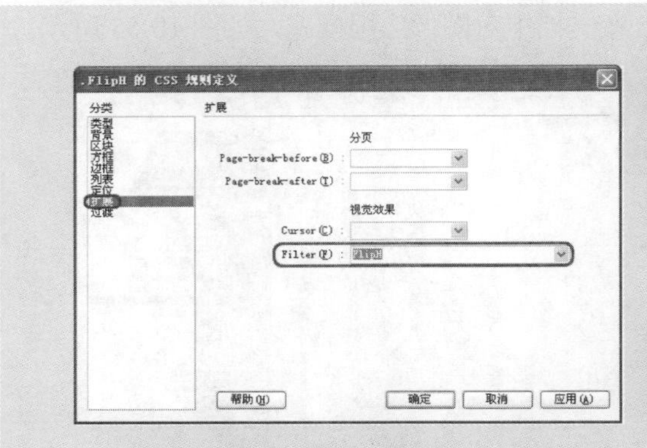
图 10-59 选择 FlipH 滤镜

图 10-60 应用样式

步骤05 将文档保存，按F12键可以在网页中进行预览，如图10-61所示。

图 10-61 预览效果

10.4.6 Glow 滤镜

Glow 滤镜可以使对象边缘产生发光的效果，具体操作如下。

步骤01 启动 Dreamweaver，打开随书附带光盘中的“CDROM\素材\第 10 章\Glow 滤镜效果.html”，如图10-62所示。

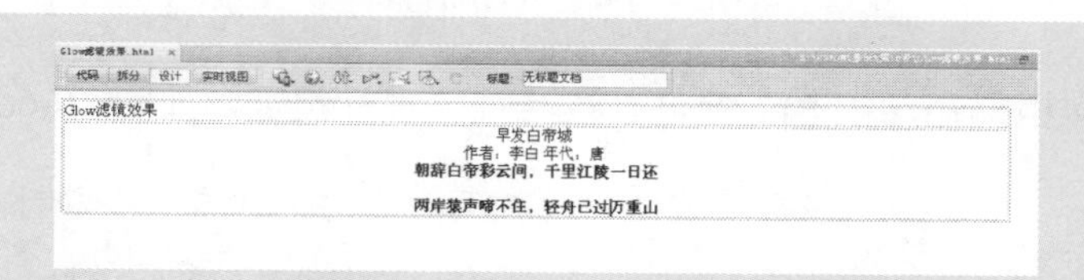

图 10-62 打开素材文件

步骤02 新建一个 CSS 样式，在【新建 CSS 规则】对话框中，将名称设置为 glow，如图10-63所示。

步骤03 单击【确定】按钮，弹出【.glow 的 CSS 规则定义】对话框，在【分类】列表框中选择【扩展】选项，在 Filter 下拉列表框中选择“Glow(Color=?, Strength=?)”。本例将 Color 设置为#0000FF，Strength 为 5，如图10-64所示。

提示：Color 代表发光的颜色。
Strength 指定发光强度。数值为 1～255，数字越大，光的效果越强。

步骤04 设置完成后，单击【确定】按钮。在文档中选择需要应用样式的表格，如图10-65所示。

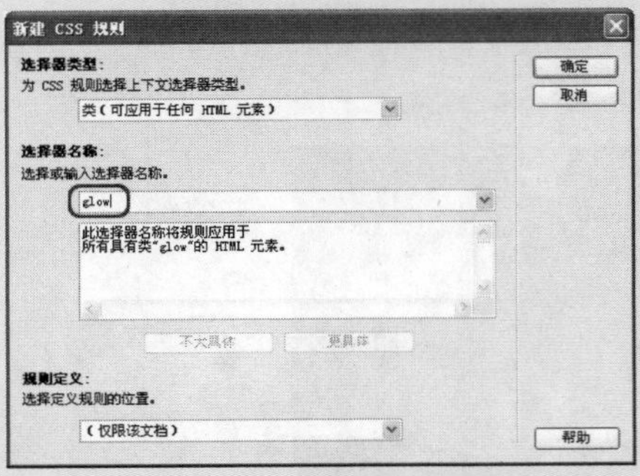

图 10-63　新建 CSS 样式

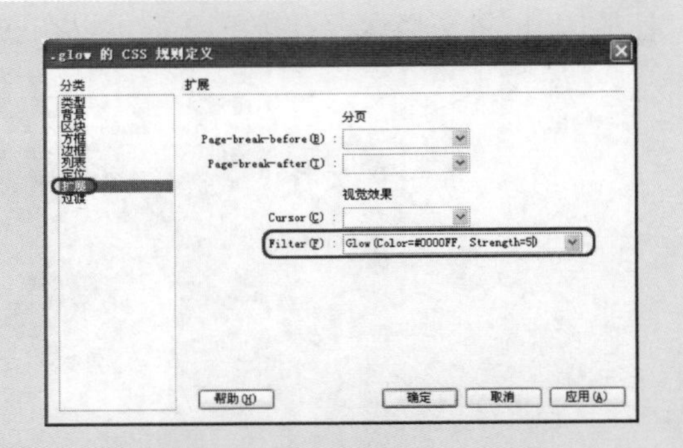

图 10-64　设置 Glow 滤镜

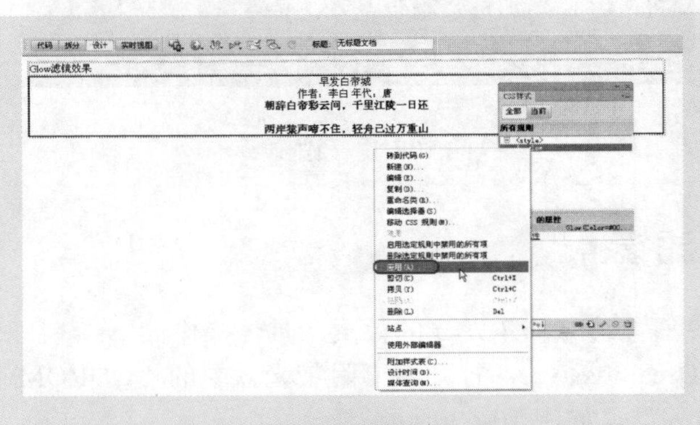

图 10-65　应用样式

步骤 05　将文档保存，按 F12 键可以在网页中进行预览，如图 10-66 所示。

图 10-66　预览效果

10.4.7　Gray 滤镜

Gray 滤镜可以将图片灰度化，具体操作如下。

步骤 01　启动 Dreamweaver，打开随书附带光盘中的“CDROM\素材\第 10 章\Gray 滤镜效果.html”文件，如图 10-67 所示。

步骤 02　新建一个 CSS 样式，在【新建 CSS 规则】对话框中，将名称设置为 gray，如图 10-68 所示。

图 10-67　打开素材文件

步骤03　单击【确定】按钮，弹出【.gray 的 CSS 规则定义】对话框，在【分类】列表框中选择【扩展】选项，在 Filter 下拉列表框中选择 Gray 选项，如图 10-69 所示。

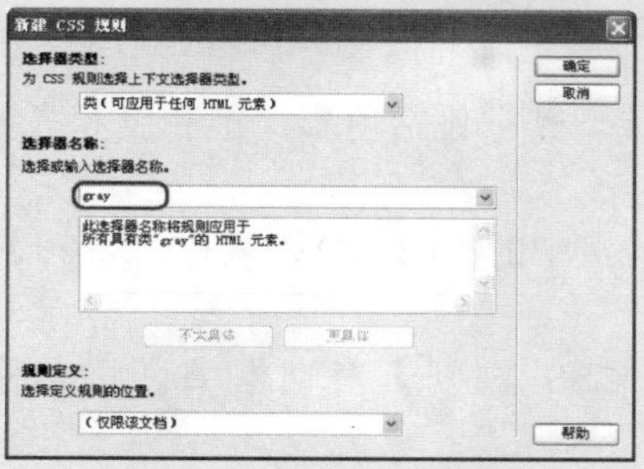

图 10-68　新建 CSS 样式

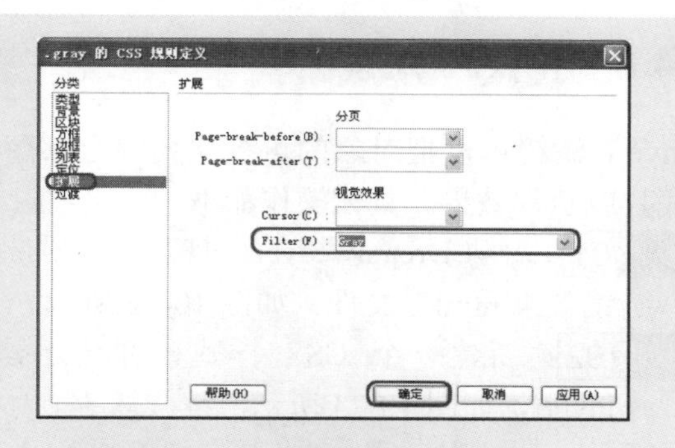

图 10-69　选择 Gray 滤镜

步骤04　设置完成后，单击【确定】按钮。在文档中对图像应用样式，如图 10-70 所示。

图 10-70　应用样式

步骤 05 将文档保存，按 F12 键可以在网页中进行预览，如图 10-71 所示。

图 10-71 预览效果

10.4.8 Invert 滤镜

Invert 滤镜可以把对象的可视化属性全部翻转，其中包括色彩、饱和度和亮度，从而产生底片或负片效果。具体操作如下。

步骤 01 启动 Dreamweaver，打开随书附带光盘中的“CDROM\素材\第 10 章\Gray 滤镜效果.html”文件，如图 10-72 所示。

步骤 02 新建一个 CSS 样式，在【新建 CSS 规则】对话框中，将名称设置为 invert，如图 10-73 所示。

图 10-72 打开素材文件

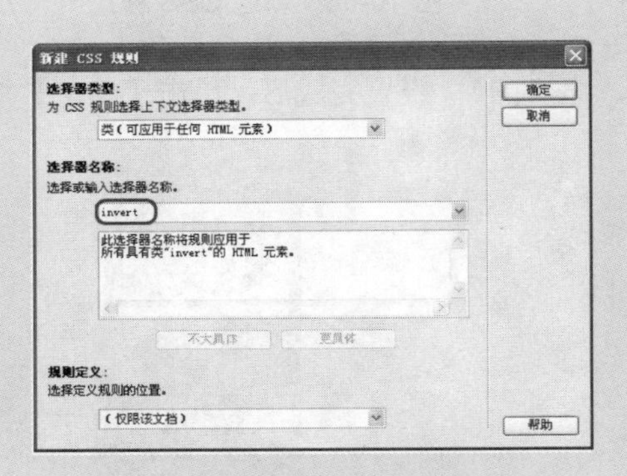

图 10-73 新建 CSS 样式

步骤 03 单击【确定】按钮，弹出【.invert 的 CSS 规则定义】对话框，在【分类】列表框中选择【扩展】选项，在 Filter 下拉列表框中选择 Invert 选项，如图 10-74 所示。

步骤 04 设置完成后，单击【确定】按钮。在文档中对图像应用样式，如图 10-75

所示。

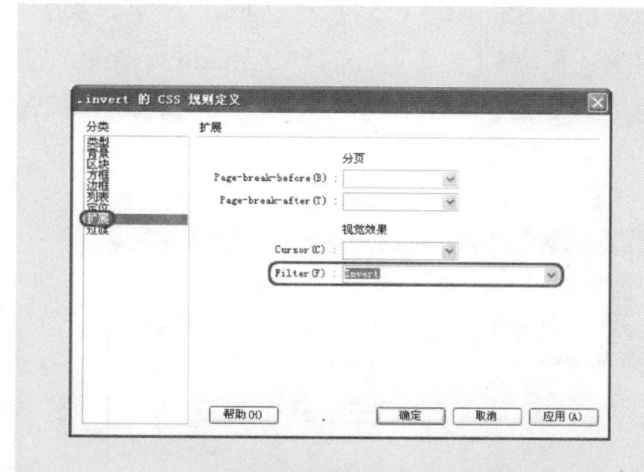

图 10-74 选择 Invert 滤镜

图 10-75 应用样式

步骤05 将文档保存，按 F12 键可以在网页中进行预览，如图 10-76 所示。

图 10-76 预览效果

10.4.9 Shadow 滤镜

Shadow 滤镜可以沿对象边缘产生阴影效果，具体操作如下。

步骤01 启动 Dreamweaver，打开随书附带光盘中的“CDROM\素材\第 10 章\Shadow 滤镜效果.html”文件，如图 10-77 所示。

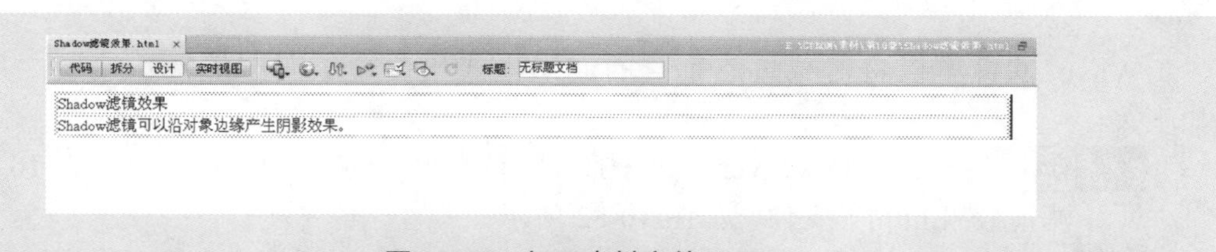

图 10-77 打开素材文件

步骤02 新建一个 CSS 样式，在【新建 CSS 规则】对话框中，将名称设置为

shadow，如图 10-78 所示。

步骤 03　单击【确定】按钮，弹出【.shadow 的 CSS 规则定义】对话框，在【分类】列表框中选择【扩展】选项，在 Filter 下拉列表框中选择“Shadow(Color=?, Direction=?)”。本例将 Color 设置为#FF9999，Direction 为 135，如图 10-79 所示。

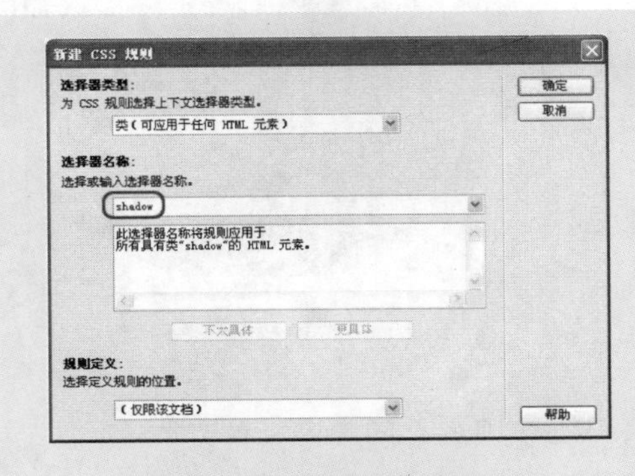

图 10-78　新建 CSS 样式

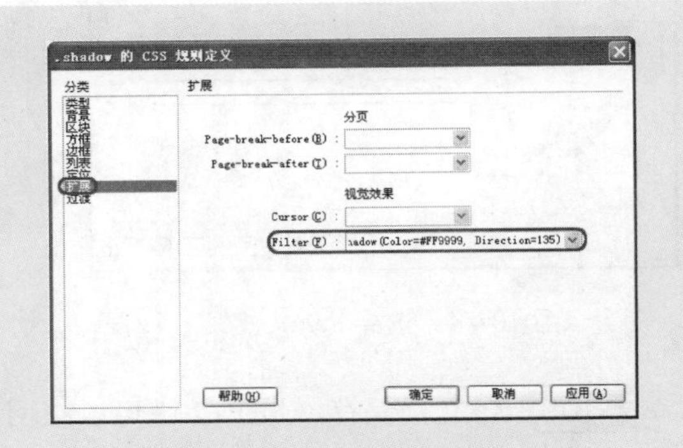

图 10-79　设置 Shadow 滤镜

步骤 04　设置完成后，单击【确定】按钮。在文档中对图像应用样式，如图 10-80 所示。

步骤 05　将文档保存，按 F12 键可以在网页中进行预览，如图 10-81 所示。

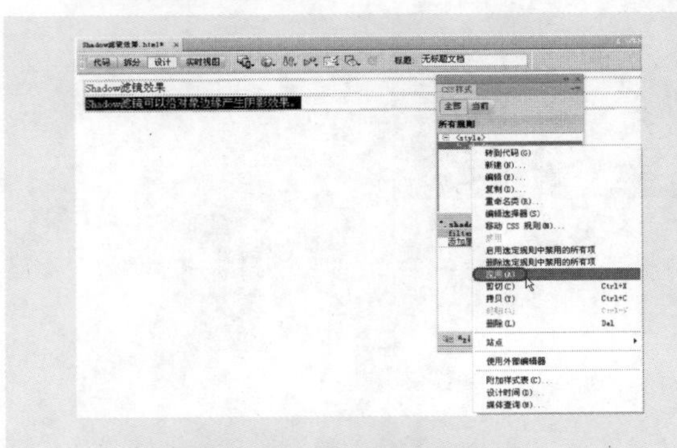

图 10-80　应用样式

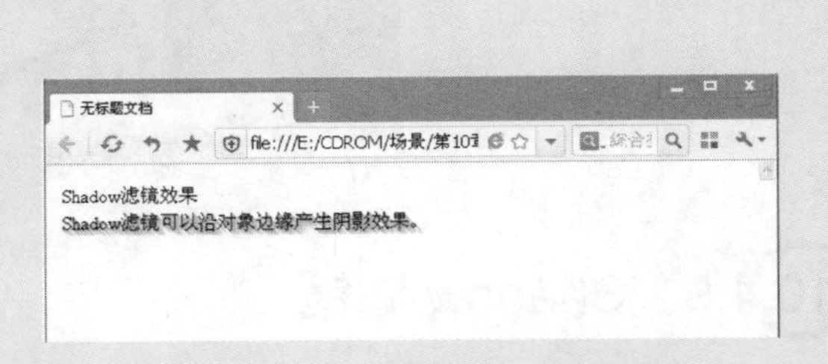

图 10-81　预览效果

10.4.10　Wave 滤镜

Wave 滤镜可以将对象按照垂直的波形样式扭曲，从而产生特殊效果，具体操作如下。

步骤 01　启动 Dreamweaver，打开随书附带光盘中的“CDROM\素材\第 10 章\Wave 滤镜效果.html”文件，如图 10-82 所示。

步骤 02　新建一个 CSS 样式，在【新建 CSS 规则】对话框中，将名称设置为 wave，如图 10-83 所示。

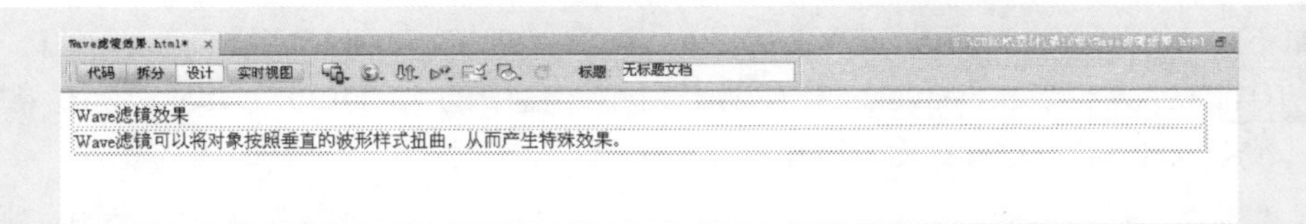

图 10-82　打开素材文件

步骤 03　单击【确定】按钮，弹出【.wave 的 CSS 规则定义】对话框，在【分类】列表框中选择【扩展】选项，在 Filter 下拉列表框中选择“Wave(Add=?, Freq=?, LightStrength=?, Phase=?, Strength=?)”。本例将 Add 设置为 0，Freq 为 6，LightStrength 为 10, Phase 为 0，Strength 为 3，如图 10-84 所示。

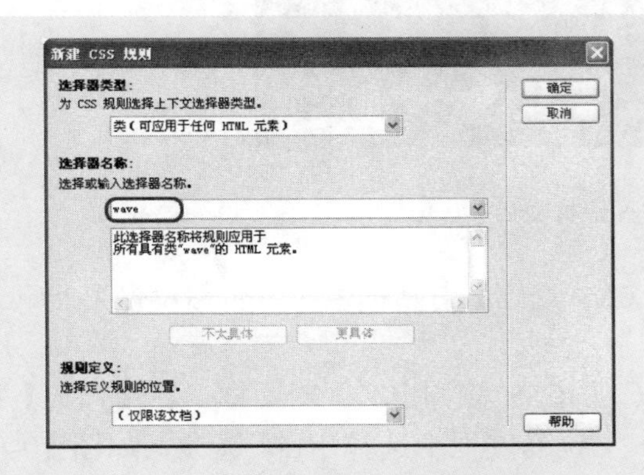

图 10-83　新建 CSS 样式

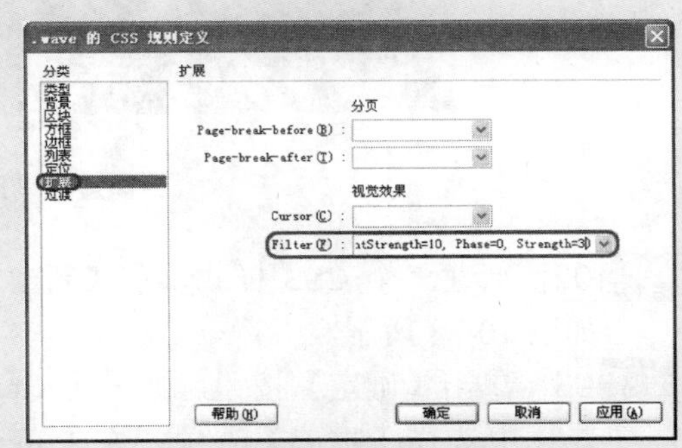

图 10-84　设置 Wave 滤镜

步骤 04　设置完成后，单击【确定】按钮。在文档中对图像应用样式，如图 10-85 所示。

步骤 05　将文档保存，按 F12 键可以在网页中进行预览，如图 10-86 所示。

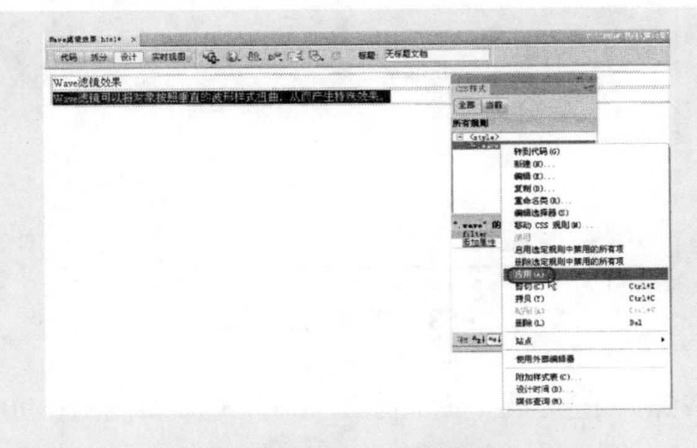

图 10-85　应用样式

图 10-86　预览效果

10.4.11　Xray 滤镜

Xray 滤镜可以让对象反映出它的轮廓，并把这些轮廓加亮，类似所谓的 X 光片，具体操作如下。

步骤01 启动 Dreamweaver，打开随书附带光盘中的“CDROM\素材\第 10 章\Xray 滤镜效果.html”文件，如图 10-87 所示。

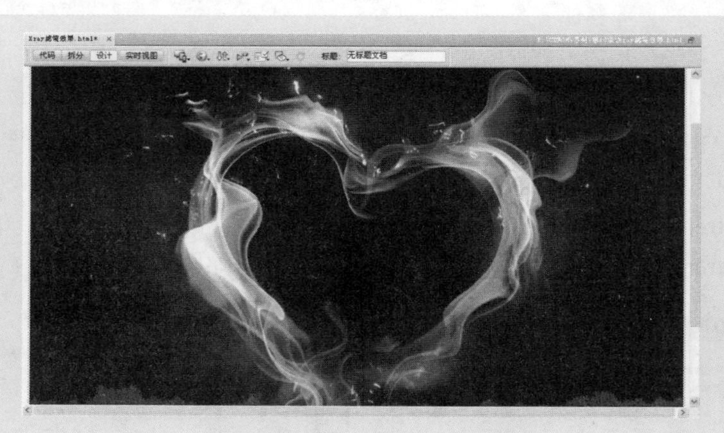

图 10-87 打开素材文件

步骤02 新建一个 CSS 样式，在【新建 CSS 规则】对话框中，将名称设置为 xray，如图 10-88 所示。

步骤03 单击【确定】按钮，弹出【.xray 的 CSS 规则定义】对话框，在【分类】列表框中选择【扩展】选项，在 Filter 下拉列表框中选择 Xray 选项，如图 10-89 所示。

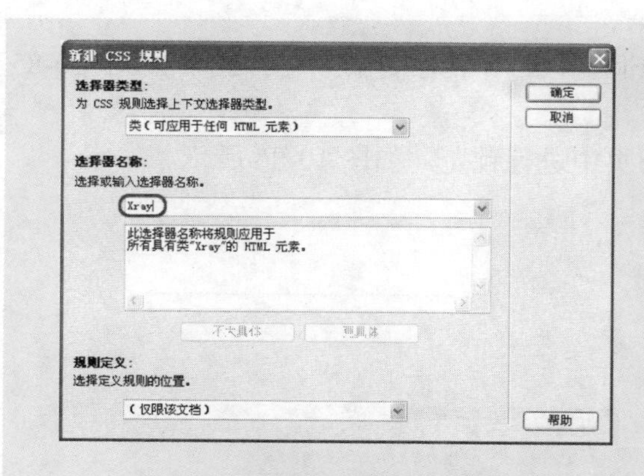

图 10-88 新建 CSS 样式

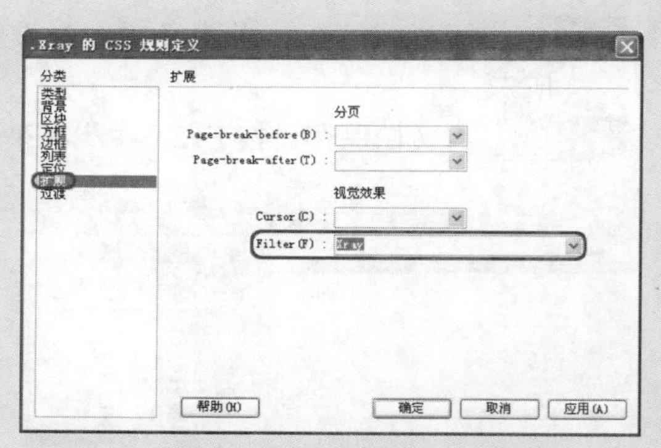

图 10-89 选择 Xray 滤镜

步骤04 设置完成后，单击【确定】按钮。在文档中对图像应用样式，如图 10-90 所示。

步骤05 将文档保存，按 F12 键可以在网页中进行预览，如图 10-91 所示。

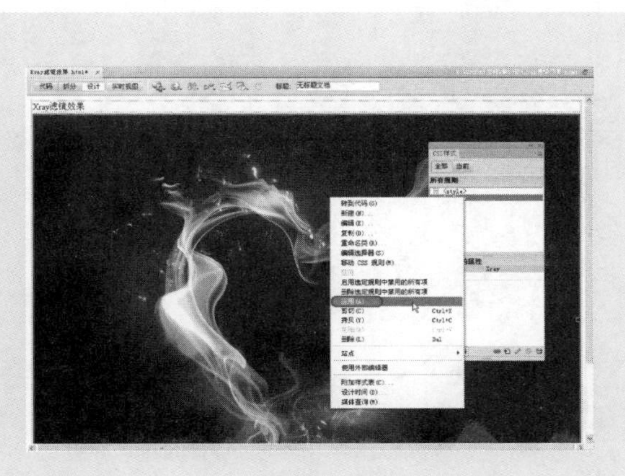

图 10-90 应用样式

图 10-91 预览效果

10.5 上机练习——使用 CSS 美化页面

本例主要是通过使用 CSS 样式来美化页面，具体的操作步骤如下。

步骤 01 运行 Dreamweaver CS6 软件，在开始页面中，单击【新建】区域中的 HTML，如图 10-92 所示，即可新建一个 HTML 文档。

步骤 02 在菜单栏中选择【插入】|【表格】命令，如图 10-93 所示。

图 10-92 新建 HTML 文档

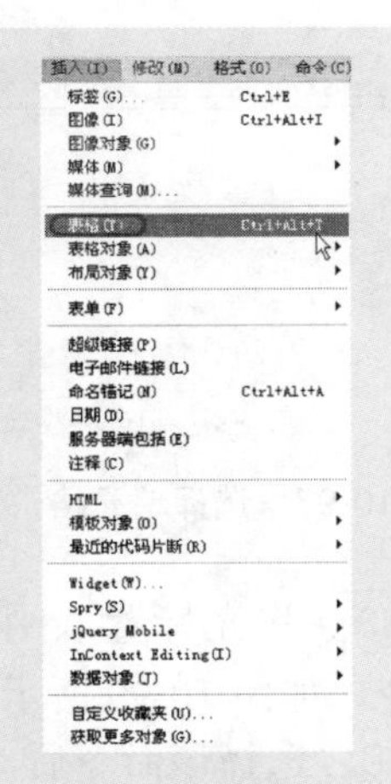

图 10-93 选择【表格】命令

步骤 03 选择该命令后，系统将弹出【表格】对话框，在该对话框中将【行数】设置为 2，【列】设置为 18，【表格宽度】设置为 989、【像素】，【边框粗细】设置为 0，如图 10-94 所示。

步骤 04 在该对话框中单击【确定】按钮，即可插入表格，如图 10-95 所示。

步骤 05 此时表格呈选中状态，在【属性】面板中将【对齐】设置为【居中对齐】，如图 10-96 所示。

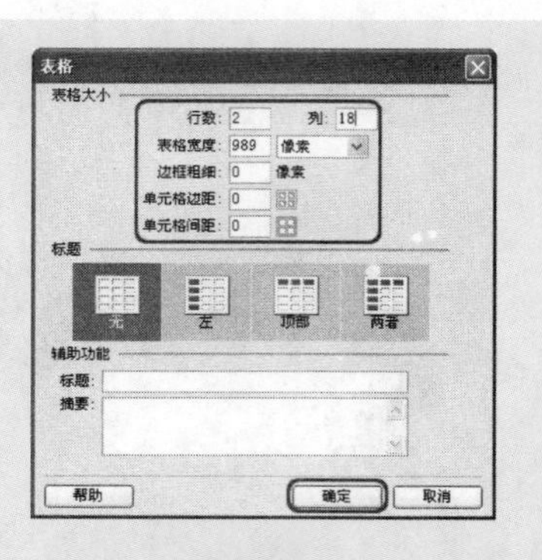

图 10-94　设置【表格】对话框

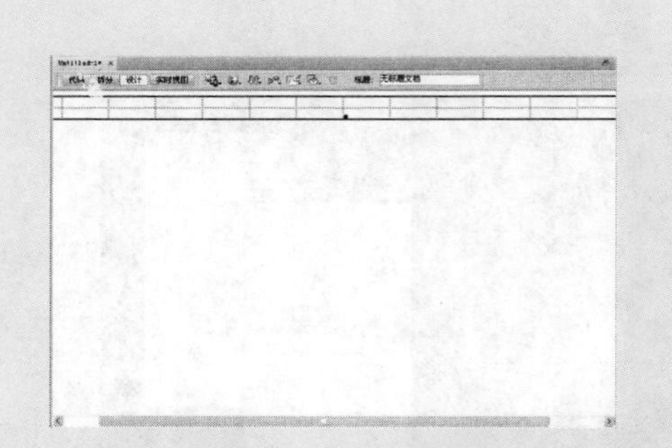

图 10-95　插入的表格

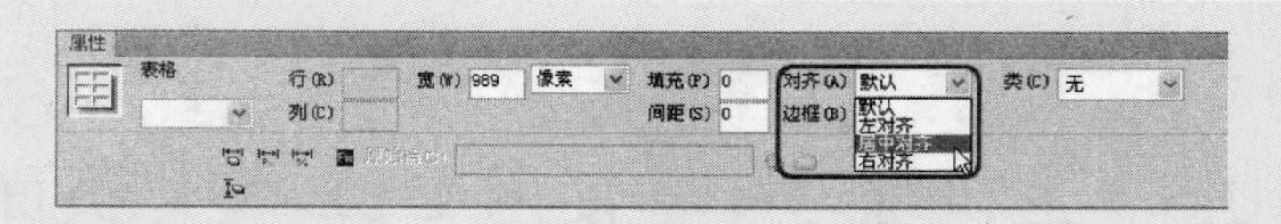

图 10-96　设置【属性】面板

步骤 06　选择第 1 行中的所有单元格，如图 10-97 所示。

步骤 07　在【属性】面板中单击【合并所选单元格，使用跨度】按钮，将选中的单元格合并，如图 10-98 所示。

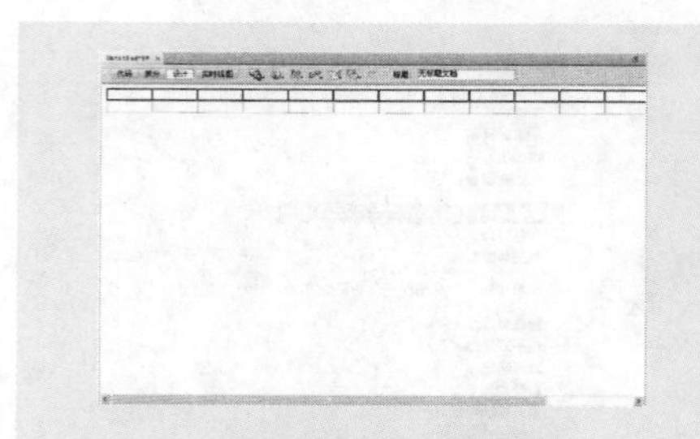

图 10-97　选择单元格

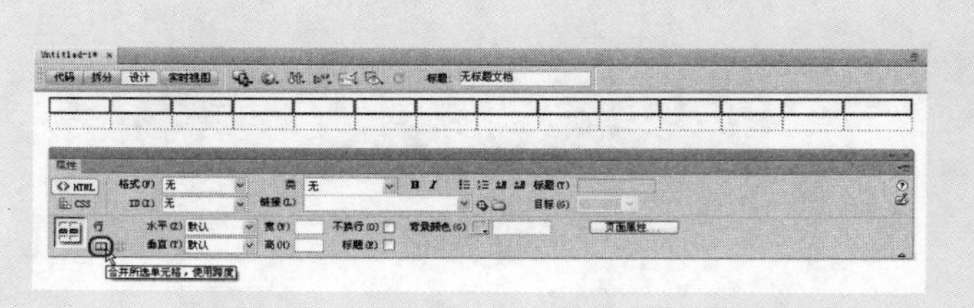

图 10-98　合并单元格

步骤 08　将光标置入刚刚合并的单元格中，在菜单栏中选择【插入】|【图像】命令，如图 10-99 所示。

步骤 09　选择该命令后，系统将自动弹出【选择图像源文件】对话框。在该对话框中选择随书附带光盘中的“CDROM\素材\第 10 章\素材.jpg”文件，如图 10-100 所示。

步骤 10　单击【确定】按钮，即可插入选择的图像。如图 10-101 所示。

步骤 11　将光标置入第 2 行的第 1 个单元格中，在菜单中选择【插入】|【图像】命令，如图 10-102 所示。

步骤 12　选择该命令后，系统将自动弹出【选择图像源文件】对话框。在该对话框中选择随书附带光盘中的“CDROM\素材\第 10 章\Snap14_01.gif”文件，如图 10-103 所示。

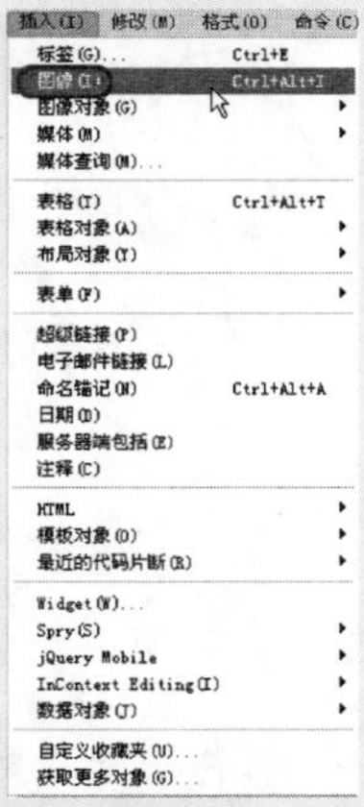

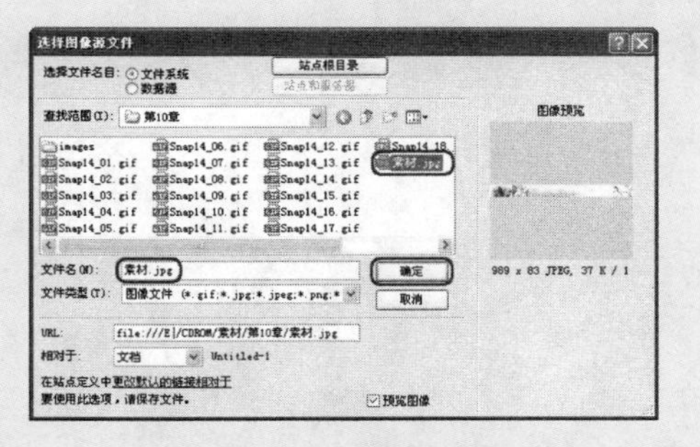

图 10-99 选择【图像】命令

图 10-100 选择插入的图像

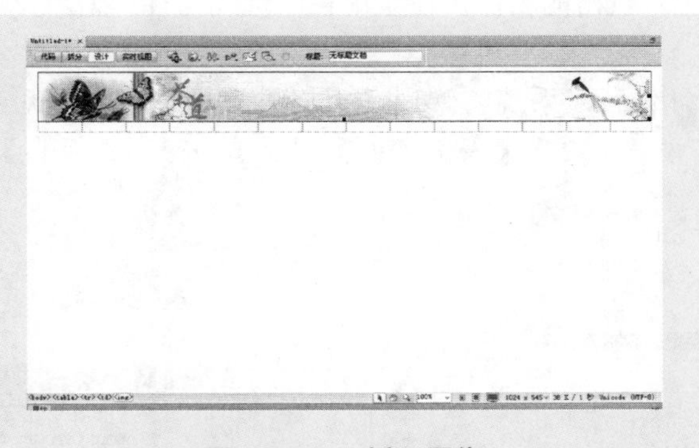

图 10-101 插入图像

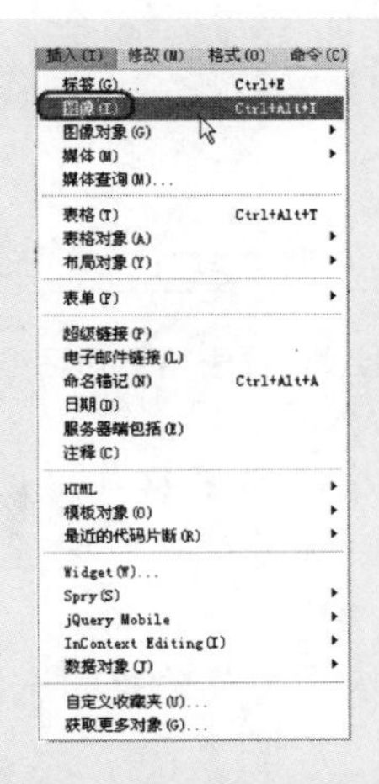

图 10-102 输入相应文字

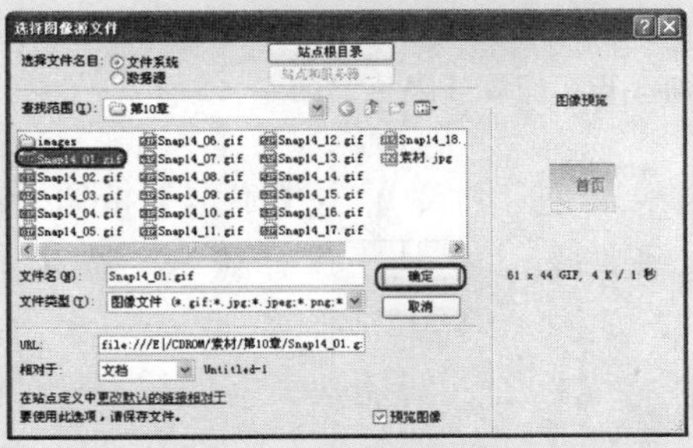

图 10-103 选择插入的图像

步骤13 单击【确定】按钮，即可插入选择的图像，如图 10-104 所示。

步骤 14 使用相同的方法将 Snap14_02.gif～Snap14_18.jpg 继续插入到其他单元格中，如图 10-105 所示。

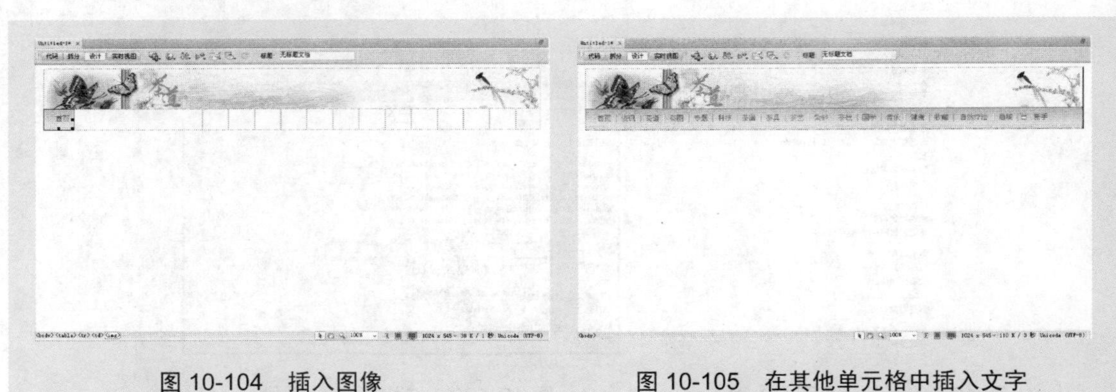

图 10-104 插入图像

图 10-105 在其他单元格中插入文字

步骤 15 将光标置入表格的右侧，在菜单栏中选择【插入】|【表格】命令，如图 10-106 所示。

步骤 16 选择该命令后，系统将弹出【表格】对话框，在该对话框中将【行数】设置为 5，【列】设置为 2，【表格宽度】设置为 989、【像素】，如图 10-107 所示。

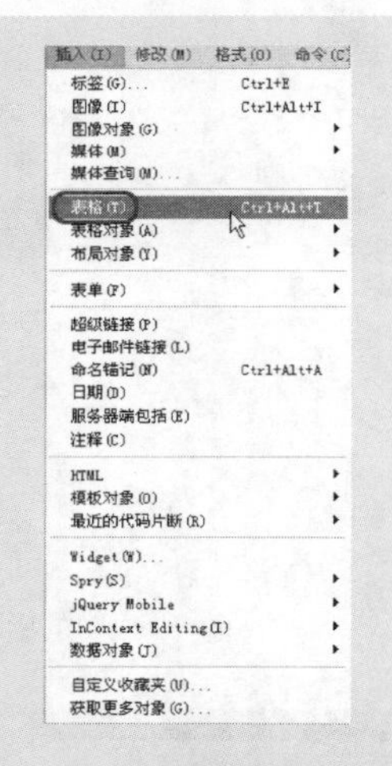

图 10-106 选择【表格】命令

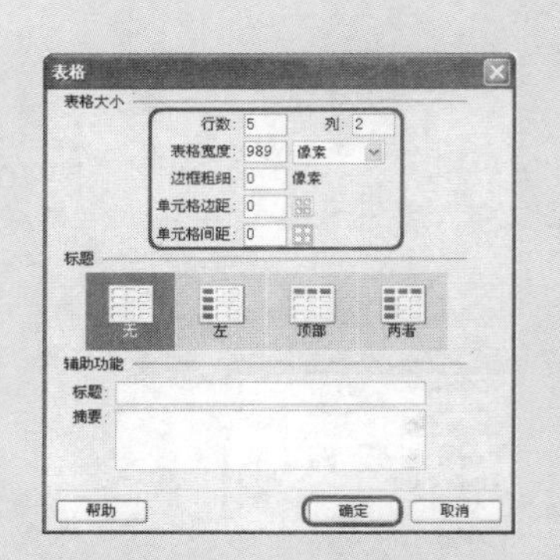

图 10-107 设置【表格】对话框

步骤 17 在该对话框中单击【确定】按钮，即可插入表格，如图 10-108 所示。

步骤 18 此时，表格处于选择状态，在【属性】面板中将【对齐】设置为【居中对齐】，如图 10-109 所示。

步骤 19 将光标置入新插入表格的第 1 个单元格中，然后在菜单栏中选择【插入】|【媒体】|【插件】命令，如图 10-110 所示。

步骤 20 选择该命令后，系统将自动弹出【选择图像源文件】对话框。在该对话框中选择随书附带光盘中的“CDROM\素材\第 10 章\采摘过程.swf”文件，如图 10-111 所示。

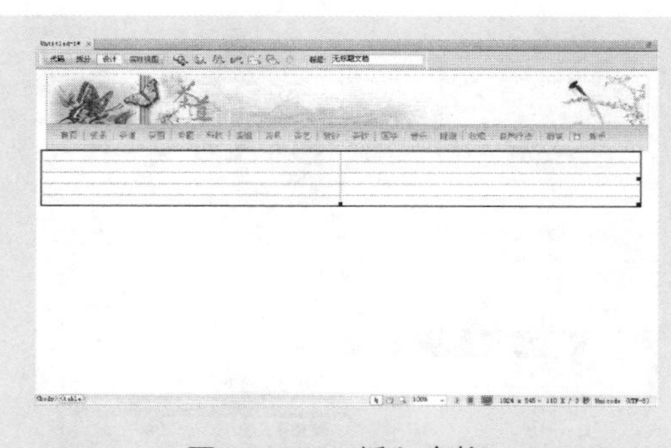

图 10-108 插入表格

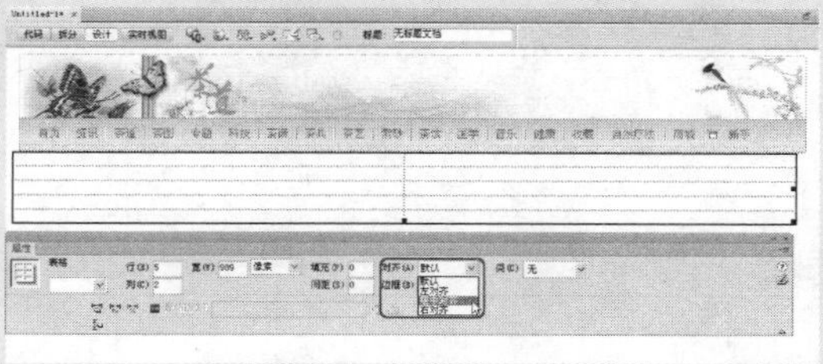

图 10-109 设置对齐方式

图 10-110 选择【插件】命令

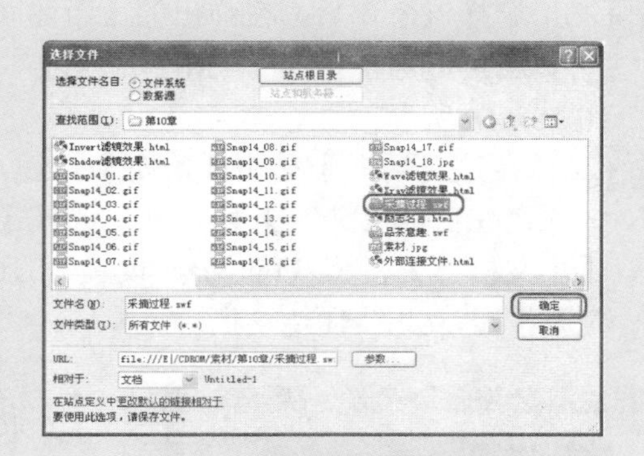

图 10-111 选择插入的图像

步骤21 单击【确定】按钮，即可插入选择的媒体文件，如图 10-112 所示。

步骤22 将光标置入第 1 行的第 2 个单元格中，输入文字，如图 10-113 所示。

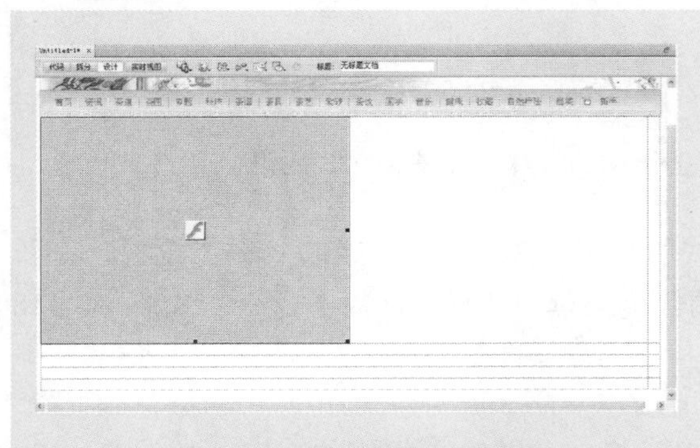

图 10-112 插入选择的图像

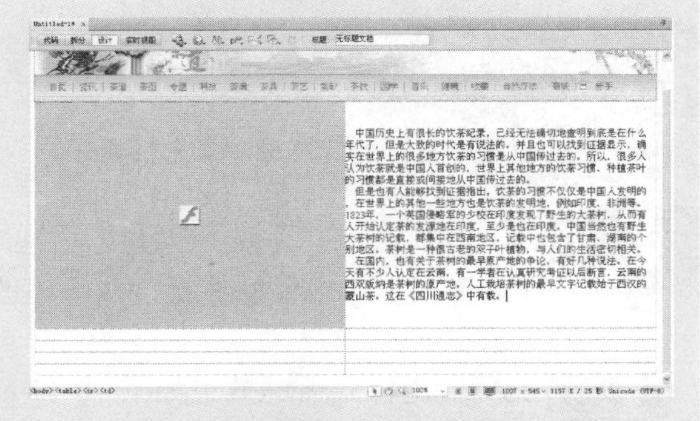

图 10-113 输入文字

步骤23 输入文字后，在【属性】面板中将【背景颜色】设置为#E3DFBC，如图 10-114 所示。

步骤24 在菜单栏中选择【格式】|【CSS 样式】|【新建】命令，如图 10-115 所示。

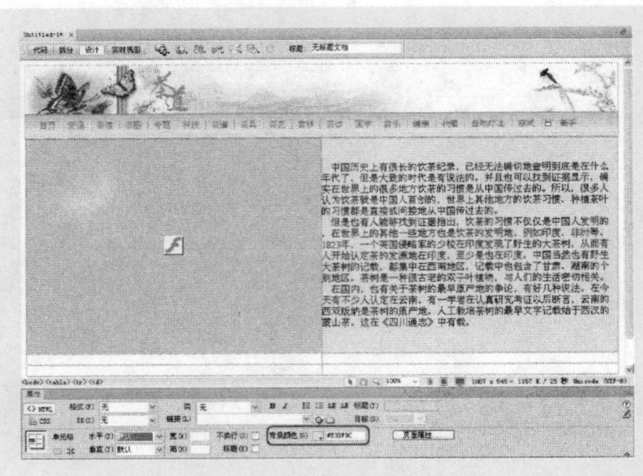

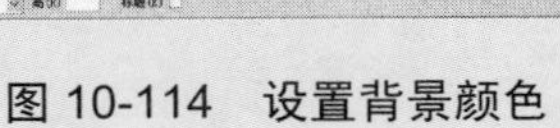

图 10-114　设置背景颜色

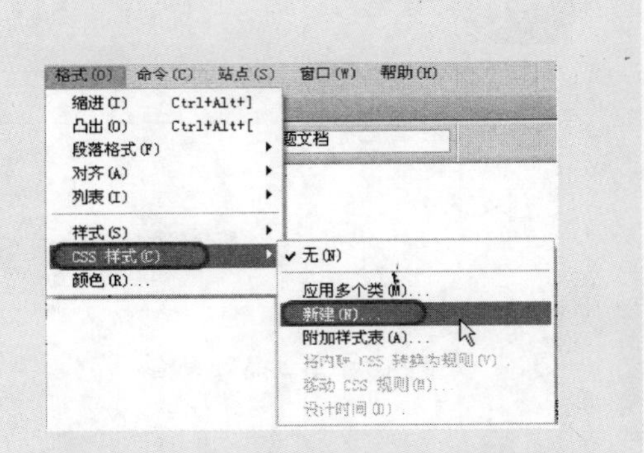

图 10-115　选择【新建】命令

步骤 25　选择该命令后，在弹出的【新建 CSS 规则】对话框中将【选择器类型】设为【类(可应用于任何 HTML 元素)】，将【选择器名称】命名为“茶历史”，如图 10-116 所示。

步骤 26　在该对话框中单击【确定】按钮，弹出【.茶历史的 CSS 规则定义】对话框，在左侧的【分类】列表框中选择【类型】选项，然后将 Font-family 设置为【华文楷体】，将 Font-size 设置为 16px，将 Color 设置为#010101，单击【确定】按钮，如图 10-117 所示。

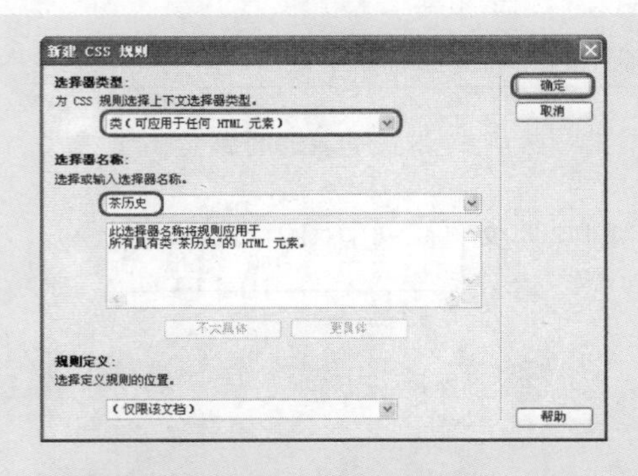

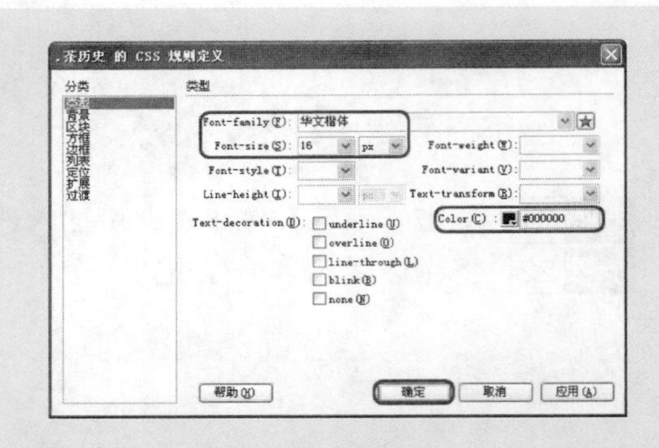

图 10-116　【新建 CSS 规则】对话框　　图 10-117　【.茶历史的 CSS 规则定义】对话框

步骤 27　在文档窗口中选择需要应用样式的文字，然后打开【CSS 样式】面板，在新建的样式上单击鼠标右键，从弹出的快捷菜单中选择【应用】命令，如图 10-118 所示。

步骤 28　应用样式后的效果如图 10-119 所示。

步骤 29　将光标置入第 2 行的第 1 个单元格中，并输入相应的文字，如图 10-120 所示。

步骤 30　然后在其他单元格中输入文字，如图 10-121 所示。

步骤 31　选中如图 10-122 所示的单元格。

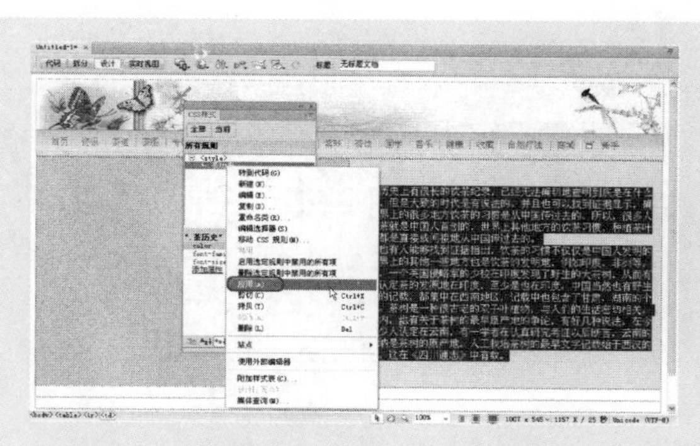

图 10-118　选择【应用】命令

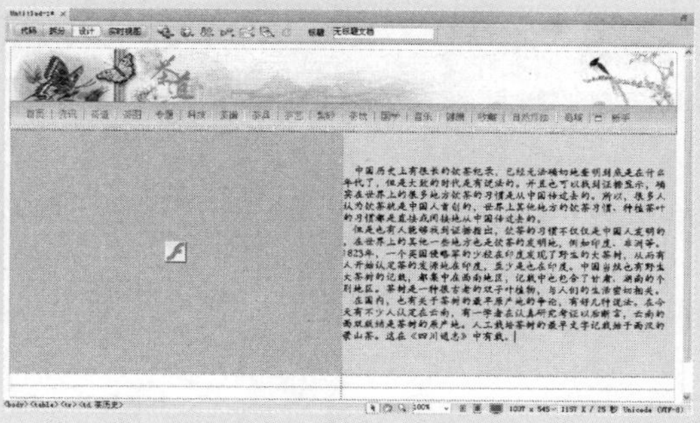

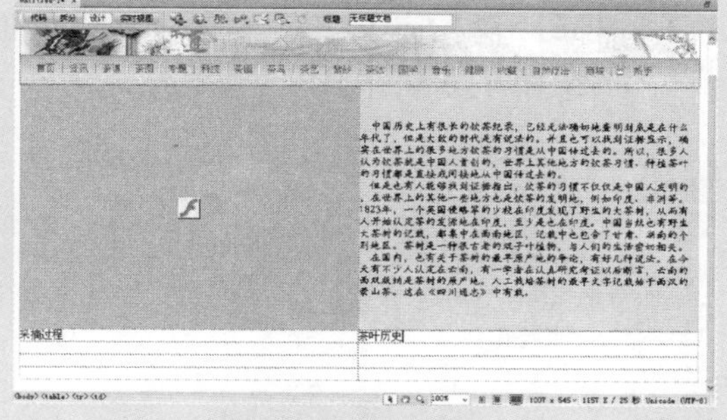

图 10-119　应用样式后的效果

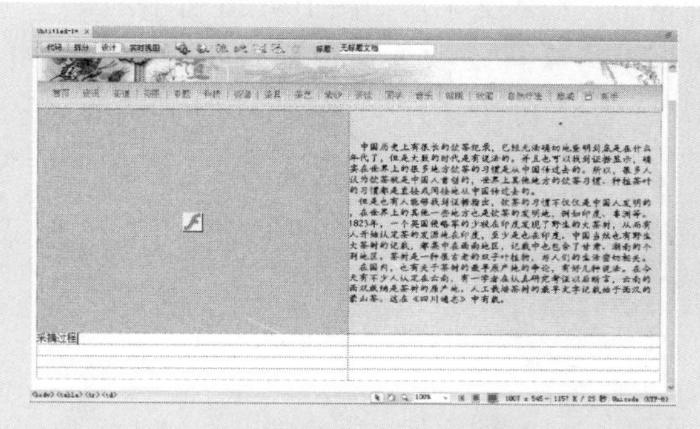

图 10-120　输入相应的文字

图 10-121　输入文字

步骤32　单击鼠标右键，在弹出的下拉菜单中选择【对齐】|【居中对齐】命令，如图 10-123 所示。

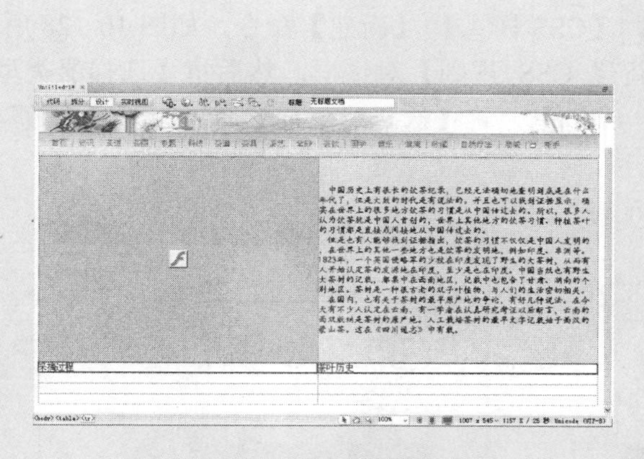

图 10-122　选中单元格

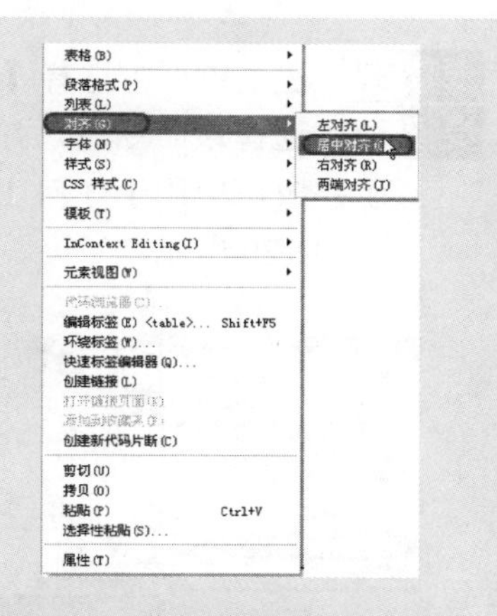

图 10-123　选择【居中对齐】命令

步骤33　设置对齐方式后的效果如图 10-124 所示。

步骤34　此时，表格呈选中状态，在【属性】面板中将【背景颜色】设置为#E3DFBC，如图 10-125 所示。

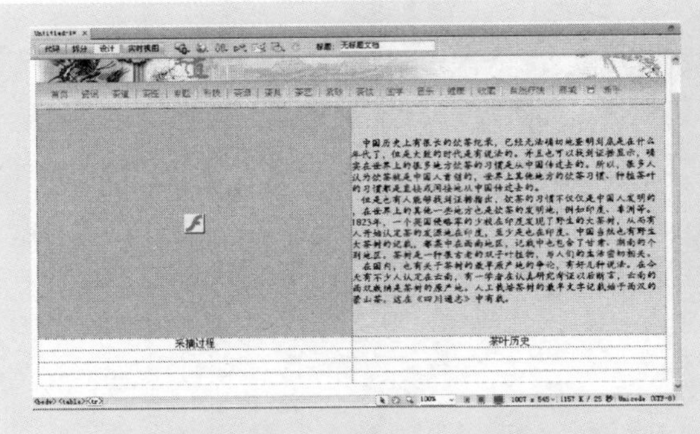

图 10-124　设置对齐方式后的效果

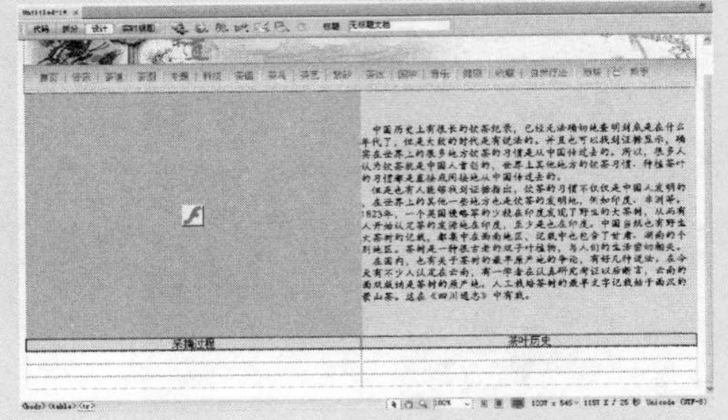

图 10-125　设置背景颜色

步骤 35　将光标置入第 3 行的第 1 个单元格中，输入文字，如图 10-126 所示。

步骤 36　输入完文字后，在【属性】面板中将【背景颜色】设置为#E3DFBC，如图 10-127 所示。

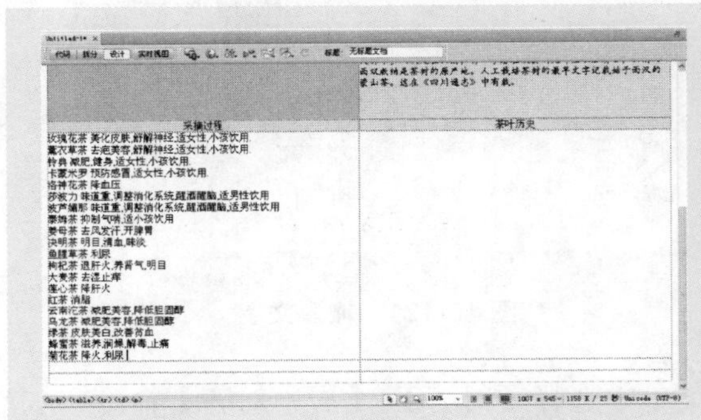

图 10-126　输入文字

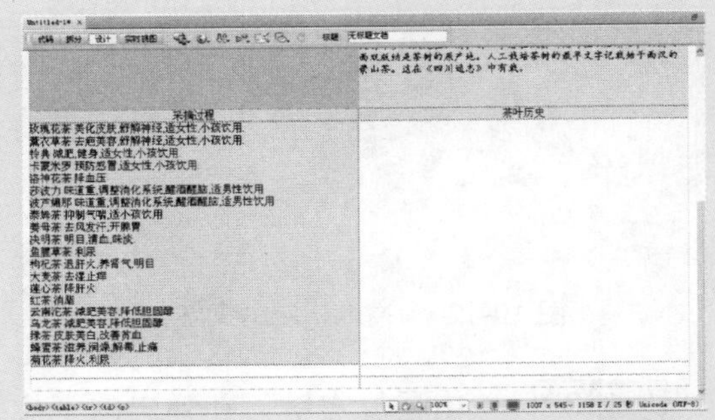

图 10-127　设置背景颜色

步骤 37　在菜单栏中选择【格式】|【CSS 样式】|【新建】命令，如图 10-128 所示。

步骤 38　选择该命令后，弹出【新建 CSS 规则】对话框，然后将【选择器类型】设为【类(可应用于任何 HTML 元素)】，将【选择器名称】命名为“茶疗效”，如图 10-129 所示。

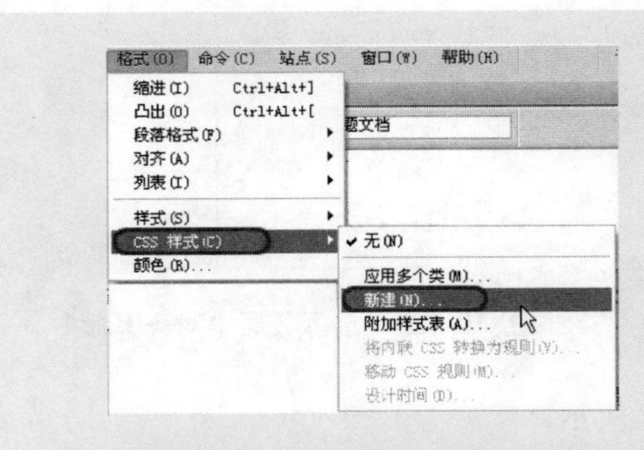

图 10-128　选择【新建】命令

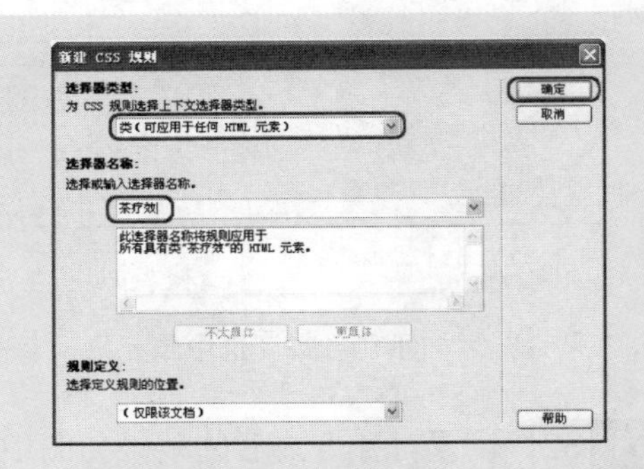

图 10-129　【新建 CSS 规则】对话框

步骤39 在该对话框中单击【确定】按钮，弹出【.茶疗效的 CSS 规则定义】对话框，在左侧的【分类】列表框中选择【类型】选项，然后将 Font-family 设置为【华文楷体】，Font-size 设置为 16px，Color 设置为#010101，单击【确定】按钮，如图 10-130 所示。

步骤40 在文档窗口中选择需要应用样式的文字，然后打开【CSS 样式】面板，在新建的样式上单击鼠标右键，从弹出的快捷菜单中选择【应用】命令，如图 10-131 所示。

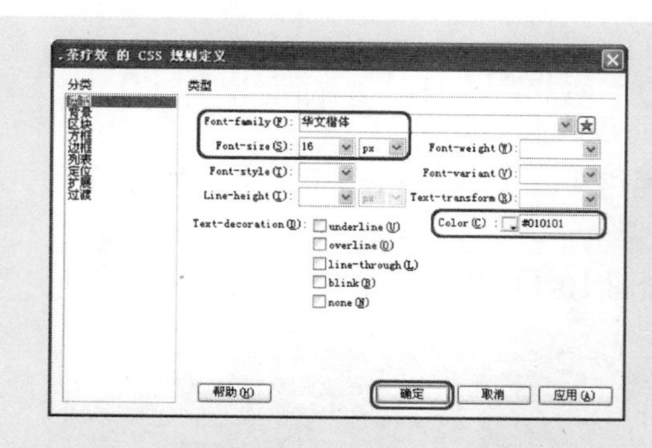

图 10-130 【.茶历史的 CSS 规则定义】对话框

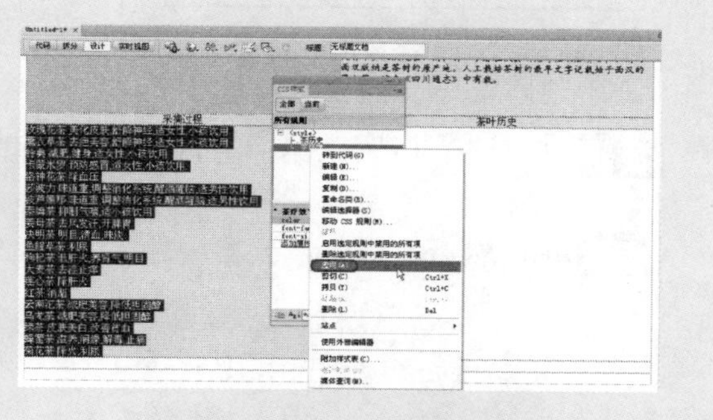

图 10-131 选择【应用】命令

步骤41 应用样式后的效果如图 10-132 所示。

步骤42 将光标置入新插入表格的第 2 个单元格中，并在菜单栏中选择【插入】|【媒体】|【插件】命令，如图 10-133 所示。

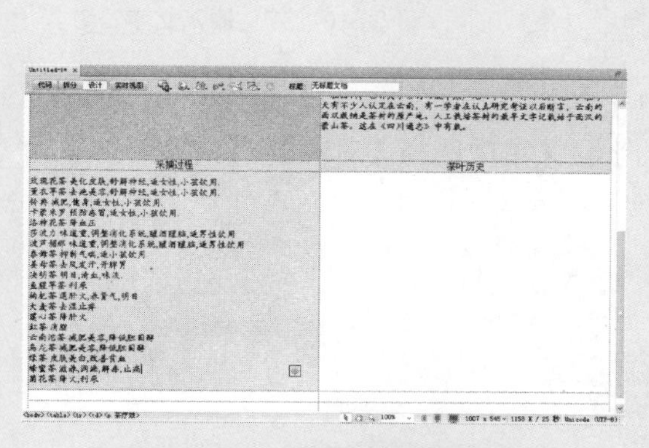

图 10-132 应用样式后的效果

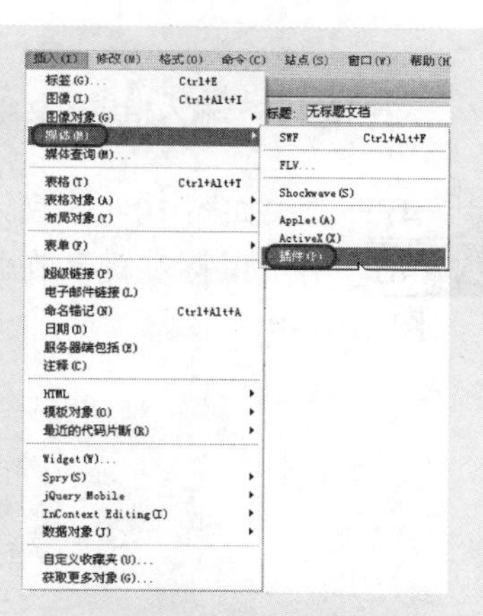

图 10-133 选择【插件】命令

步骤43 选择该命令后，系统将自动弹出【选择图像源文件】对话框，并在该对话框中选择随书附带光盘中的“CDROM\素材\第 10 章\品茶意趣.swf”文件，如图 10-134 所示。

步骤44 单击【确定】按钮，即可插入选择的媒体文件，如图 10-135 所示。

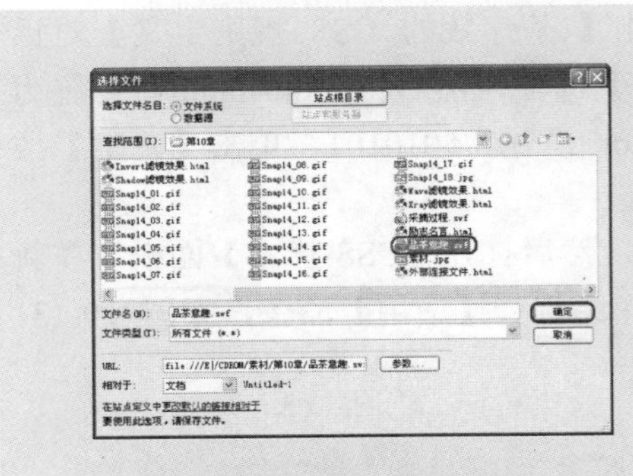

图 10-134　选择插入的图像

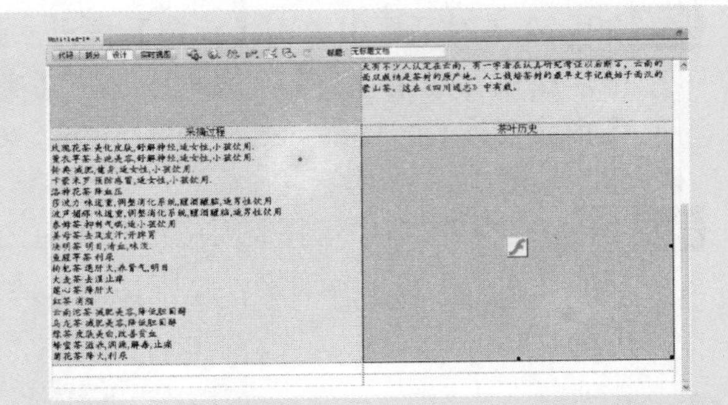

图 10-135　插入选择的图像

步骤45　将光标置入第 4 行的第 1 个单元格中，并输入相应的文字，如图 10-136 所示。

步骤46　然后在其他单元格中输入文字，如图 10-137 所示。

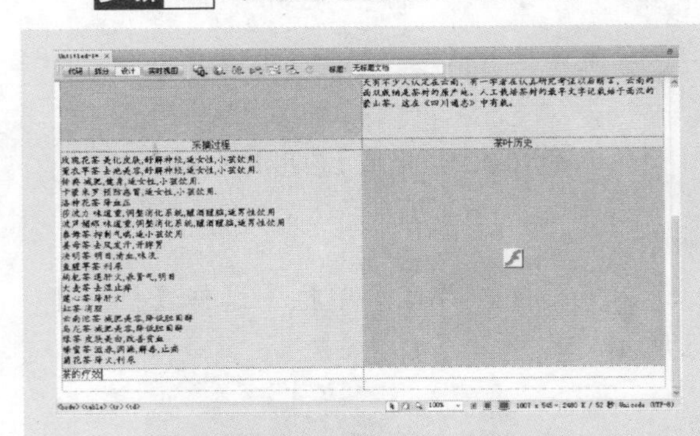

图 10-136　输入相应的文字

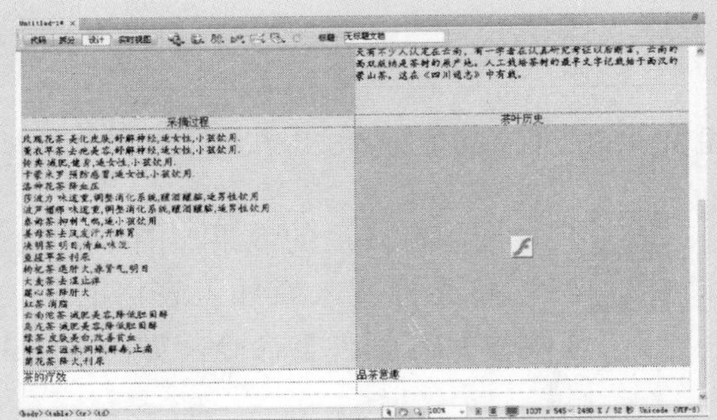

图 10-137　输入文字

步骤47　选中如图 10-138 所示的单元格。

步骤48　单击鼠标右键，在弹出的下拉菜单中选择【对齐】|【居中对齐】命令，如图 10-139 所示。

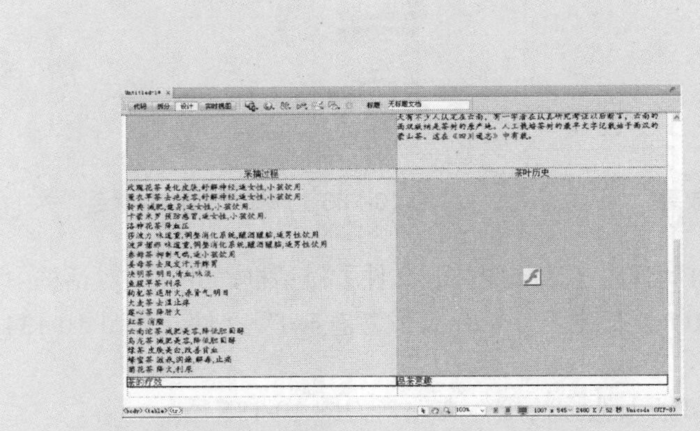

图 10-138　选中单元格

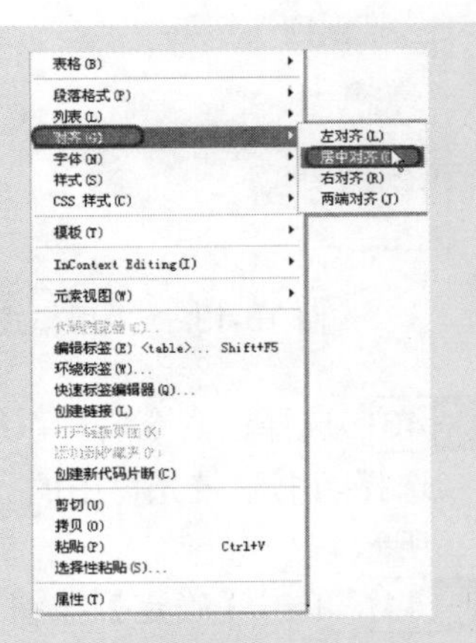

图 10-139　选择【居中对齐】命令

步骤 49　设置对齐方式后的效果如图 10-140 所示。

步骤 50　此时，表格呈选中状态，在【属性】面板中将【背景颜色】设置为#E3DFBC，如图 10-141 所示。

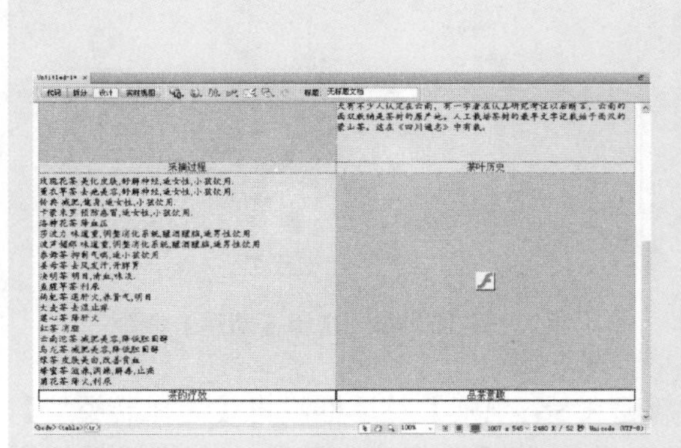

图 10-140　设置对齐方式后的效果

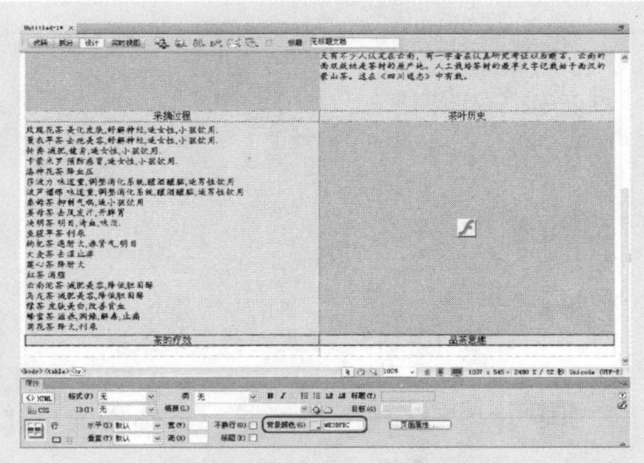

图 10-141　设置背景颜色

步骤 51　选中最后一行单元格，单击【属性】面板中的【合并所选单元格，使用跨度】按钮，即可合并所选单元格，如图 10-142 所示。

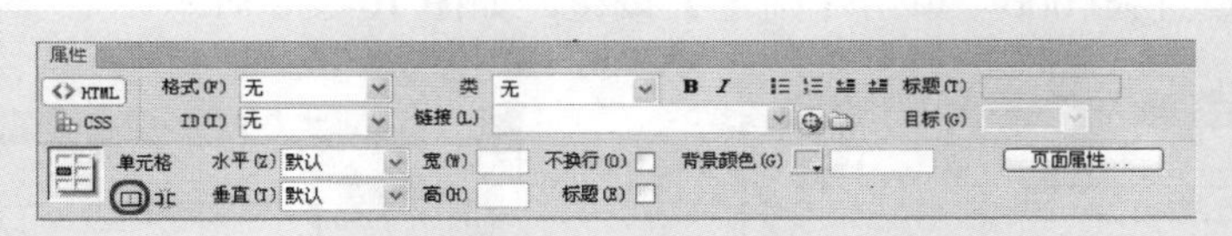

图 10-142　合并所选单元格

步骤 52　将光标置入合并的单元格中，并输入相应的文字，如图 10-143 所示。

步骤 53　选择新输入文字的单元格，并单击鼠标右键，在弹出的快捷菜单中选择【对齐】|【居中对齐】命令，如图 10-144 所示。

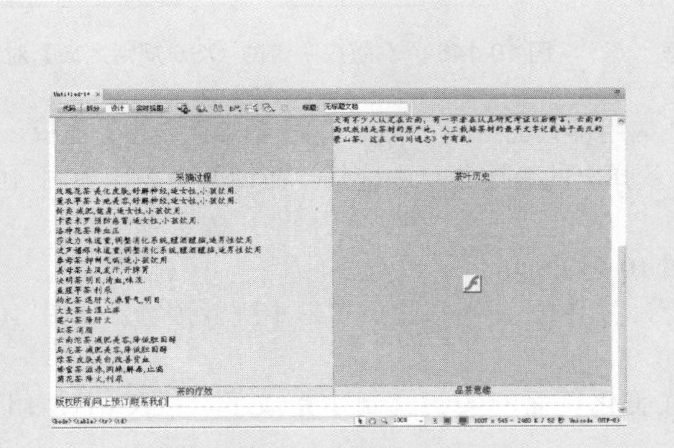

图 10-143　输入相应文字

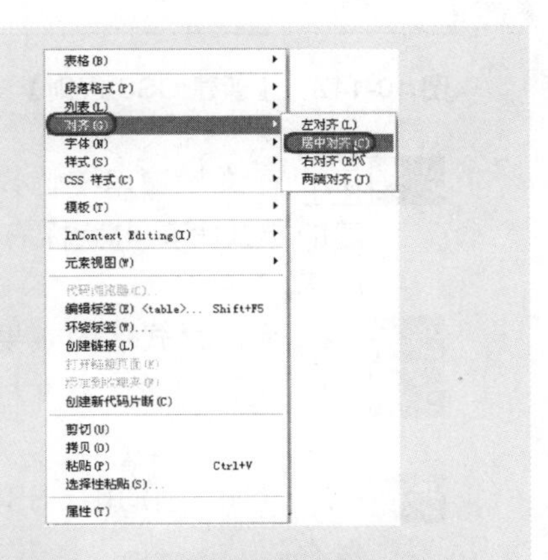

图 10-144　选择【居中对齐】命令

步骤 54　设置对齐后的效果如图 10-145 所示。

步骤 55 在菜单栏中选择【格式】|【CSS 样式】|【新建】命令，如图 10-146 所示。

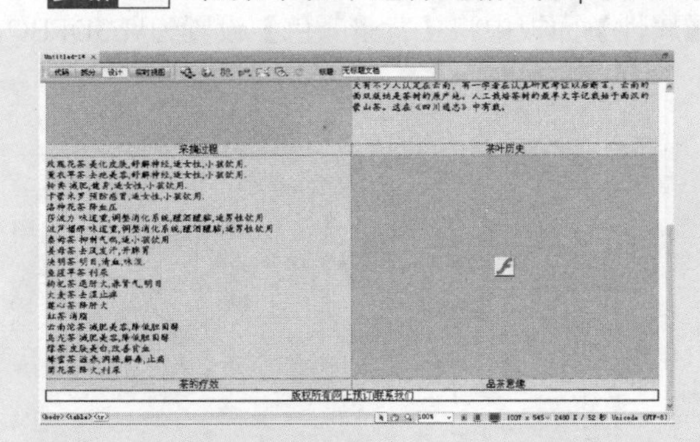

图 10-145　设置对齐后的效果

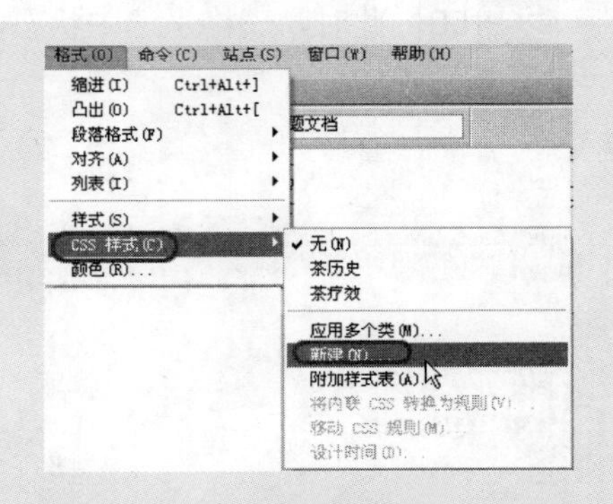

图 10-146　选择【新建】命令

步骤 56 选择该命令后，系统将弹出【新建 CSS 规则】对话框，将【选择器类型】设为【类(可应用于任何 HTML 元素)】，将【选择器名称】命名为“版权所有”，单击【确定】按钮，如图 10-147 所示。

步骤 57 弹出【.版权所有的 CSS 规则定义】对话框，在左侧的【分类】列表框中选择【类型】选项，然后将 Font-family 设置为【黑体】，Font-size 设置为 12px，Color 设置为#000，单击【确定】按钮，如图 10-148 所示。

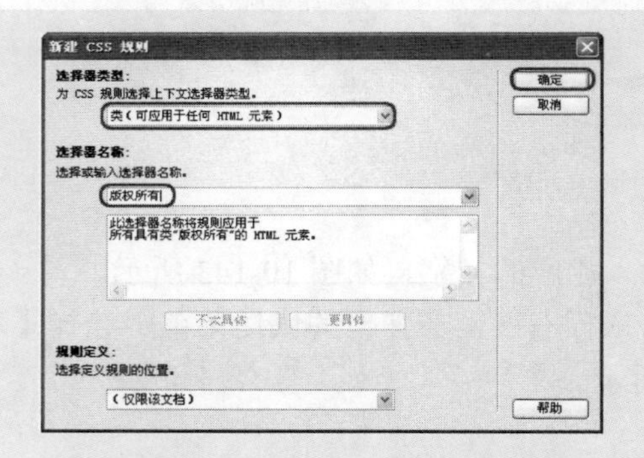

图 10-147　【新建 CSS 规则】对话框

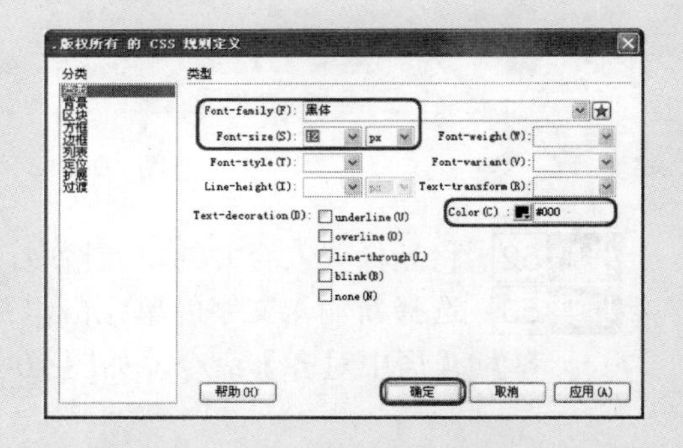

图 10-148　【.版权所有的 CSS 规则定义】对话框

步骤 58 在文档窗口中选择需要应用样式的文字，然后打开【CSS 样式】面板，在新建的样式上单击鼠标右键，从弹出的快捷菜单中选择【应用】命令，如图 10-149 所示。

步骤 59 应用样式后的效果如图 10-150 所示。

步骤 60 设置完成后将文档保存，按 F12 键可以在浏览器中进行预览，如图 10-151 所示。

步骤 61 至此，使用 CSS 样式美化页面的实例就制作完成了，按 Ctrl+S 组合键保存。

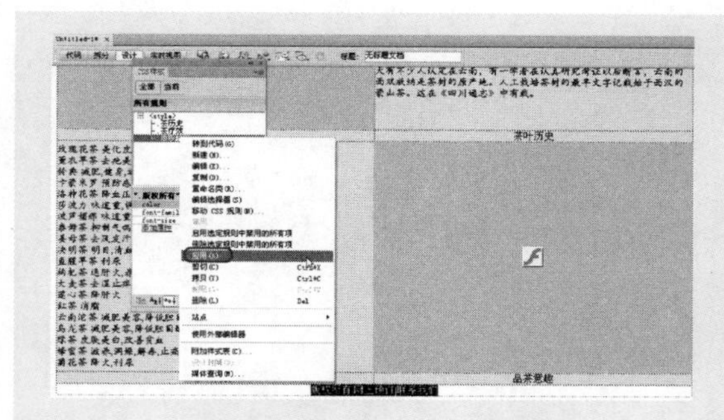

图 10-149 选择【应用】命令

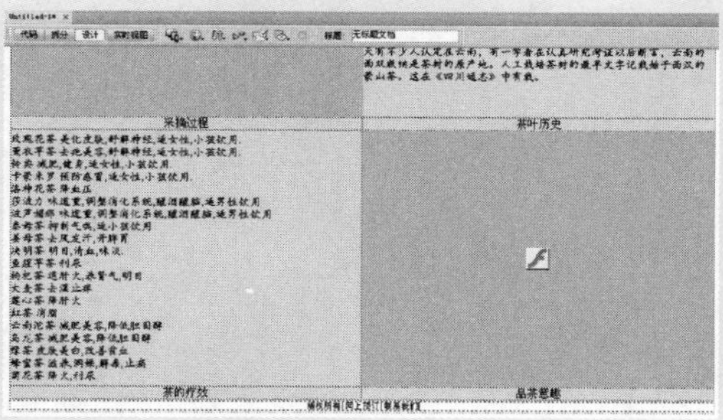

图 10-150 应用样式后的效果

图 10-151 预览效果

第 11 章

使用行为制作特效网页

行为是某个事件和由该事件触发的动作的组合。使用行为可以使网页制作人员不用编程即可实现一系列程序动作，如交换图像、打开浏览器窗口等。本章将具体介绍如何使用行为构建动态网站。

本章重点：

- 行为的概念
- 内置行为

11.1 行为的概念

行为是由对象、事件和动作构成的。对象是产生行为的主体。在网页制作中，图片、文字和多媒体文件等都可以成为对象，对象也是基于成对出现的标签的，在创建时应首先选中对象的标签。此外，在某种特定的情况下，网页本身也可以作为对象。Dreamweaver 中的行为是由一系列 JavaScript 程序组合而成的，使用行为可以在不使用编程的基础上来实现程序动作。行为是用来动态响应用户操作，改变当前页面效果或是执行特定任务的一种方法。使用行为可以使得网页制作人员不用编程即可实现一系列程序动作，如验证表单、打开浏览器窗口等。

事件是指触发动态效果的起始原因。事件可以被附加到页面元素上，也可以被附加到 HTML 标签中。事件是由浏览器在响应用户动作的时候触发的。如，将鼠标滑过一个图像时，图像会发生变化，显示为另一张图片。

动作是指最终需要完成的动态效果，比如图像的交换、弹出的提示信息、打开浏览器窗口和播放声音等，这些都可以称为动作。动作通常都是由一段 JavaScript 代码组成的。在使用内置行为时，系统会自动在页面中添加 JavaScript 代码。

事件与动作的结合生成行为，在浏览器中，将指针滑过一个链接的时候，浏览器将引发一个 on Mouse Over 事件，然后由系统调用与此事件相关联的 JavaScript 的代码(在代码存在的情况下)。一个事件可以与若干个动作相关联，为了实现需要的效果，还可以指定和修改动作发生的顺序。

11.1.1 【行为】面板

在 Dreamweaver 中，对行为的添加和控制主要是通过【行为】面板来实现的。在【行为】面板中，可以先指定一个动作，然后指定触发该动作的事件，从而将行为添加到页面中。如将鼠标指针移到对象上时，对象会发生预定义的变化。

在菜单栏中选择【窗口】|【行为】命令，即可打开如图 11-1 所示的【行为】面板。

图 11-1 【行为】面板

在【行为】面板中可以将行为附加到标签上，并可以修改面板中所有被附加的行为参数。

已附加到当前所选页面元素的行为将显示在行为列表中，并把事件按字母顺序列出。

【行为】面板中各选项的说明如下。

- 【添加行为】按钮+：单击该按钮，在弹出的下拉列表中选择要添加的行为。在该列表中选择一个动作时，会弹出相应动作的对话框，可以在弹出的对话框中设置该动作的参数。
- 【删除事件】按钮-：单击该按钮，将会把选中的事件或者动作在【行为】面板中删除。

- 【增加事件值】按钮▲：单击该按钮，可将动作选项向上移动，从而改变动作执行的顺序。
- 【降低事件值】按钮▼：单击该按钮，可将动作选项向下移动，从而改变动作执行的顺序。

在为选定对象添加了行为之后，我们可以利用行为列表选择触发行为的事件。

提示：在【行为】面板中如果只有一个动作，或者动作不能在列表中上下移动，箭头按钮将不会被激活。

11.1.2　在【行为】面板中添加行为

在 Dreamweaver 中，可以为文档、图像、链接和表单元素等任何网页元素添加行为。在给对象添加行为时，可以一次添加多个动作，并按【行为】面板中动作列表的顺序来执行动作。

在【行为】面板中添加行为的具体操作步骤如下。

步骤01　在页面中选择一个需要添加行为的对象，或者单击文档窗口左下方的<body>标签，在【行为】面板中单击【添加行为】按钮+，弹出动作下拉列表，如图11-2所示。

步骤02　在动作下拉列表中选择需要添加的动作命令，会打开相应的参数对话框，我们可对其进行相应的参数设置，设置完成后，单击【确定】按钮，即在【行为】面板中显示设置的动作事件，如图11-3所示。

步骤03　单击该事件的名称，在该事件名称的右侧会出现一个下拉按钮▼，单击该按钮，我们可以在弹出的下拉列表中看到全部的事件，如图11-4所示，可在其中单击任意一个事件。

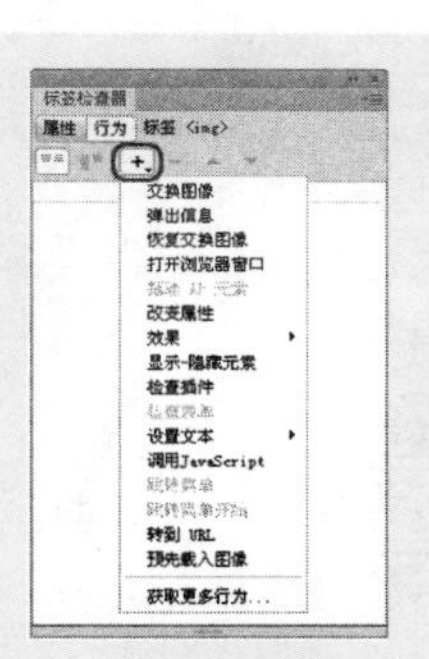

图11-2　动作下拉列表

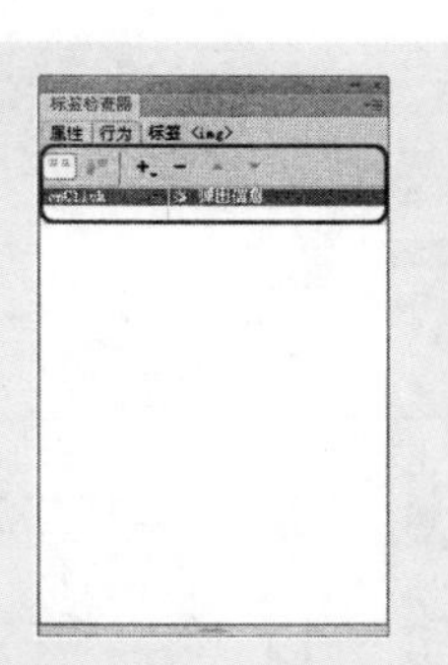

图11-3　添加的事件

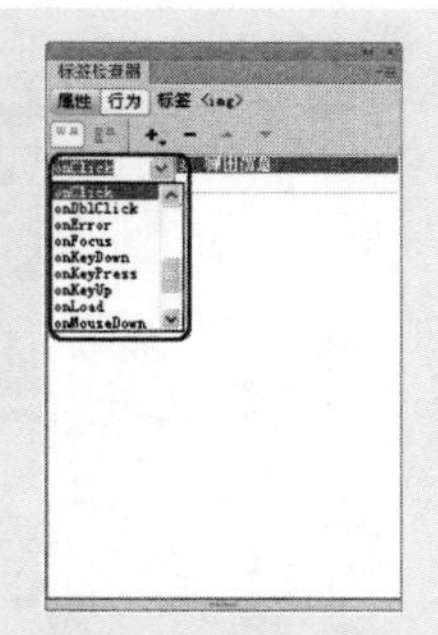

图11-4　事件列表

11.2　内 置 行 为

在 Dreamweaver CS6 中，有许多的内置行为，如交换图像、弹出信息、改变属性和检查插件等，每一种行为都可以实现一个动态效果，或者实现用户与网页之间的互交。

11.2.1 交换图像

“交换图像”动作是通过更改图像标签的 src 属性，将一个图像与另一个图像进行交换。使用该动作可以创建“鼠标经过图像”效果和其他的图像效果。

使用“交换图像”动作的具体操作步骤如下：

步骤01 运行 Dreamweaver CS6，打开随书附带光盘中的“CDROM\素材\第 11 章\化妆品网站.html”文件，如图 11-5 所示。

步骤02 在菜单栏中选择【窗口】|【行为】命令，打开【行为】面板，如图 11-6 所示。

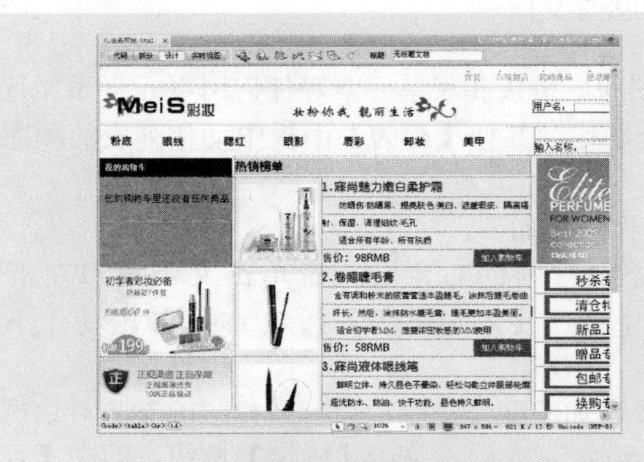

图 11-5 打开的素材文件

图 11-6 【行为】面板

步骤03 在文档窗口中选择要添加行为的图像，在【行为】面板中单击【添加行为】按钮 +，在弹出的下拉列表中选择【交换图像】命令，如图 11-7 所示。

图 11-7 选择【交换图像】命令

步骤04 在【交换图像】对话框中，单击【设定原始档为】文本框右侧的【浏览】按钮，如图 11-8 所示。

步骤05 弹出【选择图像源文件】对话框，在此对话框中选择随书光盘中的“CDORM\素材\第 11 章\粉底 01.jpg”文件，如图 11-9 所示。

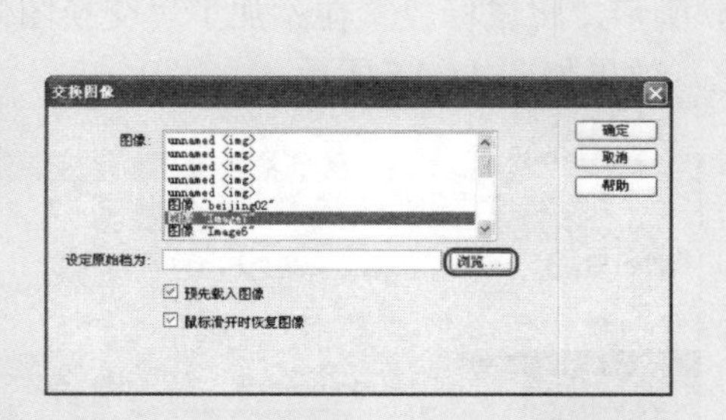

图 11-8 单击【浏览】按钮

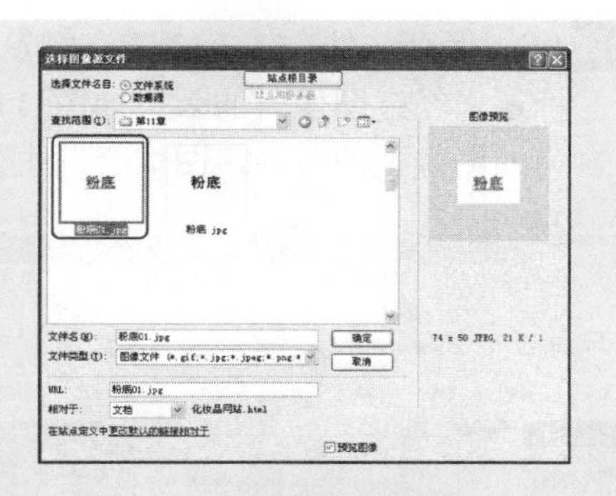

图 11-9 选择素材文件

步骤06 单击【确定】按钮，返回到【交换图像】对话框中，我们可以看到选择的图像路径显示在【设定原始档为】文本框中，如图 11-10 所示。

步骤07 单击【确定】按钮，可在【行为】面板中看到添加的行为，如图 11-11 所示。

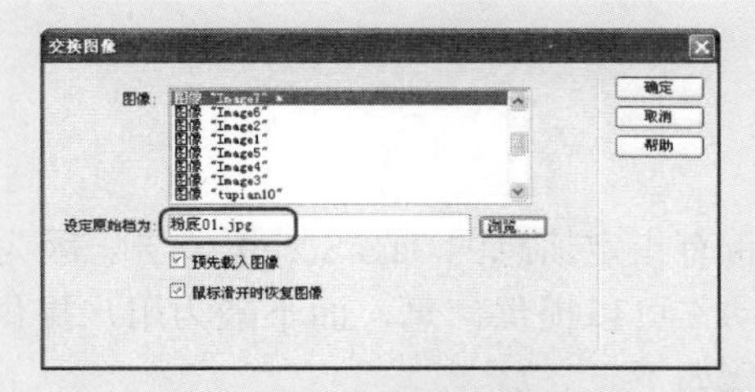

图 11-10 【交换图像】对话框

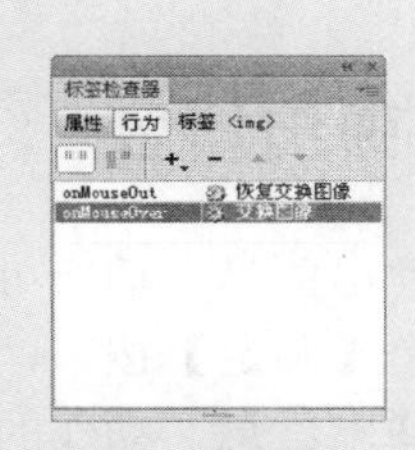

图 11-11 添加的行为

提示：在浏览网页时，将鼠标经过添加了“交换图像”行为的图片时，可能不会发生任何变化。此时，在浏览器地址栏下方会出现一个提示，单击鼠标右键，在弹出的快捷菜单中选择【允许阻止的内容】命令，如图 11-12 所示。弹出一个【安全警告】对话框，如图 11-13 所示。单击【是】按钮即可查看行为效果。

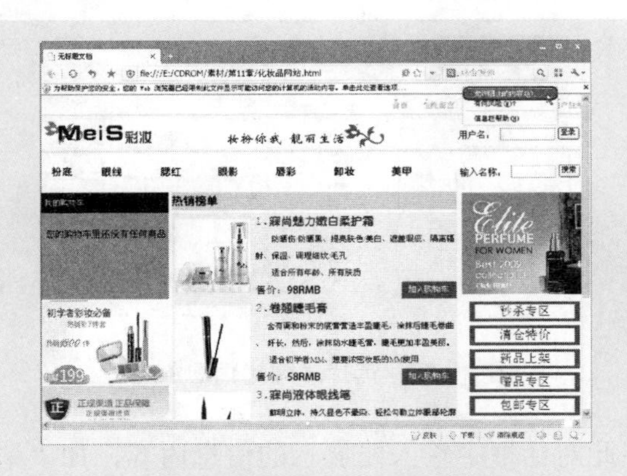

图 11-12 选择【允许阻止的内容】命令

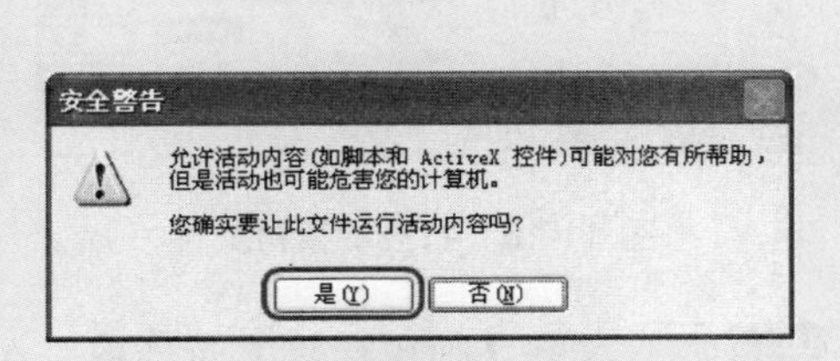

图 11-13 【安全警告】对话框

步骤 08 保存文件，按 F12 键在浏览器中查看添加“交换图像”行为后的效果，在鼠标还未经过图像时的效果如图 11-14 所示，将鼠标放置在添加了“交换图像”行为的图像上的时候，图像会发生变化，效果如图 11-15 所示。

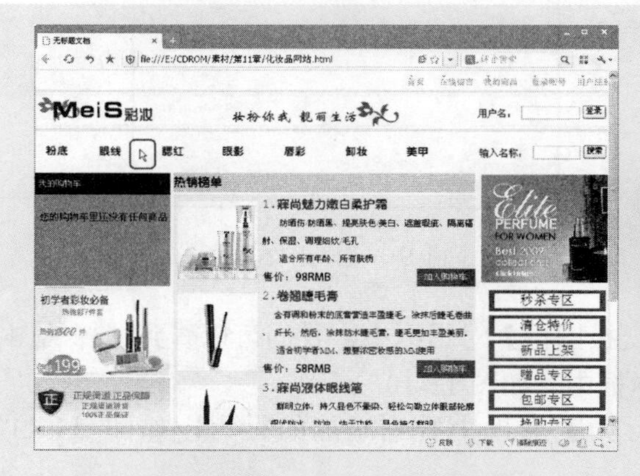

图 11-14　未经过图像的效果

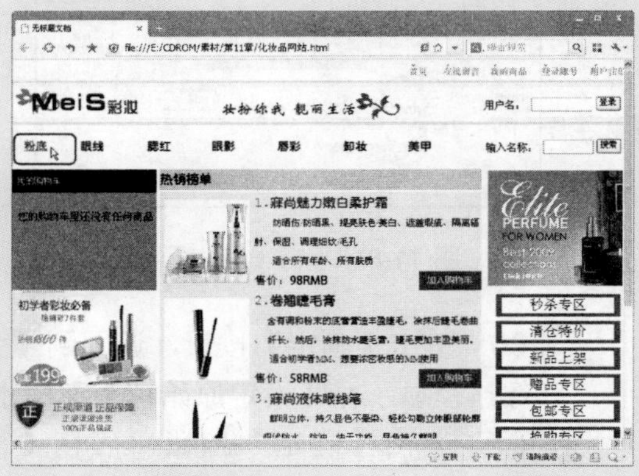

图 11-15　鼠标经过图像时的效果

11.2.2 弹出信息

使用“弹出信息”动作可以显示一个带有指定信息的 JavaScript 警告。因为 JavaScript 警告只有一个【确定】按钮，所以使用该动作可以提供信息，而不能为用户提供选择。

使用“弹出信息”动作的具体操作步骤如下。

步骤 01 打开随书附带光盘中的“CDROM\素材\第 11 章\化妆品网站.html”文件，如图 11-16 所示。

步骤 02 在网页文档中选择“鲜花秀”文本，打开【行为】面板，单击【添加行为】按钮 +，在弹出的下拉列表中选择【弹出信息】命令，如图 11-17 所示。

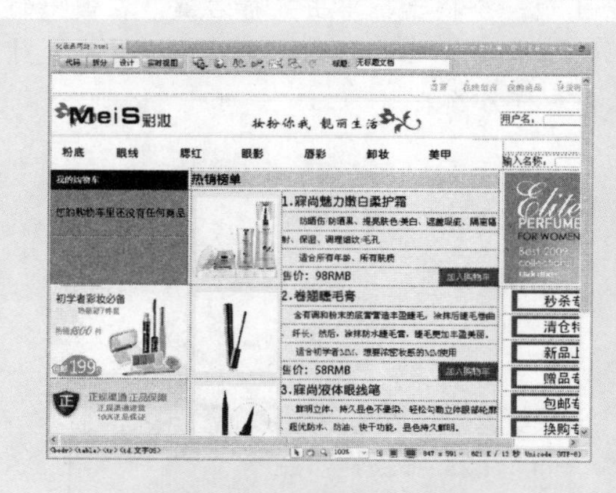

图 11-16　打开的素材文件

图 11-17　选择【弹出信息】命令

步骤 03 打开【弹出信息】对话框，在此对话框中输入要显示的信息内容，如“请稍候·······”，如图 11-18 所示。

步骤04　单击【确定】按钮，即在【行为】面板中显示添加的行为，如图 11-19 所示。

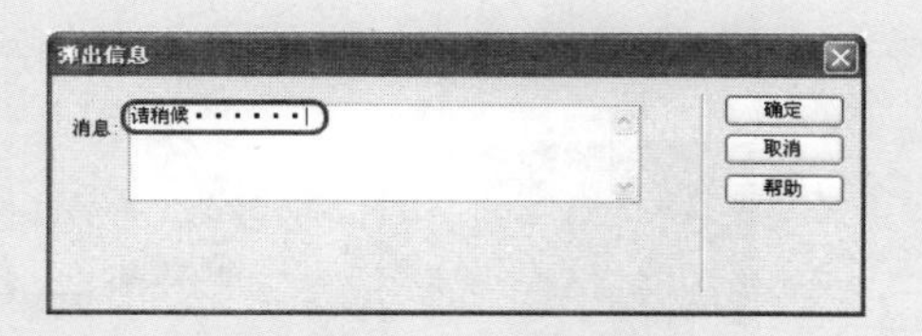

图 11-18　【弹出信息】对话框

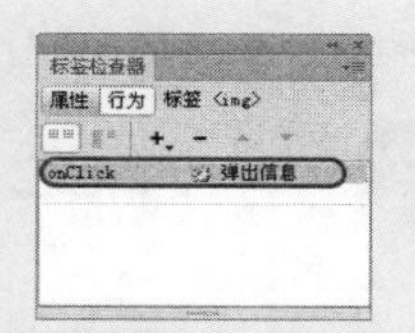

图 11-19　添加的行为

步骤05　保存文件，按 F12 键在浏览器中查看添加“弹出信息”行为后的效果，如图 11-20 所示。

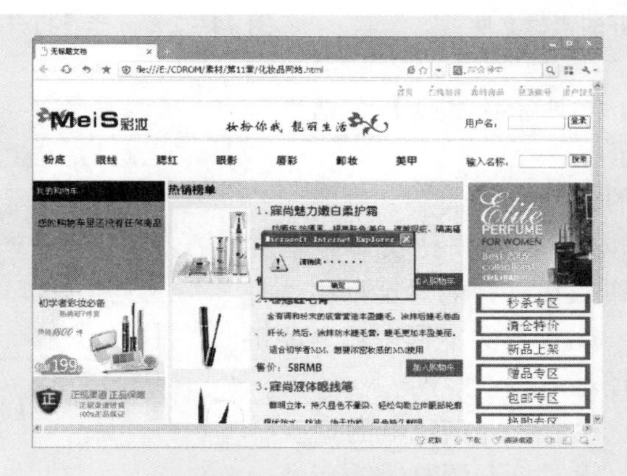

图 11-20　弹出信息效果

11.2.3　恢复交换图像

使用“恢复交换图像”行为可将交换的最后一组图像恢复为它们以前的源文件，这样，每次将“交换图像”行为添加到某个对象上时，就都会自动地添加该行为。如果在附加“交换图像”行为时选择了【恢复】选项，就不再需要手动选择“恢复交换图像”行为。

11.2.4　打开浏览器窗口

使用“打开浏览器窗口”动作可以在窗口中单击打开指定的 URL，还可根据页面效果的需求调整窗口的高度、宽度、属性和名称等。

使用“打开浏览器窗口”动作的具体操作步骤如下。

步骤01　打开随书附带光盘中的“CDROM\素材\第 11 章\化妆品网站.html”，如图 11-21 所示。

步骤02　在文档中选择要添加行为的图像，在【行为】面板中单击【添加行为】按钮 +，在下拉列表中选择【打开浏览器窗口】命令，如图 11-22 所示。

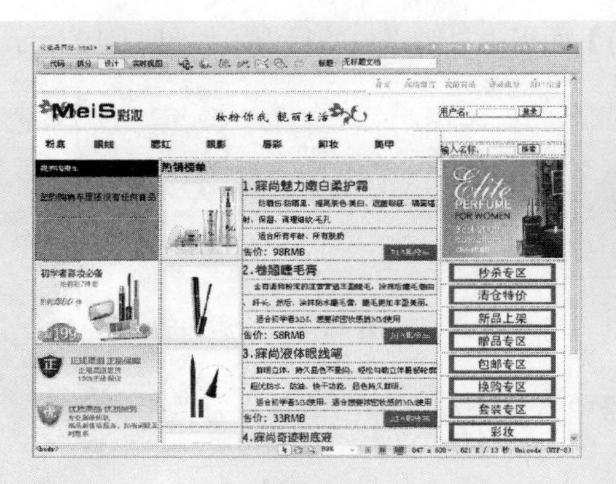

图 11-21　打开的素材文件

图 11-22　选择【打开浏览器窗口】命令

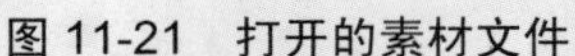

步骤 03　打开【打开浏览器窗口】对话框，如图 11-23 所示。

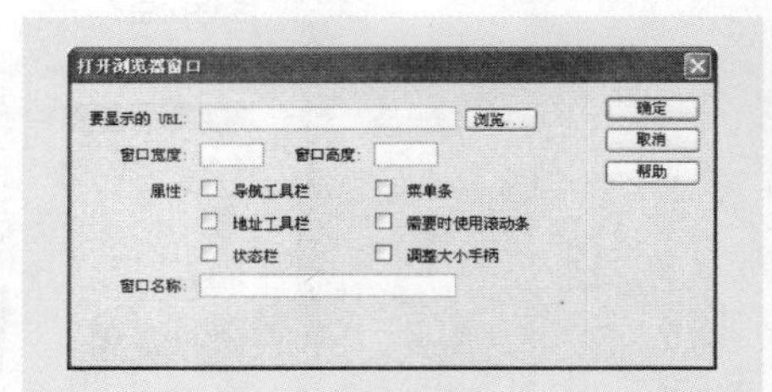

图 11-23　【打开浏览器窗口】对话框

该对话框中各选项的说明如下。

- 【要显示的 URL】：单击该文本框右侧的【浏览】按钮，在打开的对话框中选择要链接的文件。或者在文本框中输入要链接的文件的路径。
- 【窗口宽度】：设置打开浏览器的宽度。
- 【窗口高度】：设置打开浏览器的高度。
- 【属性】选项区中各选项的说明如下。
    - ◆ 【导航工具栏】：选中此复选框，浏览器的组成部分会包括【地址】、【主页】、【前进】、【主页】和【刷新】等。
    - ◆ 【菜单条】：选中此复选框，在打开的浏览器窗口中显示菜单，如【文件】、【编辑】和【查看】等。
    - ◆ 【地址工具栏】：选中此复选框，浏览器窗口的组成部分为【地址】。
    - ◆ 【需要时使用滚动条】：选中此复选框，在浏览器窗口中，不管内容是否超出可视区域，在窗口右侧都会出现滚动条。
    - ◆ 【状态栏】：选中此复选框，会在浏览器窗口的底部显示状态栏，用于显示消息。
    - ◆ 【调整大小手柄】：选中此复选框，浏览者可任意调整窗口的大小。
- 【窗口名称】：在此文本框中输入弹出浏览器窗口的名称。

步骤 04　单击【要显示的 URL】文本框右侧的【浏览】按钮，在弹出的【选择文件】对话框中选择随书附带光盘中的“CDROM\素材\第 11 章\图片 16.jpg”，如图 11-24 所示。

步骤 05　单击【确定】按钮，返回到【打开浏览器窗口】对话框中，并将其【窗口宽度】、【窗口高度】分别设置为 800、729，选中【导航工具栏】、【需要时使用滚动条】和【调整大小手柄】复选框，并在【窗口名称】文本框中输入名称“寐尚魅力嫩白柔护霜”，如图 11-25 所示。

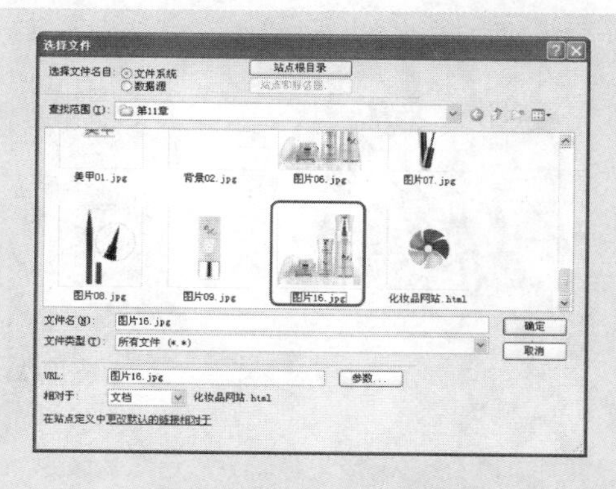
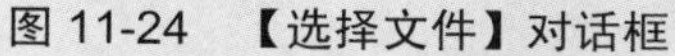

图 11-24 【选择文件】对话框

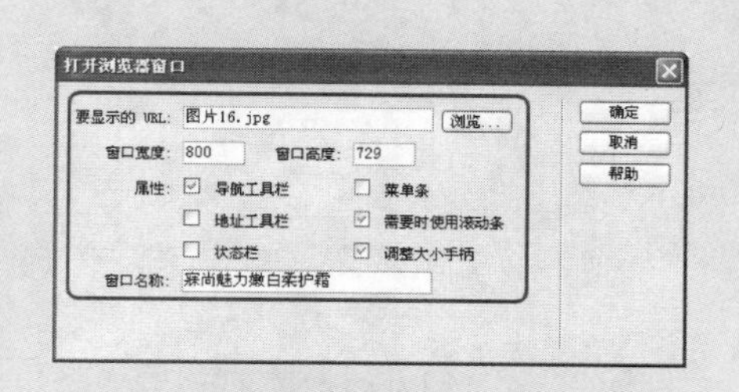

图 11-25 【打开浏览器窗口】对话框

步骤 06 单击【确定】按钮，在【行为】面板中显示添加的行为，如图 11-26 所示。

步骤 07 保存文件，按 F12 键在浏览器窗口中查看添加“打开浏览器窗口”行为后的效果，如图 11-27 所示。

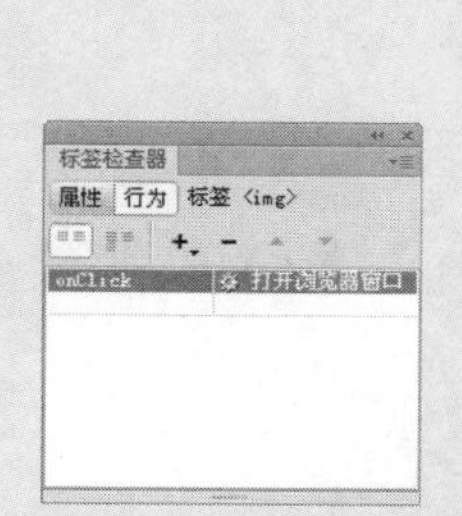

图 11-26 添加的行为

图 11-27 弹出的浏览器窗口

11.2.5 拖动 AP 元素

“拖动 AP 元素”行为可以让浏览者拖动绝对定位的 AP 元素。此行为适合用于拼版游戏、滑块空间等可移动的界面元素。

使用“拖动 AP 元素”的具体操作步骤如下。

步骤 01 打开随书附带光盘中的“CDROM\素材\第 11 章\化妆品网站.html”文件，如图 11-28 所示。

步骤 02 在状态栏中的标签选择器中单击<body>标签，在【行为】面板中单击【添加行为】按钮，在弹出的下拉列表中选择【拖动 AP 元素】命令，如图 11-29 所示。

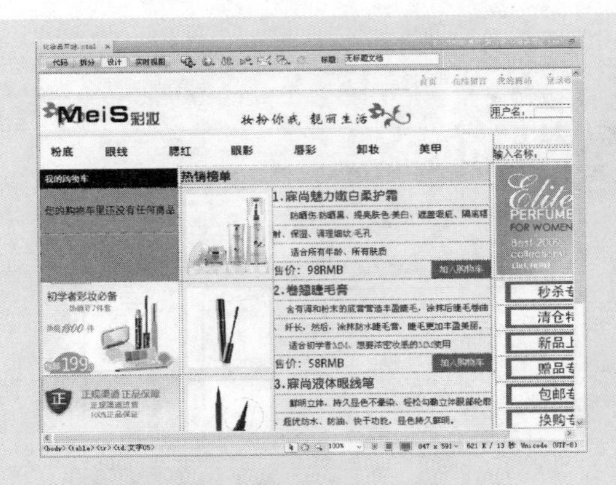

图 11-28　打开的素材文件

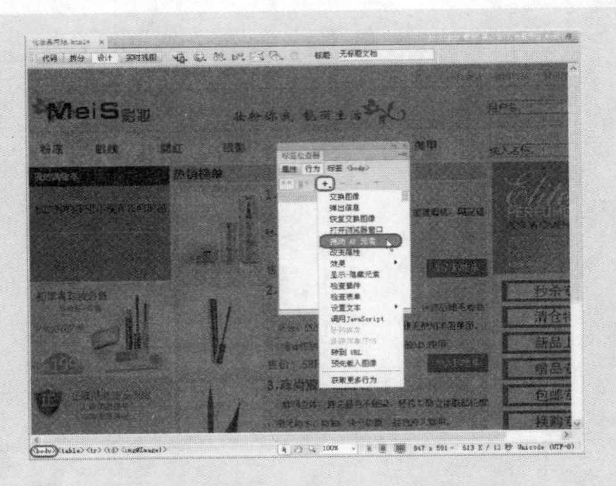

图 11-29　选择【拖动 AP 元素】命令

步骤 03　打开【拖动 AP 元素】对话框，设置【AP 元素】为 div“apDiv7”，【移动】下拉列表框保留默认设置，在【放下目标】选项中，设置【左】值为 10，【上】值为 500，【靠齐距离】设置为 20，如图 11-30 所示。

步骤 04　单击【确定】按钮，即可将“拖动 AP 元素”行为添加到【行为】面板中，如图 11-31 所示。

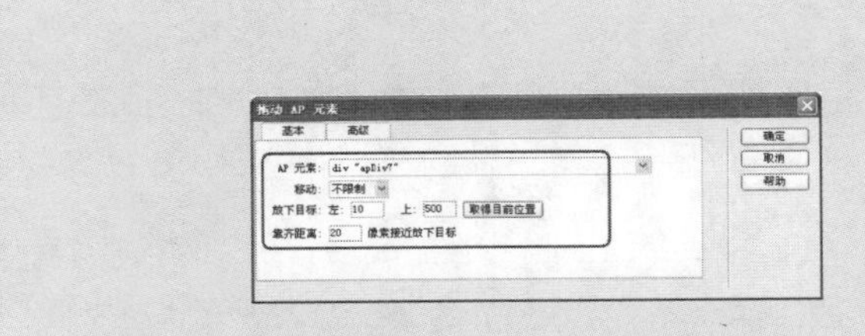

图 11-30　【拖动 AP 元素】对话框

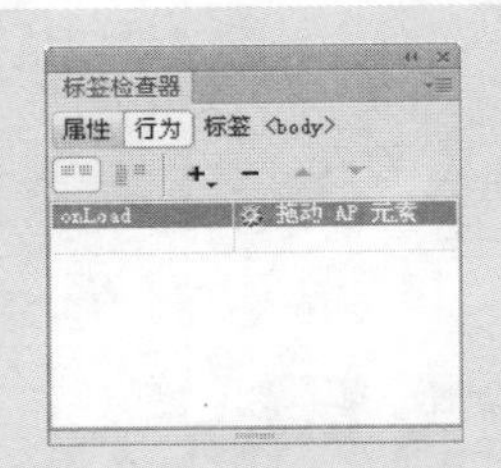

图 11-31　添加的行为

步骤 05　保存文件，按 F12 键在浏览窗口中预览添加“拖动 AP 元素”行为后的效果，如图 11-32、图 11-33 所示。

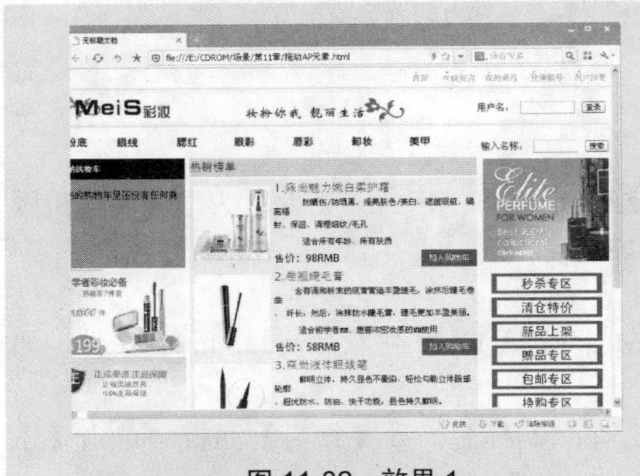

图 11-32　效果 1

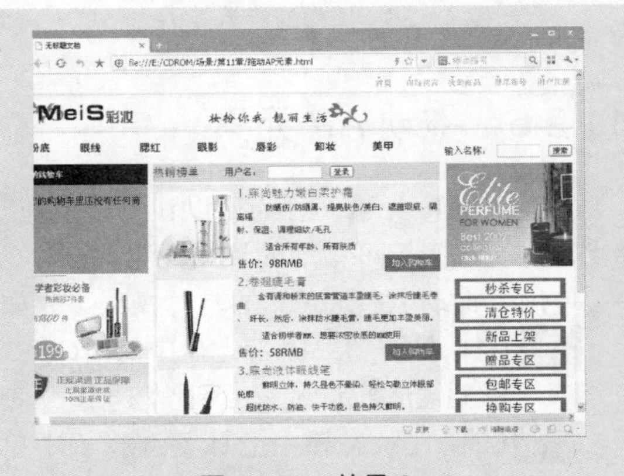

图 11-33　效果 2

11.2.6 改变属性

我们使用"改变属性"行为可以改变对象的某个属性的值，还可以设置动态 AP Div 的背景颜色。浏览器决定了属性的更改。

使用"改变属性"行为的具体操作步骤如下。

步骤01 打开随书附带光盘中的"CDROM\素材\第 11 章\化妆品网站.html"，如图 11-34 所示。

步骤02 选择一个图像文件，在【行为】面板中单击【添加行为】按钮+，在弹出的下拉列表中选择【改变属性】命令，如图 11-35 所示。

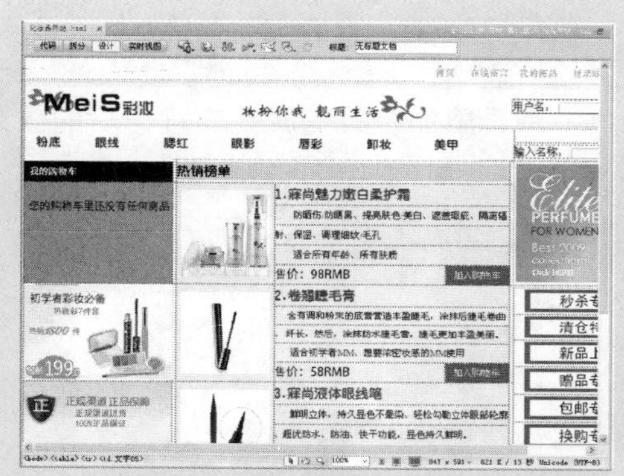

图 11-34 打开的素材文件

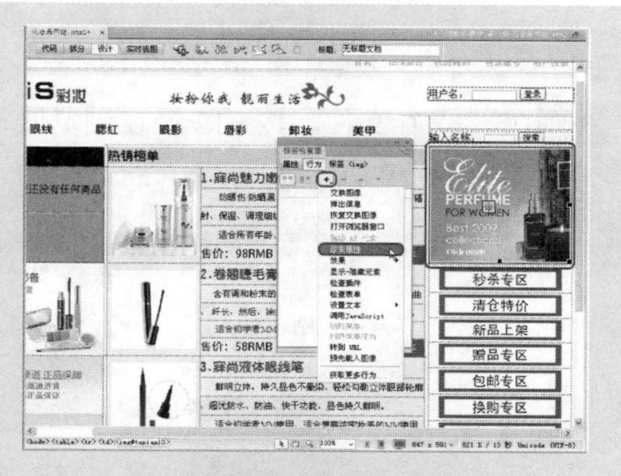

图 11-35 选择【改变属性】命令

步骤03 打开【改变属性】对话框，如图 11-36 所示。

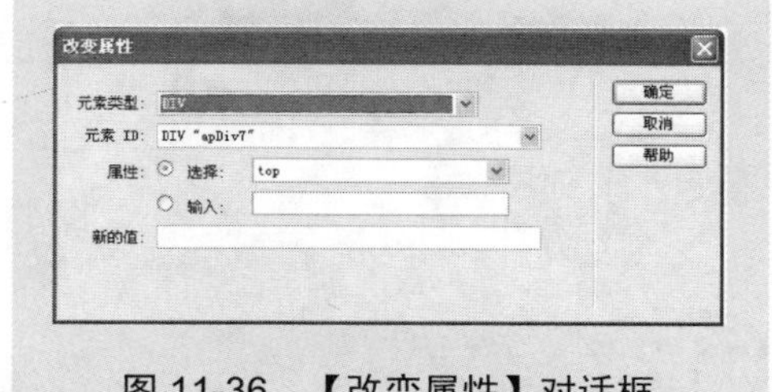

图 11-36 【改变属性】对话框

该对话框中各参数的说明如下。

- 【元素类型】：单击右侧的下拉按钮，在下拉列表中选择需要更改其属性的元素类型。
- 【元素 ID】：单击右侧的下拉按钮，在下拉列表中包含了所有选择类型的命名元素。
- 【选择】：单击右侧的下拉按钮，可在下拉列表中选择一个属性，如果要查看每个浏览器中可以更改的属性，可以从浏览器的弹出的菜单中选择不同的浏览器或浏览版本。
- 【输入】：可在此文本框中输入属性的名称。一定要使用该属性准确的 JavaScript 名称。
- 【新的值】：在此文本框中，输入新的属性值。

步骤04 单击【元素类型】下拉列表框右侧的下拉按钮，在下拉列表中选择 IMG 元素，【元素 ID】为【图像"tupian10"】，在【输入】文本框中输入"height"，在【新的值】文本框中输入“300”，如图 11-37 所示。

步骤05 单击【确定】按钮，“改变属性”行为将被添加到【行为】面板中，如图 11-38 所示。

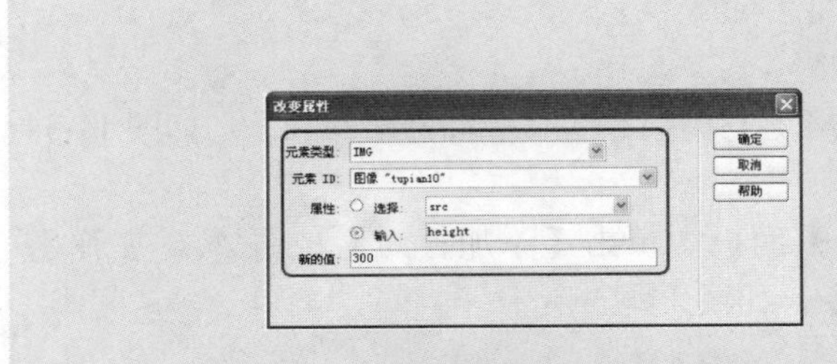

图 11-37 设置参数

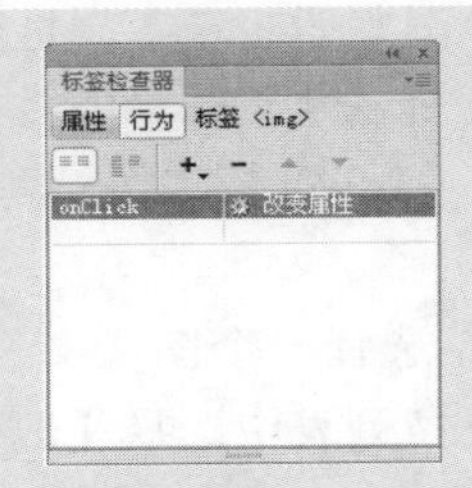

图 11-38 添加的行为

步骤06 保存文件，按 F12 键在浏览器窗口中查看添加“改变属性”行为后的效果，如图 11-39 所示。

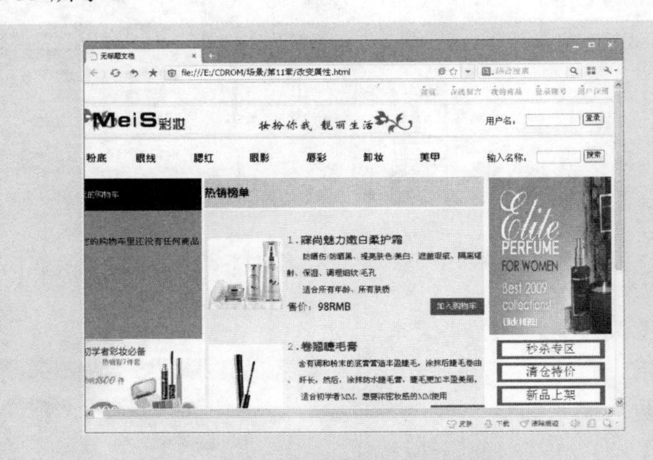

图 11-39 改变属性效果

11.2.7 效果

在 Dreamweaver 中经常使用的行为还有“效果”行为，它一般用于页面广告的打开、隐藏、文本的滑动和页面收缩等。

在【行为】面板中单击【添加行为】按钮 +，在弹出的下拉列表中选择【效果】命令，其子选项中包括【增大/收缩】、【挤压】、【显示/渐隐】、【晃动】、【滑动】、【遮帘】和【高亮颜色】7 种行为效果。

用户可使用这些行为创建特效网页，如使用“挤压”行为可以使对象产生挤压的效果。

“效果”行为中各动作的说明如下。

- 【增大/收缩】：将选中的对象适当放大或缩小，可在打开的【增大/缩放】对话框中设置其效果的持续时间、样式、收缩值等。

- 【挤压】：可使对象产生挤压效果。
- 【显示/渐隐】：可使对象产生渐隐渐现的效果。
- 【晃动】：可使对象产生晃动效果。
- 【滑动】：可使对象产生滑动效果。
- 【遮帘】：可使对象产生卷动的效果。
- 【高亮颜色】：选择此行为，可在打开的【高亮颜色】对话框中设置【目标元素】的起始颜色、结束颜色和应用效果后的颜色，使对象产生高光变化的效果。

下面以“效果”行为中的【显示/渐隐】效果为例进行介绍。

步骤01 打开随书附带光盘中的“CDROM\素材\第11章\化妆品网站.html”文件，如图11-40所示。

步骤02 在文档窗口中选择文件图像，在【行为】面板中单击【添加行为】按钮+，在弹出的下拉列表中选择【效果】|【增大/收缩】命令，如图11-41所示。

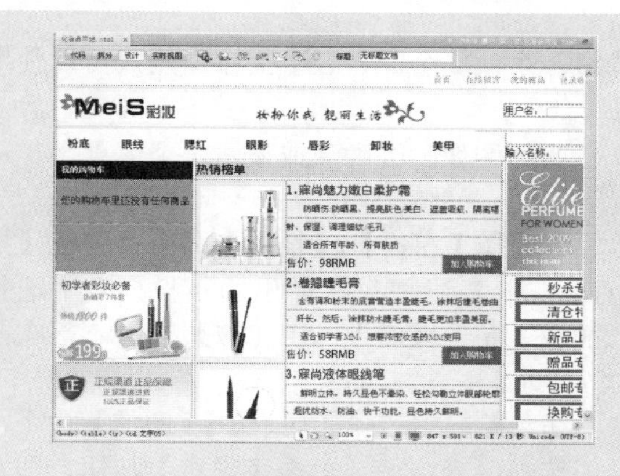

图11-40 素材文件

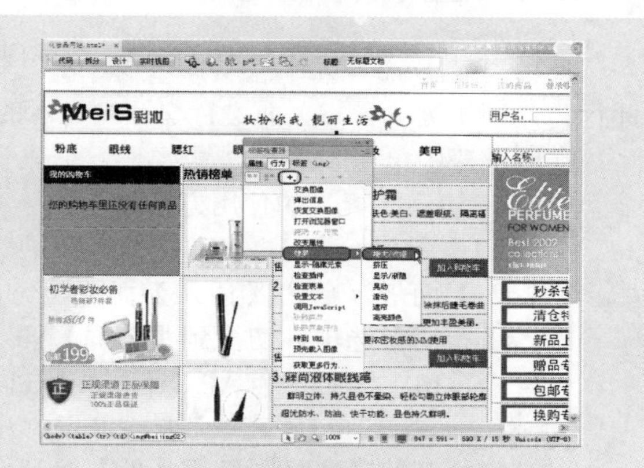

图11-41 选择【增大/收缩】命令

步骤03 打开【增大/收缩】对话框，将【目标元素】设置为img“beijing02”，【收缩到】为50%，选中【切换效果】复选框，如图11-42所示。

步骤04 单击【确定】按钮，即可将“增大/压缩”效果添加到【行为】面板中，如图11-43所示。

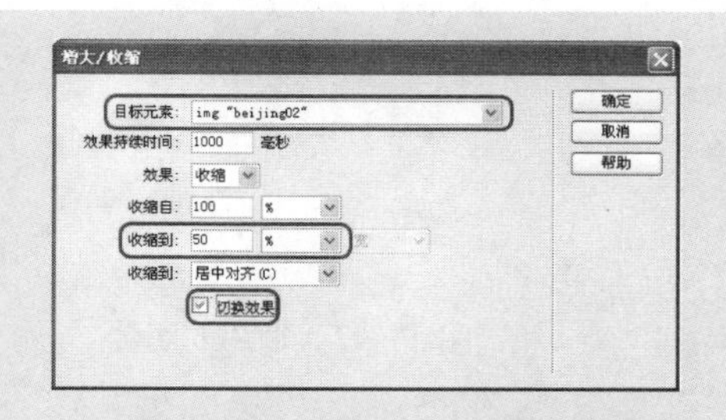

图11-42 【增大/压缩】对话框

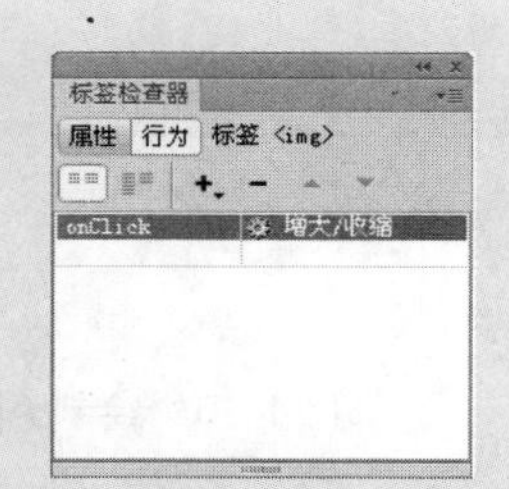

图11-43 添加的行为

步骤05 保存文件，按F12键在预览窗口中预览添加“增大/压缩”行为后的效果，如图11-44、图11-45所示。

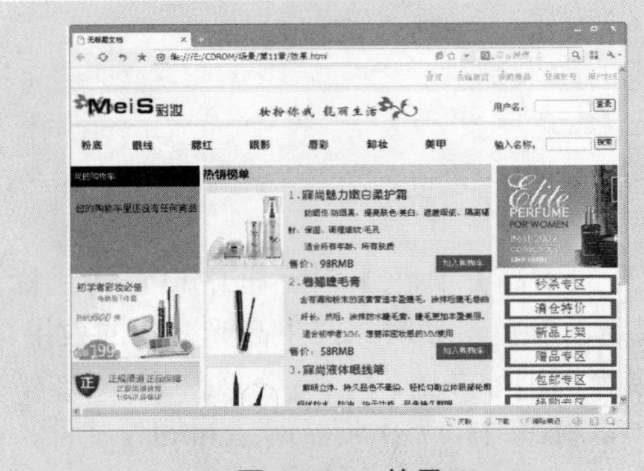
图 11-44　效果 1

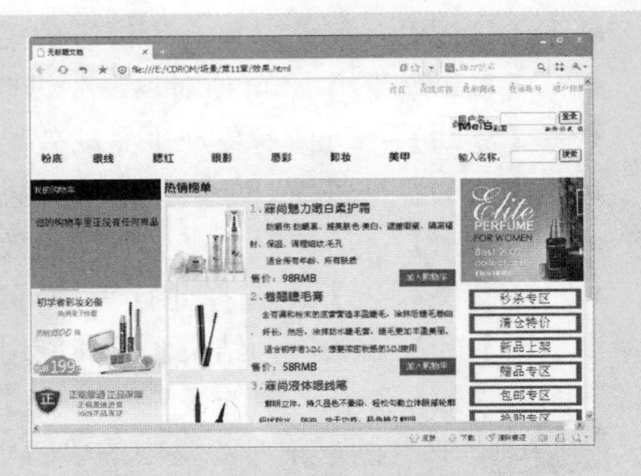
图 11-45　效果 2

11.2.8　显示-隐藏元素

使用“显示-隐藏元素”动作可以显示、隐藏一个或多个 AP Div 元素。用户可以使用此行为，制作浏览者与页面进行交互时显示的信息。

在浏览器中单击添加了“显示-隐藏元素”行为的图像时会隐藏或显示一个信息。

“显示-隐藏元素”的使用方法如下。

步骤 01　新建一个 HTML 文件，在菜单栏中选择【窗口】|【插入】命令，弹出【插入】面板，单击【插入】面板上方的下三角按钮，在弹出的下拉列表中选择【布局】选项，切换到【布局】插入面板，单击【绘制 AP Div】按钮，在文档窗口中绘制一个 AP Div，如图 11-46 所示。

步骤 02　将光标放置在绘制的 AP Div 中，在菜单栏中选择【插入】|【图像】命令，在打开的【选择图像源文件】对话框中选择一张图像，单击【确定】按钮，即在文本窗口中插入一个图像，如图 11-47 所示。

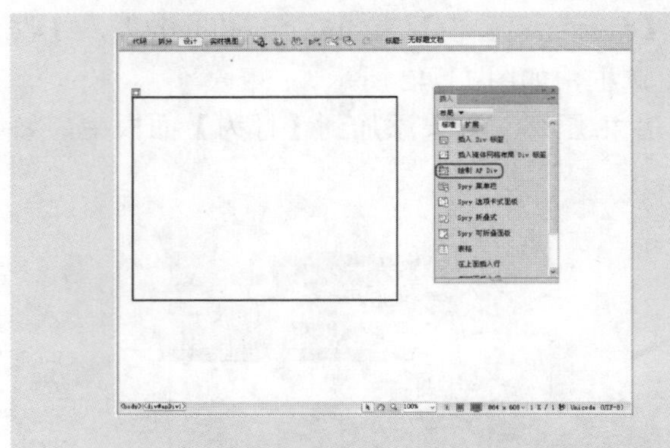
图 11-46　绘制 AP Div

图 11-47　插入的图像

步骤 03　在菜单栏中选择【窗口】|【行为】命令，在【行为】面板中单击【添加行为】按钮，在弹出的下拉列表中选择【显示-隐藏元素】命令，如图 11-48 所示。

步骤 04　打开【显示-隐藏元素】对话框，如图 11-49 所示。

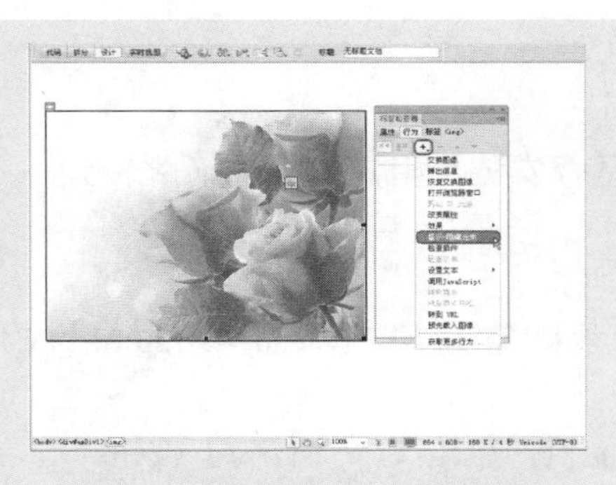
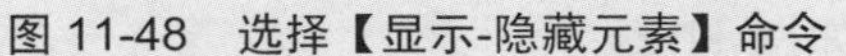

图 11-48 选择【显示-隐藏元素】命令

图 11-49 【显示-隐藏元素】对话框

该对话框中各参数的说明如下。

- 【元素】：在此对话框中选择要更改其可见性的 AP Div。
- 【显示】：单击【显示】按钮，可设置 AP Div 的可见性。
- 【隐藏】：单击【隐藏】按钮，可隐藏 AP Div。
- 【默认】：单击【默认】按钮，恢复 AP Div 的默认可见性。

步骤 05 在【显示-隐藏元素】对话框中单击【隐藏】按钮，然后单击【确定】按钮，如图 11-50 所示。

步骤 06 返回到【行为】面板中，“显示-隐藏元素”行为显示在【行为】面板中，如图 11-51 所示。

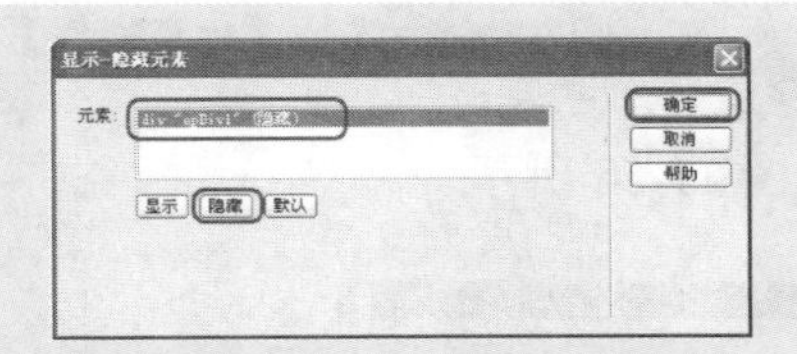

图 11-50 【显示-隐藏元素】对话框

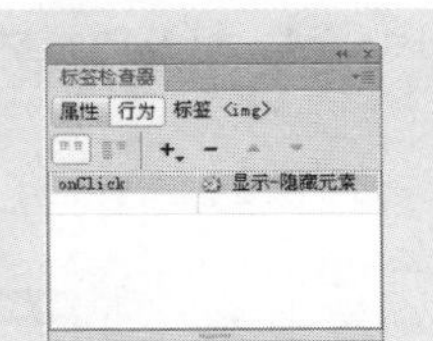

图 11-51 添加的行为

步骤 07 保存文件，按 F12 键在浏览器窗口中查看添加“显示-隐藏元素”行为后的效果，如图 11-52 所示，单击添加了“显示-隐藏元素”行为的图片，效果如图 11-53 所示。

图 11-52 效果 1

图 11-53 效果 2

11.2.9 检查插件

使用“检查插件”行为，可以根据访问者是否安装了指定的插件而跳转到不同的页面。

使用“检查插件”行为的具体操作步骤及说明如下。

步骤01 打开随书附带光盘中的“CDROM\素材\第 11 章\化妆品网站.html”文件，如图 11-54 所示。

步骤02 选中“腮红.jpg”，打开【行为】面板，单击【添加行为】按钮，在弹出的下拉列表中选择【检查插件】命令，如图 11-55 所示。

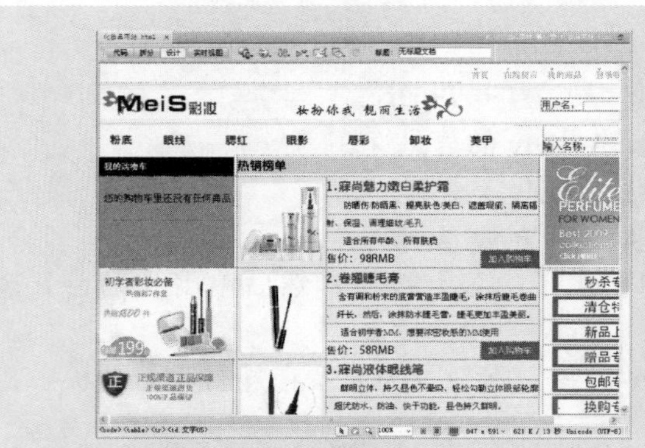

图 11-54 打开的素材文件

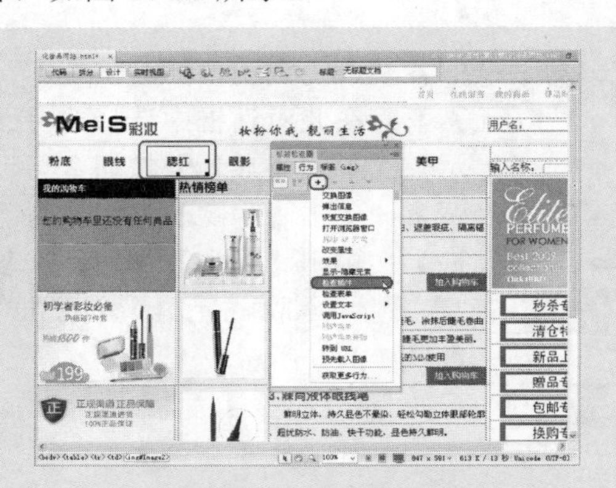

图 11-55 选择【检查插件】命令

步骤03 打开【检查插件】对话框，如图 11-56 所示。

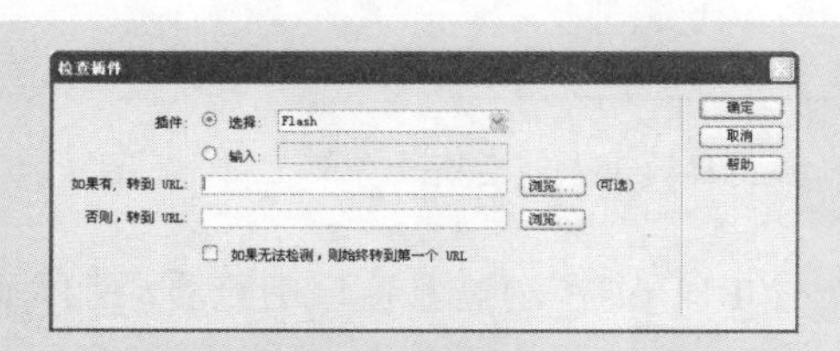

图 11-56 【检查插件】对话框

该对话框中各参数的说明如下。

- 【选择】：选中此单选按钮后，单击下拉列表框右侧的下拉按钮，在弹出的下拉列表中选择一种插件。选择 Flash 后，Director 后会将相应的 VBScript 代码添加到页面中。
- 【输入】：选中此单选按钮后，在文本框中输入插件的确切名称。
- 【如果有，转到 URL】：单击此文本框右侧的【浏览】按钮，在弹出的【选择文件】对话框中浏览并选择文件。单击【确定】按钮，即可将选择的文件添加到此文本框中，或者在此文本框中直接输入正确的文件路径。
- 【否则，转到 URL】：在此文本框中为不具有该插件的访问者指定一个替代 URL。如果要让具有和不具有该插件的访问者在同一页上，则应将此文本框空着。

- 【如果无法检测，则始终转到第一个 URL】复选框：如果插件内容对于网页是必不可少的一部分，则应选中该复选框，浏览器通常会提示不具有该插件的访问者下载该插件。

步骤04 在【检查插件】对话框中单击【选择】下拉列表框右侧的下拉按钮，在下拉列表中选择 LiveAudio 文件，【否则，转到 URL：】文本框中输入网址“http://www.baidu.com/”，如图 11-57 所示。

步骤05 单击【确定】按钮，“检查插件”行为显示到【行为】面板中，如图 11-58 所示。

图 11-57 【检查插件】对话框

图 11-58 添加的行为

步骤06 保存文件，按 F12 键在浏览器窗口中查看添加“检查组件”行为后的效果，如图 11-59 所示，单击添加了“检查插件”行为的图片，其效果如图 11-60 所示。

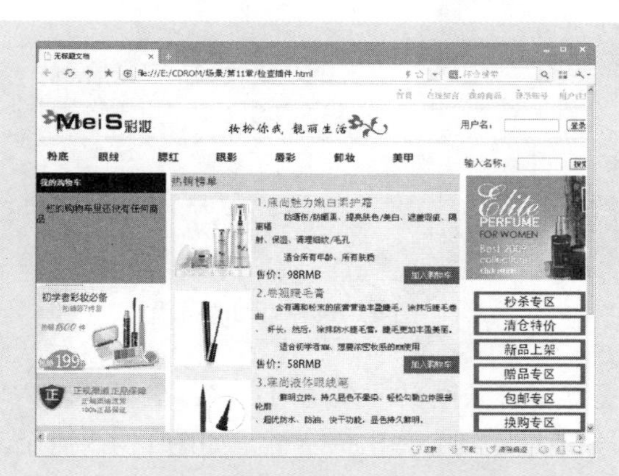

图 11-59 效果 1

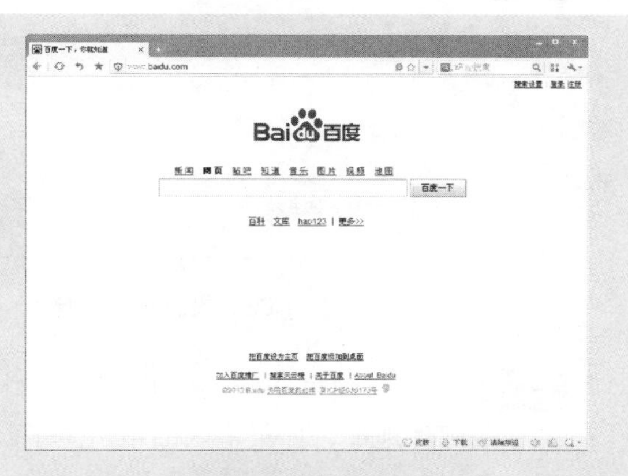

图 11-60 效果 2

11.2.10 检查表单

使用“检查表单”行为可检查指定文本域的内容，以确保输入了正确的数据类型。可使用 onBlur 事件将此动作分别附加到各个文本域，在填写表单时对域进行检查；或使用 onSubmit 事件将其附加到表单，在用户提交表单时对表单中的多个文本域进行检查。将此行为附加到表单，可防止表单提交到服务器后任何指定的文本域中包含无效的数据。

“检查表单”行为的使用方法如下。

步骤01 启动 Dreamweaver CS6 软件，打开随书附带光盘中的“CDROM\素材\第 11 章\化妆品网站.html”文件，如图 11-61 所示。

步骤02 在网页文档中选择【用户名：】右侧的文本域，打开【行为】面板，单击 + 按钮，在弹出的菜单中选择【检查表单】命令，如图 11-62 所示。

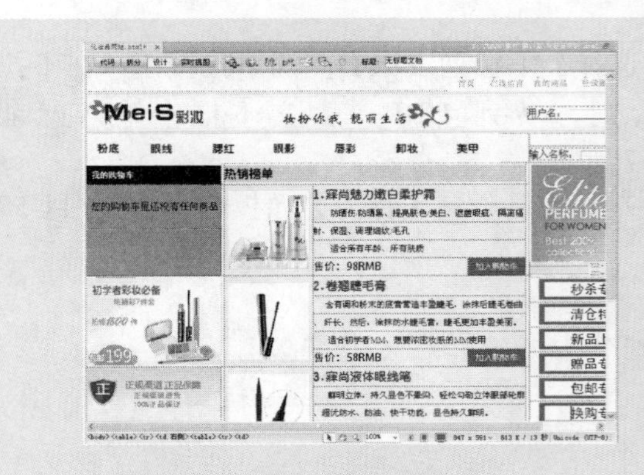

图 11-61　素材文件

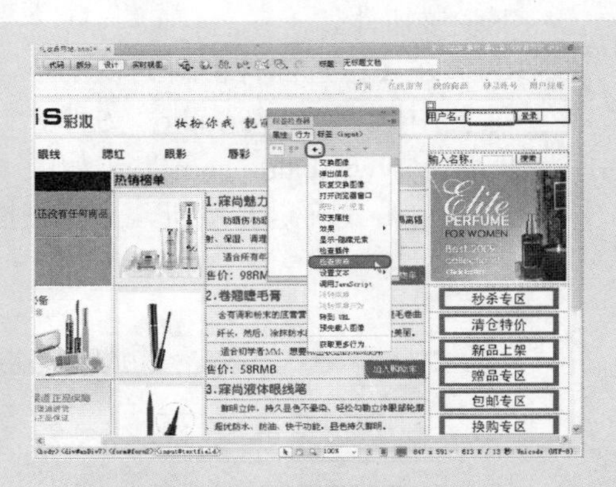

图 11-62　选择【检查表单】命令

步骤03 打开【检查表单】对话框，在【域】列表框中选择“input"textfield"(　　)”(即“用户名”右侧的文本域)。在【可接受】选项区中选中【电子邮件地址】单选按钮，如图 11-63 所示。

步骤04 单击【确定】按钮，即完成行为的添加，如图 11-64 所示。

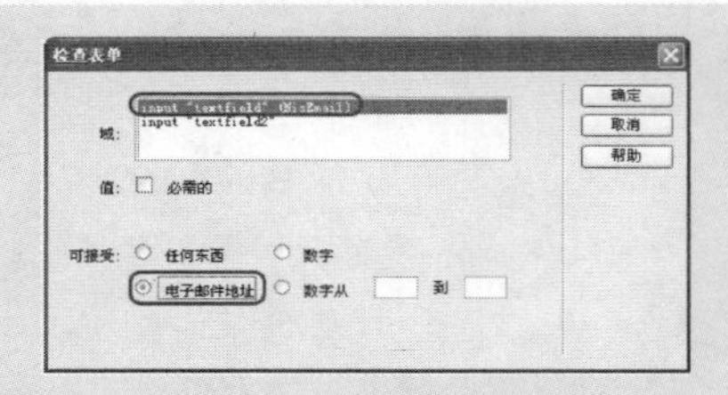

图 11-63　设置检查表单

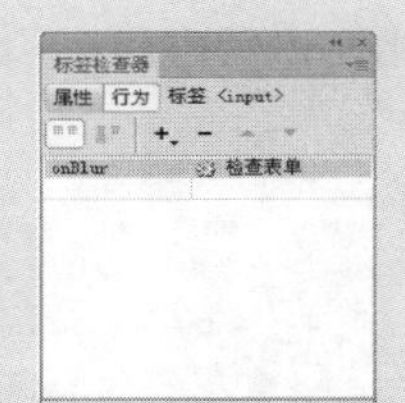

图 11-64　添加的行为

步骤05 保存网页文档，按 F12 键在浏览器中打开网页。在【用户名：】处可输入电子邮件地址，如果输入的不是电子邮件地址，则会弹出提示框，如图 11-65 所示。

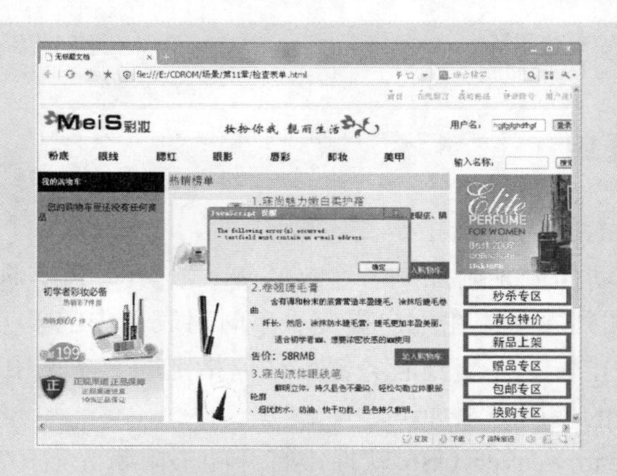

图 11-65　提示框

11.2.11 设置文本

利用“设置文本”行为可以在页面中设置文本，其内容主要包括设置容器的文本、设置文本域文字、设置框架文本和设置状态栏文本。

1. 设置容器的文本

用户可通过在页面内容中添加“设置容器的文本”行为替换页面上现有的 AP Div 的内容和格式，包括任何有效的 HTML 源代码。但是仍会保留 AP Div 的属性和颜色。

使用“设置容器的文本”行为的具体操作步骤如下。

步骤01 打开随书附带光盘中的“CDROM\素材\第 11 章\化妆品网站.html”文件，如图 11-66 所示。

步骤02 在文档窗口中选择一个对象，在【行为】面板中单击【添加行为】按钮 +，在下拉列表中选择【设置文本】|【设置容器的文本】命令，如图 11-67 所示。

步骤03 打开【设置容器的文本】对话框，单击【容器】下拉列表框框右侧的下拉按钮，在弹出的下拉列表中选择 div"apDiv8"，在【新建 HTML】文本框中输入新的内容，如图 11-68 所示。

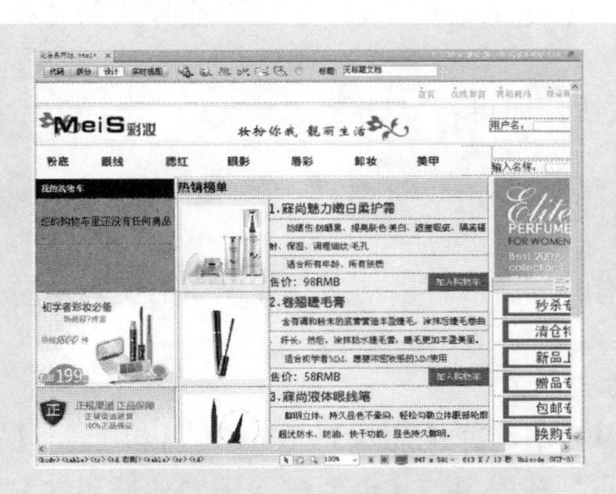

图 11-66 打开的素材文件

图 11-67 选择【设置容器的文本】命令

步骤04 单击【确定】按钮，“设置容器的文件”行为即会显示在【行为】面板中，如图 11-69 所示。

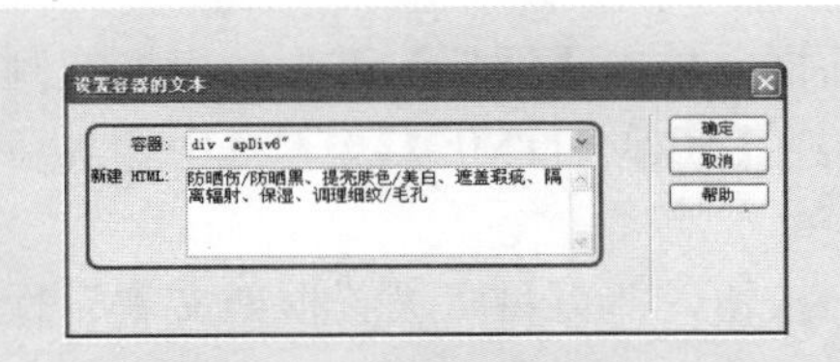

图 11-68 【设置容器的文本】对话框

图 11-69 添加的行为

步骤05 保存文件，按 F12 键在浏览窗口中预览添加“设置容器的文本”行为后的效果，如图 11-70、图 11-71 所示。

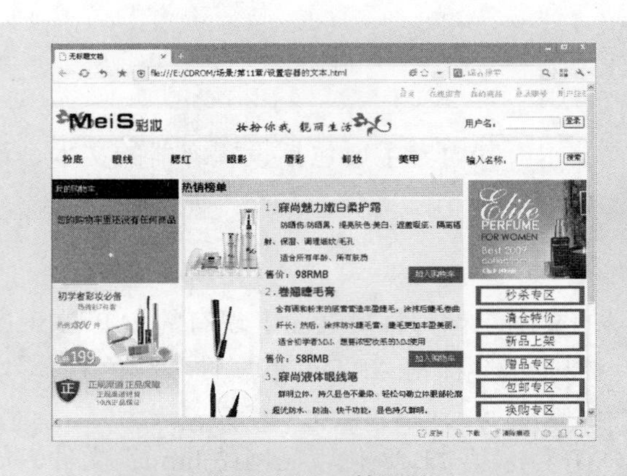

图 11-70　效果 1

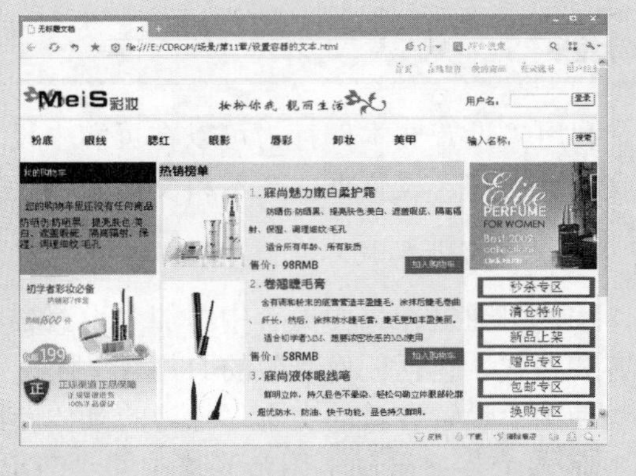

图 11-71　效果 2

2. 设置文本域文字

使用“设置文本域文字”行为可以将指定的内容替换表单文本域中的文本内容。

使用【设置文本域】行为的具体操作步骤如下。

步骤 01　在文本框中选择文本域，在【行为】面板中单击【添加行为】按钮，在弹出的下拉列表中选择【设置文本】|【设置文本或文字】命令在弹出的【设置文本域文字】对话框中进行设置。

步骤 02　设置完成后，单击【确定】按钮，即可将“设置文本域文字”行为添加到【行为】面板中。

3. 设置框架文本

“设置框架文本”行为用于包含框架结构的页面，可以动态改变框架的文本，转变框架的显示、替换框架的内容。

使用“设置框架文本”行为的具体操作步骤如下。

步骤 01　新建一个 HTML 文件，在菜单栏中选择【插入】| HTML |【框架】|【上方及右侧嵌套】命令，如图 11-72 所示。在弹出的【框架标签辅助功能属性】对话框中单击【确定】按钮，即可创建一个框架集。

步骤 02　将鼠标光标置入左侧下方框架内，单击【行为】面板中的【添加行为】按钮，在弹出的下拉列表中选择【设置文本】|【设置框架文本】命令，如图 11-73 所示。

步骤 03　打开【设置框架文本】对话框，单击【框架】下拉列表框右侧的下拉按钮，在下拉列表中选择框架的类别，在【新建 HTML】文本框中输入新的文本内容，如图 11-74 所示。

步骤 04　设置完成后，单击【确定】按钮，即可将“设置框架文本”行为添加到【行为】面板中，如图 11-75 所示。

4. 设置状态栏文本

在页面中使用“设置状态栏文本”行为，可在浏览器窗口底部左下角的状态栏中显示消息。

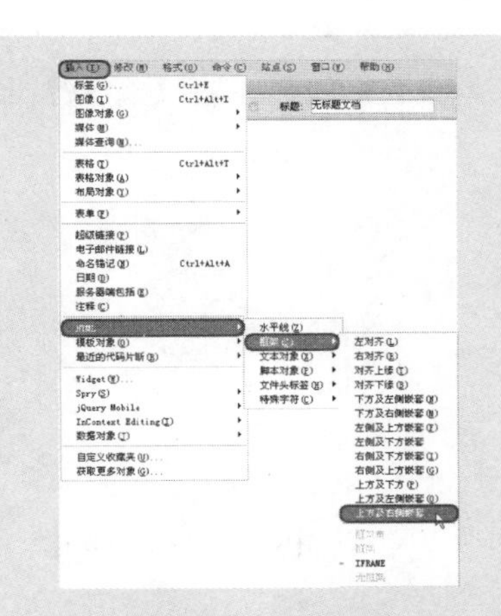
图 11-72 选择【上方及右侧嵌套】命令

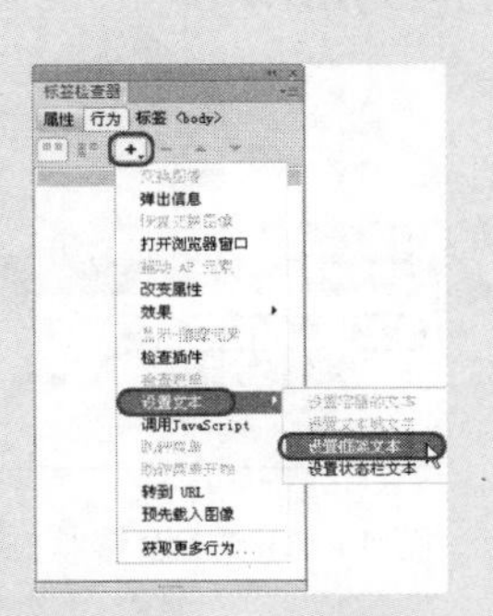
图 11-73 选择【设置框架文本】命令

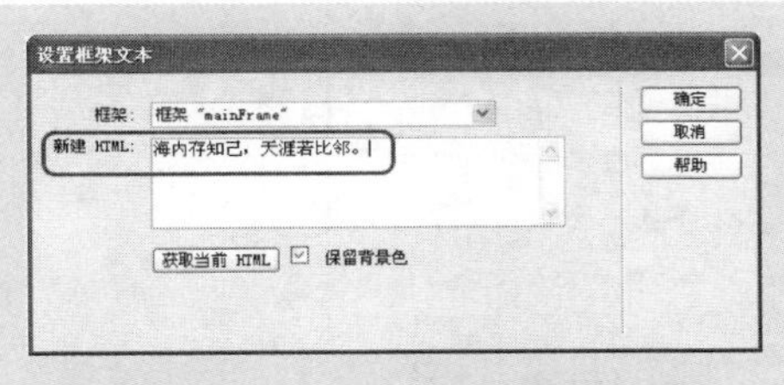
图 11-74【设置框架文本】对话框

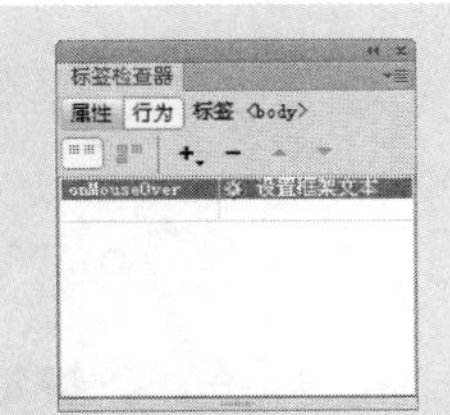
图 11-75 添加的行为

使用“设置状态栏文本”行为的具体操作步骤如下。

步骤 01 打开随书附带光盘中的“CDROM\素材\第 11 章\化妆品网站.html”文件，如图 11-76 所示。

步骤 02 在【行为】面板中单击【添加行为】按钮，在下拉列表中选择【设置文本】|【设置状态栏文本】命令，如图 11-77 所示。

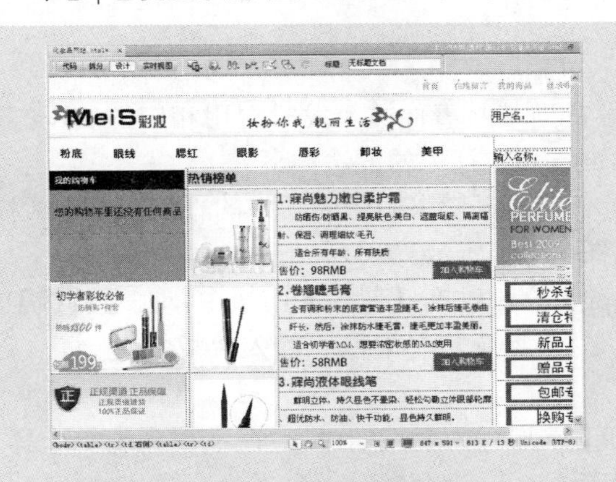
图 11-76 打开的素材文件

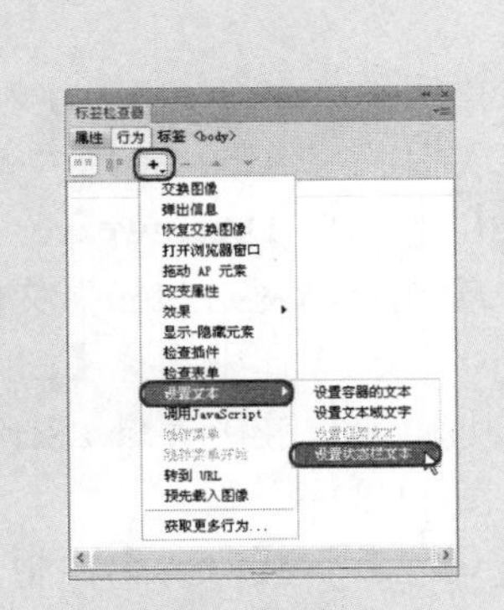
图 11-77 选择【设置状态栏文本】命令

步骤 03 打开【设置状态栏文本】对话框，在【消息】文本框中输入内容，如图 11-78 所示。

步骤 04 单击【确定】按钮，“设置状态栏文本”行为显示在【行为】面板中，如图 11-79 所示。

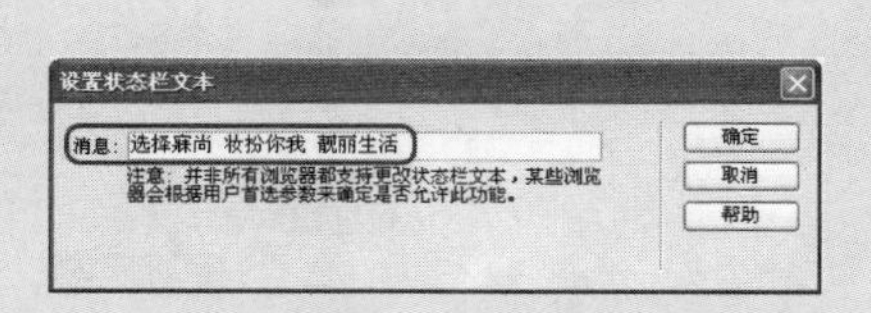

图 11-78 【设置状态文本】对话框

图 11-79 添加的行为

步骤 05 保存文件，为了更好地查看效果，可以在菜单栏中选择【文件】|【在浏览中器中预览】| IExplore 命令，在 IE 浏览器中预览，如图 11-80 所示。

图 11-80 状态栏文本效果

11.2.12 调用 JavaScript

使用“调用 JavaScript”行为允许设置当某些事件被触发时调用相应的 JavaScript 代码，以实现相应的动作。使用“调用 JavaScript”行为的方法如下。

步骤 01 启动 Dreamweaver CS6 软件，打开随书附带光盘中的“CDROM\素材\第 11 章\化妆品网站.html”文件，如图 11-81 所示。

步骤 02 在页面中选择【图片 10.jpg】文件，在【属性】面板中，在【链接】文本框中输入空链接“JavaScript”，在【替换】文本框中输入“单击关闭窗口”，如图 11-82 所示。

步骤 03 打开【行为】面板，单击【添加行为】按钮 +，在下拉列表中选择【调用 JavaScript】命令，如图 11-83 所示。

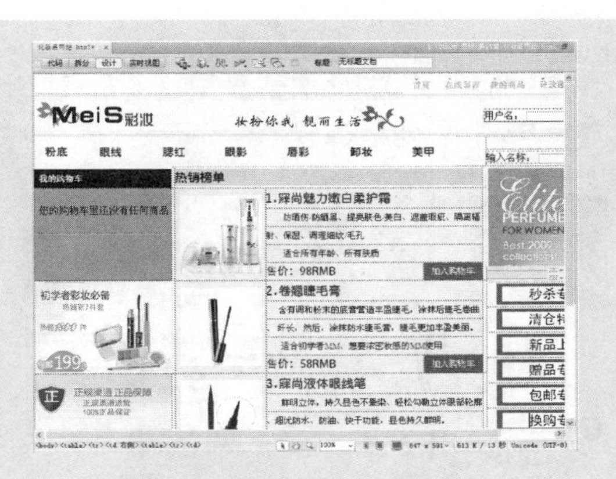

图 11-81　打开的素材文件

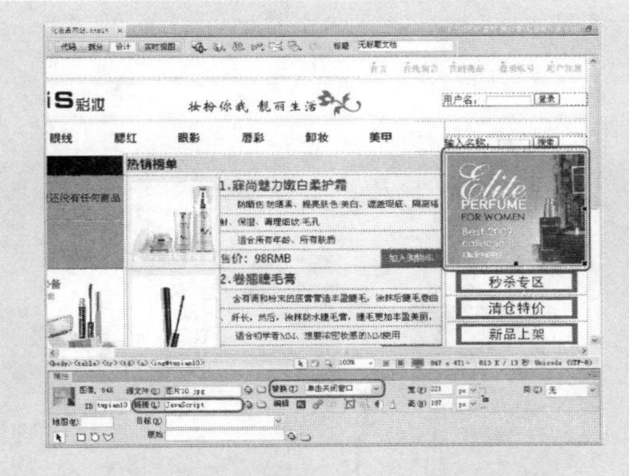

图 11-82　添加空链接

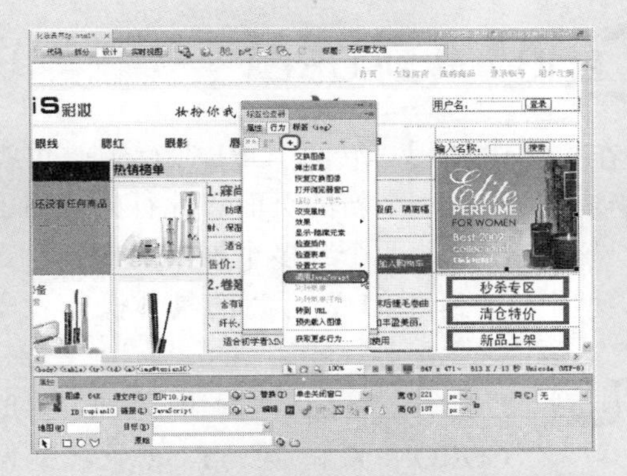

图 11-83　选择【调用 JavaScript】命令

步骤 04　弹出【调用 JavaScript】对话框，并输入“window.close()”，如图 11-84 所示。

步骤 05　单击【确定】按钮，将“调用 JavaScript”行为添加至【行为】面板中，如图 11-85 所示。

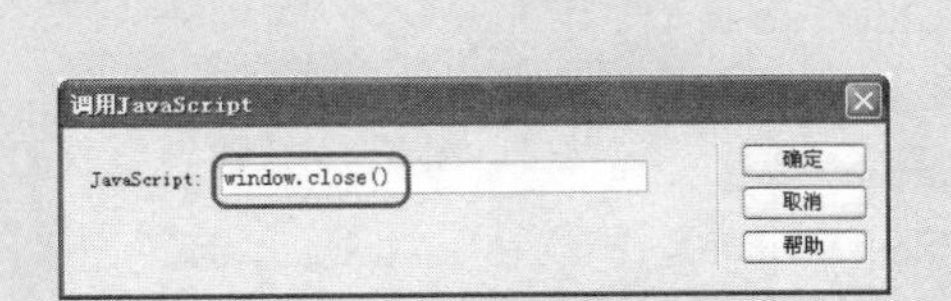

图 11-84　【调用 JavaScript】对话框

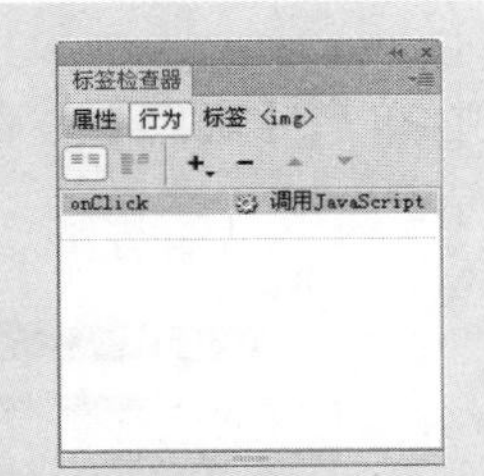

图 11-85　添加的行为

步骤 06　保存文件，按 F12 键在预览窗口中进行预览，单击添加“调用 JavaScript”行为的对象，弹出关闭浏览器窗口的提示对话框，如图 11-86 所示。

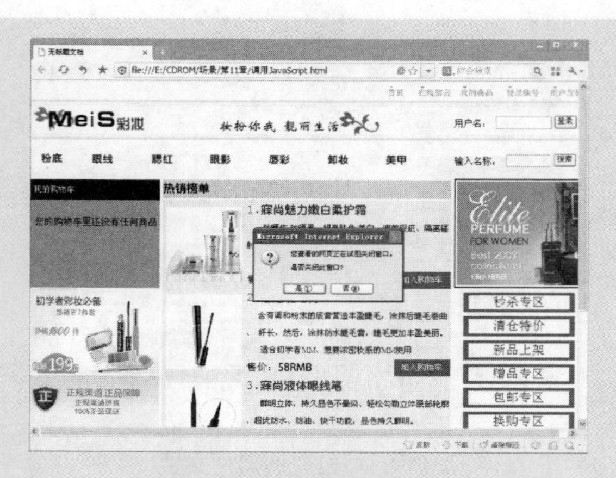

图 11-86　行为效果

11.2.13　转到 URL

在页面中使用“转到 URL”行为，可在当前窗口中指定一个新的页面。此行为适用于通过一次单击更改两个或多个框架的内容。

使用“转到 URL”行为的具体操作步骤如下。

步骤 01　打开随书附带光盘中的“COROM\素材\第 11 章\化妆品网站.html”文件，在文本窗口中选择一个对象，单击【行为】面板中的【添加行为】按钮 +，在下拉列表中选择【转到 URL】命令，如图 11-87 所示。

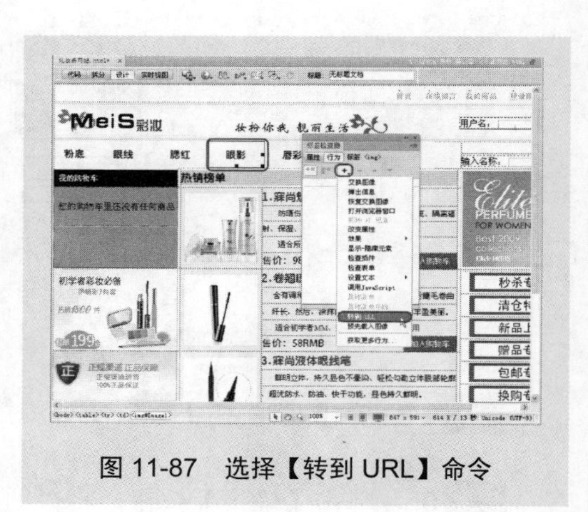

图 11-87　选择【转到 URL】命令

步骤 02　弹出【转到 URL】对话框，在 URL 文本框中输入要转到的 URL，如图 11-88 所示。

步骤 03　单击【确定】按钮，“转到 URL”行为显示在【行为】面板中，如图 11-89 所示。

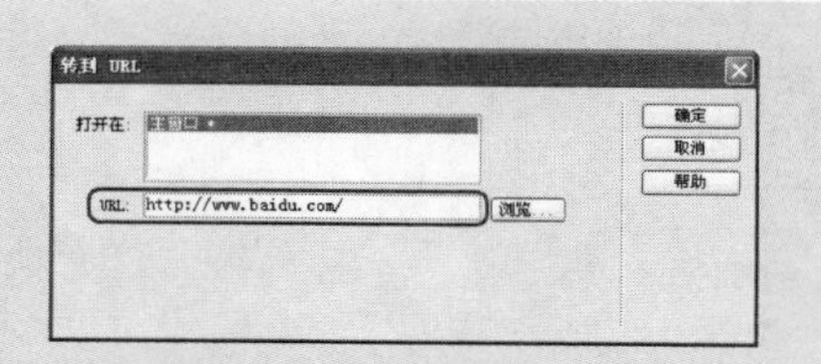

图 11-88　【转到 URL】对话框

图 11-89　添加的行为

步骤 04　保存文件，按 F12 键在预览窗口中进行预览，效果如图 11-90、图 11-91

所示。

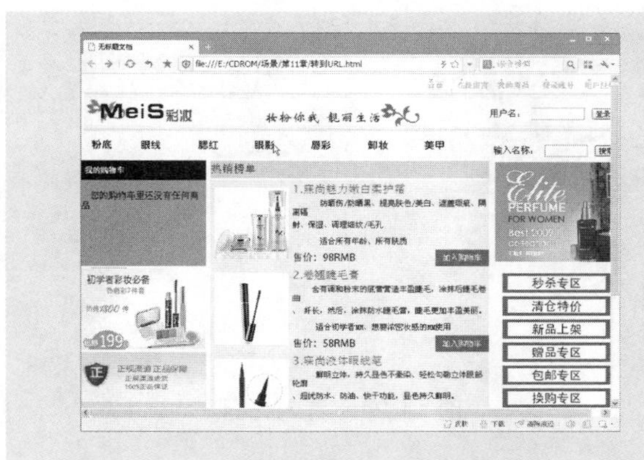

图 11-90　效果 1

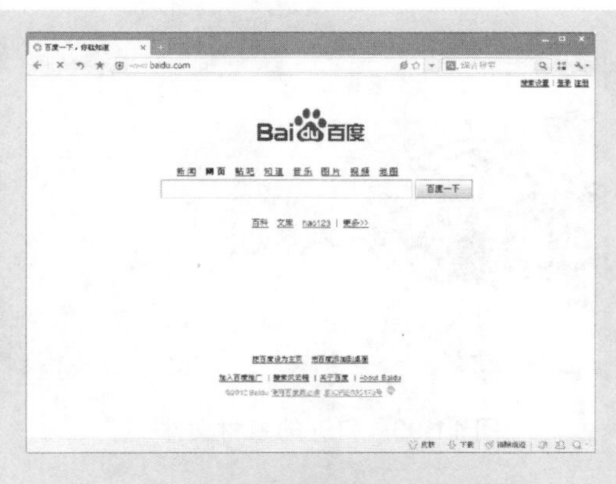

图 11-91　效果 2

11.3　上机练习——制作动物保护网站

本例将使用【行为】面板中创建“交换图像”、“打开浏览器窗口”等行为的方法，制作一个动物保护网站，效果如图 11-92 所示。

图 11-92　动物保护网站效果

步骤 01　运行 Dreamweaver CS6 软件，在菜单栏中选择【文件】|【打开】，弹出【打开】对话框，选择随书附带光盘中的“COROM\素材\第 11 章\素材网站.html”文件，如图 11-93 所示。

步骤 02　将鼠标光标置入如图 11-94 所示的单元格中。

步骤 03　在菜单栏中执行【插入】|【表格】命令，如图 11-95 所示。

步骤 04　弹出【表格】对话框，将【行数】设置为 2，【列】设置为 6，【表格宽度】设置为 275、【像素】，【边框粗细】、【单元格边距】、【单元格间距】均设置为 0，单击【确定】按钮，如图 11-96 所示。

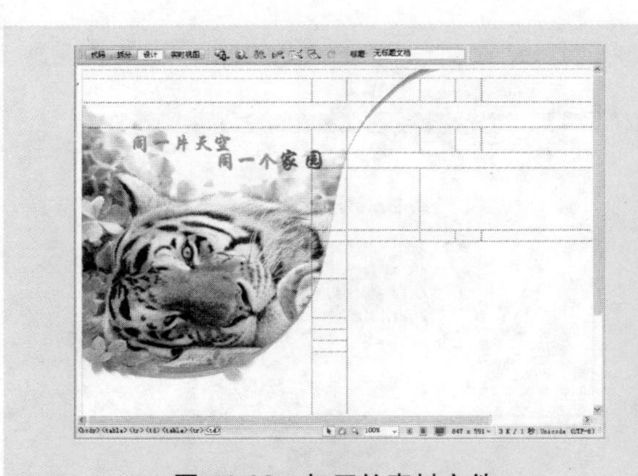

图 11-93　打开的素材文件

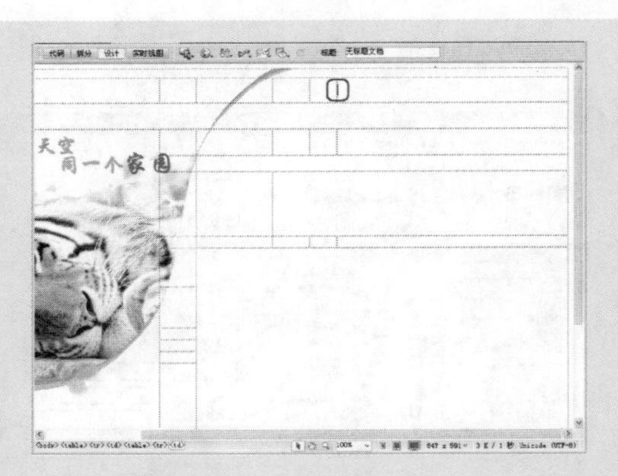

图 11-94　置入光标

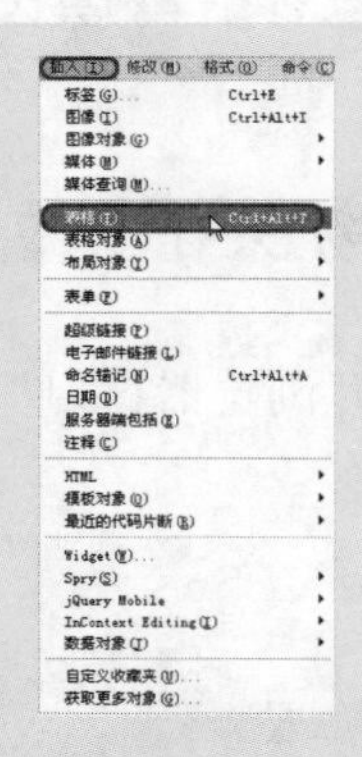

图 11-95　选择【表格】命令

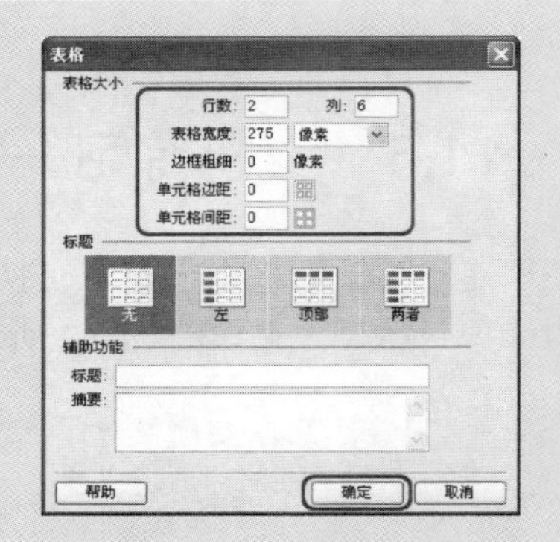

图 11-96　【表格】对话框

步骤 05 选择插入的表格中的所有单元格，在【属性】面板中将【高】设置为 20，如图 11-97 所示。

步骤 06 在【属性】面板中，依次将表格的宽度分别设置为 43、45、52、41、61 和 33，如图 11-98 所示。

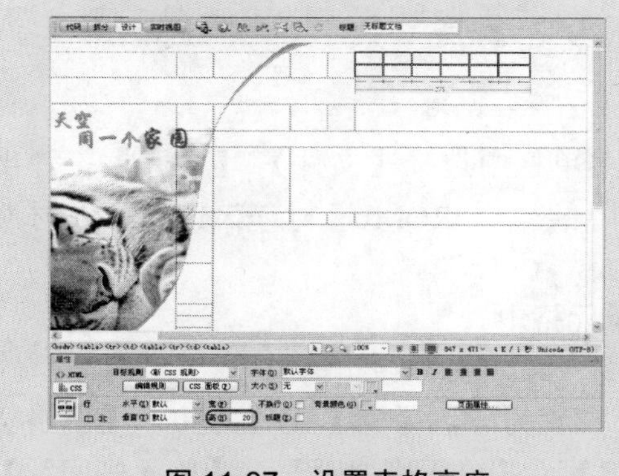

图 11-97　设置表格高度

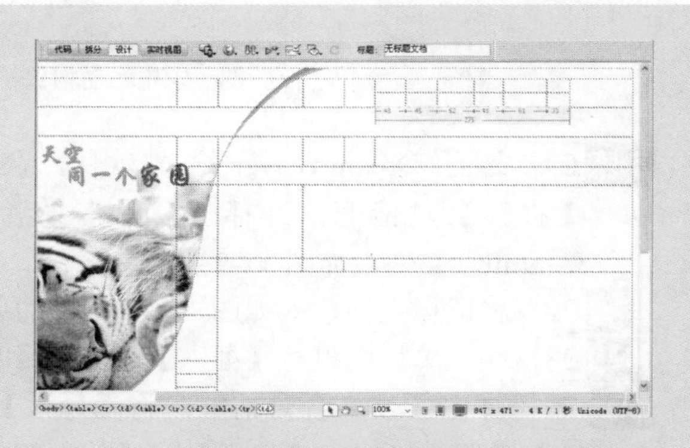

图 11-98　设置单元格宽度

步骤 07 在菜单栏中选择【格式】|【CSS 样式】|【新建】命令，如图 11-99 所示。

步骤08 弹出【新建 CSS 规则】对话框，【选择或输入选择器名称】设置为【文字01】，单击【确定】按钮，如图 11-100 所示。

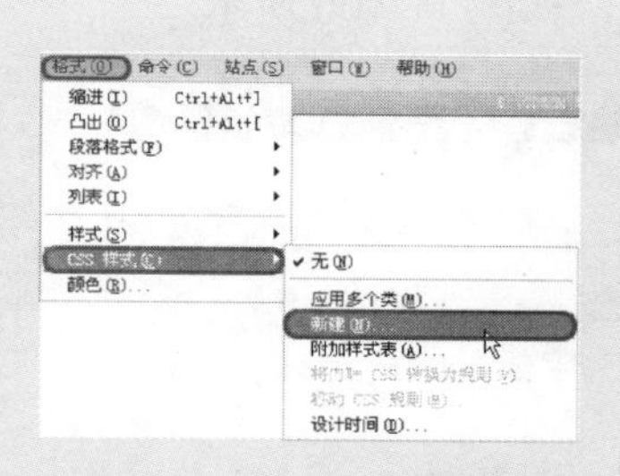

图 11-99 选择【新建】命令

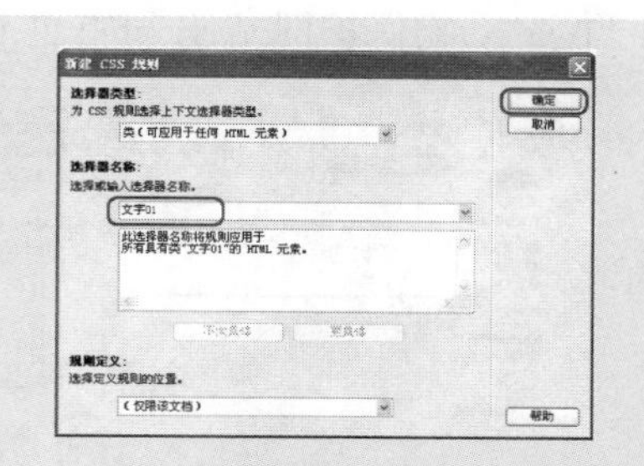

图 11-100 【新建 CSS 规则】对话框

步骤09 弹出【.文字 01 的 CSS 规则定义】对话框，将 Font-size 设置为 9px，Color 设置为#999，如图 11-101 所示。

步骤10 单击【确定】按钮，然后在插入的表格中输入文字【主页】，在【属性】面板中将【目标规则】设置为【.文字 01】，【水平】设置为【居中对齐】，如图 11-102 所示。

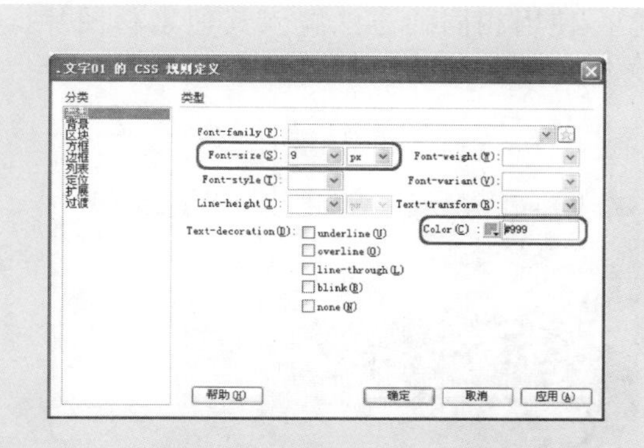

图 11-101 设置 CSS 样式

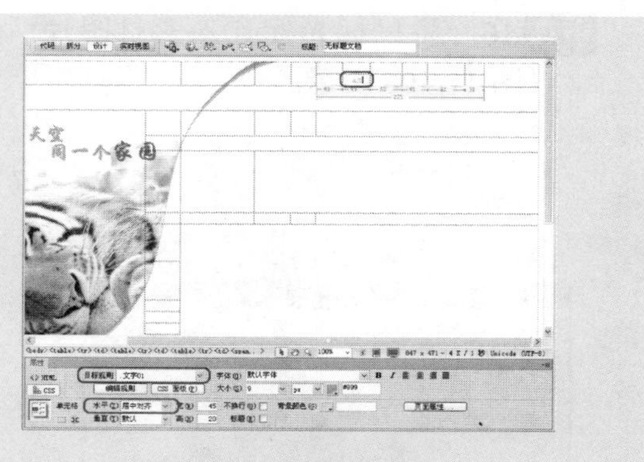

图 11-102 制作文字

步骤11 使用相同的方法制作其他单元格中的文字，如图 11-103 所示。

步骤12 文字制作完成后，将鼠标光标置入如图 11-104 所示的单元格中。

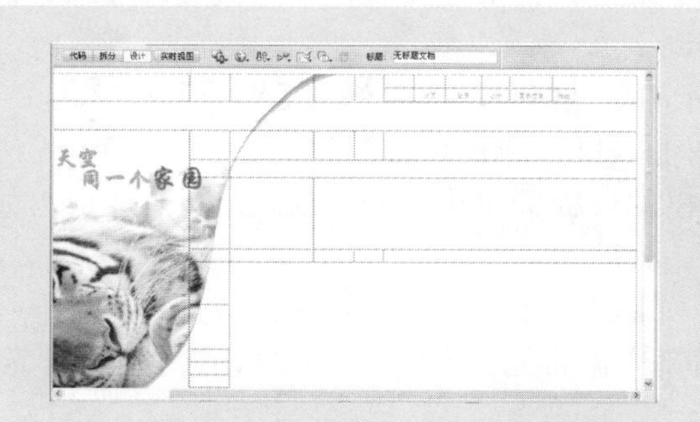

图 11-103 制作的文字

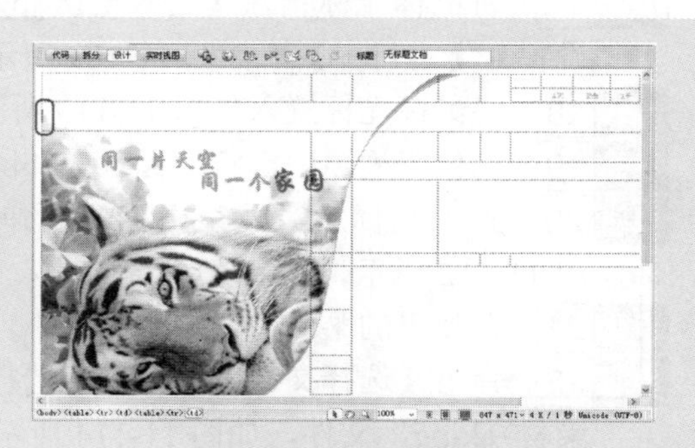

图 11-104 置入鼠标光标

步骤 13　在菜单栏中选择【插入】|【图像】命令，如图 11-105 所示。

步骤 14　弹出【选择图像源文件】对话框，选择随书附带光盘中的“CDROM\素材\第 11 章\动物保护网站\公司首页.jpg”文件，如图 11-106 所示。

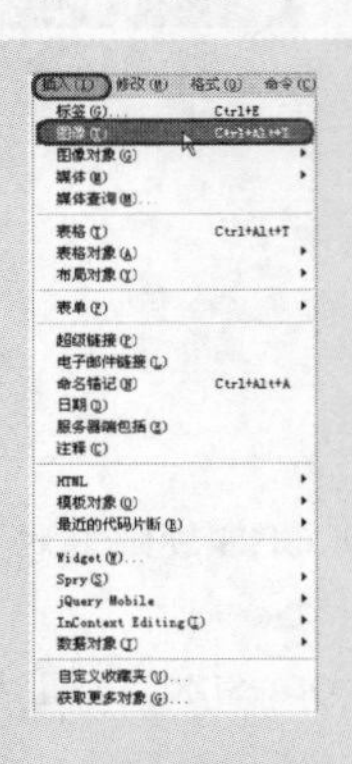

图 11-105　选择【图像】命令

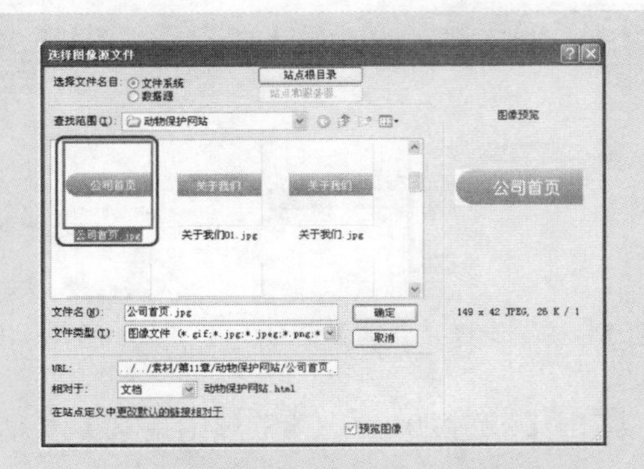

图 11-106　选择素材文件

步骤 15　单击【确定】按钮，弹出【图像标签辅助功能属性】对话框，单击【确定】按钮，如图 11-107 所示。

步骤 16　将鼠标光标置入素材图片后方，使用相同的方法置入其他素材图片，如图 11-108 所示。

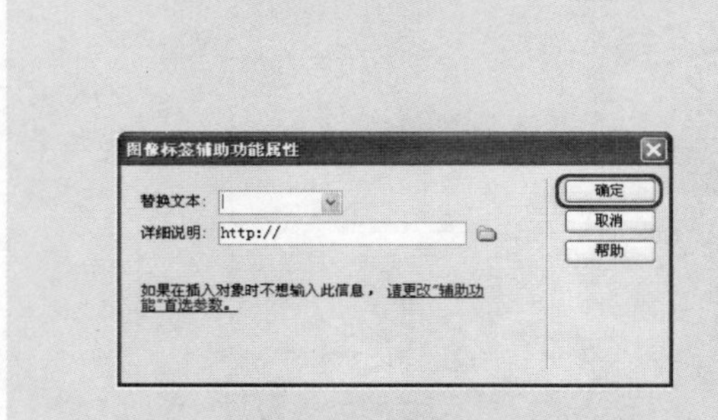

图 11-107　【图像标签辅助功能属性】对话框

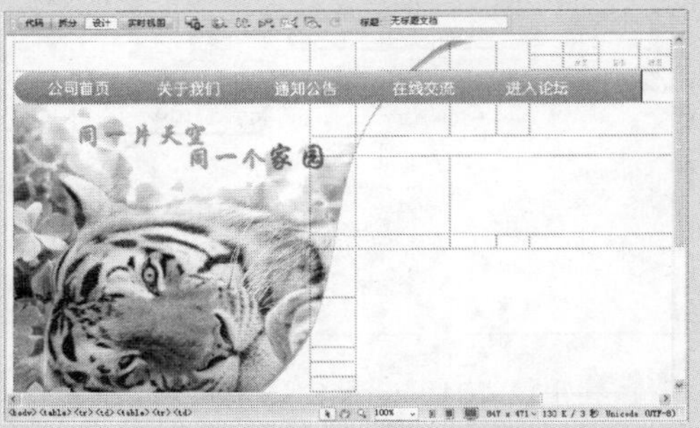

图 11-108　置入其他素材图片

步骤 17　将鼠标光标置入【进入论坛.jpg】右侧，然后在【属性】面板中将【水平】设置为【右对齐】，如图 11-109 所示。

步骤 18　将鼠标光标置入如图 11-110 所示的单元格中，然后单击【拆分】按钮。

步骤 19　在代码视图中，将光标置入如图 11-111 所示的位置。

步骤 20　置入光标后，按空格键，在弹出的快捷菜单中选择 background 选项，如图 11-112 所示。

步骤 21　在弹出的菜单中双击【浏览】，如图 11-113 所示。

步骤 22　弹出【选择文件】对话框，选择随书附带光盘中的“CDROM\素材\第 11 章\素材 02.jpg”文件，如图 11-114 所示。

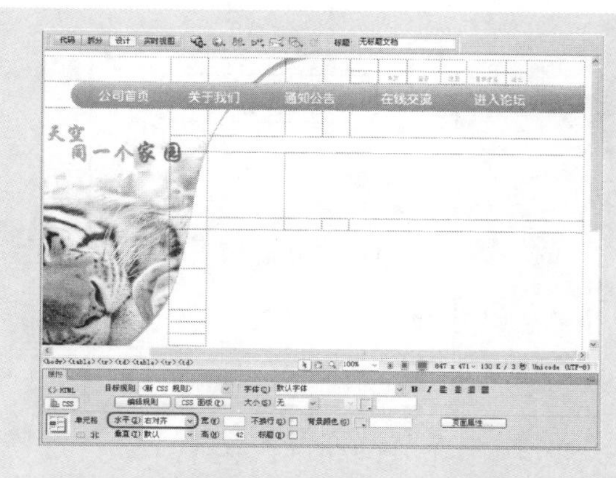

图 11-109　设置单元格对齐方式

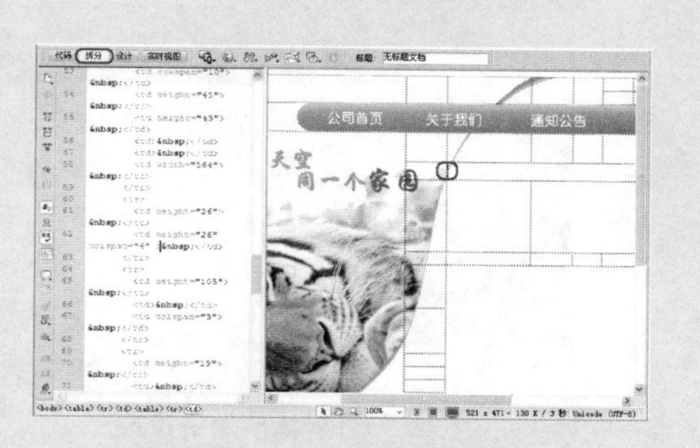

图 11-110　置入鼠标光标

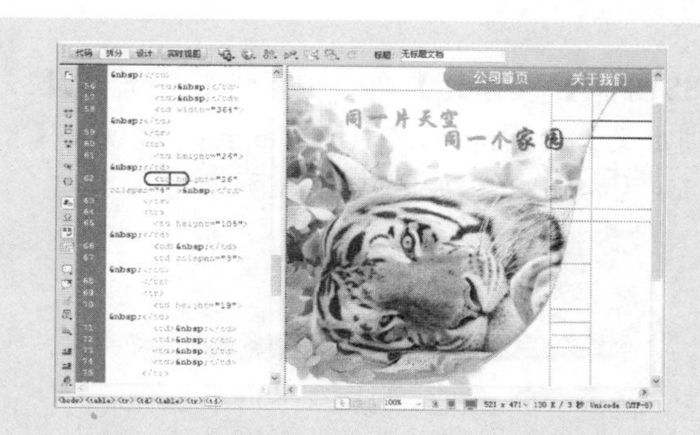

图 11-111　置入光标

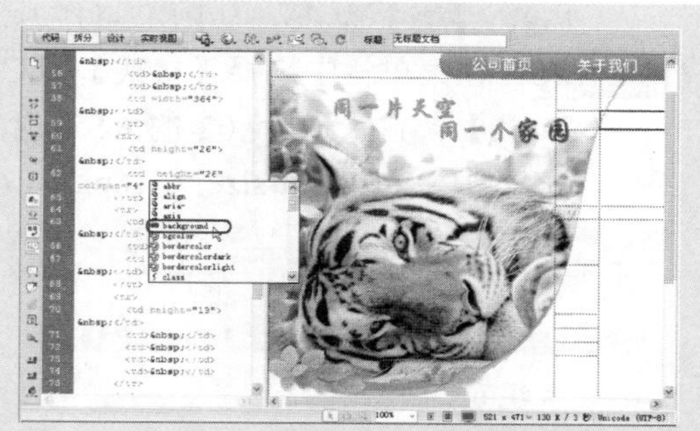

图 11-112　选择 background 选项

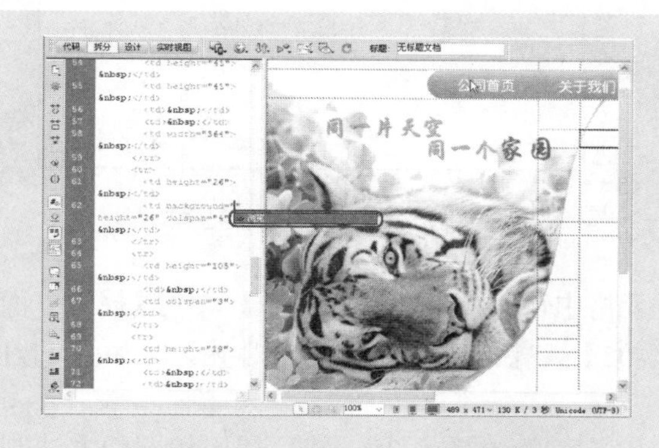

图 11-113　双击【浏览】选项

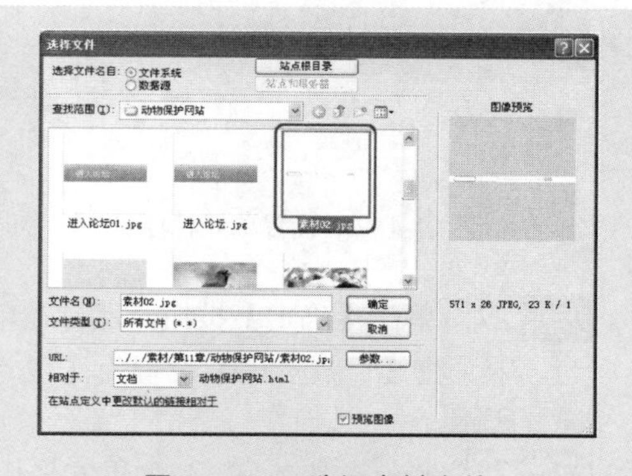

图 11-114　选择素材文件

步骤 23　单击【确定】按钮，完成为单元格添加背景。然后单击【设计】按钮，如图 11-115 所示。

步骤 24　继续将鼠标光标置入该单元格中，然后按 Ctrl+Alt+T 组合键，弹出【表格】对话框，设置【行数】为 1，【列】为 5，【表格宽度】为 570、【像素】，如图 11-116 所示。

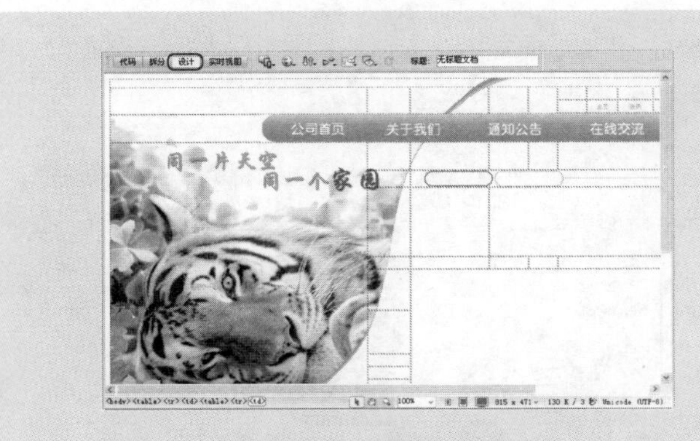

图 11-115　单元格背景

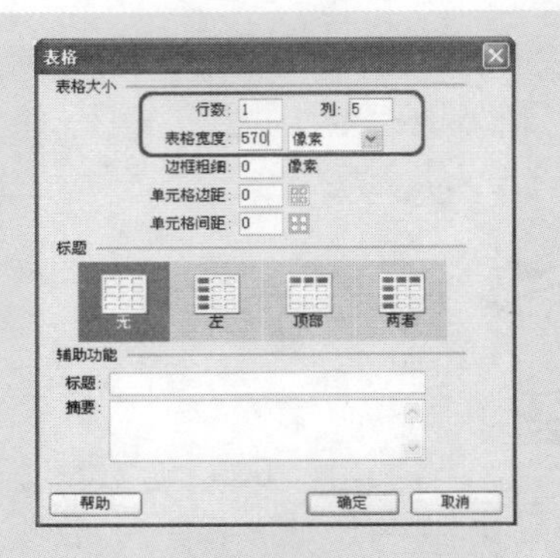

图 11-116　【表格】对话框

步骤 25　单击【确定】按钮，然后将鼠标光标置入第 1 个单元格中，将【宽】设置为 139，【高】为 26，如图 11-117 所示。

步骤 26　在菜单栏中选择【格式】|【CSS 样式】|【新建】命令，新建 CSS 样式【.文字 02】，在【.文字 02 的 CSS 规则定义】对话框中，将 Font-family 设置为【长城粗圆体】，Font-size 为 16px，Color 为#4c922a，如图 11-118 所示。

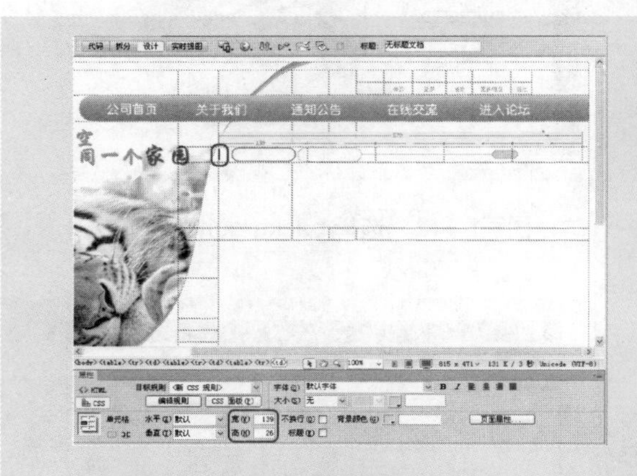

图 11-117　设置单元格属性

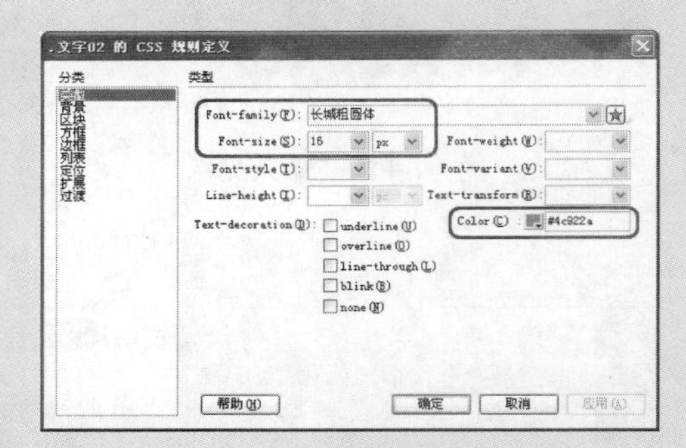

图 11-118　设置 CSS 样式

步骤 27　单击【确定】按钮，然后在单元格中输入文字【宣传标语】，在【属性】面板中，将【目标规则】设置为【.文字 02】，【水平】为【居中对齐】，如图 11-119 所示。

步骤 28　将鼠标置入第 2 个单元格中，将宽度设置为 70。然后使用相同的方法制作文字【法律法规】，如图 11-120 所示。

步骤 29　将鼠标置入第 3 个单元格中将宽度设置为 230。然后将鼠标光标置入第 4 个单元格中并将宽度设置为 23，并制作文字【更多】，在【属性】面板中将【目标规则】设置为【.文字 01】，如图 11-121 所示。

步骤 30　将鼠标光标置入如图 11-122 所示的单元格中，并在【属性】面板中将【水平】设置为【居中对齐】。

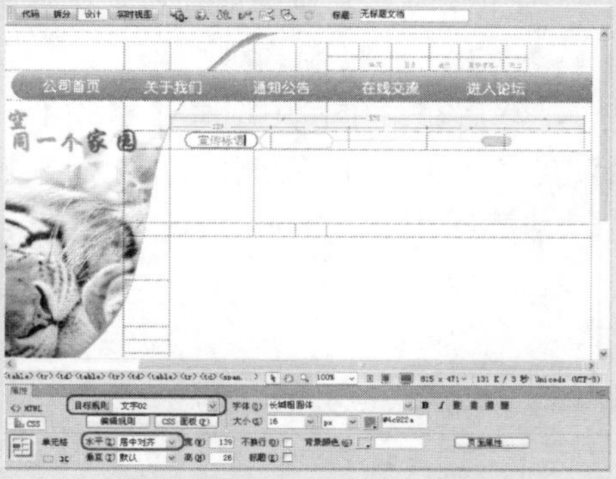

图 11-119 设置文字属性

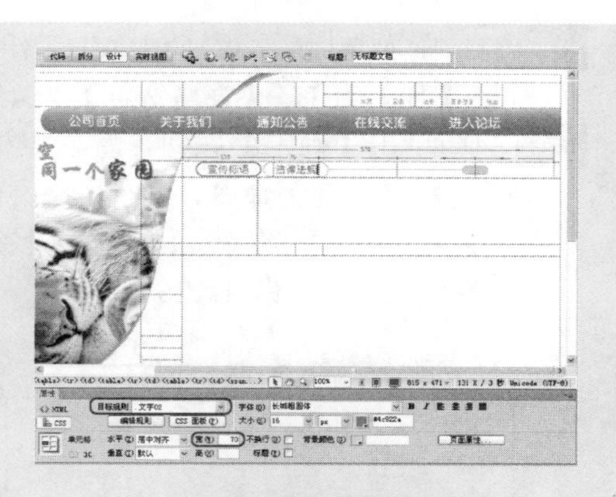

图 11-120 制作文字

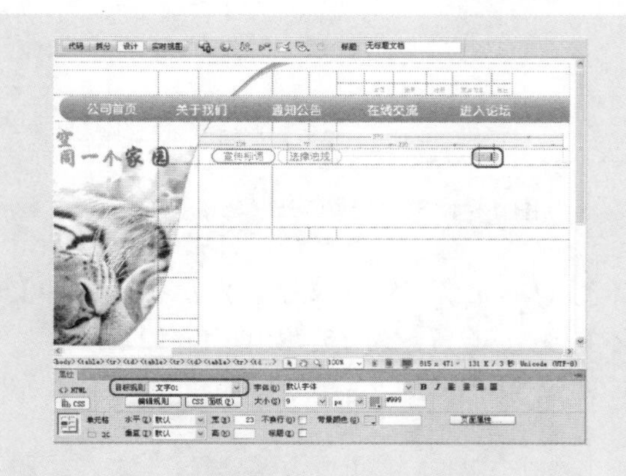

图 11-121 制作文字

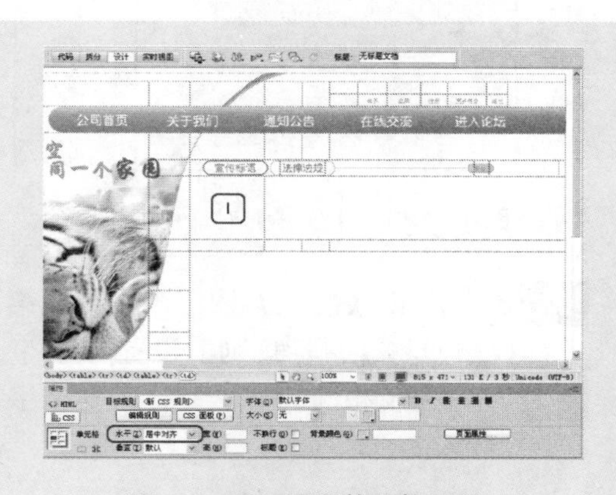

图 11-122 设置单元格属性

步骤 31 按 Ctrl+Alt+I 组合键，弹出【选择图像源文件】对话框，选择随书附带光盘中的“CDROM\素材\第 11 章\动物保护网站\03.jpg”文件，如图 11-123 所示。

步骤 32 单击【确定】按钮，弹出【图像标签辅助功能属性】对话框，单击【确定】按钮，将素材文件置入单元格中，然后将鼠标光标置入如图 11-124 所示的单元格中。

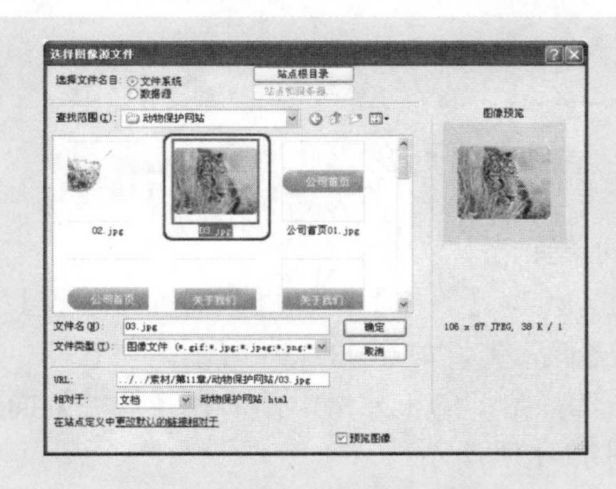

图 11-123 选择素材文件

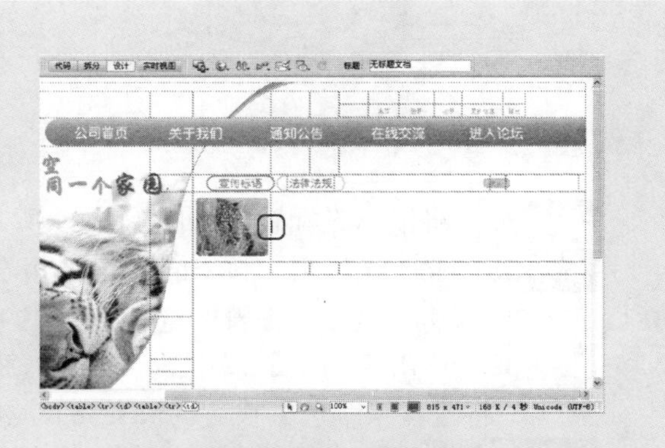

图 11-124 置入的素材图像

步骤33 置入光标后，按 Ctrl+Alt+T 组合键，弹出【表格】对话框，设置【行数】为 6，【列】为 1，【表格宽度】为 453、【像素】，如图 11-125 所示。

步骤34 单击【确定】按钮，置入表格完成，然后在菜单栏中选择【格式】|【CSS 样式】|【新建】命令，新建 CSS 样式【.文字 03】。在【.字体 03 的 CSS 规则定义】对话框中，将 Font-family 设置为【长城粗圆体】，Font-size 为 13px，Color 为#888888，如图 11-126 所示。

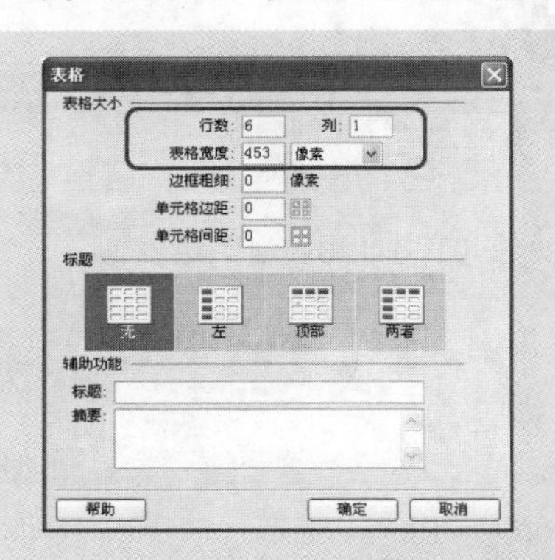

图 11-125 【表格】对话框

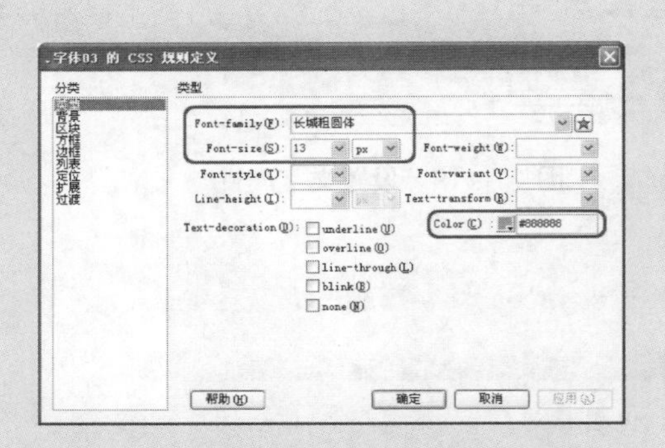

图 11-126 新建 CSS 样式

步骤35 单击【确定】按钮，然后在第 1 行的单元格中输入文字，然后在【属性】面板中，将【目标规则】设置为【.字体 03】，【高】为 15，如图 11-127 所示。

步骤36 使用相同的方法制作其他文字，如图 11-128 所示。

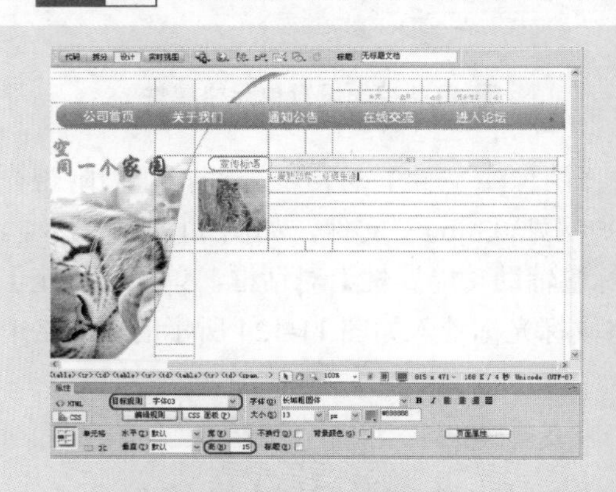

图 11-127 设置文字属性

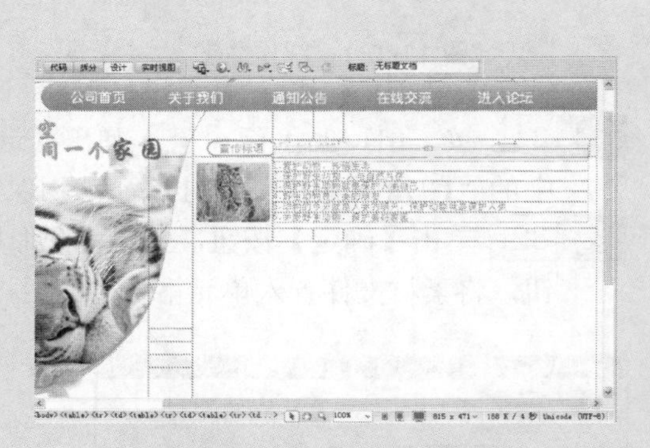

图 11-128 制作的文字

步骤37 将鼠标光标置入如图 11-129 所示的单元格中。

步骤38 置入光标后，按 Ctrl+Alt+T 组合键，弹出【表格】对话框，设置【行数】为 7，【列】为 5，【表格宽度】为 499、【像素】，如图 11-130 所示。

步骤39 单击【确定】按钮插入表格，然后选择全部的单元格，然后在【属性】面板中将【背景颜色】设置为#e3e3e3，如图 11-131 所示。

步骤40 将鼠标光标置入第一个单元格中，在【属性】面板中将【宽】设置为 9，如图 11-132 所示。

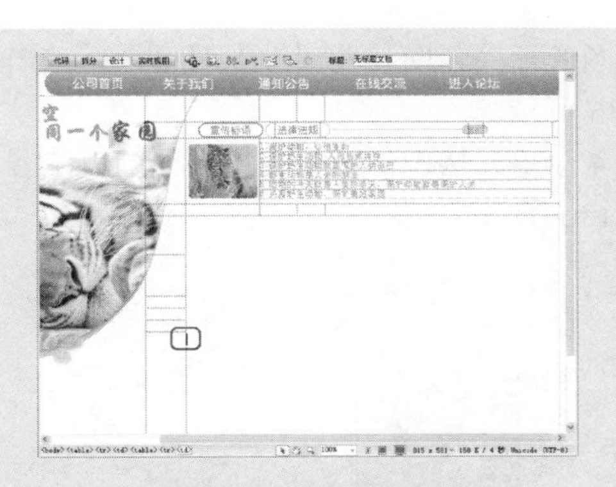

图 11-129 置入鼠标光标

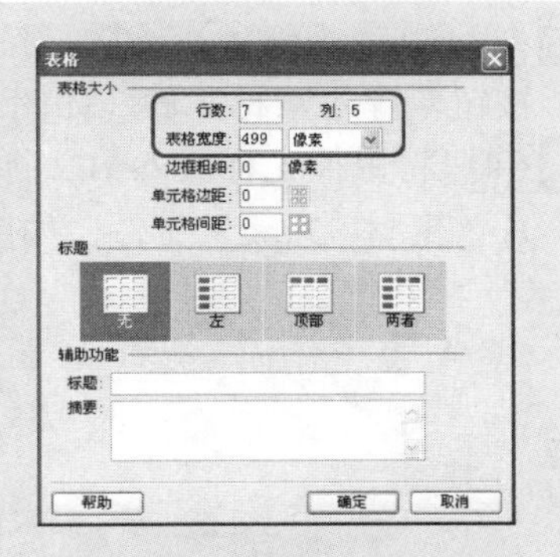

图 11-130 【表格】对话框

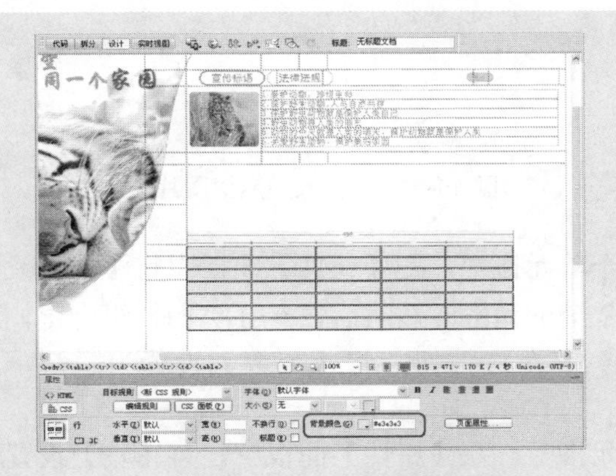

图 11-131 设置单元格背景颜色

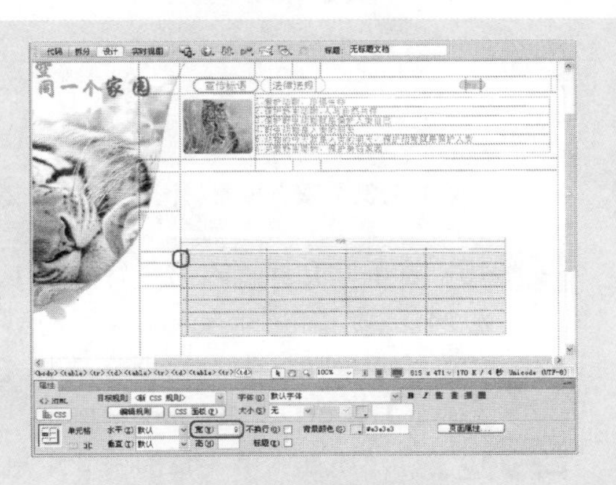

图 11-132 设置单元格宽度

步骤41 分别将第 2、3、4 和 5 行的宽度设置为 220、5、256、9，如图 11-133 所示。

步骤42 将鼠标光标置入第 2 行的第 2 个单元格，然后按 Ctrl+Alt+I 组合键，弹出【打开选择图像源文件】对话框，选择随书附带光盘中的“CDROM\素材\第 11 章\动物保护网站\素材 04.jpg”文件，如图 11-134 所示。

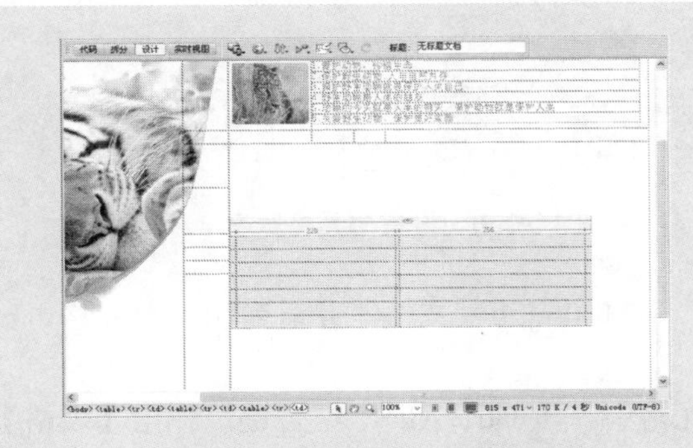

图 11-133 设置单元格宽度

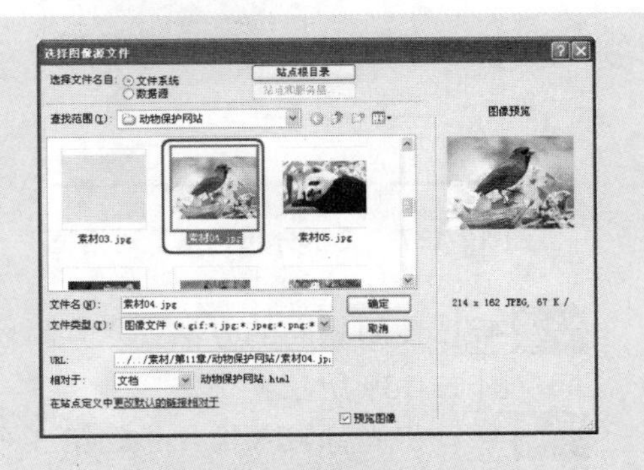

图 11-134 选择素材文件

步骤43 单击【确定】按钮，弹出【图像标签辅助功能属性】对话框，单击【确定】按钮，置入素材文件，如图 11-135 所示。

步骤44 将鼠标光标置入第 2 行的第 4 个单元格中，然后使用相同的方法置入素材图片“素材 05.jpg”文件，如图 11-136 所示。

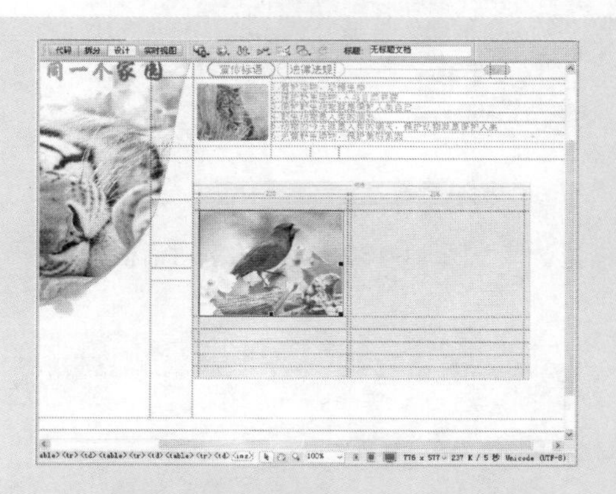

图 11-135 置入的素材图片 1

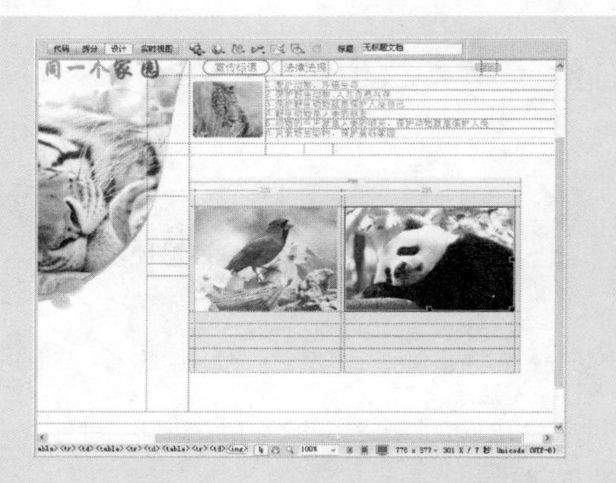

图 11-136 置入的素材图片 2

步骤45 将鼠标光标置入第 3 行的第 1 个单元格中，在【属性】面板中将【高】设置为 24。然后将光标置入第 4 行的第 2 个单元格中，然后按 Ctrl+Alt+S 组合键，弹出【拆分单元格】对话框，选择【列】单选按钮，将【列数】设置为 2，单击【确定】按钮，如图 11-137 所示。

步骤46 将光标置入第 4 行的第 2 个单元格中，在【属性】面板中，将【宽】设置为 81，如图 11-138 所示。

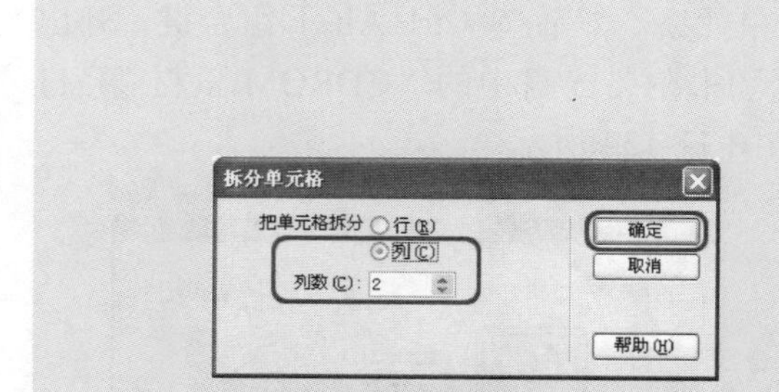

图 11-137 【拆分单元格】对话框

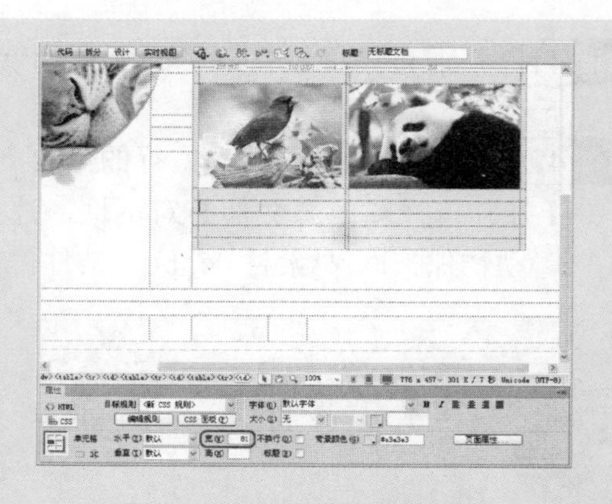

图 11-138 设置单元格宽度

步骤47 使用相同的方法置入素材图片“素材 06.jpg”文件，并适当调整单元格，如图 11-139 所示。

步骤48 将光标置入第 4 行的第 3 个单元格中，按 Ctrl+Alt+T 组合键，弹出【表格】对话框，设置【行数】为 1，【列】为 1，【表格宽度】为 139、【像素】，如图 11-140 所示。

步骤49 单击【确定】按钮，然后在菜单栏中选择【格式】|【CSS 样式】|【新建】命令，弹出【新建 CSS 规则】对话框，输入名称“文字 04”，如图 11-141 所示。

图 11-139　置入素材图片

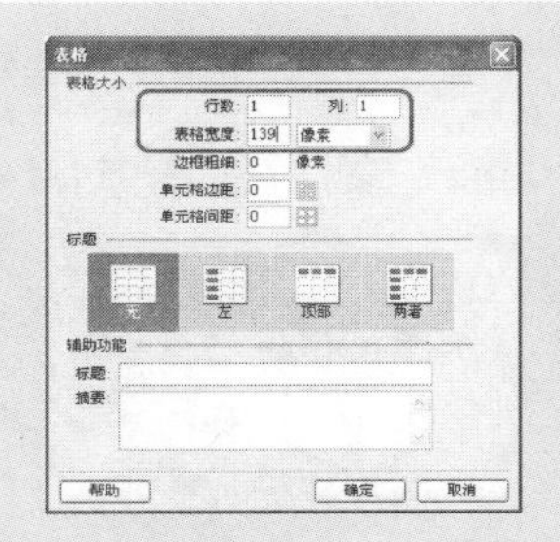

图 11-140　【表格】对话框

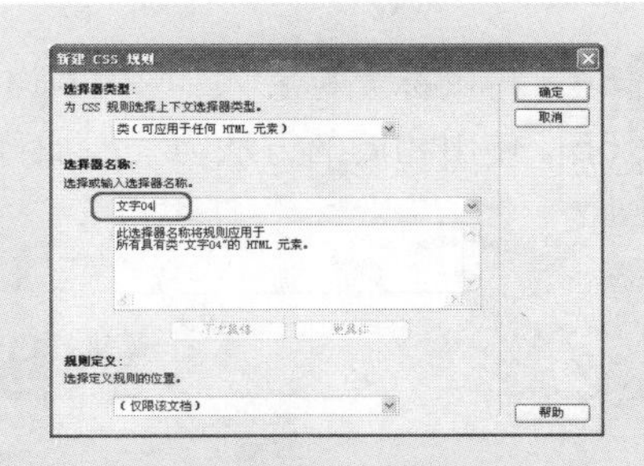

图 11-141　【新建 CSS 规则】对话框

步骤50 单击【确定】按钮，弹出【.文字 04 的 CSS 规则定义】对话框，将 Font-family 设置为【Adobe 黑体 Std R】，Font-size 为 9px，Color 为#383838，如图 11-142 所示。

步骤51 单击【确定】按钮，继续将鼠标光标置入新置入的表格中，然后输入文字。在【属性】面板中，将【目标规则】设置为【.文字 04】，如图 11-143 所示。

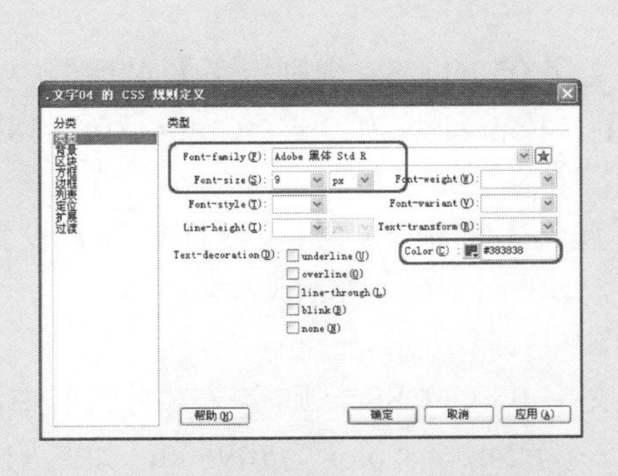

图 11-142　【.文字 04 的 CSS 规则定义】对话框

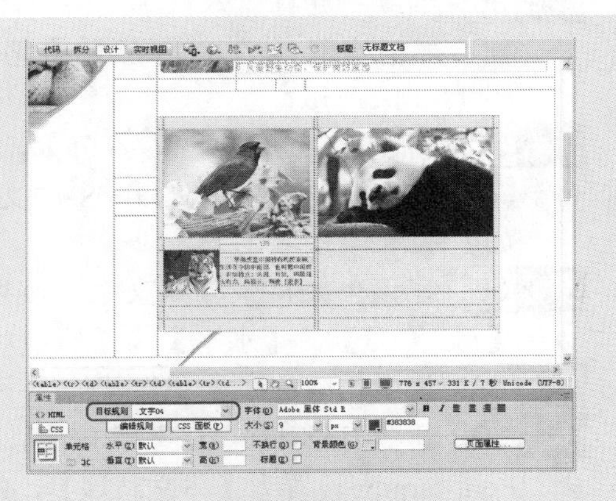

图 11-143　设置文字样式

步骤52 使用相同的方法制作其他内容，如图 11-144 所示。

步骤53 将鼠标光标置入第 5 行的第 1 个单元格中，在【属性】面板中将【高】设置为 42，如图 11-145 所示。

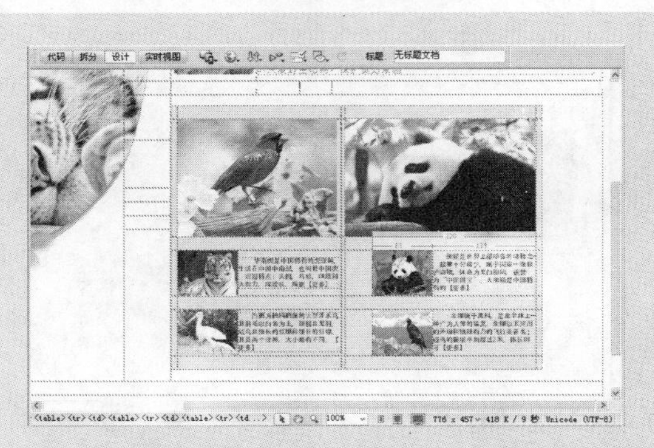

图 11-144 制作的其他内容

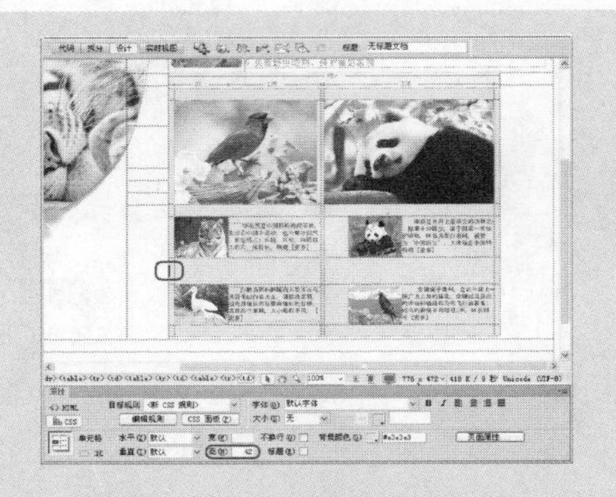

图 11-145 设置单元格高度

步骤54 将鼠标光标置入如图 11-146 所示的单元格中。

步骤55 使用相同的方法为其添加背景图片“素材 10.jpg”文件，如图 11-147 所示。

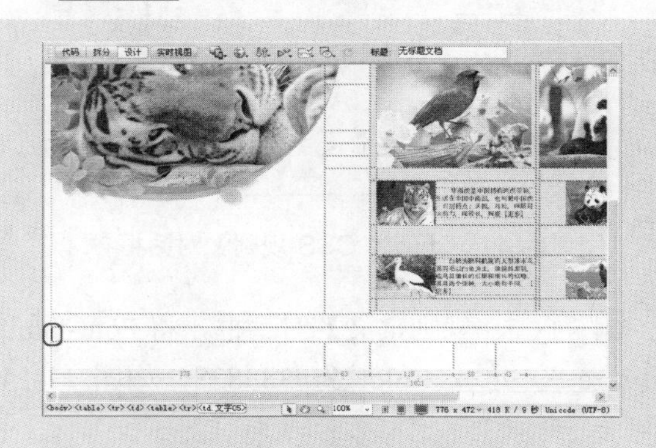

图 11-146 置入光标

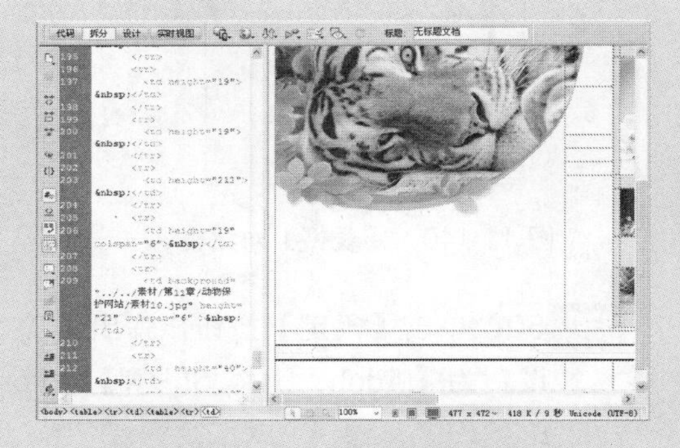

图 11-147 设置单元格背景

步骤56 继续将光标置入该单元格中，然后按 Ctrl+Alt+T 组合键，插入一个 1 行 1 列、表格宽度为 378 像素的表格，并【属性】面板中将【高】设置为 21，如图 11-148 所示。

步骤57 新建 CSS 样式【.文字 05】，在【.文字 05 的 CSS 规则定义】对话框中，将 Font-family 设置为【文鼎 CS 中文等線】，Font-size 为 9px，Color 为#383838，如图 11-149 所示。

步骤58 在该单元格中输入文字，然后在【属性】面板中，将【目标规则】设置为【.文字 05】，【水平】为【居中对齐】，如图 11-150 所示。

步骤59 使用相同的方法制作其他文字，如图 11-151 所示。

步骤60 新建 CSS 样式【.文字 06】，在【.文字 05 的 CSS 规则定义】对话框中，将 Font-family 设置为【华文新魏】，Font-size 为 24px，Color 为#ff9600，如图 11-152 所示。

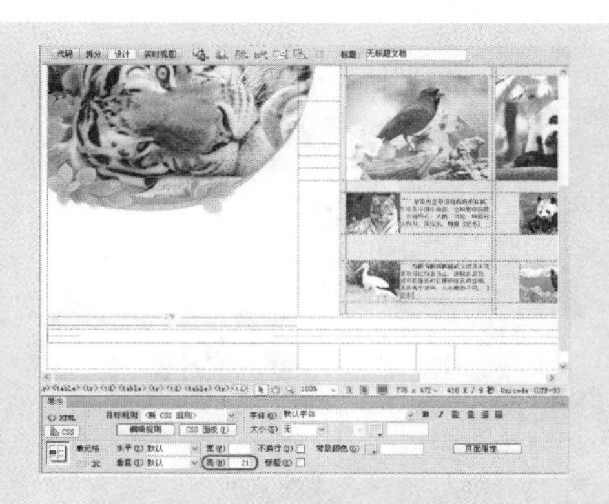

图 11-148 设置表格高度

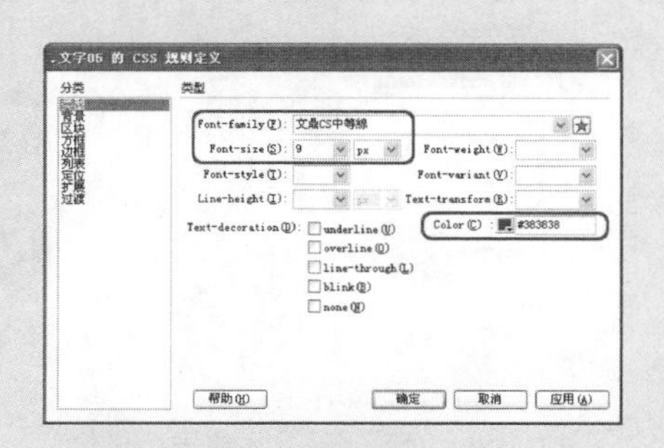

图 11-149 设置 CSS 样式

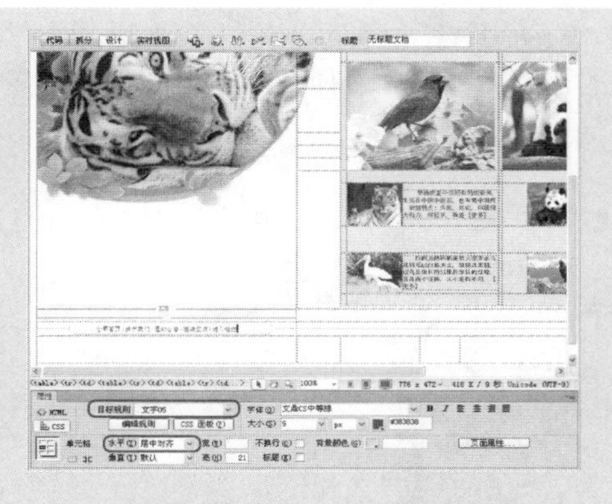

图 11-150 制作文字

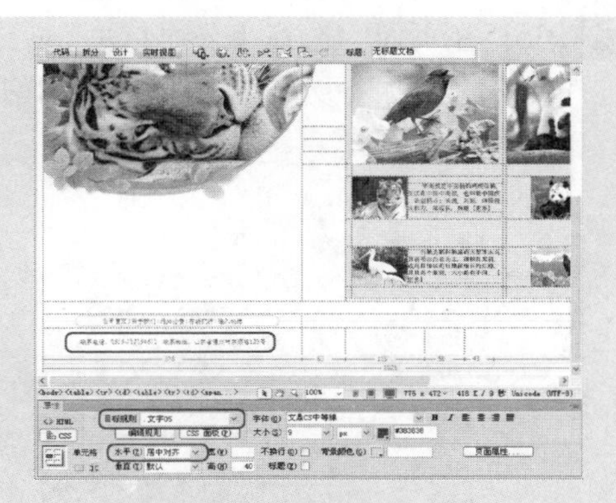

图 11-151 制作文字

步骤61 单击【确定】按钮，然后将鼠标光标置入如图所示的单元格中并输入文字，在【属性】面板中，将【目标规则】设置为【.文字 06】，如图 11-153 所示。

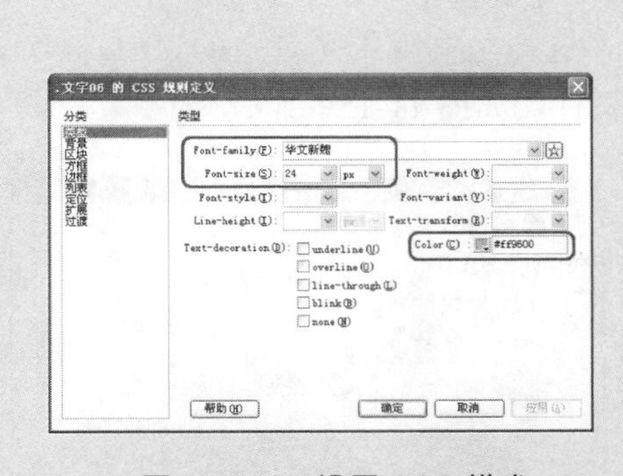

图 11-152 设置 CSS 样式

图 11-153 制作文字

步骤62 在菜单栏中选择【插入】|【布局对象】|AP Div 命令，如图 11-154 所示。

步骤63 在插入的 AP Div 中置入素材图像【素材 12.jpg】文件，并适当调整 AP Div 的大小与位置，如图 11-155 所示。

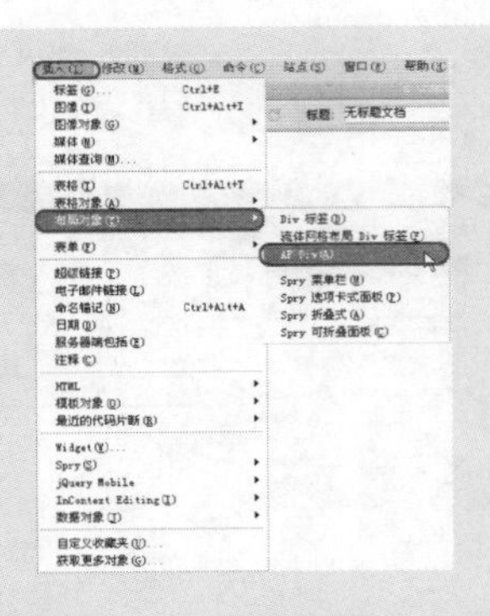

图 11-154 选择 AP Div 命令

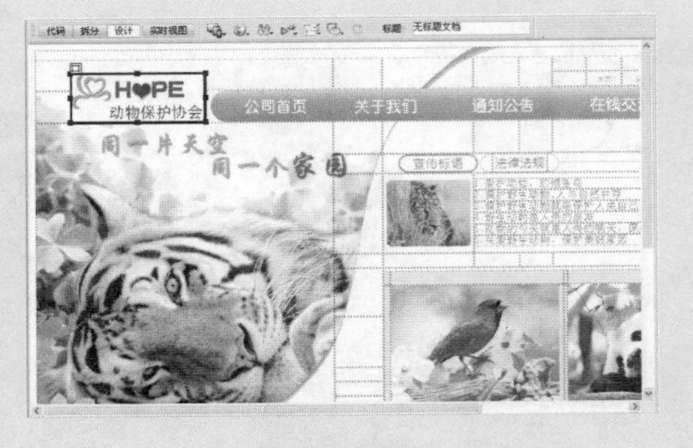

图 11-155 设置 AP Div

步骤64 使用相同的方法制作其他 AP Div，如图 11-156 所示。

步骤65 在页面中选择【公司首页.jpg】，按 Shift+F4 组合键，打开【行为】面板，单击【添加行为】按钮 +，在弹出的下拉列表中选择【交换图像】命令，如图 11-157 所示。

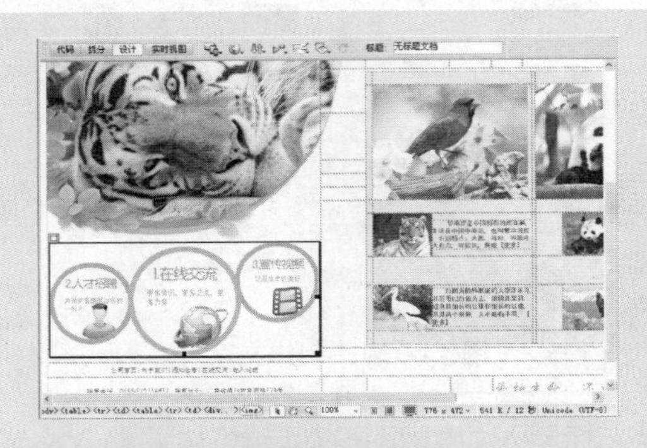

图 11-156 制作 AP Div

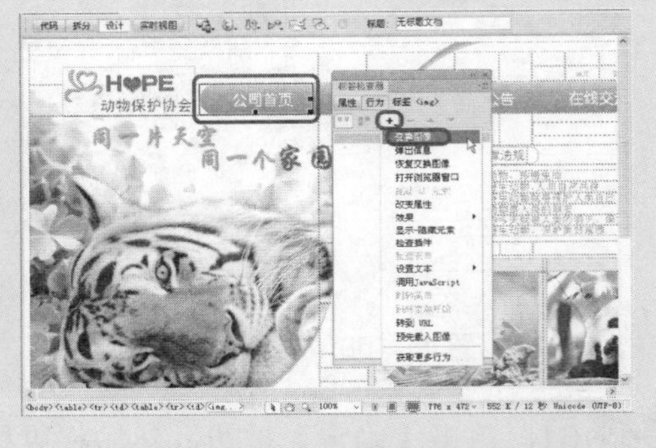

图 11-157 选择【交换图像】命令

步骤66 弹出【交换图像】对话框，单击【浏览】按钮，如图 11-158 所示。

步骤67 弹出【选择图像源文件】对话框，选择随书附带光盘中的“CDROM\素材\第 11 章\动物保护网站\公司首页.jpg”文件，如图 11-159 所示。

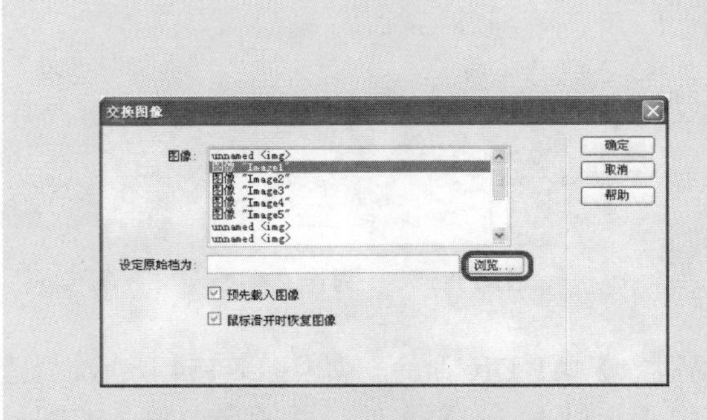

图 11-158 单击【浏览】按钮

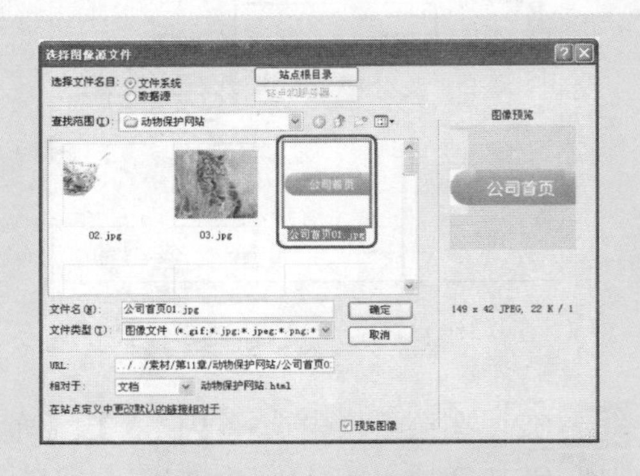

图 11-159 选择素材文件

步骤68 单击【确定】按钮，返回到【交换图像】对话框中，我们可以看到被添加的图像路径显示在【设定原始档为】文本框中，如图 11-160 所示。

步骤69 单击【确定】按钮，可在【行为】面板中查看添加的行为，如图 11-161 所示。使用相同的方法为其他素材添加交换图像的行为。

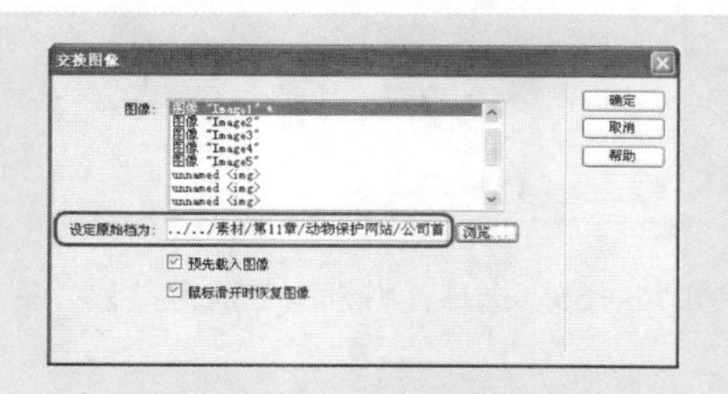

图 11-160 【交换图像】对话框

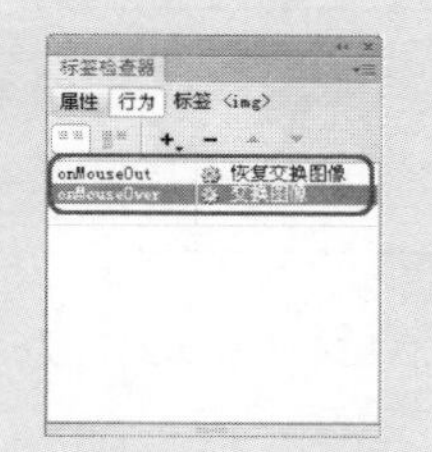

图 11-161 添加的行为

步骤70 在页面中选择素材 03.jpg，然后在【行为】面板中，单击【添加行为】按钮 +，在弹出的下拉列表中选择【弹出信息】命令，如图 11-162 所示。

步骤71 弹出【弹出信息】对话框，在【消息】文本框中输入文字，如图 11-163 所示。

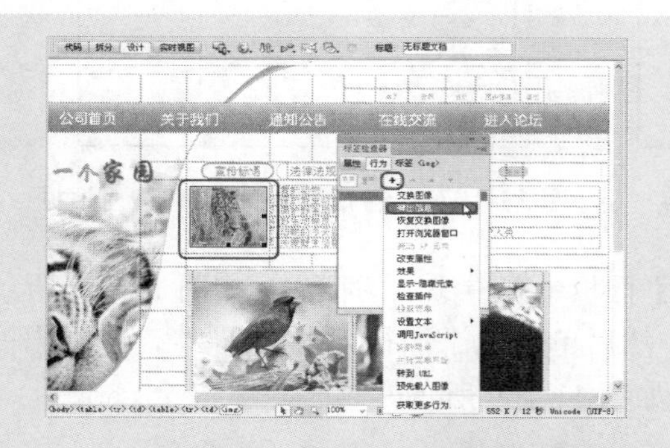

图 11-162 选择【弹出信息】命令

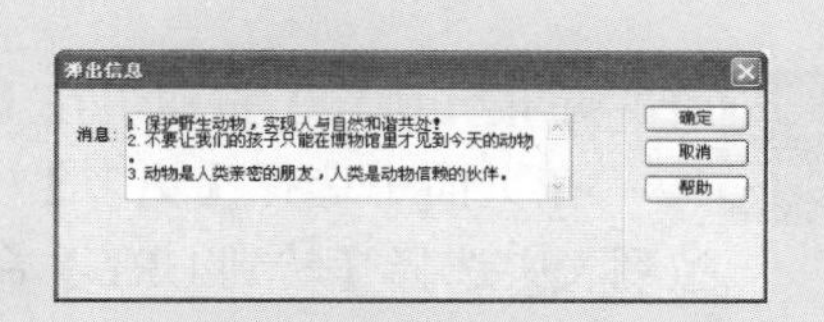

图 11-163 输入文字

步骤72 单击【确定】按钮，在【行为】面板中查看添加的行为，如图 11-164 所示。

步骤73 在页面中选择“素材 04.jpg”文件，使用相同的方法为其添加“交换图像”行为，然后单击【添加行为】按钮 +，在弹出的下拉列表中选择【打开浏览器窗口】命令，如图 11-165 所示。

步骤74 弹出【打开浏览器窗口】对话框，单击【浏览】按钮，弹出【选择文件】对话框，选择随书附带光盘中的“CDROM\素材\第 11 章\动物保护网站\素材 13.jpg”文件，如图 11-166 所示。

步骤75 单击【确定】按钮，在【打开浏览器窗口】对话框中，将【窗口宽度】设置为 900，【窗口高度】为 619，在【属性】选项组中选中【导航工具栏】、【需要时使用滚动条】、【调整大小手柄】复选框，将【窗口名称】设置为【爱护生命尊重生命】，如图 11-167 所示。

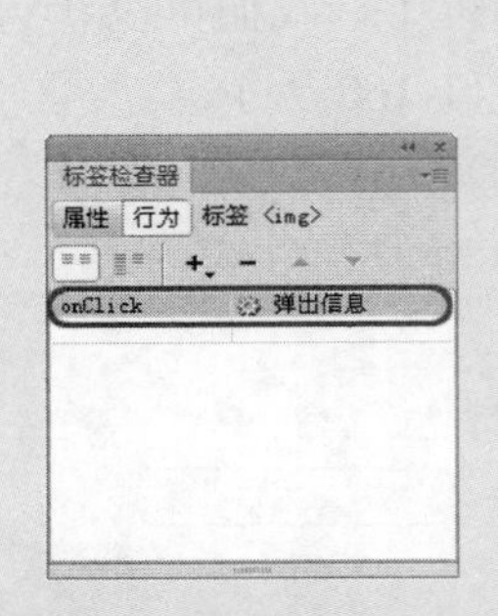

图 11-164　添加的行为

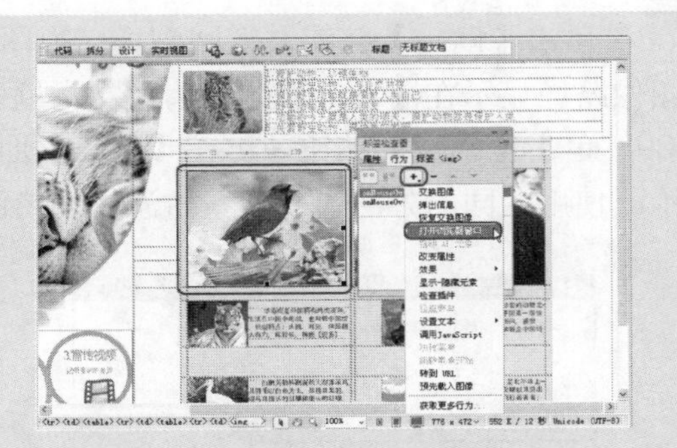

图 11-165　选择【打开浏览器窗口】命令

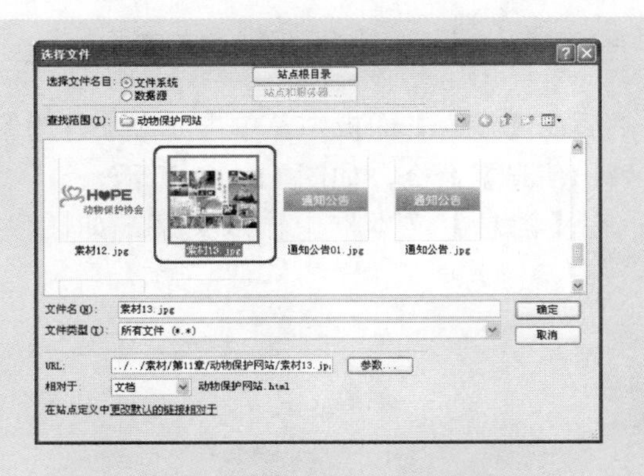

图 11-166　选择素材文件

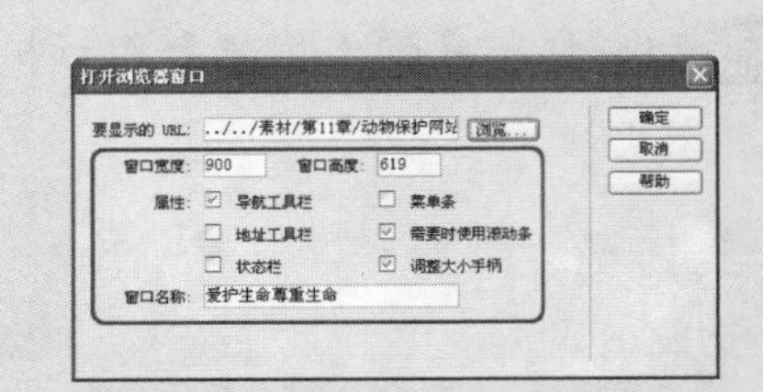

图 11-167　【打开浏览器窗口】对话框

步骤76　单击【确定】按钮，在【行为】面板中查看添加的行为，如图 11-168 所示。

步骤77　在页面中选择【更多】文字，然后单击【添加行为】按钮，在弹出的下拉列表中选择【转到 URL】命令，如图 11-169 所示。

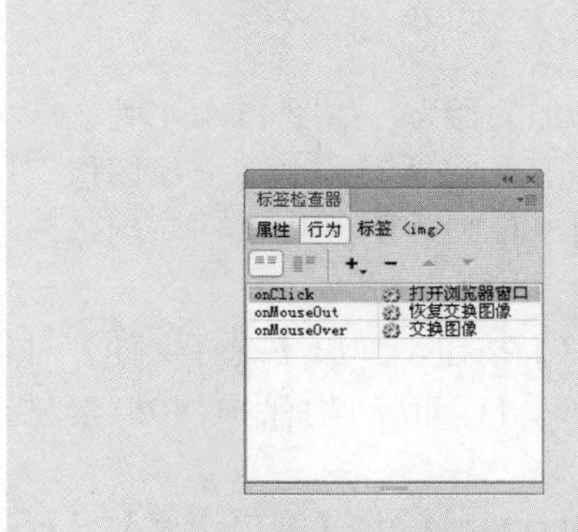

图 11-168　添加的行为

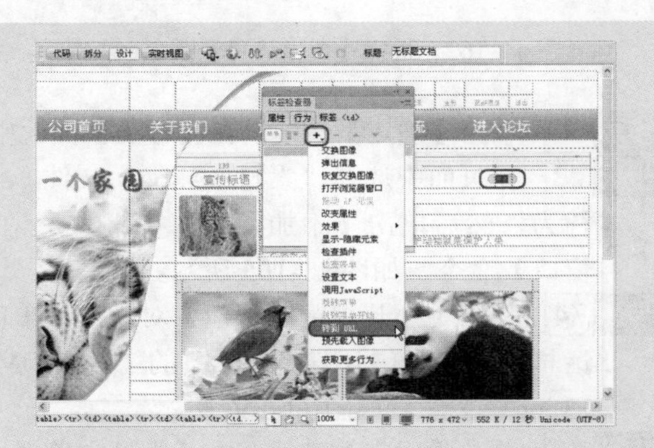

图 11-169　选择【转到 URL】命令

步骤78　弹出【转到 URL】对话框，在 URL 右侧的文本框中输入“http://www.baidu.com/”，如图 11-170 所示。

步骤79　单击【确定】按钮，在【行为】面板中查看添加的行为，如图 11-171 所示。

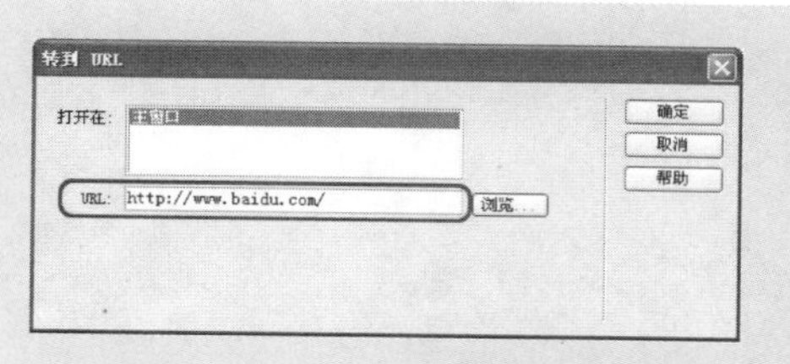

图 11-170 【转到 URL】对话框

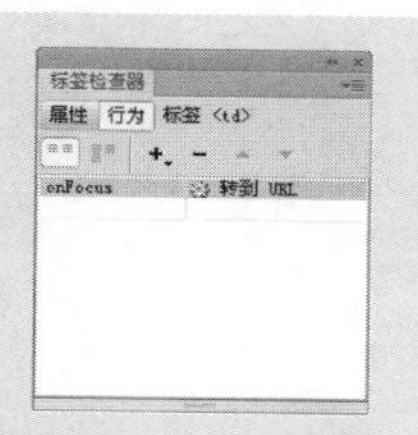

图 11-171 添加的行为

步骤80 在状态栏中的标签选择器中单击<body>标签，在【行为】面板中单击【添加行为】按钮，在弹出的下拉列表中选择【拖动 AP 元素】命令，如图 11-172 所示。

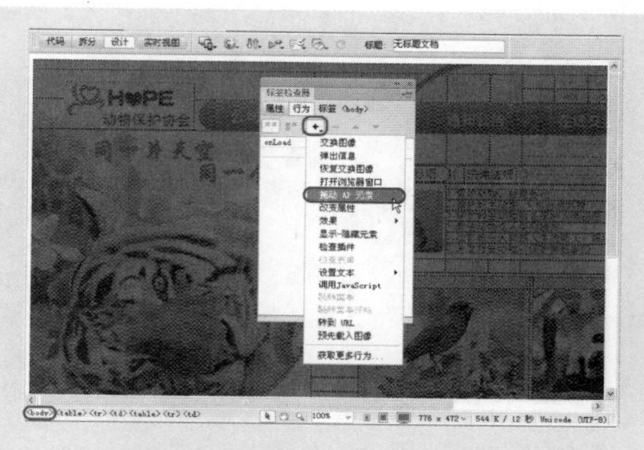

图 11-172 选择【拖动 AP 元素】命令

步骤81 弹出【拖动 AP 元素】对话框，设置【AP 元素】为 div"apDiv4"，【左】为 800，【上】为 900，【靠齐距离】为 10，如图 11-173 所示。

步骤82 单击【确定】按钮，在【行为】面板中查看添加的行为，如图 11-174 所示。

图 11-173 【拖动 AP 元素】对话框

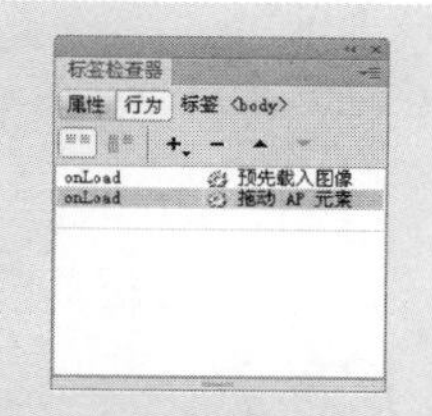

图 11-174 添加的行为

步骤83 动物保护网站制作完成了，按 Ctrl+S 组合键保存，然后按 F12 键在预览窗口中进行预览。

第12章

使用表单创建交互网页

本章将主要介绍如何使用表单命令制作网页，例如，在有些网站提交留言，可以让网页访问者与网站制作者进行沟通，这也是表单应用的一种形式。

本章重点：

- 表单
- 表单对象
- 创建表单对象

12.1 表 单

一个完整的表单有两个重要的组成部分，即表单域和表单对象，使用表单可处理用户输入到表单中的信息。通过表单收集到的用户反馈信息可以导入到数据库或电子表格中进行统计、分析，从而成为具有重要参考价值的信息。使用 Dreamweaver 创建表单后，可以向表单中添加对象，还可以通过使用行为来验证用户输入信息的正确性 。创建一个基本表单的具体操作步骤如下。

步骤01 按 Ctrl+O 组合键，在弹出的对话框中选择随书附带光盘中的“CDROM\素材\第 12 章\素材 01.html”文件，如图 12-1 所示。

步骤02 选择完成后，单击【打开】按钮，即可将选中的素材文件打开，打开后的效果如图 12-2 所示。

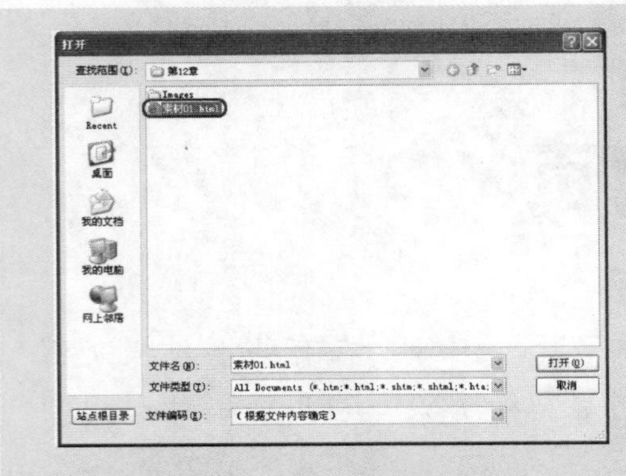

图 12-1 选择素材文件

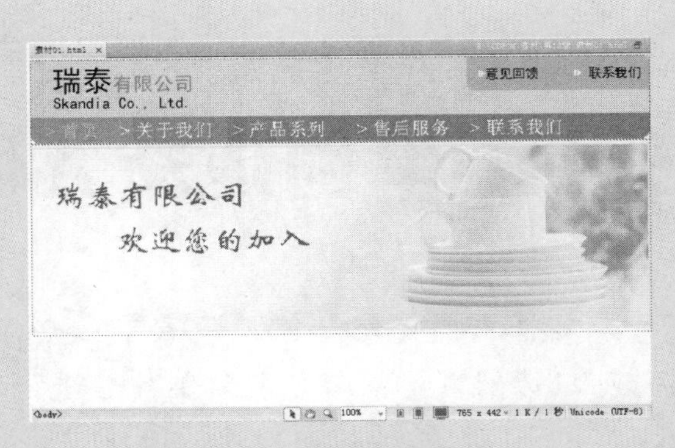

图 12-2 打开的素材文件

步骤03 将光标置入到第 2 个表格的右侧，在菜单栏中选择【插入】|【表格】命令，如图 12-3 所示。

步骤04 在弹出的对话框中将【行数】和【列】分别设置为 1，【表格宽度】设置为 763、【像素】，如图 12-4 所示。

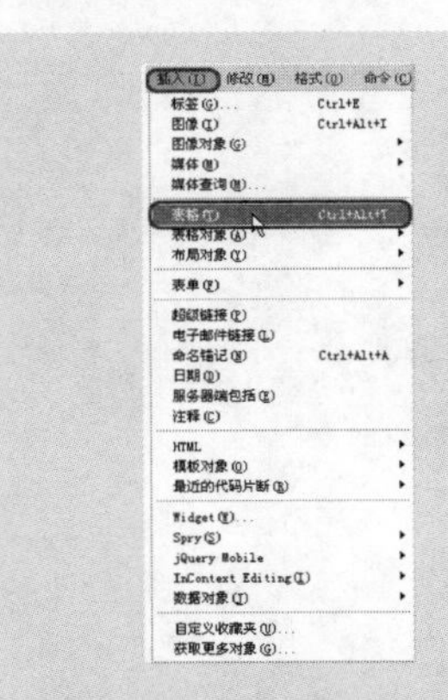

图 12-3 选择【表格】命令

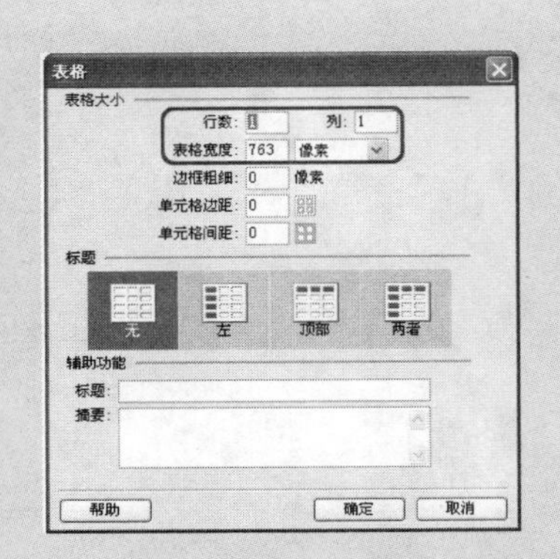

图 12-4 【表格】对话框

步骤05 设置完成后，单击【确定】按钮，即可插入一个表格，选中插入的表格，在【属性】面板中将【对齐】设置为【居中对齐】，如图 12-5 所示。

步骤06 将光标置入到该单元格中，在【属性】面板中将【高】设置为 50，将【背景颜色】设置为#666666，如图 12-6 所示。

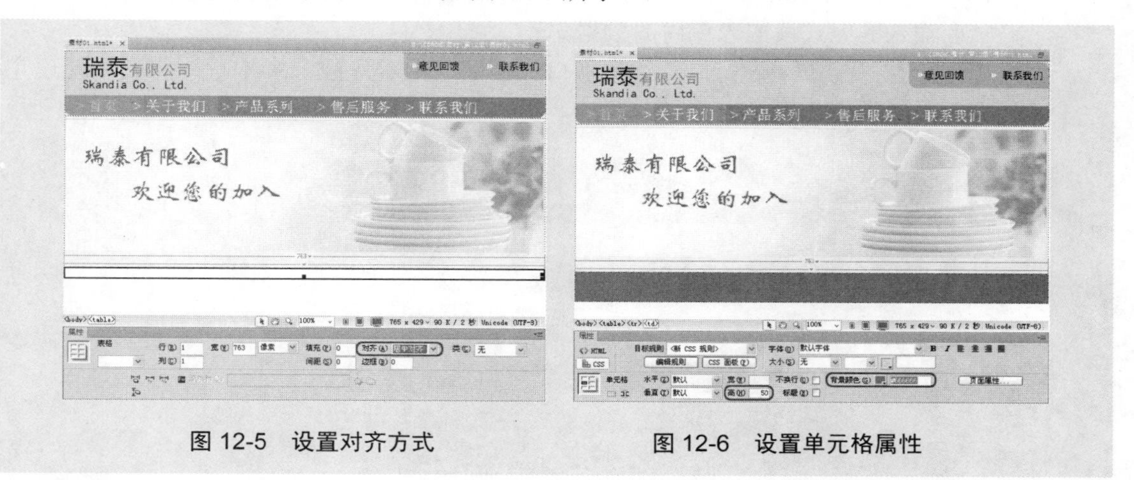

图 12-5 设置对齐方式

图 12-6 设置单元格属性

步骤07 设置完成后，在菜单栏中选择【插入】|【表单】|【表单】命令，如图 12-7 所示。

步骤08 执行该操作后，即可在该单元格中插入表单，效果如图 12-8 所示。

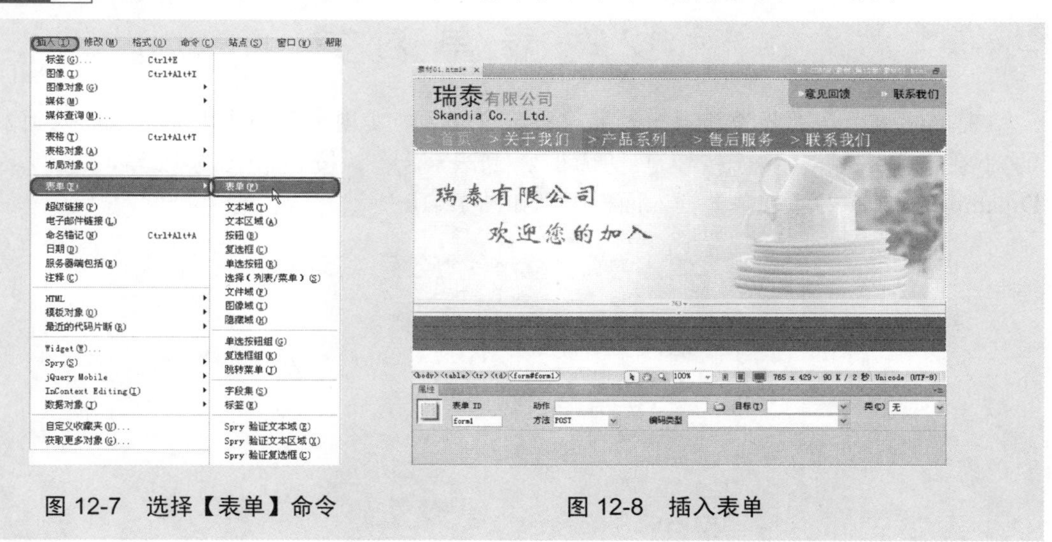

图 12-7 选择【表单】命令

图 12-8 插入表单

步骤09 再在该单元格中输入文字，并对其进行设置，效果如图 12-9 所示。

表单【属性】面板中各项参数的说明如下。

- 【表单 ID】：输入标识该表单的唯一名称。
- 【动作】：指定处理该表单的动态页或脚本的路径。可以直接在文本框中输入完整路径，也可以单击按钮定位应用程序。
- 【方法】：选择将表单数据传输到服务器的传送方式，包括三个选项。

◆ 默认：用浏览器默认的方式，一般默认为 GET。

◆ GET：将表单内的数据附加到 URL 后面传送给服务器，服务器用读取环境变量的方式读取表单内的数据。

◆ POST：用标准输入方式将表单内的数据传送给服务器，服务器用读取标准输入的方式读取表单内的数据。

● 【目标】：指定一个窗口，这个窗口中显示应用程序或者脚本程序将表单处理完成后所显示的结果。

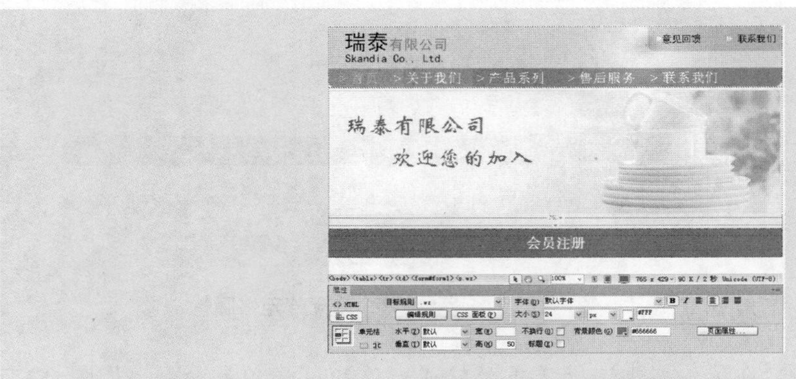

图 12-9　输入文字后的效果

12.2　表 单 对 象

表单创建后，需要为其添加表单对象，这样才能实现表单的作用。可以插入到表单中的对象有文本域、单选按钮、复选框、列表/菜单、按钮和图像域等，它们聚集在 Dreamweaver 中的【表单】插入面板中，如图 12-10 所示。

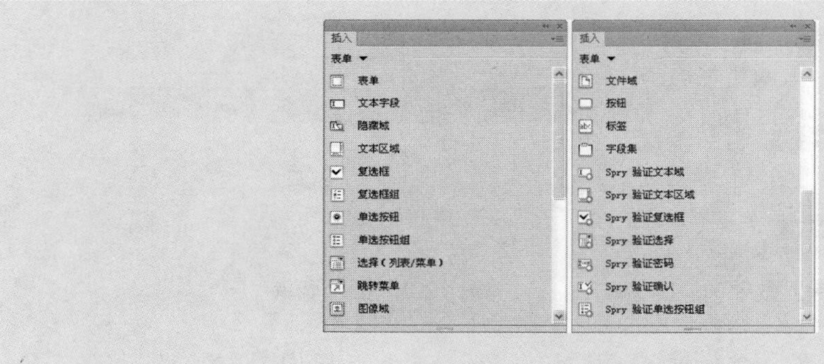

图 12-10　【插入】面板

【表单】插入面板中各个选项的说明如下。

● 【表单】按钮：单击该按钮可以在文档窗口中插入一个表单，表单中的其他所有的表单对象都必须放在表单标签之间。

● 【文本字段】按钮：单击该按钮可以在表单中插入文本域，文本域可以接受各种数字和字母，也可以输入*用于密码保护，它可以接受单行或多行文字。

- 【隐藏域】按钮 隐藏域：单击该按钮可以在表单中插入一个可以存储相关信息的区域。隐藏域的内容不显示在表单上，但是要传送给服务器。
- 【文本区域】按钮 文本区域：单击该按钮可以在表单中插入一个文本区域，它可以接受多行文字。
- 【复选框】按钮 复选框：允许在一组选项内选择一个或多个选项。
- 【单选】按钮 单选按钮：单选按钮具有唯一性，在一组单选按钮中选中一个单选按钮，就意味着不能再选其他单选按钮。
- 【单选按钮组】按钮 单选按钮组：可以一次性插入多个单选按钮。
- 【选择(列表/菜单)】按钮 选择（列表/菜单）：单击该按钮可以在表单中插入一个列表/菜单，用户可以在列表中添加浏览者可以选择的选项，以方便浏览者的操作。
- 【跳转菜单】按钮 跳转菜单：跳转菜单中的每个选项都指向一个原始文件，当某个选项被选择时，浏览器将自动跳转到链接指向的原始文件。
- 【图像域】按钮 图像域：可以使用图像来代替提交按钮使用。
- 【文件域】按钮 文件域：让用户浏览本地计算机中的文件或者文件夹，并将选择的文件路径名添加到文件域内。
- 【按钮】按钮 按钮：单击该按钮可以在表单中插入按钮。单击插入的按钮后可以执行相应的任务，例如提交表单、重置表单或执行自行编写的函数。
- 【标签】按钮 标签：提供了一种在结构上将域的文本标签和该域关联起来的方法。
- 【字段集】按钮 字段集：表单元素逻辑组的容器标签。

12.3 创建表单对象

为了更合理地安排表单中的表单对象，可以在表单中插入表格和单元格。并且可在插入的单元格中，插入相应的对象，如文本域、复选框、单选按钮，以及列表/菜单等。

12.3.1 文本域

根据类型属性的不同，文本域可分为三种：单行文本域、多行文本域和密码域。文本域是最常见的表单对象之一，用户可以在文本域中输入字母、数字和文本等类型的内容，添加文本域的具体操作步骤如下。

步骤01 打开随书附带光盘中的“CDROM\素材\第 12 章\素材 02.html”文件，如图 12-11 所示。

步骤02 将光标置入到第 3 个表格的右侧，在菜单栏中选择【插入】|【表格】命令，如图 12-12 所示。

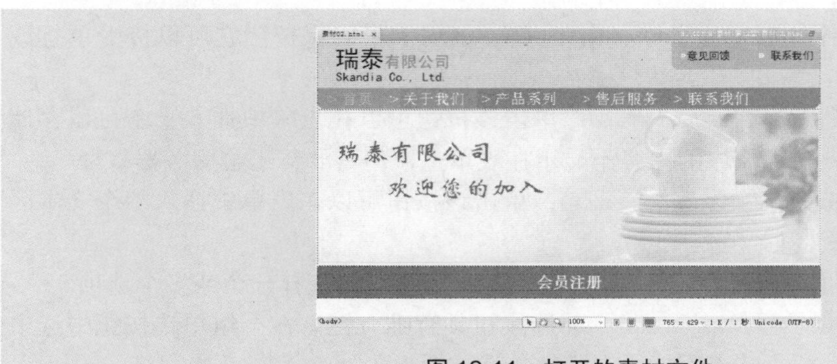

图 12-11　打开的素材文件

步骤03　在弹出的对话框中将【行数】设置为 4，【列】设置为 3，【表格宽度】设置为 763、【像素】，【单元格间距】设置为 1，如图 12-13 所示。

图 12-12　选择【表格】命令

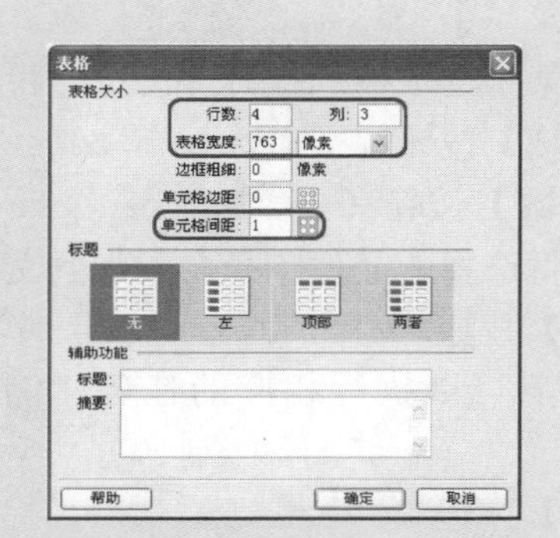

图 12-13　【表格】对话框

步骤04　设置完成后，单击【确定】按钮，即可插入一个表格，选中插入的表格，在【属性】面板中将【对齐】设置为【居中对齐】，如图 12-14 所示。

步骤05　在插入的表格中输入相应的文字，并对其进行设置，效果如图 12-15 所示。

图 12-14　设置表格属性

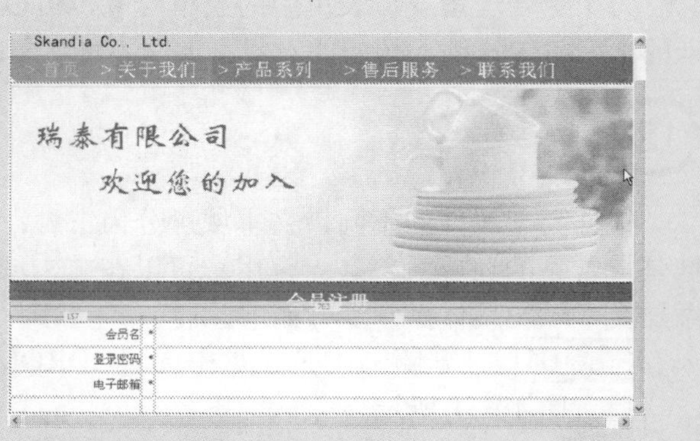

图 12-15　输入文字

步骤06 将光标置入到第 1 行的第 3 列单元格中，在菜单栏中选择【插入】|【表单】|【文本域】命令，如图 12-16 所示。

步骤07 在弹出的对话框中使用默认设置，如图 12-17 所示。

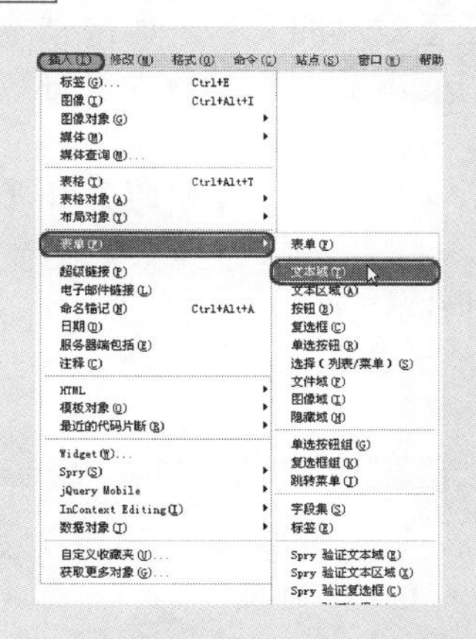

图 12-16 选择【文本域】命令

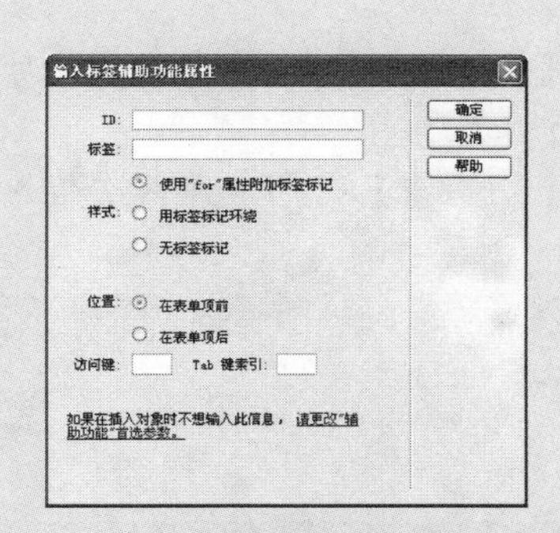

图 12-17 【输入标签辅助功能属性】对话框

步骤08 单击【确定】按钮，再在弹出的对话框中单击【是】按钮，如图 12-18 所示。

步骤09 执行该操作后，即可插入文本域，插入后的效果如图 12-19 所示。

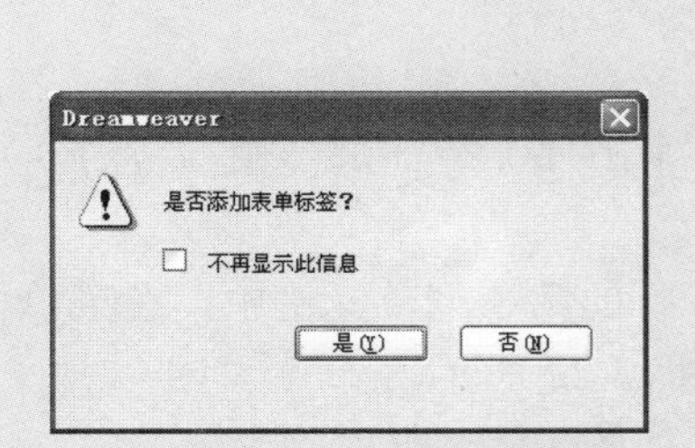

图 12-18 单击【是】按钮

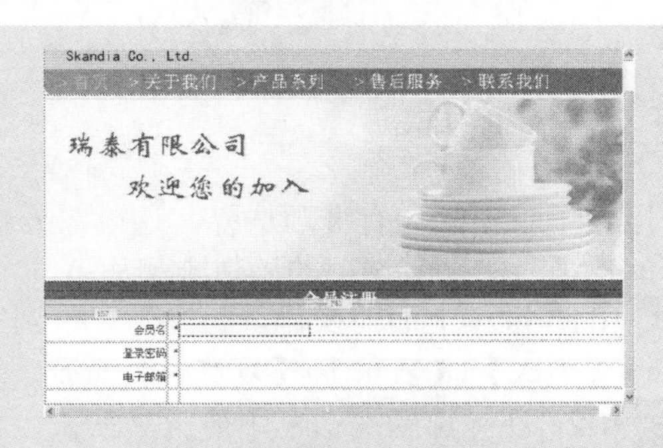

图 12-19 插入文本域后的效果

步骤10 选中该文本域，在【属性】面板中将【字符宽度】设置为 35，如图 12-20 所示。

步骤11 使用同样的方法插入其他文本域，并对其进行设置，效果如图 12-21 所示。

提示：如果选择一个文本域，在【属性】面板中将它的【类型】设置为“密码”，则在该文本域中输入的内容会被替换为圆点或星号。

文本域的【属性】面板中的各项参数说明如下。

- 【文本域】：为该文本域指定一个名称。每个文本域都必须有一个唯一的名称。文本域名称不能包含空格或特殊字符，可以使用字母、数字、字符和下划线(_)的任意组合。所选名称最好与用户输入的信息有所联系。

- 【字符宽度】：设置文本域一次最多可显示的字符数，它可以小于【最多字符数】。
- 【最多字符数】：设置单行文本域中最多可输入的字符数。例如，使用【最多字符数】将邮政编码限制为 6 位数，将密码限制为 10 个字符等。如果将【最多字符数】文本框保留为空白，则用户可以输入任意数量的文本。如果文本超过域的字符宽度，文本将滚动显示。如果用户输入的文本数量超过最大字符数，则表单产生警告声。
- 【类型】：显示了当前文本字段的类型，包括【单行】、【密码】和【多行】三个单选按钮。
- 【初始值】：指定在首次载入表单时文本域中显示的值。

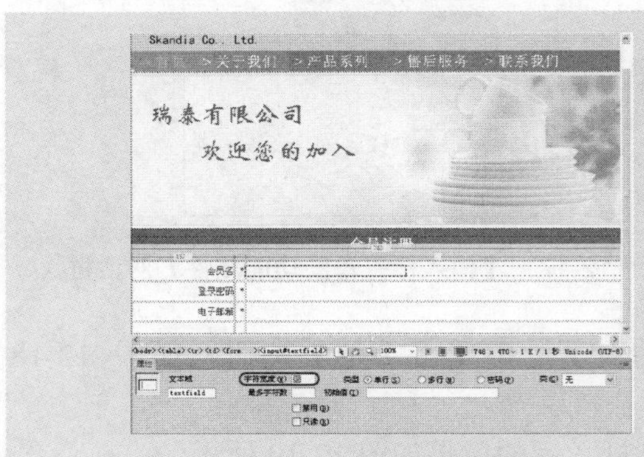

图 12-20　设置字符宽度

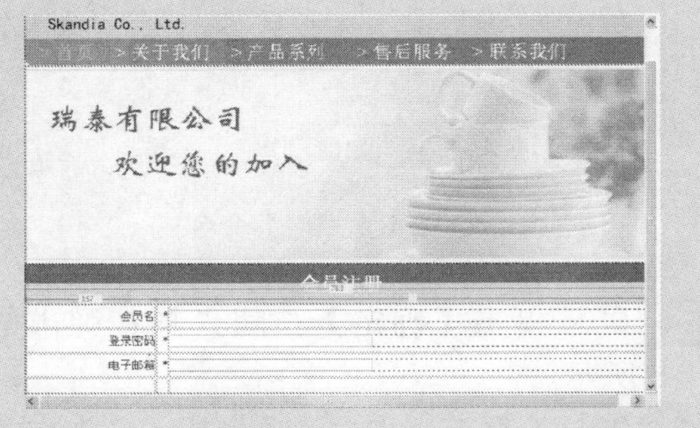

图 12-21　插入文本域

12.3.2　复选框

使用表单时经常会有多项选择，这就需要在表单中插入复选框，用户可以选择任意多个适用的选项，添加复选框的操作步骤如下。

步骤 01　继续上面的操作，将光标置入到第 4 行的第 3 列单元格中，在菜单栏中选择【插入】|【表单】|【复选框】命令，如图 12-22 所示。

步骤 02　在弹出的对话框中使用其默认设置，如图 12-23 所示。

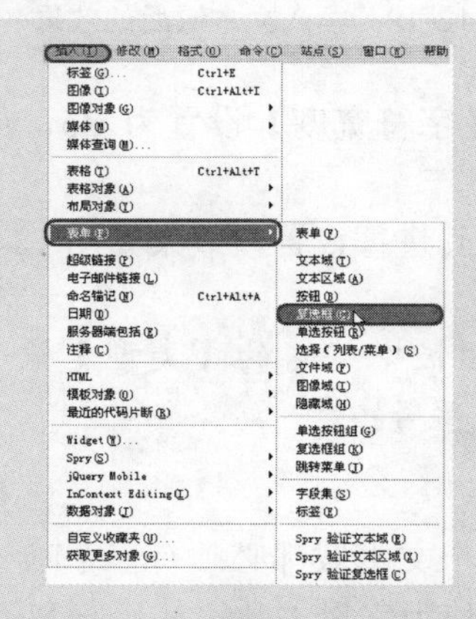

图 12-22　选择【复选框】命令

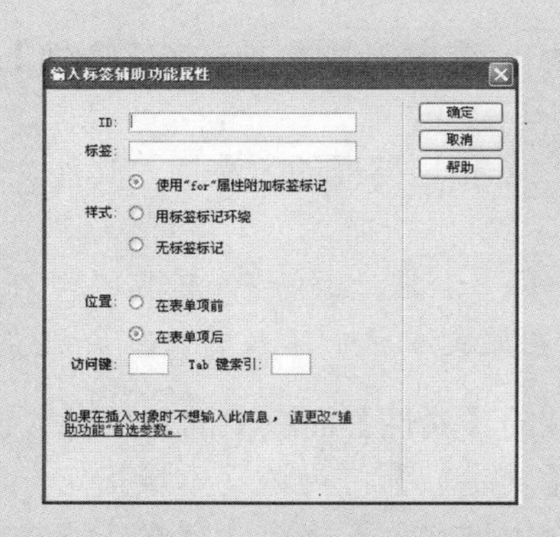

图 12-23　【输入标签辅助功能属性】对话框

步骤03 单击【确定】按钮，再在弹出的对话框中单击【是】按钮，即可插入一个复选框，如图 12-24 所示。

步骤04 在该复选框的右侧输入文字，并对其进行设置，效果如图 12-25 所示。

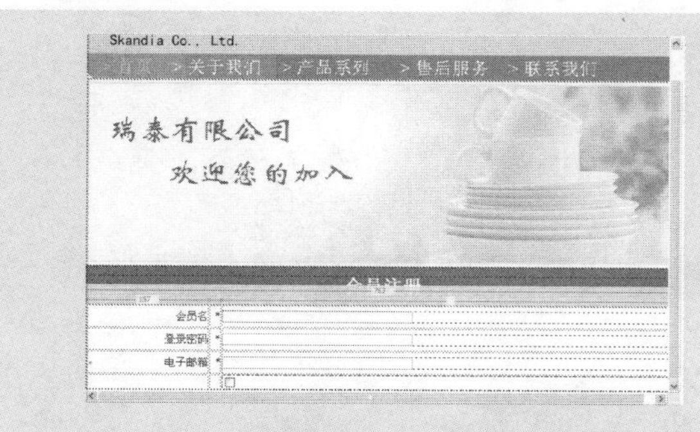

图 12-24 插入复选框

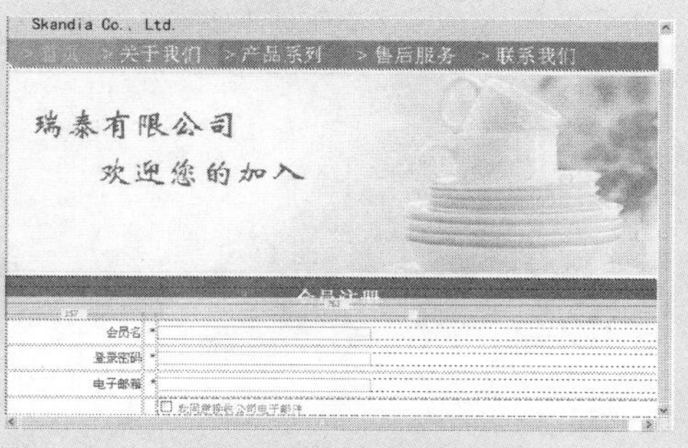

图 12-25 输入文字后的效果

选中复选框，可以在【属性】面板中设置它的属性，其各项参数说明如下所述。

- 【复选框】：设置复选框的名称。
- 【选定值】：输入在提交表单时复选框传送给服务端表单处理程序的值。
- 【初始状态】：用来设置复选框的初始状态是【已勾选】还是【未选中】。

12.3.3 单选按钮

单选按钮的作用在于只能选中一个列出的选项，单选按钮通常被成组地使用。一个组中的所有单选按钮必须具有相同的名称，而且必须包含不同的选定值，具体操作步骤如下。

步骤01 打开随书附带光盘中的“CDROM\素材\第 12 章\素材 02.html”文件，如图 12-26 所示。

步骤02 将光标置入到“性别”右侧的第 2 列单元格中，如图 12-27 所示。

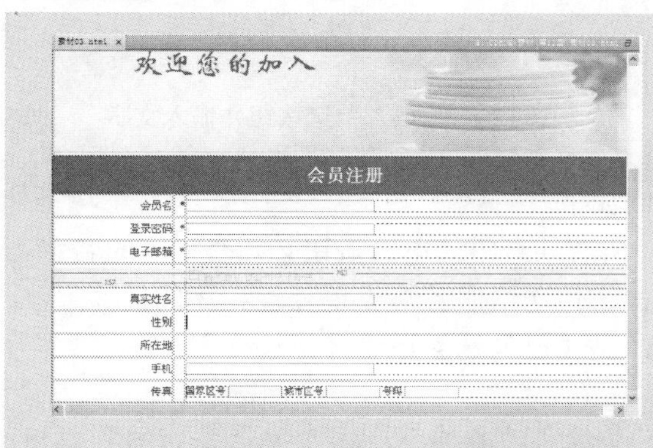

图 12-26 打开的素材文件

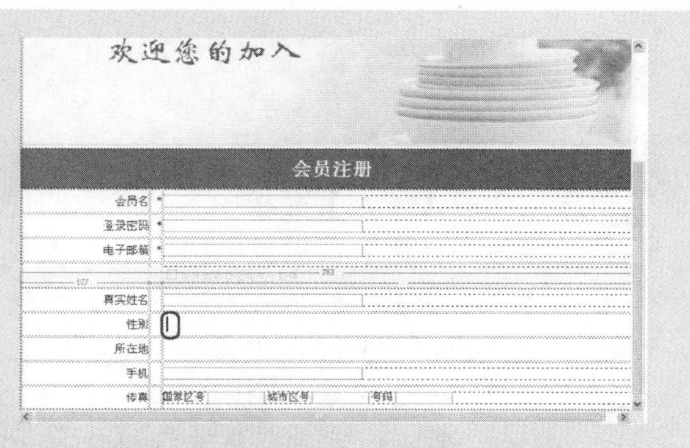

图 12-27 将光标置入到单元格中

步骤03 在菜单栏中选择【插入】|【表单】|【单选按钮】命令，如图 12-28 所示。

步骤04 在弹出的对话框中单击【确定】按钮，再在弹出的对话框中单击【是】按钮，然后选中单选按钮，在【属性】面板中将【初识状态】设置为【已勾选】，如图 12-29 所示。

图 12-28 选择【单选按钮】命令

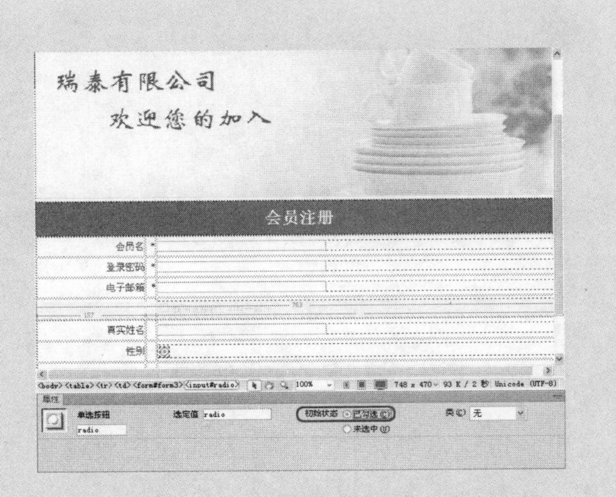

图 12-29 设置单选按钮属性

步骤05 在该单选按钮右侧输入文字，并对其进行设置，效果如图 12-30 所示。

步骤06 再在该文字右侧插入一个单选按钮并输入文字，效果如图 12-31 所示。

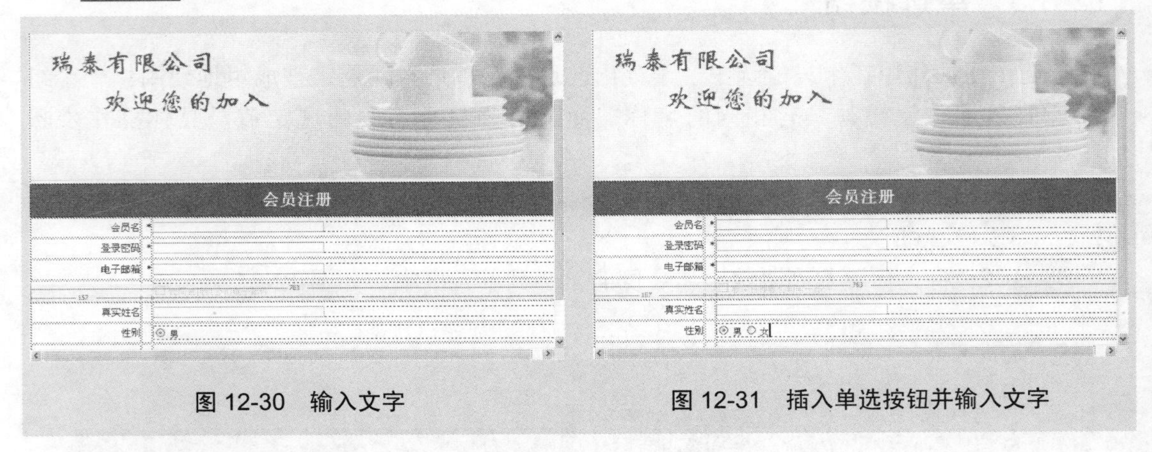

图 12-30 输入文字

图 12-31 插入单选按钮并输入文字

单选按钮的【属性】面板中各项参数的说明如下。

- 【单选按钮】：设置单选按钮的名称，所有同一组的单选按钮必须有相同的名字。
- 【选定值】：输入在提交表单时单选按钮传送给服务端表单处理程序的值。
- 【初始状态】：用来设置初始状态，即是【已勾选】还是【未选中】。

提示： 在插入第 2 个单选按钮时，一定要使它的名称与第 1 个单选按钮的名称相同，这样两个单选按钮才能作为一组单选按钮。

12.3.4 文本区域

插入多行文本域同插入文本域类似，只不过多行文本域允许输入更多的文本。插入多行文本域的具体操作步骤如下。

步骤01 继续上面的操作，将光标置入到【所在地】右侧的第 2 列单元格，右击鼠标，在弹出的快捷菜单中选择【表格】|【插入行】命令，如图 12-32 所示。

步骤02 执行该操作后，即可插入一行单元格，将光标置入到第 1 列单元格中，在该单元格中输入文字，如图 12-33 所示。

图 12-32 选择【插入行】命令

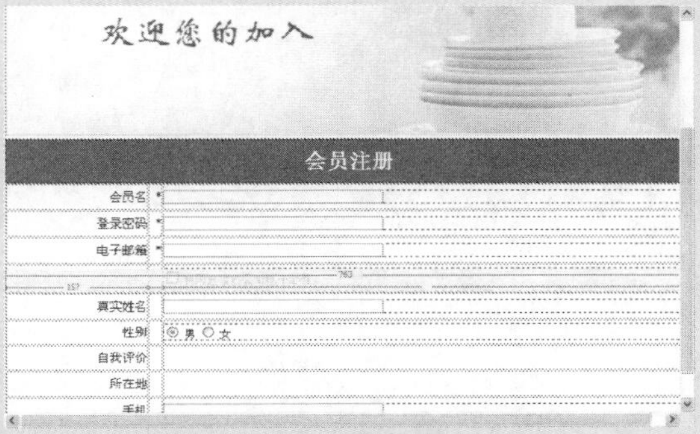

图 12-33 输入文字

步骤03 将光标置入右侧的第 2 列单元格中，在菜单栏中选择【插入】|【表单】|【文本区域】命令，如图 12-34 所示。

步骤04 在弹出的对话框中单击【确定】按钮，再在弹出的对话框中单击【是】按钮，即可插入文本区域，效果如图 12-35 所示。

图 12-34 选择【文本区域】命令

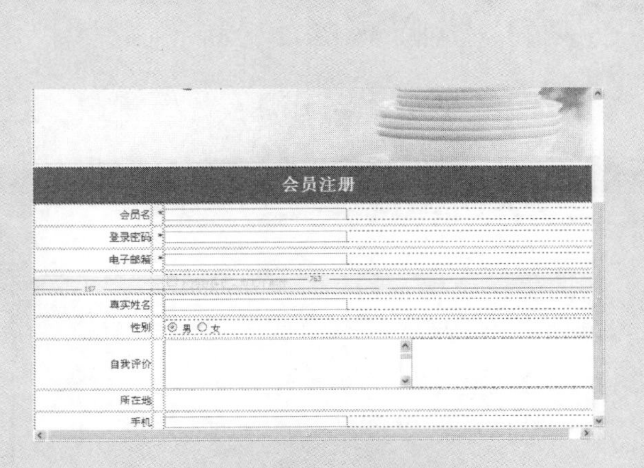

图 12-35 插入文本区域

12.3.5 列表/菜单

表单中有两种类型的菜单：一种是单击时下拉的菜单，称为下拉菜单；另一种则显示为一个列有项目的可滚动列表，可从该列表中选择项目，称为列表，一个列表可以包括一个或多个项目。插入列表/菜单的具体操作步骤如下。

步骤01 继续上面的操作，将光标置入到【所在地】右侧的第 2 列列表框中，如图 12-36 所示。

步骤02 在菜单栏中选择【插入】|【表单】|【选择(列表/菜单)】命令，如图 12-37 所示。

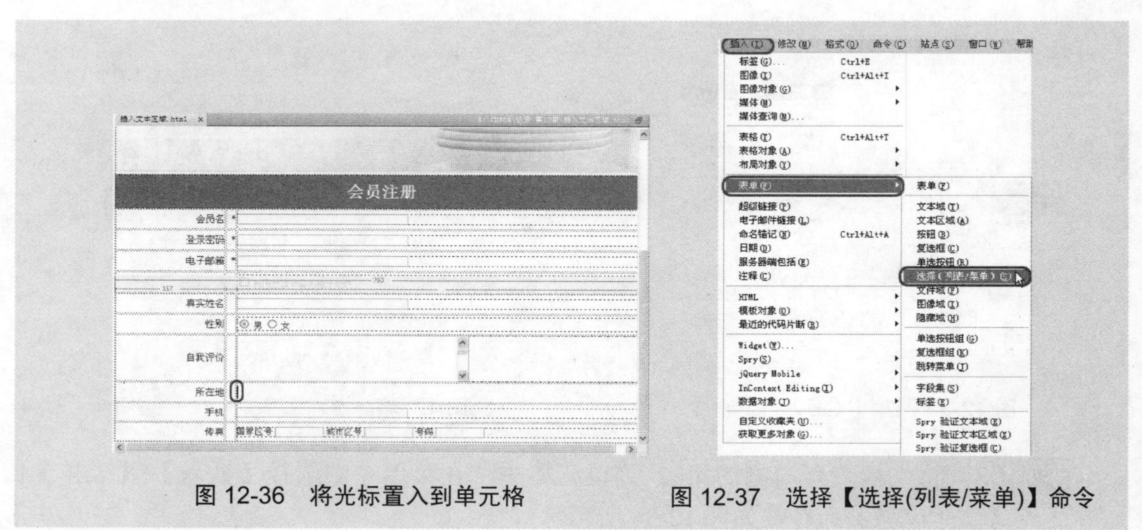

图 12-36 将光标置入到单元格

图 12-37 选择【选择(列表/菜单)】命令

步骤03 在打开的【输入标签辅助功能属性】对话框中，直接单击【确定】按钮，即可插入选择列表/菜单，如图 12-38 所示。

步骤04 选中插入的列表/菜单，在【属性】面板中单击【列表值】按钮，打开【列表值】对话框，如图 12-39 所示。

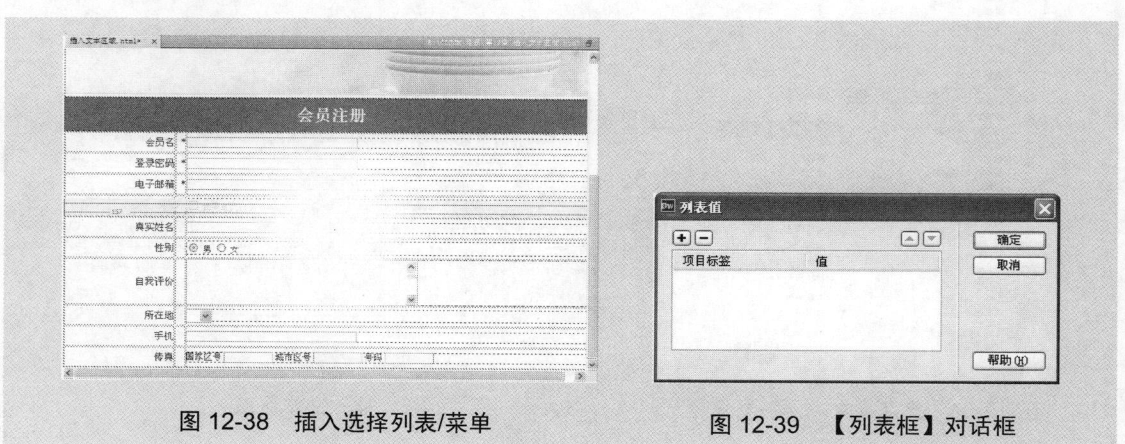

图 12-38 插入选择列表/菜单

图 12-39 【列表框】对话框

步骤 05 单击 + 按钮，添加项目标签，并输入文字，输入后的效果如图 12-40 所示。

步骤 06 设置完成后，单击【确定】按钮，效果如图 12-41 所示。

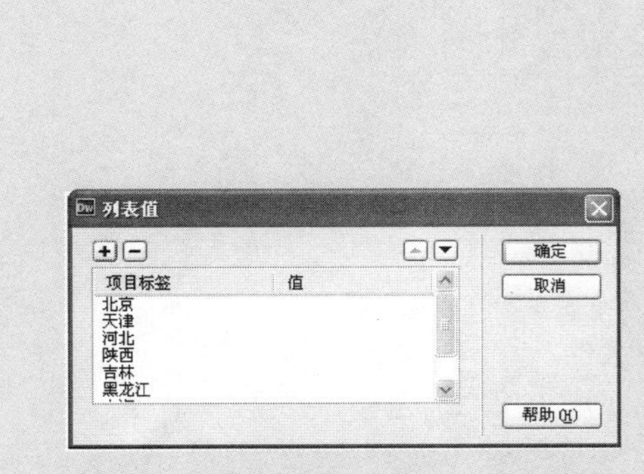

图 12-40 输入项目标签

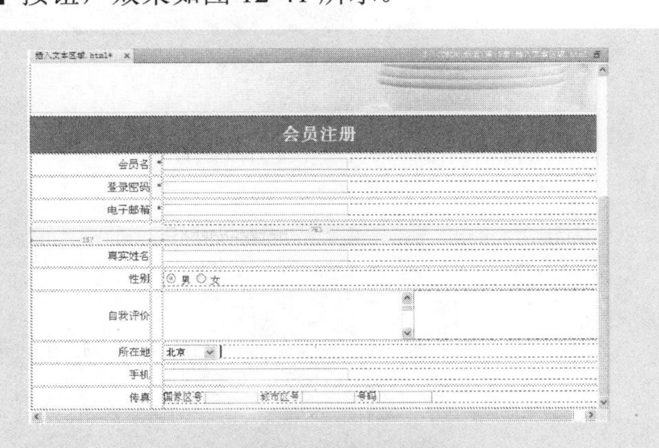

图 12-41 设置后的效果

列表/菜单的【属性】面板中各项参数的说明如下。

- 【选择】：设置列表菜单的名称，这个名称是必需的，而且必须是唯一的。
- 【类型】：指的是将当前对象设置为下拉菜单还是滚动列表。
- 【列表值】按钮：单击该按钮，将会弹出【列表值】对话框，在该对话框中可以增减和修改列表/菜单。当列表或者菜单中的某项内容被选中，提交表单时它对应的值就会被传送到服务器端的表单处理程序。若没有对应的值，则传送标签本身。
- 【初始化时选定】：此文本框首先显示【列表值】对话框内的列表菜单内容，然后可在其中设置列表/菜单的初始选择，方法是单击要作为初始选择的选项，若【类型】设置为【列表】，则可选择多个选项，若【类型】设置为【菜单】，则只能选择一个选项。

12.3.6 按钮

按钮是网页中最常见的表单对象，使用按钮可以将表单数据提交到服务器。插入表单按钮的具体操作步骤如下。

步骤 01 打开随书附带光盘中的“CDROM\素材\第 12 章\素材 04.html”文件，如图 12-42 所示。

步骤 02 将光标置入到第 5 个表格的右侧，在菜单栏中选择【插入】|【表格】命令，如图 12-43 所示。

步骤 03 在弹出的对话框中将【行数】设置为 1，【列】设置为 3，【表格宽度】设置为 763、【像素】，【单元格间距】设置为 1，如图 12-44 所示。

步骤 04 设置完成后，单击【确定】按钮，即可插入一个表格，选中插入的表格，在【属性】面板中将【对齐】设置为【居中对齐】，如图 12-45 所示。

步骤 05 在文档窗口中调整单元格的大小，调整后的效果如图 12-46 所示。

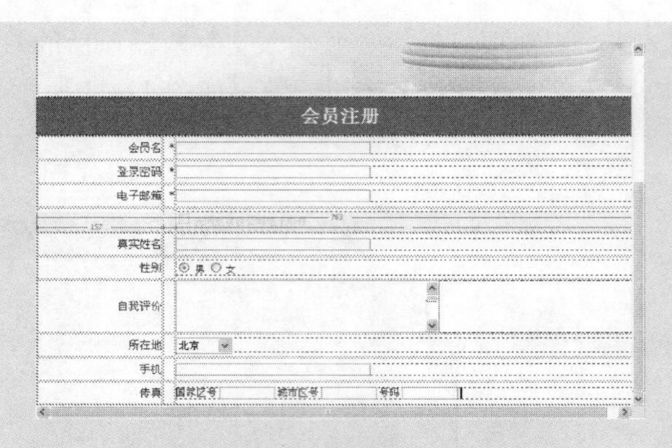

图 12-42　打开的素材文件

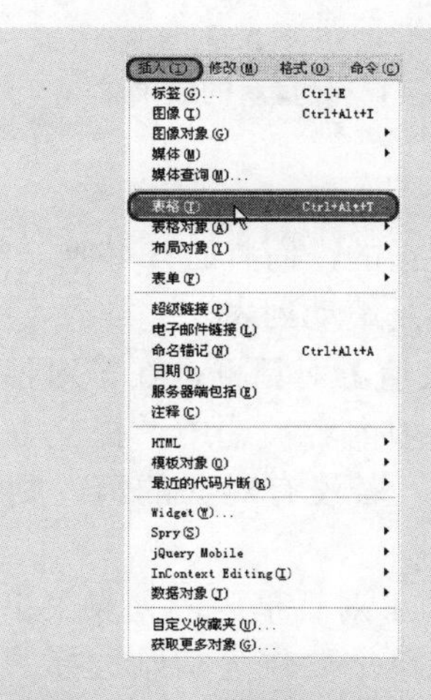

图 12-43　选择【表格】命令

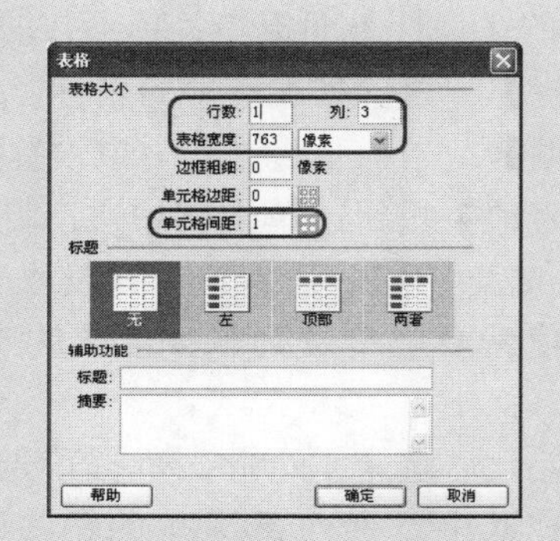

图 12-44　设置表格参数

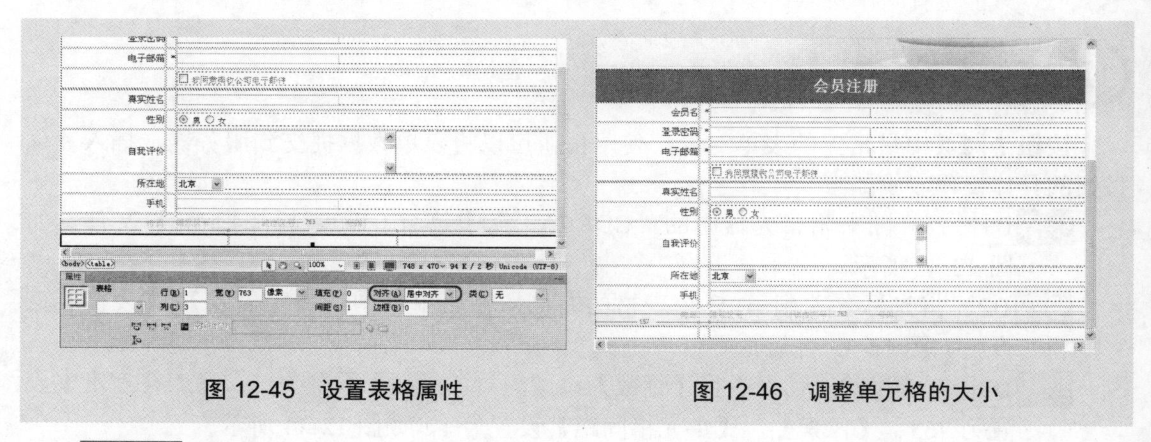

图 12-45　设置表格属性

图 12-46　调整单元格的大小

步骤 06　将光标置入到第 3 列单元格中，在菜单栏中选择【插入】|【表单】|【按钮】命令，如图 12-47 所示。

步骤 07　弹出【输入标签辅助功能属性】对话框，保持其默认设置，如图 12-48 所示。

图 12-47 选择【按钮】命令

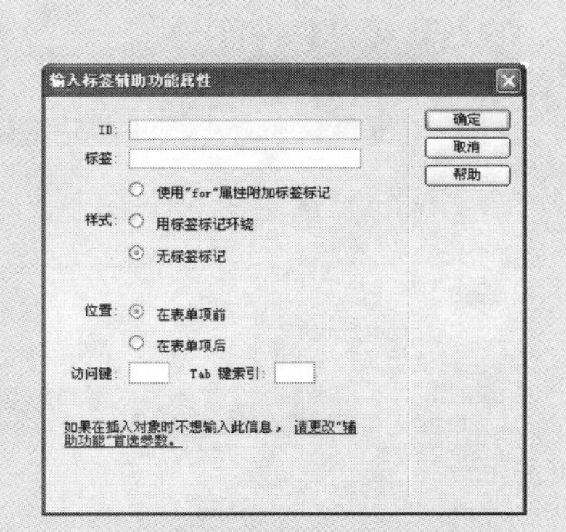

图 12-48 【输入标签辅助功能属性】对话框

步骤08 单击【确定】按钮，再在弹出的对话框中单击【是】按钮，如图 12-49 所示。

步骤09 执行该操作后，即可插入按钮，插入后的效果如图 12-50 所示。

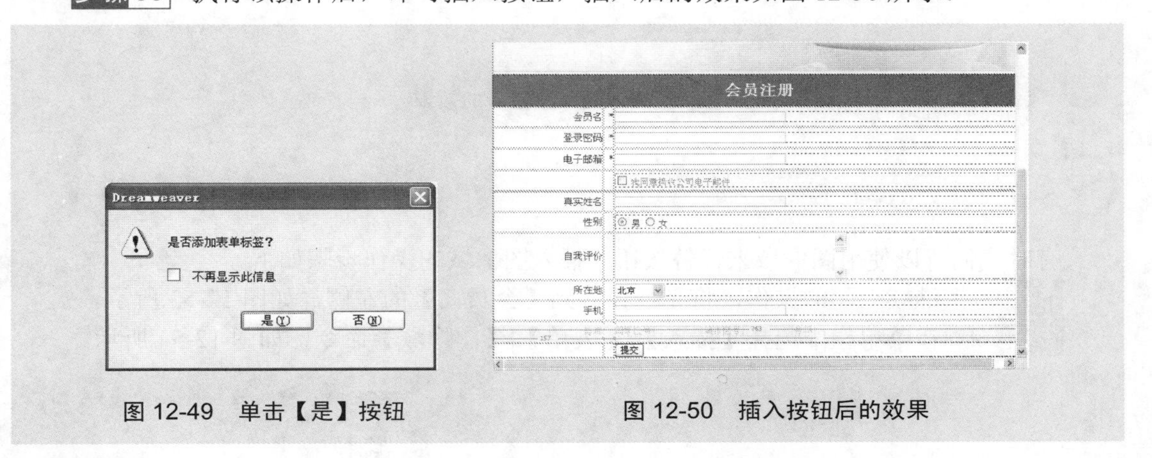

图 12-49 单击【是】按钮　　　　图 12-50 插入按钮后的效果

步骤10 选中插入的按钮，在【属性】面板中将【值】设置为【提交内容】，如图 12-51 所示。

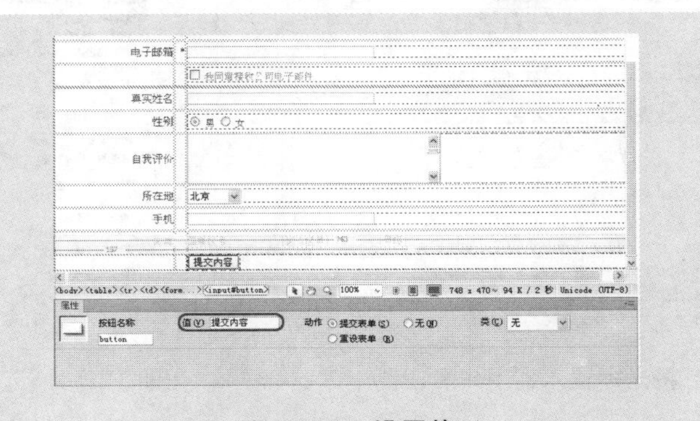

图 12-51 设置值

步骤 11　按 F12 键预览效果，其效果如图 12-52 所示。

瑞泰有限公司
Skandia Co., Ltd.
意见回馈　联系我们
> 首页　> 关于我们　> 产品系列　> 售后服务　> 联系我们
瑞泰有限公司
欢迎您的加入
会员注册
会员名 *
登录密码 *
电子邮箱 *
真实姓名
性别　男　女
自我评价
所在地　北京
手机
传真　国家区号　城市区号　号码
提交内容

图 12-52　插入按钮后的效果

12.3.7 创建图像域

有时我们可以使用图像域来代替按钮，插入图像域的操作步骤如下。

步骤 01　继续上面的操作，将光标置入到【会员名】的左侧，如图 12-53 所示。

步骤 02　在菜单栏中选择【插入】|【表单】|【图像域】命令，如图 12-54 所示。

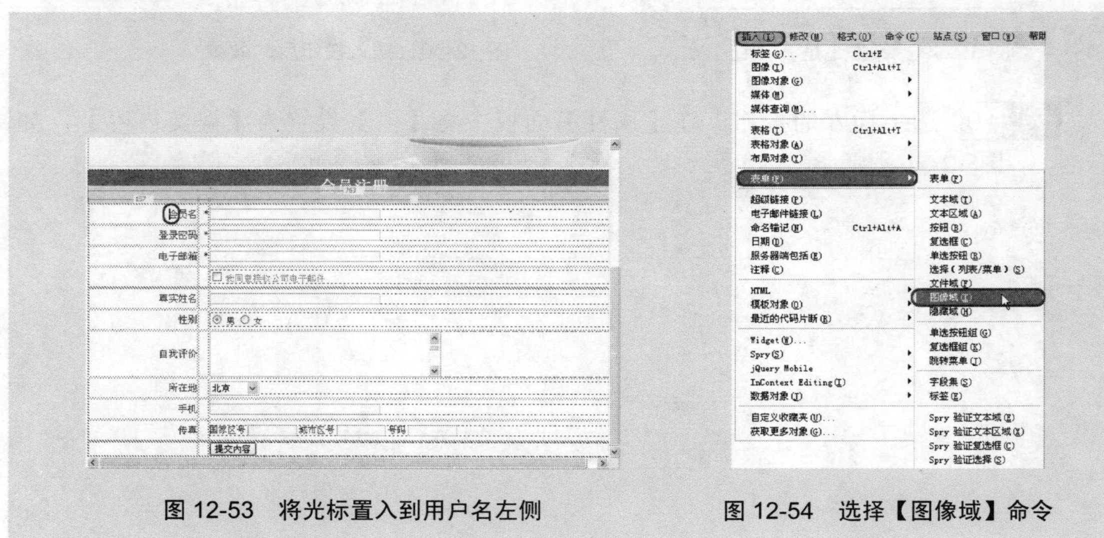

图 12-53　将光标置入到用户名左侧　　图 12-54　选择【图像域】命令

步骤 03　在弹出的对话框中选择随书附带光盘中的“CDROM\素材\第 12 章\用户.png”文件，如图 12-55 所示。

步骤 04 选择完成后，单击【确定】按钮，再在弹出的对话框中单击【是】按钮，即可将选中的对象插入到单元格中，效果如图 12-56 所示。

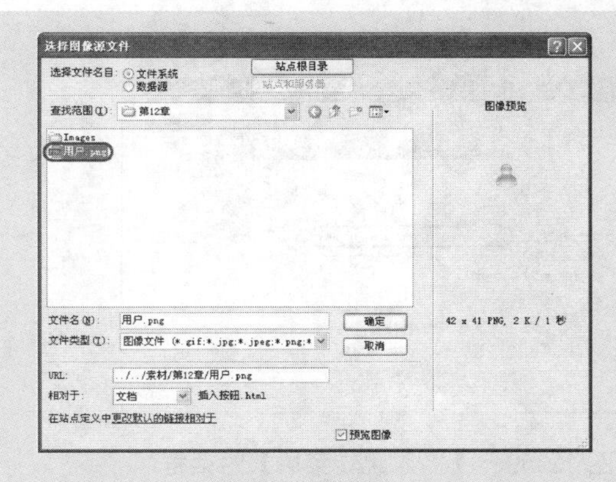

图 12-55　选择素材文件

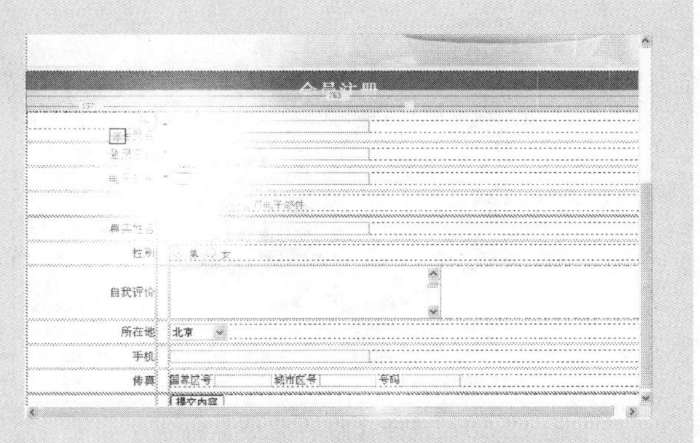

图 12-56　插入图像域

步骤 05 在文档窗口中调整文字的位置，调整后的效果如图 12-57 所示。

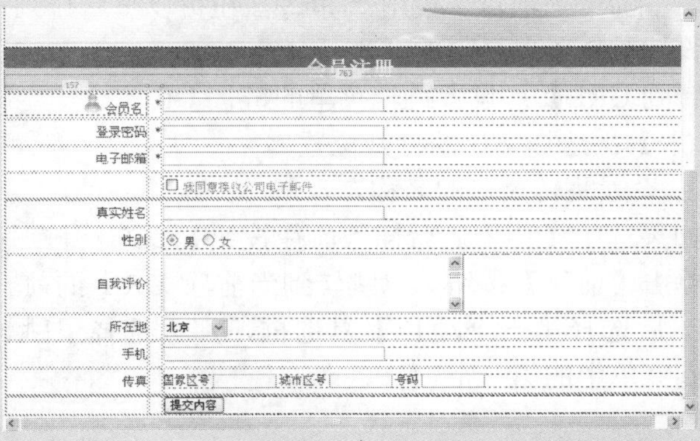

图 12-57　插入图像域

12.3.8　跳转菜单

跳转菜单可建立 URL 与弹出菜单/列表中选项之间的关联。通过在列表中选择一项，浏览器将跳转到指定的 URL。

步骤 01 启动 Dreamweaver CS6，在菜单栏中选择【插入】|【表单】|【跳转菜单】命令，如图 12-58 所示。

步骤 02 选择【跳转菜单】命令后，弹出【插入跳转菜单】对话框，在【文本】文本框中输入【项目 1】，在【选择时，转到 URL】文本框中输入“http://www.baidu.com”，选中【菜单之后插入前往按钮】复选框，如图 12-59 所示。

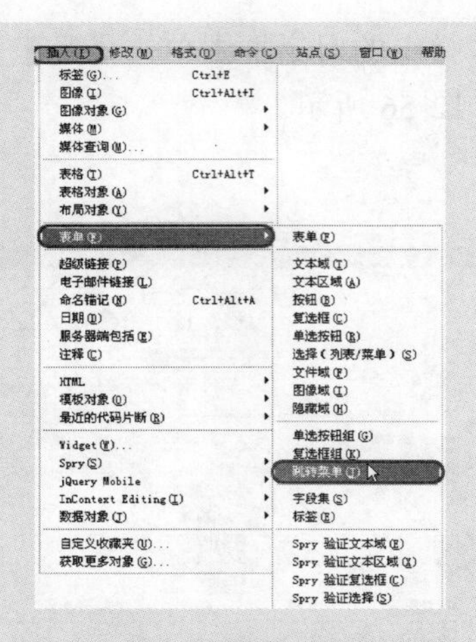

图 12-58　选择【跳转菜单】命令

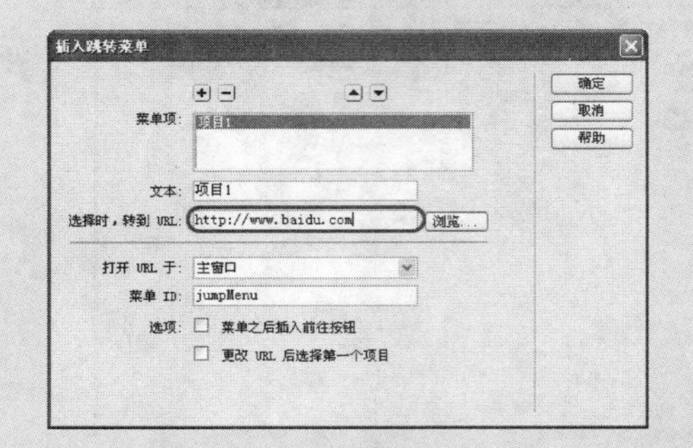

图 12-59　【插入跳转菜单】对话框

【插入跳转菜单】对话框中各项参数的说明如下。

- 【菜单项】：列出所设置的跳转菜单的各项，单击⊞按钮增加一个项目，单击⊟按钮删除列表中的一个项目。使用▲和▼按钮可以重新排列列表中的选项。
- 【文本】：设置跳转菜单显示的文本。
- 【选择时，转到 URL】：设置跳转菜单的链接 URL。
- 【打开 URL 于】：选择文件的打开位置。
- 【菜单 ID】：设置跳转菜单的名称。
- 【选项】：如果选中【菜单之后插入前往按钮】复选框，那么可以添加一个【前往】按钮，单击【前往】按钮可以跳转到当前项 URL 的前一个 URL。如果选中【更改 URL 后选择第一个项目】复选框，那么选择了跳转菜单中的某个选项后，将跳转到菜单中的第一个项目。

12.4　上机练习——制作学校招聘网页

本案例将使用本章所介绍的知识制作学校招聘网页，效果如图 12-60 所示，其中包含了表单、文本域、隐藏域、单选按钮等内容，具体操作步骤如下。

步骤 01　运行 Dreamweaver CS6 软件，在菜单栏中选择【文件】|【新建】命令，弹出【新建文档】对话框，选择【空白页】选项，在【页面类型】列表框中选择 HTML 选项，在【布局】列表框中选择【无】选项，如图 12-61 所示。

步骤 02　单击【创建】按钮，即可创建一个空白的网页文档，然后在【属性】面板中单击【页面属性】按钮，如图 12-62 所示。

步骤 03　弹出【页面属性】对话框，在左侧的【分类】列表框中选择【外观(HTML)】选项，然后在右侧的设置区域将【左边距】、【上边距】、【边距宽度】和【边距高度】都设置为 0，如图 12-63 所示。

图 12-60 学校招聘网页

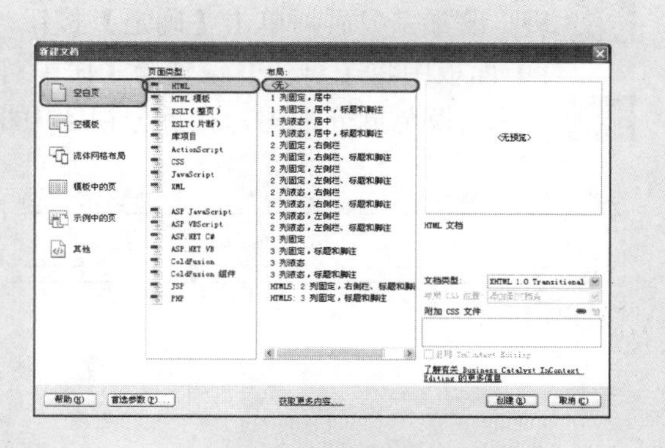

图 12-61 【新建文档】对话框

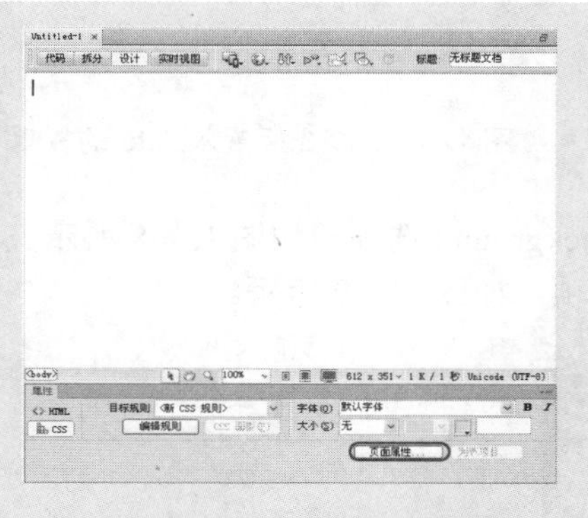

图 12-62 单击【页面属性】按钮

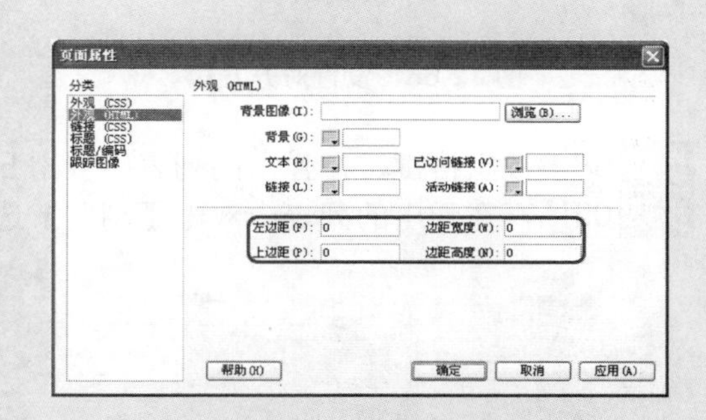

图 12-63 【页面属性】对话框

步骤 04 设置完成后，单击【确定】按钮，然后在菜单栏中选择【插入】|【表格】命令，如图 12-64 所示。

步骤 05 弹出【表格】对话框，在该对话框中将【行数】和【列】分别设置为 4、1，【表格宽度】设置为 900、【像素】，将【边框粗细】、【单元格边距】和【单元格间距】都设置为 0，如图 12-65 所示。

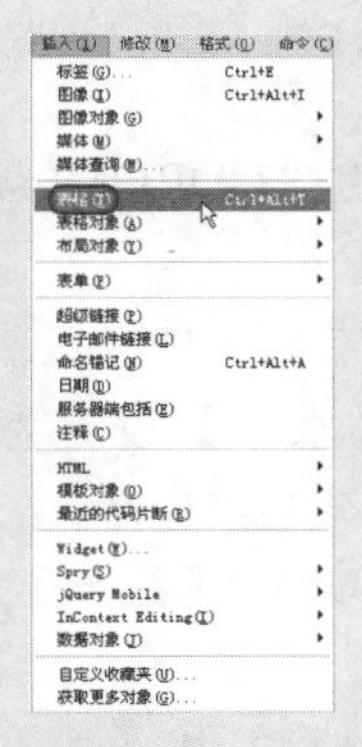

图 12-64 选择【表格】命令

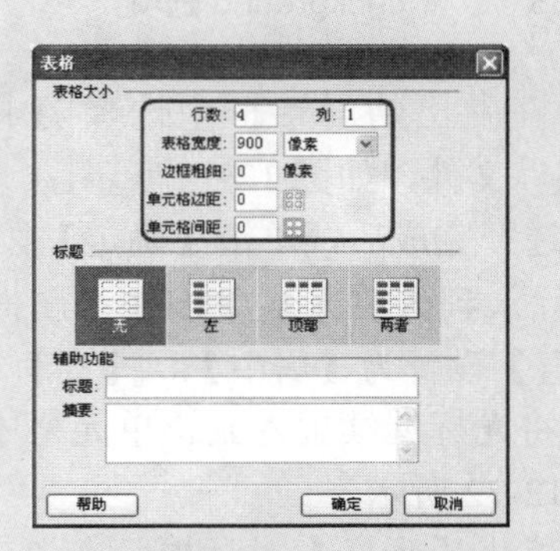

图 12-65 【表格】对话框

步骤 06 设置完成后，单击【确定】按钮，即可在文档窗口中插入表格，然后在【属性】面板中将【对齐】设置为【居中对齐】，如图 12-66 所示。

步骤 07 切换至拆分视图，在拆分视图中将光标置入到 td 右侧，如图 12-67 所示。

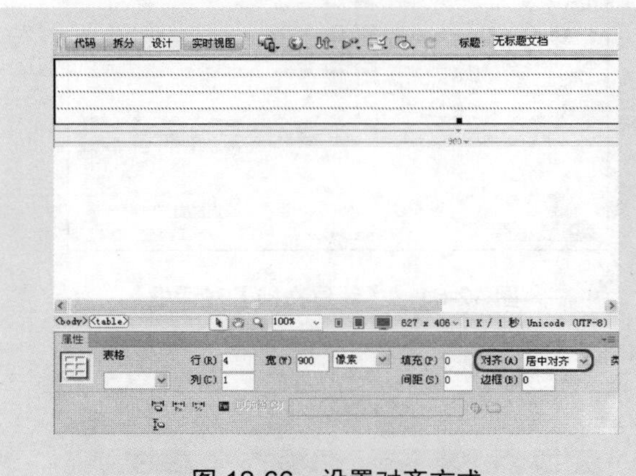

图 12-66 设置对齐方式

图 12-67 将光标置入到 td 的右侧

步骤 08 按空格键，在弹出的列表中双击 background 选项，如图 12-68 所示。

步骤 09 再在弹出的列表中双击【浏览】选项，如图 12-69 所示。

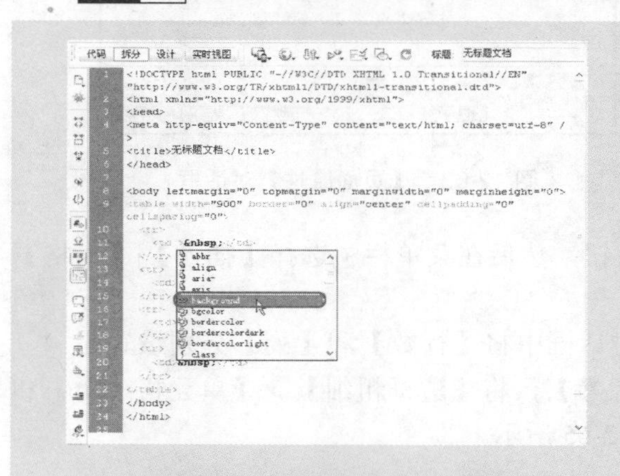

图 12-68 双击 background 选项

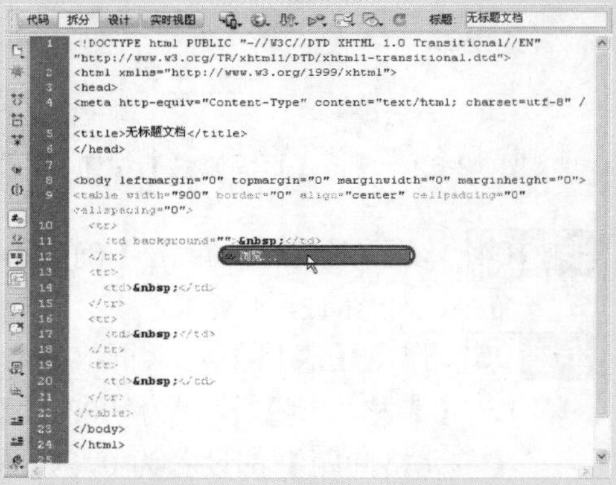

图 12-69 双击【浏览】命令

步骤 10 在弹出的对话框中选择随书附带光盘中的“CDROM\素材\第 12 章\底纹.jpg”文件，如图 12-70 所示。

步骤 11 选择完成后，单击【确定】按钮，即可将该素材文件链接到表格中。继续将光标置入到该单元格中，在【属性】面板中将【水平】设置为【居中对齐】，【垂直】设置为【居中】，【高】设置为 52，如图 12-71 所示。

步骤 12 将光标继续置入到该单元格中，在菜单栏中选择【插入】|【表格】命令，如图 12-72 所示。

步骤 13 弹出【表格】对话框，在该对话框中将【行数】和【列】分别设置为 1、8，【表格宽度】设置为 900、【像素】，【边框粗细】设置为 0，如图 12-73 所示。

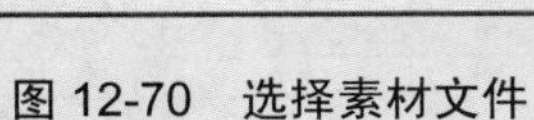

图 12-70　选择素材文件

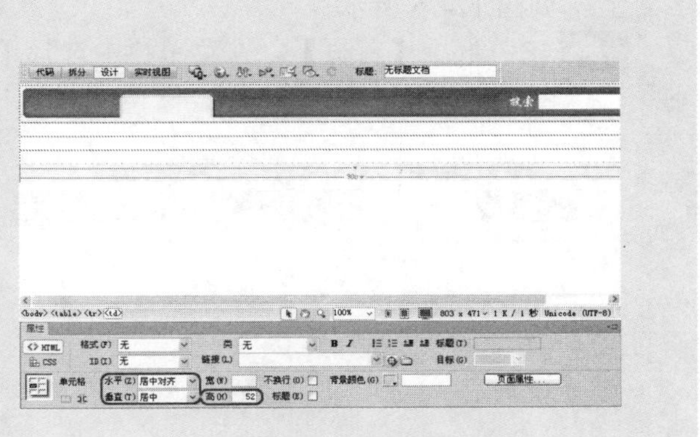

图 12-71　设置单元格属性

图 12-72　选择【表格】命令

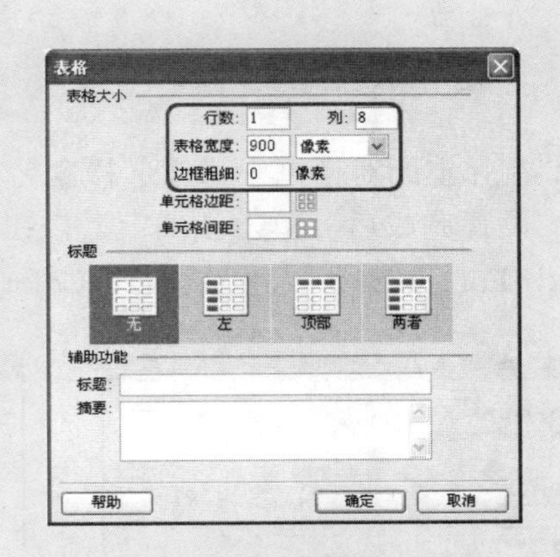

图 12-73　设置表格

步骤 14　设置完成后，单击【确定】按钮，然后选中整行单元格，在【属性】面板中将【水平】设置为【居中对齐】，【高】设置为 40，如图 12-74 所示。

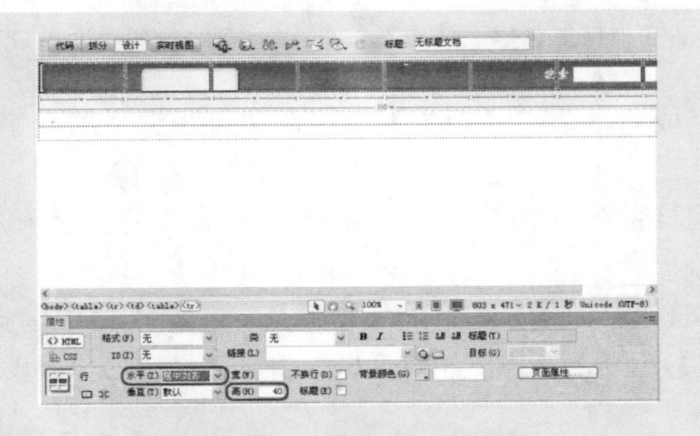

图 12-74　设置单元格属性

步骤 15　在文档窗口中调整单元格的宽度，调整完成后，在各个单元格中输入文字，如图 12-75 所示。

步骤 16 选中【首页】，在菜单栏中选择【格式】|【CSS 样式】|【新建】命令，如图 12-76 所示。

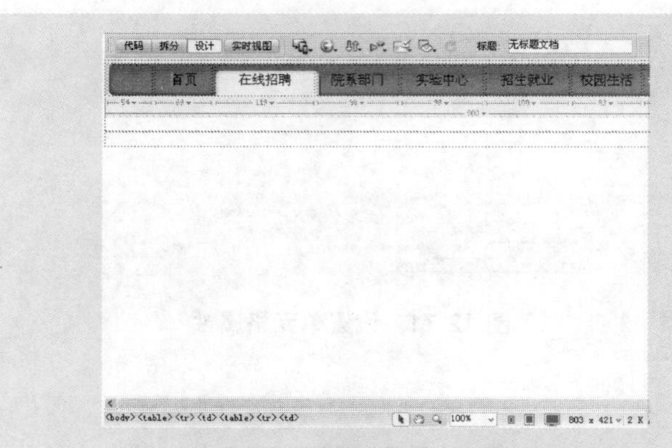

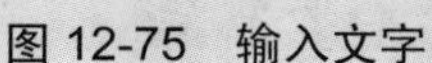

图 12-75　输入文字

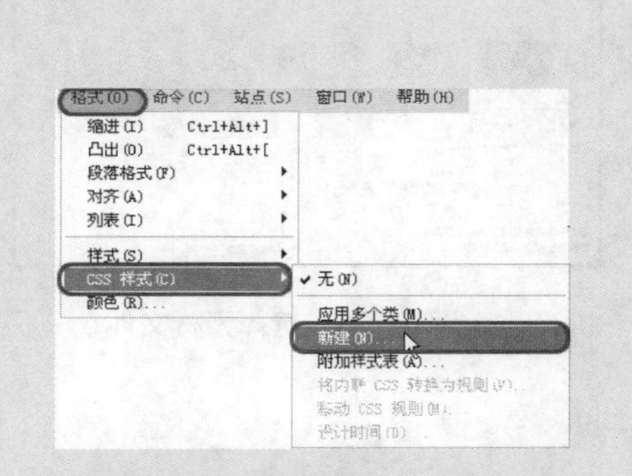

图 12-76　选择【新建】命令

步骤 17 在弹出的对话框中将【选择器名称】设置为 wz，如图 12-77 所示。

步骤 18 设置完成后，单击【确定】按钮，再在弹出的对话框中将 Font-size 设置为 16px，Font-weight 设置为 bold，Color 设置#FFF，如图 12-78 所示。

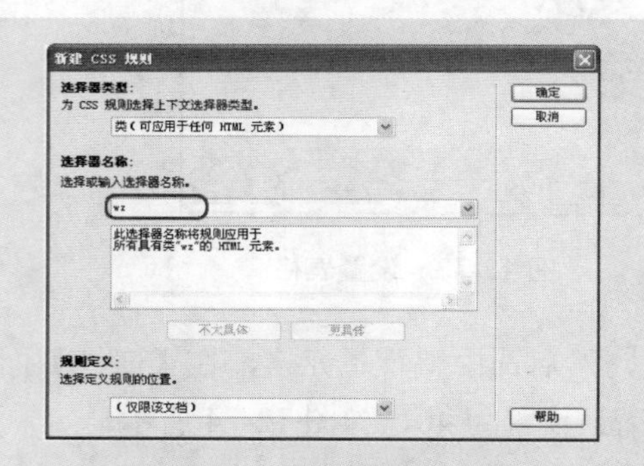

图 12-77　设置选择器名称

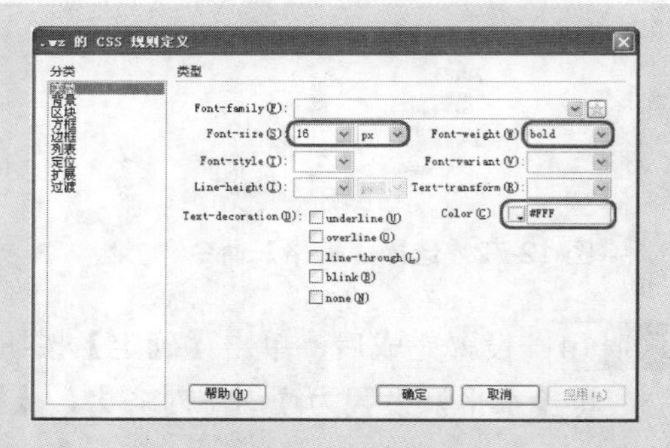

图 12-78　设置 CSS 样式

步骤 19 设置完成后，单击【确定】按钮，即可为选中的文字应用该样式，效果如图 12-79 所示。

步骤 20 使用同样的方法为除【在线招聘】外的其他文字应用 wz 样式，效果如图 12-80 所示。

步骤 21 再在文档窗口中选择【在线招聘】，在菜单栏中选择【格式】|【CSS 样式】|【新建】命令，在弹出的对话框中将【选择器名称】设置为 wz1，如图 12-81 所示。

步骤 22 设置完成后，单击【确定】按钮，再在弹出的对话框中将 Font-size 设置为 16px，Font-weight 设置为 bold，Color 设置#333，如图 12-82 所示。

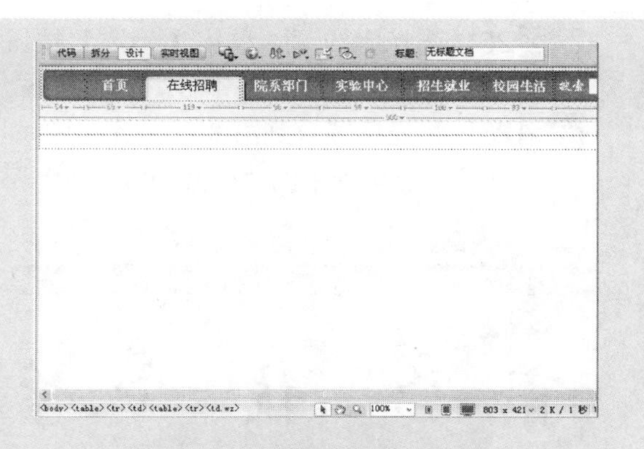

图 12-79 应用样式后的效果

图 12-80 为其他文字应用样式

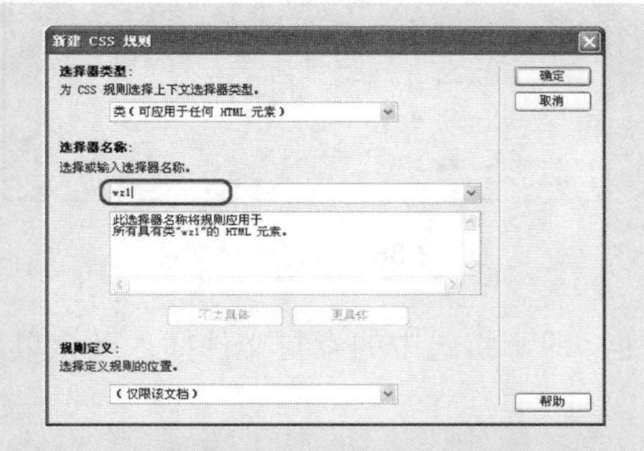

图 12-81 设置选择器名称

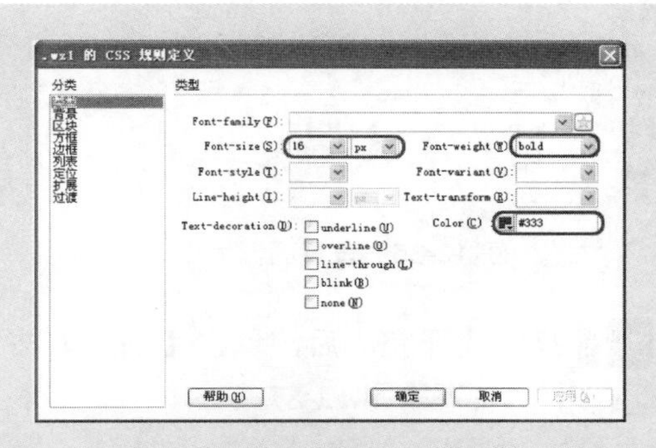

图 12-82 设置 CSS 样式

步骤 23 设置完成后，单击【确定】按钮，即可为选中的文字应用该样式，效果如图 12-83 所示。

步骤 24 将光标置入到第 2 行单元格中，按 Ctrl+Alt+I 组合键，在弹出的对话框中选择随书附带光盘中的“CDROM\素材\第 12 章\图片 01.jpg”文件，如图 12-84 所示。

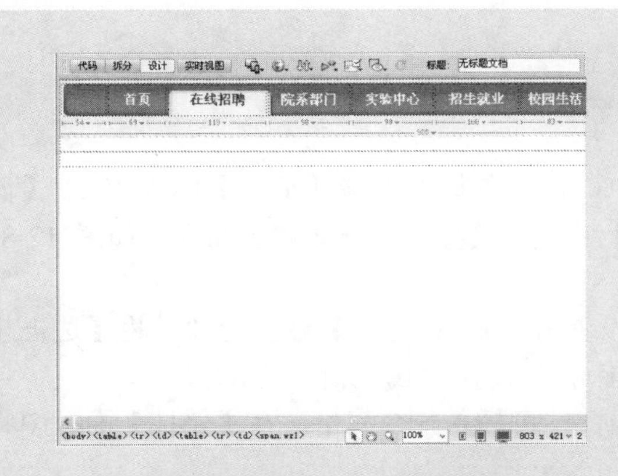

图 12-83 应用样式后的效果

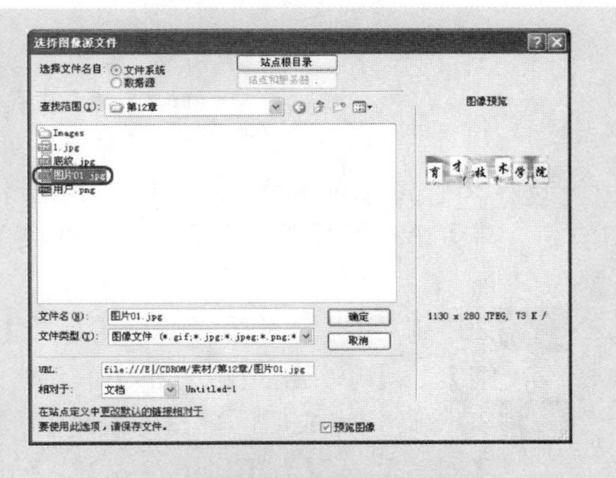

图 12-84 选择素材文件

步骤25 选择完成后，单击【确定】按钮，然后选中插入的图像，在【属性】面板中将【宽】和【高】分别设置为 900px、224px，如图 12-85 所示。

步骤26 将光标置入到第 3 行单元格中，按 Ctrl+Alt+I 组合键，在弹出的对话框中选择随书附带光盘中的“CDROM\素材\第 12 章\1.jpg”文件，如图 12-86 所示。

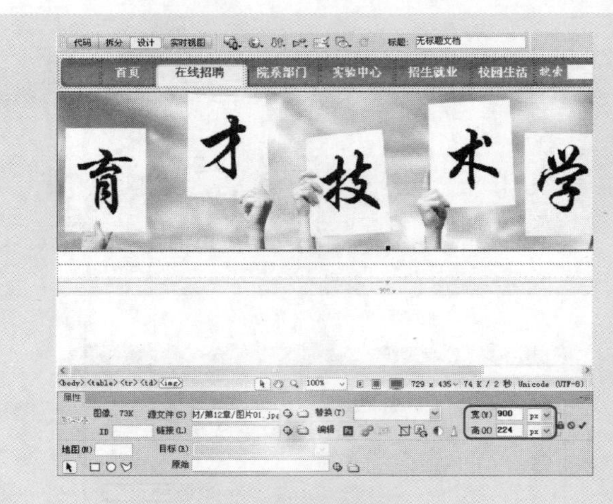

图 12-85　设置图像大小

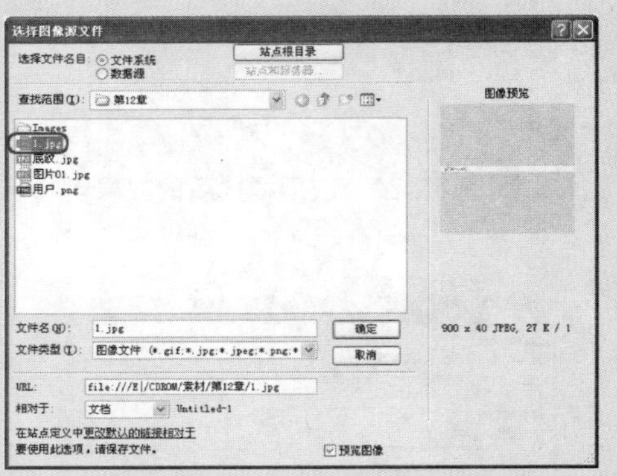

图 12-86　选择素材文件

步骤27 选择完成后，单击【确定】按钮，即可将选中的素材文件插入到该单元格中，效果如图 12-87 所示。

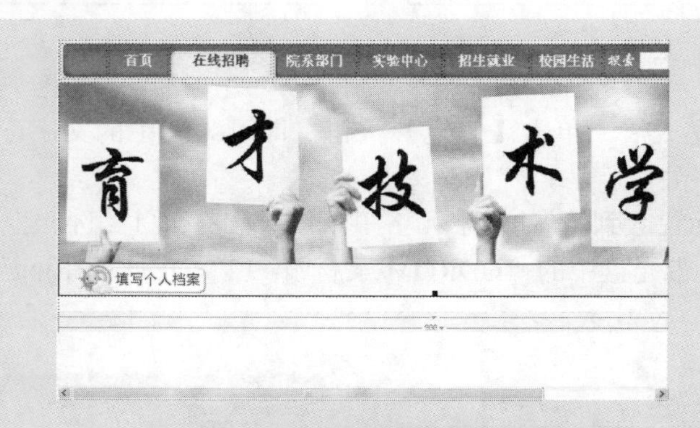

图 12-87　插入素材图像后的效果

步骤28 将光标置入到第 4 行单元格中，在菜单栏中选择【插入】|【表单】|【表单】命令，插入一个表单，再在菜单栏中选择【插入】|【表格】命令，如图 12-88 所示。

步骤29 在弹出的对话框中将【行数】设置为 15，将【列】设置为 2，将【边框粗细】、【单元格边距】和【单元格间距】都设置为 0，如图 12-89 所示。

步骤30 设置完成后，单击【确定】按钮，即可插入一个表格，在【属性】面板中将【对齐】设置为【居中对齐】，如图 12-90 所示。

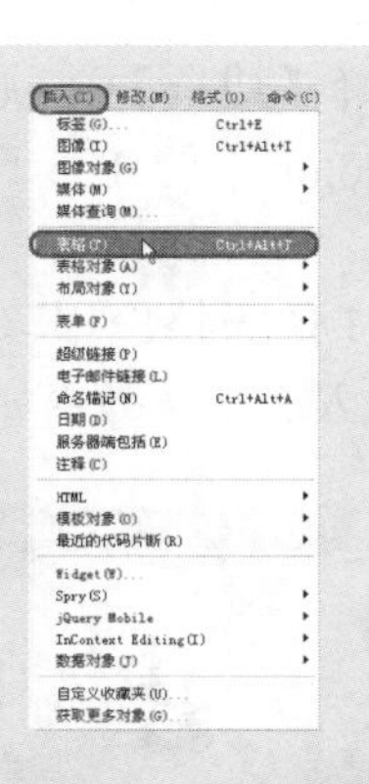

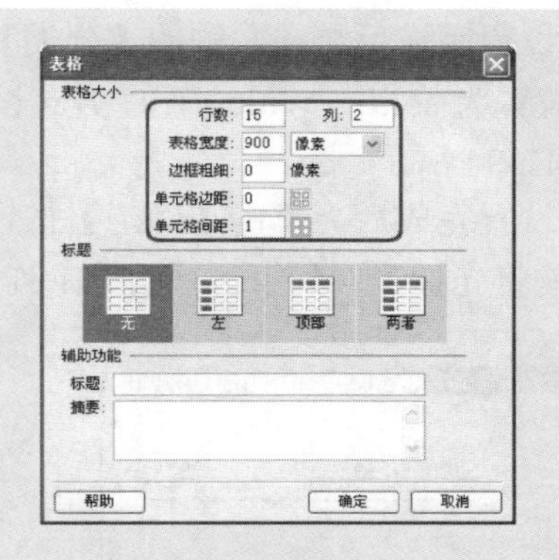

图 12-88　选择【表格】命令　　图 12-89　【表格】对话框

步骤 31　选中左侧的第 1 列单元格，在【属性】面板中将【水平】设置为【右对齐】，【宽】设置为 200，【高】设置为 25，如图 12-91 所示。

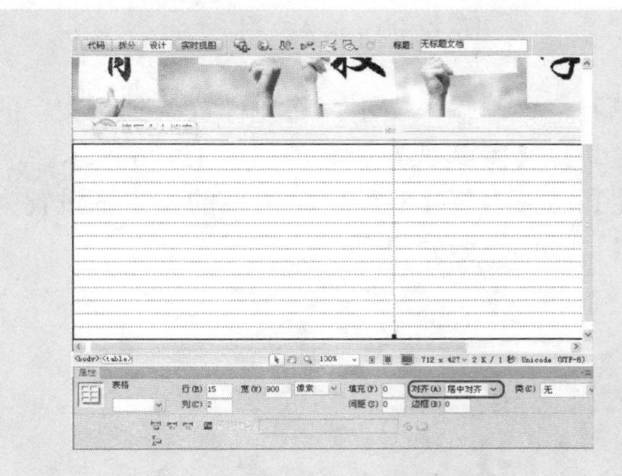

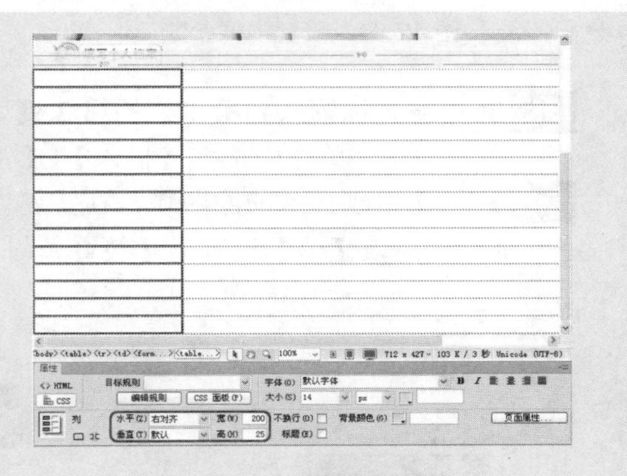

图 12-90　设置对齐方式　　图 12-91　设置表格属性

步骤 32　选中刚插入的整个表格，在菜单栏中选择【格式】|【CSS 样式】|【新建】命令，在弹出的对话框中将【选择器名称】设置为 wz2，如图 12-92 所示。

步骤 33　设置完成后，单击【确定】按钮，再在弹出的对话框中将 Font-size 设置为 14px，如图 12-93 所示。

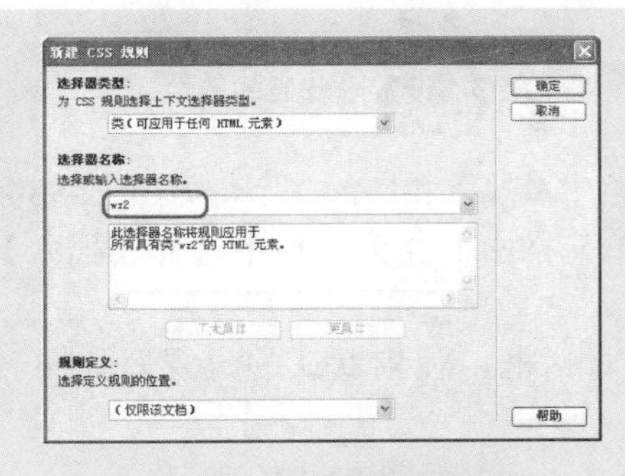

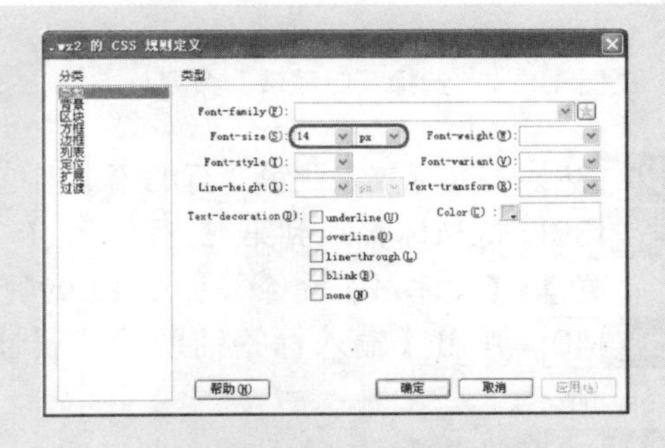

图 12-92　设置选择器名称　　图 12-93　设置文字属性

步骤 34 设置完成后，在左侧的【分类】列表框中选择【边框】选项，将 Style 下的 Top 设置为 solid，Width 下的 Top 设置为 1px，Color 下的 Top 设置为#F5F5F5，如图 12-94 所示。

步骤 35 设置完成后，单击【确定】按钮，即可为选中的表格应用该样式，使用同样的方法将光标置入到第 1 行的第 1 列单元格中，输入文字，效果如图 12-95 所示。

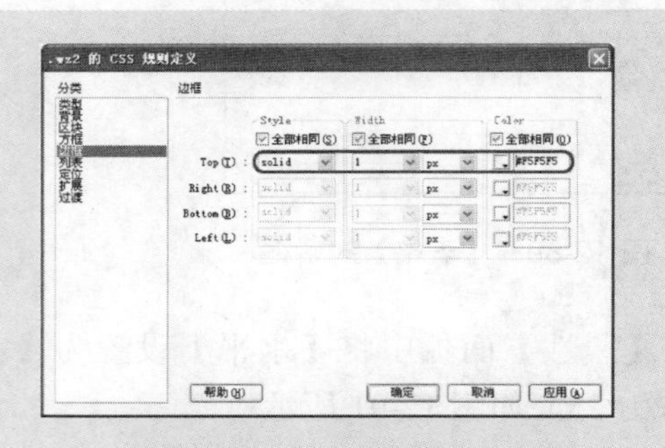

图 12-94 设置边框参数

图 12-95 输入文字

步骤 36 将光标置入到第 1 行的第 2 列单元格中，输入文字，将光标置入到该文字的右侧，在菜单栏中选择【插入】|【表单】|【隐藏域】命令，如图 12-96 所示。

步骤 37 选中刚插入的隐藏域，在【属性】面板中将【隐藏区域】下的文本框设置为 job name，【值】设置为【教育顾问】，如图 12-97 所示。

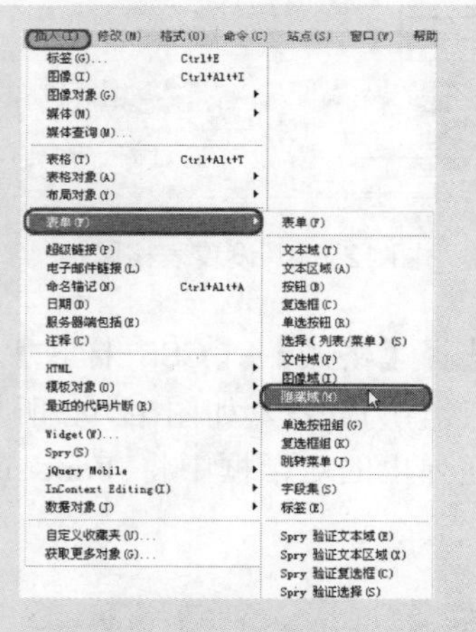

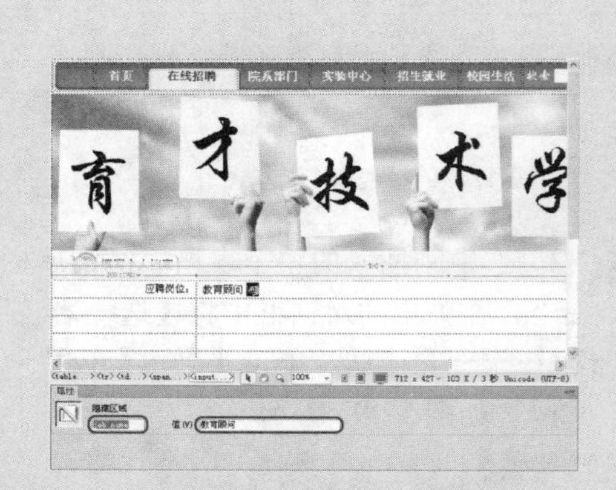

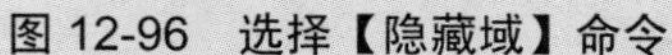

图 12-96 选择【隐藏域】命令

图 12-97 设置隐藏域的属性

步骤 38 将光标置入到第 2 行的第 1 列单元格中，输入相应的文字，如图 12-98 所示。

步骤 39 将光标置入到第 2 行的第 1 列单元格中，在菜单栏中选择【插入】|【表单】|【文本域】命令，如图 12-99 所示。

步骤 40 弹出【输入标签辅助功能属性】对话框，使用默认的设置，如图 12-100 所示。

步骤 41 单击【确定】按钮，即可插入一个文本域，如图 12-101 所示。

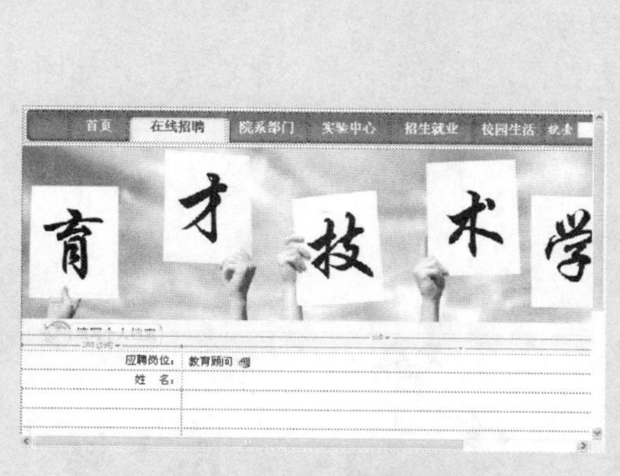

图 12-98 输入文字

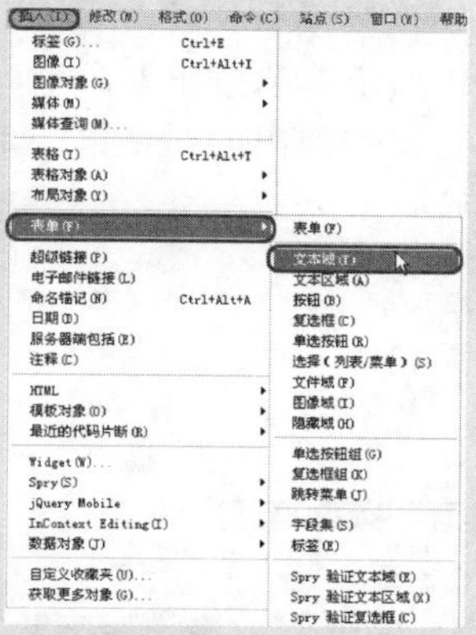

图 12-99 选择【文本域】命令

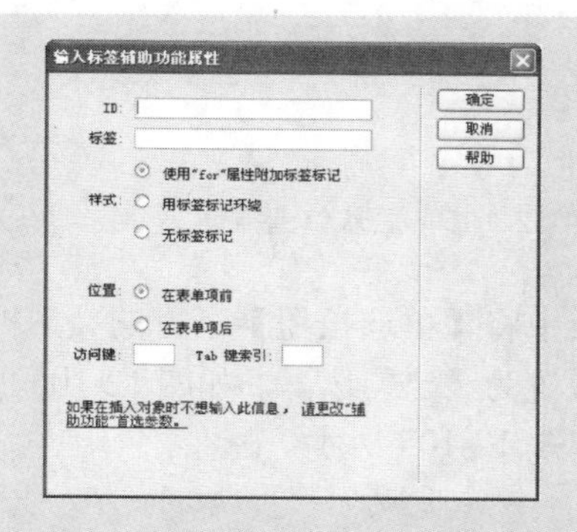

图 12-100 【输入标签辅助功能属性】对话框

图 12-101 插入文本域

步骤42 选中插入的文本域，在【属性】面板中将【文本域】下方的文本框设置为name，字符宽度设置为12，最多字符数设置为16，如图12-102所示。

步骤43 将光标置入到第3行的第1列单元格中，在该单元格中输入文字，如图12-103所示。

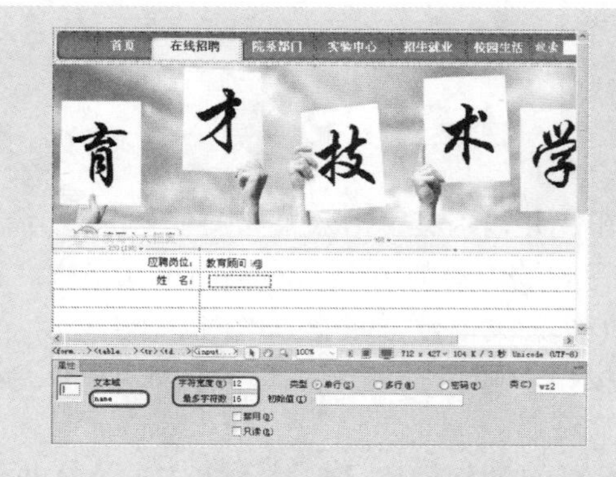

图 12-102 设置文本域属性

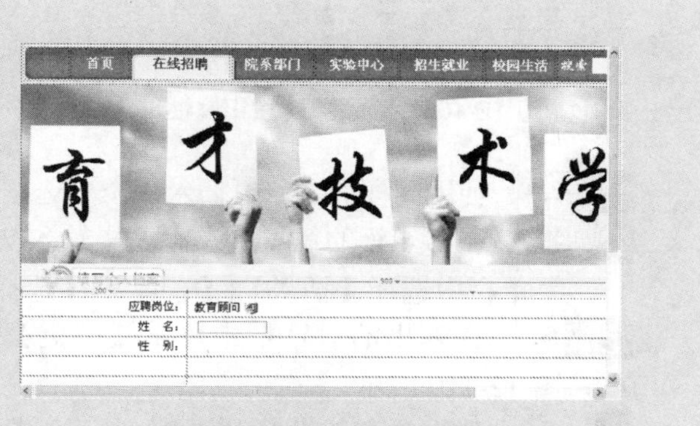

图 12-103 输入文字

步骤44 将光标置入到第 3 行的第 2 列单元格中，在菜单栏中选择【插入】|【表单】|【单选按钮】命令，如图 12-104 所示。

步骤45 在弹出的对话框中单击【确定】按钮，即可插入一个单选按钮，如图 12-105 所示。

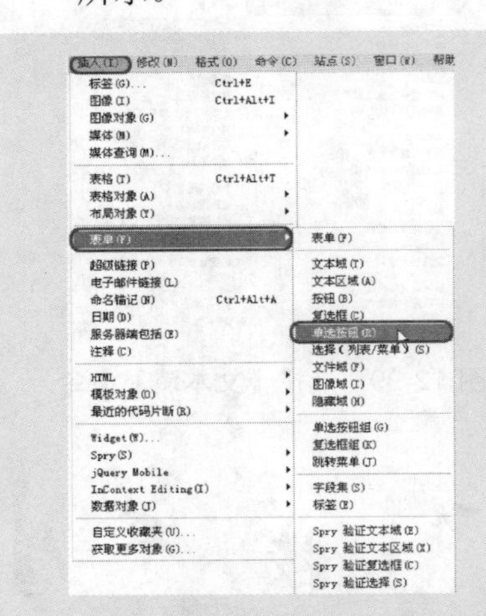

图 12-104 选择【单选按钮】命令

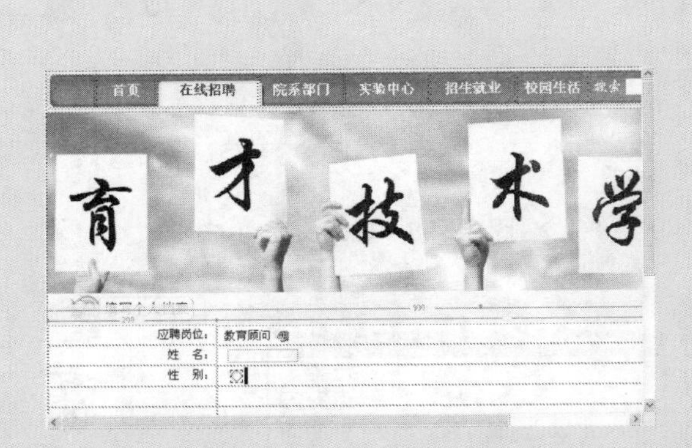

图 12-105 插入单选按钮

步骤46 选中插入的单选按钮，在【属性】面板中将【单选按钮】下方的文本框设置 man，【选定值】设置为【男】，初始状态设置为【已勾选】，如图 12-106 所示。

步骤47 在该单选按钮的右侧输入文字，效果如图 12-107 所示。

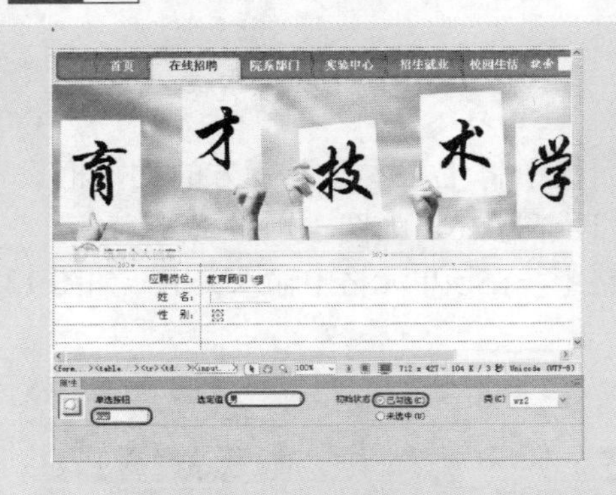

图 12-106 设置单选按钮属性

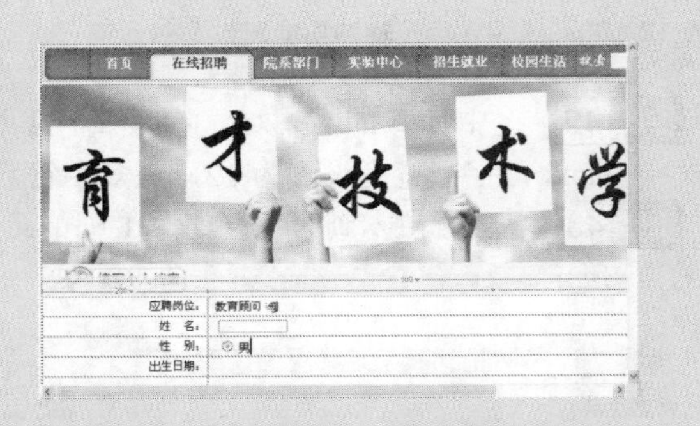

图 12-107 输入文字

步骤48 使用同样的方法再插入一个单选按钮，并输入文字，效果如图 12-108 所示。

步骤49 在第 4 行的第 1 列单元格中输入文字，将光标置入到其右侧的单元格中，在菜单栏中选择【插入】|【表单】|【选择(列表/菜单)】命令，如图 12-109 所示。

步骤50 在弹出的对话框中单击【确定】按钮，即可插入一个选择列表/菜单，如图 12-110 所示。

步骤51 选中插入的选择列表/菜单，在【属性】面板中将【选择】下方的文本框设置为 Years，如图 12-111 所示。

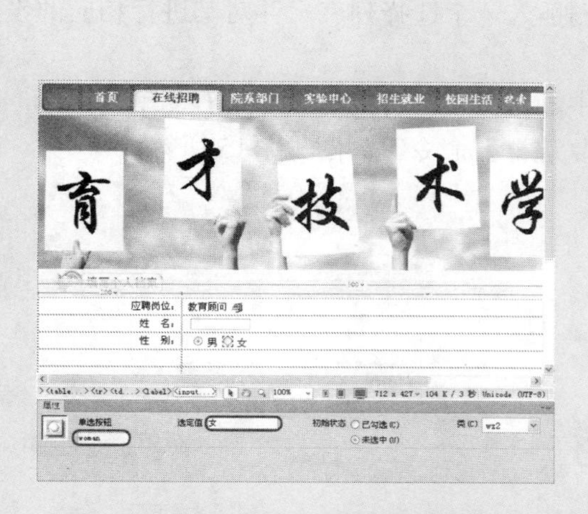

图 12-108　插入其他单选按钮后的效果

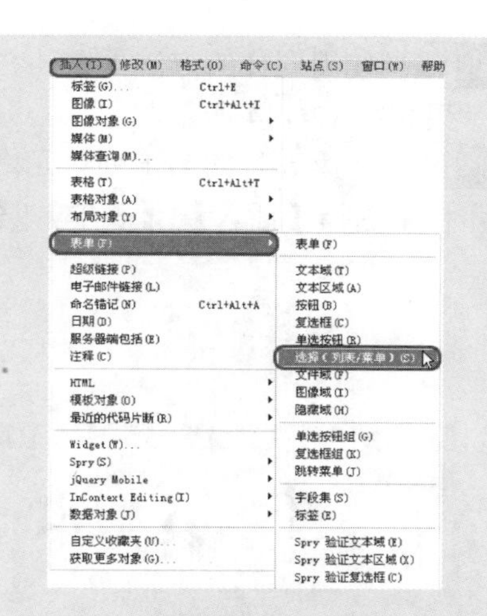

图 12-109　选择【选择(列表/菜单)】命令

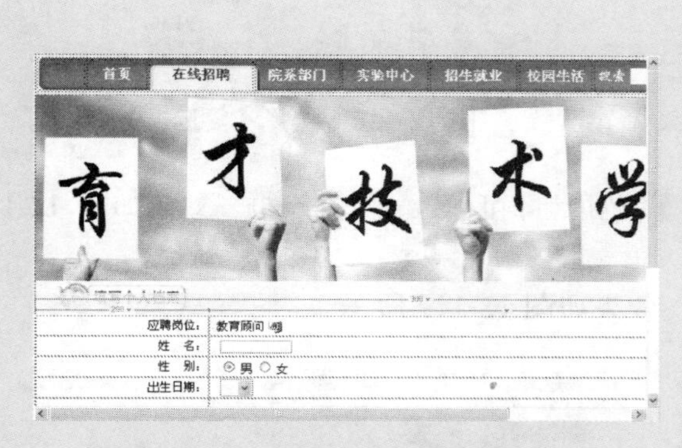

图 12-110　插入一个选择列表/菜单

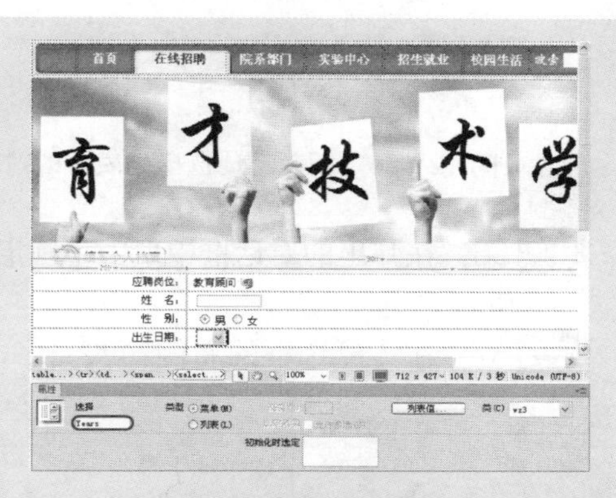

图 12-111　设置对象的属性

步骤52　再在【属性】面板中单击【列表值】按钮，弹出【列表值】对话框，向其中添加列表值，如图 12-112 所示。

步骤53　设置完成后，单击【确定】按钮，即可为选中的对象添加列表值，效果如图 12-113 所示。

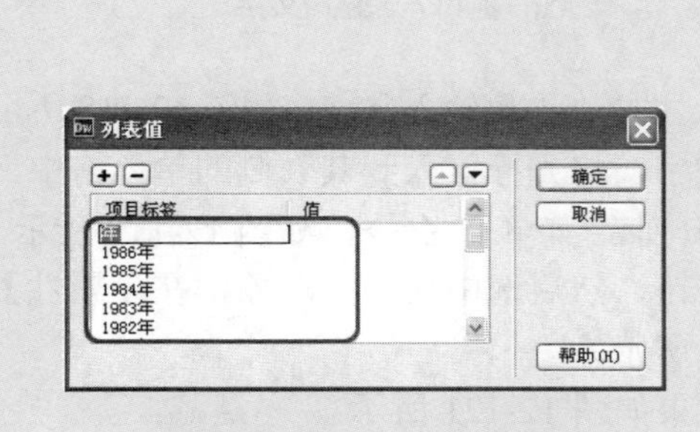

图 12-112　输入列表值

图 12-113　添加列表值后的效果

步骤 54 使用同样的方法再在其右侧插入一个选择列表，并对其进行相应的设置，效果如图 12-114 所示。

步骤 55 在第 5 行的第 1 列单元格中输入文字，将光标置入其右侧单元格中，在菜单栏中选择【插入】|【表单】|【复选框】命令，如图 12-115 所示。

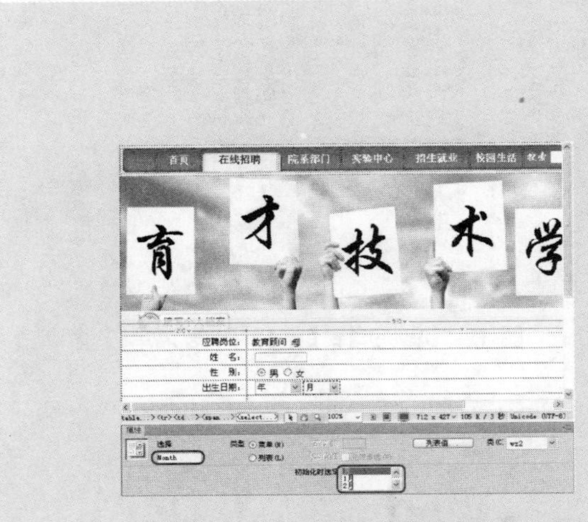

图 12-114 插入其他选择列表后的效果

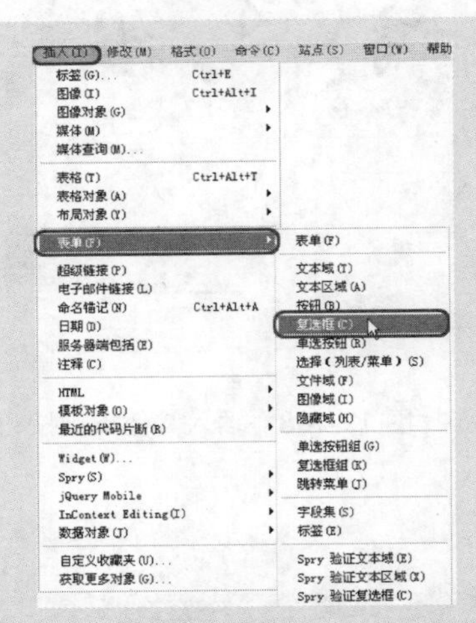

图 12-115 选择【复选框】命令

步骤 56 在弹出的对话框中单击【确定】按钮，即可插入一个复选框，效果如图 12-116 所示。

步骤 57 在该复选框的右侧输入文字，效果如图 12-117 所示。

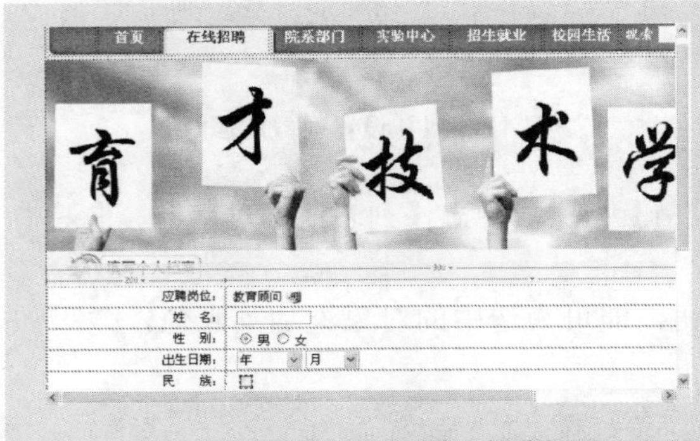

图 12-116 插入复选框

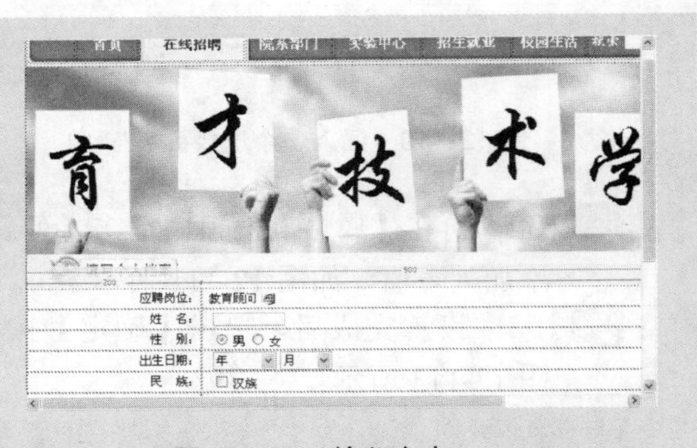

图 12-117 输入文字

步骤 58 使用同样的方法再插入一个复选框，并再在右侧输入文字，如图 12-118 所示。

步骤 59 在第 6 行的第 1 列单元格中输入文字，将光标置入到其右侧的单元格中，在菜单栏中选择【插入】|【表单】|【选择(列表/菜单)】命令，如图 12-119 所示。

步骤 60 在弹出的对话框中单击【确定】按钮，然后选中插入的对象，在【属性】面板中单击【列表值】按钮，如图 12-120 所示。

步骤 61 在弹出的对话框中添加列表值，效果如图 12-121 所示。

步骤 62 设置完成后，单击【确定】按钮，即可为选中的对象添加列表值，效果如

图 12-122 所示。

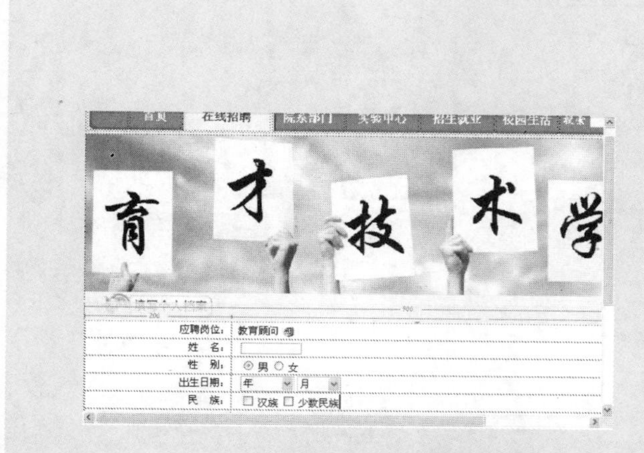

图 12-118 插入复选框并输入文字

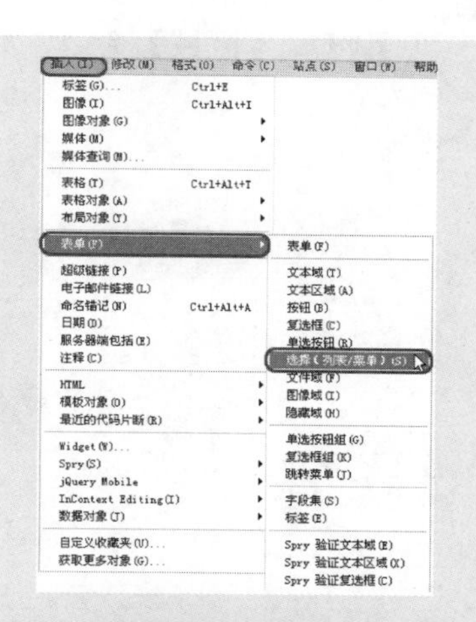

图 12-119 选择【选择(列表/菜单)】命令

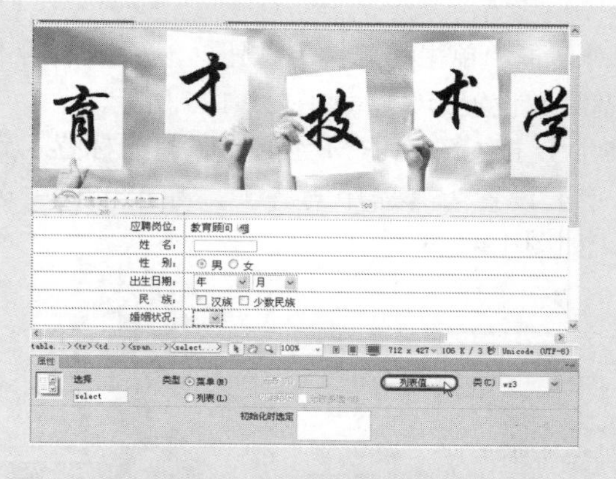

图 12-120 单击【列表值】按钮

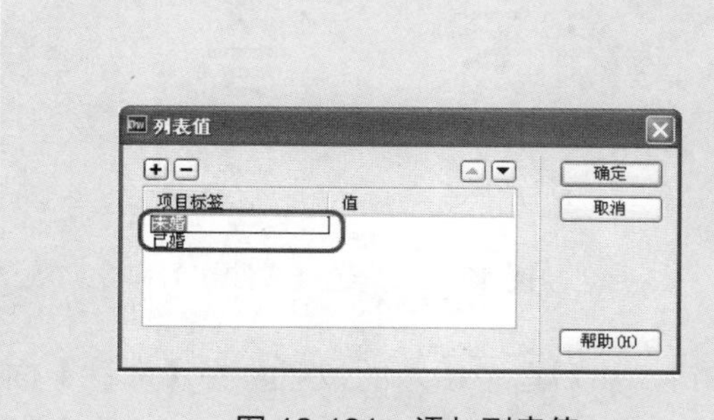

图 12-121 添加列表值

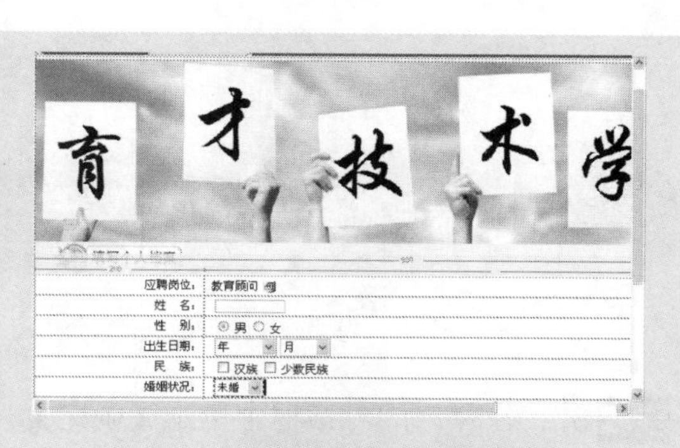

图 12-122 添加列表值

步骤63 根据上面所介绍的方法输入其他文字，并插入其他文本域，插入后的效果如图 12-123 所示。

步骤 64　将光标置入到第 14 行的第 2 列单元格中，在菜单栏中选择【插入】|【表单】|【文本区域】命令，如图 12-124 所示。

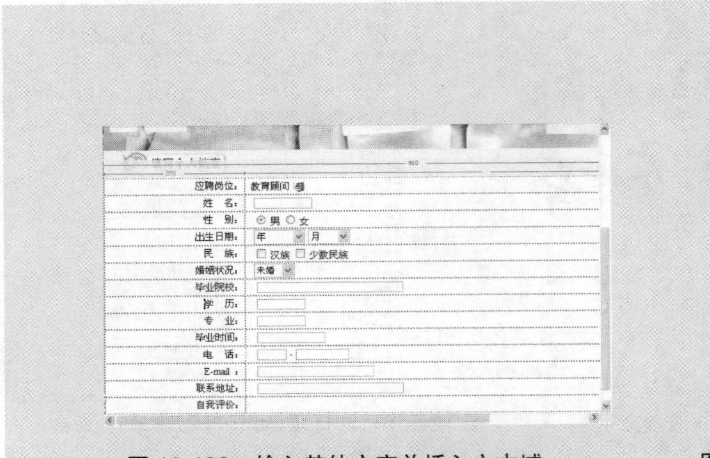

图 12-123　输入其他文字并插入文本域　　图 12-124　选择【文本区域】命令

步骤 65　在弹出的对话框中单击【确定】按钮，然后选中插入的对象，在【属性】面板中将【字符宽度】设置为 35，如图 12-125 所示。

步骤 66　选中第 15 行，按 Ctrl+Alt+M 组合键，将光标置入到该单元格，在【属性】面板中将【水平】设置为【居中对齐】，在菜单栏中选择【插入】|【表单】|【按钮】命令，如图 12-126 所示。

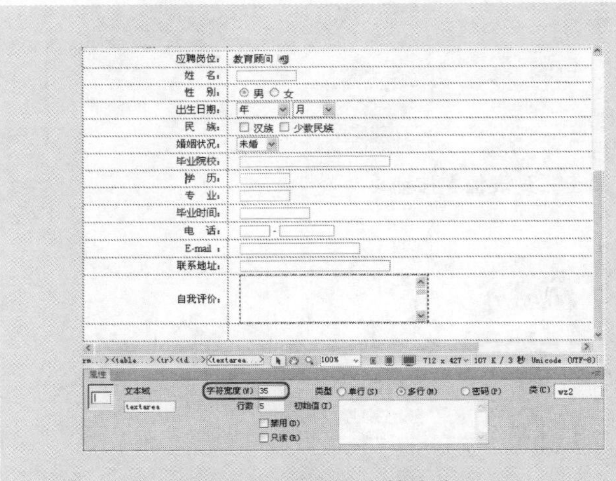

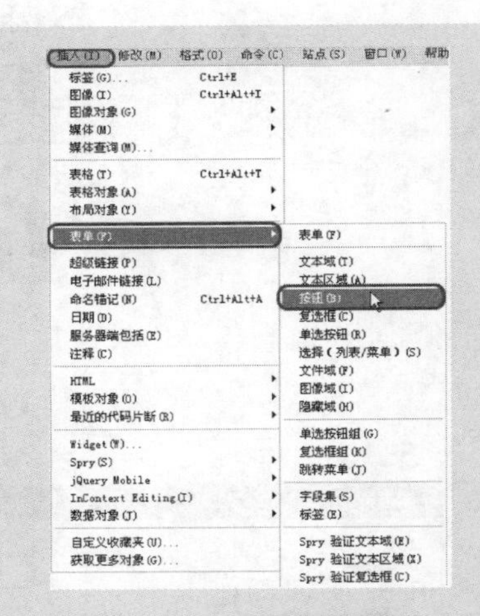

图 12-125　设置字符宽度　　图 12-126　选择【按钮】命令

步骤 67　在弹出的对话框中单击【确定】按钮，然后选中插入的按钮，在【属性】面板中将【值】设置为【提交内容】，如图 12-127 所示。

步骤 68　使用同样的方法再插入一个按钮，然后选中插入的按钮，在【属性】面板中将【值】设置为【重置】，在【动作】区域中选中【重设表单】单选按钮，如图 12-128 所示。

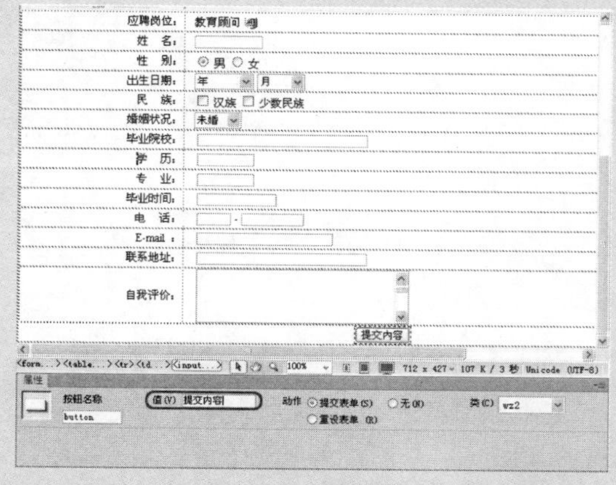

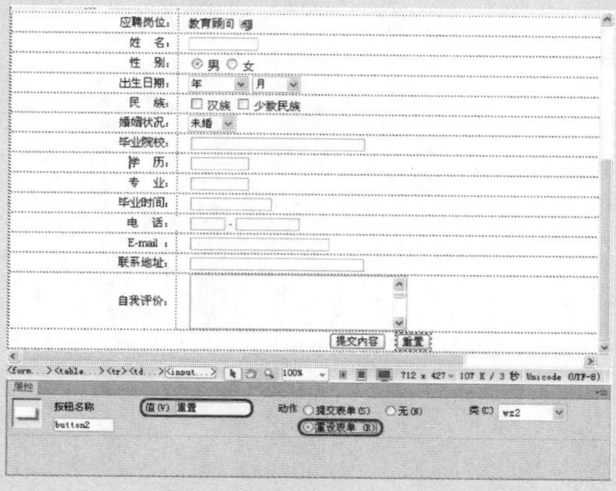

应聘岗位：教育顾问
姓 名：
性 别：男 女
出生日期：年 月
民 族：汉族 少数民族
婚姻状况：未婚
毕业院校：
学 历：
专 业：
毕业时间：
电 话：
E-mail：
联系地址：
自我评价：
提交内容
<form...><table...><tr><td...><input...> 100% 712 x 427 107 K / 3 秒 Unicode (UTF-8)
属性
按钮名称 button 值(V) 提交内容 动作 提交表单(S) 无(N) 重设表单(R) 类(C) wz2

图 12-127 设置按钮属性

应聘岗位：教育顾问
姓 名：
性 别：男 女
出生日期：年 月
民 族：汉族 少数民族
婚姻状况：未婚
毕业院校：
学 历：
专 业：
毕业时间：
电 话：
E-mail：
联系地址：
自我评价：
提交内容 重置
<form...><table...><tr><td...><input...> 100% 712 x 427 107 K / 3 秒 Unicode (UTF-8)
属性
按钮名称 button2 值(V) 重置 动作 提交表单(S) 无(N) 重设表单(R) 类(C) wz2

图 12-128 设置按钮属性

步骤69 至此，学校招聘网页就制作完成了，按 F12 键预览效果。

第13章

利用框架制作网页

本章主要介绍使用框架来制作网页。框架是HTML非标准的附属物，是网页中最为常见的页面设计方式。框架的作用就是把浏览器窗口划分为若干个区域，每个区域分别显示不同的网页。框架由两个部分——框架集和单个框架组成。框架集是在一个文档内定义一组框架结构的HTML网页，它定义了一个网页显示的框架数、框架的大小、载入框架的网页源和其他可定义的属性。单个框架是指在网页上定义的一个区域。

本章重点：

- 框架结构的概述
- 框架的创建
- 框架和框架集的基本操作
- 设置框架与框架集属性

13.1　框架结构的概述

在网页中，框架最常用于导航部分。最简单的框架是由一个显示导航条的框架和一个显示主要内容的页面框架组合而成的。在许多情况下。可以创建没有框架的 Web 页，它可以达到一组框架所能达到的效果。例如，如果使用者想让导航条显示在页面的右侧，则不仅可以使用框架，也可以只是在站点中的每一页上包含该导航条。

框架主要用于在一个浏览器窗口中显示多个 HTML 文档内容，通过构建这些文档之间的相互关系，实现文档导航、浏览以及操作等目的。

框架集(Frameset)和单个框架(Frames)是组成框架的主要元素。

提示： 框架集就是框架的集合。实际的框架就是一个页面，用于定义在一个文档窗口中显示多个文档框架结构的 HTML 网页。

框架集定义了一个文档窗口中显示的网页框架数、框架的大小、载入框架的网页源和其他可定义的属性。一般来说，框架集文档中的内容不会显示在浏览器中。我们可以将框架集看成是一个容纳和组织多个文档的容器。

单个框架是指在框架集中被组织和显示的每一个文档。单个框架是浏览器窗口中的一个区域，它可以显示与浏览器窗口其余部分中显示内容无关的 HTML 文档。

框架结构的网页有着很独特的优点，其具体说明如下。

- 可以很好地保持网站风格的统一。由于框架页面中导航部分是同一个网页，因此整体风格统一。
- 可以把每个网页都用到的公共内容制作成一个单独的网页，作为框架内容的一个特定的框架页面。这样，就不需要在每一个网页中重新输入这个公共部分的内容了，既可以节省时间，又能提高工作效率。
- 在更新网络时，只要框架中公共部分的框架内容被更改了，其他使用公共部分内容的文档也会自动更新，从而使整个网站保持统一。
- 在一个页面中，可以使用框架的嵌套来满足网页设计的需求。
- 在创建框架时，既可以设置边框的颜色，也可以很随意地设置框架的链接和跳转功能，还可以设置框架的行为，从而制作出更加复杂的页面，以提升网页的整体观。
- 便于浏览者访问。框架网页中导航部分是固定的，不需要滚动条，这样便于浏览者访问阅读。

13.2　框架的创建

Dreamweaver CS6 在【插入】面板中提供了 13 种框架集，因此，如果想要创建框架，那么只需要在系统提供的框架集中选择想要创建的框架集。

13.2.1 创建预定义的框架集

使用预定义的框架集可以轻松地创建想要创建的框架集，框架集图标提供了可应用于当前文档的每个框架集的可视化表示形式，蓝色区域表示当前文档，白色区域表示将显示其他文档的框架。

创建框架集的具体操作步骤如下。

步骤 01 运行 Dreamweaver CS6，新建一个空白的 HTML 文档，如图 13-1 所示。

步骤 02 在菜单栏中选择【插入】| HTML |【框架】|【右侧及上方嵌套】命令，如图 13-2 所示。

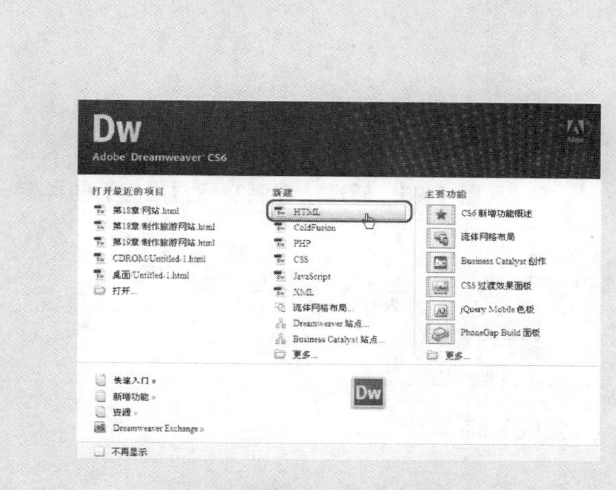

图 13-1 开始界面

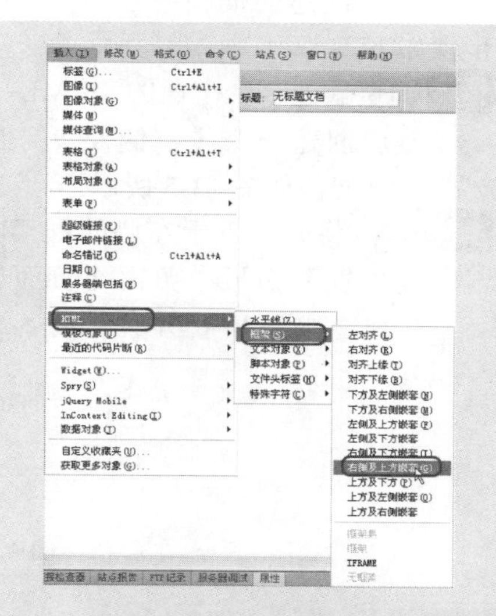

图 13-2 【右侧及上方嵌套】命令

步骤 03 此时页面会弹出一个【框架标签辅助功能属性】对话框，用户可以通过【框架】下拉列表为创建的框架指定一个标题，如图 13-3 所示。

步骤 04 完成设置后单击【确定】按钮，此时页面中就会创建一个右侧及上方嵌套的框架，如图 13-4 所示。

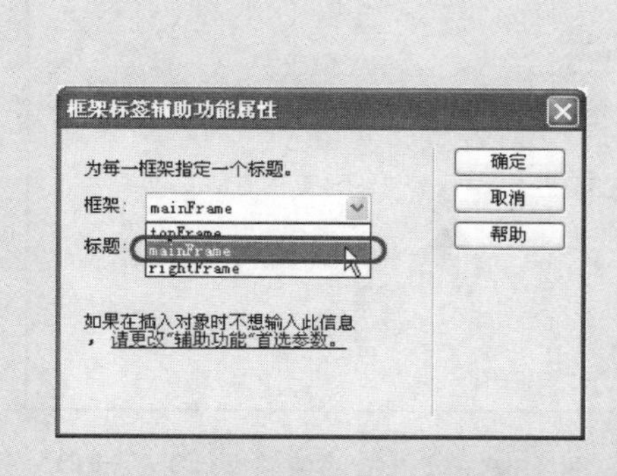

图 13-3 【框架标签辅助功能属性】对话框

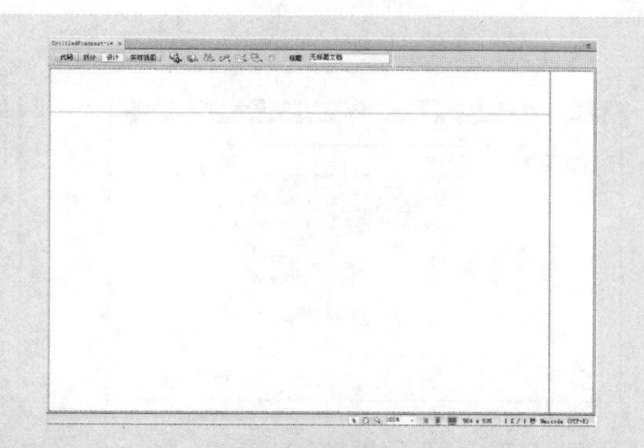

图 13-4 创建的框架

提示：在应用框架集时，Dreamweaver 将自动地设置框架集，以便于在某一框架中能显示当前的文档。

13.2.2 向框架中添加内容

框架创建完成后，就可以往里面添加内容了。一个框架就是一个文档，可以直接向框架里添加内容，也可以在框架中打开已经存在的文档。在创建的框架中添加内容的具体操作步骤如下。

步骤01 新建一个空白的 HTML 文档，然后创建一个【左侧及下方嵌套】的框架，如图 13-5 所示。

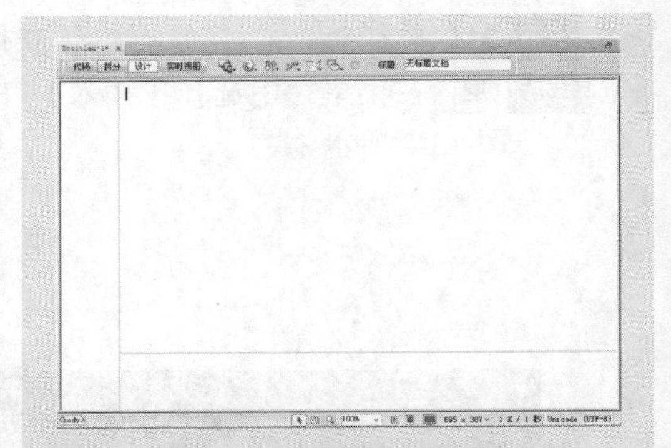

图 13-5 新建【左侧及下方嵌套】的框架

步骤02 将光标置于左侧的框架中，在【属性】面板中单击【页面属性】按钮，如图 13-6 所示。

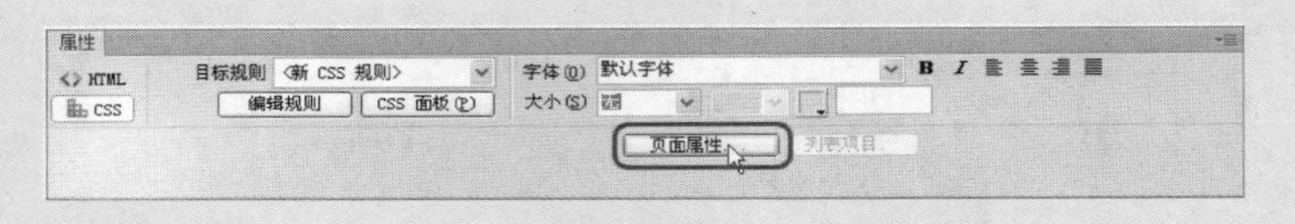

图 13-6 【属性】面板

步骤03 打开【页面属性】对话框，在【分类】列表框中选择【外观(HTML)】选项，在【外观(HTML)】区域单击【背景图像】文本框右侧的【浏览】按钮，如图 13-7 所示。

步骤04 打开【选择图像源文件】对话框，在该对话框中选择随书附带光盘中的“CDROM\素材\第 13 章\背景 1”素材文件，如图 13-8 所示。

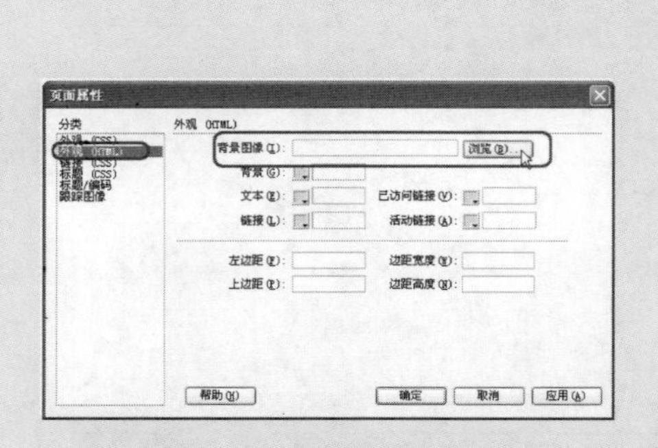

图 13-7 【页面属性】对话框

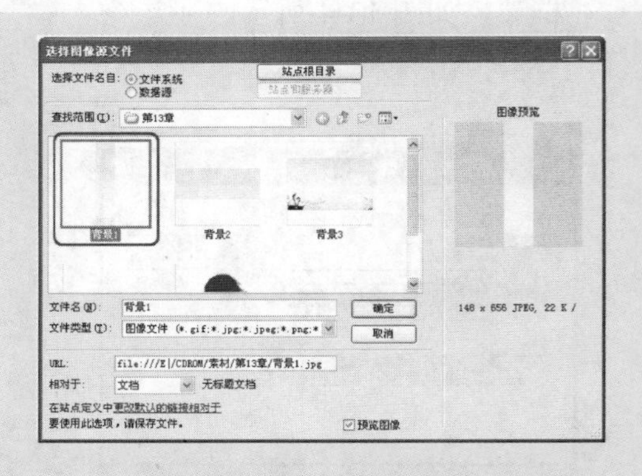

图 13-8 【选择图像源文件】对话框

步骤05 设置完成后单击【确定】按钮，回到【页面属性】对话框中，即可将选择的素材文件的路径添加到【背景图像】右侧的文本框中，如图 13-9 所示。

步骤06 单击【确定】按钮，即可在框架中添加选择的背景图像，如图 13-10 所示。

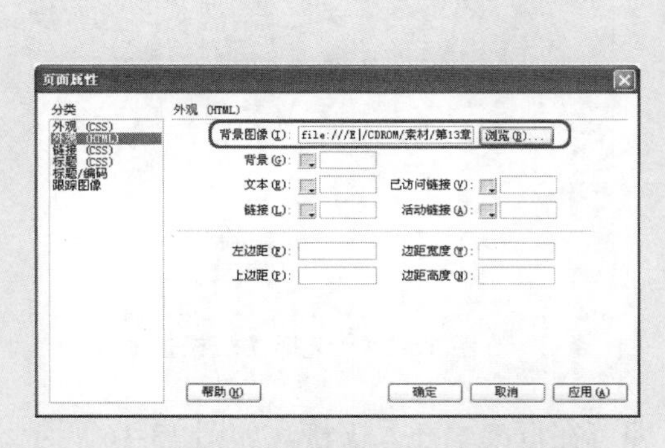

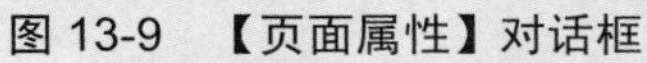

图 13-9 【页面属性】对话框

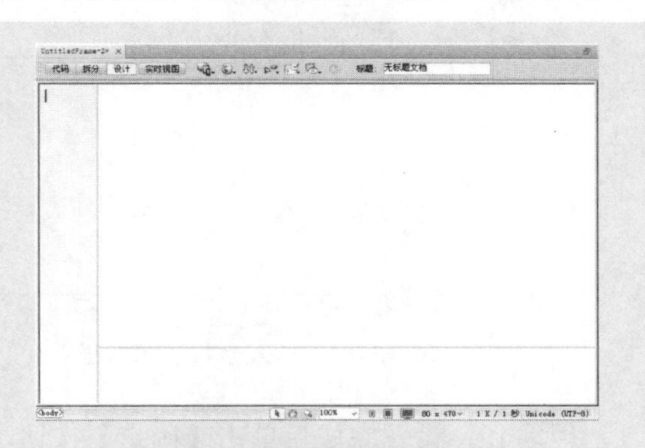

图 13-10 添加背景后的效果

步骤07 将光标置于框架的边框上，当光标处于双向箭头时单击，在【属性】面板中将【列】设置为 13，【单位】设置为【百分比】，如图 13-11 所示。

步骤08 将光标置于左侧的框架中，按 Ctrl+Alt+I 组合键，在弹出的对话框中选择随书附带光盘中的“CDROM\素材\第 13 章\头像”素材文件，如图 13-12 所示。

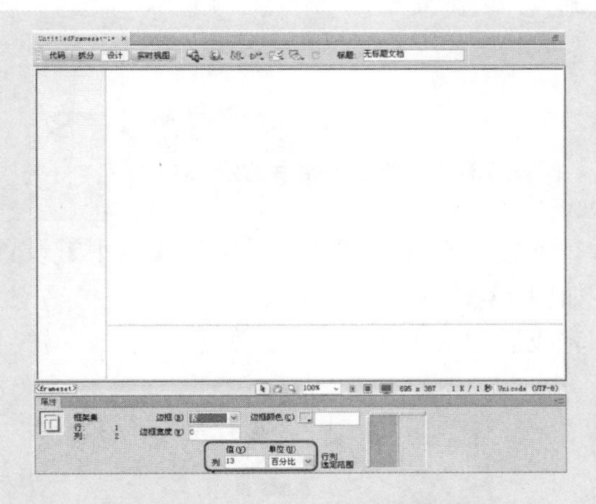

图 13-11 设置框架属性

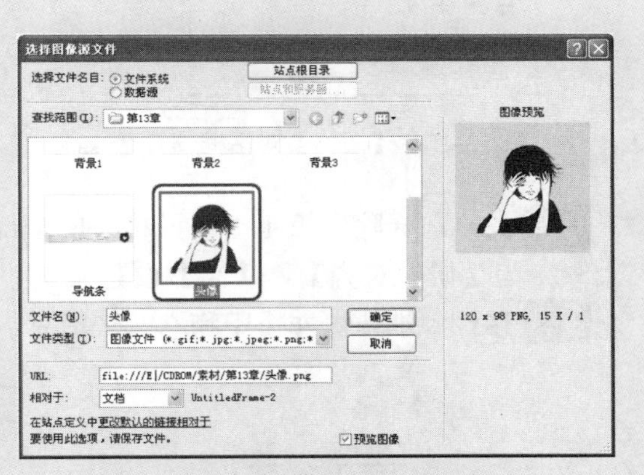

图 13-12 【选择图像源文件】对话框

步骤09 单击【确定】按钮，即可将选择的素材文件添加到框架中，如图 13-13 所示。

步骤10 将光标置于插入的素材文件的下方，在菜单栏中选择【插入】|【表格】命令，如图 13-14 所示。

步骤11 弹出【表格】对话框，在【表格大小】选项区域中将【行数】设置为 13，【列】设置为 1，【表格宽度】设置为 100、【百分比】，其他参数均设置为 0，如图 13-15 所示。

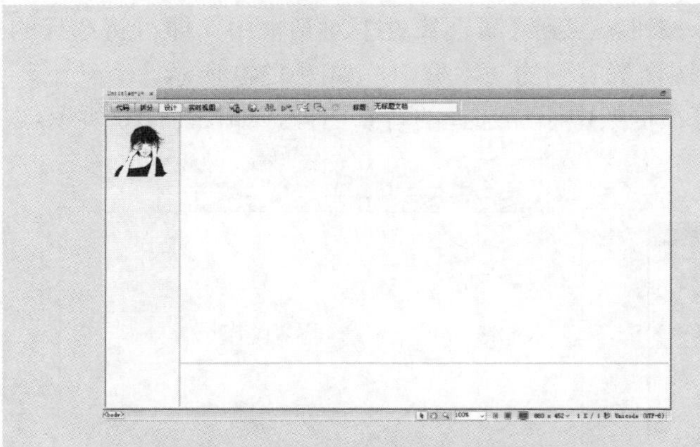

图 13-13 插入素材后的效果

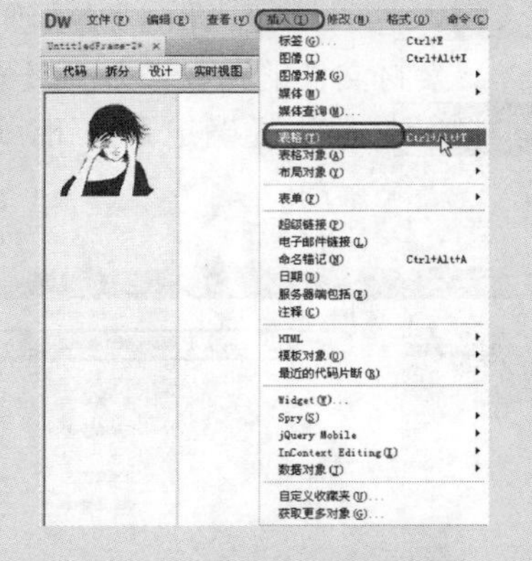

图 13-14 选择【表格】命令

步骤 12 设置完成后单击【确定】按钮，即可在框架中插入表格，如图 13-16 所示。

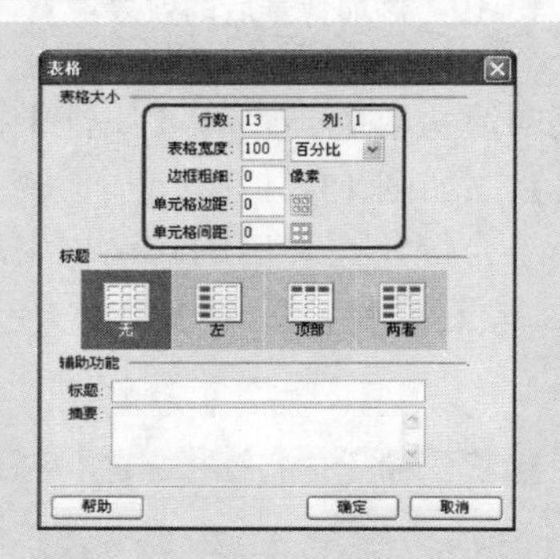

图 13-15 【表格】对话框

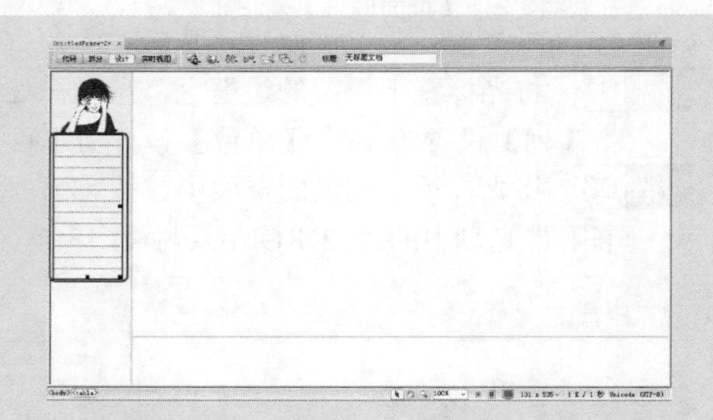

图 13-16 添加表格后的效果

步骤 13 选择除去第 1 个单元格外的全部单元格，在【属性】面板中将【水平】设置为【居中对齐】，【高】设置为 30，如图 13-17 所示。

步骤 14 分别在单元格中输入文字信息，完成后的效果如图 13-18 所示。

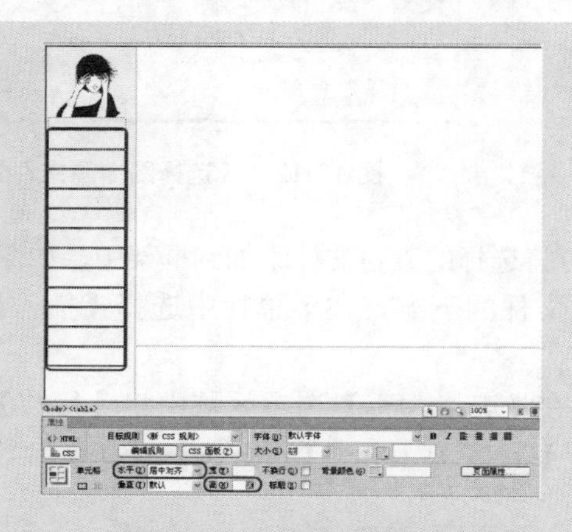

图 13-17 设置单元格属性

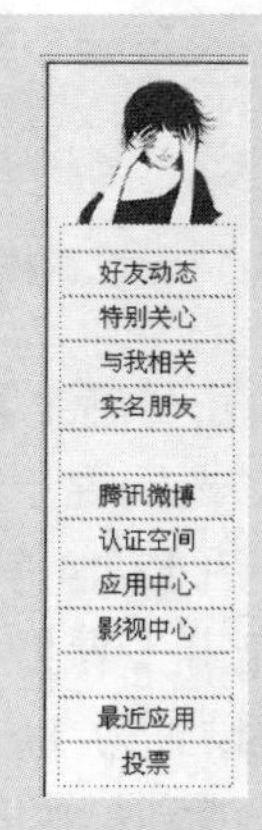

图 13-18 完成后的效果

步骤 15 选择下侧框架的边框，打开【属性】面板，在【行列选定范围】右侧选择下方的框架，将【行】设置为 80、【百分比】，如图 13-19 所示。

步骤 16 将光标置于框架的上方，在【属性】面板中单击【页面属性】按钮，打开【页面属性】对话框，在【分类】列表框中选择【外观(HTML)】选项，在【外观(HTML)】选项区域中单击【背景图像】右侧的【浏览】按钮，如图 13-20 所示。

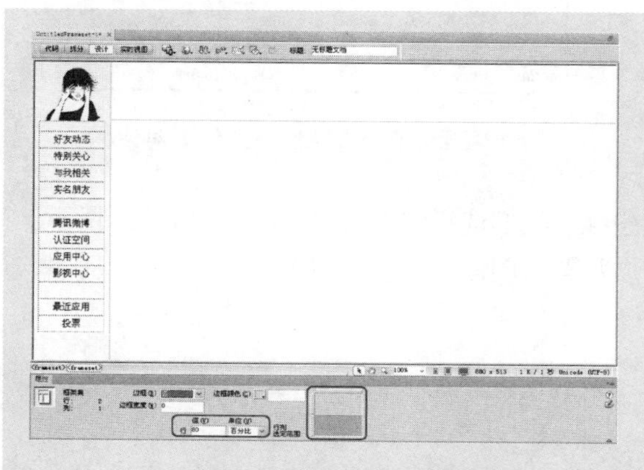

图 13-19 设置框架属性

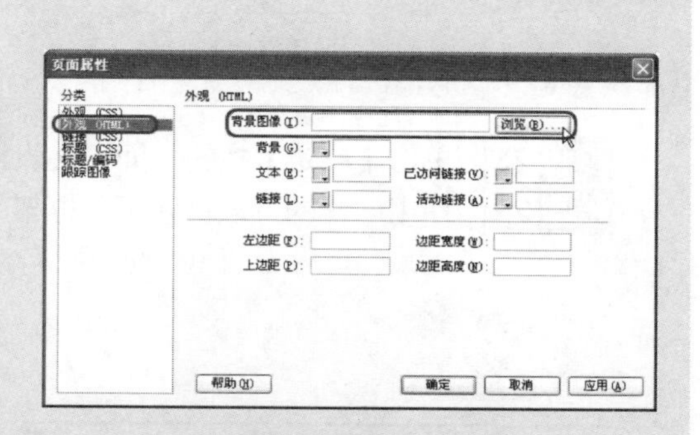

图 13-20 【页面属性】对话框

步骤 17 在弹出的对话框中选择随书附带光盘中的“CDROM\素材\第 13 章\背景 2”素材文件，如图 13-21 所示。

步骤 18 单击【确定】按钮，即可将选择的背景添加到框架中，如图 13-22 所示。

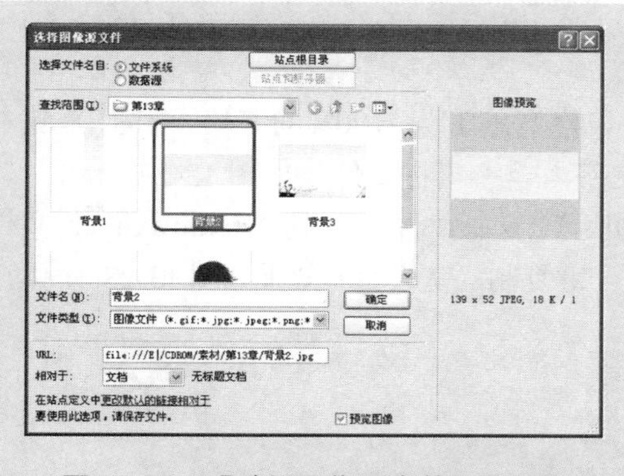

图 13-21 【选择图像源文件】对话框

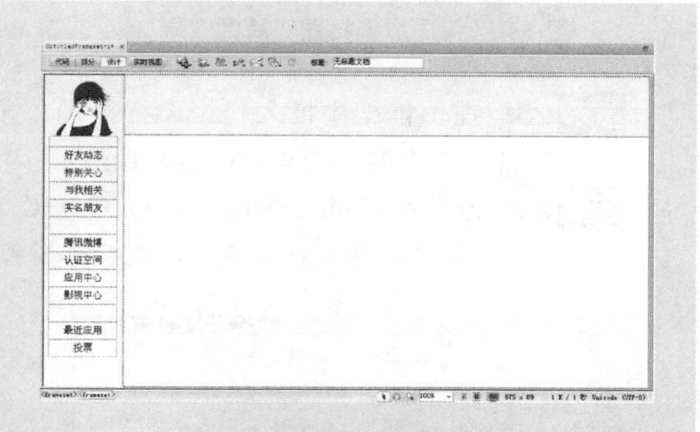

图 13-22 添加背景

步骤 19 确认光标处于当前框架中的情况下，在此插入一个一行一列，【表格宽度】为 100%的表格，并将【对齐】设置为【居中对齐】，如图 13-23 所示。

步骤 20 将光标置于插入的表格中，在【属性】面板中将【水平】设置为【居中对齐】，然后按 Ctrl+Alt+I 组合键，在弹出的对话框中选择随书附带光盘中的“CDROM\素材\第 13 章\导航条”素材文件，如图 13-24 所示。

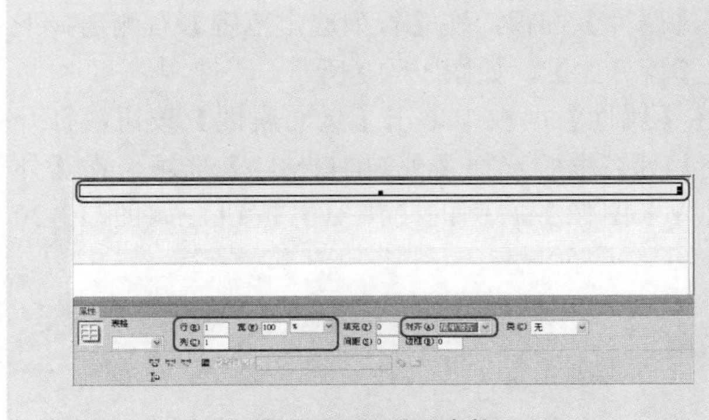

图 13-23 插入表格

图 13-24 【选择图像源文件】对话框

步骤 21 单击【确定】按钮，即可在表格中插入我们选择的素材文件，如图 13-25 所示。

步骤 22 使用同样的方法，在下侧框架中添加背景图像，完成后的效果如图 13-26 所示。

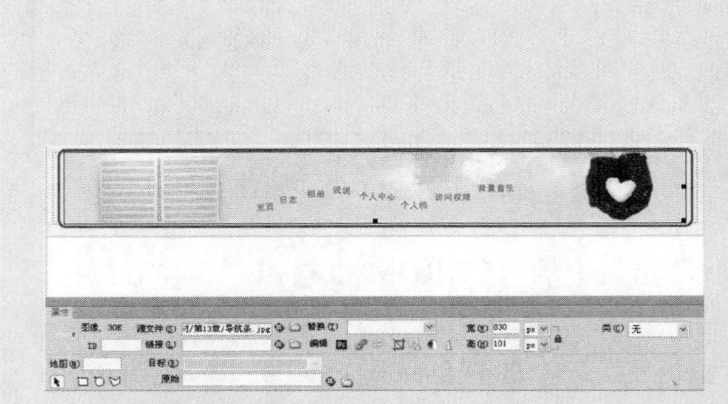

图 13-25 添加素材图像后的效果

图 13-26 添加完背景后的效果

步骤 23 在该框架中插入一个一行一列，【表格宽度】为 100%的表格，并打开随书附带光盘中的“CDROM\素材\第 13 章\文字内容”素材文件，如图 13-27 所示。

步骤 24 选择全部的文字内容，按 Ctrl+C 组合键复制，然后回到 Dreamweaver 文档中，在插入的单元格中单击，按 Ctrl+V 组合键复制，完成后的效果如图 13-28 所示。

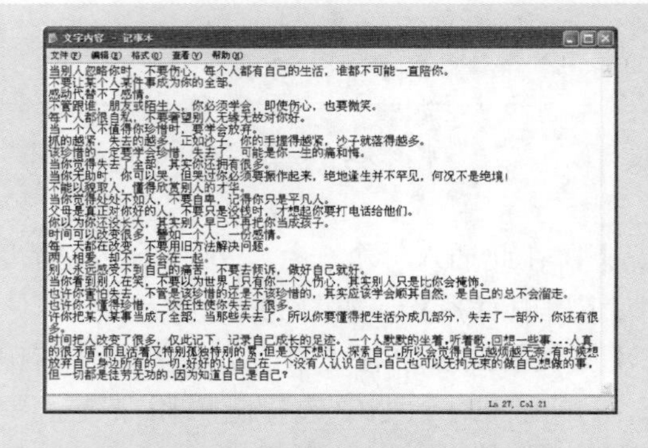

图 13-27 打开的素材文件

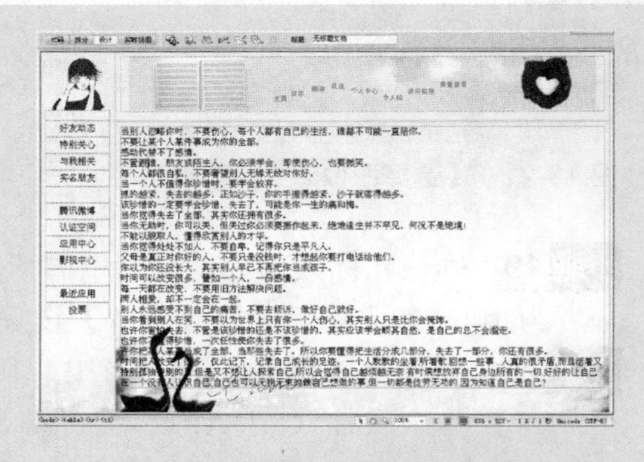

图 13-28 完成后的效果

13.2.3 创建嵌套框架集

一个框架集里面的框架集被称作嵌套框架集。一个框架集文件可以包含多个嵌套框架集。大多数使用了框架的 Web 页实际上都使用了嵌套的框架，并且在 Dreamweaver CS3 中，大多数预定义的框架集也使用嵌套。如果一组框架里的不同行或不同列有不同数目的框架，则创建嵌套框架集的具体操作步骤如下。

步骤01 将光标定位在要插入嵌套框架集的框架中。

步骤02 选择【修改】|【框架集】|【拆分左框架】、【拆分右框架】、【拆分上框架】或【拆分下框架】等命令，如图 13-29 所示。

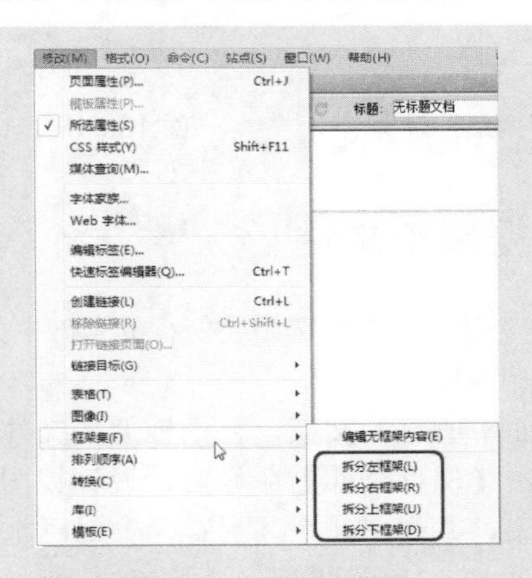

图 13-29 嵌套框架集

提示：在设计视图文档窗口中选定框架后，按住鼠标左键拖动框架的边框，可以垂直或水平拆分框架。

13.3 框架和框架集的基本操作

虽然所创建的框架集与框架文件在同一页面内，但是并不是一体的。如果我们想要保存整个页面，那么必须分别保存页面中的框架集与框架文件。

13.3.1 保存框架

在页面中，如果我们只需要保存页面中的框架，那么方法有两种。

方法一：选中要保存的全部框架，在菜单栏中选择【文件】|【保存框架】命令，如图 13-30 所示。

方法二：选中要保存的全部框架，在菜单栏中选择【文件】|【框架另存为】命令，如图 13-31 所示。

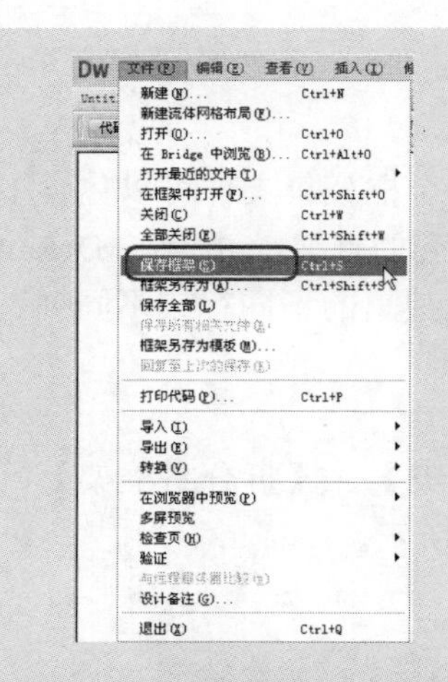

图 13-30　选择【保存框架】命令

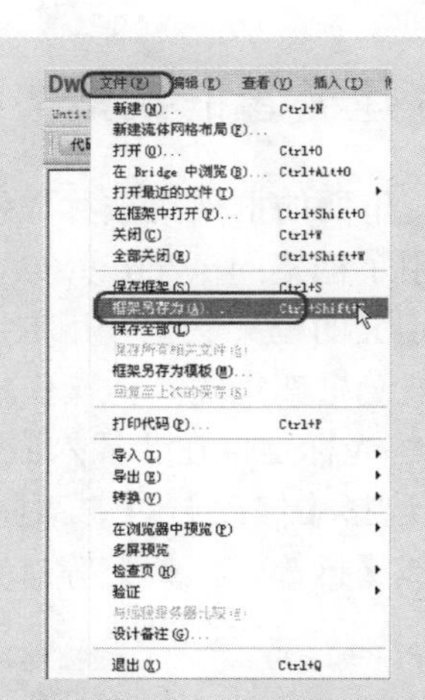

图 13-31　选择【框架另存为】命令

13.3.2　保存所有的框架集文件

如果要保存所有的框架集文件，那么先选中要保存的全部框架，然后在菜单栏中选择【文件】|【保存全部】命令，如图 13-32 所示。

执行该命令可以保存页面中所有的文档，包括框架集文件和所有的框架文件。如果该页面没有被保存过，那么单击【保存全部】命令后，设计视图中的框架集周围会出现粗边框，表示我们将要保存的框架，并弹出一个【另存为】对话框，在【文件名】下拉列表框中输入“主框架.html”，如图 13-33 所示。

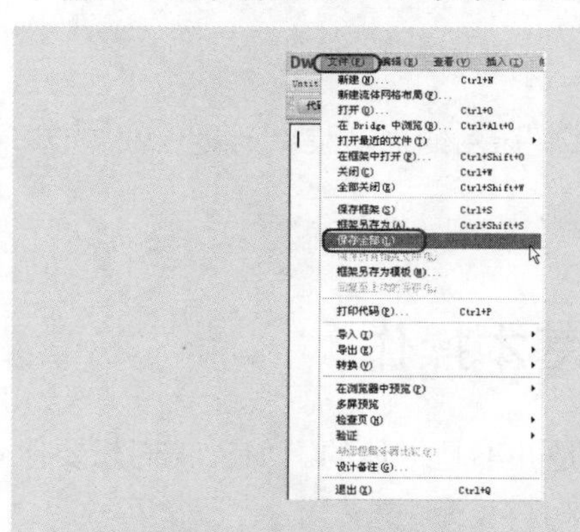

图 13-32　选择【保存全部】命令

图 13-33　【另存为】对话框

对于 13.2.2 一节介绍的实例，保存完毕后，会得到三个文件，即主框架文件、顶框架文件和左框架文件。

框架集文件是一个 HTML 文件，它定义了页面显示的框架数、框架的大小、载入框架的源文件，以及其他可定义的属性信息。在文档窗口的设计视图中单击框架边框选择框架集，然后选择组合视图或代码视图，在【代码】窗口中即可看到这些信息。

框架文件实际上是在框架内打开的网页文件，只不过在刚创建时主体部分(<body>...

</body>)不包含任何内容，是一个“空”文件。

从框架集文件的框架定义中可以看到，顶框架(TopFrame)的源文件(即在框架内打开的网页文件)是 UntitledFrame-2.html，左框架(LeftFrame)的源文件是 UntitledFrame-3.html，主框架(MainFrame)的源文件是 UntitledFrameset-2.html。

13.3.3 认识【框架】面板

框架和框架集是单个 HTML 文档。如果我们想要修改框架的颜色或者设置框架的属性，那么首先应该选择要修改的框架或者框架集。怎么选择要修改的框架或框架集呢？我们可以在设计视图中使用【框架】面板来选择框架或者框架集。

使用【框架】面板之前，我们首先需要将【框架】面板打开。在菜单栏中选择【窗口】|【框架】命令，如图 13-34 所示，即可打开【框架】面板，【框架】面板如图 13-35 所示。

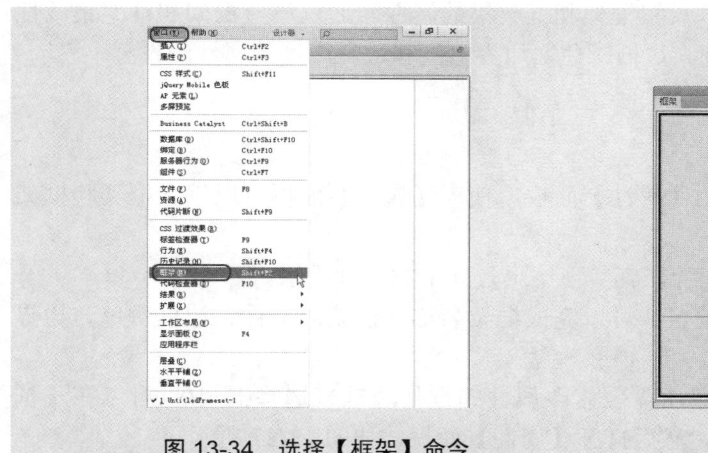

图 13-34 选择【框架】命令

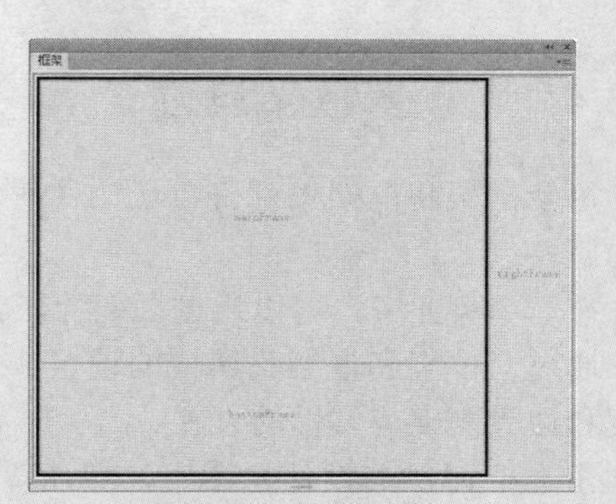

图 13-35 【框架】面板

13.3.4 在【框架】面板中选择框架或框架集

在【框架】面板中随意单击一个框架就能将其选中，当框架被选中时，文档窗口中的框架周围就会出现带有虚线的轮廓，如图 13-36 所示。

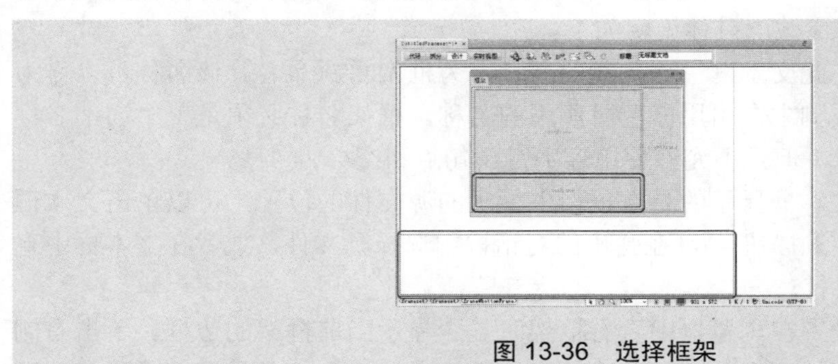

图 13-36 选择框架

13.3.5 在文档窗口中选择框架或框架集

除了上一节介绍的方法，我们还可以在文档窗口中选择框架或者框架集。在文档窗口中单击某个框架的边框，即可选择该框架所属的框架集。当一个框架集被选中时，框架集内所有框架的边框都会带有虚线轮廓。

如果需要单选某个框架，那么要按照以下步骤操作。

- 按住 Alt+方向键(左右键)，可将选择移至下一个框架。
- 按住 Alt+方向键(上键)，可将选择移至父框架。
- 按住 Alt+方向键(下键)，可将选择移至子框架。

13.4 设置框架与框架集属性

使用框架的【属性】面板可以设置框架和框架集的属性。通过调整框架和框架集属性参数，完成框架名称、框架源文件、边框颜色、边界宽度和边界高度等属性的设置。

13.4.1 设置框架属性

每个框架和框架集都有自己的【属性】面板，使用【属性】面板可以设置框架和框架集的属性。

在一个页面中，可以通过框架的嵌套实现网页设计中的多种需求。

通过对框架和框架集属性的设置，可以完成框架名称、框架源文件、边框颜色、边界宽度和边界高度等属性的设置。

在文档窗口的设计视图中，单击需要修改属性的框架边框来选择框架(也可以在【框架】面板中单击框架来选择框架)。然后打开【属性】面板，如图 13-37 所示。

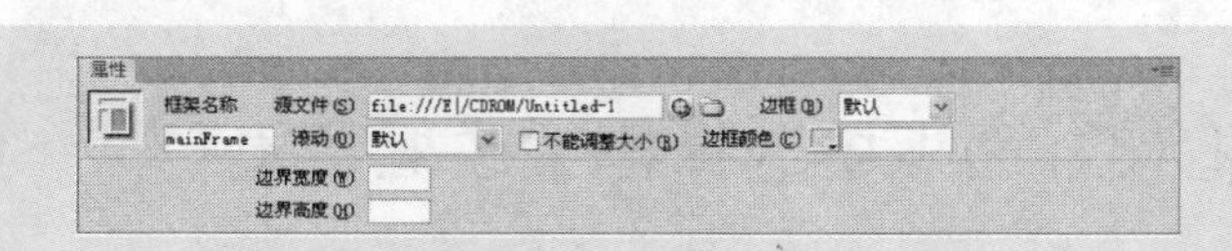

图 13-37 【属性】面板

框架【属性】面板中各参数的具体说明如下。

- 【框架名称】：在此文本框中输入新的名称，为框架重新命名。该名称可以作为链接的目标属性或脚本在引用概况时所用的名称。框架名称必须是单个词，名称中允许带有下划线，但是不允许使用连字符，句点和空格。
- 【源文件】：此文本框显示的是在框架中显示的源文件的位置。可以单击文本框右侧的【浏览文件】按钮，在弹出的对话框中选择源文件，或者在文本框中直接输入源文件的路径。
- 【边框】：用于设置在浏览器中查看框架时是否显示当前框架的边框。单击右侧的下拉按钮，在下拉列表中有三个选项，分别为【默认】、【是】、【否】。选择【是】选项，在浏览器中查看框架时会显示框架的边框，选择【否】选项，在浏览器中查看框架时框架边框被隐藏。大多数浏览器默认为【是】，除非父框架集已将【边框】设置为【否】。只有当共享该边框的所有框架都将【边框】设置为【否】时，边框才是隐藏的。

- 【滚动】：用于设置在浏览器中查看框架时是否显示滚动条。【滚动】下拉列表中的选项与【边框】相似，不过在【滚动】下拉列表中含有【自动】选项。大多数浏览器默认为【是】，而且滚动条是否显示取决于浏览器的窗口空间。
- 【不能调整大小】：选中此复选框，可以保证框架边框不会被浏览者在浏览器中通过拖动来调整框架的大小。
- 【边框颜色】：设置当前框架与相邻的所有边框的颜色，在显示边框的情况下，边框颜色才会被显示。
- 【边界宽度】：以像素为单位，设置左边距和右边距的距离(框架边框与内容之间的空间)。
- 【边界高度】：以像素为单位，设置上边距与下边距的距离(框架边框与内容之间的空间)。

提示：所有的框架在创建的过程中，系统会默认地为每一个框架设置一个框架名称。

13.4.2 设置框架集属性

在文档窗口中单击框架集的边框，即可选择一个框架集。然后在菜单栏中选择【窗口】|【属性】命令，打开框架集的【属性】面板，如图 13-38 所示。

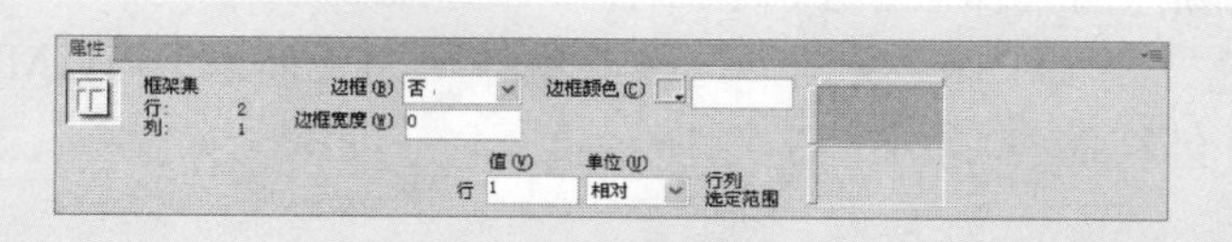

图 13-38　框架集【属性】面板

框架集【属性】面板中各参数的具体说明如下。

- 【边框】：用于设置在浏览器中查看文档时是否在框架的周围显示边框。单击右侧的下拉按钮，如果在下拉列表中选择【是】，那么在浏览器中查看文档时会显示边框，如果选择【否】，那么在浏览器中查看文档时便不会显示边框。如果选择【默认】，那么边框是否显示将由浏览器来确定。
- 【边框颜色】：单击颜色缩略图，在弹出的颜色拾取器中选择边框的颜色，或者在颜色文本框中输入颜色的十六进制值。
- 【边框宽度】：用于指定框架集中所有边框的宽度。
- 【值】：如果需要设置选定框架集的各行和各列的框架大小，那么可以单击【行列选定范围】右侧区域的框架，然后在【值】文本框中输入数值。
- 【单位】：用来指定浏览器分配给每个框架的空间大小的单位，单击右侧的下拉按钮，在下拉列表中有三个选项，即【像素】、【百分比】和【相对】，其各选项的说明如下。

- 【像素】：以像素为单位来设置列宽和行高。对于总是要保持一定大小的框架(比如导航栏)，像素单位是最好的选择。如果其他框架设置了不同的单位，那么这些框架的空间大小只能在以像素为单位的框架完全达到指定大小之后才进行分配。
- 【百分比】：指定的列宽或行高相当于其框架集的总宽度或总高度的百分比。以【百分比】为单位的框架空间分配是在以【像素】为单位的框架之后，但在将单位设置为【相对】框架之前。
- 【相对】：是指在以【像素】和【百分比】为单位的框架分配空间之后的剩余空间分配单位，将其设置为【相对】，在框架中按比例划分。

提示：所有的宽度都是以像素为单位指定的。若指定的宽度对于访问者查看框架集所言太宽或太窄，那么框架将按比例伸缩以调整可用空间。这也适用于以像素为单位指定的高度。

13.4.3 改变框架的背景颜色及框架边框颜色

在网页的制作中，为了使网页更加靓丽，我们还可以将框架中的背景色和边框颜色设为各种颜色。

1. 改变框架背景颜色

改变框架背景颜色的具体操作步骤如下。

步骤01 新建一个 HTML 文档，选择菜单栏中的【插入】| HTML |【框架】|【上方及左侧嵌套】命令，如图 13-39 所示。

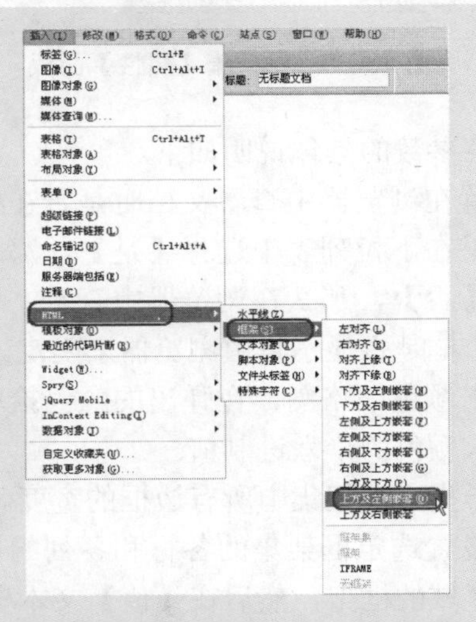

图 13-39 选择【上方及左侧嵌套】命令

步骤02 在弹出的对话框中单击【确定】按钮，将光标放置在需要改变背景颜色的框架中，在【属性】面板中单击【页面属性】按钮，如图13-40所示。

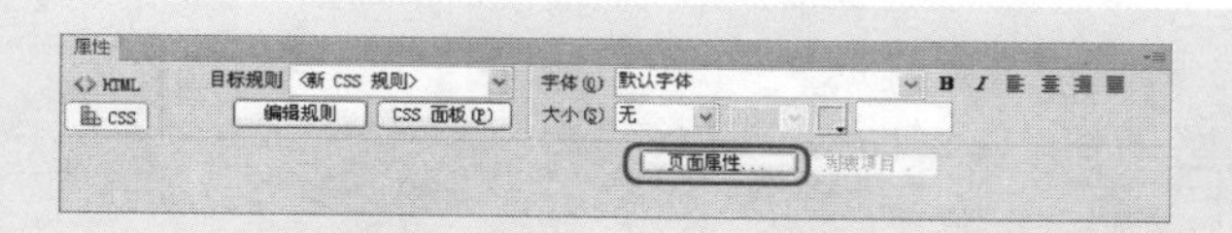

图13-40 【属性】面板

步骤03 打开【页面属性】对话框，将【外观(CSS)】选项区域中的【背景颜色】设置为#FC3，如图13-41所示。

提示：除了上述方法之外，用户还可以单击【背景颜色】右侧的色块，在弹出的下拉列表中选择所需的颜色，如图13-42所示。

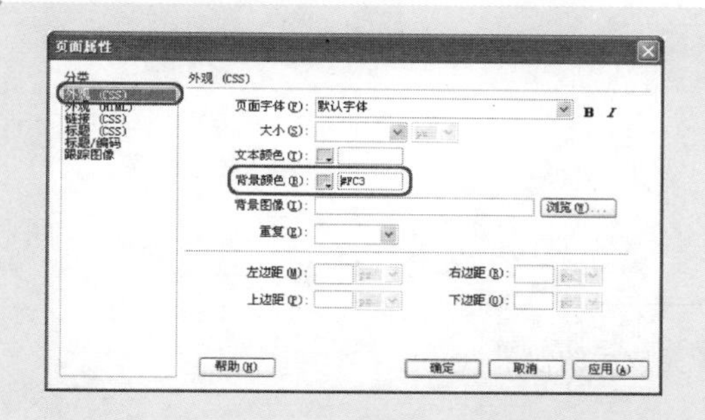

图13-41 【页面属性】对话框

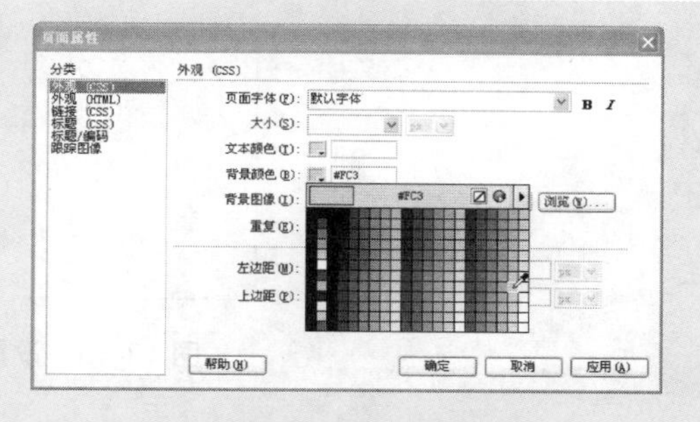

图13-42 颜色选择器

步骤04 设置完成后单击【确定】按钮，即可改变框架的背景颜色，如图13-43所示。

2. 改变框架边框颜色

改变框架边框颜色的具体操作步骤如下。

步骤01 在创建好的框架集中选择一个框架的边框，打开【属性】面板，如图13-44所示。

图13-43 设置完成后的效果

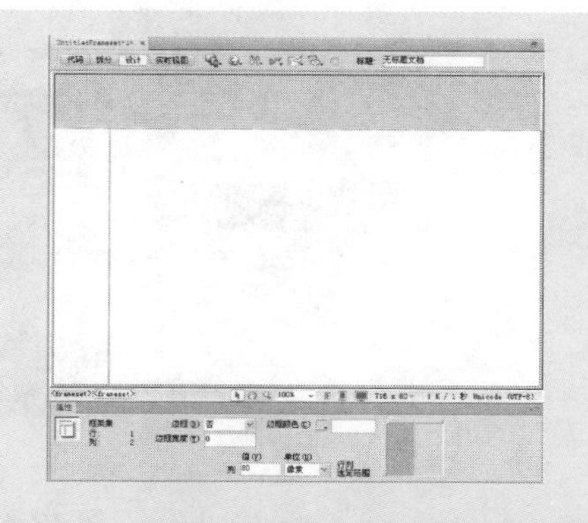

图13-44 选择边框并打开【属性】面板

步骤 02　在【属性】面板中将【边框】设置为【是】，【边框宽度】设置为 10，【边框颜色】值设置为#3399FF，如图 13-45 所示。设置完成后的效果如图 13-46 所示。

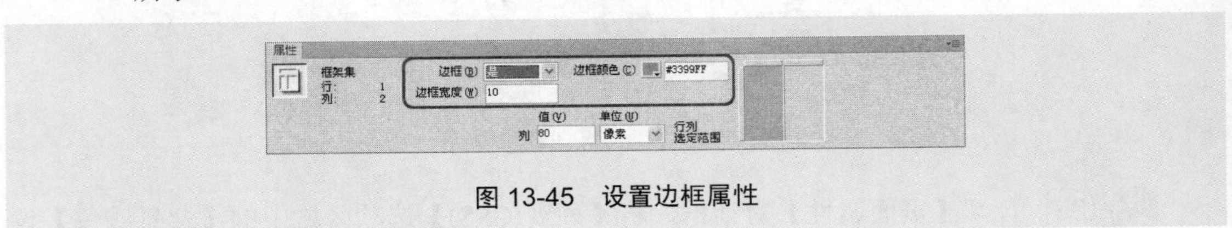

图 13-45　设置边框属性

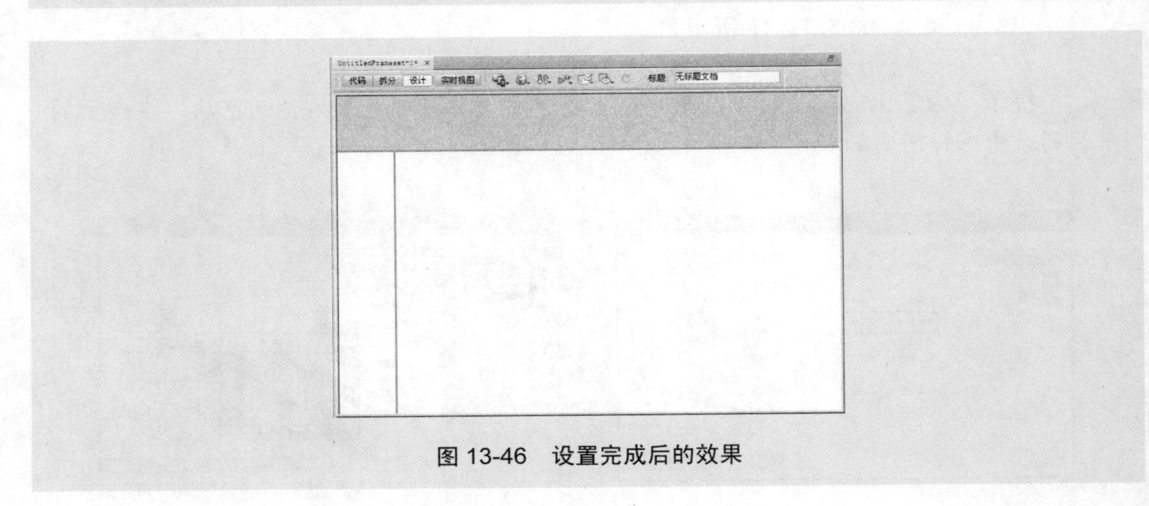

图 13-46　设置完成后的效果

13.5　上机练习——制作名吃网站

通过前面对框架的简单介绍，相信大家对框架已经有了一定的了解。下面我们将使用框架制作一个网站，完成后的效果如图 13-47 所示。

图 13-47　名吃网站效果图

步骤01 启动 Dreamweaver CS6 软件，在菜单栏中选择【文件】|【新建】命令，打开【新建文档】对话框，选择【空白页】选项，在【页面类型】列表框中选择 HTML 选项，在【布局】列表框中选择【无】选项，如图 13-48 所示。

步骤02 设置完成后单击【创建】按钮，即可创建一个空白的 HTML 文档，在菜单栏中选择【插入】| HTML |【框架】|【上方及下方】命令，如图 13-49 所示。

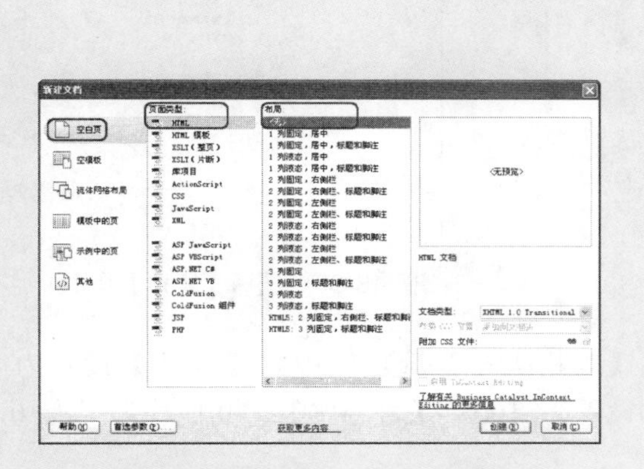

图 13-48 【新建文档】对话框

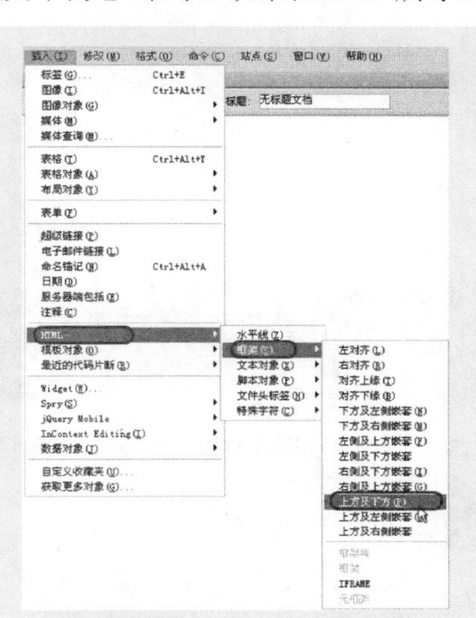

图 13-49 选择【上方及下方】命令

步骤03 在弹出的对话框中将【框架】设置为 topFrame，如图 13-50 所示。

步骤04 设置完成后单击【确定】按钮，即可创建一个上方及下方的框架，如图 13-51 所示。

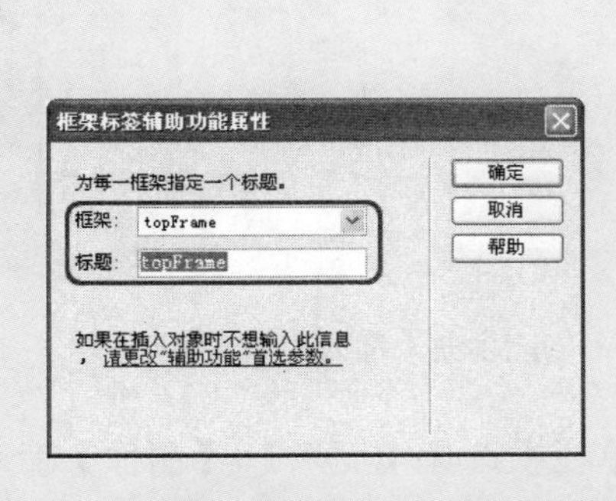

图 13-50 【框架标签辅助功能属性】对话框

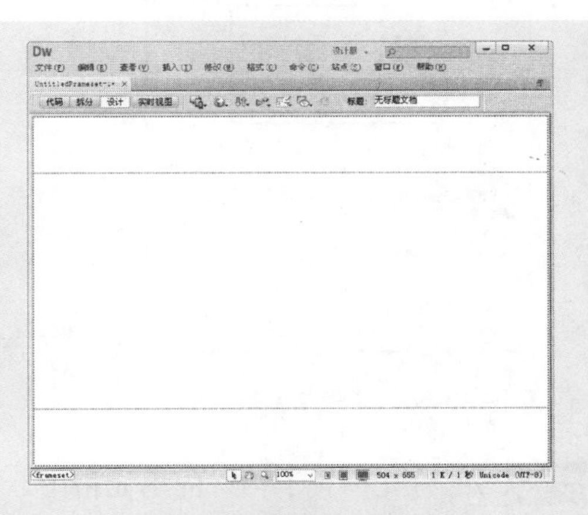

图 13-51 创建的框架

步骤05 打开【属性】面板，在【行列选定范围】右侧的选项区中选择最上方的框架，将【单位】设置为【百分比】，【值】设置为 22，【边框】设置为【是】，【边框颜色】设置为#FF7E00，如图 13-52 所示。

步骤06　将光标置于最上方的框架中，在菜单栏中选择【插入】|【表格】命令，如图 13-53 所示。

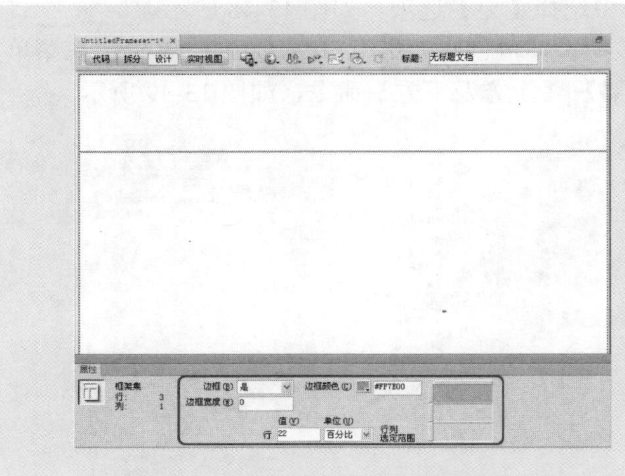

图 13-52　设置框架属性

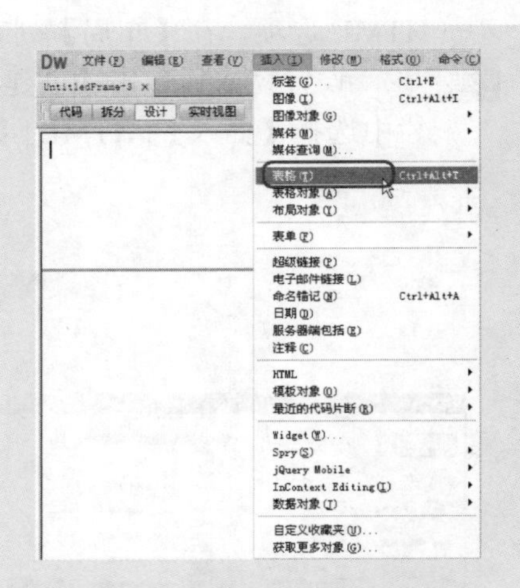

图 13-53　选择【表格】命令

步骤07　弹出【表格】对话框，在【表格大小】选项区中将【行数】设置为 1，【列】设置为 1，【表格宽度】设置为 100、【百分比】，其他均设置为 0，如图 13-54 所示。

步骤08　设置完成后单击【确定】按钮，即可在框架中插入一个 1 行 1 列的表格，如图 13-55 所示。

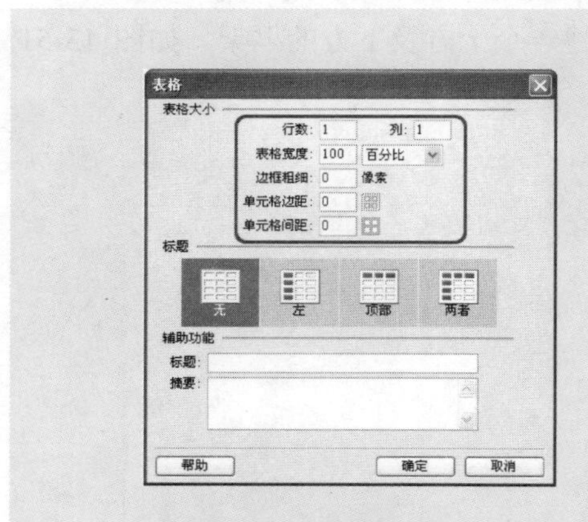

图 13-54　【表格】对话框

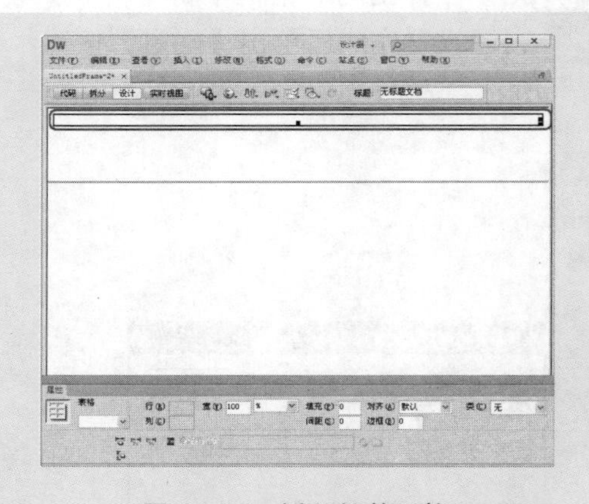

图 13-55　插入的单元格

步骤09　将光标置于插入的单元格中，在菜单栏中选择【插入】|【图像】命令，如图 13-56 所示。

步骤10　弹出【选择图像源文件】对话框，在该对话框中选择随书附带光盘中的"CDROM\素材\第 13 章\标题"素材文件，如图 13-57 所示。

步骤11　单击【确定】按钮即可将选择的素材文件导入到单元格中，如图 13-58 所示。

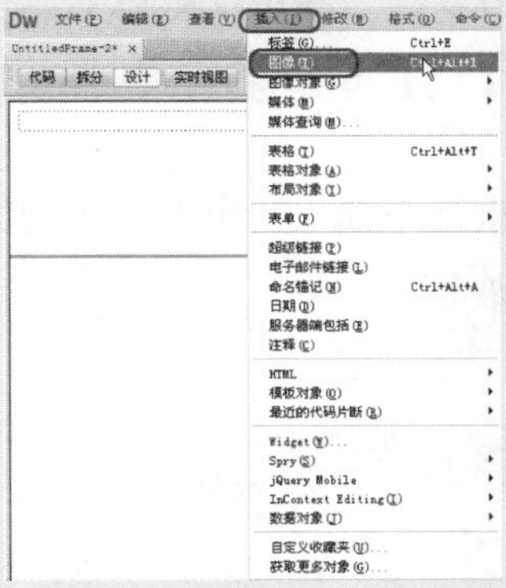

图 13-56　选择【图像】命令

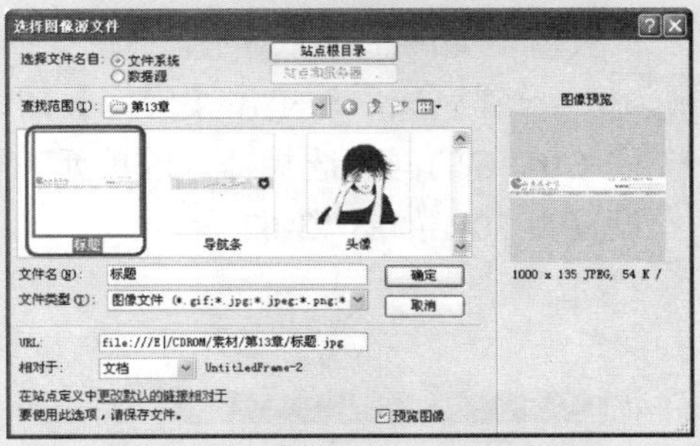

图 13-57　【选择图像源文件】对话框

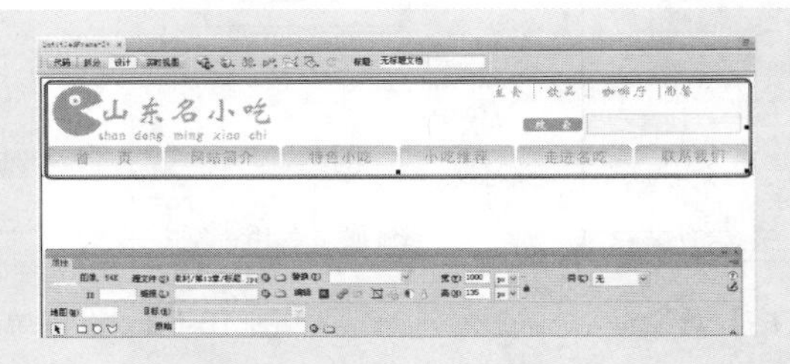

图 13-58　插入的素材文件

步骤12　将光标置于该框架的下方，在菜单栏中选择【插入】| HTML |【框架】|【左对齐】命令，如图 13-59 所示。

步骤13　执行完该命令后，即可在创建的框架中插入一个嵌套框架，选中刚刚插入的嵌套框架，打开【属性】面板，将【单位】设置为【百分比】，【值】设置为 23，【边框】设置为【是】，如图 13-60 所示。

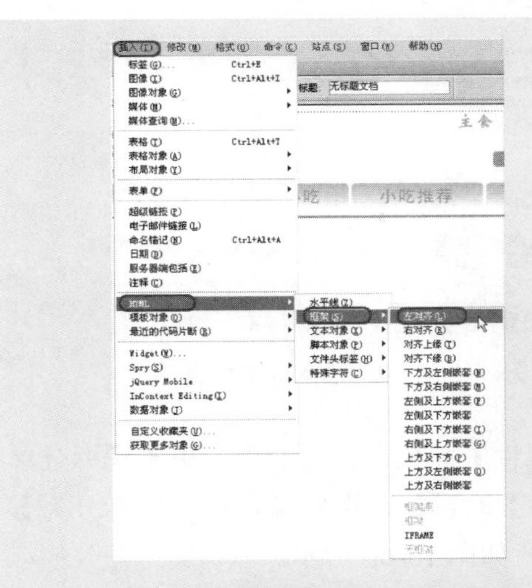

图 13-59　选择【左对齐】命令

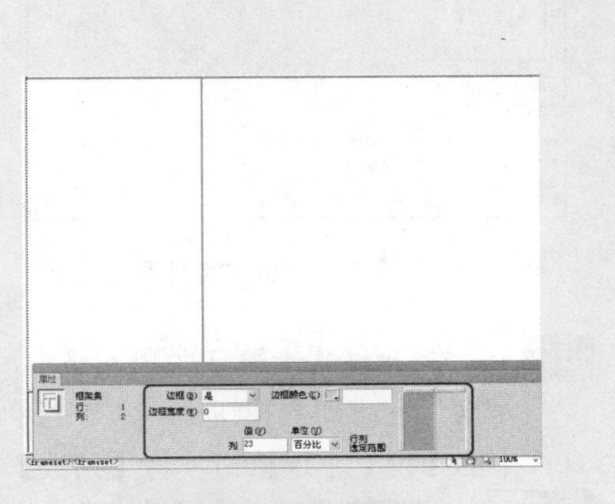

图 13-60　设置框架属性

步骤 14 将光标置于框架的左侧，按 Ctrl+Alt+T 组合键，弹出【表格】对话框，在【表格大小】选项区中将【行数】设置为 5，【列】设置为 1，其他参数均为默认数值，如图 13-61 所示，

步骤 15 设置完成后是单击【确定】按钮，即可在框架中插入一个 5 行 1 列的表格。按 Ctrl 键的同时选择插入的单元表格，打开【属性】面板，在该面板中将【高】设置为 30，如图 13-62 所示。

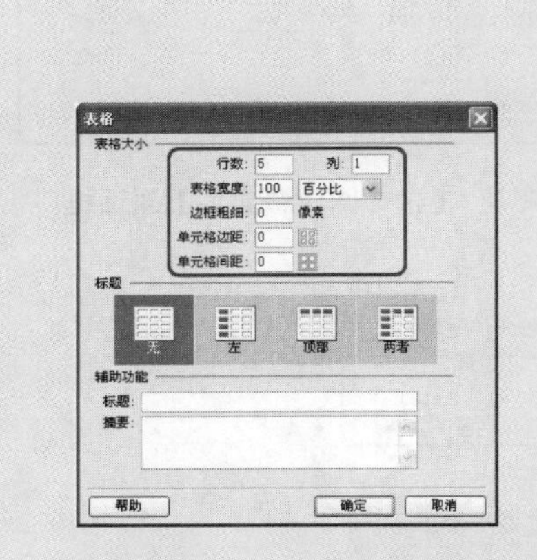

图 13-61 【表格】对话框

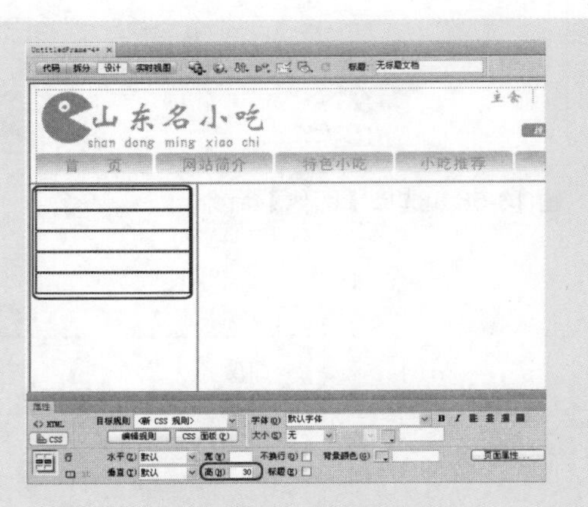

图 13-62 设置单元格属性

步骤 16 将光标置于第 1 个单元格中，按 Ctrl+Alt+I 组合键，在弹出的对话框中选择随书附带光盘中的“CDROM\素材\第 13 章\按地区搜索”素材文件，如图 13-63 所示。

步骤 17 单击【确定】按钮，即可将选择的素材文件插入到单元格中，如图 13-64 所示。

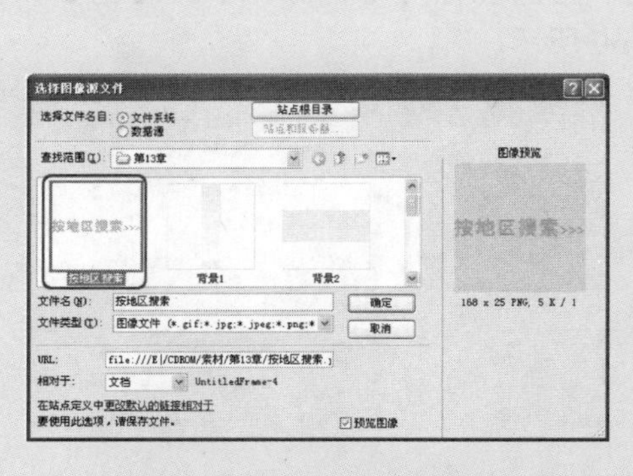

图 13-63 【选择图像源文件】对话框

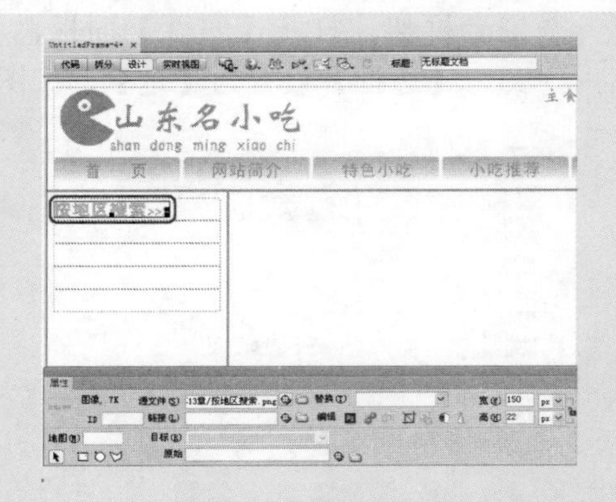

图 13-64 插入的素材文件

步骤 18 将光标置于第 2 个单元格中，打开【属性】面板，在该面板中单击【拆分单元格为行或列】按钮，弹出【拆分单元格】对话框，选中【把单元格拆分为】中的【列】单选按钮，将【列数】设置为 3，如图 13-65 所示。

步骤 19 设置完成后单击【确定】按钮，即可将单元格拆分一个 1 行 3 列的表格，然

后将其选择，在【属性】面板中将【水平】设置为【居中对齐】，【宽】设置为33%，如图13-66所示。

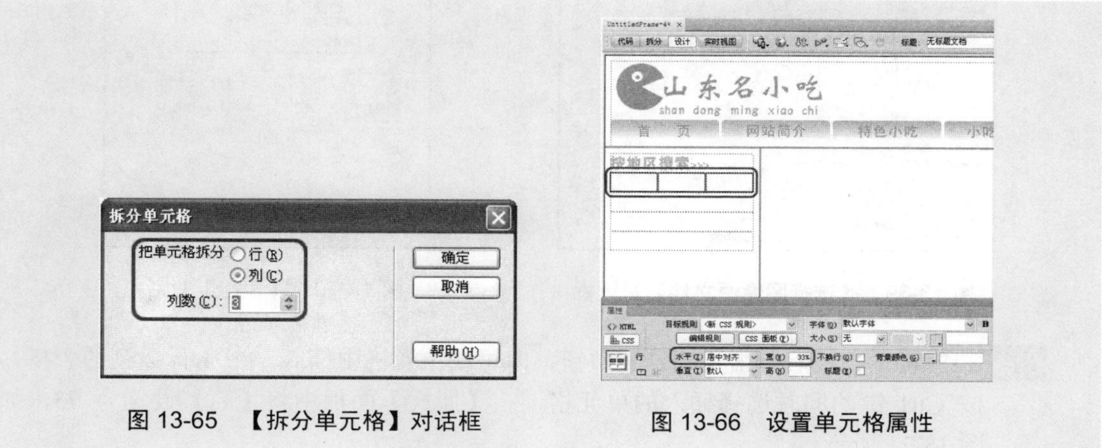

图13-65 【拆分单元格】对话框

图13-66 设置单元格属性

步骤20 使用同样的方法将第3个单元格拆分为1行3列的表格，并设置其属性，具体参数同上，如图13-67所示。

步骤21 将光标置于第1行的第1列单元格中，在该单元格中输入相应的文字信息，使用同样的方法在其他单元格中输入文字信息，完成后的效果如图13-68所示。

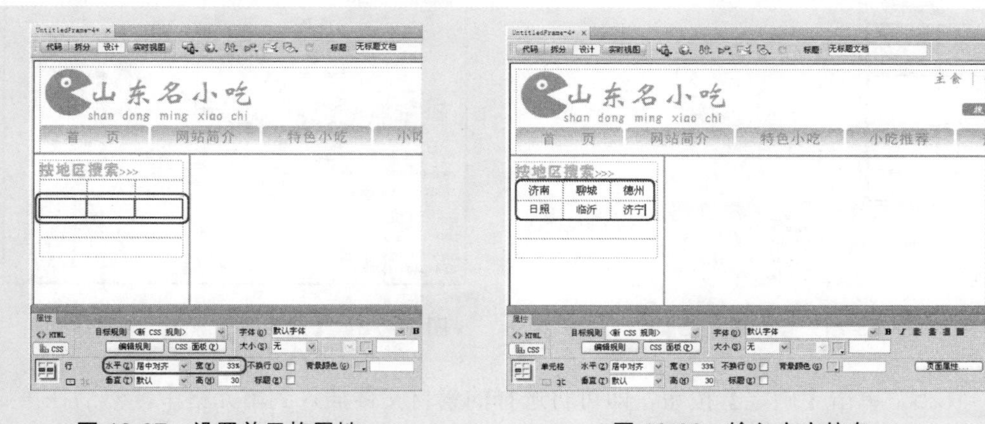

图13-67 设置单元格属性

图13-68 输入文字信息

步骤22 将光标置于第4个单元格中，按Ctrl+Alt+I组合键，在弹出的对话框中选择随书附带光盘中的“CDROM\素材\第13章\本周排行榜”素材文件，如图13-69所示。

步骤23 单击【确定】按钮，即可将选择的素材文件插入到单元格中，将光标置于第5个单元格中，按Ctrl+Alt+T组合键，弹出【表格】对话框，在【表格大小】选项区中将【行数】设置为4，【列】设置为2，【表格宽度】设置为100、【百分比】，【单元格间距】设置为3，其他参数均设置为0，如图13-70所示。

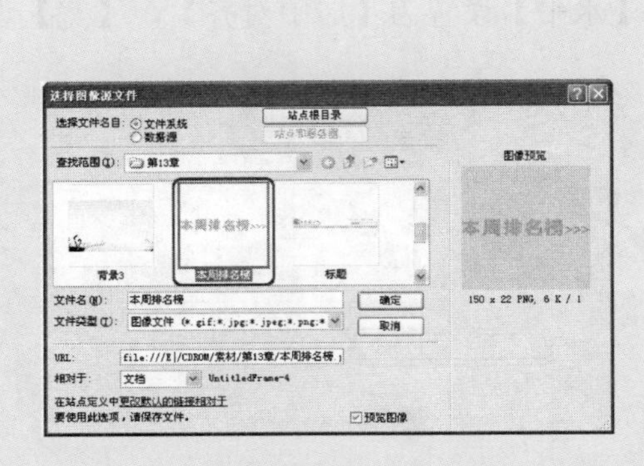

图 13-69 【选择图像源文件】对话框

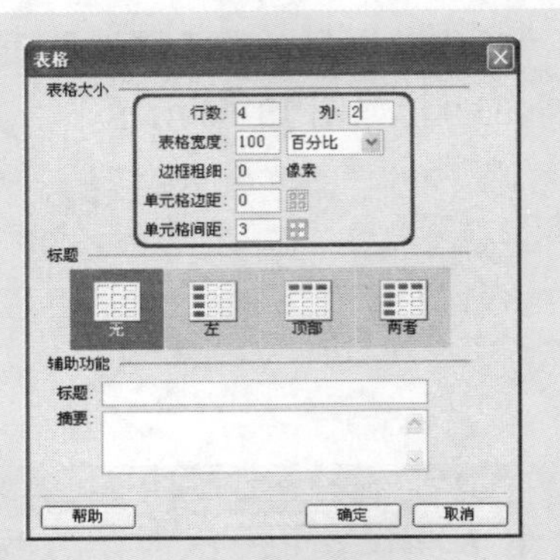

图 13-70 【表格】对话框

步骤 24 设置完成后单击【确定】按钮，即可在单元格中插入一个 4 行 2 列的表格，按 Ctrl 键的同时选择插入的单元格，在【属性】面板中将【高】设置为 73，如图 13-71 所示。

步骤 25 将光标置于第 1 个单元格中，按 Ctrl+Alt+I 组合键，在弹出的对话框中选择随书附带光盘中的"CDROM\素材\第 13 章\图 1"素材文件，如图 13-72 所示。

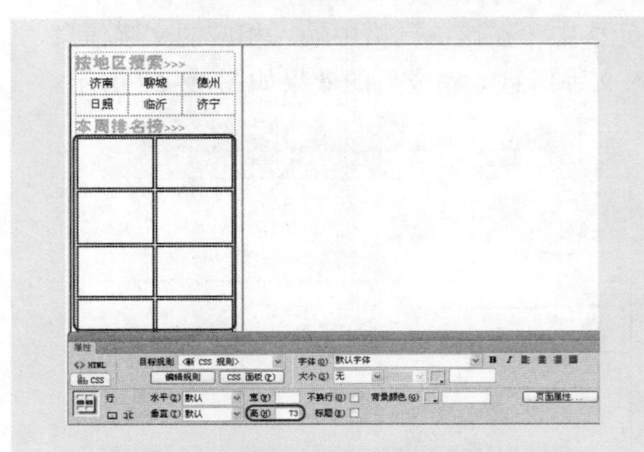

图 13-71 设置单元格属性

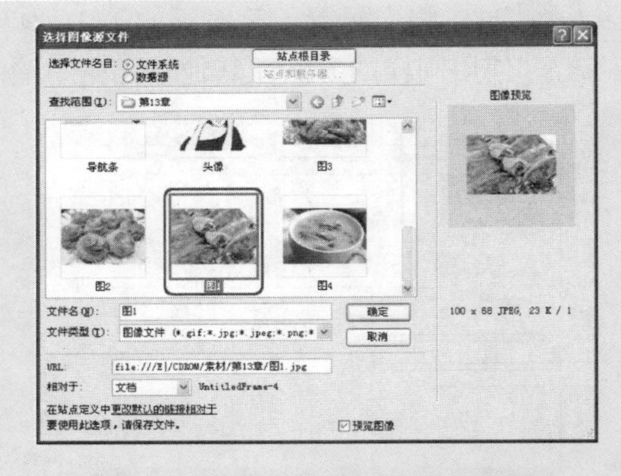

图 13-72 【选择图像源文件】对话框

步骤 26 单击【确定】按钮，即可将选择的素材文件插入到单元格中，然后在第 2 个单元格中输入相应的文字信息，完成后的效果如图 13-73 所示。

步骤 27 选择下方的框架，打开【属性】面板，在【行列选定范围】右侧的区域中选择最下方的框架，将【单位】设置为【百分比】，【值】设置为 15，如图 13-74 所示。

步骤 28 设置完成后使用上面我们讲到的方法，在单元格中插入素材文件并输入文字信息，完成的效果如图 13-75 所示。

步骤 29 将光标置于右侧的框架中，在菜单栏中选择【插入】| HTML |【框架】|【对齐下缘】命令，如图 13-76 所示。

图 13-73　完成后的效果

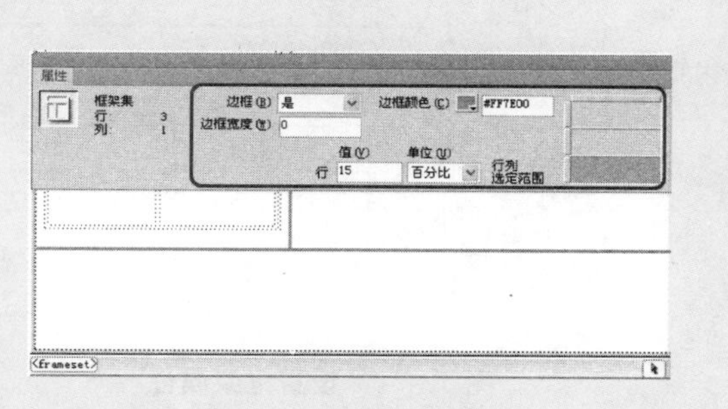

图 13-74　设置框架属性

图 13-75　设置完成后的效果

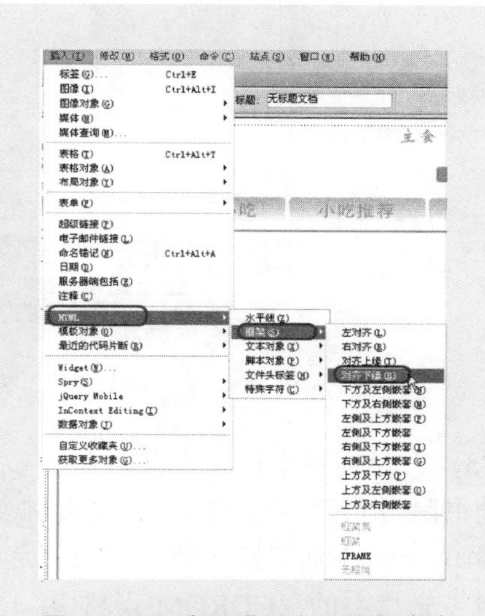

图 13-76　选择【对齐下缘】命令

步骤 30　保持弹出对话框中的默认选项值，单击【确定】按钮即可插入一个嵌套框架，然后选中刚插入的嵌套框架，打开【属性】面板，在【行列选定范围】右侧的区域中选择最下方的框架，将【单位】设置为【百分比】，【值】设置为 30，【边框】设置为【是】，如图 13-77 所示。

步骤 31　设置完成后将光标置于第上方的框架中，按 Ctrl+Alt+T 组合键，弹出【表格】对话框，在【表格大小】选项区中将【行数】设置为 1，【列】设置为 2，【单元格间距】设置为 5，其他均为默认参数，如图 13-78 所示。

步骤 32　设置完成后单击【确定】按钮，即可在框架中插入表格，按 Ctrl 键的同时将其全部选中，在【属性】面板中将【宽】设置为 50%，【高】设置为 284，【垂直】设置为【顶端】，如图 13-79 所示。

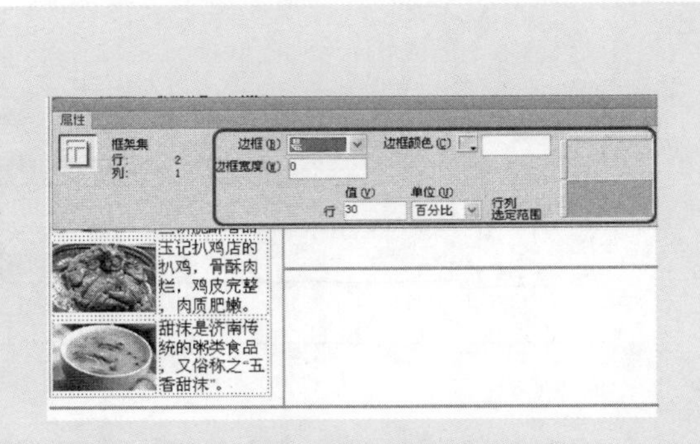

图 13-77　设置框架属性

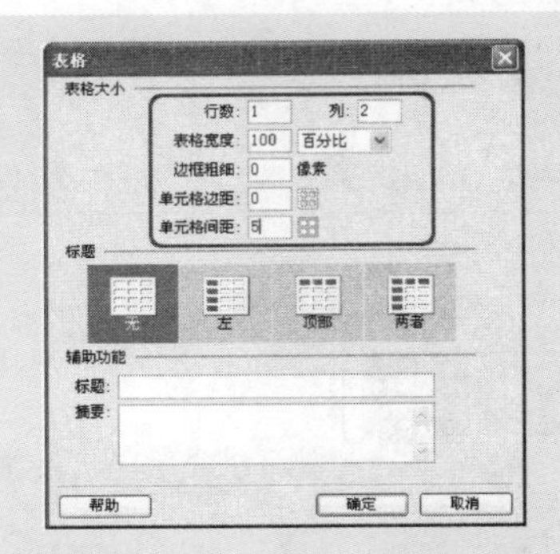

图 13-78　【表格】对话框

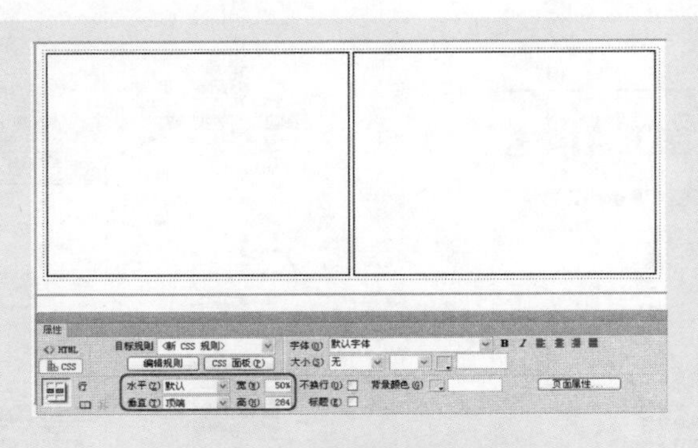

图 13-79　设置单元格属性

步骤 33　将光标置于第 1 个单元格中，按 Ctrl+Alt+I 组合键，在弹出的对话框中选择随书附带光盘中的“CDROM\素材\第 13 章\甜沫”素材文件，如图 13-80 所示。

步骤 34　单击【确定】按钮，即可将选择的素材文件添加到单元格中，然后打开随书附带光盘中的“CDROM\素材\第 13 章\甜沫的做法”素材文件，选择全部的文字信息，按 Ctrl+C 组合键将其复制，如图 13-81 所示。

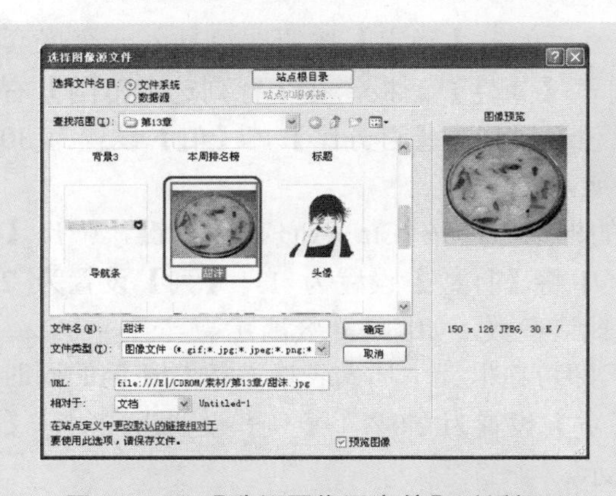

图 13-80　【选择图像源文件】对话框

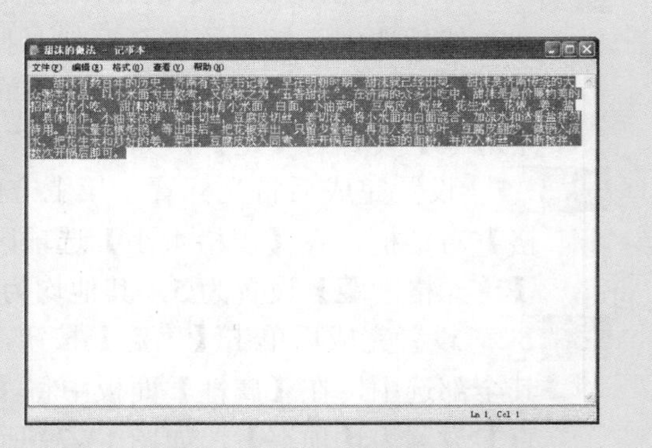

图 13-81　打开的文件

步骤 35　回到 Dreamweaver 中，将光标置于“甜沫”素材文件的右侧，按 Ctrl+V 组合键将刚才复制的文字信息粘贴到单元格中，如图 13-82 所示。

步骤 36　选择“甜沫”素材文件，单击鼠标右键，在弹出的快捷菜单中选择【对齐】|【左对齐】命令，如图 13-83 所示。

图 13-82　粘贴文字信息

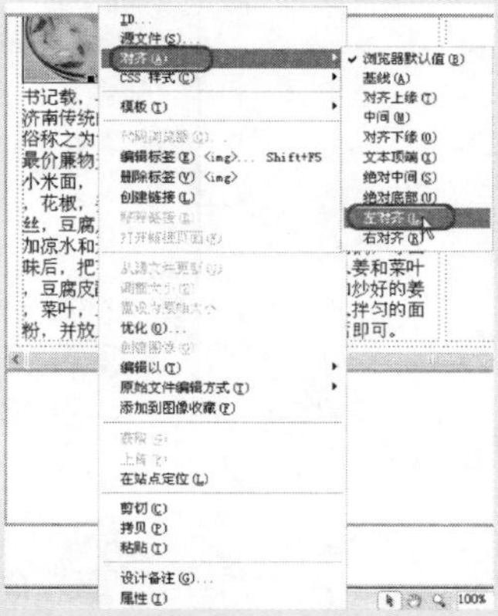

图 13-83　选择【左对齐】命令

步骤 37　设置完成后使用同样的方法添加其他的文字，完成后的效果如图 13-84 所示。

步骤 38　将光标置于下方的框架中，在该框架中插入一个 1 行 1 列的表格，然后将光标置于插入的单元格中，在菜单栏中选择【插入】|【媒体】|【插件】命令，如图 13-85 所示。

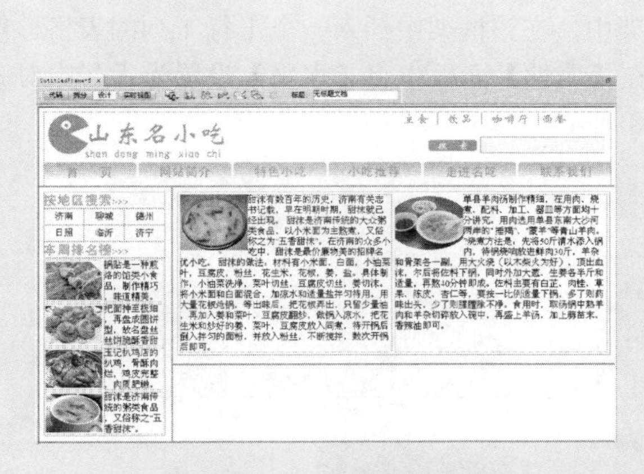

图 13-84　设置完成后的效果

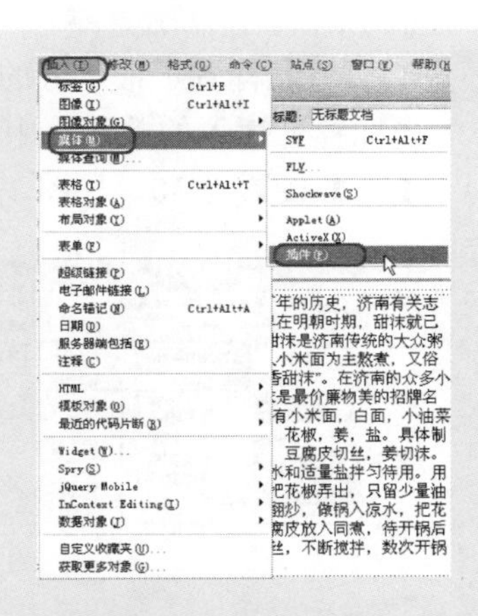

图 13-85　选择【插件】命令

步骤 39　在弹出的对话框中选择随书附带光盘的“CDROM\素材\第 13 章\宣传动画”素材文件，如图 13-86 所示。

步骤 40　单击【确定】按钮，即可将选择的宣传动画插入到单元格中，如图 13-87 所示。

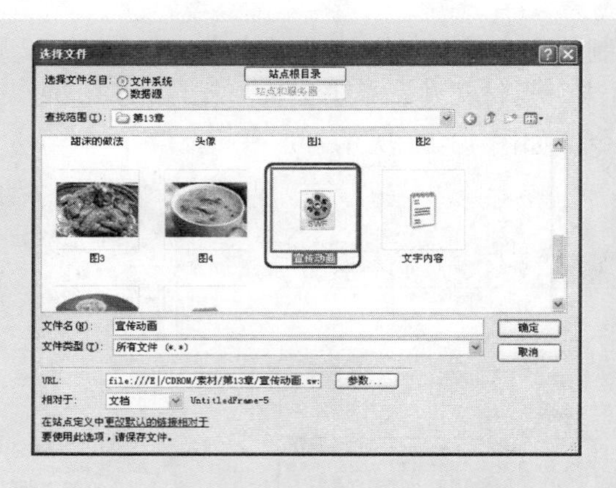

图 13-86　【选择文件】对话框

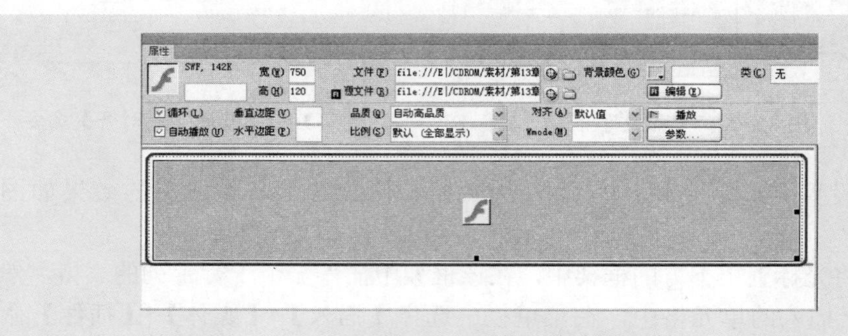

图 13-87　插入的素材文件

步骤 41　将光标置于最下方的框架中，在该框架中插入一个 1 行 1 列的表格，然后将光标置于插入的单元格中，在【属性】面板中将【水平】设置为【居中对齐】，【高】设置为 30，如图 13-88 所示。

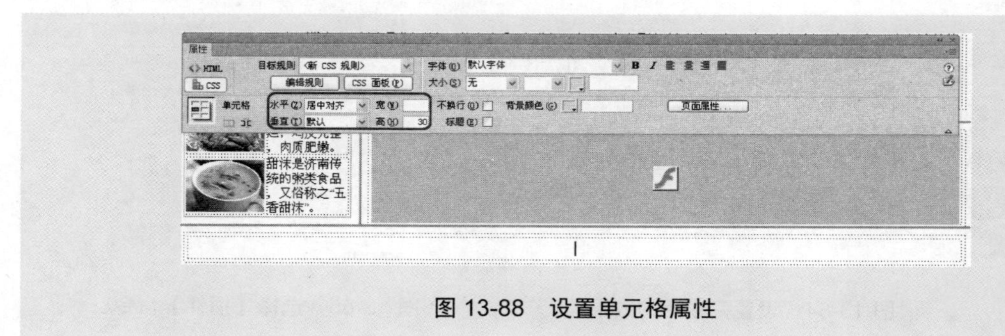

图 13-88　设置单元格属性

步骤 42　确认光标置于该单元格中，然后输入相应的文字信息，设置完成后名小吃网站就制作完成了，在菜单栏中选择【文件】|【保存全部】命令，如图 13-89 所示。

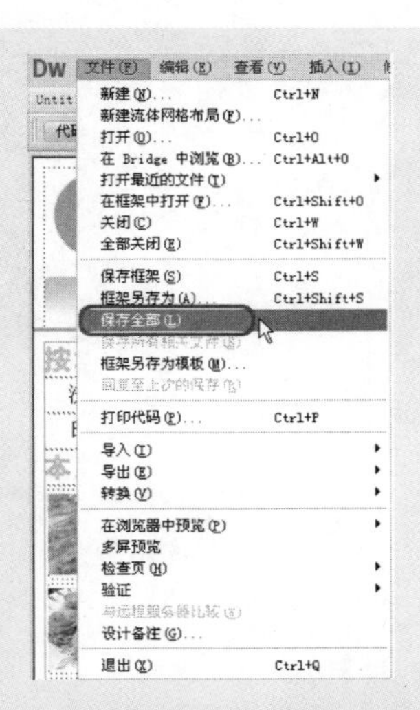

图 13-89　选择【保存全部】命令

步骤43　在弹出的对话框中为其指定一个正确的存储路径，并将其重命名为“使用框架制作网页”，如图 13-90 所示。使用同样的方法保存其他框架。

图 13-90　重命名

第 14 章

运用模板和库提高网页制作效率

在设计一个网站时，经常要保证按钮、菜单及版权信息等模块保持一致。如果逐一创建、修改，会很费时、费力，整个网站中的内容也很难做到有统一的外观及结构。但如果通过使用 Dreamweaver 中提供的模板和库项目，则可以将具有相同版面结构的页面制作成模板，将相同的元素制作成为库项目，从而简化操作，提供网页制作效率。

本章将介绍模板与库项目的基础知识和应用，包括创建模板、创建模板可编辑区域、管理模板、创建库项目、应用和编辑库项目等内容。

本章重点：

- 模板概述
- 了解【资源】面板中的【模板】样式
- 创建模板
- 创建可编辑区域
- 管理模板
- 认识库
- 创建库项目
- 应用库项目
- 编辑库项目

14.1 模板概述

模板是一种特殊类型的文档，用于设计固定的页面布局。使用模板创建文档可以使网站和网页具有统一的结构和统一的风格，如果要使多个网页保持同一风格，使用模板绝对是最有效的，并且是最快的方法。

模板的功能就是把网页布局和内容分离，在布局设计好之后将其保存为模板。这样，相同布局的页面就可以通过模板创建，从而极大地提高了工作效率。

模板实质上就是创建其他文档的基础文档。在创建模板时，可以说明哪些网页元素应该长期保留、不可编辑，哪些元素可以编辑修改。不可编辑区域包含了页面中的所有元素，构成页面的基本框架；可编辑区域是为了添加相应的内容而设置的。

模板的运用在网页设计的过程中主要表现为创建模板、创建模板可编辑区域和使用模板等操作。

14.2 了解【资源】面板中的【模板】样式

通过使用【资源】面板中的【模板】样式可以完成大多数的模板操作。

在菜单栏中选择【窗口】|【资源】命令，如图 14-1 所示，打开【资源】面板，在该面板中单击【模板】按钮，即可显示【模板】样式，如图 14-2 所示。

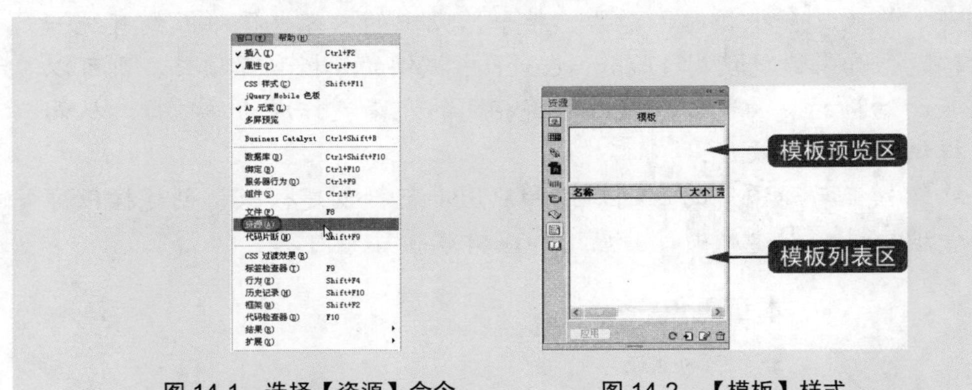

图 14-1 选择【资源】命令　　图 14-2 【模板】样式

- 菜单按钮：单击该按钮后，在弹出的下拉列表中可以选择相应的命令。
- 模板预览区：用于预览当前模板。
- 模板列表区：用于显示所有已创建的模板。
- 【应用】按钮：用于将模板列表区选择的模板应用于当前文档。
- 【刷新站点列表】按钮：用于刷新站点列表。
- 【新建模板】按钮：用于新建模板。
- 【编辑】按钮：用于编辑选择的模板。
- 【删除】按钮：用于删除模板列表中选中的模板。

14.3 创 建 模 板

在 Dreamweaver 中提供了多种创建模板的方法，可以创建空白模板文档，也可以使用【资源】面板创建模板，或者依据现有文档创建模板。

Dreamweaver 会自动将模板文件存储在站点的本地根文件夹下的 Templates 子文件夹中，如果此文件夹不存在，当存储一个新模板时，Dreamweaver 将自动生成此文件夹。

14.3.1 创建空白模板文档

下面来介绍一下创建空白模板文档的方法，具体的操作步骤如下。

步骤01 启动 Dreamweaver CS6 软件，在菜单栏中选择【文件】|【新建】命令，如图 14-3 所示。

步骤02 弹出【新建文档】对话框，选择【空白页】选项卡，在【页面类型】列表框中选择【HTML 模板】选项，在【布局】列表框中选择【无】选项，如图 14-4 所示。

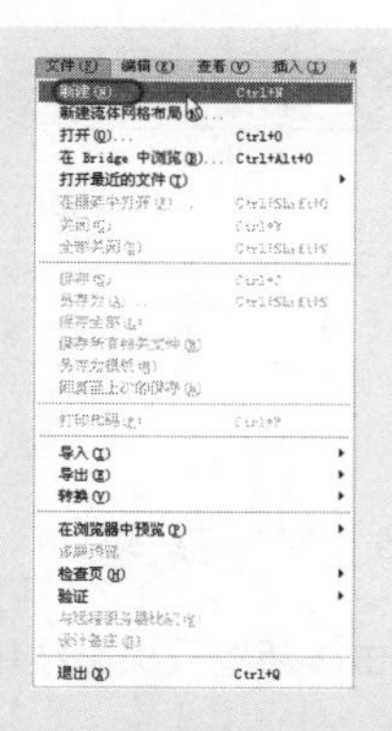

图 14-3 选择【新建】命令

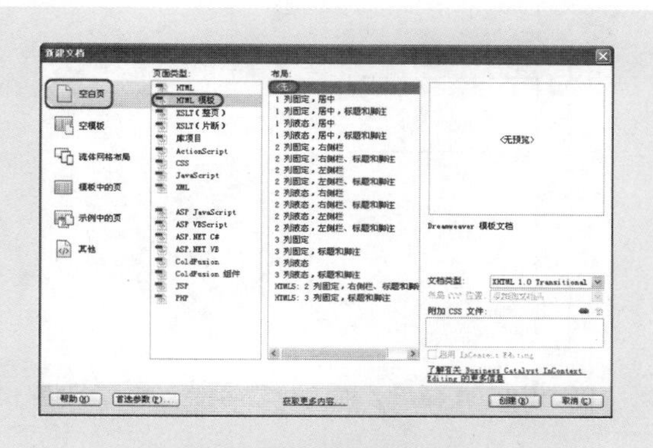

图 14-4 【新建文档】对话框

步骤03 单击【创建】按钮，即可创建一个空白的模板文档，如图 14-5 所示。

图 14-5 创建的空白模板文档

14.3.2 使用【资源】面板创建模板

在【资源】面板中也可以创建模板，具体的操作步骤如下。

步骤01 在菜单栏中选择【窗口】|【资源】命令，如图 14-6 所示。

步骤02 打开【资源】面板，在该面板中单击【模板】按钮，即可显示【模板】样式，如图 14-7 所示。

步骤03 单击面板右下角的【新建模板】按钮，如图 14-8 所示。

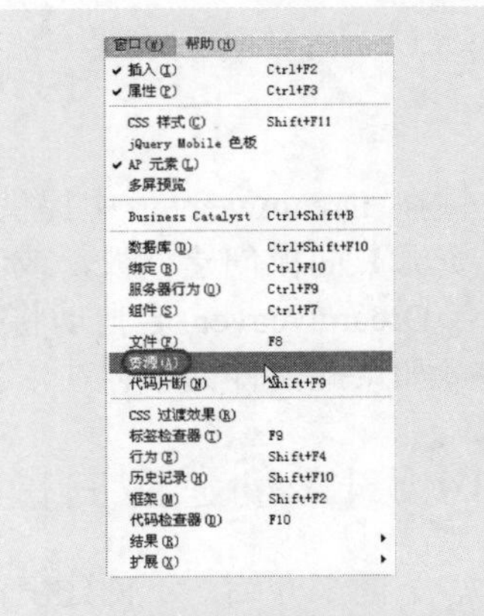

图 14-6 选择【资源】命令

提示：在模板列表区中的空白位置处单击鼠标右键，在弹出的快捷菜单中选择【新建模板】命令，也可以新建模板。

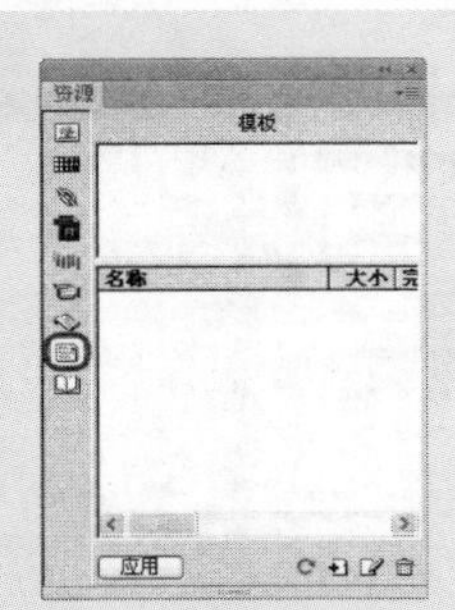

图 14-7 【模板】样式

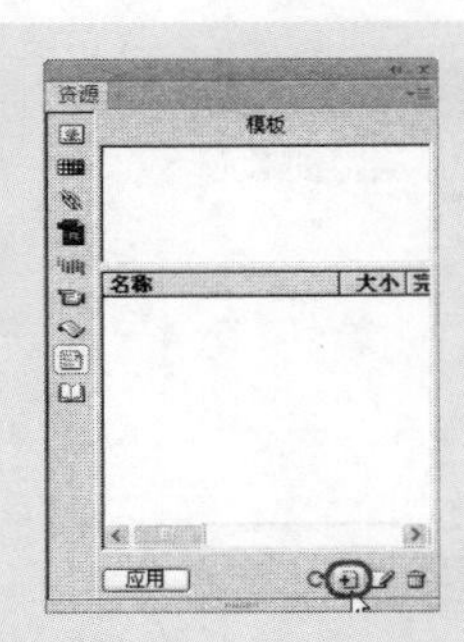

图 14-8 单击【新建模板】按钮

步骤04 即可新建一个模板，效果如图 14-9 所示。

步骤05 此时新建的模板的名称处于可编辑状态，为新创建的模板输入新的文件名即完成模板的创建。输入完成后，按 Enter 键确认，如图 14-10 所示。

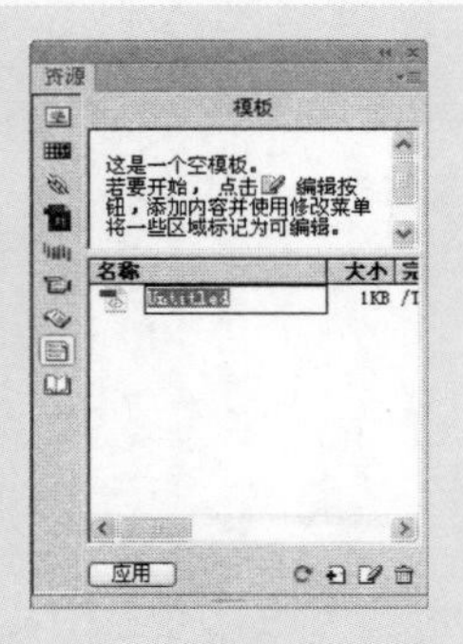

图 14-9 新建的模板

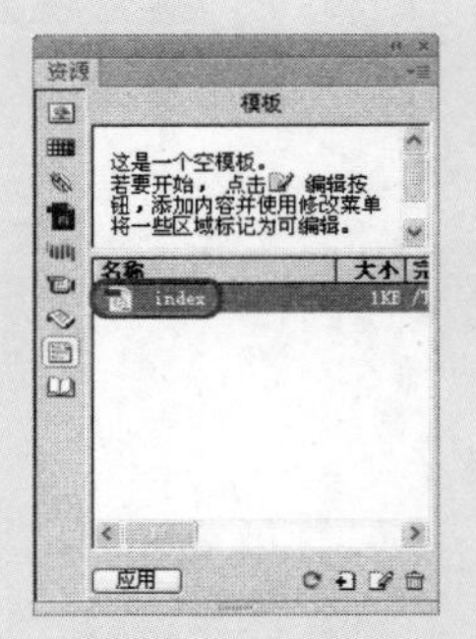

图 14-10 输入模板名称

14.3.3 从现有文档创建模板

在 Dreamweaver 中，可以将网页文档保存为模板，这样生成的模板中会包含已经编辑的内容，这样可以省去单独创建模板所需的时间。具体的操作步骤如下。

步骤01 在菜单栏中选择【文件】|【打开】命令，在弹出的【打开】对话框中选择随书附带光盘中的“CDROM\素材\第 14 章\乙尚家纺”文件，如图 14-11 所示。

步骤02 单击【打开】按钮，打开的素材文件如图 14-12 所示。

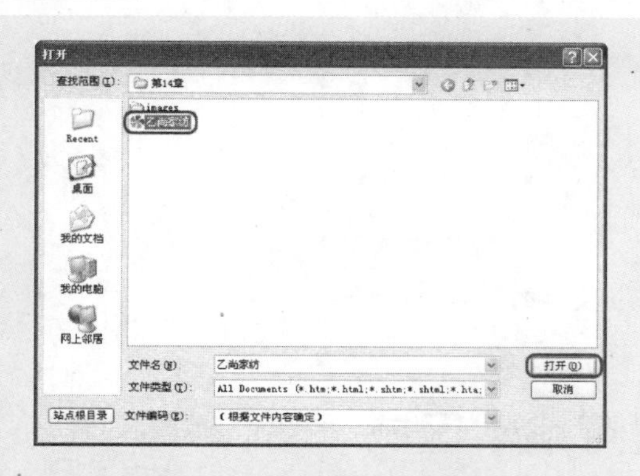

图 14-11 选择素材文件

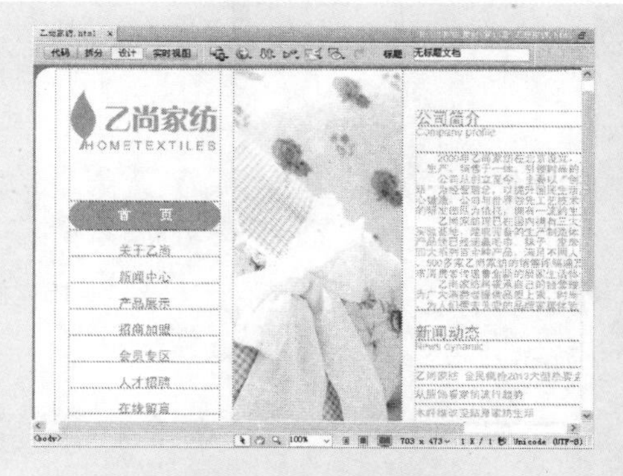

图 14-12 打开的素材文件

步骤03 在菜单栏中选择【文件】|【另存为模板】命令，如图 14-13 所示。

步骤04 弹出【另存模板】对话框，在【站点】下拉列表框中选择 CDROM 站点文件夹，然后在【另存为】文本框中输入模板的名称，如图 14-14 所示。

步骤05 单击【保存】按钮，在弹出的如图 14-15 所示的信息提示对话框中单击【是】按钮，即可将网页文件保存为模板。

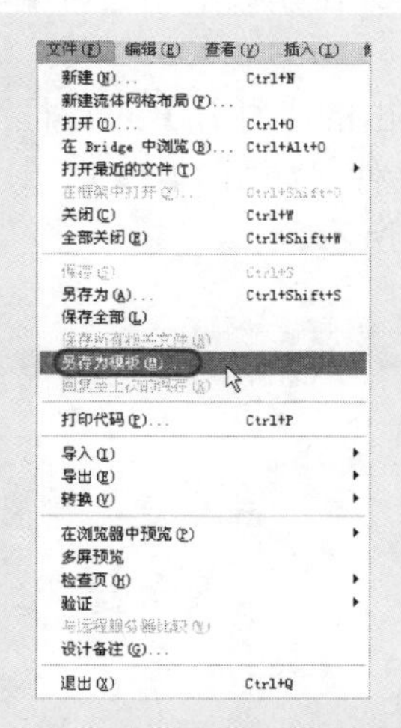

图 14-13 选择【另存为模板】命令

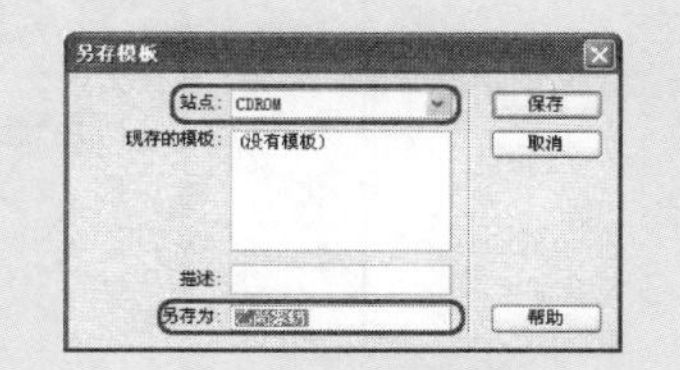

图 14-14 【另存模板】对话框

图 14-15 单击【是】按钮

提示： 当把网页文件保存为模板后，文件的名称就会发生变化，如“乙尚家纺.html”变为了“乙尚家纺.dwt”，模板的扩展名为.dwt，如图 14-16 所示。

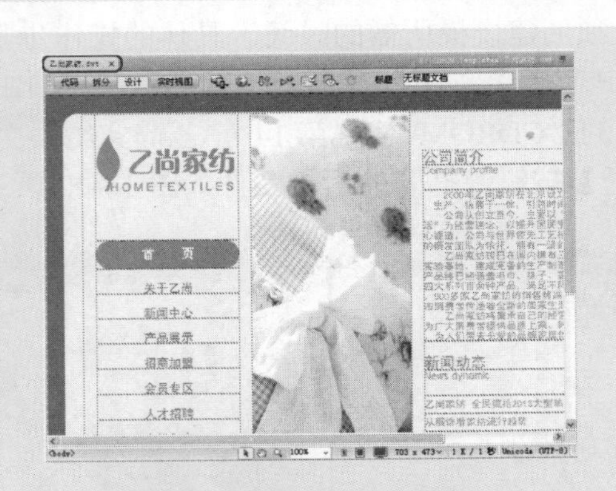

图 14-16　模板文件的名称

14.4　创建可编辑区域

设置可编辑区域，需要在制作模板时完成。用户可以根据自己的具体要求对模板中的内容进行编辑，指定哪些内容可以编辑，哪些内容要被锁定(即不可编辑)。

14.4.1　插入可编辑区域

创建模板后，Dreamweaver 会默认将所有的区域都标记为锁定，因此，用户必须根据自己的需求对模板进行编辑，把某些部分标记为可编辑的区域。在模板中创建可编辑区域很方便，具体操作步骤如下。

步骤 01　在菜单栏中选择【文件】|【打开】命令，在弹出的【打开】对话框中选择随书附带光盘中的“CDROM\Templates\乙尚家纺”文件，如图 14-17 所示。

步骤 02　单击【打开】按钮，打开的模板文件如图 14-18 所示。

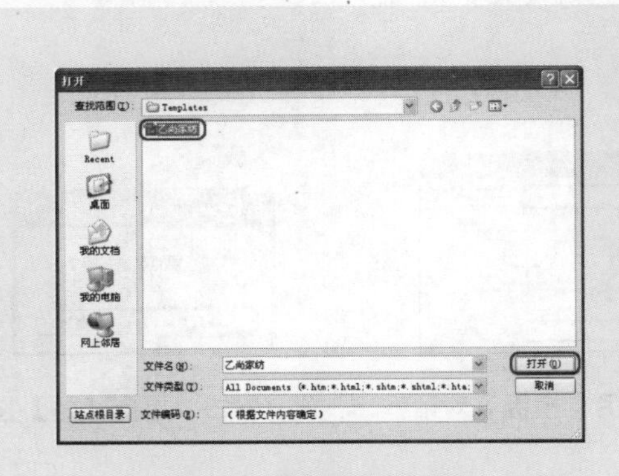

图 14-17　选择模板文件

图 14-18　打开的模板文件

步骤 03　在文档窗口中选择如图 14-19 所示的表格。

步骤 04　在菜单栏中选择【插入】|【模板对象】|【可编辑区域】命令，如图 14-20 所示。

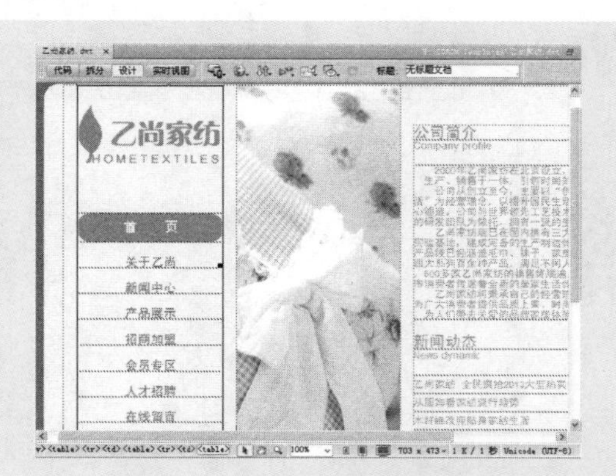

图 14-19　选择表格

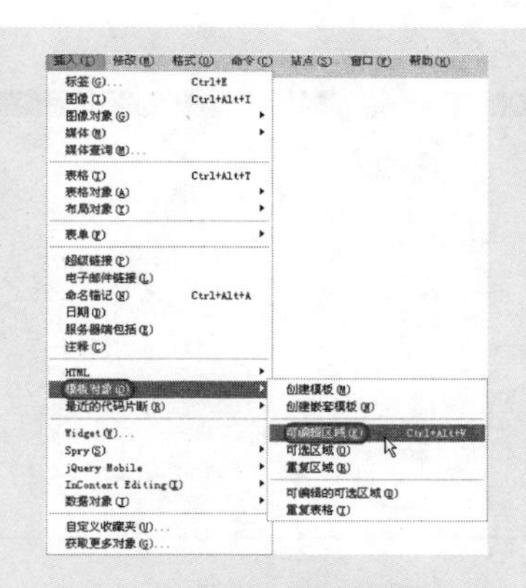

图 14-20　选择【可编辑区域】命令

步骤 05　弹出【新建可编辑区域】对话框，可以在【名称】文本框中输入新的名称，如图 14-21 所示。

步骤 06　单击【确定】按钮，插入可编辑区域。在模板中，可编辑区域会被突出显示，如图 14-22 所示。

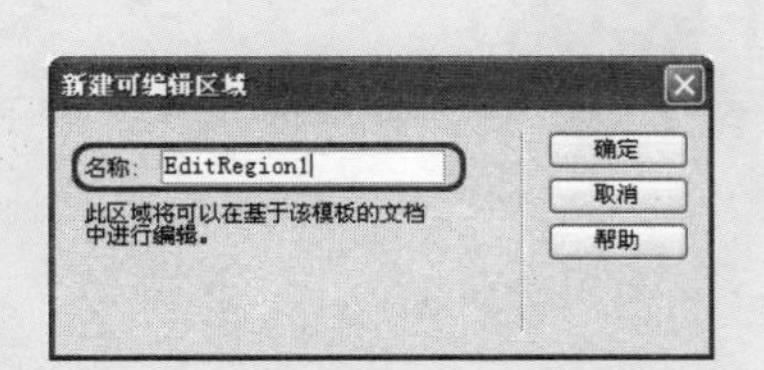

图 14-21　【新建可编辑区域】对话框

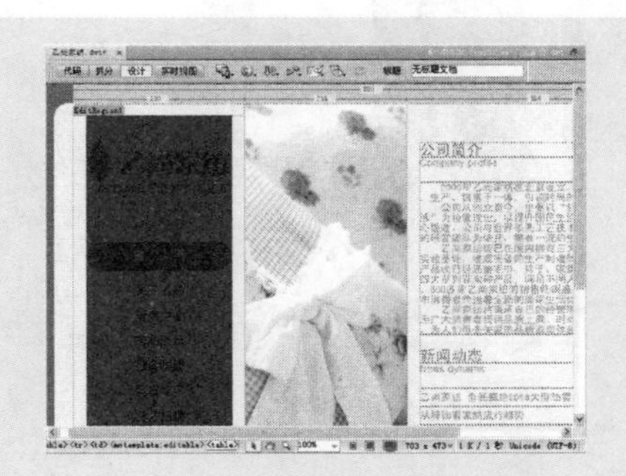

图 14-22　插入的可编辑区域

提示：在定义可编辑区域时，可以定义整个表格或某个单元格为可编辑区域，但不能同时定义几个单元格。AP 元素和 AP 元素中的内容是彼此独立的。若将 AP 元素定义为可编辑，则允许改变 AP 元素的位置；若将 AP 元素中的内容定义为可编辑，则允许改变 AP 元素中的内容。

14.4.2　更改可编辑区域的名称

如果在插入可编辑区域时，没有修改可编辑区域的名称，那么也可以在【属性】面板中进行修改，具体的操作步骤如下。

步骤01 在菜单栏中选择【文件】|【打开】命令，在弹出的【打开】对话框中选择随书附带光盘中的“CDROM\Templates\乙尚家纺 1”文件，如图 14-23 所示。

步骤02 单击【打开】按钮，打开的模板文件如图 14-24 所示。

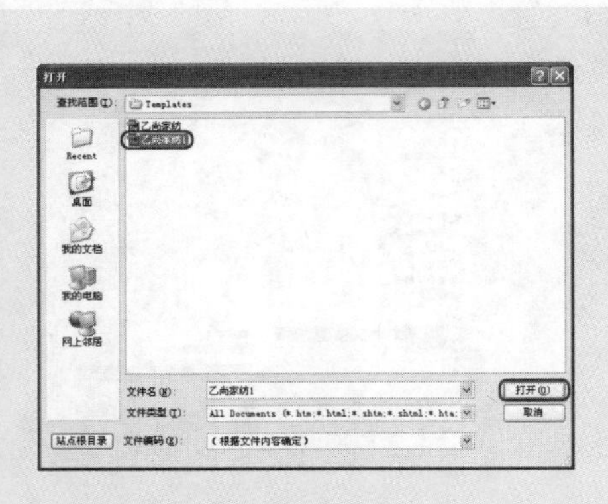

图 14-23 选择模板文件

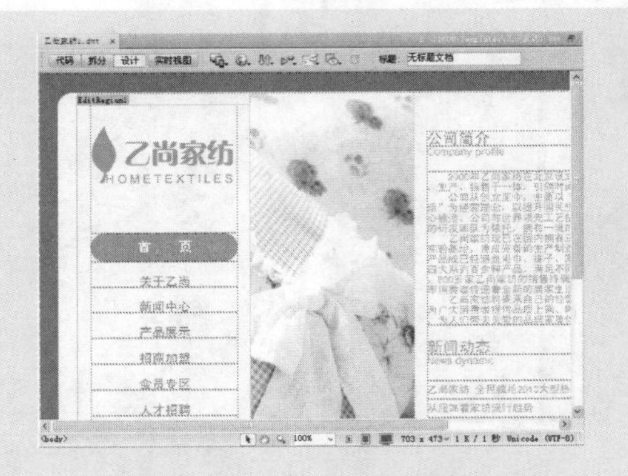

图 14-24 打开的模板文件

步骤03 单击可编辑区域左上角的选项卡选中可编辑区域，如图 14-25 所示。

步骤04 在【属性】面板中的【名称】文本框中输入新的名称，如图 14-26 所示。

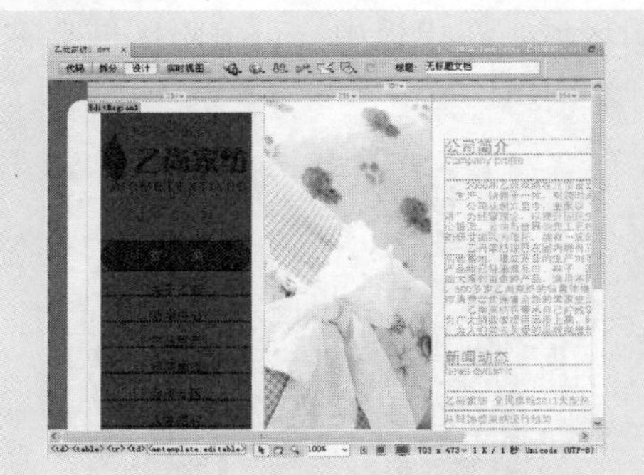

图 14-25 选择可编辑区域

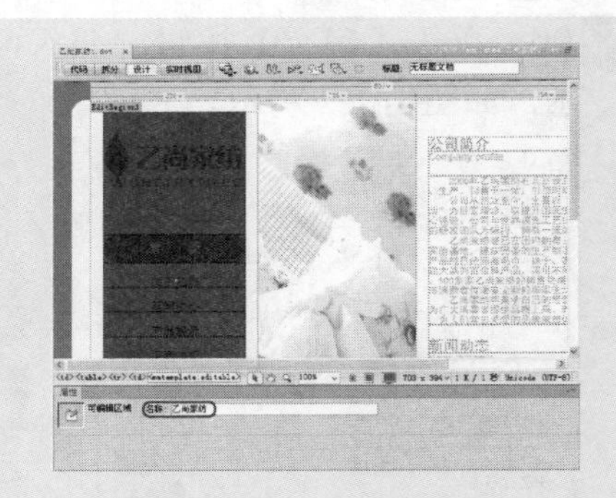

图 14-26 输入新名称

步骤05 输入完成后，按 Enter 键确认，即可将输入的新名称应用于可编辑区域，效果如图 14-27 所示。

图 14-27 更改名称后的效果

14.4.3 删除可编辑区域

如果想锁定模板文件中的可编辑区域，可以执行下面的操作。

步骤 01 在菜单栏中选择【文件】|【打开】命令，在弹出的【打开】对话框中选择随书附带光盘中的“CDROM\Templates\乙尚家纺 1”文件，如图 14-28 所示。

步骤 02 单击【打开】按钮，即可打开选择的模板文件，然后在文档窗口中单击可编辑区域左上角的选项卡以选中可编辑区域，如图 14-29 所示。

图 14-28 选择模板文件

图 14-29 选择可编辑区域

步骤 03 在菜单栏中选择【修改】|【模板】|【删除模板标记】命令，如图 14-30 所示。

步骤 04 将可编辑区域删除，但其中的内容会被保留，效果如图 14-31 所示。

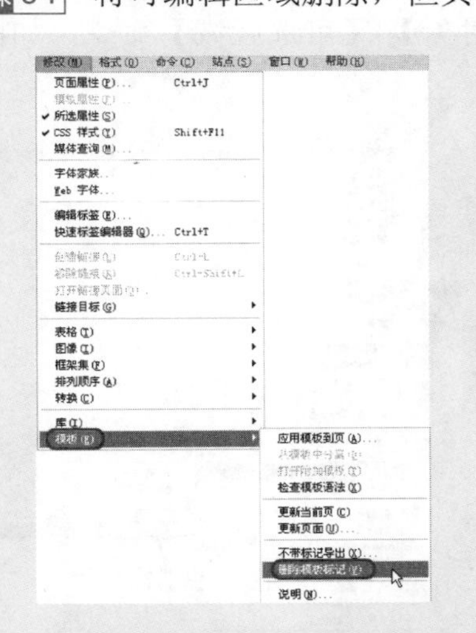

图 14-30 选择【删除模板标记】命令

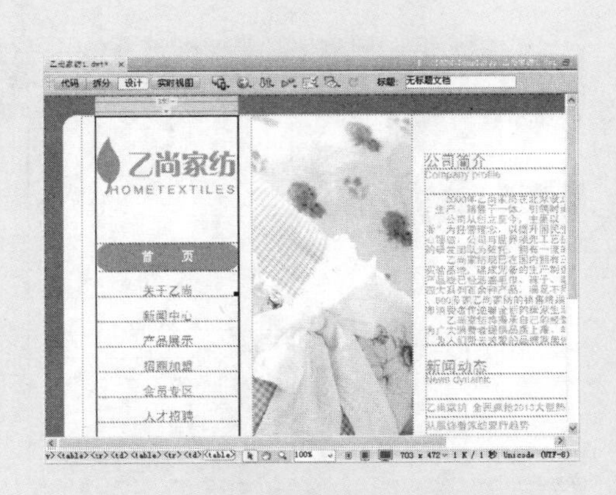

图 14-31 删除可编辑区域后的效果

提示： 如果要同时删除某个可编辑区域和其中的所有内容，就先选中该可编辑区域，然后按下键盘上的 Delete 键即可。

14.4.4 定义可选区域

在使用模板创建网页时，对于可选区域中的内容，可以选择显示或不显示。定义可选区域的具体操作步骤如下。

步骤01 在菜单栏中选择【文件】|【打开】命令，在弹出的【打开】对话框中选择随书附带光盘中的“CDROM\Templates\乙尚家纺 2”文件，如图 14-32 所示。

步骤02 单击【打开】按钮，打开的模板文件如图 14-33 所示。

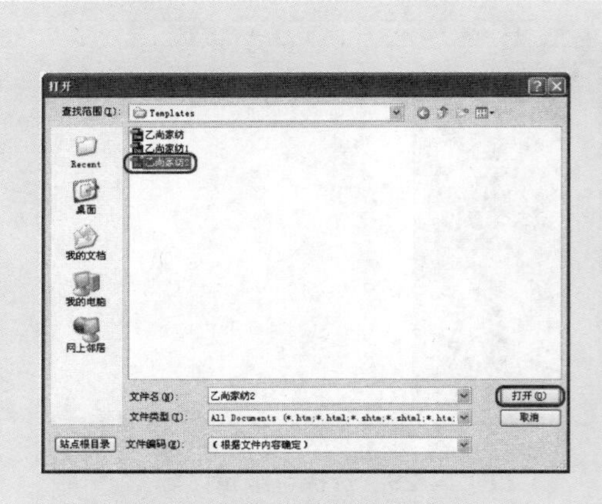

图 14-32 选择模板文件

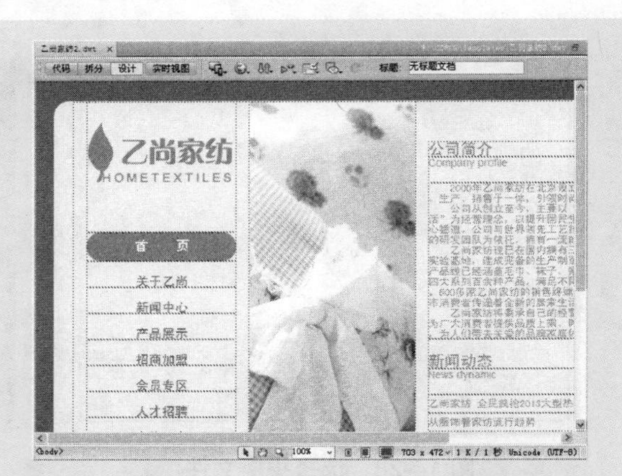

图 14-33 打开的模板文件

步骤03 在文档窗口中选择如图 14-34 所示的表格。

步骤04 在菜单栏中选择【插入】|【模板对象】|【可选区域】命令，如图 14-35 所示。

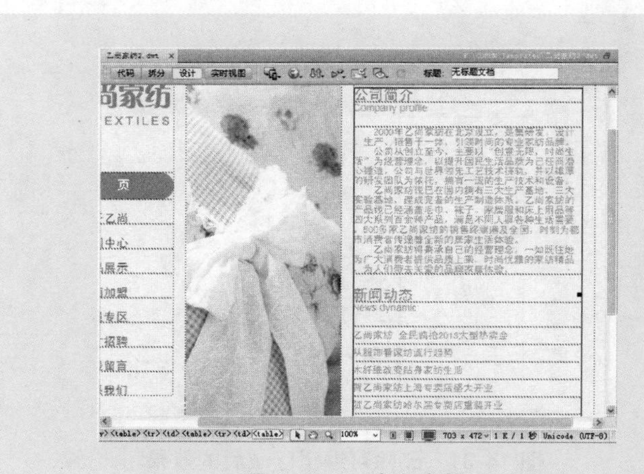

图 14-34 选择表格

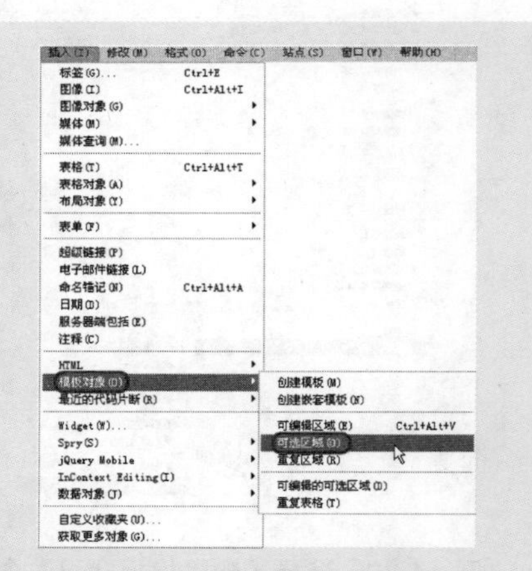

图 14-35 选择【可选区域】命令

步骤05 弹出【新建可选区域】对话框，选择【基本】选项卡，使用默认名称，然后取消选中【默认显示】复选框，如图 14-36 所示。

提示： 如果选中【默认显示】复选框，那么在使用模板创建网页时，会在网页中显示出可选区域的内容；如果没有选中【默认显示】复选框，那么在使用模板创建网页时，不会在网页中显示出可选区域的内容。

步骤06 单击【确定】按钮，即可创建可选区域，如图14-37所示。

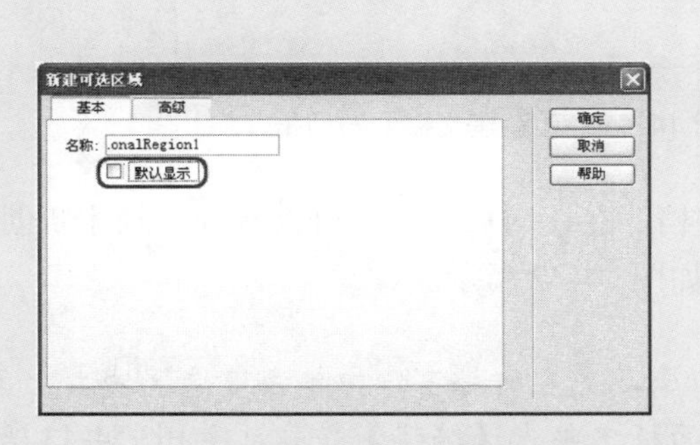

图14-36 取消选中【默认显示】复选框

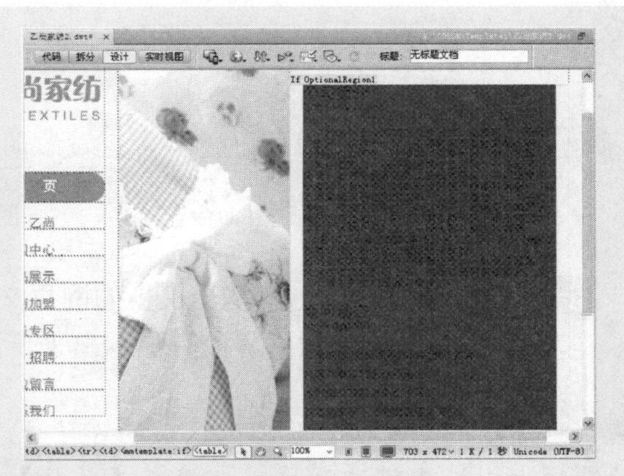

图14-37 创建的可选区域

步骤07 在菜单栏中选择【文件】|【保存】命令，如图14-38所示。

步骤08 在弹出的信息提示对话框中单击【确定】按钮，如图14-39所示，即可将创建可选区域后的模板保存。

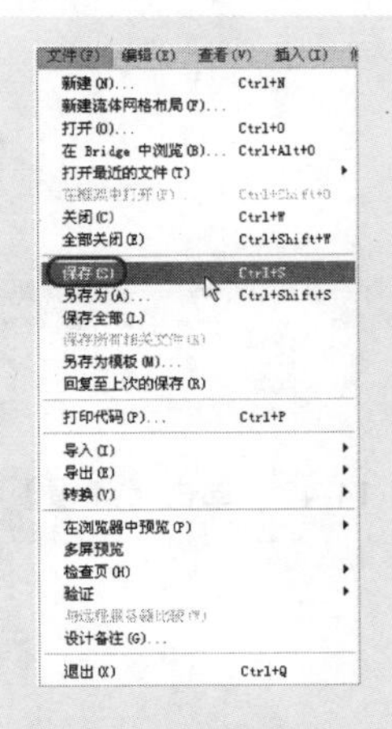

图14-38 选择【保存】命令

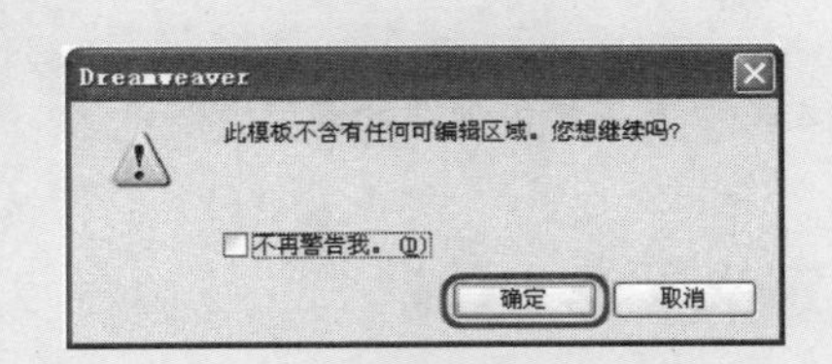

图14-39 单击【确定】按钮

步骤09 在菜单栏中选择【文件】|【新建】命令，如图14-40所示。

步骤10 弹出【新建文档】对话框，选择【模板中的页】选项卡，然后在【站点】列表框中选择CDROM选项，在【站点“CDROM”的模板】列表框中选择【乙尚家纺2】选项，单击【创建】按钮，如图14-41所示。

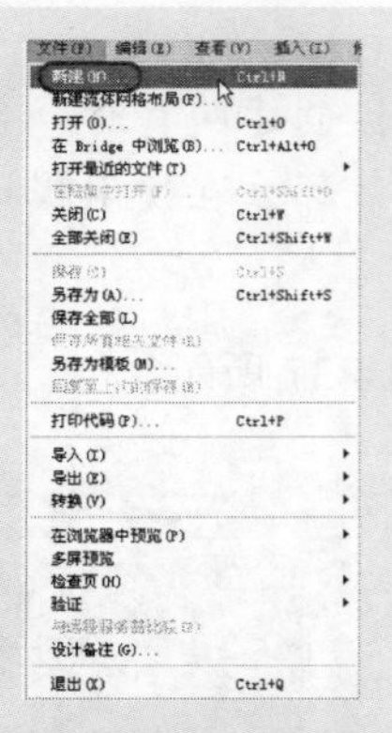

图 14-40　选择【新建】命令

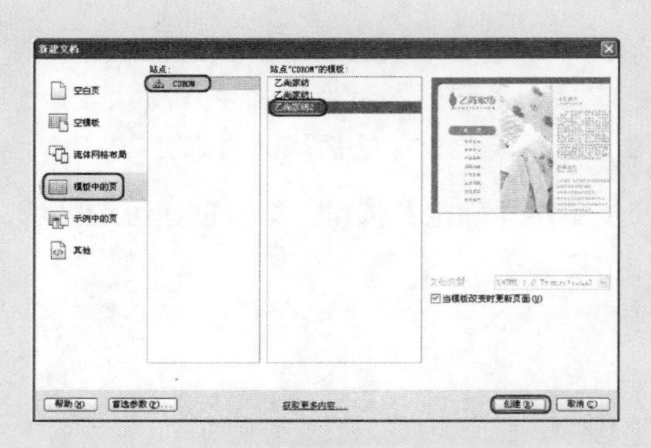

图 14-41　【新建文档】对话框

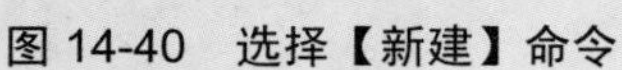

步骤 11　即可创建一个基于模板的网页文档，在该网页文档中可以看到，刚才新创建的可选区域中的内容没有显示出来，如图 14-42 所示。

提示：如果要更改可选区域的可见性，需要先在文档窗口中单击可选区域左上角的选项卡以选中可选区域，然后在【属性】面板中单击【编辑】按钮，如图 14-43 所示，在弹出的【新建可选区域】对话框中进行设置即可。

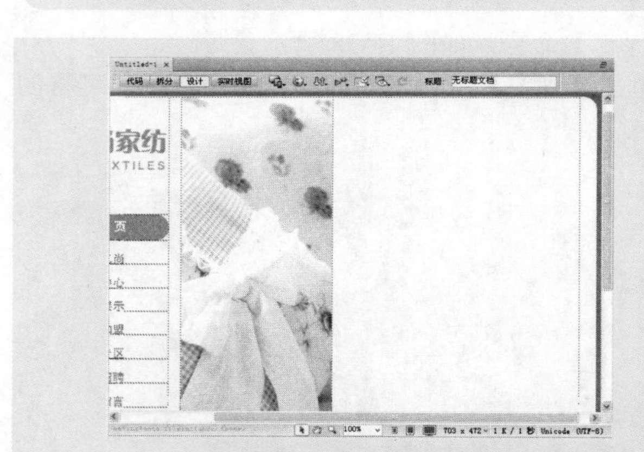

图 14-42　基于模板创建的网页文档

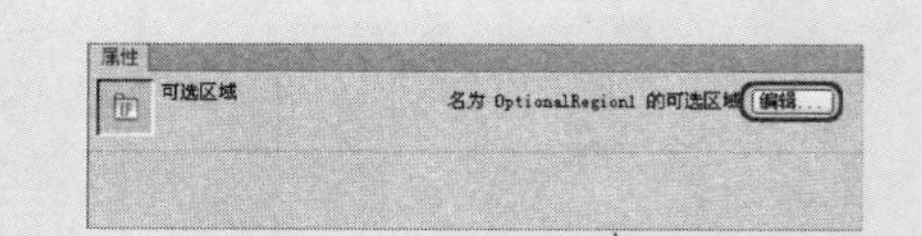

图 14-43　单击【编辑】按钮

14.4.5　定义重复区域

在使用模板创建网页时，可以将重复区域中的内容复制多次。定义重复区域的具体操作步骤如下。

步骤 01　在菜单栏中选择【文件】|【打开】命令，在弹出的【打开】对话框中选择随书附带光盘中的“CDROM\Templates\乙尚家纺 3”文件，如图 14-44 所示。

步骤 02　单击【打开】按钮，打开的模板文件如图 14-45 所示。

步骤 03　在文档窗口中选择如图 14-46 所示的表格。

步骤 04　在菜单栏中选择【插入】|【模板对象】|【重复区域】命令，如图 14-47 所示。

图 14-44 选择模板文件

图 14-45 打开的模板文件

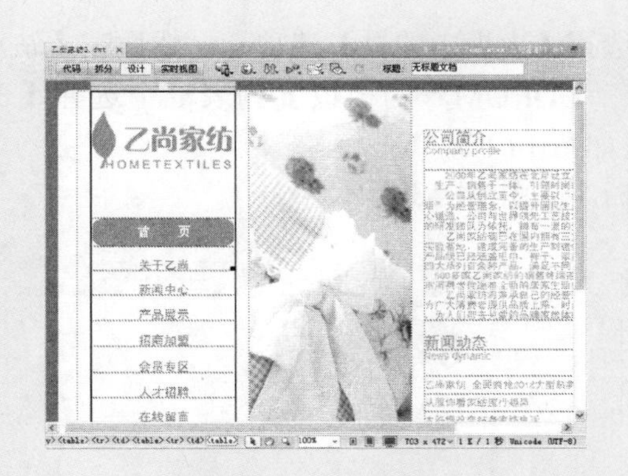

图 14-46 选择表格

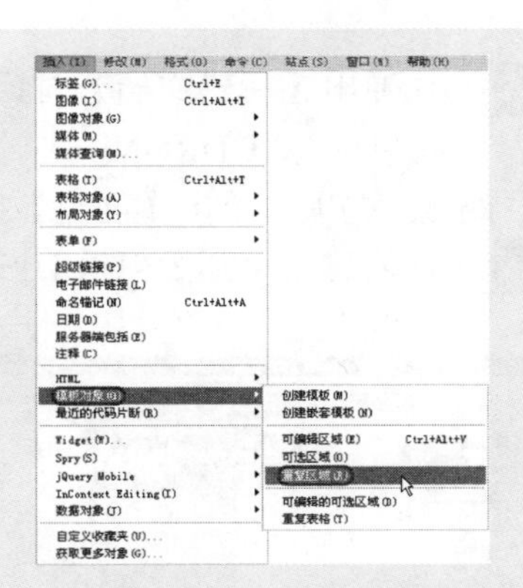

图 14-47 选择【重复区域】命令

步骤05 弹出【新建重复区域】对话框，可以在对话框中的【名称】文本框中输入新的名称，如图 14-48 所示。

步骤06 单击【确定】按钮，即创建重复区域，如图 14-49 所示。

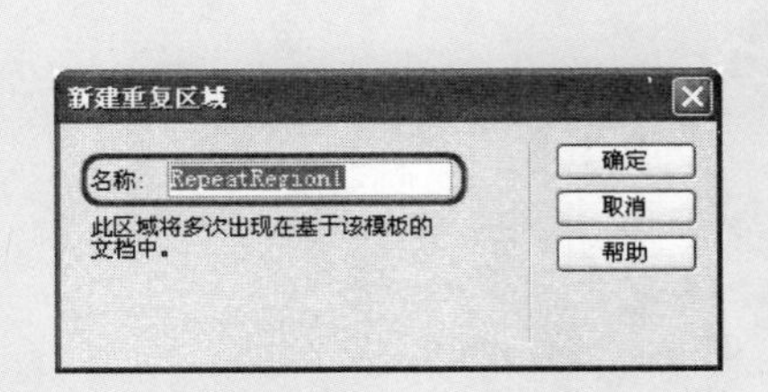

图 14-48 【新建重复区域】对话框

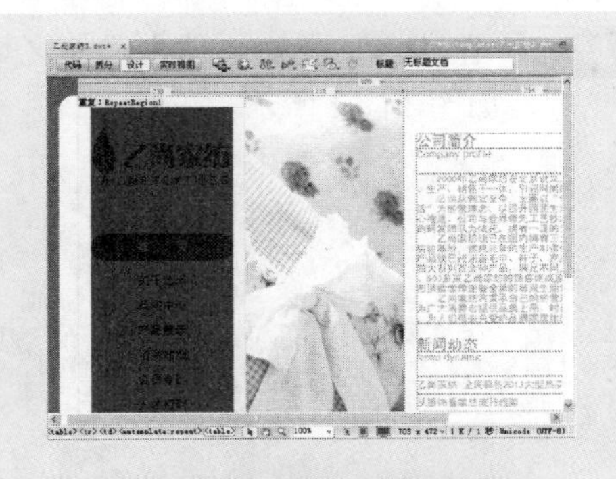

图 14-49 创建的重复区域

步骤07 在菜单栏中选择【文件】|【保存】命令，在弹出的信息提示对话框中单击【确定】按钮，如图 14-50 所示，即可将创建重复区域后的模板保存。

步骤08 在菜单栏中选择【文件】|【新建】命令，如图 14-51 所示。

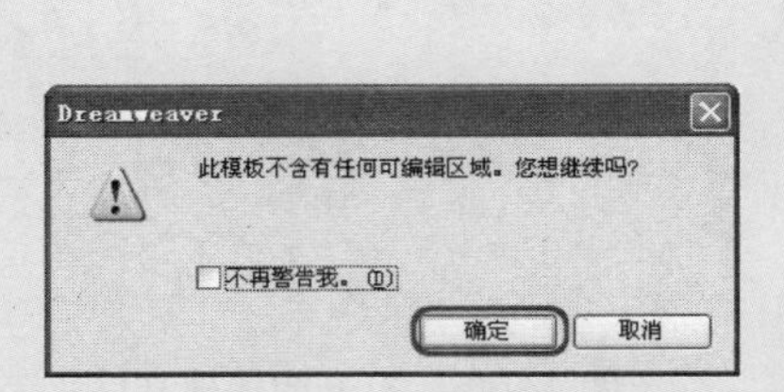

图 14-50　单击【确定】按钮

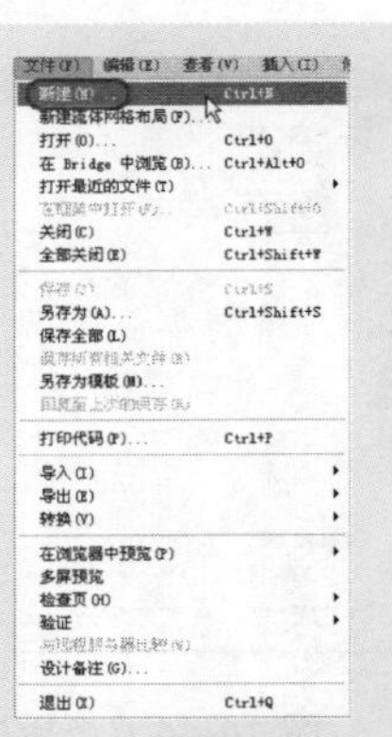

图 14-51　选择【新建】命令

步骤09　弹出【新建文档】对话框，选择【模板中的页】选项卡，然后在【站点】列表框中选择 CDROM，在【站点“CDROM”的模板】列表框中选择【乙尚家纺 3】选项，单击【创建】按钮，如图 14-52 所示。

步骤10　创建一个基于模板的网页文档，如图 14-53 所示。

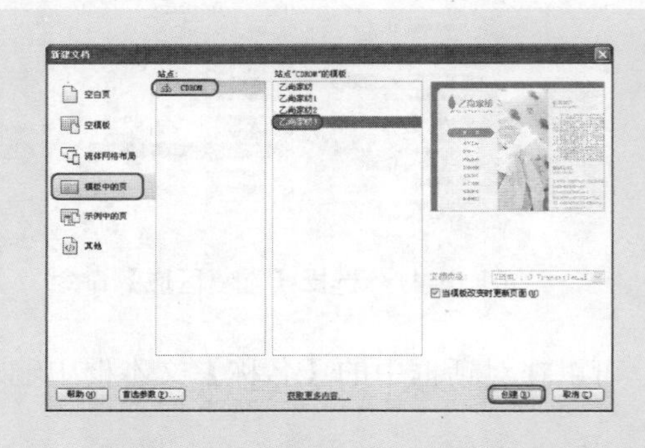

图 14-52　【新建文档】对话框

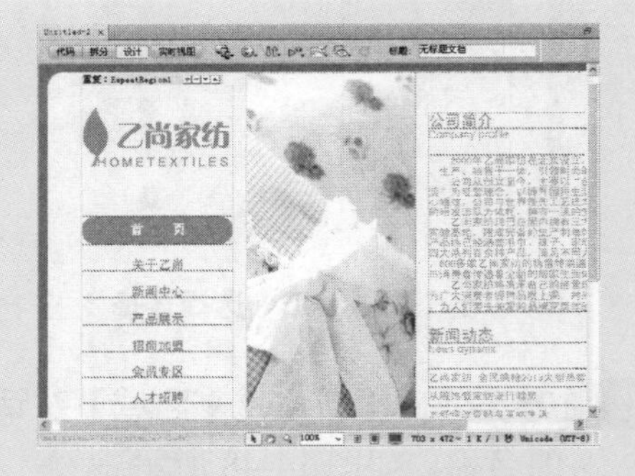

图 14-53　基于模板创建的网页文档

步骤11　在该网页文档中单击重复区域左上角的⊞按钮，即可复制重复区域中的内容，如图 14-54 所示。

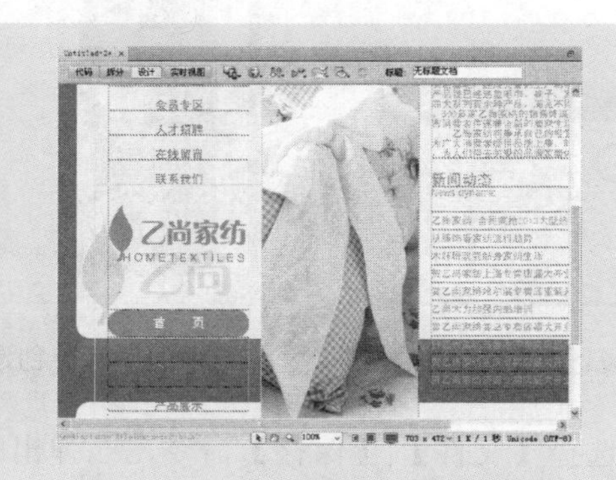

图 14-54　复制重复区域中的内容

14.5 管理模板

模板创建完成后，可以根据需要将模板应用于现有文档，将文档从模板中分离出来以及更新模板等。

14.5.1 将模板应用于现有文档

在 Dreamweaver 中，可以将模板应用到现有文档中，具体的操作步骤如下。

步骤01 在菜单栏中选择【文件】|【打开】命令，在弹出的【打开】对话框中选择随书附带光盘中的“CDROM\素材\第 14 章\将模板应用于现有文档”文件，如图 14-55 所示。

步骤02 单击【打开】按钮，打开的素材文件如图 14-56 所示。

图 14-55 选择素材文件

图 14-56 打开的素材文件

步骤03 在菜单栏中选择【修改】|【模板】|【应用模板到页】命令，如图 14-57 所示。

步骤04 弹出【选择模板】对话框，在对话框中的【模板】列表框中选择【乙尚家纺 4】模板，如图 14-58 所示。

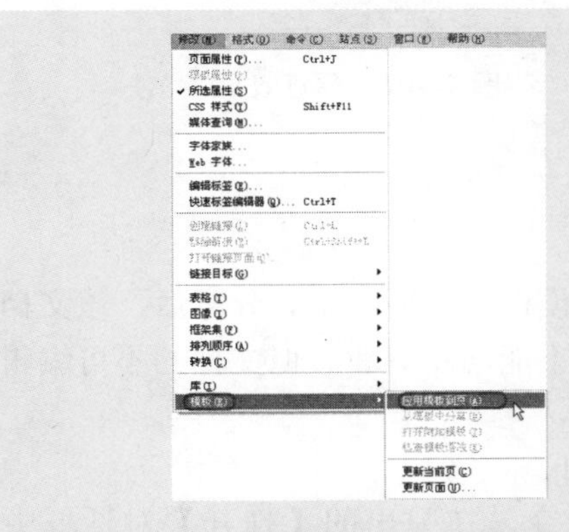

图 14-57 选择【应用模板到页】命令

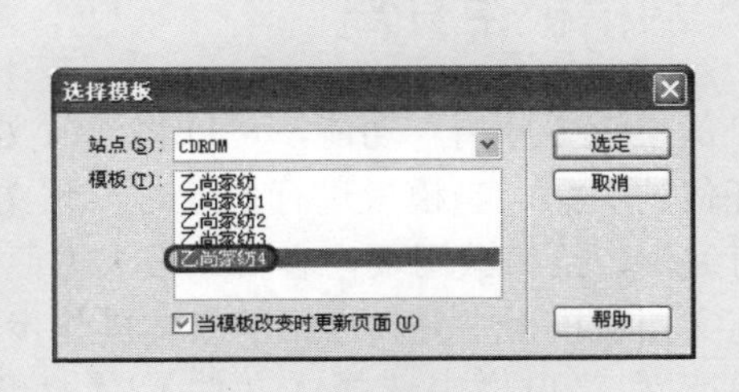

图 14-58 选择模板

步骤05 单击【选定】按钮，系统会将当前文档的可编辑区域与模板的可编辑区域进行对比，如果匹配，则应用模板：如果不匹配，则弹出【不一致的区域名称】对话框，如图 14-59 所示。

步骤06 在该对话框中的列表框中选择【可编辑区域】下【名称】列的 Document body，在【将内容移到新区域】下拉列表框中选择 EditRegion1，如图 14-60 所示。

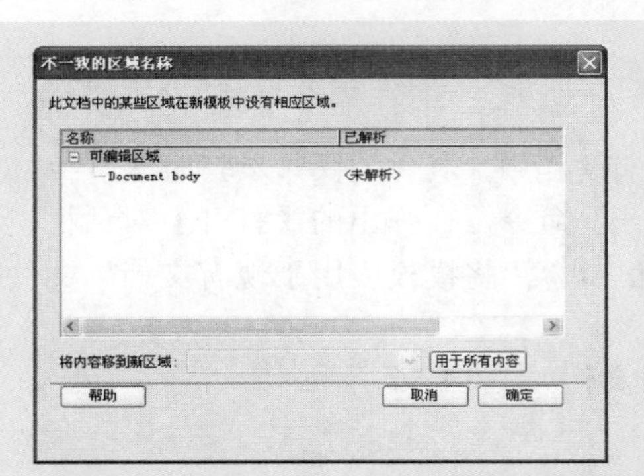

图 14-59 【不一致的区域名称】对话框

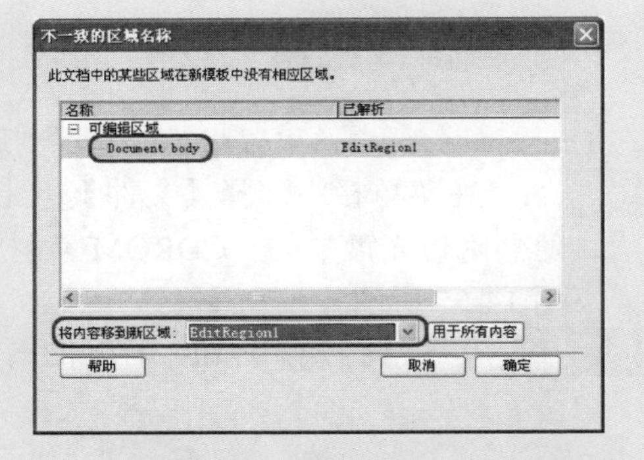

图 14-60 匹配区域

步骤07 单击【确定】按钮，即可将模板应用于现有文档，如图 14-61 所示。

步骤08 保存文档，按 F12 键在浏览器中预览效果，如图 14-62 所示。

图 14-61 将模板应用于现有文档

图 14-62 预览效果

14.5.2 从模板中分离

利用“从模板中分离”功能，可以将当前文档从模板中分离出来。分离后，该文档和模板没有任何的关系，当模板进行更新时，该文档将不能同步更新。但文档的不可编辑区域会变得可编辑，给修改网页内容带来很大方便。

将当前文档从模板中分离出来的具体操作步骤如下。

步骤01 在菜单栏中选择【文件】|【打开】命令，在弹出的【打开】对话框中选择随书附带光盘中的“CDROM\素材\第 14 章\从模板中分离”文件，如图 14-63

所示。

步骤02 单击【打开】按钮，打开的素材文件如图14-64所示。

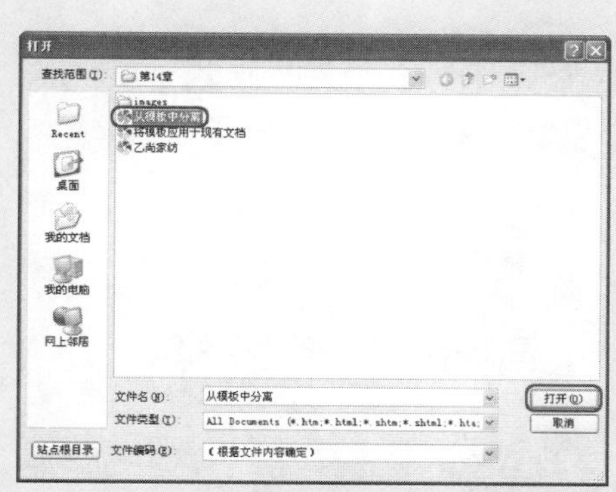

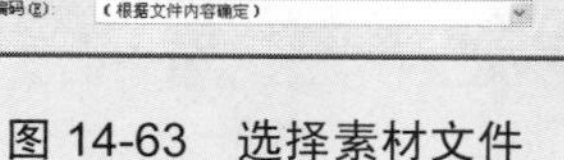

图14-63 选择素材文件

图14-64 打开的素材文件

步骤03 在菜单栏中选择【修改】|【模板】|【从模板中分离】命令，如图14-65所示。

步骤04 即可将当前文档从模板中分离出来，如图14-66所示。

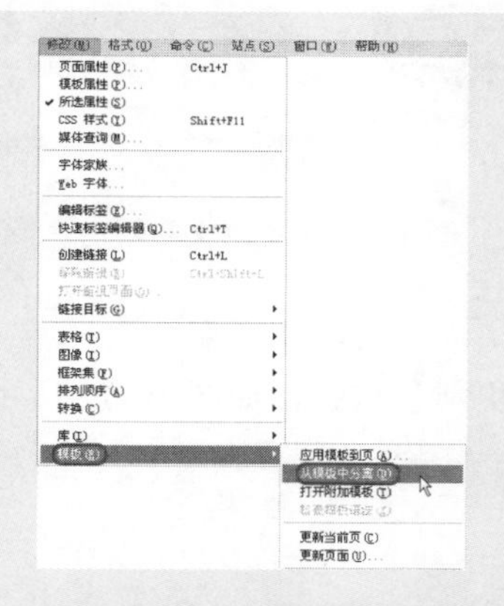

图14-65 选择【从模板中分离】命令

图14-66 将当前文档从模板中分离出来

14.5.3 更新模板

当对模板进行更新后，站点中所有应用了该模板的文档也会进行相应的更新。更新模板的具体操作步骤如下。

步骤01 在菜单栏中选择【文件】|【打开】命令，在弹出的【打开】对话框中选择随书附带光盘中的“CDROM\Templates\乙尚家纺4”文件，如图14-67所示。

步骤02 单击【打开】按钮，打开的模板文件如图14-68所示。

步骤03 在文档窗口中选择如图14-69所示的文字。

步骤04 在【属性】面板中将文字颜色设为#FF7E23，效果如图14-70所示。

图 14-67　选择模板文件

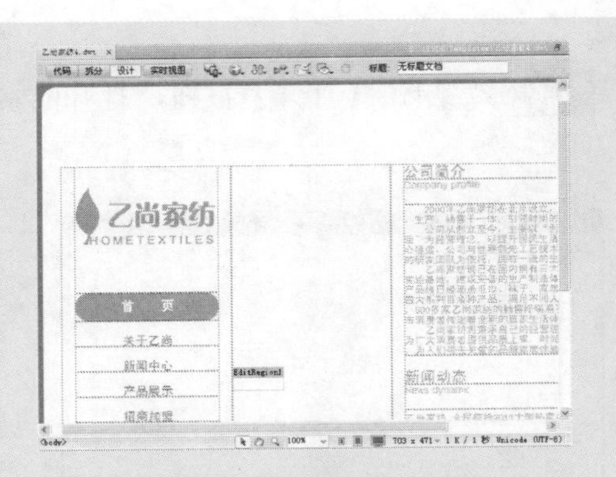

图 14-68　打开的模板文件

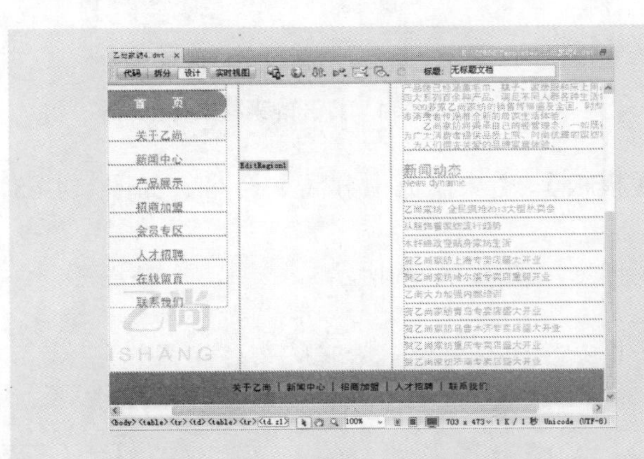

图 14-69　选择文字

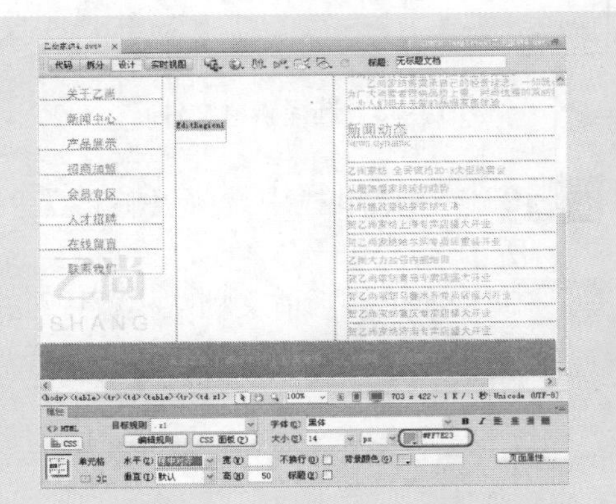

图 14-70　更改文字颜色

步骤 05　在菜单栏中选择【文件】|【保存】命令，如图 14-71 所示。

步骤 06　弹出【更新模板文件】对话框，单击【更新】按钮，如图 14-72 所示。

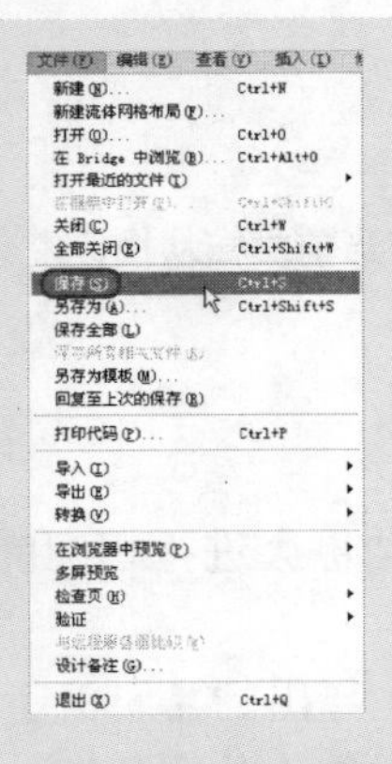

图 14-71　选择【保存】命令

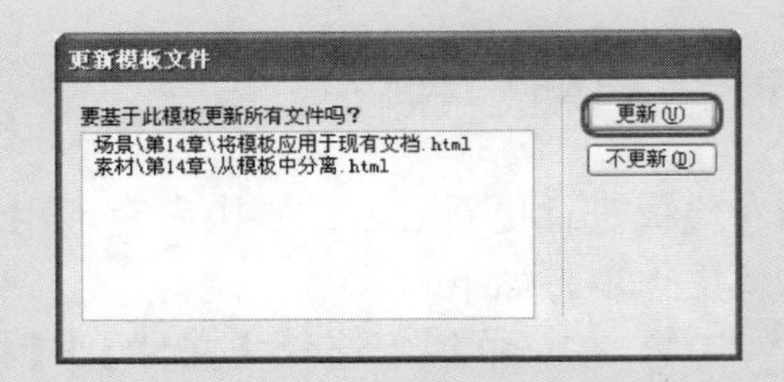

图 14-72　【更新模板文件】对话框

步骤 07　弹出【更新页面】对话框，在【查看】下拉列表框中选择【整个站点】选项，在右侧的下拉列表框中选择 CDROM，并选中【显示记录】复选框，如

图 14-73 所示。

步骤08 单击【开始】按钮，更新完成后，在【更新页面】对话框中单击【关闭】按钮，如图 14-74 所示。

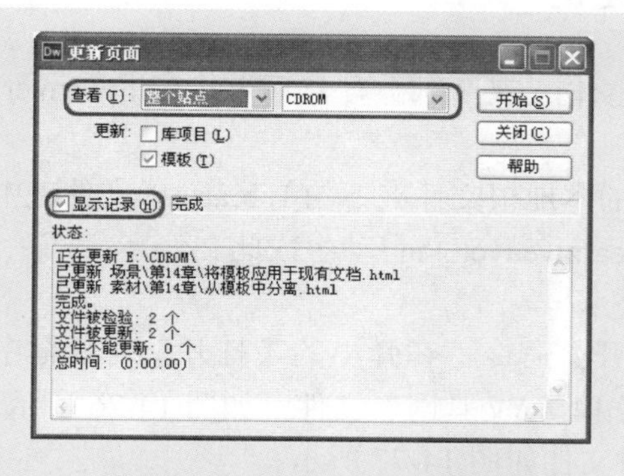

图 14-73 【更新页面】对话框

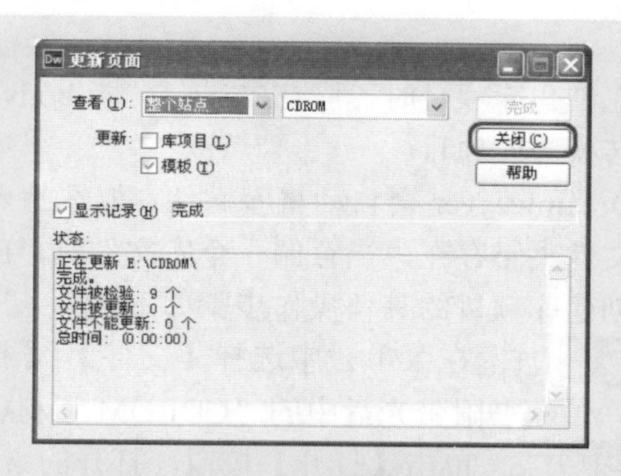

图 14-74 单击【关闭】按钮

步骤09 使用浏览器打开应用该模板制作的网页，可以看到自动更新后的效果，如图 14-75 所示。

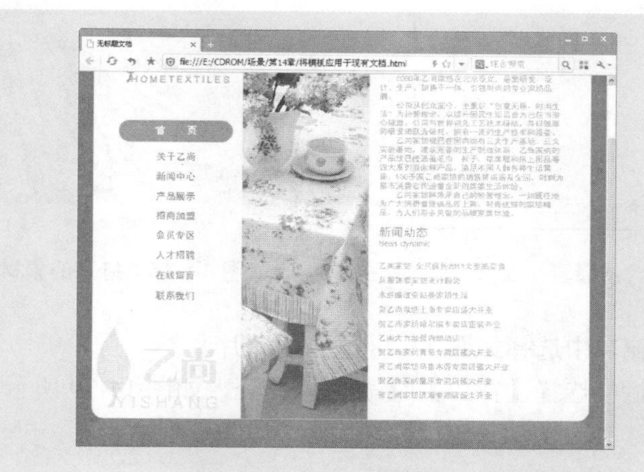

图 14-75 更新后的网页

14.6 认 识 库

在制作网站的过程中，很多网页中会有相同的内容，将这些文档中的共有内容定义为库，然后放置到文档中，就可以大大地提供工作效率，从而省去许多麻烦。

库是一种特殊的 Dreamweaver 文件，其中包含已创建并可放在 Web 页上的单独资源或资源副本的集合，库里的这些资源被称为库项目。可在库中存储的项目包括图像、表格、声音和使用 Adobe Flash 创建的文件等。每当编辑某个库项目时，可以自动更新所有使用该项目的页面。

如果在站点中对库项目进行了修改，通过站点管理特性，就可以实现对站点中放入库

元素的所有文档进行更新。

14.7　创建库项目

在创建库项目时，应首先选取文档 body(主体)的某一部分，然后由 Dreamweaver 将这部分转换为库项目。

Dreamweaver 会自动将库文件存储在站点的本地根文件夹下的 Library 子文件夹中。如果此文件夹不存在，当存储一个库文件时，Dreamweaver 将自动生成此文件夹。

创建库项目的具体操作步骤如下。

步骤 01 在菜单栏中选择【文件】|【打开】命令，在弹出的【打开】对话框中选择随书附带光盘中的“CDROM\素材\第 14 章\文具网”文件，如图 14-76 所示。

步骤 02 单击【打开】按钮，打开的素材文件如图 14-77 所示。

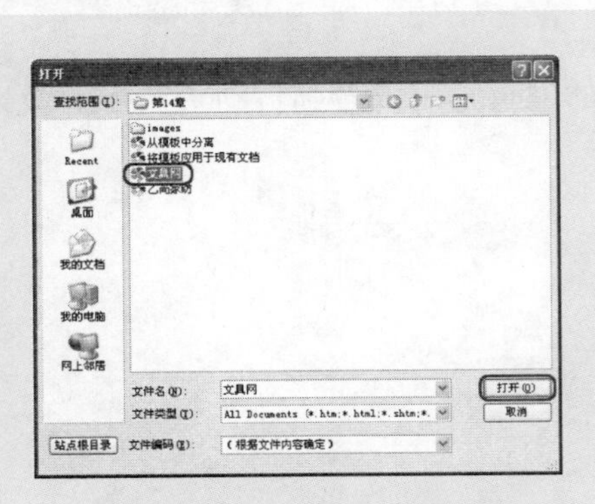

图 14-76　选择素材文件

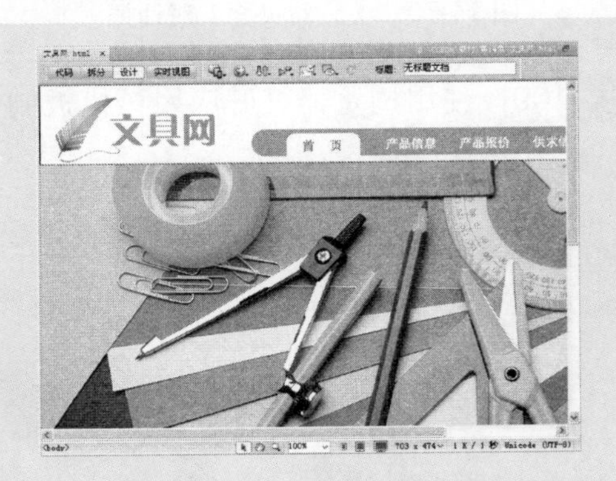

图 14-77　打开的素材文件

步骤 03 在文档窗口中选择如图 14-78 所示的图片。

步骤 04 在菜单栏中选择【窗口】|【资源】命令，如图 14-79 所示。

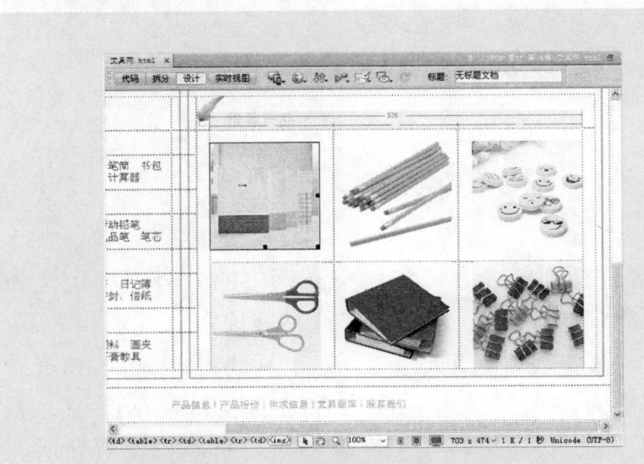

图 14-78　选择图片

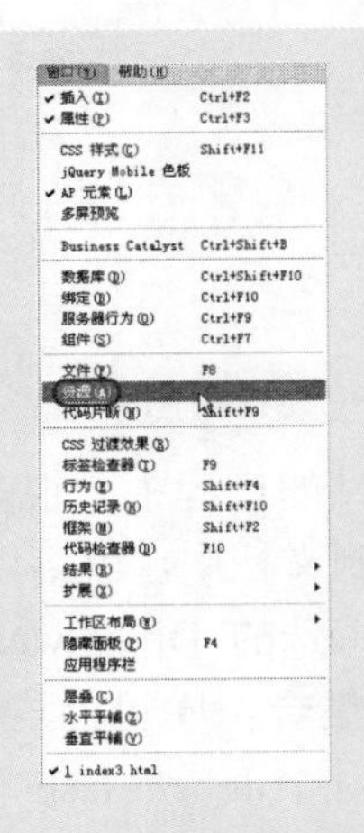

图 14-79　选择【资源】命令

步骤05　打开【资源】面板，在该面板中单击【库】按钮，即可显示【库】样式，如图14-80所示。

步骤06　单击面板右下角的【新建库项目】按钮，如图14-81所示。

图14-80　【库】样式

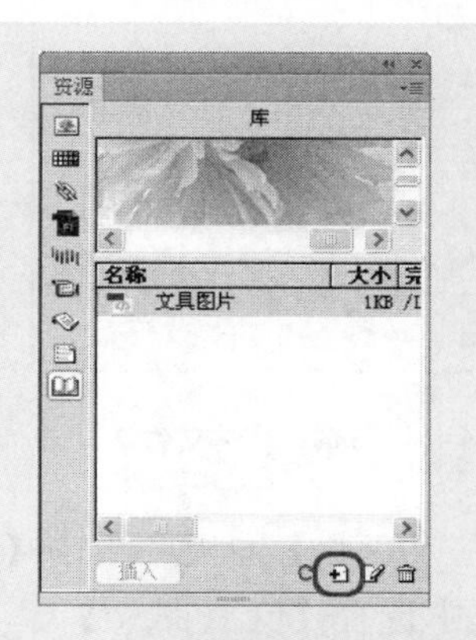

图14-81　单击【新建库项目】按钮

步骤07　将选择的图片转换为库项目，效果如图14-82所示。

步骤08　此时新创建的库项目的名称处于可编辑状态，为新创建的库项目输入新的文件名即可，输入完成后，按Enter键确认，如图14-83所示。

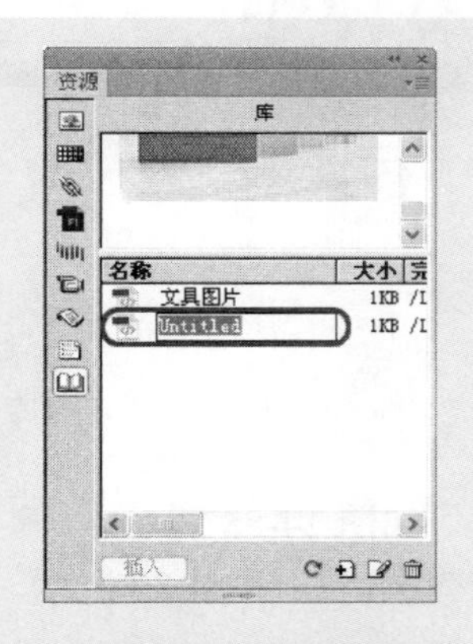

图14-82　创建的库项目

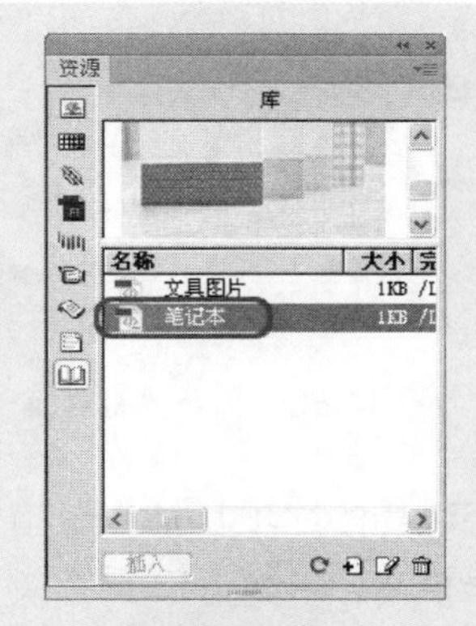

图14-83　输入库项目名称

14.8　应用库项目

下面介绍应用库项目的方法，具体操作步骤如下。

步骤01　在菜单栏中选择【文件】|【打开】命令，在弹出的【打开】对话框中选择随书附带光盘中的"CDROM\素材\第14章\应用库项目"文件，如图14-84所示。

步骤02　单击【打开】按钮，打开的素材文件如图14-85所示。

步骤03　将光标放置在如图14-86所示的单元格中。

图 14-84　选择素材文件

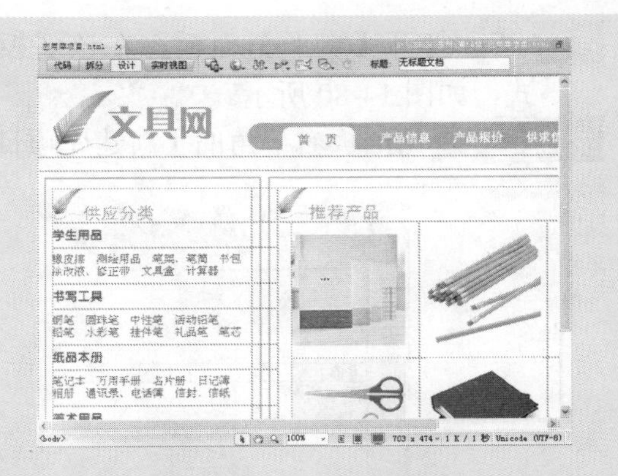

图 14-85　打开的素材文件

步骤04　在【资源】面板中单击【库】按钮，即可显示【库】样式，在【名称】列表框中选择【文具图片】库项目，然后单击下方的【插入】按钮，如图 14-87 所示。

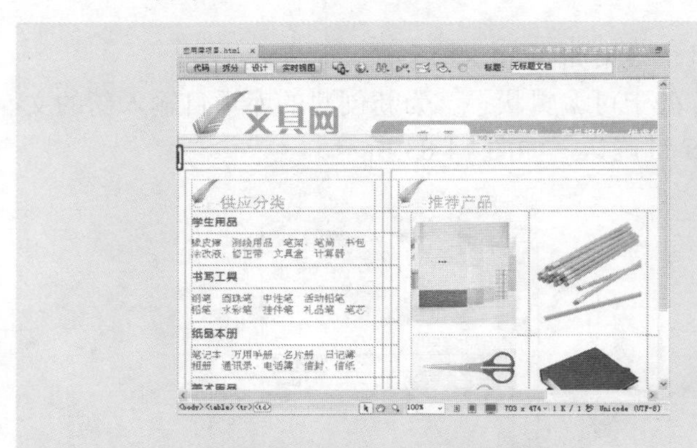

图 14-86　指定光标位置

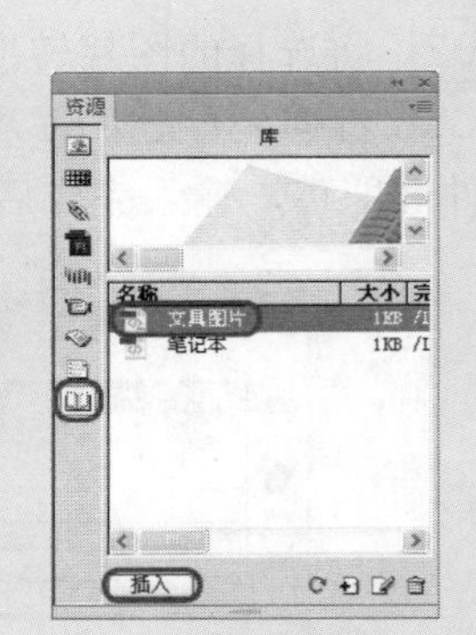

图 14-87　选择库项目

步骤05　将选择的库项目插入至指定单元格中，如图 14-88 所示。

步骤06　保存文档，按 F12 键在浏览器中预览效果，如图 14-89 所示。

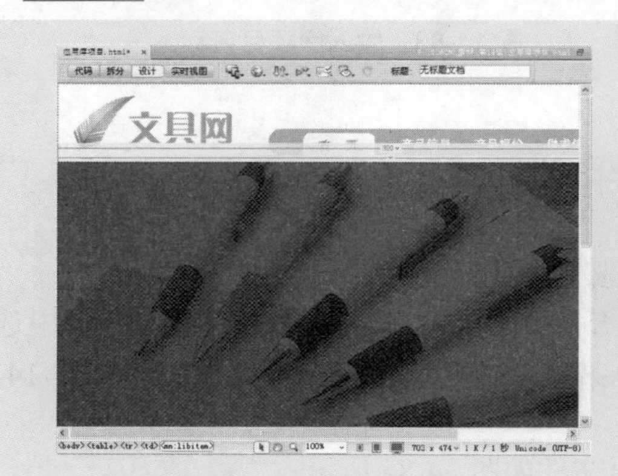

图 14-88　插入库项目

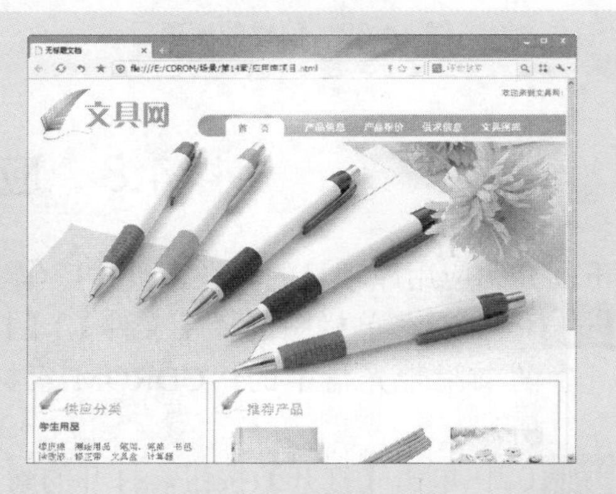

图 14-89　预览效果

14.9 编辑库项目

编辑库项目包括更新库项目、重命名库项目以及删除库项目等。

14.9.1 更新库项目

当对库项目进行更新后，站点中所有应用了库项目的文档也会进行相应的更新。更新库项目的具体操作步骤如下。

步骤01 在菜单栏中选择【文件】|【打开】命令，在弹出的【打开】对话框中选择随书附带光盘中的“CDROM\Library\文具图片”文件，如图14-90所示。

步骤02 单击【打开】按钮，打开的库项目如图14-91所示。

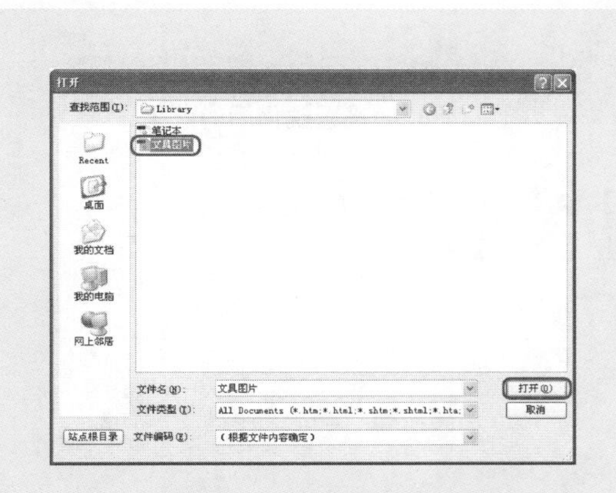

图14-90 选择库项目

图14-91 打开的库项目

步骤03 在文档窗口中选择图片，然后在【属性】面板中单击【锐化】按钮，如图14-92所示。

步骤04 弹出如图14-93所示的信息提示对话框，在该对话框中单击【确定】按钮。

图14-92 单击【锐化】按钮

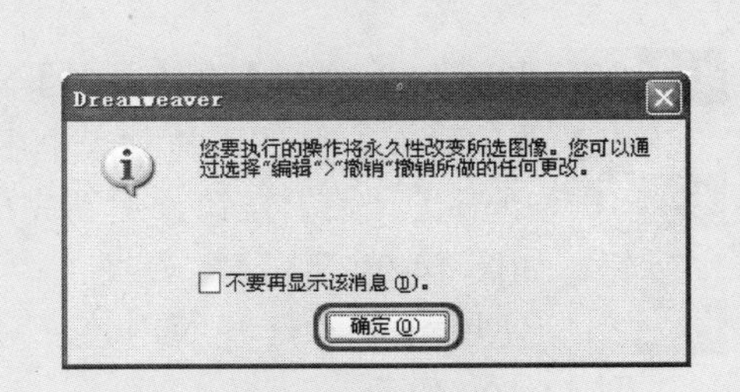

图14-93 单击【确定】按钮

步骤05 弹出【锐化】对话框，在该对话框中将【锐化】设为 10，如图 14-94 所示。

步骤06 设置完成后单击【确定】按钮，为选择的图片设置锐化后的效果如图 14-95 所示。

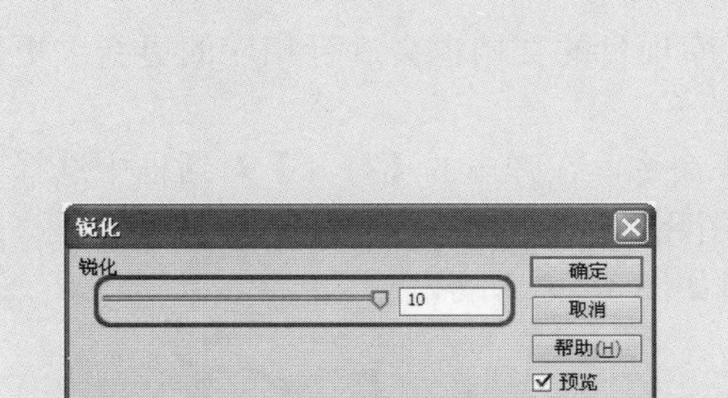

图 14-94 【锐化】对话框

图 14-95 设置锐化后的效果

步骤07 在菜单栏中选择【文件】|【保存】命令，如图 14-96 所示。

步骤08 弹出【更新库项目】对话框，单击【更新】按钮，如图 14-97 所示。

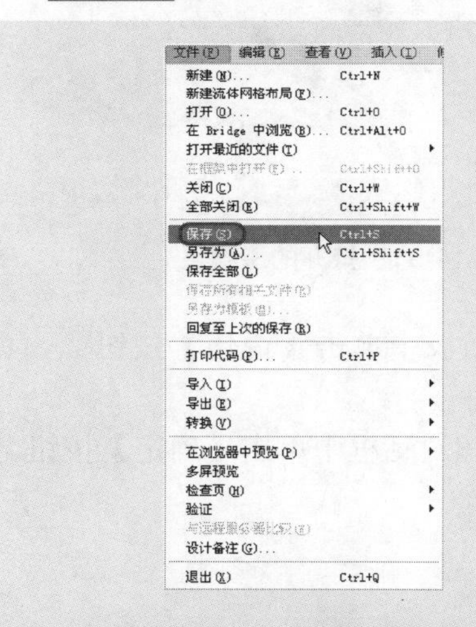

图 14-96 选择【保存】命令

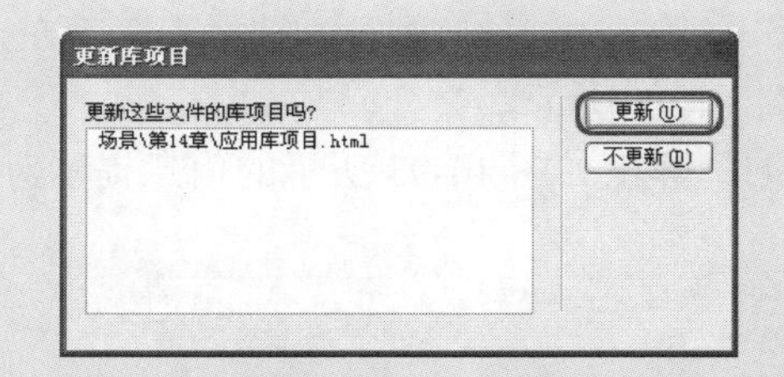

图 14-97 【更新库项目】对话框

步骤09 此时，会弹出【更新页面】对话框，在【查看】下拉列表框中选择【整个站点】选项，在右侧的下拉列表框中选择 CDROM，如图 14-98 所示。

步骤10 单击【开始】按钮，更新完成后，在【更新页面】对话框中单击【关闭】按钮，如图 14-99 所示。

步骤11 使用浏览器打开应用该库项目的网页，可以看到自动更新后的效果，如图 14-100 所示。

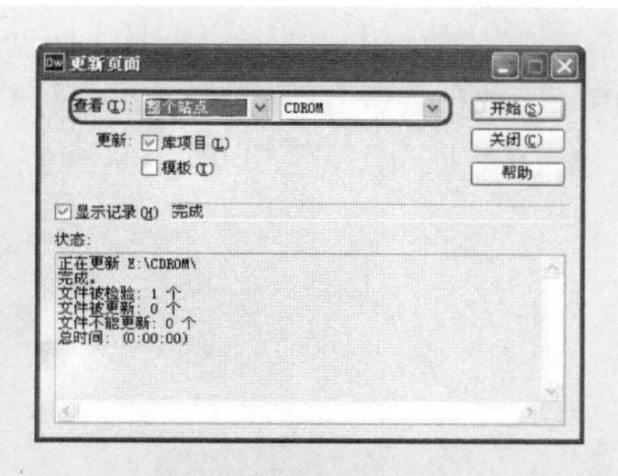
图 14-98 【更新页面】对话框

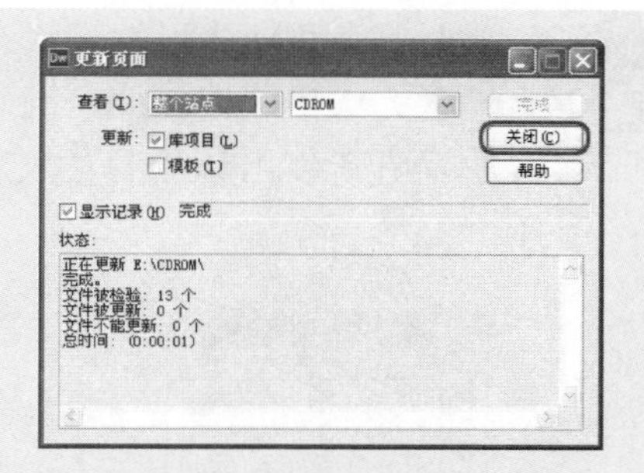
图 14-99 单击【关闭】按钮

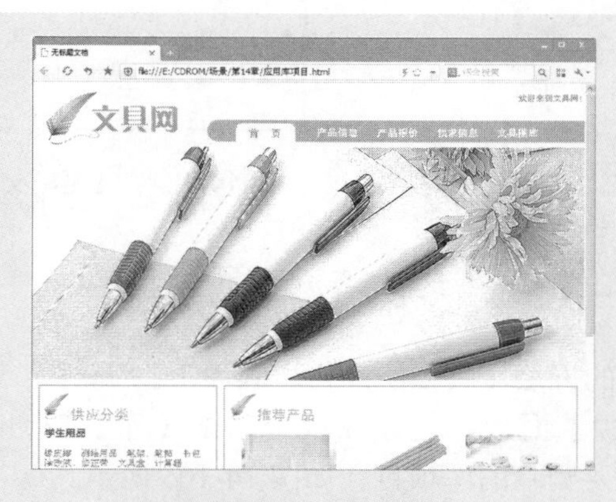
图 14-100 更新的网页

14.9.2 重命名库项目

下面介绍重命名库项目的方法，具体的操作步骤如下。

步骤01 打开【资源】面板，在该面板中单击【库】按钮，即可显示【库】样式，然后选择需要重命名的库项目，如图 14-101 所示。

步骤02 在选择的库项目上单击鼠标右键，在弹出的快捷菜单中选择【重命名】命令，如图 14-102 所示。

图 14-101 选择库项目

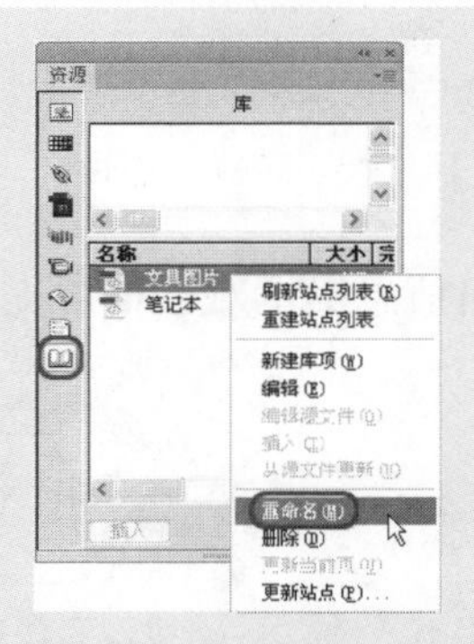
图 14-102 选择【重命名】命令

步骤03 此时，名称变为可编辑状态，输入一个新名称即可，如图 14-103 所示。

步骤04 输入完成后，按 Enter 键确认，Dreamweaver 会弹出【更新文件】对话框，询问是否更新使用该项目的文档，如图 14-104 所示，用户可以根据需要进行选择。

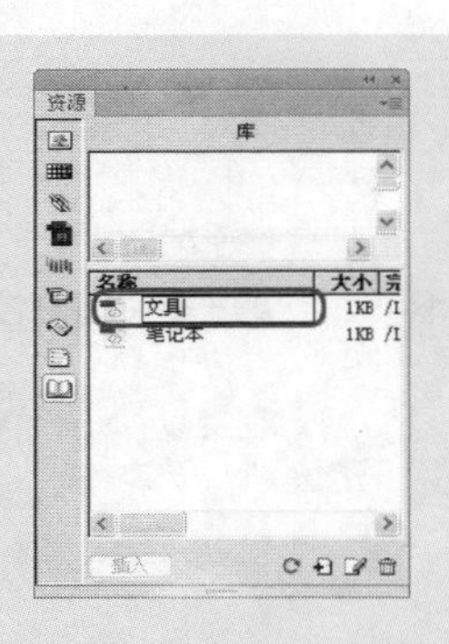

图 14-103 输入名称

图 14-104 【更新文件】对话框

14.9.3 删除库项目

下面介绍删除库项目的方法，具体的操作步骤如下。

步骤01 打开【资源】面板，在该面板中单击【库】按钮📖，即可显示【库】样式，然后选择需要删除的库项目，如图 14-105 所示。

步骤02 在选择的库项目上单击鼠标右键，在弹出的快捷菜单中选择【删除】命令，如图 14-106 所示。

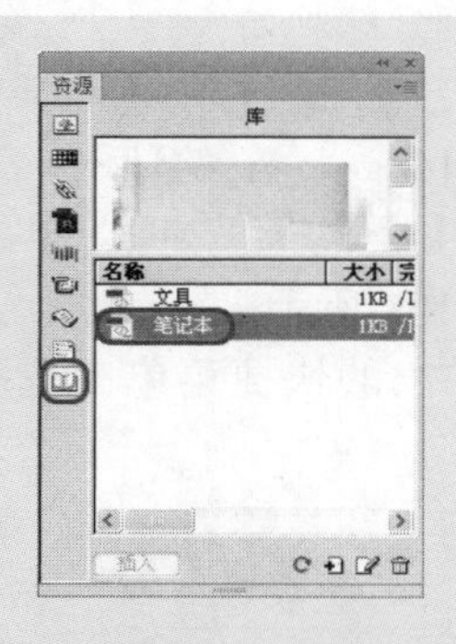

图 14-105 选择库项目

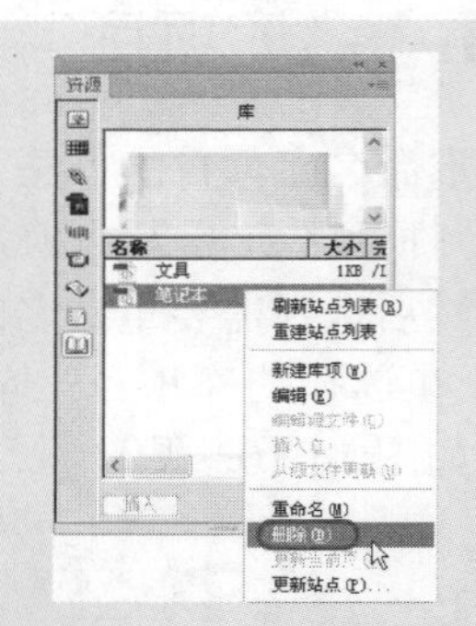

图 14-106 选择【删除】命令

步骤03 弹出信息提示对话框，提示是否删除库项目，如图 14-107 所示。

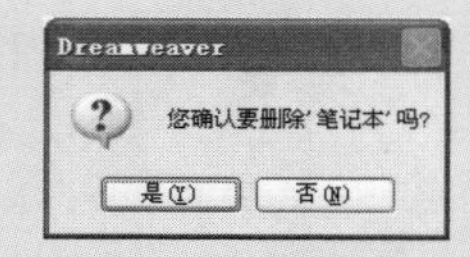

图 14-107 信息提示对话框

14.10 上机练习——使用模板和库项目制作网页

下面介绍根据上面学习的内容，使用模板和库项目制作网页的方法，网页效果如图 14-108 所示。

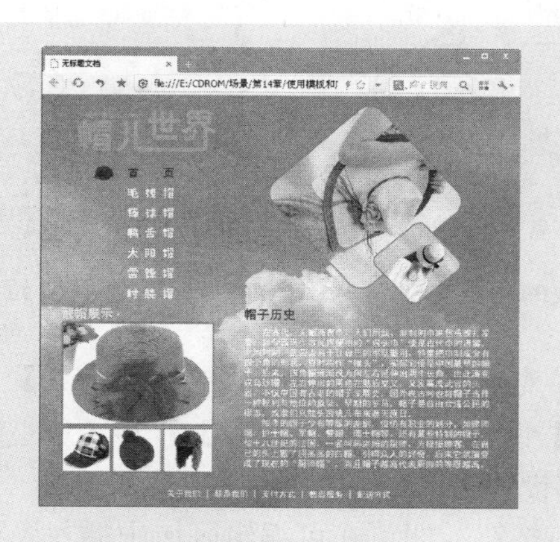

图 14-108 网页效果

步骤01 在菜单栏中选择【文件】|【新建】命令，如图 14-109 所示。

步骤02 弹出【新建文档】对话框，选择【模板中的页】选项卡，然后在【站点】列表框中选择 CDROM 选项，在【站点“CDROM”的模板】列表框中选择【帽儿世界】选项，单击【创建】按钮，如图 14-110 所示。

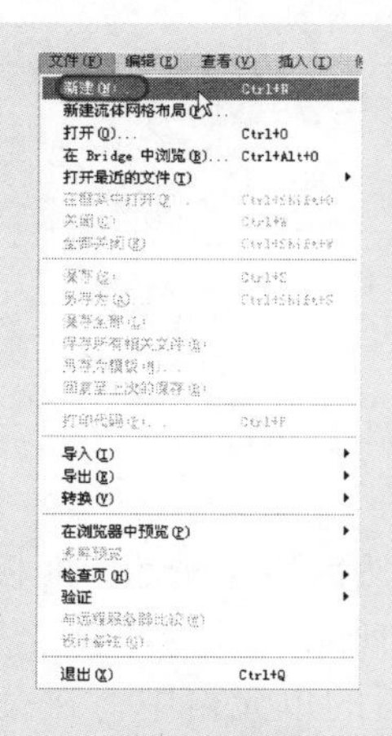

图 14-109 选择【新建】命令

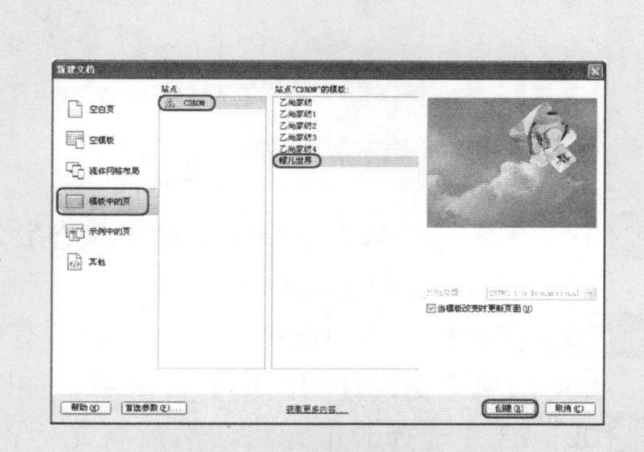

图 14-110 【新建文档】对话框

步骤03 创建一个基于模板的网页文档，如图 14-111 所示。

步骤04 将光标置入【帽儿世界】可编辑区域中，然后在菜单栏中选择【插入】|【表格】命令，如图 14-112 所示。

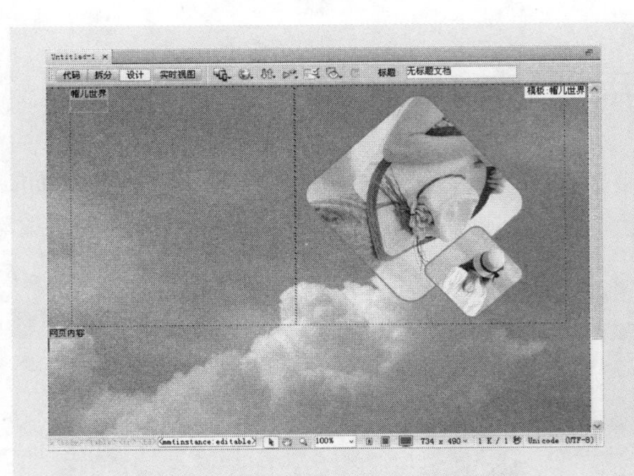
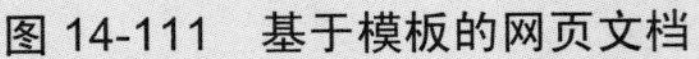

图 14-111　基于模板的网页文档

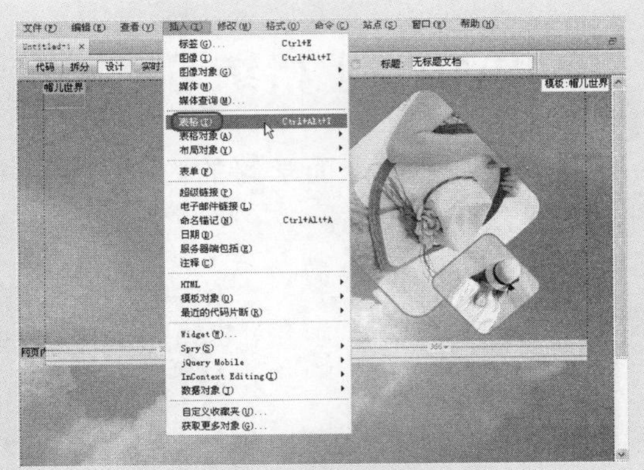

图 14-112　选择【表格】命令

步骤 05　弹出【表格】对话框，在该对话框中将【行数】设置为 8，将【列】设置为 2，将【表格宽度】设置为 260、【像素】，将【边框粗细】、【单元格边距】和【单元格间距】都设置为 0，如图 14-113 所示。

步骤 06　单击【确定】按钮，即可在可编辑区域中插入表格，如图 14-114 所示。

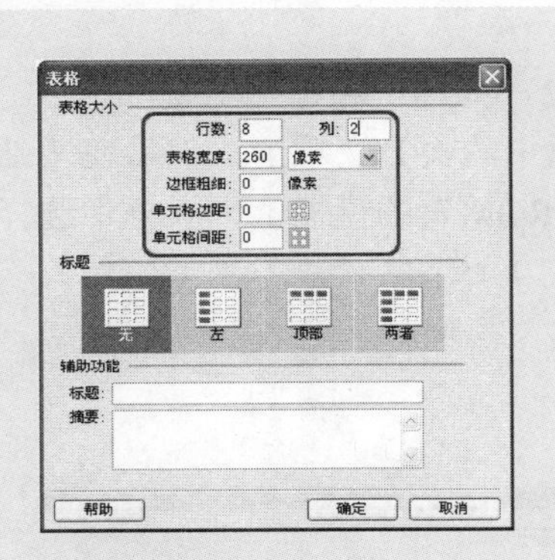

图 14-113　【表格】对话框

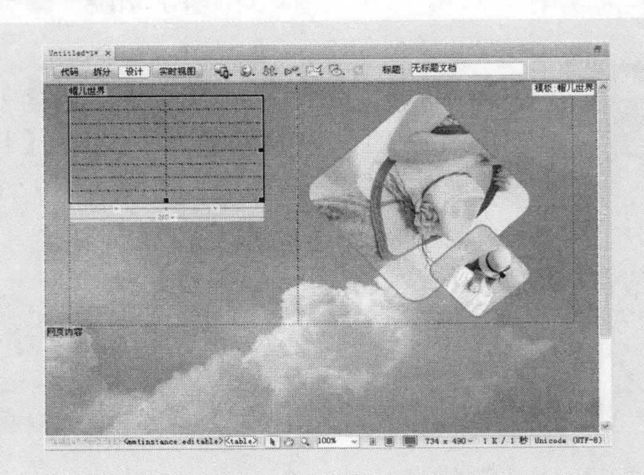

图 14-114　插入的表格

步骤 07　确定新插入的表格处于选中状态后，在【属性】面板中将【对齐】设为【居中对齐】，如图 14-115 所示。

步骤 08　在文档窗口中选择第 1 行中的所有单元格，然后在【属性】面板中单击【合并所选单元格，使用跨度】按钮，如图 14-116 所示。

步骤 09　合并选择的单元格，然后将光标置入合并后的单元格中，在菜单栏中选择【插入】|【图像】命令，如图 14-117 所示。

步骤 10　弹出【选择图像源文件】对话框，在该对话框中选择随书附带光盘中的“CDROM\素材\第 14 章\帽儿世界”图像，如图 14-118 所示。

步骤 11　单击【确定】按钮，即可在单元格中插入素材图像，效果如图 14-119 所示。

步骤 12　在文档窗口中选择如图 14-120 所示的单元格，然后在【属性】面板中将【水平】设为【居中对齐】，将【宽】和【高】分别设为 78 和 32。

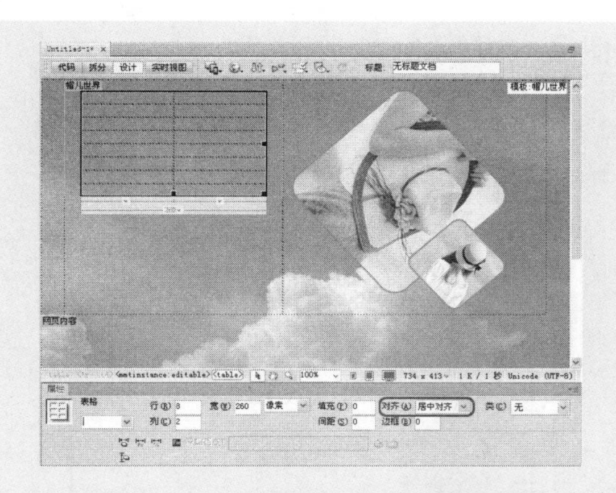

图 14-115　设置表格对齐方式

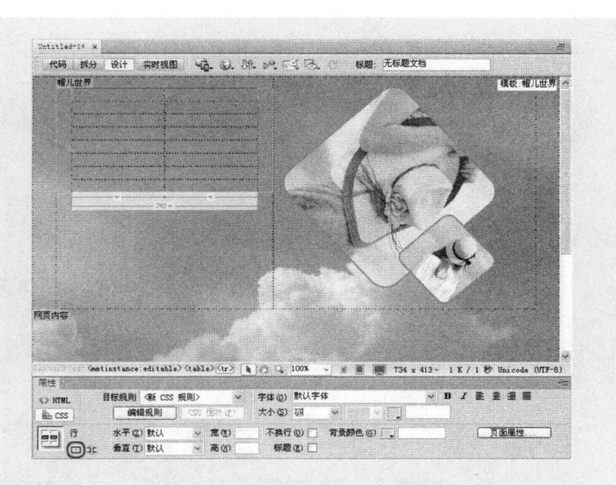

图 14-116　单击【合并所选单元格，使用跨度】按钮

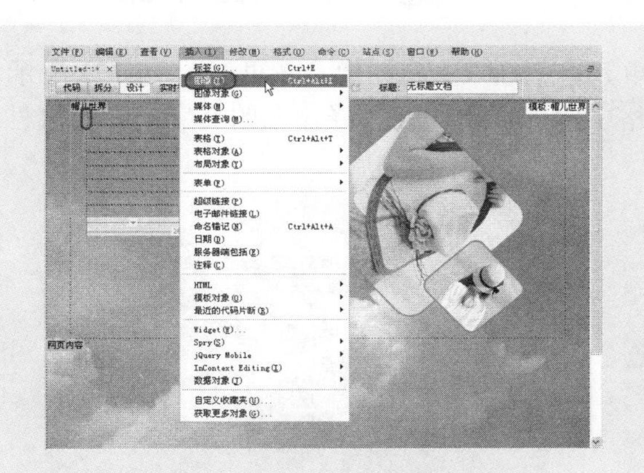

图 14-117　选择【图像】命令

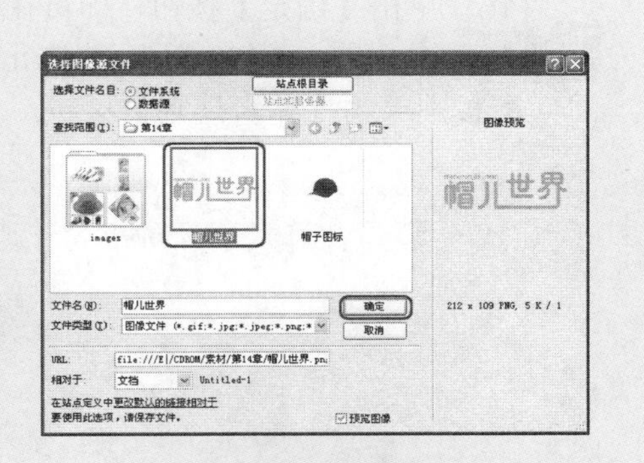

图 14-118　选择素材图像

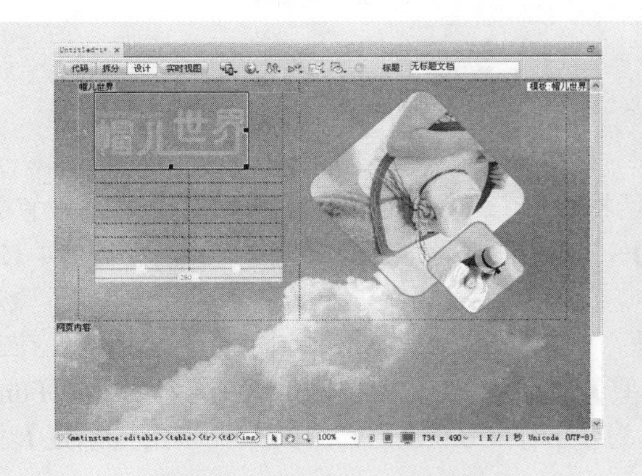

图 14-119　插入的素材图像

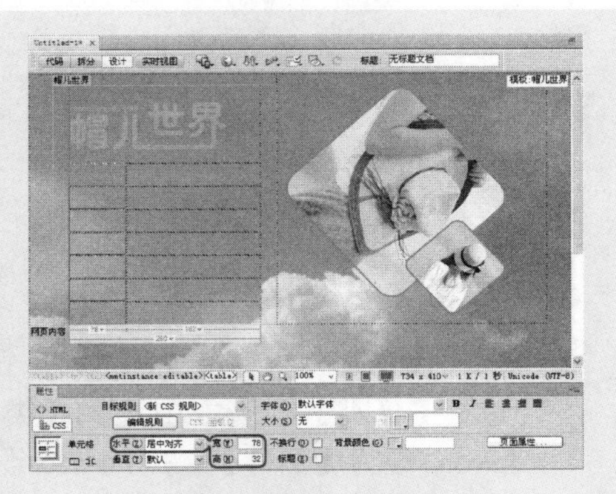

图 14-120　设置单元格属性

步骤 13　将光标置入如图 14-121 所示的单元格中，然后在菜单栏中选择【插入】|【图像】命令。

步骤 14　弹出【选择图像源文件】对话框，在该对话框中选择随书附带光盘中的

“CDROM\素材\第 14 章\帽子图标”图像，如图 14-122 所示。

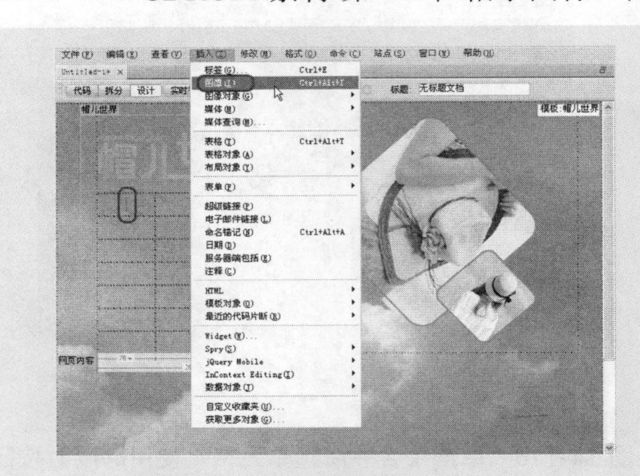

图 14-121　选择【图像】命令

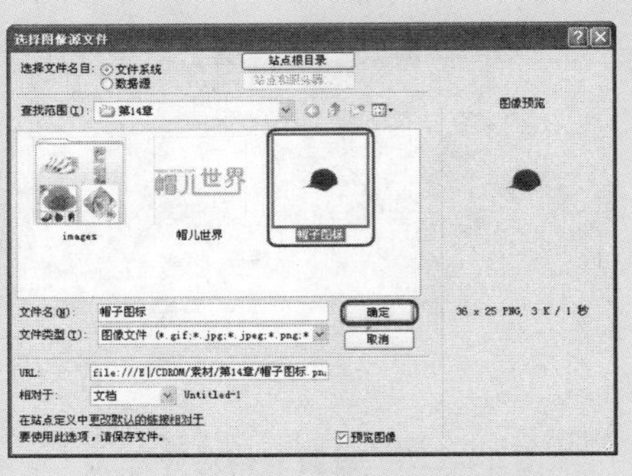

图 14-122　选择素材图像

步骤 15　单击【确定】按钮，即可在单元格中插入素材图像，效果如图 14-123 所示。

步骤 16　在如图 14-124 所示的单元格中输入文字，并选择输入的文字，在【属性】面板中单击【编辑规则】按钮。

图 14-123　插入的素材图像

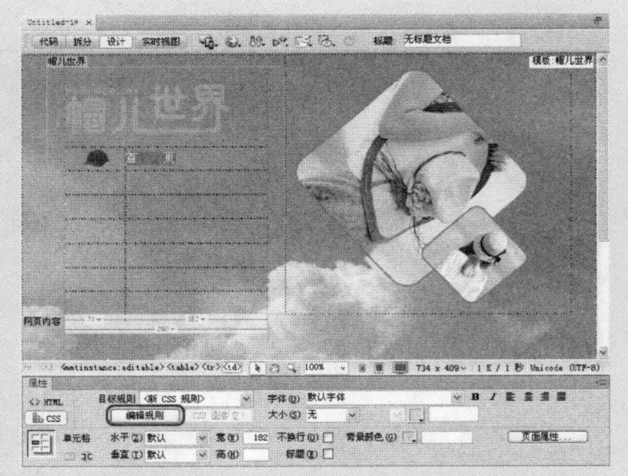

图 14-124　单击【编辑规则】按钮

步骤 17　弹出【新建 CSS 规则】对话框，在该对话框中将【选择器类型】设置为【类(可应用于任何 HTML 元素)】，将【选择器名称】设置为 a1，如图 14-125 所示。

步骤 18　设置完成后单击【确定】按钮，弹出【.a1 的 CSS 规则定义】对话框，在左侧的【分类】列表框中选择【类型】选项，然后在右侧的设置区域中将 Font-family 设为【黑体】，Font-size 设为 18px，Color 设为#373564，单击【确定】按钮，如图 14-126 所示。

步骤 19　即可为选择的文字应用样式.a1，效果如图 14-127 所示。

步骤 20　在如图 14-128 所示的单元格中输入文字，并选择输入的文字，在【属性】面板中单击【编辑规则】按钮。

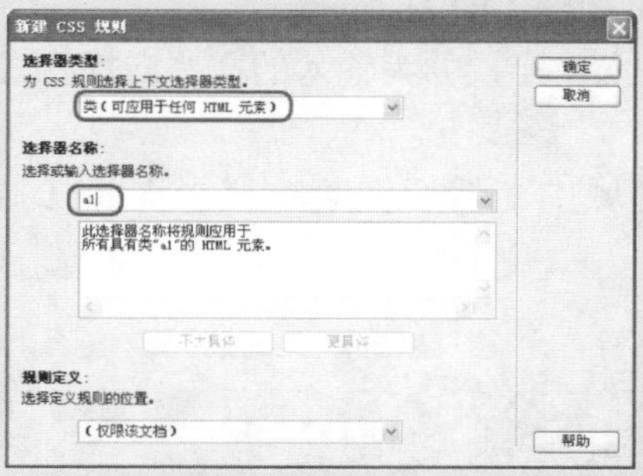

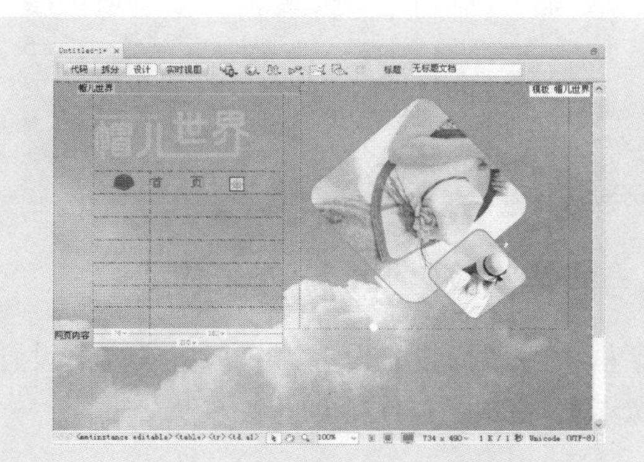

图 14-125 【新建 CSS 规则】对话框

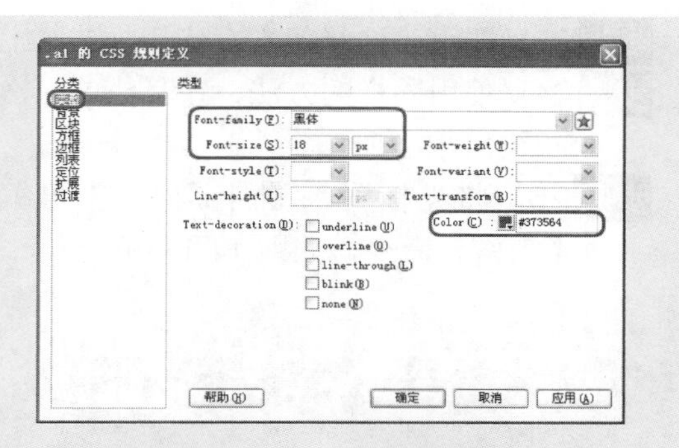

图 14-126 【.a1 的 CSS 规则定义】对话框

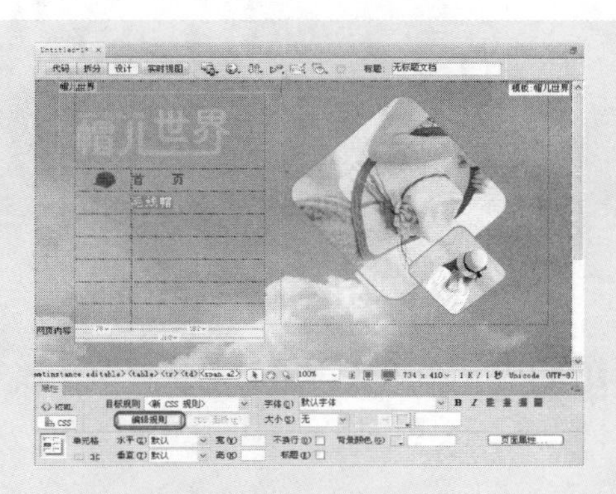

图 14-127 为文字应用样式.a1

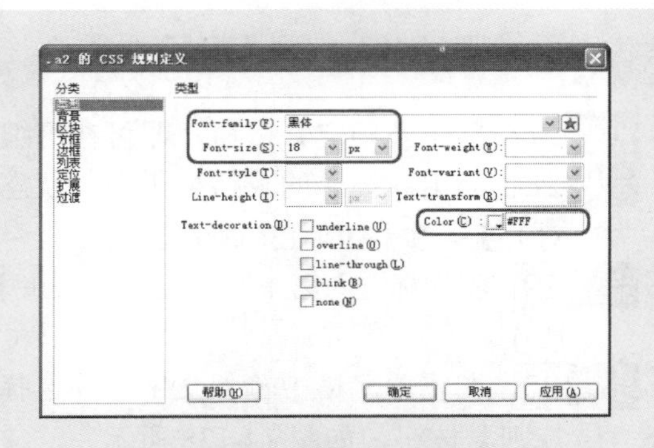

图 14-128 单击【编辑规则】按钮

步骤21 弹出【新建 CSS 规则】对话框，在该对话框中将【选择器类型】设置为【类(可应用于任何 HTML 元素)】，将【选择器名称】设置为 a2，如图 14-129 所示。

步骤22 设置完成后单击【确定】按钮，弹出【.a2 的 CSS 规则定义】对话框，在左侧的【分类】列表框中选择【类型】选项，然后在右侧的设置区域中将 Font-family 设为【黑体】，Font-size 设为 18px，Color 设为#FFF，单击【确定】按钮，如图 14-130 所示。

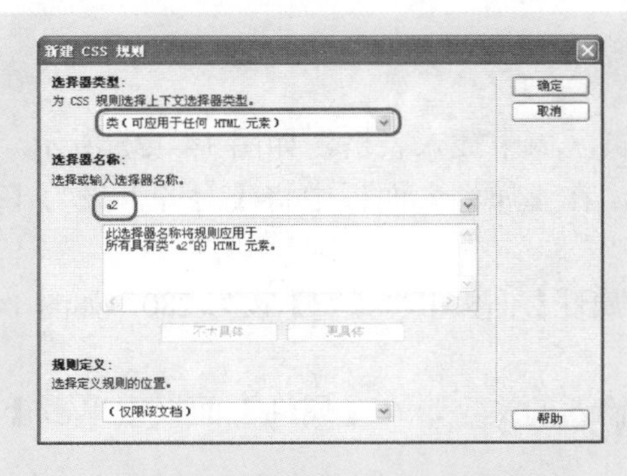

图 14-129 【新建 CSS 规则】对话框

图 14-130 【.a2 的 CSS 规则定义】对话框

步骤23 即可为选择的文字应用样式.a2，效果如图 14-131 所示。

步骤24 使用同样的方法，在其他单元格中输入文字，并为输入的文字应用样式 a2，如图 14-132 所示。

步骤25 将光标置入【网页内容】可编辑区域中，然后在菜单栏中选择【插入】|【表格】命令，如图 14-133 所示。

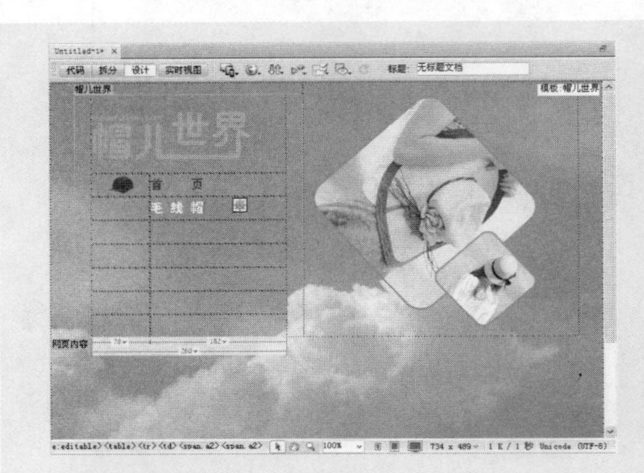

图 14-131　为选择的文字应用样式 a2

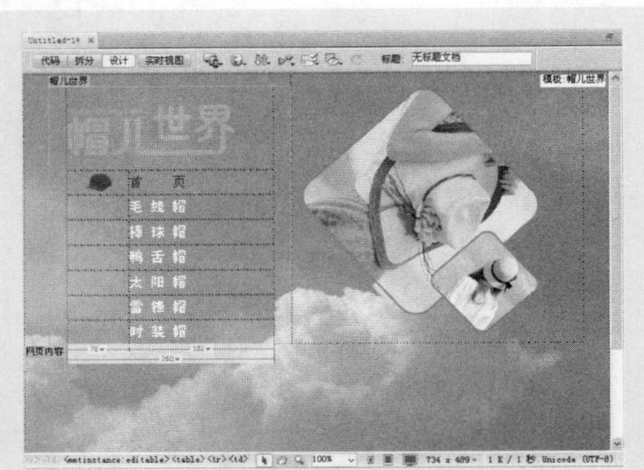

图 14-132　输入文字并应用样式 a2

步骤26 弹出【表格】对话框，在该对话框中将【行数】设置为 3，将【列】设置为 2，将【表格宽度】设置为 670、【像素】，如图 14-134 所示。

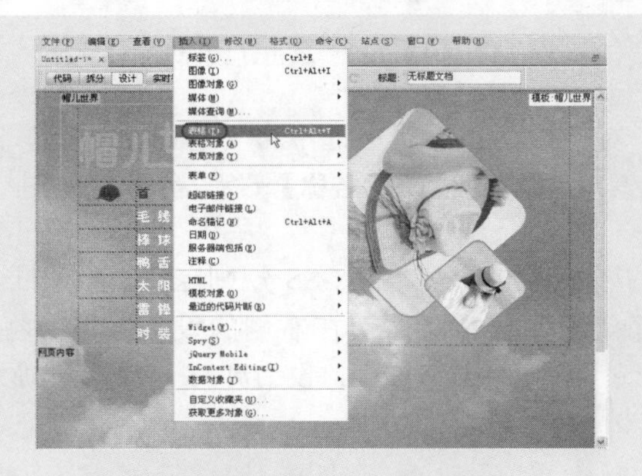

图 14-133　选择【表格】命令

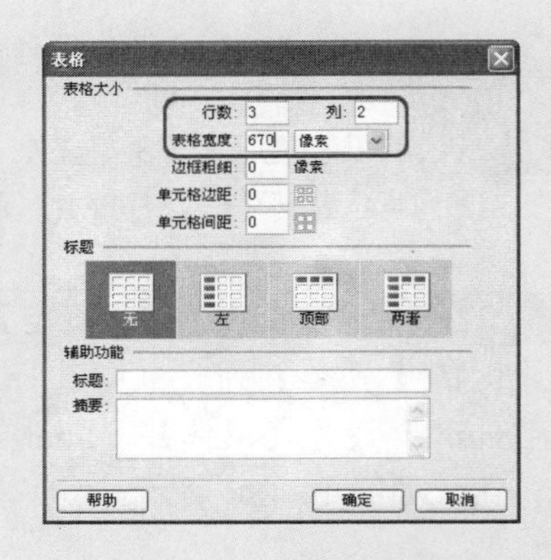

图 14-134　【表格】对话框

步骤27 单击【确定】按钮，即可在可编辑区域中插入表格，如图 14-135 所示。

步骤28 确定新插入的表格处于选中状态，在【属性】面板中将【对齐】设为【居中对齐】，如图 14-136 所示。

步骤29 将光标置入第 1 个单元格中，在【属性】面板中将【宽】设为 280，如图 14-137 所示。

步骤30 在该单元格中输入文字，并选择输入的文字，在【属性】面板中单击【编辑规则】按钮，如图 14-138 所示。

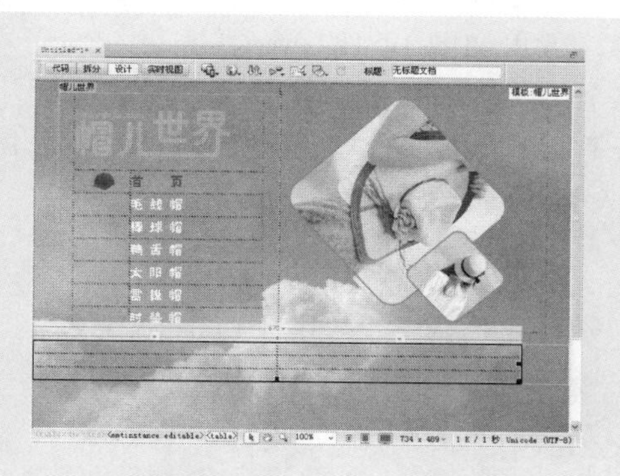

图 14-135 插入的表格

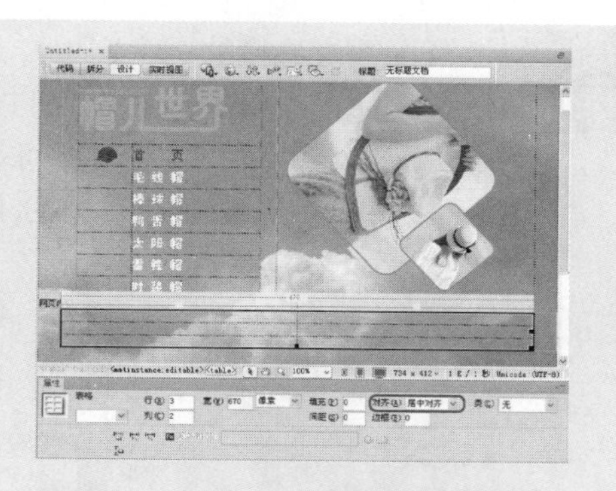

图 14-136 设置表格对齐方式

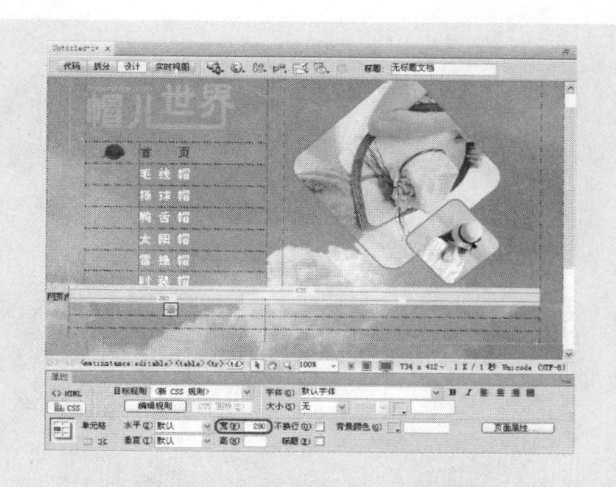

图 14-137 设置单元格属性

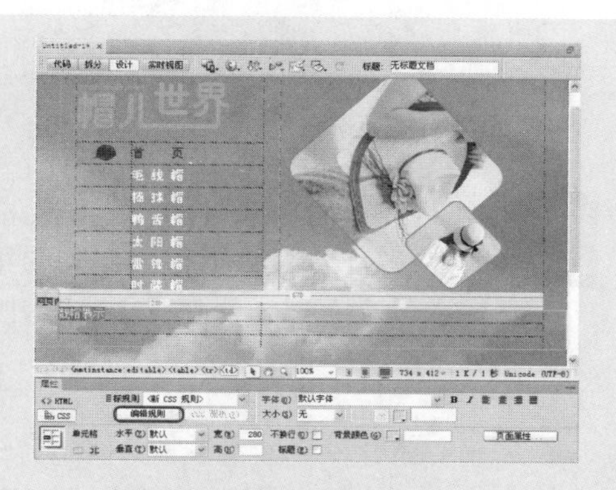

图 14-138 单击【编辑规则】按钮

步骤 31 弹出【新建 CSS 规则】对话框，在该对话框中将【选择器类型】设置为【类(可应用于任何 HTML 元素)】，将【选择器名称】设置为 a3，如图 14-139 所示。

步骤 32 设置完成后单击【确定】按钮，弹出【.a3 的 CSS 规则定义】对话框，在左侧的【分类】列表框中选择【类型】选项，然后在右侧的设置区域中将 Font-family 设为【黑体】，Font-size 设为 20px，Color 设为#FF0，单击【确定】按钮，如图 14-140 所示。

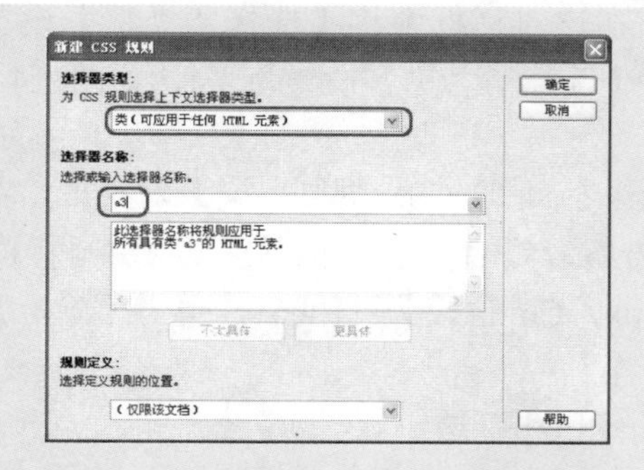

图 14-139 【新建 CSS 规则】对话框

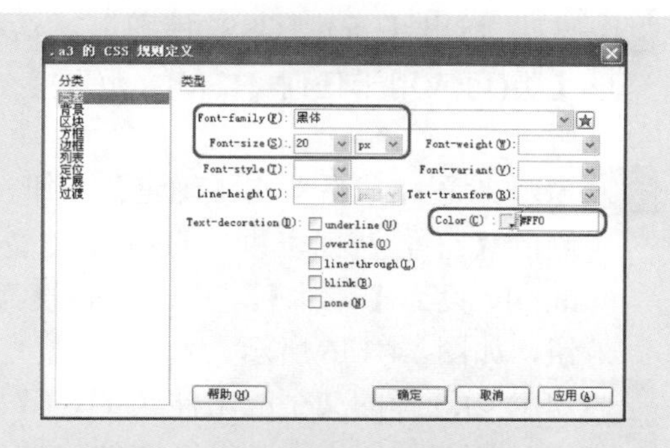

图 14-140 【.a3 的 CSS 规则定义】对话框

步骤33 第 1 行为选择的文字应用样式 a3，效果如图 14-141 所示。

步骤34 将光标置入第 1 行第 1 列的第 2 个单元格中，然后打开【资源】面板，在该面板中单击【库】按钮📖，即可显示【库】样式，在【名称】列表框中选择【靓帽展示】库项目，并单击下方的【插入】按钮，如图 14-142 所示。

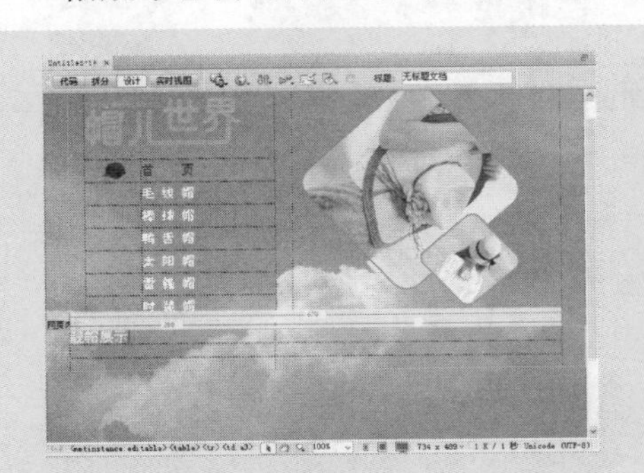
图 14-141 为选择的文字应用样式 a3

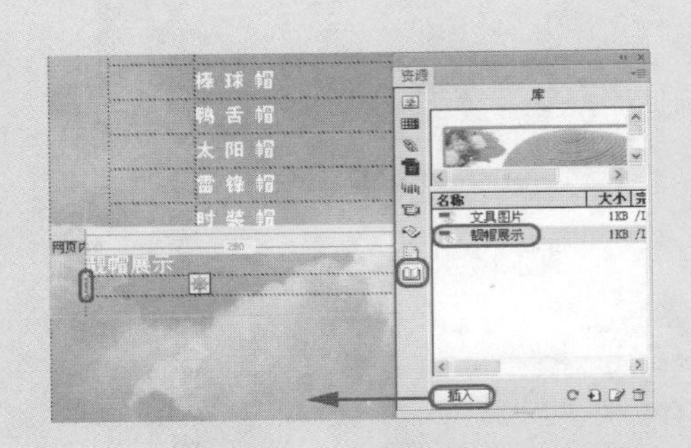
图 14-142 选择库项目

步骤35 将选择的库项目插入至单元格中，如图 14-143 所示。

步骤36 将光标置入第 1 行第 2 列的第 1 个单元格中，在该单元格中输入文字，并选择输入的文字，在【属性】面板中单击【编辑规则】按钮，如图 14-144 所示。

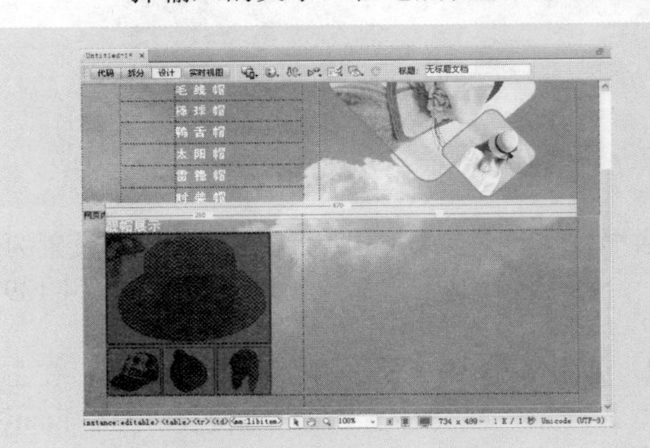
图 14-143 插入库项目

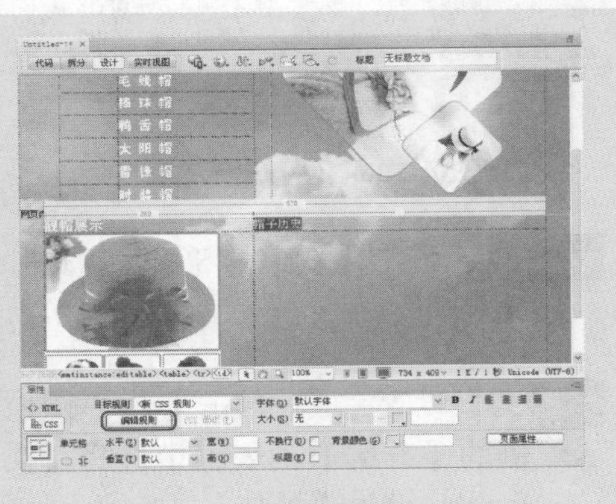
图 14-144 单击【编辑规则】按钮

步骤37 弹出【新建 CSS 规则】对话框，在该对话框中将【选择器类型】设置为【类(可应用于任何 HTML 元素)】，将【选择器名称】设置为 a4，如图 14-145 所示。

步骤38 设置完成后单击【确定】按钮，弹出【.a4 的 CSS 规则定义】对话框，在左侧的【分类】列表框中选择【类型】选项，然后在右侧的设置区域中将 Font-family 设为【黑体】，Font-size 设为 20px，Color 设为#f10061，单击【确定】按钮，如图 14-146 所示。

步骤39 为选择的文字应用样式 a4，效果如图 14-147 所示。

步骤40 将光标置入第 2 行第 2 列的第 2 个单元格中，在该单元格中输入文字，并选择输入的文字，在【属性】面板中单击【编辑规则】按钮，如图 14-148 所示。

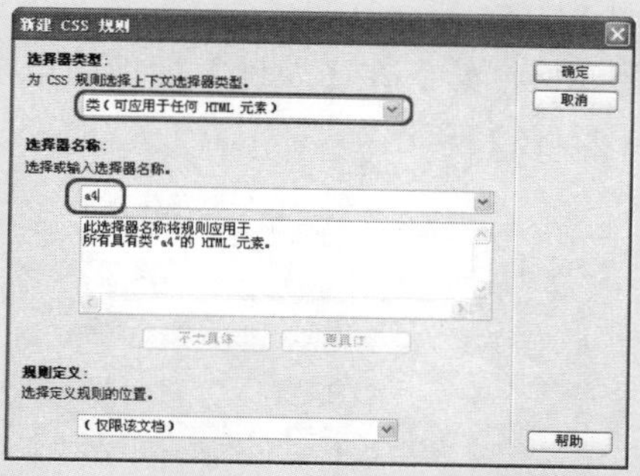

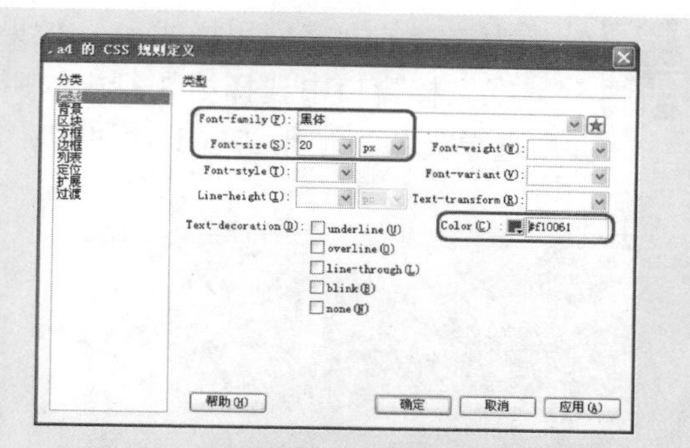

图 14-145 【新建 CSS 规则】对话框

图 14-146 【.a4 的 CSS 规则定义】对话框

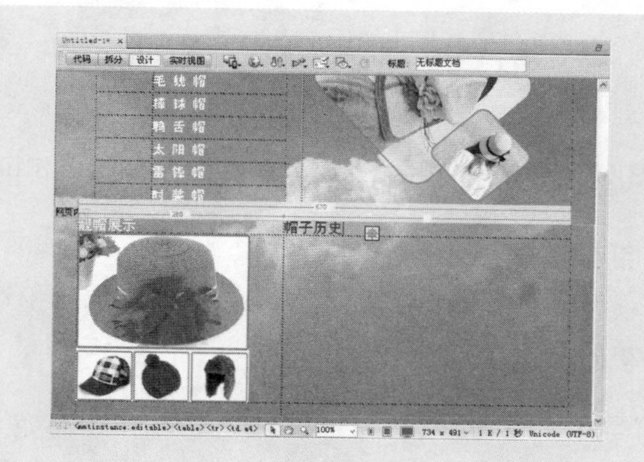

图 14-147 为选择的文字应用样式 a4

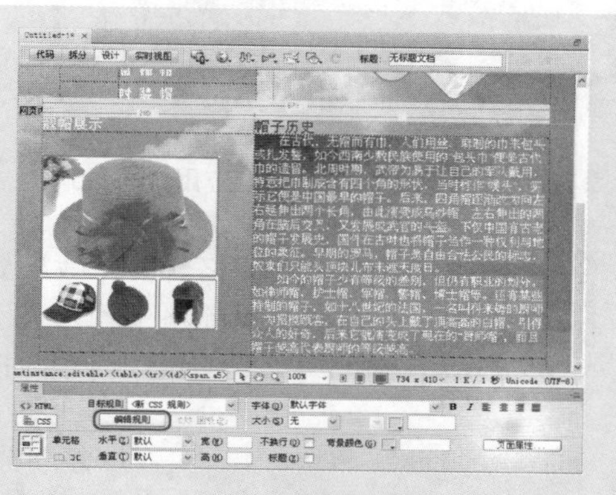

图 14-148 单击【编辑规则】按钮

步骤41 弹出【新建 CSS 规则】对话框，在该对话框中将【选择器类型】设置为【类(可应用于任何 HTML 元素)】，将【选择器名称】设置为 a5，如图 14-149 所示。

步骤42 设置完成后单击【确定】按钮，弹出【.a5 的 CSS 规则定义】对话框，在左侧的【分类】列表框中选择【类型】选项，然后在右侧的设置区域中将 Font-family 设为【黑体】，Font-size 设为 14px，Color 设为#FFF，单击【确定】按钮，如图 14-150 所示。

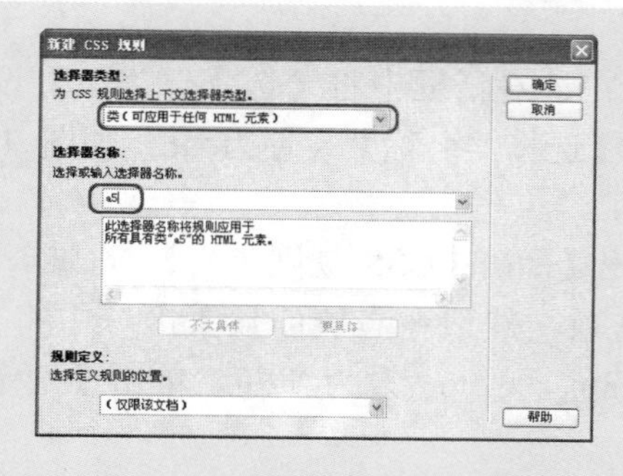

图 14-149 【新建 CSS 规则】对话框

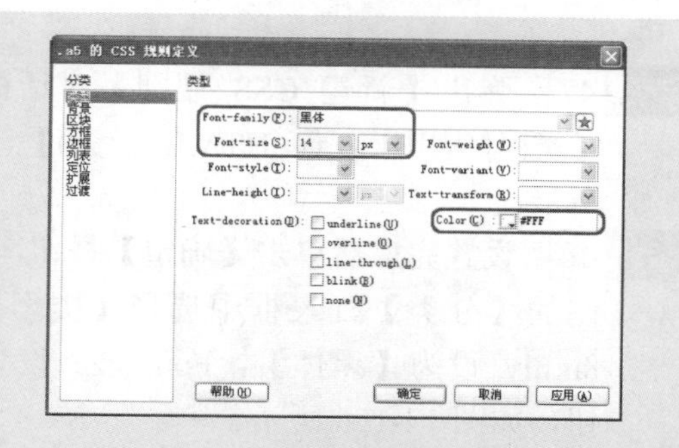

图 14-150 【.a5 的 CSS 规则定义】对话框

步骤43 为选择的文字应用样式 a5，效果如图 14-151 所示。

步骤44 在文档窗口中选择第 3 行中的所有单元格，然后在【属性】面板中单击【合并所选单元格，使用跨度】按钮，如图 14-152 所示。

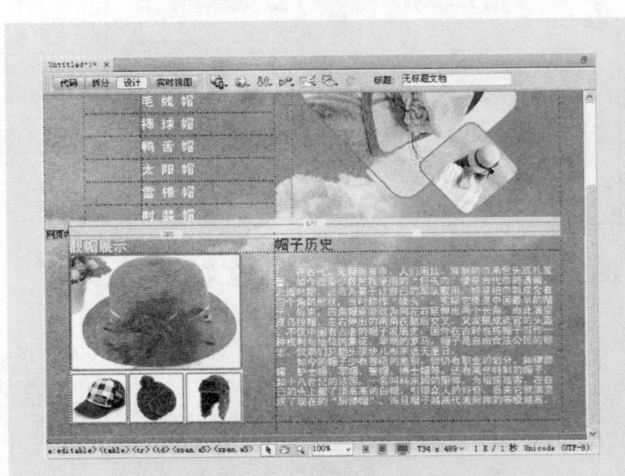

图 14-151 为选择的文字应用样式 a5

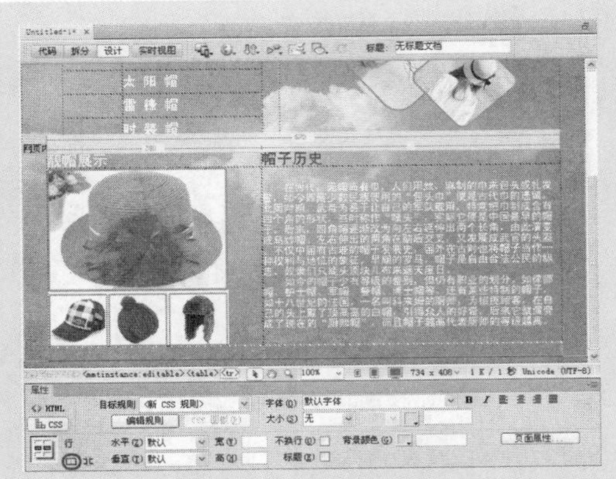

图 14-152 单击【合并所选单元格，使用跨度】按钮

步骤45 将选择的单元格合并，效果如图 14-153 所示。

步骤46 在合并后的单元格中输入文字，并选择输入的文字，在【属性】面板中单击【编辑规则】按钮，如图 14-154 所示。

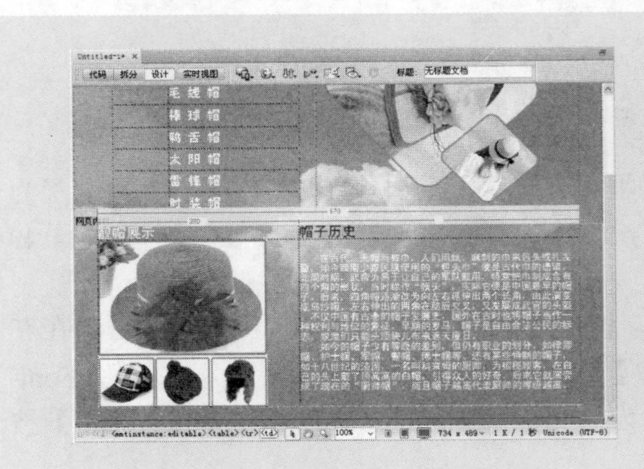

图 14-153 合并单元格

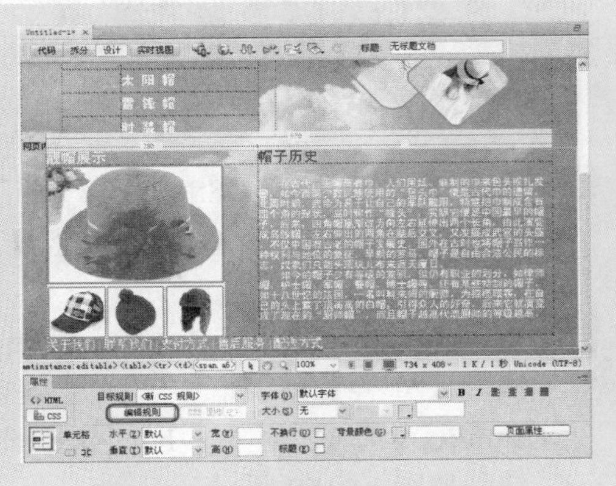

图 14-154 单击【编辑规则】按钮

步骤47 弹出【新建 CSS 规则】对话框，在该对话框中将【选择器类型】设置为【类(可应用于任何 HTML 元素)】，将【选择器名称】设置为 a6，如图 14-155 所示。

步骤48 设置完成后单击【确定】按钮，弹出【.a6 的 CSS 规则定义】对话框，在左侧的【分类】列表框中选择【类型】选项，然后在右侧的设置区域中将 Font-family 设为【黑体】，Font-size 设为 13px，Color 设为#FFF，单击【确定】按钮，如图 14-156 所示。

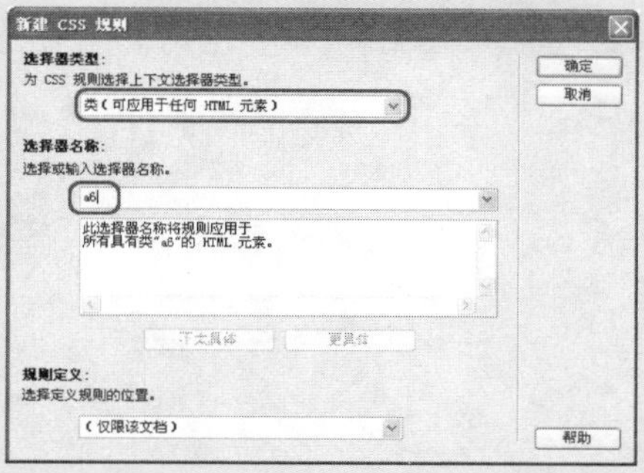

图 14-155 【新建 CSS 规则】对话框

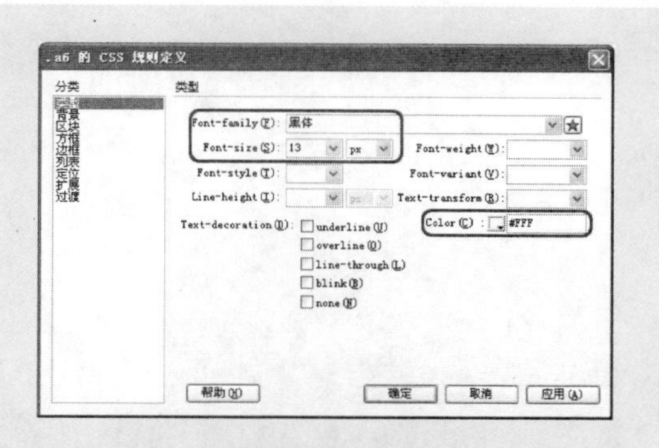

图 14-156 【.a6 的 CSS 规则定义】对话框

步骤49 为选择的文字应用该样式，效果如图 14-157 所示。

步骤50 确认光标位于合并后的单元格中，然后在【属性】面板中将【水平】设为【居中对齐】，将【垂直】设为【底部】，将【高】设为 40，如图 14-158 所示。

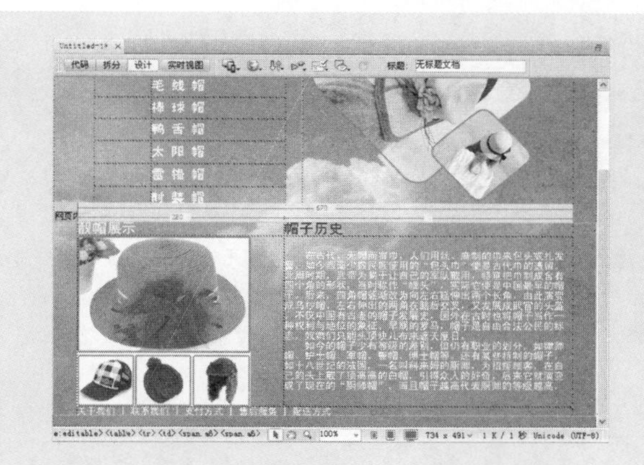

图 14-157 为选择的文字应用样式

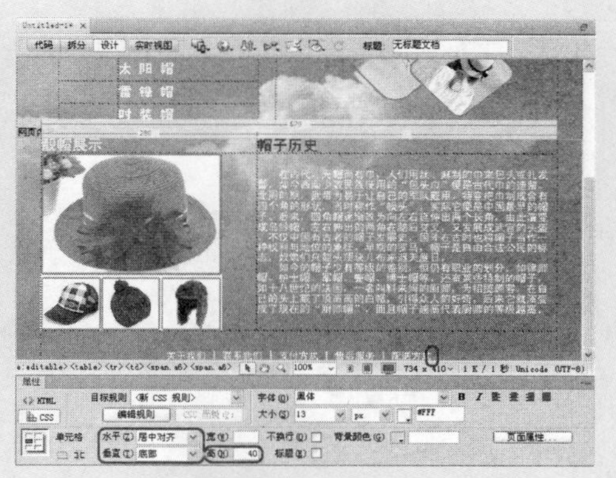

图 14-158 设置单元格属性

第 15 章

动态网页基础

网络已经深入到人们日常生活的方方面面，借助网络，我们可以玩游戏、网上购物、网上交友等，这些都需要网络中服务器强大的后台数据库功能来实现。Dreamweaver CS6 不但可以实现静态网页的制作，而且能够开发数据库网站，本章将介绍动态网页的相关基础知识。

本章重点：

- 动态网页概述
- 搭建服务器平台
- 创建数据库连接
- 创建记录集
- 添加服务器行为

15.1 动态网页概述

动态网页不但包含 HTML 标记，而且是建立在 B/S(浏览器/服务器)架构上的服务器端脚本程序。在浏览器端显示的网页是服务器端程序运行的结果。动态网页文件的后缀根据不同的程序语言来定，如 ASP 文件的后缀是.asp。

采用动态网站技术制作的网页都称为动态网页。动态网页与网页中的动画效果(如网页中的各种动画、动态图片、一些行为引发的动态事件等)无关，动态页面最主要的特点就是结合后台数据库，自动更新页面。

动态网页发布技术的出现使得网站从展示平台变成了网络交互平台。Dreamweaver 在集成了动态网页的开发功能后，就由网页设计工具变成了网站开发工具。Dreamweaver 提供众多的可视化设计工具、应用开发环境以及代码编辑支持，开发人员和设计师能够快捷地创建代码应用程序，集成度非常高，开发环境精简而高效。

15.2 搭建服务器平台

网站要基于服务器平台运行，离开一定的平台，动态交互式的网站就不能正常运行。目前，网站的服务器一般安装在 Windows NT、Windows 2000 Server 或 Windows XP 操作系统中，这 3 种系统中必须安装有 IIS(Internet Information Server，互联网信息服务)才能运行动态网站。IIS 便于操作和使用，是目前动态网页开发使用最广泛的平台。

15.2.1 安装 IIS

下面以 Windows XP 操作系统为例，来介绍一下安装 IIS 的方法。

步骤 01 启动计算机，选择【开始】|【设置】|【控制面板】命令，如图 15-1 所示。

步骤 02 弹出【控制面板】窗口，选择【添加/删除程序】选项，如图 15-2 所示。

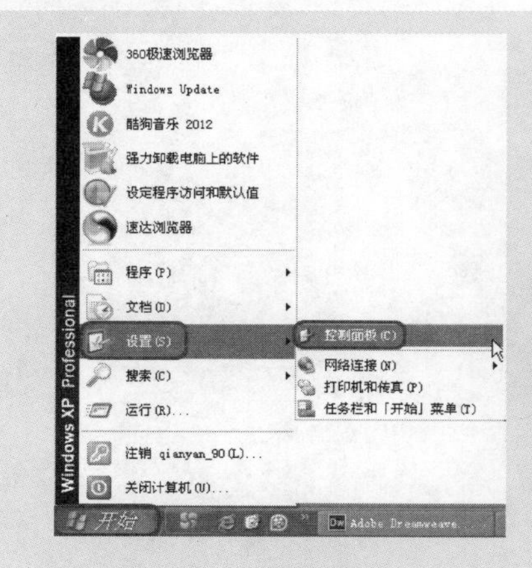

图 15-1 选择【控制面板】命令

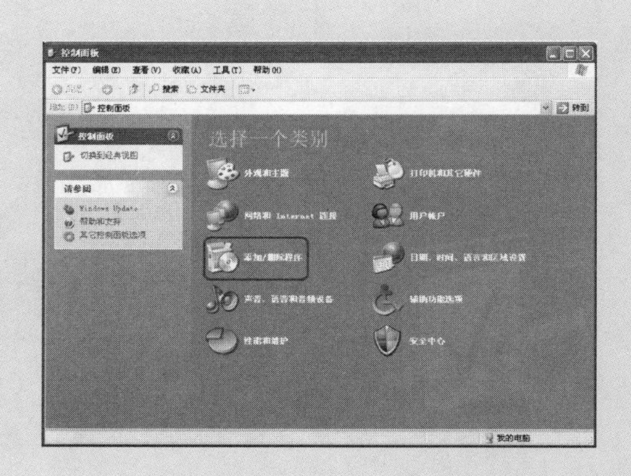

图 15-2 选择【添加/删除程序】选项

步骤03 弹出【添加或删除程序】窗口，在该窗口的左侧选择【添加/删除 Windows 组件】选项，如图 15-3 所示。

步骤04 在弹出的【Windows 组件向导】对话框中，选中【Internet 信息服务(IIS)】复选框，并单击【详细信息】按钮，如图 15-4 所示。

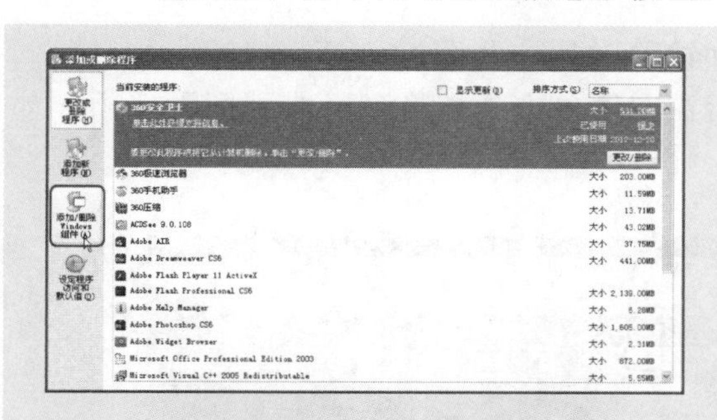

图 15-3 选择【添加/删除 Windows 组件】选项

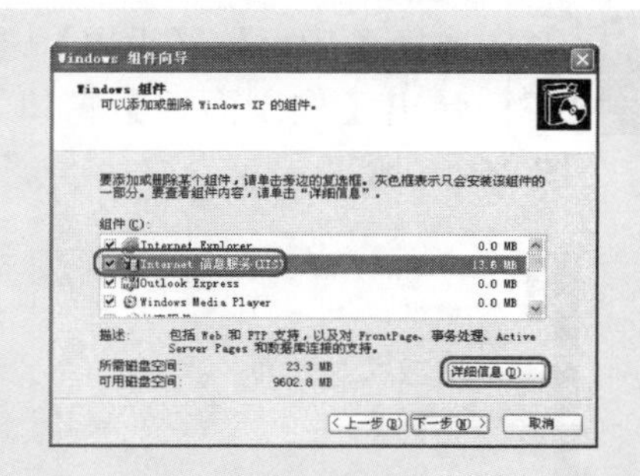

图 15-4 选中【Internet 信息服务(IIS)】复选框

步骤05 在弹出的【Internet 信息服务(IIS)】对话框中，选择需要安装的子组件，然后单击【确定】按钮，如图 15-5 所示。

步骤06 返回到【Windows 组件向导】对话框中，单击【下一步】按钮，如图 15-6 所示。

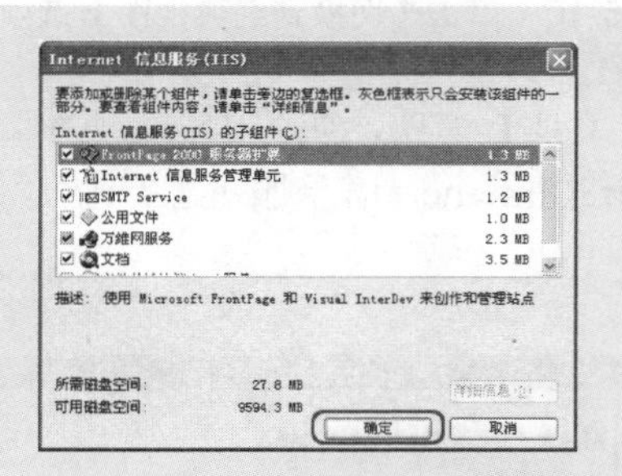

图 15-5 选择需要安装的子组件

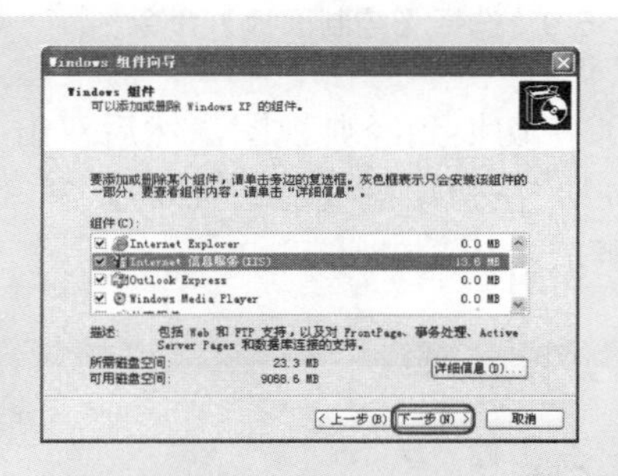

图 15-6 单击【下一步】按钮

步骤07 此时开始复制文件并配置选中的各项服务，如图 15-7 所示。

步骤08 安装完成后，会弹出安装完成提示对话框，单击【完成】按钮即可，如图 15-8 所示。

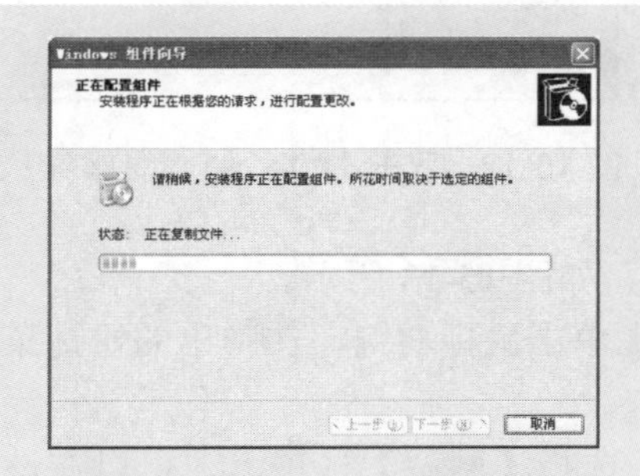

图 15-7 正在配置组件

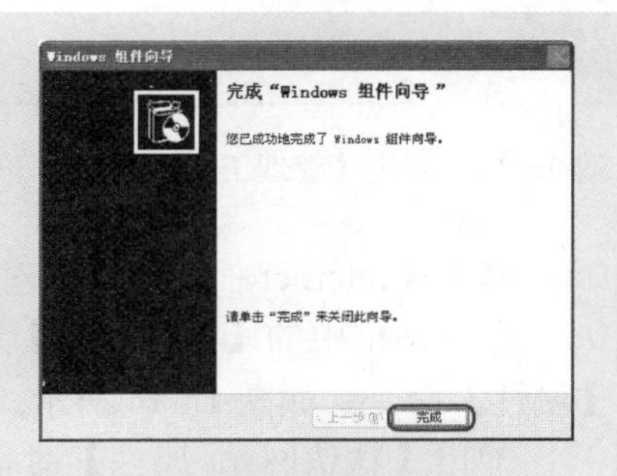

图 15-8 安装完成

15.2.2 设置 IIS 服务器

IIS 安装完成后，还须进一步设置其相关选项，才能正式启用 IIS 网站。设置 IIS 服务器的具体操作步骤如下。

步骤 01 选择【开始】|【设置】|【控制面板】命令，如图 15-9 所示。

步骤 02 弹出【控制面板】窗口，然后在左侧单击【切换到经典视图】选项，如图 15-10 所示。

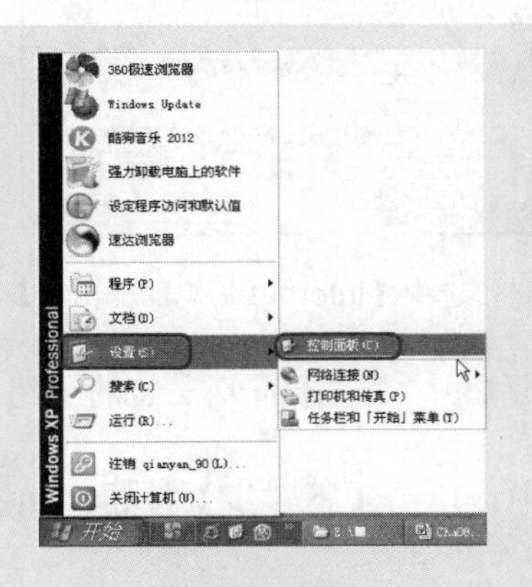

图 15-9 选择【控制面板】命令

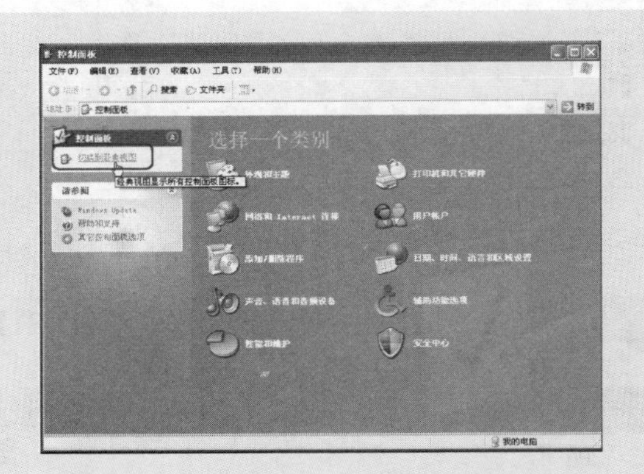

图 15-10 单击【切换到经典视图】选项

步骤 03 切换到经典视图，然后双击【管理工具】选项，如图 15-11 所示。

步骤 04 在弹出的【管理工具】窗口中双击【Internet 信息服务】选项，如图 15-12 所示。

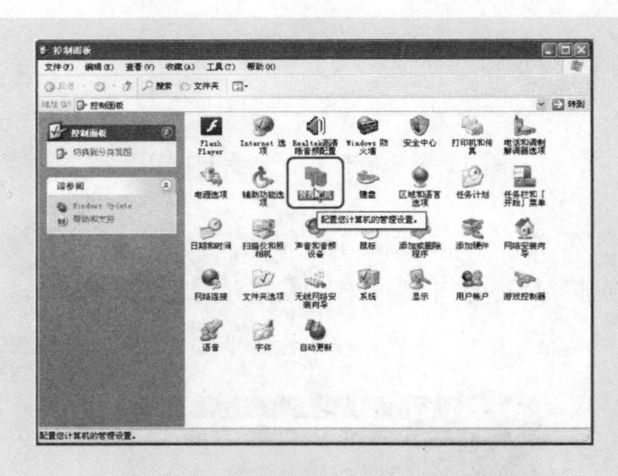

图 15-11 双击【管理工具】选项

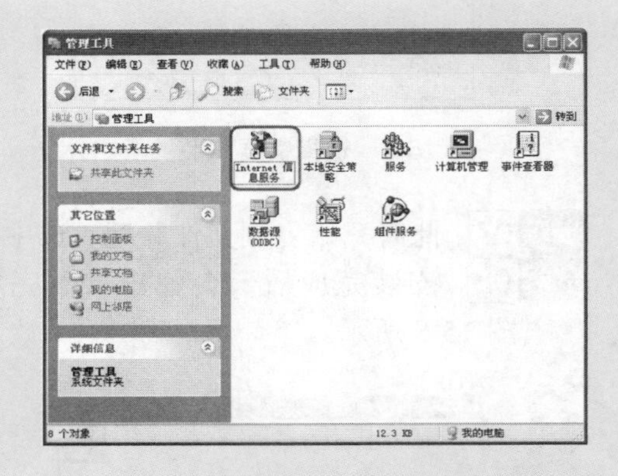

图 15-12 双击【Internet 信息服务】选项

步骤 05 弹出【Internet 信息服务】对话框，如图 15-13 所示。

步骤 06 在对话框中的【默认网站】选项上单击鼠标右键，在弹出的快捷菜单中选择【属性】命令，如图 15-14 所示。

步骤 07 弹出【默认网站 属性】对话框，选择【网站】选项卡，可以在该选项卡中进行设置，如图 15-15 所示。

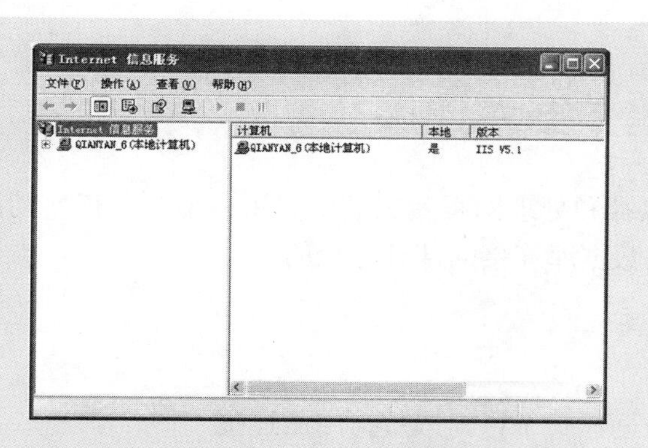

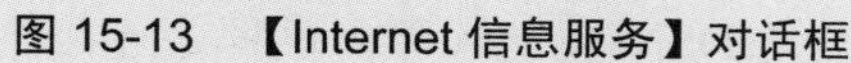

图 15-13 【Internet 信息服务】对话框

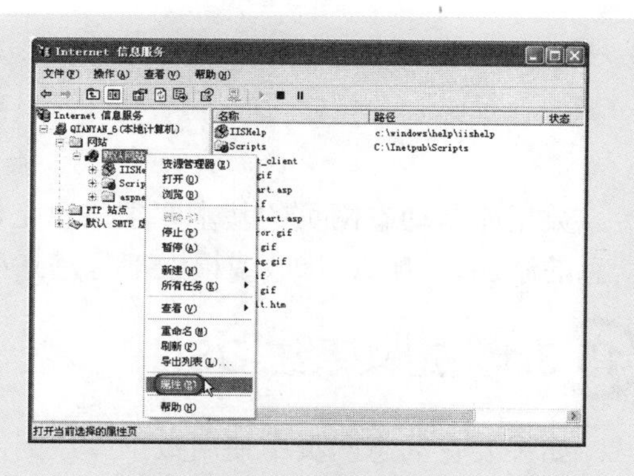

图 15-14 选择【属性】命令

步骤08 选择【主目录】选项卡，在【本地路径】文本框中，系统默认的是 c:\inetpub\wwwroot，如图 15-16 所示。可以单击【本地路径】文本框右侧的【浏览】按钮，在弹出的对话框中选择目录。

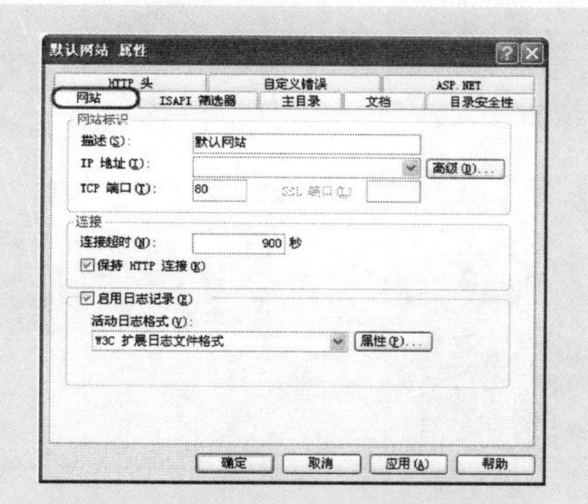

图 15-15 【网站】选项卡

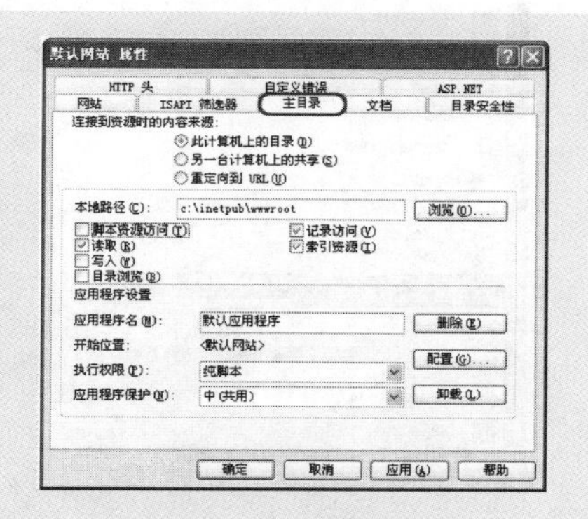

图 15-16 【主目录】选项卡

步骤09 选择【文档】选项卡，在该选项卡中可以修改浏览器默认主页及调用顺序，如图 15-17 所示。

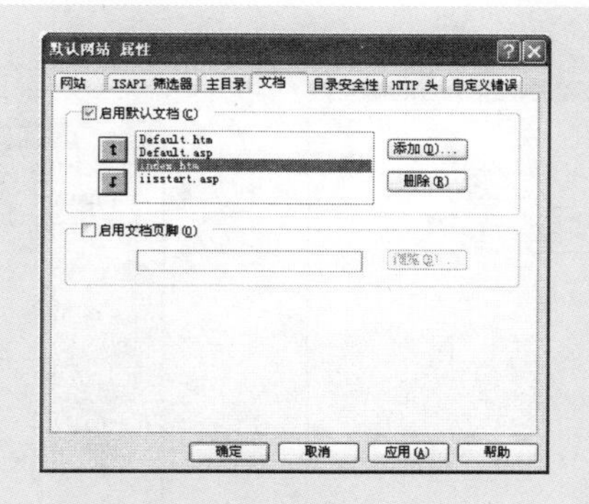

图 15-17 【文档】选项卡

步骤10 单击【确定】按钮，即完成 IIS 的设置。

15.3 创建数据库连接

数据库是动态网页的基本要求，也是保存和处理网页数据的主要组成部分。任何动态信息的添加、删除、修改或检索都是建立在数据库连接的基础之上的。

15.3.1 定义系统 DSN

如果要在动态网页中使用数据库，则须创建一个指向该数据库的连接。

在 ASP 应用程序中，是通过开放式数据库连接(DSN)驱动程序提供程序连接到数据库的。定义系统 DSN 的具体操作步骤如下。

步骤01 选择【开始】|【设置】|【控制面板】命令，如图 15-18 所示。

步骤02 弹出【控制面板】窗口，在该窗口中双击【管理工具】选项，如图 15-19 所示。

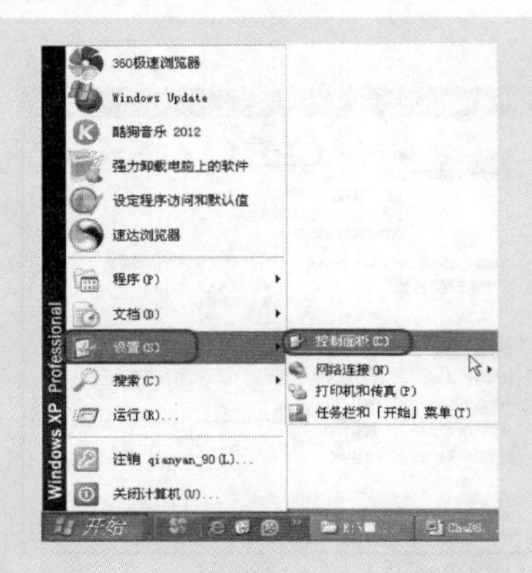

图 15-18 选择【控制面板】命令

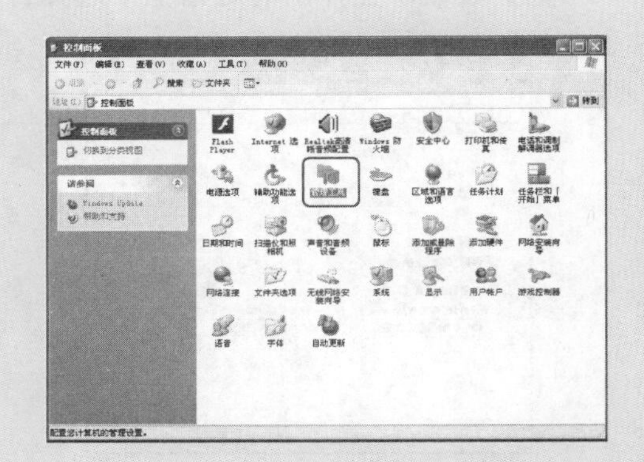

图 15-19 双击【管理工具】选项

步骤03 在弹出的【管理工具】窗口中双击【数据源(ODBC)】选项，如图 15-20 所示。

步骤04 弹出【ODBC 数据源管理器】对话框，选择【系统 DSN】选项卡，如图 15-21 所示。

图 15-20 双击【数据源(ODBC)】选项

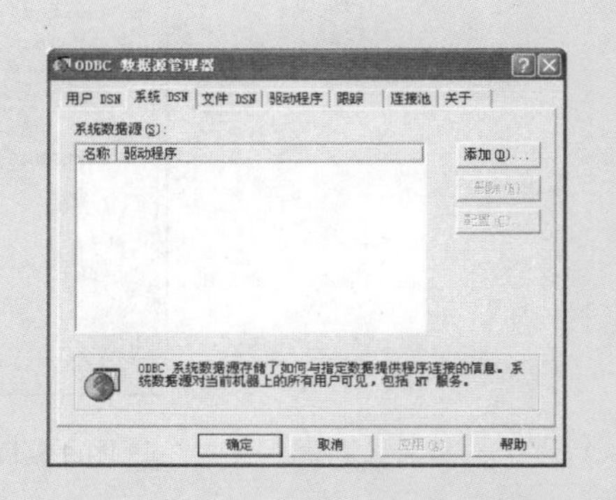

图 15-21 【ODBC 数据源管理器】对话框

步骤05 单击【添加】按钮，弹出【创建新数据源】对话框，在【名称】列表框中选择数据源类型，在这里选择 Driver do Microsoft Access (*.mdb)选项，如图 15-22 所示。

步骤06 单击【完成】按钮，弹出【ODBC Microsoft Access 安装】对话框，在该对话框中单击【选择】按钮，如图 15-23 所示。

图 15-22 选择数据源类型

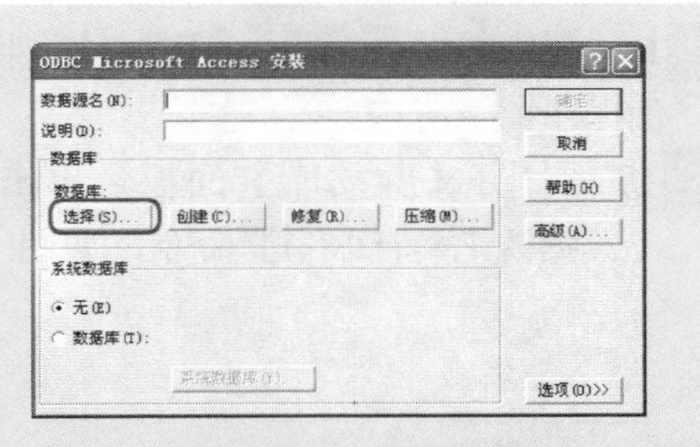

图 15-23 单击【选择】按钮

步骤07 在弹出的对话框中选择驱动器，在【目录】列表框中选择数据库的位置，然后在【数据库名】列表框中选择数据库名称，如图 15-24 所示。

步骤08 单击【确定】按钮，返回到【ODBC Microsoft Access 安装】对话框中，在【数据源名】文本框中输入数据源的名称，如图 15-25 所示。

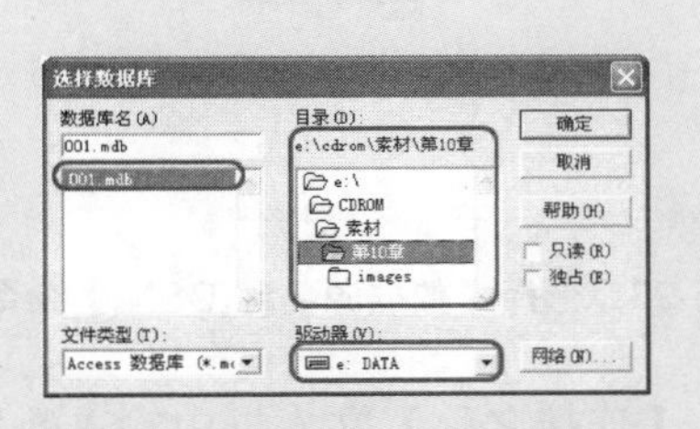

图 15-24 选择数据库

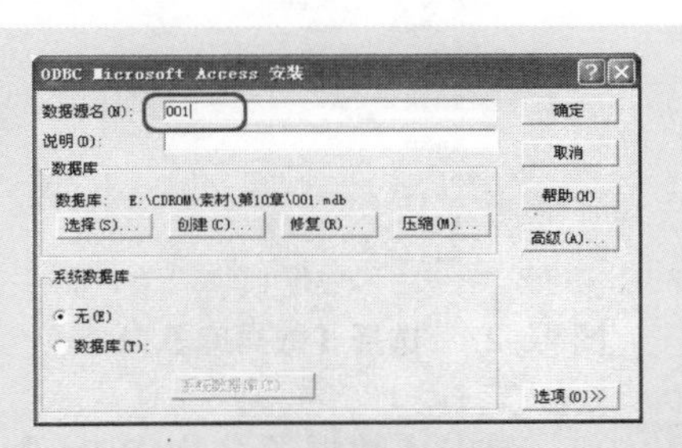

图 15-25 输入数据源名称

步骤09 单击【确定】按钮，返回到【ODBC 数据源管理器】对话框中，在该对话框中即可看到创建的系统数据源，如图 15-26 所示。

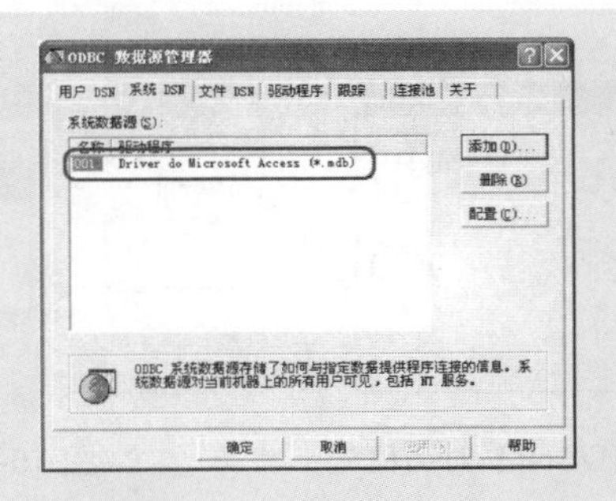

图 15-26 创建的系统数据源

步骤10　单击【确定】按钮，完成设置。

15.3.2　连接数据库

如果要在网页应用程序中使用数据库，那么必须创建数据库连接，具体的操作步骤如下。

步骤01　启动 Dreamweaver CS6 软件，在菜单栏中选择【窗口】|【数据库】命令，如图 15-27 所示。

步骤02　打开【数据库】面板，单击左上角的按钮，在弹出的下拉列表中选择【数据源名称(DSN)】命令，如图 15-28 所示。

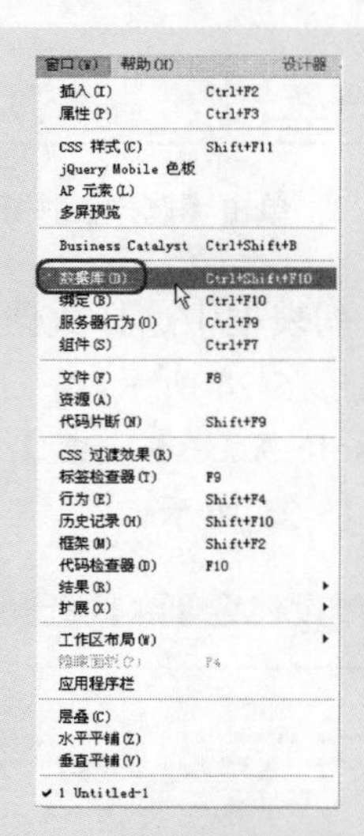

图 15-27　选择【数据库】命令

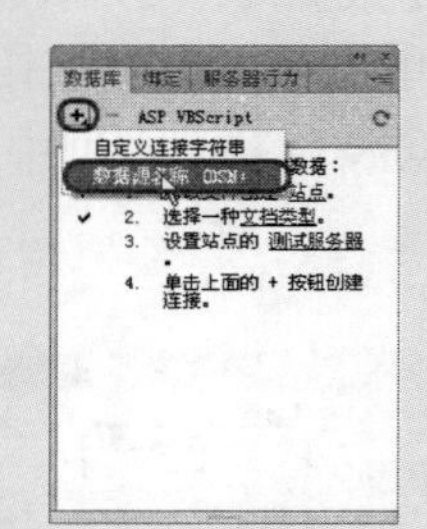

图 15-28　选择【数据源名称(DSN)】命令

步骤03　弹出【数据源名称(DSN)】对话框，在【连接名称】文本框中输入数据源的连接名称 shuju，在【数据源名称(DSN)】下拉列表框中选择 001 选项，如图 15-29 所示。

步骤04　单击【测试】按钮，如果数据源连接设置成功，则会弹出如图 15-30 所示的信息提示框。

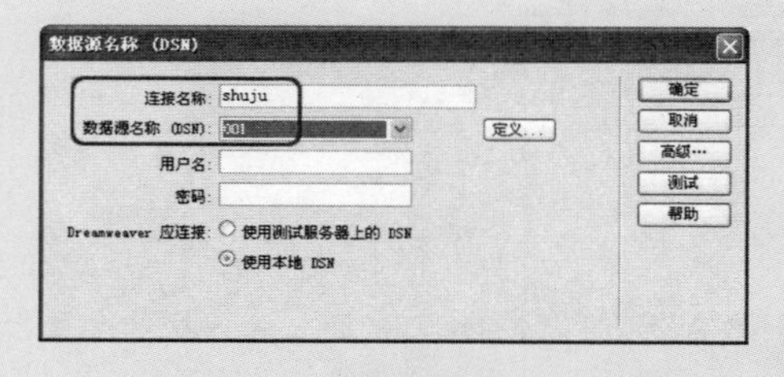

图 15-29　【数据源名称(DSN)】对话框

图 15-30　信息提示框

步骤05　单击【确定】按钮，然后在【数据源名称(DSN)】对话框中单击【确定】按钮，即可在【数据库】面板中看到新建的连接，如图 15-31 所示。

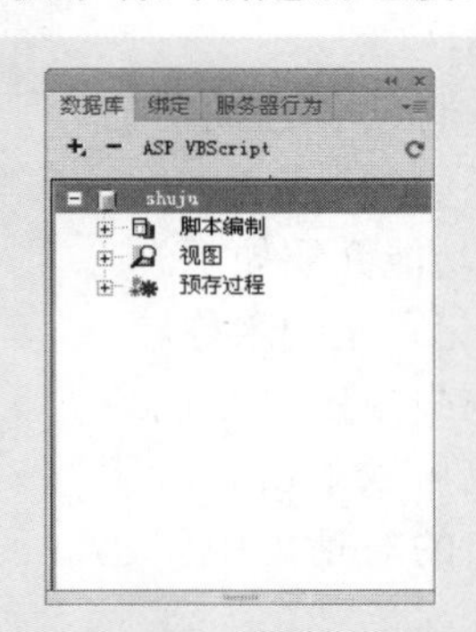

图 15-31　【数据库】面板

15.4　创建记录集

数据是通过创建记录集来实现它在网页上的绑定的，而不是直接使用数据库。记录集在存储内容的数据库和生成页面的应用程序服务器之间起一种桥梁作用。

15.4.1　创建简单记录集

如果仅需要简单的查询操作，可以创建简单记录集，具体的操作步骤如下。

步骤 01　在菜单栏中选择【窗口】|【绑定】命令，如图 15-32 所示。

步骤 02　打开【绑定】面板，在面板中单击 + 按钮，在弹出的下拉列表中选择【记录集(查询)】命令，如图 15-33 所示。

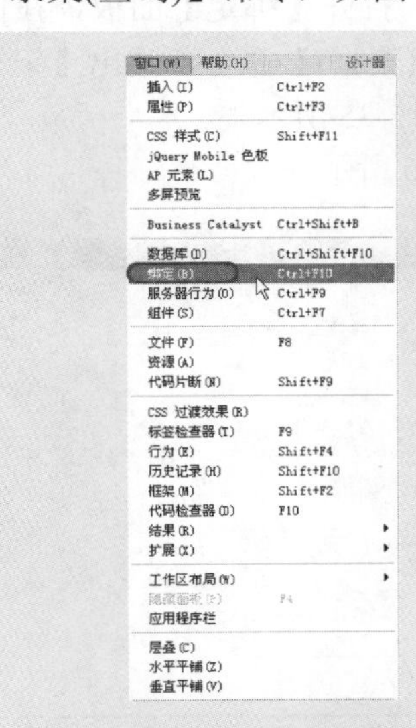

图 15-32　选择【绑定】命令

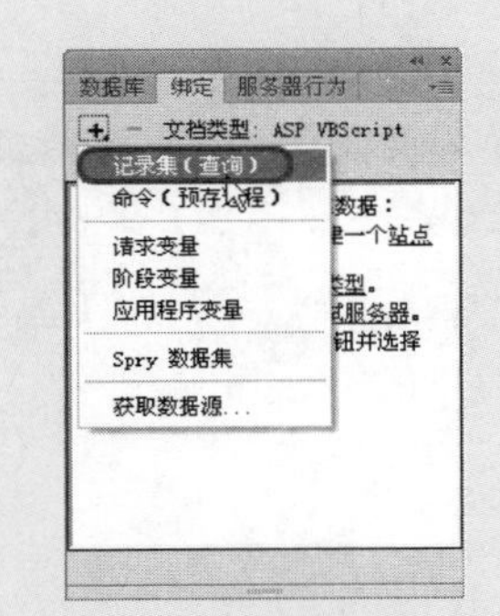

图 15-33　选择【记录集(查询)】命令

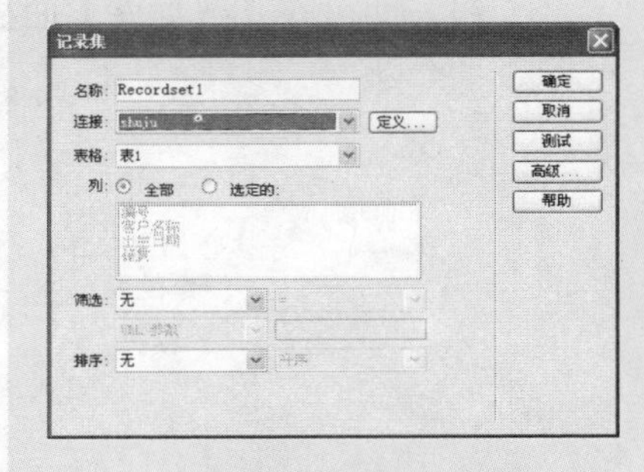
图 15-34 【记录集】对话框

步骤03 弹出【记录集】对话框，然后在该对话框中进行设置，如图 15-34 所示。

步骤04 单击【确定】按钮，即可创建简单记录集。

【记录集】对话框中各选项的功能介绍如下。

- 【名称】：用来输入新建记录集的名称。
- 【连接】：在下拉列表框中指定一个已经建立好的数据库连接。也可以单击其右侧的【定义】按钮，在弹出的对话框中创建一个连接。
- 【表格】：在下拉列表框中选择已连接数据库中的所有表。
- 【列】：若要使用所有字段作为一条记录中的列项，则选中【全部】单选按钮，否则应选中【选定的】单选按钮。
- 【筛选】：在下拉列表框中设置记录集仅包括数据表中符合筛选条件的记录。它包括 4 个下拉列表框，分别可以完成过滤记录条件字段、条件表达式、条件参数及条件参数的对应值。
- 【排序】：在下拉列表框中设置记录集的显示顺序。它包括 2 个下拉列表框，在第 1 个下拉列表框中可以选择要排序的字段，在第 2 个下拉列表框中可以设置升序或降序。

15.4.2 创建高级记录集

下面介绍创建高级记录集的方法，具体的操作步骤如下。

步骤01 在菜单栏中选择【窗口】|【绑定】命令，打开【绑定】面板，在面板中单击 + 按钮，在弹出的下拉列表中选择【记录集(查询)】命令，弹出【记录集】对话框，在该对话框中单击【高级】按钮，如图 15-35 所示。

步骤02 切换到高级【记录集】对话框，如图 15-36 所示。

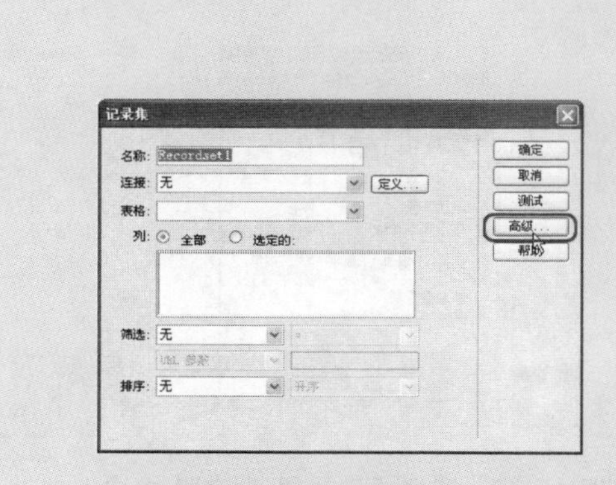
图 15-35 单击【高级】按钮

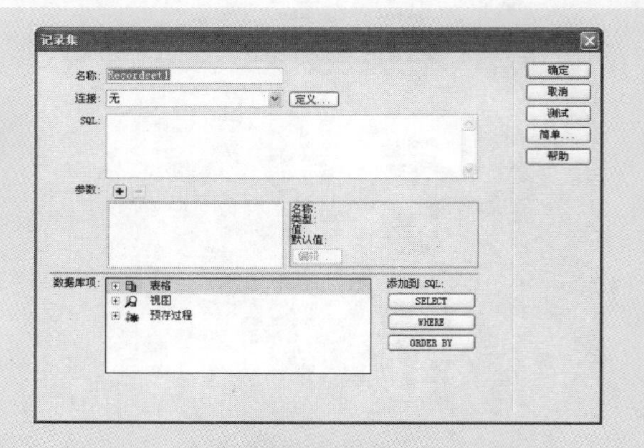
图 15-36 高级【记录集】对话框

步骤03 在该对话框中进行设置，然后单击【确定】按钮，即可创建高级记录集。

高级【记录集】对话框中各选项的功能介绍如下。

- 【名称】：用来输入新建记录集的名称。
- 【连接】：在下拉列表框中指定一个已经建立好的数据库连接。也可以单击其右侧的【定义】按钮，在弹出的对话框中创建一个连接。
- SQL：在文本框中输入 SQL 语句。为了减少输入的字符数量，可以使用对话框底部的数据库项对象树。
- 【参数】：如果在 SQL 语句中使用了参数，则可以单击 + 按钮，在弹出的对话框中设置参数的名称、类型、值和默认值。

15.5 添加服务器行为

服务器行为是一些典型的、常用的、可定制的 Web 应用代码模块。如果想在网页内添加服务器行为，可以在【服务器行为】面板中选择它们。

15.5.1 插入记录

使用 Dreamweaver 中提供的“插入记录”服务器行为可以将记录插入到数据库中，具体的操作步骤如下。

步骤01 在菜单栏中选择【窗口】|【服务器行为】命令，如图 15-37 所示。

步骤02 打开【服务器行为】面板，在该面板中单击 + 按钮，在弹出的下拉列表中选择【插入记录】命令，如图 15-38 所示。

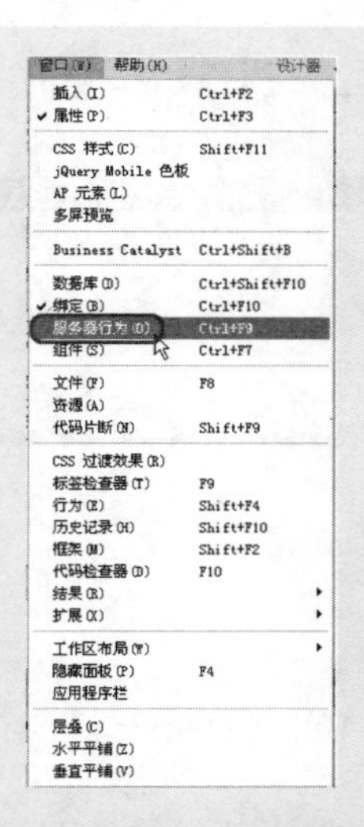

图 15-37 选择【服务器行为】命令

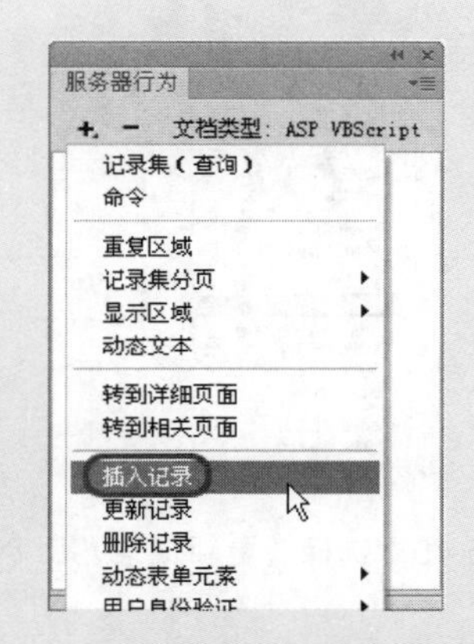

图 15-38 选择【插入记录】命令

步骤03 弹出【插入记录】对话框，并在该对话框中进行设置，如图 15-39 所示。

步骤04 设置完成后单击【确定】按钮，即可创建【插入记录】服务器行为。

【插入记录】对话框中各选项的功能介绍如下。

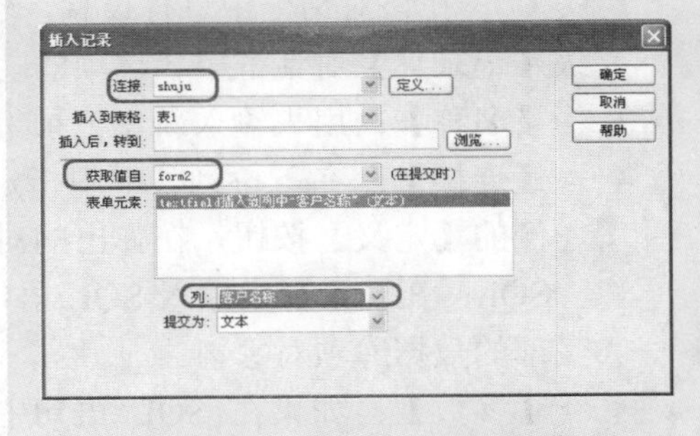

图 15-39　【插入记录】对话框

- 【连接】：在下拉列表框中指定一个已经建立好的数据库连接。也可以单击其右侧的【定义】按钮，在弹出的对话框中创建一个连接。
- 【插入到表格】：在下拉列表框中选择要插入表的名称。
- 【插入后，转到】：在文本框中输入一个文件名，也可以单击右侧的【浏览】按钮，在弹出的对话框中选择文件。如果不输入该地址，则插入记录后刷新该页面。
- 【获取值自】：在下拉列表框中指定存放记录内容的 HTML 表单。
- 【表单元素】：在列表框中指定数据库中要更新的表单元素。
- 【列】：在该下拉列表框中选择字段。
- 【提交为】：在下拉列表框中显示提交元素的类型。如果表单对象的名称和被设置字段的名称一致，Dreamweaver 会自动建立对应关系。

15.5.2　更新记录

使用"更新记录"服务器行为的具体操作步骤如下。

步骤01　在【服务器行为】面板中单击 按钮，在弹出的下拉列表中选择【更新记录】命令，如图 15-40 所示。

步骤02　弹出【更新记录】对话框，并在该对话框中进行设置，如图 15-41 所示。

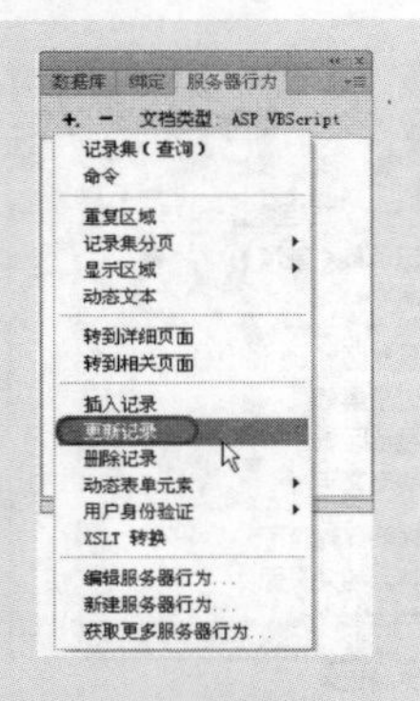

图 15-40　选择【更新记录】命令

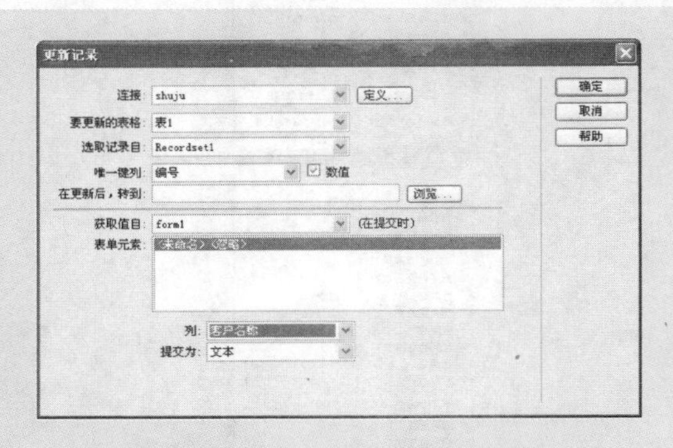

图 15-41　【更新记录】对话框

步骤03　设置完成后单击【确定】按钮，即可创建"更新记录"服务器行为。

【更新记录】对话框中各选项的功能介绍如下。

- 【连接】：在下拉列表框中指定一个已经建立好的数据库连接。也可以单击其右侧的【定义】按钮，在弹出的对话框中创建一个连接。

- 【要更新的表格】：在下拉列表框中选择要更新的表的名称。
- 【选取记录自】：在下拉列表框中指定页面中绑定的记录集。
- 【唯一键列】：在下拉列表框中选择关键列，以识别在数据库表单上的记录。如果值是数字，则应该选中【数值】复选框。
- 【在更新后，转到】：输入一个 URL，这样表单中的数据更新之后将转向这个 URL。
- 【获取值自】：在下拉列表框中指定 HTML 表单以便用于编辑记录数据。
- 【表单元素】：在该列表框中指定 HTML 表单中的各个字段域名称。
- 【列】：在该下拉列表框中选择与表单域对应的字段列名称。
- 【提交为】：在下拉列表框中选择字段的类型。

15.5.3 删除记录

使用“删除记录”服务器行为的具体操作步骤如下。

步骤01 在【服务器行为】面板中单击+按钮，在弹出的下拉列表中选择【删除记录】命令，如图 15-42 所示。

步骤02 弹出【删除记录】对话框，并在该对话框中进行设置，如图 15-43 所示。

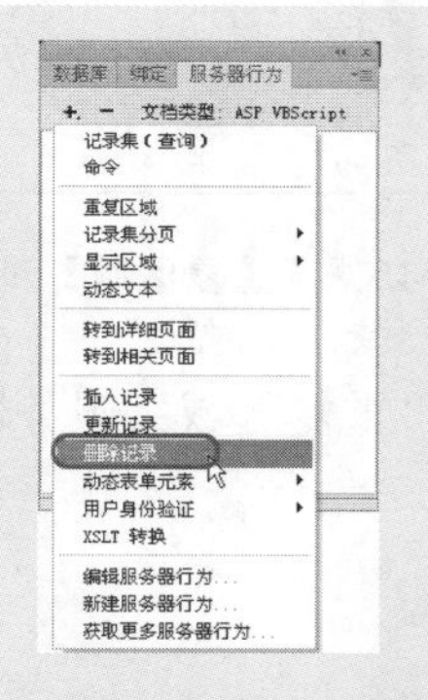

图 15-42 选择【删除记录】命令

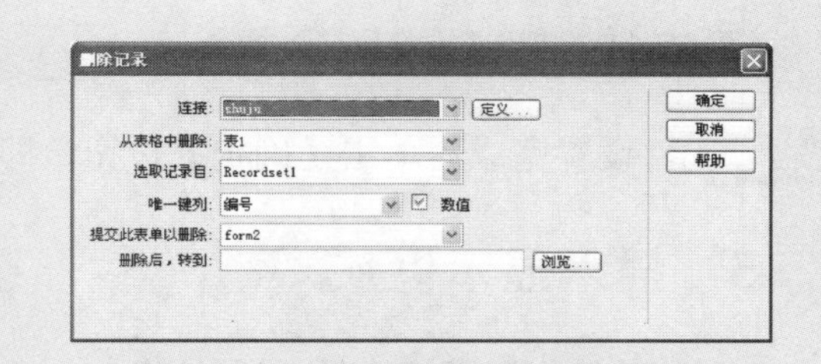

图 15-43 【删除记录】对话框

步骤03 设置完成后单击【确定】按钮，即可创建“删除记录”服务器行为。

【删除记录】对话框中各选项的功能介绍如下。

- 【连接】：在下拉列表框中指定一个已经建立好的数据库连接。也可以单击其右侧的【定义】按钮，在弹出的对话框中创建一个连接。
- 【从表格中删除】：在下拉列表框中选择从哪个表中删除记录。
- 【选取记录自】：在下拉列表框中选择使用的记录集的名称。
- 【唯一键列】：在下拉列表框中选择要删除记录所在表的关键字字段。如果关键字字段的内容是数字，则需要选中其右侧的【数值】复选框。
- 【提交此表单以删除】：在下拉列表框中选择提交删除操作的表单名称。
- 【删除后，转到】：在文本框中输入该页面的 URL 地址。如果不输入地址，更新操作后则刷新当前页面。

15.5.4 插入重复区域

“重复区域”服务器行为可以显示一条记录，也可以显示多条记录。如果一个页面绑定了记录集中的动态数据，并且显示多条或者所有记录，那么就需要添加“重复区域”服务器行为，具体的操作步骤如下。

步骤01 在文档中选择要显示的多条动态数据，然后在【服务器行为】面板中单击+按钮，在弹出的下拉列表中选择【重复区域】命令，如图 15-44 所示。

步骤02 弹出【重复区域】对话框，如图 15-45 所示。在对话框中的【记录集】下拉列表框中选择相应的记录集，在【显示】文本框中输入要预览的记录数，默认值为 10，也可以选择【所有记录】单选按钮。

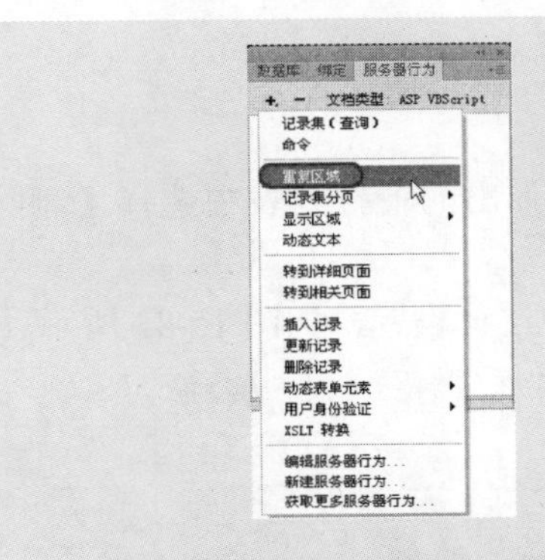

图 15-44 选择【重复区域】命令

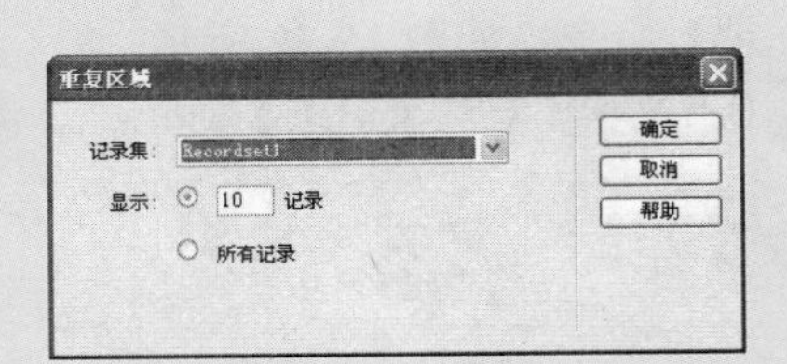

图 15-45 【重复区域】对话框

步骤03 设置完成后单击【确定】按钮，即可插入“重复区域”服务器行为。

15.5.5 插入显示区域

在【服务器行为】面板中单击+按钮，在弹出的下拉列表中选择【显示区域】命令，再在弹出的下拉列表中可以根据需要进行选择，如图 15-46 所示。

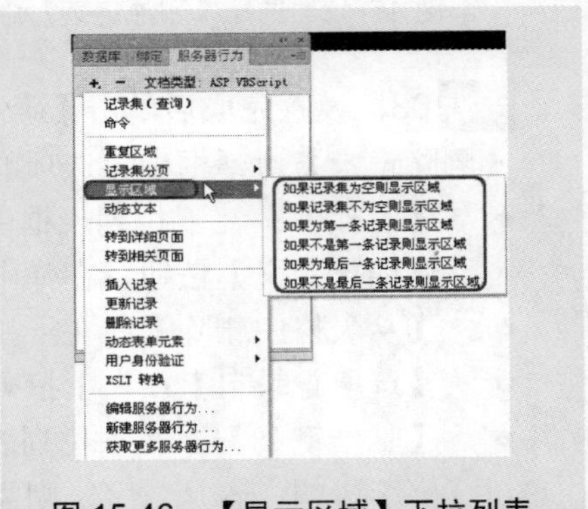

图 15-46 【显示区域】下拉列表

在【显示区域】下拉列表中主要有以下参数。

- 【如果记录集为空则显示区域】：选择该命令后，只有当记录集为空时才显示所选区域。
- 【如果记录集不为空则显示区域】：选择该命令后，只有当记录集不为空时才显示所选区域。
- 【如果为第一条记录则显示区域】：选择该命令后，当处于记录集中的第一条记录时，显示选中区域。

- 【如果不是第一条记录则显示区域】：选择该命令后，只有当前页中不包含记录集中的第一条记录时才显示所选区域。
- 【如果为最后一条记录则显示区域】：选择该命令后，只有当前页中包含记录集的最后一条记录时才显示所选区域。
- 【如果不是最后一条记录则显示区域】：选择该命令后，只有当前页中不包含记录集中最后一条记录时才显示所选区域。

15.5.6 转到详细页面

要想让一个页面告诉另一个页面显示什么记录或想把一个页面的信息传递到另一个页面，就可以利用“转到详细页面”服务器行为来建立这样的链接，具体的操作步骤如下。

步骤01 在文档中选择要设置为指向细节页面的动态内容。然后在【服务器行为】面板中单击+按钮，在弹出的下拉列表中选择【转到详细页面】命令，如图 15-47 所示。

步骤02 弹出【转到详细页面】对话框，并在该对话框中进行设置，如图 15-48 所示。

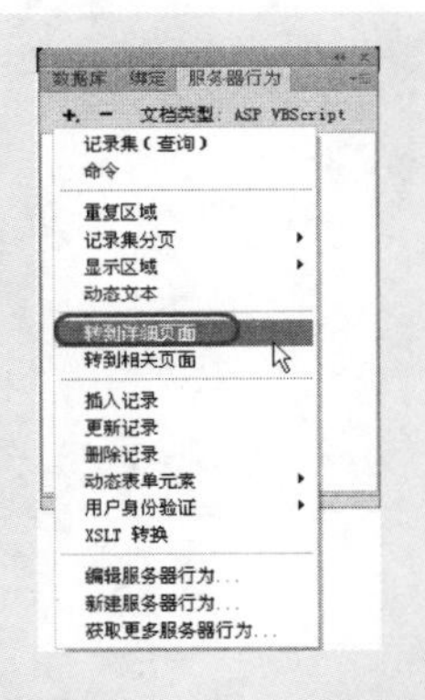

图 15-47 选择【转到详细页面】命令

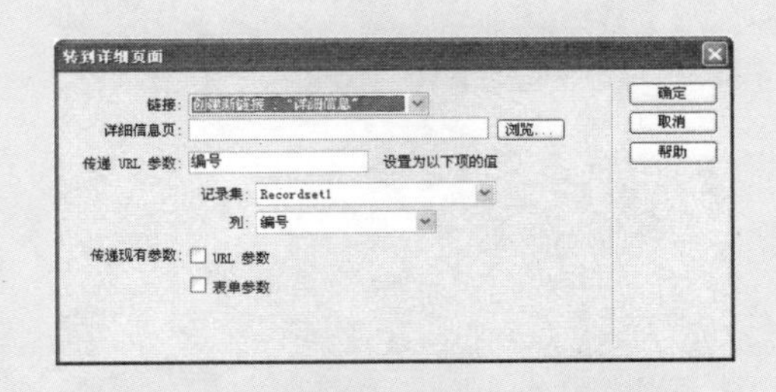

图 15-48 【转到详细页面】对话框

步骤03 设置完成后，单击【确定】按钮，即可创建“转到详细页面”服务器行为。

【转到详细页面】对话框中各选项的功能介绍如下。

- 【链接】：在下拉列表框中可以选择要把行为应用到哪个链接上。如果在文档中选择了动态内容，则会自动选择该内容。
- 【详细信息页】：在文本框中输入详细页面对应的 ASP 页面的 URL 地址，或单击右边的【浏览】按钮进行选择。
- 【传递 URL 参数】：在文本框中输入要通过 URL 传递到详细页面中的参数名称，然后设置以下选项的值。
  - 【记录集】：选择通过 URL 传递参数所属的记录集。
  - 【列】：选择通过 URL 传递参数所属记录集中的字段名称，即设置 URL 传递参数的值的来源。
- 【传递现有参数】：选择传递到详细页面上的参数类型。

◆ 【URL 参数】：选中该复选框后，可将结果页中的 URL 参数传递到详细页面上。
◆ 【表单参数】：选中该复选框后，可将结果页中的表单值以 URL 参数的方式传递到详细页面上。

第 16 章

网站的上传

将本地站点中的网站建立好后，接下来需要将站点上传到远端服务器上，以供 Internet 上的用户进行浏览。在站点发布之前，首先应该在网上注册一个域名，申请一个网页空间，以便存放站点。远程站点上的网页空间必须通过特定的方式获得，最常见的方式是到大的网站上申请一个免费的主页空间。当然，如果想要得到更周到的服务(例如获得指定服务器端程序的功能，获得数据库支持功能，用于动态网站建设等)，可以申请收费的主页空间。另外，还需要对站点服务器及站点数据库等进行设置。

本章重点：

- 清理文档
- 站点的测试
- 上传网站前的准备工作
- 网站宣传

16.1 清 理 文 档

在 Dreamweaver CS6 中，一些不必要的 HTML 可以清理掉，Word 生成的 HTML 也可以清理掉，具体操作步骤如下。

16.1.1 清理不必要的 HTML

清理不必要的 HTML 的具体操作步骤如下。

步骤01 在菜单栏中选择【命令】|【清理 XHTML】命令，如图 16-1 所示。即可打开【清理 HTML / XHTML】对话框，如图 16-2 所示。

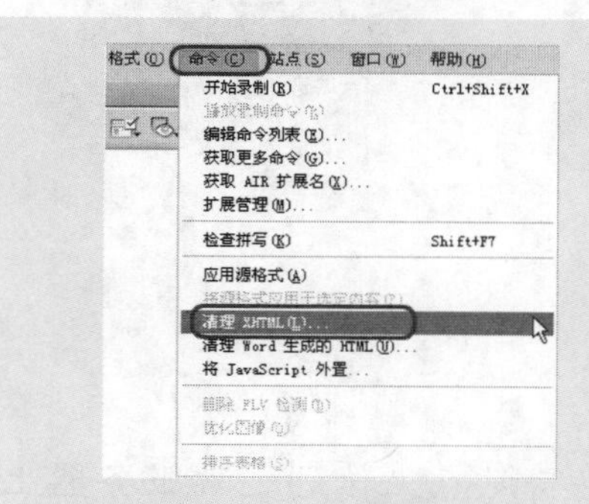

图 16-1 选择【清理 HTML】命令

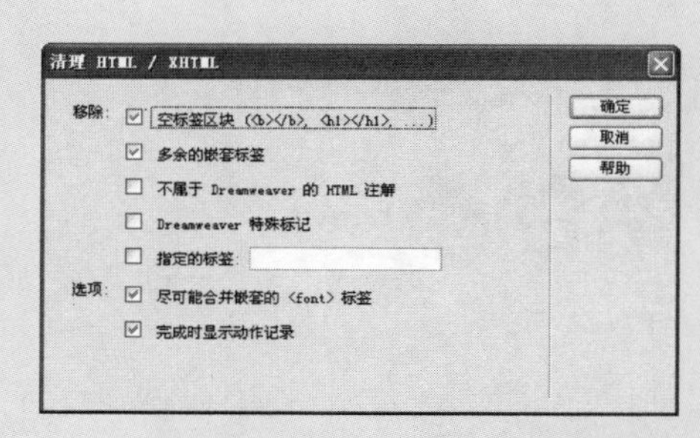

图 16-2 【清理 HTML / XHTML】对话框

步骤02 在【清理 HTML/XHTML】对话框中，可以设置对【空标签区块】、【多余的嵌套标签】和【Dreamweaver 特殊标记】等内容的清理。

步骤03 单击【确定】按钮，即完成对页面指定内容的清理。

16.1.2 清理 Word 生成的 HTML

步骤01 选择【命令】|【清理 Word 生成的 HTML】命令，打开【清理 Word 生成的 HTML】对话框，如图 16-3 所示。

步骤02 在【清理 Word 生成的 HTML】对话框中的【基本】选项卡中，可以设置来自 Word 文档的特定标记、背景颜色等选项；在【详细】选项卡中，可以进一步地设置要清理的 Word 文档中的特定标记以及 CSS 样式表的内容，如图 16-4 所示。

步骤03 单击【确定】按钮，即完成对页面中由 Word 生成的 HTML 内容的清理。

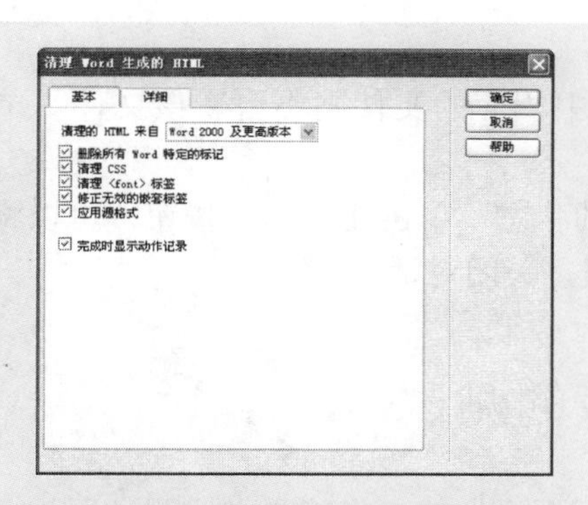

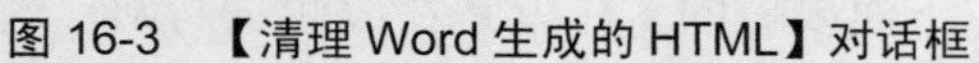

图 16-3 【清理 Word 生成的 HTML】对话框

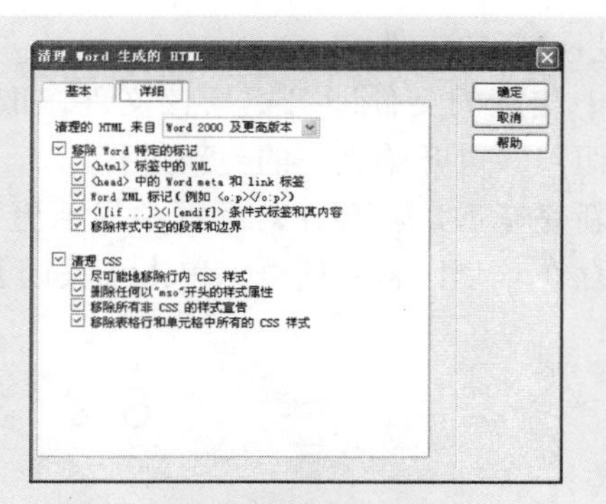

图 16-4 【详细】选项卡

16.1.3 同步

为了确保远端站点上始终出现的是最新版本的文件，保持本地站点和远端站点的同步是非常重要的。在 Dreamweaver CS6 中，用户可以随时查看本地站点和远端站点中存在着哪些新文件，并可利用相应的同步命令使它们同步。

利用 Dreamweaver CS6 保持本地站点和远端站点同步更新的具体操作步骤如下。

步骤01 在站点窗口中选中希望同步的文件或文件夹。

步骤02 在窗口中选择【站点】|【同步站点范围】命令，打开【与测试服务器同步】对话框，如图 16-5 所示。

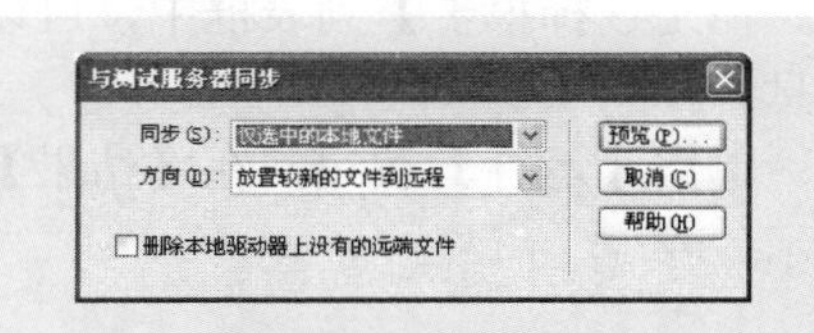

图 16-5 【与测试服务器同步】对话框

步骤03 在【同步】下拉列表框中，可以选择要同步的范围。

- 选择【整个站点】选项，则同步整个站点。
- 选择【仅选中的远端文件】选项，则仅仅同步在站点窗口中选中的文件。

在【方向】下拉列表框中，可以设置同步的方向。

- 选择【放置较新的文件到远程】选项，则从本地站点中将较新的文件上传到远端站点中。
- 选择【从远程获得较新的文件】选项，则将远端站点中较新的文件下载到本地站点中。
- 选择【获得和设置较新的文件】选项，则同时进行较新文件的上传和下载操作，以确保两个站点一致。

如果选中【与测试服务器同步】对话框中的【删除本地驱动器上没有的远端文件】复选框，则从站点中删除那些在两个站点中没有关联的文件。删除操作是双向的，如果用户上传较新的文件，该操作就会在远端站点中删除那些和本地站点没有关联的文件；如果用户下载较新的文件，该操作就会从本地站点中删除那些和远端站点没有关联的文件。

设置完毕后，单击【预览】按钮，即可进行文件的同步，这时，Dreamweaver CS6 会首先对本地站点和远端站点进行扫描，确定要更新的信息并显示对话框，然后提示用户选择要同步更新的文件。

选中相应的文件即可更新该文件，取消选中相应的文件则不更新该文件。单击【确定】按钮，即可开始真正的更新过程。

更新完毕后，就会在对话框中显示更新后的状态。单击【日志】按钮，可以将更新的信息保存在一个日志文件里。单击【关闭】按钮，关闭对话框。

16.2 站点的测试

网站上传到服务器后，工作并没有结束，下面要做的工作就是在线测试网站，这是一项十分重要又非常繁琐的工作。在线测试工作包括测试网页外观、测试链接、测试网页程序、检测数据库，以及测试下载时间是否过长等。

16.2.1 生成站点报告

网站上传成功后，可以查看网站中的某一个网页或者整个站点中的文件的运行情况，在窗口中选择【站点】|【报告】命令，打开【报告】对话框，如图 16-6 所示。

在【报告在】下拉列表框中，可以选择对当前文档还是对整个当前本地站点查看报告。在【选择报告】列表框中，可以详细地设置要查看的工作流程和 HTML 报告中的具体信息。

单击【运行】按钮，在【结果】面板的【站点报告】面板中显示具体信息，如图 16-7 所示。

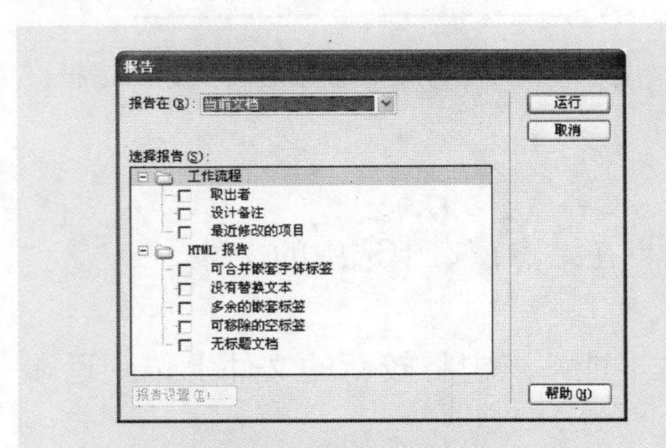

图 16-6 【报告】对话框

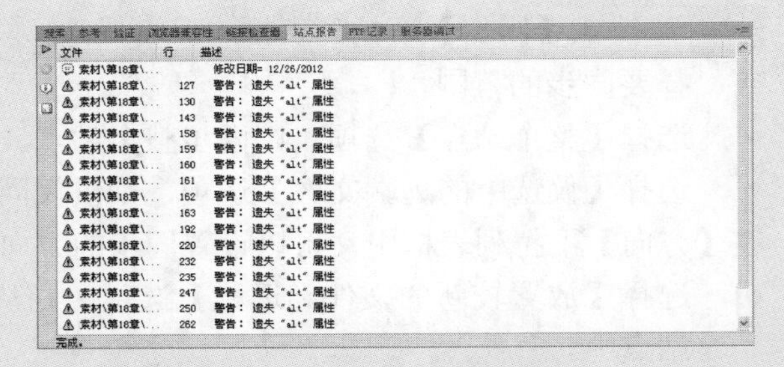

图 16-7 【站点报告】面板

16.2.2 检查站点范围的链接

网页上传成功以后，还需要对网页进行全面的测试，比如，有些时候会发现上传后的网页图片或文件不能正常显示或找不到，出现这种情况的原因有两种：一是链接文件名与实际文件名的大小写不一致，因为提供主页存放服务的服务器一般采用 UNIX 系统，这种操作系统区分文件名的大小写，所以这时需要修改链接处的文件名，并注意大小写一致；二是文件存放路径错误，如果在编写网页时尽量使用相对路径，就可以减少这类问题的出现。

检查站点范围的链接的具体操作步骤如下。

步骤01 在站点窗口中，从本地站点窗格中选中要检查的文件或文件夹。

步骤02 在窗口中选择【站点】|【检查站点范围的链接】命令，在【属性】面板下方的【结果】面板的【链接检查器】面板中将会显示具体信息，如图 16-8 所示。

图 16-8 【链接检查器】面板

在【显示】下拉列表框中，可以选择要检查的链接方式。

- 【断掉的链接】：选择该项，可以检查文档中是否存在断开的链接，这是默认选项。
- 【外部链接】：选择该选项，可以检查文档中的外部链接是否有效。
- 【孤立文件】：选择该选项，可以检查站点中是否存在孤立文件。所谓孤立文件，就是没有任何链接引用的文件，该选项只在检查整个站点链接的操作时才有效。

当从【显示】下拉列表框中选中某个选项后，就会在面板中显示检查的结果。

16.2.3 改变站点范围的链接

在设置好站点内的文件链接后，还可以通过【改变站点范围的链接】命令来更改站点内某个文件的所有链接，具体操作步骤如下。

步骤01 在窗口中选择【站点】|【改变站点范围的链接】命令，打开【更改整个站点链接(站点-CDROM)】对话框，如图 16-9 所示。

步骤02 在【更改所有的链接】文本框中输入要更改链接的文件；或者单击右边的【文件夹】图标，在打开的【选择要修改的链接】对话框中选中要更改链接的文件，如图 16-10 所示。

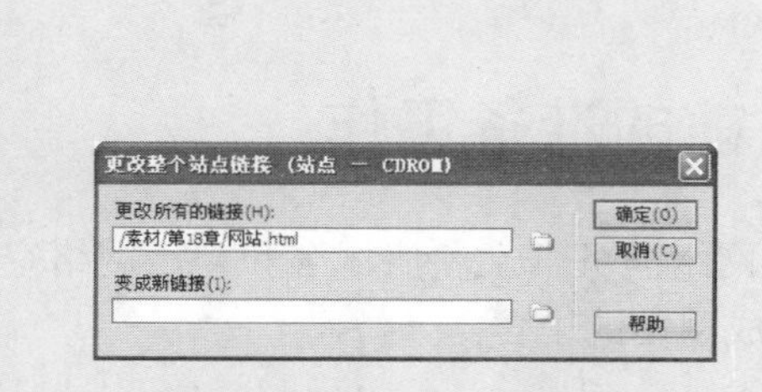

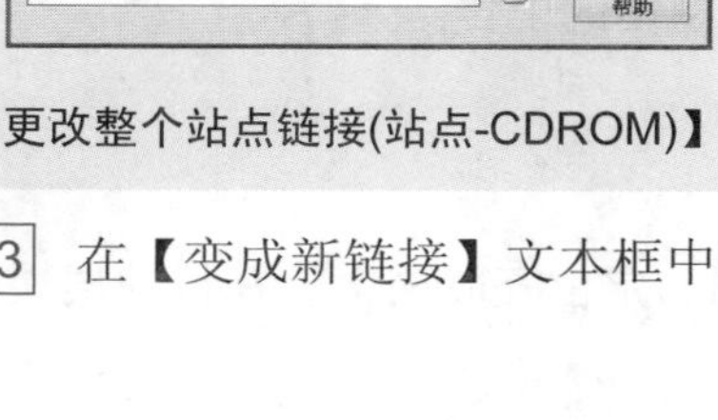

图 16-9 【更改整个站点链接(站点-CDROM)】对话框

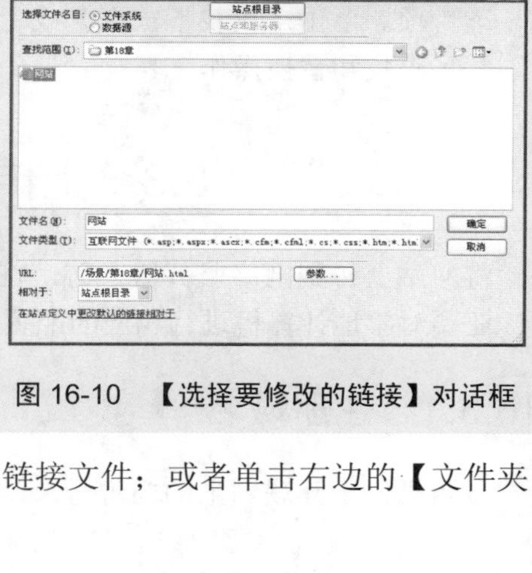

图 16-10 【选择要修改的链接】对话框

步骤03 在【变成新链接】文本框中输入新的链接文件；或者单击右边的【文件夹】

图标，在打开的【选择新链接】对话框中选中新的链接文件。

步骤04 单击【确定】按钮，即完成对站点内的某个文件链接情况的变更。

16.2.4 查找和替换

在 Dreamweaver CS6 中，不但可以像在 Word 等应用软件中一样对页面中的文本进行查找和替换操作，而且可以对整个站点中的所有文档进行源代码或标签等内容的查找和替换，具体操作步骤如下。

步骤01 选择【编辑】|【查找和替换】命令，打开【查找和替换】对话框，如图 16-11 所示。

步骤02 在【查找范围】下拉列表框中，可以选择【当前文档】、【所选文字】、【打开的文档】和【整个当前本地站点】等选项；在【搜索】下拉列表框中，可以选择对【文本】、【源代码】和【指定标签】等内容进行搜索，如图 16-12 所示。

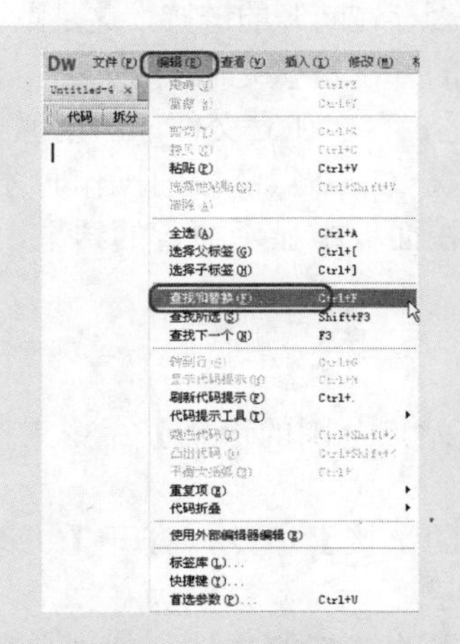

图 16-11 选择【查找和替换】命令

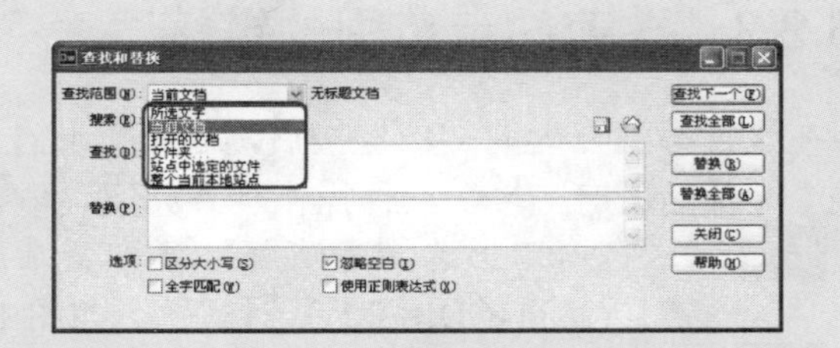

图 16-12 【查找和替换】对话框

步骤03 在【查找】列表框中输入要查找的具体内容，在【替换】列表框中输入要替换的内容。在【选项】选项组中，可以设置【区分大小写】、【全字匹配】等选项。单击【查找下一个】或者【替换】按钮，就可以完成对页面内的指定内容的查找和替换操作。

16.3 上传网站前的准备工作

将网站上传到网络服务器之前，首先要在网络服务器上注册域名和申请网络空间，同时，还要对本地计算机进行相应的配置，以完成网站的上传。

16.3.1 注册域名

域名类似于互联网上的门牌号，是用于识别和定位互联网上计算机的层次结构式字符标识，与该计算机的互联网协议(IP)地址相对应，但相对于 IP 地址而言，域名更容易理解和记忆。域名属于互联网上的基础服务，基于域名可以提供 WWW、E-mail 及 FTP 等应用服务。

域名可以说是企业的“网上商标”，所以域名的选择要与注册商标相符合，以便记忆。在注册域名时要注意：现在有不少的域名注册服务商在注册国际域名时，往往会将域名的管理联系人等项目改为自己公司的信息，因此，这个域名实际上并不为个人所有。

网站建设好之后，就要在网上给网站注册标识，即域名，这是迈向电子商务成功之路的第一步。有了它，只要在浏览器的地址栏中输入几个字母，世界上任何一个地方的任何一个人就都能马上看到你所制作的精彩网站内容。一个好的域名往往蕴含着巨大的商业价值。

申请域名的步骤如下。

步骤01 准备申请资料。

步骤02 寻找域名注册商。

步骤03 查询域名。

步骤04 正式申请。

步骤05 申请成功。

在申请域名时，需要注意以下几点。

- 容易记忆

例如：知名门户网站——(网易)现在已在品牌宣传上放弃了域名 nease.com 和 netease.com 而改用 163.com，因为后者比前者更容易让人记住。

- 要和客户的商业有直接关系

虽然有很多域名都很容易记忆，但如果和客户所开展的商业活动没有任何关系，用户就不能将客户的域名和客户的商业活动联系起来，这就意味着客户还要花钱宣传自己的域名。

- 长度要短

长度短的域名不但容易记忆，而且用户可以花更少的时间来输入客户的域名。如果客户是以英文单词或汉语拼音作为域名，那么一定要注意拼写正确。

- 使用客户的商标或企业的名称

如果客户已经注册了商标，则可将商标名称作为域名。如果客户面对的是本地市场，则可将企业名称作为域名；如果要面向国际市场，也应该遵守上面的原则。

16.3.2 申请空间

域名注册成功之后，就需要为自己的网站在网上安个“家”了，即申请网站空间。

网站空间有免费空间和收费空间两种，对于刚学会做网站的用户来说，可以先申请免费空间。免费空间只须向空间的提供服务器提出申请，在得到答复后，按照说明上传主页即可，主页的域名和空间都不用操心。使用免费空间美中不足的是：网站的空间有限，提供的服务一般，空间不是非常稳定，域名不能随心所欲。

了解了有关域名和网站空间的相关知识之后，下面以为 xinwen520 网站申请免费域名和空间(这个网站的域名和空间是一起申请的)为例，介绍申请免费主页空间的方法。需要说明的是，为了安全起见，xinwen520 网站要求先在“常访问”网上注册会员，获得身份验证编码后，才能在 xinwen520 上申请域名和空间。因为免费空间越来越少，虽然这个网站申请域名和空间的操作麻烦点，但网站的免费功能还是不错的。具体操作步骤如下。

步骤 01 在 IE 浏览器中输入 8U 网站的网址 http://www.8u.cn 打开 8U 网站的主页。

步骤 02 单击【注册】按钮，如图 16-13 所示。

步骤 03 在弹出的页面中输入信息，如图 16-14 所示，填写信息后，单击【注册】按钮。

步骤 04 注册成功后的对话框，如图 16-15 所示。

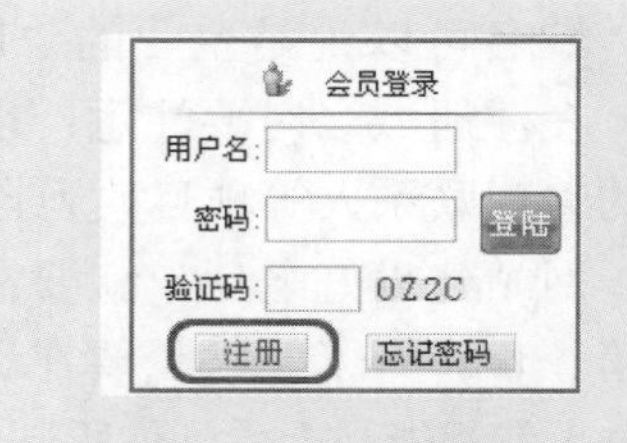

图 16-13　单击【注册】按钮

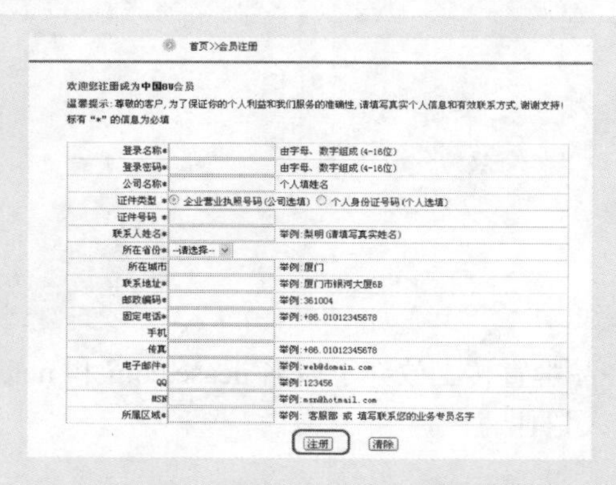

图 16-14　填写信息

图 16-15　注册成功

16.3.3　配置网站系统

对于企业来说，如果是企业自己的服务器，那么只要把做好的网站，包括 CGI、ASP、JSP 或者 PHP 等程序，发到 WWW 路径下就可以了，而对于个人申请的免费空间网页，就需要将在自己计算机上制作好的网站上传到申请好的网站服务器的免费空间上去。

上传网站的方式有多种，如利用 Web 页上传、通过 E-mail 上传、使用 FTP 工具上传、利用网页编辑制作软件上传等，也可以直接复制文件或者通过命令上传。

FTP 选项中的关键术语如下。

- FTP 主机地址：它是 Web 服务器的 FTP 地址，当申请免费网页空间时，Web 服务器管理员会用电子邮件的方式告诉用户该地址。
- 用户名：它是 Web 服务器分配给用户的用户标识，用于登录 FTP 站点。
- 口令：它是对应于用户名的密码口令，登录 FTP 站点时需要提供。

利用 Dreamweaver CS6 网页编辑制作软件，可以进行站点的下载和上传管理。

在 Dreamweaver CS6 中，使用站点窗口工具栏中的上传按钮，可以将本地文件夹中的文件上传到远程站点，也可以用下载按钮将远程站点的文件下载到本地文件夹中。通过将文件的上传/下载操作和存回/取出操作相结合，就可以实现全功能的站点维护。

完成域名和空间的申请后，就可以将测试完成的站点上传到远程服务器上，其具体操作步骤如下。

步骤01 在菜单栏中选择【站点】|【管理站点】命令，如图 16-16 所示。

步骤02 执行完该命令后，打开【管理站点】对话框，在该对话框中选择需要管理的站点，然后单击【编辑当前选定的站点】按钮，如图 16-17 所示。

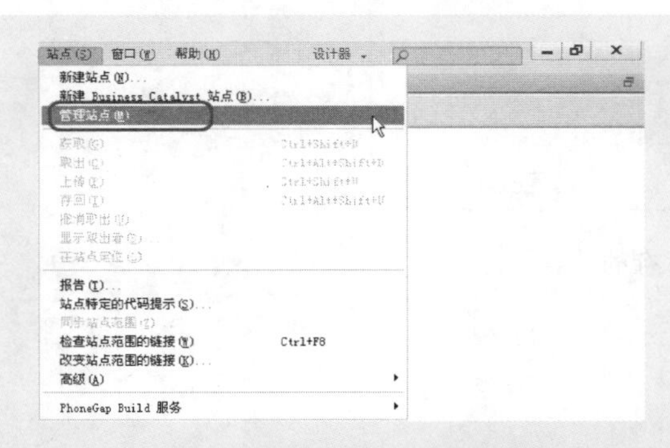

图 16-16 选择【管理站点】命令

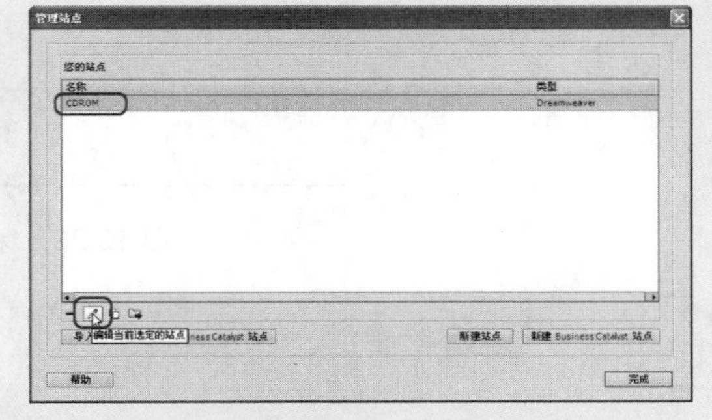

图 16-17 【管理站点】对话框

步骤03 打开【站点设置对象 CDROM】对话框，在该对话框中选择【服务器】选项卡，然后单击【添加新服务器】按钮，如图 16-18 所示。

步骤04 在弹出的如图 16-19 所示的面板中输入【服务器名称】，在【连接方法】下拉列表框中选择 FTP 模式，在【FTP 地址】文本框中输入上传站点文件的 FTP 主机的 IP 地址，然后在【用户名】和【密码】文本框中分别输入用户名和密码。

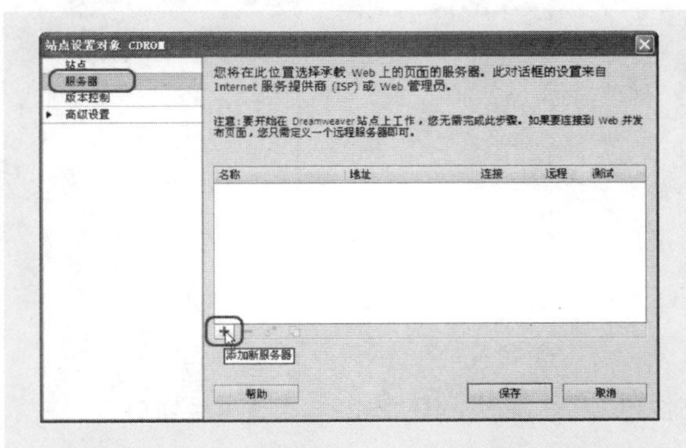

图 16-18 【站点设置对象 CDROM】对话框

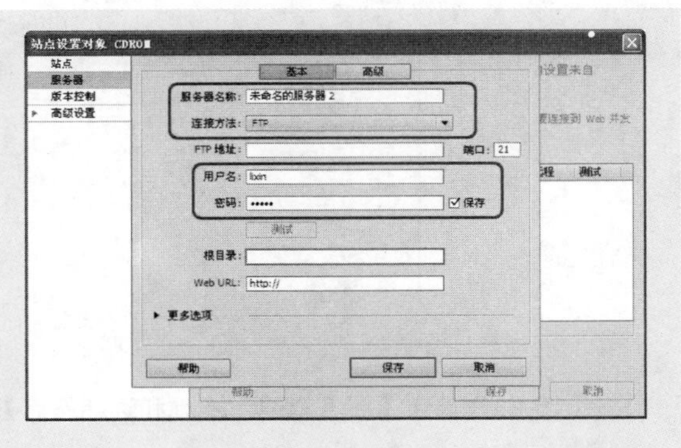

图 16-19 设置用户名等

步骤05 设置完成后，单击【保存】按钮，返回到【站点设置对象 CDROM】对话框中，在该对话框中显示刚刚保存的服务器名称，如图 16-20 所示。

步骤06 单击【保存】按钮，返回到【管理站点】对话框中，然后单击【完成】按钮。

提示：一般情况下，为了安全起见，在设置完参数后，单击【测试】按钮，如果软件提示连接成功，则再一步步保存退出。

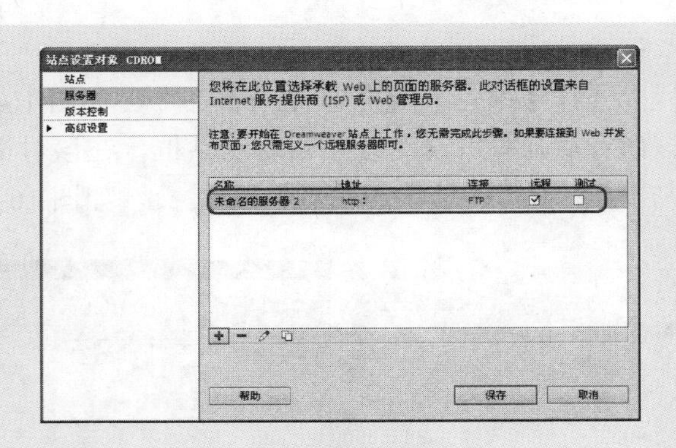

图 16-20　保存的站点

16.3.4　上传网站

下面介绍上传网站的方法，具体的操作步骤如下。

步骤 01　打开【文件】面板，在该面板中单击【展开以显示本地和远端站点】按钮，如图 16-21 所示。

步骤 02　打开上传文件窗口，在窗口中单击【连接到 远程服务器】按钮，如图 16-22 所示。

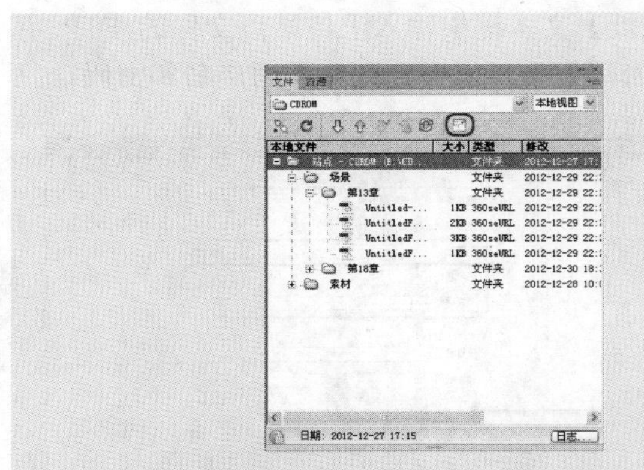

图 16-21　单击【展开以显示本地和远端站点】按钮

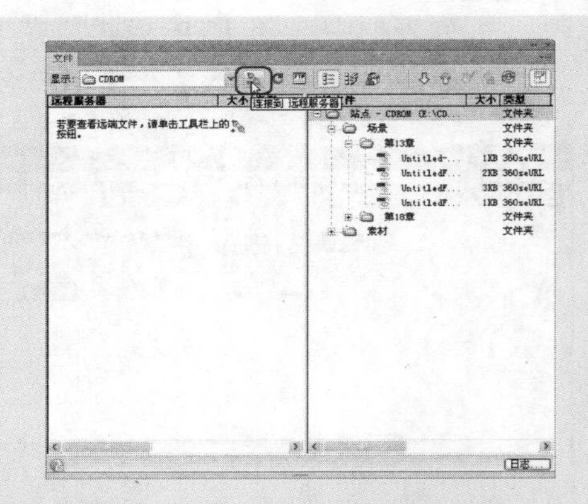

图 16-22　上传文件窗口

步骤 03　连接到服务器后，在【文件】面板左侧的【本地文件】中选择要上传的文件，然后单击工具栏中的【向“远程服务器”上传文件】按钮，开始上传网页。

16.4　网 站 宣 传

要想推广一个网站，坐等访客的光临是不行的，放在互联网上的网站就像一块立在地下通道中的公告牌一样，尽管人们经常穿过该地下通道，却很难发现这个公告牌，可见，宣传网站有多么重要。就像任何产品一样，再优秀的网站如果不进行自我宣传，那么很难有较大的访问量。那么，如何才能使自己的网站的访问量增大呢？

16.4.1 利用大众传媒

大众传媒通常包括电视、书刊报纸、户外广告，以及其他印刷品等。

1. 电视

目前，电视是最大的宣传媒体。很多商品通过在电视上做广告使人们家喻户晓，但电视对于个人网站而言就不适合。

2. 书刊报纸

报纸是仅次于电视的第二大媒体，也是使用传统方式宣传网站的最佳途径。作为一名电脑爱好者，在使用软硬件和上网的过程中，通常也积累了一些值得与别人交流的经验和心得，那就不妨将它写出来，写好后寄往像《电脑爱好者》等比较著名的杂志和报刊，从而让更多人受益。可以在文章的末尾注明自己的主页地址和 E-mall 地址，或者将一些难以用书稿方式表达的内容放在自己的网站中表达。如果文章很受欢迎，那么就能吸引更多的朋友来访问自己的主页。

3. 户外广告

在一些繁华、人流量大的地段的广告牌上做广告也是一种比较好的宣传方式。目前，在街头、地铁的网站广告就说明了这一点，这种方式比较适合有实力的具有商业性质的网站。

4. 其他印刷品

公司信笺、名片、礼品包装等都应该印上网址名称，让客户在记住你的名字、职位的同时，也能看到并记住你的网址。

16.4.2 利用网络传媒

由于网络广告的对象是网民，具有很强的针对性，因此，网络广告不失为一种较好的宣传方式。

在选择网站做广告的时候，需要注意以下两点。

(1) 应选择访问率高的门户网站。只有选择访问率高的网站，才能达到“广而告之”的效果。

(2) 优秀的广告创意是吸引浏览者的重要“手段”，要想唤起浏览者点击网站的欲望，就必须给浏览者点击的理由。因此，网页的整体设计、动画设计，以及网页的色彩搭配等都是极其重要的。

16.4.3 利用电子邮件

电子邮件方式适用于对自己熟悉的朋友，或者在主页上提供更新网站邮件订阅功能，这样，在更新自己的网站后，便可通知网友。如果随便地向自己不认识的网友发 E-mail 宣传自己的主页的话，就显得不太友好。有些网友会认为那是垃圾邮件，以至于给网友留下不好的印象，并将你列入黑名单，这样对提高自己网站的访问率并无实质性的帮助。而且，若未经别人同意就三番五次地发送一样的邀请信，这也是不礼貌的。

16.4.4 使用留言板、博客

在网络上留言也是一种很好的宣传自己网站的方法。在网上浏览、访问别人的网站时，如果看到一个不错的网站，可以考虑在这个网站的留言板中留下赞美的语句，并把自己网站的简介、地址一并写下来，后来的朋友看到这些留言，说不定会有兴趣到你的网站中去参观下。

随着网络的发展，现在诞生了许多个人博客，在博客中也可以留下你网站的宣传语句。还有些商业网站的留言板、博客等，如网易博客等，每天都会有数百人在上面留言，访问率较高，在那里留言会收到更好的效果。

16.4.5 在网站论坛中留言

目前，大型的商业网站中都有多个专业论坛，有的个人网站上也有论坛，那里会有许多人发表观点。在论坛中留言也是一种很好的宣传网站的方式。

16.4.6 注册搜索引擎

在知名的网站中注册搜索引擎，可以提高网站的访问量。当然，很多搜索引擎(有些是竞价排名)是收费的，这种方式对商业网站更适用。

16.4.7 和其他网站交换链接

对于个人网站来说，友情链接可能是最好的宣传网站方式，和访问量大的、优秀的个人主页相互交换链接，能大大地提高主页的访问量。

这个方法比参加广告交换组织更有效，因为这种方式起码可以选择将广告放置到哪个主页。

第 17 章

网站的维护

当用户上传完网站后，还需要经常对网站的软件及硬件进行维护，防止病毒的侵入。本章将简单介绍网站的维护。

本章重点：

- 网站的维护
- 攻击类型
- 了解防火墙
- 网络安全性的解决方法

17.1　网站的维护

网站设计好后，要对网站进行相应的维护。网站维护是为了让网站能够长期稳定地运行在 Internet 上。网站维护包括以下内容。

- 服务器及相关软硬件的维护。对可能出现的问题进行评估，制定响应时间。
- 数据库维护。有效地利用数据是网站维护的重要内容，因此，数据库的维护要受到重视。
- 内容的更新、调整等。
- 制定相关网站维护的规定，将网站维护制度化、规范化。
- 做好网站安全管理，防范黑客入侵网站，检查网站各项功能，链接是否错误等。

17.1.1　网站的硬件维护

硬件的维护中最主要的就是服务器维护。一般，中等规模以上的公司可以选择使用自己的服务器。在服务器的选择上，尽量选择正规品牌的专用服务器，不要使用个人计算机代替。因为专用的服务器中有多个 CPU，并且硬盘的各方面的配置也比较优秀，在稳定性和安全性上都有保证。如果其中一个 CPU 或硬盘坏了，别的 CPU 和硬盘还可以继续工作，不会影响到网站的正常运行。

网站机房通常要注意室内的温度、湿度及通风性，这些将影响到服务器的散热和性能的正常发挥。如果有条件，最好使用两台或两台以上的服务器，服务器的所有配置最好都是一样的，因为服务器经过一段时间就要进行停机检修，在检修的时候可以让其他服务器工作，这样不会影响到网站的正常运行。

17.1.2　网站的软件维护

软件管理也是一个网站能够良好运行的必要条件，软件管理通常包括服务器的操作系统配置、网站内容更新、数据的备份，以及网络安全的防护等。

1. 服务器的操作系统配置

一个网站能否正常运行，硬件环境是一个先决条件，但是服务器操作系统的配置可行、性能稳定，则是一个网站良好长期运行的保证。除了要定期对这些操作系统进行维护外，还要定期对操作系统进行更新，使用最先进的操作系统。一般来说，操作系统中软件安装的原则是少而精，就是在服务器中安装的软件应尽可能地少，只安装一些必须使用的软件即可，这样不仅可以防止软件之间的冲突，而且可以节省系统资源，最大限度地保证系统的安全运行。因为很多病毒或者木马程序会通过安装软件的漏洞威胁到我们的服务器，从而造成严重的损失。

2. 网站内容更新

网站的内容并不是一成不变的，要对网站进行定期的更新。对于网站来说，只有不断地更新内容，才能保证网站的生命力，否则，网站不仅不能起到应有的作用，反而会对企业自身形象造成不良影响。除了更新网站的信息外，还要更新或调整网站的功能和服务。对网站中的废旧文件要随时清除，以提高网站的精良性，从而提高网站的运行速度。还要以一个旁观者的身份来多光顾自己的网站，从而客观地看待自己的网站，评价自己的网站与其他优秀网站相比还有哪些不足，然后进一步地完善自己网站中的功能和服务。最后就是要时时关注互联网的发展趋势，随时调整自己的网站，使其顺应潮流，以便提供更便捷和贴切的服务。

3. 数据的备份

所谓数据的备份，就是对自己网站中的数据进行定期备份，这样既可以防止服务器出现突发错误而丢失数据，又可以防止网站被黑客入侵。如果有了定期的网站数据备份，那么即使自己的网站被黑客破坏了，也不会影响网站的正常运行。

4. 网络安全的防护

所谓网络的安全防护，就是防止自己的网站被别人非法侵入和破坏。随着黑客人数的日益增长和一些入侵软件的昌盛，网站的安全日益遭到挑战，这就需要我们一定要做好网络的安全防护。网站安全的隐患主要源于网站的漏洞存在，网络的安全防护首要的一点就是要注意及时下载和安装软件的补丁程序，任何一个软件都不是完美的，都会存在大大小小的漏洞，我们必须随时关注网站，尽快下载安装补丁程序。

另外，还要在服务器中安装、设置防火墙。防火墙虽然是安全防护的一个有效措施，但也不能确保绝对安全，为此，还应该使用其他的安全措施。另外一点就是要时刻注意病毒的问题，要定期对自己的服务器进行查毒、杀毒等操作，一旦发现问题，应及时进行处理，以确保系统的安全运行。

17.2 攻击类型

计算机网络具有连接形式多样性、终端分布不均匀性和网络的开放性、互联性等特征，使网络易受黑客、恶意软件和计算机病毒的攻击，例如，现在的病毒以破坏正常的网络通信、偷窃数据为目的的越来越多，它们和木马相配合，可以控制被感染的工作站，并将数据自动传给发送病毒者，或者破坏工作站的软硬件，其危害相当恶劣，因此，只有加强对计算机的安全维护和防范，才能确保不被黑客和病毒攻击，从而保证我们的网站安全运行。

黑客是指熟悉特定的电脑操作系统，并且具有较强的技术能力，专门研究、发现计算机和网络漏洞或者恶意进入他人计算机系统的网络高手。黑客利用个人技术查询或恶意破坏重要数据、修改系统文件导致计算机系统瘫痪。黑客的攻击程序危害性非常大，一旦入侵成功，就可以随意更改网站的内容，使网站无法访问或者直接瘫痪。从某种意义上讲，黑客对计算机网络安全的危害甚至比一般的电脑病毒更为严重。

17.2.1 病毒

目前，网络安全的头号大敌是计算机病毒，它是在计算机程序中插入的破坏计算机功能或者破坏数据，影响计算机使用并且能够自我复制的一组计算机指令或者程序代码。计算机病毒具有繁殖性、传染性、潜伏性、隐蔽性、破坏性和可触发性几大特点，病毒的种类也不断变化，破坏范围也由软件扩大到硬件。新型病毒正向着更具破坏性、更加隐蔽、传染率更高、传播速度更快、适应平台更广的方向发展。

计算机病毒类似于生物病毒，它们会将自己附着在已经存在的计算机程序上，当受到病毒感染的计算机运行程序时，程序就会被加载到内存当中，与此同时，病毒代码也会被加载到内存中，开始自己的活动。病毒代码的作用有两种：一是完成它们既定的工作，如对硬盘进行格式化、显示一则消息等；二是将自己附加到其他程序上，感染其他程序。被感染的程序可通过 Internet 或者磁盘传送到其他计算机上，进而使其他计算机也受到感染，这就是病毒扩散的机制和原理。图 17-1 为病毒的传播示意图。

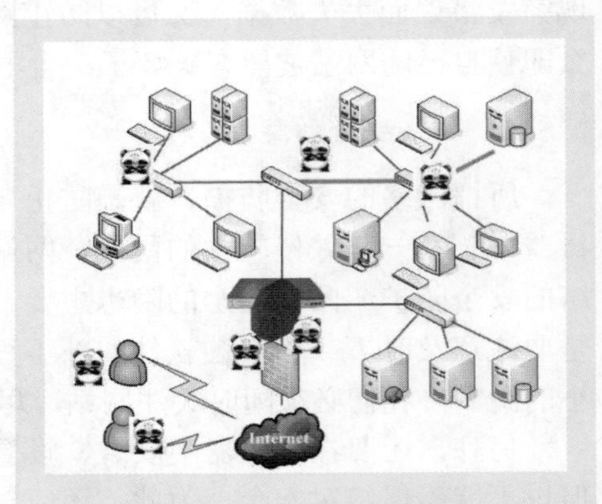

图 17-1　病毒传播示意图

1. 脚本病毒

脚本病毒的前缀是 Script。脚本病毒的共有特性是使用脚本语言编写，通过网页进行传播，如红色代码(Script.Redlof)。脚本病毒还可能有如下前缀：VBS、JS(表明是何种脚本编写的)，如欢乐时光(VBS.Happytime)、十四日(Js.Fortnight.c.s)等。

2. 宏病毒

其实，宏病毒是也是脚本病毒的一种，由于它的特殊性，因此在这里单独算成一类。宏病毒的前缀是 Macro，第二前缀是 Word、Word97、Excel、Excel97 等。凡是只感染 Word97 及以前版本 Word 文档的病毒采用 Word97 作为第二前缀，格式是 Macro.Word97；凡是只感染 Word97 以后版本 Word 文档的病毒采用 Word 作为第二前缀，格式是 Macro.Word；凡是只感染 Excel97 及以前版本 Excel 文档的病毒采用 Excel97 作为第二前缀，格式是 Macro.Excel97；凡是只感染 Excel97 以后版本 Excel 文档的病毒采用 Excel 作为第二前缀，格式是 Macro.Excel，以此类推。该类病毒的共有特性是能感染 Office 系列文档，然后通过 Office 通用模板进行传播，如著名的美丽莎(Macro. Melissa)。

3. 后门病毒

后门病毒的前缀是 Backdoor。该类病毒的共有特性是通过网络传播，给系统开后门，给用户电脑带来安全隐患。

4. 病毒种植程序病毒

这类病毒的共有特性是运行时会从体内释放出一个或几个新的病毒到系统目录下，由释放出来的新病毒产生破坏，如冰河播种者(Dropper.BingHe2.2C)、MSN 射手(Dropper.Worm. Smibag)等。

5. 破坏性程序病毒

破坏性程序病毒的前缀是 Harm。这类病毒的共有特性是用好看的图标来诱惑用户点击。当用户点击这类病毒时，病毒便会直接对用户计算机产生破坏，如格式化 C 盘(Harm.formatC.f)、杀手命令(Harm.Command.Killer)等。

6. 玩笑病毒

玩笑病毒的前缀是 Joke。玩笑病毒也称恶作剧病毒。这类病毒的共有特性同样是用好看的图标来诱惑用户点击。当用户点击这类病毒时，病毒会做出各种破坏操作来吓唬用户，其实，病毒并没有对用户电脑进行任何破坏，如女鬼(Joke.Girl ghost)病毒。

7. 捆绑病毒

捆绑病毒的前缀是 Binder。这类病毒的共有特性是病毒作者会使用特定的捆绑程序将病毒与一些应用程序如 QQ、IE 捆绑起来，使被捆绑了病毒的应用程序表面上看是一个正常的文件。当用户运行这些捆绑病毒时，在表面上运行这些应用程序的同时，也在隐藏运行捆绑在一起的病毒，从而给用户造成危害，如捆绑 QQ(Binder.QQPass.QQBin)、系统杀手(Binder.killsys)等。

以上病毒前缀比较常见，有时候我们还会看到一些其他的病毒前缀，但比较少见，这里简单介绍一下。

- DDOS：这类病毒会针对某台主机或者服务器进行 DDOS 攻击。图 17-2 为 DDOS 攻击示意图。
- Exploit：这类病毒会自动通过溢出对方或者自己的系统漏洞来传播自身，或者它本身就是一个用于 Hacking 的溢出工具。
- HackTool：黑客工具，这类病毒本身也许并不会破坏被感染的计算机，但是被感染的计算机会被别人加以利用破坏其他计算机。

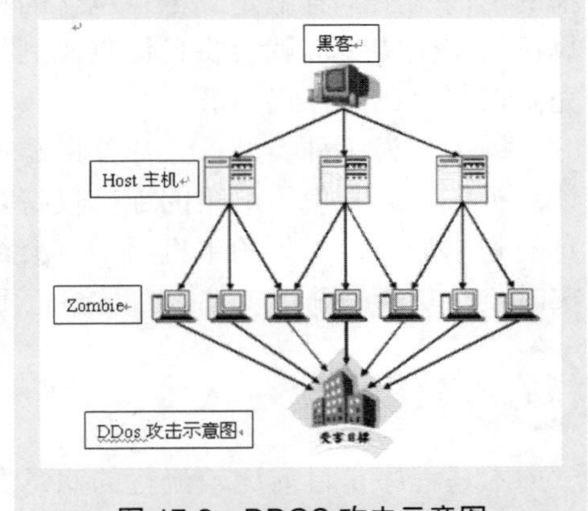

图 17-2　DDOS 攻击示意图

17.2.2　蠕虫

蠕虫是自包含的程序(或是一套程序)，它能传播它自身功能的副本或将它的某些部分传播到其他的计算机系统中(通常是经过网络连接)。蠕虫的公有特性是通过网络或者系统漏洞进行传播，大部分蠕虫都有向外发送带毒邮件、阻塞网络的特性，比如冲击波(阻塞网络)、小邮差(发带毒邮件)等。图 17-3 为蠕虫的传播示意图。

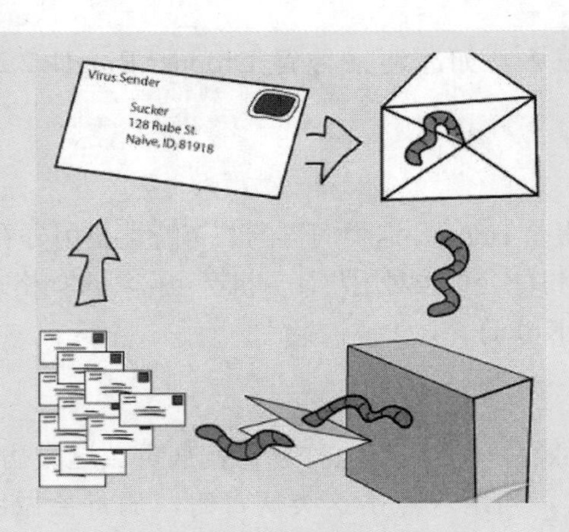

图 17-3 蠕虫传播示意图

蠕虫与病毒不是同一个概念，它们有相同的地方，也有很多不同之处。相同之处在于蠕虫也是通过自身的繁殖和扩散感染多台计算机，进而对多台计算机的安全造成破坏性的影响；它们之间的不同之处在于传播方式的不同，病毒是通过附着在其他程序上来进行传播的，而蠕虫本身就是一个自包含的程序，或者说是一组程序，一旦它们成功地突破了计算机的安全防护，就会将自己复制到其他计算机中，周而复始，一旦蠕虫被激活，它就会完全按照自己的方式行事。

蠕虫分为两种类型：主计算机蠕虫与网络蠕虫。主计算机蠕虫完全包含在它们运行的计算机中，并且使用网络的连接仅将自身复制到其他的计算机中，主计算机蠕虫在将其自身的副本加入到另外的主机后，就会终止它自身。蠕虫病毒的一般防治方法是：使用具有实时监控功能的杀毒软件，并且注意不要轻易打开不熟悉的邮件附件。

17.2.3 木马

木马程序是目前比较流行的病毒文件，与一般的病毒不同，它不会自我繁殖，也并不刻意地去感染其他文件，它通过将自身伪装以吸引用户下载执行，向施种木马者提供打开被种者计算机的门户，使施种者可以任意毁坏、窃取被种者的文件，甚至远程操控被种者的计算机。

计算机中的木马实际上是由黑客编写的程序，它看上去毫无害处，而且还颇有些用途，可实际上它却包含着隐藏的“祸心”，它可能是一个简单的计算器程序，也可能是一个有趣的游戏，还可能是朋友通过邮件发给你的漂亮程序中的一个。当运行这类程序时，它们看上去可能很正常，和其他的安全程序没有什么差别，可实际上，它们却在从事一些和程序毫不相干的事情，执行着一些难以预料的命令，或是在“谋略”格式化硬盘，或是将用户的密码文件通过电子邮件的方式发送给黑客等。所有的这些都是在屏幕的后面、在用户不了解的情况下进行的。这类攻击很难发现，对它最好的防范措施就是弄清程序的来源，知道准备运行的程序是什么。如果在接收电子邮件时收到了莫名其妙的附件，最好不要打开它。

木马的传播方式主要有两种：一种是通过 E-mail，控制端将木马程序以附件的形式夹在邮件中发送出去，收信人只要打开附件，系统就会感染木马；另一种是软件下载，一些非正规的网站以提供软件下载为名义，将木马捆绑在软件安装程序上，下载后，只要一运行这些程序，木马就会自动安装。

17.2.4 拒绝服务

拒绝服务攻击即攻击者想办法让目标机器停止提供服务，是黑客常用的攻击手段之一。在 Internet 上，有很多计算机为自己的用户提供服务，黑客们发起的攻击中有一些正是针对这一点而来的，他们通过攻击相应的计算机阻止用户利用那些计算机，这类攻击被称为拒绝服务(DOS)攻击。

拒绝服务攻击问题一直得不到合理的解决，究其原因，是因为网络协议本身的安全缺陷，从而，拒绝服务攻击也成了攻击者的终极手法。攻击者进行拒绝服务攻击，实际上是让服务器实现两种效果：一是迫使服务器的缓冲区满，不接收新的请求；二是使用 IP 欺骗，迫使服务器把合法用户的连接复位，影响合法用户的连接。图 17-4 所示为拒绝服务示意图。

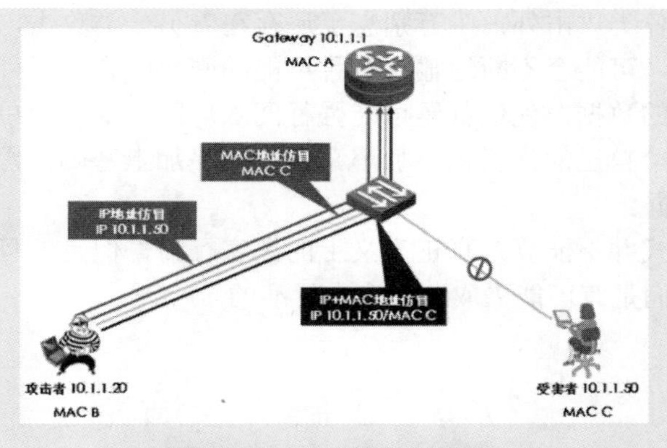

图 17-4 拒绝服务示意图

17.2.5 电子欺骗

电子欺骗是另一种类型的攻击方式，实际上就是伪装成另一种身份进行攻击。现在，这类欺骗的方式多如牛毛，例如，伪装电子邮件，使得所发出的电子邮件像是来自其他人员；伪装 IP 地址，使得数据似乎是来自另一台计算机；世界性的新闻组网络系统(USENET)中的新闻张贴功能也容易被欺骗，这样，人们就可以匿名的方式张贴信息，或者是伪装成其他人张贴信息；伪装 Web 页面，当访问者浏览 Web 页面时，他们所见到的很可能并不是他们所希望浏览的站点中的页面。这类电子欺骗十分常见，它们通常是和其他的攻击方式结合在一起使用的。毕竟，当一个黑客准备攻击其他的计算机时，最不愿意见到的事情就是暴露自己的身份。图 17-5 为电子欺骗示意图。

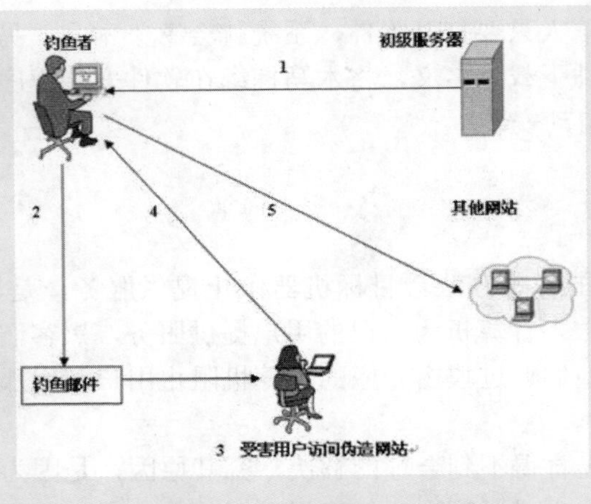

图 17-5 电子欺骗示意图

17.2.6 物理攻击

除了前面介绍的各类攻击外，千万别忘了还存在着另一类攻击，即物理攻击。黑客们为了猜出用户的密码，可能会不断地输入各种可能的密码组合。另外，如果黑客们瞄上了那些存储在计算机中的数据，他们甚至可能强行闯入房间，或者简单地将计算机偷走。当然，如果用户忘记了给自己的计算机添加屏幕保护程序加上密码，黑客们不必偷走计算机就可以获得其中的数据。

虽然这些攻击方式并不能算是真正意义上的黑客行为，但是一旦有人希望突破安全防范却无从着手时，他们是有可能采取这类攻击行动的。

17.3 了解防火墙

防火墙(Firewall)是指在本地网络与外界网络之间的一道防御系统。它是一种计算机硬件和软件的结合，使 Internet 与 Intranet 之间建立起一个安全网关(Security Gateway)，从而保护内部网免受非法用户的侵入。防火墙主要由服务访问规则、验证工具、包过滤和应用网关 4 个部分组成。防火墙就是一个位于计算机和它所连接的网络之间的软件或硬件。该计算机流入流出的所有网络通信和数据包均要经过此防火墙。防火墙是在两个网络通信时执行的一种访问控制尺度，它能允许“被同意”的人和数据进入你的网络，同时将“不被同意”的人和数据拒之门外，最大限度地阻止网络中的黑客来访问你的网络。互联网上的防火墙是一种非常有效的网络安全模型，它可以使企业内部局域网与 Internet 之间或者与其他外部网络互相隔离、限制网络互访，从而达到保护内部网络目的。

17.3.1 防火墙的功能

防火墙最基本的功能就是控制计算机网络中不同信任程度的区域间传送的数据流(例如，互联网是不可信任的区域，而内部网络是高度信任的区域)，以避免安全策略中禁止的一些通信，与建筑中的防火墙功能相似。它在不同信任的区域有控制信息基本的任务。典型信任的区域包括互联网(一个没有信任的区域) 和一个内部网络(一个高信任的区域)。设置防火墙的最终目的是提供受控连通性，即在不同水平的信任区域通过安全政策的运行和连通性模型之间根据最少特权原则。如图 17-6 所示为防火墙示意图。

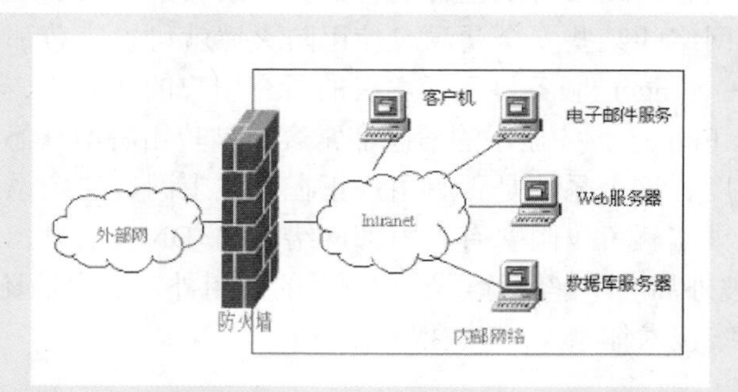

图 17-6 防火墙示意图

防火墙对流经它的网络通信进行扫描，这样能够过滤掉一些攻击，以免其在目标计算机上被执行。防火墙还可以关闭不使用的端口。它还能禁止特定端口的流出通信，封锁特洛伊木马。它还可以禁止来自特殊站点的访问，从而防止不明入侵者的所有通信。

1. 防火墙是网络安全的屏障

一个防火墙(作为阻塞点、控制点)能极大地提高一个内部网络的安全性，并通过过滤不安全的服务而降低风险。因为只有经过精心选择的应用协议才能通过防火墙，所以网络环境会变得更安全。例如，防火墙可以禁止诸如众所周知的不安全的网络协议进出受保护的网络，这样，外部的攻击者就不可能利用这些脆弱的协议来攻击内部网络。防火墙同时可以保护网络免受基于路由的攻击，如 IP 选项中的源路由攻击和 ICMP 重定向中的重定向路径。防火墙可以拒绝所有的以上类型攻击的报文并通知防火墙管理员。

2. 防火墙可以强化网络安全策略

通过以防火墙为中心的安全方案配置，能将所有的安全软件(如口令、加密、身份认证、审计等)配置在防火墙上。与将网络安全措施分散到各个主机上相比，防火墙的集中安全管理更经济。例如在网络访问时，口令系统和其他的身份认证系统完全可以不分散在各个主机上，而是集中在防火墙上。

3. 对网络存取和访问进行监控审计

如果所有的访问都经过防火墙，那么防火墙就能记录下这些访问并做日志记录，同时，还能提供关于网络使用情况的统计数据。当发生可疑动作时，防火墙能进行适当的报警，并提供网络是否受到监测和攻击的详细信息。另外，收集一个网络的使用和误用情况也是非常重要的，这样，用户可以清楚防火墙是否能够抵挡攻击者的探测和攻击，并且清楚防火墙的控制是否充足。而关于网络使用情况的统计数据对网络需求分析和威胁分析等而言也是非常重要的。

4. 防止内部信息的外泄

利用防火墙对内部网络的划分，可以实现内部网重点网段的隔离，从而限制局部重点或敏感网络安全问题对全局网络造成的影响。再者，隐私是内部网络非常关心的问题，一个内部网络中不引人注意的细节可能包含了有关安全的线索，而引起外部攻击者的兴趣，甚至因此会暴露内部网络的某些安全漏洞。使用防火墙就可以隐蔽那些透漏内部细节的如Finger、DNS 等服务。Finger 服务显示了主机的所有用户的注册名、真名、最后登录时间和使用 shell 类型等。Finger 服务显示的信息非常容易被攻击者所获悉，攻击者可以知道一个系统使用的频繁程度、这个系统是否有用户正在连线上网、这个系统是否在被攻击时引起注意等。而使用防火墙就可以阻塞有关内部网络中的 DNS 信息，这样，一台主机的域名和 IP 地址就不会被外界所了解。除了安全方面的作用外，防火墙还支持具有 Internet 服务特性的企业内部网络技术体系 VPN(虚拟专用网)。

17.3.2 防火墙的分类

根据防火墙的分类标准，防火墙可以分为多种类型，这里遵循的当然是根据网络体系结构来进行分类。按照这样的标准衡量，有以下几种类型的防火墙。

1. 网络级防火墙

网络级防火墙一般是基于源地址和目的地址、应用或协议以及每个 IP 包的端口来做出通过与否的判断。一个路由器便是一个传统的网络级防火墙，大多数路由器都能通过检查这些信息来决定是否将所收到的包转发，但它不能判断出 IP 包来自何方，去往何处。图 17-7 所示为网络级防火墙。

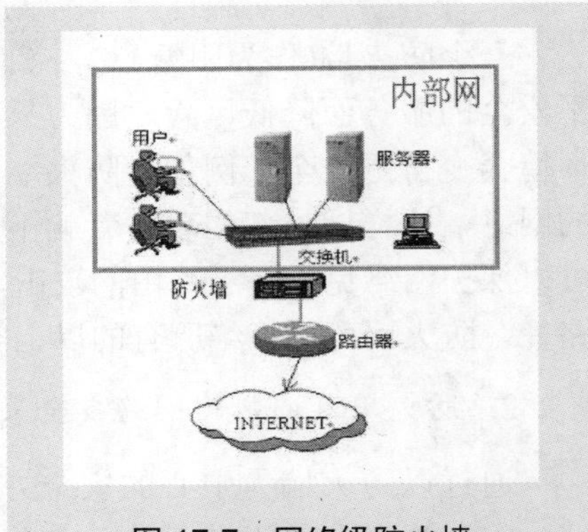

图 17-7　网络级防火墙

先进的网络级防火墙可以判断这一点，它可以提供内部信息以说明所通过的连接状态和一些数据流的内容，把判断的信息与规则表进行比较，在规则表中定义了各种规则来表明是否同意或拒绝包的通过。包过滤防火墙检查每一条规则直至发现包中的信息与某条规则相符。如果没有一条规则能符合，防火墙就会使用默认规则，一般情况下，默认规则就是要求防火墙丢弃该包。其次，通过定义基于 TCP 或 LJDP 数据包的端口号，防火墙能够判断是否允许建立特定的连接，如 Telnet、FTP 连接。

下面是某一个网络级防火墙的访问控制规则。

(1) 允许网络 123.1.0 使用 FTP(21 口)访问主机 150.0.0.1。
(2) 允许 IP 地址为 202.103.1.18 和 202.103.1.14 的用户 Telnet(23 口)到主机 l500.0.2 上。
(3) 允许任何地址的 E-mail(25 口)进入主机 150.0.0.3。
(4) 允许任何 WWW 数据(80 口)通过。
(5) 不允许其他数据包进入。

网络级防火墙简捷、速度快、费用低，并且对用户透明，但是对网络的保护程度很有限，因为它只检查地址和端口，对网络更高协议层的信息无理解能力。

2. 应用级网关

应用级网关就是大家常说的“代理服务器”，它能够检查进出的数据包，通过网关复制传递数据，防止在受信任服务器和客户机与不受信任的主机之间直接建立联系。应用级网关能够理解应用层上的协议，能够做复杂一些的访问控制，并做精细的注册和稽核，但每一种协议都需要有相应的代理软件，使用时工作量大，效率不如网络级防火墙。

常用的应用级防火墙已有了相应的代理服务器，例如 HTTP、NNTP、FTP、Telnet、rlogin、X-windows 等。但是，对于新开发的应用尚没有相应的代理服务，它们将通过网络级防火墙和一般的代理服务。

应用级网关有较好的访问控制，是目前最安全的防火墙技术，但实现起来比较困难，而且有的应用级网关缺乏“透明度”。在实际使用中，用户在受信任的网络上通过防火墙访问 Internet 时，经常会发现存在着延迟并且必须进行多次登录(Login)才能访问。如图 17-8 所示为应用级网关示意图。

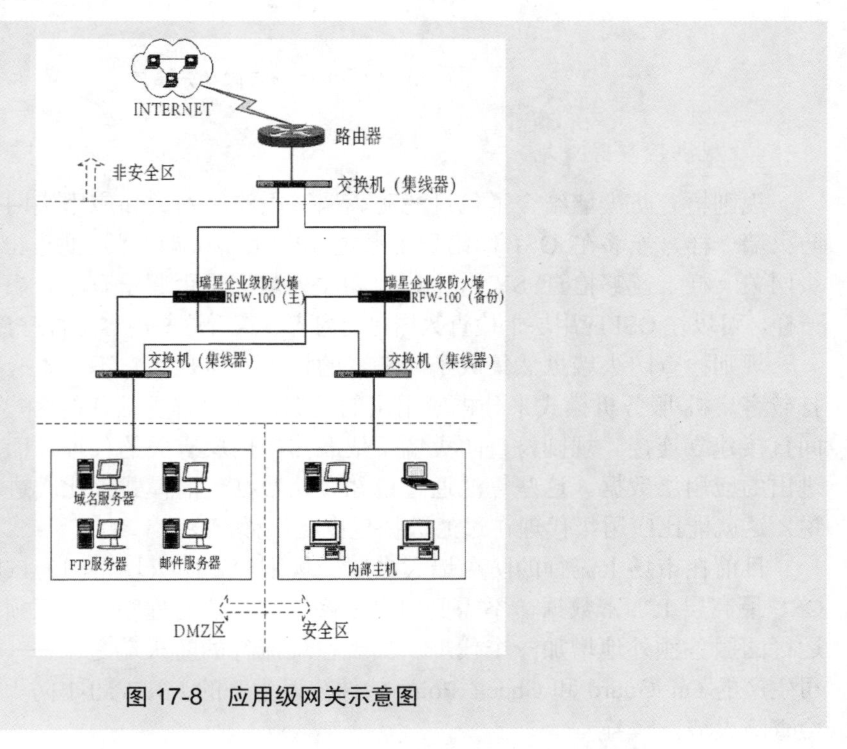

图 17-8 应用级网关示意图

3. 电路级网关

电路级网关用来监控受信任的客户或服务器与不受信任的主机之间的 TCP 握手信息，以此来决定该会话(Session)是否合法。电路级网关在 OSI 模型中的会话层上过滤数据包，它比包过滤防火墙要高两层。实际上，电路级网关并非作为一个独立的产品存在，它常与其他的应用级网关结合在一起，如 Trust Information Systems 公司的 Gauntlet Internet

Firewall、DEC 公司的 Alta Vista Firewall 等产品。另外，电路级网关还提供一个重要的安全功能：代理服务器(Proxy Server)。代理服务器是一个防火墙，在其上运行一个叫做“地址转移”的进程，将公司内部的所有 IP 地址映射到一个“安全”的 IP 地址，这个地址是由防火墙使用的。电路级网关也存在着一些缺陷，因为该网关是在会话层上工作的，所以它无法检查应用层级的数据包。如图 17-9 所示为电路级网关示意图。

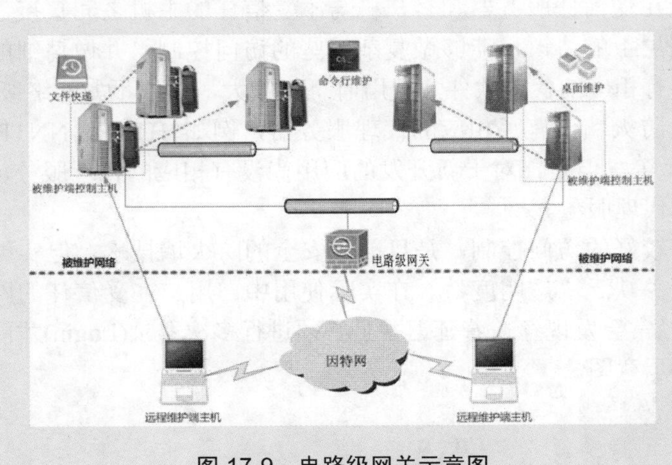

图 17-9　电路级网关示意图

4. 规则检查防火墙

规则检查防火墙结合了包过滤防火墙、电路级网关和应用级网关的特点，它同包过滤防火墙一样，能够在 OSI 网络层上通过 IP 地址和端口号过滤进出的数据包，它也像电路级网关一样，能够检查 SYN、ACK 和序列数字是否逻辑有序。当然，它也像应用级网关一样，可以在 OSI 应用层上检查数据包的内容，查看这些内容是否符合公司网络的安全规则。

规则检查防火墙虽然集成了前三者的特点，但是，它不同于应用级网关的是，它并不打破客户机/服务机模式来分析应用层的数据，它允许受信任的客户机和不受信任的主机之间直接建立连接。规则检查防火墙不依靠与应用层有关的代理，而是依靠某种算法来识别进出的应用层数据。这些算法通过已知合法数据包的模式来比较进出数据包，从理论上来说，这就能比应用级代理在过滤数据包上更有效。

目前在市场上流行的防火墙大多属于规则检查防火墙，因为该防火墙对用户透明，在 OSI 最高层上加密数据，不需要用户去修改客户端的程序，也无须对每个需要在防火墙上运行的服务额外地增加一个代理。如现在最流行的防火墙之一——On Technology 软件公司生产的 On Guard 和 Check Point 软件公司生产的 FireWall-1 防火墙，它们都是一种规则检查防火墙。

从趋势上看，未来的防火墙将位于网络级防火墙和应用级防火墙之间，也就是说，网络级防火墙将变得更加能够识别通过的信息，而应用级防火墙在目前的功能上则向“透明”、“低级”方向发展。最终，防火墙将成为一个快速注册稽查系统，可保护数据以加密方式通过，使所有的组织都可以放心地在节点之间传送数据。

17.4　网络安全性的解决方法

网络安全性的解决方法有以下几种。

1. 有效防护黑客攻击

Web、FTP 和 DNS 等服务器较容易引起黑客的注意而遭受攻击。从服务器自身安全来讲，最好只开放其基本的服务端口，关闭所有无关的服务端口。如，DNS 服务器只开放 TCP/UDP 42 端口，Web 服务器只开放 FCP 80 端口，FTP 服务器只开放 TCP 21 端口。在每一台服务器上都安装系统监控软件和反黑客软件，提供安全防护并识别恶意攻击，一旦发现攻击，会通过中断用户进程和挂起用户账号来阻止非法攻击。有效利用服务器自动升级功能定期对服务器进行安全漏洞扫描，管理员及时对网络系统进行打补丁。对于关键的服务器，如计费服务器、中心数据库服务器等，可用专门的防火墙保护，或放在受保护的网络管理网段内。

为了从物理上保证网络的安全性，特别是防止黑客入侵，可以将内部网络中所分配的 IP 地址与电脑网卡上的 MAC 地址绑定起来，使网络安全系统在甄别内部信息节点时具有物理上的唯一性。

2. 设置使用权限

服务器要进行权限的设置，将局域网中的服务器设置成对任何人开放，是很危险的，这使得任何人都可以很容易接触到所有数据，应该针对不同的用户设置相应的只读、可读写、可完全控制等权限，只有指定的用户才有相应的权限对数据进行修改设置，这样就能最大限度地保证数据的安全。

3. 建立病毒防护体系

对于一个网络系统而言，绝不能简单地使用单机版的病毒防治软件，因为服务器和单机遭受的风险不一样，所以单机版杀毒软件无法满足服务器的使用要求。必须有针对性地选择性能优秀的专业级网络杀毒软件，以建立实时的、全网段的病毒防护体系。它是网络系统免遭病毒侵扰的重要保证。用户可以根据本网络的拓扑结构来选择合适的产品，及时升级杀毒软件的病毒库，并在相关的病毒防治网站上及时下载特定的防杀病毒工具查杀顽固性病毒，这样，病毒防护体系才能有较好的病毒防范能力。

4. 加强网络安全意识

加强网络安全意识，是指必须为系统建立用户名和相应的密码，绝不能使用默认用户名或不加密码；密码的位数不要少于 6 位，最好使用大小写字母、标点和数字的混合集合，并定期更改密码：不要所有的地方都用一个密码；不要把自己的密码写在别人可以看到的地方，最好是强记在脑子里；不要在输入密码的时候让别人看到，更不能把自己的密码告诉别人；重要岗位的人员调离时，应进行注销，并更换系统的用户名和密码，移交全部技术资料；对重要数据信息进行必要的加密和认证技术，这样，万一数据信息泄漏，也能防止信息内容泄漏。

此外，网络中的硬件设备、软件、数据等都要有冗余备份，并具有在较短时间内恢复系统运行的能力。存放重要数据库的服务器，应选用性能稳定的专用服务器，并且配备UPS等相关的硬件应急保障设备。硬盘最好做Raid备份，并定时对数据做光盘备份。

总之，要想建立一个高效、稳定、安全的计算机网络系统，不能仅仅依靠防火墙、杀毒软件等单个的系统，需要仔细考虑系统的安全需求，将系统配置、认证技术、加密技术等各个方面的工作结合在一起。当然，绝对安全可靠的网络系统是不存在的，我们采用以上措施，只不过是为了让我们的网络数据在面临威胁的时候能将所遭受到的损失降到最低。

第 18 章

综 合 练 习

本章将要介绍香蕉信息网站、儿童摄影网站和鲜花网站的制作，通过制作这三个例子，可以巩固前面学习的内容。

本章重点：

- 制作香蕉信息网站
- 制作儿童摄影网站
- 制作鲜花网站

18.1　制作香蕉信息网站

香蕉是人们最喜爱的水果之一，欧洲人因它能解除忧郁，称它为“快乐水果”，而且香蕉还是女孩子们钟爱的减肥佳果。

香蕉又被称为“智慧之果”，传说因为佛祖释迦牟尼吃了香蕉，所以获得了智慧。香蕉营养高、热量低，含有称为“智慧之盐”的磷，丰富的蛋白质、糖、钾、维生素 A 和 C，同时膳食纤维也多，是相当好的营养食品。

本例就来介绍一下香蕉信息网站的制作，效果如图 18-1 所示。

图 18-1　网站效果

18.1.1　制作网站首页

首页是一个网站的第一页，也是最重要的一页。首页作为体现公司形象的重中之重，是网站所有信息的归类目录或分类缩影。下面先来介绍一下网站首页的制作方法。

步骤 01　启动 Dreamweaver CS6 软件，在菜单栏中选择【文件】|【新建】命令，在弹出的对话框中选择【空白页】选项，在【页面类型】列表框中选择 HTML 选项，在【布局】列表框中选择【无】选项，如图 18-2 所示。

步骤 02　设置完成后，单击【创建】按钮，即可创建一个空白的网页文档，然后在【属性】面板中单击【页面属性】按钮，如图 18-3 所示。

步骤 03　弹出【页面属性】对话框，在左侧【分类】列表框中选择【外观(HTML)】选项，然后在右侧的设置区域中将【左边距】和【上边距】设置为 0，如图 18-4 所示。

步骤 04　设置完成后，单击【确定】按钮，然后在菜单栏中选择【插入】|【表格】命令，在弹出的【表格】对话框中将【行数】设置为 1，【列】设置为 3，【表格宽度】设置为 900、【像素】，【边框粗细】、【单元格边距】和【单元格间距】设置为 0，如图 18-5 所示。

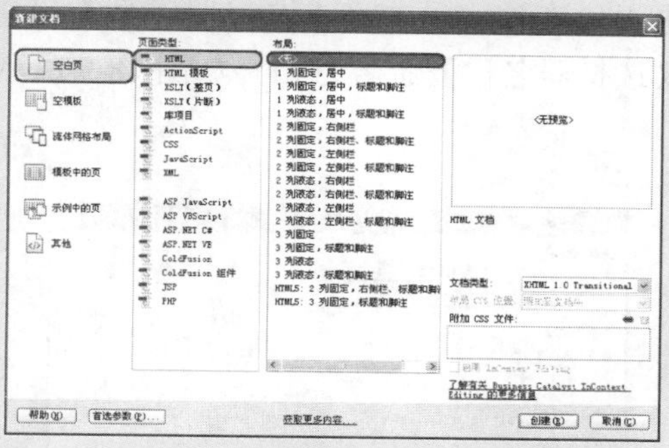

图 18-2 【新建文档】对话框

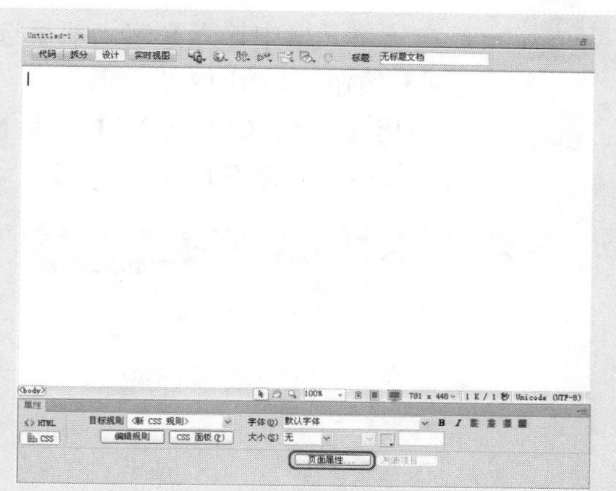

图 18-3 单击【页面属性】按钮

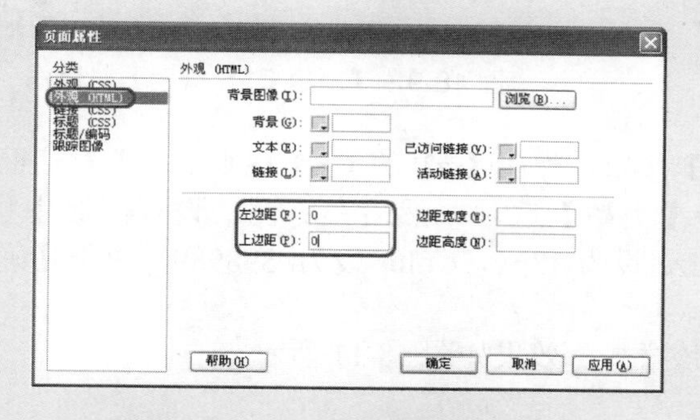

图 18-4 【页面属性】对话框

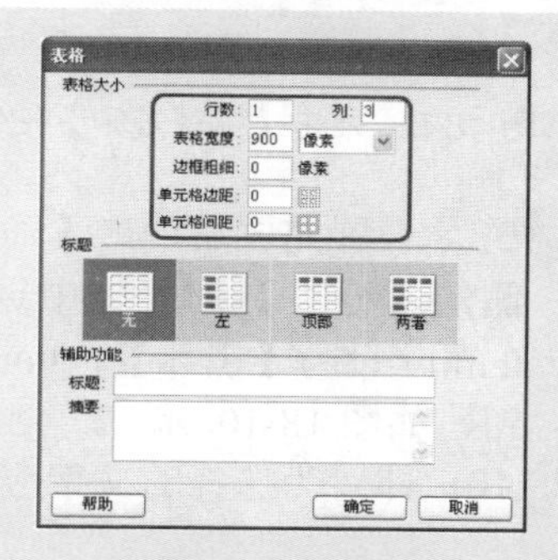

图 18-5 【表格】对话框

步骤05 设置完成后，单击【确定】按钮，即可插入一个1行3列的表格，如图18-6所示。

步骤06 将光标置入第1个单元格中，在【属性】面板中将【水平】设为【右对齐】，【垂直】设为【底部】，【宽】和【高】设为725和20，如图18-7所示。

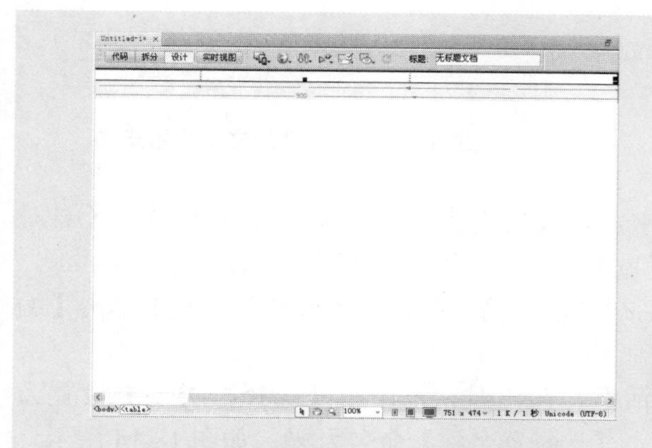

图 18-6 插入的表格

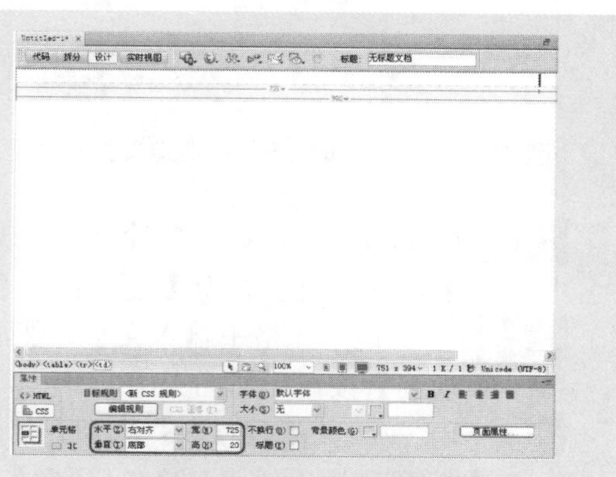

图 18-7 设置单元格属性

步骤07 在该单元格中输入文字，然后选中输入的文字，在【属性】面板中单击【编辑规则】按钮，如图 18-8 所示。

步骤08 弹出【新建 CSS 规则】对话框，在该对话框中将【选择器类型】设置为【类(可应用于任何 HTML 元素)】，【选择器名称】命名为 z1，如图 18-9 所示。

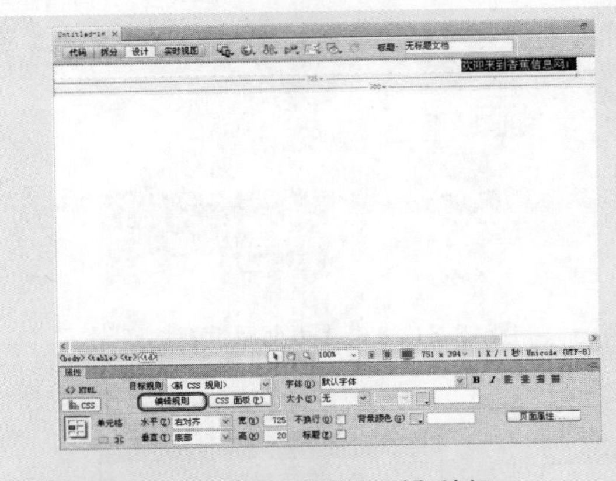

图 18-8 单击【编辑规则】按钮

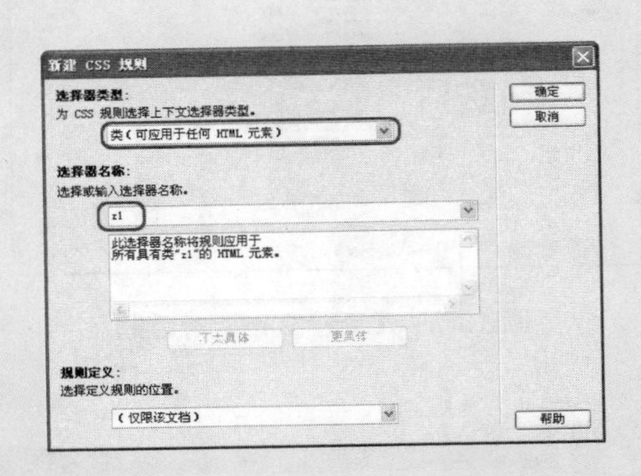

图 18-9 【新建 CSS 规则】对话框

步骤09 设置完成后单击【确定】按钮，弹出【.z1 的 CSS 规则定义】对话框，在左侧的【分类】列表框中选择【类型】选项，然后在右侧的设置区域中将 Font-family 设为【黑体】，Font-size 设为 13px，Color 设为#898989，单击【确定】按钮，如图 18-10 所示。

步骤10 即可为选择的文字应用该样式，效果如图 18-11 所示。

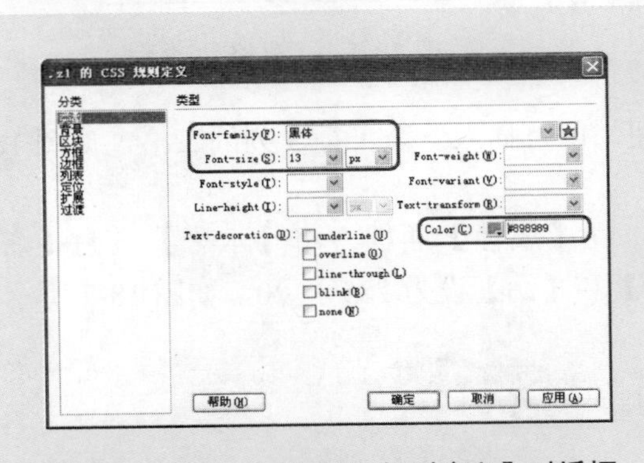

图 18-10 【.z1 的 CSS 规则定义】对话框

图 18-11 为选择的文字应用样式

步骤11 将光标置入第 2 个单元格中，在【属性】面板中将【水平】设为【右对齐】，【垂直】设为【底部】，【宽】设为 95，如图 18-12 所示。

步骤12 在该单元格中输入文字，然后选中输入的文字，在【属性】面板中单击【编辑规则】按钮，如图 18-13 所示。

步骤13 弹出【新建 CSS 规则】对话框，在该对话框中将【选择器类型】设置为【类(可应用于任何 HTML 元素)】，【选择器名称】命名为 z2，如图 18-14 所示。

图 18-12　设置单元格属性

图 18-13　单击【编辑规则】按钮

步骤 14　设置完成后单击【确定】按钮，弹出【.z2 的 CSS 规则定义】对话框，在左侧的【分类】列表框中选择【类型】选项，然后在右侧的设置区域中将 Font-family 设为【黑体】，Font-size 设为 13px，Color 设为#ffd600，单击【确定】按钮，如图 18-15 所示。

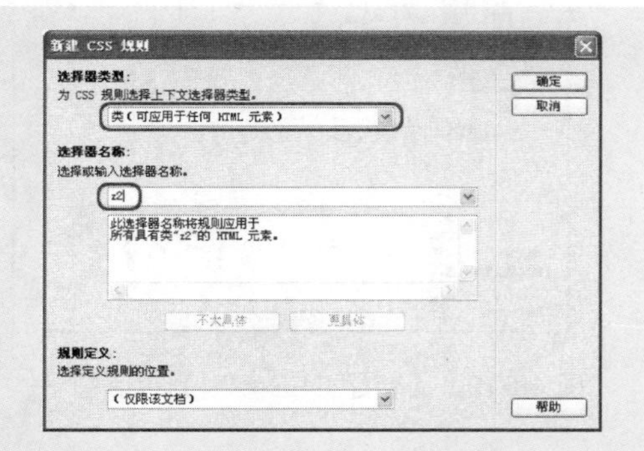

图 18-14　【新建 CSS 规则】对话框

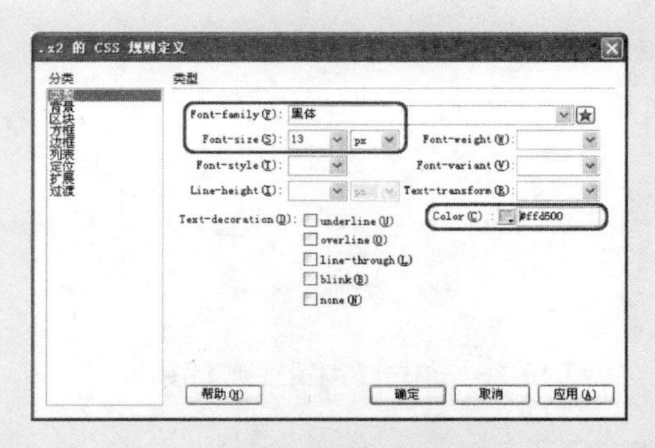

图 18-15　【.z2 的 CSS 规则定义】对话框

步骤 15　即可为选择的文字应用该样式，效果如图 18-16 所示。

步骤 16　将光标置入第 3 个单元格中，在【属性】面板中将【水平】设为【右对齐】，【垂直】设为【底部】，【宽】设为 80，如图 18-17 所示。

步骤 17　在该单元格中输入文字，然后选中输入的文字，在【属性】面板中单击【编辑规则】按钮，如图 18-18 所示。

步骤 18　弹出【新建 CSS 规则】对话框，在该对话框中将【选择器类型】设置为【类(可应用于任何 HTML 元素)】，【选择器名称】命名为 z3，如图 18-19 所示。

步骤 19　设置完成后单击【确定】按钮，弹出【.z3 的 CSS 规则定义】对话框，在左侧的【分类】列表框中选择【类型】选项，然后在右侧的设置区域中将 Font-family 设为【黑体】，Font-size 设为 13px，Color 设为#75ae07，单击【确定】按钮，如图 18-20 所示。

图 18-16　为选择的文字应用样式

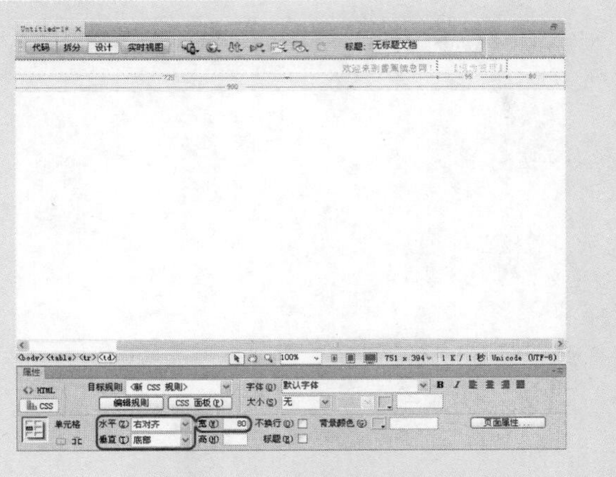

图 18-17　设置单元格属性

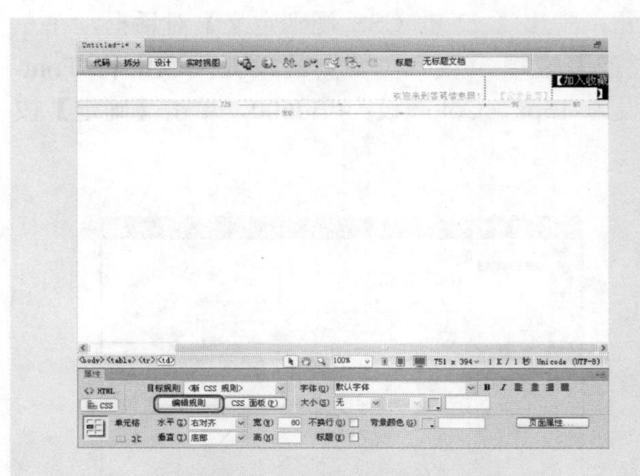

图 18-18　单击【编辑规则】按钮

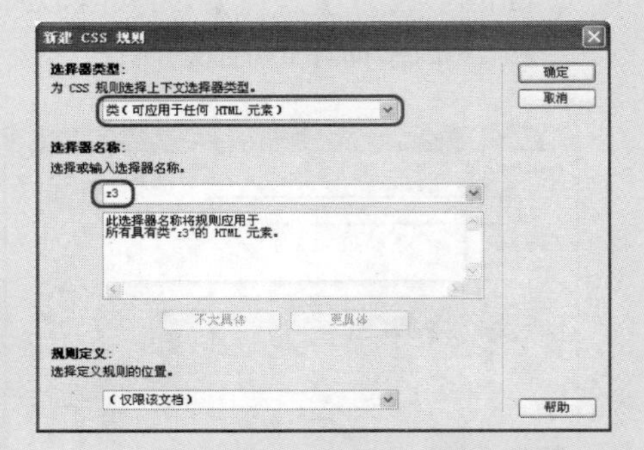

图 18-19　【新建 CSS 规则】对话框

步骤 20　即可为选择的文字应用该样式，效果如图 18-21 所示。

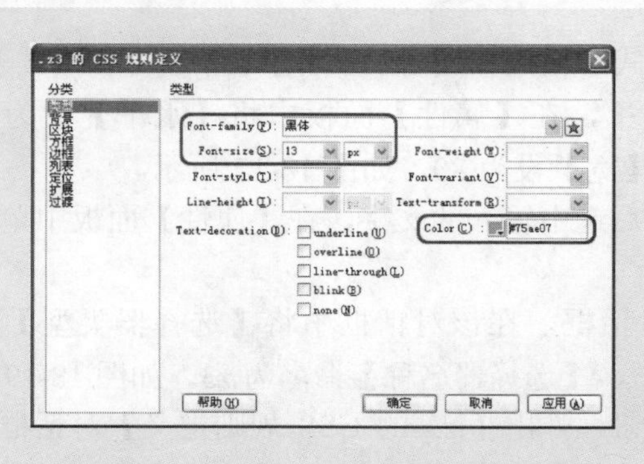

图 18-20　【.z3 的 CSS 规则定义】对话框

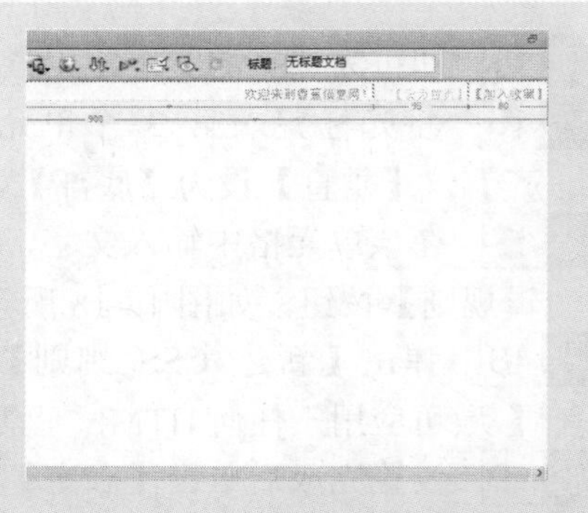

图 18-21　为选择的文字应用样式

步骤 21　将光标置入这个 1 行 3 列表格的右侧，在菜单栏中选择【插入】|【表格】

命令，在弹出的【表格】对话框中将【行数】和【列】设置为 1，【表格宽度】设置为 900、【像素】，如图 18-22 所示。

步骤22 设置完成后，单击【确定】按钮，即可插入一个 1 行 1 列的表格，如图 18-23 所示。

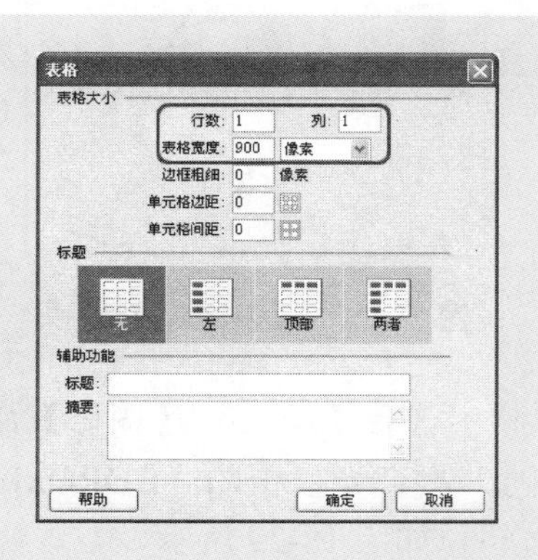

图 18-22 【表格】对话框

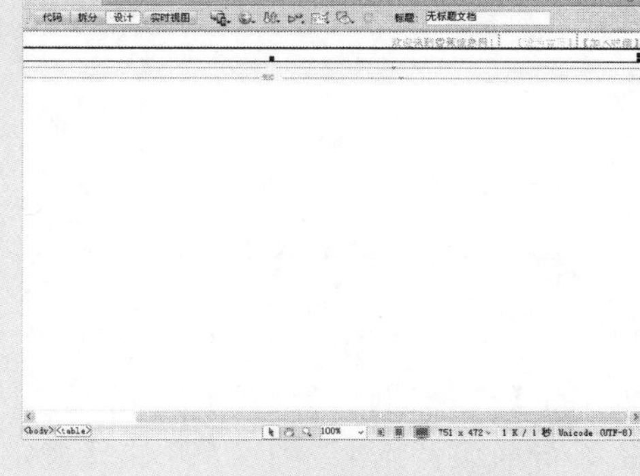

图 18-23 插入的表格

步骤23 将光标置入新插入的表格中，然后在菜单栏中选择【插入】|【图像】命令，如图 18-24 所示。

步骤24 弹出【选择图像源文件】对话框，在该对话框中选择随书附带光盘中的“CDROM\素材\第 18 章\香蕉信息网”图像，如图 18-25 所示。

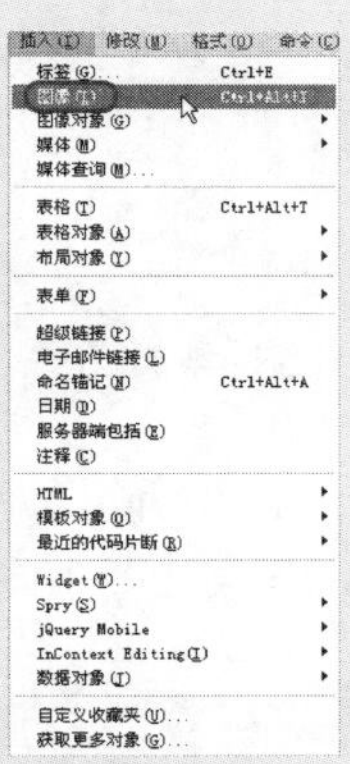

图 18-24 选择【图像】命令

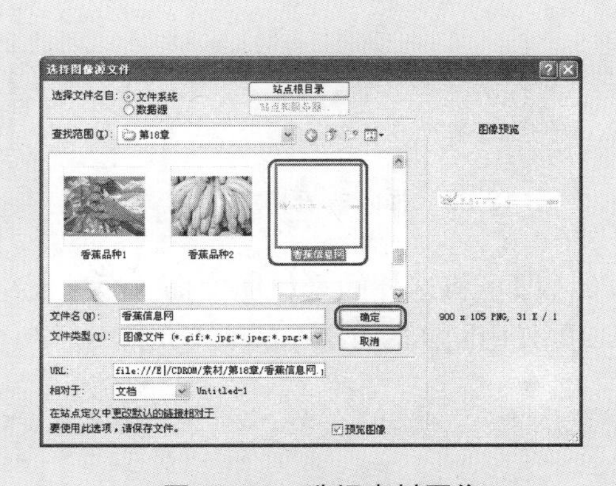

图 18-25 选择素材图像

步骤25 单击【确定】按钮，即可将选择的素材图像插入至单元格中，效果如图 18-26 所示。

步骤26 将光标置入 1 行 1 列表格的右侧，在菜单栏中选择【插入】|【表格】命令，在弹出的【表格】对话框中将【行数】设置为 1，【列】设置为 9，【表格宽度】设置为 900、【像素】，如图 18-27 所示。

步骤27 设置完成后，单击【确定】按钮，即可插入一个 1 行 9 列的表格，如图 18-28 所示。

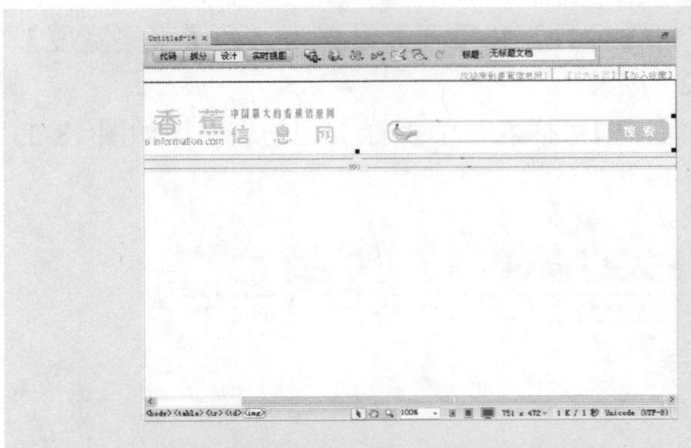

图 18-26　插入的素材图像

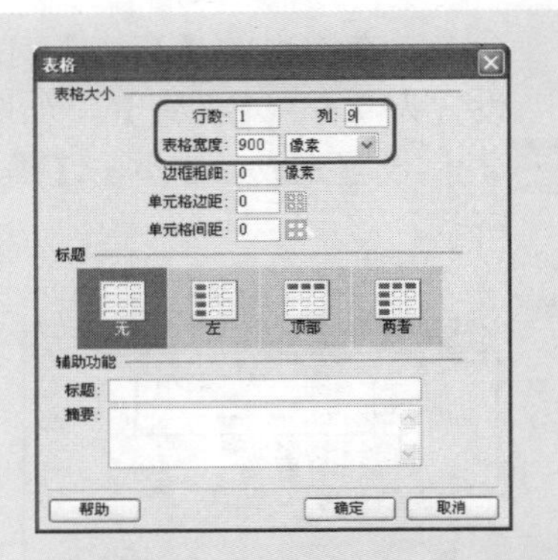

图 18-27　【表格】对话框

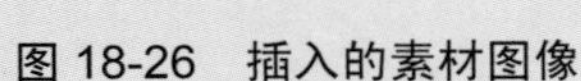

步骤 28　将光标置入第 1 个单元格中，在菜单栏中选择【插入】|【图像】命令，在弹出的【选择图像源文件】对话框中选择随书附带光盘中的“CDROM\素材\第 18 章\导航条背景 1”图像，单击【确定】按钮，如图 18-29 所示。

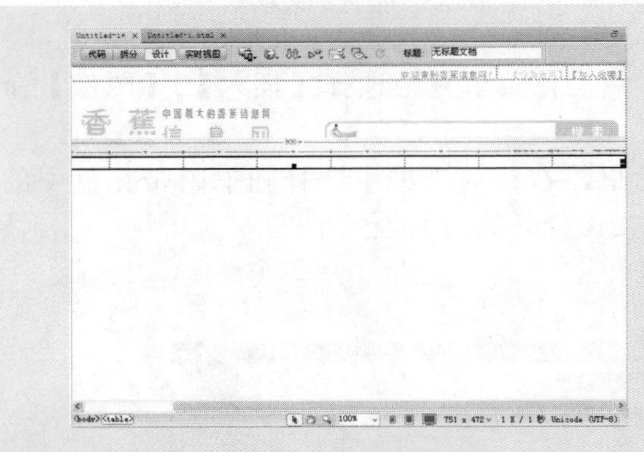

图 18-28　插入的表格

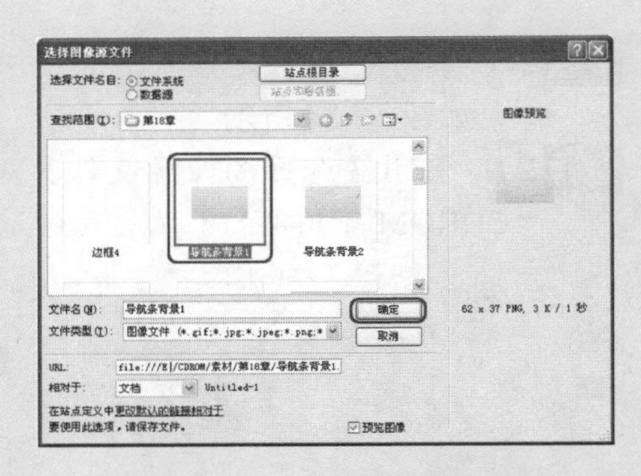

图 18-29　选择素材图像

步骤 29　即可将选择的素材图像插入至单元格中，效果如图 18-30 所示。

步骤 30　使用同样的方法在其他单元格中插入不同的素材图像，效果如图 18-31 所示。

图 18-30　插入的素材图像

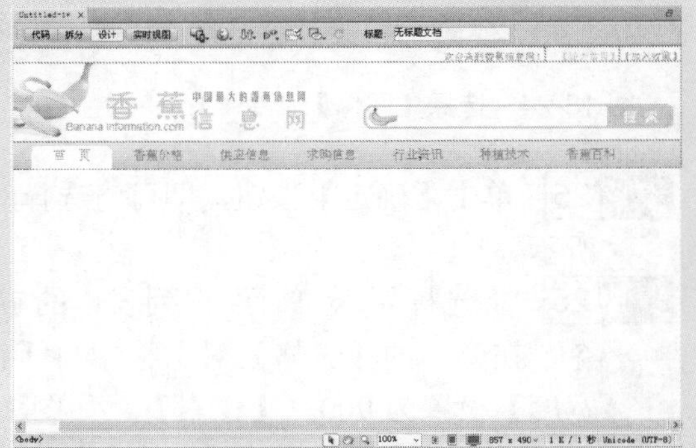

图 18-31　插入其他素材图像

步骤31 将光标置入 1 行 9 列表格的右侧，在菜单栏中选择【插入】|【表格】命令，在弹出的【表格】对话框中将【行数】和【列】设置为 1，【表格宽度】设置为 900、【像素】，如图 18-32 所示。

步骤32 设置完成后，单击【确定】按钮，即可插入一个 1 行 1 列的表格，如图 18-33 所示。

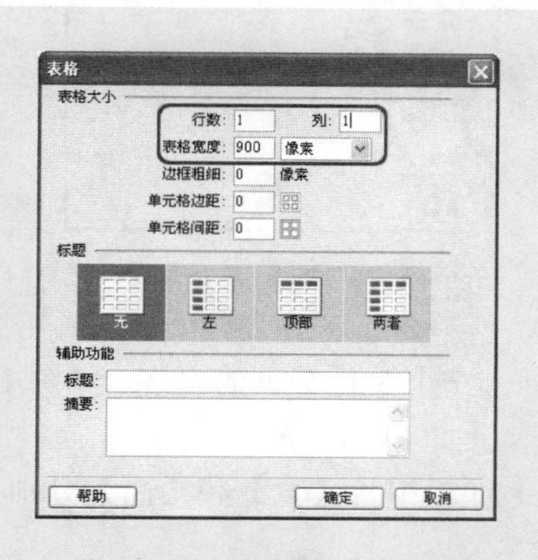

图 18-32 【表格】对话框

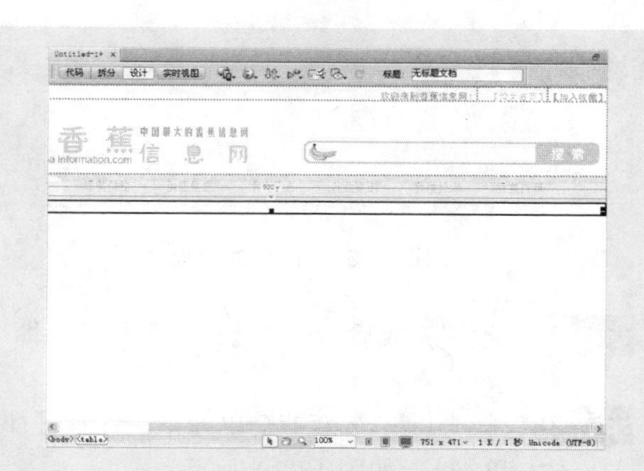

图 18-33 插入的表格

步骤33 将光标置入新插入的表格中，然后在菜单栏中选择【插入】|【媒体】|【插件】命令，如图 18-34 所示。

步骤34 弹出【选择文件】对话框，在该对话框中选择随书附带光盘中的“CDROM\素材\第 18 章\香蕉展示动画”文件，单击【确定】按钮，如图 18-35 所示。

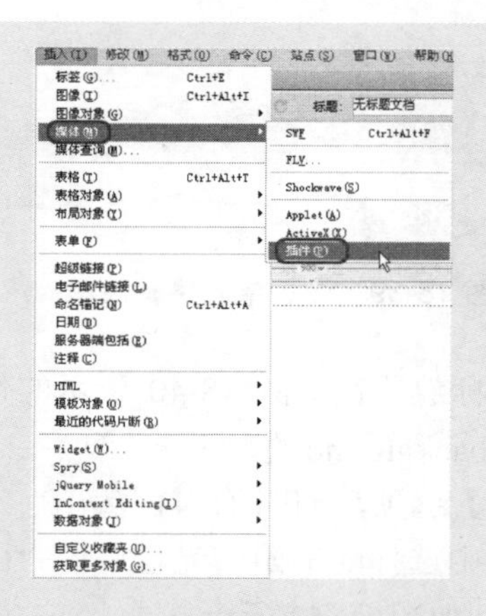

图 18-34 选择【插件】命令

图 18-35 选择文件

步骤35 即可将选择的动画插入到单元格中，效果如图 18-36 所示。

步骤36 将光标置入第 2 个 1 行 1 列表格的右侧，在菜单栏中选择【插入】|【表格】命令，在弹出的【表格】对话框中将【行数】设置为 3，【列】设置为 2，【表格宽度】设置为 900、【像素】，如图 18-37 所示。

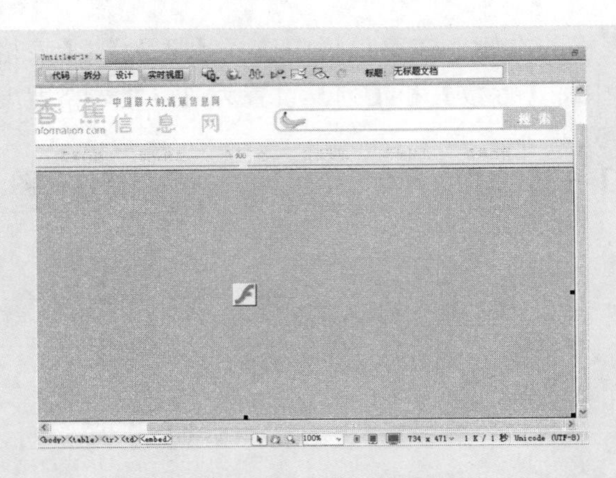
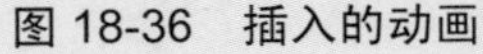

图 18-36　插入的动画

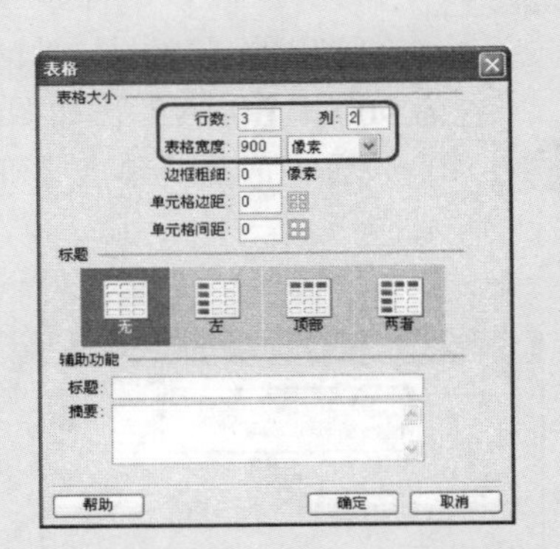

图 18-37　【表格】对话框

步骤 37　设置完成后，单击【确定】按钮，即可插入一个 3 行 2 列的表格，如图 18-38 所示。

步骤 38　将光标置入第 1 个单元格中，在【属性】面板中将【宽】和【高】分别设为 626 和 411，如图 18-39 所示。

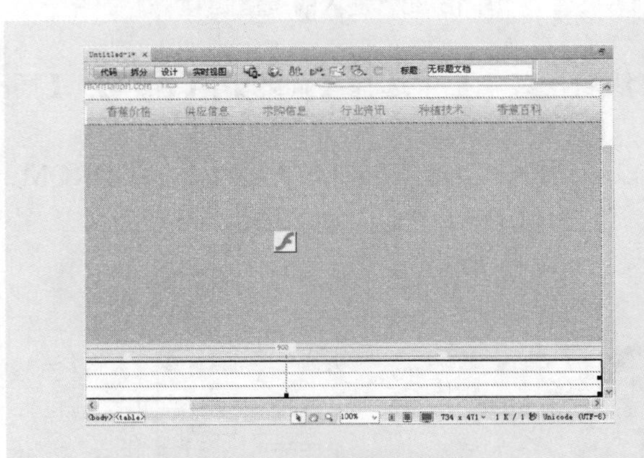

图 18-38　插入的表格

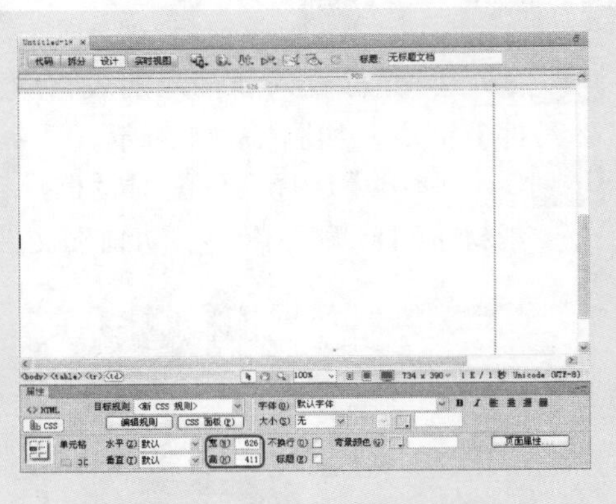

图 18-39　设置单元格属性

步骤 39　将文档窗口切换至拆分视图，然后将光标放置在如图 18-40 所示的代码字段中，并按空格键，在弹出的下拉列表中双击 background 选项。

步骤 40　然后再在弹出的下拉列表中单击【浏览】选项，如图 18-41 所示。

步骤 41　弹出【选择文件】对话框，在该对话框中选择随书附带光盘中的“CDROM\素材\第 18 章\边框 1”，单击【确定】按钮，如图 18-42 所示。

步骤 42　即可为光标所在的单元格添加背景图像，然后将文档窗口切换至设计视图，如图 18-43 所示。

步骤 43　将光标置入插入了背景图像的单元格中，然后在菜单栏中选择【插入】|【表格】命令，弹出【表格】对话框，在该对话框中将【行数】设为 15，【列】设为 2，【表格宽度】设为 560、【像素】，如图 18-44 所示。

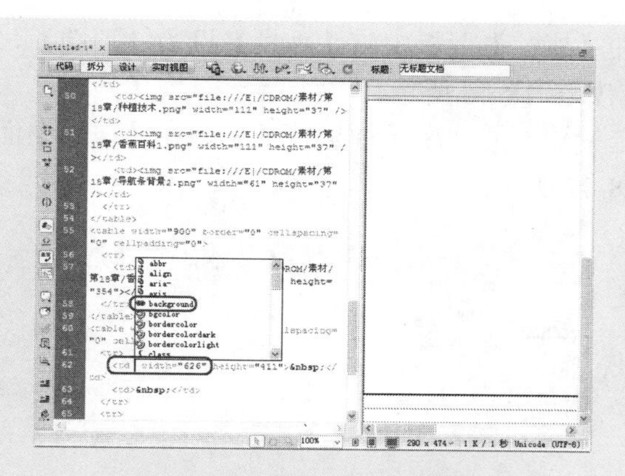
图 18-40 双击 background 选项

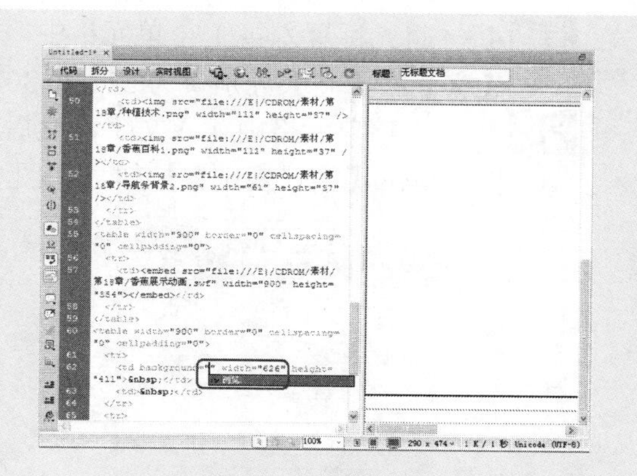
图 18-41 单击【浏览】选项

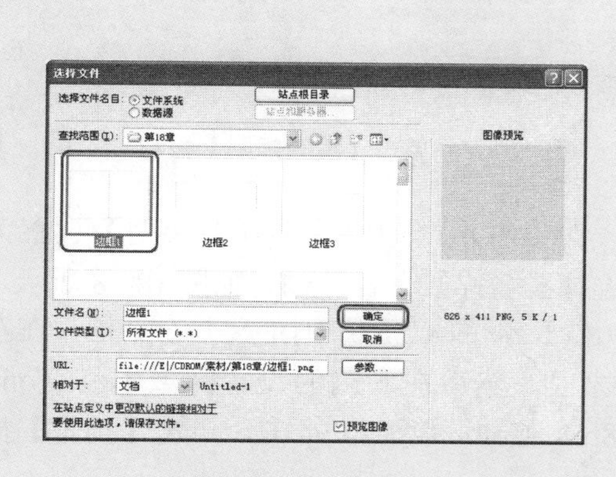
图 18-42 选择文件

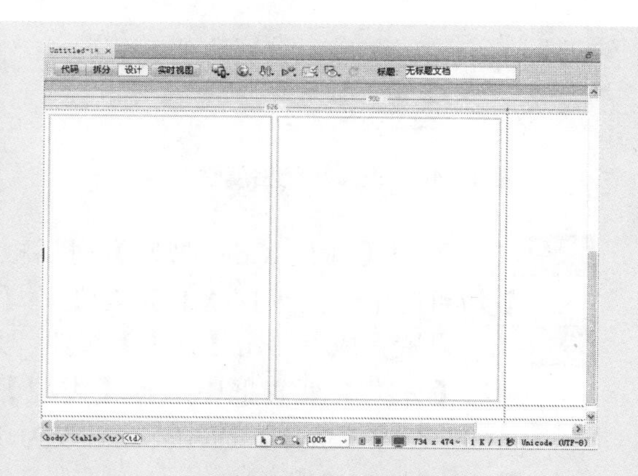
图 18-43 添加的背景图像

步骤44 单击【确定】按钮，即可插入表格。确定新插入的表格处于选中状态，在【属性】面板中将【对齐】设为【居中对齐】，如图 18-45 所示。

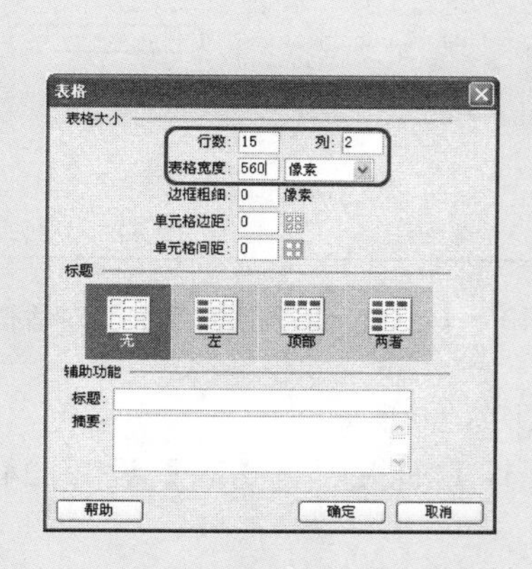
图 18-44 【表格】对话框

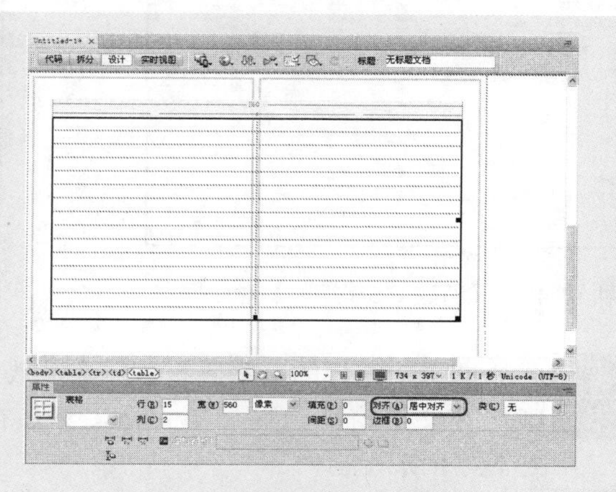
图 18-45 设置表格对齐方式

步骤45 将光标置入第 1 个单元格中，在【属性】面板中将【垂直】设为【顶端】，【宽】和【高】分别设为 311 和 30，如图 18-46 所示。

步骤46 在该单元格中输入文字，然后选中输入的文字【种植技术】，在【属性】面板中单击【编辑规则】按钮，如图 18-47 所示。

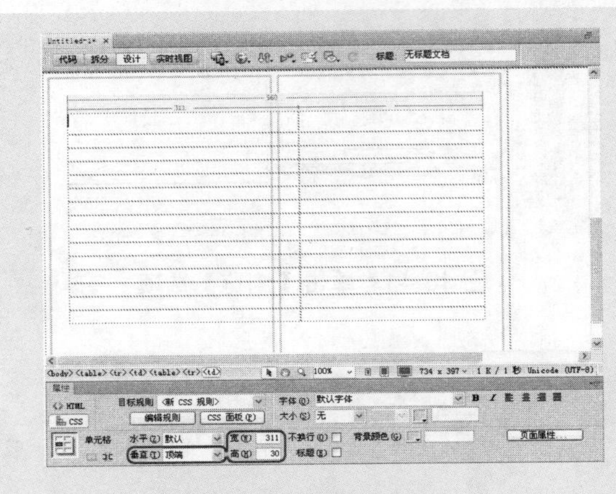

图 18-46　设置单元格属性

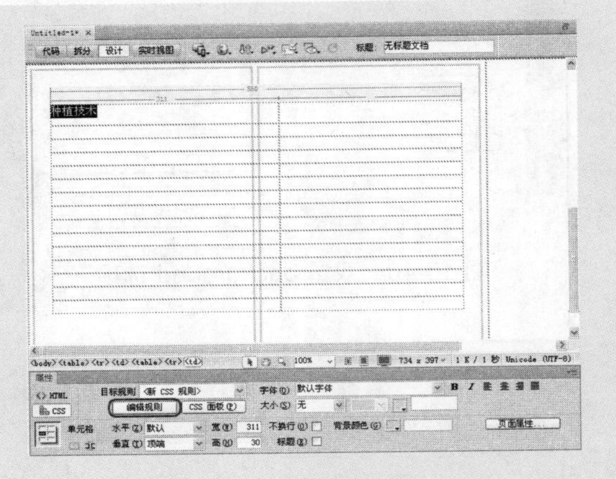

图 18-47　单击【编辑规则】按钮

步骤47 弹出【新建 CSS 规则】对话框，在该对话框中将【选择器类型】设置为【类(可应用于任何 HTML 元素)】，【选择器名称】命名为 z4，如图 18-48 所示。

步骤48 设置完成后单击【确定】按钮，弹出【.z4 的 CSS 规则定义】对话框，在左侧的【分类】列表框中选择【类型】选项，然后在右侧的设置区域中将 Font-family 设为【黑体】，Font-size 设为 18px，Color 设为#75ae07，单击【确定】按钮，如图 18-49 所示。

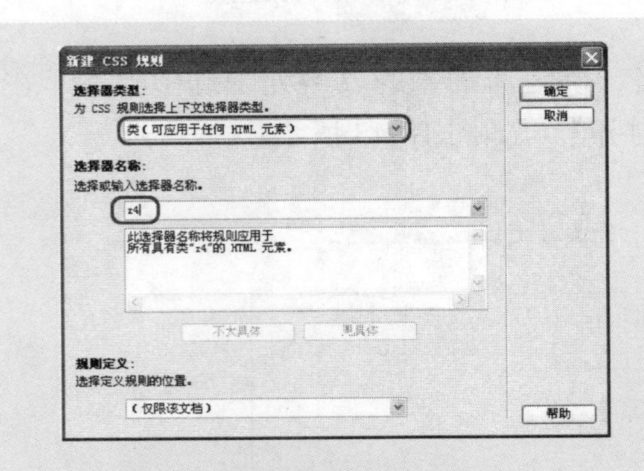

图 18-48　【新建 CSS 规则】对话框

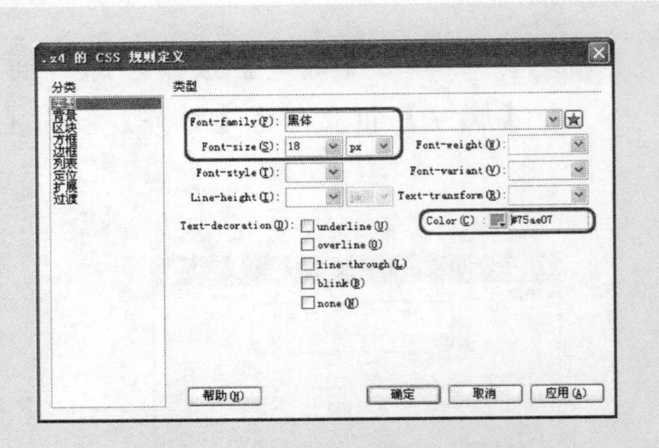

图 18-49　【.z4 的 CSS 规则定义】对话框

步骤49 即可为选择的文字应用该样式，效果如图 18-50 所示。

步骤50 在文档窗口中选择单元格，然后在【属性】面板中将【高】设为 24，如图 18-51 所示。

步骤51 在单元格中输入文字，然后选中输入的文字，在【属性】面板中单击【编辑规则】按钮，如图 18-52 所示。

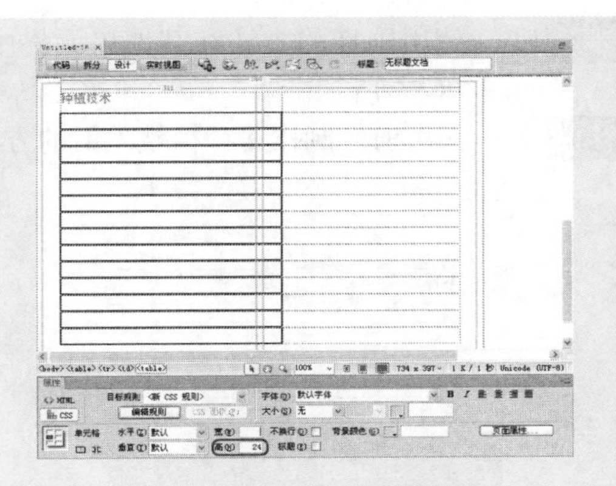

图 18-50　为选择的文字应用样式　　图 18-51　设置单元格属性

步骤52 弹出【新建 CSS 规则】对话框，在该对话框中将【选择器类型】设置为【类(可应用于任何 HTML 元素)】，【选择器名称】命名为 z5，如图 18-53 所示。

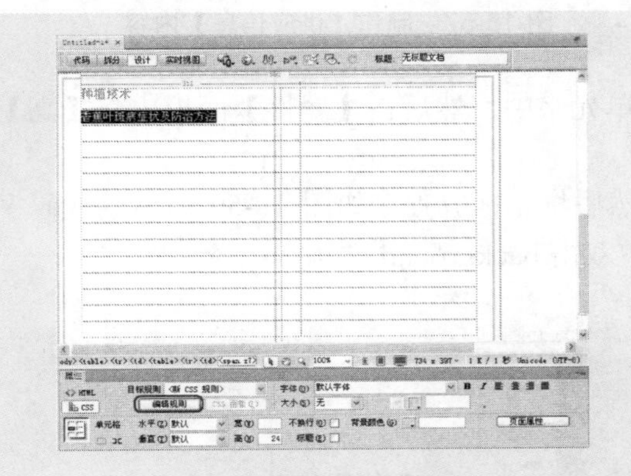

图 18-52　单击【编辑规则】按钮

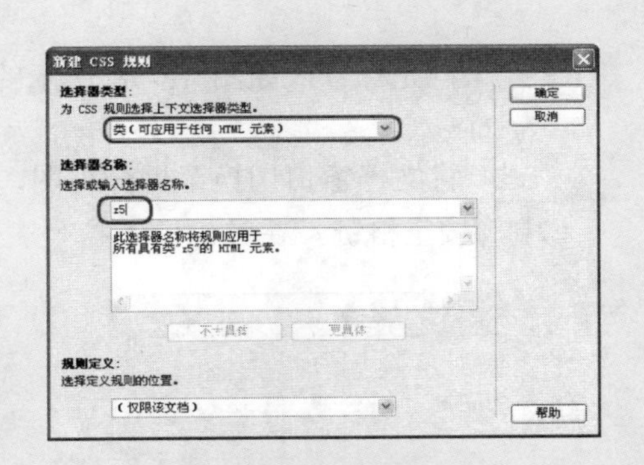

图 18-53　【新建 CSS 规则】对话框

步骤53 设置完成后单击【确定】按钮，弹出【.z5 的 CSS 规则定义】对话框，在左侧的【分类】列表框中选择【类型】选项，然后在右侧的设置区域中将 Font-size 设为 14px，Color 设为#666，单击【确定】按钮，如图 18-54 所示。

步骤54 即可为选择的文字应用该样式，效果如图 18-55 所示。

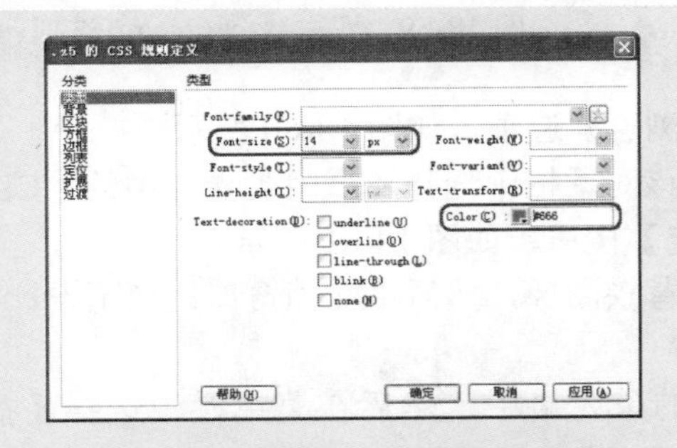

图 18-54　【.z5 的 CSS 规则定义】对话框

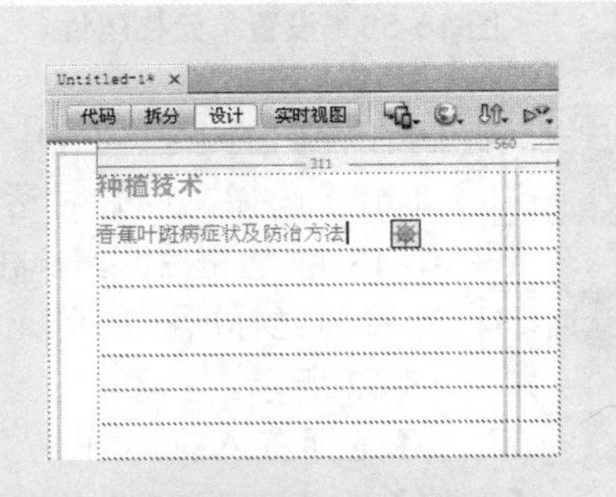

图 18-55　为选择的文字应用样式

步骤 55　使用同样的方法在其他单元格中输入文字，并为输入的文字应用样式 z5，如图 18-56 所示。

步骤 56　使用前面制作【种植技术】的方法来制作【供应信息】内容，效果如图 18-57 所示。

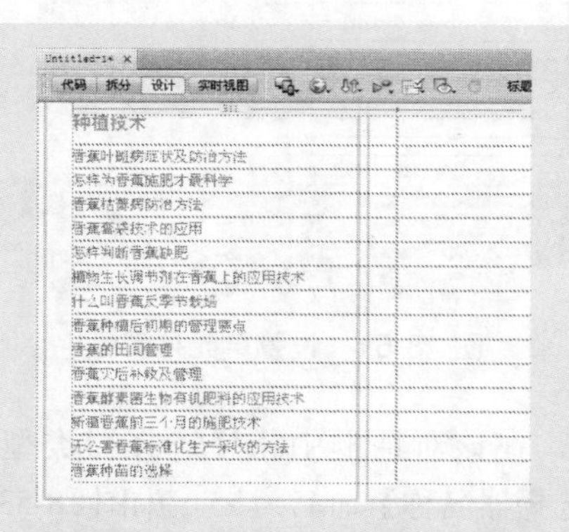

图 18-56　输入文字并应用样式

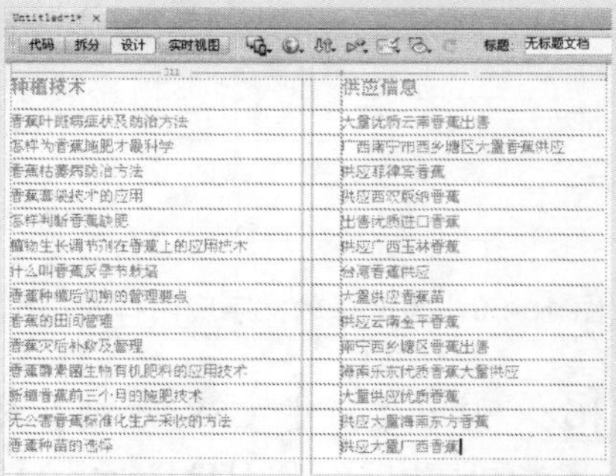

图 18-57　制作【供应信息】内容

步骤 57　将光标置入如图 18-58 所示的单元格中，然后在【属性】面板中将【高】设为 215。

步骤 58　将文档窗口切换至拆分视图，然后将光标放置在如图 18-59 所示的代码字段中，按空格键，在弹出的下拉列表中双击 background 选项。

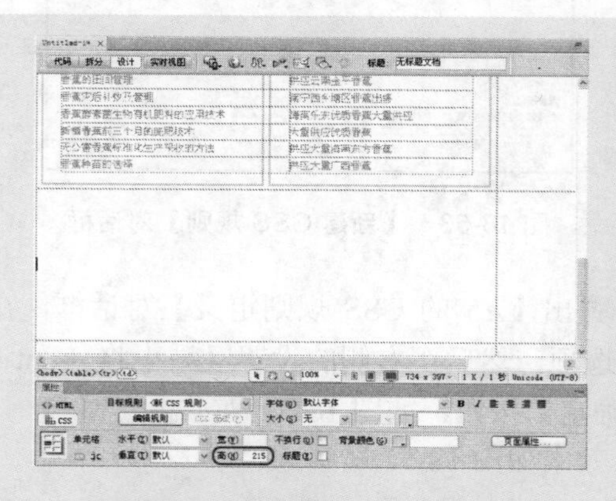

图 18-58　设置单元格属性

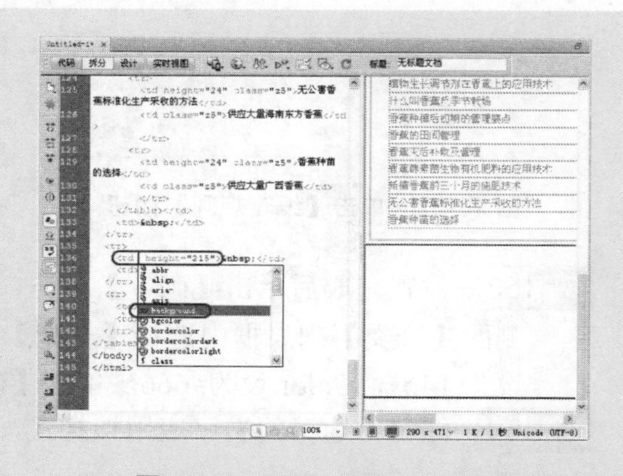

图 18-59　双击 background 选项

步骤 59　再在弹出的下拉列表中单击【浏览】选项，如图 18-60 所示。

步骤 60　弹出【选择文件】对话框，在该对话框中选择随书附带光盘中的“CDROM\素材\第 18 章\边框 2”，单击【确定】按钮，如图 18-61 所示。

步骤 61　即可为光标所在的单元格添加背景图像，然后将文档窗口切换至设计视图，如图 18-62 所示。

步骤 62　将光标置入插入了背景图像的单元格中，然后在菜单栏中选择【插入】|【表格】命令，弹出【表格】对话框，在该对话框中将【行数】设为 2，【列】设为 1，【表格宽度】设为 560、【像素】，如图 18-63 所示。

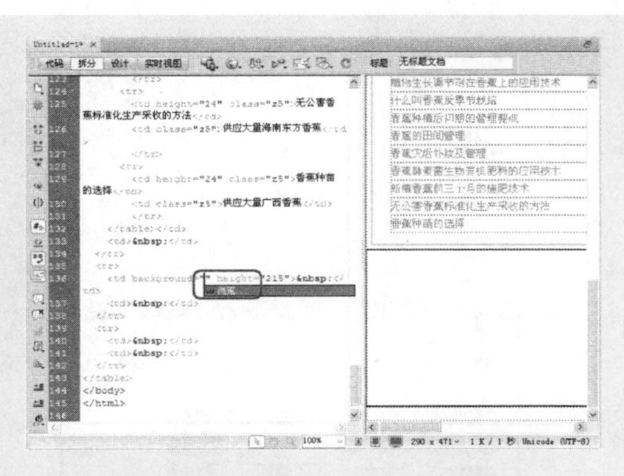

图 18-60　单击【浏览】选项

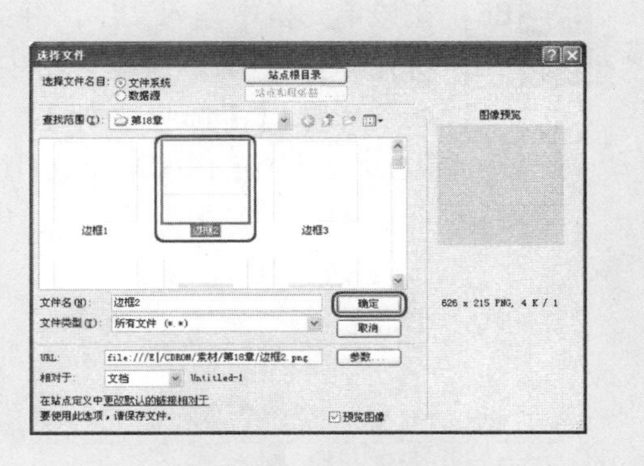

图 18-61　选择文件

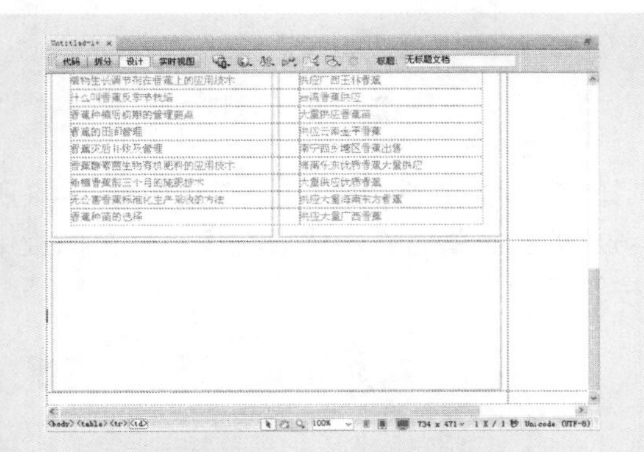

图 18-62　添加的背景图像

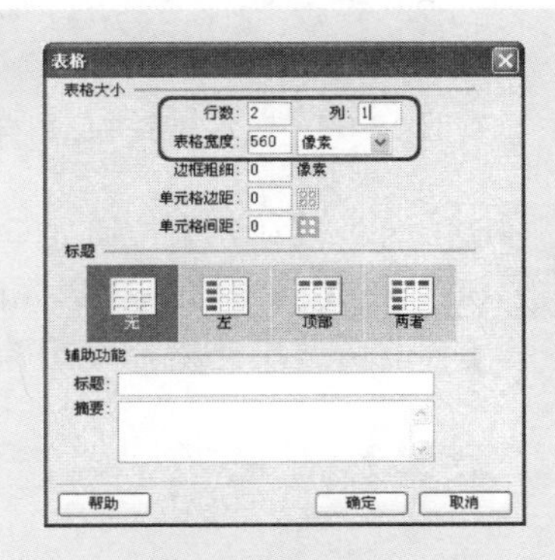

图 18-63　【表格】对话框

步骤 63　单击【确定】按钮，即可插入表格。确定新插入的表格处于选中状态，在【属性】面板中将【对齐】设为【居中对齐】，如图 18-64 所示。

步骤 64　将光标置入第 1 个单元格中，在【属性】面板中将【垂直】设为【顶端】，【高】设为 30，如图 18-65 所示。

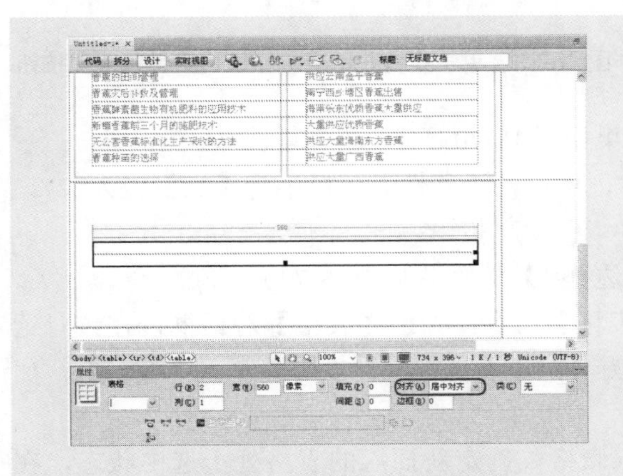

图 18-64　设置表格对齐方式

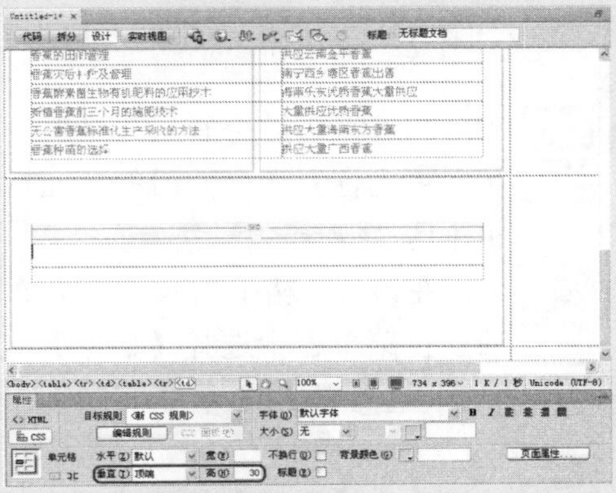

图 18-65　设置单元格属性

步骤65 在该单元格中输入文字，并为输入的文字应用样式 z4，如图 18-66 所示。

步骤66 将光标置入第 2 个单元格中，然后在菜单栏中选择【插入】|【媒体】|【插件】命令，弹出【选择文件】对话框，在该对话框中选择随书附带光盘中的“CDROM\素材\第 18 章\香蕉美图动画”文件，如图 18-67 所示。

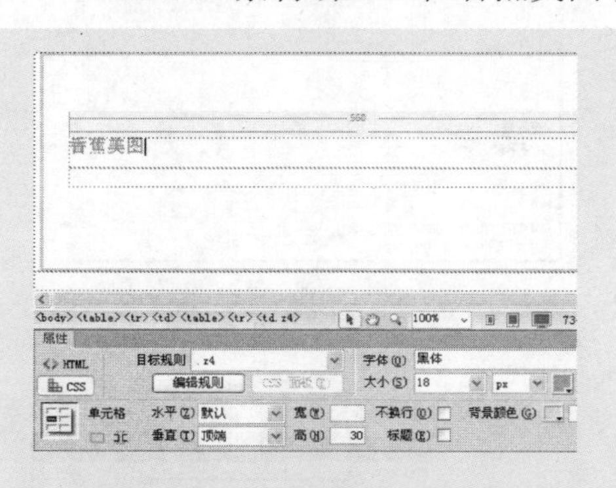

图 18-66 输入文字并应用样式

图 18-67 选择文件

步骤67 单击【确定】按钮，即可将选择的动画插入到单元格中，效果如图 18-68 所示。

步骤68 在文档窗口中选择如图 18-69 所示的单元格，然后在【属性】面板中单击【合并所选单元格，使用跨度】按钮。

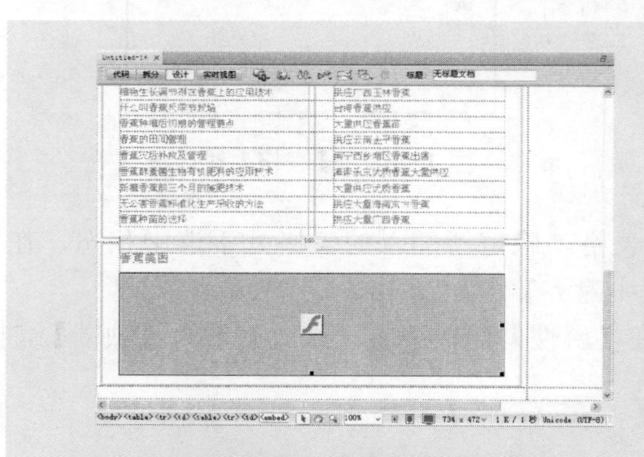

图 18-68 插入的动画

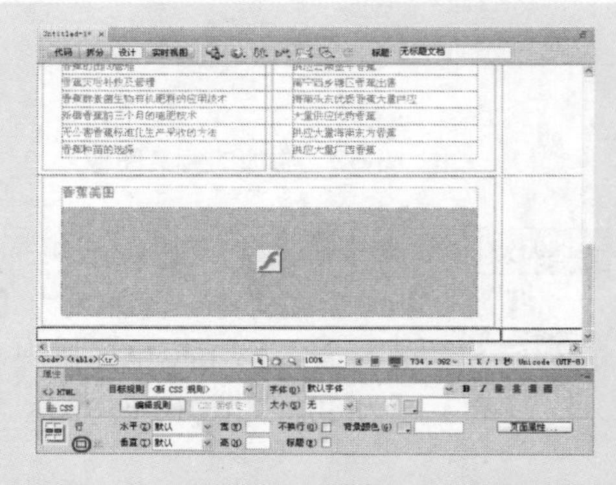

图 18-69 单击【合并所选单元格，使用跨度】按钮

步骤69 即可将选择的单元格合并，效果如图 18-70 所示。

步骤70 将光标置入合并后的单元格中，然后在【属性】面板中将【高】设为 77，如图 18-71 所示。

步骤71 在该单元格中插入背景图像【边框 3】，效果如图 18-72 所示。

步骤72 在菜单栏中选择【插入】|【表格】命令，弹出【表格】对话框，在该对话框中将【行数】设为 2，【列】设为 1，【表格宽度】设为 836、【像素】，如图 18-73 所示。

步骤73 单击【确定】按钮，即可插入表格。确定新插入的表格处于选中状态，在【属性】面板中将【对齐】设为【居中对齐】，如图 18-74 所示。

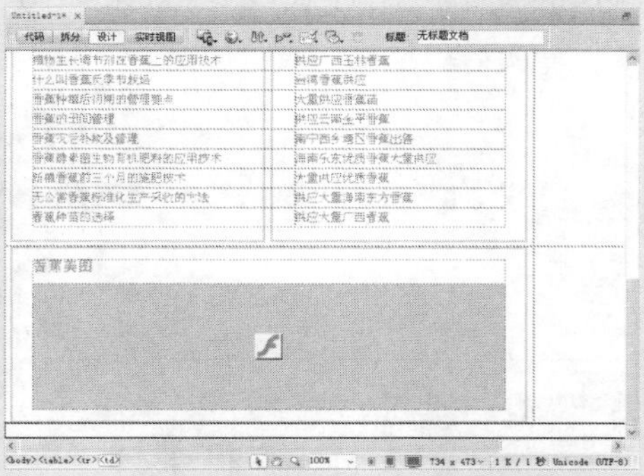

图 18-70 合并单元格

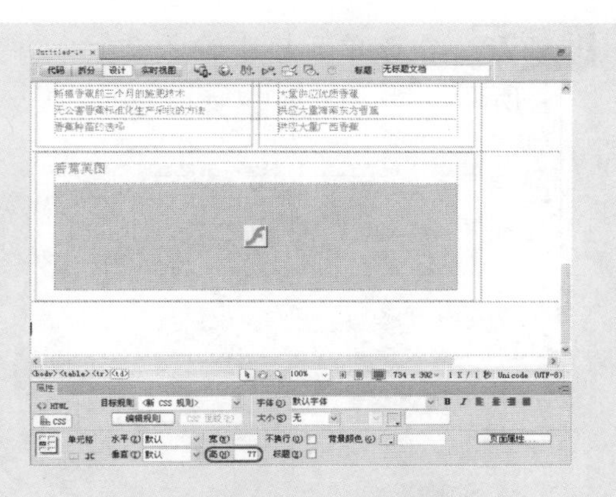

图 18-71 设置单元格高度

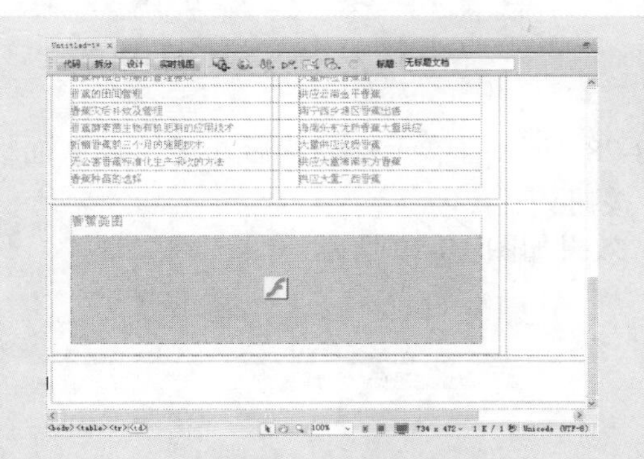

图 18-72 插入背景图像

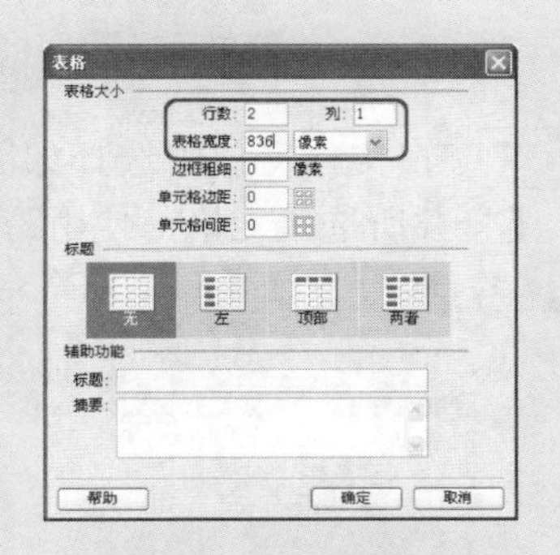

图 18-73 【表格】对话框

步骤74 在第 1 个单元格中输入文字，并为输入的文字应用样式 z4，如图 18-75 所示。

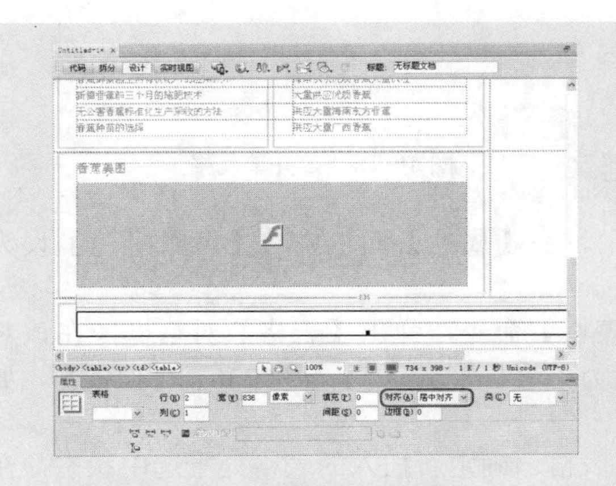

图 18-74 设置表格对齐方式

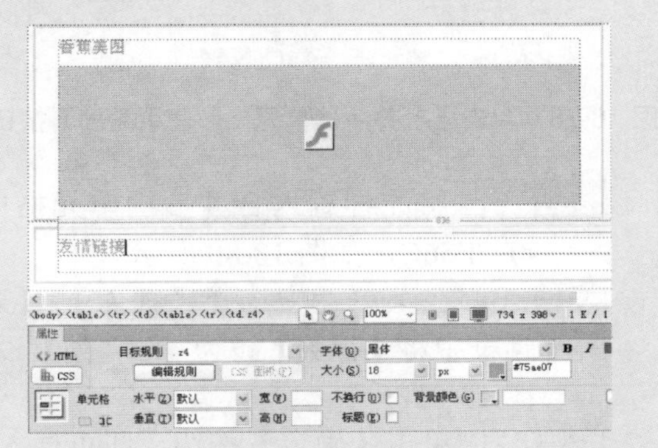

图 18-75 输入文字并应用样式

步骤75 将光标置入第 2 个单元格中，然后在【属性】面板中将【垂直】设为【底部】，【高】设为 22，如图 18-76 所示。

步骤76 在该单元格中输入文字，并为输入的文字应用样式 z5，效果如图 18-77 所示。

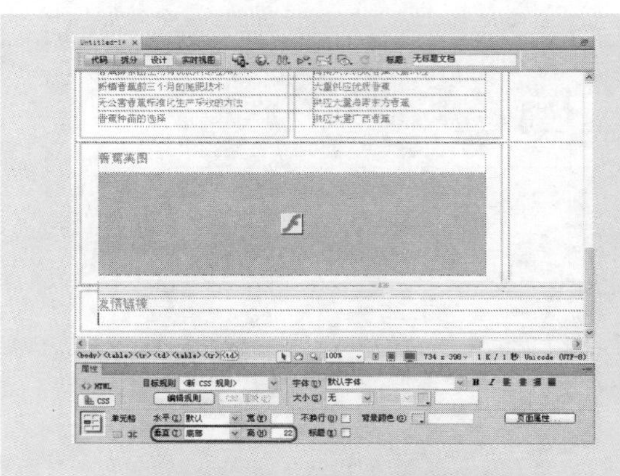

图 18-76 设置单元格属性

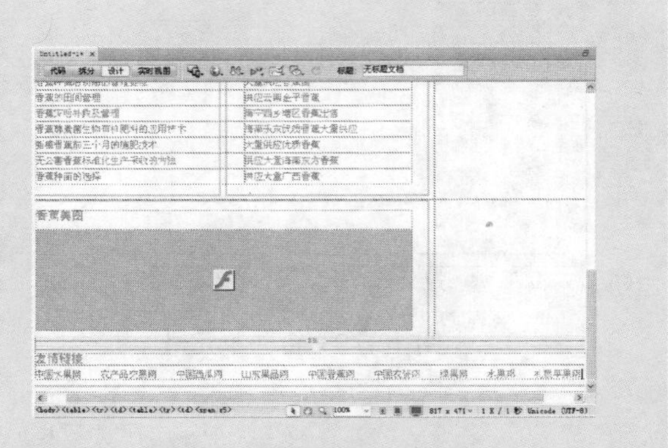

图 18-77 输入文字并应用样式

步骤77 在文档窗口中选择如图 18-78 所示的单元格，然后在【属性】面板中单击【合并所选单元格，使用跨度】按钮。

步骤78 即可将选择的单元格合并，效果如图 18-79 所示。

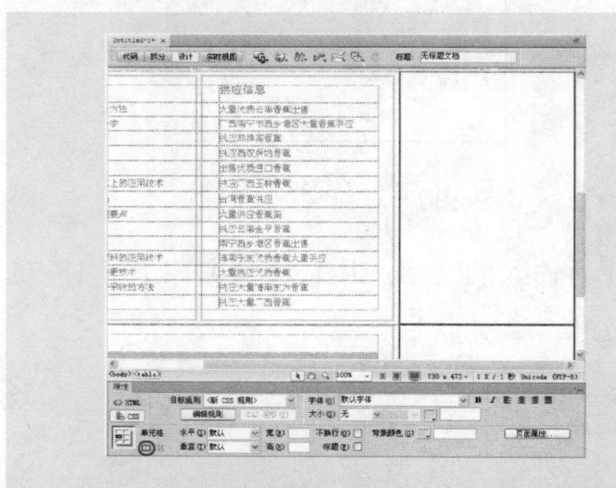

图 18-78 单击【合并所选单元格，使用跨度】按钮

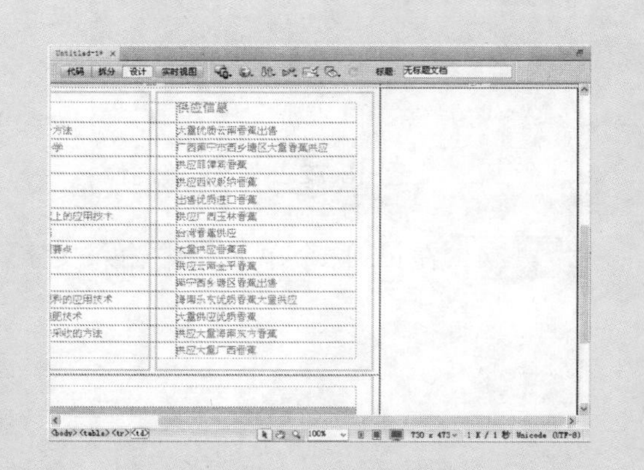

图 18-79 合并单元格

步骤79 将光标置入合并后的单元格中，在【属性】面板中将【背景颜色】设为 #FCE56C，如图 18-80 所示。

步骤80 在菜单栏中选择【插入】|【表格】命令，弹出【表格】对话框，在该对话框中将【行数】设为 4，【列】设为 1，【表格宽度】设为 230、【像素】，如图 18-81 所示。

步骤81 单击【确定】按钮，即可插入表格。确定新插入的表格处于选中状态，在【属性】面板中将【对齐】设为【居中对齐】，如图 18-82 所示。

步骤82 将光标置入第 1 个单元格中，然后在【属性】面板中单击【拆分单元格为行或列】按钮，弹出【拆分单元格】对话框，在该对话框中选中【列】单选按钮，将【列数】设置为 2，如图 18-83 所示。

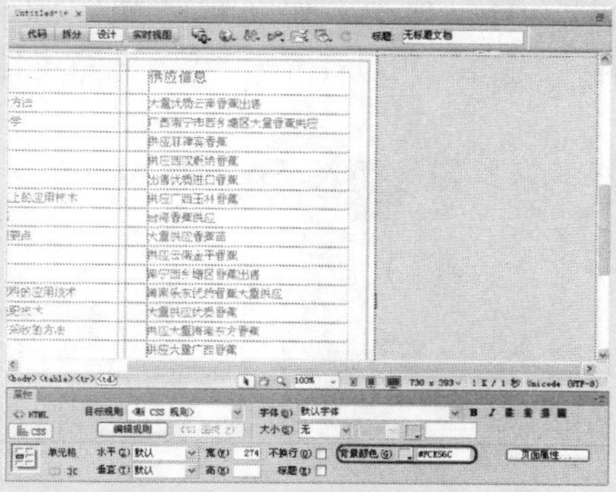

图 18-80　设置单元格背景颜色

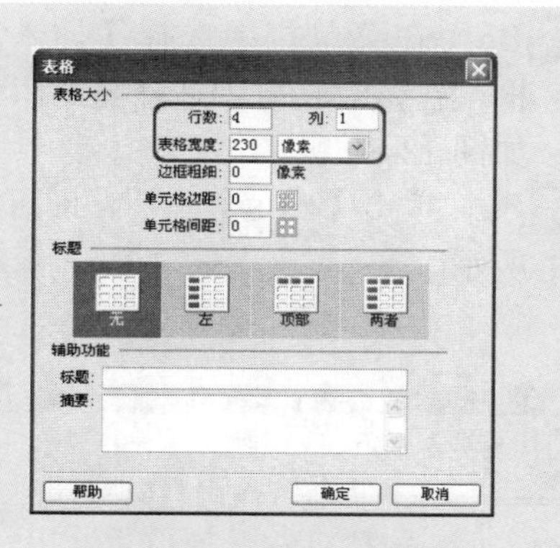

图 18-81　【表格】对话框

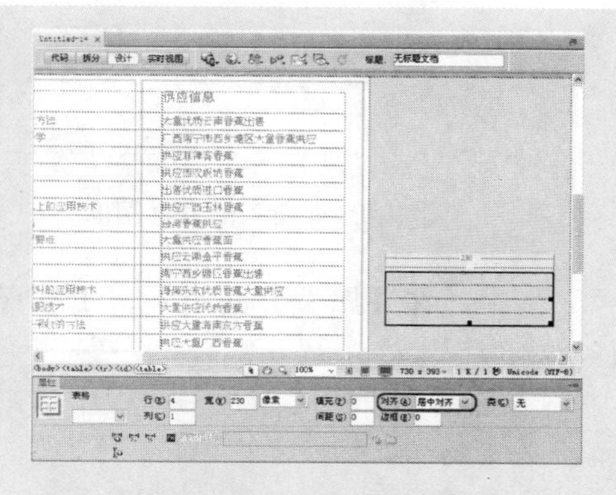

图 18-82　设置对齐方式

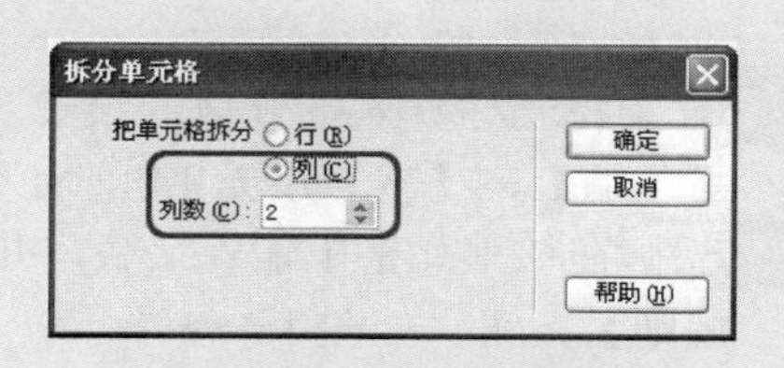

图 18-83　【拆分单元格】对话框

步骤83　单击【确定】按钮，即可将光标所在的单元格拆分，效果如图 18-84 所示。

步骤84　将光标置入拆分后的第 1 个单元格中，在【属性】面板中将【水平】设为【右对齐】，【垂直】设为【顶端】，【宽】设为 82，【高】设为 40，如图 18-85 所示。

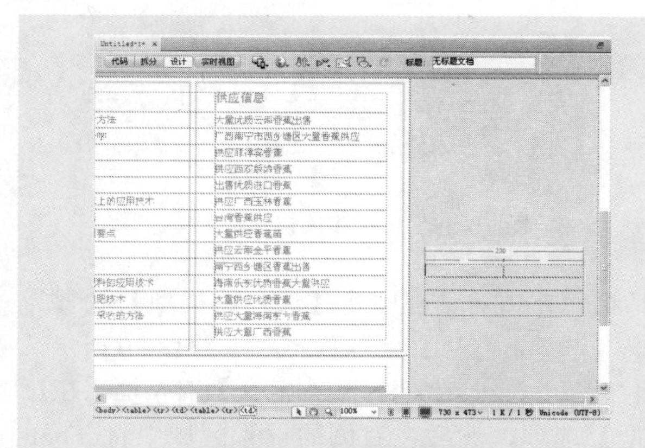

图 18-84　拆分的单元格

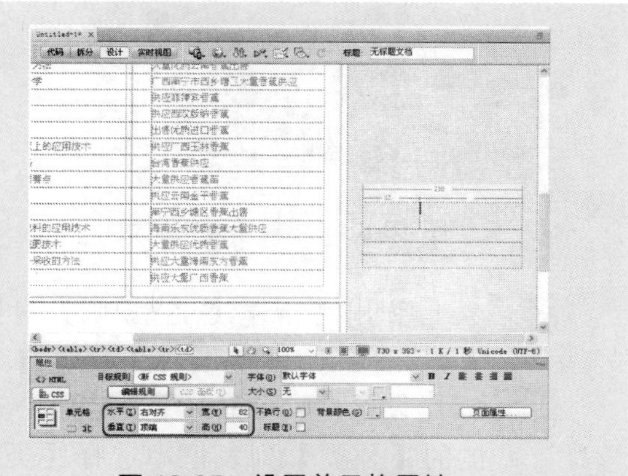

图 18-85　设置单元格属性

步骤85 在菜单栏中选择【插入】|【图像】命令，弹出【选择图像源文件】对话框，在该对话框中选择随书附带光盘中的“CDROM\素材\第 18 章\图标”文件，如图 18-86 所示。

步骤86 单击【确定】按钮，即可将选择的素材图像插入至单元格中，效果如图 18-87 所示。

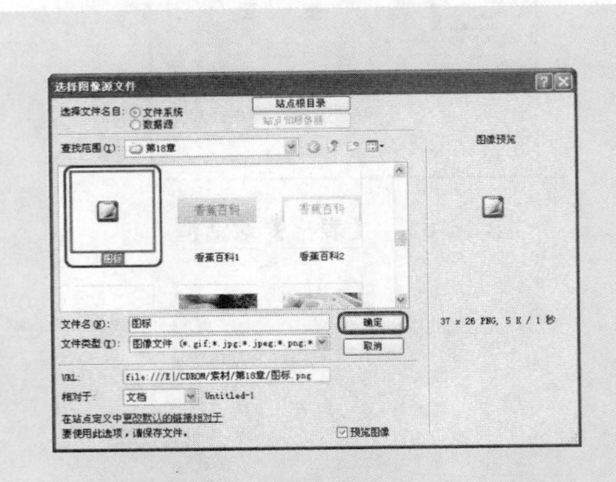
图 18-86 【选择图像源文件】对话框

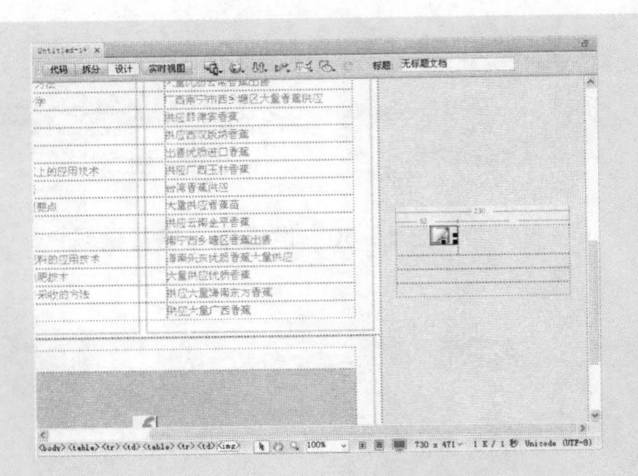
图 18-87 插入的素材图像

步骤87 将光标置入拆分后的第 2 个单元格中，在【属性】面板中将【垂直】设为【顶端】，【宽】设为 148，如图 18-88 所示。

步骤88 在该单元格中输入文字，并选中输入的文字，在【属性】面板中单击【编辑规则】按钮，如图 18-89 所示。

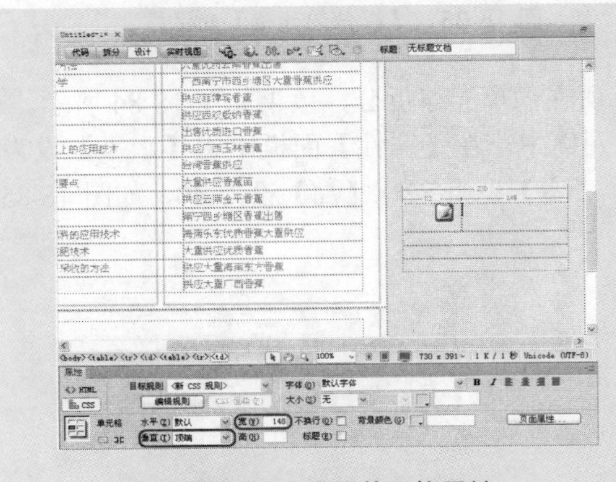
图 18-88 设置单元格属性

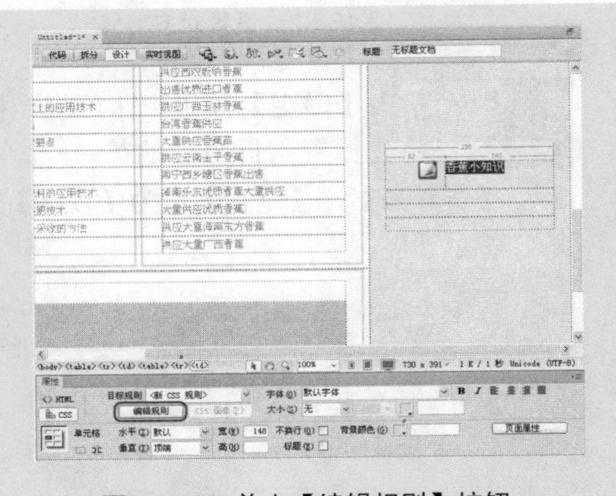
图 18-89 单击【编辑规则】按钮

步骤89 弹出【新建 CSS 规则】对话框，在该对话框中将【选择器类型】设置为【类(可应用于任何 HTML 元素)】，【选择器名称】命名为 z6，如图 18-90 所示。

步骤90 设置完成后单击【确定】按钮，弹出【.z6 的 CSS 规则定义】对话框，在左侧的【分类】列表框中选择【类型】选项，然后在右侧的设置区域中将 Font-family 设为【汉仪秀英体简】，Font-size 设为 20px，Color 设为#75ae07，单击【确定】按钮，如图 18-91 所示。

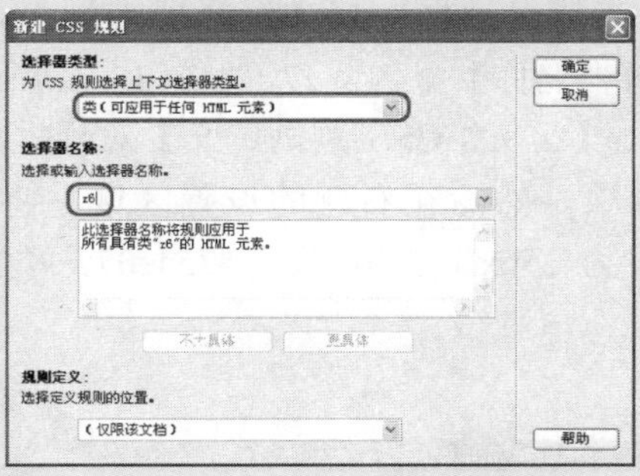

图 18-90　【新建 CSS 规则】对话框 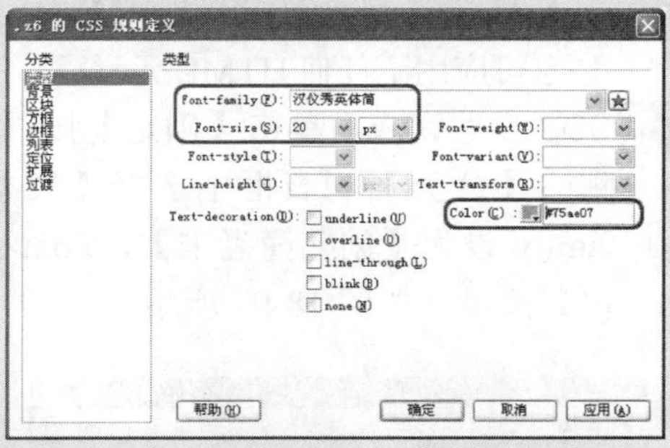　　图 18-91　【.z6 的 CSS 规则定义】对话框

步骤91　即可为选择的文字应用该样式，效果如图 18-92 所示。

步骤92　在如图 18-93 所示的单元格中输入文字，并为输入的文字应用样式 z5。

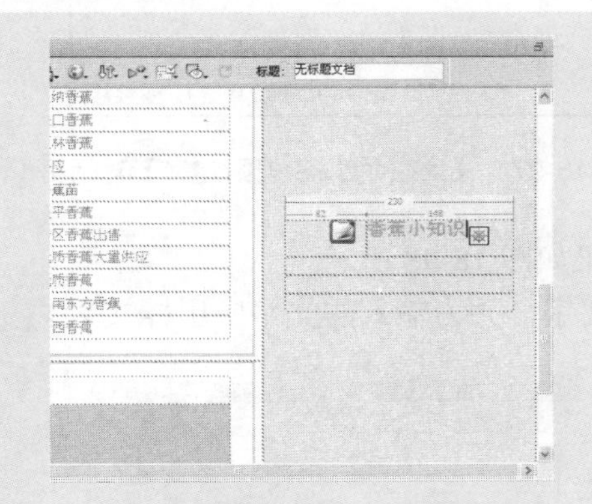

图 18-92　为选择的文字应用样式

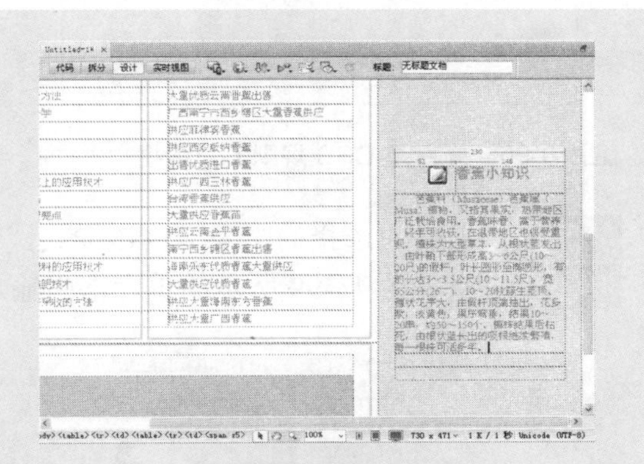

图 18-93　输入文字并应用样式

步骤93　将光标置入如图 18-94 所示的单元格中，并在【属性】面板中将【高】设为 50。

步骤94　在该单元格中输入文字，并选中输入的文字，在【属性】面板中单击【编辑规则】按钮，如图 18-95 所示。

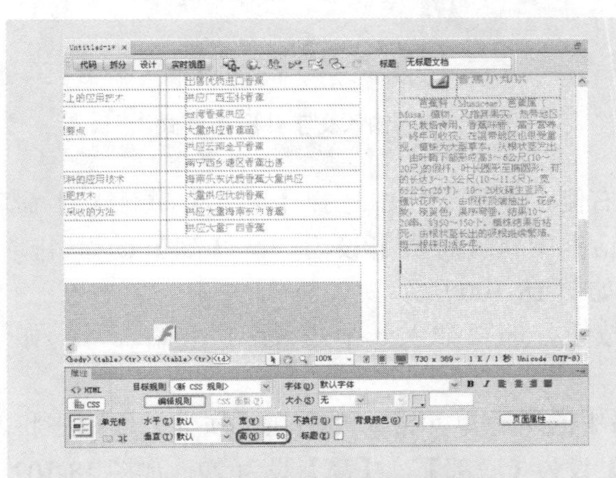

图 18-94　设置单元格高度

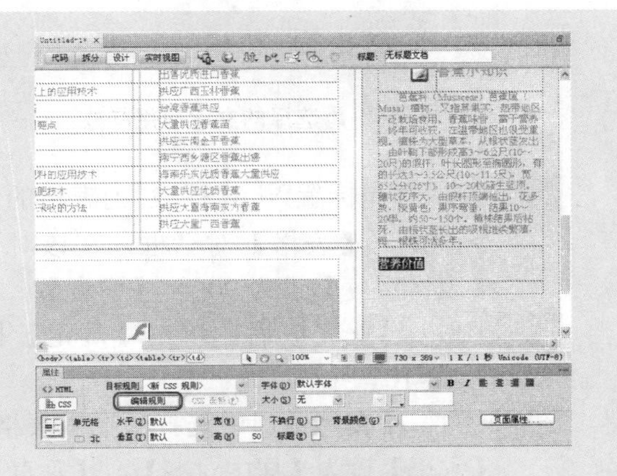

图 18-95　单击【编辑规则】按钮

步骤 95 弹出【新建 CSS 规则】对话框，在该对话框中将【选择器类型】设置为【类(可应用于任何 HTML 元素)】，【选择器名称】命名为 z7，如图 18-96 所示。

步骤 96 设置完成后单击【确定】按钮，弹出【.z7 的 CSS 规则定义】对话框，在左侧的【分类】列表框中选择【类型】选项，然后在右侧的设置区域中将 Font-family 设为【创艺简老宋】，Font-size 设为 15px，Color 设为#75ae07，单击【确定】按钮，如图 18-97 所示。

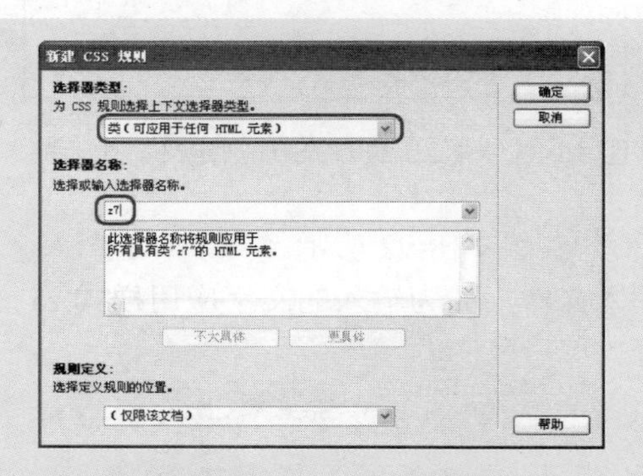

图 18-96 【新建 CSS 规则】对话框

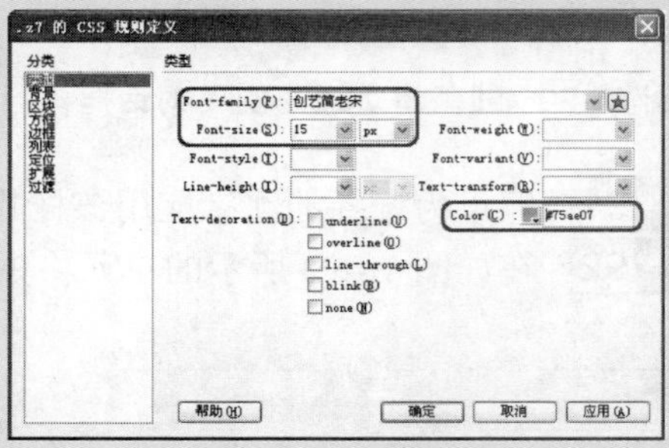

图 18-97 【.z7 的 CSS 规则定义】对话框

步骤 97 即可为选择的文字应用该样式，效果如图 18-98 所示。

步骤 98 在如图 18-99 所示的单元格中输入文字，并为输入的文字应用样式 z5。

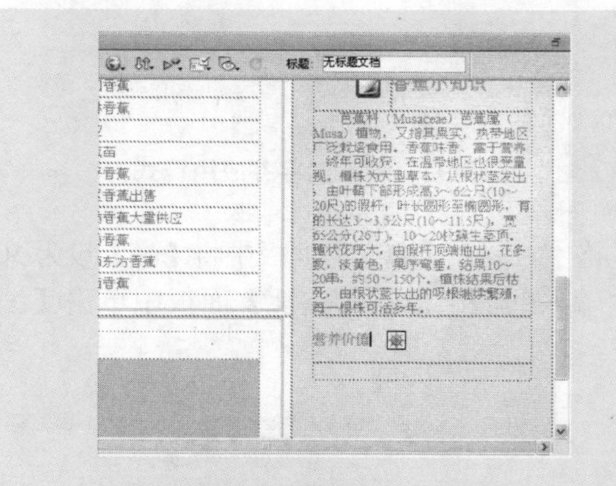

图 18-98 为选择的文字应用样式

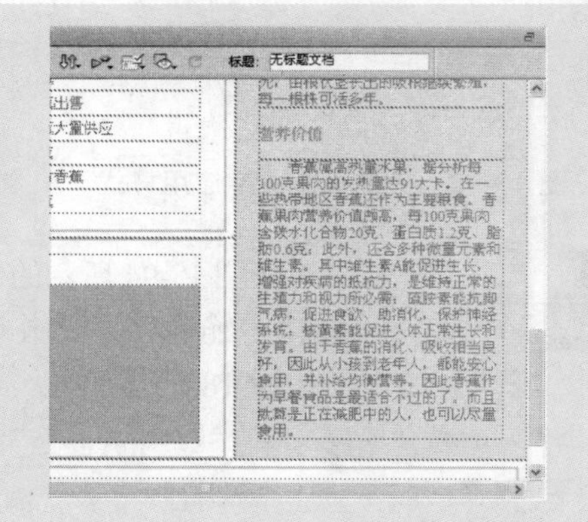

图 18-99 输入文字并应用样式

步骤 99 将光标置入 3 行 2 列表格的右侧，在菜单栏中选择【插入】|【表格】命令，弹出【表格】对话框，在该对话框中将【行数】设为 2，【列】设为 1，【表格宽度】设为 900、【像素】，如图 18-100 所示。

步骤 100 设置完成后，单击【确定】按钮，即可插入一个 2 行 1 列的表格，如图 18-101 所示。

步骤 101 在文档窗口中选择新插入表格中的所有单元格，然后在【属性】面板中将【水平】设为【居中对齐】，【垂直】设为【底部】，【高】设为 22，如图 18-102 所示。

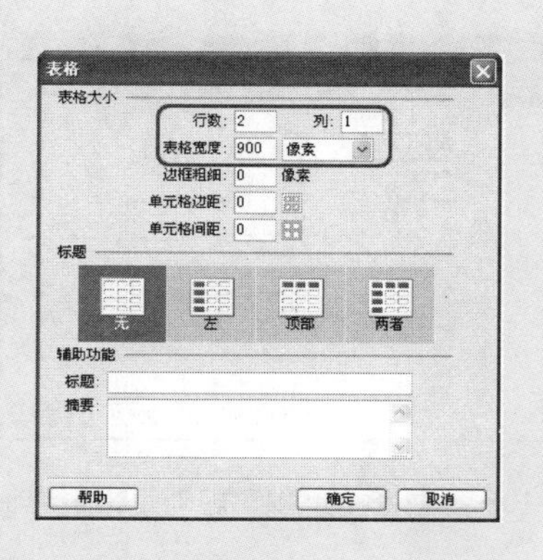

图 18-100 【表格】对话框

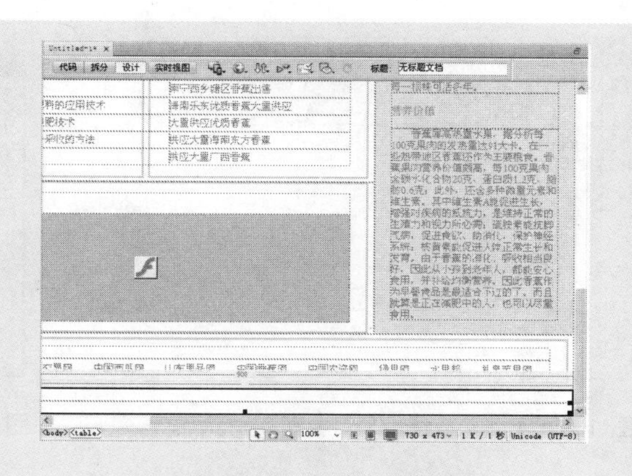

图 18-101 插入的表格

步骤102 在第 1 个单元格中输入文字，并选中输入的文字，在【属性】面板中单击【编辑规则】按钮，如图 18-103 所示。

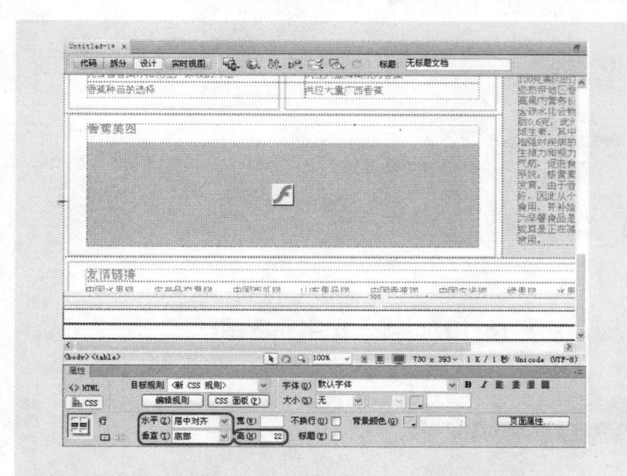

图 18-102 设置单元格属性

图 18-103 单击【编辑规则】按钮

步骤103 弹出【新建 CSS 规则】对话框，在该对话框中将【选择器类型】设置为【类(可应用于任何 HTML 元素)】，将【选择器名称】命名为 z8，如图 18-104 所示。

步骤104 设置完成后单击【确定】按钮，弹出【.z8 的 CSS 规则定义】对话框，在左侧的【分类】列表框中选择【类型】选项，然后在右侧的设置区域中将 Font-size 设为 14px，Color 设为#75AE07，单击【确定】按钮，如图 18-105 所示。

步骤105 即可为选择的文字应用该样式，效果如图 18-106 所示。

步骤106 然后在第 2 个单元格中输入文字，并为输入的文字应用样式 z5，如图 18-107 所示。

步骤107 至此，网站首页就制作完成了，在菜单栏中选择【文件】|【保存】命令，在弹出的【另存为】对话框中选择存储路径，并输入文件名为“制作香蕉信息网站 1”，然后单击【保存】按钮，如图 18-108 所示。

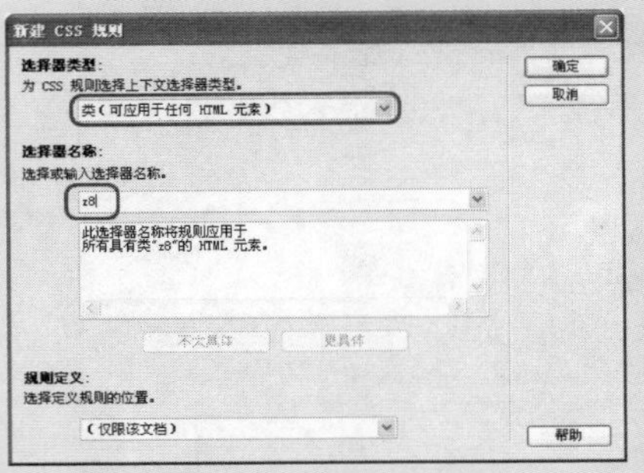

图 18-104 【新建 CSS 规则】对话框

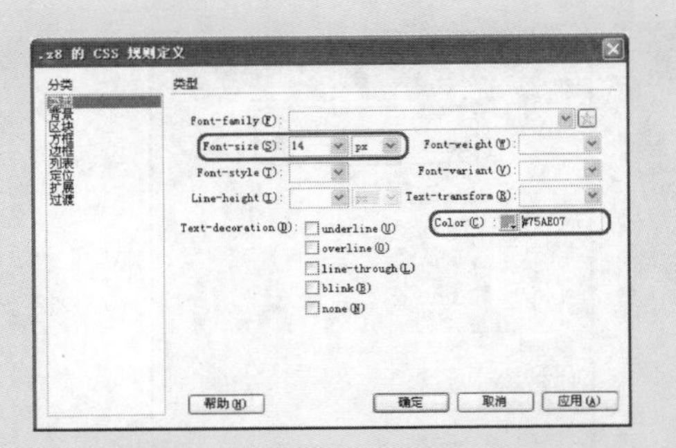

图 18-105 【.z8 的 CSS 规则定义】对话框

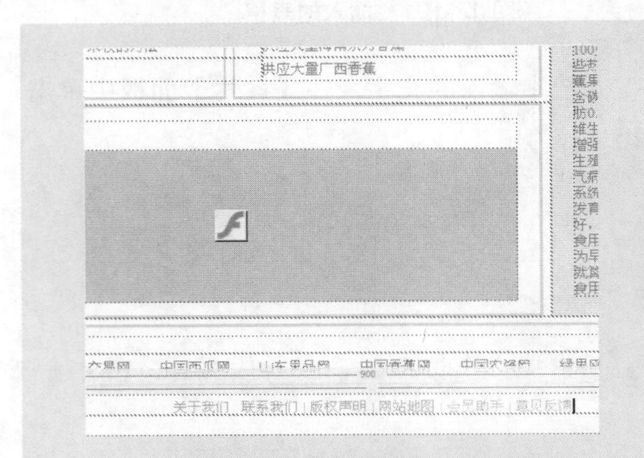

图 18-106 为选择的文字应用样式

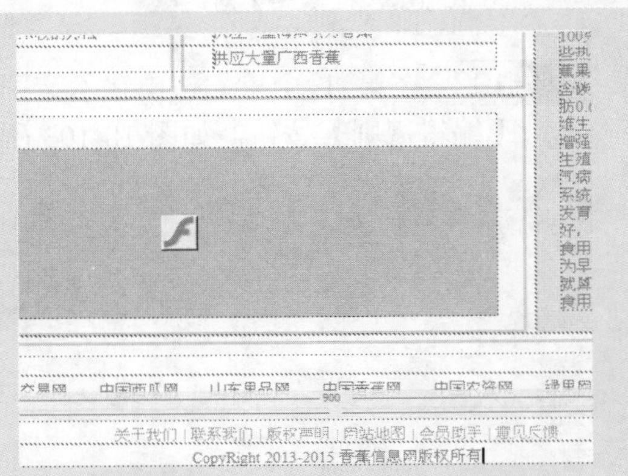

图 18-107 输入文字并应用样式

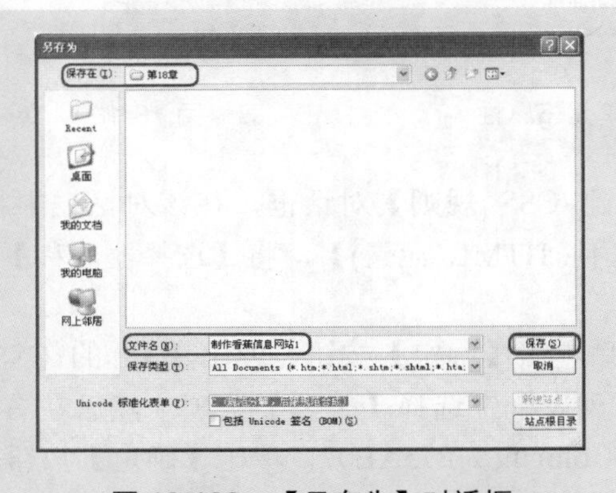

图 18-108 【另存为】对话框

18.1.2 制作香蕉百科页面

首页制作完成后，下面再来介绍一下香蕉百科页面的制作方法，具体操作步骤如下。

步骤 01 打开上一节中制作的“制作香蕉信息网站 1”文件，然后在菜单栏中选择【文件】|【另存为】命令，如图 18-109 所示。

步骤02 在弹出的【另存为】对话框中选择存储路径，并输入文件名为“制作香蕉信息网站 2”，然后单击【保存】按钮，如图 18-110 所示。

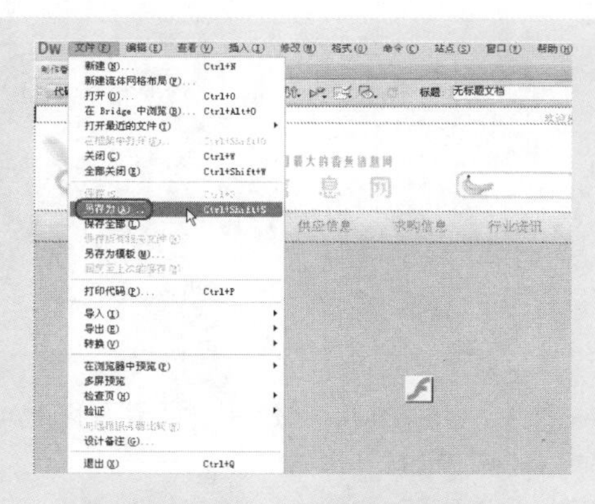

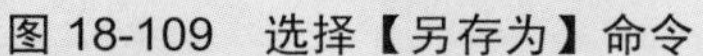

图 18-109 选择【另存为】命令

图 18-110 【另存为】对话框

步骤03 在“制作香蕉信息网站 2”设计页面中选中“首页 2”素材图片，然后单击鼠标右键，在弹出的快捷菜单中选择【源文件】命令，如图 18-111 所示。

步骤04 弹出【选择图像源文件】对话框，在该对话框中选择随书附带光盘中的“CDROM\素材\第 18 章\首页 1”文件，如图 18-112 所示。

图 18-111 选择【源文件】命令

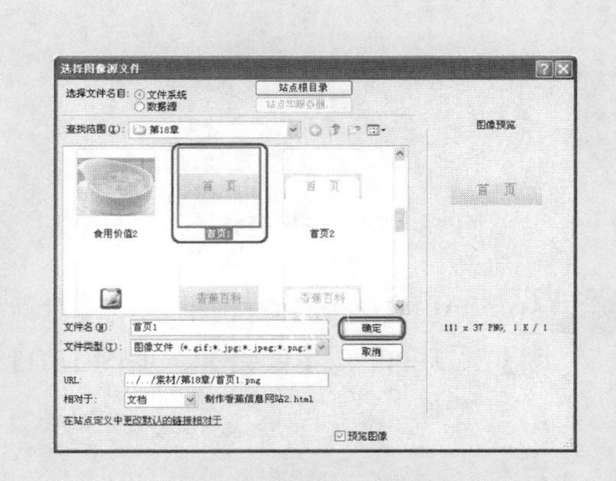

图 18-112 选择素材文件

步骤05 单击【确定】按钮，即可将素材图片“首页 2”替换为“首页 1”，效果如图 18-113 所示。

步骤06 使用同样的方法，将素材图片“香蕉百科 1”替换为“香蕉百科 2”，效果如图 18-114 所示。

步骤07 在文档窗口中选中 3 行 2 列的大表格，如图 18-115 所示。

步骤08 按 Delete 键将其删除，删除表格后的效果如图 18-116 所示。

步骤09 将光标置入如图 18-117 所示的位置，然后在菜单栏中选择【插入】|【表格】命令。

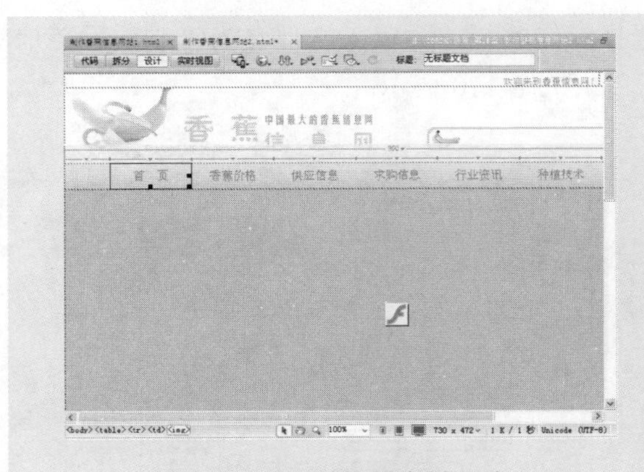

图 18-113　替换的素材图片

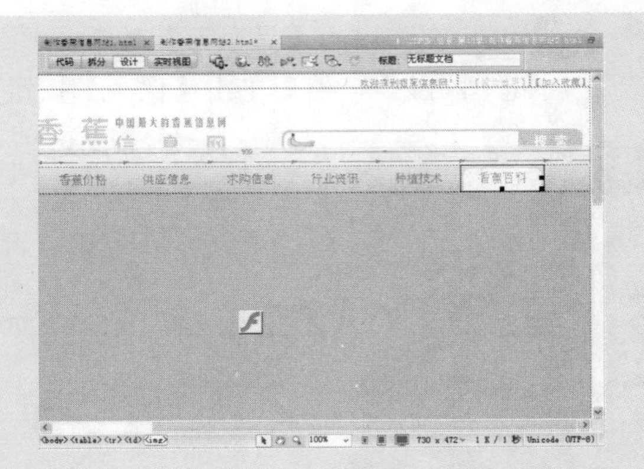

图 18-114　替换素材图片“香蕉百科 1.png”

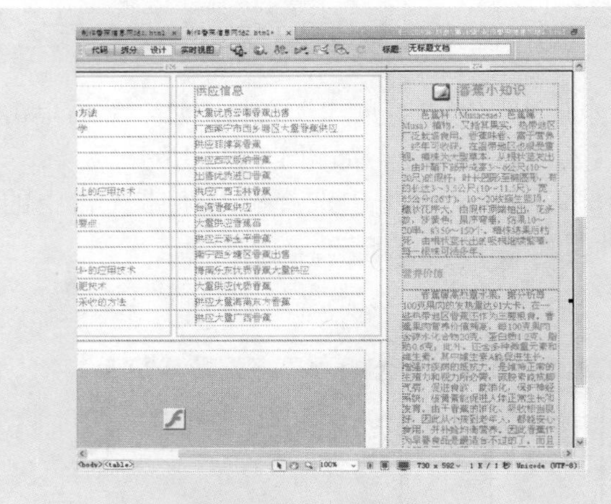

图 18-115　选择表格

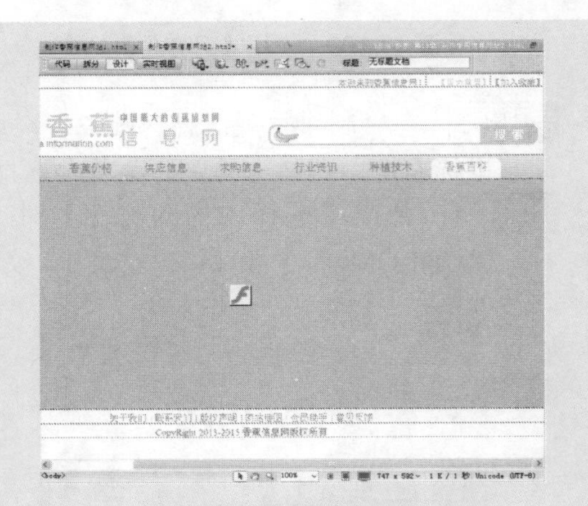

图 18-116　删除表格后的效果

步骤 10　弹出【表格】对话框，在该对话框中将【行数】和【列】设为 1，【表格宽度】设为 900、【像素】，如图 18-118 所示。

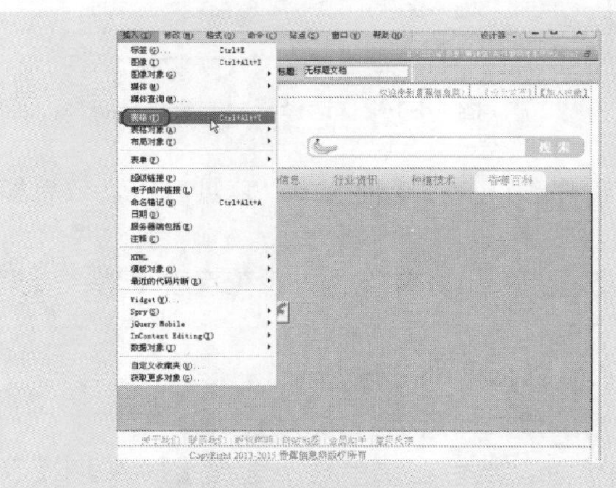

图 18-117　选择【表格】命令

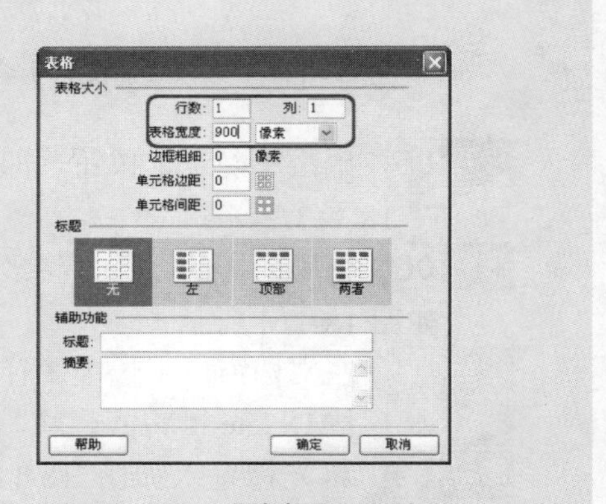

图 18-118　【表格】对话框

步骤11 设置完成后，单击【确定】按钮，即可插入一个 1 行 1 列的表格，如图 18-119 所示。

步骤12 将光标置入新插入的表格中，在【属性】面板中将【高】设为 346，如图 18-120 所示。

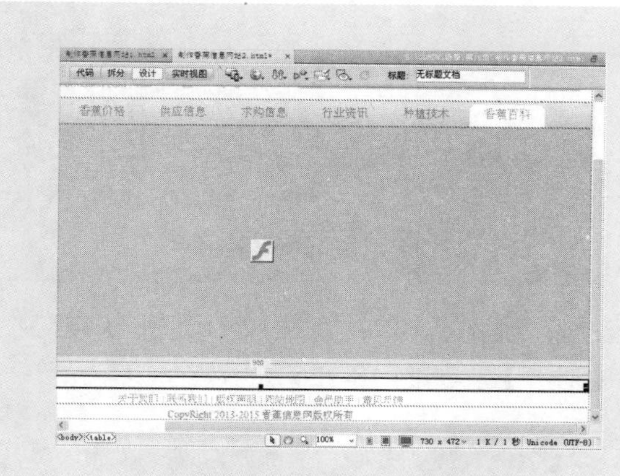

图 18-119 插入的表格

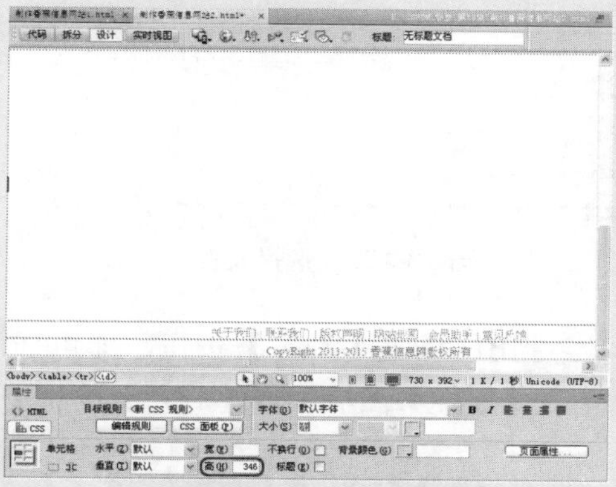

图 18-120 设置单元格高度

步骤13 将文档窗口切换至拆分视图，然后将光标放置在如图 18-121 所示的代码字段中，按空格键，在弹出的下拉列表中双击 background 选项。

步骤14 再在弹出的下拉列表中单击【浏览】选项，如图 18-122 所示。

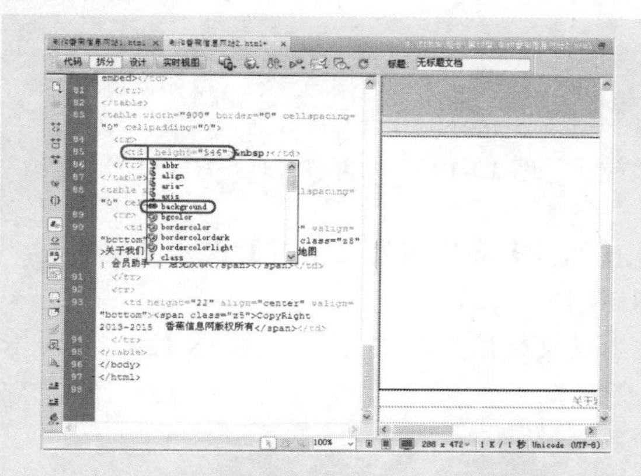

图 18-121 双击 background 选项

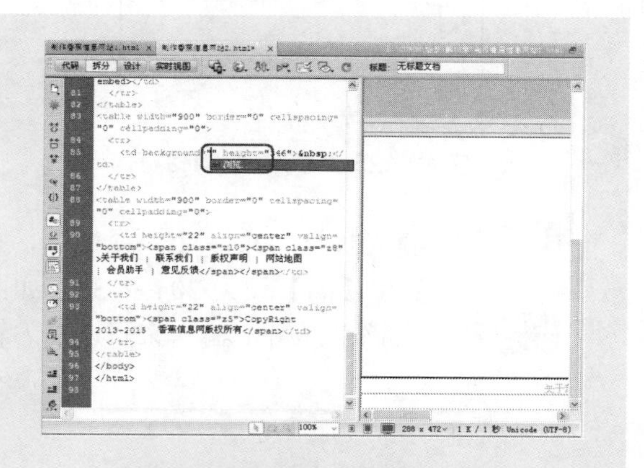

图 18-122 单击【浏览】选项

步骤15 弹出【选择文件】对话框，在该对话框中选择随书附带光盘中的“CDROM\素材\第 18 章\边框 4”，单击【确定】按钮，如图 18-123 所示。

步骤16 即可为光标所在的单元格添加背景图像，然后将文档窗口切换至设计视图，如图 18-124 所示。

步骤17 将光标置入插入了背景图像的单元格中，然后在菜单栏中选择【插入】|【表格】命令，弹出【表格】对话框，在该对话框中将【行数】设为 2，【列】设为 4，【表格宽度】设为 840、【像素】，如图 18-125 所示。

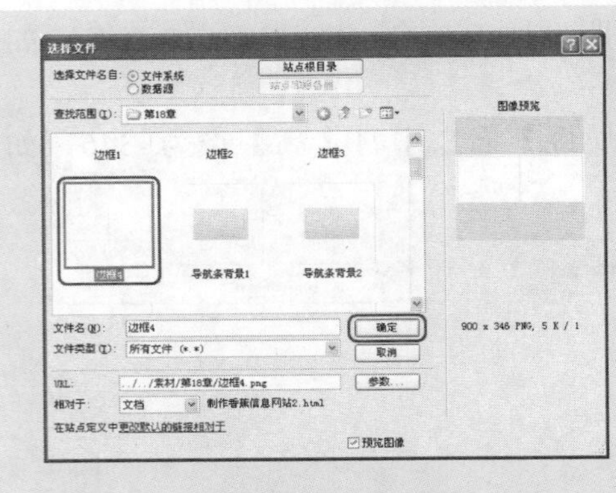

图 18-123　选择文件

图 18-124　添加的背景图像

步骤 18　单击【确定】按钮，即可插入表格。确定新插入的表格处于选中状态，在【属性】面板中将【对齐】设为【居中对齐】，如图 18-126 所示。

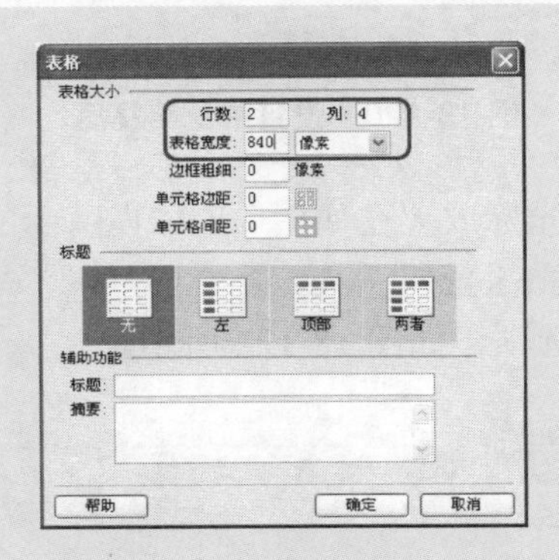

图 18-125　【表格】对话框

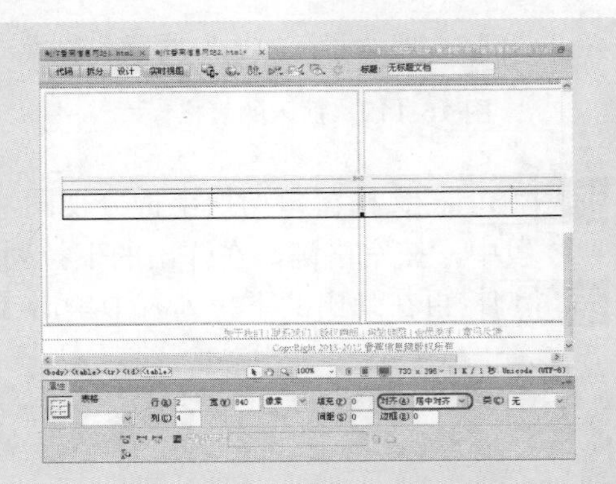

图 18-126　设置表格对齐方式

步骤 19　将光标置入第 1 个单元格中，在【属性】面板中将【垂直】设为【顶端】，【宽】和【高】设为 204 和 30，如图 18-127 所示。

步骤 20　在该单元格中输入文字，并为输入的文字应用样式 z4，如图 18-128 所示。

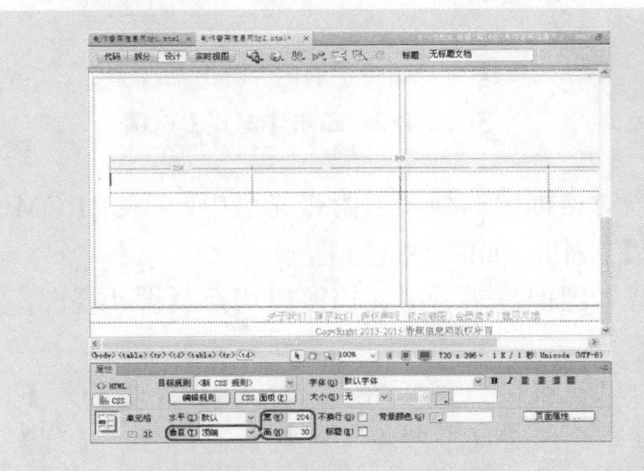

图 18-127　设置单元格属性

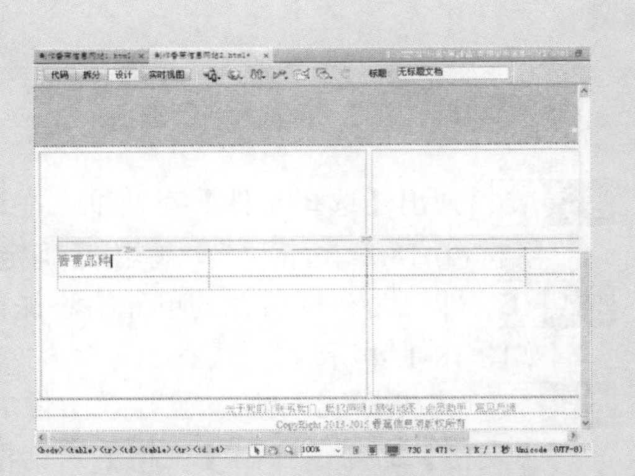

图 18-128　输入文字并应用样式

步骤21 将光标置入第 1 列的第 2 个单元格中，在菜单栏中选择【插入】|【表格】命令，如图 18-129 所示。

步骤22 弹出【表格】对话框，在该对话框中将【行数】设为 2，【列】设为 1，【表格宽度】设为 204、【像素】，如图 18-130 所示。单击【确定】按钮，即可插入表格。

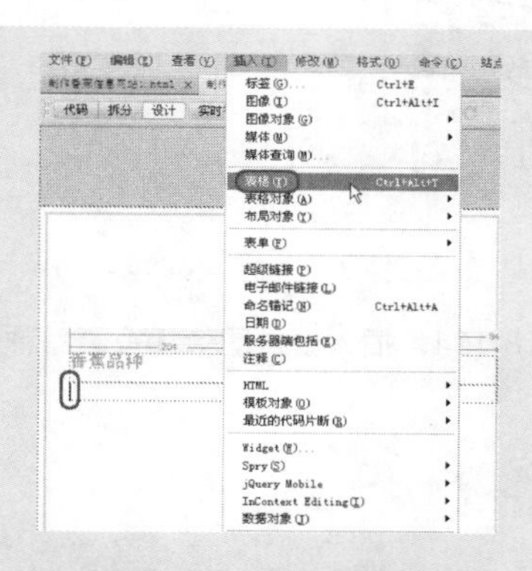

图 18-129 选择【表格】命令

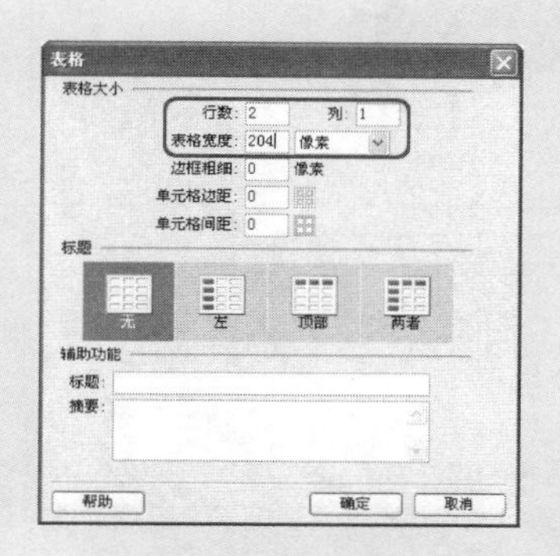

图 18-130 【表格】对话框

步骤23 将光标置入新插入表格中的第 1 个单元格中，在【属性】面板中将【垂直】设为【顶端】，【高】设为 140，如图 18-131 所示。

步骤24 在菜单栏中选择【插入】|【图像】命令，在弹出的【选择图像源文件】对话框中选择随书附带光盘中的“CDROM\素材\第 18 章\香蕉品种 1”文件，单击【确定】按钮，如图 18-132 所示。

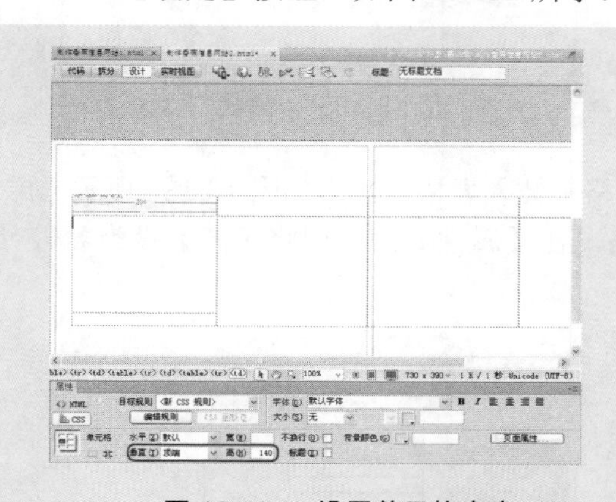

图 18-131 设置单元格高度

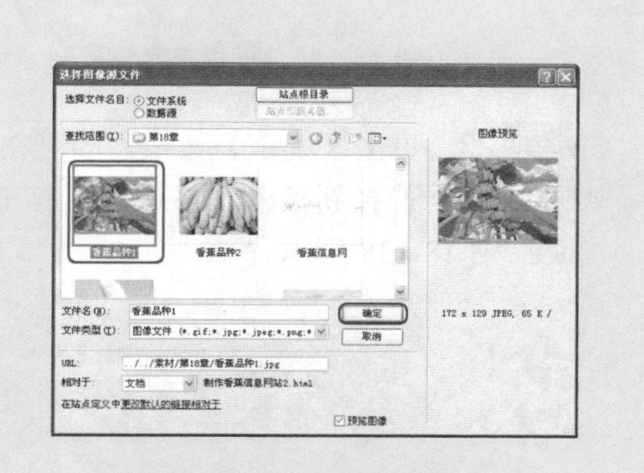

图 18-132 选择素材图像

步骤25 即可将选择的素材图像插入至单元格中，效果如图 18-133 所示。

步骤26 在下面的单元格中插入素材图像【香蕉品种 2】，如图 18-134 所示。

步骤27 将光标置入如图 18-135 所示的单元格中，在【属性】面板中将【宽】设为 242。

步骤28 在菜单栏中选择【插入】|【表格】命令，在弹出的【表格】对话框中将【行数】设为 11，【列】设为 1，【表格宽度】设为 190、【像素】，如图 18-136

所示。

图 18-133 插入的素材图像

图 18-134 插入素材图像【香蕉品种 2】

图 18-135 设置单元格高度

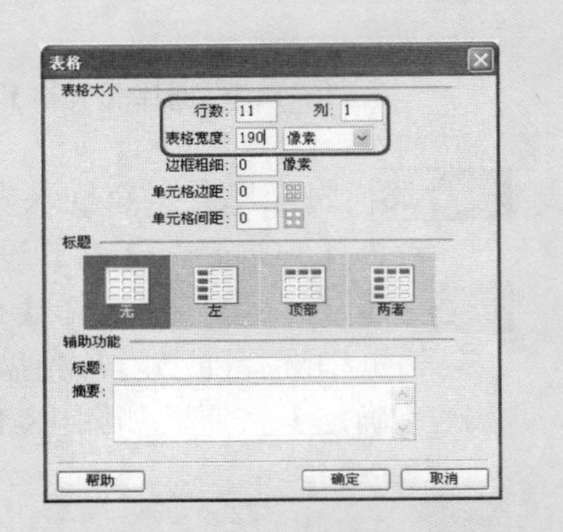

图 18-136 【表格】对话框

步骤 29 单击【确定】按钮，即可在单元格中插入表格，效果如图 18-137 所示。

步骤 30 选择新插入表格中的所有单元格，在【属性】面板中将【高】设为 24，如图 18-138 所示。

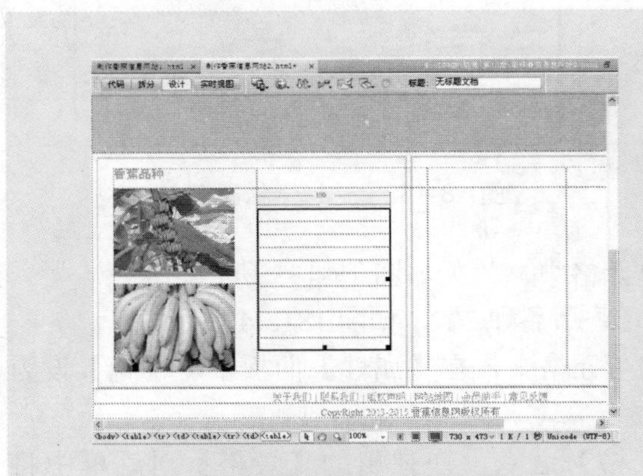

图 18-137 插入的表格

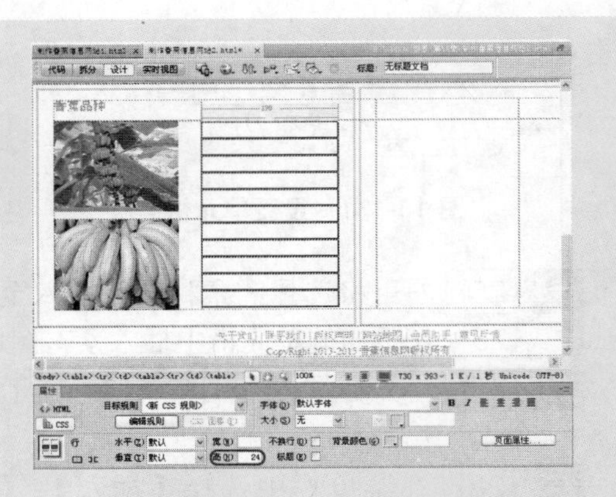

图 18-138 设置单元格高度

步骤31 在单元格中输入文字，并为输入的文字应用样式z5，如图18-139所示。

步骤32 将光标置入如图18-140所示的单元格中，在【属性】面板中将【垂直】设为【顶端】，【宽】设为204。

图18-139 输入文字并应用样式

图18-140 设置单元格属性

步骤33 在该单元格中输入文字，并为输入的文字应用样式z4，如图18-141所示。

步骤34 使用前面的制作方法，在下面的单元格中插入一个2行1列的表格，然后设置单元格属性，并分别在单元格中插入素材图像"营养信息1"和"营养信息2"，效果如图18-142所示。

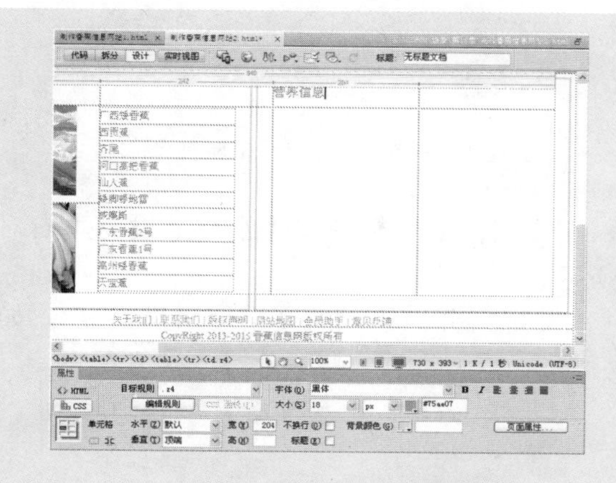

图18-141 输入文字并应用样式

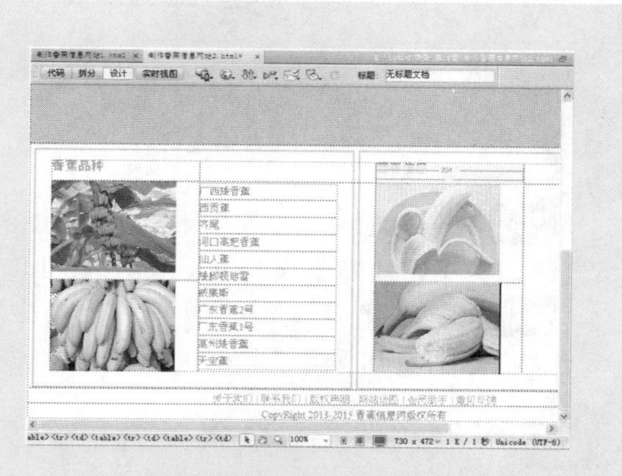

图18-142 插入表格和素材图像

步骤35 将光标置入如图18-143所示的单元格中，在【属性】面板中将【宽】设为190。

步骤36 在菜单栏中选择【插入】|【表格】命令，在弹出的【表格】对话框中将【行数】设为11，【列】设为2，【表格宽度】设为190、【像素】，如图18-144所示。

步骤37 单击【确定】按钮，即可在单元格中插入表格，效果如图18-145所示。

步骤38 在文档窗口中选择第1列中的所有单元格，在【属性】面板中将【宽】和

【高】设为 100 和 24，如图 18-146 所示。

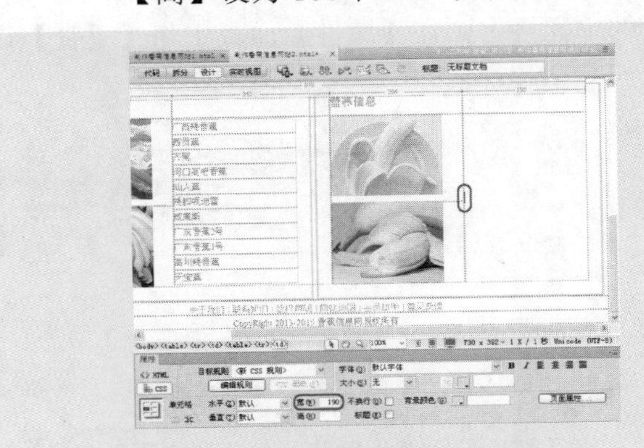

图 18-143　设置单元格宽度

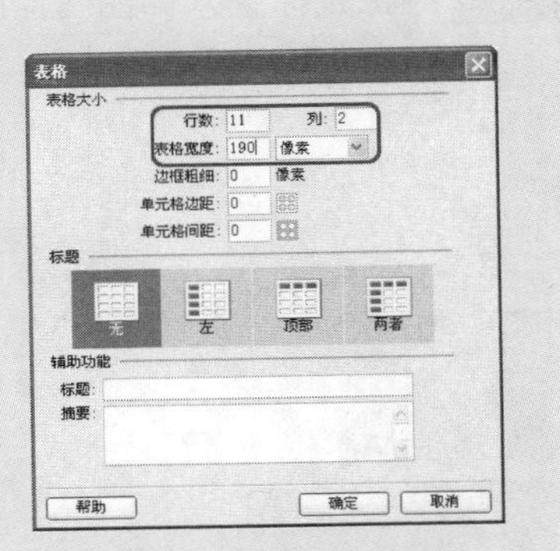

图 18-144　【表格】对话框

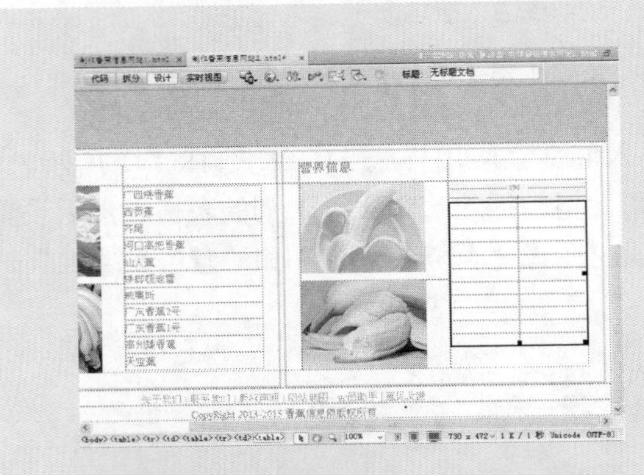

图 18-145　插入的表格

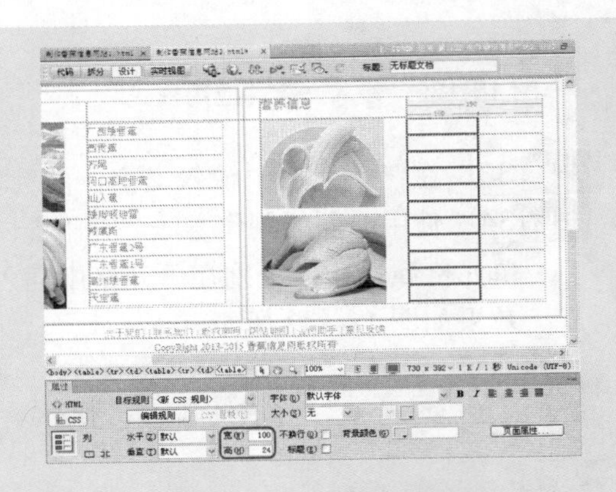

图 18-146　设置单元格属性

步骤39　选择第 2 列中的所有单元格，在【属性】面板中将【水平】设为【右对齐】，【宽】设为 90，如图 18-147 所示。

步骤40　在第 1 行中的所有单元格中输入文字，并为输入的文字应用样式 z8，如图 18-148 所示。

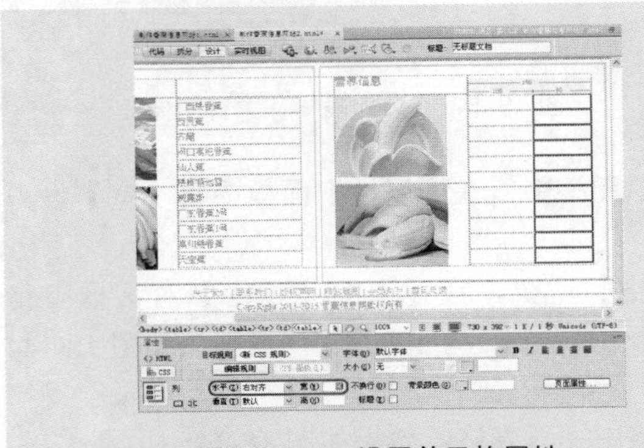

图 18-147　设置单元格属性

图 18-148　输入文字并应用样式

步骤41 在其他单元格中输入文字，并为输入的文字应用样式 z5，如图 18-149 所示。

步骤42 结合前面制作“香蕉品种”和“营养信息”内容的方法，制作内容“食用价值”和“香蕉美食”，效果如图 18-150 所示。至此，香蕉百科页面就制作完成了，将网页文档保存。

图 18-149　输入文字并应用样式

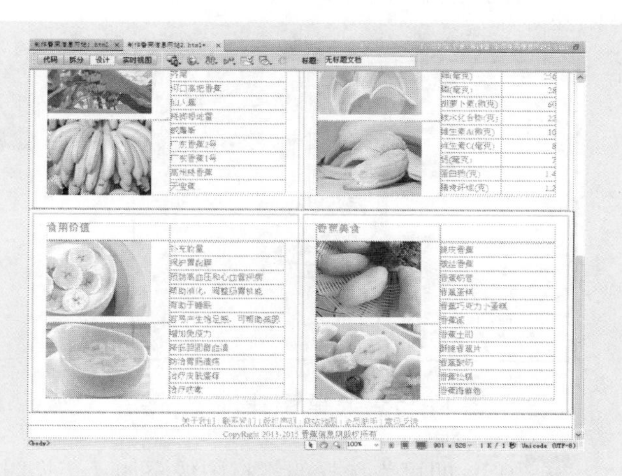

图 18-150　制作其他内容

18.1.3　链接网页

网站首页和香蕉百科页面制作完成后，下面再来将制作的网页链接起来，具体操作步骤如下。

步骤01 打开“制作香蕉信息网站 1”文件，选择图像“香蕉百科 1”，然后在【行为】面板中单击【添加行为】按钮，在弹出的下拉列表中选择【交换图像】命令，如图 18-151 所示。

步骤02 弹出【交换图像】对话框，在该对话框中单击【浏览】按钮，如图 18-152 所示。

图 18-151　选择【交换图像】命令

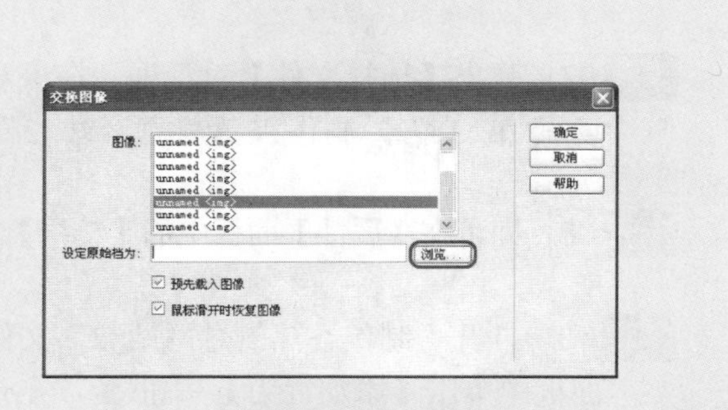

图 18-152　单击【浏览】按钮

步骤03 弹出【选择图像源文件】对话框，在该对话框中选择随书附带光盘中的“CDROM\素材\第 18 章\香蕉百科 2”文件，单击【确定】按钮，如图 18-153 所示。

步骤04 返回到【交换图像】对话框，保留该对话框中的默认设置，直接单击【确定】按钮，如图 18-154 所示。

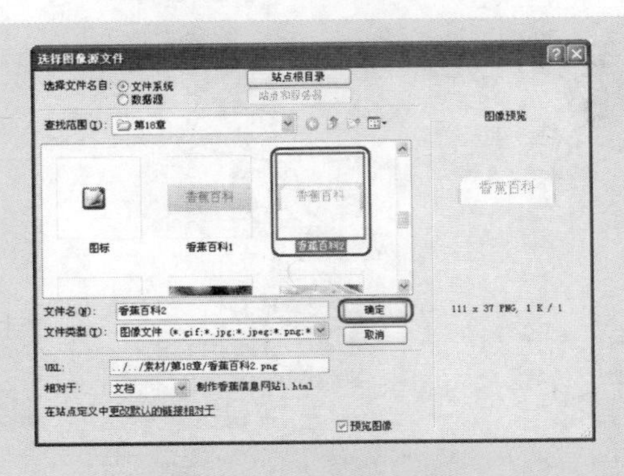

图 18-153 选择素材图像

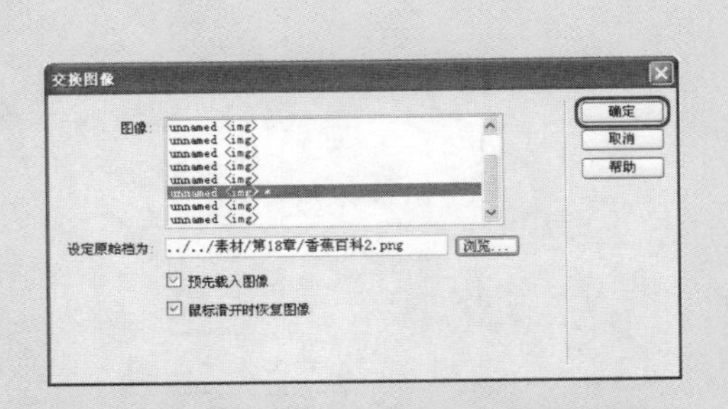

图 18-154 单击【确定】按钮

步骤05 即可为选择的素材图像添加【交换图像】行为，如图 18-155 所示。

步骤06 再次确定图像“香蕉百科 1”处于选中状态，在【属性】面板中单击【链接】文本框右侧的【浏览文件】按钮，如图 18-156 所示。

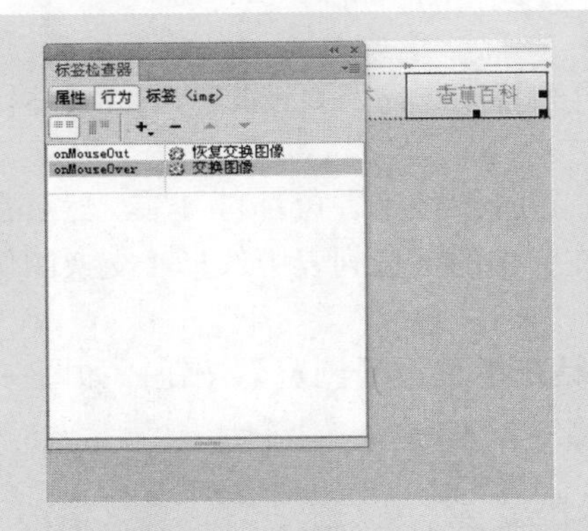

图 18-155 添加的【交换图像】行为

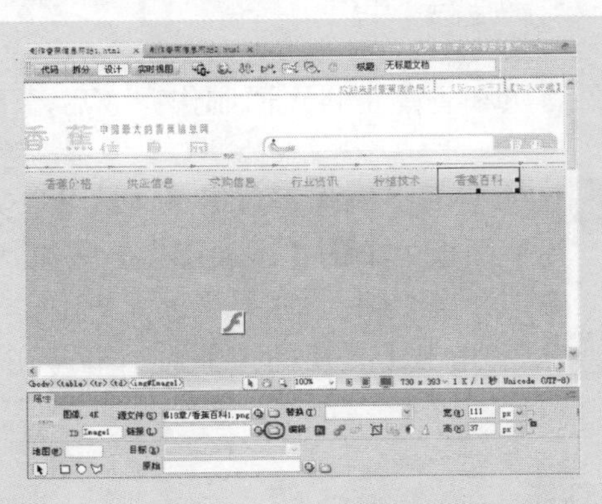

图 18-156 单击【浏览文件】按钮

步骤07 弹出【选择文件】对话框，在该对话框中选择随书附带光盘中的“CDROM\场景\第 18 章\制作香蕉信息网站 2”文件，单击【确定】按钮，如图 18-157 所示。

步骤08 即可在【属性】面板中的【链接】文本框中显示链接文件的名称，如图 18-158 所示。

步骤09 打开“制作香蕉信息网站 2”文件，选择图像【首页 1】，然后在【行为】面板中单击【添加行为】按钮，在弹出的下拉列表中选择【交换图像】命令，如图 18-159 所示。

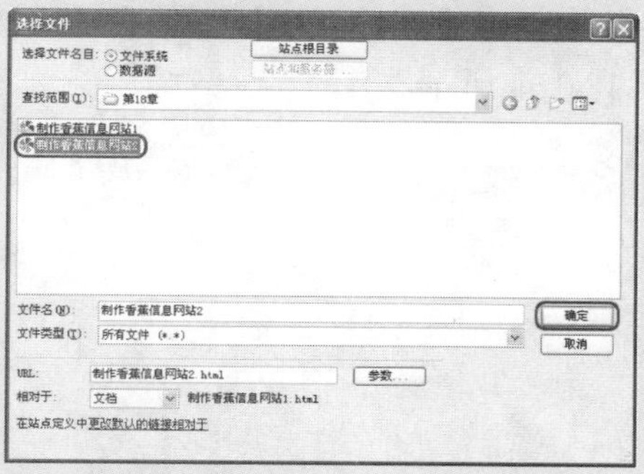

图 18-157 选择文件

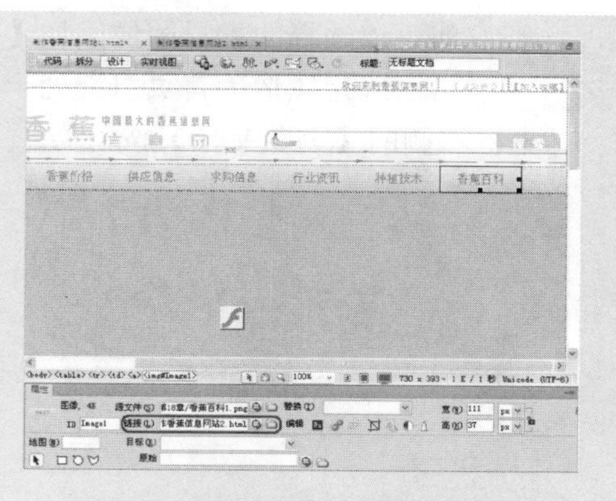

图 18-158 显示的链接文件名称

步骤10 弹出【交换图像】对话框，在该对话框中单击【浏览】按钮，如图 18-160 所示。

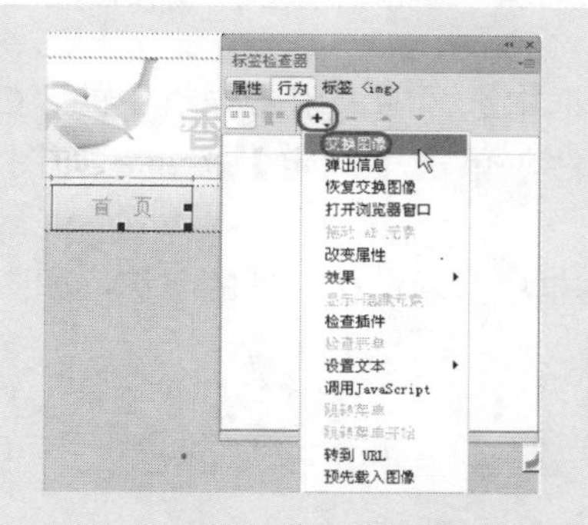

图 18-159 选择【交换图像】命令

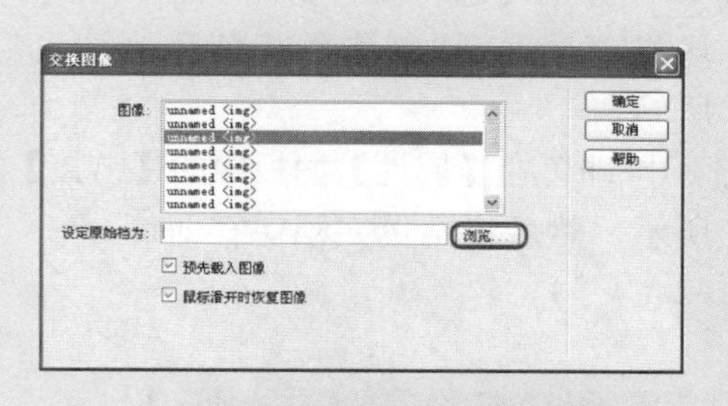

图 18-160 单击【浏览】按钮

步骤11 弹出【选择图像源文件】对话框，在该对话框中选择随书附带光盘中的“CDROM\素材\第 18 章\首页 2”文件，如图 18-161 所示。

步骤12 单击【确定】按钮，返回到【交换图像】对话框，保留该对话框中的默认设置，直接单击【确定】按钮，如图 18-162 所示。

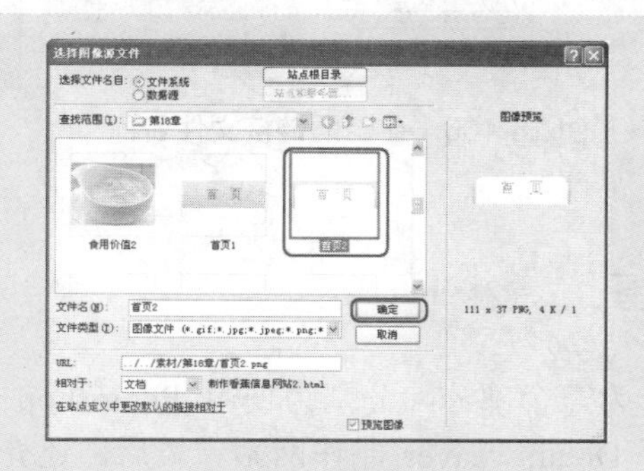

图 18-161 选择素材图像

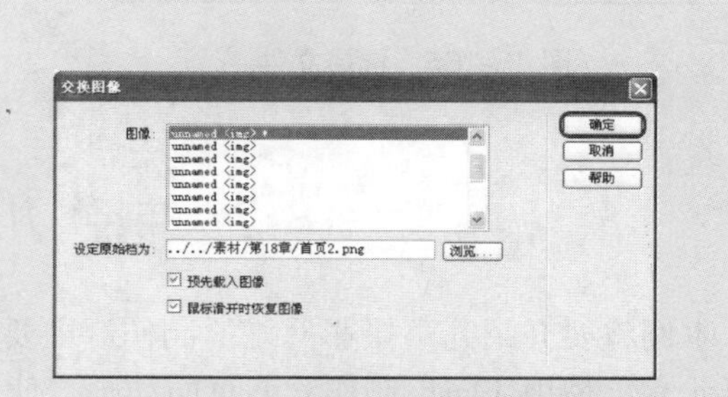

图 18-162 单击【确定】按钮

步骤13 即可为选择的素材图像添加【交换图像】行为，如图 18-163 所示。

步骤14 再次确定图像“首页 1”处于选中状态，在【属性】面板中单击【链接】文本框右侧的【浏览文件】按钮，如图 18-164 所示。

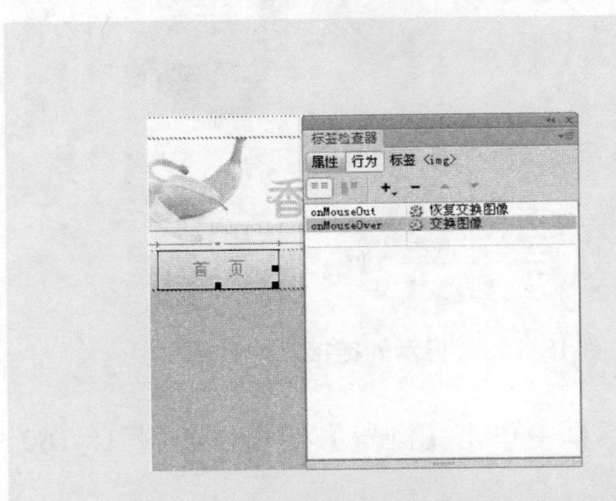

图 18-163 添加的【交换图像】行为

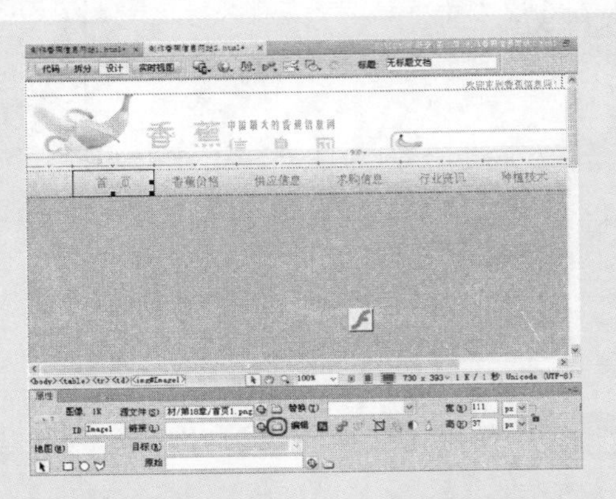

图 18-164 单击【浏览文件】按钮

步骤15 弹出【选择文件】对话框，在该对话框中选择随书附带光盘中的“CDROM\场景\第 18 章\制作香蕉信息网站 1”文件，单击【确定】按钮，如图 18-165 所示。

步骤16 即可在【属性】面板中的【链接】文本框中显示链接文件的名称，如图 18-166 所示，然后将网页文档保存即可。

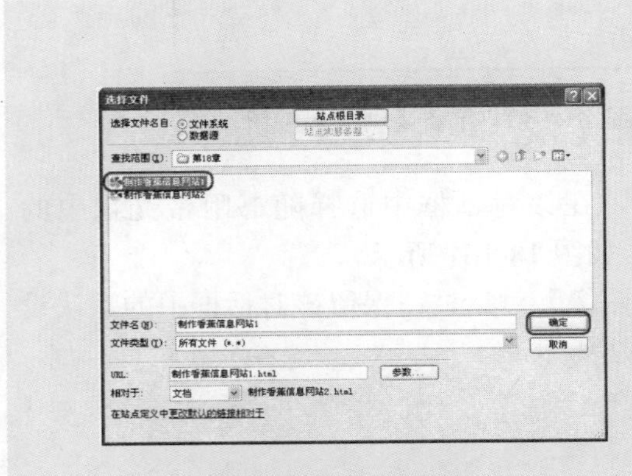

图 18-165 选择文件

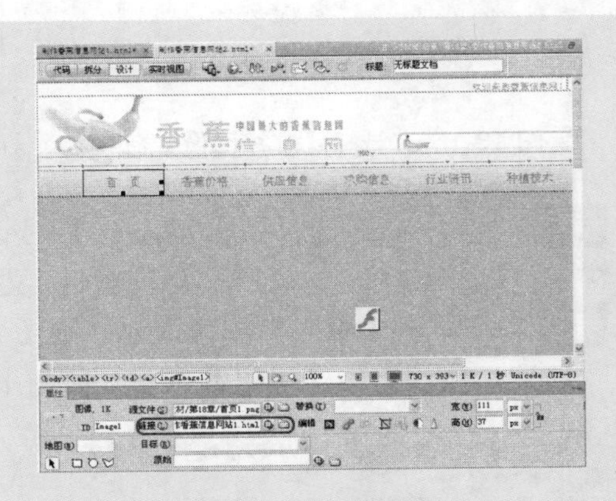

图 18-166 显示的链接文件名称

18.2 制作儿童摄影网站

本例将要介绍儿童摄影网站的制作，主要分为三个部分，分别为使用 Photoshop 制作网页元素、使用 Flash 制作欢迎页面动画、使用 Dreamweaver 制作网站。最后，还介绍了通过使用图像热点链接将制作的网站链接起来的方法，效果如图 18-167 所示。

图 18-167　网站效果

18.2.1　使用 Photoshop 制作网页元素

下面将要介绍使用 Photoshop 制作网页元素的方法，具体操作步骤如下。

步骤01　启动 Photoshop CS6 软件，按 Ctrl+O 组合键，弹出【打开】对话框，在该对话框中选择随书附带光盘中的“CDROM\素材\第 18 章\幸福宝贝背景”文件，单击【打开】按钮，如图 18-168 所示。

步骤02　即可打开选择的素材文件，效果如图 18-169 所示。

图 18-168　选择素材文件

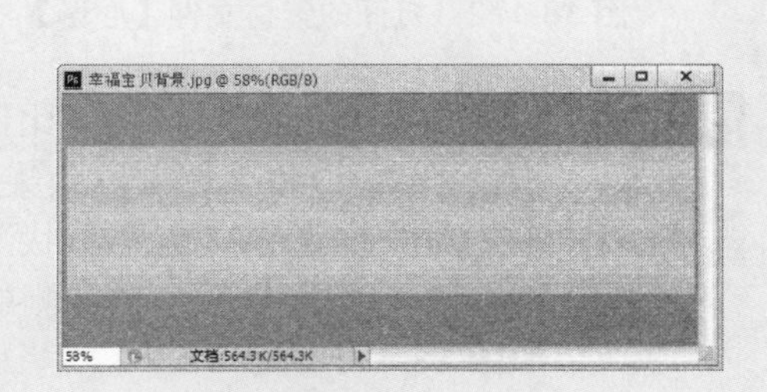

图 18-169　打开的素材文件

步骤03　再次按 Ctrl+O 组合键，在弹出的【打开】对话框中选择随书附带光盘中的“CDROM\素材\第 18 章\底纹”文件，单击【打开】按钮，打开的素材文件如图 18-170 所示。

步骤04　将【底纹】图层拖曳至【幸福宝贝背景】文件中，并在【图层】面板中将【不透明度】设为 30%，最后调整其位置，如图 18-171 所示。

步骤05　在菜单栏中选择【文件】|【打开】命令，在弹出的【打开】对话框中选择随书附带光盘中的“CDROM\素材\第 18 章\心形”文件，单击【打开】按钮，打开的素材文件如图 18-172 所示。

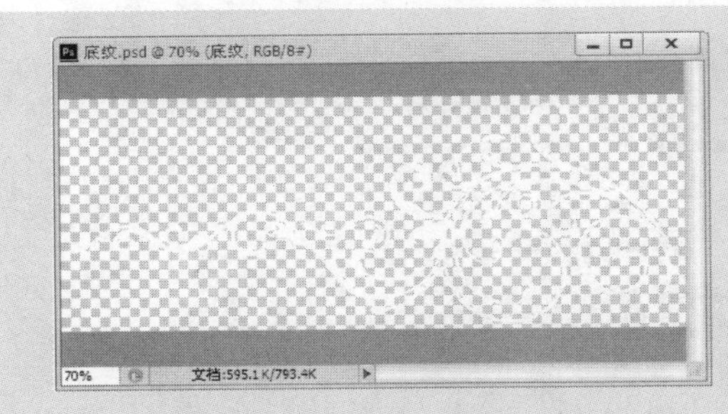

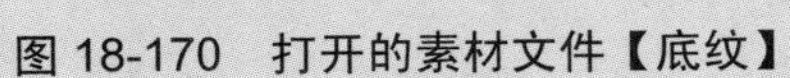

图 18-170　打开的素材文件【底纹】

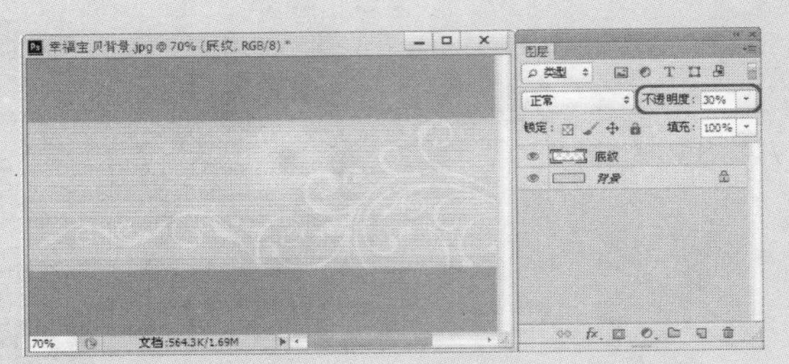

图 18-171　设置不透明度

步骤 06　将【心形】图层拖曳至【幸福宝贝背景】文件中，并按 Ctrl+T 组合键执行自由变换命令，如图 18-173 所示。

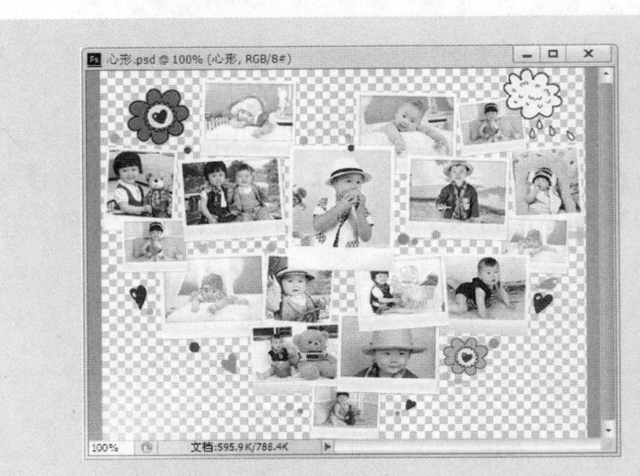

图 18-172　打开的素材文件【心形】

图 18-173　执行自由变换命令

步骤 07　按住 Shift 键的同时，等比例缩放心形图像，缩放完成后，按 Enter 键确认，并在文档中调整其位置，效果如图 18-174 所示。

步骤 08　在工具箱中选择【自定形状工具】，然后在工具选项栏中将工具模式设为【形状】，单击【填充】右侧的色块，在展开的面板中单击【拾色器】按钮，如图 18-175 所示。

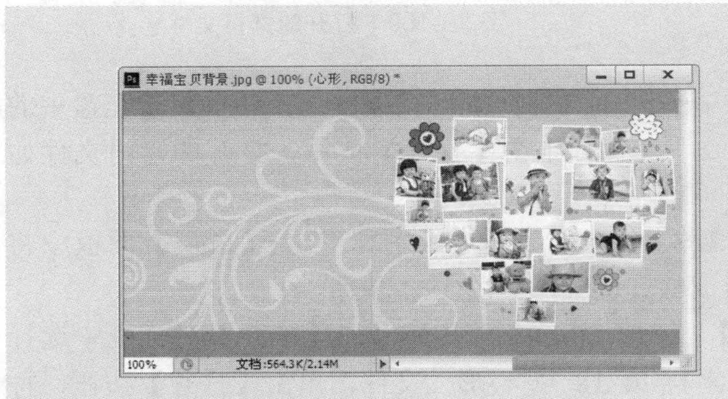

图 18-174　调整大小和位置

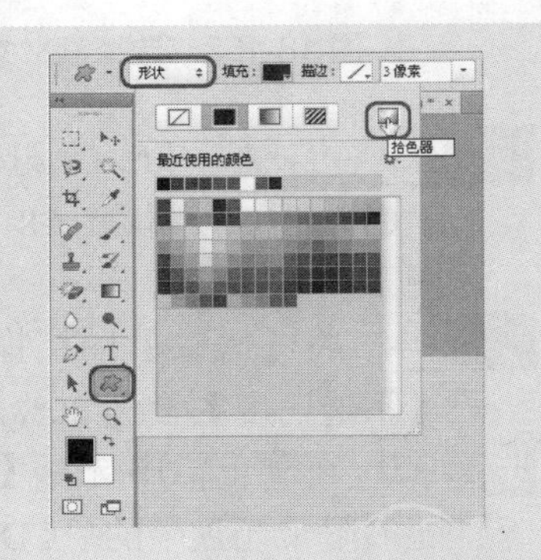

图 18-175　单击【拾色器】按钮

步骤09 在弹出的【拾色器(填充颜色)】对话框中将 RGB 设为 242、21、109，如图 18-176 所示。

步骤10 设置完成后单击【确定】按钮，然后在工具选项栏中将【描边】设为无，单击【形状】右侧的按钮，在弹出的下拉列表中选择【常春藤 3】图案，如图 18-177 所示。

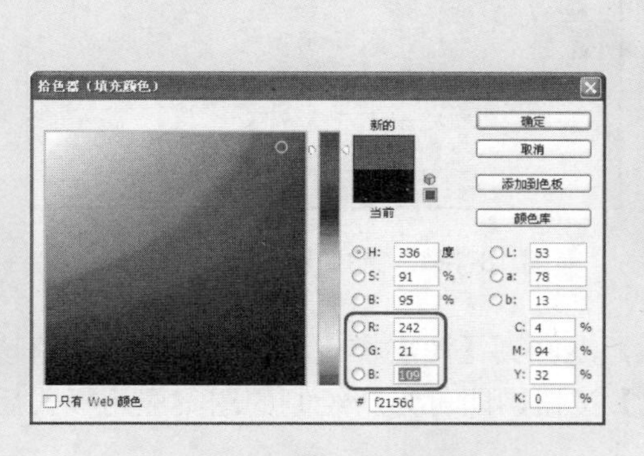

图 18-176 设置颜色

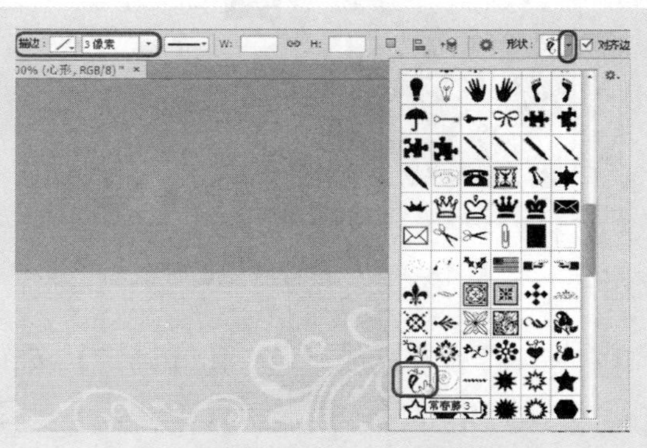

图 18-177 设置描边并选择形状

步骤11 在【幸福宝贝背景】文档中绘制图案，效果如图 18-178 所示。

步骤12 在【图层】面板中，确定【形状 1】图层处于选中状态，然后单击【添加图层样式】按钮 fx.，在弹出的下拉菜单中选择【内阴影】命令，如图 18-179 所示。

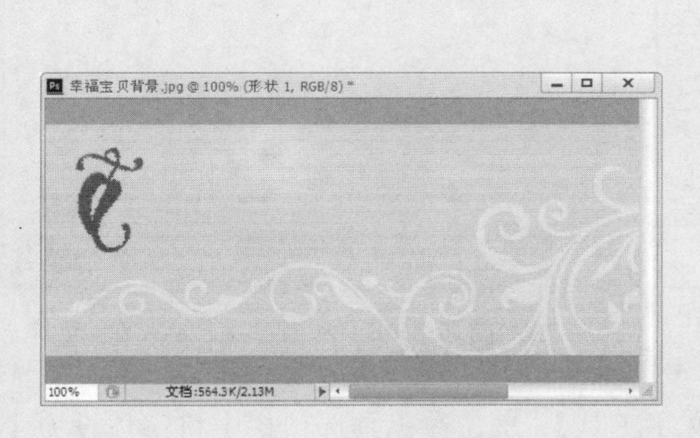

图 18-178 绘制图案

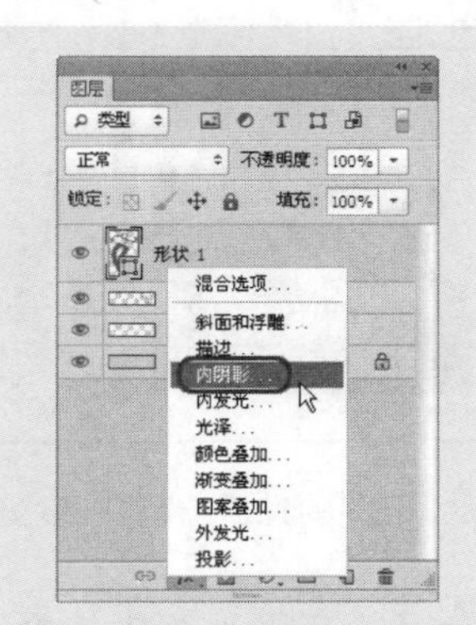

图 18-179 选择【内阴影】命令

步骤13 弹出【图层样式】对话框，在右侧的【结构】区域中单击【设置阴影颜色】色块，在弹出的【拾色器(内阴影颜色)】对话框中将 RGB 设为 212、210、210，如图 18-180 所示。

步骤14 设置完成后，单击【确定】按钮。返回到【图层样式】对话框中，在左侧的【样式】列表框中选择【外发光】选项，如图 18-181 所示。

步骤15 在右侧的【结构】区域中单击【设置发光颜色】色块，在弹出的【拾色器(外发光颜色)】对话框中将 RGB 设为 255、255、255，如图 18-182 所示。

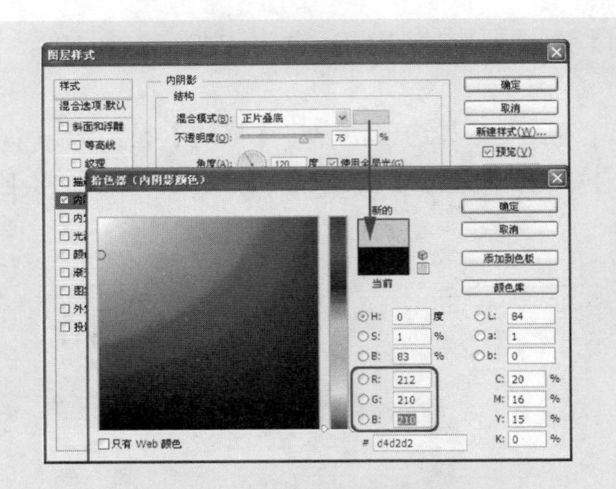

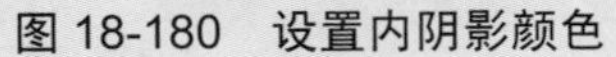

图 18-180　设置内阴影颜色

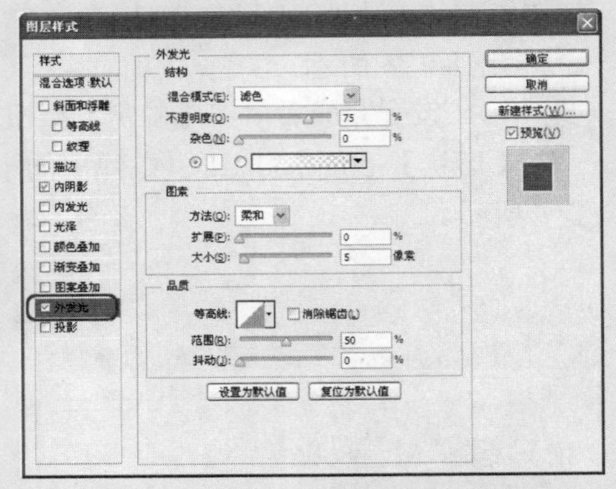

图 18-181　选择【外发光】选项

步骤16　设置完成后，单击【确定】按钮，返回到【图层样式】对话框中，保留该对话框中的默认设置，直接单击【确定】按钮，即可为新绘制的图案应用样式后的效果如图 18-183 所示。

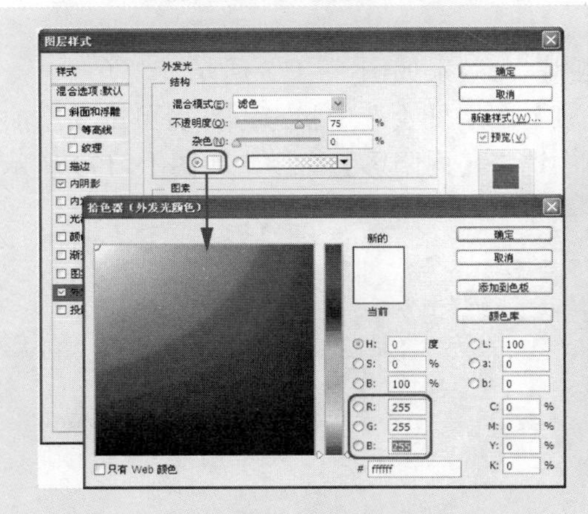

图 18-182　设置外发光颜色

图 18-183　应用样式后的效果

步骤17　在工具箱中选择【横排文字工具】T，在工具选项栏中将字体设为【汉仪圆叠体简】，字体大小设为 62 点，文本颜色设为 242、21、109，然后在文档中输入文字，效果如图 18-184 所示。

步骤18　再次选择【横排文字工具】T，在工具选项栏中将字体设为【方正大黑简体】，字体大小设为 20 点，将文本颜色设为白色，然后在文档中输入文字，效果如图 18-185 所示。

步骤19　在菜单栏中选择【文件】|【存储为】命令，如图 18-186 所示。

步骤20　弹出【存储为】对话框，在该对话框中选择存储路径，并输入文件名为“幸福宝贝背景.psd”，然后单击【保存】按钮，如图 18-187 所示。在弹出的信息提示框中单击【确定】按钮即可。

图 18-184 输入文字

图 18-185 输入文字

图 18-186 选择【存储为】命令

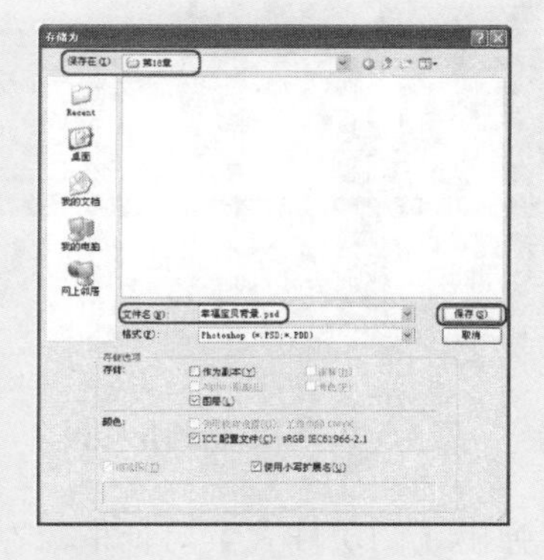

图 18-187 保存场景

步骤21 再次在菜单栏中选择【文件】|【存储为】命令，在弹出的【存储为】对话框中选择存储路径，并输入文件名为“幸福宝贝.png”，然后将【格式】设为PNG(*.PNG; *.PNS)，单击【保存】按钮，如图18-188所示。在弹出的对话框中使用默认设置，直接单击【确定】按钮即可。

步骤22 按Ctrl+N组合键，弹出【新建】对话框，在该对话框中将【宽度】设为900、【像素】，【高度】设为67、【像素】，【背景内容】设为【透明】，如图18-189所示。

图 18-188 【存储为】对话框

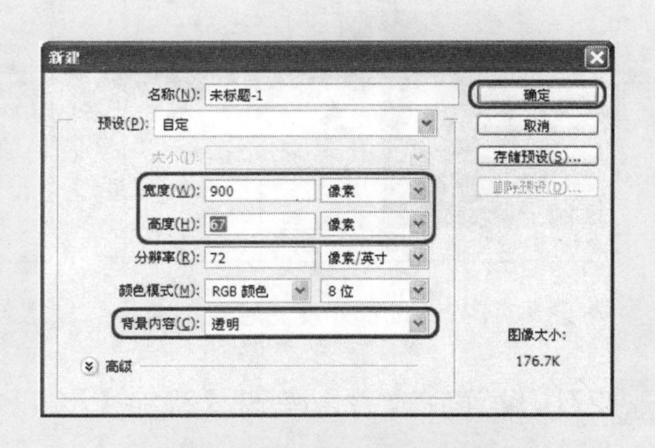

图 18-189 【新建】对话框

步骤23 单击【确定】按钮，即可新建空白文档，然后在工具箱中选择【圆角矩形工具】，在工具选项栏中将工具模式设为【形状】，【填充】颜色设为 242、21、109，【描边】设为无，【半径】设为 30 像素，然后在文档中绘制圆角矩形，如图 18-190 所示。

步骤24 在【图层】面板中，确定【圆角矩形 1】图层处于选中状态，然后单击【添加图层样式】按钮 fx，在弹出的下拉菜单中选择【外发光】命令，如图 18-191 所示。

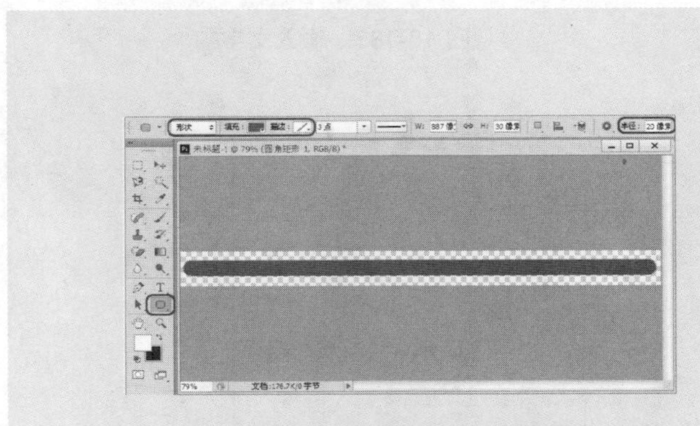

图 18-190 绘制圆角矩形

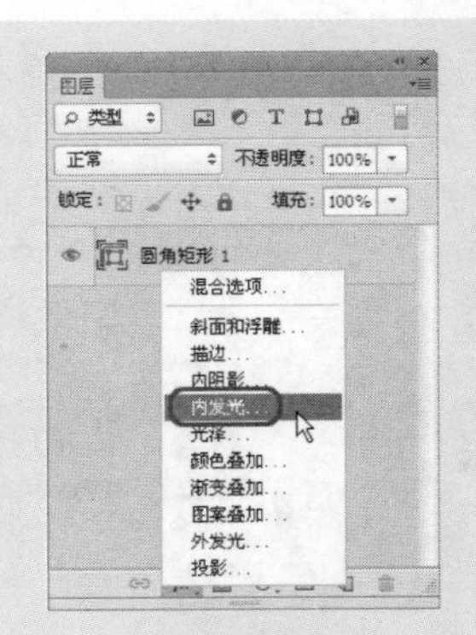

图 18-191 选择【外发光】命令

步骤25 弹出【图层样式】对话框，在右侧的【结构】区域中单击【设置发光颜色】色块，然后在弹出的【拾色器(外发光颜色)】对话框中将 RGB 设为 255、255、255，如图 18-192 所示。

步骤26 设置完成后，单击【确定】按钮，返回到【图层样式】对话框中，要将【扩展】设为 8，【大小】设为 13，如图 18-193 所示。

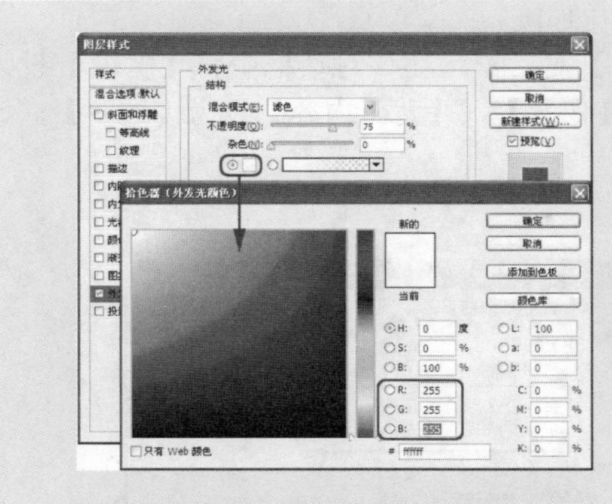

图 18-192 设置外发光颜色

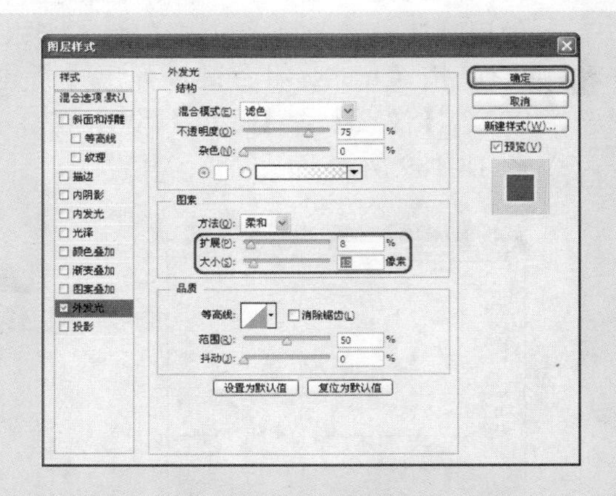

图 18-193 设置参数

步骤27 设置完成后，单击【确定】按钮，为圆角矩形应用图层样式后的效果如图 18-194 所示。

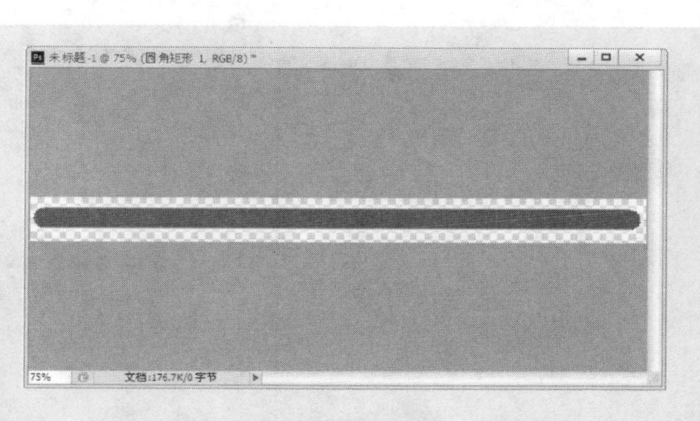

图 18-194 应用图层样式后的效果

步骤28 在菜单栏中选择【文件】|【存储】命令，在弹出的【存储为】对话框中选择存储路径，并输入文件名为“导航条背景.psd”，单击【保存】按钮，如图 18-195 所示。在弹出的信息提示框中单击【确定】按钮即可。

步骤29 在菜单栏中选择【文件】|【存储为】命令，在弹出的【存储为】对话框中选择存储路径，输入文件名为“导航条背景.png”，并将【格式】设为“PNG(*.PNG；*.PNS)”，单击【保存】按钮，如图 18-196 所示。在弹出的对话框中使用默认设置，直接单击【确定】按钮即可。

图 18-195 保存场景

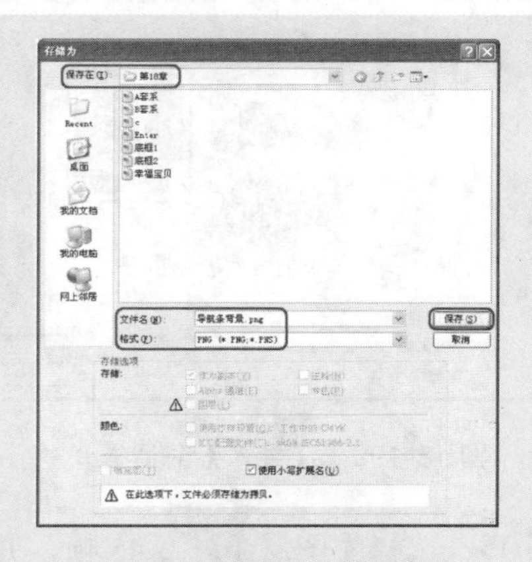

图 18-196 【存储为】对话框

18.2.2 使用 Flash 制作欢迎页面动画

下面将要介绍使用 Flash 制作欢迎页面动画的方法，具体操作步骤如下。

步骤01 启动 Flash CS6 软件，在菜单栏中选择【文件】|【新建】命令，弹出【新建文档】对话框，在【类型】列表框中选择 ActionScript 2.0 选项，然后在右侧的设置区域中将【宽】设置为 900，【高】设置为 661，如图 18-197 所示。

步骤02 单击【确定】按钮，即可新建一个空白文档，然后在菜单栏中选择【文件】|【导入】|【导入到舞台】命令，如图 18-198 所示。

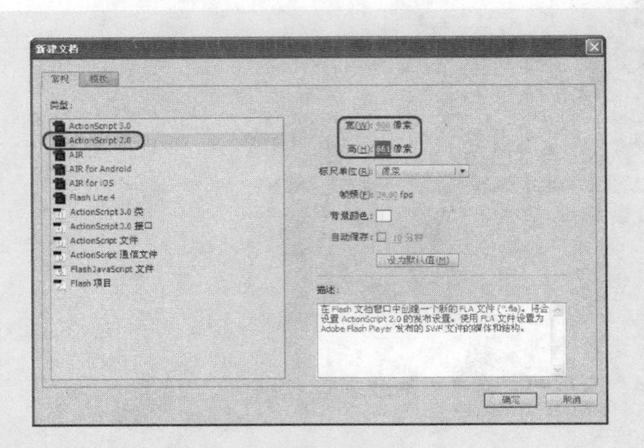

图 18-197 【新建文档】对话框

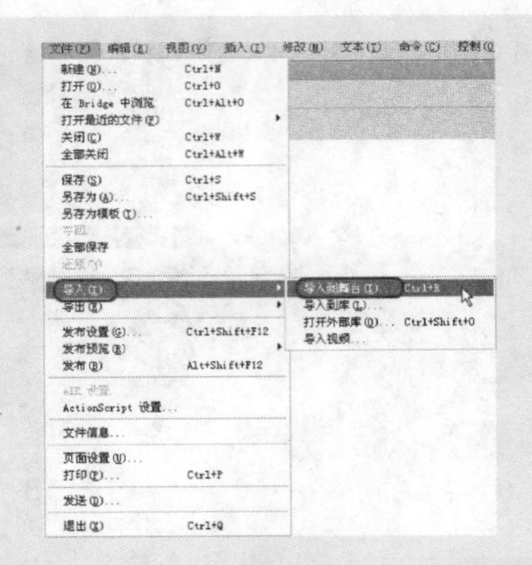

图 18-198 选择【导入到舞台】命令

步骤 03 在弹出的【导入】对话框中选择随书附带光盘中的"CDROM\素材\第 18 章\欢迎页面背景"文件，单击【打开】按钮，如图 18-199 所示。

步骤 04 即可将选择的素材文件导入舞台中，如图 18-200 所示。

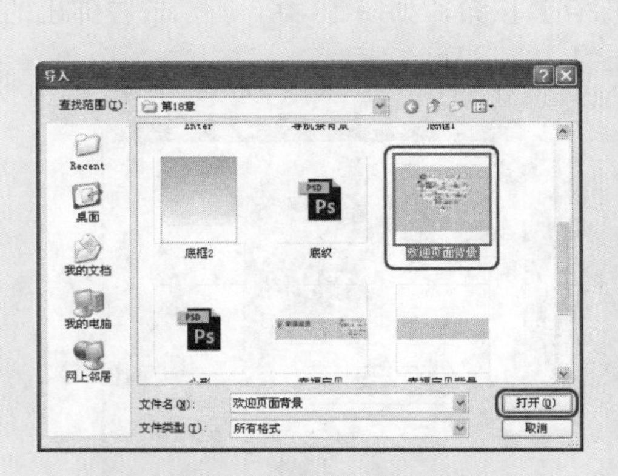

图 18-199 【导入】对话框

图 18-200 导入的素材文件

步骤 05 选择【图层 1】第 45 帧，并按 F6 键插入关键帧，如图 18-201 所示。

步骤 06 在【时间轴】面板中单击【新建图层】按钮，新建【图层 2】，如图 18-202 所示。

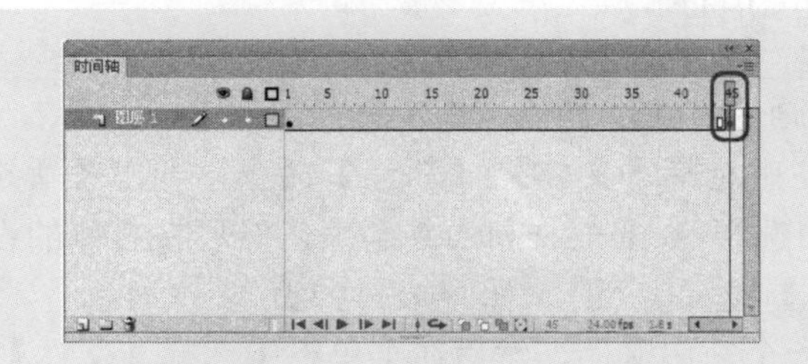

图 18-201 插入关键帧

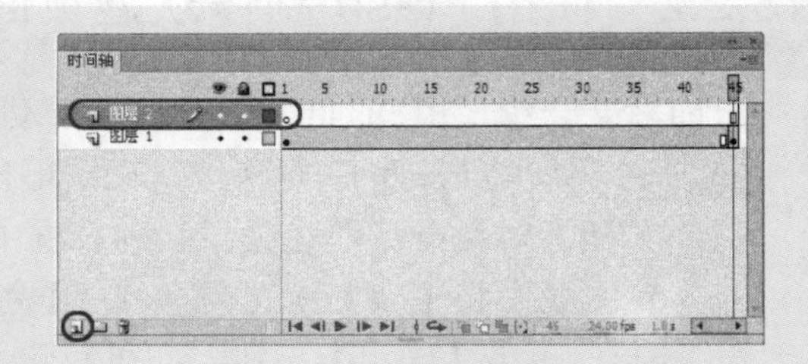

图 18-202 新建图层

步骤 07 在工具箱中选择【文本工具】，然后在舞台中输入文字，并在【属性】

面板中将字体设置为【汉仪雁翎体简】，【大小】设置为35，【颜色】设置为白色，如图18-203所示。

步骤08 按F8键弹出【转换为元件】对话框，在该对话框中将【名称】设置为【文字1】，【类型】设置为【图形】，单击【确定】按钮，即可将文字转换为图形元件，如图18-204所示。

图18-203 输入并设置文字

图18-204 【转换为元件】对话框

步骤09 在舞台中调整图形元件的位置，并在【属性】面板中将【样式】设置为Alpha，Alpha的值设置为0，如图18-205所示。

步骤10 选择【图层2】第30帧，按F6键插入关键帧，并在舞台中调整图形元件的位置，然后在【属性】面板中将【样式】设置为【无】，如图18-206所示。

图18-205 设置元件位置和样式

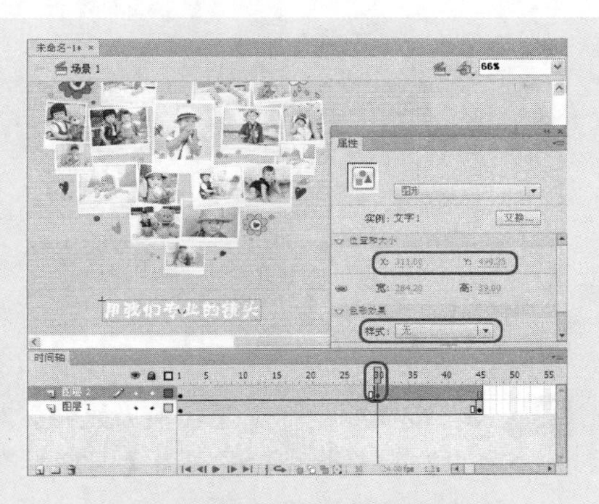

图18-206 插入关键帧并设置样式

步骤11 选择【图层2】第10帧，并单击鼠标右键，在弹出的快捷菜单中选择【创建传统补间】命令，如图18-207所示。

步骤12 即可创建传统补间，效果如图18-208所示。

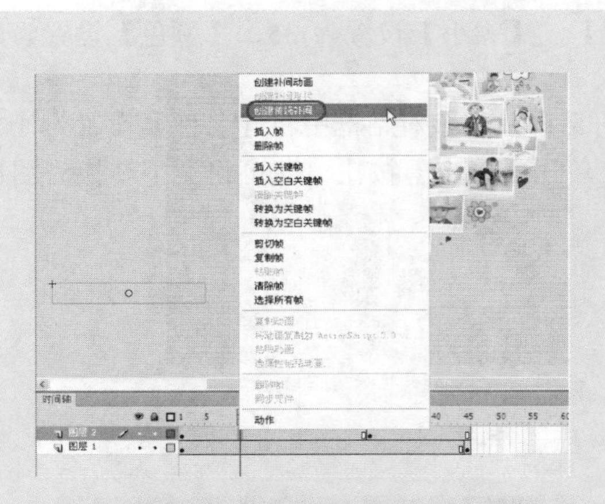

图 18-207　选择【创建传统补间】命令

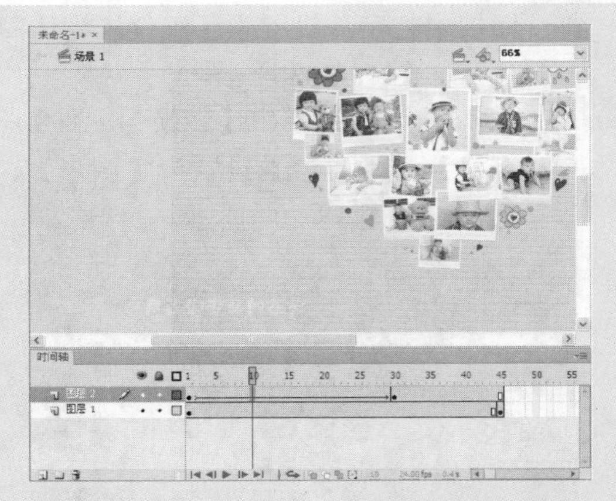

图 18-208　创建的传统补间

步骤 13　在【时间轴】面板中单击【新建图层】按钮，新建【图层 3】，如图 18-209 所示。

步骤 14　在工具箱中选择【文本工具】，然后在舞台中输入文字，并在【属性】面板中将字体设置为【汉仪雁翎体简】，【大小】设置为 35，【颜色】设置为白色，如图 18-210 所示。

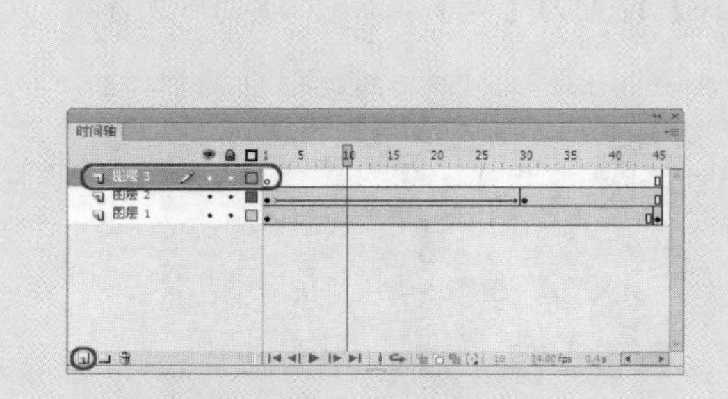

图 18-209　新建图层

图 18-210　输入并设置文字

步骤 15　按 F8 键弹出【转换为元件】对话框，在该对话框中将【名称】设置为【文字 2】，【类型】设置为【图形】，单击【确定】按钮，即可将文字转换为图形元件，如图 18-211 所示。

步骤 16　在舞台中调整图形元件的位置，并在【属性】面板中将【样式】设置为 Alpha，Alpha 的值设置为 0，如图 18-212 所示。

步骤 17　选择【图层 3】第 30 帧，按 F6 键插入关键帧，并在舞台中调整图形元件的位置，然后在【属性】面板中将【样式】设置为【无】，如图 18-213 所示。

步骤 18　选择【图层 3】第 10 帧，并单击鼠标右键，在弹出的快捷菜单中选择【创建传统补间】命令，即可创建传统补间，效果如图 18-214 所示。

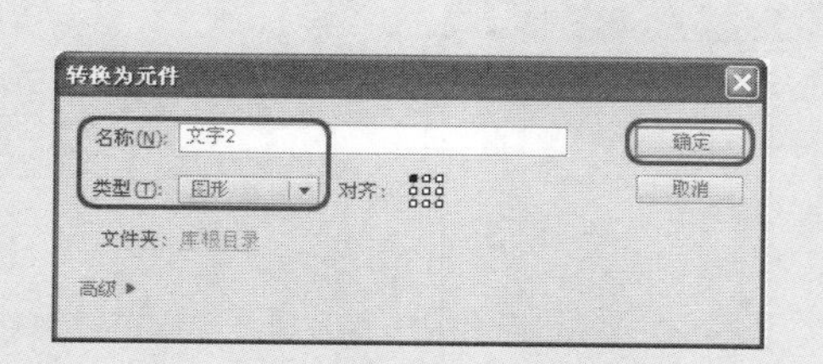

图 18-211　【转换为元件】对话框

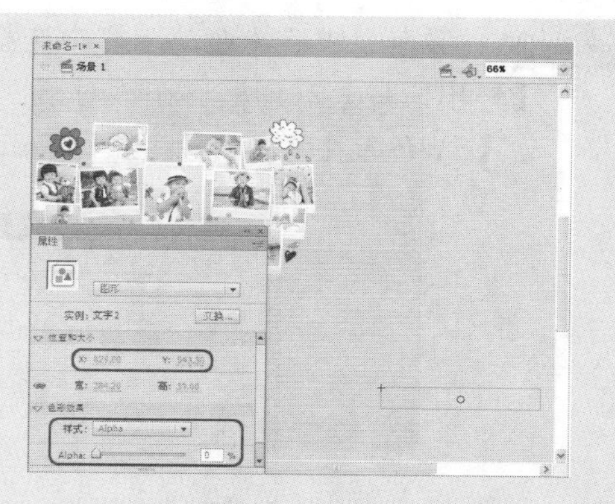

图 18-212　调整元件位置并设置样式

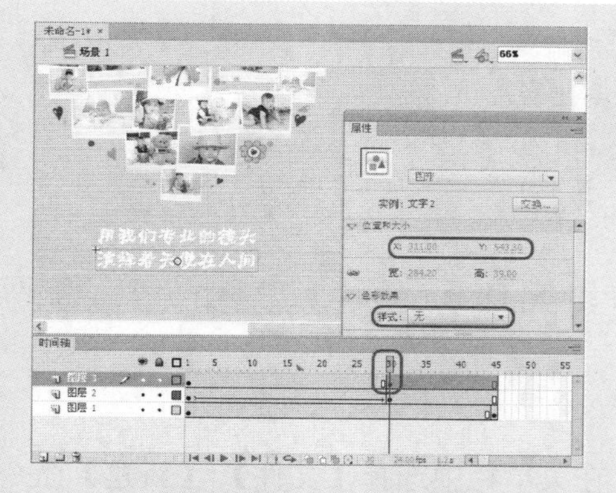

图 18-213　插入关键帧并设置图形元件

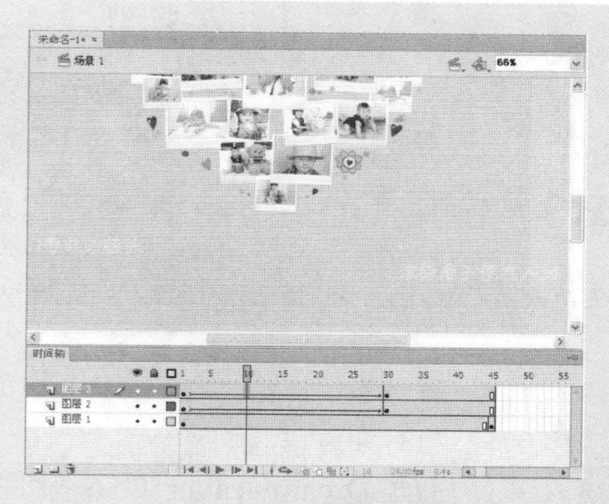

图 18-214　创建的传统补间

步骤 19　至此，网站欢迎页面的动画就制作完成了，按 Ctrl+Enter 组合键测试该动画，如图 18-215 所示。

步骤 20　测试完成后，在菜单栏中选择【文件】|【保存】命令，弹出【另存为】对话框，在该对话框中选择一个保存路径，并输入文件名，然后单击【保存】按钮，如图 18-216 所示。

图 18-215　测试影片

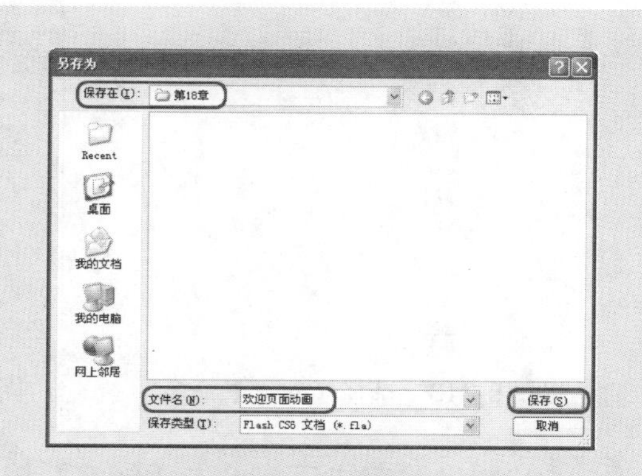

图 18-216　【另存为】对话框

步骤21 保存完成后，在菜单栏中选择【文件】|【导出】|【导出影片】命令，弹出【导出影片】对话框，在该对话框中选择一个导出路径，并将【保存类型】设置为【SWF 影片(*.swf)】，然后单击【保存】按钮，如图 18-217 所示。

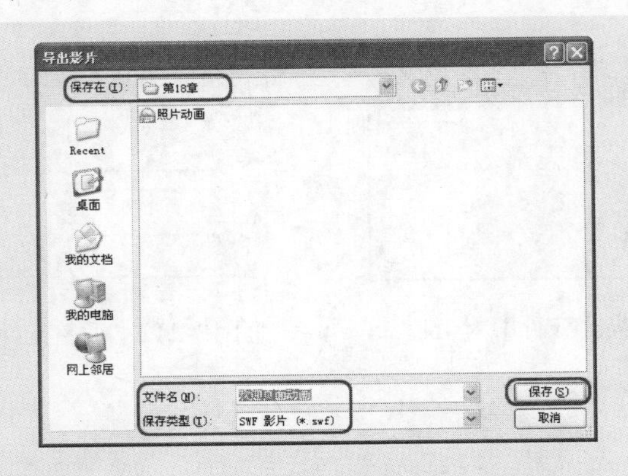

图 18-217 导出影片

18.2.3 使用 Dreamweaver 制作网站

网页元素和动画制作完成后，下面将要介绍在 Dreamweaver 中制作儿童摄影网站的方法。

1. 制作欢迎页面

步骤01 启动 Dreamweaver CS6 软件，在菜单栏中选择【文件】|【新建】命令，如图 18-218 所示。

步骤02 在弹出的对话框中选择【空白页】选项，在【页面类型】列表框中选择 HTML 选项，在【布局】列表框中选择【无】选项，如图 18-219 所示。

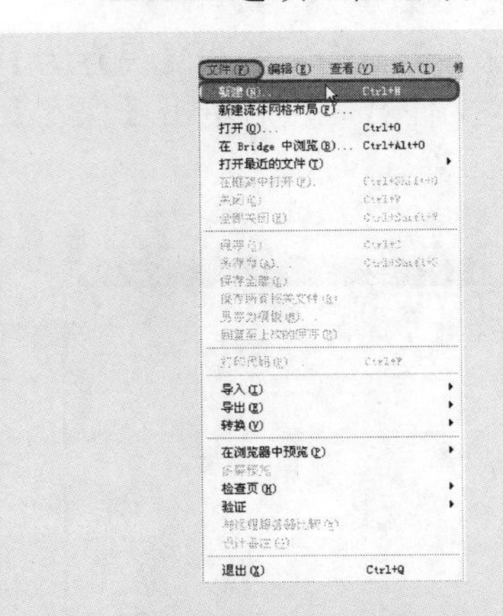

图 18-218 选择【新建】命令

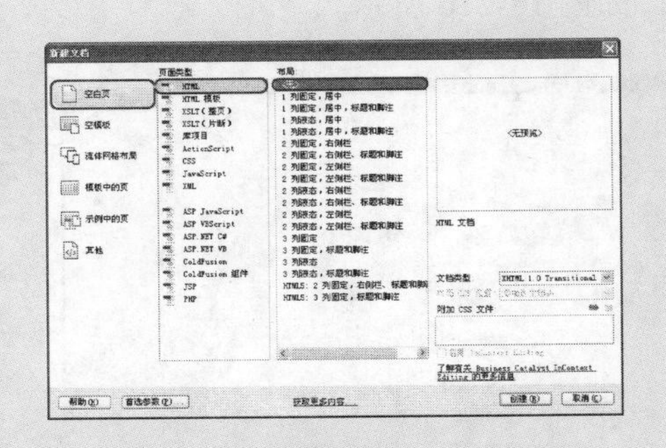

图 18-219 【新建文档】对话框

步骤03 设置完成后，单击【创建】按钮，即可创建一个空白的网页文档，然后在

【属性】面板中单击【页面属性】按钮，如图 18-220 所示。

步骤 04　弹出【页面属性】对话框，在左侧【分类】列表框中选择【外观(HTML)】选项，然后在右侧的设置区域中将【左边距】和【上边距】设置为 0，如图 18-221 所示。

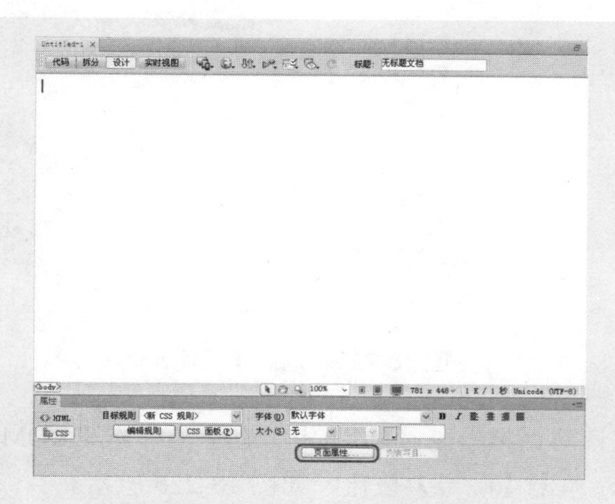

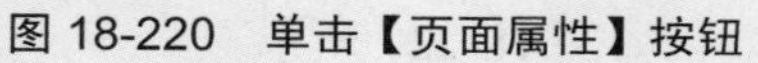

图 18-220　单击【页面属性】按钮

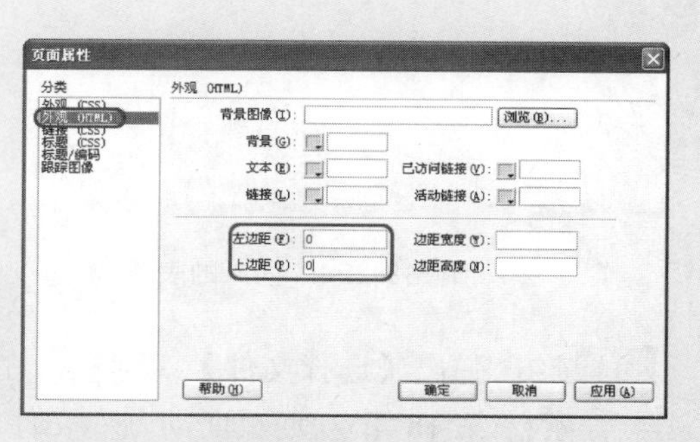

图 18-221　【页面属性】对话框

步骤 05　设置完成后，单击【确定】按钮，然后在菜单栏中选择【插入】|【表格】命令，如图 18-222 所示。

步骤 06　在弹出的【表格】对话框中将【行数】设置为 2，【列】设置为 1，【表格宽度】设置为 900、【像素】，【边框粗细】、【单元格边距】和【单元格间距】设置为 0，如图 18-223 所示。

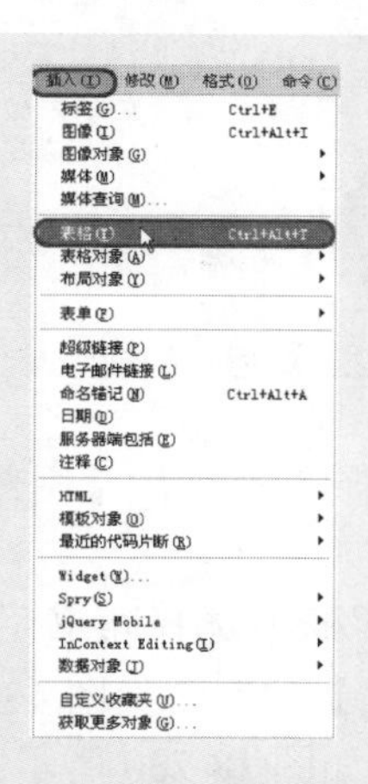

图 18-222　选择【表格】命令

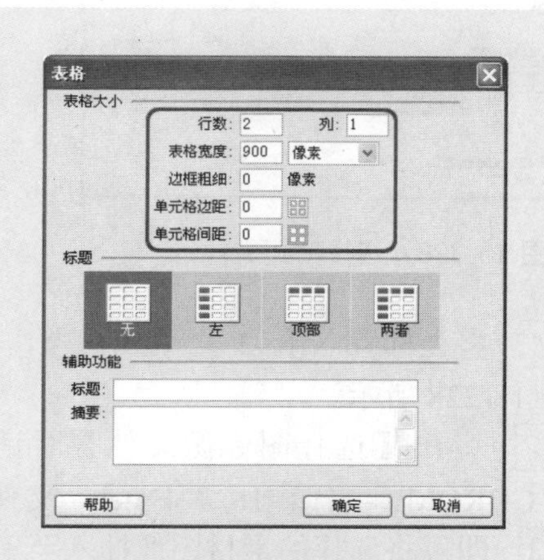

图 18-223　【表格】对话框

步骤 07　设置完成后，单击【确定】按钮，即可插入一个 2 行 1 列的表格，如图 18-224 所示。

步骤 08　将光标置入第 1 个单元格中，然后在菜单栏中选择【插入】|【媒体】|【插件】命令，如图 18-225 所示。

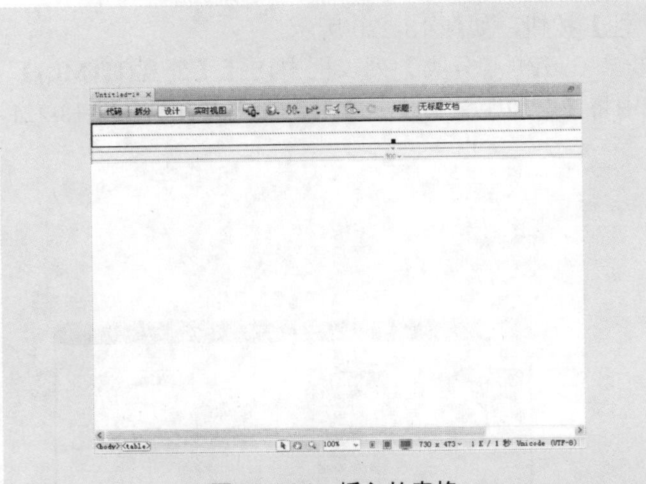

图 18-224　插入的表格

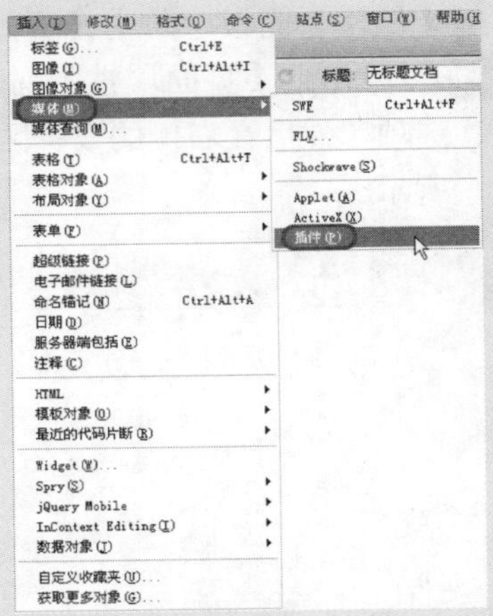

图 18-225　选择【插件】命令

步骤 09　弹出【选择文件】对话框，在该对话框中选择随书附带光盘中的“CDROM\素材\第 18 章\欢迎页面动画”文件，单击【确定】按钮，如图 18-226 所示。

步骤 10　即可将选择的动画插入到单元格中，效果如图 18-227 所示。

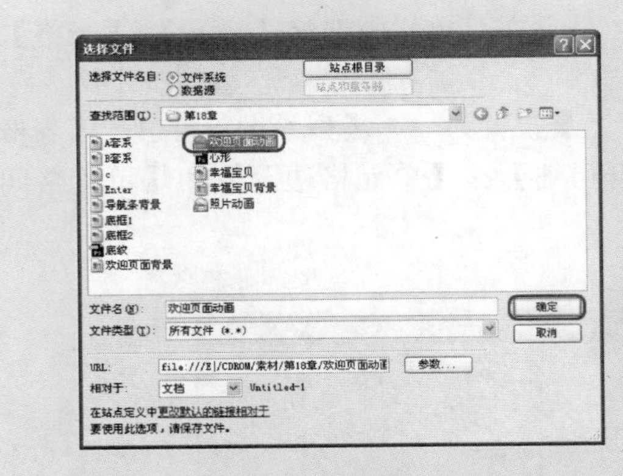

图 18-226　选择动画文件

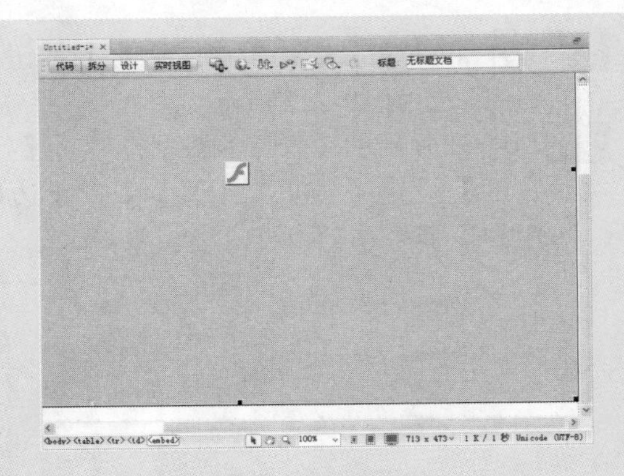

图 18-227　插入的动画

步骤 11　将光标置入第 2 个单元格中，在菜单栏中选择【插入】|【图像】命令，如图 18-228 所示。

步骤 12　弹出【选择图像源文件】对话框，在该对话框中选择随书附带光盘中的“CDROM\素材\第 18 章\Enter”文件，单击【确定】按钮，如图 18-229 所示。

步骤 13　即可将选择的素材图像插入至单元格中，效果如图 18-230 所示。

步骤 14　至此，网站的欢迎页面就制作完成了，在菜单栏中选择【文件】|【保存】命令，如图 18-231 所示。

步骤 15　弹出【另存为】对话框，在该对话框中选择存储路径，并输入文件名为“儿童摄影网站 1”，然后单击【保存】按钮，如图 18-232 所示。

图 18-228 选择【图像】命令

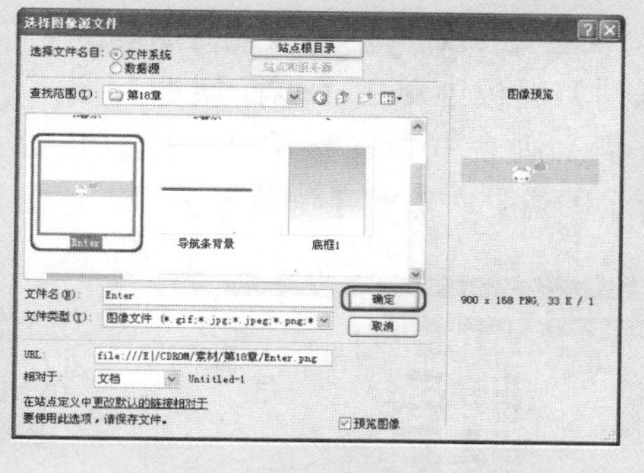

图 18-229 选择素材文件

图 18-230 插入的素材图像

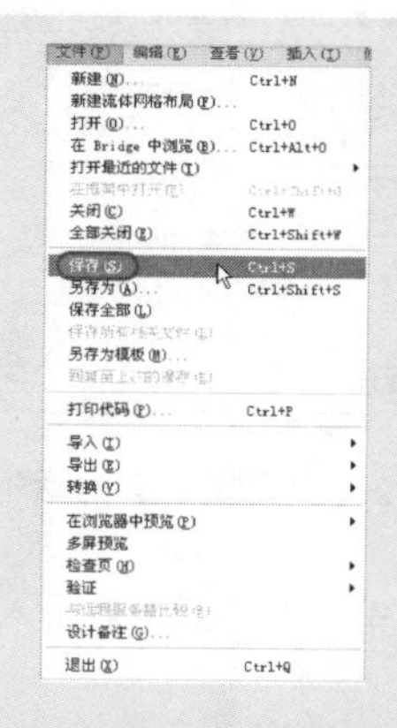

图 18-231 选择【保存】命令

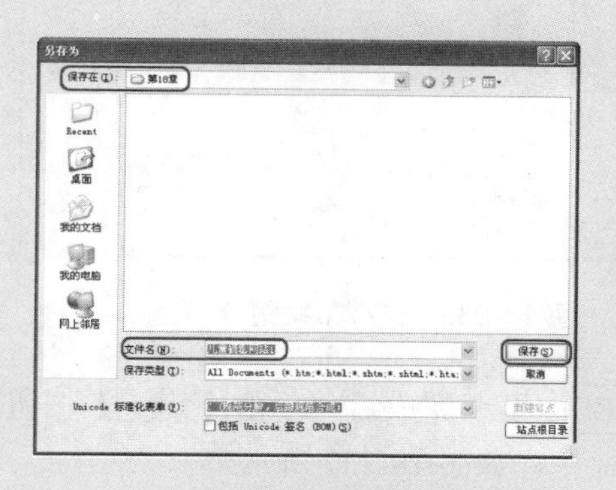

图 18-232 【另存为】对话框

2. 制作网站首页

步骤01 在菜单栏中选择【文件】|【新建】命令，弹出【新建文档】对话框，在该

对话框中选择【空白页】选项，在【页面类型】列表框中选择 HTML 选项，在【布局】列表框中选择【无】选项，如图 18-233 所示。

步骤 02 设置完成后，单击【创建】按钮，即可创建一个空白的网页文档，然后在【属性】面板中单击【页面属性】按钮，弹出【页面属性】对话框，在左侧的【分类】列表框中选择【外观(HTML)】选项，然后在右侧的设置区域中单击【背景图像】右侧的【浏览】按钮，如图 18-234 所示。

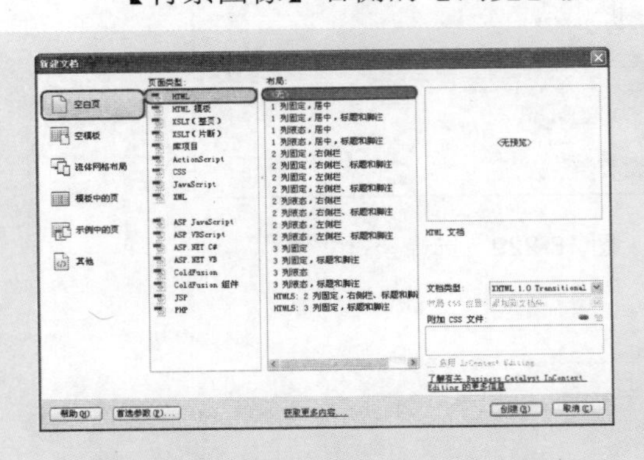

图 18-233 【新建文档】对话框

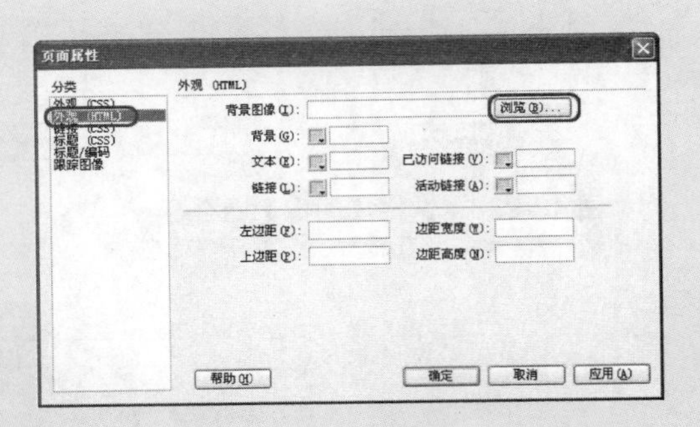

图 18-234 单击【浏览】按钮

步骤 03 弹出【选择图像源文件】对话框，在该对话框中选择随书附带光盘中的“CDROM\素材\第 18 章\首页背景”文件，单击【确定】按钮，如图 18-235 所示。

步骤 04 返回到【页面属性】对话框中，将【左边距】和【上边距】设置为 0，如图 18-236 所示。

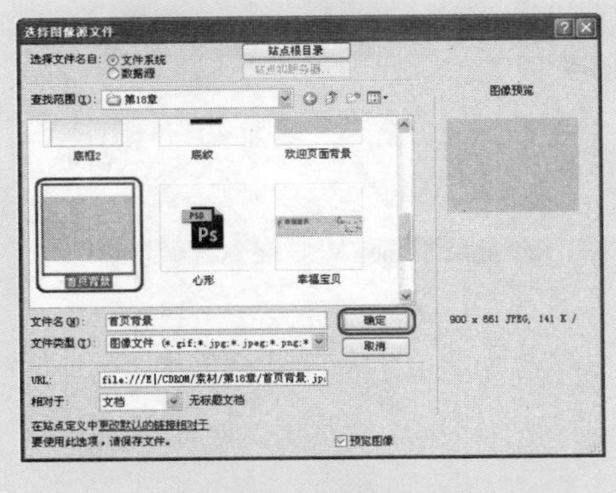

图 18-235 选择素材图像

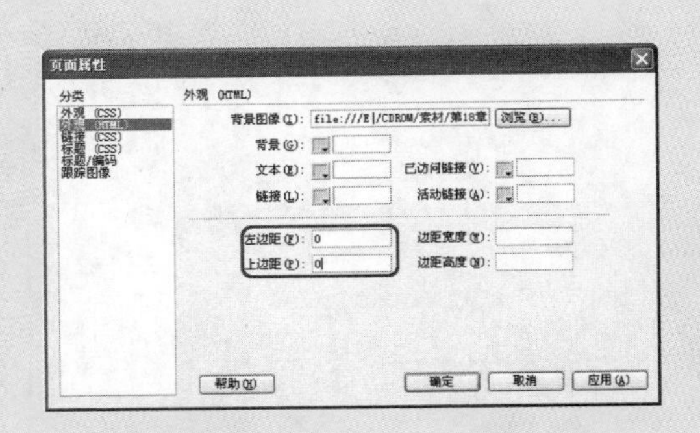

图 18-236 【页面属性】对话框

步骤 05 设置完成后，单击【确定】按钮，然后在菜单栏中选择【插入】|【表格】命令，如图 18-237 所示。

步骤 06 在弹出的【表格】对话框中将【行数】和【列】设置为 1，【表格宽度】设置为 900、【像素】，【边框粗细】、【单元格边距】和【单元格间距】均设置为 0，如图 18-238 所示。

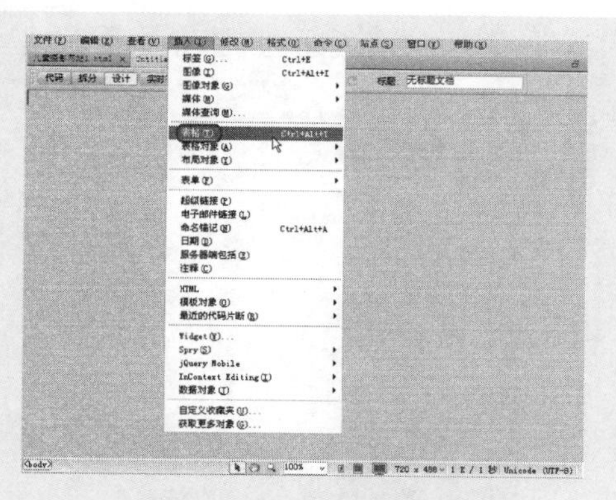

图 18-237 选择【表格】命令

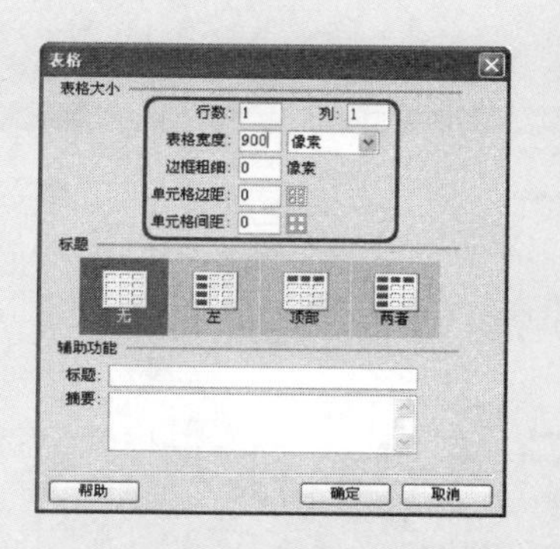

图 18-238 【表格】对话框

步骤07 设置完成后，单击【确定】按钮，即可插入一个1行1列的表格，如图18-239所示。

步骤08 将光标置入单元格中，在菜单栏中选择【插入】|【图像】命令，如图18-240所示。

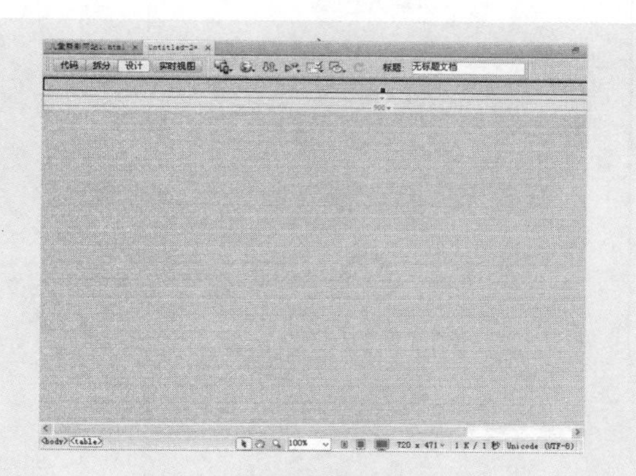

图 18-239 插入的表格

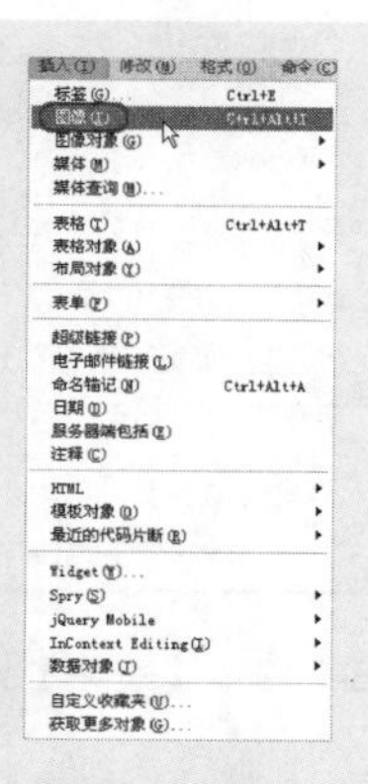

图 18-240 选择【图像】命令

步骤09 弹出【选择图像源文件】对话框，在该对话框中选择随书附带光盘中的“CDROM\素材\第18章\幸福宝贝”文件，如图18-241所示。

步骤10 单击【确定】按钮，即可将选择的素材图像插入至单元格中，效果如图18-242所示。

步骤11 将光标置入表格的右侧，在菜单栏中选择【插入】|【表格】命令，弹出【表格】对话框，在该对话框中将【行数】和【列】设置为1，【表格宽度】设置为900、【像素】，如图18-243所示。

步骤12 单击【确定】按钮，即可插入一个1行1列的表格，然后将光标置入新插入的单元格中，在【属性】面板中将【高】设为67，如图18-244所示。

步骤13 在文档窗口中单击【拆分】按钮，然后将光标放置在如图18-245所示的代码字段中，并按空格键，在弹出的下拉列表中双击background选项。

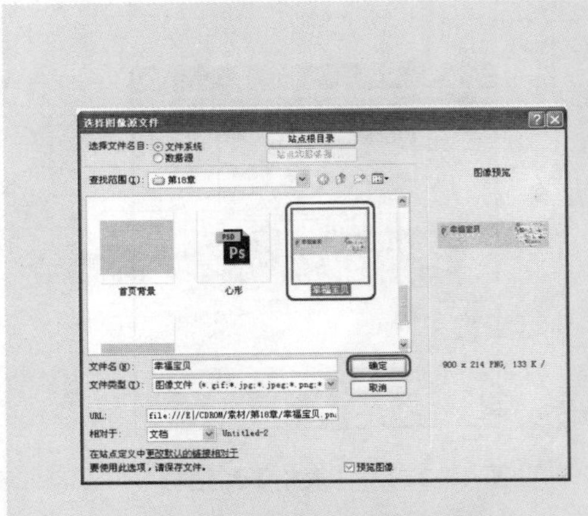

图 18-241　选择素材图像

图 18-242　插入的素材图像

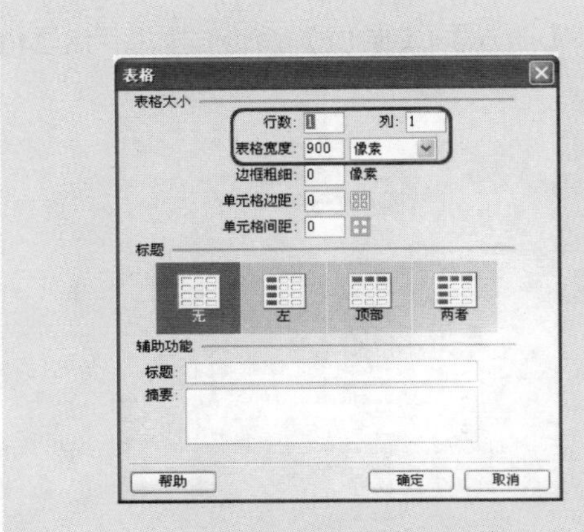

图 18-243　【表格】对话框

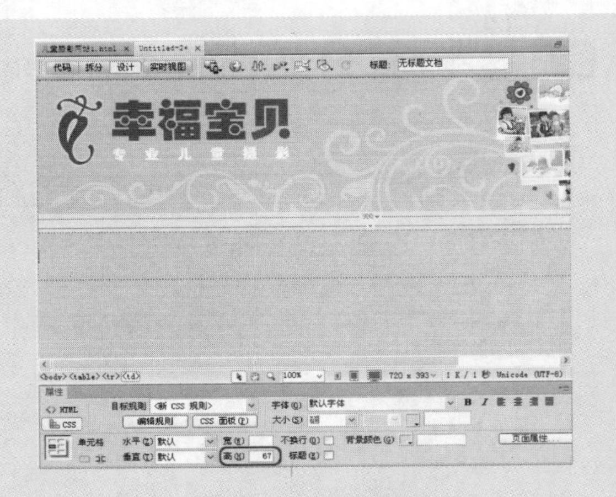

图 18-244　设置单元格高度

步骤 14　再在弹出的下拉列表中单击【浏览】选项，如图 18-246 所示。

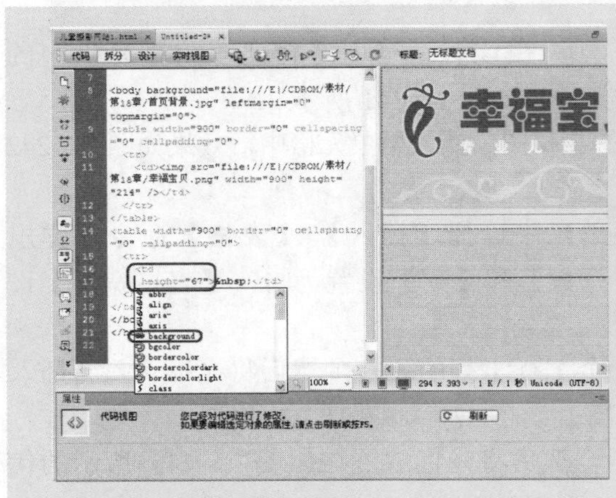

图 18-245　双击 background 选项

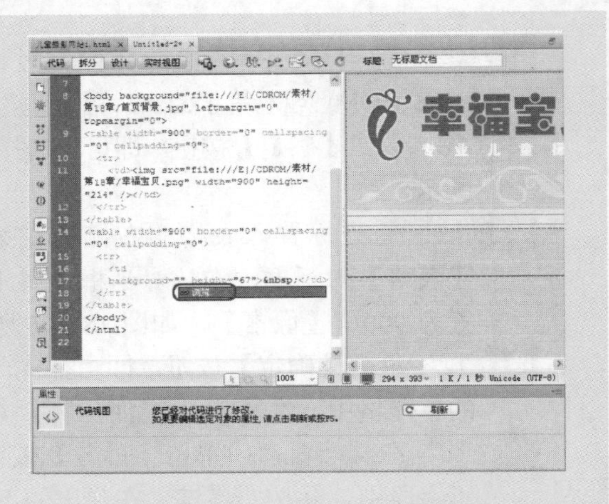

图 18-246　单击【浏览】选项

步骤15 弹出【选择文件】对话框，在该对话框中选择随书附带光盘中的“CDROM\素材\第18章\导航条背景”文件，单击【确定】按钮，如图18-247所示。

步骤16 即可为光标所在的单元格添加背景图像，然后在文档窗口中单击【设计】按钮，如图18-248所示。

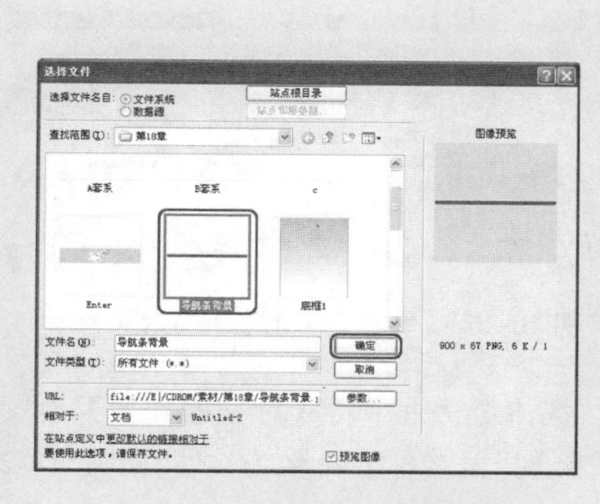

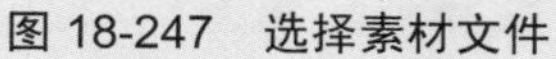
图 18-247 选择素材文件

图 18-248 添加的背景图像

步骤17 将光标置入插入了背景图像的单元格中，然后在菜单栏中选择【插入】|【表格】命令，弹出【表格】对话框，在该对话框中将【行数】设为1，【列】设为7，【表格宽度】设为700、【像素】，如图18-249所示。

步骤18 单击【确定】按钮，即可插入表格。确定新插入的表格处于选中状态，在【属性】面板中将【对齐】设为【居中对齐】，如图18-250所示。

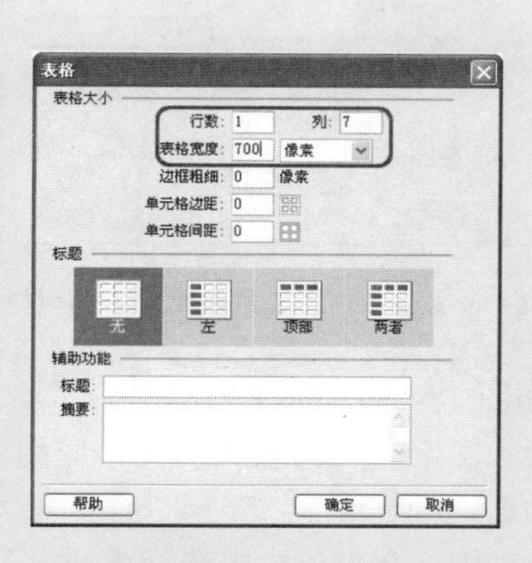

图 18-249 【表格】对话框

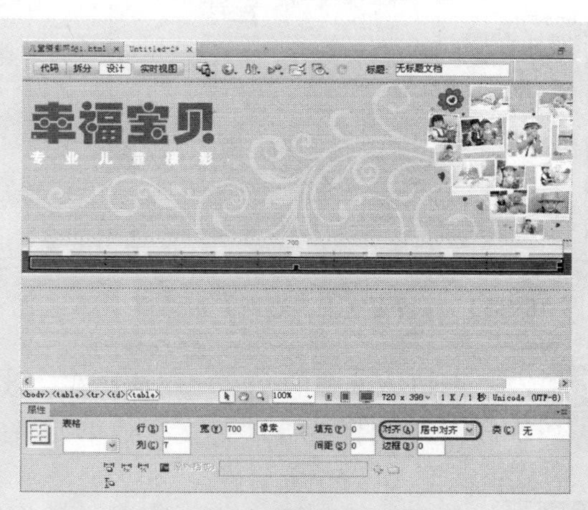

图 18-250 设置表格属性

步骤19 选择新插入的表格中的所有单元格，在【属性】面板中将【宽】设为100，如图18-251所示。

步骤20 在第1个单元格中输入文字，并选择输入的文字，在【属性】面板中单击【编辑规则】按钮，如图18-252所示。

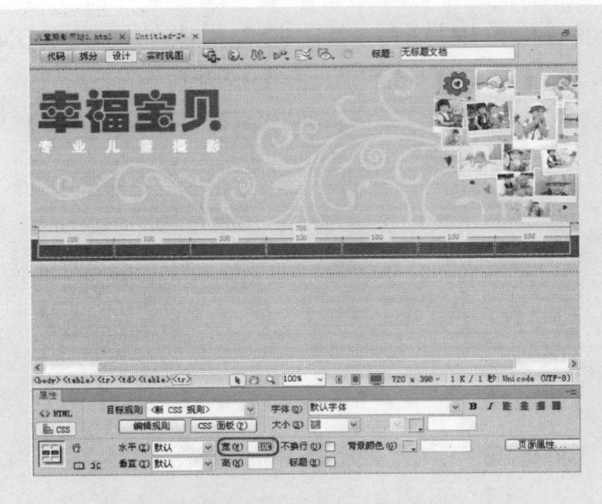

图 18-251　设置单元格宽度

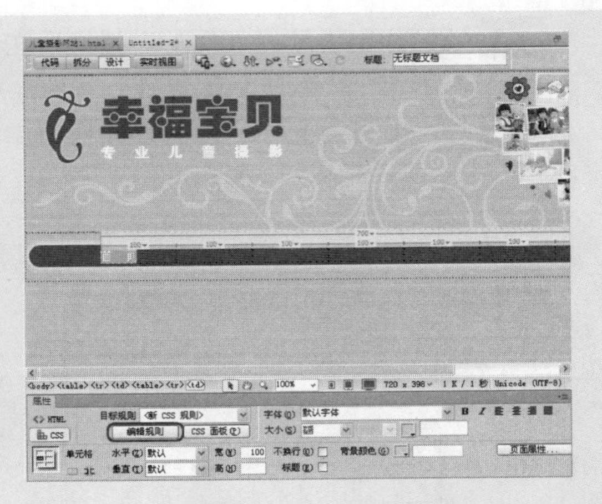

图 18-252　单击【编辑规则】按钮

步骤21　弹出【新建 CSS 规则】对话框，在该对话框中将【选择器类型】设置为【类(可应用于任何 HTML 元素)】，【选择器名称】命名为 s1，如图 18-253 所示。

步骤22　设置完成后单击【确定】按钮，弹出【.s1 的 CSS 规则定义】对话框，在左侧的【分类】列表框中选择【类型】选项，然后在右侧的设置区域中将 Color 设为#FFF，单击【确定】按钮，如图 18-254 所示。

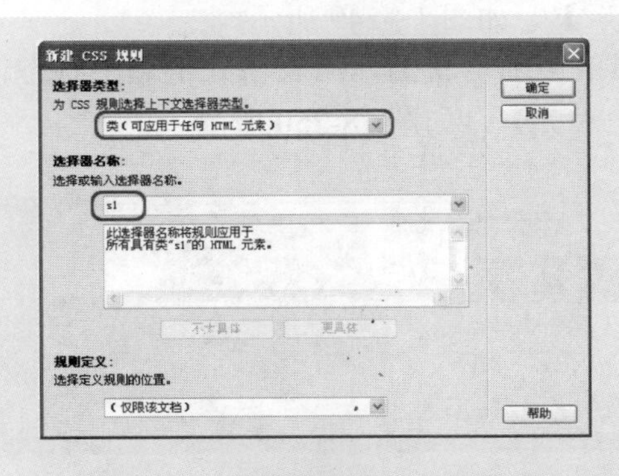

图 18-253　【新建 CSS 规则】对话框

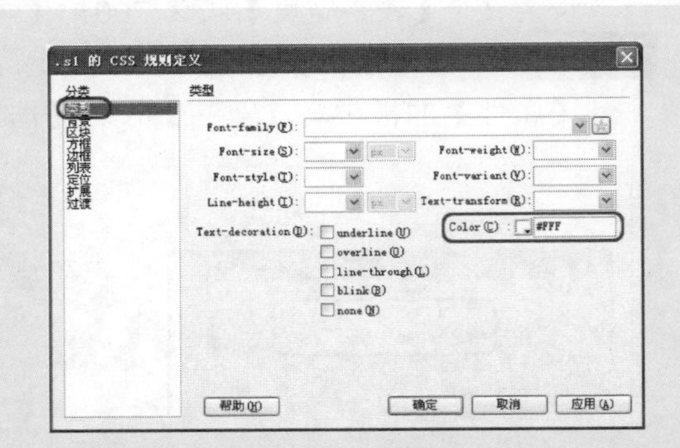

图 18-254　【.s1 的 CSS 规则定义】对话框

步骤23　即可为选择的文字应用该样式，效果如图 18-255 所示。

步骤24　使用同样的方法，在其他单元格中输入文字，并为输入的文字应用 s1 样式，如图 18-256 所示。

步骤25　将光标置入第 2 个 1 行 1 列表格的右侧，在菜单栏中选择【插入】|【表格】命令，弹出【表格】对话框，在该对话框中将【行数】设置为 1，【列】设置为 2，【表格宽度】设置为 900、【像素】，如图 18-257 所示。

步骤26　单击【确定】按钮，即可插入表格。将光标置入第 1 个单元格中，然后在菜单栏中选择【插入】|【媒体】|【插件】命令，如图 18-258 所示。

图 18-255 为选择的文字应用样式

图 18-256 输入文字并应用样式

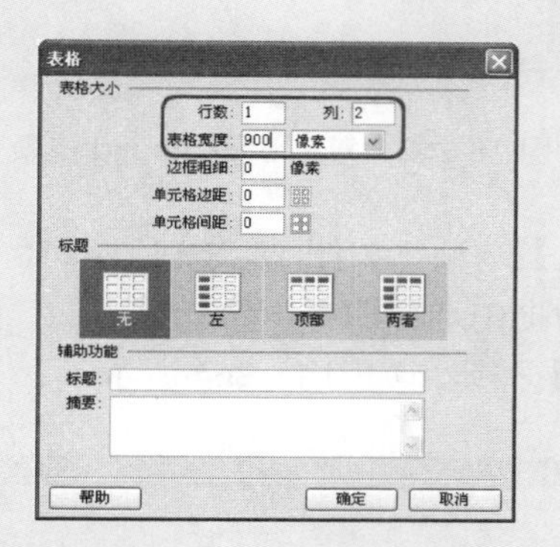

图 18-257 【表格】对话框

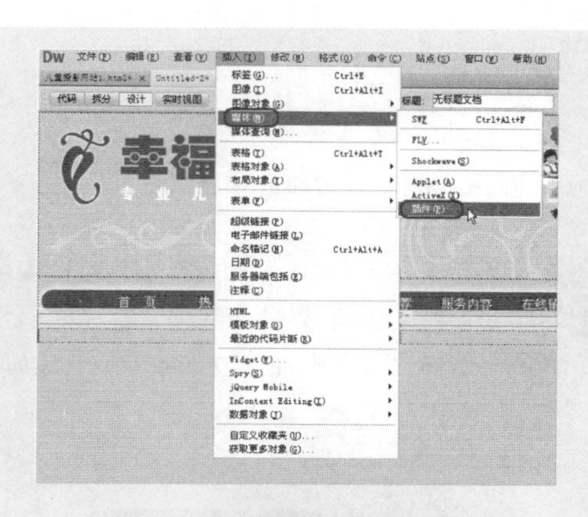

图 18-258 选择【插件】命令

步骤27 弹出【选择文件】对话框，在该对话框中选择随书附带光盘中的“CDROM\素材\第 18 章\照片动画”文件，单击【确定】按钮，如图 18-259 所示。

步骤28 即可将选择的动画插入到单元格中，效果如图 18-260 所示。

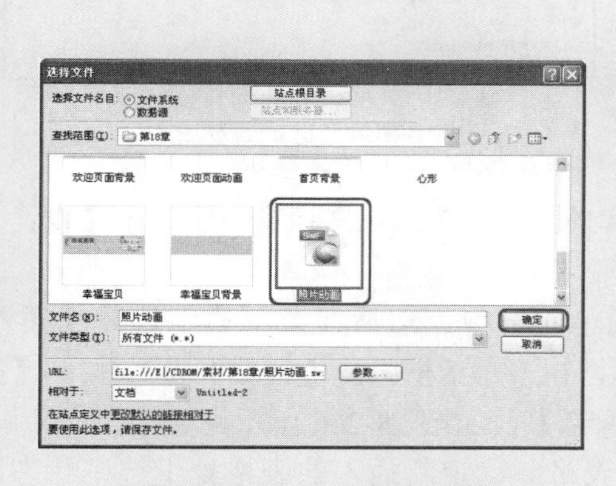

图 18-259 选择素材文件

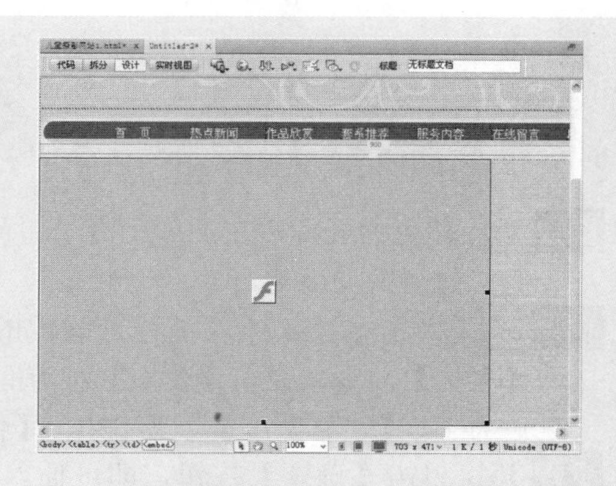

图 18-260 插入的动画

步骤29 将光标置入第 2 个单元格中，在【属性】面板中将【宽】设为 298，将【高】设为 362，如图 18-261 所示。

步骤30 在文档窗口中单击【拆分】按钮，然后将光标放置在如图 18-262 所示的代码字段中，并按 Enter 键，在弹出的下拉列表框中双击 background 选项。

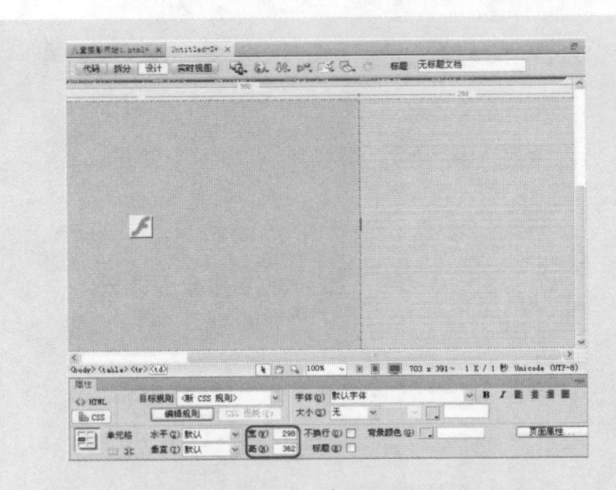

图 18-261 设置单元格属性

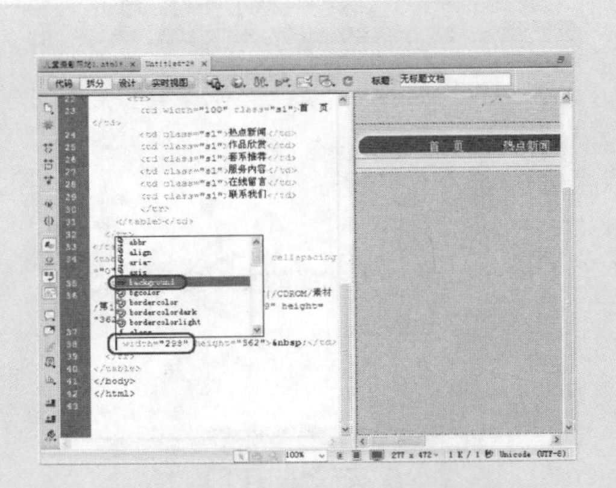

图 18-262 双击 background 选项

步骤31 然后再在弹出的列表框中单击【浏览】选项，如图 18-263 所示。

步骤32 弹出【选择文件】对话框，在该对话框中选择随书附带光盘中的“CDROM\素材\第 18 章\底框 1”文件，单击【确定】按钮，如图 18-264 所示。

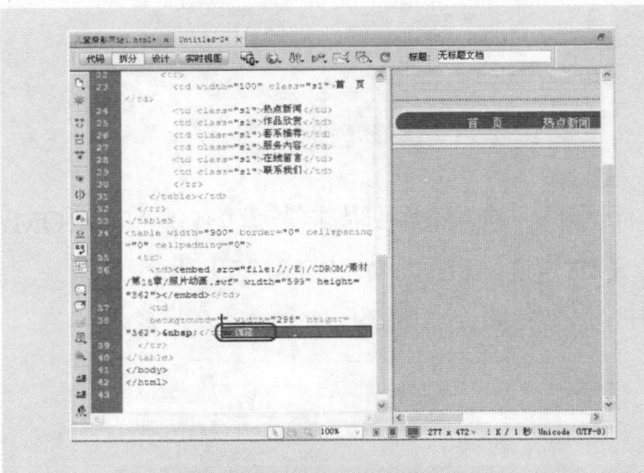

图 18-263 单击【浏览】选项

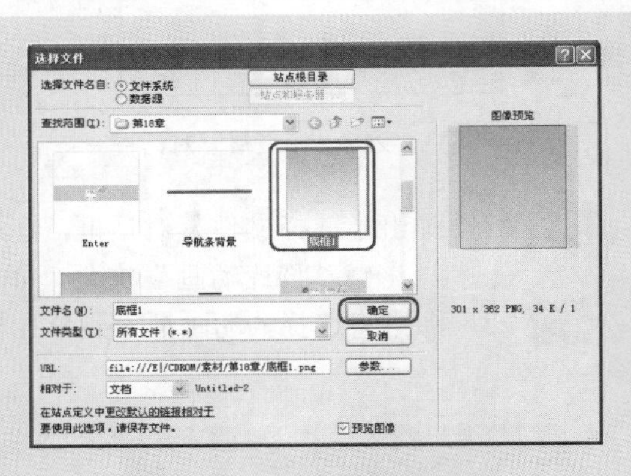

图 18-264 选择素材文件

步骤33 即可为光标所在的单元格添加背景图像，然后在文档窗口中单击【设计】按钮，如图 18-265 所示。

步骤34 将光标置入插入了背景图像的单元格中，然后在菜单栏中选择【插入】|【表格】命令，弹出【表格】对话框，在该对话框中将【行数】设为 11，【列】设为 1，【表格宽度】设为 230、【像素】，如图 18-266 所示。

步骤35 单击【确定】按钮，即可插入表格。确定新插入的表格处于选中状态，在【属性】面板中将【对齐】设为【居中对齐】，如图 18-267 所示。

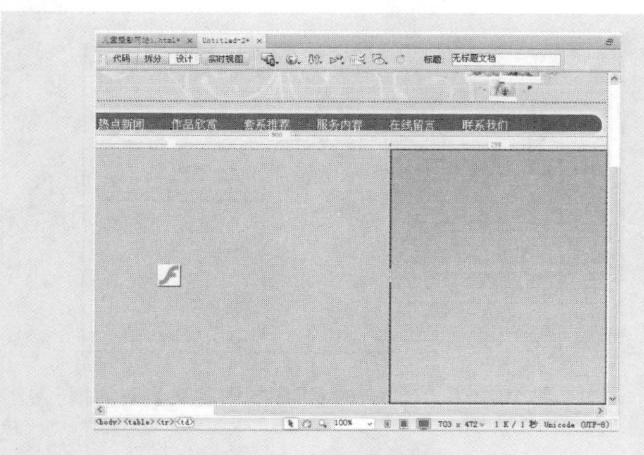

图 18-265 添加的背景图像

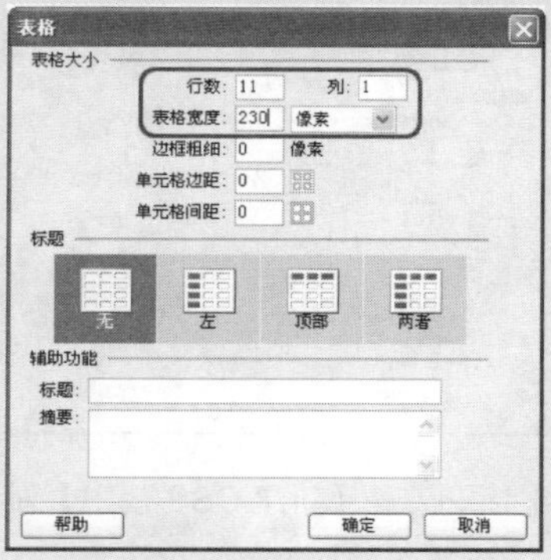

图 18-266 【表格】对话框

步骤36 在第 1 个单元格中输入文字，并选择输入的文字，在【属性】面板中单击【编辑规则】按钮，如图 18-268 所示。

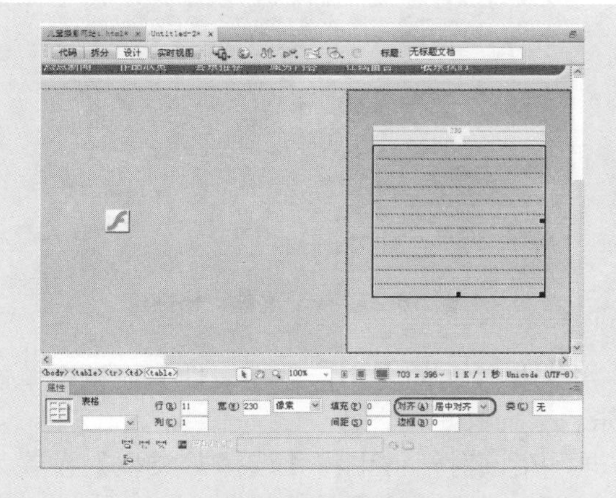

图 18-267 设置表格属性

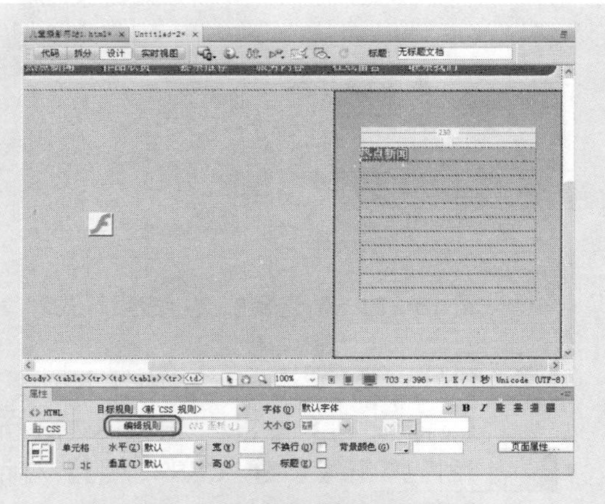

图 18-268 单击【编辑规则】按钮

步骤37 弹出【新建 CSS 规则】对话框，在该对话框中将【选择器类型】设置为【类(可应用于任何 HTML 元素)】，【选择器名称】命名为 s2，如图 18-269 所示。

步骤38 设置完成后单击【确定】按钮，弹出【.s2 的 CSS 规则定义】对话框，在左侧的【分类】列表框中选择【类型】选项，然后在右侧的设置区域中将 Font-family 设为【汉仪秀英体简】，Font-size 设为 25px，Color 设为#FFF，单击【确定】按钮，如图 18-270 所示。

步骤39 即可为选择的文字应用该样式，效果如图 18-271 所示。

步骤40 在文档窗口中选择如图 18-272 所示的单元格，然后在【属性】面板中将【高】设为 28。

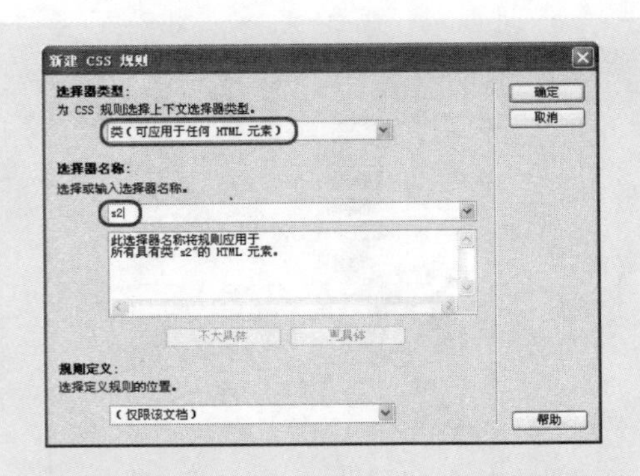

图 18-269 【新建 CSS 规则】对话框

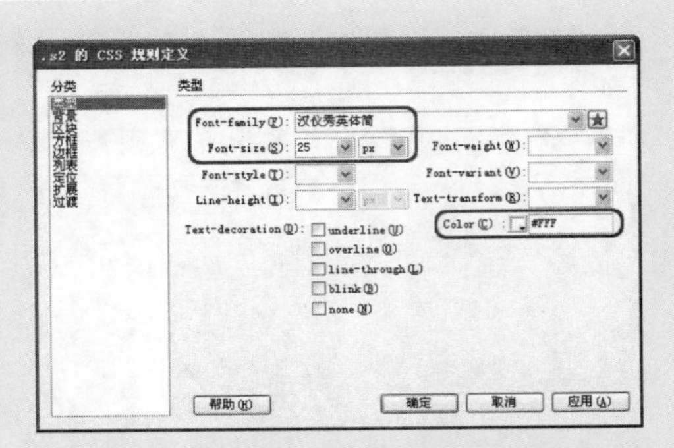

图 18-270 【.s2 的 CSS 规则定义】对话框

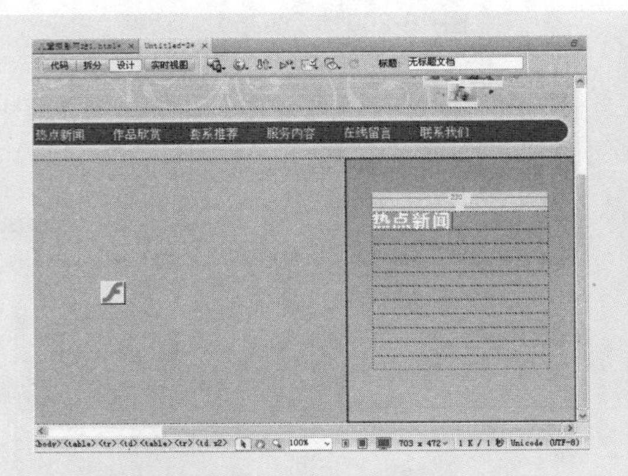

图 18-271 为选择的文字应用样式

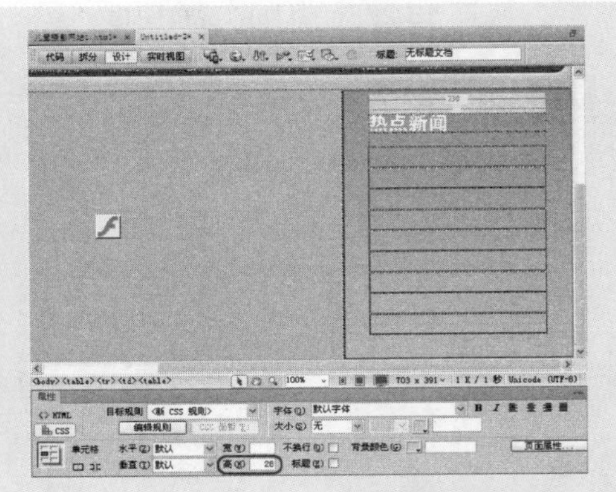

图 18-272 设置单元格高度

步骤 41　在第 3 个单元格中输入文字，并选择输入的文字，在【属性】面板中单击【编辑规则】按钮，如图 18-273 所示。

步骤 42　弹出【新建 CSS 规则】对话框，在该对话框中将【选择器类型】设置为【类(可应用于任何 HTML 元素)】，【选择器名称】命名为 s3，如图 18-274 所示。

图 18-273 单击【编辑规则】按钮

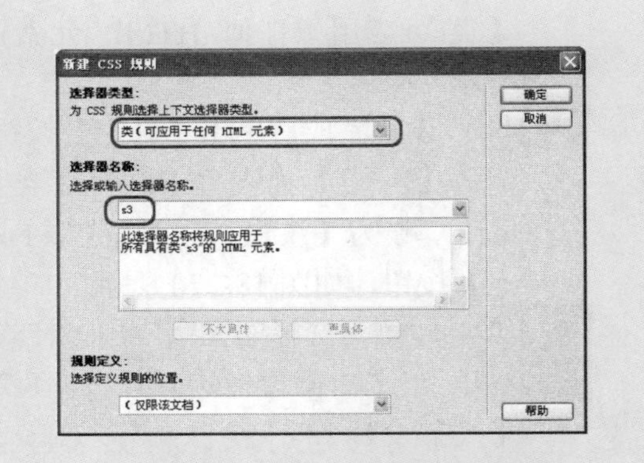

图 18-274 【新建 CSS 规则】对话框

步骤43 设置完成后单击【确定】按钮，弹出【.s3 的 CSS 规则定义】对话框，在左侧的【分类】列表框中选择【类型】选项，然后在右侧的设置区域中将 Font-family 设为【黑体】，Font-size 设为 17px，Color 设为#FFF，单击【确定】按钮，如图 18-275 所示。

步骤44 即可为选择的文字应用该样式，效果如图 18-276 所示。

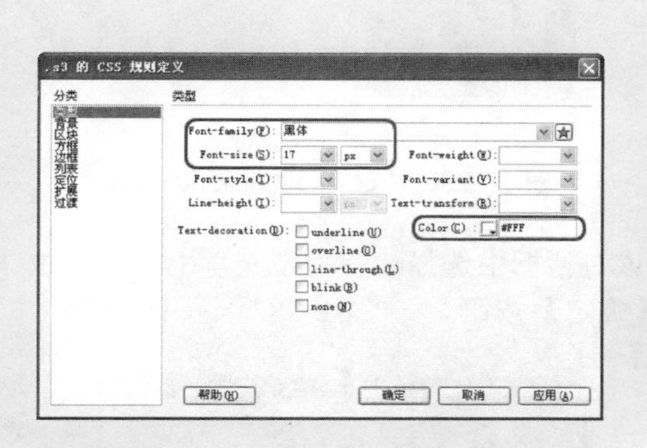

图 18-275 【.s3 的 CSS 规则定义】对话框

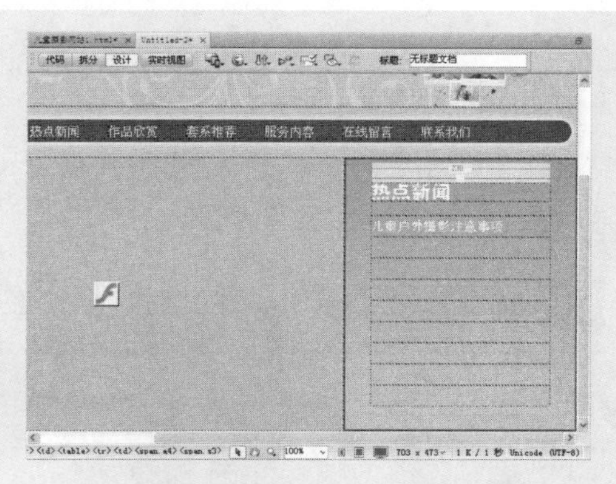

图 18-276 为选择的文字应用样式

步骤45 使用同样的方法，在其他单元格中输入文字，并为输入的文字应用 s3 样式，如图 18-277 所示。

步骤46 将光标置入 1 行 2 列表格的右侧，在菜单栏中选择【插入】|【表格】命令，弹出【表格】对话框，在该对话框中将【行数】设置为 1，【列】设置为 3，【表格宽度】设置为 900、【像素】，如图 18-278 所示。

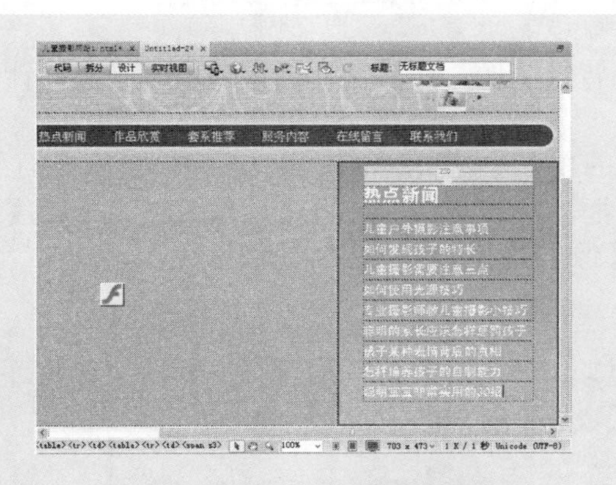

图 18-277 输入文字并应用样式

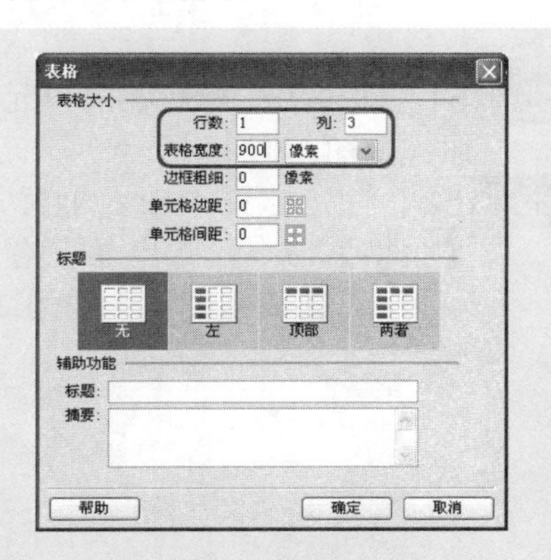

图 18-278 【表格】对话框

步骤47 单击【确定】按钮，即可插入表格，然后将光标置入第 1 个单元格中，在【属性】面板中将【宽】设为 301，将【高】设为 368，如图 18-279 所示。

步骤48 在文档窗口中单击【拆分】按钮，然后将光标放置在如图 18-280 所示的代码字段中，并按空格键，在弹出的下拉列表中双击 background 选项。

步骤49 再在弹出的下拉列表中单击【浏览】选项，如图 18-281 所示。

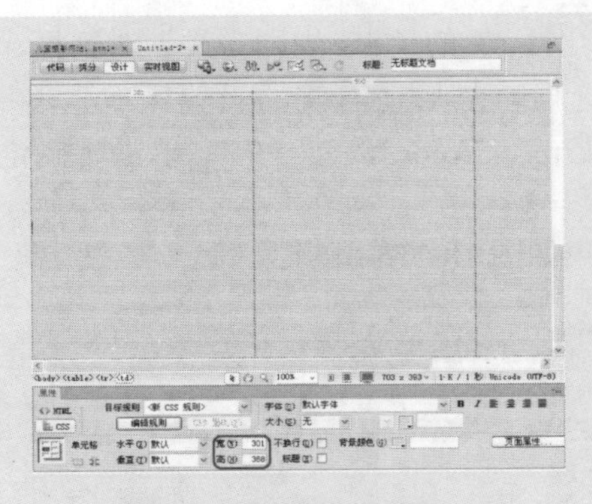

图 18-279　设置单元格属性

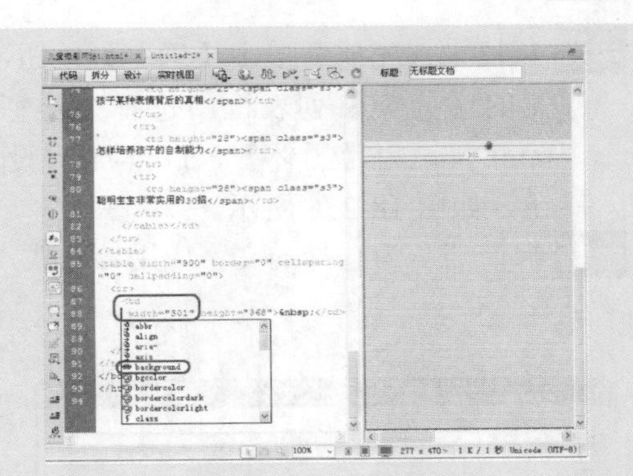

图 18-280　双击 background 选项

步骤 50　弹出【选择文件】对话框，在该对话框中选择随书附带光盘中的“CDROM\素材\第 18 章\底框 2”文件，单击【确定】按钮，如图 18-282 所示。

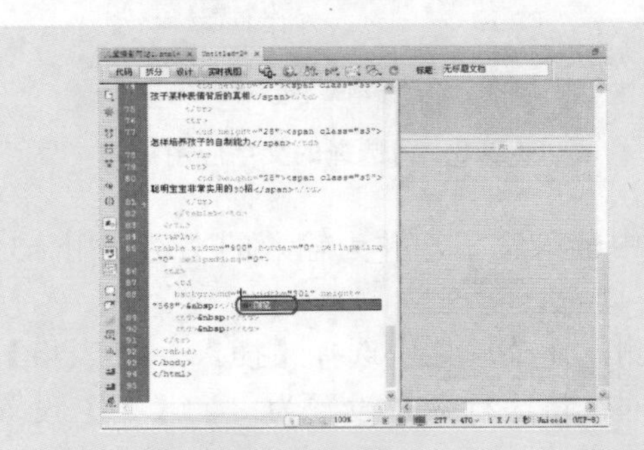

图 18-281　单击【浏览】选项

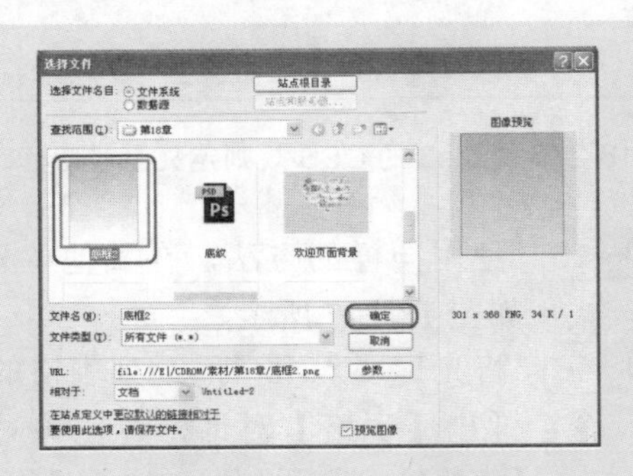

图 18-282　选择素材文件

步骤 51　即可为光标所在的单元格添加背景图像，然后在文档窗口中单击【设计】按钮，如图 18-283 所示。

步骤 52　将光标置入插入了背景图像的单元格中，然后在菜单栏中选择【插入】|【表格】命令，弹出【表格】对话框，在该对话框中将【行数】设为 5，【列】设为 1，【表格宽度】设为 261、【像素】，如图 18-284 所示。

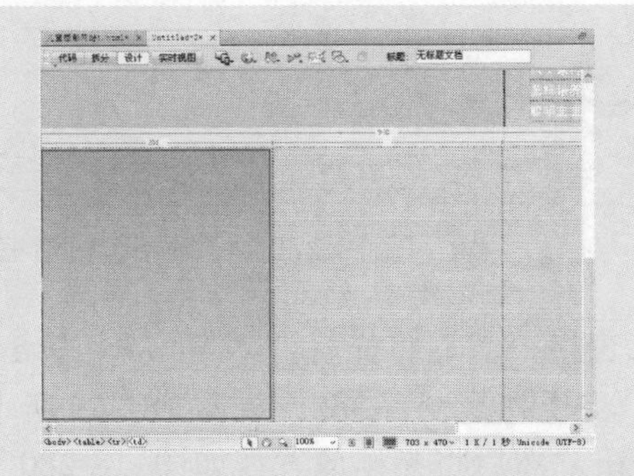

图 18-283　添加的背景图像

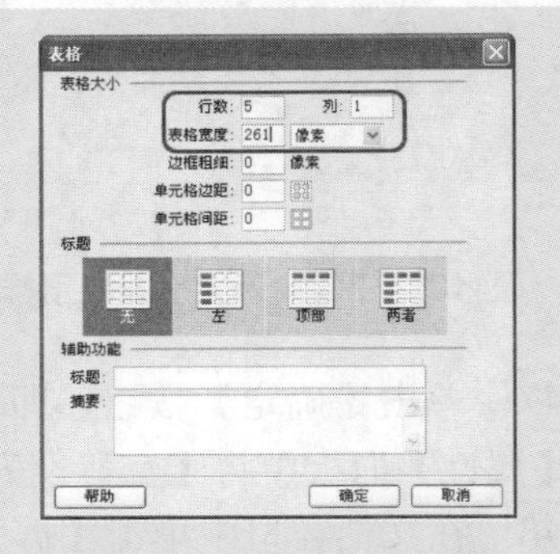

图 18-284　【表格】对话框

步骤53 单击【确定】按钮，即可插入表格。确定新插入的表格处于选中状态，在【属性】面板中将【对齐】设为【居中对齐】，如图 18-285 所示。

步骤54 在第 1 个单元格中输入文字，并为输入的文字应用 s2 样式，效果如图 18-286 所示。

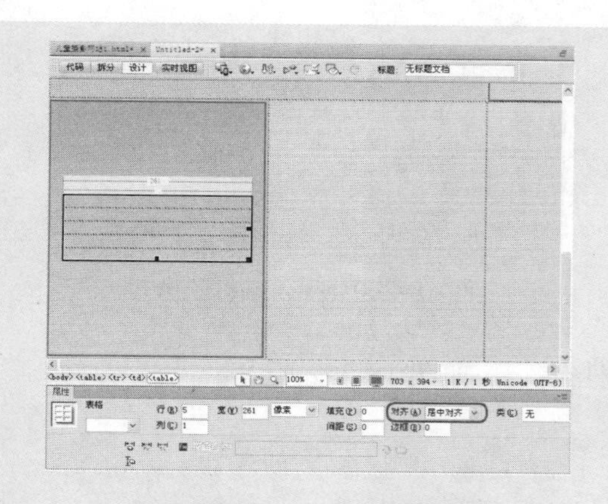

图 18-285　设置表格属性

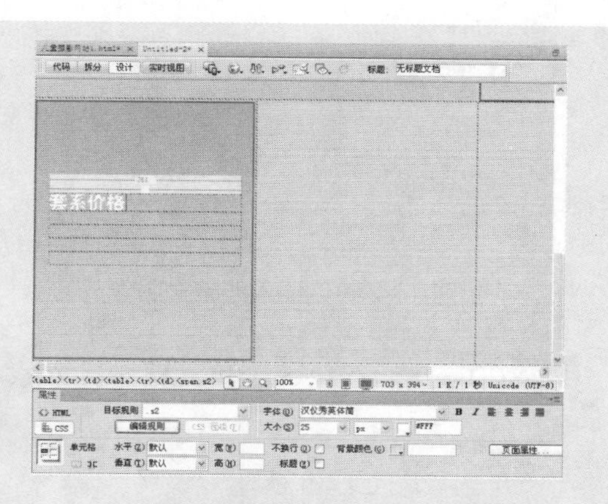

图 18-286　输入文字并应用样式

步骤55 在文档窗口中选择第 3 个和第 4 个单元格，在【属性】面板中将【垂直】设为【顶端】，【高】设为 88，如图 18-287 所示。

步骤56 将光标置入第 3 个单元格中，在菜单栏中选择【插入】|【图像】命令，弹出【选择图像源文件】对话框，在该对话框中选择随书附带光盘中的“CDROM\素材\第 18 章\A 套系”文件，单击【确定】按钮，如图 18-288 所示。

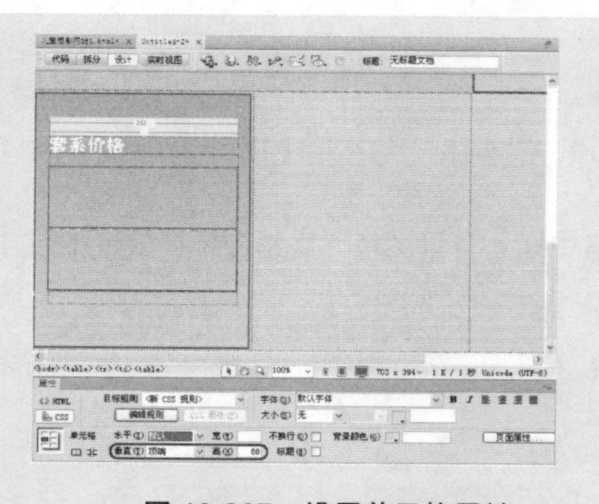

图 18-287　设置单元格属性

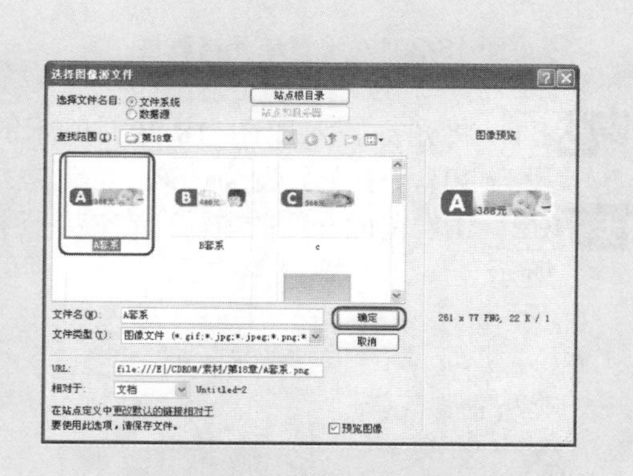

图 18-288　选择素材文件

步骤57 即可将选择的素材图像插入至单元格中，效果如图 18-289 所示。

步骤58 使用同样的方法，在第 4 个单元格中插入素材图像【B 套系】，如图 18-290 所示。

步骤59 将光标置入第 5 个单元格中，在【属性】面板中将【垂直】设为【顶端】，【高】设为 76，如图 18-291 所示。

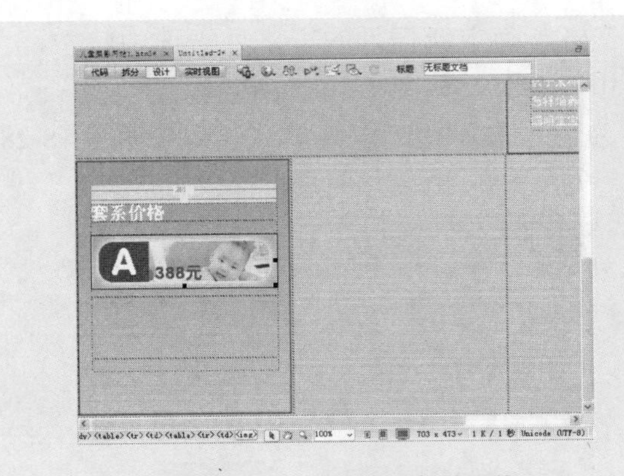

图 18-289　插入的素材图像

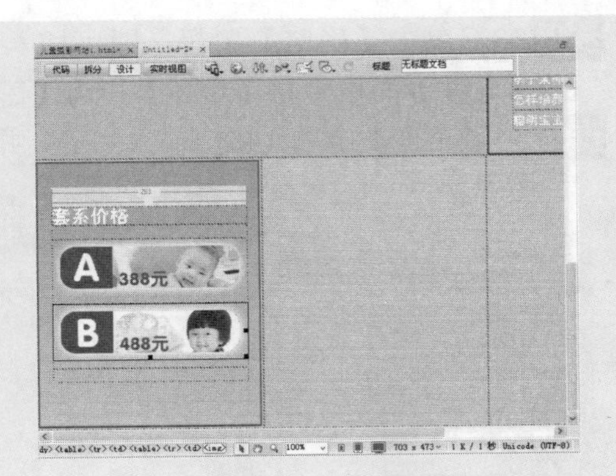

图 18-290　插入素材图像

步骤60　然后在第 5 个单元格中插入素材图像 c，如图 18-292 所示。

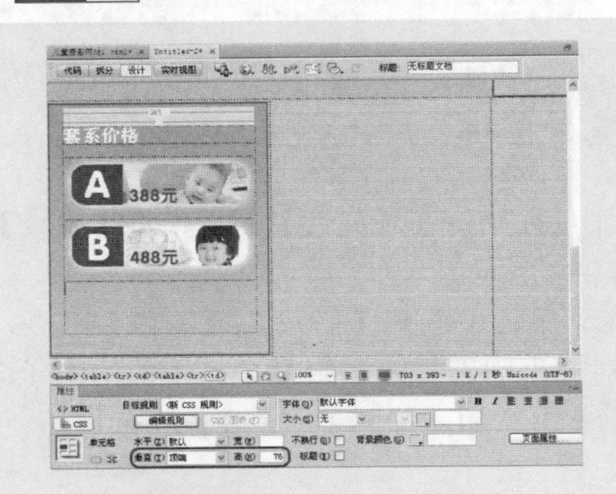

图 18-291　设置单元格属性

图 18-292　插入素材图像

步骤61　将光标置入如图 18-293 所示的单元格中，然后在【属性】面板中将【宽】设为 301，【高】设为 368。

步骤62　结合前面介绍的方法，在该单元格中插入背景图像“底框 2”，效果如图 18-294 所示。

图 18-293　设置单元格属性

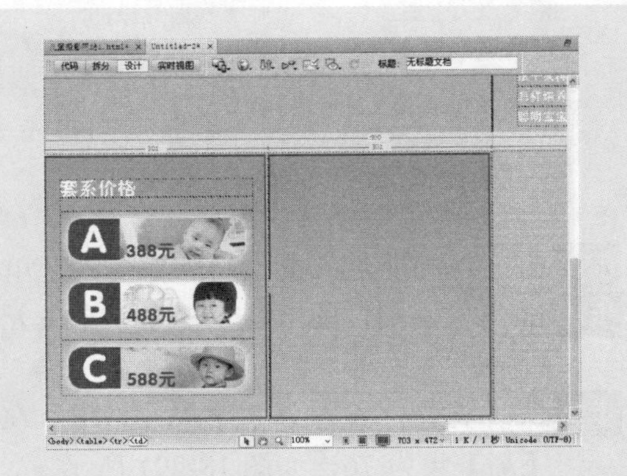

图 18-294　插入背景图像的效果

步骤63 结合前面制作【热点新闻】的方法，制作【服务内容】，效果如图 18-295 所示。

步骤64 将光标置入如图 18-296 所示的单元格中，然后在【属性】面板中将【宽】设为 298，【高】设为 368。

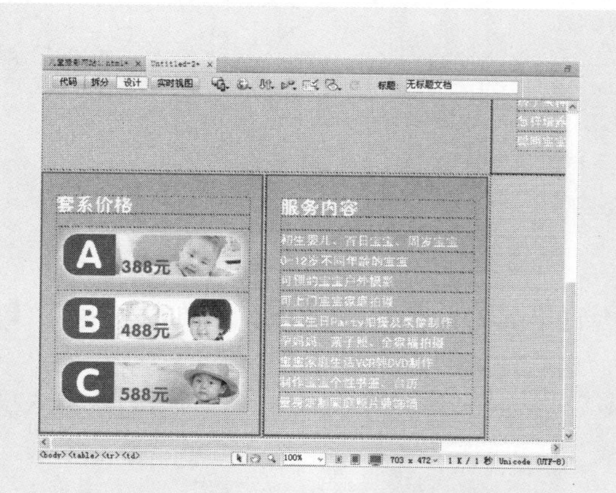

图 18-295 制作【服务内容】

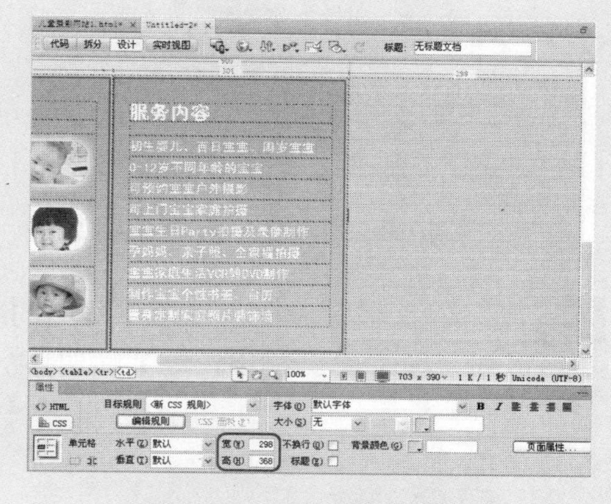

图 18-296 设置单元格属性

步骤65 结合前面介绍的方法，在该单元格中插入背景图像“底框 2”，效果如图 18-297 所示。

步骤66 将光标置入添加了背景图像的单元格中，然后在菜单栏中选择【插入】|【表单】|【表单】命令，如图 18-298 所示。

图 18-297 插入的背景图像

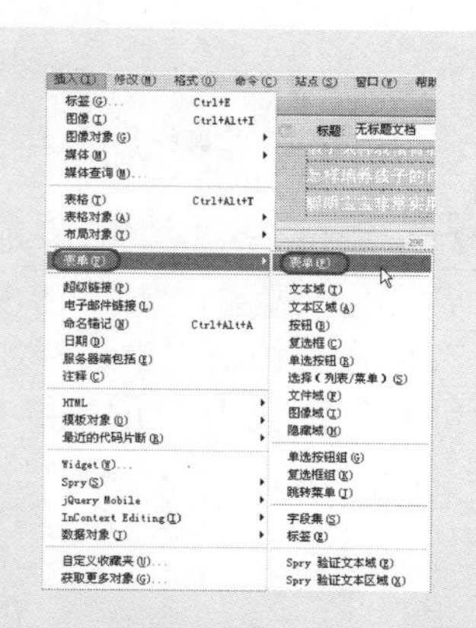

图 18-298 选择【表单】命令

步骤67 即可在单元格中插入表单，效果如图 18-299 所示。

步骤68 将光标置入表单中，然后在菜单栏中选择【插入】|【表格】命令，弹出【表格】对话框，在该对话框中将【行数】设为 8，【列】设为 2，【表格宽度】设为 263、【像素】，如图 18-300 所示。

步骤69 单击【确定】按钮，即可插入表格。确定新插入的表格处于选中状态，在【属性】面板中将【对齐】设为【居中对齐】，如图 18-301 所示。

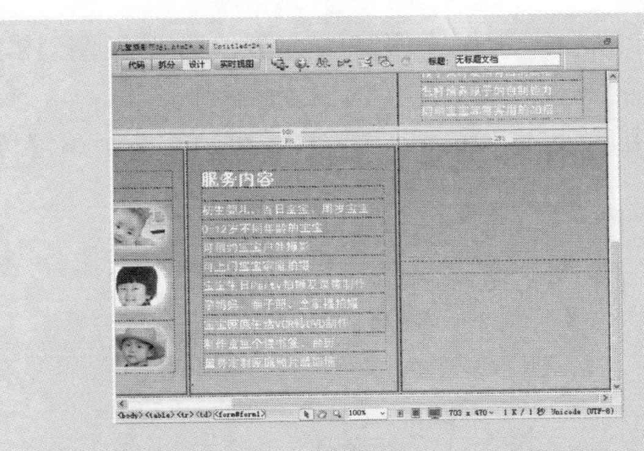

图 18-299　插入表单后的效果

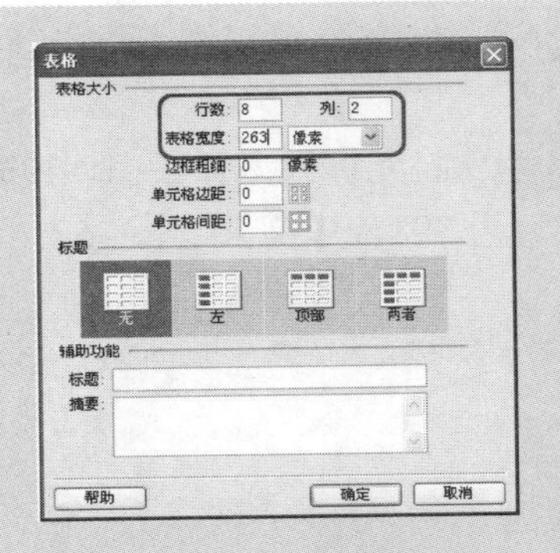

图 18-300　【表格】对话框

步骤70　在文档窗口中选择第 1 行中的所有单元格，然后在【属性】面板中单击【合并所选单元格，使用跨度】按钮，如图 18-302 所示。

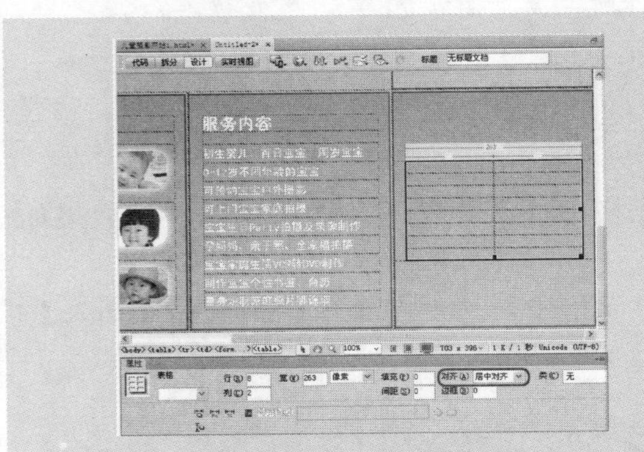

图 18-301　设置表格属性

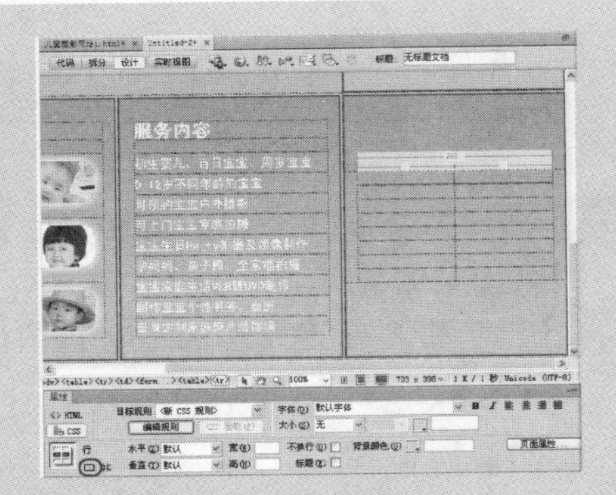

图 18-302　单击【合并所选单元格，使用跨度】按钮

步骤71　即可合并选择的单元格，然后在合并后的单元格中输入文字，并为输入的文字应用样式 s2，如图 18-303 所示。

步骤72　在文档窗口中选择如图 18-304 所示的单元格，在【属性】面板中将【宽】和【高】分别设为 67 和 31。

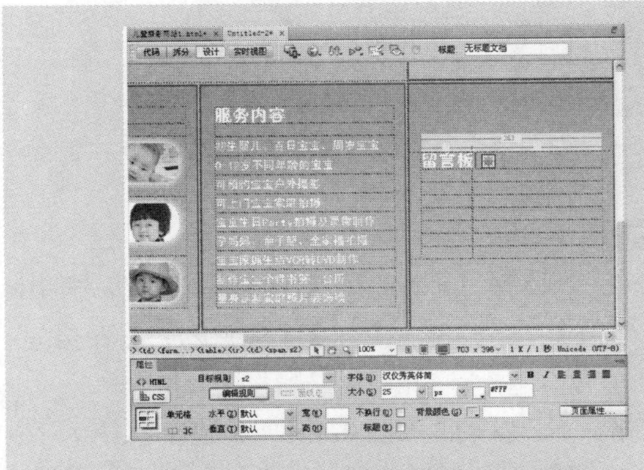

图 18-303　输入文字并应用样式

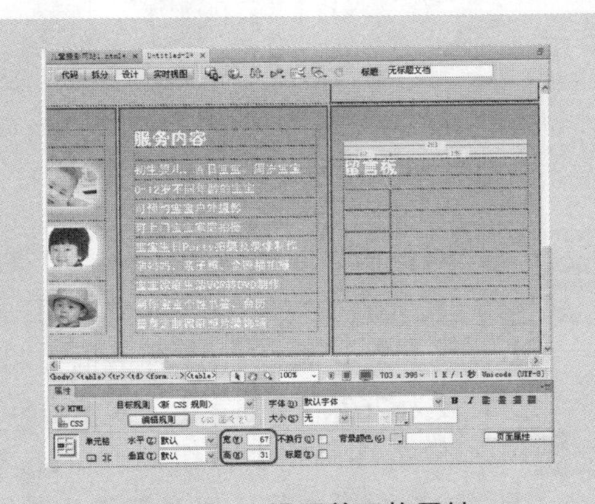

图 18-304　设置单元格属性

步骤73 在单元格中输入文字，并为输入的文字应用样式 s3，如图 18-305 所示。

步骤74 将光标置入如图 18-306 所示的单元格中，并在【属性】面板中将【高】设为 97。

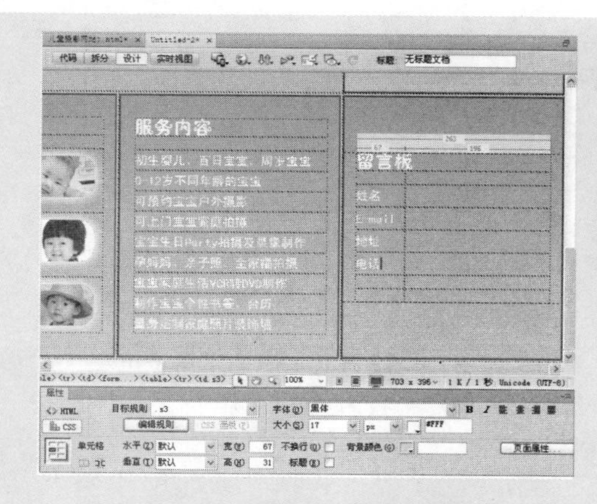

图 18-305 输入文字并应用样式

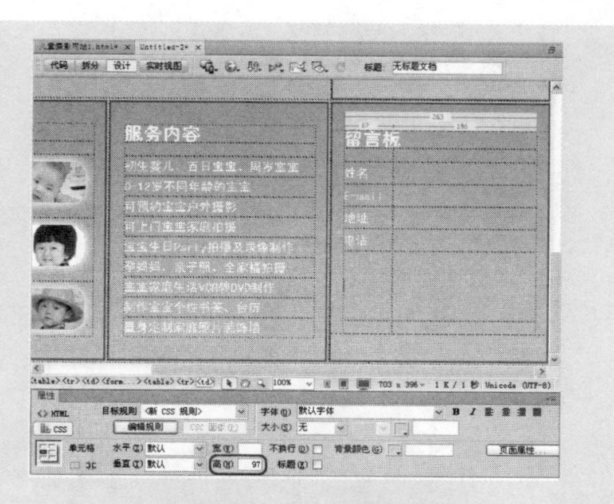

图 18-306 设置单元格高度

步骤75 在单元格中输入文字，并为输入的文字应用样式 s3，如图 18-307 所示。

步骤76 将光标置入【姓名】右侧的单元格中，然后在菜单栏中选择【插入】|【表单】|【文本域】命令，如图 18-308 所示。

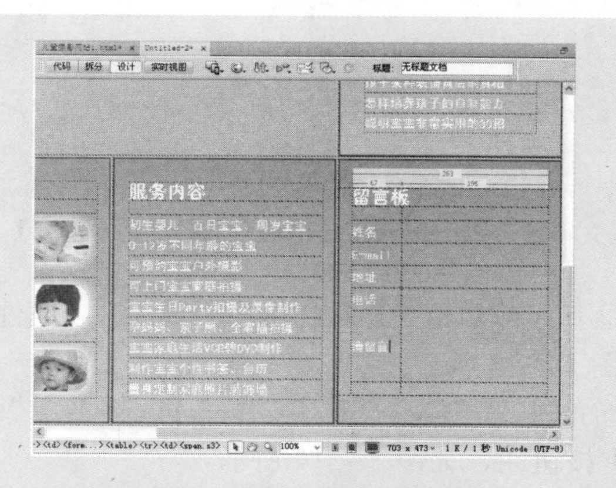

图 18-307 输入文字并应用样式

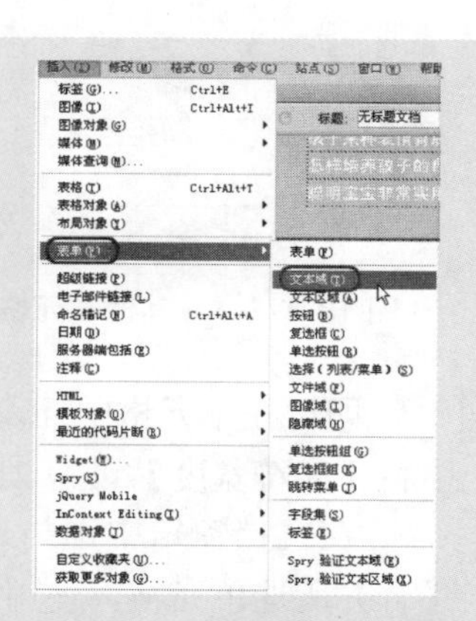

图 18-308 选择【文本域】命令

步骤77 弹出【输入标签辅助功能属性】对话框，保留该对话框中的默认设置，直接单击【确定】按钮即可，如图 18-309 所示。

步骤78 即可在单元格中插入文本域，然后选择插入的文本域，在【属性】面板中将【字符宽度】设为 22，如图 18-310 所示。

步骤79 使用同样的方法，在其他单元格中插入文本域，效果如图 18-311 所示。

步骤80 将光标置入【请留言】右侧的单元格中，然后在菜单栏中选择【插入】|【表单】|【文本区域】命令，如图 18-312 所示。

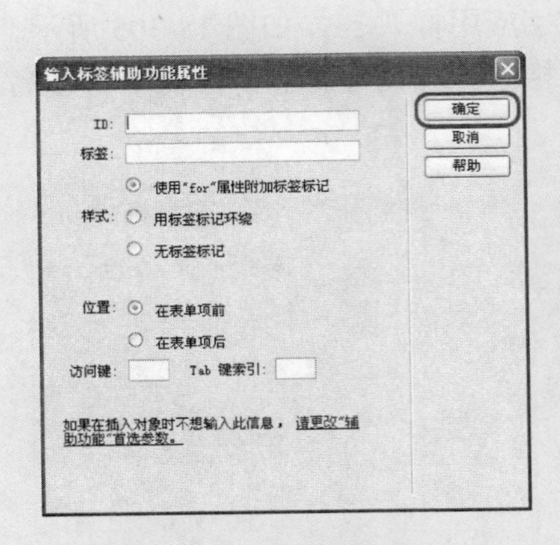

图 18-309　单击【确定】按钮

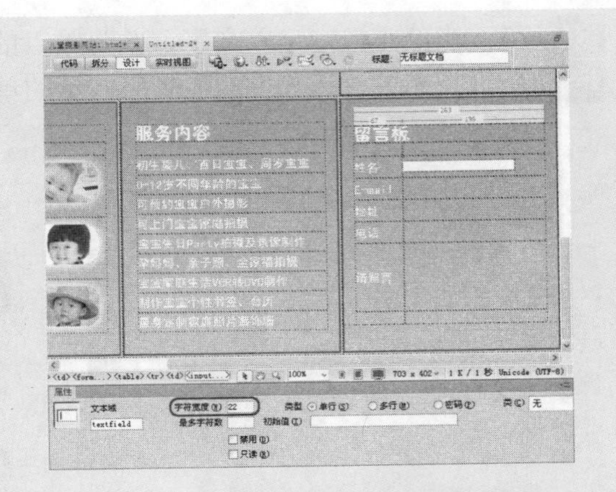

图 18-310　设置文本域的字符宽度

图 18-311　在其他单元格中插入文本域

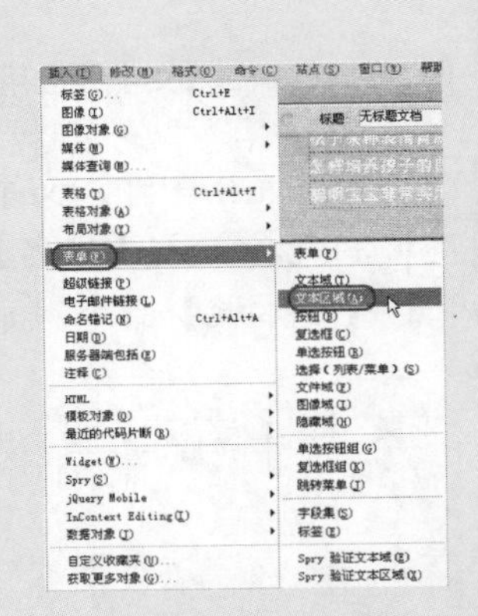

图 18-312　选择【文本区域】命令

步骤81　即可在单元格中插入文本区域，然后选择插入的文本区域，在【属性】面板中将【字符宽度】设为 21，如图 18-313 所示。

步骤82　在文档窗口中选择最后一行中的所有单元格，然后在【属性】面板中单击【合并所选单元格，使用跨度】按钮，如图 18-314 所示。

步骤83　即可将选择的单元格合并，效果如图 18-315 所示。

步骤84　将光标置入合并的单元格中，然后在菜单栏中选择【插入】|【表单】|【按钮】命令，如图 18-316 所示。

步骤85　即可在单元格中插入按钮，然后选择插入的按钮，在【属性】面板中将【值】设为【提交留言】，如图 18-317 所示。

步骤86　将光标置入 1 行 3 列表格的右侧，在菜单栏中选择【插入】|【表格】命令，弹出【表格】对话框，在该对话框中将【行数】和【列】分别设置为 1，【表格宽度】设置为 900、【像素】，如图 18-318 所示。

图 18-313 设置文本区域的字符宽度

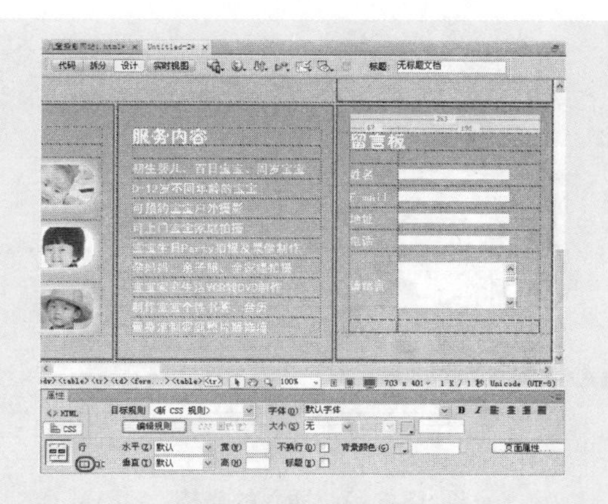

图 18-314 单击【合并所选单元格，使用跨度】按钮

图 18-315 合并的单元格

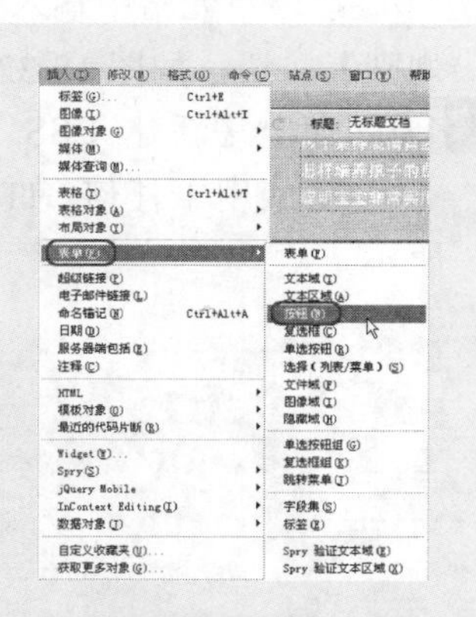

图 18-316 选择【按钮】命令

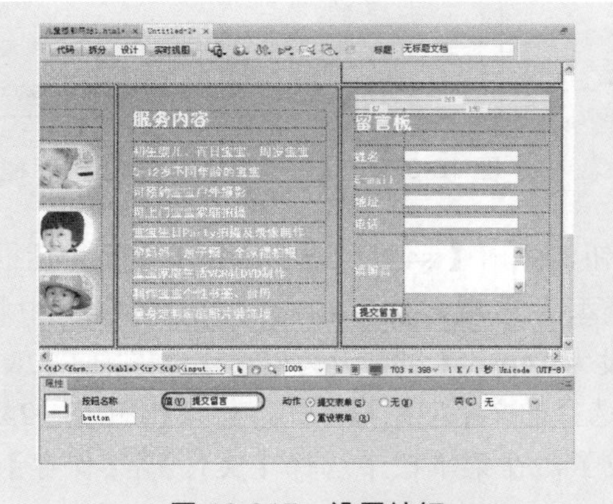

图 18-317 设置按钮

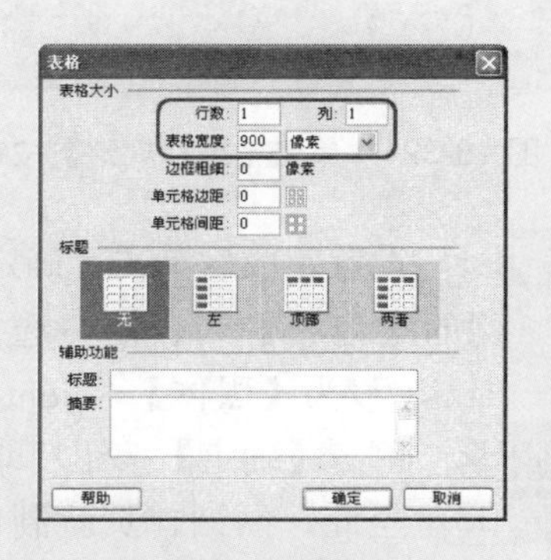

图 18-318 【表格】对话框

步骤 87 单击【确定】按钮，即可插入表格，如图 18-319 所示。

步骤 88 将光标置入新插入的表格中，在【属性】面板中将【水平】设为【居中对齐】，【高】设为 40，如图 18-320 所示。

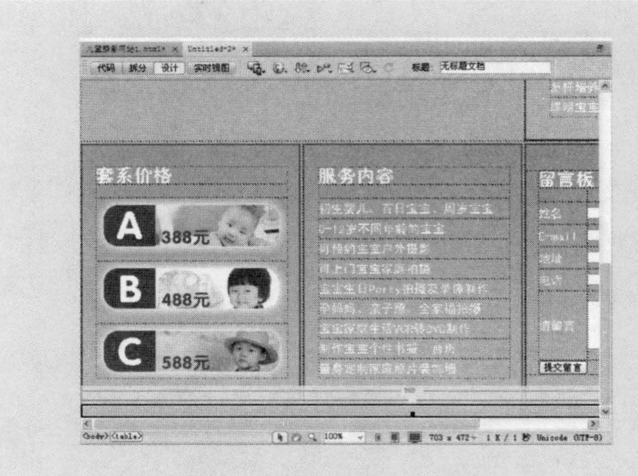

图 18-319　插入的表格

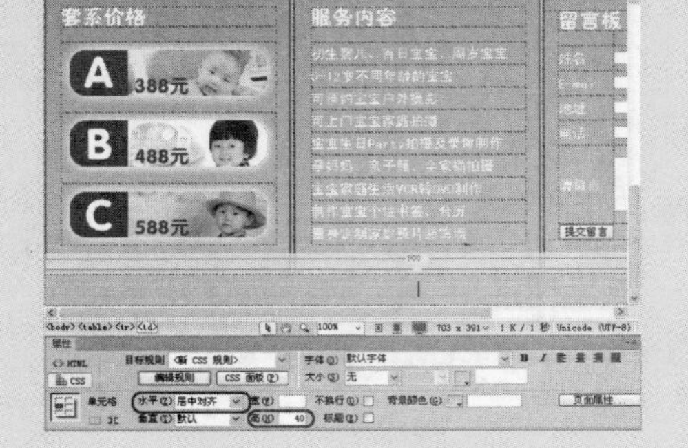

图 18-320　设置单元格属性

步骤 89　在该单元格中输入文字，并选择输入的文字，在【属性】面板中单击【编辑规则】按钮，如图 18-321 所示。

步骤 90　弹出【新建 CSS 规则】对话框，在该对话框中将【选择器类型】设置为【类(可应用于任何 HTML 元素)】，【选择器名称】命名为 s4，如图 18-322 所示。

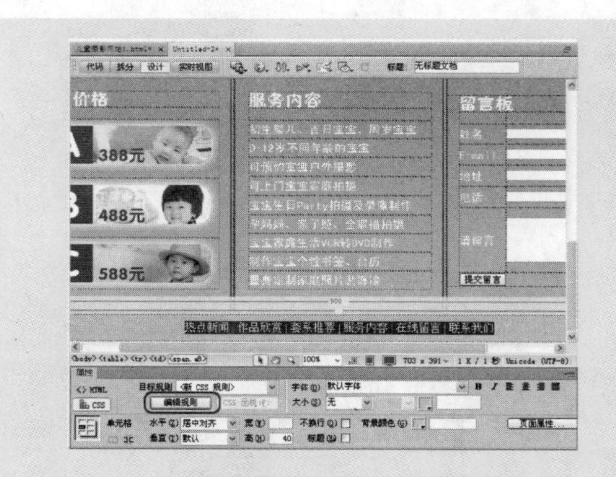

图 18-321　单击【编辑规则】按钮

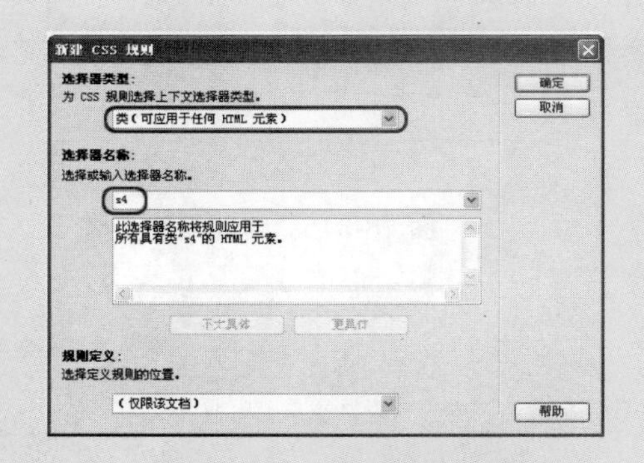

图 18-322　【新建 CSS 规则】对话框

步骤 91　设置完成后单击【确定】按钮，弹出【.s4 的 CSS 规则定义】对话框，在左侧的【分类】列表框中选择【类型】选项，然后在右侧的设置区域中将 Font-family 设为【黑体】，Font-size 设为 14px，Color 设为#FFF，如图 18-323 所示。

步骤 92　单击【确定】按钮，即可为选择的文字应用该样式，效果如图 18-324 所示。

步骤 93　至此，网站首页就制作完成了，在菜单栏中选择【文件】|【保存】命令，如图 18-325 所示。

步骤 94　弹出【另存为】对话框，在该对话框中选择存储路径，并输入文件名为“儿童摄影网站 2”，然后单击【保存】按钮，如图 18-326 所示。

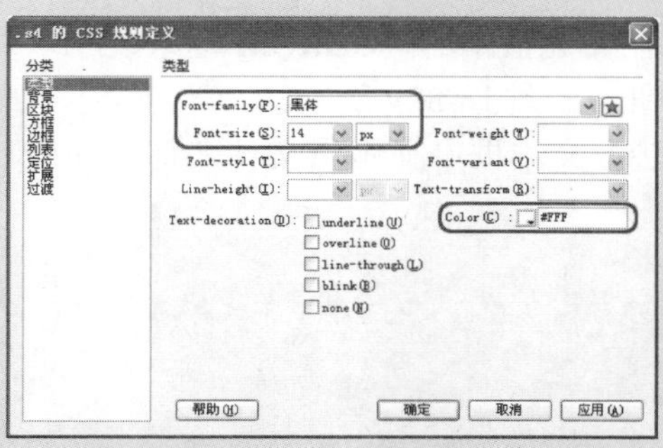

图 18-323 【.s4 的 CSS 规则定义】对话框

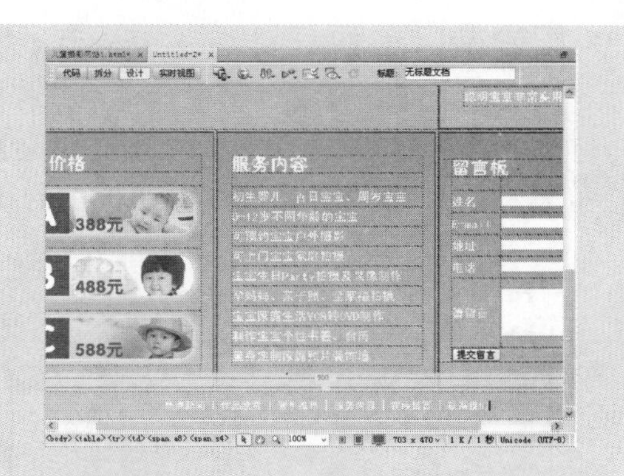

图 18-324 为选择的文字应用样式

图 18-325 选择【保存】命令

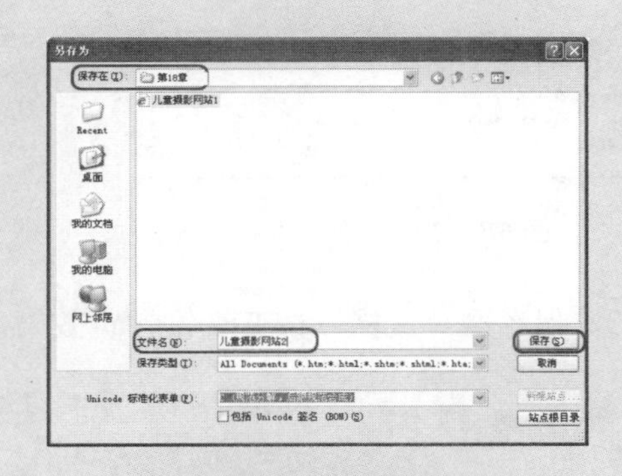

图 18-326 【另存为】对话框

3. 创建热点链接

步骤01 打开【儿童摄影网站 1】文件，在文档窗口中选择如图 18-327 所示的图像文件。

步骤02 在【属性】面板中单击【多边形热点工具】，在如图 18-328 所示的位置处绘制一个热点范围。

图 18-327 选择图像文件

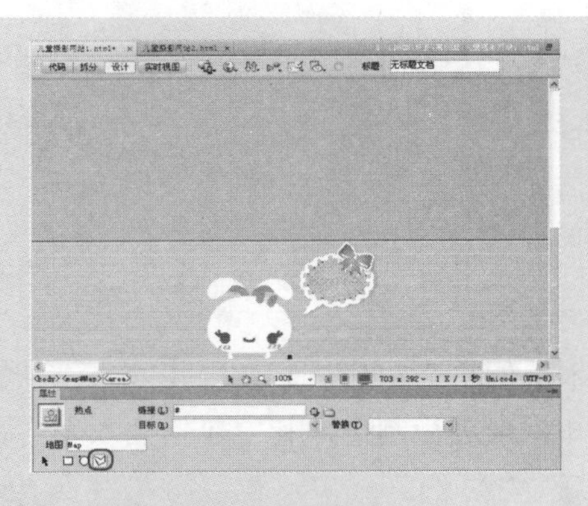

图 18-328 绘制热点范围

步骤 03 在【属性】面板中单击【链接】文本框右侧的【浏览文件】按钮，在弹出的【选择文件】对话框中选择随书附带光盘中的“CDROM\场景\第 18 章\儿童摄影网站 2”文件，单击【确定】按钮，如图 18-329 所示。

步骤 04 即可在【属性】面板中的【链接】文本框中显示出文件名称，如图 18-330 所示。

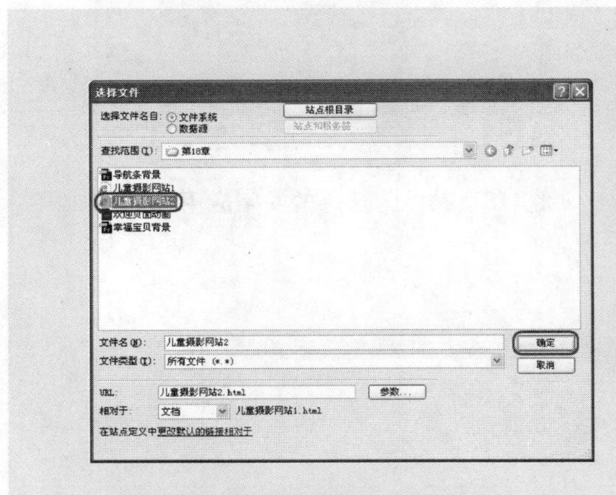

图 18-329 选择文件

图 18-330 显示的文件名称

步骤 05 保存网页文档，按 F12 键预览效果，如图 18-331 所示。

图 18-331 预览效果

18.3 制作鲜花网站

本案例将介绍如何制作鲜花网站，其效果如图 18-332 所示。该案例主要结合前面所介绍的知识来进行制作，其中包括插入表格、插入 Flash 动画、插入图片等。

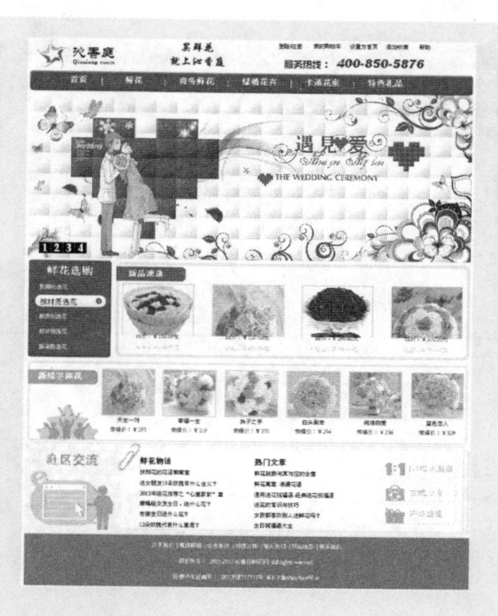

图 18-332　鲜花网站

18.3.1 制作页头横幅

步骤01　启动 Dreamweaver CS6，在菜单栏中选择【文件】|【新建】命令，如图 18-333 所示。

步骤02　在弹出的对话框中选择【空白页】选项，在【页面类型】列表框中选择 HTML 选项，在【布局】列表框中选择【无】选项，如图 18-334 所示。

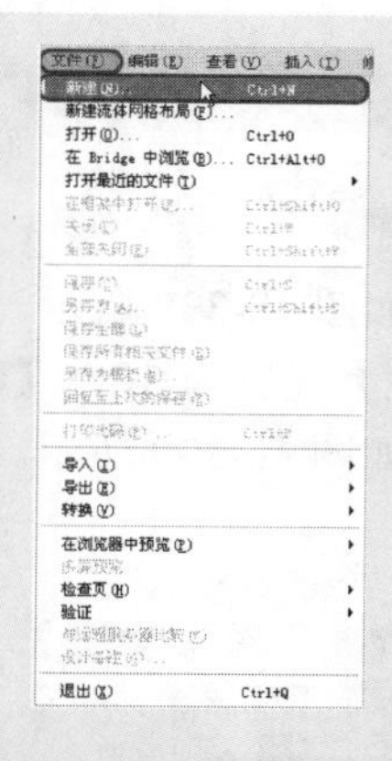

图 18-333　选择【新建】命令

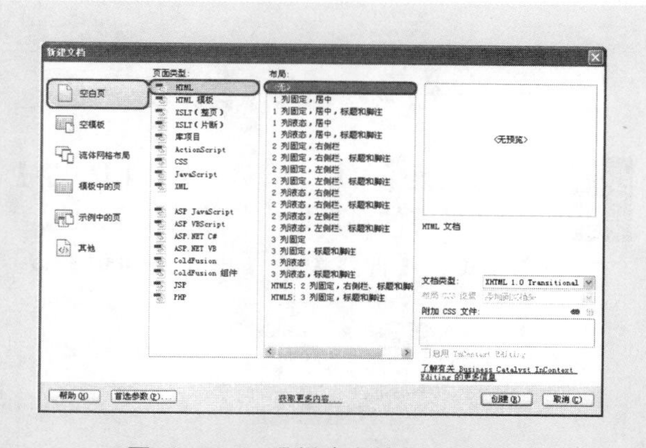

图 18-334　【新建文档】对话框

步骤03　选择完成后，单击【创建】按钮，即可创建一个空白的网页文档，在【属性】面板中单击【页面属性】按钮，在弹出的对话框中选择【分类】列表框中的【外观(HTML)】，将【左边距】、【上边距】、【边距宽度】、【边距高度】都设置为 0，如图 18-335 所示。

步骤04　设置完成后，单击【确定】按钮，然后在菜单栏中选择【插入】|【表格】命令，如图 18-336 所示。

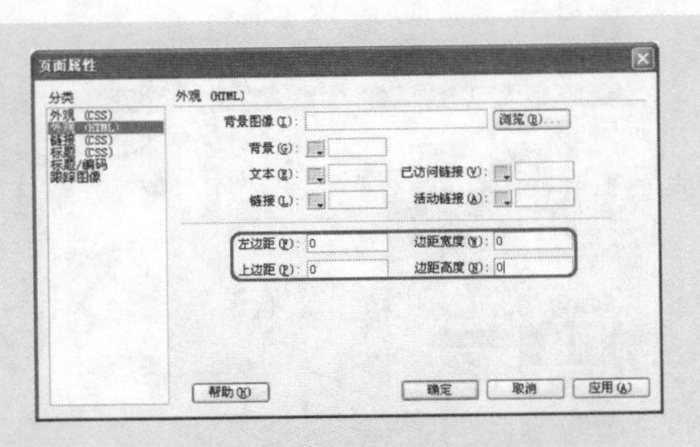

图 18-335　设置页面属性

步骤 05　在弹出的对话框中将【行数】设置为 6，【列】设置为 1，【表格宽度】设置为 950、【像素】，【边框粗细】设置为 0，【单元格边距】设置为 0，【单元格间距】设置为 2，如图 18-337 所示。

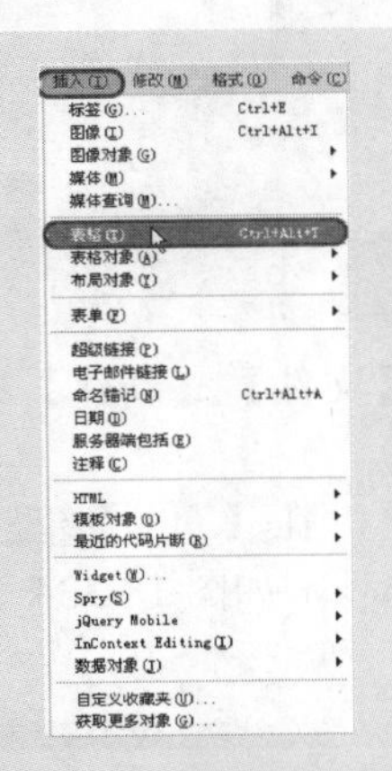

图 18-336　选择【表格】命令

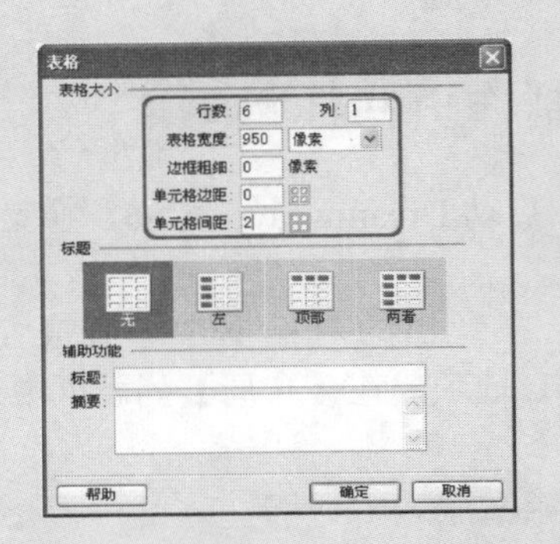

图 18-337　【表格】对话框

步骤 06　再在菜单栏中选择【插入】|【表格】命令，如图 18-338 所示。

步骤 07　在弹出的对话框中将【行数】设置为 2，【列】设置为 10，【表格宽度】设置为 950、【像素】，【单元格间距】设置为 0，如图 18-339 所示。

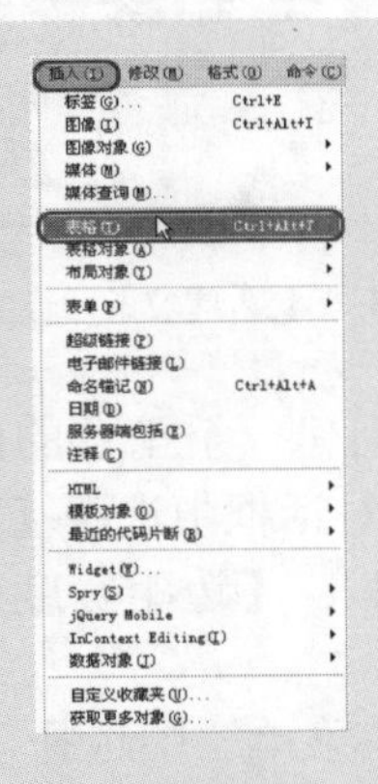

图 18-338　选择【表格】命令

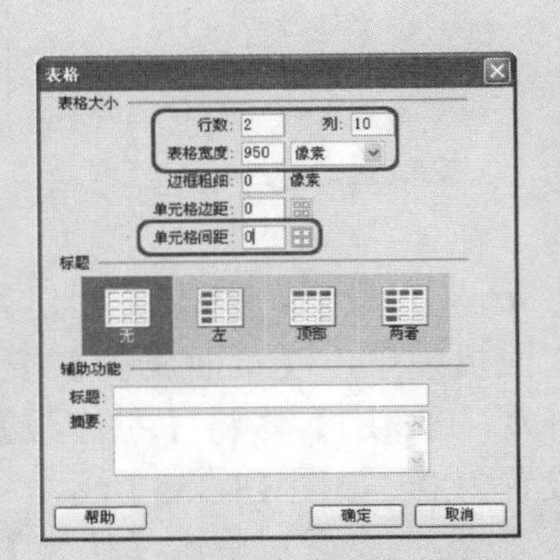

图 18-339　设置表格参数

步骤08 设置完成后，单击【确定】按钮，即可插入一个 2 行 10 列的单元格，如图 18-340 所示。

步骤09 选中第 1 列的两行单元格，如图 18-341 所示。

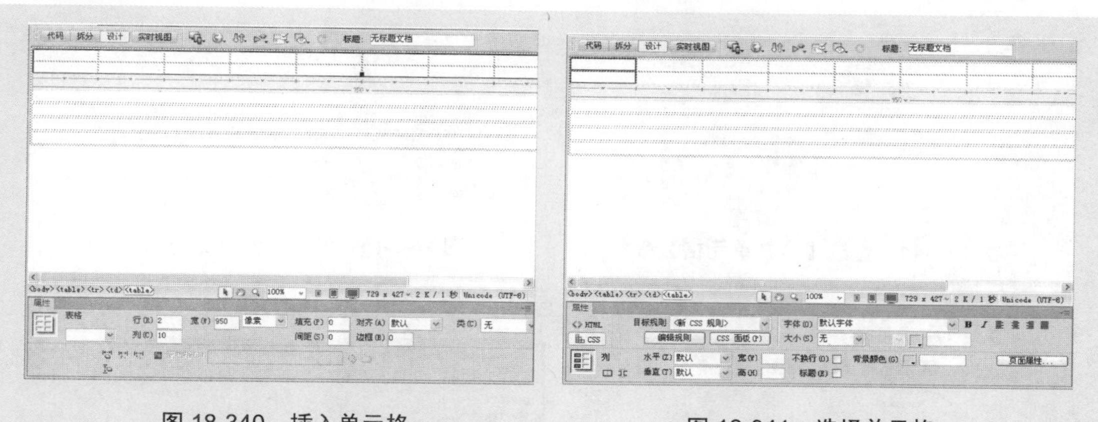

图 18-340 插入单元格　　图 18-341 选择单元格

步骤10 右击鼠标，在弹出的快捷菜单中选择【表格】|【合并单元格】命令，如图 18-342 所示。

步骤11 执行该操作后，即可将选中的单元格进行合并，然后将光标置入到该单元格中，在【属性】面板中将【宽】设置为 4，如图 18-343 所示。

图 18-342 选择【合并单元格】命令

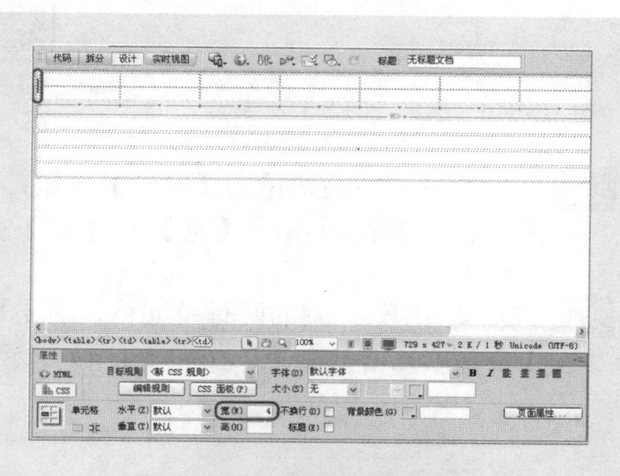

图 18-343 设置单元格宽度

步骤12 选中第 2 列的两行单元格，右击鼠标，在弹出的快捷菜单中选择【表格】|【合并单元格】命令，如图 18-344 所示。

步骤13 将光标置入合并后的单元格中，在【属性】面板中将【宽】设置为 204，如图 18-345 所示。

步骤14 将光标置入到该单元格中，然后在菜单栏中选择【插入】|【图像】命令，如图 18-346 所示。

步骤15 在弹出的对话框中选择随书附带光盘中的“CDROM\素材\第 18 章\logo.jpg 文件”，如图 18-347 所示。

图 18-344　选择【合并单元格】命令

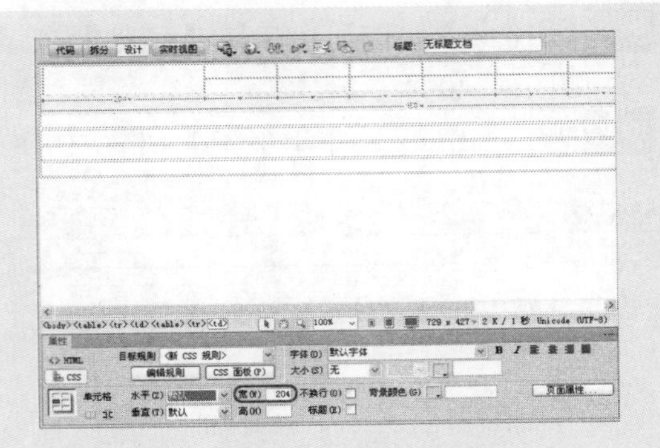
图 18-345　设置单元格宽度

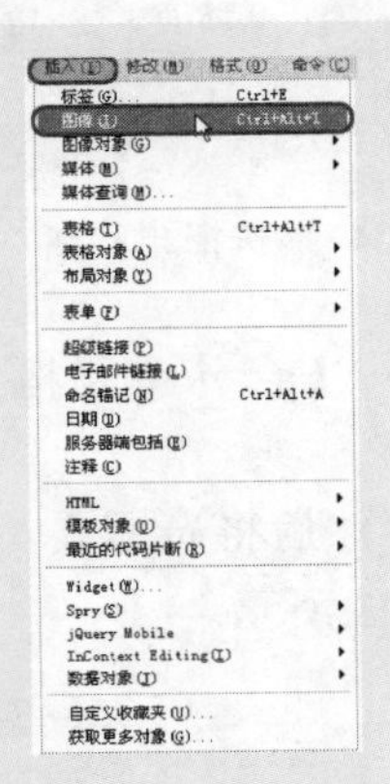
图 18-346　选择【图像】命令

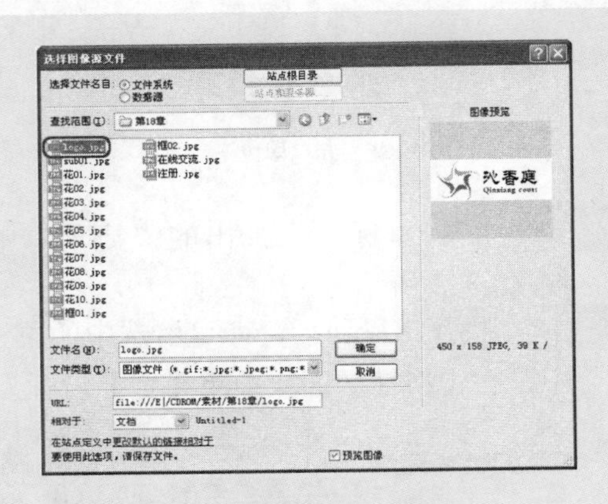
图 18-347　选择素材文件

步骤 16　选择完成后，单击【确定】按钮，将其插入该单元格中，选中插入的对象，在【属性】面板中将【宽】和【高】分别设置为 200px、70px，如图 18-348 所示。

步骤 17　选中第 3 列的两行单元格，右击鼠标，在弹出的快捷菜单中选择【表格】|【合并单元格】命令，如图 18-349 所示。

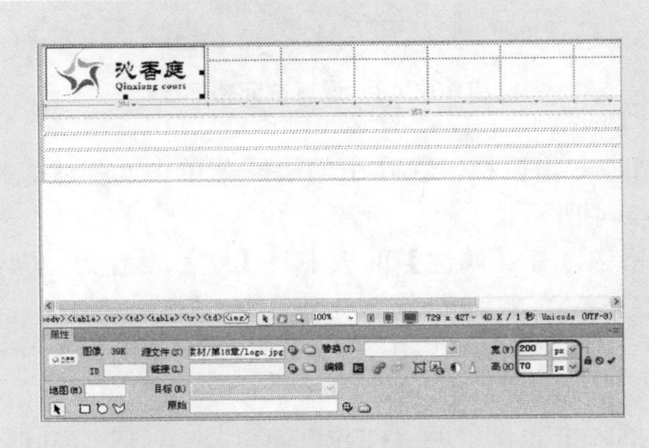
图 18-348　设置图像大小

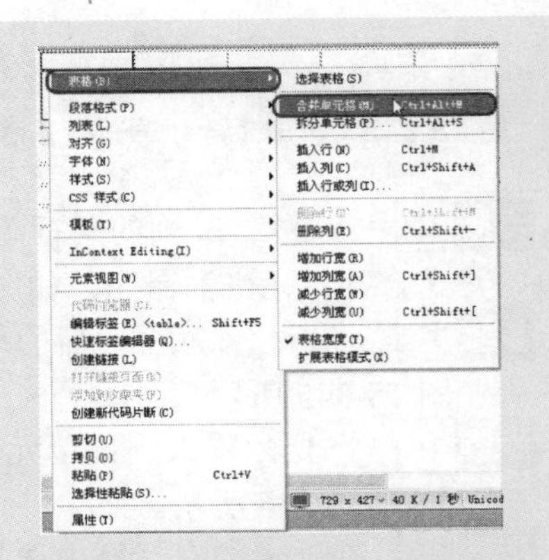
图 18-349　选择【合并单元格】命令

步骤18 将光标置入合并后的单元格中，在【属性】面板中将【宽】设置为 300，效果如图 18-350 所示。

步骤19 再在该单元格中输入文字，输入后的效果如图 18-351 所示。

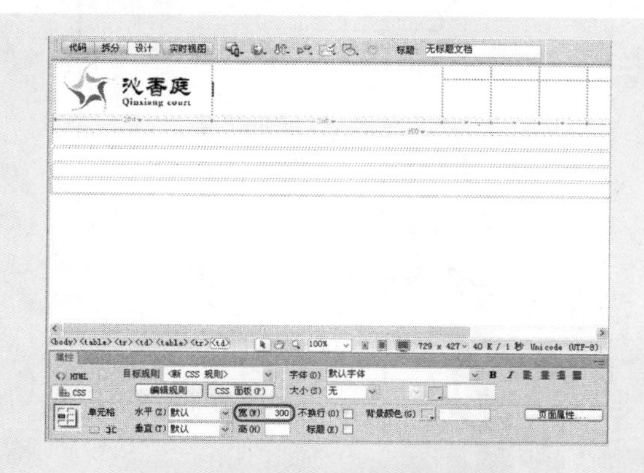

图 18-350 设置单元格宽度

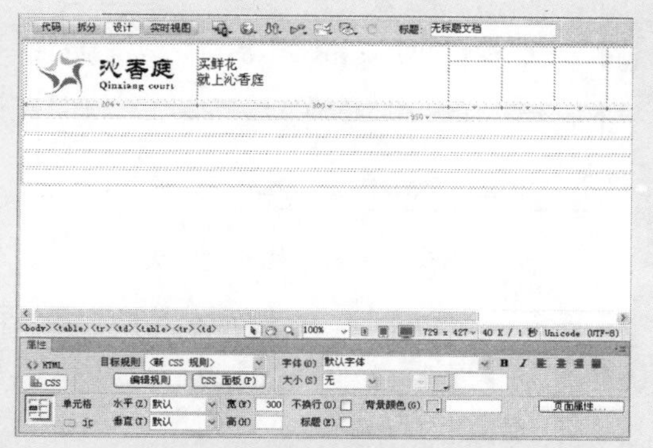

图 18-351 输入文字

步骤20 选中输入的文字，在菜单栏中选择【格式】|【CSS 样式】|【新建】命令，如图 18-352 所示。

步骤21 在弹出的对话框中将【选择器名称】设置为 guanggaoyu，如图 18-353 所示。

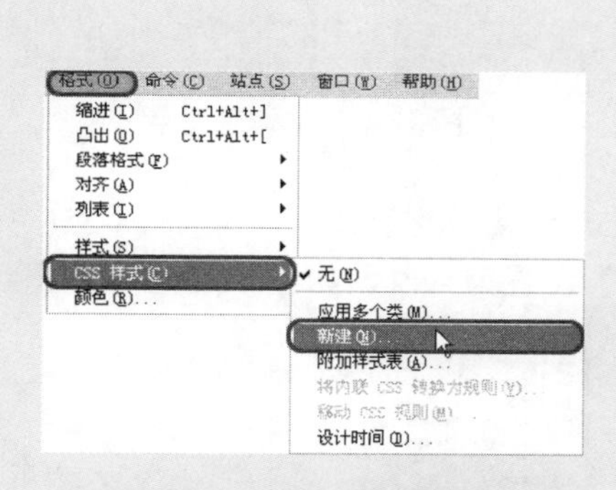

图 18-352 选择【新建】命令

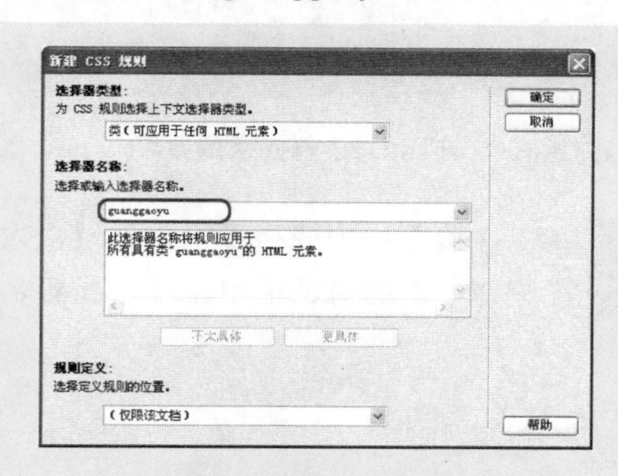

图 18-353 设置选择器名称

步骤22 设置完成后，单击【确定】按钮，在弹出的对话框中将 Font-family 设置为【方正行楷简体】，Font-size 设置为 24px，Color 设置为#000，如图 18-354 所示。

步骤23 在左侧的【分类】列表框中选择【区块】选项，然后将右侧的 Text-align 设置为 center 命令，如图 18-355 所示。

步骤24 设置完成后，单击【确定】按钮，即可为选中的对象应用该样式，应用后的效果如图 18-356 所示。

步骤25 调整第 4 列单元格的宽度，在第 5 列～第 9 列单元格的第 1 行中输入文字，如图 18-357 所示。

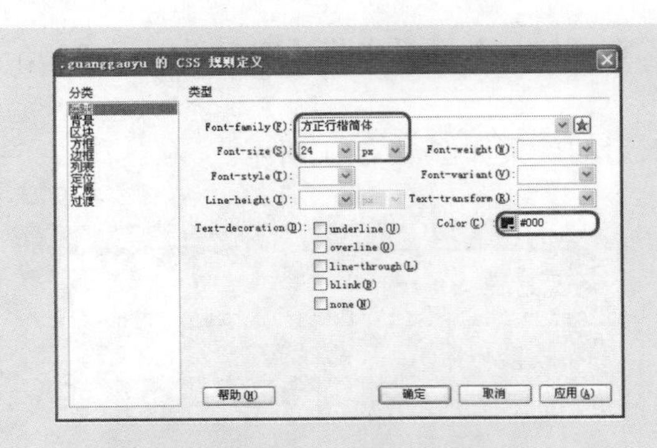

图 18-354　设置字体和文字大小

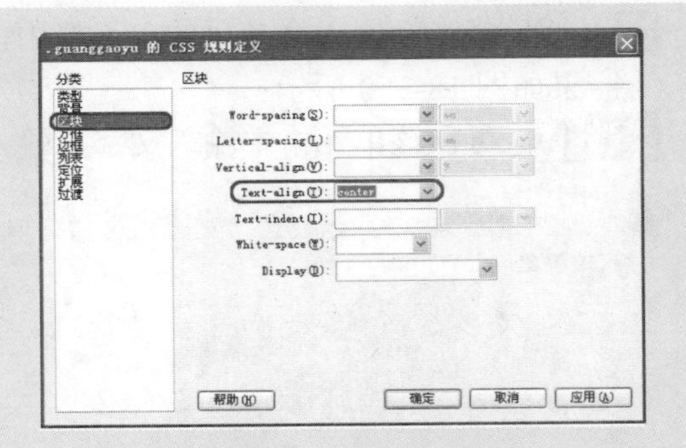

图 18-355　选择 center 选项

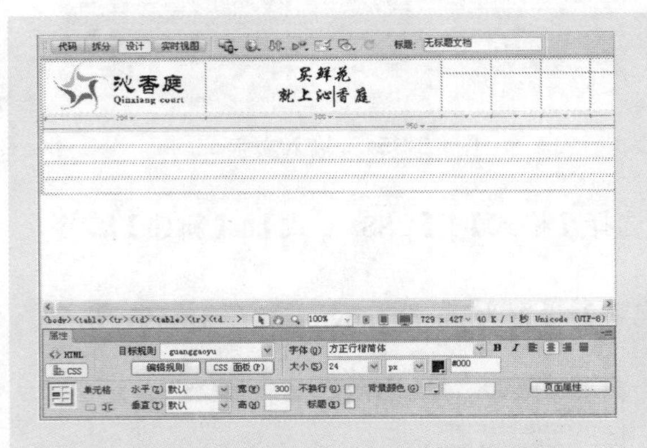

图 18-356　应用 CSS 样式后的效果

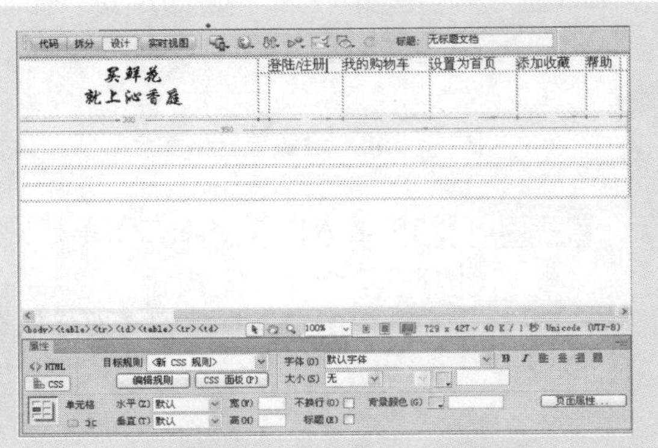

图 18-357　输入文字

步骤 26　在菜单栏中选择【格式】|【CSS 样式】|【新建】命令，如图 18-358 所示。

步骤 27　在弹出的对话框中将【选择器名称】设置为 wz1，如图 18-359 所示。

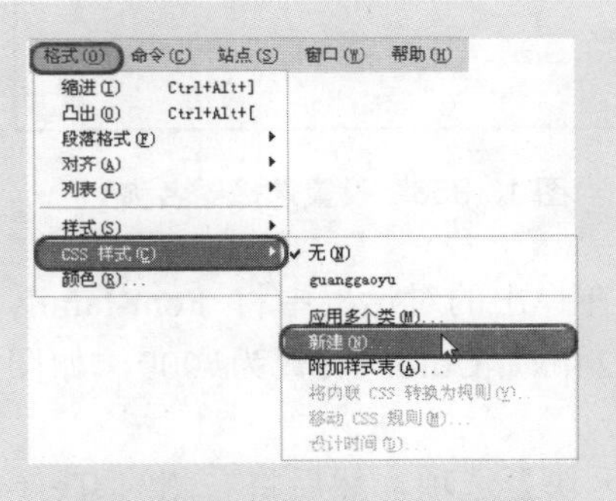

图 18-358　选择【新建】命令

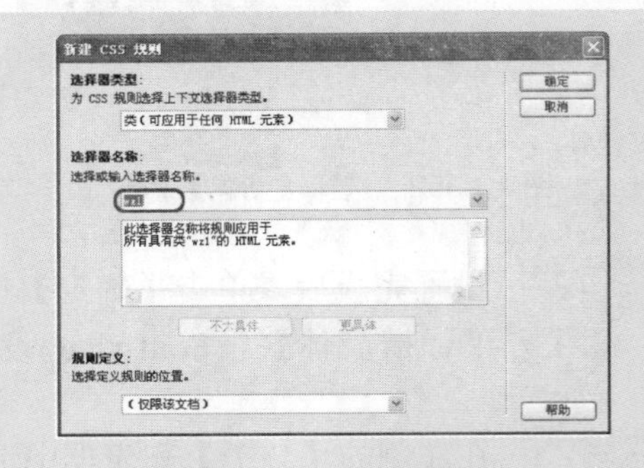

图 18-359　输入选择器名称

步骤 28　设置完成后，单击【确定】按钮，在弹出的对话框中将 Font-size 设置为 12px，Color 设置为#000，如图 18-360 所示。

步骤 29　设置完成后，在【分类】列表框中选择【区块】选项，将 Text-align 设置为 center 命令，如图 18-361 所示。

步骤 30　设置完成后，单击【确定】按钮，选中如图 18-362 所示的单元格。

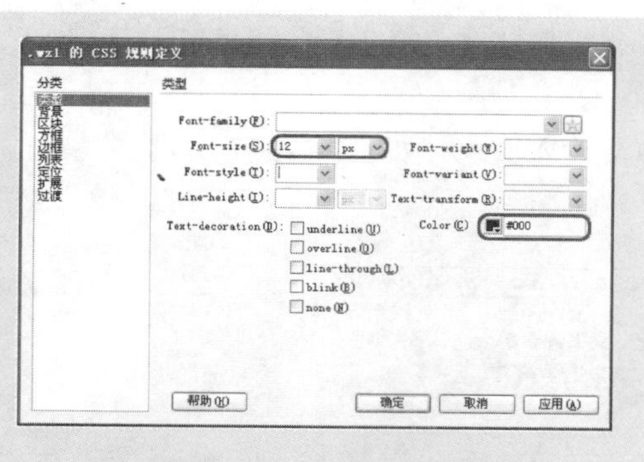

图 18-360　设置文字大小及颜色

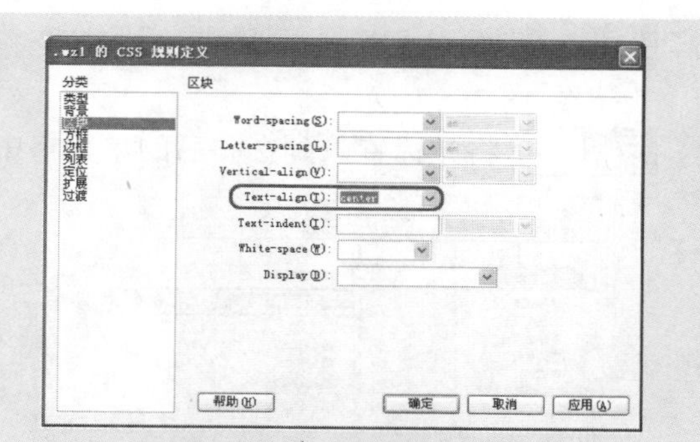

图 18-361　设置 Text-align

步骤31　按 Shift+F11 组合键，打开【CSS 样式】面板，在该面板中选择 wz1 样式，右击鼠标，在弹出的快捷菜单中选择【应用】命令，如图 18-363 所示。

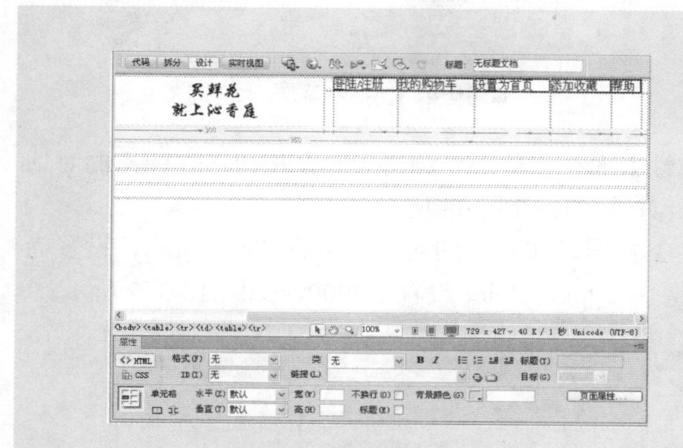

图 18-362　选中单元格

图 18-363　选择【应用】命令

步骤32　执行该命令后，即可为选中的对象应用该样式，在文档窗口中调整单元格的宽度，调整后的效果如图 18-364 所示。

步骤33　在文档窗口中选择如图 18-365 所示的单元格。

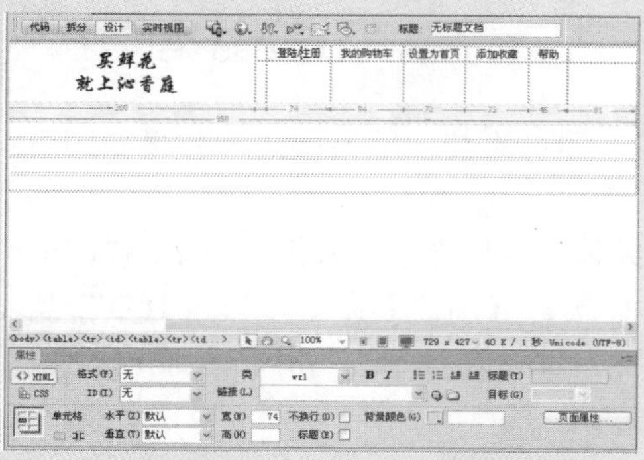

图 18-364　调整后的效果

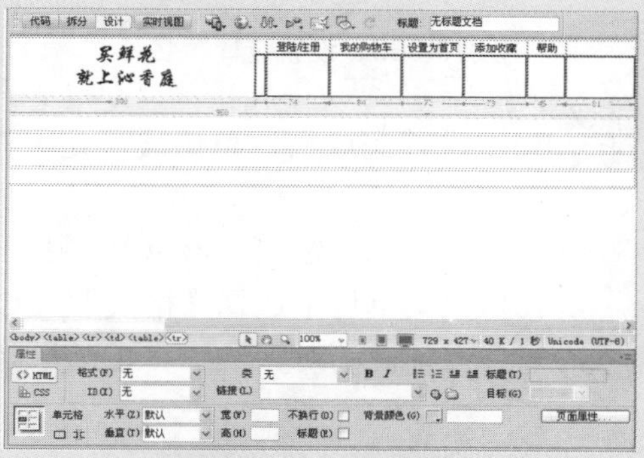

图 18-365　选择单元格

步骤34 右击鼠标，在弹出的快捷菜单中选择【表格】|【合并单元格】命令，如图 18-366 所示。

步骤35 将光标置入到合并后的单元格中，输入文字，如图 18-367 所示。

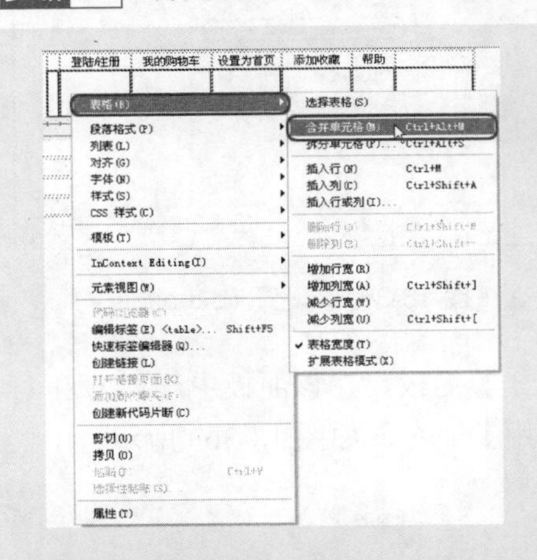

图 18-366 选择【合并单元格】命令

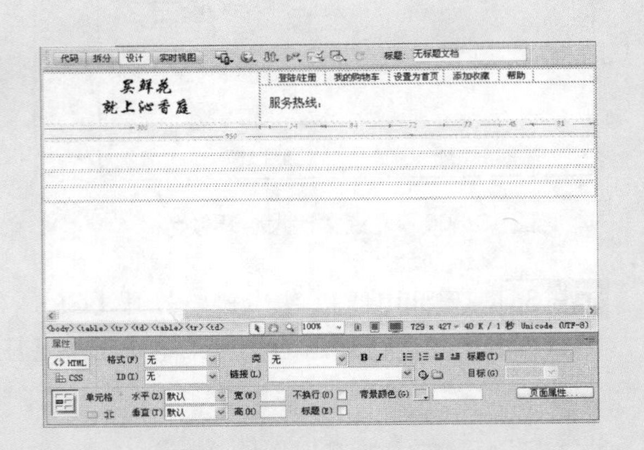

图 18-367 输入文字

步骤36 选中输入的文字，在【属性】面板中单击【编辑规则】按钮，在弹出的对话框中将【选择器名称】设置为 fwrx，如图 18-368 所示。

步骤37 设置完成后，单击【确定】按钮，在弹出的对话框中将 Font-family 设置为【长城新艺体】，Font-size 设置为 20px，Color 设置为#900，如图 18-369 所示。

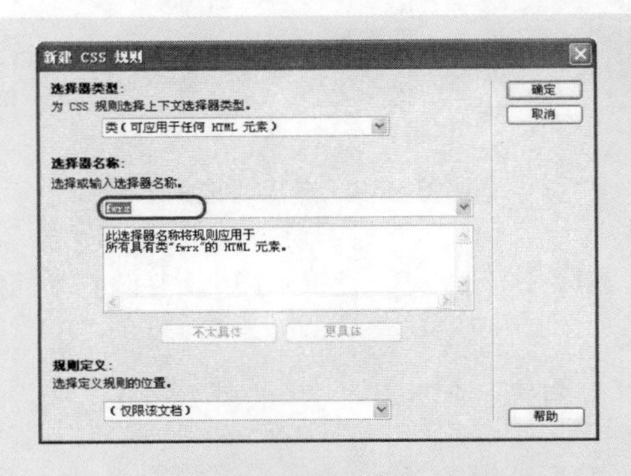

图 18-368 设置选择器名称

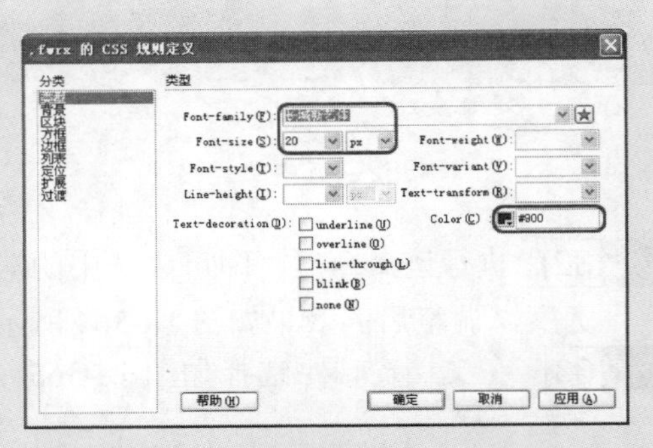

图 18-369 设置 CSS 样式

步骤38 设置完成后，单击【确定】按钮，即可为其应用该样式，效果如图 18-370 所示。

步骤39 将光标继续置入该单元格中，继续输入其他文字，效果如图 18-371 所示。

步骤40 在菜单栏中选择【格式】|【CSS 样式】|【新建】命令，如图 18-372 所示。

步骤41 在弹出的对话框中将【选择器名称】设置为 fwrx2，如图 18-373 所示。

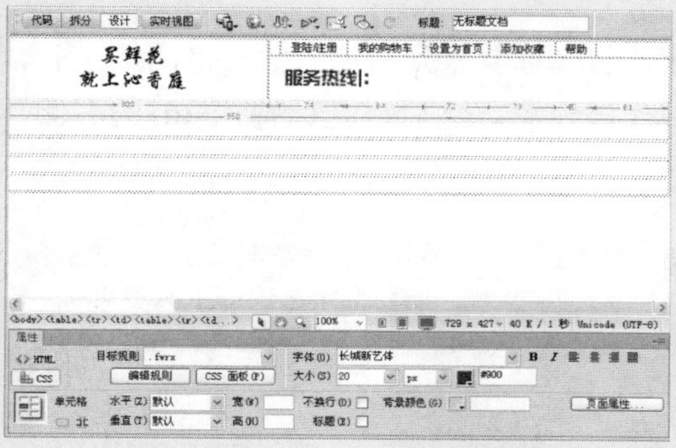

图 18-370 应用样式后的效果

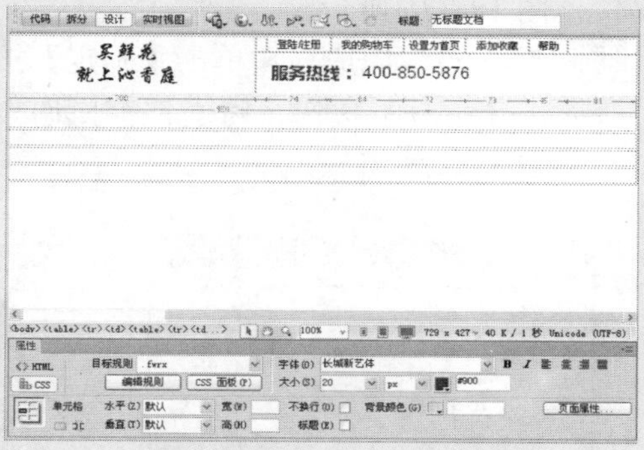

图 18-371 输入文字

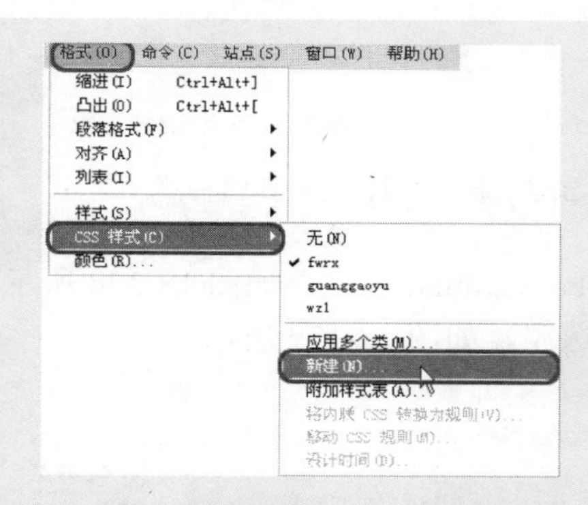

图 18-372 选择【新建】命令

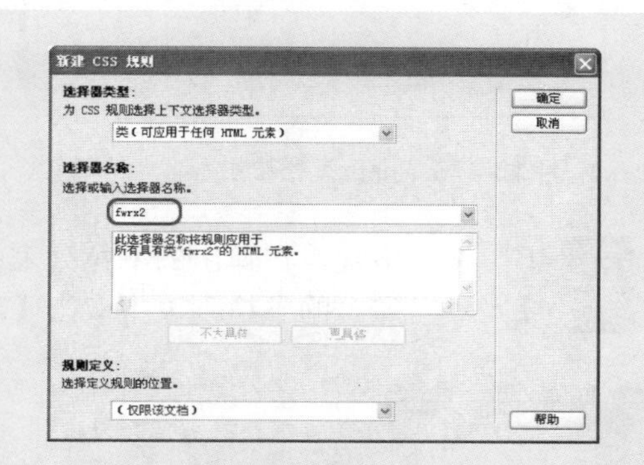

图 18-373 设置选择器名称

步骤42 设置完成后，单击【确定】按钮，在弹出的对话框中将 Font-family 设置为 Arial Black，Font-size 设置为 26px，Color 设置为#900，如图 18-374 所示。

步骤43 设置完成后，单击【确定】按钮，选中上面所输入的文字，为其应用所设置的 CSS 样式，效果如图 18-375 所示。

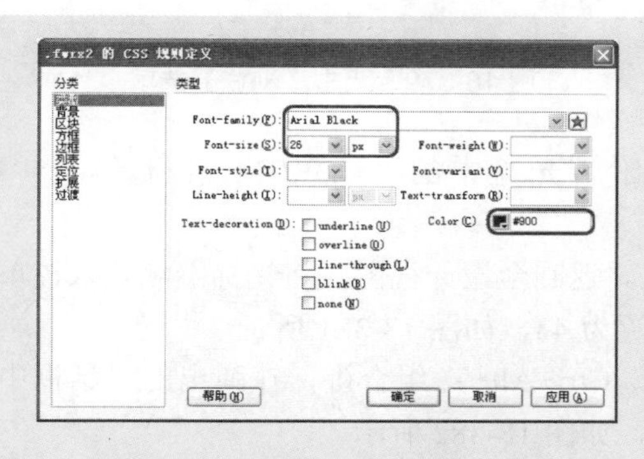

图 18-374 设置 CSS 样式

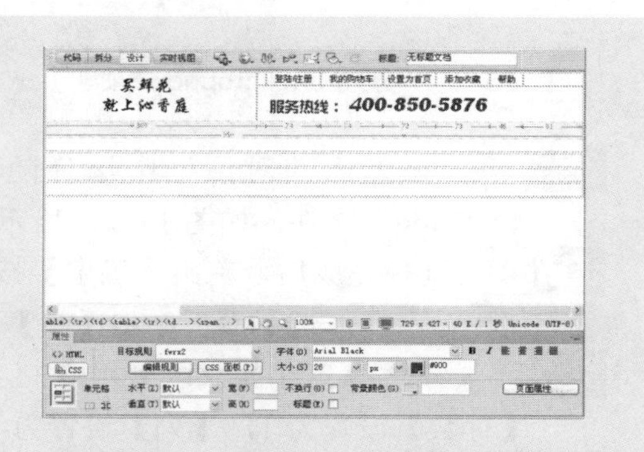

图 18-375 应用 CSS 样式后的效果

步骤44 将光标置入第 2 行单元格中，按 Ctrl+Alt+T 组合键，在弹出的对话框中将【行数】设置为 2，【列】设置为 1，【表格宽度】设置为 950、【像素】，如

图 18-376 所示。

步骤45 设置完成后，单击【确定】按钮，将光标置入到新插入的表格的第 1 行，单击【拆分】按钮，将文档窗口切换到代码视图，然后将光标置入 td 的右侧，如图 18-377 所示。

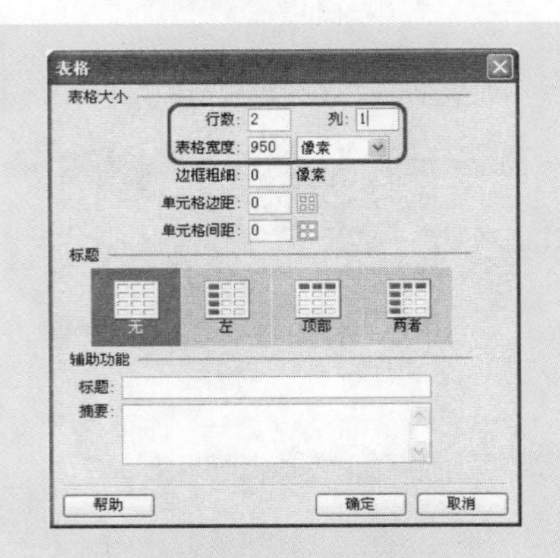

图 18-376 设置表格参数

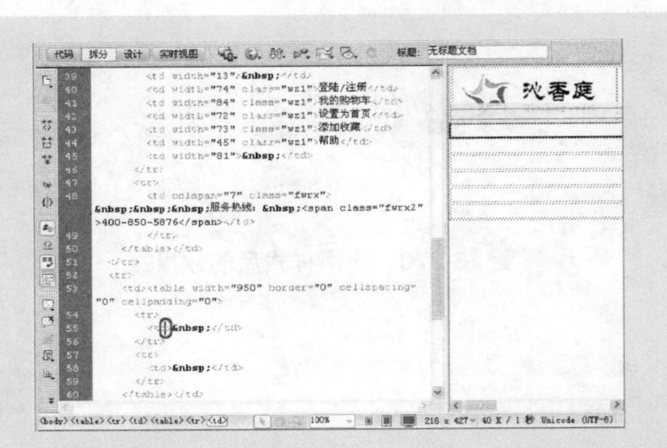

图 18-377 将光标置入到 td 的右侧

步骤46 按空格键，在弹出的下拉列表中双击 background 选项，如图 18-378 所示。

步骤47 再在弹出的下拉列表中双击【浏览】选项，如图 18-379 所示。

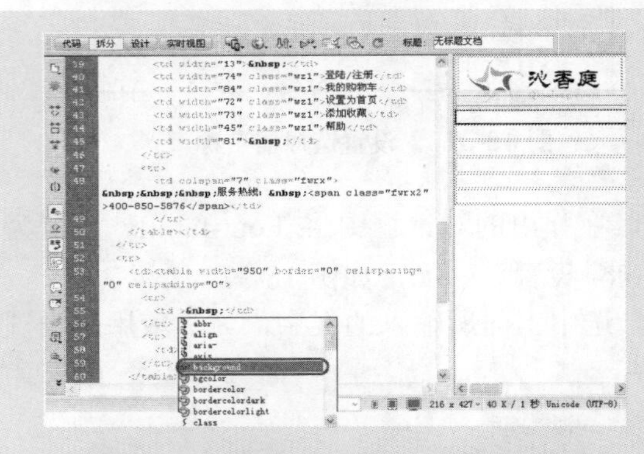

图 18-378 双击 background 选项

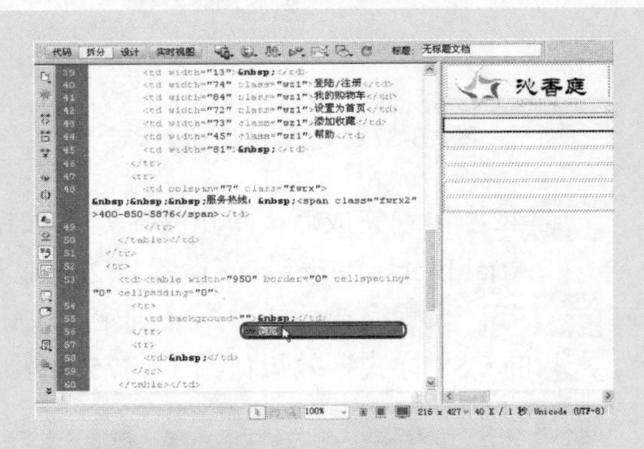

图 18-379 双击【浏览】选项

步骤48 在弹出的对话框中选择随书附带光盘中的“CDROM\素材\第 18 章\sub01.jpg”文件，如图 18-380 所示。

步骤49 选择完成后，单击【确定】按钮。返回至设计视图，将光标继续置入该单元格中，在【属性】面板中将【高】设置为 43，如图 18-381 所示。

步骤50 继续将光标置入该单元格中，按 Ctrl+Alt+T 组合键，在弹出的对话框中将【行数】设置为 1，【列】设置为 13，如图 18-382 所示。

步骤51 设置完成后，单击【确定】按钮，然后将光标置入新插入的单元格中，在【属性】面板中将【高】设置为 40，如图 18-383 所示。

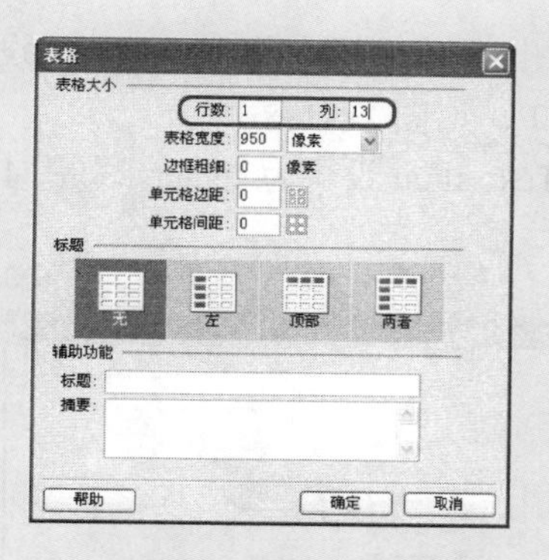

图 18-380 选择素材文件

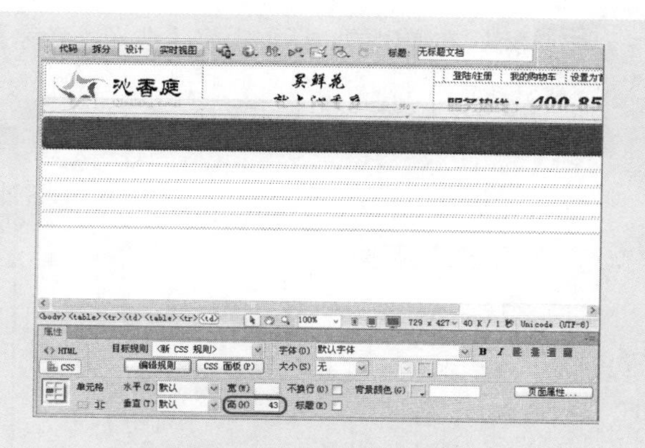

图 18-381 设置单元格高度

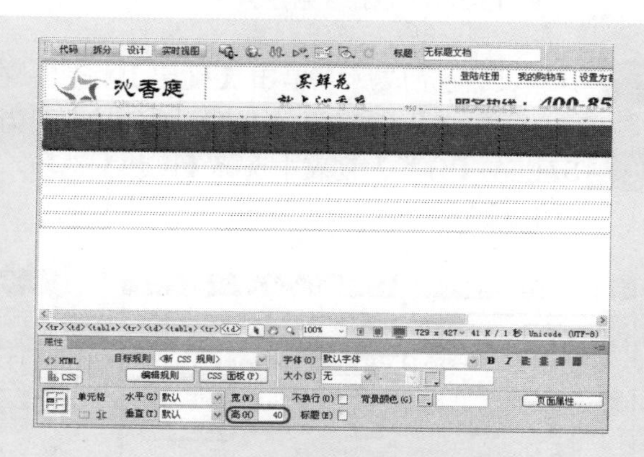

图 18-382 设置行数及列数

图 18-383 设置单元格高度

步骤52 设置完成后，在文档窗口中调整单元格的宽度，调整后的效果如图 18-384 所示。

步骤53 调整完成后，在各个单元格中输入相应的文字，如图 18-385 所示。

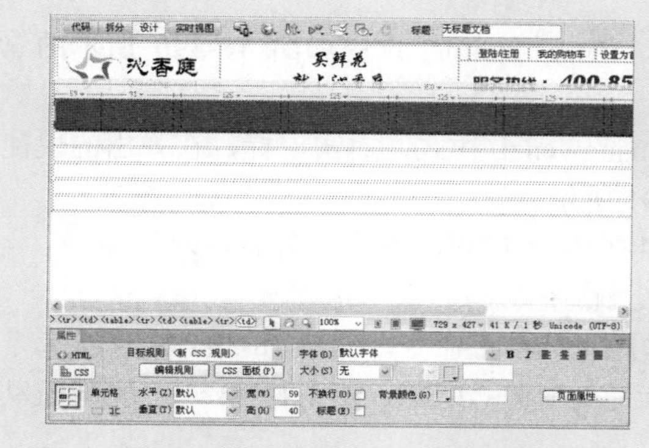

图 18-384 调整单元格的宽度

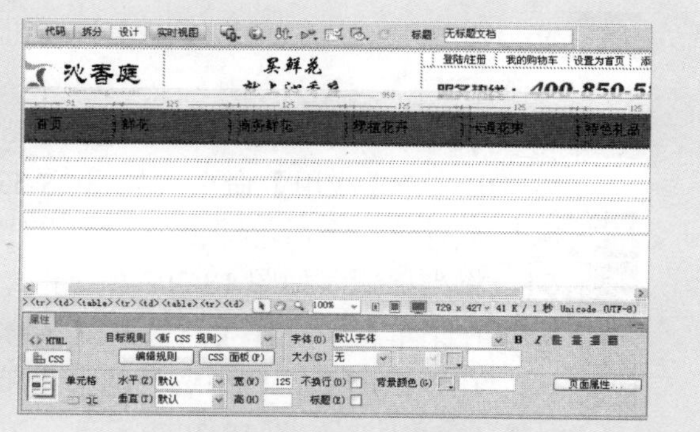

图 18-385 输入文字

步骤54 在菜单栏中选择【格式】|【CSS 样式】|【新建】命令，如图 18-386 所示。

步骤55 在弹出的对话框中将【选择器名称】设置为 daohangwenzi，如图 18-387 所示。

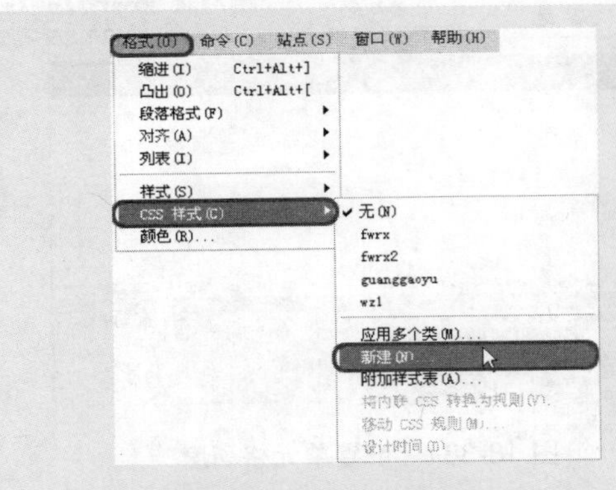

图 18-386 选择【新建】命令

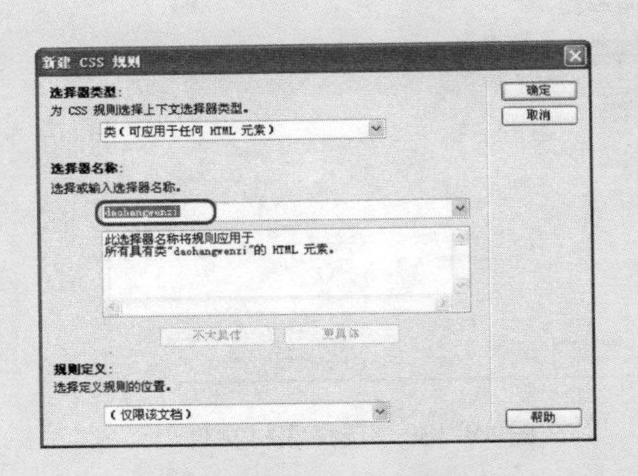

图 18-387 设置选择器名称

步骤56 设置完成后，单击【确定】按钮，在弹出的对话框中将 Font-size 设置为 18px，Font-weight 设置 bold，Color 设置为#FFF，如图 18-388 所示。

步骤57 在【分类】列表中选择【区块】选项，将 Text-align 设置为 center，如图 18-389 所示。

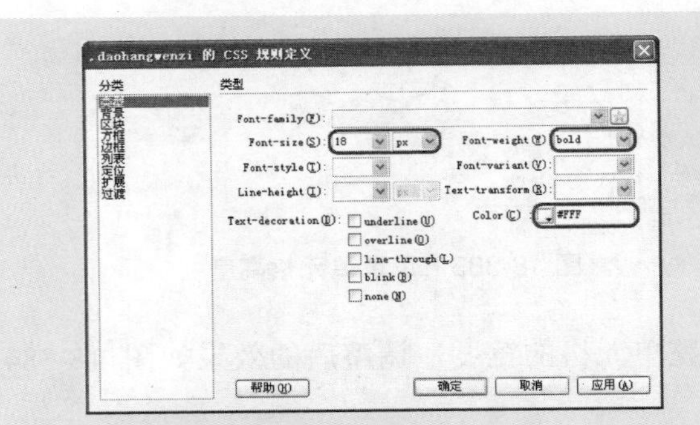

图 18-388 设置类型选项

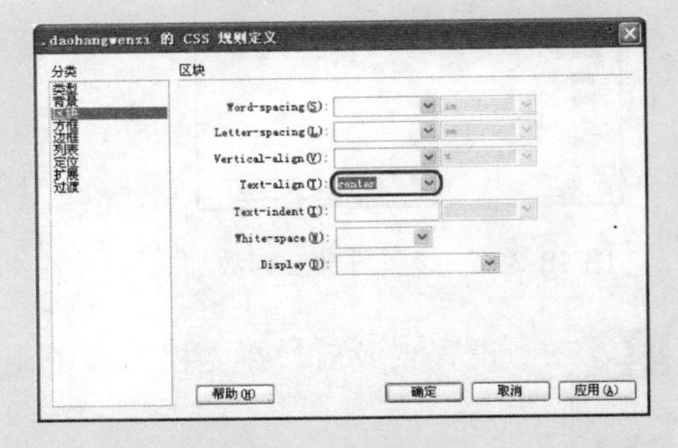

图 18-389 设置 Text-align

步骤58 设置完成后，单击【确定】按钮，在文档窗口中选中如图 18-390 所示的单元格。

步骤59 在【CSS 样式】面板中选择.daohangwenzi 样式，右击鼠标，在弹出的快捷菜单中选择【应用】命令，如图 18-391 所示。

步骤60 执行该命令后，即可为选中的对象应用该样式，效果如图 18-392 所示。

步骤61 将光标置入如图 18-393 所示的单元格中。

步骤62 在菜单栏中选择【插入】|【媒体】|【插件】命令，如图 18-394 所示。

步骤63 在弹出的对话框中选择随书附带光盘中的“CDROM\素材\第 18 章\导航动画.swf”文件，如图 18-395 所示。

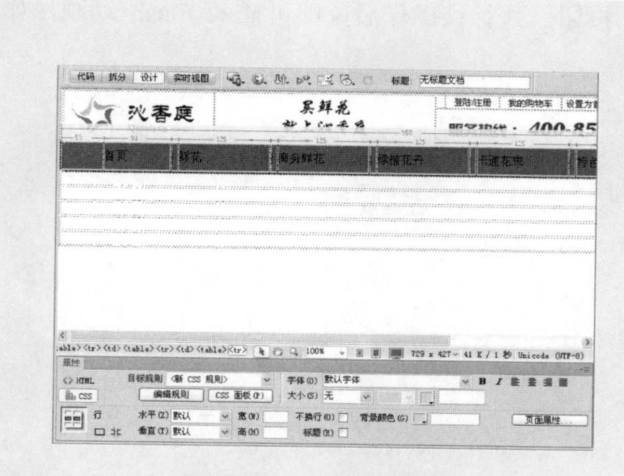

图 18-390　选择单元格

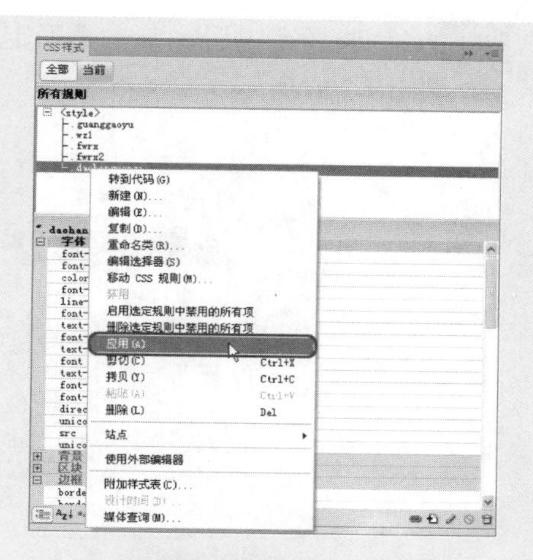

图 18-391　选择【应用】命令

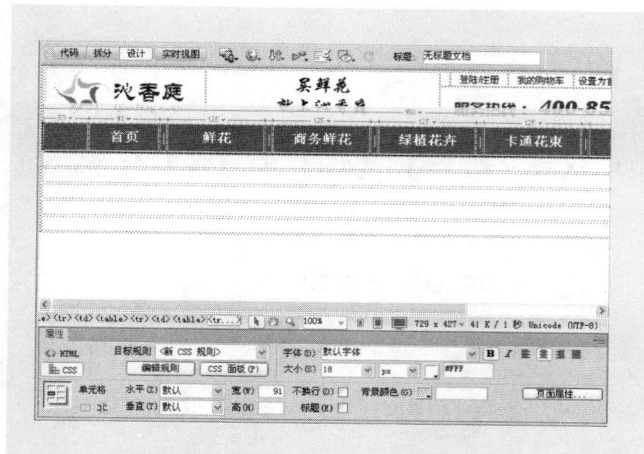

图 18-392　应用后的效果

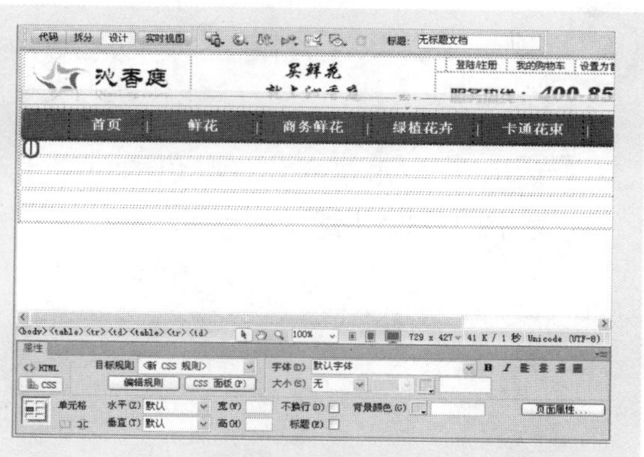

图 18-393　将光标置入单元格中

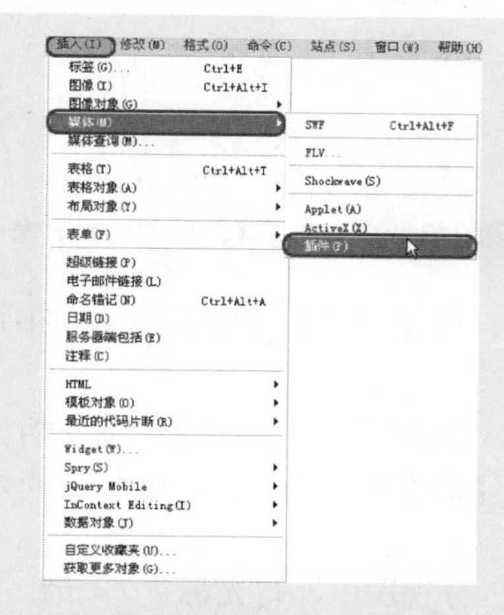

图 18-394　选择【插件】命令

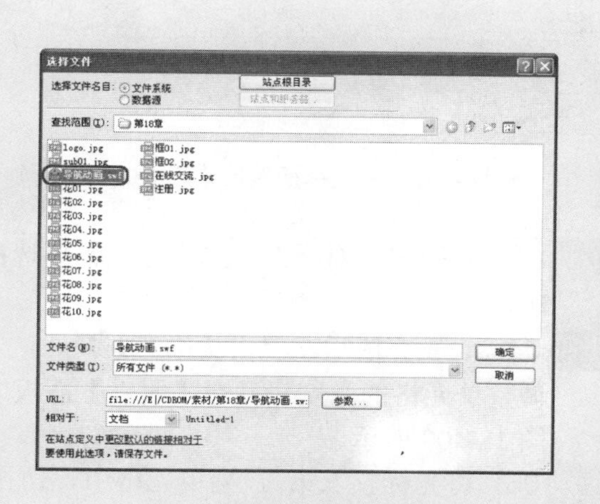

图 18-395　选择素材文件

步骤64 选择完成后，单击【确定】按钮。执行该操作后，即可插入 Flash 动画，如图 18-396 所示。

图 18-396 插入 Flash 动画

18.3.2 制作网页的主要内容

步骤01 将光标置入如图 18-397 所示的单元格中。

步骤02 右击鼠标，在弹出的快捷菜单中选择【表格】|【拆分单元格】命令，如图 18-398 所示。

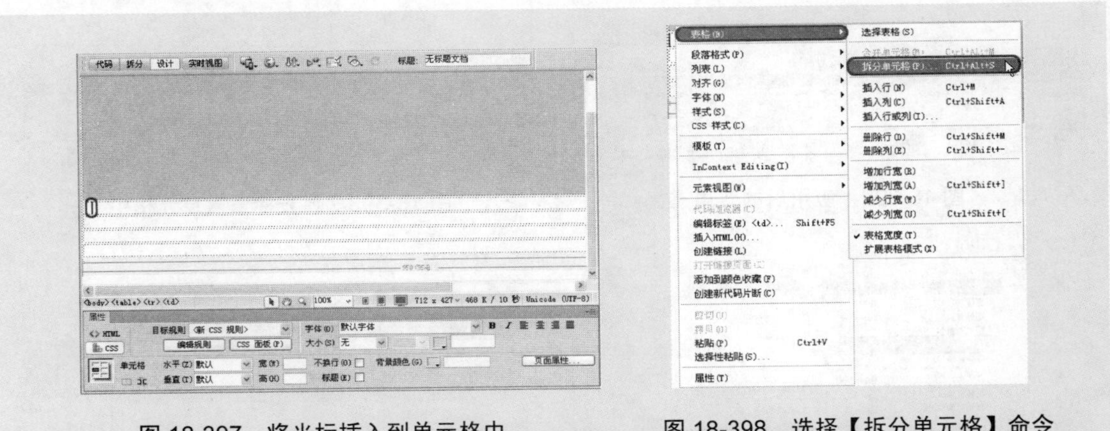

图 18-397 将光标插入到单元格中

图 18-398 选择【拆分单元格】命令

步骤03 在弹出的对话框中选中【列】单选按钮，将【列数】设置为 2，如图 18-399 所示。

步骤04 设置完成后，单击【确定】按钮，即可对该单元格进行拆分，在文档窗口中调整单元格的宽度，并在【属性】面板中将【高】设置为 321，调整后的效果如图 18-400 所示。

步骤05 将光标置入第 1 列单元格中，切换至拆分视图中，将光标置入如图 18-401 所示的位置。

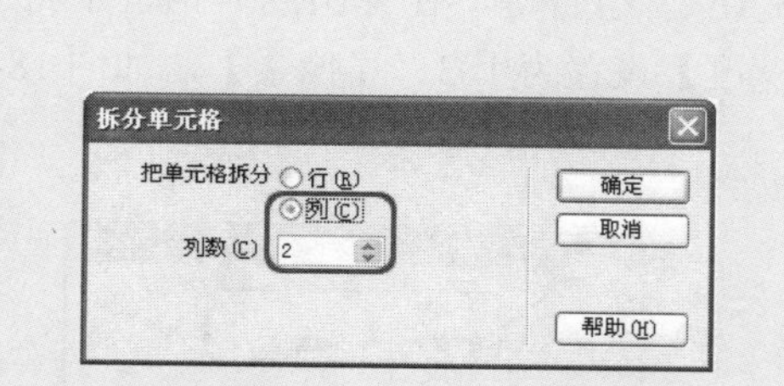

图 18-399 【拆分单元格】对话框

图 18-400 设置单元格的宽和高

步骤06 按空格键，在弹出的下拉列表中双击 background 选项，如图 18-402 所示。

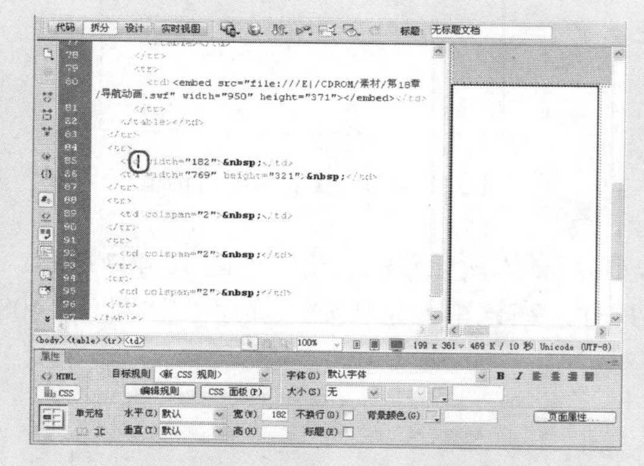

图 18-401 置入光标

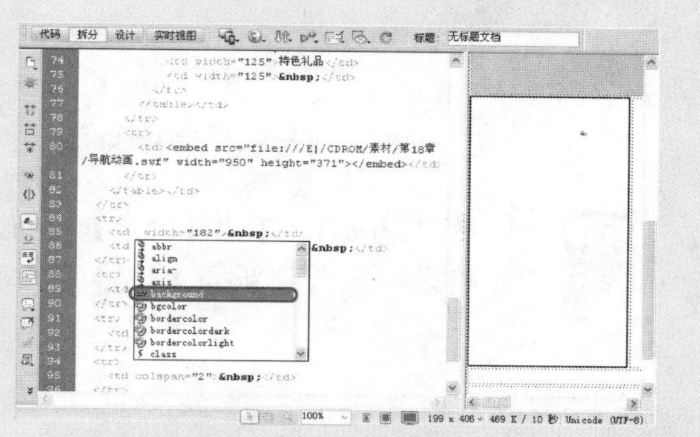

图 18-402 双击 background 选项

步骤07 再在弹出的下拉列表中双击【浏览】选项，如图 18-403 所示。

步骤08 在弹出的对话框中选择随书附带光盘中的“CDROM\素材\第 18 章\注册”文件，如图 18-404 所示。

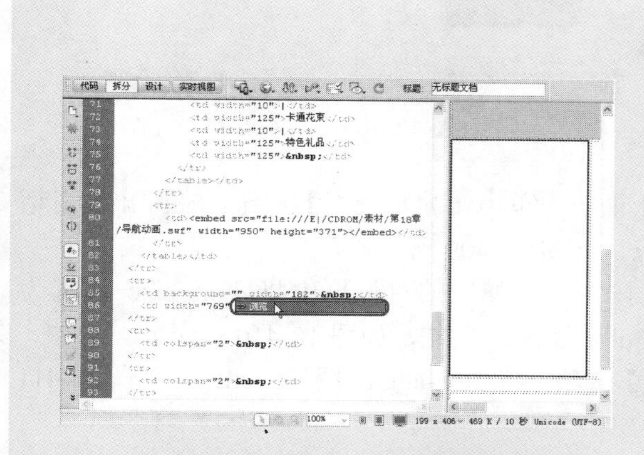

图 18-403 双击【浏览】命令

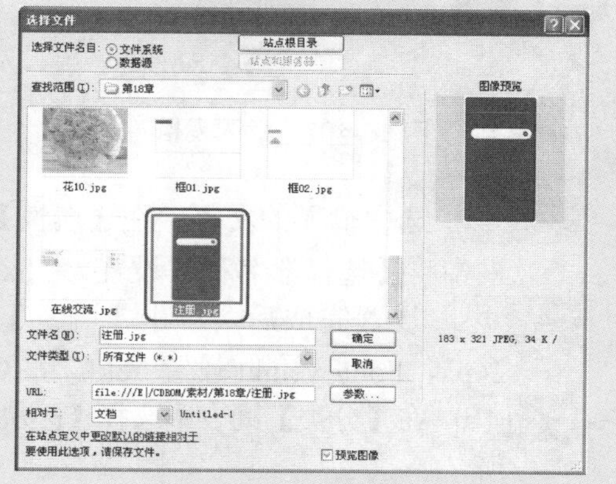

图 18-404 选择素材文件

步骤09 选择完成后，单击【确定】按钮。返回至设计视图中，将选中的对象插入到单元格中，效果如图 18-405 所示。

步骤 10　将光标置入到该单元格中，按 Ctrl+Alt+T 组合键，在弹出的对话框中将【行数】设置为 9，【列】设置为 1，【表格宽度】设置为 183、【像素】，如图 18-406 所示。

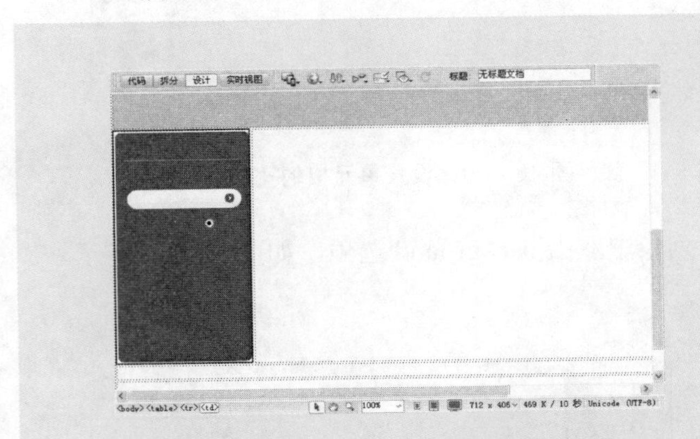

图 18-405　插入图片后的效果

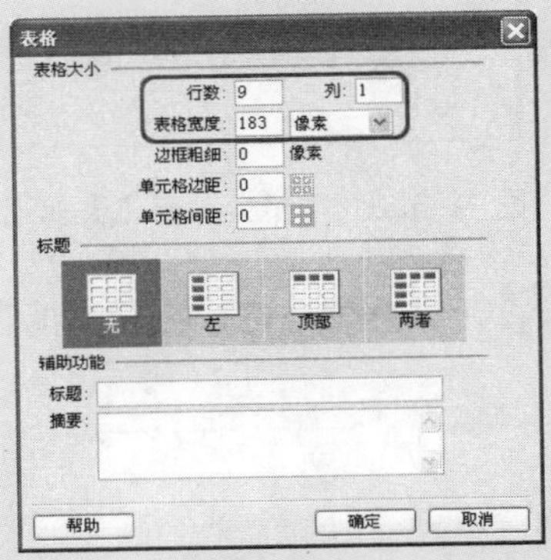

图 18-406　【表格】对话框

步骤 11　设置完成后，单击【确定】按钮，即可插入所设置的表格，如图 18-407 所示。

步骤 12　将光标置入到新插入表格的第 1 行，在该单元格中输入文字，如图 18-408 所示。

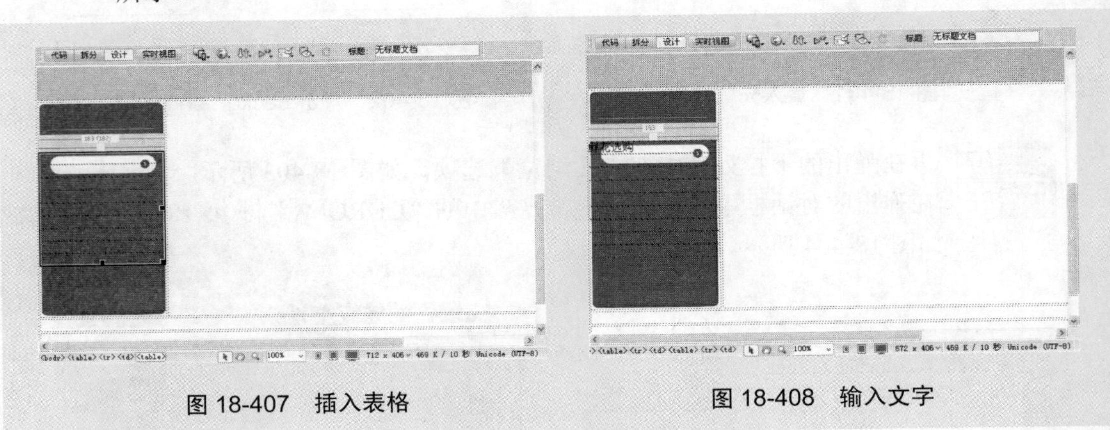

图 18-407　插入表格

图 18-408　输入文字

步骤 13　选中输入的文字，在【属性】面板中单击【编辑规则】按钮，在弹出的对话框中将【选择器名称】设置为 xhxg，如图 18-409 所示。

步骤 14　设置完成后，单击【确定】按钮，在弹出的对话框中将 Font-size 设置为 24px，Font-weight 设置 bold，将 Color 设置为#FFF，如图 18-410 所示。

步骤 15　在【分类】列表中选择【区块】选项，将 Text-align 设置为 center，如图 18-411 所示。

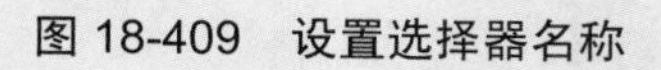

图 18-409　设置选择器名称

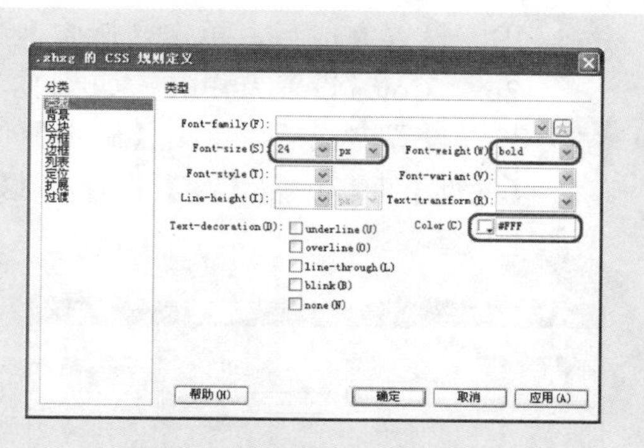

图 18-410　设置类型选项

步骤 16 设置完成后，单击【确定】按钮，即可为选中的对象应用该样式，在【属性】面板中将【高】设置为 40，如图 18-412 所示。

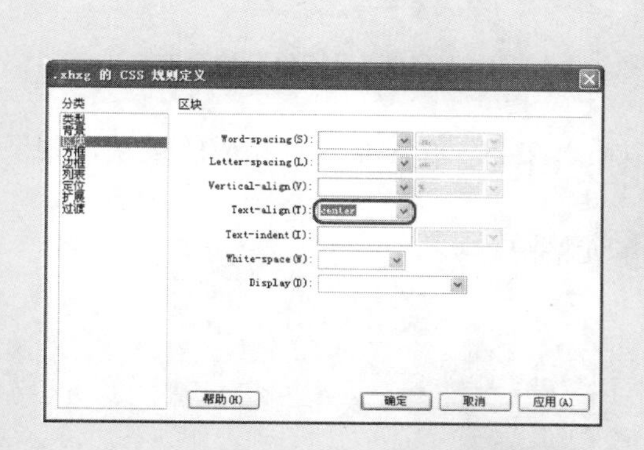

图 18-411　设置 Text-align

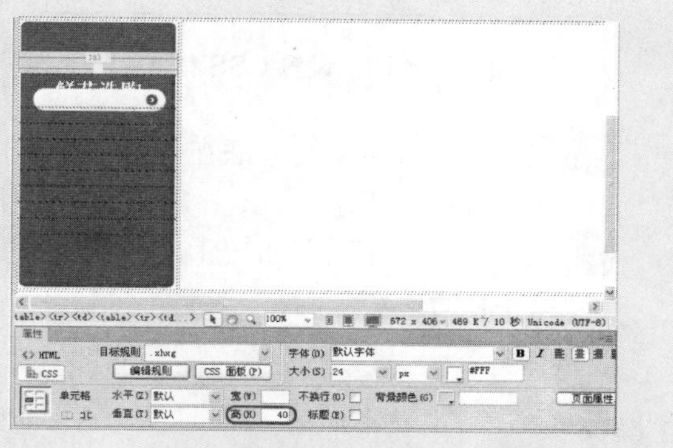

图 18-412　设置单元格高度

步骤 17 将光标置入到第 2 行单元格中，在该单元格中输入文字，如图 18-413 所示。

步骤 18 选中输入的文字，在【属性】面板中单击【编辑规则】按钮，在弹出的对话框中将【选择器名称】设置为 xglb，如图 18-414 所示。

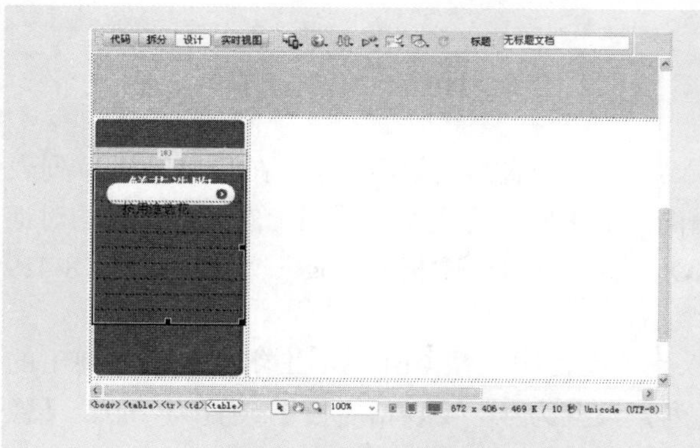

图 18-413　输入文字

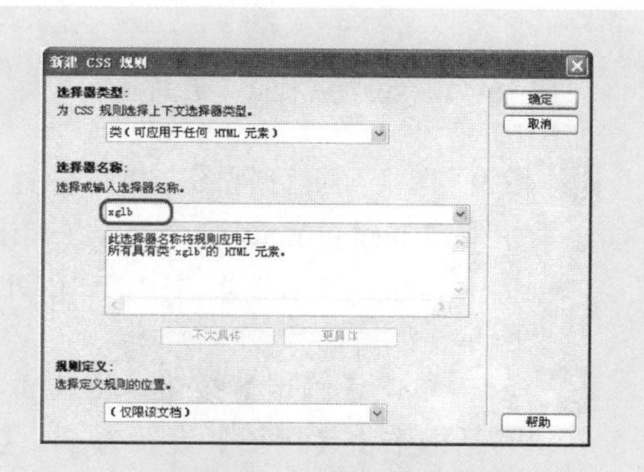

图 18-414　设置选择器名称

步骤19 设置完成后，单击【确定】按钮，在弹出的对话框中将 Font-size 设置为12px，Color 设置为#FFF，如图 18-415 所示。

步骤20 设置完成后，单击【确定】按钮，即可为选中的对象应用该样式，然后在【属性】面板中将【高】设置为 33，如图 18-416 所示。

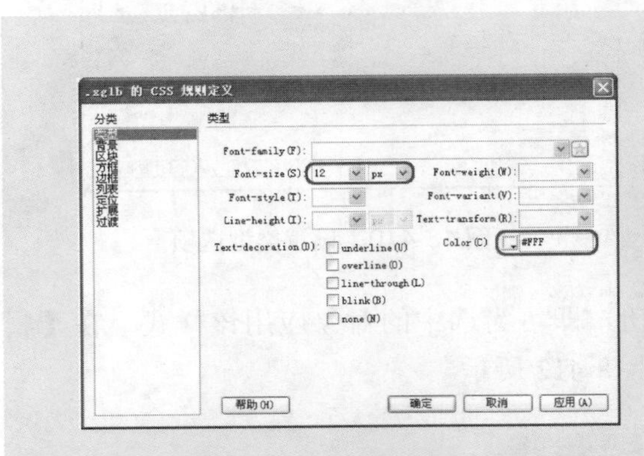

图 18-415 设置 CSS 样式

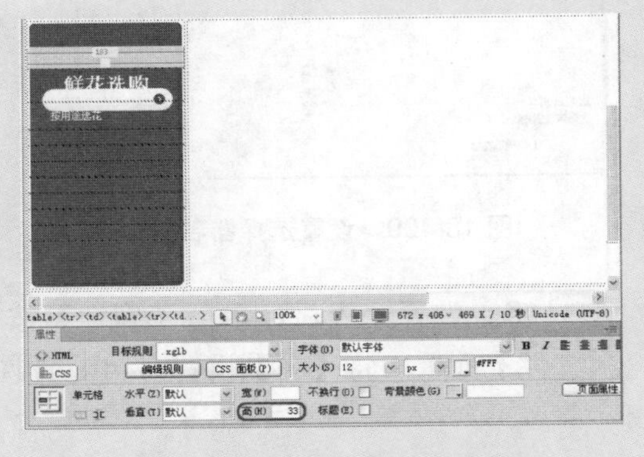

图 18-416 设置单元格高度

步骤21 使用同样的方法在其他单元格中输入文字，并对其进行相应的设置，效果如图 18-417 所示。

步骤22 将光标置入如图 18-418 所示的单元格中。

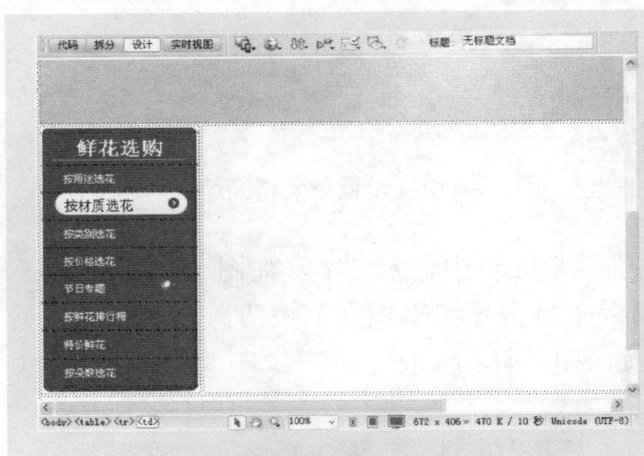

图 18-417 设置其他文字后的效果

图 18-418 将光标置入到单元格中

步骤23 切换至拆分视图，将光标置入到 td 的右侧，按空格键，在弹出的下拉列表中双击 background 选项，再在弹出的然后中双击【浏览】选项，然后在弹出的对话框中选择随书附带光盘中的“CDROM\素材\第 18 章\框 01.jpg”文件，如图 18-419 所示。

步骤24 单击【确定】按钮，将其插入到单元格中。按 Ctrl+Alt+T 组合键，在弹出的对话框中将【行数】设置为 5，【列】设置为 4，【表格宽度】设置为 769、【像素】，如图 18-420 所示。

步骤25 设置完成后，单击【确定】按钮，即可插入一个表格，如图 18-421 所示。

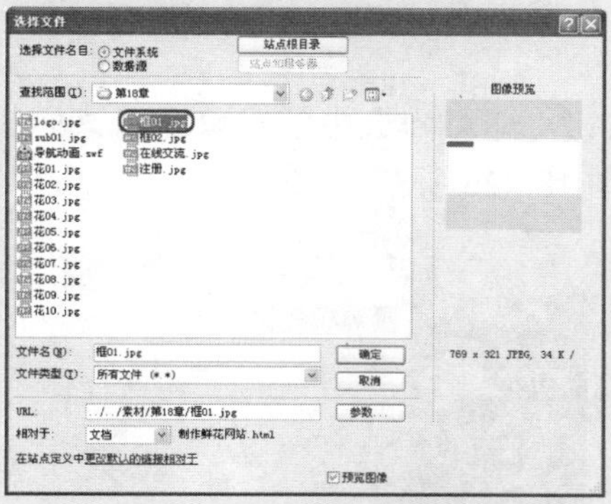

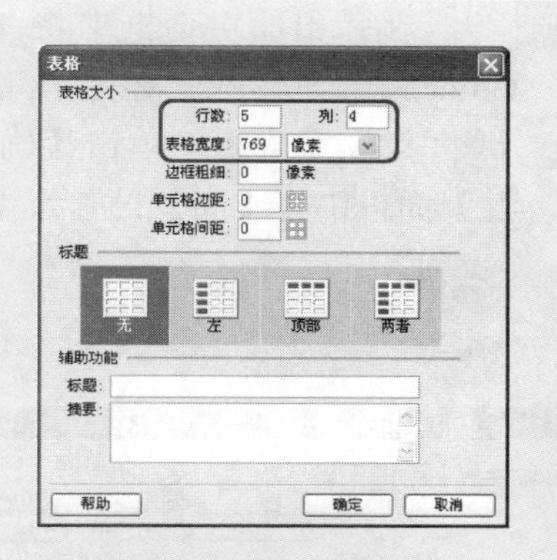

图 18-419　选择素材文件

表格
表格大小
行数：5
列：4
表格宽度：769
像素
边框粗细：0
像素
单元格边距：0
单元格间距：0
标题
无
左
顶部
两者
辅助功能
标题：
摘要：
帮助
确定
取消

图 18-420　设置表格参数

步骤26　在文档窗口中选择新插入表格的第 1 行，右击鼠标，在弹出的快捷菜单中选择【表格】|【合并单元格】命令，如图 18-422 所示。

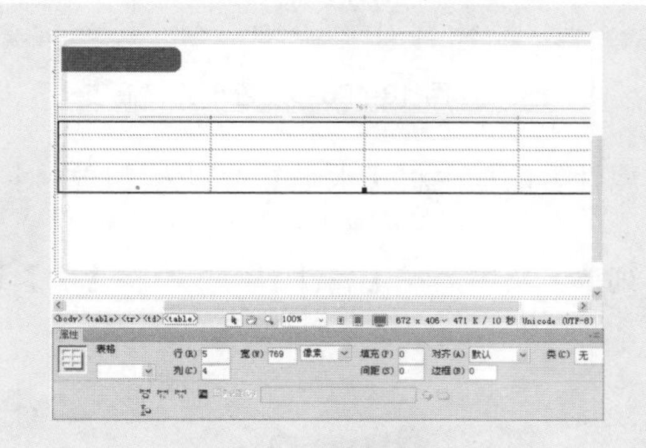

图 18-421　插入表格

图 18-422　选择【合并单元格】命令

步骤27　将光标置入合并后的单元格中，在该单元格中输入文字，效果如图 18-423 所示。

步骤28　选中输入的文字，在【属性】面板中单击【编辑规则】按钮，在弹出的对话框中将【选择器名称】设置为 xpsd，如图 18-424 所示。

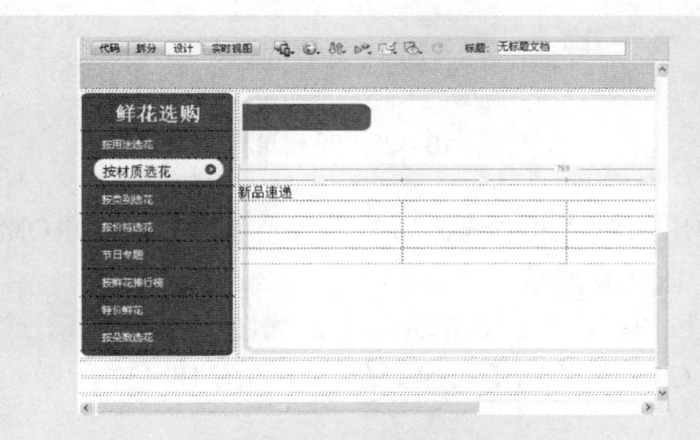

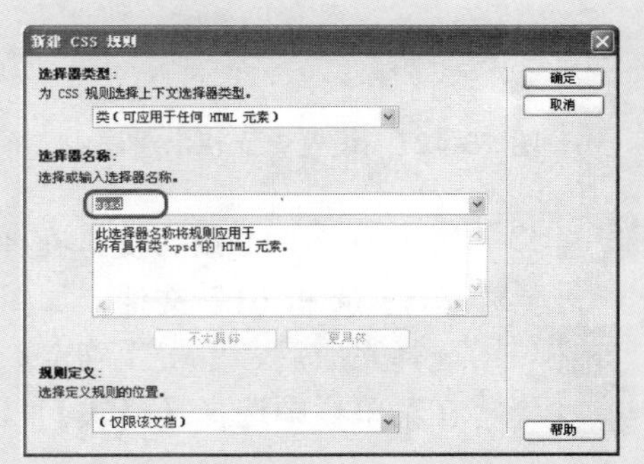

图 18-423　输入文字

图 18-424　设置选择器名称

步骤29 在弹出的对话框中将 Font-size 设置为 18px，Font-weight 设置 bold，将 Color 设置为#FFF，如图 18-425 所示。

步骤30 设置完成后，单击【确定】按钮，即可为选中的对象应用该样式，在【属性】面板中将【高】设置为 40，如图 18-426 所示。

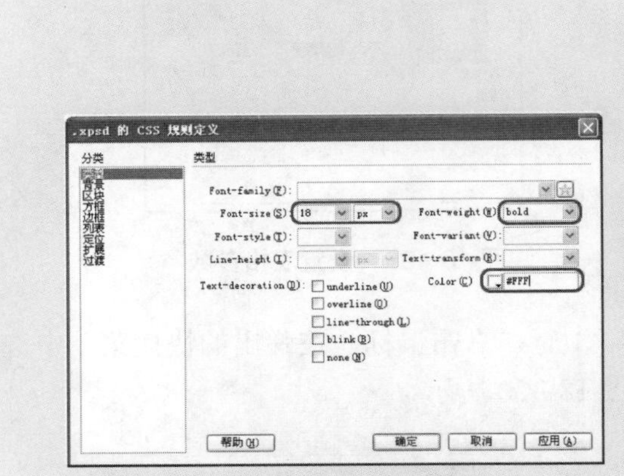

图 18-425 设置 CSS 样式

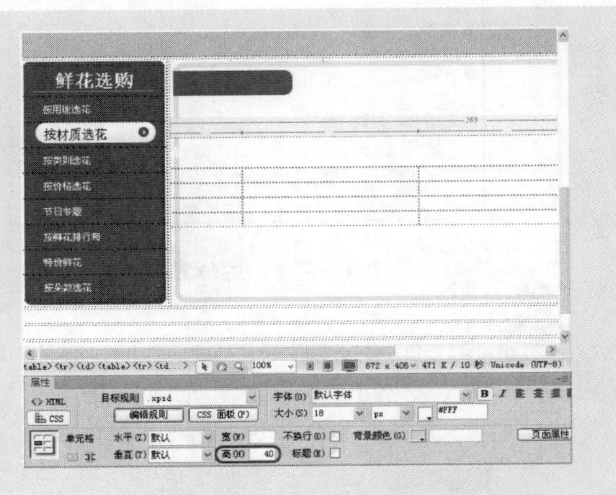

图 18-426 设置单元格高度

步骤31 选中第 2 行的单元格，在【属性】面板中将【水平】设置为【居中对齐】，如图 18-427 所示。

步骤32 将光标置入到第 2 行的第 1 列单元格中，在【属性】面板中将【宽】设置为 192，如图 18-428 所示。

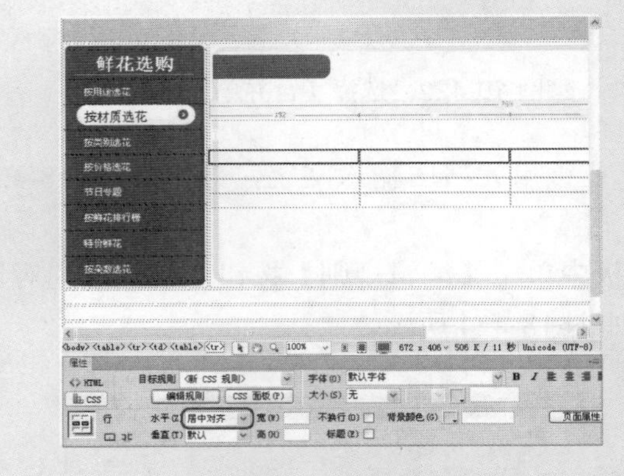

图 18-427 设置单元格水平居中

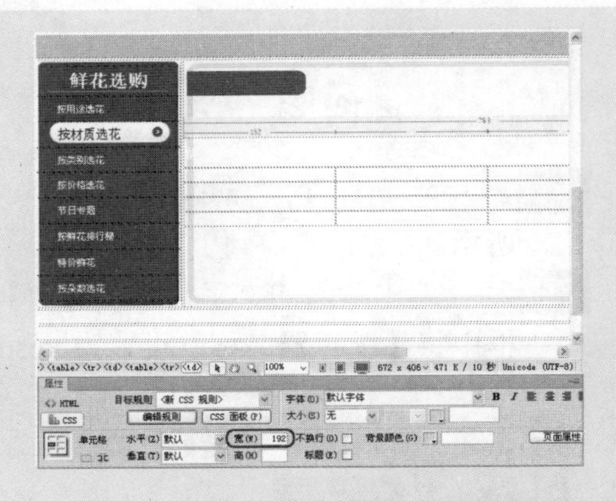

图 18-428 设置单元格宽度

步骤33 按 Ctrl+Alt+I 组合键，在弹出的对话框中选择随书附带光盘中的“CDROM\素材\第 18 章\框 01”文件，如图 18-429 所示。

步骤34 选择完成后，单击【确定】按钮，将其插入单元格中，如图 18-430 所示。

步骤35 在菜单栏中选择【格式】|【CSS 样式】|【新建】命令，如图 18-431 所示。

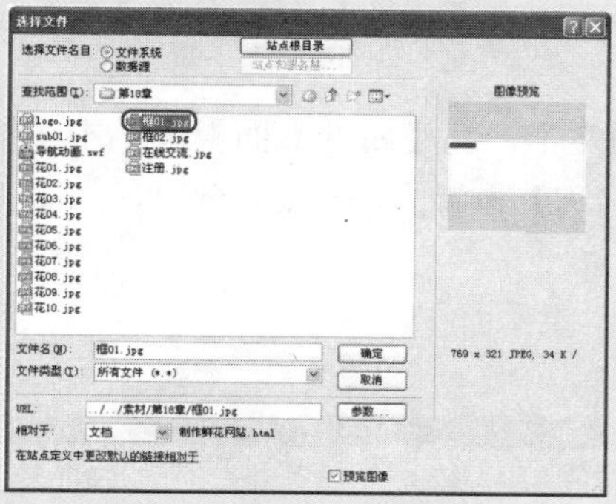

图 18-429 选择素材文件

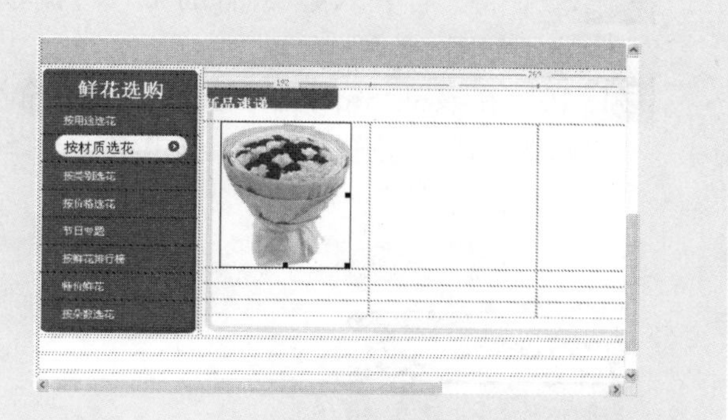

图 18-430 插入图像

步骤 36 在弹出的对话框中将【选择器名称】设置为 biankuang，如图 18-432 所示。

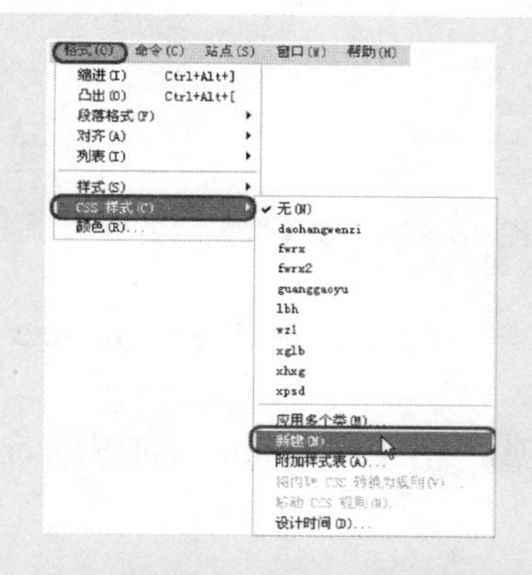

图 18-431 选择【新建】命令

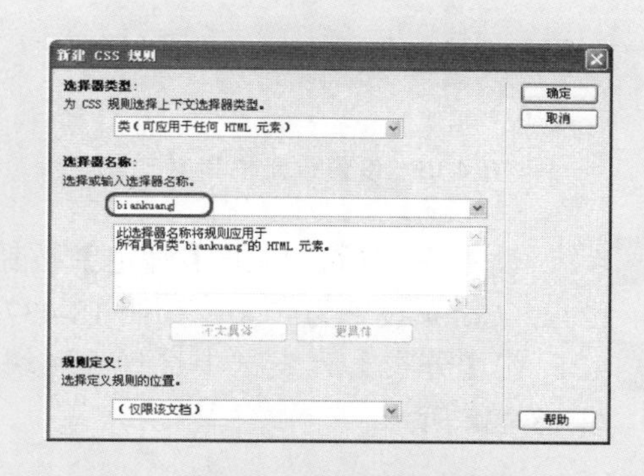

图 18-432 设置选择器名称

步骤 37 设置完成后，单击【确定】按钮，在弹出的对话框中选择【分类】列表框中的【边框】选项，将 Style 下的 Top 设置为 solid，Width 下的 Top 设置为 thin，Color 下的 Top 设置为#CCC，如图 18-433 所示。

步骤 38 设置完成后，单击【确定】按钮，为上面所插入的图像应用该样式，效果如图 18-434 所示。

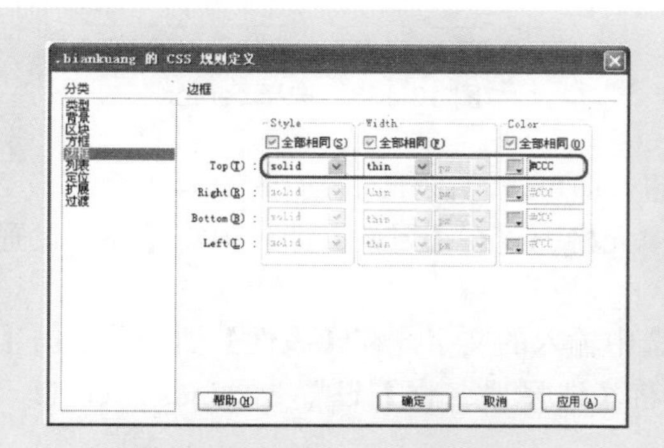

图 18-433 设置边框选项

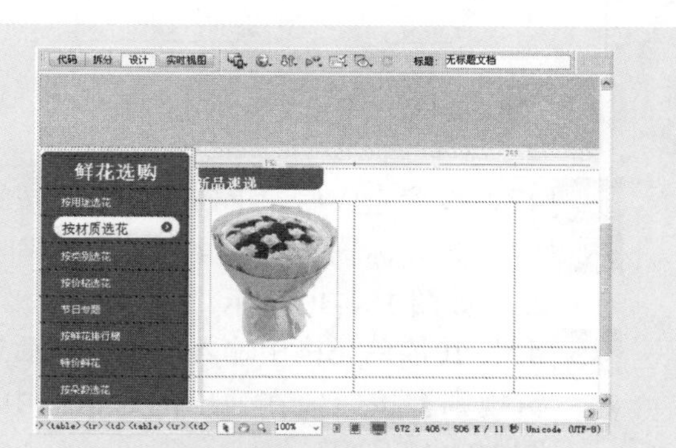

图 18-434 应用样式后的效果

步骤39 将光标置入第 3 行的第 1 列单元格中，在【属性】面板中将【高】设置为 25，如图 18-435 所示。

步骤40 在该单元格中输入文字，选中输入的文字，在【属性】面板中单击【编辑规则】按钮，在弹出的对话框中将【选择器名称】设置为 yindaowenzi1，如图 18-436 所示。

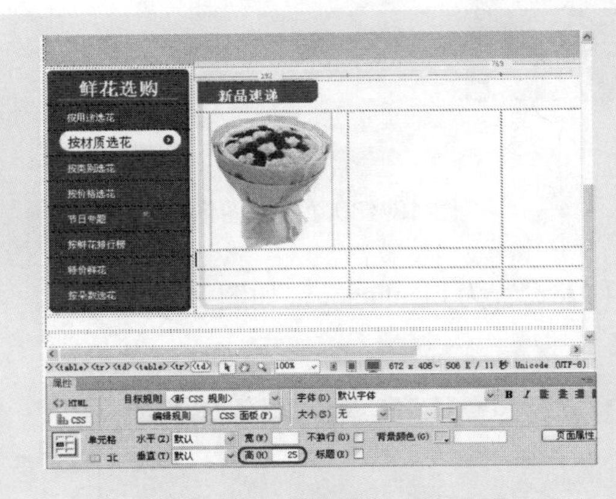

图 18-435 设置单元格高度

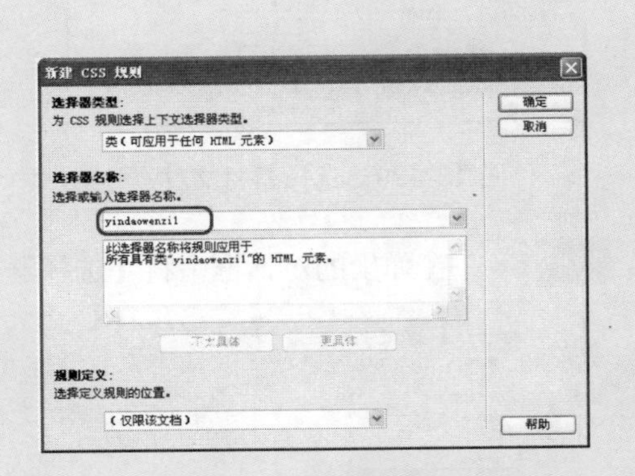

图 18-436 设置选择器名称

步骤41 设置完成后，单击【确定】按钮，在弹出的对话框中将 Font-size 设置为 12px，Color 设置为#000，如图 18-437 所示。

步骤42 在【分类】列表框中选择【区块】选项，将 Text-align 设置为 center，如图 18-438 所示。

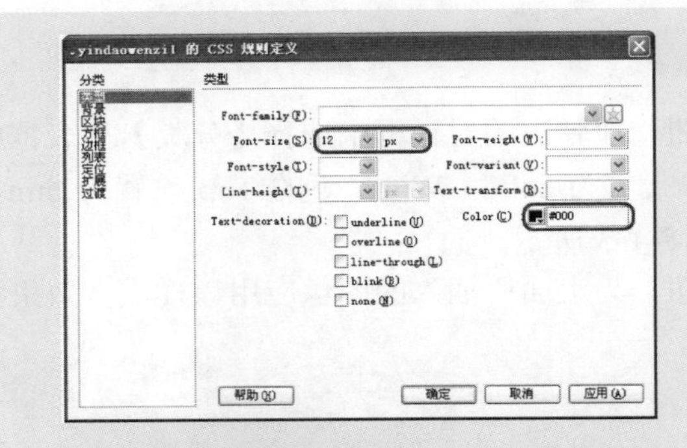

图 18-437 设置文字大小及颜色

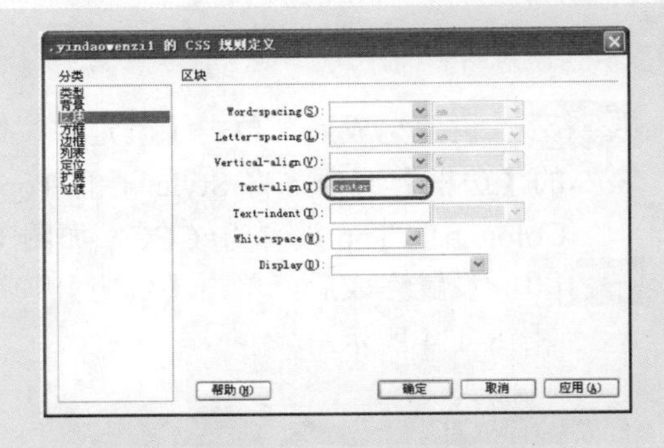

图 18-438 选择 center

步骤43 设置完成后，单击【确定】按钮，即可应用该样式，如图 18-439 所示。

步骤44 将光标置入到第 4 行的第 1 列单元格中，在【属性】面板中将【高】设置为 25，如图 18-440 所示。

步骤45 在该单元格中输入文字，然后选中输入的文字，在【属性】面板中单击【编辑规则】按钮，在弹出的对话框中将【选择器名称】设置为 yindaowenzi2，如图 18-441 所示。

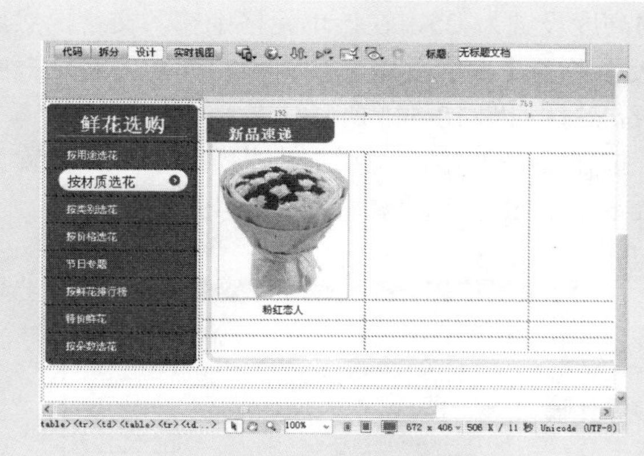

图 18-439 应用样式后的效果

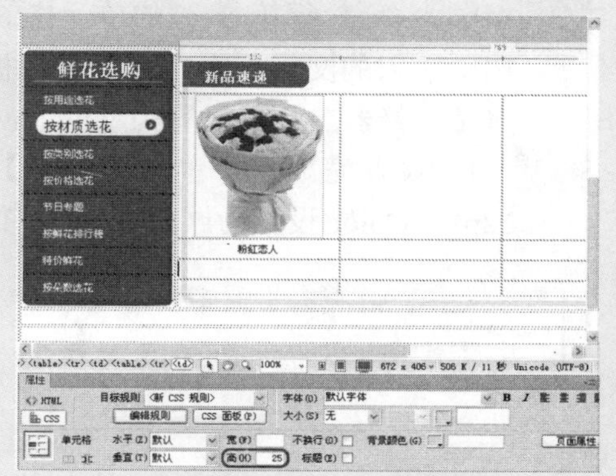

图 18-440 设置单元格高度

步骤46 设置完成后，单击【确定】按钮，在弹出的对话框中将 Font-size 设置为 12px，Color 设置为#900，如图 18-442 所示。

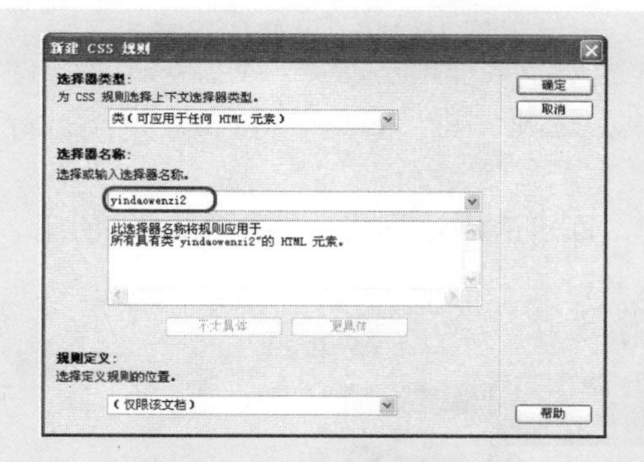

图 18-441 设置选择器名称

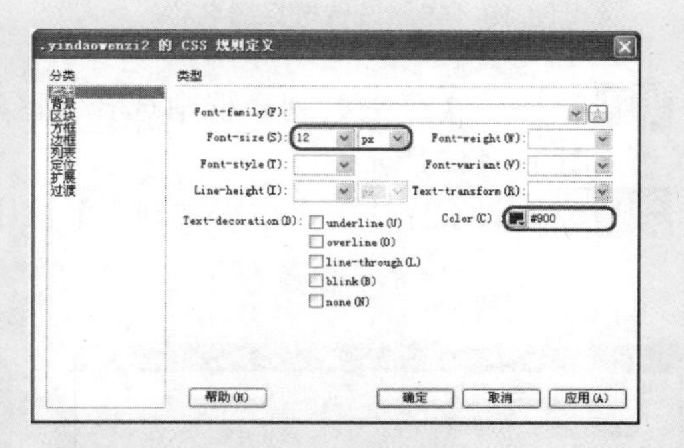

图 18-442 设置文字大小及颜色

步骤47 在【分类】列表框中选择【区块】选项，将 Text-align 设置为 center，如图 18-443 所示。

步骤48 设置完成后，单击【确定】按钮，即可应用该样式，如图 18-444 所示。

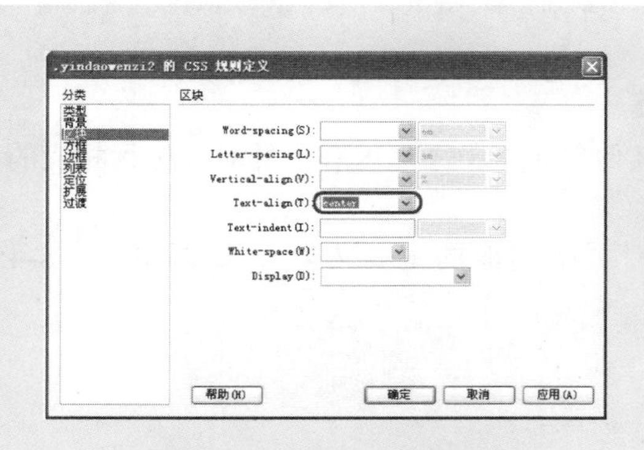

图 18-443 选择 center 选项

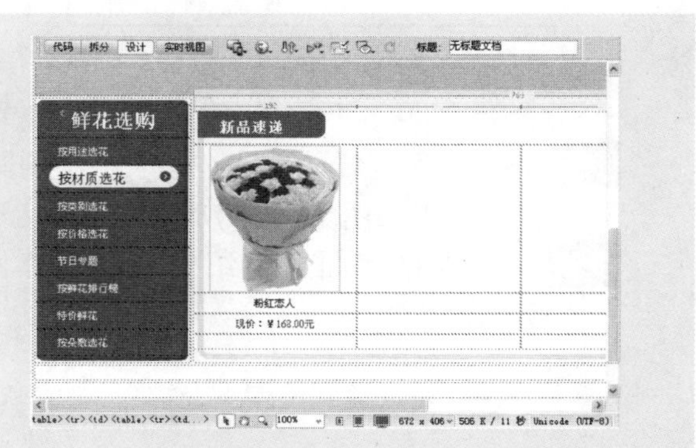

图 18-444 应用样式后的效果

步骤49 将第 5 行第 1 列的单元格的高度设置为 25，在该单元格中输入文字，然后选中输入的文字，在【属性】面板中单击【编辑规则】按钮，在弹出的对话框中将【选择器名称】设置为 yindaowenzi3，如图 18-445 所示。

步骤50 设置完成后，单击【确定】按钮，在弹出的对话框中将 Font-size 设置为 12px，Color 设置为#CCC，选中 line-through 复选框，如图 18-446 所示。

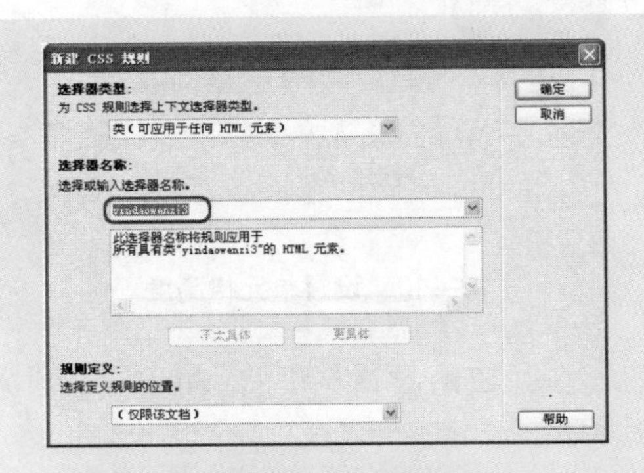

图 18-445　设置选择器名称

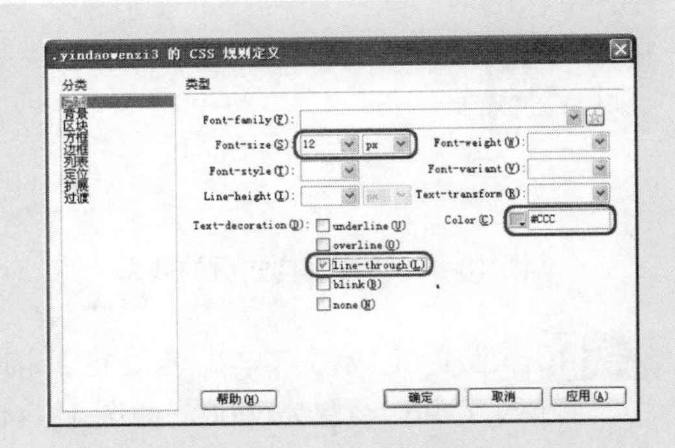

图 18-446　设置 CSS 样式

步骤51 在【分类】列表框中选择【区块】选项，将 Text-align 设置为 center，如图 18-447 所示。

步骤52 设置完成后，单击【确定】按钮，即可应用该样式，如图 18-448 所示。

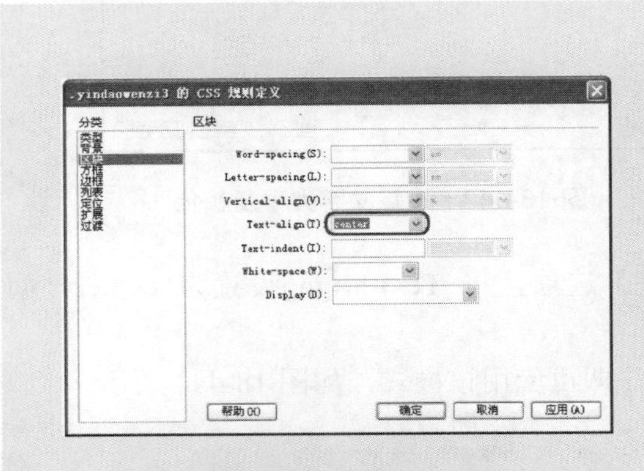

图 18-447　选择 center

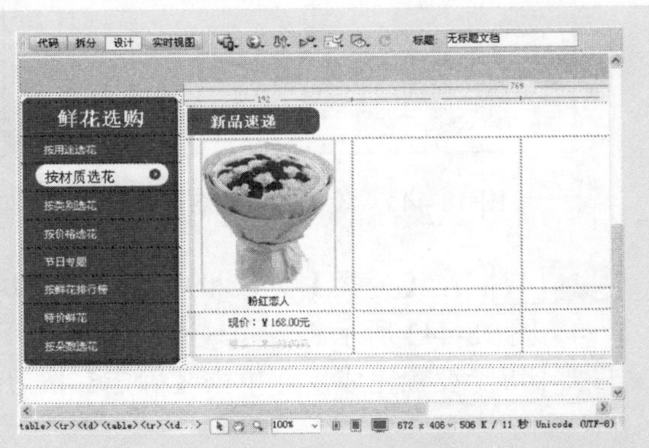

图 18-448　应用样式后的效果

步骤53 使用同样的方法在该表格中的其他单元格中添加内容，并对其进行相应的设置，效果如图 18-449 所示。

步骤54 根据上面所介绍的方法制作网页中其他的主要内容，效果如图 18-450 所示。

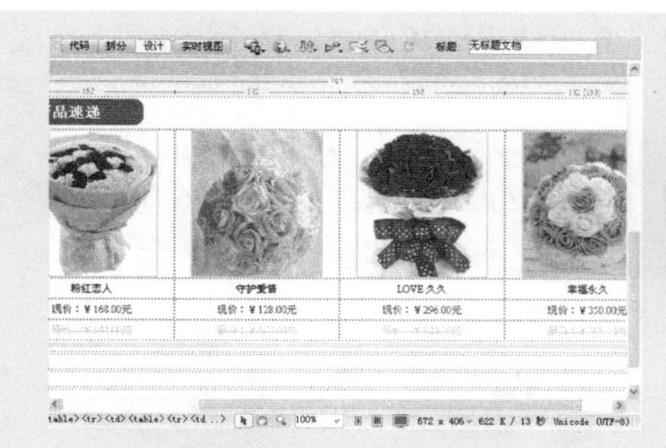

图 18-449 添加后的效果

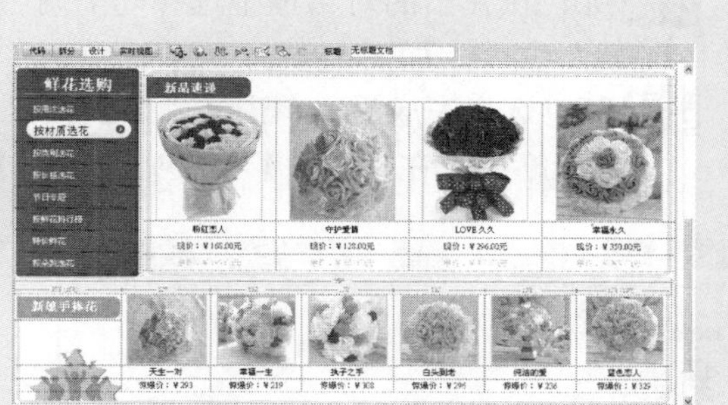

图 18-450 添加网页中的其他主要内容

18.3.3 制作页尾横幅

步骤01 将光标置入到图 18-451 所示的单元格中。

步骤02 将光标置入第 1 列单元格中，切换至拆分视图中，将光标置入如图 18-452 所示的位置。

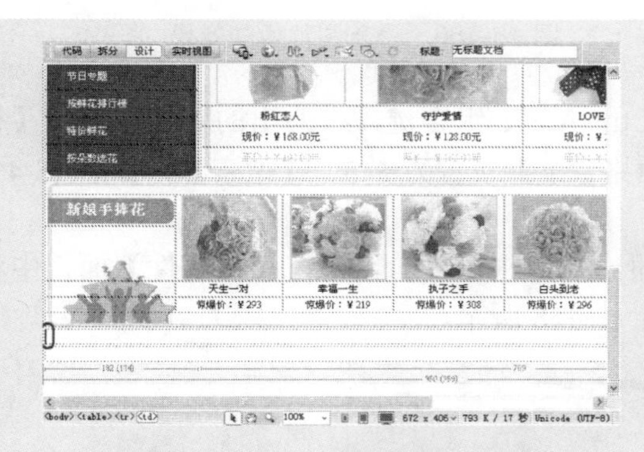

图 18-451 将光标插入到单元格中

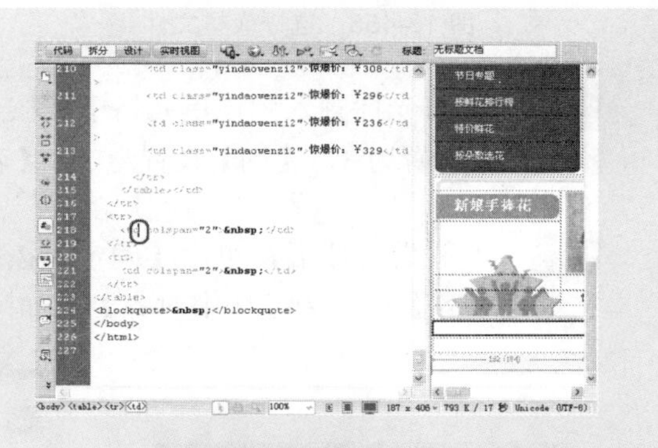

图 18-452 置入光标

步骤03 按空格键，在弹出的下拉列表中双击 background 选项，如图 18-453 所示。

步骤04 再在弹出的下拉列表中双击【浏览】选项，如图 18-454 所示。

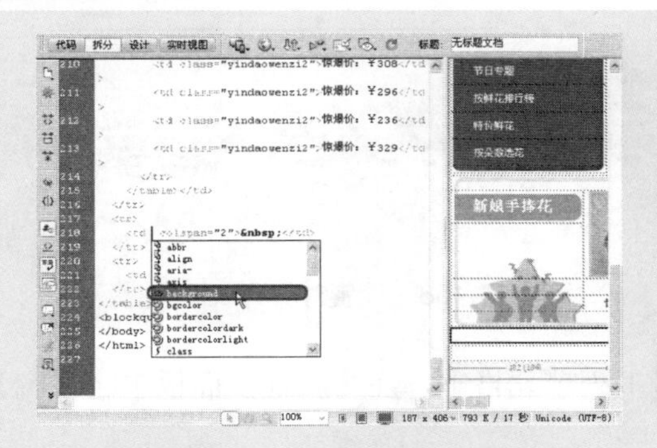

图 18-453 双击 background 选项

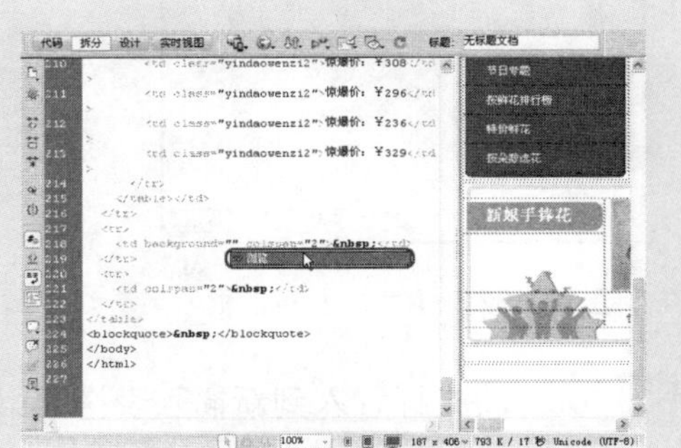

图 18-454 双击【浏览】选项

步骤05 在弹出的对话框中选择随书附带光盘中的“CDROM\素材\第 18 章\在线交流”文件，如图 18-455 所示。

步骤06 选择完成后，单击【确定】按钮。返回至设计视图中，将选中的对象插入到单元格中，在【属性】面板中将【高】设置为 200，效果如图 18-456 所示。

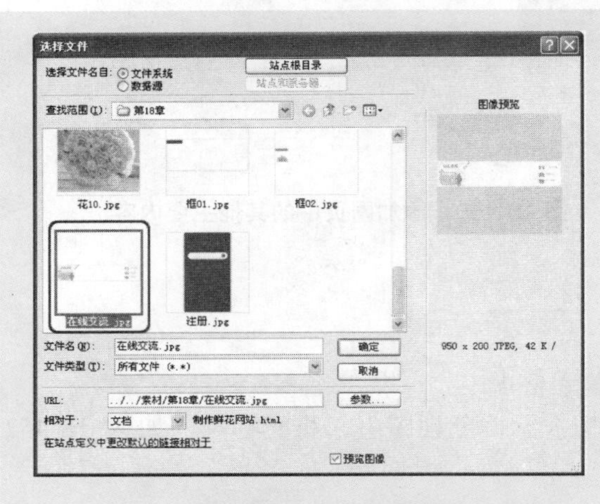

图 18-455 选择素材文件

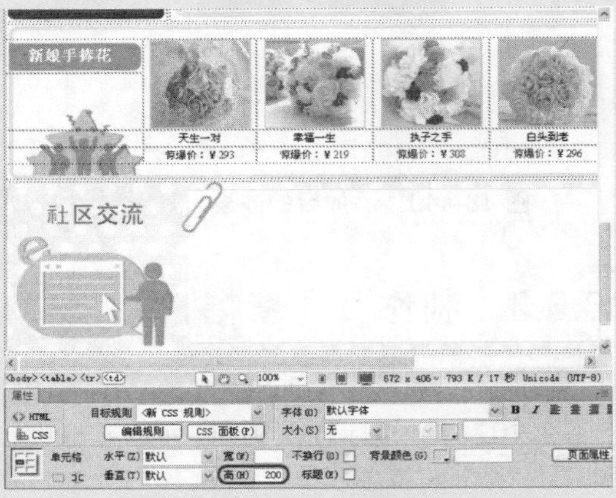

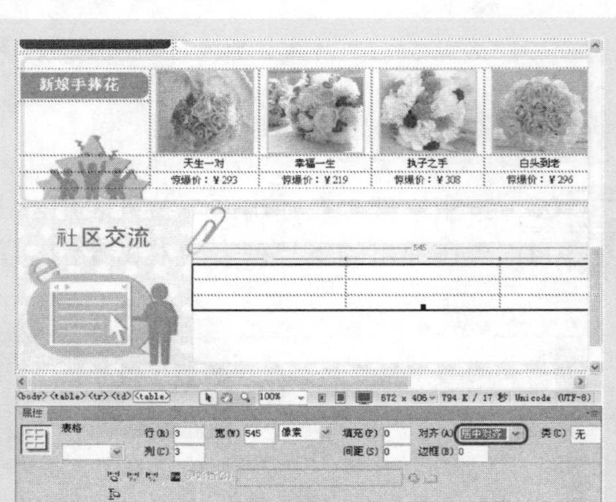

图 18-456 插入图片后的效果

步骤07 将光标置入到该单元格中，按 Ctrl+Alt+T 组合键，在弹出的对话框中将【行数】设置为 3，【列】设置为 3，【表格宽度】设置为 545、【像素】，如图 18-457 所示。

步骤08 设置完成后，单击【确定】按钮。选中刚插入的表格，在【属性】面板中将【对齐】设置为【居中对齐】，如图 18-458 所示。

图 18-457 【表格】对话框

图 18-458 设置对齐方式

步骤09 将光标置入到新插入表格的第 1 列单元格中，在【属性】面板中将【宽】设置为 42，如图 18-459 所示。

步骤10 将光标置入到第 2 行的第 2 列单元格中，在该单元格中输入文字，选中输入

的文字，在【属性】面板中单击【编辑规则】按钮，在弹出的对话框中将【选择器名称】设置为 wz2，如图 18-460 所示。

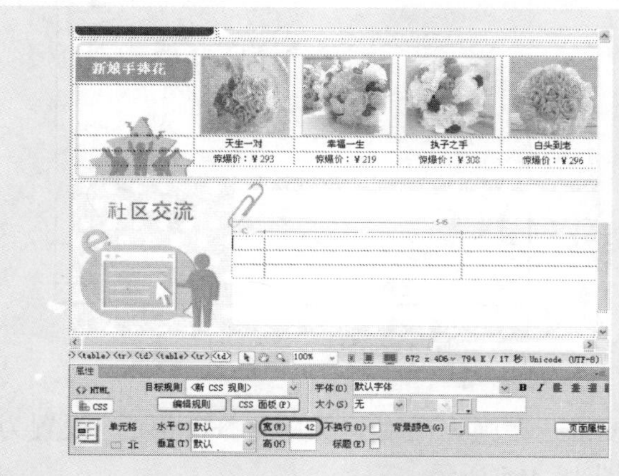

图 18-459 设置表格宽度

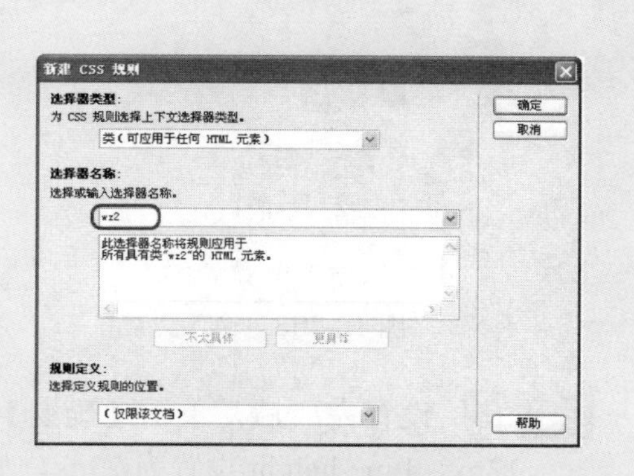

图 18-460 设置选择器名称

步骤 11 设置完成后，单击【确定】按钮，在弹出的对话框中将 Font-size 设置为 16px，Font-weight 设置为 bold，Color 设置为#000，如图 18-461 所示。

步骤 12 设置完成后，单击【确定】按钮，即可为选中的对象应用该样式，在【属性】面板中将【宽】和【高】分别设置为 246、25，如图 18-462 所示。

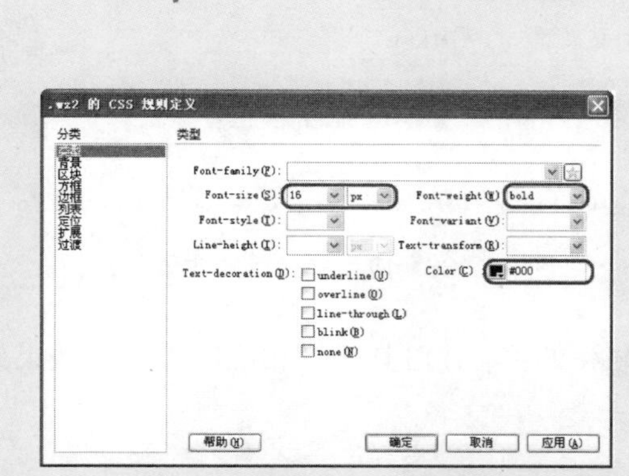

图 18-461 设置类型选项

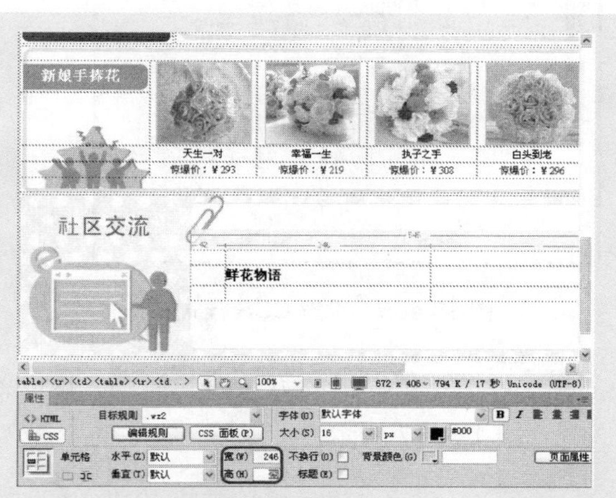

图 18-462 设置单元格的宽度和高度

步骤 13 将光标置入到第 3 行的第 2 列单元格中，在该单元格中输入文字，如图 18-463 所示。

步骤 14 选中输入的文字，在【属性】面板中单击【编辑规则】按钮，在弹出的对话框中将【选择器名称】设置为 fenlei1，如图 18-464 所示。

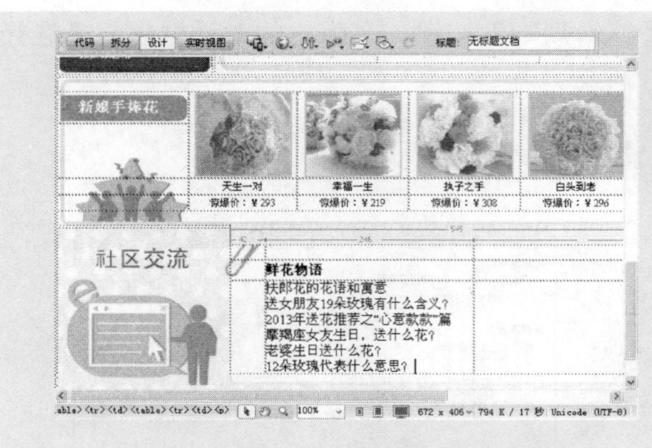

图 18-463　输入文字

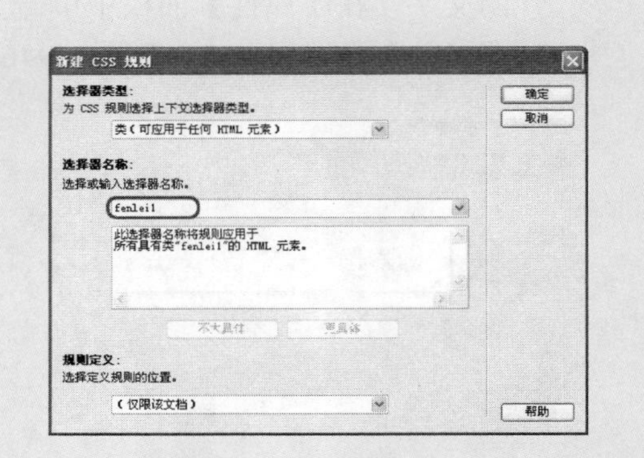

图 18-464　设置选择器名称

步骤 15　设置完成后，单击【确定】按钮，在弹出的对话框中将 Font-size 设置为 12px，Line-height 设置为 23px，如图 18-465 所示。

步骤 16　设置完成后，单击【确定】按钮，即可为选中的对象应用该样式，如图 18-466 所示。

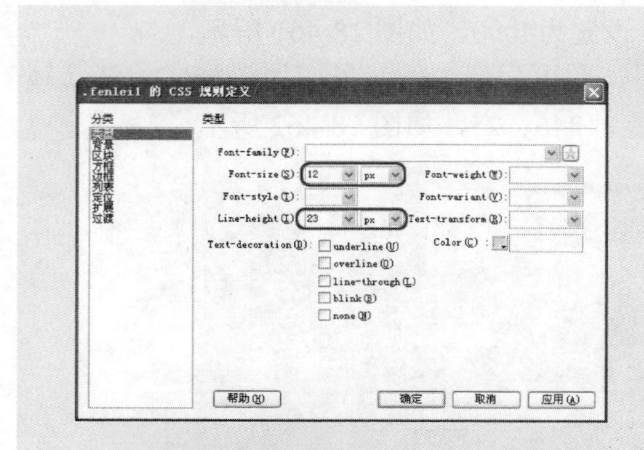

图 18-465　设置 CSS 样式

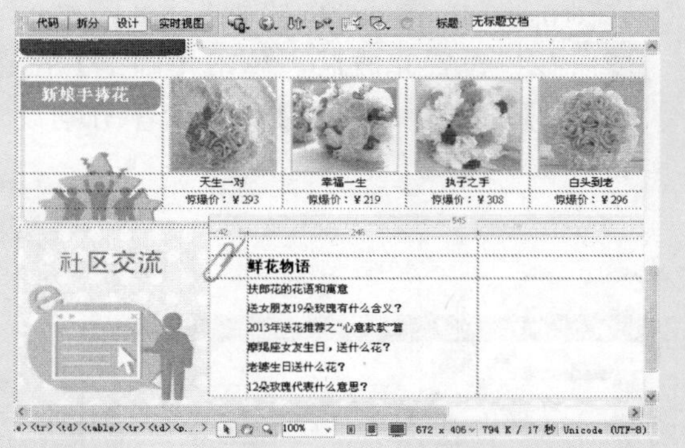

图 18-466　应用样式后的效果

步骤 17　使用同样的方法在其他单元格中输入文字，并对其进行相应的设置，效果如图 18-467 所示。

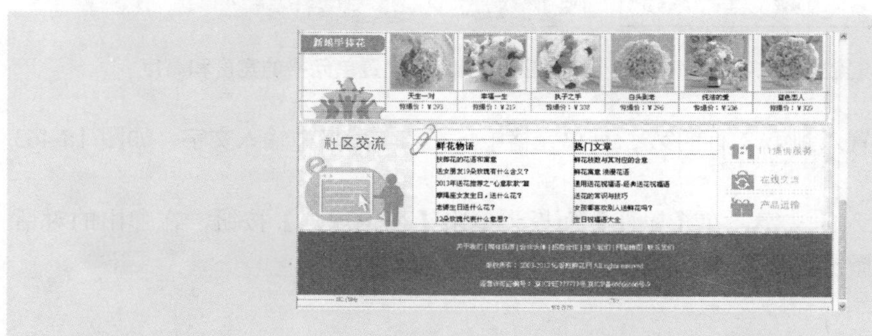

图 18-467　设置其他文字后的效果